Professional
Engineer
Electric Railway

전기철도 기술사 해설

박삼홍 · 유해출 공저

동일출판사

Preface • 머리말

금년도는 국내 최초로 1973년 6월 20일 중앙선 청량리~제천간 전기철도가 개통한지 51주년이 되었고, 수도권 전철개통 50주년, 경부고속철도 개통 20주년, GTX 개통 원년을 맞이하여 철도의 새로운 발전 도약기를 앞두고 있으며 현재 한국철도 전철화 비율이 79[%]에 달하여 세계적인 수준에 있고, 전기철도 시스템의 자동화 · 첨단화 · 고속화로 현대사회가 요구하는 안전성, 친환경성, 에너지 절감 및 이용객의 서비스 향상 등을 충족할 수 있는 새로운 대중교통 시스템으로 비약적인 발전을 거듭하여 국가철도 경쟁력 강화와 함께 국민들로 부터도 안전하고 편리한 철도로 신뢰받고 있습니다.

또한, 정부정책으로 철도망 구축계획을 지속적으로 추진하여 고속철도, 주요간선 전철망, 대도심전철, 경전철 등 다양한 시스템의 건설과 운영이 대폭 확대되어 전기철도의 중요성과 효과를 새롭게 인식하는 계기가 되었고, 순수한 국내기술과 기자재를 활용함으로서 철도산업 발전과 더불어 국내 전기철도 기술 노하우도 이미 선진국 수준에 도달하여 해외 수출도 꾸준한 증가 추세에 있다. 이러한 시장의 변화에 대응하기 위한 전기철도의 설계, 감리, 시공, 제조 및 기술연구 분야에서 AI, IoT, BIM, 플랫폼 기술 등 새로운 시스템의 트랜드에 맞는 기술역량 강화와 전문 기술자 확보가 절실히 요구되고 있습니다.

다행히 전기철도 기술자격 제도가 도입된 이래 지금까지 전기철도 기술사는 184명, 기사 및 산업기사는 2,877명이 배출되어 전기철도 전문기술자 인적 인프라 구축에는 어느정도 성과를 가져 왔으나 현장에서는 전문 기술인력의 부족과 일부 고령화에 따른 미래 기술인재의 확보가 더욱 필요한 현실에서 기술사에 도전하는 많은 분들이 전문적인 이론과 소양을 가지고도 필기시험 합격율이 9 [%]미만으로 저조한 점을 볼 때 아쉬움과 함께 준비에 많은 인내가 필요하다는 것을 새삼 공감하면서 본서가 이러한 어려움을 조금이나마 보완하여 전기철도 최고 전문 기술인으로 거듭나는 기회가 되기를 기대합니다.

끝으로 이 책이 발간되도록 적극 협조하여 주신 동일출판사 정창희 대표님, 이성근 기술사님, 강용성 기술사님께 진심으로 감사드립니다.

2024년 4월

편저자 씀

Contents • 목 차

제1장
철도 일반

제2장
전기철도 일반

Contents · 목 차

Contents · 목 차

제6장

전기철도 급전계통의 구성

Contents • 목 차

제7장

교류변전 System

Contents · 목 차

Contents • 목 차

Contents • 목 차

전기철도기술사해설

제 1 장 철도 일반

1.1 철도일반 및 운전이론

1.1.1 철도수송의 특징(특성)

1. 개요

교통은 인간 생활의 공간적 거리를 극복하는 수단으로서 사람과 물자의 이동은 물론 시・공간적으로 정보와 문화에 대한 접근성을 높여 지역 간 상호 교류를 촉진하고 사회・경제・문화적 변화를 이끌어 왔으며, 교통수단은 크게 철도(鐵道), 공로(公路), 해운(海運), 항공(航空), 파이프라인(연속수송) 등 5가지 수단으로 이루어지고, 철도는 대량수송과 에너지 이용의 고효율성, 환경친화적 등의 특징으로 지속 발전이 가능한 교통수단으로 자리매김하고 있음

2. 철도의 주요특징

가. 대용량수송(mass transport) 유리

철도는 전용부지에 궤도에 의해 안내되는 차량으로 여러 대의 객차, 화차를 연결하여 동시에 운행이 가능하고, 타 교통수단에 비해 주행 저항이 작아 동일한 추진력으로 큰 하중을 이동할 수 있으며, 첨단기술을 이용하여 열차와 열차 간격을 조정하여 제어함으로써 고속운전 및 수송밀도를 크게 하여 대량수송이 가능함

나. 안정성(safety) 우수

철도는 전용부지에 궤도에 의해 안내되고 주행이 유도되는 차량으로 차량, 신호제어시스템, 운전 시스템 등 여러 단계의 안전장치를 갖추어 타교통 수단에 비해 안전확보가 유리하여 철도의 여객과 화물의 수송실적은 도로의 1/2 수준인데 비해 교통사고 사상자는 1/215에 불과함

다만 철도는 대량수송, 고속성 등으로 사고발생시 대형사고로 발전할 우려가 있고, 건널목사고와 같이 철도운영기관의 의지와는 관계없는 외부요인에 의한 사고 발생 우려는 존재하고 있음

다. 에너지이용 효율성이 높음

철도는 타교통 수단에 비해 주행저항이 작아 동일한 견인 에너지로 수송할 경우 인-km, 톤-km를 비교할 때 철도를 1로 기준했을 때 버스는 1.4, 승용차는 7.1, 트럭은 5.3 등으로 철도의 에너지 이용 효율이 매우 높은 것으로 평가받고 있음

라. 신속성 및 신뢰성 확보

최근 철도는 선로의 직선화, 차량의 개량, 보안설비 개량 등으로 속도가 향상되어 고속운전이 가능하고, 고속철도, 자기부상열차 등 획기적인 기술개발로 300[km/h] 이상의 상업운행이 보편화 되는 등 고속성이 확보되어 자동차, 비행기, 선박 등은 기상변화(폭설, 태풍)에 영향을 받고 자동차의 경우 교통패턴에 따라 특정시간대의 교통체증으로 운행 시간 차질이 예상되어 정시성 확보가 어려우나 철도는 기후변화의 영향을 거의 받지 않고 정상적인 운행이 가능하여 정시성이 높은 서비스를 제공할 수 있음

마. 친환경성(공해발생 정도가 낮음) 교통

철도는 타교통수단과 비교하여 저공해성 측면에서 매우 우수함

예를 들어 항공기는 이착륙 소음으로 주변 주민과 환경에 막대한 영향을 미치고 있으며 자동차는 배기가스로 인하여 대기를 심각하게 오염시키고 있는 바 수송수단별 CO_2 배출량 비율은 도로가 77.7[%], 해운이 12.7[%], 항공기가 8.9[%], 철도가 0.7[%]로서 1[인/km] 수송할 때 CO_2 배출량은 전철이 17.9[g], 승용차가 150.7[g]으로 승용차가 8.4배가 높은 것으로 보고되고 있음

바. 타교통수단과 비교한 철도의 취약점(단점)

(1) 여객, 화물 수송량이 적은 소량수송의 경우에는 비경제적임
(2) **문전수송(door to door)**이 어려워 **연계수송(feeder service)**이 필요하며, 자동차에 비해 기동성이 떨어짐
(3) 화물 수송시 다른 수단을 이용하여 화차에 싣고 내리는 과정을 거쳐야 하고, 경우에 따라 보관이라는 과정이 필요할 때가 있음
(4) 시간적, 공간적 제약이 커서 자유여행도가 낮고, 여러 사람이 동시에 이용함으로 사생활 보호가 상대적으로 어려움.
(5) 초기 건설비가 많고 안전확보를 위한 유지관리에 정밀도가 요구됨

1.1.2 철도시스템의 구성요소

1. 개요

철도는 정해진 선로 위에서만 주행할 수 있고 열차에 여러 대의 차량을 연결하여 운용할 수 있는 특성이 있으며, 이를 이용하여 대량수송, 안전성, 정시성, 쾌적성의 기능을 발휘하기 위해서는 여러 요소들 간의 유기적이고 체계적인 통합이 요구되며 철도시스템은 다음과 같은 요소로 구성되어짐

2. 철도시스템의 주요 구성요소

가. 선로(線路)

선로는 철도차량이 주행하는 길(路)로서 노반, 궤도, 분기기, 선로방호설비, 방재설비 등 선로 부속설비를 포함 함

(1) 노반은 흙쌓기, 땅깍기로 형성되고 주변지형에 따라 터널, 교량 등의 구조물을 필요로 하며,

(2) 궤도는 레일, 침목, 도상(道床)으로 구성되어 주행차량의 하중을 레일 ⇨ 침목 ⇨ 도상 ⇨ 노반 순으로 분산하여 진동과 소음을 감소시켜 안전하고 쾌적한 주행성능을 확보하고,

(3) 선로는 지형에 따라 곡선 및 기울기 등에 따라 열차의 속도, 안전성 등이 차량을 비롯한 다른 요소와 인터페이스를 고려하여 최대한 경제성을 확보하여야 함

나. 차량(車輛)

철도차량은 승객과 화물을 목적지까지 정확하게 수송하는 운반구(carriage)로서 나라마다 철도 발전단계에 따라 다양하게 분류하나 일반적으로 운반 대상물에 따라 여객용 또는 화물용, 사용 에너지에 따라 전기차 또는 디젤차, 동력유무에 따라 동력차 또는 비동력차, 속도에 따라 고속용 또는 일반용 등으로 분류함

다. 역시설(驛施設)

철도를 이용하는 승객이 타고 내리거나 화물을 싣고 내리기 위한 정차장의 각종 시설을 통칭하며, 역사(驛舍) 및 승강장(昇降場, platform) 또는 화물 적하장 등으로 구성되고, 여객의 안전과 편의성 및 환승이나 접근성을 고려한 승강장의 높이 조정, 지역주민의 만남과 문화 활동 공간 확보 등 기능을 다양화하고 있음

라. 에너지 공급설비

철도 차량에 에너지를 공급하는 설비로서 디젤차는 경유를 공급하는 설비 및 기지,

전기차의 경우 전력회사로부터 전기를 수전하여 전기차에 전력을 공급하는 송전선로, 전철변전소, 전차선로 및 부속설비로 구성됨

마. 철도운영 및 관리정보 체계

철도운영 및 관리 정보체계는 승객예측, 열차운용 계획, 안전 시스템 등 많은 데이터와 정보를 종합적으로 분석 관리하고 철도운영을 지원하기 위해 철도 정보시스템이 활용되고, 철도신호 등 안전시스템은 열차안전 운행 및 승객 안전을 보장하기 위한 필수적인 요소 임.

3. 철도시스템의 관리

철도는 열차운행을 위한 통합형 시스템으로 상호 인터페이스가 유기적으로 관리 운영되어야 하므로, 역설비를 운영하는 역무원, 열차를 운전하는 기관사, 열차내 서비스를 담당하는 열차 승무원, 전력공급 및 신호보안 설비를 관리하는 전기. 통신, 신호 기술자, 차량을 정비하는 기계 기술자, 선로를 관리하는 토목기술자, 열차운전 상태를 제어하는 사령실 등 각각의 역할을 다 할 때 안전, 신속, 정확한 철도 운영이 가능하도록 건설 초기부터 운영 및 유지관리를 충분히 고려하여 경제적이고 효율적인 최적의 시스템을 구성하여야 함

1.1.3 철도의 운전속도 종류

1. 철도의 운전속도

가. 철도에 있어서 열차운전속도는 해당속도에서 1시간동안 주행하는 거리를 기준으로 하며, 운전속도의 종류는 최고운전속도, 평균속도, 표정속도 등이 있음

나. 운전속도는 견인력과 열차저항과의 상관관계에서 견인력이 열차저항 보다 크면 가속도, 견인력이 열차저항 보다 작으면 감속도(제동도)를 나타냄

2. 운전속도의 종류

가. 운전최고속도

(1) 선로, 운용시스템(전철, 신호통신), 차량상태에 의해 결정되는(얻어지는) 영업운전의 최고속도를 말함(단위 : [km/h])

(2) 최고제한속도는 선로조건 및 운용시스템에 의해 결정되며, 최고허용속도는 차량의 성능에 의해 결정.

나. 평균속도

(1) 주행한 운전구간의 총거리를 도중 정차 시간을 제외한 순주행 시간으로 나눈 속도를 말함(운전선도 그림 1.1.1 참조)

(2) 평균속도= $\dfrac{\text{운전거리}}{\text{순주행시간}}$[km/h] ➪ 운전선도상 평균속도= $\dfrac{AD}{AB}$

다. 표정속도

(1) 주행한 운전구간의 총거리를 도중 정차 시간을 포함한 전운전 시간으로 나눈 속도이며, 일반적으로 열차다이아에 나타나는 운행 시간을 말함

(2) 표정속도 = $\dfrac{\text{총운전거리}}{\text{순운전시간} + \text{정차시간}}$[km/h] ➪ 운전선도상 표정속도= $\dfrac{AD}{AC}$

(3) 표정속도는 수송시간을 결정하는 속도로서 열차소요 편성, 운전계획서 작성의 자료로 사용됨

라. 균형속도(평행속도)

기관차의 견인력과 총열차저항이 동일 할 때 열차의 가속도 또는 감속도가 발생하지 않고 가감속도가 Zero인 일정한 등속도 주행속도를 유지할 때의 속도를 균형속도라고 하며, 어떤 기관차가 특정의 견인중량을 견인하여 주행하는 경우 구배마다 결정하는 속도임

3. 표정속도 향상방법

가. 표정속도가 크면 수송시간이 감소하고 차량과 승무원 감소가능
나. 열차의 가속도, 제동도(감속도)를 증가시킴
다. 정차역수를 줄임(역간격을 늘린다 : 정차 시간 단축)
라. 역 위치를 선로보다 약간 높게 건설(열차 출발, 정차가 용이)
마. 주전동기 출력 및 전철변전소 등 동력공급 용량을 증가

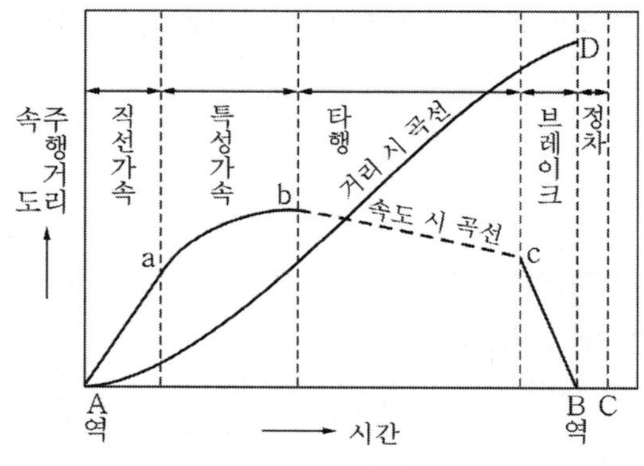

그림 1.1.1 운전선도

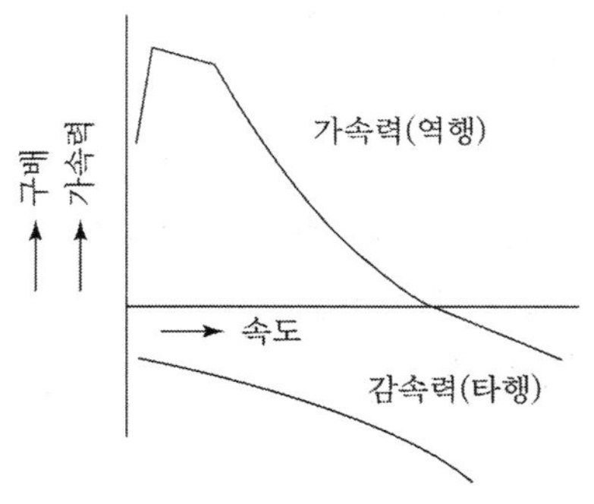

그림 1.1.2 가속력 및 감속력 곡선

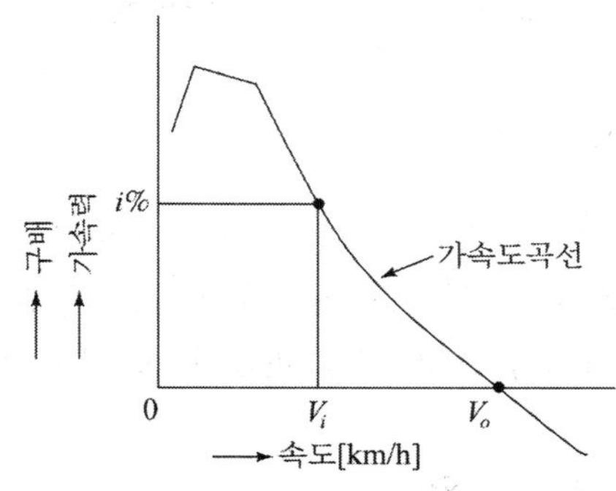

그림 1.1.3 균형속도곡선

4. 열차관련 용어의 정의

가. 열차

"동력차에 객차, 화차 등을 연결하고 본선을 운전할 목적으로 조성된 차량"을 말하며, 조성된 전체의 열차길이를 열차장이라 함

나. 역행운전

"열차가 동력을 이용하여 열차를 운전하는 것으로 타력운전에 반대되는 개념"으로 동력차가 객차 또는 화차를 견인하여 운전하여 운전 최고속도에 도달하기까지의 주행하는 방법을 말함

다. 타행운전

"열차가 레일 위를 무동력에 의한 관성에 의하여 타력으로 운전하는 방법"으로 평탄선로에서 타행운전을 하면 종합적인 주행저항을 측정할 수 있음

라. 가속도

가속도란 열차가 1초간에 몇 [km/h] 속도로 빨라지는가를 속도로 표시한 것으로 단위는 [km/h/s] 사용함

마. 감속도

열차가 1초간에 속도가 내려가는 정도를 표시하는 속도로 단위는 [km/h/s]임

1.1.4 열차계획을 위한 기준운전 시분, 최소운전 시격, 열차다이아 해설

1. 개요

철도의 수송계획은 교통수요에 따라 열차운영 계획을 수립하는데 열차계획은 열차방식, 열차횟수, 열차속도, 열차종별, 운전구간 설정 등 여러 가지 조건을 구체적으로 고려하여 결정하여야 하며 이에 필요한 몇 가지 용어를 설명하고자 함

2. 기준운전 시분

가. "기준운전 시분"이란 역 구간마다 열차가 운행하는데 필요한 최소소요시간으로 실제 운전이 가능한 시간을 계산하여 정하는 것을 말하며,

나. 역 구간마다 운전곡선을 작성하여 최고속도나 곡선 등의 제한속도 등을 고려하여 제한속도보다 약 3[km/h] 낮은 속도로 열차가 달린다고 가정하여 기준운전 시분을 정하고, 실제 열차 다이어 설정은 선로공사로 인한 서행, 열차지연의 회복 등을 고려하여 다소간의 여유시분이 포함됨

다. 여유시분이 너무 적으면 만성적인 열차지연 요인이 되고 여유시분이 너무 많으면 열차운행 시간이 길어져 서비스 및 효율측면에서 불리함

3. 최소운전 시격(Minimum headway)

가. 운전 시격이란 선행 열차와 후속 열차 사이의 상호 운행 간격 시간을 말하며 최소운전 시격이란 "운전 시격 중에서 최소로 되는 운전 시격으로 선행열차 운전상황에 따라 인정구간을 통과하는 모든 지점에 계산 및 시험 중에서 최대로 되는 값을 그 구간의 최소운전 시격"으로 정의함

나. 열차시격의 기본은 신호현시 측면에서 후속열차는 항상 열차간격 확보(제어)를 위하여 속도를 늦추는 감속제동이 필요 없이 진행을 지시하는 신호현시에 따라 운전할 수 있는 상태를 유지하는 조건이며, 최소운전 시격 거리 간격은 후속열차의 속도로 선행열차까지의 필요한 제동거리와 안전을 위한 여유거리를 합한 거리만큼을 말함

다. 최소운전 시격을 결정하는 요소는 "열차간격제어방식, 폐색구간 길이, 열차편성 길이, 가속도, 감속도, 구내배선" 등이 있음

라. 운전 시격의 단축방법 ➪ 실제운전에서 시격단축이 어려운 것은 역 구간보다 정차역에서 승객이 많은 경우 승하차 시간지체, 종착역에서의 반환시간 지체 등이 요인이 됨

(1) 승강장 또는 도착선을 개선하여 승강인원의 분산 및 도착선 상호사용

(2) 유도신호기의 사용 : 열차운행이 복잡한 구내

(3) 구내의 폐색신호기 설치 : 장내와 출발신호기 간에 설치 등

4. 열차 다이어그램(diagram)

가. 열차 다이어그램이란 "열차운용계획을 도표로 나타낸 것으로 가로축에 시간, 세로축에 거리를 표시하여 시간적 추이에 의한 열차의 운행상태를 일목요원하게 사선(斜線)으로 나타낸 운행도표"를 말함

나. 열차다이아는 각 열차 상호간의 관계를 일목요원하게 표시한 선도이기 때문에 열차운전계획과 운전정리 취급상 가장 편리하고 열차종별, 운전구간, 정차역 등에 따라 결정됨

다. 열차다이어 종류

(1) **1시간 눈금 다이어** : 시간 간격이 1시간 단위로 되어 있는 다이어로 장기열차계획, 시각개정의 구상, 열차승무원 운용계획, 열차의 운전정리 등에 활용.

(2) **10분 눈금 다이어** : 시간간격이 10분 단위의 다이어로 1시간 눈금 다이어와 같은 용도로 열차횟수가 많은 선구에서 작업 편의성을 감안해 작성활용.

(3) **2분 눈금 다이어** : 시간 간격이 2분 단위의 다이어로 열차계획의 기본이 되는 다이어이며, 열차운전 시간을 15초 단위로 표시할 수 있기 때문에 다이어 개정작업, 공사 등으로 인한 운전 시간의 변경 등 실제 정확한 작업에 대부분 활용하는 방법임

(4) **1분 눈금 다이어** : 시간 간격이 1분 단위로 2분 눈금다이어와 거의 같은 용도로 사용되고, 특히 수도권 전동열차와 같이 열차간격이 조밀한 구간의 장점이 있어 현재 수도권 전동열차 운행 구간에 사용하고 있음

1.1.5 철도의 선로용량(Track Capacity)

1. 용어정의

가. 선로용량이란 "일정한 선로구간에 1일 동안 운전 가능한 최대 열차 횟수를 나타낸 것"으로 일정선구의 열차설정 및 수송능력을 표시하는 철도용량임

나. 복선구간은 상, 하선별로 표시하는 것을 원칙으로 하며, 선로용량은 기본적으로 수송수요에 의하여 좌우되며, 차량조건, 신호조건, 선로조건 및 운영조건에 따라 가변적으로 결정됨

다. 선로용량은 역간 시설용량에 의하여 좌우되는데 역간 용량은 인접역에서 소화할 수(처리할 수)있는 편도 운영횟수로 역간 용량이 모여 선로용량이 되며 일정 선구 중 최소치를 갖는 역간 용량이 해당 선구의 "선로용량"이 됨

2. 선로용량의 구분

가. 이론상의 용량(한계용량)

(1) 이상적 조건에서 이론적으로 선로통과가 가능한 최대열차횟수를 말하며, 운전 시간은 이론적 운전 시간 및 각 역의 열차통제, 평균운용시간을 기준으로 하고 선로보수 또는 공사 등에 의한 주행 지연요소는 고려하지 않음

(2) 지하철과 같이 열차운행이 단순하고 독립적인 운용체계에서 단기간 동안 적용될 수 있음

나. 가능한 용량

(1) 전 노선에 걸쳐 24시간 동안 규칙적이고 지체 없이 운행될 것이라는 가정에서의 최대열차 횟수를 말하며, 이론상 운전 시간에 열차편성의 변동성, 기관사의 운전 습관, 기계성능상의 변동, 교행운전을 위한 추가 여유가 필요.

(2) 선로유지보수 및 공사로 인한 감속이 필요 없고 종착역에서의 열차접속필요성이 작은 경우 적용이 가능.

다. 실제용량(실용용량)

(1) 착발역이나 중간역의 열차접속으로 인한 시간제한과 열차의 유효시간대, 시설 보수기간, 운전취급 등을 고려하여 시각표에 따라 규칙적으로 운행할 때의 최대 열차횟수로 일반적으로 선로용량이란 이 실용용량을 의미함

(2) 철도망의 복잡성과 선로상태에 따라 실제용량은 일반적으로 가능용량 보다 20~30[%] 적음

3. 선로용량 산정 시 고려사항

가. 선로용량 결정요인(산정요인)

(1) 열차의 속도 및 열차의 운전 시분
(2) 열차의 속도 차(동일 선구에 운행되는 각 차량의 속도 차)
(3) 열차종별의 순서 및 배열
(4) 역간거리 및 구내배선
(5) 신호체계(신호현시 및 폐색방식)
(6) 열차의 유효시간대 및 열차운전 여유시분
(7) 선로시설 및 보수시간
(8) 선로 이용률

나. 선로용량에 영향을 주는 요인

(1) 당해선구의 열차종별, 운행되는 열차종류의 비율, 유효시간대 등 운전방식과 열차

운행표 등 열차 운행도표 구성에 의해 영향을 받음

(2) 열차운행도표 구성의 주요요인은 선로의 단선 또는 복선, 폐색장치의 종류, 열차속도, 열차종별의 운행 횟수 비, 정차 시간, 정거장간 평균 운전 시분, 교행 및 대피시설 유무, 구내작업 상황, 착발선 용량, 신호보안 장치의 취급시분, 선로유지보수 시간, 열차운행 여유 시분 등이 있음

다. 선로 이용률

(1) 열차운전은 수요특성 및 선로보수 등에 따라 유효운전 시간대가 제약되어 실제 이용가능 한 총 열차 횟수와 이론상 계산 열차 횟수에는 차이가 발생함

(2) 따라서, 선로별 특성에 따라 선로 이용률을 결정하여, 이용 가능한 열차횟수를 산정하는데 사용함(보통 60[%] 적용함)

$$\text{선로 이용률} = \frac{\text{임의선구의 사용상 가능한 총 열차횟수}}{\text{임의선구의 계산상 가능한 총 열차회수}}[\%]$$

4. 선로용량 증대 방법

일정선구의 효율적인 열차운용을 위한 선로용량에 영향을 주는 열차운용, 시설, 차량, 전기 및 신호부문으로 구분하여 선로용량 증대 방안을 살펴보면,

가. 열차운용 측면

(1) 열차종별 및 열차속도의 단순화(운행선구의 열차별 속도의 단순화)

(2) 정차 시간 단축 및 열차설정 시 불용시간의 최소화

(3) 열차운행 방면별 중련운전 및 열차길이의 최대화

나. 선로 및 시설 개량 측면

(1) 단선을 복선화 또는 복복선화

(2) 무인신호장 및 교행시설의 확대

(3) 선로 기울기 및 곡선반경 완화로 제한속도 상승

(4) 분기기 번호 상향 및 선로 등급 상향

다. 차량운용 측면

(1) 차량 가속도와 감속도 성능 향상.

(2) 차량의 최고속도 향상.

라. 전기 및 신호설비 측면

(1) 전철화 확대로 동력차 견인력 및 속도향상

(2) 폐색구간 단축 및 신호기 간격 축소

(3) 신호시스템의 개량(ABS, CTC, ATO, ATC 등 신기술 도입)

5. 선로용량 산정 계산방법

선로용량 설정 목적이 열차운행 계획상 최대 · 최적의 열차횟수를 결정하고 경제적인 열차 운행 다이야를 결정하고, 수송수요에 적합한 투자 우선순위 판단 및 수송 애로구간 파악으로 운영효율화를 도모하기 위한 것으로 선로용량 계산식은 아래와 같음

7단선구간	복선구간 (자동폐색)	전동차 전용구간
$N = \dfrac{f \times T}{t \times c}$ $= \dfrac{1440}{t+c} \times f$	$N = \dfrac{f \times T}{tv + (r+\mu+1)v'}$ $= \dfrac{1440 \times f}{tv + (r+\mu+1)v'}$	$N = \dfrac{f \times T}{h}$ $= \dfrac{1440}{h} \times f$

여기서, N : 선로용량 [열차회수/일일]
f : 선로 이용률 (보통 60[%])
T : 일일시간(24×60=1440분)
t : 1개 고속열차 역간평균 운전 시분
c : 운전취급시간 (자동 1.5분, 연동 1.5분, 기계연동 2.0분, 통표 2.5분)
h : 열차상호간 최소 운전 시격
v : 고속열차 회수 비
v' : 저속열차 회수 비
r : 대피열차간 최소시격(저속→고속)
μ : 대피열차 출발 최소시격(고속→저속)

1.1.6 철도운전 이론중 열차저항

1. 열차저항 개요

가. 열차가 출발 또는 주행 시에는 항상 진행방향과 진행을 방해하는 반대방향으로 힘이 작용하는 것이 열차저항이며, 열차저항은 1[tf] 당의 [kgf]의 값으로 표시함

나. 열차저항의 인자는 크게 선로상태(구배의 크기, 곡선반경의 대소, 궤도의 형상, 도상의 두께, 보수형태의 양, 터널 등) 및 열차성능(견인력, 차량구조, 중량, 보수상태, 윤활유의 종류, 기온에 따른 감마유 점도변화 등의 요인)에 따라 좌우되므로 열차저항 감소를 위한 제반 기술적인 측면이 고려되어야 함

2. 열차저항의 종류

열차저항의 종류에는 출발저항, 주행저항, 구배저항, 곡선저항, 터널저항, 가속도저항 등이 있으며 총열차저항은 이러한 열차저항 인자의 총합으로 나타냄
즉, 총열차저항 식은 $R = R_S + R_r \pm R_g + R_c + R_t \cdots$[kg]으로 표시함.

가. 출발저항(R_s)

열차가 정지 상태에서 출발(기동)할 때 발생하는 저항으로 정지 상태에서 축과 축수, 기어 접촉부의 유막 파괴로 금속과 금속이 직접접촉 되어 마찰력이 증가하는데 차량의 종류 및 형태, 정지위치의 선로조건, 정차 시간 및 외부 기후조건에 따라 다양하게 발생됨

(1) 전출발저항 계산식 : $R_s = r_s \cdot W$

여기서, W : 동력차 총열차중량[ton]

r_s : 1톤당 출발저항[kg/t] (운전계획상 r_s값은 객차용열차 : 8, 화물열차 : 8, 전동열차 : 3을 적용)

(2) 열차저항 크기는 대략 30~40[sec] 정차 후 출발하는 경우에 전기기관차 10, 전동차 8, 객차 6, 화차 5[kg/t](단, 장시간 정차 시 15~20[kg/t] 적용)

나. 주행저항(R_r)

열차가 직선 평탄선로를 주행할 때, 진행방향과 반대로 작용하는 모든 저항(마찰저항)을 말하며 주행저항은 속도가 증가할수록 커짐

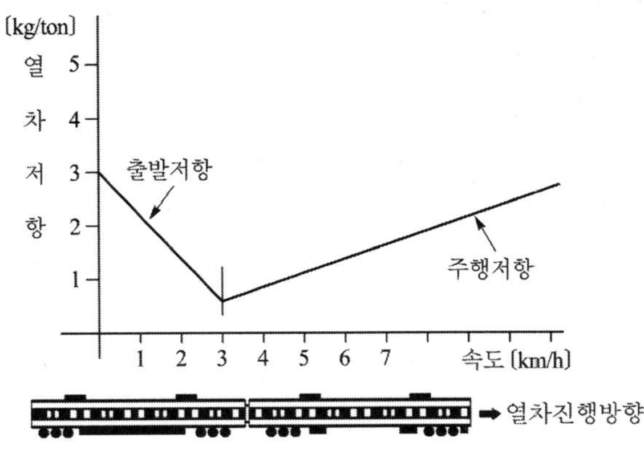

그림 1.1.4 출발저항 및 주행저항 곡선

(1) **발생원인** : 기계적 원인과 공기저항으로 구분함

① **기계적저항(마찰저항)** : 차축과 축수간 마찰에 의한 저항, 차륜과 레일간의 구름마찰저항, 차량동요에 의한 마찰저항

② **공기저항** : 차량전면의 풍압, 측면의 공기마찰력, 후면의 진공으로 인한 흡입 등의 저항이 발생함

(2) 주행저항 계산식 (= 마찰저항 + 공기저항) : $R_r = a + bV + cV^2$[kg/t]

여기서, R_r : 주행저항[kg/t], V : 주행속도[km/h], a, b, c : 상수

(3) KS R 9217 에 의한 주행저항 시험 방법(전동차 예시)

① 주행 시험은 시험구간에서 차량을 일정 속도를 유지한 상태에서 동력전달을 차단시킨 후 자연감속 상태(타행상태)로 하고, 정지할 때까지 주행속도, 주행거리를 반복하여 측정하는 방법 임.

② 측정 단위별 주행 저항 산출식은 아래와 같음.

$$R_r = 38.58\,(1+x)\,\frac{(V_0^2 - V_1^{\,2})}{S} - R_e\ [\text{kg/t}]$$

여기서, V_0 : 타행 초기 속도[km/h]

V_1 : 타행 후기 속도[km/h]

S : 이동거리[m]

R_e : 주변영향에 의한 보정계수[N/t]

x : 관성계수(전동차 0.09, 부수차 0.065, 디젤기관차 0.06, 전기기관차 0.12~1.19, 일반열차 0.06, 객화차 0.05)

다. 구배저항(R_g)

열차가 구배(기울기)를 운전할 때는 지구의 중력에 반하여 진행하므로 추가 견인력이 필요한 저항을 구배저항이라 함

(1) 발생원인 : 구배저항은 열차 진행방향에 따라 상구배, 하구배라 칭하며 지구중력에 의해 발생되므로 열차중량과 구배에 정비례하여 증가함

(2) 구배저항의 계산식 : $R_g = W \cdot \sin\theta$[kg/t]

이때, θ는 일반적으로 매우 작으므로 $\sin\theta \fallingdotseq \tan\theta$로 가정하면,

$$\therefore\ R_g = W\sin\theta \fallingdotseq W\tan\theta = W\cdot\frac{h}{1000}[\text{kg/t}] = \pm\, W\cdot n[\text{kg/t}]$$

여기서, R_g는 구배저항, h는 구배높이, n은 구배[‰]

W : 열차중량, θ : 구배경사각

상구배는 열차에 대하여 저항이 되지만, 하구배는 가속력이 되므로 상구배는 정극성(+), 하구배는 부극성(−)으로 함

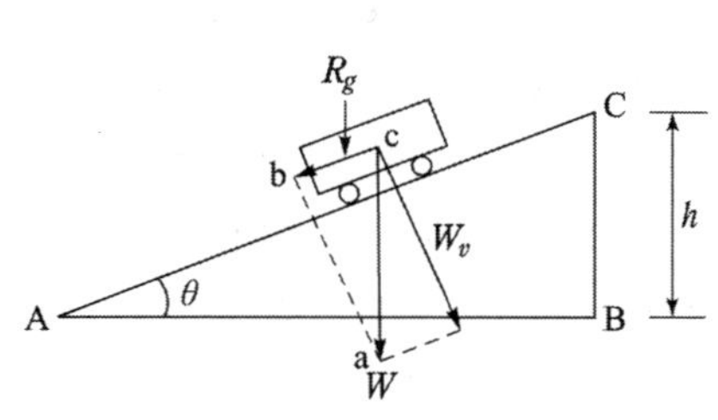

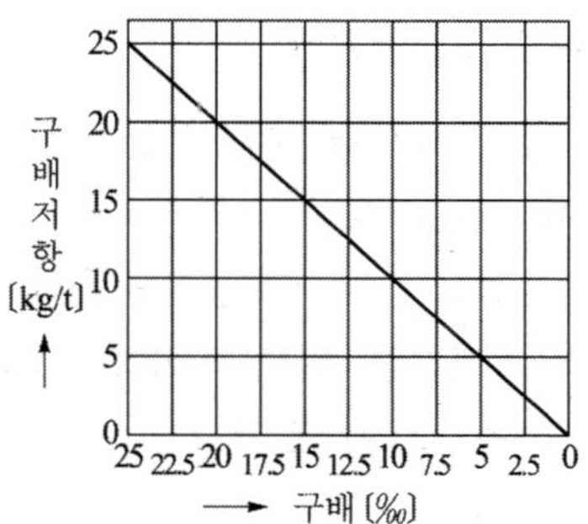

(여기서, R_g : 구배저항, W : 열차중량, θ : 구배경사각)

그림 1.1.5 구배저항 개념도

라. 곡선저항(R_c)

열차가 곡선구간을 주행할 경우 관성 및 원심력에 의하여 곡선외측 접선방향으로 지속하려는 힘의 작용에 따라 레일과 차륜간에 발생되는 마찰저항을 총칭하여 곡선저항이라고 함

(1) 발생원인

① 원심력에 의한 차륜 플랜지와 레일 측부 두부의 마찰

② 내측차륜과 외측차륜의 주행길이가 달라 차륜이 레일상부를 미끄러져 미끄럼 마찰발생

③ 원심력에 의한 대차 회전부의 마찰

(2) 곡선저항 계산식 : $R_c = \dfrac{K}{R}$[kg/t]

여기서, R_c : 곡선저항, K : 상수(약 600~800정도), R : 곡선반경

마. 터널저항(R_t)

열차가 터널 내를 운전 시 터널 내 공기압력은 열차 진행방향에 따라 압축과 팽창이 반복되는 파동 형태로 변동되어 열차진행을 방해하는 힘으로 작용되는 저항을 터널저항이라 함

(1) 기존선의 터널저항 계산식 : $R_t = r_t \times W$

여기서, R_t : 터널저항, W : 열차중량

r_t : 톤당 터널저항(단선터널 2[kg/t], 복선터널 1[kg/t])

(2) 터널저항의 크기는 터널단면의 형상 및 크기, 터널의 길이, 열차속도에 따라 좌우됨

바. 가속도 저항(R_a)

정지한 열차가 출발후 일정속도에 도달할 때까지는 출발저항, 주행저항, 구배저항, 터널 및 곡선저항을 극복하고 가속하여야 한다. 이때 저항과 견인력이 같으면 열차는 등속운동을 하며 이 등속운동의 속도를 넘으려면 견인력이 추가로 필요하고 추가 견인력은 가속을 위해 극복해야 하는 저항으로 볼 수 있으므로 가속도 저항이라 함

(1) 가속도저항 크기

① 가속할 때의 힘 : $F_a = \dfrac{1000\,W}{9.8} \times \dfrac{1000}{3600} \times a = 28.35\,a\,W[\mathrm{kg}]$

② 실제적용 가속도 저항 : $R_a \;=\; 28.35\,(1+x)\,a\,W\,[\mathrm{kg/t}]$

여기서, R_a : 가속도 저항, a : 가속도[km/h/s], x : 관성계수
W : 열차 총중량

(2) 가속력

열차의 견인력에서 열차저항을 제외한 힘으로 열차를 가속하기 위해 이용하는 힘을 말함. 즉 일정한 차종 및 열차편성에 대한 견인중량을 견인하여 선로상을 주행할 때 동력차의 견인력에서 총열차저항을 제외하고 가속을 위하여 이용되는 힘을 가속력이라고 하고, 견인력과 가감속도는 다음과 같은 관계가 있음

- ❑ 견인력 > 총열차저항 ➪ 가속도(시간에 대한 속도변화율)
- ❑ 견인력 = 총열차저항 ➪ 균형속도
- ❑ 견인력 < 총열차저항 ➪ 감속도(제동도)

3. 열차저항을 고려한 속도와 브레이크 힘과의 관계

가. 열차감속을 위해서는 속도를 낮추고 제동력을 가해야 하며 최소한의 에너지를 투입하여 승차감을 해치지 않는 범위의 적정 제동거리를 확보해야 함

나. 열차의 견인력

(1) 물체에 힘이 작용하면 그 힘의 방향으로 힘의 크기에 비례하고 물체의 질량에 반비례하는 가속도가 발생하는 “뉴튼의 운동 제2법칙”에 의하여 $a \propto \dfrac{F}{m}$이므로 $F = m\,a\,[\mathrm{N}]$이 성립됨.(단, m = 질량[kg], a = 가속도[m/s^2])

(2) 따라서, 열차의 견인력은 W를 관성중량 이라고 하고 [N·kg·m/s^2]의 단위를 [kgf·ton·km/h/s]의 단위로 환산하면 아래와 같음.

$$F = \frac{1}{9.8} \times 1{,}000\,W \times \frac{1000}{3600} \times a \;=\; 28.35\,a \cdot W[\mathrm{kgf}]$$

다. 제동력과 감속도

(1) 제동력이란 제동작용(브레이크력)에 의하여 진행하고 있는 열차의 속도를 낮추는 힘을 말하며, 제동력은 점착견인력 보다 작거나 같아야 미끄럼이 발생하지 않음.
(2) 제동을 사용하여 열차를 감속하기 위한 감속력은 제동력(브레이크력)과 타행시 전 열차저항의 합이 되므로

감속력 : $F_D = B + (R_r \pm R_g + R_c)[\mathrm{kg}]$

여기서, B : 제동력[kg], $(R_r \pm R_g + R_c)$: 타행시 총열차저항[kg/t]

(3) 감속을 시작하는 타행부분에서는 견인력이 0가 되므로, 감속도 D는 제동도 [km/h/s]로 다음과 같이 나타낼 수 있음.

$$\therefore \text{ 감속도 } D = \frac{R_r \pm R_g + R_c}{28.35(1+x)} [\mathrm{km/h/s}]$$

4. 열차저항 저감 대책

가. 차량중량을 작게 하고 축수 및 베어링 마찰저항을 적게 함
나. 궤도표면을 매끄럽게 하여 차량동요를 감소하고 점착견인력을 증대
나. 대차를 감싸고, 차량 사이의 간격을 줄여 공기마찰저항을 감소
다. 차량이 유선형의 전두부와 후미부를 가지도록 할 것
라. 열차당 팬터그래프수를 줄여 공기저항을 감소할 것
마. 선로의 곡선반경을 크게 하고, 구배(기울기)를 완만하게 할 것
사. 동력차의 견인력을 증가할 것

5. 열차 주행저항의 측정 방법

가. 서로 다른 속도에서 주전동기의 입력을 측정하고 주전동기 특성 곡선에서 속도에 대응하는 견인력을 구해 역행 시의 주행저항으로 취하는 방법
나. 기울기가 없는 평편한 선로에서 열차를 타행시켜 감속력에서 열차저항을 계산하고 이것을 타행 시 주행저항으로 취하는 방법

1.1.7 철도 속도향상의 제약요인과 대책

1. 개요

현대의 철도수송은 여객과 화물에 있어서 자동차, 항공기, 선박 등 타교통수단과 경쟁관계에 있어 세계가 경쟁적으로 철도속도 향상을 위한 노력과 차세대 교통수단에 대한 첨단기술 개발에 최선을 다하고 있으며, 국내도 300[km/h] 이상의 고속철도를 운용 중에 있고 일반철도의 주요 간선도 전철화 및 선로개량 등 시스템 개량으로 속도 향상 방안을 적극적으로 추진하고 있음

2. 열차속도 향상의 제약 요인

열차속도는 표정속도, 평균속도, 최고속도 등이 있으나 이는 대상선구의 차량, 궤도, 전력 및 신호등의 성능과 유지보수 수준에 의하여 결정되어 지는 하드웨어적 요소와 운전설비, 영업정책 등 운영과 관련된 소프트웨어적 요소를 가지고 있음

가. 차량성능 및 브레이크력에 의한 속도제한

(1) 차량의 주행저항은 속도의 제곱에 비례하고, 점착계수가 감소하여 점착운전에 의한 최고속도는 약 380[km/h] 정도로 예상하여 차량의 성능을 개선하여도 점착구동력 이상의 동력은 불필요하여 속도제한을 받게 됨

(2) 차량은 규정된 최대허용 브레이크 거리를 초과하지 않고 주행 안전성과 승차감을 해치지 않도록 각종 제동 시스템을 조합하여 정지하도록 하고 있으나, 속도가 증가하면 제동거리도 증가해야 하므로 브레이크 성능을 대폭 향상시키지 않으면 최고속도가 제약받을 수밖에 없음

나. 선로곡선 및 궤도에 의한 속도제한

(1) 선로곡선 속도 : 열차의 곡선 통과 시 원심력에 의한 전복위험성 및 승차감 악화 문제 해소를 위하여 곡선반경에 따라 속도제한 규정을 두고 있음

(2) 분기기 통과속도 : 분기기상에서는 크로싱 강도, 텅레일의 구조, 가드레일 등의 배면횡압 등을 종합하여 분기기 종별에 따라 속도 제한을 둠.

(3) 궤도파괴 한계 : 궤도파괴를 일으키는 열차하중은 통과 톤수, 축중 또는 스프링하중량에 의해 변화하나 속도증가에 따라 정밀도가 높은 궤도를 유지하여 궤도파괴의 진행을 억제하여야 함

다. 기타 기술적인 측면

(1) 집전성능 : 전차선과 팬터그래프는 상호 접촉하여 하나의 진동계를 구성하고 있

어 속도가 높아지면 경점, 풍압, 진동 등의 영향으로 이선하게 되어 전차선과 팬터의 손상은 물론 정상적인 집전이 이루어지지 못하므로 속도에 따른 전차선과 집전장치의 개선이 필요하게 됨

(2) 소음 : 열차소음은 차륜과 레일 사이의 전도음, 차체가 공력을 가르는 차체공력음, 팬터그래프와 전차선 사이의 집전계음, 시설물에 의한 구조물음 등이 철도주변에 많은 영향을 주어 소음증가에 대한 대책이 요구됨

(3) 가감속 성능 : 곡선 등에서 속도제한은 불가피하나 속도제한 구역 전후에서 최대한 신속하게 가감속하는 것이 시간단축에 유리하나, 가속력을 높이려면 차량의 출력을 높여야하고 전철변전소의 용량 증가 등의 요인이 있으므로 경제성을 충분히 고려하여 설정하여야 함

3. 열차속도 향상 대책

열차속도 향상은 표정속도를 향상하는 것으로서, 이러한 열차의 속도향상 대책으로는 고속철도와 같이 신선을 건설하여 속도를 향상하는 방안과 기존선 시스템의 개량 등을 통한 방법이 있어 차량, 궤도, 전력 및 신호통신 등 철도시스템 특성상 각 분야의 기술집약적 첨단기술이 동시에 발전할 수 있도록 최적의 투자효율을 창출할 수 있도록 대책을 강구하여야 함

가. 차량성능의 개선

(1) 주행성능, 제동성능, 주행안전성, 열차제어 등 고속, 저속, 여객, 화물 등 수송목적에 적합한 철도 차량의 개발

(2) 차륜·레일의 점착에 의하지 않는 전자흡착 브레이크 등의 개발

(3) 초고속 구간 등은 점착구동력을 이용하지 않는 자기부상 열차의 도입

나. 궤도구조 개량

(1) 레일의 중량화 및 장대화 : 레일변위, 소음방지 보수량 경감

(2) 분기기 등 궤도각부의 개량 : Nose부의 가동화 및 분기기 탄성화

(3) 도상 두께의 증대 : 노반면의 압력저하로 진동완화

다. 곡선및 구배의 속도향상

(1) 궤도의 직선화, 곡선반경 완화 및 완화곡선의 연장

(2) 곡선반경에 따른 캔트 및 캔트 부족량의 재설정

(3) 곡선부 고속 주행이 가능한 틸팅 열차의 기술 도입

라. 기타 기술적 측면의 개선

(1) 건널목 해소 및 가시거리 제한으로부터 오는 브레이크 거리 제한을 없앨 수 있는 고속용 신호 시스템의 개량 및 도입(ATC, ATP, MBS)

(2) 고속화에 적합한 집전 성능이 우수한 팬터그래프의 개발 및 팬터그래프 커버 부착 또는 팬터그래프 숫자 최소화

(3) 전차선의 집전속도가 파동전파속도의 60~70[%] 정도임을 감안하여 집전속도 향상을 위한 경량・고장력 커터너리 시스템 개발

4. 철도의 속도향상 효과

가. 철도수송력 증대 및 철도 수입 증대로 경영 개선
나. 타 교통 수단과 상대적 경쟁력 확보로 철도경쟁력 강화
다. 에너지 효율화 및 친환경 대중교통 수단으로 국가 물류비 절감
라. 고객 만족도 향상 및 지역균형 발전 도모
마. 관련 산업의 기술발전등 사회적, 문화적, 경제적, 부가가치 창출

1.1.8 전기차의 견인력 및 점착계수

1. 개요

최근 철도차량은 대부분 전기차로 전차선에 공급된 전력을 집전장치(Pantagraph)로 집전하여 주(견인)전동기를 구동해 차량을 움직이게 하는 것으로, **견인력이란 동력차가 객차와 화차로 연결된 열차를 끄는 힘**을 말하며, 열차의 견인력은 차륜과 레일의 점착계수 또는 점착력과 밀접한 상관 관계가 있어 이를 살펴보기로 함

2. 견인력

견인력이란 동력차가 객차와 화차로 연결된 열차를 끄는 힘을 말하며, 전기동력차의 견인력(인장력)은 차량 주전동기의 전기자에 발생하는 토크가 동륜에 전달되어 동륜단면 또는 연결기에 작용하는 인장력을 말함

가. 견인력의 종류

(1) 지시견인력(주전동기 견인력) : 전기자의 발생 토크가 치차, 축수 등의 동력전달 장치에서 손실이 없는 것으로 가정한 동륜에 작용하는 견인력.

(2) **동륜주 견인력** : 주전동기의 발생토크에서 동력전달 장치 손실을 제외한 견인력.

(3) **인장봉견인력** : 전기차의 연결기에 작용하는 견인력으로 동력차의 열차저항을 제외한 견인력으로 유효견인력이라고 함

(4) **정격견인력** : 주전동기의 정격전압, 정격전류에서의 지시견인력으로 1시간 정격 견인력, 연속정격 견인력으로 구분함

(5) **유효견인력** : 열차운전에 유효하게 작용하는 견인력으로 인장봉견인력과 같음

나. 유효견인력

열차운전에 유효하게 작용하는 견인력으로 인장봉견인력이라 하기도 하며 아래와 같이 3가지로 구분함

(1) 주전동기의 운전특성에 의해 제한되는 특성견인력

(2) 열차 기동 시 주전동기의 기동 평균전류에 의해 제한되는 기동견인력

(3) 차륜과 레일사이의 마찰력(점착력)에 의해 제한되는 견인력으로 동륜이 공전을 시작하기 직전의 최대견인력 등이 있음

3. 점착력

가. 철도차량은 동륜에 견인력이 작용하면 동륜단면과 레일사이에 마찰력이 발생하여 움직이게 되는데, 차량이 견인모터나 엔진크랭크축의 회전력으로 차륜을 회전시켜 추진력을 얻을 때 차륜과 레일의 접촉부분의 마찰력에 의하여 작용하는 최대 접선력을 점착력이라 함

나. 동륜이 회전을 시작하기 직전의 마찰력이 점착견인력이며, 점착중량과 점착계수에 의하여 다음 식과 같음

점착견인력(F_0)는 $F_0 = 1{,}000\mu_0 W_0 [\text{kg}]$

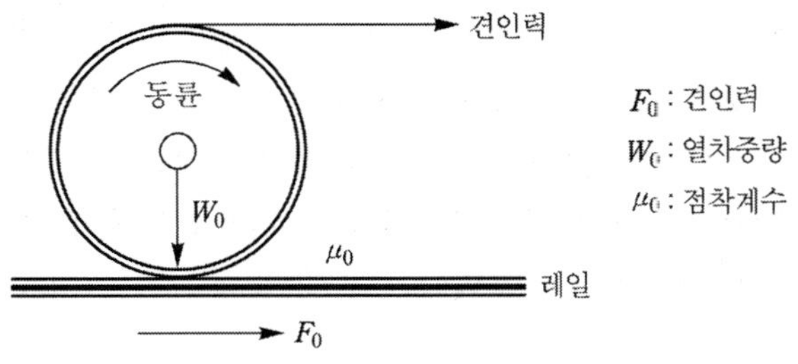

그림 1.1.6 점착 개념도

다. 점착견인력을 크게 하는 방법

(1) 점착 견인력 $F_0 = 1,000\mu_0 W_0$ 식에서 보는 바와 같이 레일면과 차륜 답면의 청결을 유지하고, 필요한 경우 모래를 살포하여 점착계수(μ_0)를 크게 함

(2) 축중 중량(W_0)을 크게 하고, 필요한 경우 사하중을 적재함

(3) 축중의 불균형 및 노치단계를 작게 함

(4) 2개 이상의 동륜을 연결봉 또는 치차에 의하여 연결

4. 점착계수(μ_0)

가. 레일과 차륜 사이에 상호작용하는 기계적인 마찰의 정도를 표시하는 계수로 열차의 추진력은 점착력(마찰력)에 의해 발생되며, 이때의 정지마찰 계수를 점착계수라고 함

나. 점착계수는 답면의 상태, 날씨 등에 따라 크게 달라지며, 건조한 레일의 경우 약 30~35[%]로 높고, 오염된 레일의 경우 10[%] 미만의 불량한 점착계수에서는 구배 운행이 어렵거나 정확한 위치 정차가 불가능 하는 등의 문제가 있음

다. 레일의 상태에 따라 점착에 불리하게 작용하는 요소에는 레일의 접합부, 레일의 굴음면의 비균일, 곡선과 곡선부의 진입과 출구, 큰 캔트 및 곡선이 캔트에 상응하는 이론 속도를 넘지 못할 때 등이 있음

5. 축중보상

가. 전기차가 객차 및 화차를 견인하여 기동하는 경우 또는 운전 중에 선로상태에 변화가 있을 때는 각 동축의 축중은 균일하게 분포되지만 각 축위 위치에 따라 불균형을 이룸

나. 축중위 불균형에 대하여 주전동기의 토크 또는 축중을 가감시켜 공회전을 방지하는 방법을 축중 보상법이라 하고 고성능 전기기관차 등에는 높은 점착력을 얻기 위해 적용하고 있음

다. **축중보상 방법**으로는 전기적 보상법과 기계적 보상방법이 있음

(1) 전기적 보상법 : 주전동기 전기자 전류를 일정하게 하고 축중이 가벼운 주전동기의 계자를 약화시켜 토크를 줄이는 방법으로 토크를 축중에 따라서 전기적으로 조정하여 축중과 토크의 비를 일정하게 유지하도록 하는 방법

(2) 기계적 보상법 : 차체에 공기실린더를 설치하여 축중이 가볍게 되는 대차틀을 아래로 눌러 압력을 가하는 방법

1.1.9 전기동력차의 운전선도 및 전력소비량

1. 개요

가. 열차운전 중의 속도, 시간, 주행거리, 전류, 전력량 등의 상호 관계를 도표로 표시한 것을 일반적으로 "운전선도" 또는 "운전곡선"이라 함

나. 열차운전 패턴은 운전선도로 표시 할 수 있으며 횡축에 시간을 종축에 속도를 표시한 "속도-시간 곡선"이 있음

다. 이러한 운전선도, 속도-시간 곡선을 통하여 전기차의 소비전력량 및 전력소비량 감소를 위한 운전조건, 차량조건, 선로조건과 전력소비량에 대하여 기술함

2. 속도-시간-거리 곡선

가. 운전선도(그림 1.1.7)에서

(1) 평균속도 = $\frac{BD}{AB}$

(2) 표정속도 = $\frac{BD}{AC}$

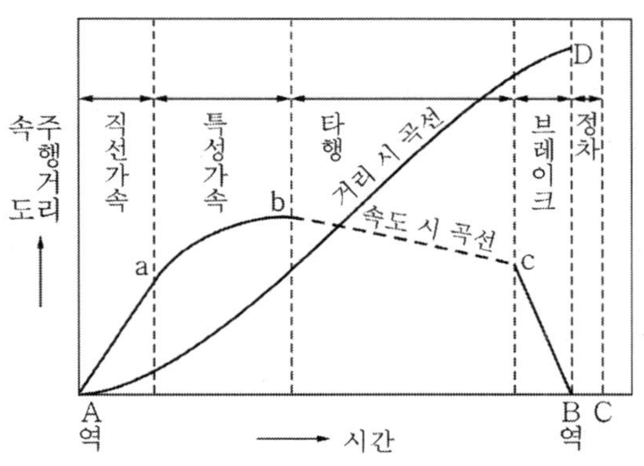

그림 1.1.7 속도-시간, 거리-시간 곡선도

나. 직선 가속구간(a) ⇨ 주전동기가 가동하게 되며 전류가 일정하게 유지되어 가속도가 일정한 직선에 가까움.

다. 특성가속구간(b) ⇨ 노치의 최종단에 이르기까지 전기차의 특성곡선에 따라 가속되는 부분으로 유효견인력과 열차저항이 같으면 "균형속도"가 됨

라. 타행구간(c) ⇨ 전류가 차단되면 열차는 타력 운전하며 점차 감속하여 운동 에너지가 소멸되어 정지하게 됨

마. 제동구간(D) ➪ 열차제동 체결 → 열차정지

바. 속도−시간, 거리−시간 곡선의 이용

(1) 운전 시격의 결정

(2) 주행열차와의 간격 및 대피시분, 반복시분의 결정

(3) 신호기의 설치위치 결정 등에 사용함

3. 전력소비량의 계산

가. 전류−시간 곡선

(1) 전기차의 시간을 기준으로 시간과 전류관계를 나타냄

(2) 직선가속부분에서는 직렬 노치에서 병렬노치로 진행하면 선로 전류가 배로 됨

(3) 특성가속 부분에서는 전류가 감소하다 노치오프(Notch off)하면 타행으로 운전 되어 전류는 차단(0)이 됨

나. 전력−시간 곡선

(1) 전류 시간곡선을 근거로 전차선 전압(E)와 전류(I)값으로 전력을 나타냄

(2) 전력−시간곡선의 면적은 전력량에 비례함

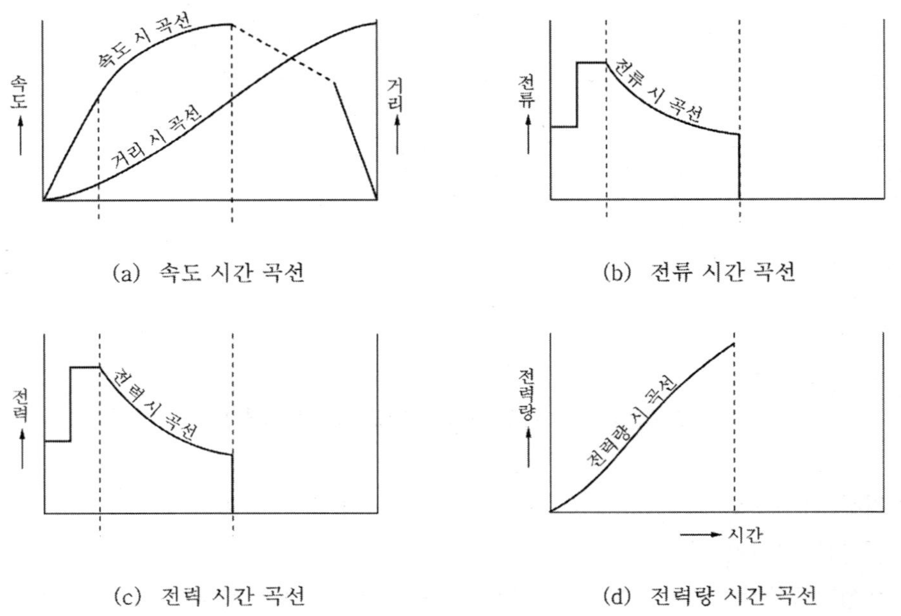

그림 1.1.8 속도 · 전류 · 전력−시간 곡선도

다. 전력량-시간곡선

(1) 전력량-시간 곡선은 시간을 횡축, 전력량을 종축에 표시하여 누계 전력소비량을 표시함

(2) 전력소비량= $\frac{\text{곡선전면적}}{\text{단위면적}}$ ×단위면적표시 전력량

라. 전력소비량의 계산

$$\text{소비 전력량 : } P = \frac{E \cdot I}{1{,}000} \times \frac{t}{3{,}600} \text{ [kWh]}$$

여기서, E : 전차선 전압[V], t : 소요시분$(t_2 - t_1)$[sec]

I : 속도 V_1에서 V_2 사이의 평균전류 $= \frac{1}{2}(I_1 + I_2)$ [A]

I_1 : 속도 V_1일 때 전류, I_2 : 속도 V_2일 때 전류

t_1 : 기동 후 속도 V_1 때 시간, t_2 : 기동 후 속도 V_2 때 시간

4. 전력소비를 적게하기 위한 방안(전력소비량과 열차운전)

동일한 전기차의 경우에는 속도, 가속도, 제동도 등의 운전조건 및 차량조건, 선로조건에 따라 전력소비량은 변화하므로 전력에너지 절약방안을 위한 조건에 대하여 기술함

가. 운전조건 측면

(1) **가속도를 크게 함** : 역행 시간이 짧고 타행시간이 길어 전력소비량 감소하지만, 너무 큰 경우 기동 시나 역행 시 공전(Slip)현상 발생 및 주전동기 정류불량 섬락 발생하고, 변전소 부하변동이 극심하여 최대(peak) 부하도 크게 됨

(2) **제동도를 크게 함** : 제동도가 커지면 제동 시간이 짧아지고 타행시간이 길어져 전력소비량 감소하지만, 제동도가 너무 커지면 제동 시 차륜의 활주(Skid) 현상이 나타나 제동효과가 감소하고 답면에 편마모(flat) 발생

(3) **운전속도를 작게 함** : 운전 시간이 길어지나 역행 시간이 짧아서 전력소비량이 감소하게 됨

(4) **가감속도를 동시에 모두 크게 할 경우** : 열차의 타행거리가 길어져서 운전 시간 및 전력소비량 감소하나 승객이나 차량에 충격을 주어 승차감 저하됨

나. 차량 조건 측면

(1) 차량 중량을 가볍게 함 : 열차저항이 감소됨

(2) 역간거리가 짧은 경우 치차비를 크게, 역간거리가 먼 경우에는 치차비를 작게 함

(3) 회생제동에 의하여 전력소비량 감소 : 전력회생 제동 시 30[%] 절약 가능
(4) 직·병렬 제어 및 탭제어는 저항제어보다 전력소비량 절감
(5) 전기차의 자동제어시 운전기술 숙련도에 관계없이 전력소비량 감소

다. 선로 조건 측면

(1) 정차장의 위치를 높게 함 : 정차장에서의 기동 가속력 및 제동력이 작음
(2) 하구배에서 가속을 주는 경우 전력소비량 감소
(3) 역간거리가 짧으면 타행시간이 적어 전력소비량이 많고, 길면 타행시간이 길어 전력소비량이 감소함

1.1.10 철도차량의 에너지 절약방안

1. 개요

철도의 에너지 소비원 단위는 승용차의 20[%], 항공기의 25[%] 정도로 낮고 이산화탄소 배출량도 가장적은 고효율 교통수단으로 철도 에너지 절약추진에는 전철화에 의한 전기동력차 운전이 가장 크게 공헌하고 있어 철도의 주에너지 소비원인 철도차량에서의 에너지 절약 방안에 대하여 운전방식, 제어 및 제동방식, 수송효율 방안 등을 고려하여 기술함

2. 철도차량의 에너지 절약 방안

가. 운전방식 측면

철도차량의 에너지 소비는 열차의 가속에 의하여 소비되므로 전력을 끊고 주행하는 타력운전이 점유하는 비율을 높게 하는 급행운전 방식이 가장 효율이 좋고, 역간 거리가 짧은 경우 각역 정차운전에 따른 전력소비량이 많으므로 주요간선의 역간거리를 충분히 확보하는 방법을 고려할 수 있음

나. 차량속도 제어방식 측면

(1) 철도차량의 속도제어는 구형 전기차에서는 저항제어로 에너지 손실이 많았으나, 이후 반도체의 발전으로 쵸퍼제어를 채용하여 전력회생 브레이크를 사용하여 에너지 절약효과를 발휘하였음
(2) 최근 교류 주전동기를 사용하는 VVVF 인버터제어는 반도체 GTO 사이리스트 전류손실이 비교적 커서 IGBT 반도체 이용으로 다소 개선되었으나 향후 에너지 절약 연구와 기술개발을 지속적으로 추진하여야 함

다. 제동방식 측면

(1) 철도차량의 쵸퍼제어 사용 이후 교류 전동기 운전에서도 보편화된 전력회생브레이크는 타 열차의 동력에 효과적으로 사용되며, 자기열차의 공조 등의 서비스 전원 소비량의 증가에도 효과적임

(2) 회생전력 브레이크는 각 역 정차와 가속이 많은 구간의 열차에서는 경량화 차량이 에너지 절약효과가 크게 나타남

라. 수송효율 측면

철도수송은 에너지 절약 수송수단이나 대량수송 목적에 적합한 수송수요 및 수송량이 많은 경우를 말하며, 수송량이 적거나 승차율이 낮은 노선에서의 열차운행은 상대적으로 에너지 사용량이 많게 됨

마. 기타 : 디젤차의 에너지 절약과 크린(clean)화

디젤차량은 차량의 경량화와 전자제어 등으로 에너지 절약을 위한 노력을 기울여 왔으나 전기차와 달리 엔진브레이크 등에서 에너지를 회수할 수 없고 최근 고속화에 대한 요구가 높고 고출력 기관을 탑재하는 차량이 증가하게 되어 에너지절약 필요성이 높게되어 새로운 에너지 절약 시책으로 검토되는 기술이 하이브리드 시스템을 개발하여 디젤기관과 전동기를 병용하여 배기가스를 크린하게 하고, 배터리에 회생전력을 저장하는 방식 등이 고려되고 있음

3. 향후 방안

철도의 전력소비량은 열차의 고속화, 고밀도화 및 서비스 향상에 따라 급증하고 에너지 등 동력비 절감은 철도경영에 중요한 과제이며, 특히 에너지원을 대부분 수입에 의존하는 국내사정을 고려할 때 철도의 에너지 절약은 매우 중요한 사항으로 철도의 전철화 확대, 에너지 고효율 철도 시스템의 개발 및 디젤차량의 에너지 효율 극대화를 위한 노력과 연구를 지속적으로 추진하여야 함

기출문제

그림과 같은 4량 열차 편성에서 M(동력객차)의 차중은 대당 30톤, T_c (무동력 객차)의 차중은 대당 25톤이다. 현재 열차 속도는 시속 36.0[km/h] 이고 구배가 없는 직선 구간을 주행하고 있다. 이 열차를 공전(Slip)d이 일어나지 않는 최대견인력으로 견인할 때 10초 뒤의 시속을 구하시오. (127-1. 10점)
(단, 휠과 레일간의 점착계수는 0.2로 일정하고, 중력가속도는 9.8[km/s^2]로 한다)

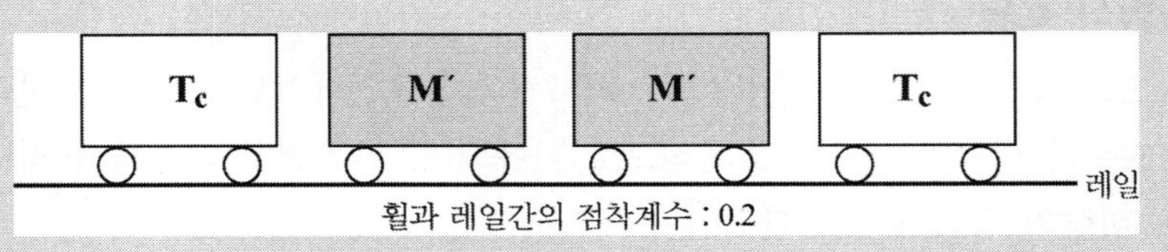

기출문제 풀이

1. 개 요

가. 열차 견인력은 전기동력차가 객차 또는 화차로 연결된 열차를 끄는 힘을 말하며, 열차의 견인력은 점착계수 등과 밀접한 관계가 있음.

나. 그림은 전동차 기준 최소 열차편성인 2M2T 4량 편성 기준으로 평탄 직선구간을 주행하여 속도를 상승시키는 조건이므로 주행저항과 가속도 저항을 고려하여야 함.

다. 이때 최대견인력은 점착견인력으로 점착중량(열차중량)과 점착계수에 의하여 결정되며, 식으로 나타내면 $F_0 = 1{,}000\,\mu_0\,W_0[\mathrm{kg}]$
여기서, μ_0 는 점착계수, W_0는 축중중량(동력차차중)

라. 열차의 가속력 : 열차의 견인력에서 열차저항을 넘는 힘으로 열차를 가속하기 위해 이용하는 힘을 말하며, 최대 견인력이 총열차저항 합보다 커야 가속도를 얻을 수 있음.

2. 적용 열차저항

가. 주행저항(R_r) 이란 평탄한 직선로를 무풍으로 운전할 때 발생하는 저항으로 주요인은 마찰저항과 공기저항 등이 있고, 전동차 등은 KS 규격에서 주행저항 시험을 하도록 정하고 있음.

$$R_r = a + bV + cV^2\,[\mathrm{kg/t}]$$

(여기서, 수도권 1호선 전동차 주행 시험 값 $a=11$, $b=0.14$, $c=0.016$를 적용)

주행저항 $R_r = 11 + 0.14 \times 36[\mathrm{km/h}] + 0.016 \times 36 \times 36 \fallingdotseq 37[\mathrm{kg/t}]$

나. 가속도 저항 : 열차 주행중 주행속도를 높이기 위해서는 동력차의 추가 견인력이 필요하고 가속을 위해 극복해야하는 저항을 말함.

(1) 가속도 저항 식은 $R_a = 28.35\,(1+x)\,a \cdot W[\mathrm{kg/Ton}]$ 식에서
(관성계수 x는 전동차이므로 약 0.1 적용하면)

$$R_a = 28.35(1+0.1) \times a \times 110[\text{톤}] \fallingdotseq 3{,}430a[\mathrm{kg/t}]$$

(2) 가속에 필요한 힘 $F_a = \dfrac{1{,}000\,W}{9.8} \times \dfrac{1{,}000\,a}{3{,}600} = 28.35a \cdot W[\mathrm{kg}]$

다. 가속에 필요한 힘은 주행저항과 가속도 저항을 합한 값보다 커야 하므로,

$$F_0 \ \geq \ (R_a + R_r)$$

(1) 열차(점착)견인력 $F_0 = 1{,}000\mu_0 W_0 = 1{,}000 \times 0.2 \times 60 = 12{,}000[\text{kg}]$
(여기서, μ_0 : 점착계수, W_0 : 동력차 무게[Ton])

(2) 가속견인력

$$12{,}000 \ \geq \ (37 + 3{,}430a) \text{에서}$$

$$\text{가속도} \ a = \frac{(12{,}000 - 37)}{3{,}430} = 3.48[\text{km/h/s}]$$

3. 10초 후의 속도는 주행속도에 가속도에 의한 속도를 합한 것이므로

$$V_2 = V_1 + at = 36 + (3.48 \times 10\text{초}) \fallingdotseq 71[\text{km/h}]$$

약 71[km/h]

1.2 ∘ 선로 및 궤도

1.2.1 철도궤도의 구성 3요소 및 도상의 구비조건

1. 궤도의 정의

궤도(軌道)란 "**도상(자갈, 콘크리트 등), 침목, 레일 혹은 그 부속품으로 구성된 열차 또는 차량의 이동로**"로 정의하며, 견고한 노반 위(시공기면)에 자갈 등으로 정해진 두께만큼의 도상을 깔고 도상 위에 일정한 간격으로 침목을 부설하여 두 개의 레일을 평행하게 고정시킨 구조로 레일, 침목, 도상을 궤도의 구성 3요소라고 함

2. 궤도의 구성 3요소(레일, 침목, 도상)

가. 레일

(1) 차량을 지지하고 차량(열차)의 운행을 유도하는 것으로 차량의 하중을 침목, 도상에 분포시키고 차륜이 탈선하지 않도록 안내하는 역할을 하며 신호전류, 궤도회로, 귀선로 등 전기회로 통로 역할을 함
(2) 레일의 종류는 단위길이(m)당 중량 [kg/m]으로 표시하며, 우리나라는 주로 50[kg/m] 및 60[kg/m] 레일을 사용함
(3) 레일의 길이는 20~25[m](단척레일), 25~200[m](정척레일), 200[m] 이상(장대레일)로 분류하며, 마모, 강도 및 부식에 강해야 하고 용접이 가능해야 함

나. 침목

(1) 레일의 위치를 고정시켜 주고 차량으로부터 받은 하중을 도상에 전달.

(2) 침목은 주로 목(木)침목과 PC(Prestressed Concrete)침목이 사용되고 있으며, 최근에는 다양한 재질의 침목이 개발되고 있는 추세임

다. 도상(Ballester)

(1) 도상이란 "레일 및 침목으로부터 전달되는 차량하중을 노반에 넓게 분산 시키고 침목을 일정한 위치에 고정시키는 기능을 하는 자갈 또는 콘크리트 등의 재료"를 말하며, 침목을 탄성적으로 지지하고 충격력을 완화하여 선로의 파괴를 줄이고 승차감을 좋게 할 수 있음

(2) 철도의 도상은 대부분 자갈도상 이였으나 지하철과 고속철도를 비롯하여 일반철도에도 자갈도상의 분진 등 환경적인 측면과 궤도의 성력화(省力化)를 위하여 콘크리트 도상 및 Slab 도상이 점차 증가하는 추세에 있음

3. 도상의 역할 및 구비조건

가. 레일 침목을 면틀림 없이 소정위치에 고정하여야 하고, 침목 등에서 전달되는 하중을 널리 그리고 균일하게 분산시켜야 함

나. 열차의 횡압 및 레일온도 상승에 수반한 장출에 저항하는 등 수평저항력이 커야 함

다. 침목과 레일을 탄성적으로 지지하여 차량충격 완화, 궤도의 열화를 경감하여 쾌적한 승차감을 도모하여야 함

라. 배수 등이 양호하여 침하 또는 동상이 발생하지 않아야 하고 잡초 방지

마. 궤도정비 작업이 용이하며 재료공급이 연속적이고 경제적이어야 함

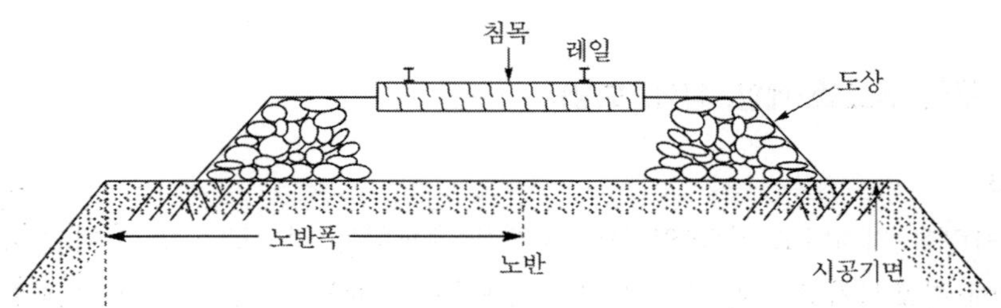

※ **시공기면** : 철도차량을 주행 시키는 선로(Railway)는 보통 궤도(軌道)와 노반(路盤 : Road Bed)으로 분류하며, 노반의 높이를 나타내는 기준면을 시공기면(施工基面 : Formation Level)이라 함

그림 1.2.1 궤도 노반의 구조

1.2.2 정거장 구내 측선 종류 및 궤도 중심간격 선정기준

1. 선로의 정의

선로(線路)의 정의는 "**차량을 운행하기 위한 궤도와 이를 지지하는 노반으로 구성된 시설**"을 말하며, 열차 또는 차량을 운행하기 위한 전용통로의 통칭으로 선로 중심부분으로써 도상, 침목, 레일과 그 부속품으로 이루어진 궤도, 도상을 지지하는 노반과 이에 부속된 선로 구조물로 구성되어짐

2. 선로의 본선 및 측선 정의

가. **본선** : 정거장구내에서 열차의 출발, 도착, 통과에 이용되는 선로, 본선중 중요한 선로를 주본선, 그 외는 부본선으로 정의하며 본선의 종류는 상본선, 하본선, 여객본선, 화물본선, 도착선, 통과선, 출발선, 대피선 등을 말함

나. **측선** : 정거장에서 본선 이외의 모든 선로를 말함

3. 측선의 종류

가. **유치선(storage track)** ⇨ 차량을 일시 유치하는 선로로서 객차유치선, 화차유치선, 기관차유치선, 전차유치선 등이 있음

나. **입환선(shunting track)** ⇨ 여러 대의 차량을 서로 연결하여 열차를 조성·분리하는 입환작업을 하는 측선으로 여러 개의 선로가 나란히 부설됨

다. **인상선(drill track)** ⇨ 입환선을 사용하여 차량입환을 할 경우 이들 차량을 인상하기 위한 측선으로 인출선이라고도 함

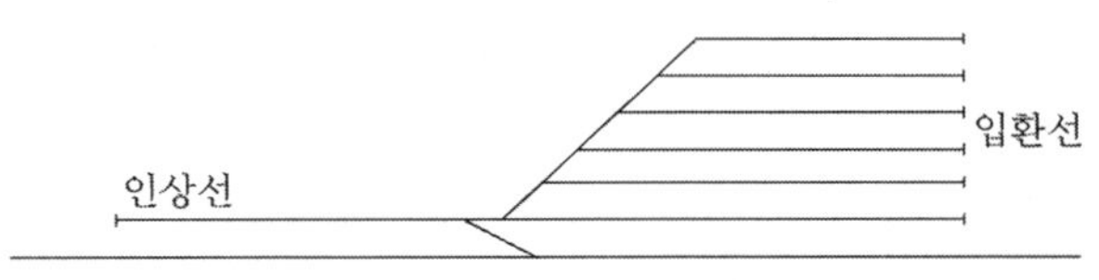

그림 1.2.2 인상선 및 입환선

라. **화물적하선(loading track)** ⇨ 화차를 열차에서 분리시켜 화물홈에 차입(差入)하여 화물의 적재 및 하차작업을 하는 측선.

마. **세차선(washing track)** ⇨ 차량의 차체를 세척하기 위하여 사용되는 측선.

바. **검사선(inspecting track)** ⇨ 차량을 정기적으로 검사하기 위하여 사용하는 측선.

사. 수선선(repair track) ⇨ 차량의 수선작업을 수시로 하는 측선

아. 기회선(engine running track) ⇨ 기관차를 바꾸어 달거나, 기관차를 회송할 경우 정거장 구내에서 기관차 전용통로로 사용하는 측선

자. 기대선(engine waiting track) ⇨ 기관차대기선으로 기관차를 바꾸어 달 때 열차가 착발하는 본선 근처에서 기관차가 일시 대기하는 측선

차. 안전측선(safety siding) ⇨ 정거장에서 2개 이상의 열차 또는 차량이 동시에 진입할 때 과주로 인한 충돌등의 사고를 방지하기 위하여 설치한 측선

카. 피난측선(catch siding) ⇨ 정거장에 근접하여 급 기울기가 있을 경우 차량고장, 운전부주의 등으로 일주하거나 연결기 절단 등으로 역행하여 정거장의 다른 열차나 차량과 충돌하는 사고를 방지하기 위하여 설치하는 측선

4. 궤도(선로) 중심간격(Distance between centers of track)

가. 중심간격 선정기준

(1) 평행하게 인접하는 궤도가 2선(복선) 이상 부설되는 경우 열차교행, 선로입환, 차량정비 등에 안전한 작업공간(Safety Zone)을 확보하며, 교행시 승객이나 승무원의 위험이 없도록 궤도 간에 일정한 거리를 두는 것

(2) 궤도 사이에 가공전차선 지주, 신호기, 급수주 등을 설치하는 경우 해당 부분만큼 확대하나, 선로중심 간격이 너무 넓게 되면 용지비와 건설비가 증대하므로 일정한 도를 정하여 설치함

나. 국내의 선로중심간격

(1) 정거장 구내 : 상호 4.3[m] 이상(선로 사이에 전철주, 신호기주 등의 설치장소는 그 부분만큼 확대함)

(2) 정거장 이외 구간의 선로중심 간격은 표 1.2.1과 같음

(3) 곡선구간 : 곡선부 건축한계 확대량을 더하여 확대함

표 1.2.1 정거장이외 선로중심간격

설계속도 V (km/h)	궤도의 최소 중심간격 (m)	비 고
$250 < V \leq 350$	4.5	※ 궤도중심 간격이 4.3[m] 미만 구간에 3개 이상 선로를 나란히 설치하는 경우에는 인접하는 궤도 중심 간격 중 하나는 4.3[m] 이상으로 함
$150 < V \leq 250$	4.3	
$70 < V \leq 150$	4.0	
$V \leq 70$	3.8	

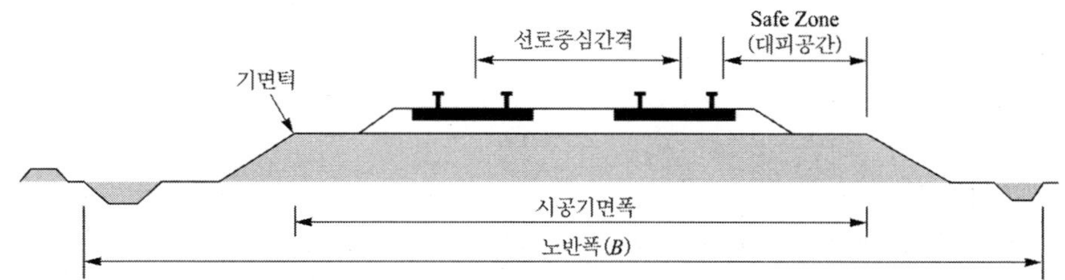

그림 1.2.3 궤도(선로) 중심간격

1.2.3 선로의 구배(기울기) 종류와 종곡선

1. 선로의 구배(기울기, grade)

선로의 구배(기울기)는 수평거리에 대한 고저차를 나타내며, 상구배는 열차속도 저하, 견인열차 중량의 제한, 열차저항의 증가에 의한 운전비용 증가 등 수송력에 직접적인 영향을 주게 되므로 가능한 완만하게 설치하는 것이 좋으나, 수평으로 하려면 터널, 교량, 토공 등 과도한 건설비가 소요되어 자연 지반을 따라 건설하다 보면 상구배, 하구배 등의 기울기가 필연적으로 발생하게 됨

2. 선로 기울기의 종류

가. 최급기울기(maximum grade)

열차 운전 구간 중 가장 경사가 심한 기울기

나. 제한기울기(ruling grade)

운전구간의 기관차의 견인정수(견인중량)를 제한하는 기울기

다. 타력기울기(momentum grade)

열차의 타력에 의하여 통과 할 수 있는 기울기로 제한기울기 보다 크더라도 그 연장이 짧은 경우 적용

라. 표준기울기(standard grade)

열차운전 계획상 정거장 사이마다 조정된 기울기로 역간에 임의 지점간의 거리 1[km]의 연장 중 가장 급한 기울기를 말함

마. 가상기울기(virtual grade)

기울기선을 운전하는 열차의 속도변화를 기울기로 환산하여 실제의 기울기에다 대수적으로 가산한 것을 가상기울기라 하고 열차운전 시분에 적용

바. 최완기울기

터널 내에서 배수를 고려하여 두는 최소한의 기울기(일본)

3. 선로 기울기의 표시방법

가. 천분율(permillage of permill)

수평거리 1,000에 대한 기울기의 고저차로 단위는 [‰]로 표시하며 대부분 국가에서 사용하며, 우리나라도 구배(기울기)의 단위로 사용하고 있음

나. 백분율(percentage of percent)

수평거리 100에 대한 고저차로 단위는 [%]로 미국철도 또는 도로에서 사용

다. 고저차

주로 영국에서 사용하며 수평거리를 분모로 하여 고저차와 수평거리의 비율로 표시하고 있음

4. 선로등급별 기울기 한도

일반철도의 최급기울기는 아래 표와 같고, 전동차 전용선로의 경우에는 등급에 관계없이 그 한도를 1000분의 35로 함

표 1.2.2 일반철도 선로 기울기

선로등급	최급기울기	정거장 전후 부득이한 경우
고속선	1000분의 25	–
1급선	1000분의 10	1000분의 15
2급선	1000분의 12.5	1000분의 15
3급선	1000분의 15	1000분의 20
4급선	1000분의 25	1000분의 30

5. 기울기 변화점의 종곡선

가. 종곡선 필요성

종곡선(Vertical Curve)이란 "**차량이 선로 기울기의 변경지점을 원활하게 통과하도록 선로 구배 변경지점에 종단면 방향(수직방향)으로 곡선을 두어 구배을 완화시**

키는 곡선"을 말하며, 선로의 기울기(구배) 변화점에서는 통과열차 전·후에 인장력과 압축력이 작용하여 연결부 손상 및 차량부상(浮上)으로 탈선 위험 및 승차감 악화 등을 방지하기 위한 목적으로 설치함

나. 종곡선의 삽입 기준

기울기가 서로 다른 선로가 접속하는 경우에 1·2·3급선에서는 4/1,000 이상, 4급선에 있어서 5/1,000 이상 기울기 차이가 날 때 설치함

다. 종곡선 반경 산정식(국유철도건설규칙)

$$R = \frac{V^2}{127 \times 0.02} = \frac{V^2}{2.54} \fallingdotseq 0.4 \cdot V^2 [\mathrm{m}]$$

표 1.2.3 선로등급에 따른 종곡선 반경

선로등급	종곡선반경	선로등급	종곡선반경
고속선	25,000	3급선 : 120[km/h]	6,000
1급선 : 200[km/h]	16,000	4급선 : 70[km/h]	4,000
2급선 : 150[km/h]	9,000		

6. 선로 급기울기에 의한 영향

가. 동륜단면과 레일표면의 과도한 마찰력으로 궤도틀림 등 레일손상
나. 구배저항에 의한 운전속도의 저하, 운전비의 증가, 수송량의 감소
다. 하급구배에서의 타력운전 시에도 속도증가, 가속력이 제동력을 초과할 때 탈선위험 등 운전의 안전 저해 등
라. 하급구배에서의 제동 에너지의 과대소비
마. 견인하는 동력차 및 객화차 중량의 제한

1.2.4 철도선로의 캔트 및 슬랙

1. 철도선로의 캔트(Cant)

가. 캔트의 개념

철도 선로의 곡선부에서 내측레일을 기준으로 외측레일을 높게 부설하여 원심력과 중력의 합력선이 궤간의 중앙부에 작용하도록 하여 주행하는 열차의 안전을 도모하기 위함

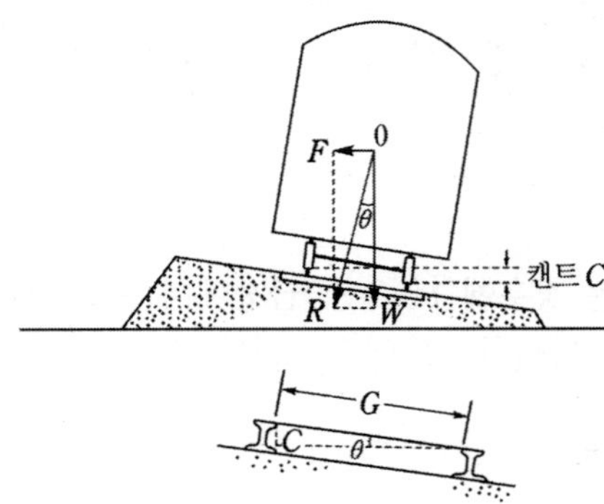

여기서, F : 원심력
W : 차량중량
C : 캔트[mm]
G : 궤간

그림 1.2.4 캔트의 개념도

나. 캔트를 주는 이유

(1) 열차가 곡선부를 주행할 때 차량에서 발생하는 원심력이 곡선 외축에 작용하여 차량이 곡선부 외측으로 기울면서 전도의 우려가 있으며,

(2) 차량의 중량과 횡압이 외측레일에 부담을 크게 주어 레일에 손상을 가져와 궤도 보수량을 증가시키는 악영향 발생 등을 방지하고 승차감을 향상시키기 위하여 곡선부 외측레일을 미리 높게 부설하고 있음

다. 곡선반경에 따른 적정 캔트량

(1) 이론캔트(C)

$\frac{F}{W} = \frac{C}{G}$, $F = \frac{W}{g} \times \frac{V^2}{R}$ 식에서 캔트를 유도하면

$$C = \frac{F \times G}{W} = \frac{V^2}{g \times R} \times G = \frac{V^2 \times G}{127R}$$

$$\therefore\ C = 11.8\frac{V^2}{R}[\text{mm}]$$ (궤간 G=1.435[mm]≑1,500[mm] 적용시)

여기서, F : 원심력, C : 켄트(mm), V : 열차속도
R : 곡선반경(m), G : 궤간거리(mm), g : 중력가속도

(2) 설정캔트

열차의 종류와 속도가 다양(여객, 고속, 화물 등)한 차량이 동시에 운행되는 선로에서는 일정한 속도로 운행 할 수 없어 설정캔트는 160[mm] 이하로 함

$$\text{설정캔트 } C_n = \text{이론캔트} - \text{부족캔트} = 11.8\frac{V^2}{R} - C_d \leq 160\,[\text{mm}]$$

라. 캔트와 곡선반경 및 속도관계식

(1) 캔트와 곡선반경

$$R = 11.8 \times \frac{V^2}{C} = 11.8 \times \frac{V^2}{C_m + C_d}\ [\mathrm{m}]$$

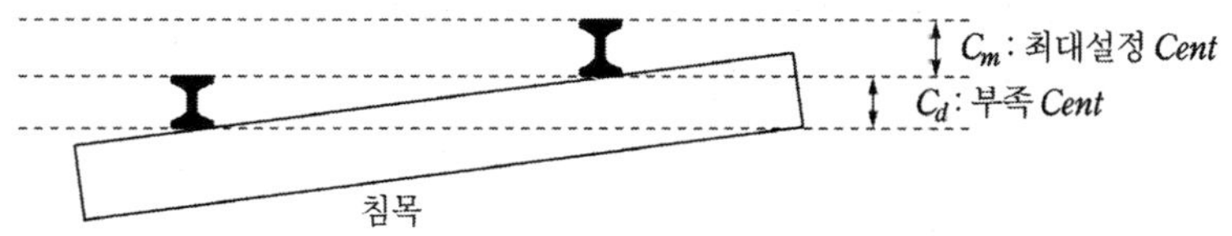

그림 1.2.5 속도와 캔트설정

(2) 곡선반경 R[m]에서 운행가능한 최대속도

$R = 11.8 \times \frac{V^2}{C_m + C_d}$ 에서 $V^2 = \frac{C_m + C_d}{11.8} \times R$이므로

곡선에서 최고속도는 $V = \sqrt{\frac{C_m + C_d}{11.8}} \times \sqrt{R}\ [\mathrm{km/h}]$ 이내로 함

2. 철도선로의 슬랙(Slack)

가. 슬랙의 개요

철도차량은 2개 또는 수개의 차축을 대차에 연결시켜 고정된 프레임으로 차축이 구성되어 있어 곡선구간을 통과할 때, 전・후 차축의 이동이 불가능하고 차륜 플렌지(Flange)에 의하여 곡선부를 원활하게 통과하기 어려움. 따라서 곡선부에서는 직선부보다 궤간을 확대 시켜야 하며, 즉 곡선의 외측레일을 기준으로 내측레일을 궤간외측으로 일정량만큼 확대하는 것을 슬랙이라고 말함

나. 슬랙의 계산식

(1) 슬랙$(S) = 2{,}400/R - S'$로 표시함

이때, S=슬랙, R=곡선반경, S'=조정치(여건에 따라 0~15[mm]로 조정)

(2) 슬랙의 한도 : 슬랙량의 한도는 최대 30[mm]로 하였으며, 이는 차륜의 플렌지가 얇게 되었을 때 탈선의 우려가 있기 때문임

다. 슬랙의 최대치 및 조정치(S′)의 산출근거

(1) 슬랙의 최대치(30[mm])

차축의 최소거리 1,505[mm], 궤간의 최대거리 1,475[mm]에서 차륜이 궤간사이로 빠지지 않으려면 1,505−1,475 ≒ 30[mm]이므로 이정도의 가동여유를 둠

❑ 차륜간거리(1,352~1,356[mm])+차륜두께(130[mm])+플랜지두께(23~34[mm])

(2) 조정치(S')를 0~15[mm]로 둔 이유

위 차륜간거리, 차륜두께, 플랜지 두께를 감안하여

① 차륜 최대거리 : 1,356 + (34×2) = 1,424[mm]

② 궤간에서 여유 : 1,435 − 1,424 = 11[mm]

③ 차량제작시 좌우동 여유 : 6~10[mm]에서 최소치 (6[mm])로 하면 11+6=17[mm] 의 여유가 있음

④ 또한, 궤간의 선로정비 규칙 최소치인 −2[mm]를 취하면 17−2 = 15[mm]로 S'(조정치)를 0~15[mm]로 함

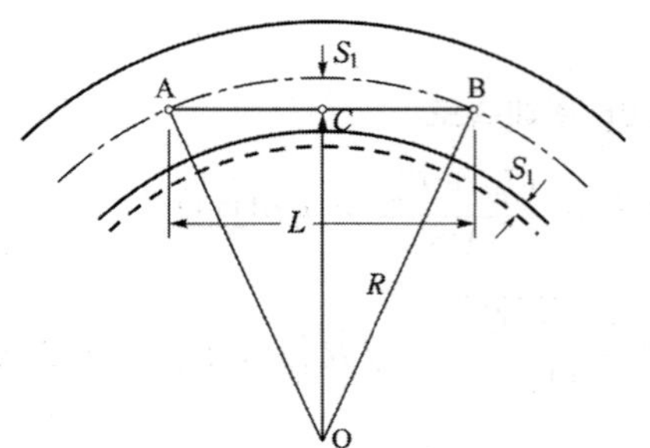

A.B : 고정축거의 중심점
C : 현의 중심점
L : 고정축거(m)
R : 곡선반경(m)
S_1 : 편기량

그림 1.2.6 슬랙의 한도

1.2.5 철도선로의 곡선과 열차운전

1. 철도선로의 곡선

철도선로는 운전 및 궤도보수 측면에서 가급적 직선으로 하는 것이 바람직하나, 제반여건상 그 형상을 직선만으로 건설하는 것은 불가능함. 예를 들어 절토·성토량을 적게 하여 건설비를 절감하여야 하고 자연지반을 이용한 산간부 우회, 장애물 우회, 정차장 위치선정 등을 감안하여 선로위치를 선정하게 되어 곡선의 삽입은 불가피하고, 곡선반경 R로 표시함

2. 곡선의 종류

가. 직선을 연결하는 선형의 기본은 원곡선(圓曲線)이지만, 원곡선에서는 원심력이 작용해 직선에서 원곡선으로 직접 들어가면 그곳에서 갑자기 원심력을 받게 되므로 이것을 원활하게 이행하고, 캔트와 슬랙을 연속적으로 붙이기 위해서 평면곡선에 완화곡선을 설치함

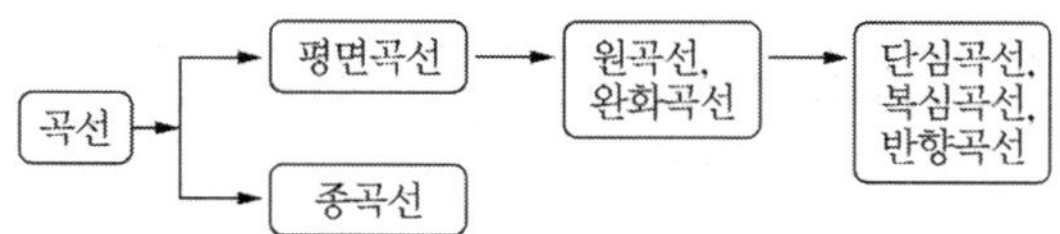

나. 곡선의 종류

(1) **단곡선(단심곡선)** : 반경이 일정한 1개의 원호로 된 곡선을 말함

(2) **완화곡선** : 반경이 서로 다른 원호로 된 곡선을 말하며, 직선에서 곡선으로 들어가는 경우 급격한 변화를 완화하기 위하여 곡선입구의 반경을 크게한 후 차차 반경을 작게 조정하는 것을 말함

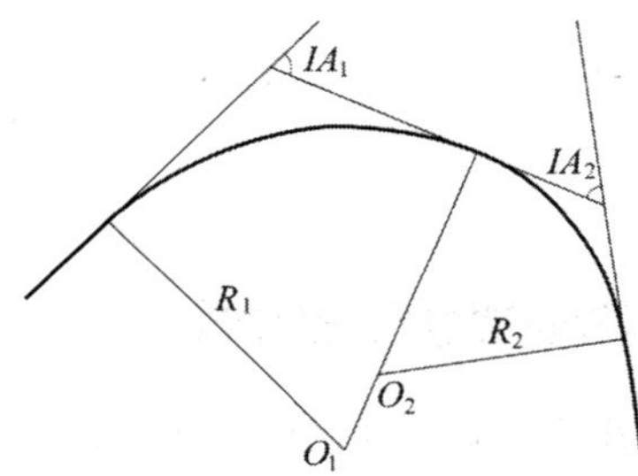

그림 1.2.7 완화곡선

(3) **반향곡선**

2개의 곡선반경 중심이 서로 반대측에 위치하는 것으로 S자형 곡선.

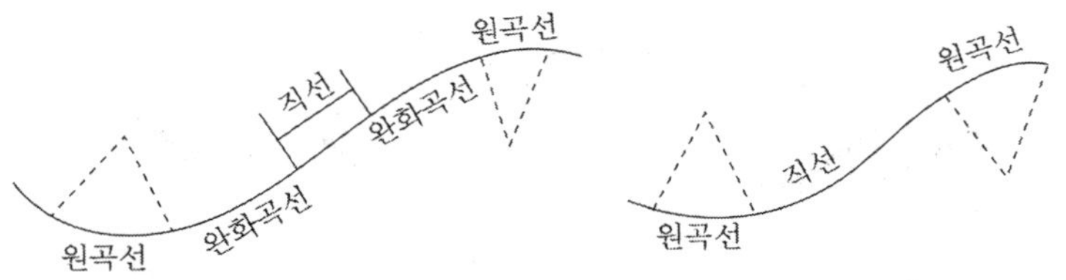

그림 1.2.8 반향곡선

3. 최소 곡선 반경의 설정

가. 선로등급별로 곡선구간에서 열차가 최고속도로 안전하게 주행할 수 있는 최소한의 곡선반경으로 열차속도, 캔트와의 상관관계로 최소곡선반경을 설정함

표 1.2.4 선로등급에 따른 최소곡선 반경

선로등급	최소곡선반경	선로등급	최소곡선반경
고속선	5,000[m]	3급선(120[km/h])	800[m]
1급선(200[km/h])	2,000[m]	4급선(70[km/h])	400[m]
2급선(150[km/h])	1,200[m]		

나. 최소곡선반경의 설정

차량이 곡선구간을 주행할 때 승객의 승차감과 차량의 주행안전성을 고려하여 설정최대 캔트량 C_m=160[mm], 부족 캔트량 C_e=100[mm]를 기준하여 최소곡선반경 크기를 결정함

$$C = 11.8\frac{V^2}{R} \Rightarrow R = 11.8\frac{V^2}{C} = 11.8\frac{V^2}{(C_m + C_e)}[\text{m}]$$

4. 곡선반경이 작은 경우 열차운행상의 문제점

가. 원심력에 의해 차량의 안정을 나쁘게 하고, 운전의 위험이 있어 열차속도를 제한
나. 레일의 마모, 궤간의 오차, 차륜의 손상 등이 많아짐
다. 전망투시 불량, 탈선의 위험, 차량의 동요 등에 의한 승차감 저하
라. 곡선저항에 따라 견인정수가 제한됨

5. 궤도평면 선형에 표시되는 약자

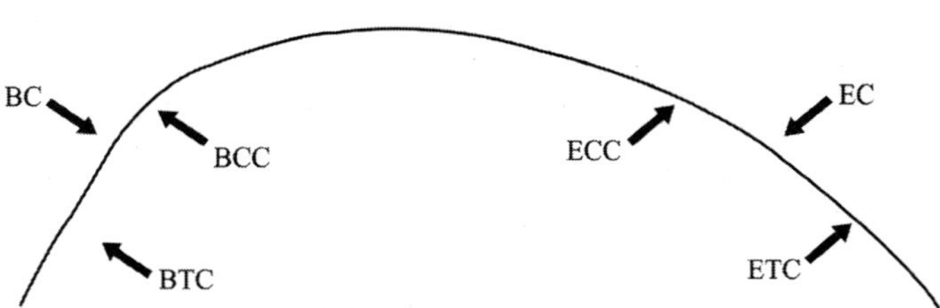

- EC : End Curve (곡선종점)
- BC : Beginning Curve (곡선시점)
- BTC : Beginning Transition Curve (완화곡선시점)
- BCC : Beginning Circular Curve (원곡선시점)
- ECC : End Circular Curve (원곡선종점)
- ETC : End Transition Curve (완화곡선종점)

1.2.6 레일의 온도변화에 의한 신축량 및 복진, 철도선로 파정 해설

1. 레일의 온도변화에 의한 신축량

가. 개요

레일은 25[m] 표준레일의 이음매를 용접하여 200[m] 이하 레일을 장척레일, 200[m]를 넘는 레일을 장대레일(long rail)이라 하며, 장척레일을 부설현장으로 옮겨 현장용접으로 300[m] 이상 1,500[m]까지 한 개의 장대레일로 부설함으로서 레일 충격소음 저감 및 승차감을 향상시키는 궤도부설 방법으로 장대레일(long rail)은 온도변화에 따른 레일신축과 복진현상 등이 발생하므로 신축량과 레일내부에 존재하는 축력 등을 계산하여 장대레일 재설정 등 레일 신축량을 구속하고 관리하는 기초자료로 활용함

나. 신축량의 계산(자유신축량 기본공식)

(1) 기본공식은 레일의 길이방향으로 전혀 구속되지 않은 상태로 온도변화에 의한 자유신축량을 계산하는 공식임

(2) 기본공식 : $\Delta l = \beta \cdot (t - t_0) \cdot L \times 1{,}000$[mm]

여기서, Δl = 레일신축량[mm], β = 레일선평창계수(1.14×10^{-5})
t = 현대레일온도[℃], t_0 = 레일재설정온도[℃]
L = 레일길이[m]

다. 레일신축에 대한 관리

(1) 레일의 유간 정정 및 관리
(2) 신축이음매 설치 및 관리

2. 철도 궤도의 복진

가. 복진 현상

레일(궤도)가 열차의 주행과 온도변화의 영향으로 레일이 종방향(전・후방)으로 이동하는 현상으로 혹서기 및 혹한기에 심하고 체결장치가 불충분한 때는 레일만 밀리고 체결력이 충분하면 침목까지 이동하는 현상

나. 복진의 발생원인

(1) 열차의 견인과 제동에 있어서 차륜과 레일간의 마찰력
(2) 이음매부 레일처짐시 차륜이 레일 단부에 부딪쳐 레일을 전방으로 떠밈
(3) 열차주행 시 레일에는 파상진동이 생겨 레일이 전방으로 이동 용이

(4) 온도상승에 따라 레일이 신장되어 양단부가 밀착되면 레일의 중간부가 약간 치솟아 차륜이 레일을 전방으로 떠밈

(5) 기관차 및 전동차의 구동륜이 회전시 반작용으로 레일이 후방으로 밀림

다. 복진이 주로 발생하는 장소

(1) 열차방향이 일정한 복선구간 또는 급한 하향기울기 구간

(2) 분기부 및 곡선부 또는 도상이 불량한 장소

(3) 운전속도가 높은 구간이나 열차제동회수가 많은 장소

(4) 교량 전, 후의 궤도 탄성변화가 심한 장소 등을 들 수 있으나 일정치 않고 불규칙적으로 발생

라. 복진 방지대책

열차의 주행과 온도변화의 영향으로 레일이 전후방향으로 이동하는 복진을 방지하기 위하여 레일과 침목간, 침목과 도상간의 마찰저항을 크게 하는 방법으로 안티크리퍼 등 복진대책이 설치되고 있음

3. 철도선로의 파정

가. 파정의 정의

선로의 일부가 중간에 변경됨으로 선로의 측정한 길이가 변경되어 변경요소가 생길 경우 전체노선의 측정길이를 변경하게 되면 각지점(정차장 중심, 터널,교량 등 선로구조물)의 기준 측정길이를 선로의 일부 길이가 변경 된 만큼 조정해야 하는데, 이것은 공사관리 및 선로의 길이변경 측정 관리가 어렵기 때문에 변경지점에 측정 길이 만큼 끊어 두어 변경구간 전후 측정길이는 변경되지 않도록 하므로서 공사 및 유지관리가 용이토록 하기 위한 것임

나. 파정의 위치 및 관리

(1) 파정은 가능한 공사 종점, 정거장의 정차장 중심 또는 21호, 51호 분기부 지점에 두는 것이 이상적이며, 곡선구간을 피하고 선로기울기 산정 시 고려하여야 함

(2) 예를 들어 기존선을 복선전철화 공사로 개량할 때 단계별 개통함에 따라 줄거나 늘어난 선로길이 만큼 공사 종점에 파정을 두고, 공사를 하지 않은 구간의 선로키로정은 변경하지 않고 사용하는 경우 등을 말함

(3) 다만, 영업거리는 여객 및 화물 운임계산에 활용하여야 함으로 별도로 측정 값을 수정 관리하여야 함

1.2.7 철도구조물의 차량한계 및 건축한계

1. 차량한계(車輛限界 : Car Calearance, Vehicle Gauge)

가. 용어 정의

철도 차량을 제작할 때 직선의 수평궤도상에 정지하여 있는 상태에서 **"차량의 어떠한 부분도 이보다 벗어나는 것이 허용되지 않는 한계"**를 말함

나. 차량한계 범위

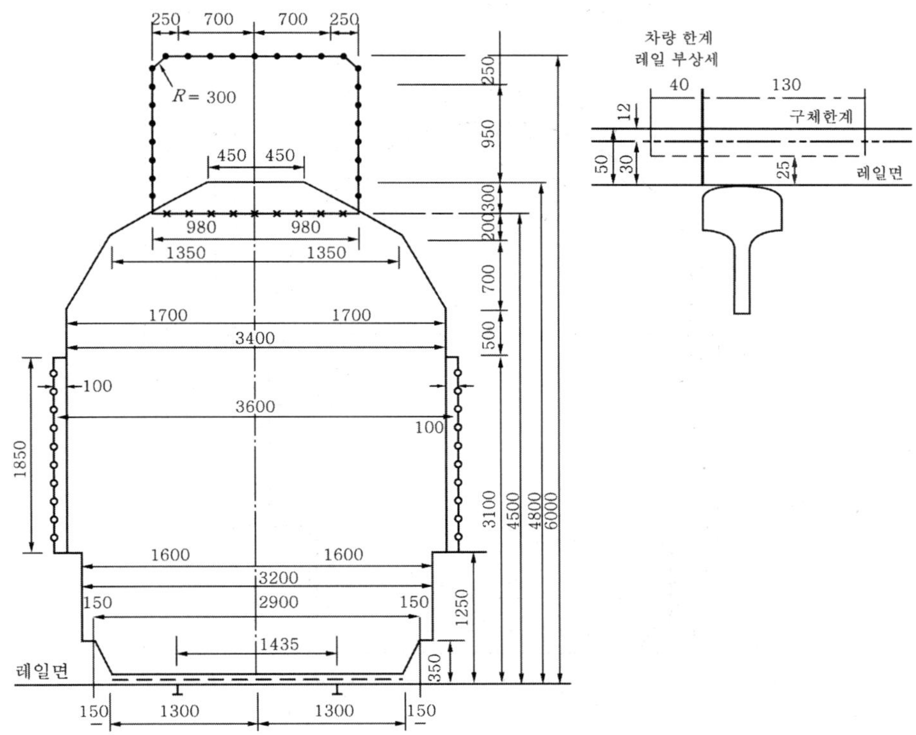

——— 일반 차량에 대한 구체 한계(이 한계는 전기 운전을 하는 구간 중, 중앙, 태백, 영동, 황지 고한 각선과 함백선에 한해서만 -×-×-로서 표시된 한도까지 축소하여야 한다.)

-o-o-o- 열차 표지에 대한 한계

- - ——— 튀기의 작용에 의한 상하 움직이지 않는 부분에 대한 한계

— — — 제륜자 및 살사관에 대한 한계

-•-•-•- 전기 운전을 하는 차량의 집전 장치를 편 경우에 있어서 육상 장치에 대한 한계

그림 1.2.9 차량한계

2. 건축한계(직선구간)

가. 용어정의 : 건축한계(建築限界: Construction Gauge, Calearance Limit)

선로상을 주행하는 차량에 안전한 일정 공간을 확보시켜 건조물을 포함하여 그와의 모든 시설이 차량에 접촉하지 않도록 선로를 따라 결정되는 **"시설의 어떠한 부분도 들어오는 것이 허용되지 않는 한계"**를 말함

나. 국철의 건축한계

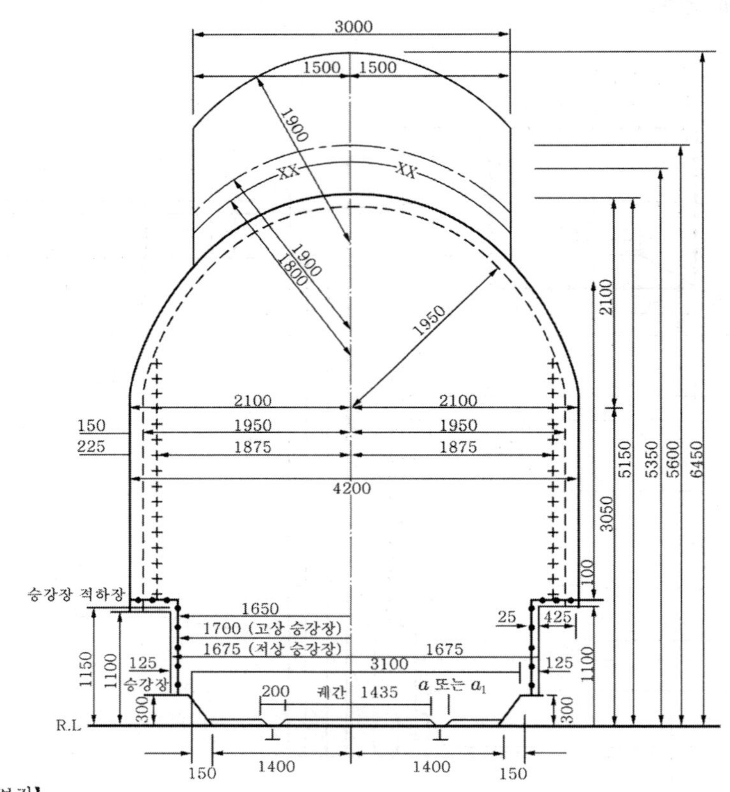

【보기】

- —— 일반의 경우에 대한 한계
- ------- 전기 운전을 하는 구간에 있어서 가공전차선 및 그 현수장치를 제외한 상부에 대한 건축 한계(이 한계는 교량, 터널, 눈덮개, 구름다리 및 그 앞뒤에 있어서 필요한 경우에는 ------- 까지, 가설된 교량 3.4종 터널, 눈덮개, 구름다리 및 그의 앞뒤에 있어서 필요한 경우에는 계수할 때까지 잠정적으로 --×--×-- 로서 표시된 한도까지 축소할 수 있다.)
  축선에 있어서 급수, 급탄, 전차, 계중, 세차 등의 모든 설비, 신호주, 가공전차 선지지주, 차고의 문 및 내부장치 또는 본선 (중앙 태백 영동 황지 고한 및 함백선에 한한다)에 있어서 기설 된 교량 터널 구름다리 및 그 앞뒤에 있어서 부득이한 경우에 가공전차선 지지물에 대한 건축 한계를 축소할 수 있는 한계
- + + + 전철기 표지 등에 대하여 건축 한계를 줄일 수 있는 한계
- —●●●— 승강장 및 적하장에 대하여 건축 한계를 줄일 수 있는 한계
- —○○○— 타넘기 부분에 대하여 건축 한계를 줄일 수 있는 한계 (다만, $a_1 = a_2 = 70$)

그림 1.2.10 일반철도 건축한계

다. 고속 철도의 건축한계

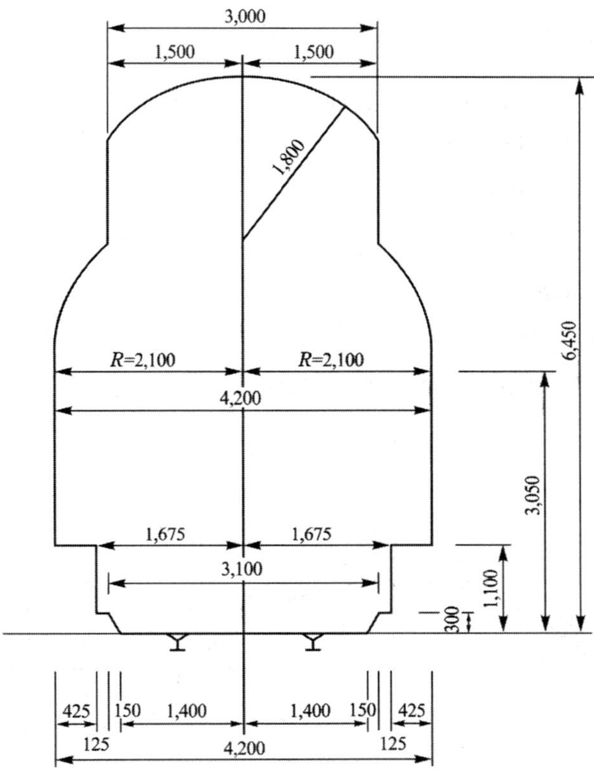

그림 1.2.11 고속철도 건축한계

3. 곡선 선로에 있어서 건축한계의 확대

곡선 선로에는 차량이 편의(偏倚)하기 때문에 건축한계를 곡선내외 측으로 확대할 필요가 있다. 여기서는 약간의 여유를 둔 개략식을 기술함

가. 국유철도 건설 규칙의 건축한계 확대 치수

(1) 국철의 경우 $W = \dfrac{50000}{R}$[mm]

여기서, W : 확대치수, R : 곡선반경

(2) 전동차 전용선의 경우 $W = \dfrac{24000}{R}$[mm]

(3) 부산 지하철의 경우 $W = \dfrac{20000}{R}$[mm]

나. 곡선로의 건축한계

(1) 곡선 내측의 건축한계

$$E = 2100 + \frac{50000}{R} + 2.4C + S$$

여기서, E : 건축한계, C : 캔트, S : 슬랙

(2) 곡선 외측의 건축한계

$$E = 2100 + \frac{50000}{R} - 0.8C$$

다. 차량의 편의(偏倚)

차량이 곡선부를 통과하는 경우 궤도중심선과 윤축의 편각에 의해 차체의 양단부는 곡선의 외방으로 중앙부는 곡선의 내방으로 편기되는 현상을 말하며 건축한계의 확대에도 고려함

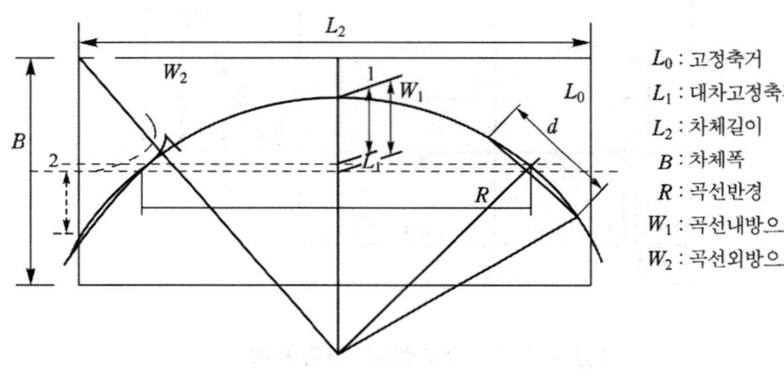

그림 1.2.12 차량의 편의

1.2.8 철도선로의 등급과 설계속도

1. 선로등급 정의

가. 철도 선로등급이라 함은 "수송량, 열차속도에 따른 경제적인 건설과 유지보수비의 최적화를 위해 동일선구를 설계속도를 기준으로 구분해 놓은 등급"으로 선로, 차량, 전철 및 신호, 안전설비 등의 설계 기준이 됨

나. 설계속도라 함은 새로운 철도를 건설하거나 기존 철도를 개량할 때 시설물의 설계기준이 되는 최고속도

2. 선로등급 결정요인

가. 수송량과 수송형태 및 열차속도
나. 경제적인 건설과 유지보수 관리의 최적화
다. 건설구조물 형태 및 장래 확장성 등의 고려

3. 철도건설시 선로등급과 설계속도에 대한 고찰

가. 국내 철도는 1급선 건설실적이 없고, 철도건설규칙은 고속선과 1급선과의 중간 속도영역대[250km/h]에 대한 설계기준이 없어 장래 기술발전으로 일반철도 속도향상시 규정이 기술을 제한하는 결과를 초래할 우려가 있음

나. 기존선의 선로연장과 개량이 단계적으로 개통되어 동일선구에 여러 등급의 선로제원과 선로등급이 혼재하여 효율적인 수송체계 애로가 장기간 소요

나. 선진 외국의 경우 철도건설계획 수립시 시종점 운행목표시간, 주요통과역, 여객 또는 화물 위주 수송형태, 차량형식 등의 목표를 설정후 그에 따른 선형, 곡선반경, 최급기울기, 정거장 유효장, 가선시스템, 신호체계 등을 시뮬레이션을 시행하여 계획수립·시행하는 사례 등을 참고하여 국내 적용이 필요

다. 국내의 선로등급은 일률적으로 철도건설규칙에 의한 설계속도를 기준하여 적용함으로서 수송량 및 수송형태, 주행 차량의 형식 및 특성 등에 부합되지 않을 경우 선로의 중요도, 시설물의 설계주안점, 유지보수 인력과 기준 마련이 곤란하고, 실제 열차운영시 설계속도에 한참을 못 미치는 결과를 초래하여 효율적인 운영에 차질이 우려됨

4. 선로등급별 설계속도(철도건설규칙)

표 1.2.5 선로등급별 설계속도

선로등급	설계속도	최소곡선반경	설계속도 기준근거
고속선	350[km/h]	5,000[m]	영업중인 바퀴식 철도의 영업속도를 기준(TGV, ICE, 新刊線)하여 경부고속철도건설시 제시한 속도를 기준으로 제정
1급선	200[km/h]	2,000[m]	철도건설규칙에서 200[km/h] 이상을 고속철도로 규정하고, 유럽(UIC 776-2R)의 경우에도 일반철도를 200[km/h] 이하로 규정하여 고속철도 하한속도인 200km/h를 기준으로 제정
2급선	150[km/h]	1,200[m]	현재 동력차 최고속도가 디젤기관차 150[km/h], 전기기관차 160[km/h]인 점을 고려하여 150[km/h]로 제정
3급선	120[km/h]	800[m]	현재 전동차 최고속도가 110[km/h]인 점을 감안하여 120[km/h] 제정
4급선	70[km/h]	400[m]	공장선·인입선 등의 건설에 대비하여 70[km/h]로 제정

1.3 철도신호 및 안전설비

1.3.1 철도 신호기의 종류

1. 개요

가. 철도신호란 철도에서 일정한 약속에 따라 물체의 형상, 색채, 음향 또는 화염 등에 의하여 시각 또는 청각을 통하여 열차 또는 승무원에 대하여 정지, 진행 또는 서행하게 하는 등의 운전조건을 지시하는 표시이며,

나. 신호장치는 기관사에게 운행조건을 지시하는 신호, 종사원 상호간 의사를 전달・표시하는 전호, 장소의 상태를 표시하는 표지 등으로 신호기의 사용목적, 구조, 사용방법 등에 따라 여러 가지로 분류하고 있음

2. 사용목적에 따른 종류(기능별 분류)

기능별 분류에는 신호기를 지상 또는 지하의 고정된 장소에 설치하여 신호를 현시하는 상치신호기와 임시신호기가 있으며, 상치신호기는 주신호기(장내, 출발, 폐색, 엄호, 유도, 입환 신호기 등)와 종속신호기(중계, 원방, 통과신호기 등) 및 신호부속기 등이 있음

가. 주신호기(main signal)

일정한 방호 구역을 갖는 신호기

(1) **장내신호기(enterring signal, home signal)** : 정거장에 진입하는 열차에 대하여 진입의 가부(可否)를 지시하는 신호기로 정거장내의 경계를 표시함

(2) **출발신호기(starting signal)** : 정거장을 출발하는 열차에 대하여 출발 가부를 지시하는 신호기이며, 정거장에 진입하여 정차하는 열차는 정지하는 위치한계를 표시함

(3) **폐색신호기(block signal)** : 역간을 일정한 거리로 분할한 폐색구간을 설치하고 열차가 해당 폐색구간에 진입하면 해당 신호기는 자동적으로 정지신호를 현시하고, 열차가 해당 폐색구간을 통과하면 주의 또는 진행 등의 신호를 현시하는 신호기

(4) **유도신호기(calling signal)** : 장내신호기 아래에 설치하여 장내신호기가 정지로 현시되더라도 필요한 경우 유도를 받는 열차는 제한속도 이하로 신호기 내방으로 열차진입이 허용되는 신호기.

(5) **입환신호기(shunting signal)** : 입환하는 차량에 대하여 신호기 내방으로 진입 가부를 지시하는 신호기

나. 종속신호기(subsidiary signal)

주신호기에 종속하여 주신호기의 인식거리를 보완하기 위하여 설치하는 신호기

(1) **중계신호기(repeating signal)** : 자동폐색신호구간의 장내・출발・폐색신호기에 종속하여 신호현시 확인 거리가 부족한 경우 주신호기의 신호상태를 중계하는 신호기.

(2) **원방신호기(distal signal)** : 비자동(기계식) 신호구간에서 장내신호기의 바깥쪽 제동거리 이상에 설치하여 장내신호기의 현시상태를 예고하는 신호기

(3) **통과신호기(passing signal)** : 기계연동장치의 완목식 출발신호기에 종속하여 장내신호기의 아래에 설치하며, 정거장의 통과여부를 예고하는 신호기

다. 신호부속기(signal appendant)

1기의 주신호기를 2개 이상의 선로에 사용할 때 주신호기의 하단에 설치하여 해당 신호기의 진로개통 방향을 나타내며, 진로표시기 또는 진로선별등이라 함

라. 임시 신호기

선로고장 또는 특별한 사유로 열차가 정상적인 속도로 운전이 불가능할 때 임시로 설치하여 제한속도로 서행하기 위한 신호기로 서행예고 신호기, 서행신호기, 서행해제 신호기 등이 있음

3. 구조상의 분류

가. 완목식(기계식) 신호기

기계신호 구간에 설치하는 신호기로 직사각형의 완목을 신호기주에 설치하여 주간에는 완목의 위치, 형태, 색깔에 의해 신호를 현시하는 신호기

나. 색등식 신호기

색등식 신호기는 주・야간 동일하며, 1개의 등(燈)으로 색유리에 의해 녹색, 등황색, 적색을 나타내는 단등 또는 다등형태가 있음

다. 등열식 신호기

2개 이상의 백색 등을 조합하여 가로, 세로 또는 경사지게 배열하여 신호현시하는 방법으로 유도, 입환, 중계 신호기 등에 사용함

4. 조작방법에 의한 분류

가. 수동신호기

사람이 신호 수동레버를 조작하여 현시하는 신호기로 도선을 연결하여 기계적으로 조작하는 신호기

나. 자동신호기

궤도회로를 이용하여 열차 또는 차량의 유무에 따라 자동적으로 신호를 현시하는 방식으로 자동폐색구간의 폐색신호기가 이에 해당함

다. 반자동신호기

궤도회로를 이용한 자동신호 현시방식이나 신호취급자도 조작할 수 있는 신호방식으로 장내 및 출발 신호기가 이에 해당함

5. 절대신호와 허용신호

가. 절대신호

정거장구내 등에서 정지신호가 현시되었을때는 열차는 반드시 정지하여야 하고, 신호기가 진행 또는 주의신호를 현시되던가 수신호에 의하지 않고는 절대로 신호기 내방으로 진입할 수 없는 신호기를 절대신호기라 말하며 장내, 출발, 엄호, 유도 및 입환 신호기가 이에 해당됨

나. 허용신호

자동폐색 신호기와 같이 정지신호가 현시되었더라도 열차가 일단 정지후 제한속도로 신호기 내방으로 진입할 수 있는 신호기를 말함

1.3.2 철도신호제어 시스템의 목적별 분류 및 주요장치

1. 개요

철도제어시스템은 열차 또는 차량의 안전운행과 수송능력 향상을 도모하기 위하여 설치한 종합적인 철도안전 운영체계로 열차 추돌이나 충돌을 방지하고 열차를 안전하고 원활하게 운전하기 위한 목적으로 열차간격 제어, 열차진로 제어 및 각종 보안장치로 대별함

2. 열차간격제어 장치

열차간격제어는 동일한 선로를 주행하는 선행열차와 추돌 또는 동일한 선로를 양방향으로 주행하는 열차의 충돌을 방지하고 선로용량을 증대하여 수송력을 향상하는 열차제어시스템으로 다음과 같은 주요장치를 포함 함

가. 궤도회로 장치

레일을 전기회로의 일부로 사용하여 열차의 차축이 레일을 단락하는 원리를 이용하여 열차운행을 제어하는데 필요한 정보를 검지하는 기능이 있음

나. 폐색장치

역과 역간을 1폐색구간 또는 다수의 폐색구간으로 분할하여 1폐색구간에는 1개의 열차만을 운전하는 방법으로 궤도회로를 이용하여 폐색구간의 열차유무는 물론 이동하는 열차의 위치를 파악하고 운전밀도를 높여 열차의 간격을 제어하는 장치임

다. 열차자동정지장치

진입을 허용하지 않는 신호를 무시한 열차가 선행하는 열차와 추돌사고를 방지하기 위하여 신호를 위반한 열차를 자동으로 정지 시키는 장치

라. 열차자동제어장치

지상의 열차운행 조건을 궤도회로를 이용하여 차상으로 전송하고 차내에 허용 속도를 연속으로 표시하여 열차의 실제속도가 허용속도를 초과하는 경우 자동으로 제동을 걸어 열차를 허용속도 이내로 감속시키는 기능을 함

마. 열차자동 운전장치

열차의 가속, 감속, 정위치 정차 등을 자동으로 수행하는 장치

3. 열차 진로제어 장치

열차진로제어는 열차가 진행할 진로상에 있는 분기기를 진행방향으로 전환하여 열차나 차량이 완전히 통과할 때까지 분기기를 고정하고, 진로상에 차량이 있거나 동일한 진로상의 일부라도 타차량이 진입하는 일이 없도록 정거장구내에서 열차운전 및 입환을 안전하고 능률적으로 수행하기 위한 목적으로 설치한 시스템으로 다음과 같은 역할을 수행함

가. 연동장치

정거장구내에 있는 분기부, 궤도회로, 신호기들 사이에 쇄정을 연동하여 열차의 진로를 안전하게 확보할 수 있도록 제어하는 장치

나. 선로전환장치

열차 또는 차량을 하나의 선로로부터 타선로로 이동할 수 있도록 분기기를 전환 또는 제어하는 장치

다. 원격제어장치

한 정거장으로부터 인접한 타 정거장의 신호기 및 선로전환기를 제어하는 장치

라. 열차집중제어장치

광범위한 구간 내의 다수의 열차진로를 원격제어하여 지역내의 열차를 일괄통제, 조정할 수 있는 장치.

마. 자동진로 제어장치

열차운행 계획에 따라 정거장으로 진입 또는 출입하는 열차의 진로를 자동으로 설정 제어하는 장치

4. 기타 각종 보안장치 및 정보화 장치

열차의 안전과 원활한 운전을 위하여 건널목 보안장치, 지장물 검지장치, 낙석검지 장치, 차량의 축소검지 장치, 융설장치, 자동 행선 안내장치 등 다수가 있음

1.3.3 열차제어시스템 중 ATS, ATC, ATO 장치의 기능

1. 개요

최근 철도의 다양한 운전형태의 선구에서 고밀도로 운행하는 다수의 열차를 안전하고 효율적으로 운전하기 위한 많은 신호보안 장치가 있으나, 악천후에 신호의 확인이 곤란하거나 기관사의 착오 또는 신호오인으로부터 열차의 중대사고를 방지할 목적으로 열차를 자동으로 감속 또는 정지할 수 있는 ATS, ATC, ATO와 같은 열차제어 시스템을 사용하게 됨

2. ATS(Automatic Train Stop) : 열차자동정지장치

열차가 정지신호를 현시하는 신호기에 접근하는데 이상기후 현상 또는 기관사의 신호오인 및 착오가 발생하여 제한속도 이상으로 운전하게 될 때 기관사에게 벨과 경보를 통하여 주의를 환기시키거나 비상제동을 동작시켜 열차를 자동으로 정지하여 열차의 추돌 또는 충돌 사고를 방지하기 위한 목적으로 설치한 안전장치

가. ATS의 구성

ATS 장치는 차상장치와 지상장치로 구성되어 있고 동력차 하부에 설치된 차상자가 궤도에 설치되어 있는 지상자를 통과할 때 제한속도 정보를 차상자에서 감응하여 운전조건을 만족시키도록 설치한 장치임

(1) **지상장치** : 지상장치는 경보 지점의 레일사이에 설치하여 그 지점을 통과하는 열차에 정보를 보내는 지상자와 이것을 신호기의 현시에 따라 제어하는 지상자 제어계전기, 제어 케이블로 구성 되어짐

(2) **차상장치** : 차상장치는 열차하부에 설치되어 지상자로부터 정보를 수신(받는)하는 차상자, 정보를 해석하여 경보기와 제동장치 회로를 제어하는 수신기, 운전실내 설치된 경보기・표시기・확인푸시 버튼으로 구성 되어 있음

나. ATS의 동작원리 및 기능

국내 철도에서는 ATS 제어방식에 따라 점제어식(S−1형)과 속도조사식(S−2형)이 사용되고 있으며 동작원리는 아래와 같음

(1) 평상시 지상자와 차상자는 105[kHz]에 결합하여 공진하도록 되어있으나 지상 신호기 현시가 경보를 필요로 할 때 ATS 장치는 차상자가 접근하면 발진회로의 전송 특성에 변화를 주어 2차 회로가 결합한 상태로 발진주파수가 130[kHz]로 변화하고 내부 필터를 통하여 동작하게 됨

(2) 이때, 경보기 벨이 울리면 기관사가 5초이내에 확인 푸시버튼을 눌러 복귀시켜야 하나, 실기(失期)하여 5초가 경과하면 비상제동변이 동작하여 열차가 비상정지하게 됨

3. ATC(Automatic Train Control) : 열차자동제어장치

ATC 장치는 지상에서 전송되는 열차속도 코드를 차량에서 수신하여 열차가 현재 점유하고 있는 해당 시점에서 그 구간을 주행할 수 있는 최대 지정속도를 감지하고 열차의 실제 속도가 지정속도보다 빠르면 허용 속도까지 자동으로 제동이 걸리게 하여 열차속도를 제어하는 차상신호 방식으로 210[km/h] 이상의 고속운행 자동폐색구간에 사용하며, 지상 신호기는 없는 구조임

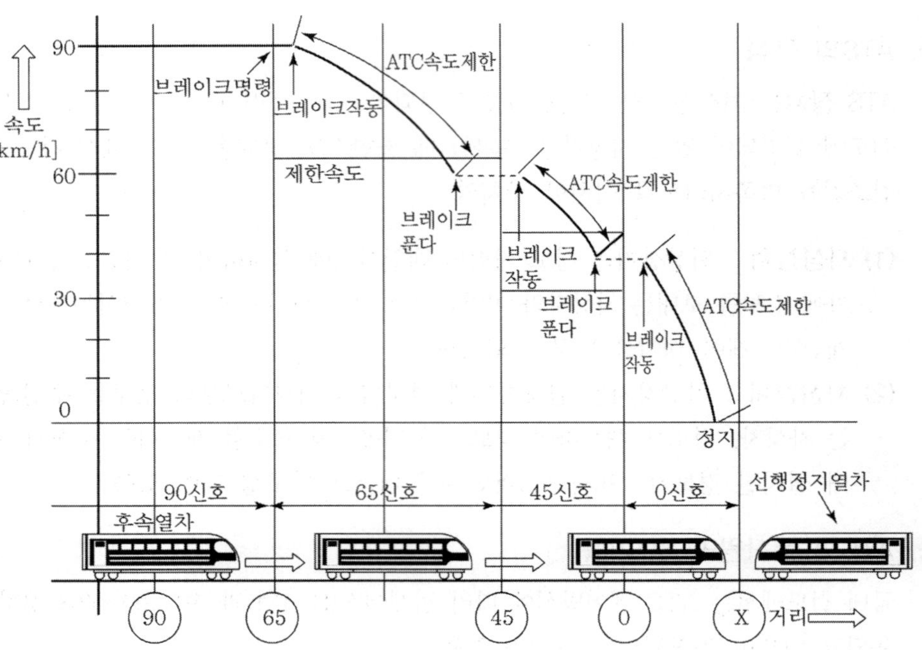

그림 1.3.1 ATC 운전 원리

가. ATC 장치의 구성

(1) 열차속도를 검지하여 차상으로 전송하는 지상 송수신기 및 이에 부속하는 주변장치와 기기의 동작상태나 송신신호 및 신호의 변화 등을 기록하고 확인할 수 있는 모니터 설비로 구성됨

(2) 차상 수신장치로는 궤도회로의 ATC 신호전류의 유도를 받기 위하여 열차의 선두 차축보다 앞에 설치하는 수신전용 전자유도 코일인 수신기와 차축에 속도발전기를 연결하여 열차운행 중에 열차속도에 비례한 속도 신호주파수를 생성하여 ATC 신호코드를 지속적으로 상호교환하고 비교하는 속도 조사기가 있음

나. ATC의 기능

(1) 지상측 각 구간의 열차검지 기능 : 궤도회로내의 열차 존재 유무를 검지하는 동작으로 TD(Train Detection : 열차검지장치)라 하며 일반 궤도회로 기능과 같음

(2) 지상측 각 구간의 신호정보(ATC 신호) 전송기능 : TD에 따라 지상의 각 열차의 현재 위치를 파악하여 후속 열차에게 정보를 전달하는 것으로 통상 수백[Hz]~수[Hz] 정도의 AF 반송파를 속도에 비례하는 10~수십[Hz]의 저주파로 변조한 속도코드를 전송하는 기능

(3) 지상측의 신호 정보를 수신하는 차상측 수신기 기능

(4) 수신 정보에 따라 제한속도 이내로 유지하는 차상장치 기능

4. ATO(Automatic Train Operation) : 자동열차운전장치

ATO 장치는 ATC 기능을 포함하여 열차가 정차장을 출발하여 다음 정차장에 정차할 때까지 가속, 감속 및 정차장 정위치 정차하는 일을 자동적으로 수행하는 자동열차운전 장치로 주요 기능은 다음과 같음

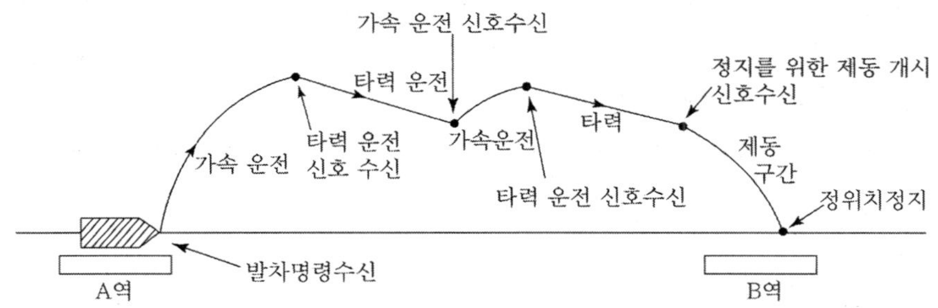

그림 1.3.2 ATO 장치의 속도 제어 곡선

가. 정속도 운행 제어

역과 역 사이에 있어서 ATC 운행관리 지시에 따라 지정된 속도로 열차가 주행하도록 제어하는 기능

나. 정위치 정지 제어

정거장에 정차할 때 정해진 위치에 정차할 수 있도록 레일 간에 설치된 제1, 제4 지상자의 정보를 차상에서 검지하여 열차 위치를 검출하고 정지 위치까지의 거리와 속도와의 기준패턴이 발생하여 속도제어를 시행

다. 감속제어

정거장 사이의 곡선 또는 구배에 따라 감속이 필요한 경우 ATC 변화점 전방에 감속용 지상자를 설치하여 속도를 제어

라. 출입문 자동 개・폐 및 정차 시간 표시등

출입문 개폐장치는 TWC를 통하여 정위치 정지 정보에 따라 기계실에서 개폐정보를 발생하여 차상에 전송하여 개폐장치를 동작시키고, 정차 시간 표시등은 기관사에게 발차 타이밍을 예고하여 줌

마. 열차정보 송신 장치

차량과 현장 설비간의 양방향 통신을 하는 정보교환 장치로 무선으로 송수신된 정보는 ATC, ATO, TCMS와 연결되어 운전제어를 시행

1.3.4 철도의 차상신호방식 필요성

1. 개요

지상신호방식은 지상에 설치된 신호기의 현시에 따라 기관사가 열차의 가・감속 및 제동 등을 직접 조작하여 운전하는 수동운전 방식이었으나, 열차운행의 고밀도와 고속화에 따라 수동운전 방식으로는 한계가 있어 지상신호에 의한 제한속도를 차상(기관차)로 이동시켜 지상신호기 없이 차상과 지상간의 신호정보 인터페이스를 구축하여 차내에서 열차의 제어 및 감시를 자동으로 시행하는 ATC, ATP, ATO 등의 차상신호방식 개발・도입되었음

2. 차상신호 방식의 필요성

가. 안전성과 신뢰성 확보

지상신호 방식에서 우려되는 기상악화, 고속화(150[km/h] 이상)에서 신호현시 확인 곤란 등의 문제점을 해결하여 열차의 안전확보 및 운용효율을 향상

나. 열차속도 향상

지상의 신호정보를 차상에서 수신하여 거리간격법에 의해 제동목표 거리 등을 차상컴퓨터에서 자동으로 연산하여 운행속도를 지정하기 때문에 안전성을 확보하면서 열차속도를 최대한 높일 수 있음

다. 선로용량 증대 및 수송능력 향상

차상방식은 거리간격법에 의해 선행열차와 후속열차간의 운행간격을 최소화할 수 있어 열차운행 최고속도 및 표정속도를 향상하고, 선로용량을 증대함으로써 수송능력이 향상됨

1.3.5 열차집중제어장치(CTC)

1. 개요

열차집중제어장치(CTC : Centralized Traffic Control)는 중앙사령실에 있는 사령자가 광범위한 지역내의 열차운행 상황을 직접 파악하여 열차운행을 판단하고 직접 신호기를 제어하여 승무원에게 운전명령을 지시하는 집중원방 제어장치를 이용하는 운전방식임

2. CTC의 주요기능

가. 열차운행 계획 관리 : 열차운영 계획 작성 및 전송, 출력, 관리 기능
나. 신호설비의 감시제어 : 신호설비 상태 변화 및 고장여부 감시 및 표시
다. 열차의 진로 자동제어 : 지정된 경로를 자동으로 주행할 수 있는 기능
라. 열차운행 상황표시 : 열차 이동경로 및 열차번호 등을 식별하여 표시

3. CTC의 효과

CTC에 의한 열차제어는 광범위한 구역에 산재되어 있는 신호 보안장치를 한곳에서 통제할 수 있으므로 사고방지와 선로용량을 효율적으로 이용할 수 있는 등 다음과 같은 효과가 있음

가. 경영의 합리화

(1) 각역의 운전취급 인력 절감과 피제어역의 무인화 가능
(2) 열차 평균 운행속도의 향상 및 선로용량의 효율적인 운용으로 수송능력 증대

나. 운전명령의 신속화 및 정확화

(1) 종합사령실에서 열차운행 상황을 실시간 파악하여 정확한 판단이 가능하고, 사고 및 지연 발생 시 신속하고 정확한 처리가 가능
(2) 열차운행상황의 정보수집 자동화로 열차운행의 보안도 향상

다. 유지보수의 성력화

신호 보안장치의 동작 및 고장상태를 집중적으로 표시하고 자동으로 감지되어 신속한 조치 등 유지관리 용이

4. CTC 시스템의 구성 및 흐름도

가. 효과적인 CTC 설치 조건

(1) CTC를 설치하는 구간의 폐색장치는 자동 폐색으로 설치
(2) 피제어역의 연동장치는 전기 또는 전자 연동장치를 설치
(3) 중앙제어소는 주제어반, 피제어역은 직접 신호설비를 조작할 수 있는 보조제어반 설치
(4) 피제어역에서 차량의 입환 등을 필요로할 경우 중앙 제어소에 승인 정자를 설치하고 제어소 지시에 따라 설비 조작이 가능하여야 함

나. CTC 장치 구성 및 제어 흐름도

(1) Host computer(중앙처리장치)

열차집중제어 장치의 핵심으로 신뢰성 향상을 위하여 이중화로 구성되어 MPS와 DTS(정보전송장치)를 경유하여 모든 현장 열차정보를 처리하는 열차운행과 현장 상황의 관리, 제어 및 감시 기능을 수행하며 표시제어반에 전체적인 열차운행 상태를 표시함

(2) MPS(Micro Processing System : 소형연산장치)

제어모드가 LDM(판넬제어방식)으로 되어 있을 때 Host computer 가 장애 발생하는 경우 현장역에 대한 제어권을 가지며 운영자는 LDP(조작표시반) 취급버튼을 이용하여 현장제어가 가능하고, MPS는 CDTS로부터 수신된 표시정보를 변환하여 Host computer로 전송하는 역할을 함

(3) CDTS(중앙정보전송장치)

각 찬널(zone)별로 하나씩 접속하여 MPS로부터 수신된 정보를 각 역으로 전송하고 LDTS로부터 수신된 현장 정보를 MPS로 전소하는 기능을 수행

(4) LDTS(역 정보전송장치)

현장 연동장치와 인터페이스하여 표시 정보 입력과 제어 정보 출력 및 열차 운행관리 정보처리 기능을 수행

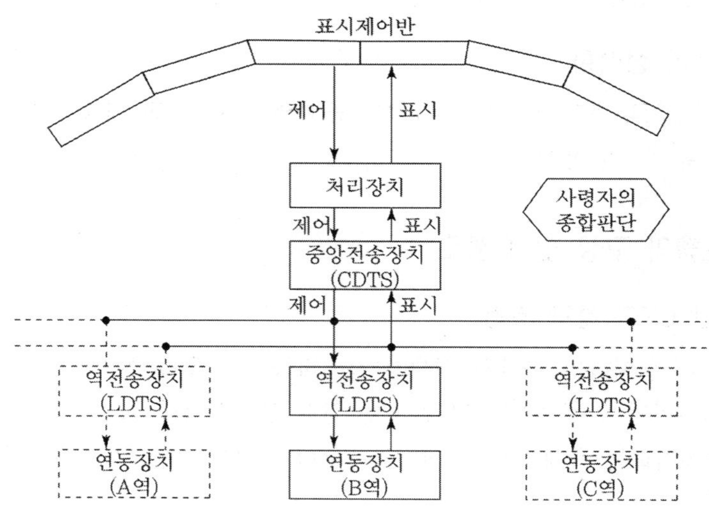

그림 1.3.3 CTC 장치 정보제어 흐름도

1.3.6 철도신호의 연동장치 종류 및 기능

1. 개요

연동장치는 정거장 구내의 열차 운행과 차량의 입환을 안전하고 신속하게 하기 위하여 신호기, 선로전환기, 궤도회로 등의 신호설비를 기계적, 전기적 또는 소프트웨어에 의한 로직으로 상호 연쇄하여 동작하도록 반드시 로직순서에 따라 동작하도록 기계적 또는 전기적으로 연동시킨 장치를 연동장치라 함

2. 연동장치의 종류

연동장치는 신호기와 선로쇄정기 등을 쇄정하는 방법에 따라 기계연동장치, 전기연동장치, 전자연동장치로 분류함

가. 기계연동장치

주로 기계식신호기 구간의 역구내에서 신호기와 선로전환기를 기계연동기 및 신호리버 쇄정 등으로 이루어지는 연동장치로 갑1호, 갑2호, 갑3호 등의 종류가 있음

나. 전기연동장치

연동장치를 계전기 동작에 의하여 제어하는 설비로 유니트형 전기연동 장치와 삽입형 전기연동 장치가 있으며, 진로를 제어하는 전기계전 연동기는 진로선별식, 진로정자식, 단독정자식 등 3종류가 있음

다. 전자연동장치

전자연동장치는 전기연동장치의 여러 가지 단점을 보완하여 경제성과 안전성을 향상시킨 연동장치로 모듈화 한 마이크로 프로세서에 의하여 자동으로 신호정보를 수집, 제어, 분석 및 기록하는 설비를 구비한 연동장치로 하드웨어와 소프트웨어로 구성되고, 최근 국내 고속철도 전구간 및 일반철도의 대부분 역구내를 개량하고 있는 추세임

3. 고속철도 전자연동장치(IXL)

경부고속철도 구간에 설치된 전자연동장치로 일반적인 전자연동장치와 흡사하며, ATC 시스템과 연계하여 역 정보처리장치와 연동처리장치, 유지보수시스템, 선로변 기능모듈, 정보통신장비, 전기선로전환기 등과 인터페이스를 통하여 고속철도 신호체계를 구성하고 300[km/h] 이상의 고속운전에 대응하는 전자연동장치 시스템을 구축하였음

가. IXL(Interlocking System)의 주 구성장치

(1) 주컴퓨터 : 연동처리장치(SSI : solid state interlocking)
(2) 전송장치(FEPOL : front end processor for operrating level)
(3) 운용자 콘솔
(4) 보수자 콘솔
(5) 전원장치
(6) 분기기 전환장치
(7) 신호기

나. IXL의 기능

(1) 현장 신호설비 제어 및 표시
(2) 진로제어 및 표시
(3) ATC 장치와 신호정보 교환
(4) CTC 장치와 인터페이스

1.3.7 철도신호 폐색장치 종류

1. 개요

열차 운행 중 충돌이나 추돌사고가 없이 안전하고 신속하게 운행하기 위해서는 대향열차, 선행열차, 후속열차가 서로 지장이 없도록 항상 제동거리 범위에서 일정한 간격을 유지하면서 운행되어야 하며 이를 위하여 궤도회로를 일정한 거리로 분할하여 폐색구간(Block Section)을 설정하고, 한 개의 폐색구간에는 한 개의 열차만 진입할 수 있도록 하는 등 폐색식 열차운행을 위한 모든장치를 폐색장치라고 함

2. 폐색구간의 열차 운행방식

가. 고정폐색(fixed block system) 방식

고정폐색방식은 역간 궤도회로의 폐색구간을 최초 계획된 운전 시격에 맞추어 분할하고 분할된 구간에 궤도회로를 설치하여 해당 속도명령을 지시 하는 방법으로 시간 간격법과 거리간격법이 있음

(1) **시간 간격법** : 일정한 시간 간격을 두고 연속적으로 열차를 출발시키는 방법으로 선행열차가 도중 정차중이라도 후속열차는 일정한 시간이 지나면 출발하므로 보안도가 낮아 특별한 경우에만 적용함

(2) **거리(공간) 간격법** : 열차와 열차 사이를 항상 일정한 거리를 유지하면서 운행하는 방법으로 일정한 거리를 두고 폐색구간을 정하여 1개의 열차만을 운행하도록 하여 선행열차의 위치를 알 수 있는 등 고밀도·고속도 운행에 적합

나. 이동폐색(moving block system) 방식

이동폐색방식은 고정폐색방식의 개념을 깨뜨리고 궤도회로 없이 선행열차와 후속열차 간에 위치와 속도를 무선신호 전송매체에 의하여 파악하여 차상에서 직접열차 운행간격을 조정함으로써 자동운전이 가능한 첨단 폐색방식임

3. 철도신호 폐색방식의 종류

폐색방식은 선로의 상태와 수송량에 따라 결정되며 단선구간과 복선 구간 등에 따라 아래와 같이 구분함

가. 상용폐색 방식

(1) 복선구간 : 자동폐색식, 연동폐색식, 차내신호 폐색식
(2) 단선구간 : 자동폐색식, 연동폐색식, 통표폐색식

나. 대용폐색 방식

대용폐색방식은 상용폐색방식을 사용할 수 없을 때 상용폐색방식을 대신하여 사용하는 폐색방식
(1) 복선을 운전할 때 : 통신식
(2) 단선을 운전할 때 : 지도통신식, 지도식

다. 폐색준용법

폐색준용법은 상용 또는 대용 폐색방식을 사용할 수 없을 경우에 이에 준하여 열차를 운행 시키기 위하여 시행하는 방법을 말함
(1) 복선을 운전할 때 : 격시법, 전령법
(2) 단선을 운전할 때 : 지도격시식, 전령법

1.3.8 철도 신호 궤도회로의 종류

1. 개요

궤도회로란 레일을 전기회로 일부로 사용하여 회로를 구성하고 차량의 차축에 의하여 레일사이를 단락함으로써 계전기가 동작하여 열차유무를 검지하여 신호기, 선로전환기, 연

동장치, 기타 신호기기를 직간접으로 제어할 목적으로 설치한 궤도를 이용한 전기회로임

2. 궤도회로의 종류 및 특성

가. 전원에 의한 분류

(1) 직류 궤도회로 : 직류전원 사용
(2) 교류 궤도회로 : 교류 무정전이 가능한 DC 전철, 비전철 구간
(3) 코드 궤도회로 : 궤도에 흐르는 전류를 코드화하여 사용
(4) 고전압 임펄스 궤도회로 : 교류 25[kV] 전철구간에 주로 사용
(5) AF 궤도회로 : 신호전류에 16~20,000[Hz]의 가청주파수 사용

나. 회로구성에 의한 분류

(1) 개전로식 궤도회로 : 상시 전류가 흐르지 않다가 열차가 궤도에 진입하면 차축을 통하여 전류가 흘러 계전기를 여자하여 회로 구성하는 방식으로 장점은 전력소비량이 적으며, 단점으로는 정전회로의 단선, 궤도절손 등 기기고장 시 열차 검지 못함

(2) 폐전로식 궤도회로 : 상시 폐회로 구성하여 계전기 여자 상태에서 열차 진입시 차륜에 의해 계전기를 무여자로 하는 방식으로 장점은 전원고장, 선로 절손 등 기기 고장 시 무여자되어 안전측 동작하며, 단점으로는 전력소비량 많은 점이 있음

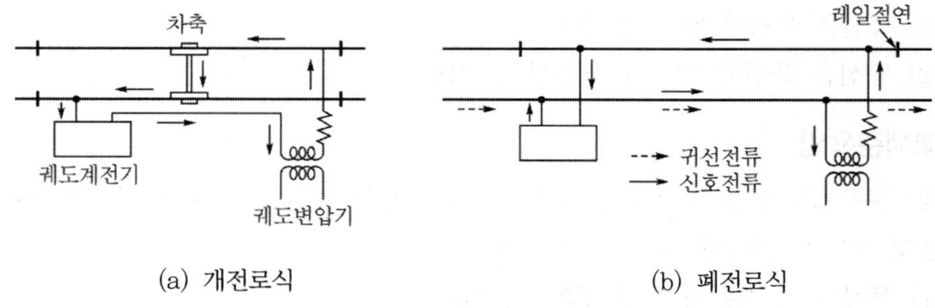

(a) 개전로식　　(b) 폐전로식

그림 1.3.4 회로구성별 궤도회로

다. 궤조절연 설치방법에 의한 분류

(1) 유절연식 궤도회로

레일의 일정한 구간에 절연체를 삽입하여 전기적으로 구분한 궤도회로

① **단궤조식 궤도회로** : 궤도 회로 중 궤도한쪽만 절연하는 방식으로 장점은 전철구간에서 한쪽궤도에는 귀선전류 용으로 사용 할 수 있고 복궤도에 비해 궤도절연수가 적어 설비비가 절감되며, 단점으로는 절연되지 않는 쪽에 궤도절손시 계전기 오동작 우려 및 전철구간에 제한적으로 사용됨

② **복궤조식 궤도회로** : 궤도회로에서 양쪽궤도를 절연하는 방식으로 장점은 단궤조에 비해 계전기 오동작이 거의 없어 전철구간 및 비전철 구간에 주로 사용되는 점이며, 단점은 임피던스본드 설치 등 설치비가 많이 듦

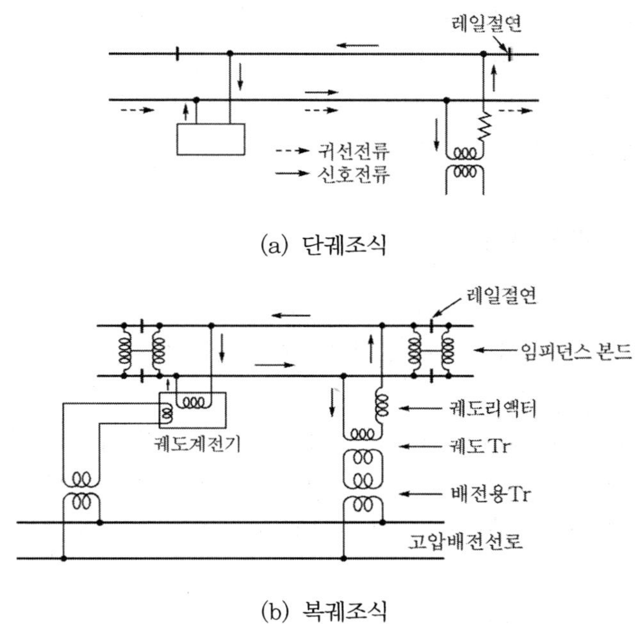

그림 1.3.5 궤도절연별 궤도회로

(2) 무절연식 궤도회로

궤조절연을 사용하지 않고 궤조에 직접 주파수를 흘려 궤도 임계점에서 상호 주파수에 대한 공진회로를 이용한 궤도회로로 대표적으로 고속철도 등에 사용하는 AF 궤도회로 방식이 있음

3. AF(Audio Frequency) 궤도회로의 특징 및 구성

가. AF 궤도회로의 개요 및 특징

(1) 열차가 시속 200[km/h] 이상 고속으로 주행 시는 육안으로 지상 신호현시를 확인하는 데는 한계가 있어 차상신호 방식에 적합한 시스템으로 사용하기 위하여 사람이 청각으로 들을 수 있는 16~20,000[Hz]의 가청 주파수를 이용하여 무절연식 궤도회로 방식을 개발하여 사용하게 됨

(2) AF 궤도회로는 열차감지 기능, 선행열차와의 운행간격, 해당 열차의 지시속도, 차량운행 정보를 기관사에 전달하고, 제동장치와 직접 연동하여 신호모진에도 자동으로 열차를 정지하는 기능이 있음

(3) AF 궤도회로는 DC 1,500[V] 용과 AC 25[kV] 용이 있음

나. AF 궤도회로의 구성

(1) 송신부 : 열차검지용 주파수(F_1~F_4) 발생 및 지시코드 주파수 발진
(2) 동조유니트 : 콘덴서 값을 조정하여 제어케이블의 전달 특성을 개선
(3) 커플링 유니트 : 해당궤도회로 주파수를 공진하는 필터회로
(4) 정합변성기 : 변성비 4 : 1로 케이블 전달 특성 개선용
(5) 감시부와 수신부

4. 고속철도용 AF 궤도회로

가. 고속철도용 AF 궤도회로는 UM71C−TVM430 Type으로 ATC의 지상장치와 차상장치간에 위치하여 궤도회로 내부의 열차 유무를 연속적으로 검지하여 열차운행 정보로 사용함

나. 궤도회로는 약 1,500[m] 간격으로 설정하고, 사용주파수는 4가지로 인접 또는 반대선 궤도회로에 서로 다른 주파수를 사용하여 상호 간섭을 배제하였음

다. AF 궤도회로의 반송 주파수는 약 360[Hz] 차이를 두어 배열하였음

❑ F_1 ➪ 2,040[Hz] (궤도1) : 하선용　　❑ F_2 ➪ 2,400[Hz] (궤도2) : 상선용
❑ F_1 ➪ 2,760[Hz] (궤도1) : 하선용　　❑ F_2 ➪ 3,120[Hz] (궤도2) : 상선용

❑ 하 선 (궤도1)				
	F_1 (2,040[Hz])	F_2 (2,760[Hz])	F_1 (2,040[Hz])	F_2 (2,760[Hz])

❑ 상 선 (궤도2)				
	F_1 (2,400[Hz])	F_2 (3,120[Hz])	F_1 (2,400[Hz])	F_2 (3,120[Hz])

그림 1.3.6 AF 궤도회로 주파수 배열

5. 전기철도 구간 레일의 전기적 역할과 부작용

가. 전기적 역할

(1) 전기철도 구간의 궤조는 직류 또는 교류 급전방식 공히 레일을 전기적 회로로 구성하여 귀선로로 사용하고,
(2) DC 급전방식은 DC 전철변전소 정극(+)에서 급전선 ➪ 전차선 ➪ 전기차 ➪ 레

일 ➪ DC 전철변전소 부극(−)으로 구성되고,

(3) AC 급전방식은 전철변전소 ➪ 전차선(TF) ➪ 전기차 ➪ 레일 ➪ 임피던스 본드 ➪ 중성선(또는 흡상선) ➪ 보호선(또는 부급전선) ➪전철변전소 순으로 전기적 회로를 구성하게 됨

(4) 레일의 다른 한쪽은 신호 궤도회로로 사용하고 있어 기술적으로 상호 간섭이나 영향을 주지 않도록 하기 위하여 DC 전철구간은 AF 궤도회로, AC전철구간은 고전압 임펄스 궤도회로 또는 AF 궤도회로를 주로 사용하고 있음

나. 전철구간 레일의 귀선로 전류에 의한 부작용

(1) 귀선용 레일의 누설전류 영향 : 레일과 대지는 저저항 절연을 통해 접촉하고 있어 누설전류가 대지로 유출되어 DC 구간은 전식의 발생에 대한 전식방지 설비가 필요하고, AC 구간은 전자유도 장해를 일으키는 원인이 되어 유도장해 대책이 필요함

(2) 궤도회로에 미치는 영향 : 귀선전류와 같은 궤조를 사용하는 신호궤도회로는 귀선전류와 동일한 사용주파수를 사용할 수 없으며, 순간적인 이상 전류에도 신호시스템의 안정이 유지되도록 추가 보완설비가 필요함

(3) 과도전압 및 이상 전류에 의한 영향 : 전철전원의 지락 또는 단락 사고, 전기차의 운행 중 이상전류시 레일의 전위상승에 대비하여 신호가 부정 동작하지 않도록 고려해야 함

1.3.9 전기철도 궤조의 임피던스 설치 목적과 원리

1. 기능 및 설치목적

가. 전기철도의 전기방식은 1선접지의 형태로 레일을 통하여 귀선 전류와 신호전류가 동일한 레일을 통하여 흐르게 됨

나. 철도신호의 신호전류는 한 개의 궤도회로(폐색구간) 내에서만 흘러야하고 전차선 귀선전류는 변전소까지 계속 흘러야 함

다. 따라서, 인접궤도 회로와 만나는 지점의 레일을 절연하여 신호전류는 다음 궤도로 흐르지 못하게 하고 귀선전류는 통과 시키는 장치를 "임피던스 본드"라고 함

2. 구조 및 원리

가. 구조

(1) 임피던스 본드는 성층철심에 1차코일과 2차 코일에 감겨져 있으며, 1차 코일은

2개로 나뉘어 각 권선에 흐르는 귀선전류에 의해 생기는 자속이 서로 상쇄되도록 되었음

(2) 도체는 평각동판 권수 5~10회 정도임

(3) 2차 코일권수는 1차코일(n_1)과 동일함

(4) 철심은 포화되지 않도록 파이버를 삽입함

(5) 방열을 위하여 변압기유를 주입하는 구조임

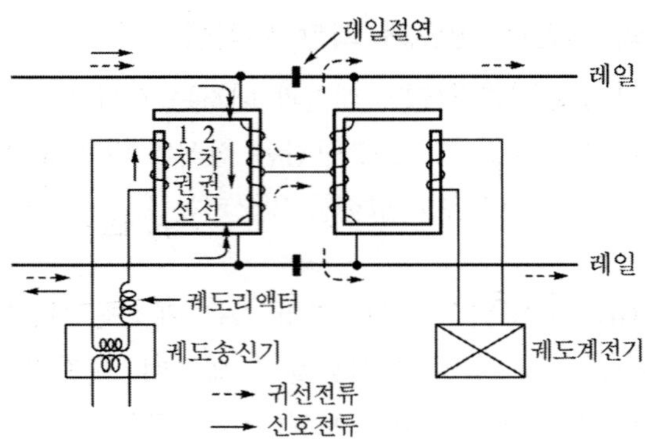

그림 1.3.7 임피던스본드 구조 상세도

나. 동작원리

(1) 전차선 귀선전류는 "−" 극성의 레일 양쪽에 1/2씩 흘러서 임피던스본드의 내부 코일에는 서로 반대방향의 전류가 흘러 철심이 자화되지 않고 2차 코일에 유기되지 못하여 중성점을 거쳐 인접 궤도 회로로 흐른다.

(2) 신호전류는 한 방향으로 흐르므로 철심자화 2차 코일에 전압이 유기되어 계전기를 여자시킴

(3) 이때 코일의 중성점에는 전위차가 발생하지 않으므로 인접 궤도 회로에 신호전류는 유출되지 않음

3. 특 성

가. 좌우 1차 코일에 전기 차의 귀선전류가 평형을 유지하지 않으면 리액턴스가 저하돼 궤조 간 신호전압이 떨어져 궤도계전기 무여자 우려

나. 귀선전류 평형을 위해 점퍼선등의 주기적인 점검 필요

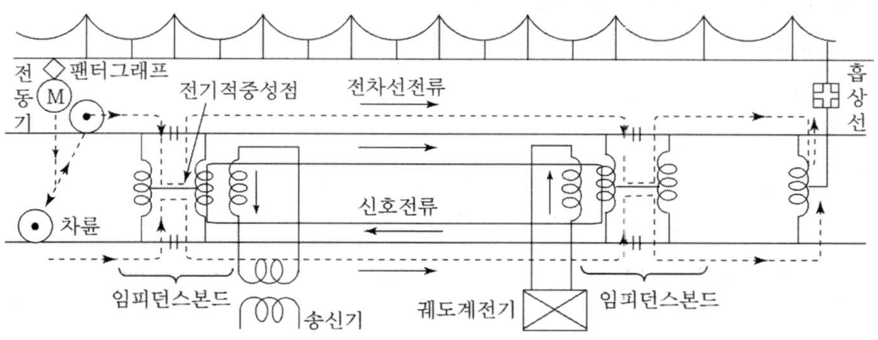

그림 1.3.8 임피던스본드 귀선 회로도

1.3.10 고속철도 열차제어 안전설비 종류 및 기능

1. 개요

가. 고속철도는 200[km/h] 이상의 고속으로 주행함에 따라 사고 발생 시 막대한 인적・물적 손실을 가져올 우려가 있으므로 각종 제어설비와 관련하여 열차의 안전운행과 작업자의 안전을 위한 설비가 필요함

나. 따라서, 고속철도 운행구간은 천재지변, 장애물 발생 등 지장을 초래하는 요소를 사전에 감지하여 자동으로 CTC 운영자에게 정보를 제공하여 열차를 정지하거나 주의를 환기시키도록 하는 각종 열차제어 및 신호 안전설비 등이 있음

2. 안전설비(방재설비)의 종류 및 특성

가. 차축온도검지장치

(1) **설치목적** : 고속철도 전용구간의 전노선에 최고속도로 주행하는 구간에 설치하여 고속주행 시 차축 베어링의 비정상적인 과열을 사전 검지하여 차축가열로 인한 탈선 방지하기 위함

(2) **설치장소** : 역 또는 보수기지 근처의 신속한 조치가 가능한 장소로 평균 30[km] 간격으로 상하선 인접하여 설치(단, 상구배, 곡선 및 상시제동 구간에는 설치하지 않음)

(3) **장치기능** : 온도, 치축 및 휠의 위치, 경보수준 정보등을 중앙감시설비(HBS) 또는 CTC로 실시간 전송하고, 이상 과열시 양쪽 Loop cable 검지신호를 차량에 전송하여 70[℃] 이상이면 경고, 90[℃] 이상이면 열차정지 되도록 연동됨

나. 방호스위치 및 속도제한기능 장치

(1) 설치목적 : 보수자 또는 작업자가 승강장, 선로변, 터널, 교량 및 역구내에서 열차 운행으로 인한 위험요소 발생우려가 있을 때 승객 또는 보수자의 안전을 확보하기 위하여 진입하는 열차를 정지시키기 위한 장치를 말함

(2) 설치종류 : 해당구간에 진입하는 열차를 정지시키기 위한 것으로 선로변에 약 250[m]~300[m] 간격으로 설치함

① 역구내 방호스위치(TZEP : Trackside Zone for Elementary protection)

② 패색구간 방호스위치(CPT : Trackside Block Section Protection Switches)

③ 비상정지 스위치(EMS : Emergency Stop Button)

다. 레일온도 검지장치

(1) 설치목적 : 레일온도 검지장치는 레일온도의 급격한 상승시 레일장출 위험을 사전에 방지하고, 한계온도 이상 시에 경보 및 운전규제 등의 적절한 조치를 강구하기 위하여 설치함

(2) 설치장소 : 곡선구간, 양지 및 통풍이 잘 안되는 곳, 레일온도 취약관리 개소(장출 및 온도감시가 필요한 개소), 차축검지기 인접개소 등

(3) 장치구성 : 시스템은 열감지부, 현장제어함, 제어반, 중앙감시장치로 구성하고, 현장제어반부터 신호계전기실 제어반까지는 신호 전용케이블로 정보를 전송하고 제어반에서 중앙감시장치까지는 통신분야의 광통신망을 이용하여 CTC 또는 보수사령실에서 감지하여 열차운행 정보로 사용함

라. 지장물 검지장치

(1) 설치목적 : 열차운행에 지장을 초래하는 지장물이 선로에 침입하는 것을 검지하여 열차제어설비와 연동시켜 해당 궤도회로에 정지신호를 전송하여 접근열차에 정지신호 또는 감속운행 토록 유도하여 안전사고를 예방하기 위하여 설치함

(2) 설치장소 : 철도와 도로가 인접하여 사고 자동차 등이 철도변 침입우려 개소, 철도 위를 횡단하는 고가도로(over bridge), 낙석 및 토사붕괴 우려개소, 고속 및 일반철도 병행구간으로 열차탈선 우려개소

(3) 지장물제거 방법은 동력차 전부(前部)에 장애물 제거기 및 대차 전부에 재석기 설치로 장애물 제거

마. 기상검지장치

(1) 설치목적 : 천재지변 등 갑작스런 기상 이변으로 인한 재해방지를 위해 약 20[km] 간격으로 강우량, 풍속·풍향, 적설량 검지장치 등의 지상설비를 설치함

(2) 설비종류

① **풍속·풍향 검지장치** : 풍속 35[m/s]인 경우 열차 자동정지

② **강우량 검지장치** : 일일 연속 강우량 250[mm] 이상 시 자동정지

③ **적설량 검지 장치** : 지형적으로 폭설이 빈번한 장소, 평균적설량이 많은 산악 지구, 눈사태 우려 및 상습적인 강설 피해지역, 풍향에 의해 눈이 모여 쌓이는 곳 등에 설치

바. (물체) 끌림검지장치

(1) **설치목적** : 주행하는 열차의 부속품이 파손 또는 이탈하여 차량하부에 매달린 상태로 주행 시 선로주변 또는 궤도 사이에 설치된 각종 시설물 파손방지를 위하여 설치함

(2) **설치장소** : 일반철도에서 고속철도 또는 차량기지에서 고속철도로 진입하는 장소, 장대터널 또는 장대교량 등 약 60[km] 간격으로 선로 중앙에 설치하여 경보 시 기관사가 열차정지 후 차량상태를 확인하여 이상유무를 조치한 이후에 운행을 개시하여야 함

사. 선로변 지진감시장치(유레다스 참조)

(1) **설치목적** : 철로주변의 지진계측 설비로부터 수집된 철도 정보와 기상청의 전국 관측소에서 수집된 지진 정보를 관제실 중앙감시 장치에 현시하여 지진발생시 열차제어 및 열차운행 통제에 의한 안전을 확보하기 위함

(2) **설치장소** : 고속철도 구간 내에 장대교량 및 장대터널, 고속철도 역사 등 지진에 취약한 개소에 지진계측 설비 및 감지센서를 설치

표 1.3.1 지진규모별 열차운영 방법(국내기준)

지진규모	가속도값(gal)	열차운영방법
리히터 1.0~3.9	0~14[gal]	**운행** : 주의통제
리히터 4.0~4.9	14~65[gal]	**황색경보** : 일시정차 후 90[km/h] 이하로 서행운전
리히터 5.0 이상	65[gal] 이상	**적색경보** : 운행중지 및 전차선단전

아. 터널 경보장치

(1) **설치목적** : 터널 내 작업원, 순회자 및 터널입구 선로횡단직원의 안전을 위하여 열차 또는 차량의 터널진입 시 위험경보를 알려 열차의 운행방향 및 대피시간을 확보하기 위함

(2) **설치장소** : 장대 터널 내의 사고발생 시를 대비한 접근로, 긴급 피난로 및 환기설비를 설치하였음

자. 기타 안전설비

(1) **보수자 선로횡단장치** : 보수자가 지정된 장소의 선로를 횡단하고자 할 경우 압구

를 눌러 접근열차의 유무를 확인할 수 있는 장치

(2) **분기기 히팅장치** : 동절기 강설이나 기온급강하로 분기부 결빙현상에 의한 분기기 첨단밀착 불량 등 사고를 예방하기 위하여 원격제어 및 감시기능을 갖는 분기부 주변에 히팅코일 등을 설치하여 결빙을 방지하는 장치

1.3.11 철도 지진발생 검지경보 시스템의 UrEDAS(유레다스)

1. 유레다스 개요

지진감지 시스템인 유레다스(UrEDAS : Urgent Earthquake Detection and Alarm System)는 지진발생시 최초로 도달하는 P파를 감지하여 지진발생 진앙의 위치, 깊이, 진도 등을 파악하여 피해 예상지역을 추정하고 경보를 발령하여 열차 운행를 통제시켜 파급사고를 예방하는데 있음

2. 지진파의 종류 및 특성

가. 지진근원지에서 발생하는 지진파는 지구내부 깊숙이 통과해 가는 P파(종파)와 S파(횡파)가 있고, 지구표면 외층에 따라 전파해가는 표면파인 L파가 있음

나. P파(Primary-Wave 또는 Push-Wave)

P파는 매질의 진동방향과 파의 진행방향이 같은 종파로서 지진파 중에서 진행속도가 약 5~8[km/sec]로 빠르고 지진계에 가장 먼저 도달하는 파형임

다. S파(Shake-Wave 또는 Secondary-Wave)

S파는 매질의 진동방향과 파의 진행방향이 직각인 횡파로서 지진파의 진행속도가 4[km/sec] 정도로 P파보다 느리지만 진폭과 파장이 크므로 구조물에 큰 피해를 줌

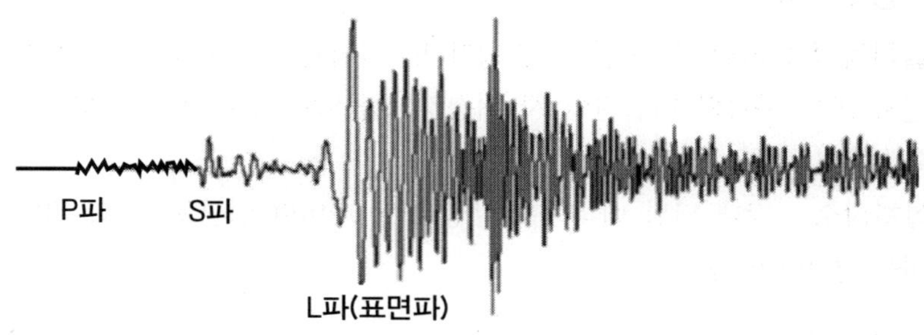

그림 1.3.9 지진파의 종류 및 특성

라. L파(Love-Wave)

L파는 지표면 가까이를 따라 전파되는 표면파로서 진행속도가 3[km/sec]로 가장 느리지만 진폭이 크고 파괴력이 커서 막대한 인명과 재산상의 피해를 가져옴

3. 유레다스의 동작원리

가. 통신의 전송속도는 순간적으로 지진의 진앙지 부근에서 초동 P파(종파)를 감지하여 지진의 규모와 피해를 예측하고, 일정규모 이상의 지진강도에서 지진 조기감지 시스템이 동작하여 전철 변전소 전원공급을 차단하고, 사령실에 계측값을 표시하여 표면파가 선로에 도달하기 전에 열차통제를 시행하는 원리

나. 일본 신칸센 철도에 처음 도입된 후 고속철도에 다양하게 적용되고 있으며, 국내 철도에서는 고속철도의 장대교량, 장대터널, 주요역사에 설치된 지진감지 시스템을 통하여 수신된 지진정보와 기상청을 통하여 수신된 전국의 지진정보가 일정규모 이상의 지진 감지시 고속관제실에 위험정보를 표출하여 열차운행 정지 또는 속도제한 등 열차통제를 시행하는 시스템으로 구축되어 있음

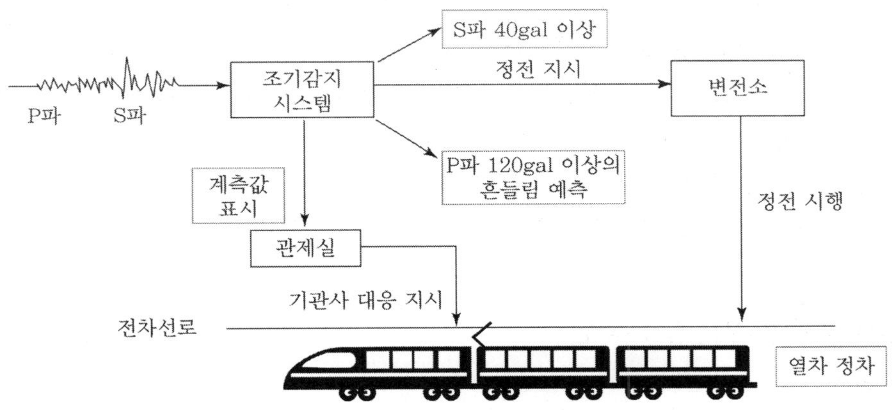

그림 1.3.10 유레다스 동작원리

4. KTX 운전취급 속도

고속철도 운전취급세칙 제30조에 의하면 지진발생으로 인한 열차운행중지 또는 속도제한 등 열차통제에 관한 관계자 조치사항은 다음과 같고, 진동가속도의 값(gal)은 고속철도 지진감지시스템의 가속도센서 값을 말함

가. 지진황색경보(가속도값 40~65[gal] 미만)

(1) 관제사는 지진영향권에 있는 모든 열차에 대하여 일단정차 시킨 후 KTX 기장에

게 그 사유를 통보하고 인터벌 구간에 정지신호를 현시하여야 하며, 지진감지시스템을 통해 지진이 지나간 것으로 판단되는 경우 속도 90[km/h]로 주의운전 지시하여야 함

(2) 관제사는 관련 시설·전기사무소장에게 긴급점검 출동지시를 하여야 함

(3) 관제사는 지진으로 인한 열차 통제구간의 최초열차 KTX 기장이 열차운행에 지장 없음을 확인한 경우에는 정상운행을 지시하여야 함

나. 지진 적색경보(65gal 이상)

(1) 관제사는 지진영향권을 운행 중인 모든 열차에 대하여 즉시 정차 지시 후, 인터벌 구간에 정지신호를 현시하여야 함

(2) 관제사는 전기담당자로 하여금 전차선에 급전을 중지하도록 지시하고, 전기담당자는 전차선에 급전을 중지한 후 그 결과를 관제사에게 통보하여야 함

(3) KTX 기장은 안전한 장소에 열차를 이동·정지 시키고 관제사와 열차팀장에게 통보하여야 함

(4) 지진감지시스템에 의해 지진이 지나간 것으로 판단된 경우에는 고속선로 구간의 최초 열차에 30[km/h] 이하로 시계운전을 지시함

(5) 최초열차 KTX기장이 30[km/h] 이하 시계 운전 지장없음을 확인 시 후속열차는 90[km/h] 이하로 주의운전하도록 지시함

(6) 90[km/h] 이하 주의운전으로 열차운행에 지장이 없을때는 고속선로 구간을 170[km/h] 이하로 운행토록 지시함

(7) 관제사는 시설·전기직원의 열차첨승 및 검측기기(검측차 포함) 점검 등으로 열차운행에 지장이 없음을 확인한 후 정상운행을 지시함

경부 고속철도 지진감지시스템

1. 설치목적

철로주변의 지진계측 설비로부터 수집된 철도 정보와 기상청의 전국 관측소에서 수집된 지진 정보를 관제실 중앙감시 장치에 현시하여 지진발생시 열차제어 및 열차운행 통제에 의한 안전을 확보하기 위함

2. 설치장소

고속철도 전용 구간 내의 장대교량 및 장대터널, 고속철도 역사 등 지진에 취약한 장소에 지진계측 설비 및 감지센서를 설치하여 지진규모에 따라 자동 또는 수동으로 열차운행을 통제토록 함

표 1.3.2 지진규모별 열차운영 기준(고속철도)

지진규모	가속도값 (gal)	열차운영 방법
리히터 1.0~3.9	0~40[gal] 미만	**운 행** : 주의통제
리히터 4.0~4.9	40~65[gal] 미만	**황색경보** : 일시정차 후 90[km/h] 이하 서행운전
리히터 5.0 이상	65[gal] 이상	**적색경보** : 운행중지 및 전차선 단전

3. 고속철도 서울~대구간(1단계) 선로변 계측장비
(1) 가속도센서(지반,구조물 가속도운동 감지) : CMG-5T
(2) 전송계(관측기록전송) : CMG-DCM
(3) 기록계(가속도기록 디지털변환, 저장) : CMG-DM24

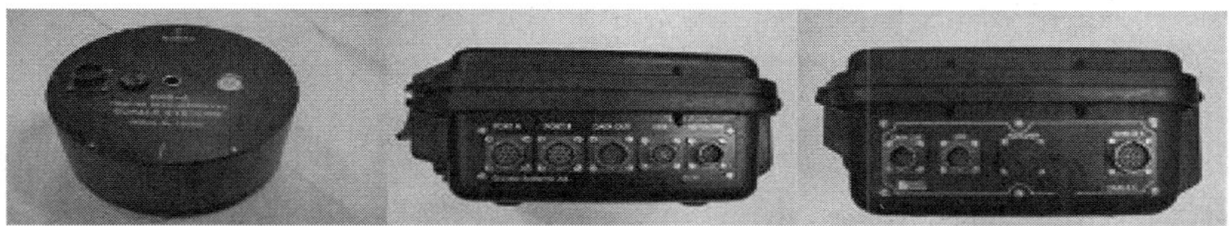

(a) 가속도센서(CMG-5T) (b) 전송계(CMG-DCM) (c) 기록계(CMG-DM24)

그림 1.3.11 고속철도용 지진감지장치 현장설비

1.3.12 철도 승강장의 여객 안전설비(PSD, CCTV) 설치

1. 개요

가. 최근 전동차가 운행하는 지하철 및 전철역 승강장에는 승강장 안전설비를 확대 설치하고 특히, 2006년 이후부터 건설되는 역사는 도시철도법으로 규정하여 설치를 의무화하고 있으며,

나. 승강장 안전설비로 승강장, 계단 및 에스컬레이터 등 취약장소에 CCTV를 설치하여 승객의 안전사고 예방 및 열차승무원에게 승강장 상태를 모니터할 수 있도록 하여 열차운행에 안전을 확보하고 있음

2. 승강장 스크린도어(PSD)의 종류

지하철 또는 전철역의 승강장에 설치해 차량의 출입문과 연동하여 여닫을 수 있도록 만든 안전장치로 PSD(Platform Screen Doors)라는 약칭으로도 불리며, 평상시에는 닫혀 있다가 전동차가 도착하여 출입문을 개폐하면 자동으로 개폐되는 구조로 긴급상황에서는 수동으로도 열 수 있게 설계되었으며, 구조상으로는 완전밀폐형, 반밀폐형, 난간형이 있고 동작원리로 볼 때는 벨트타입과 스크류타입이 있음

가. 완전밀폐형(Full-Closed Type)

(1) **구조** : 전동차가 운행되는 선로부분과 승강장의 바닥부터 천장까지 PSD로 완전밀폐한 형태로 지하구간 승강장에 적용

(2) **특징** : 사람의 선로 측으로 추락방지, 열차에 의한 바람과 먼지를 완전방지, 열차

소음 감소, 냉난방 에너지 절감 등 효과가 제일 큼

나. 반밀폐형(Semi-Closed Type)

(1) **구조** : 승강장과 스크린도어를 분리하여 스크린도어 상부와 천정사이는 개방되어 있는 구조로 주로 지상구간 승강장에 적용

(2) **특징** : 사람의 선로 측으로 추락방지, 열차에 의한 바람과 먼지의 일부방지 효과는 있으나 천장부분과 인터페이스가 완전밀폐형에 비해 현저히 줄어듬

다. 난간형(Half Height Type)

(1) **구조** : 승강장의 전동차 출입문 위치에 맞추어 가동문을 설치한 난간형태로 주로 지상구간의 구형 승강장 구조물에 비용절감 차원에서 적용

(2) **특징** : 사람의 선로 측으로 추락방지 효과는 있으나, 천장과 인터페이스가 없어 공사가 간편하고 공사비를 줄일 수 있는 이점은 있으나 상대적으로 안전도는 떨어짐

(a) 완전밀폐형　　(b) 반밀폐형　　(c) 난간형

그림 1.3.12 PSD 종류

3. 정거장 CCTV

가. 설치목적

CCTV는 승객의 안전확보 및 범죄예방을 위하여 승강장, 계단, 에스컬레이터, 엘리베이터 등 취약장소에 설치하며, 기관사 등 열차승무원이 승강장내의 승객 및 안전 상태를 감시·확인하여 열차를 안전하게 운행하기 위하여 승강장 양단에 설치함

나. 기　능

(1) CCTV 카메라 및 스피커는 역구내 취약장소에 설치하고 역무실 또는 중앙사령실과 연결하여 상시 모니터함으로써 승객의 안전사고 또는 화재 등 긴급 상황 발생시 긴급 조치가 가능하도록 하였으며,

(2) 승강장 양단의 열차 정차위치에 설치한 CCTV는 열차승무원이 육안으로 승강장

의 승객의 안전상태를 확인한 후 출발할 수 있도록 하여 안전을 확보하는 기능을 수행함

라. CCTV 시스템 구성

카메라 및 스피커를 역구내 및 승강장 등의 주요장소에 설치하고, 역무실 및 사령실에 DVR 및 모니터를 설치하여 상시 모니터링 할 수 있는 시스템으로 구성됨

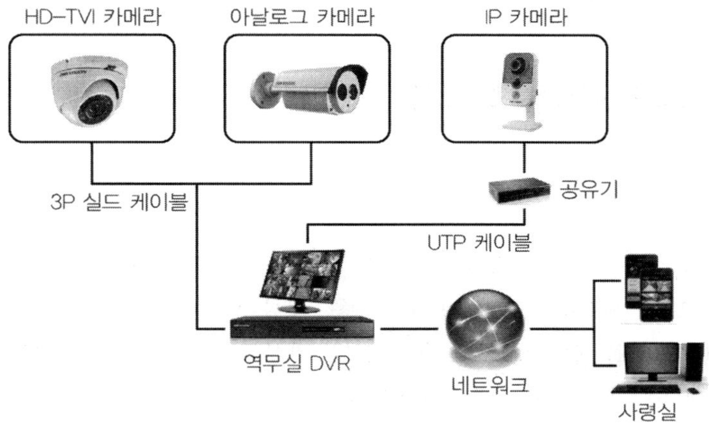

그림 1.3.13 CCTV 구성도

제 2 장 전기철도 일반

2.1 ∘ 전기철도 개요 및 효과

2.1.1 전기철도의 필요성 및 효과

1. 개요

대도시 교통난해소, 열차의 고속화, 에너지이용 합리화 및 친환경 교통수단의 요구에 따라 기존 일반철도가 해결하지 못하는 대량수송, 물류비절감, 경영개선 목적으로 기존선의 전철화 및 신선건설을 전기철도로 하는 것이 세계적 추세이며 한국철도의 전철화율은 2022년말 현재 약 79.2[%]에 달하고 있음.

2. 전기철도의 특징

가. 매연이 없고, 소음이 적어 친환경적임
나. 짧은 시격의 고밀도 운전으로 인구 및 경제활동의 분산이 가능함
다. 도심도로의 교통혼잡을 완화할 수 있음
라. 지역주민의 교통편의 제공 등 도심에 집중된 도시기능을 교외지역으로 적절히 분산배치하여 균형적 발전을 도모할 수 있음
마. 대출력이 가능하여 대량수송이 가능함
바. 이용객에게 높은 품질의 교통서비스를 제공함

3. 전철화의 필요성

가. 주요간선의 선로용량이 한계에 도달하여 이의 해소를 위한 효율적인 투자 방안
나. 이산화탄소 배출규제 등 환경문제(소음규제) 해결을 위한 친환경 교통수단 확보
다. 선로용량증대, 수송 시간단축 등 철도수송능력 증대를 위한 시설확충
라. 에너지 이용절약 등 물류비절감 유지보수 절감 등 철도경영 개선
마. 낙후지역 철도시설 현대화로 지역 균형발전 및 도심기능 발전으로 윤택한 생활기반 접안시설 확충 등의 측면에서 전철화가 필요함

4. 전기철도의 효과(전철화 장점)

가. 수송능력 증강

선로용량 증가 및 수송시간이 단축되고, 열차의 견인력 $F = \mu W$에서 알 수 있듯이 점착계수 μ가 커서 단위열차 당 수송량 증가 등 전체적인 철도 수송능력이 대폭 향상됨

표 2.2.1 DL과 EL의 점착계수

구분	디젤 기관차	전기 기관차	비고
점착계수	0.25~0.28	0.32~0.34	약 30[%]증가

나. 에너지 이용 효율증대

(1) 석유(디젤) 에너지를 사용하는 것보다 약 25[%] 전기기관차가 유리하며 국제유가의 계속적인 상승에 비해 원자력 발전 등이 증가함에 따라 발전원가가 낮아져 실제 동력비는 30[%] 이상 절감이 가능함

(2) 대전력 연중무휴, 심야전력 사용자로써 발전소 기저(基底) 부하율 향상으로 국가 에너지 효율적 이용가능

(3) 철도 운전수단별 에너지 이용 효율

표 2.1.2 동력차별 에너지 이용효율

구분	전 기 차 량		디젤기관차	증기기관차
	DC	AC		
견인유효 에너지(%)	24	25	20	5

다. 수송원가 절감(물류비 절감)

(1) 디젤기관차에 비해 내연기관 설비가 적어 유지 보수비 40[%] 절감(내구년한 2배 증가)

(2) 승무원 운용 효율증대(일/승무 · km가 DL에 비해 1.7~1.8배 증가)

(3) 운용차량의 회차율이 높아 차량운용 효율증가(적은 수의 차량으로 운용가능)

(4) 차량의 중량 감소로 궤도보수비 절감 가능

라. 환경개선(친환경 교통수단 확보)

(1) 소음이 적고, 매연이 없어 환경 친화적 교통수단임

(2) 수송수단별 대기오염비교(단위 수송량당)

표 2.1.3 교통수단별 대기오염도 비교

전기철도	화물자동차	승 용 차	선 박 (해운)
1	30	8.3	3.3

마. 서비스 향상 및 주변여건 변화

(1) 전철화에 의한 속도향상, 운행 시간 단축, 선로용량 증대, 고속철도의 기존선 화물운용 등으로 편리하고 쾌적한 교통수단을 제공하고 고속철도와 연계수송으로 고품질 서비스 가능

(2) 지역균형 발전에 기여 : 도심전철은 인구 및 경제활동의 분산, 도심도로 혼잡도 완화, 지역주민의 교통편익 증대 등 도시기능을 외곽 지역으로 적절히 분산, 배치하고, 주요간선의 운행 시간 단축으로 반나절 생활권 제공으로 비즈니스, 관광 등으로 국토 균형발전에 기여하고 있음

(3) 철도건설에 따른 효율적인 국토개발과 생활기반 접안시설 확충으로 도농(都農)간 및 도심기능의 활성화 도모

5. 전기철도의 단점(전철화시 기술적 고려사항)

가. 교류 전기철도 구간의 통신유도장해 대책이 필요함

나. 직류 전기철도 구간의 금속체 부식에 대한 전식방지 대책이 필요함

다. 초기 시설투자비가 많음(터널단면적 증가로 토목 공사비 증가)

라. 전기절연이격거리 확보 등 인축에 대한 감전사고 방지대책 필요

6. 향후전망

가. 전철화 효과는 타 교통수단에 비해 월등히 앞서고 있으며, 현재 철도건설은 정부의 적극적인 정책추진으로 대부분 전철화로 추진되고 있어 2025년까지 전철화율 82[%] 목표로 정부정책에 반영되어 추진 중임

나. 고속철도의 확충, 신규 전철화 사업 및 기존선의 속도향상 추진 등 제3차 국가철도망 구축 계획으로 철도투자 확대를 위한 국가정책 변화가 이루어지는 시점에 있어 국내 전철화 확대는 물론 향후 남북철도 및 해외 전기철도 사업에 대비하여 전기철도와 관련한 국가산업 기술발전에 최선의 노력을 다하여야 함

전철화의 경제적 이익 [※ 자료출처 : 고속철도 전기견인기술, 프랑스 앙드레코에시 著, 기전연구사]

1. 직류 전철화와 교류 전철화 고정설비 건설비(복선전철 기준)

비 목	직류 1,500[V]	교류 25[kV]
고압선로	5	1
변전소와 조작소	16	3
전차선로	57	42
신호설비	8	7
통신설비	7	8
역사 및 계류장	2	2
토목공사(개조)	5	6
계 (%)	100[%]	69[%]

2. 디젤견인의 운전비는 전기견인의 운전비 보다 50[%] 높음

비 목	전기고속	디젤고속	전기화물	디젤화물
보수비 (정비비)	25.2	85	21.5	56
운전 및 계류장비	38.3	56	60.9	75
에너지비(운전비)	36.5	63	17.6	33
계(%)	100	204	100	164

3. 수익성 평가
 가. 수익성 평가기준
  (1) 수익성 검토 기간 : 보통 20년으로 함
  (2) 기관차의 톤 당 답면출력 DL : 20~23[kW/t] , EL : 50~55[kW/t]
  (3) 구배가 심한 장소의 견인요소 및 높은 해발에서의 출력손실
 나. 수익성 일반개념
  (1) y축에 연간 비용(운전비 및 투자비), x축에 교통밀도로 선로 [km] 당 년간 에너지 소비를 나타내고 손익 분기점은 아래와 같이 평가함

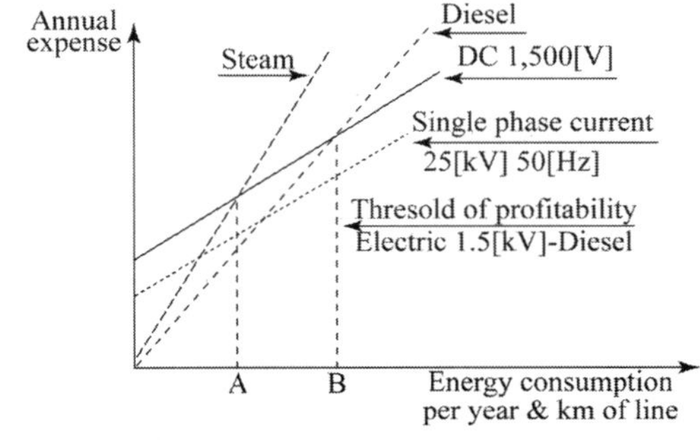

① EL과 DL 선분의 교차점가로 좌표는 년간 비용이 디젤보다 전기에서 더 적어지는 교통량이 손익분기점(B점)

② 교류방식이 직류방식보다 수익 분기점이 낮음

2.1.2 전기철도의 발전 과정

1. 개요

가. 전기철도는 전기를 주동력으로 하는 전기차를 운행하여 여객 및 화물을 수송하는 철도로 수송 효율성, 에너지절약, 환경보존 측면 등에서 매우 유익하여 전 세계적으로 확산되어 지속적인 발전을 꾀하고 있음

나. 수송형태 및 전기차 추진방법에 따라 도심전철, 일반전철, 고속전철, 경전철, 자기부상열차 등이 있으며, 최근에 자기부상 열차 및 경전철에 대한 관심과 건설이 급속하게 진행되고 있음

2. 전기철도의 발전과정

가. 외국의 전기철도 발전사례

(1) 독일

1879년 5월 31일 지멘스가 제3궤조 방식인 DC 150[V] 3마력 2극 직권전동기 기관차를 박람회에 출품하여 전기철도의 효시가 되었으며, 이후 계속적인 전기철도 확충으로 2014년 현재 59.1[%]의 전철화를 이루고, 고속철도 ICE를 운영 중임

(2) 영국

1883년 독일 지멘스사로부터 기술을 도입하여 프라이런에 전차가 등장하였고, 이후 1890년 전기철도 방식의 지하철이 세계최초로 개통되었으며 유럽 각국에서 전기철도 방식인 지하철과 노면전차의 도입과 발전이 계속되었음

(3) 프랑스

1900년 파리 Metro를 DC 750[V] 제3궤조 방식으로 192[km]의 지하철 전기철도를 개통하였고. 일반철도의 전기 철도화를 꾸준히 발전시켜 2014년 현재 약 52.5[%]의 전철화 비율을 보이고 있으며, 1976년 TGV 동남선 파리~리옹간 426[km]에 대한 고속철도를 착공하여 1983년 전 구간 개통이후 고속철도에 대한 적극적인 투자와 기술개발로 2007년 4월 세계최고속도 574.8[km]를 시험 운행하는 등 전기철도의 급속한 발전을 이룩하고 있음

(4) 미국

1880년에 스티븐 에디슨이 소형 전기기관차를 발명 하였으며, 1888년에 뉴욕에 DC 600[V]의 제 3궤조 방식의 전철이 385[km] 영업을 개시하였으나, 미국은 지하철(도심)을 제외하고 일반철도에 전기철도를 거의 도입하지 않은 상태이며, 수송특성상 철도보다는 항공 및 도로교통 발전이 주를 이룸

(5) 일본

1890년 동경박람회시 미국에서 도입한 15마력 DC 500[V]용 전차를 전시한 후 1895년 최초로 전철화 영업을 개시하였으며, 1964년 국제 박람회를 계기로 세계에서 최초로 신간선(도쿄~오사카)에 고속철도를 개발하여 히카리(빛) 열차를 운행함으로써 고속철도 기술보유국이 되었으며, 2014년 현재 전철화는 61.5[%](전기철도 영업거리 12,230[km])에 달함

나. 우리나라의 전기철도 발전

(1) 국내 전기철도 효시

1899년 5월 4일 미국인 콜브렌(H.Collblen)과 보스트위크(H.D Bostwick) 두 사람이 조선 왕실의 특허를 얻어 서대문~동대문간에 DC 600[V] 방식의 노면전차 운행이 우리나라 최초의 전기철도 효시라 할 수 있음

(2) 초창기(일제강점기)

① 1927년 일제 강점기시 경원선(철원~내금강) 116.6[km] 구간을 DC 1500[V] 방식으로 전철화하여 1930년 5월 15일 개통하고,

② 1937년 경원선 복계~고산간 53.9[km]를 DC 3000[V] 방식으로 전철화 하였으며, 1944년 단양~풍기간 23[km] 구간을 DC 3,000[V]로 공사도중 6.25 전쟁으로 중단된 이후 철거됨

(3) 발전기(6.25전후~1980년대)

① 1960년대말 5개년 경제발전계획으로 인하여 시멘트 및 무연탄 등 주요 산업물자 수송을 위하여 전철화 도입이 검토되어, 1969년 산업선(중앙선, 태백선, 영동선)의 전철화를 착공하여 1972년 6월 9일 태백선 증산~고한간 10.7[km] 시험구간을 AC 25[kV] 방식으로 완성하여 시험운행을 완료하고,

② 산업선 전철화는 1973년 6월 20일 중앙선 청량리~제천간 155.2[km] 개통에 이어 1974년 6월20일 태백선 제천~동백산간 103.8[km], 1975년 12월5일 영동선 철암~북평간 61.5[km] 개통 등 320.5[km] 구간의 산업선 전철화 개통을 완료함

③ 수도권 전철화는 1970년도 수도권 교통난 해소를 위하여 서울~인천, 서울~수원, 용산~성북간 98.6[km] 구간을 AC 25[kV] 방식으로, 지하철 서울~청량리간 7.8[km] 구간을 DC 1500[V] 방식으로 전철화하여 1974년 8월 15일 개통함으로써 본격적인 전철화 시대를 맞이하게 됨

그림 2.1.1 산업선 전철화 계획도

(4) 철도 전철화 르네상스 시대(80년대 이후~2000년)

① 1980년대에는 서울 메트로 2.3.4.호선이 개통된 이후 한동안 정체되었던 철도 전철화 사업은 90년대 들어서 수도권전철망 확충, 간선 전철화 및 고속철도 도입으로 비약적인 발전을 가져와 철도 르네상스 시대로 불리게 됨

② 특히, 1990년대 들어와 과천, 분당, 일산선 복선전철, 경인 2복선전철, 용산~구로 3복선전철 및 서울도시철도공사 5,6,7,8호선 개통 등으로 수도권 전철망 구축이 대폭적으로 확충되어 대중 교통난 해소에 크게 기여하였음

그림 2.1.2 수도권 전철화

(5) 고속철도 시대 도래 및 속도향상(2004년 이후~현재)

① 2004년 4월 1일 경부고속 철도 1단계 계통(서울~동대구간 238.9[km])과 더불어 기존선과의 연계 수송을 위한 경부선 대구~부산, 호남선 대전~목포·

광주간 전철화로 전국적인 일관 수송체계를 구축하게 됨

② 이후 2010년 11월 경부고속철도는 부산까지 전구간(423.8[km])을 완공하고, 2015년 4월에 오송~광주송정역간 호남고속철도를 개통하는 등 세계 5번째 고속철도 운영 및 고속철도 차량 제작기술까지 보유함으로써 고속철도뿐만 아니라 기존선의 속도향상에도 괄목할만한 기술발전과 새로운 경쟁체계를 구축하게 됨

그림 2.1.3 고속철도의 도입 및 개통

3. 향후전망

가. 고속철도 및 주요간선 철도건설

(1) 고속철도 개통과 함께 속도향상에 대한 인식 제고로 이어져 국가 정책적으로 간선의 속도향상이 추진됨으로써 경춘선의 고속화 및 건설중인 철도간선에 대해서는 대부분 180~200[km/h]로 추진 중에 있어 여기에 수반되는 전차선로의 가선특성 및 자재개발 등이 활발하게 진행되고 있음

(2) 고속철도는 수도권 고속철도(수서~평택간 61.1[km])를 2017년 개통 하고, 2018년 평창 동계올림픽에 맞추어 원주~강릉 복선전철을 개통하여 인천공항에서 강릉까지 KTX를 고속으로 직통운행하고,

(3) 호남고속철도 광주송정~목포간 연장 및 중앙선, 경전선, 동해남부선, 장항선 복선전철, 충북선 고속화, 수도권 GTX 등 제3차 국가철도망 구축계획에 의하여 2025년까지 철도 전철화율을 86[%]로 확충하고 주요 간선에 대한 속도향상을 대폭적으로 추진할 계획임

나. 신교통 시스템도입

(1) 주요도심의 교통수단으로 여러 가지 장점이 있는 경전철은 계속 추진되어 김해부산경전철, 의정부경전철, 용인경전철이 운영 중에 있고, 서울시, 김포시, 경산시 등 지자체에서 건설 또는 계획 중에 있어 앞으로 더욱 확대되리라 예측되나, 대부분 외국 기술에 의존되고 있어 차량 및 시스템에 대한 국내 독자적인 기술개발과 운영기술 확보가 절실히 요구됨

(2) 국가 10대 과학기술 과제중 하나인 자기 부상열차의 상용화에도 적극 추진하고 자기부상 열차에 대한 기술발전이 가속화 되고 있음

다. 고속철도 차량의 개발

(1) 국가 과제인 G7열차의 개발에 노력한 결과 한국형 고속열차를 철도기술 연구원과 로템(사)에서 개발・제작하여 최고 속도 350[km/h]까지 시운전을 마치고, "KTX-산천"으로 운영 중에 있는 바,

(2) KTX는 동기전동기를 사용하였으나, KTX-산천 차량은 유도전동기를 사용하여 기동 및 제어특성을 향상시켰으며, 지속적인 기술개발 및 해외진출에 최선을 다하고 있음

2.1.3 전기철도의 분류

1. 개요

전기철도는 전기를 주동력으로 하는 전기차를 운행하여 여객 및 화물을 수송하는 철도로 기존의 각종 철도 시스템과 결합하여 새로운 형태의 수송체계를 구성하는 것으로 수송목적, 속도별, 전기방식, 전기차 형태 등에 따라 분류하지만 각국마다 중복 또는 혼용되고 명확한 구분이 통일되어 있지 않아 통상적으로 사용되는 종류에 대하여 기술함

2. 운전속도에 의한 분류

가. 완속전철

일반적으로 완속전철은 운전속도가 200[km/h] 미만인 전철을 말하며 지하철, 도시철도, 광역철도, 기존선의 일반철도 등이 해당됨

나. 고속전철

고속전철은 속도가 200[km/h] 이상을 말하며 그 한계는 명확하게 정해져 있지 않으며 일반적으로 레일점착(Wheel on rail)방식의 속도한계까지로 정의되고 있으나 프

랑스 TGV가 레일점착(Wheel on rail)방식으로 574[km/h]의 시험속도를 기록했지만 상용화되지 못하고 있기 때문에 현재로서는 점착력과 저항력의 분기점이 되는 속도한계는 350[km/h]에서 400[km/h]로 보고 있음

다. 초고속전철

초고속전철의 정의는 앞에서 설명한 바와 같이 고속철도의 속도한계를 넘는 운전속도로 주행할 수 있는 것을 초고속전철이라고 정의하며, 초고속전철은 레일점착(Wheel on rail)구동방식이 아닌 비점착, 비접촉 구동방식이 필연적으로 각국에서 가장 접근된 방식으로 자기부상 열차 또는 자기부상 튜브열차 등이 연구되고 있으며 중국 상하이 푸동 국제공항역의 32[km] 구간에서 최고속도 430[km/h]로 운행하는 등 상용화 단계에 있음

3. 수송목적에 의한 분류

가. 시가지 전철(Street Electric Railway)

시가지 도로상에 건설하여 버스처럼 운행되는 경량철도로 노면전차라고도 하며 저속으로 운전 시간간격을 짧게 운행하는 철도로서 스위스 등 유럽에서는 아직도 많이 운행되고 있음

나. 도시 전철(Rapid Transit Electric Railway)

도시 내의 짧은 역간 거리에서도 높은 속도를 유지할 수 있어 대량 교통운송수단으로 적합한 철도로서 타 교통수단에 지장 없이 운전이 가능하며 대도시 교통수단으로 각광을 받고 있음

다. 수도권 전철(Capital Region Electric Railway)

도시전철과 같은 형태이나 국내와 같이 서울을 중심으르 인구가 급증하여 주변도시와 연결하여 대규모 대중 수송체계를 구축한 중대형 전철을 말함

라. 광역 전철(Wide Area Electric Railway)

규모는 도시전철이나 수도권 전철을 중심으로 도시외곽을 운행하거나 도시에서 인접도시 또는 교외로 운행되는 전철로 교외전철로 분류하기도 함

마. 도시간 전철(Intercity Electric Railway)

도시와 도시간을 연결하는 중대형 철도로 일반적으로 정차간격이 길어서 표정속도가 크기 때문에 전기차의 출력이 높고 고속운행에 유리함

바. 간선 전철(Trunk Line Electric Railway)

경부선, 호남선 등과 같이 국내의 간선을 이루는 철도로서 정차장 간격이 길고 열차단

위가 커서 전기기관차 또는 전기차로 고속운행을 필요로 하는 전기철도를 말함

사. 산업선 전철(Industrial Line Electric Railway)

산업용 원자재(석탄, 시멘트 등)의 수송을 목적으로 운용되는 것으로 주로 산악지역이 많은 지역과 대량의 화물 수송이 요구되는 곳에 충분한 견인력을 얻기 위하여 시설하는 전기철도를 말함

4. 전기철도 전기방식에 의한 분류

가. 직류전기철도

전력회사로부터 전기를 수전받아 직류용 전철변전소에서 직류로 변환하여 전차선 등에 전력을 보내 직류용 전기차를 운행하는 방식으로 보통 DC 600[V]에서 DC 3,000[V] 범위에서 사용됨

나. 교류 전기철도

전력회사로부터 전기를 수전받아 교류 전철변전소에서 전력을 변환하여 전차선 등에 교류전력을 보내 전기차를 운행하는 방식으로 단상교류방식과 3상교류방식이 있으나 최근에는 단상 AC 25[kV] 방식이 주를 이루고 있음

5. 전기차 형태에 의한 분류

가. 경량전철(輕電鐵)

경전철은 수송능력이 버스와 일반 전철의 중간 정도인 1,000~10,000명/시간/방향에 비교적 짧은 운행 시간 간격으로 기존도시 철도망과 대규모 개발지역 또는 위성도시를 자동주행으로 연계하는 교통 System으로 LRT, AGT, LIM, APM, PM, TRAM, 모노레일 등 다양한 형태가 있음

나. 중전철(重電鐵)

중전철은 일반 전철의 전기차를 말하며 단거리 광역철도 및 도시철도에 사용되는 방식으로 빈번한 주행, 정지가 반복되는 도심구간과 근교의 고밀도 수송수요를 담당하여 여객수송을 목적으로 하는 전동차와 장거리 고속으로 운행하는 여객전용, 충분한 견인력이 요구되는 화물전용 또는 여객화물 겸용인 전기기관차 형태의 전철을 말함

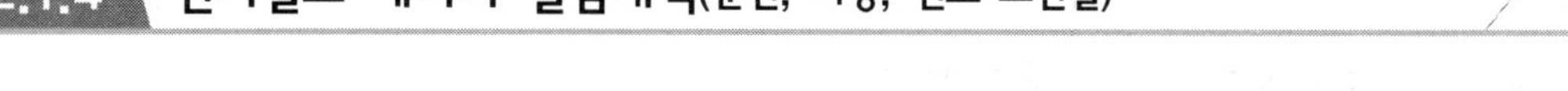

2.1.4 전기철도 에너지 절감대책(운전, 차량, 선로 조건별)

1. 개요

동일한 전기동력차가 운행하더라도 속도・가속도・제동도 등의 운전조건, 차량중량・차량제어 방법・치차비 등과 같은 차량조건, 구배・곡선 등과 같은 선로조건, 가선전압・전류・역률 등의 전기적인 조건에 따라 전력소비량(에너지소비량)은 많은 차이가 발생하게 되므로 각 조건별 에너지 절감 방안에 대하여 기술함

2. 운전조건에 따른 에너지 절감방안

가. 가속도를 크게한다.

운전거리, 운전 시분 및 제동도가 일정할 때 가속도를 크게 하면 역행 시간이 짧고 타행시간이 길어지므로 전력소비량을 절감할 수 있음. 다만, 가속도를 너무 크게 하면 전류가 과대하게 되고 정류불량 및 변전소 피크부하도 크게 되고 승객이나 차량에 충격을 주어 차륜의 공전을 야기할 우려가 있음

나. 제동도를 크게한다.

제동도가 커지면 역행 시간이 짧고 타행시간이 길어지므로 전력소비량을 절감할 수 있음. 다만, 제동도를 과대하게 하면 승객이나 차량에 충격을 주어 차륜이 활주할 우려가 있음

다. 속도를 낮게 한다.

속도와 전력소비량 곡선에서 알 수 있듯이 속도가 낮으면 운전 시간이 길어지고 역행 시간이 짧아져 전력소비량이 적어짐

3. 차량조건에 따른 에너지 절감방안

가. 차량의 중량을 가볍게 한다.

차량의 중량은 열차저항과 밀접한 관계가 있어 차량의 중량을 가볍게 하면 주전동기 용량도 작게 할 수 있어 전력소비량이 적어지며, 동일한 가속력, 브레이크력에서도 중량이 가벼운 만큼 가속도 제어비율이 커지고 전력소비량도 감소하게 됨

나. 역간거리에 적합한 치수비 전기동력차를 운영한다.

치수비(치차비)가 큰 경우 토크는 동일해도 견인력과 기동 가속도가 커지고 속도가 낮아지고, 치수비가 작을 경우 최고속도를 크게 할 수 있으므로 역간거리가 짧은 경우 치수비를 크게 하고, 역간거리가 긴 경우에는 치차비를 작게 하는 전기동력차를 운영

하는 방법이 전력소비량을 적게 함

다. 전력회생 브레이크를 사용한다.

저항제어에서는 저항에 의한 전력손실이 크므로 전력회생 제동을 사용하면 약 30[%] 정도 전력소비량을 절감할 수 있음

4. 선로조건에 따른 에너지 절감방안

가. 선로의 구배 · 곡선구간을 완화한다.

선로의 상향구배 또는 곡선구간은 열차저항이 증가하여 전력소비량이 증가하나, 하향구배에서는 가속을 수행하는 경우 구배저항이 가속력으로 작용하고 역행 시간이 짧으며 회생제동을 사용하는 경우 전력사용량을 줄일 수 있음

나. 정거장 위치를 약간 높게한다.

정거장의 위치를 약간 높게하면 작은 브레이크력으로도 정차가 가능하고, 출발시에는 기동가속력을 쉽게 얻을 수 있어 전력소비량을 줄일 수 있음

2.1.5 전기철도 시스템의 구성(변전, 급전, 차량)

1. 개요

전기철도는 전기를 주동력으로 하는 전기동력차를 운행하는 것으로 전력회사로부터 전력을 수전받아 전기철도용 전용 전철변전소에서 급전계통(전차선 등)에 적합한 전력으로 변환해 전차선에 공급하면 전기차의 집전장치(Pantagraph)를 통해 차량 내 전력변환장치를 통하여 전기차의 주전동기를 구동시켜 운행하는 시스템으로 구성 되어있음

2. 변전시스템의 구성

전력회사로부터 전원을 수전받아 급전계통 운용에 적합한 전력으로 변환하여 급전선 또는 전차선에 전원을 공급하는 전기철도용 전철변전 시스템.

가. 직류 전철변전 시스템

(1) 전력회사 전력계통으로부터 AC 22.9[kV]를 받아 직류 전철변전소 주변압기에서 AC 1,200[V]로 강하하고, 정류기에서 DC 1,500[V]로 변환하여 전차선에 공급하는 시스템

(2) 주요 구성품은 변압기, 정류기, 고속도차단기 등으로 되어있으며, 변전소와 변전소 사이에 급전구분소, 급전타이포스트, 정류포스트 등을 두기도 함

나. 교류 전철변전 시스템

(1) 전력회사 전력계통으로부터 AC 66[kV]~154[kV]를 받아 AC 전철변전소 Scott 결선 주변압기에서 AC 25[kV] 및 AC 50[kV]로 변환하여 급전선과 전차선에 전력을 공급하는 시스템으로 AT 방식과 BT 방식이 있음

(2) 주요 구성품은 Scott 결선 주변압기, 차단기, AT 또는 BT, 고조파필터, 역률보상 장치 등이 있으며, 변전소와 변전소 사이에 급전구분소(SP), 보조급전구분소(SSP) 또는 병렬급전소(PP) 등이 있음

3. 급전계통 시스템

가. 급전계통 일반

(1) 급전계통의 구성 : 전철 급전계통은 전철변전소로부터 전차선 또는 급전선에 전력을 공급하는 전기적인 계통 구성을 말하며 급전거리, 전압강하, 사고 시의 구분, 보호계전기의 보호범위 등을 고려하여 급전, 단전이 가능하도록 급전방식과 변전소 위치에 따라 적당한 구간으로 구분하여 구성하게 됨

(2) 급전계통의 분리

① 급전별 분리 : 각 변전소별로 전압 위상별, 방면별, 상하선별로 구분하여 사고발생시 인접변전소와의 연장급전을 고려하여 구성

② 본선간의 분리 : 동일 급전구간에 사고발생시 해당 구간을 분리하여 급전할 수 있도록 SP 또는 SSP를 두어 급전계통을 구성

③ 본선과 측선의 분리 : 주요 역구 내에서 사고 시 단선운전 또는 타절운전할 수 있도록 본선과 측선을 단로기 등으로 구분

④ 차량기지와 본선과의 분리 : 차량기지는 수많은 열차가 대기 및 정비를 시행하는 곳으로 차량장애에 의한 급전장애가 본선측에 영향을 줄 우려가 있으므로 본선과 구분하여 급전계통을 구성

나. 직류급전 시스템

직류급전 계통은 DC 변전소 및 급전구분소 구간을 1개 구간으로 방면별, 상하선별로 병렬급전을 원칙으로 전차선에 DC 1,500[V]를 공급하고, 변전소간에는 연락 송전선로를 설치함

다. 교류급전 시스템

교류 급전구간은 Scott 결선 변압기의 특성상 위상각 차이로 병렬급전이 불가능하므

로 SP 및 SSP를 두고 방면별 이상(異相) 급전방식 또는 상하선별 이상 급전방식이 적용되며, AT 급전방식은 급전선을 별도로 가선하여 약 10[km]마다 AT를 병렬로 설치하여 전차선과 급전선에 AC 25[kV]를 공급함

4. 전기 동력차량 시스템

전기차는 전차선(급전선)으로부터 전원을 받아들이는 집전장치, 집전한 전기를 주전동기 및 주변장치에 적합한 전력으로 변환하는 전력변환장치, 전기적인 에너지를 기계적 에너지로 바꾸어 열차를 구동시키는 구동장치, 차량 제어장치 등으로 구성되어 있음

가. 집전장치(Pantagraph)

차량의 외부로부터 전기차 내부로 전력을 인입하는 장치로 전기차의 형태에 따라 팬터그래프, 트로리볼, 뷰겔 등의 종류가 있음

나. 전력변환장치

(1) **컨버터(Converter)** : 팬터그래프로 집전된 직류전원을 각종 주변장치가 요구하는 직류전원 또는 교류전원으로 바꾸는 시스템으로 주로 반도체 소자(SCR, IGBT 등)의 스위칭 동작을 이용하여 직류전압을 직류 견인 전동기에 필요한 전압으로 공급하도록 제어함

(2) **인버터(Inverter)** : 직류전원을 교류전원으로 변환하여 직류측으로부터 교류 측으로 전달되는 DC/AC 전력변환 장치로 PWM 인버터, VVVF 인버터 등이 주로 사용됨

다. 구동장치

(1) **구동장치** : 고속으로 회전하는 견인전동기의 회전력을 차륜에 전달하여 열차를 달릴 수 있도록 하는 장치로 견인전동기 ➪ 치차장치(감속기) ➪ 동력전달축 ➪ 연결축 ➪ 차륜으로 구성되어 있으며 구동장치의 종류에는 중공축 평행 카르단식과 TD 또는 WIN 이음매 방식이 있음

(2) **견인전동기 종류**에는 레일 접촉식인 직류직권전동기, 유도전동기, 동기전동기가 있으며, 비접촉방식인 자기부상 전동기(선형유도전동기, 선형동기전동기) 등이 사용됨

2.2 전기철도와 스마트 그리드

2.2.1 에너지 탄소제로 및 탄소중립

1. 개요

가. 경제발전과 산업화에 따라 CO_2 발생이 기후변화 등 지구환경 변화를 가속화 시키고 있어 국제적으로 탄소배출 감축노력의 일환으로 1997년 12월 국제협약으로 “교토의정서”를 채택하여 1990년을 기준으로 2012년까지 온실가스 배출량을 5[%] 감축하도록 감축대상국가 및 감축목표량을 설정하여 온실가스 감축을 위한 정책과 조치를 취하도록 하였으나 현재는 당사자국간의 이해가 충돌하여 실효성이 떨어져 자율적인 감축에 의존하고 있는 실정임

나. 당시 우리나라는 개도국으로 인정되어 감축대상국에서 제외되었으나, 이후 정부는 경제규모 및 경제활동을 감안하여 2015년 6월 신 기후체제 출범을 앞두고 우리나라 온실가스 감축목표를 2030년 BAU 대비 37[%]로 결정하여 환경선진국으로서 노력을 계속하고 있음

2. 탄소제로(Carbon-Zero 또는 Zero-Emission)

가. 탄소제로의 정의

이산화탄소를 배출하는 화석연료를 기반으로 하는 각종 에너지를 화석연료를 사용하지 않고 태양광, 풍력, 조력, 지열 등의 신재생에너지를 사용함으로써 CO_2를 배출하지 않는 에너지 발생원을 이용하는 것을 말함

나. 신재생에너지의 기술적 고찰

(1) 이산화탄소(CO_2) 배출량 Zero ➪ 탄소 Zero화 실현
(2) 에너지 효율화 증대 기술개발(에너지 소비전약 및 효율개선)
(3) 초기투자비의 저감방안

3. 탄소중립(Carbon-Neutral)

가. 탄소중립의 정의

경제활동으로 배출되는 이산화탄소의 발생량이 전혀 없거나 증가시키지 않는 상태를 말하는 것으로 궁극적으로는 “탄소제로”를 목표로 화석연료 사용으로 인한 탄소배출량을 전면 차단하거나 산소를 공급하는 숲 조성 등을 통하여 탄소배출을 상쇄하는 활

동을 말함

CO_2 배출	⇨	CO_2 감축	⇨	탄소중립 실현

나. 탄소중립 활동 내용

(1) 친환경 교통체계 도입 : 전기철도, 자기부상열차, 전기전동차 등

(2) 온실가스 배출권(KCER : Korea Certfied Emissions Reduction)
2015년 1월부터 탄소배출 업종 520여개 업체에 온실가스 배출권을 할당하여 자발적인 온실가스 감축량에 대한 온실가스 배출권 거래제 시행

(3) 산소를 공급하는 식목 등 숲 조성으로 탄소배출량 상쇄

(4) 단열 및 재활용에 의한 에너지 사용 감축

4. 결어

가. 철도산업에 있어서 온실가스 저감대책으로는 대용량 이동부하인 전기철도를 확충하여 전철화 비율을 높이고, 역사 등 건물의 동력 및 조명을 태양광 발전 등 신재생에너지 사용을 확대하는 방안이 있음

나. 지구환경 및 기후변화에 심각한 영향을 주는 탄소배출의 중립 또는 Zero(0)화 하기 위해서는 산업화를 주도하고 있는 당사국부터 온실가스 배출 감축노력 또는 탄소중립 프로그램에 적극 동참하여야 하고,

다. 일상생활(국내외여행, 에너지 사용 등)에서 배출되는 온실가스에 대한 사회적 책임을 통해 부문별 중립(감축) 목표를 산정하고 선언하여 상쇄 방안을 실행하는 국민참여 실천운동을 확대하여야 함

2.2.2 신재생 에너지 종류 및 특징

1. 개요

가. 지금 전 세계는 화석 연료를 사용할 때 나오는 대기 오염 물질 때문에 심각한 기후 변화로 예측할 수 없는 기상재해는 물론 생태계 질서를 파괴하는 등 인류의 생존을 위협하고 있어 화석 연료의 사용을 줄이고 온실가스를 감축하기 위한 일환으로 신재생에너지 기술개발과 사용에 많은 관심을 가지고 있음

나. 신재생 에너지란 기존의 화석 연료를 변환시켜 이용하는 신에너지와 햇빛, 물, 바람, 강수, 지역, 생물 유기체 등을 재생 가능한 에너지로 변환하여 이용하는 에너지를 말

하며 신에너지(연료전지, 석탄액화가스화, 수소에너지)와 재생에너지(태양, 풍력, 소수력, 바이오, 지열, 해양에너지, 폐기물에너지 등)를 말하며 여기서는 대표적인 5가지 신재생 에너지 종류에 대하여 기술하고자 함

다. 신재생에너지의 특징

(1) 사용에 따른 온실가스 발생이 거의 없는 친환경 청정에너지임

(2) 재생가능하고 고갈될 염려가 없는 비고갈성 에너지임

(3) 계속적인 기술 연구・발전으로 첨단에너지화가 가능함

(4) 정부지원과 선행 투자가 필요한 공공 미래 에너지

2. 태양에너지

가. 태양열(solar themal) 및 태양광(photo voltaic) 발전

(1) 태양열발전

태양으로부터 나오는 열형태의 에너지를 태양열의 흡수, 저장, 열변환을 통하여 건물의 냉난방 및 급탕 등에 이용하는 기술로 태양열 집열판을 사용하여 상승된 집열매체를 동력장치를 이용하여 축열조와 보조난방 장치로 이동하는 설비형 태양열시스템과 자연순환에 의한 자연형태양열시스템이 있으며, 주로 건물의 난방 및 급탕 시설로 사용함

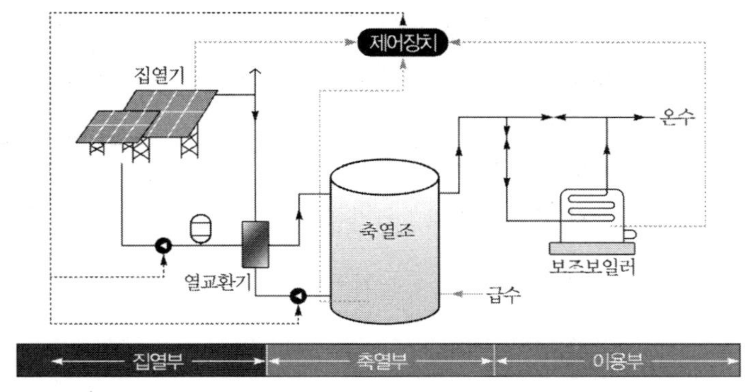

그림 2.2.1 태양열 발전시스템

(2) 태양광 발전

태양의 빛에너지를 광전효과가 있는 박막 태양전지(solar cell)를 모듈형태로 조립한 집전판을 이용하여 전기를 발전하고 축전지 및 인버터 등을 통하여 생산된 전기를 전력회사에 판매하거나 직접 건물이나 설비에 공급하는 형태인 계통연계형(Grid Tied)과 생산된 전기를 배터리에 저장하여 필요할 때 사용하는 독립형(Grid Off) 방식이 있음

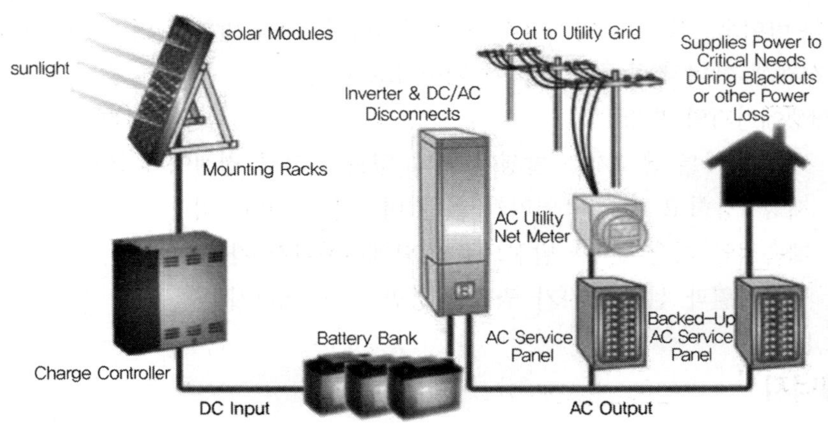

그림 2.2.2 태양광 발전시스템

나. 특 징

(1) 태양열시스템은 주로 건물의 난방 또는 급탕설비로 주로 사용하며, 에너지 밀도가 낮고 계절별, 시간별 변화가 심하여 고도의 집열과 축열 기술이 요구됨

(2) 태양전지는 태양광에너지를 전기에너지로 변환할 목적으로 제작된 광전지로써 P형과 N형 반도체를 접합시키고 각 표면에 금속전극을 붙여 제작하여 태양광이 반도체에 흡수되면 전자와 정공 쌍이 생성되고 전자와 정공은 P-N 접합부에 존재하는 전기장의 영향으로 서로 반대방향으로 흘러감으로써 도선으로 연결된 외부회로에 전기가 발생하게 됨

(3) 세계적으로 현재의 태양전지(solar cell) 효율이 16~20[%] 수준에 있어 향후 효율을 약 40[%]까지 증대시키고, 원가를 낮추는 노력과 기술개발이 지속적으로 추진되고 있음

3. 풍력(wind power) 에너지

가. 풍력발전

자연적으로 부는 바람을 에너지원을 이용하여 블레이드(회전날개)를 회전시켜 블레이드 ➪ 증속기 ➪ 발전기 ➪ 제어장치를 통하여 전기를 생산하는 발전기술

나. 특 징

(1) 대단위 풍력발전 단지의 경우 발전단가가 매우 낮고, 경제성과 기술성숙도가 높아 많은 나라에서 대체적으로 선호하고 있음

(2) 바람이 항상 부는 것이 아니므로 에너지 저장을 위한 충전기술이 필요하고, 레이더 전파교란 가능성 및 미관을 해친다는 비판도 있음

4. 바이오매스(biomass) 에너지

가. 바이오매스 에너지

생물체와 부산물 등을 액체, 가스, 고체연료나 전기, 열에너지 형태로 변환하여 이용하는 에너지를 말함

나. 특 징

(1) 바이오매스의 근원은 식물로서 에너지 자원 종류는 임산, 농산, 축산폐기물 및 도시폐기물 등이 있음

(2) 바이오에너지로 사용할 때 발생하는 CO_2는 에너지 생산원료인 식물이 자라면서 광합성에 의해 흡수되므로 CO_2 배출이 매우 적음

(3) 바이오매스 에너지는 사람이 사용할 수 있는 당질계, 전분질(녹말)계, 바이오매스(사탕수수, 고구마, 옥수수, 콩 등)과 사람이 사용할 수 없는 셀룰로스계(나무, 볏짚, 기타 폐기물)로 분류함

5. 수력(소수력 : small hydro power) 에너지

가. 수력(소수력) 발전

물의 낙하 또는 압력에 의하여 발생되는 에너지를 전기에너지로 변환하는 발전기술을 말하며, 국내에서는 10,000[kW] 이하의 수력발전을 소수력으로 정의하기도 함

나. 특 징

(1) 지형이나 기후 등 자연적인 조건과 조화를 이루며 국내 부존 잠재력이 많고 에너지 밀도가 높아 타 에너지원에 비하여 꾸준한 발전이 가능함

(2) 청정에너지원의 개발을 통하여 지역개발을 촉진하고 경제적 파급효과를 높일 수 있음

(3) 댐, 수차, 발전기, 전기 공급설비 등 투자비가 많고, 환경적인 측면의 고려가 필요함

6. 지열(geothemal) 에너지

가. 지열에너지

지하수, 지표수 등이 지구 마그마 열에 의하여 보유하게 된 에너지

나. 특 징

(1) 온도에 따라 중・저온(10~90℃) 및 고온(120℃ 이상)으로 구분하고 이용방법에 따라 직접이용 기술과 간접이용 기술로 구분함

(2) 직접이용 기술의 대표적인 방법은 지열열펌프 시스템을 사용하여 효율적으로 이용하는 기술이며, 간접이용 기술은 추출한 고온수나 증기로 플랜트를 구동하여 전기를 생산하는 지열발전 시스템이 있음

(3) 기타, 바다의 밀물과 썰물의 차이 또는 조류 등을 이용하여 해양에너지를 전기에너지로 바꾸는 조력(Tidal power) 발전은 여러 나라에서 실용화하고 있으며, 국내의 대표적인 조력발전으로는 시화호의 조력발전 및 진도해역인 울돌목의 조류발전소가 있음

7. 철도산업의 적용방안

가. 대용량 이동부하인 전기철도용 전원으로 신재생에너지의 적용은 기술적으로 어려움이 있으나, 전철 급전계통에 ESS 설치에 의한 피크전력 감소, 전동차 및 전기기관차에 회생제동 시스템을 구축한 회생전력 유효 이용은 계속하여 확대 설치가 바람직함

나. 전국에 산재된 역사, 주차장, 검수용 건물, 유휴지 등에 태양광 발전 시스템을 설치하여 발전된 전력을 전력회사와 연계하거나 건물의 동력 및 조명용 전력으로 이미 많은 장소에 설치・사용하고 있어 앞으로도 경제성 및 기술적인 면을 고려하여 적극 추진함으로서 온실가스 감축 정책에 적극 참여하여야 함

2.2.3 지능형 전력망(Smart Grid)

1. 스마트 그리드 개념과 정의

가. 스마트 그리드란 온실가스에 의한 지구 환경피해가 급증함에 따라 에너지의 생성과 공급체계를 총체적으로 변혁시켜 에너지 효율성 향상과 신재생에너지 공급 확대로 온실가스를 감축할 목적으로 기존 전력망(Grid)에 IT기술 또는 통신기술을 결합하여 새로운 부가가치를 창출하려는 차세대 전력망을 말함

나. 기존 전력망의 중앙 집중형태의 일방향 공급체계의 비효율성을 극복하기 위한 것으로 분산전원 시스템을 다양하게 구축하는 것을 핵심개념으로 하며, 전력망에 IT 기술을 접목함으로써 전기생산 공급자와 소비자가 실시간으로 정보를 공유하여 무정전으로 효율적인 운용과 관리가 가능하도록 함

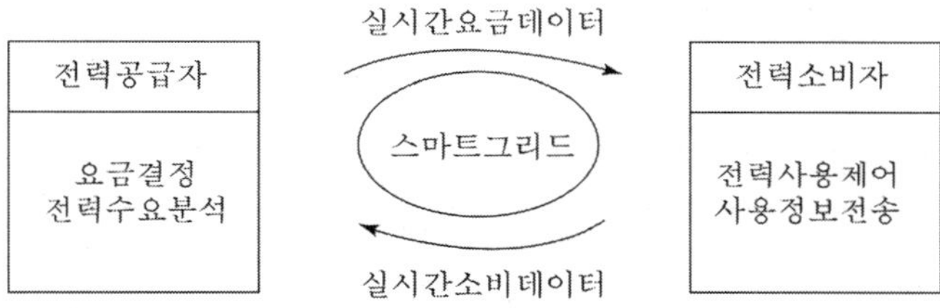

그림 2.2.3 스마트그리드 개념도

2. 스마트 그리드의 5대 기술 분야

가. 지능형 전력망(Smart Power Grid)

기존의 전력망에 IT 기술을 접목하여 지능형 송전시스템, 배전시스템, 지능형 전력기기, 지능형 전력통신망 기술 등으로 구분함

나. 지능형 소비자(Smart Consumer)

양방향 통신 인프라를 접목하여 소비자에게 접보를 제공하고 에너지 효율을 향상시키기 위한 AMI(첨단계량인프라) 기술, 양방향 통신 네트워크 기술, EMS(에너지관리시스템) 기술로 구성함

다. 지능형 운송(Smart Transportation)

전력망과 전기자동차가 양방향으로 자유롭게 접속하기 위한 부품・소재기술, V2G (Vehicle to Grid : 전기차 역송전)기술, 충전인프라 기술로 구성됨

라. 지능형 신재생(Smart Renewable)

신재생에너지 보급에 장애가 되는 요인을 극복하고 기존 전력망과 안정적 연계를 위하여 마이크로그리드 기술, 에너지저장 기술, 전력품질보상 기술, 전력거래 인프라 기술로 구성되어 있음

바. 지능형 전력서비스(Smart Electiccity Service)

다양한 전기요금제를 개발하고 소비자 전력거래 시스템을 구축하여 전력망의 효율을 증대시키기 위하여 지능형요금제 기술, 지능형 수요반응 기술, 지능형 전력거래 기술로 구성함

3. 기존 전력망과의 차이

지능형 전력망은 전력산업의 패러다임을 양에서 질로, 공급중심에서 소비중심으로, 지역집중에서 지역분산으로 바뀐다는 의미로 에너지 분야의 인터넷과 같은 기능과 역할을 수

행하여 기존 전력망과는 다음과 같이 차이가 있음

표 2.2.1 기존전력망과 지능형전력망의 전력산업 비교

항 목	기존 전력망	지능형 전력망
전원공급 방식	중앙 집중형 전원	분산형 전원
구조	방사형 구조	네트워크 구조
통신방식	단(일)방향 통신	양방향 통신
기술기반	아날로그/전자기계식	디지털
사고 시 복구	수동복구	반자동 및 자기 치유
설비 점검	수동/현지 점검	원격제어 점검
제어 시스템	지역적인 제어	광범위한 제어
가격 정보	제한적인 정보	모든 정보열람 공개
고객의 선택	고객의 선택 제한	고객의 다양한 선택가능

4. 스마트 그리드 기대효과

가. 에너지 및 비용 절감
나. 신재생 에너지 도입 가속화
다. CO_2 오염물질 배출 감소
라. 새로운 성장 동력
마. 안정적인 전력공급

5. 철도산업과 적용 방안

가. 전철 급전계통 에너지 저장장치(ESS) 확대 설치
나. 전철변전소 원격제어 및 원격진단 시스템의 추진
다. 전동차 및 전기기관차 회생브레이크 시스템 적용으로 회생전력 이용
라. 역사, 검수고, 주차장 및 유휴지에 태양광 발전 시스템 확대 추진

2.2.4 초전도 에너지 저장장치(SMES)

1. SMES(Super Conduction Magntic Energy Storage) 개요

가. 초전도 현상이란 어떤 종류의 물질을 매우 낮은 온도로 냉각시켜 나가면 어떤 한계점(임계온도)에서 물질의 전기저항이 0(Zero)가 되어 전류를 흘려도 손실이 발생하지 않는 저항제로 현상과 완전 반자성 자기부상 현상을 가지게 되는 말함

나. 초전도 현상을 이용한 초전도 자기 에너지저장의 기본원리는 초전도 코일에 전류를 흘려 전자기적 에너지를 저장하는 것으로 초전도체는 저항제로 현상으로 임계온도까지 초전도 상태를 유지하여 코일을 초전도화 시키면 이론상 무한대의 전력저장이 가능하다고 봄

2. SMES의 특성 및 효과

가. 초전도 에너지 저장장치 시스템은 유효・무효 전력의 동시제어가 가능하고, 대용량의 전력을 순간적인 저장・방출이 용이하고 반복적인 사용에도 성능저하가 없는 뛰어난 특징이 있음

나. 주요특성 및 효과

(1) 전압, 주파수 변동억제, 유효전력 제어 등이 가능하여 전력품질 유지 및 전력계통 안정화에 효과적으로 대처

(2) 임계온도, 임계자계 이하에서 저항이 없는 완전도체로 전류밀도를 크게 할 수 있으며 무손실 전력 전송이 가능

(3) 전기기계, 전력전송장치에 초전도체 사용 시 자재사용량 감소로 자원절약, 효율증대, 경비절감 등 이상적 전력운용 가능

(4) 반자성 성질을 이용하여 관성모멘트(플라이휠 효과) 에너지의 축적가능

(5) 운전효율 향상으로 이산화탄소 등 환경오염 물질 배출저감으로 지구환경 보존에 효과

3. 초전도 에너지 저장장치 종류

가. 자기 에너지 저장장치(SMES)

(1) 초전도 코일에 전류를 흘려 전자기에너지 형태로 에너지를 저장하는 방법으로 대용량 전력을 순간적으로 방출하여 공급하는 목적으로 함

(2) 이때저장 에너지 $E = \frac{1}{2}LI^2[\mathrm{J}]$에 해당하며, 기존의 양수발전 기능과 같이 심야잉여전력 저장 후 첨두부하시 재생하는 방식

나. Fly Wheel 에너지 저장(SFES)

(1) 초전도 베어링을 이용하여 원판 또는 원통을 무저항 상태로 회전시켜 전기에너지를 회전운동 에너지로 저장하는 방식으로 전력저장 용량을 최대화하는 목적에 유리함

(2) 또한 원판 또는 원통을 초전도체로 할 경우 축의 고정 없이 부상상태로 회전이 가능하며 축마찰 없이 에너지저장이 가능한 방식임

4. 향후 전망 및 과제

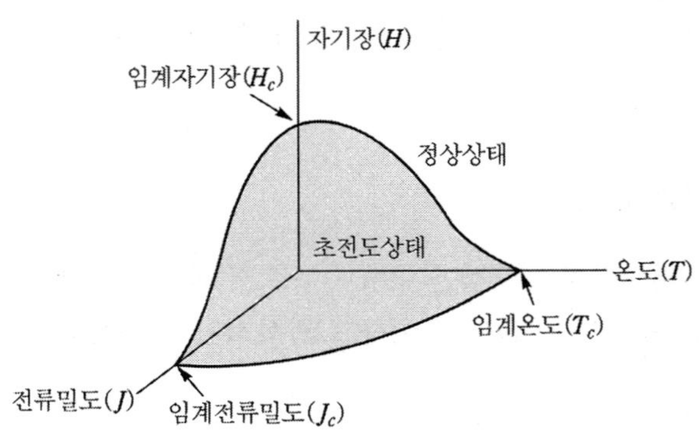

그림 2.2.5 초전도 특성곡선

가. 초전도체를 이용한 초전도 발전기, 초전도 변압기, 초전도 송전 등 새로운 기술의 진보와 더불어 에너지저장 기술의 지속적인 연구와 개발

나. 초전도 특징인 대전류 무손실, 강자계 발생이 가능한 높은 임계온도, 임계자계, 초전류 밀도를 갖는 고온초전도체 물질 개발의 최대과제 해소.

다. 에너지 저장밀도를 획기적으로 향상시켜 소형화를 실현하는 기술개발 필요

라. 초전도기기의 극저온 경계에서의 절연성능을 유지할 수 있는 고전압화 기술개발 필요

2.2.5 에너지 절약을 위한 울트라 커패시터의 개발과 적용

1. 개요

울트라 커패시터(Ultra Capacitor)은 축전용량이 대단히 큰 커패시터로 슈퍼커패시터 또는 초고용량 커패시터라 불리며, 화학반응을 이용하는 배터리와 달리 전극과 전해질 계면으로의 단순한 이온의 이동이나 표면 화학반응에 의한 충전현상을 이용하므로 급속 충방전이 가능하고 높은 충방전 효율 및 반영구적인 사이클 수명 특성으로 차세대 에너지저장장치로 각광받고 있음

2. 에너지 저장장치(ESS)의 특성

가. 특성 및 효과

(1) 가선전압의 안정화

회생전력을 흡수저장 후 피크시 방출하여 전압강하를 보상하여 일정전압 유지

(2) 최대 피크전력 관리 및 에너지 절약

러쉬아워 등 열차운행 중 발생되는 피크전력에 대응하여 에너지 절약 및 전기요금 절감

(3) 전기장치 수명 연장

차량 및 시스템에 일정 전압을 공급함으로서 전압강하 등으로 발생이 우려되는 고장을 예방하여 시스템의 수명 보전

(4) 에너지저장 효율 우수

기존 배터리장치의 10~100배 이상 저장

(5) 단점으로는 설치비용 및 설치공간 등 투자비 과다

회생인버터와 기술적 차이가 거의 없고 투자비 대비 에너지 절약 투자비 회수기간이 길어짐

나. 구성

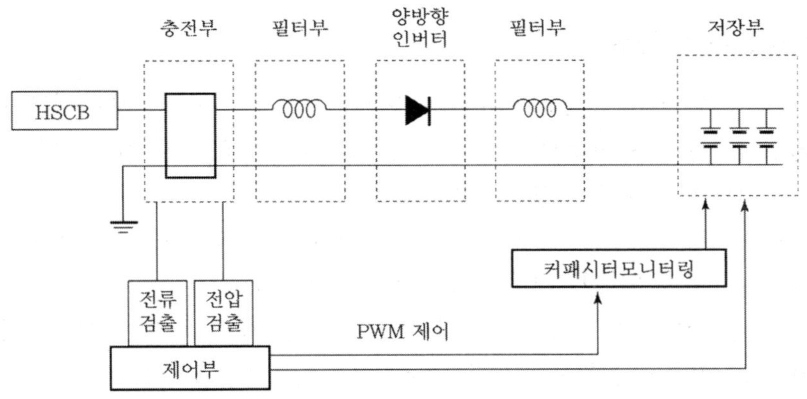

그림 2.2.6 DC 전기철도 에너지 저장장치 개념도

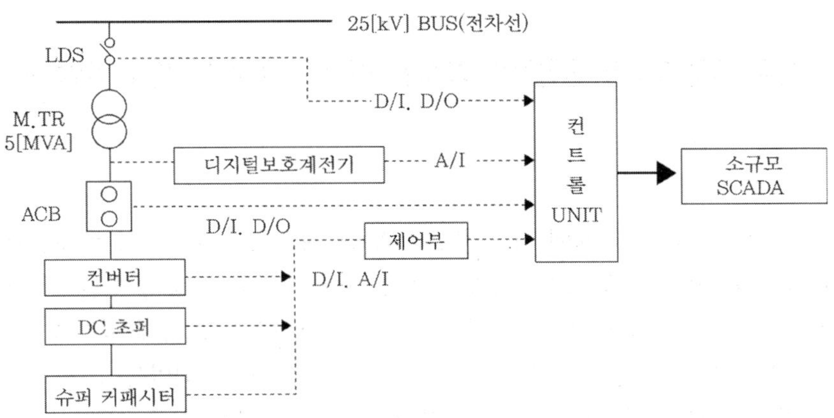

그림 2.2.7 AC 전기철도 피크전력 저감장치 개념도

3. 에너지 저장 메커니즘

가. 에너지 축적 방법이 안정적

울트라 커패시터는 활성탄소를 전극재료로 하는 전기2중층 커패시터와 고분자산화물을 이용하는 커패시터로 분류하나, 상용화는 전기2중층 구조로 −40[℃]의 극저온부터 70[℃]에 이르는 넓은 작동 온도와 뛰어난 신뢰성을 지니고 있어 미래형 자동차 및 산업 전력 시스템 등 다양한 분야에 응용할 수 있고 철도차량 및 전기철도의 에너지 절약목적으로 적용이 가능함

나. 대용량 축적이 가능

전기2중층 Capacitor로서 엄청나게 큰 비표면적과 극소 유전체의 두께 조정이 가능하여 기존 베터리 보다 10~100배의 대용량 에너지 축적이 가능하고 에너지의 충방전이 신속히 전달하는 고출력 기능을 가짐

4. 전기철도의 적용 전망

가. 울트라 커패시터(Ultra Capacitor)는 출력과 에너지 관리 측면에서 기존의 capacitor와 battery 중간 역할로서 기존 배터리 시스템과 병용하면 에너지 이용효율과 전원시스템 능력을 극대화 시킬 수 있음

나. 에너지를 이용하는 모든 분야에서 높은 에너지 밀도 및 충방전 효율 특성으로 순시 peak 파워 공급 및 전압강하 조정용으로 사용이 가능함

다. 철도에서는 전기차의 회생제동 확대로 저항소모장치와 회생인버터를 대체할 수 있는 시스템으로 정부에서 추진하는 리튬이온전지 등을 활용한 ESS 정책과 더불어 투자비 및 효율이 개선되면 더욱 확산되리라 예상됨

2.2.6 직류 급전계통의 전압강하 보상용 에너지 저장 및 방출 System

1. 개요

가. 전기철도는 수요가 클 때에 피크전력이 크므로 평균부하율(전력설비용량에 대한 부하전력의 비율)이 낮고 동력비의 증가의 요인이 되며, 전기차량의 발전도입에 따라 회생실효 방지를 위한 회생에너지의 유효한 이용, 가선전압 보상대책의 필요성이 증대하여 에너지 저장장치는 꾸준히 연구되고 개발되어 실용화되었음

나. 에너지 저장장치 종류로는 축전지 방식, 플라이휠 방식, 초전도 에너지 저장방식(SMES), 대용량 슈퍼 커패시터 방식 등이 있으며, 국내에서는 가선보다 높은 전압시

또는 역행 시 발생하는 회생전력을 저장하였다가 열차운영이 많은 피크시간대에 방전하여 전압강하 방지 및 피크전력을 저감함으로서 동력비를 절감할 수 있고 급속 충방전이 가능한 슈퍼 커패시터 방식이 주로 사용되고 있음

2. 에너지 저장장치의 종류 및 원리

가. 배터리에 의한 저장방식

초기 일본에서 전기차부하의 증가에 따라 변전소 중간에서의 전압강하가 발생하는 선구, 적정한 수전점이 얻어지지 않는 구간에서 송전선 및 변전소의 설비에 큰 투자가 필요한 선구에 배터리 포스트의 적용이 고려되어 가선전압을 감시하고, 가선전압이 정정치보다 높을 때에 배터리를 충전하고 낮게 되면 방전함으로서 가선전압을 보상하는 연축전지(792셀, 공칭 1584[V])로 구성하였으나 효과가 미미하여 현재는 사용되지 않음

나. Fly Wheel에 의한 저장방식

(1) 현재에는 전기철도의 주류인 회생 브레이크부 차량으로 브레이크시 발생하는 회생에너지는 부근에 역행하는 차량이 없으면 그 에너지는 회생실효로 되어 에너지 성격을 잃게 되므로 운동에너지를 전기에너지로 변환하고 가선측에 회생하는 전력에너지를 대형 Fly Wheel을 사용한 저장장치가 개발 됨

(2) Fly Wheel 방식은 기계에너지로 1차 축적하고 전기차 역행 시에 전기에너지로 변환하여 방출하는 전력저장장치로 기본 장치는 Fly Wheel, 교류발전전동기 및 변환기로 구성되었으며, 검증시험 결과 에너지 효과는 약 12[%]로 보고되어 있음

다. 슈퍼 커패시터에 의한 저장 방식(전기2중층 커패시터)

(1) 현재 국내에서 주로 사용하는 방법으로 저장매체를 약 3,000[μF]에 달하는 슈퍼 커패시터(울트라커패시터 또는 전기 이중층 커패시터라고도 함)를 조합한 모듈을 이용하여 제동 시 발생하는 회생에너지를 저장하여 역행 시 저장된 에너지를 전동차에 공급하는 충・방전식으로 피크전력을 저감하고 선로 전압강하를 방지하는 목적으로 설치하여 약 25[%] 에너지를 절감하는 것으로 보고되고 있음

(2) 설치장소는 직류 750[V] 경전철용 경산 경량전철시험선, 직류 1500[V] 대전지하철 대동변전소, 교류 25[kV] 고속철도용 용정 구분소 등에 설치하였으며, 용정 SP 의 경우 슈퍼커패시터 3,000[μF] 용량을 240모듈(1모듈 당 18개)로 설치하여 피크전력에 대응하였음

(3) 슈퍼커패시터 특징으로는 탄소전극과 전해질사이에서 발생하는 전기이중층에 축적되는 전하를 이용하여 화학변화가 없으므로 반영구적 수명, 고속 충방전 성능이 높음, 용량확대 용이, 유지보수의 편의 등의 효과가 있음

라. 기타 축전지에 의한 저장방식

(1) 리튬이온전지 방식

리튬은 원자량이 아주 작은 금속으로 가볍고 에너지 밀도가 크며, 충방전에 의한 열화가 적고, 구성 재료가 저공해로서 풍부한 자원으로 사용되고 있는 특징이 있는 등 종래의 전지와 달리 충방전 때에 리튬이온이 양극간을 이동하는 것만으로 전해액은 화학반응을 일으키지 않을 뿐만 아니라 수용액을 사용하지 않고 유기용매를 이용하므로 최근에 서일본 철도에서 단시간 전압강하 시에 효과적으로 출력할 수 있는 특성을 근거로 회생제어와 협조로서 회생전력을 흡수하고 가선전압 상승을 억제할 수 있는 쌍방향의 기능을 가진 장치로서 10CA(600[A])의 충방전이 가능한 고출력형 리튬이온 전지가 채용됨

(2) 니켈수소전지 방식

니켈수소전지는 리튬이온전지보다 에너지밀도가 작으나 사이클 수명이 길고, 파워밀도가 커서 대용량의 전지로 개발되고 있음

표 2.2.2 에너지 저장장치 종류별 비교

구 분	Battery	Capacitor	Ultra Capacitor
Specific Energy [Wh/kg]	10~100	0.01~0.1	5~10
Specific Power [W/kg]	≤1,000	100,000	≤10,000
Life Cycle [hour]	1,000	≥500,000	≥500,000
충방전효율 [%]	50~85	≥95	85~98

3. 결 어

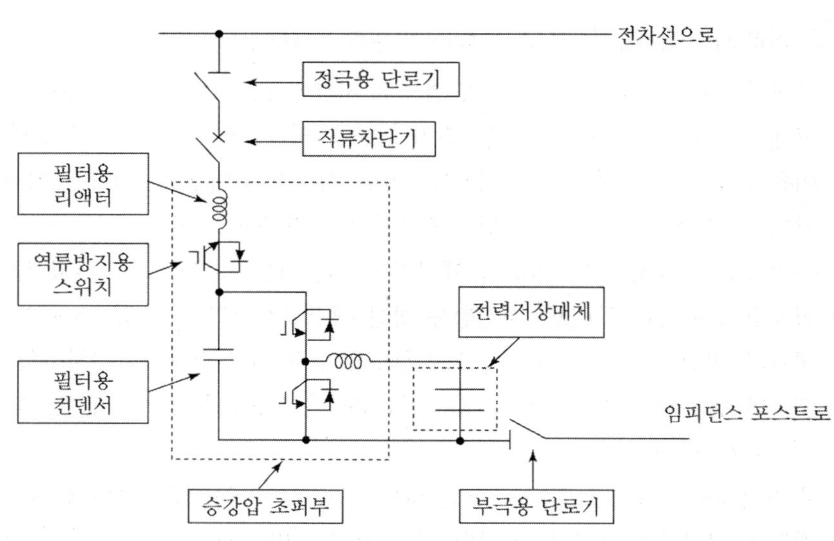

그림 2.2.7 직류 급전계통 에너지저장장치 구성도

전기철도 구간에서의 전력저장매체에 의한 부하평준화, 전압강하보상, 회생전력 유효이용 등을 목적으로 에너지 저장장치의 적용 필요성은 있으나 수명이나 효율, 보수 유지 등의 문제가 남아있어 저장매체의 대용량화, 장수명화, 급속충전성능의 향상 등이 요구되어 향후 적용이 쉽고 효율이 높은 전력 저장장치의 개발과 연구가 계속되어야 함

2.3 전기철도 전기방식(電氣方式)

2.3.1 전기철도 전기방식(電氣方式)

1. 개요

가. 전기철도의 電氣方式은 크게 직류방식과 교류방식으로 구분하며, 직류방식은 전압별로, 교류방식은 전압, 주파수, 상별로 분류함

나. 각 방식별로 장・단점 및 특성이 있어 수송목적, 주변 환경 등에 따라 적정한 방식을 채택하고 있으며, 철도공사 구간은 대부분 교류방식이 운용되고 있으나, 지자체의 도심 지하철은 터널 지하구간 등을 고려하여 직류방식을 채용하고 있어 직류, 교류전기방식의 선정과 판단을 위하여 다음과 같이 전기방식별 장・단점을 기술함

2. 교류・직류 전기방식의 비교

가. 표준전압 및 주파수

표 2.3.1. 전기방식별 사용 전압 및 주파수

전기방식		사용 전압, 주파수	비 고
직류방식		DC 600[V], DC 750[V], DC 1,500[V], DC 3,000[V]	1500[V]가 가장 많이 사용
단상 교류 방식	상용 주파수	AC 25[kV] 60[Hz](50[Hz]) (25[kV], 20[kV], 16[kV] 등)	25[kV], 60[Hz] 가장 많이 사용
	특수 주파수	AC 6.6[kV], AC 11[kV], AC 15[kV] (25[Hz], $16\frac{2}{3}$[Hz])	유럽에서 일부 사용
3상 교류방식		3.7[kV], 6[kV]	사용 안함

나. 전력공급 경로

표 2.3.2 국내 전기철도 전력공급

전기방식	한전수전전압	전철변전소	전차선	차량	비고
DC	AC 22.9kV	DC 1,500V	DC 1,500V	DC 1,500V	
AC	AC 154kV	AC 50kV	AC 25kV	AC 25kV	

다. 지상설비의 특징 비교

표 2.3.3 직류 및 교류 지상설비 비교

항 목	AC 25[kV]	DC 1500[V]
1. 전철, 변전소	– 변전소 건설비 저렴 – 변전소 간격 AT 100[km] BT 30~50[km] – 변압기 차단기등 설비 간단	– 변전소 건설비 많음 – 변전소 간격 10~20[km] – 변압기, 차단기, 정류기 등 복잡
2. 급전전압	– 전기차에 변압기사용하여 고전압 사용가능	– 전기차 직류변성기 절연제약으로 고전압 사용 불가
3. 전차선로 (급전선등)	– 소전류(소요동량이 적고 경량임)	– 대전류(소용동량이 많고 굵어 중량이 많음)
4. 전압강하	– 고전압, 소전류 ➪ 직렬콘덴서 – 자동전압 조정장치 ➪ 간단히 보상 가능	– 저전압, 대전류 ➪ 변전소, 급전소 증설 필요
5. 보호설비	– 소전류 ➪사고전류 선택용이로 보호설비 간단	– 대전류 ➪ 사고전류 선택 곤란으로 보호설비 복잡
6. 절연이격	– 고전압 ➪ 절연이격 크고, 터널 단면이 커짐	– 저전압 ➪ 절연이격 짧아 터널단면 축소 가능
7. 설비대책 (장해대책)	– 통신유도 장해 대책필요 ➪ 유도작용에 의한 잡음발생	– 매설금속체 전식방지 대책이 필요 (수도관등)
8. 불평형	– 3상 불평형 발생 ➪ 대책필요	– 불평형 거의 없음 ➪ 대책 불필요

라. 전기차량 특성 비교

표 2.3.4 직류 및 교류 전기차량 비교

항 목	AC 25[kV]	DC 1500[V]
1. 집전장치	– 소형경량 ➪ 추종성 양호	– 대형 ➪ 추종성 불량
2. 기기보호	– 선택차단용이,보호설비간단	– 선택차단 및 보호곤란
3. 속도제어	– 속도제어 용이(변압기 탭절환, 사이리스터, 인버터 제어등)	– 속도제어복잡(직류 전동기)
4. 점착성능	– 점착성능 우수 – 소형으로 큰 하중 견인	– AC차에 비해 성능 저하 – 대출력이 필요
5. 부속기기	– 변압기 사용으로 전원을 얻어 성능이 우수한 유도 전동기 사용가능 – 전기차 전원설비 전원간단	– 가선전압(DC 1500[V])으로 직류직권전동기 직접구동 – 전원설비 전원 복잡
6. 차량비	– DC 겸용차량 등 DC차량 보다 고가	– 저렴

3. 직류전기철도 방식

가. 일반 전력계통에서 수전한 특고압 교류전력을 전철변전소 변압기로 강압하여 실리콘 정류기(SR)에 의해 직류로 변환하여 전차선로에 직류(DC) 전력을 공급하여 전기차를 구동하는 방식임

나. 장점

(1) 견인특성이 우수한 직류직권 전동기를 그대로 사용해 전기차 설비 간단

(2) 전압이 낮아 전차선로 및 기기의 절연이 쉬움

(3) 통신선로 유도장해가 거의 없음

다. 단점

(1) 전차선 전류가 크기 때문에 전압강하가 큼(변전소간격 짧음 3~5km)

(2) 누설전류에 의한 전식의 발생 대책이 필요

(3) 대 전류로 사용전선이 굵고, 고장전류 선택차단이 곤란

4. 교류전기철도 방식(단상 교류방식)

가. 일반 송전계통으로부터 수전한 상용주파수 전력을 교류 전철변전소의 스코트변압기로 강압하여 전차선로에 교류 전력을 공급하는 방식으로 다양한 전압 및 주파수 방식이 있으나 최근에는 AC 25[kV] 방식이 고속철도 등에 주로 사용되고 가장 널리 사용되는 방식임

나. 장점

(1) 변전소 설비가 간단(변압기, 차단기 등)

(2) 전차선 전압이 높아 전압강하가 작고, 전압강하 보상이 간단함

(3) 전차선 전류가 작아 고장선택 차단이 용이함

(4) 전기차에 변압기를 채용하여 차내 전압을 자유롭게 선택가능

다. 단점

(1) 근접 통신선로에 대한 유도장해 대책 필요

(2) 3상 전원 계통의 전압 불 평형 발생

(3) 고전압으로 절연이격거리가 커야하고 터널 단면적이 커 건설비가 증가

※ 3상 교류방식은 설비 및 집전장치 등이 복잡하여 사용하지 않음

5. 전기방식 선정시 검토(고려) 해야 할 사항

가. 수송조건

수송대상이 여객인지 화물인지, 여객과 화물 동시 수송인지 검토하고, 중·단거리 및 수송량의 대·소 관계를 충분히 분석

나. 선로조건

운행 선로가 지상, 지하, 터널, 고가, 과선교, 기타 지장물 등에 따라 전차선로 이격거리 등의 제한조건을 고려함

다. 인접구간 전기방식

직통운전 선구의 기존 전기방식을 고려하여 기술적 적합여부, 직통운전조건, 운영효율성, 경제성을 검토하여 선정(가급적 동일하게 시설)

라. 전력의 수급조건

공급받는 계통의 표준전압, 공급가능 용량 등의 수급조건을 고려

마. 장래계획

전원의 개발, 도시개발, 공업화 등에 따른 교통수요 예측과 장래 전철 확장 조건 등을 검토

바. 경제성

위 조건 등을 종합하여 초기투자비와 투자효과 등의 경제성을 검토 (통신유도 장해, 전식장해 등의 대책에 필요한 사항 검토 포함)

6. 전기방식의 추세

가. 국내 전기철도는 60년대 후반 도입시기에 일반철도는 교류방식, 지하철 등에는 터널 단면적 및 도심 통신 유도대책을 이유로 직류 방식을 채택하였으나, 직통 운행구간에서는 전기차량의 직교류 겸용, 시스템 복잡 등의 문제를 안고 있으나,

나. 전기방식에 따른 장・단점을 비교했을 때 전반적인 건설비, 유지보수비, 에너지 이용효율 측면에서 교류방식이 우수하여, 중장거리 및 고속철도에서는 대부분 교류방식을 사용하고 있음

다. 전 세계적으로 교류방식이 57[%]에 달하며 계속 확대 추세에 있음

2.3.2 교류 전기철도 급전방식 종류 및 특징

1. 개요

교류식은 일반 전력계통에서 상용주파수 3상 전원을 수전 받아 단상변압기 또는 스코트변압기로 3상을 2상으로 변환하여 교류단상 전기를 전차선로에 공급하며, 상별, 주파수별, 전압별로 분류하고 급전방식에 따라 직접급전방식 흡상변압기 방식(BT), 단권변압기

방식(AT)으로 분류함

2. 교류 전기철도의 급전방식 종류

가. 직접급전방식(Simple Feeding System)

간단한 급전회로로 전차선로 구성은 전차선과 레일만으로 된 것과 레일과 병렬로 별도의 귀선을 설치한 2가지 방식이 있으며, 독일의 ICE 신설구간에 일부적용 사례가 있음

(1) 특징

① 전차선로의 구성이 간단하고 유지보수가 용이

② 고장점발견이 용이

③ 전기차 귀선전류가 레일에 흘러 누설전류에 의한 통신유도 장해가 큼

④ 레일전위가 크고 애자 섬락보호가 어려움

(2) 전차선만으로 급전이 가능한 이유

① 직류급전방식 1500[V]에서 운전전류 3000[A]라면 교류 25[kV]에서 운전전류는 $I_{AC} = \dfrac{1.5[\mathrm{kV}] \times 3000[\mathrm{A}]}{25[\mathrm{kV}] \times \cos\theta(0.9)} \fallingdotseq 200[\mathrm{A}]$ 정도임

② 합성전차선의 허용전류(마모사용한도에서)는 Cu 110[mm^2](355[A]), Cu 170[mm^2](420[A])이므로 전차선 허용범위 내에 운전전류가 포함되고 있어 전차선만으로도 급전이 가능한 System

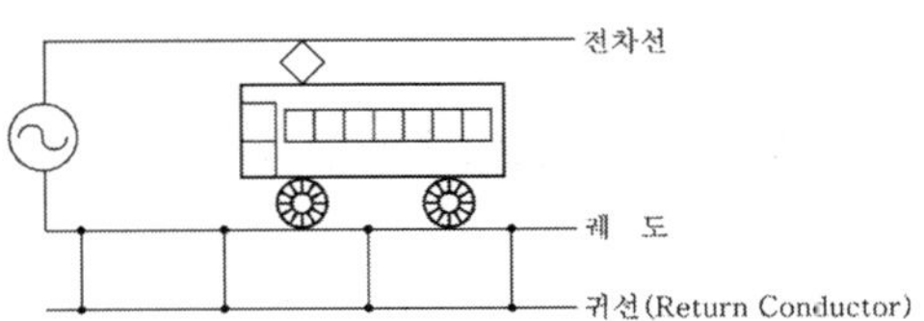

그림 2.3.1 직접 급전 방식

나. BT(흡상변압기) 급전방식(※ 2.3.3항 참조)

(1) 권수비 1 : 1인 특수변압기(흡상 변압기 : Booster Transformer)를 약 3~4[km]마다 설치하고, BT 1차측에는 전차선과 연결하여 부스터섹숀(Booster Section)을 설치하고, 2차측에는 부급전선과 직렬로 연결함

(2) BT와 연결된 부급전선(NF선)은 BT와 BT 중간지점에 흡상선을 연결하여 궤도(귀선로)에 흐르는 귀선전류를 강제로 부급전선에 흡상시켜 통신유도 장해를 경감하기 위한 급전방식으로 널리 사용됨

(3) 국내의 산업선 및 유럽 각국에서 초기에 많이 적용하였던 급전방식임

다. 단권변압기(AT) 방식(※ 2.3.3항 참조)

(1) AT급전방식은 단권변압기(AT : Auto Transformer)를 약 10~15[km] 간격으로 설치하고 권선의 한쪽은 전차선, 다른 쪽은 급전선, 그리고 중성점을 레일에 접속하는 방식으로 통신유도 장해, 전압강하 보상목적으로 사용됨

(2) 선로를 따라 절연 또는 비절연 보호선을 가설하여 약 2[km]마다 레일과 보호선용 접속선(CPW: 중성선)으로 접속하고 사고발생과 신속한 보호차단 및 차폐 역할을 하게 됨

(3) 급전전압은 전차선의 팬타 전압간 2배가 되어 전압강하가 작고 중성선(CPW)에 의해 귀선전류를 보호선으로 흘려 통신유도 장해경감에도 효과가 있으며, 전압강하가 작고 대전력 급전이 가능하여 대단위, 고속, 고밀도 수송에 적합하므로 주요 간선, 고속철도, 대도심 전철에 폭넓게 사용되고 있음

라. 동축케이블 급전방식(특수급전방식으로 일본 신간선 일부에 사용)

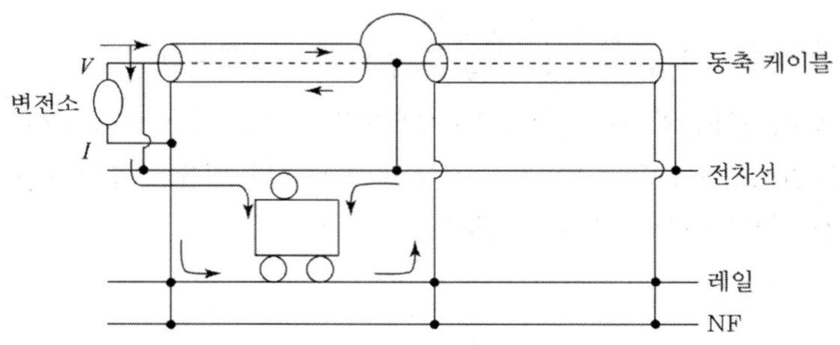

그림 2.3.2 동축케이블 급전 방식

(1) 동축케이블 급전방식은 NF(부급전선)이 있는 직접 급전회로에 내・외부 2개의 도체를 가진 전력용 동축케이블을 병렬로 부설하여 내부도체를 트롤리선, 외부도체를 레일에 5~10[km]간격으로 연결하는 방식으로 일본에서 일부 사용사례가 있음

(2) 장점

① 전주상의 전선배치가 매우 간단하고, 전차선로 구조가 간단함

② 동축케이블 왕복 임피던스는 전차선 임피던스에 비해 매우 작아 전차선 전류는 내부도체에 흡상되어 전압강하가 적음

③ 레일 전류는 외부도체에 흡상되어 레일의 누설전류가 감소되어 통신유도 경감 효과가 큼

④ 동축케이블 구조상 내부・외부도체의 전자적 결합이 좋고 단락 임피던스가 가공 전차선로의 T-R 단락 임피던스 보다 대단히 적음(1/7정도)

⑤ 도시의 좁은 터널, 협소한 장소 등 포설공간이 작은 장소에 적합.

(3) 단점

① 내외도체 사이의 정전용량이 커서 고조파 전류 공진 대책이 필요

② 동축케이블이 고가이고, 정전용량이 커서 급전거리를 짧게 해야 함

③ 동축케이블 고장 시 복구에 많은 시간과 경비가 소요

3. 교류 전기철도의 특징(장점과 단점)

가. 장점

(1) 집전이 용이하다. : 교류전기차는 직류에 비해 집전전류가 작고, 소형 경량 팬터그래프를 사용하여 집전이 용이하고 고속운전이 가능함

(2) 차내에서 임의의 교류전원을 얻을 수 있다.(전기차 변압기 사용)

(3) 점착성능이 우수하다. : 양호한 점착성능으로 실용상 견인력이 큼

(4) 보호방식이 간단하고 사고 시 급전차단이 용이하다 : 교류방식은 사고전류가 크므로 회로전류 차단용 계전기의 동작이 확실함

(5) 건설비가 적게 든다. : 정류장치가 필요없어 변전소 설비가 간단하고 변전소 간격을 멀리하여 변전소 송전선로 수가 적어 건설비 감소.

(6) 전력손실 및 전압강하가 적다.

(7) 전식 피해가 없다.

나. 단점

(1) 급전전압이 높아 절연도가 높아야 되므로 절연비용이 고가

(2) 차량이 복잡함 : 전기차내 전압을 변환하는 변압기를 탑재해야 하고 교・직 겸용차량의 정류장치 설비 등으로 차량이 복잡함

(3) 인접 통신선로에 대한 통신유도 장해가 발생함

(4) 전원의 불평형이 발생 : 3상 송전계통에서 단상부하를 사용하므로 급전 전원측에 전압 불평형 발생

4. 교류 전기철도의 문제점 및 대책

가. 전압 불평형

(1) 원인 : 전철부하는 변동이 큰(이동부하) 단상부하로 3상 송전계통에 전력 불평형 발생

(2) 영향 : 발전설비 송전설비 일반 수용가의 부하설비에 영향을 줌

(3) 대책 : 급전용 스코트결선 변압기 사용으로 3상 전력을 위상차가 90°되는 2상 전력(T좌, M좌)로 변환하고 각권선의 부하분담은 방면별, 상,하선별 급전하여 불평형률을 3[%] 이내로 제한하고 있음

나. 통신선의 유도장해

(1) 정전유도장해 방지대책 : 통신선과 트롤리선을 이격하고, 통신선을 차폐 케이블 사용

(2) 전자유도장해 방지대책 : 흡상변압기(BT) 또는 단권변압기(AT) 방식 사용으로 유도장해 감소

2.3.3 교류 전기철도 BT 및 AT 급전방식 비교

1. 개요

가. 교류 전기철도 급전방식은 한전 등 전력회사로부터 수전하는 상용주파수 전력을 수전받아 전철변전소의 전력변환 장치에 의해 단상교류 전기를 전차선로에 공급하여 전기차를 운전하는 방식으로 직접급전방식, 흡상변압기(BT) 급전방식, 단권변압기(AT) 급전방식이 있음

나. 교류 급전방식은 수송수요의 증가, 고속 고밀도 수송서비스 요구 등으로 대용량 중・장거리 수송에 유리하고 전압강하 보상 및 에너지 이용효율이 높아 주요간선, 고속철도, 대도심철도에 폭넓게 적용되고 있는 방식으로 흡상변압기(BT) 방식과 단권변압기(AT) 방식이 주로 사용되고 있으며, 최근 열차 고속화 및 고빈도화에 따라 AT 급전방식이 확대되는 추세임

2. 흡상변압기(BT) 급전방식

가. 구성 및 원리

(1) 권수비 1 : 1인 흡상변압기(Booster Transformer)를 약 3~4[km]마다 설치하여, BT 1차측은 전차선과 연결하여 전차선에는 부스터섹숀(Booster Section)을 설치하고, 2차측에는 부급전선과 직렬로 연결함

(2) BT와 연결된 부급전선 (NF선)은 BT와 BT 중간지점에 흡상선을 연결하여 궤도(귀선로)에 흐르는 귀선전류를 강제로 부급전선에 흡상시켜 통신유도 장해를 경감하도록 하였음

(3) 이때, 부급전선에 흐르는 전류는 전차선 전류와 반대방향으로 흐르도록 회로를 구성하여 전차선 전류에 의하여 발생되는 고조파를 상쇄시켜 인접 통신선의 유도장

해를 경감하는 역할을 함

(4) 흡상변압기 설치간격은 3~4[km]이며, 전철변전소 간격은 30~40[km]임

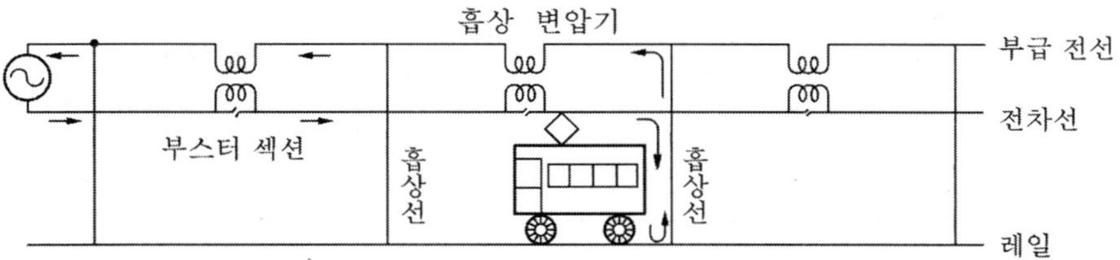

그림 2.3.3 BT 급전 방식

나. 장 · 단점

(1) 흡상변압기 및 흡상선을 통하여 귀선전류를 강제로 부급전선에 흡상시켜 통신 유도장해를 방지하는 것이 가장 큰 장점임

(2) 별도의 급전선 및 AT변압기가 없어 시스템이 단순하고 건설비가 저렴

(3) BT 설치장소에는 전차선에 섹숀을 설치하여 팬터그래프에 의해 단락, 개방시 부하전류에 의한 Section 아크발생이 커지고, 차량의 고속화 및 대용량 수송시에는 부하전류가 커져 섹숀의 과대한 아크가 전차선의 절손 사고가 우려되어 아크 소호 대책을 필요로 하는 등 단점이 있음

(4) 급전전압이 AT 방식에 비해 낮고, BT가 전차선과 직렬로 연결되어 선로 임피던스가 증가하여 전압강하에 대하여 불리함

3. 단권변압기(AT) 급전방식

가. 구성 및 원리

(1) AT 급전방식은 단권변압기(AT : Auto Transformer)를 약 10[km] 간격으로 설치하고 권선의 한쪽은 전차선(Contact wire) 다른 쪽은 급전선(Feeder Line)에 병렬로 연결되고, 귀선전류의 흡상을 위하여 보호선과 레일을 중성선으로 접속하여 전압강하 보상에 적합한 방식임

(2) 권수비 2 : 1(직렬권선과 분로권선비 1 : 1)의 AT변압기를 사용하여 레일(귀선로)를 중심으로 전차선측에 흐르는 전류는 급전선측 코일에 흐르는 전류와 크기는 같고 방향이 반대로 통신유도 장해를 예방함

(3) 선로를 따라 절연 또는 비절연 보호선을 가설하여 약 2[km]마다 레일과 보호선용 접속선(CPW: 중성선)으로 접속하고 사고발생과 신속한 보호차단 및 차폐 역할을 하게 됨

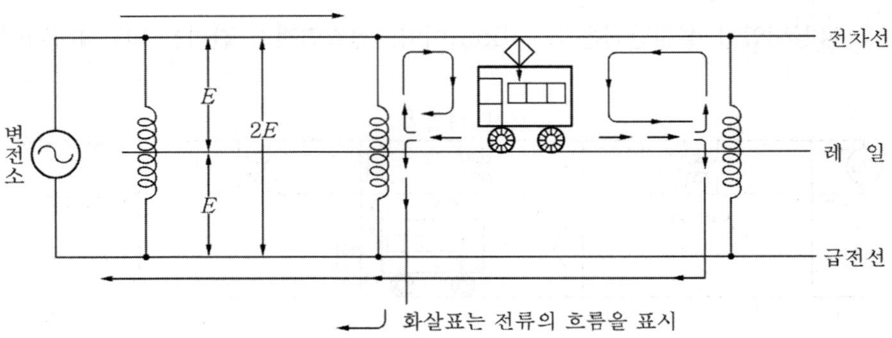

그림 2.3.4 AT 급전 방식

나. 장 · 단점

(1) 급전전압이 차량공급 전압의 2배(50[kV]/25[kV])로 전압강하가 작고 대전력 급전이 가능하므로 대용량, 고속화, 고밀도 수송에 적합

(2) 대용량 열차부하에서도 전압변동, 전압 불평형이 적어 안정된 전력공급이 가능하여 고속철도 및 고빈도 운행구간에 적합함

(3) 급전전압은 차량전압의 2배이나, 중성점이 접지되어 있어 절연 레벨은 절반(1/2)으로 절연협조에 유리함

(4) 전차선로 전압강하가 작아 전철변전소 설치 간격을 멀리 할 수 있으며 변전소 위치선정에도 자유도가 커서 유리함(이론상 변전소 간격은 40~100[km] 이나 연장급전 등을 감안 약 50[km]로 함)

(5) 귀선전류를 중성선(CPW)에 의해 보호선으로 흡상되어 인접된 AT측으로 흘려 통신유도 장해경감에도 효과가 있음(전기차 중심으로 궤도 귀선전류가 각각 절반이고 방향이 반대이므로 유도작용 상쇄)

(6) BT 급전방식에서 필요한 BT 섹션이 없어 전차선로 유지관리에 유리하고 고속운전에 적합

(7) 전차선과 같은 절연계급의 급전선을 설치하므로 회로가 복잡하고 BT 방식에 비해 건설비가 많이 드는 단점이 있음

표 2.3.5 BT 급전방식과 AT 급전방식의 비교

항 목	BT 급전방식	AT 급전방식	기 타
1. 변전소간격	약 30[km]	약 40~100[km]	송전선로 및 변전소 감소
2. 전차선로	단순함	복잡함(건설비大)	지지물, 급전선
3. 통신유도	감소	감소(BT보다 양호)	
4. 전압강하	대용량 부하시 큼	양호(대용량 고속화)	급전전압이 2배 50[kV] → 25[kV]
5. 회로해석	단순	복잡	
6. 회로보호	보호가 어렵다.	보호 용이하다	고장전류는 전압에 비례하여 선택차단
7. 부스터섹션	아크대책 필요	없음	
8. 고장점표정	용이하다	복잡하다	

4. 교류방식의 고찰

우리나라는 전기철도 도입 시 여러 가지 여건상(건설비 차관 및 기술) 산업선은 BT 방식, 수도권 전철은 AT 방식으로 시작하였으나 경제발전에 의한 수송수요 증가와 고속철도의 도입으로 AT 방식이 주를 이루고 있으며, 산업선의 BT 방식도 교류방식에서 유리한 AT 방식으로 단계적으로 개량하고 있는 실정임

2.3.4 교류 전철화 시 고려해야 할 기술적 문제점

1. 개요

교류전철화는 대용량 중·장거리 수송에 유리하고, 에너지 이용효율이 높고, 사고 시 선택 차단이 용이 하고 전기차의 제어가 용이 하는 등 장점이 있는 반면, 통신유도장해, 전압 불평형, 신호 궤도회로, 교·직 접속 대책 등이 필요함

2. 기술적 문제점 및 대책

가. 전압 불평형

(1) 3상의 일반 전력계통에서 단상부하를 취하면 전압 불평형을 발생 시킬 우려가 많고, 특히 교류 전기철도는 부하 변동이 매우 큰 단상 부하로 3상 계통에 전압 불평형 영향을 미침

(2) 영향

① 일반수용가 : 3상 유도전동기 등에 역상 전류로 인한 유효 토크 감소 및 동손

증가에 의한 과열과 효율 및 출력감소

② 전기사업자 : 역상전류에 의한 역상 회전자계 발생과 제2고조파 전류를 발생시켜 발전기의 출력을 감소시킴

(3) 전압 불평형률 허용한도

① 전철변전소 수전점에서 단시간(대체로 2시간) 최대 부하에 대한 전압 불평형률을 3[%] 이내로 제한하고 있음

② 일반 수용가의 경우는 수요지점에서 5[%] 이내로 제한함

(4) 대책

① 급전용 변압기로 스코트 결선변압기를 사용하여 3상 전력을 위상이 90° 차이 있는 2상 전력으로 변환하여 사용함

② 각권선의 부하분담에 대하여 방면별 또는 상하선별로 급전하여 부하를 최대한 균일하게 분담하도록 함

나. 통신유도장해

(1) 교류전기철도 구간의 통신선에는 정전유도 및 전자유도 현상에 의하여 유도전압이 발생되어 잡음발생, 기능저하 등 유도장해가 발생함

① 정전유도 : 특고압의 전차선로에 통신선이 근접되면 정전유도에 의하여 서로 다른 전하가 유기되어 전압이 발생됨

② 강전류 전선에 교류 또는 과전류 전류가 흐를 때 그 주변에 자력선이 발생되고 자력선이 인접 통신선과 쇄교하여 전자유도에 의한 기전력을 통신선에 유기시키는 현상을 말함

(2) 전력 공급 측에서의 대책

① 흡상변압기 방식 채용 : 귀선 전류를 최소화 하여 유도작용 감소

② 단권변압기 방식채용 : 전차선과 급전선 사이의 전류를 1/2로 줄이고 레일 귀선전류가 거의 없어 전자유도 작용경감

③ 차폐선 설치 : 주요 통신기기, 통신선, 밀접지역에 전차선과 병행설치

(3) 통신선측의 대책

① 전력선과 통신선을 최대한 이격

② 통신선을 차폐 케이블화

③ 통신선과 대지 사이에 배류코일을 설치

④ 중계코일의 중성점 접지하고, 누설전류를 최소화

⑤ 병행길이를 짧게 하고 통신선을 연가

⑥ 통신선과 접지 간 유기되는 전압이 300[V] 이하, 전류가 10[mA] 이하가 되도록 제한

⑦ 전자유도 전압을 평상시 60[V], 전차선 지락사고 등의 이상 시에는 300[V], 최대 430[V]를 초과하지 않도록 함

(4) 전기차에서의 대책

전기동력차의 변압기 2차측에 콘덴서와 저항을 조합한 필터를 병렬로 접속하여 전차선로에 흐르는 고조파 성분을 경감하도록 함

다. 신호 궤도회로의 보호 장치

(1) 교류 전기철도의 부하전류에 의하여 레일에 발생되는 방해전압은 신호전압보다 높고, 궤도계전기에서 방해전압을 차단하는 것이 곤란하므로 궤도회로 전원으로 상용주파수를 사용하는 교류신호 궤도회로에서는 귀선전류와 레일등 공용으로 사용하는 것이 불가능하므로 상용주파수 이외의 주파수를 사용하고 방해전압 경감을 위한 보호장치가 필요함

(2) 대책으로는 사고 시 등 이상전압으로부터 궤도회로를 보호하기 위하여 피뢰기, 궤도 리액터 설치 및 직류 누설 전류의 방지회로 설치

라. 교・직(交直), 이상(異相), 연계수송(직통운전) 대책

(1) 교류 전기철도 구간과 직류 전기철도 구간을 직통운전하기 위한 교직접속방법으로 차상절환 방식과 지상절환방식이 있으며, 교류 이상구간(T좌, M좌)의 절연 구분장치 설치조건 등의 기술적 검토가 필요함

(2) 차상절환방식

① 직류전차선과 교류전차선 접속점에 20[m] 정도의 무가압 섹션을 설치하고 교직겸용 전기차를 사용하여 섹션통과 중에 교직절환을 수행

② 열차정지 불필요, 지상설비비 저렴 등의 장점이 있어 대부분 사용

③ 교직양용 전기차 고가 및 차량의 여분설비로 복잡한 단점이 있음

(3) 지상절환방식

① 전차선을 교직 양전원으로 절환 가압하고 교류전용 전기기관차와 직류전용 전기기관차를 상호 교환하는 방식과 교직양용 전기차의 정차중에 전차선 전원을 절환하는 방식임

② 열차정지, 지상설비 고가, 장거리운용 곤란 등으로 거의 사용되지 않음

마. 기타사항

(1) 절연이격거리의 확대에 따른 과선교 터널, 지하구간의 기술적 대책 및 기기의 절연확보 대책 검토

(2) 절연구분장치 설치위치 및 조건 적합에 따른 급전방안 기술적 검토

2.4 유도장해 발생 원인 및 대책

2.4.1 교류 전기철도 유도장해 발생원인 및 대책

1. 유도장해 위험전압 및 잡음

가. 전차선에 근접한 통신선에는 전차선 전압에 비례하여 유기되는 정전유도와 전차선 전류와 귀선전류의 불평형에 의해 전자적으로 유기되는 전자유도가 있으며 이러한 유도작용에 의해 유도전압과 잡음이 발생하고

나. 교류전차선에 평행하게 인접된 통신선에는 전류 불평형에 의한 전압이 유기되어 통신장해를 유발하게 됨

다. 인체 및 통신기기에 미치는 위험을 방지하기 위하여 위험전압 및 잡음전압 제한치를 아래와 같이 정하고 있음(전기통신설비의 기술기준에 관한 규정)

표 2.4.1 위험전압 및 잡음전압 제한치

전력 유도전압 [V]				유도잡음 전 압
유도 위험종전압		이상시 유도위험전압		
상시	기기 오동작	기 준	고장 시 전류제거 시간이 0.1초 이상시	
60	15 (왕복2회선 통신선 경우 제외)	650	430	0.5[mV]

※ 단, 전철시설로 인한 잡음전압이 0.5[mV]보다 크고 2.5[mV]보다 작은 경우에는 1분 동안에 0.5[mV]보다 크고 2.5[mV]보다 작은 잡음전압과 그 잡음전압이 지속되는 시간(초)을 곱한 전압의 총 합계가 30[mV · sec]를 초과하지 아니하여야 한다.

2. 유도장해 종류

가. 통신선의 정전유도

나. 통신선의 전자유도

다. 통신선의 잡음전압 ⇨ 유도전압 고조파와 통신선의 불평형에 의해 발생

3. 통신유도 장해의 발생원인

가. 통신선의 정전유도 계산식

(1) 대전된 도체에 대전되지 않은 도체를 근접하면 대전되지 않은 도체에 유도전하가 나타나는 현상을 정전유도라고 하며, 전차선과 통신선이 근접하였을 경우 정전유

도 전압은 주파수나 부하전류에 상관없이 전차선 대지전압에 비례함

(2) 정전유도 전압 발생

① 정전유도전압(E_s) : $E_s = \dfrac{C_{ab}}{C_{ab}+C_b} \times E$ [V]

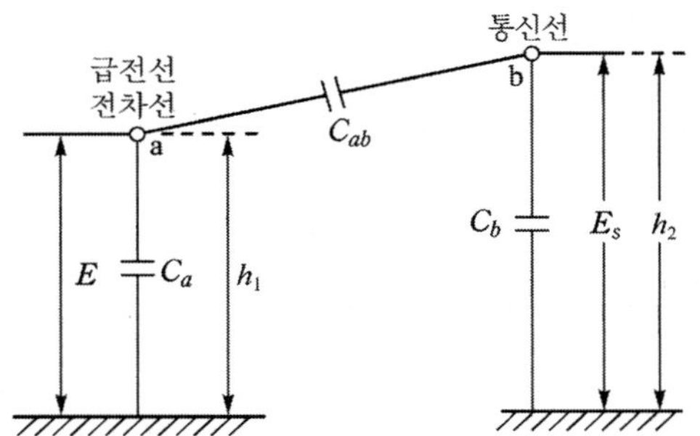

그림 2.4.1 정전유도

② 정전유도 전압의 정전용량(C_a, C_b, C_{ab}) 등은 전차선과 통신선의 수평거리와 지상고에 의하여 결정되는 값으로 아래와 같이 나타낼 수 있음

$$E_S = \frac{k_s}{4.8} \log \frac{L^2 + (h_1 + h_2)^2}{L^2 + (h_1 - h_2)^2} \cdot E\,[\mathrm{V}]$$

여기서, k_s : 정전차폐계수, L : 전차선과 통신선 수평거리[m]

h_1 : 전차선 지상고[m], h_2 : 통신선 지상고[m]

③ 따라서, 전기철도로 인한 정전유도 전압은 전차선과 통신선의 설치높이, 수평 이격거리, 전차선 인가전압에 의하여 결정되는 것을 알 수 있음

표 2.4.2 특고압 가공전선로 상시 정전유도 전류 제한치

사용전압	통신선의 길이	정전유도 전압
60[kV] 이하	12[km] 마다	2.0[μA] 이하를 넘지 않도록 할 것
60[kV] 초과	40[km] 마다	3.0[μA] 이하를 넘지 않도록 할 것

※ 한국전기설비규정 (제3장, 333.2) – 이하 "전기설비규정"이라 함.

나. 전자유도 전압의 발생

(1) 근접한 2개의 도선 한쪽에서 전류가 변화하면 인근도체에 변화된 전류와 반대방향의 유도전류가 유기됨. 즉 전류가 변화하는 도선 주변의 자장(자계)내에 다른 회

로가 존재하면 전류에 의해 만들어진 자속이 다른 회로와 교차할 때 원래 자속의 변화를 상쇄되는 방향으로 기전력이 발생되는 현상을 전자유도라고 함

(2) 전차선로와 평행인 통신선에는 전차선 전류와 귀선로에 흐르는 전류의 변화에 따라 유도전압이 유기되며 전자유도 전압은 전차선의 주파수, 대지 누설전류, 상호 인덕턴스에 비례함

(3) 통신선의 전자유도 전압의 계산식

$$V_m = 2\pi f Z_m (I - I_R) \cdot l [\mathrm{V}] = 2\pi f \cdot Z_m \cdot I_g \cdot l [\mathrm{V}]$$

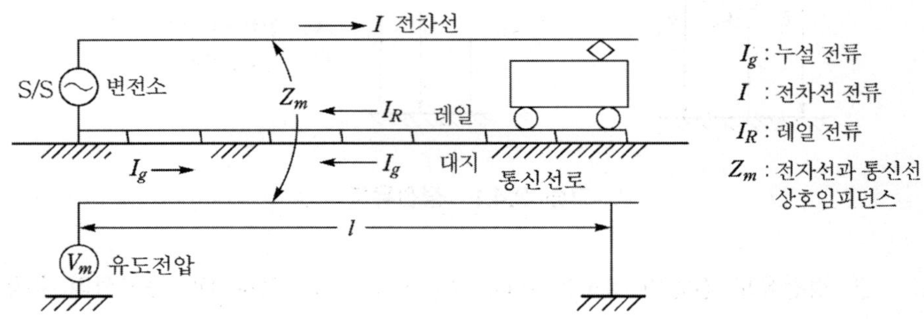

그림 2.4.2 전자유도

4. 유도장해 대책

가. 전력 공급측면에서 대책

(1) BT급전 방식, AT급전 방식 채용 : 귀선전류를 강제 흡상시켜 대지 누설전류를 최소화하여 전자유도 현상을 감소시킴

(2) 전차선과 통신선간에 차폐선을 부설

(3) 고속도 차단방식을 채용하여 사고 시 불평형 전류의 지속시간을 단축

(4) 고조파 발생원에 필터 설치

나. 통신선로 측면에서 대책

(1) 정전유도의 경감대책

① 전차선과 통신선의 이격거리를 증가

② 전차선과 통신선 사이에 차폐선 또는 부급전선을 시설

③ 통신선을 광케이블 또는 차폐케이블을 사용하여 지중매설

(2) 전자유도 방지대책

① 평행 구간을 최대한 단축하고, 통신선의 회선중간에 절연변압기, 중계코일을 삽입하여 유도구간을 분할

② 전차선과 평행하게 부급전선 또는 PW를 설치하고 흡상선 및 중성선을 이용하여 궤선 전류를 최대한 흡상시켜 대지 누설전류를 억제
③ 통신선을 최대한 이격하고 차폐케이블 사용하여 상호인덕턴스를 경감
④ 전기차 또는 고조파 발생원에 필터를 설치하여 고조파 억제

다. 전기차 측면에서의 대책

정류기형 전기차의 변압기 2차측에 콘덴서와 저항을 조합한 필터를 접속하여 고조파 성분을 경감함으로서 유도전압 경감

5. 전철화 추진시 고려사항

가. 최근 전철화 및 고속철도 건설 등의 교류 전기철도가 대폭 증가되고 있으며, 국토 지형상 철도인접 구간의 통신선이 근접하는 것은 불가피한 현상이며,
나. 통신망 및 IT 산업의 급속한 발전에 따라 유도장해의 유발시기 및 유발원인 파악이 어려운 실정임
다. 철도내부의 정보통신망은 차폐케이블, 광케이블을 사용하여 유도장해를 방지하고 있으나, KT, 국방부, 기타기관의 통신선 유도대책 비용은 전철화시마다 민감한 사항으로 부처간 논란이 되고 있음
라. 통신사측에서도 향후 건설되는 통신망에 대해서는 차폐케이블, 광케이블 등을 설치하고 체계적인 유도장해 대책 또는 보호시설을 확대하여야 함

2.4.2 유도전압의 종류와 발생원의 관계

1. 개요

가. 유도장해는 기본파(상용주파수)의 유도전압에 의하여 인체에의 위험과 통신기기의 파손 및 오동작을 야기시키는 장해와 고조파에 의하여 발생하는 잡음에 의한 통신장해가 있음
나. 기본파의 유도전압은 인체나 기기에 위험을 주므로 위험전압이라 부르며, 일반 전압계로 측정이 가능함

2. 유도전압의 종류

가. 잡음전압

(1) 잡음전압은 통신회선을 600[Ω]으로 종단할 때 단자 간에 발생하는 전압으로서

0.3~3[kHz] 정도의 고조파가 문제가 됨

(2) 잡음전압은 통신회선을 구성하는 2본의 심선 간에 발생하는 유도전압으로 통화방해를 일으키며, 기유도원에 포함되는 고조파와 통신회선의 대지에 대한 불평형에 의하여 발생함

나. 상시유도 종전압

(1) 상시 운전 시에 대지에 흐르는 전류(대지 귀로전류)에 의하여 통신선의 길이 방향으로 생기는 기본파의 유도전압을 말함

(2) 일정값 이상(보통 15[V] 이상)이면 통신선과 대지 간에 직접 접속된 통신기기 또는 전송기기 등의 단말기기에 오동작을 야기시키며, 약 60[V] 이상의 전압으로 커지게 되면 인체에 대해서도 위험을 초래하게 됨

다. 이상시 유도 위험전압

(1) 전기철도 등 전력선에 고장이 발생될 때 대지에 흐르는 고장전류에 의하여 통신선의 길이 방향(종방향)에 생기는 기본파의 유도전압을 말함

(2) 일반적으로 고장전류는 전력선 측에서 단시간 내에 차단하는 보호방식을 사용하고 있어 상시유도 종전압보다 높은 수치(약 430[V] 또는 650[V])까지 허용하고 있음

3. 교류 전기철도 유도 발생원

가. 교류 전기철도는 전류의 귀선 도체로 대지와 접지되어 있는 레일을 이용하므로 대지에 누설되는 전류가 상시유도 종전압이 발생하는 원인이 되고 누설전류는 다량의 고조파를 포함하고 있어 유도잡음을 발생하게 됨

나. 교류전기철도에서의 유도발생원과 유도전압 관계는 아래와 같음

❑ 지락 시(이상 시) 유도 위험전압 ⇨ 전력선 지락 시 고장전류 상시유도 종전압 ⇨ 대지 누설전류의 기본파성분 잡음전압 ⇨ 대지 누설전류의 고조파 성분

다. 교류 AT 급전방식의 경우 이상시 유도위험 전압 및 상시유도 종전압은 문제가 되지 않으나, 잡음전압은 대지 누설전류의 고조파 성분에 의하여 통화장해를 야기시키는 문제점이 자주 발생함

4. 유도전압의 산출 및 대책

가. 유도전압의 예측 계산은 원칙적으로 『전력유도전압의 구체적 산출방법에 대한 기술기준』에 따라 전기철도 건설시에 통신분야에서 예측함

나. 유도전압은 고시에 의한 예측계산식을 기본으로 하여 최대 유도전압을 산출하며, 산출 결과에 따라 전기철도 구간의 제반 대책을 강구하게 됨

2.4.3 전차선로 가선하부의 전계강도와 정전유도

1. 개요

가. 전차선과 조가선은 가선측면에서 보면 전류가 흐르는 무한길이의 복도체 형태로서 전차선(조가선) 주변의 전자계에 의하여 정전유도 및 전자유도 현상이 발생하고, 전차선로 주변의 대지정전용량 및 선간 정전용량은 정전유도 전압을 발생시켜 인축 및 시스템에 영향을 주게 됨

나. 정전유도 전압에 의하여 복선인 경우 한쪽선로가 급전되고 한쪽선로가 정전된 경우 정전된 전차선로 측에 수천볼트의 비선형 정전유도전압의 유기되므로 정전측 선로에는 접지선(접지도체)의 연결이 필수적임

다. 이러한 정전유도 전압 등은 급전방식 또는 단선, 복선 등에 따라 차이가 있으나 여기서는 인축에 영향을 줄 우려가 있는 전차선 가선하부의 전계강도 및 정전유도 전위에 대하여 기술하고자 함

2. 전계강도

가. 전계란 전기량의 존재에 의하여 전기적인 작용이 미치는 공간을 전계 또는 전장이라 하며, 쿨롱의 법칙 등에서 점전하 Q[C]에서 R지점의 전계세기는 $E = \frac{1}{4\pi\epsilon_0} \cdot \frac{Q}{R^2}$ [V/m]인 기본식으로 나타냄

나. 전차선로는 무한대의 선전하(Q_l)로 볼 수 있으므로 가선하부(架線下部)의 d[m] 지점의 전계세기는 $E = \frac{Q_l}{2\pi\epsilon_0 d} = 2 \times 9 \times 10^9 \times \frac{Q_l}{d}$ [V/m]가 됨

다. 따라서, 전차선, 조가선, 급전선 등 다수의 전선에 의한 임의지점의 전계세기(전계강도)는 각각 전선의 전계를 구하고, 중첩의 원리가 성립되므로 전체 전계강도는 벡터합인 $\dot{E} = \dot{E}_1 + \dot{E}_2 + \ldots.. + \dot{E}_n$가 됨

라. 일반 교류구간 가선하부의 지표상 1[m] 높이의 전계강도는 약 2[kV/m]정도이며 우산을 쓴 상태에서의 전계강도 3[kV/m]는 전기를 감지하지 않으므로 가선하부의 전계강도는 인축에 문제가 되지 않음

마. 전기설비기술기준 제17조에서는 특고압 가공전선로에서 발생하는 전자계가 유도작용에 의해 사람에게 위험을 주지않도록 시설규정을 정하고 있어 가공 전차선로는 “라”항의 전계강도를 고려할 때 기준에 적합.

(1) 교류 특고압 가공전선로 : 지표상 1[m]에서 전계가 3.5[kV/m] 이하, 자계가 83.3 [μT] 이하가 되도록 시설

(2) 직류 특고압 가공전선로 : 직류전계는 지표면에서 25[kV/m] 이하, 직류 자계는 지표상 1[m]에서 400,000[μT] 이하가 되도록 시설

3. 부동전위(floating voltage)

가. 전기철도 구간의 등전위면은 지표면(레일면)과 거의 평행으로 간주되므로 지표면(레일면)에서 높이 h[m]에 위치한 도체(전차선)의 부동전위 V_m[V]은 $V_m = \int_h^0 Edh$[V]가 되며,

나. 일반적인 교류 전철구간의 가선하부에서의 부동전위는 문제가 되지 않음

4. 정전유도 전류

가. 공간에 있는 도체가 접지된 경우 도체의 대지 정전용량을 C_m [F]라고 할 때 접지전류 I_g[A]는 $I_g = jwC_m V_m$ [A]식으로 나타냄

나. 전차선로 하부의 지표면에서 직경 1[m] 우산을 든 경우 높이 2[m] 위치의 접지전류를 고려하면 대지정전 용량이 약 40[pF] 정도이므로 누설전류는 약 0.05[mA]가 되어 일반적인 교류 감지전류가 1[mA] 정도임을 감안할 때 전류감지가 되지 않아 안전하다고 판단함

2.4.4 전차선로에 미치는 표피효과와 근접효과의 영향

1. 용어정의 및 현상

가. 표피효과(Skin Effect)

도체의 전류분포는 직류에서는 도체 내외부의 전류밀도가 동일하지만, 주파수가 있는 교류에 있어서는 도체 단면의 중심부는 자속쇄교수가 커져 인덕턴스의 증대로 전류가 잘 흐르지 못하고 표면으로 몰려 흐르게 되어 전선의 외측표면에 전류밀도가 커지는 현상을 전선의 **표피효과(skin effect)**라고 하며, 도체의 도전율, 투자율과 전류의 주파수와 연관되어 전선단면적이 커질수록, 주파수가 증대될수록 표피효과 현상이 커져서 저항이 커지므로 주로 연선을 사용한 전선을 사용하게 됨

나. 근접효과(Proximity Effect)

많은 도체가 근접해 배치되어 있는 경우, 각 도체에 흐르는 전류의 크기 방향 및 주파수에 따라서 각 도체의 단면에 흐르는 전류의 밀도가 변화하는 현상을 **근접효과**라 하며, 표피효과(skin effect)는 근접효과의 일종으로 1가닥의 도체일 경우이고, 근접효

과는 2가닥 이상의 평행도체에서 볼 수 있는 현상으로서 주파수가 높을수록 또 도체가 가까이 배치되어 있을수록 현저하게 나타나며, 양 도체에 같은 방향의 전류가 흐를 경우 바깥쪽의 전류밀도가 높아지고 그 반대인 경우에는 서로 인력이 발생하여 가까운 쪽으로 전류밀도가 높아짐

다. 표피효과의 영향

표피효과는 도체에서 전하/전류가 흐르는 단면적을 줄이게 되므로, 저항을 증가시키게 되어 전송 전력케이블의 손실에 영향을 주고, 사용가능 주파수대역을 제한하게 됨

2. 표피효과와 근접효과가 전차선로에 미치는 영향

교류 급전회로에서는 대지에 접촉하고 있는 레일을 도체로 사용하고 있으므로 대지귀로 임피던스를 구하여야 하고, 전선의 임피던스에는 자기 임피던스와 근접효과에 의한 전선간의 유도에 기인하는 상호 임피던스 등 교류 급전회로에서의 선로정수 계산에는 표피효과 및 근접효과를 고려하여야 함

가. 가공전선의 내부 임피던스(전선 고유의 임피던스)

(1) 저항 $R = \frac{1}{58} \cdot \frac{100}{C} \cdot \frac{l}{S}\{1 + \alpha(T - 20)\}[\Omega/\text{km}]$

(2) 리액턴스 $X = \omega L = \frac{\omega}{2} \cdot \mu_s \times 10^{-4}[\Omega/\text{km}]$

여기서, S : 도체단면적[mm^2], l : 도체길이[m], C : 도전율[%],
T : 온도[℃], α : 온도계수, L : 인덕턴스[H/km],
μ_s : 도체의 비투자율, $\omega : 2\pi f$, f : 주파수[Hz]

(3) 전선의 내부임피던스는 교류에 대한 표피효과를 적용하여
$X = 2\pi a\sqrt{2fk\mu_s \times 10^{-7}}\,[\Omega/\text{km}]$로 계산함
여기서, a : 도체단면직경[mm]
k : 도체의 도전율[emu]

나. 레일의 내부 임피던스

교류 급전계통에서 레일은 철(鐵)로 구성되어 있어 상용주파수 범위에서 일반적으로 강한 표피작용을 받으며 레일내부의 전류는 레일의 표면부분에 집합되어 레일의 외주와 동일한 철제원주와 거의 동등한 임피던스로 등가 원주도체라고 하며, 상용주파수에 의한 내부 임피던스, 고조파 영역에서의 내부 임피던스에 대한 계산식을 적용함

2.4.5 전기철도 구간의 EMC 및 EMI 고려사항

1. 용어의 정의

가. EMC(Electromagnatic Compatibility : 전자기적합성, 전자파양립성)

EMC란 기기 자신으로부터 발생되는 전자파가 타기기에 영향을 주지 않으면서 타기기의 전자파 장해로부터도 이상없이 동작할 수 있는 능력(전자파를 주는 측과 받는 측의 양쪽에 적용하여 기기의 성능을 확보할 수 있는 능력)을 말하며, 협의의 의미로는 전자파 환경의 양립성이라고도 하고 전자파 장해 허용기준과 전자파 보호기준의 적합여부 등 EME와 EMS를 합한 개념임

나. EMI(Electromagnatic Interference : 전자기파 간섭, 전자파 장해)

EMI 란 전기에너지를 이용하는 기기가 동작할 때 전자계 에너지가 방사되거나 전도되어 다른 기기의 회로기능을 약화시키고 오동작을 일으키거나 성능에 장해를 주는 것을 말하며, 전자기적인 간섭은 선형적인 신호가 비선형 회로망을 통과하면 출력에 비선형적인 고조파가 발생하는 것을 말함

다. EMS(Electromagnatic Susceptibility : 전자파 내성, 전자파 감응성)

전자파 장해가 존재하는 환경에서 기기 또는 시스템이 성능 저하없이 동작할 수 있는 능력으로서 적합 등록을 하여야 하는 기기류가 방사 또는 전도되는 불요 전자파의 영향으로부터 고유성능을 유지하면서 동작할 수 있는 능력을 말함

2. 전기철도 구간의 전자파 특성 및 전파잡음 발생원인

가. 전기철도구간의 전자파 특성

전기철도 구간에서의 전자기파 잡음(전자파) 발생원인은 크게 고정설비인 전차선로 및 전철변전시스템, 전기차 차상설비의 전력변환장치, 열차주행 시 팬터그래프와 트롤리선의 이선에 의한 아크 등으로 구분할 수 있으며, 열차의 이동에 따라 전자기파 발생원이 이동하여 전파장해의 현상이 열차통과 시와 통과 전후에 크게 발생한다는 특징이 있으며, 이런 특징을 고려하여 유럽 등에서는 철도시스템의 전자기파 관련 규격(IEC 62236 등)을 제정 운용 중임

나. 전자파 발생원인

(1) 지상 고정설비에 의한 발생

고정설비에 의한 전파잡음의 주요발생 장소는 선로와 병행하여 가선된 전차선로, 배전선로 및 변전설비(SS. SP. SSP) 등을 들수 있으며, 전차선로 및 배전선로에

서는 애자오염에 의한 방전, 전선의 표면방전, 기기의 접촉불량에 의한 방전과 전철변전소는 Scott 변압기 및 AT 변압기의 히스테리 특성, 차단기 등의 동작에 의하여 전자파가 발생함

(2) 전기차량에 의한 발생

차량의 전파잡음원으로는 차상의 각종 전기기기, 차상의 전력변환 장치, 차상의 각종 배선부 등을 들수 있으며, 특히 최근에 전력변환기기의 고효율화, 고속화에 의하여 SGR, GTO, IGBT 등 전력전자소자를 사용하는 전력변환장치에 의한 스위칭 노이즈에 의한 비선형 전파잡음 발생이 커지고 있음

3. 전기차량내의 전자통신장비의 EMI 고려사항

철도차량 시스템에서는 전력을 공급하기 위한 전력공급장치와 동력발생을 위한 전력변환 시스템 주변에 전자파 잡음을 발생시켜 고기능화, 고밀도화, 고속화 되어가는 제어시스템, 차량 신호 및 통신시스템 등의 전자통신 장비에 전자파 장해 및 오동작을 줄 수 있으므로 차량주변의 전자파 환경 및 각 시스템간 노이즈원에 따른 EMI를 고려하여 대책을 강구해야 함

가. 전기차량내의 EMI 고려사항

(1) 전원측이 전동기나 릴레이 등 유도성 부하와 공용하면 유도성 부하에 대한 스파크 노이즈가 발생하고, 기기에 사용되는 반도체 등 스위칭 전원 내에서 발생하는 스위칭 노이즈가 다른 기기의 오동작을 유발하는 등 다른 기기의 동작에 악영향을 주므로 전파잡음의 유입 유출을 방지할 접지 등을 고려함

(2) 두선에 동일 위상으로 전달되는 대지성분 노이즈와 서로다른 위상으로 전달되는 신호와 같이 비대칭 선간성분 노이즈에 대한 노이즈 방지용 변압기 및 접지 등을 고려함

(3) 전차선로 또는 전기차량에 낙뢰가 떨어지면 접지극 부근의 전위가 상승하고 기기로 뇌서지가 역류하여 시스템을 오동작 시킬 뿐만 아니라 부품의 소손 및 파괴를 야기 시키므로 피뢰기나 서지 흡수기 등을 고려함

나. 전기차량내의 전자통신 장비의 EMI 대책

(1) 전자통신 장비의 접지 : 노이즈 장해를 방지하기 위해서 서지 흡수기, 노이즈방지 변압기(NCT : Noise Cut Transformer) 설치 및 노이즈 방지 접지를 시행

(2) 노이즈 차폐 : 잡음 발생원과 잡음의 영향을 받는 기기를 서로 차단하는 것으로 잡음원을 차폐 시켜서 잡음이 외부로 유출되지 못하도록 정전차폐 및 자기차폐를 시행함

(3) 전원노이즈 방지용 필터링 : 전원선에 혼입되는 노이즈를 방지하기 위한 필터로

전원 주파수를 통과대역으로 하고 고주파 노이즈를 제거하는 Low Pass 필터가 사용되며 전자기기용 필터는 150[kHz]~30[MHz]의 주파수 대역에서 감쇄 특성을 가지는 필터를 설치함

2.4.6 전철변전소 유도장해 시험의 종류와 목적

1. 개요

도시철도법에 근거하여 국토부 고시로 제정한 "도시철도시설 성능시험 기준"에 따라 각종 도시철도시설의 성능시험에 필요한 세부기준 및 방법과 성능시험자의 지정에 관한 세부적인 항목 중 도시철도 차량에 전력을 공급하는 전철변전소의 전자유도 간섭수준을 측정하는 유도장애 시험의 종류 및 목적에 대하여 기술함

2. 시험의 종류 및 목적

가. 방사성 유도장해 시험

변전소에 부하가 있는 상황에서 변전소 내부의 전력기기에서 방출되는 전자파가 인체 및 주변 환경에 미치는 영향을 확인하는 것을 목적으로 함

나. 자기장 강도 시험

변전소 및 전력기기에 부하가 있는 상황에서 발생되는 자기장의 크기가 인체에 미치는 영향을 확인하는 것을 목적으로 함

다. 기타 필요에 의한 시험

사용자의 필요에 의하여 장치의 성능을 추가 또는 재확인하거나 안전성능의 확인을 위해 추가로 요구되는 경우에 요구된 성능의 확인을 목적으로 함

3. 시험방법 및 판정기준

가. 방사성 유도장애 시험

(1) 시험 방법

KS C IEC62236-2(철도용 전기자기 적합성 - 제2부 : 철도전체 시스템에서 외부로 나가는 방)에 규정된 조건에서 측정용 안테나를 안전펜스가 있는 경우는 펜스에서 3[m], 펜스가 없는 경우에는 전력기기로부터 10[m] 거리에 설치하여 변전소 정격부하율 및 주파수 대역에 따라 수직면 루프 안테나, 수직 다이폴 안테나

혹은 수직 바이코니컬 안테나, log-periodic 안테나로 방사성 전자파를 측정함

(2) 판정 기준

전자파의 제한값은 quasi-peak values로 정의되며 전철변전소로부터 외부환경으로 방출되는 유도장애 잡음은 방사성 잡음 제한 값 이내여야 함

나. 자기장 강도 시험

(1) 시험방법

KS C IEC62236-2(철도용 전기자기 적합성 - 제2부 : 철도전체 시스템에서 외부로 나가는 방)에 규정된 조건에서 측정용 안테나는 지상으로부터 1[m] 높이에 설차하여 안전펜스가 있는 경우는 펜스에서 3[m], 펜스가 없는 경우에는 전력기기로부터 10[m] 거리에서 측정하고, 변전소 내부의 전력기기는 기기 외함으로부터 1[m] 거리에 자기장 측정 센서를 설치하여 측정함

(2) 판정기준

변전소 외부에서 측정하는 경우는 일반적인 상황에서 50[A/m] 이내이어야 하며, 변전소 내부 전력기기의 경우 일반적인 부하상황에서 1000[A/m] 이내이어야 함

다. 기타 필요에 의한 시험

시험방법 및 판정기준은 규정 및 사용자와 공급자간의 합의에 의하여 정함

2.5 ◦ 고조파 발생원인 및 대책

2.5.1 전기철도 구간의 고조파 발생원인 및 대책

1. 개요

가. 고조파의 정의

"고조파(Harmonics)"란 기본 주파수(상용주파수 60[Hz])의 정수배 차수(n 차수라고 함)을 갖는 정현파 주파수 성분을 말하며, 반도체를 응용한 다양한 전력 변환기기 등 비선형 부하가 크게 확산되는 전력 환경조건에서 정현파 전압을 공급하면 기본파 전압·전류에 기본파의 정수배를 갖는 왜형파가 중첩되어 나타나는 주파수로 일반적으로 기본파의 $n=2$차에서 $n=50$차수 정도까지이며 그 이상은 고주파(High Frequency) 또는 노이즈(Noise)로 구분함

나. 전기철도 측면에서 고조파 발생 메커니즘

(1) 철도 전기차량은 전력변환 시스템인 컨버터와 인버터를 위상제어 및 펄스폭 변조방식으로 제어하고, 회생제동을 사용하는 불균형한 이동부하로서 반도체 소자의 스위칭 작용에 의한 변형파형으로 고조파 전류는 기본파 전류에 비례하지 않고 거의 일정하게 발생하는 특징이 있음

(2) 전철 급전시스템은 일반 전력계통에 비해 부하 특성이나 계통 구성형태가 상이하고 전철용 변압기 등에서 발생하는 고조파는 물론 전기차에서 발생하는 왜형파 전류가 급전회로 계통의 "회로공진"에 의한 고차수 고조파 전류로 확대되어 급전계통에도 고조파 전류가 흐르게 되므로 변전소로 유입되는 고조파 평가지표인 전압왜형율과 등가방해 전류를 계산하여 기준치 적합여부를 판단하게 됨

2. 전기철도의 고조파 발생원인

가. 철도 전기차량

(1) 철도 전기차량은 SCR, GTO, IGBT, Diode, Power Transister 등의 전력전자소자를 사용하는 비선형 부하인 전력변환 장치(인버터와 컨버터)에서 위상제어 및 펄스폭 변조방식제어 방식에 따라 반도체 스위칭 작용에 의하여 고조파가 발생됨

(2) 특히, 최근 3상 교류전동기를 사용하는 경우 단상교류를 컨버터를 통해 DC로 변환하고 다시 인버터를 통해 3상 교류로 변환하여 교류전동기를 가동하는데 필요한 각 단계별 전력변환 장치에서 고조파가 주로 발생함

(3) 전기차량에 대한 고조파 측정결과 Thyristor 위상제어 방식에서는 주로 제3, 제5, 제7차 등 저차 고조파가 많이 발생하고 PWM 제어방식 전기차량은 제19, 제25, 제27차 등 고차 고조파가 많이 발생하는 것으로 나타남

(4) 전기차량의 주전동기 등의 Slot에 의해 Slot Hormonics가 발생함

(5) 전기차 운행 시 팬터그래프의 이선 등 불완전 집전시에도 고조파가 발생함

나. 교류 급전계통의 고조파

(1) 교류 전철변전소의 Scott 변압기, 단권변압기 등의 히스테리 현상에 의해 여자전류에 많은 차수의 고조파가 함유된 왜형파가 발생됨

(2) 급전계통에서는 전원 변압기를 포함한 기기와 전차선로의 임피던스가 유도성으로 급전회로의 정전용량과 고차주파수가 병렬 공진이 되어 고조파 발생원이 됨

(3) 전철 변전소에서 볼 때 전기차는 비선형 전력변환 장치를 가진 불균형한 이동부하로서 발생되는 고조파가 급전계통에 유입되는 왜형파 전류로 작용하여 고조파의 원인이 되고 있음

다. 직류 급전계통의 고조파(직류급전 방식의 직류변환설비)

(1) 직류 변전소의 3상 전파 정류기의 전류 중첩각 등에 의하여 교류 입력측에는 $n=6m\pm1$ 차수의 고조파가 발생되고, 출력측은 $n=6m$ 차수의 고조파가 발생됨

(2) 정류기 결선에 따른 고조파전류 발생 값

$$I_n = K_n \cdot \frac{I_1}{n}[\mathrm{A}] \ (\text{단 } n = m \cdot p \pm 1)$$

여기서, I_n : 고조파전류, I_1 : 정격전류, K : 고조파저감계수
p : 정류기 출력펄스수(단상 : 2, 6상 : 6 등)
m : 정수(1,2,3,4), n : 고조파차수

(3) 정류기용 변압기에서는 위상변환, 펄스수, 부하 및 제어 조건에 따라 발생 고조파는 변동하게 됨

3. 전기철도 계통에서 본 고조파의 영향

가. 통신유도 장해 및 신호회로에 악영향
나. 전철급전계통 및 전기차량내의 보호계전기 등 오동작 및 소손
다. 병렬 커패시터 및 리액터 회로의 과대전류 발생
라. 직렬 또는 병렬 공진 현상으로 고조파 성분의 증폭
마. 변압기의 소음발생, 효율저하, 절연열화 또는 과열
바. 전력케이블의 절연열화 또는 소손
사. 음향기기의 정류기, 콘덴서 등의 부품고장, 음향 및 영상에 잡음신호 발생
아. 형광등, 수은등의 과대전류로 안정기의 과열 및 소손
자. 개폐장치 및 피 전기기기의 열화에 의한 고장 또는 과열
차. PLC 또는 IT 기기의 부품과열 및 제어기기의 오동작
카. 동기기 및 유도기의 회전수 변동 및 효율저하, 2차측 과열

4. 고조파 억제(저감) 대책

가. 고조파 저감 대책의 기본적인 요소

표 2.5.1 고조파 발생원인별 대책

고조파 기본요소	대책 방법	대책 위치
고조파 발생원인	발생량 저감	원인측
대상회로의 임피던스	임피던스 조정	원인, 피해, 전력공급측
대상기기의 고조파내량	내량의 강화	피해측

나. 저차고조파의 특성 및 억제대책

(1) 전기차는 단상 교류을 직류 등으로 변환하므로 교류 측에 제3조파를 주체로한 홀수차 고조파가 발생하며, 발생되는 저차 고조파는 전원계통에 왜형파로 유입되어 고차 고조파로 확대되는 등의 문제가 있음

(2) 따라서, 저차 고조파가 주로 발생하는 위상제어 차량은 역률개선용 콘덴서를 설치하여 역률개선과 제3고조파를 억제할 수 있으나 제5고조파 이상은 흡수 능력이 낮으므로 필요에 따라 제5고조파, 제7고조파 억제용 필터를 설치함

(3) 계통의 최저차 고조파에 대해서는 유도성으로 하기 위하여 직렬 리액터를 반드시 설치하여야 하며, 필터는 공진주파 차수가 유도성이 되도록 용량성 리액터를 기준으로 유도성 리액턴스(L값)를 선정하게 됨

(4) 전철변전소 병렬콘덴서는 유도성이 되도록 L값 $(=X_L/X_c)$을 설정하는데 필터의 공진차수에 대하여 제3고조파 필터의 $L=11.1[\%]$, 제5고조파 필터의 $L=4[\%]$, 제7고조파 필터의 $L=2[\%]$가 되나 계통의 주파수 변동이나 L-C의 오차에 의한 반공진을 방지하기 위하여 약간 유도성으로 조정됨

다. 고차고조파의 특성 및 억제대책

(1) 급전계통의 고차고조파는 병렬공진 현상에 따라 급전회로에 과대한 전압왜곡이 발생하고 전자유도 장해 원인이 되고 있어 이를 억제하여 급전회로 내부의 보호가 필요하며,

(2) 전기철도 급전계통은 Scott 변압기를 포함한 전원측 임피던스가 유도성으로 급전회로의 정전용량과 고차 주파수에서 병렬공진하게 되며 공진 주파수는 선로긍장에 반비례하는 특성이 있음

(3) 급전회로의 고차 공진은 공진이 현저히 확대되는 급전 말단 또는 전철변전소에 선로 특성 임피던스와 같은 저항으로 단락하면 공진이 억제되므로 콘덴서를 직렬로 설치하고 병렬로 리액터를 설치하여 전차선과 레일사이에 결선한 공진억제 장치인 R-C Bank(일본은 HMCR이라고 함)를 설치하여 고차 고조파를 억제하고 있음

다. 전기철도에서의 억제대책 사례

(1) 철도 전기차량 측면

① 저차 고조파를 발생하는 사이리스터 제어차량은 역률개선용 콘덴서를 설치하여 제3고조파를 억제하고 제5고조파, 제7고조파 억제용 필터를 설치하며,

② 고차 고조파가 발생되는 PWM 제어차는 입력단의 AC Filter를 크게하여 차량입력 전류 변화율을 낮게하며, 차량내 가선측 변환가를 4상으로하여 반송파 위상을 겹치지 않게 함으로서 고조파를 저감할 수 있음

(2) 급전계통 및 가선 측면

① R-C Bank (HMCR) 설치 : 교류구간에서 급전선로의 길이가 길어지면 L, C 성분에 의해 고차 고조파 공진현상을 억제

② 수동필터(Passive Filter) 설치 : 특정 주파수 영역의 고조파 제거 및 통과 목적으로 설치하는 동조 필터(Bond Pass Filter) 및 고역필터(High Pass Filter)를 사용하여 고조파 억제

③ 능동 필터(Active Filter) : 고조파가 포함된 전류를 자동검출 측정하여 인버터로 역위상의 고조파 파형을 발생시켜 상쇄시키므로서 전원측 전류를 정현파 전류로 변환하는 고조파 보상장치

④ 직류변전소 정류기의 다펄스화 및 상간 리액터의 설치 : 고조파 발생원 부하의 1차측에 설치하여 회로의 저차 고조파 공진현상을 억제하여 저차 고조파를 저감

5. 전기철도 급전계통 간선 설계 시 유의사항

철도 급전계통은 전력회사(한전)에서 수전하여 철도전용 전철변전소 또는 전력 수전 변전소에서 전력을 변환하여 철도내 사용장소에 급전하는 계통으로 **계통측면에서는** 단락용량 증대, 전원 공급계통 전용화, 계통의 선간전압 불평등 해소, 고압계통 절체 또는 변전소 뱅크 변경 등으로 선로정수를 조정하여 공진상태가 되지 않도록 하여야 하고, **수용가 측면에서는** 고조파 저감 필터의 설치, 전력변환 장치의 다(多) 펄스화, 기기자체의 고조파 내량 증가 및 컨버터나 인버터의 입출력 파형을 다수의 펄스로 변환하여 사용하는 방안을 검토하여 설계에 반영하여야 함

2.5.2 전력계통에서 발생하는 고조파 및 억제대책

1. 개요

가. 전력・전자 응용기술의 비약적인 발전에 따라 다양한 전력 변환기기는 물론 컴퓨터, 가전제품 등 비선형 부하가 크게 확산되는 전력 환경조건에서 정현파(60Hz)의 전압을 공급하면 기본파 전압・전류에 기본파의 정수배를 갖는 왜형파가 중첩되어 나타나는 주파수를 고조파(Harmonics)라고 함

나. 고조파전류에 의한 영향은 전압의 왜형증가, 변압기와 케이블의 및 소손, 정보기기의 오동작, 불필요한 에너지 낭비, 통신유도장해, 생산설비의 정지 등 피해를 유발할 우려가 많아 고조파 억제 규정 및 대책을 마련하고 있음

다. 전력계통에서 논의되는 고조파 범위는 제5고조파에서 제37고조파까지이며, 일반적으로 고조파 전류 크기는 아래와 같이 나타냄

$$I_n = K_n \cdot I_1 / n [\mathrm{A}]$$

단, I_n : 고조파 전류, I_1 : 기본파 전류, K_n : 고조파 저감계수, n : 고조파 치수

2. 고조파 발생원인

고조파(Harmonics) 발생원은 대부분 전력전자소자(GTO, SCR, Diode 등)를 사용하는 각종 전력 변환장치 (인버터, 컨버터, 무정전 장치, 정류기, 가변저항, VVVF등), 아크전등, 변압기의 과도현상, 송전선로의 코로나 등에서 Vector가 합성된 흐름으로 발생함

가. 전력변환 장치에 의한 고조파

정류기, 인버터, 무정전장치, VVVF 등 Power Electronics에 의한 고조파는 2차 부하 측의 DC ⇔ AC 변환시 구형파가 1차측 전원으로 유입되어 발생

나. 변압기에 의한 고조파

변압기의 자화특성(히스테리시스현상)으로 변환전류의 위상차로 인한 여자전류 내에 주로 3고조파가 함유되어 발생

다. 아크에 의한 고조파

3상 단락 또는 2상 단락, 아크 끊김과 같은 극단적인 변동의 아크로 사용이 빈번할 때 제3고조파가 현저하게 발생되어 변압기를 델타결선해도 흡수가 안되는 경우가 있음

라. 전력용콘덴서와 전원측 유도성 리액턴스의 공진

고조파의 직접적인 발생원인은 아니나 전원측 유도성 리액턴스와 콘덴서의 용량성 리액턴스가 직・병렬 공진 시 전력용 콘덴서로 유입된 고조파가 확대 (증폭) 현상을 초래 함

마. 송전선로의 코로나

전위경도 30[kV/cm] 초과 시 교류전압의 반파마다 전압의 최대치 부근에서 코로나 방전이 발생할 때 고조파 전압・전류가 발생됨

바. 이밖에도 회전기내의 Slot 하모닉스에 의한 고차수 고조파 및 전원의 과도현상(전압의 순시 동요, 계통서지, 개폐서지 등)에 의한 고조파 발생원인이 있음

3. 고조파가 전력계통에 미치는 영향

가. 유도장해

코로나에 의한 고조파 전류중 제3고조파 성분은 중성점 전류로 나타나고 중성점 직접 접지 방식에서 부근의 통신선에 유도장해가 발생됨

나. 동일 전력계통의 전력기기에 미치는 영향

(1) **전력용 콘덴서** : 전력계통의 임피던스중 $X_c = \dfrac{1}{2\pi f C}$, $X_L = 2\pi f L$에서 보듯이 고조파 차수에 좌우되어 제5조파가 발생하여 전원측으로 유출되면 용량성 임피던스는 1/5 배로 감소하고 유도성 임피던스는 5배로 증가하는 등 콘덴서로 유입되는 고조파전류는 증폭작용을 하고 고조파 전압왜곡이 발생하여 임피던스가 낮은 콘덴서 실효치 전류가 증가하여 과열 및 소손의 원인이 됨

(2) **변압기** : 최근 비선형 부하에 의한 제3고조파에 의한 왜형파 저차 고조파에서 출력이 크게 감소하고 여자전압 진동이 증가하며 고조파 전류 중첩, 표피효과, 와전류 및 누설전류에 의한 저항 증가로 과열이 발생하므로 “K-Factor” 및 THDF (Trans Former Harmonics Derating Factor 변압기 실허용용량 계수)를 고려하여야 함

(3) **개폐장치 및 차단기** : 최근 $3\phi 4\omega$ 방식이 보편화 되고 있는데 중성선에 제 3고조파에 의하여 전류 확대현상이 발생하고 중성선과 대지간의 전위차에 의하여 중성선에 과대한 전류가 흘러 차단기 Trip, 중성선 및변압기 과열 등에 영향을 줌

(4) **전력케이블** : 고조파에 의한 높은 주파수의 영향으로 표피효과, 근접효과 등으로 전력 케이블 교류 도체저항은 증가하여 케이블의 절연열화 또는 소손이 발생하고 송전용량은 감소하는 영향을 받음

(5) **발전기 등 회전기** : 고조파 전류에 의한 등가 역상전류가 증가하여 댐퍼봉과 단락동판은 변류기의 2차측 권선작용을 하기 때문에 발전기에 역상전류가 흐르면 역상 회전자계의 자속이 댐퍼권선회로와 쇄교하여 고정자권선, 댐퍼권선 등에 온도상승과 전압파형의 변형을 가져와 손실이 증가되고 출력을 저하 및 국부적 과열의 원인이 됨

(6) **조명기구** : 형광등, 수은등 과 같이 램프에 직렬 연결된 리액터(안정기)의 역률을 보상하기 위한 진상용 콘덴서에 왜형 고조파 파형이 흐르면 과전류에 의한 과열 및 누전차단기의 동작 등에 영향을 주게 됨

(7) 기타 공진현상에 의한 공진의 왜곡, 고조파 전류의 왜형파 증폭 현상 등으로 PLC, IT 기기, 컴퓨터, 음향기기 의 전원계통과 보호계전기의 오동작 또는 부동작에 영향을 미침

다. 전력계통 공진발생

전력계통의 고조파는 유도성 리액턴스와 용량성 리액턴스의 직・병렬 공진발생시 변압기 및 콘덴서의 절연파괴, 케이블의 절연파괴 등 계통의 사고발생의 원인이 됨

(1) 전력계통에 존재하는 인덕턴스(L)와 정전용량(C)에 축적되는 에너지가 상호작용하는 주기에 맞게 외부에서 다른 에너지(영향)가 공급되면 L. C간의 진동 에너지가 증대하고 과전압이 발생되는 현상을 공진현상이라고 하며 이는 급전회로의 고조파로 발생됨

(2) 공진 주파수 : $f = \dfrac{1}{2\pi\sqrt{L \cdot C \cdot S}}$ [Hz]

L : 전력계통 인덕턴스

S : 급전회로 긍장

C : 전력계통 단위 길이당 정전용량(표류정전용량 $Y = jwc$)

4. 전력계통의 고조파 억제 대책

가. 고조파 억제기준

고조파 관리기준은 국가별로 약간씩 다르며, 전력계통에 대해서는 고조파 저감장치 설계를 위한 한전의 기준(예시)을 기술함

표 2.5.2 고조파 억제 기준(예시)

전 압	계 통	S/S에서 지중선로 공급		S/S에서 가공선로 공급	
	항 목	전압 왜형율[%]	등가방해 전류[A]	전압 왜형율[%]	등가방해 전류[A]
66kV 이상		3	–	3	–
154kV 이상		1.5	3.8	1.5	–

나. 고조파 저감 대책의 기본적인 요소

표 2.5.3 고조파 대책 기본요소

고조파 기본요소	대책 방법	대책 위치
고조파 발생원인	발생량 저감	원인측
대상회로의 임피던스	임피던스 조정	원인, 피해, 전력공급측
대상기기의 고조파 내량	내량의 강화	피해측

다. 계통 측면에서의 대책

(1) **계통의 단락용량 증대** : 배전선로의 저항과 리액턴스를 낮추도록 하여 공급점의 단락용량을 크게 함

(2) **전원 공급계통 전용화** : 배전선로의 단락용량을 증대하는 방법은 한계가 있어 용량이 큰 고조파 발생기기의 전원공급 계통을 전용선화

(3) **전원계통 선간전압의 평형화** : 반도체형 정류기 등에 불평형 전원공급시 특히 제3고조파 발생이 크므로 각상의 부하 벨런스 유지가 필요.

(4) **계통 절체** : 고조파 발생원인 등을 정확히 알 수 있을 때는 고압계통 절체 또는 변전소 뱅크 변경 등으로 선로정수를 조정하여 공진상태가 되지 않도록 조치

라. 수용가 측면에서의 대책

(1) **고조파 저감 필터의 설치** : 교류필터, 엑티브필터, 하이브리드 파워필터 등 고조파 저감용 필터를 설치(별도설명)

(2) **변환장치의 다(多)펄스화**

(3) **기기자체의 고조파 내량 증가** : 통신선로 케이블화 및 기준에 적합한 외장도체의 접지 시행, 장해가 많은 리액터의 경우 전류용량 및 리액터 용량 변경(6[%]에서 8[%])하여 공진 주파수를 늦춤

(4) **PWM 방식 채용** : GTO, 파워트랜지스터 등 소자를 사용하여 컨버터나 인버터의 입출력 파형을 다수의 펄스로 변환하여 사용

(5) **변압기의 델타결선 사용**

6. 전력계통 설계 시 고려사항

위에서 언급한 전력계통 측면과 수용가 측면에서의 대책에 대하여 충분히 검토하고 시뮬레이션을 통하여 경제성이 확보되도록 설계 반영이 필요함

2.5.3 교류 전기철도 고차 고조파 공진억제 대책

1. 개요

가. 전철 급전계통에서 변전소 주변압기를 포함한 전원측 임피던스는 유도성 인덕턴스(L)와 전차선로 등 급전회로의 정전용량(C)에 축적되는 에너지가 상호 작용하는 어떤 상태에 도달하면 L, C간의 진동 에너지가 증대하고 과전압이 발생되는 상태를 공진현상이라 함

나. 공진 현상이 발생되면 고조파 전류는 증폭하여 콘덴서, 변압기, 발전기, 전동기 및 각종 조명설비 등에 과대전류가 흘러 기기 과열 및 전력손실이 발생 하고 전철급전계통의 고조파 발생 원인이 되고 있어 이에 대한 공진억제 대책이 필요하게 됨

2. 고조파 공진 특성

가. 고차 고조파의 공진 특성

급전회로는 **그림 2.5.1**과 같이 분포정수 회로로 표시 할 수 있으며, 변압기를 포함한 전원측 임피던스는 유도성 리액턴스로 급전회로의 정전용량과 고차 주파수에서 병렬 공진하게 됨

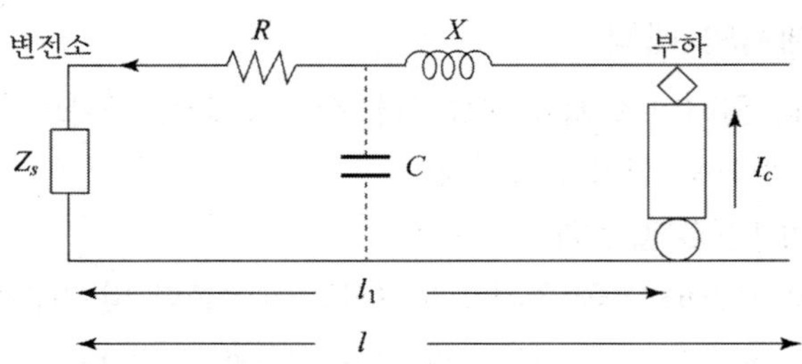

그림 2.5.1 급전회로 고조파 전류 분포

나. 고차 고조파의 공진

(1) 병렬 공진 발생조건

$$Z_s + Z_0 \cdot \coth(\gamma \cdot l) = 0$$

여기서, Z_s : 전원임피던스(전용 변압기 임피던스 포함)

Z_0 : 선로의 특성임피던스($Z_0 = \sqrt{Z \cdot Y}$)

Z : 선로 임피던스

Y : 선로 어드미턴스($Y = j\omega C$)

γ : 선로의 전파정수($\gamma = \sqrt{Y/Z}$)

l : 선로의 긍장

(2) 병렬공진 주파수(긍장이 짧은 경우)

$$\text{공진주파수 } f = \frac{1}{2\pi\sqrt{L \cdot C \cdot l}} \text{ [Hz]}$$

여기서, L : 급전회로 전원측 인덕턴스($Z_s = j\omega L$)

C : 급전회로 단위 길이당 표류 정전용량($Y = jwC$)

※ 일본철도 사례에서 보면 AT구간의 공진주파수의 범위는 일반전철 구간에서는 800~1,200[Hz], 고속철도 신간선 에서는 1,000~1,200[Hz] 정도임

3. 공진억제 대책

가. 공진억제 장치(RC Bank)의 설치

(1) 급전회로의 급전 말단 또는 변전소에 선로 특성 임피던스와 같은 저항으로 단락하면 공진이 억제되는 원리를 이용하여 콘덴서를 직렬로 설치하고 병렬로 리액터를 설치하여 전차선과 레일 사이를 결선한 공진억제 장치를 국내에서는 R−C Bank (일본에서는 HMCR)라고 하며,

(2) 국내는 산업선 전철화시 BT급전 구간에 도입되어 RC−bank 용량을 저항 (R)= 750[Ω], 커패시터(C)=0.18[μF]를 공진 분로필터 형태로 설치하였고, 현재는 저항을 750[Ω], 550[Ω], 350[Ω]의 3종류를 사용하여 AT급전 구간과 BT급전 구간에 적정히 적용하여 설치되고 있음

나. 연결된 직렬 콘덴서는 저항의 손실을 감소하기 위한 전류 조정용으로 저항의 손실이 크면 전력손실뿐만 아니라 저항기의 크기가 커지므로 각종 측정 및 시뮬레이션을 통하여 기본파 저항손실이 최소화 되도록 콘덴서 용량을 조정해야 함

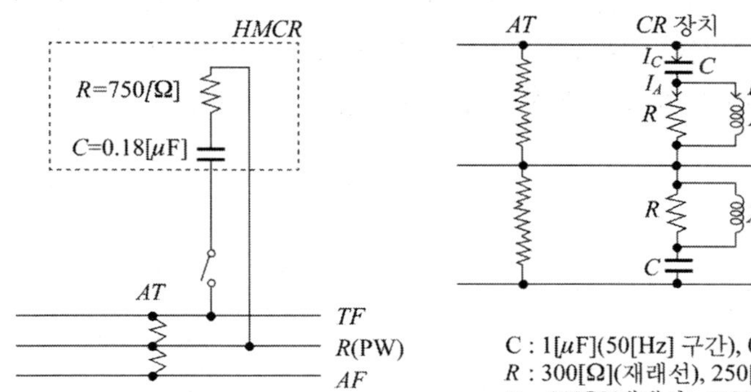

(a) 국내 RC bank의 결선 예 (b) 일본의 RC bank의 결선 예

그림 2.5.2 R−C Bank 결선도

2.5.4 고조파 보상용 파워 필터의 종류 및 원리

1. 개요

가. 고조파 억제에 사용되는 필터는 입력된 여러 주파수 성분 중 원하는 주파수만 통과시키고 그 외 주파수는 차단 또는 감쇄시키는 역할을 하며 필터의 종류는 크게 수동형 필터(Passive Filter)와 능동형 필터(Active Filter)로 구분할 수 있음

나. 수동형 필터는 저항, 커패시터, 인덕턴스로 구성되어 일반적으로 전력이득을 갖지 않으며 1[MHz] 이상에서 사용되고, 동조를 취하기가 어려움

다. 능동필터(각종필터의 조합형태)는 저항, 커패시터 및 연산증폭기(Op, Amp)로 구성되어 연산증폭기에서 증폭이득을 능동적으로 조절하여 필터링 가능하도록 고조파 성분을 검출하고 이것과 역위상의 파형을 인버터로 발생시켜 전원측 전류를 정현파로 자기용량 범위 내에서 보상이 가능함

2. 파워필터(Power Filter)의 종류 및 동작원리

가. 능동형 필터(Active Filter)

(1) Active 필터는 수동형 필터와 달리 공진 특성을 이용하지 않고 인버터 기술을 이용한 것으로 고조파 발생 부하와 병렬로 접속하여 부하전류를 CT에서 검출하고 부하전류에 포함된 고조파 성분 전류를 분리하여 전류제어 기준 신호로 하고 인버터에 흐르는 전류를 제어하여 고조파 전류와 반대되는 고조파의 역위상을 발생시켜 상호 소거되도록 하는 Closed Loop 원리임

(2) 자기 소호형 전력용 소자를 사용하여 PWM 제어를 수행하는 등 자기용량 범위 내에서 고조파 보상이 가능하나 L-C 필터에 비하여 고가이므로 각종 측정 및 시뮬레이션을 통해 경제성을 분석하여 설치하는 것이 타당함

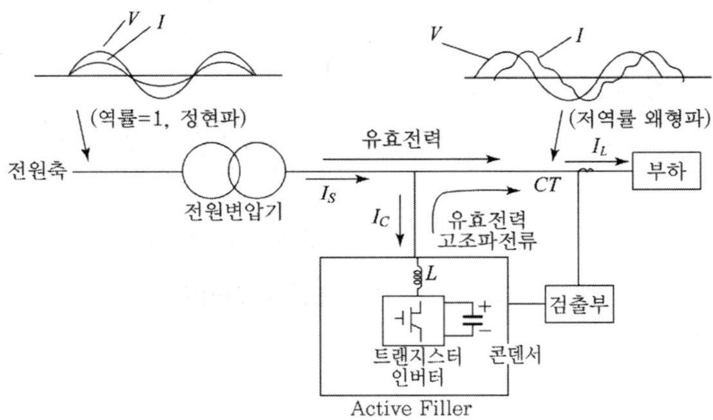

그림 2.5.3 Active 필터 결선도

나. R-C 뱅크(공진억제 장치)

(1) 급전회로의 고차 고조파에 의한 공진이 현저히 확대되는 급전 말단 또는 변전소에 선로 특성 임피던스와 같은 저항으로 단락하면 공진이 억제되는 원리를 이용하여

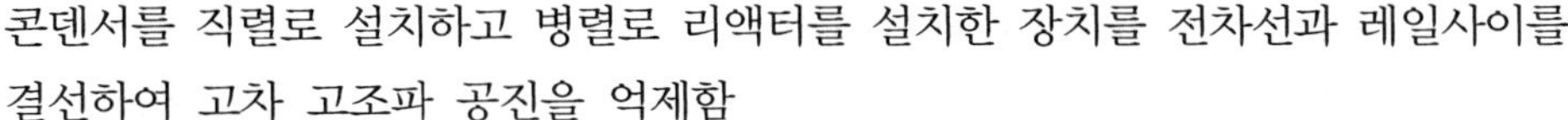

콘덴서를 직렬로 설치하고 병렬로 리액터를 설치한 장치를 전차선과 레일사이를 결선하여 고차 고조파 공진을 억제함

(2) 그림 2.5.2와 같이 고차 고조파 공진 억제장치를 R−C Bank(일본은 HMCR라 함)라고 하며 교류구간의 R−C Bank 용량은 당초에는 저항(R)=750[Ω], 커패시티(C)=0.18[μF]를 설치했으나, 시험연구 결과 저항값을 750[Ω], 550[Ω], 350[Ω]로 구분하여 적용하였고, 건설구간은 개통 후 열차운행 상태에서 고조파를 실측하여 R−C 값을 산정하도록 기준을 정하여 왔으나 최근 차량과의 고조파 공진현상이 문제가 되어 개통전에 고조파 저감장치를 설치하는 것으로 검토하고 있음.

다. 동조필터(Bond Pass Filter) : 수동형

(1) 특정 주파수 영역의 고조파 제거 목적으로 Capacitor와 Reactor를 직렬로 구성하며 최근의 전철 변전소에서 제3, 제5, 제7조파 제거용으로 시스템마다 사용할 주파수가 정해져 있으므로 BPF에서 R−C 값을 조정하여 원하는 주파수만를 정확히 국한시켜 불필요한 주파수는 차단시킴

(2) 구성 및 특성

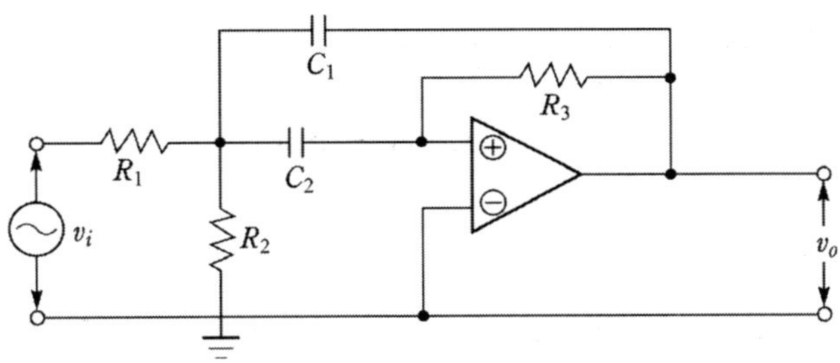

그림 2.5.4 BPF 회로도

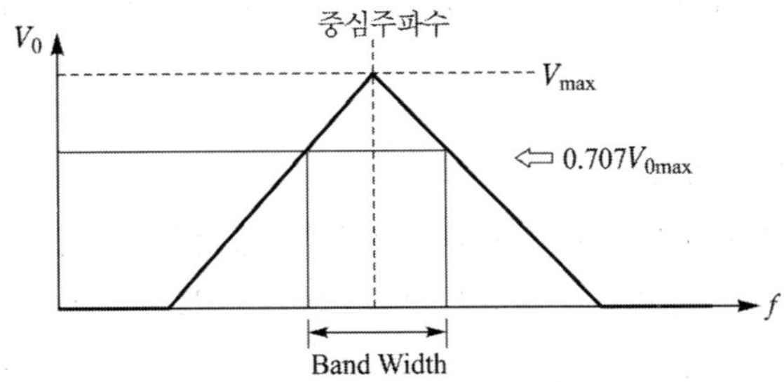

그림 2.5.5 BPF 주파수 특성곡선

라. 고역통과 필터(High Pass Filter) : 수동형

(1) 저차 주파수 대역에서는 고조파를 제거하고 고차 주파수 대역에서는 고조파를 통과하는 목적으로 설치하며 고조파를 억제하는 것으로 저역통과 필터와 반대의 특성을 가짐

(2) 구성 및 특성

① 저주파 동작특성(f가 상당히 작으면)

$Z_C = \dfrac{1}{2\pi f C}$는 무한대가 되어 콘덴서는 단선(Open) 효과가 있으므로

$v_o = 0[\mathrm{V}]$로서 출력신호가 없음 → 저주파 차단효과

② 고주파 동작 특성(f가 상당히 크면, $Z_C \fallingdotseq O$)

고주파에서는 콘덴서의 단락(Short) 효과로 입력신호는 출력신호와 동일하게 되어 고조파 통과효과

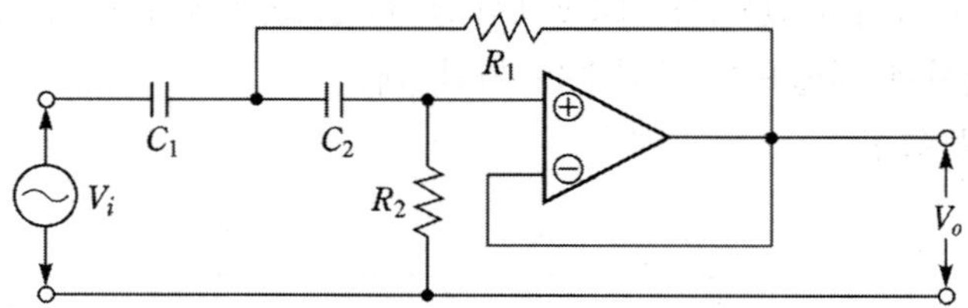

그림 2.5.6 HPF 회로도

바. 분로공진필터

(1) 분로공진필터는 R(저항), L(리액턴스), C(커패시턴스)의 직렬 공진회로에 의하여 단일 고조파에 공진하고 공진주파수에서 필터 임피던스는 저항(R)과 같은 저 저항을 나타내는 필터임

(2) 실제는 리액터, 콘덴서의 설계, 조정오차, 온도, 전압・전류・주파수 변동에 의해 공진 어긋남이 발생하여 고조파전압이 증가할 우려가 있으므로 필터와 계통이 공진했을 때 고조파 전압이 최소가 되도록 함

바. 직렬 리액터(ACL, DCL)

저차고조파 억제대책으로 역률개선용 병렬콘덴서에 의해 제3고조파의 억제는 가능하나 제5, 제7조파에 대해서는 흡수능력이 낮아 직렬리액터를 고조파 발생원 부하의 1차측에 병설하여 고조파 전류 유입을 억제 및 콘덴서 투입시 발생하는 돌입전류를 억제하게 됨

2.5.5 전기철도용 액티브 필터(Active Filter)의 원리

1. 개요

가. 전기철도에서 전기차 견인전동기 전력변환 과정에서 교류 전원측에 고차 고조파를 생성시키고, 유도성인 전원측 임피던스가 급전계통의 정전용량과 특정 주파수에서 병렬 공진하여 고조파 전류확대 현상이 발생

나. 이러한 고조파 경감대책으로 여러 가지 수동형 필터가 사용되고 있으나 전철급전 계통이 복잡해지고 용량이 증가하면서 고조파 발생원이 대용량화, 광역화, 다양화 되어 기존의 필터로는 효과적인 대응이 어렵게 되어, 대용량 초고속 전력제어 소자인 IGBT (Insulated Gate Bipolar Transistor)와 PWM(Pulse Width Modulation) 제어방식을 도입한 능동형 필터(Active Filter)를 사용하게 되었음

2. 구성 및 원리

가. 원리

능동형 필터는 비선형 부하에서 발생하는 고조파 전류를 검출하여 PWM 인버터로 고조파 전류의 역파형을 발생시켜 강제로 전원측에 주입하여, 고조파 전류가 포함된 전원측 전력을 정현파로 만드는 장치로서 기본파를 제외한 모든 고조파 성분에 대한 역파형을 발생시키기 위한 수많은 위상제어 기술이 요구됨

나. 기본 알고리즘

(1) 그림 2.5.7에서 보는 바와 같이 전원공급시스템(Supply)은 내부전압원(E_s)과 직렬 임피이던스(Z_s)로 표시하고 내부 전압원 E_s를 주파수 f를 갖는 기본파로 정의하고, 부하측 전력변환 중 발생되는 고주파 전류(i_L)가 주전류(i_M)에 포함되었다고 가정할 때,

(2) 능동형필터(AF) 검출회로에서 기본파 성분과 고조파 성분을 분리검출하여 Active Filter 인버터에서 역파형 전류를 발생시켜 고조파 전류를 상쇄시키는 원리로서, 부하전류를 i_L이라 하면 고조파 전류성분(i_L)를 제거한 전류가 주전류 i_M이 되며, 이는 $i_M = i_L + i_{AF}$가 되어 주전류 i_M이 기본파(정현파) 전류가 된다는 알고리즘 임.

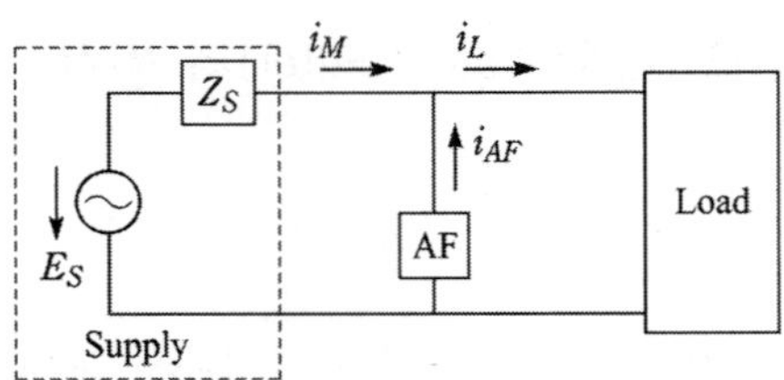

그림 2.5.7 AC 필터 기본 알고리즘

다. 구성

능동형 필터의 하드웨어 기본 구성은 IGBT로 구성하고 IGBT를 사용한 전압 브릿지 회로와 직류 정류콘덴서, 아날로그 필터와 변압기로 구성되며, 직렬형과 병렬형이 있음

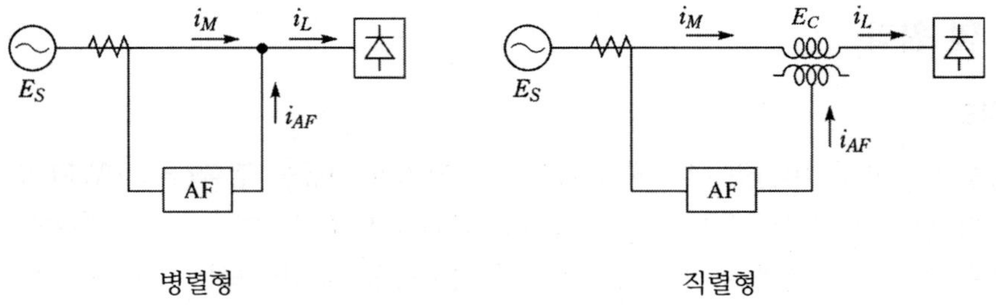

그림 2.5.8 Active 필터 구성 회로도

3. 보상용량 산정

가. 보상용량 = $\sqrt{3}$ × (계통전압 실효치) × (보상전류 실효치)

나. 각 차수의 보상율 = $(1 - I_M / I_L) \times 100[\%]$

다. 종합잔류율 = $\sqrt{\Sigma I_M^2 / \Sigma I_L^2} \times 100[\%]$

(단, 잔류율은 제5, 제7차수에서 20[%], 제11, 제13차수에서 40[%]임)

라. $R = C$일 때 Active Filter 용량은 변압기 용량의 13[%] 정도에서 만족함

4. 능동형 필터의 장·단점

가. 수동형 필터와 능동형 필터 비교

표 2.5.3 수동형 및 능동형 필터비교

구 분	수동형 필터	능동형 필터
고조파 억제효과	분로를 설치한 차수만 억제	임의의 고조파 동시 억제 가능
	저차 고조파 확대여지 있음	저차고조파 확대 없음
	전원 임피던스 영향이 큼	전원 임피던스 영향이 적음
	30~50[%] 정도 저감	95[%] 이상 저감
과부하현상	부하의 증가나 계통전원 전압 왜곡이 커지면 과부하우려	과부하 우려없음
역률개선	고정적이며 진상역률 대책 필요	가변제어 가능
증 설	필터간의 협조가 필요하며, 증설이 용이치 않음	용이함

나. 장점

(1) 고조파 제거(95% 이상) 및 공진가능성 제거
(2) 전압파형 왜곡 개선
(3) 변압기 및 선로의 전압강하 저감
(4) 온도상승 저감 및 역률개선

다. 단점

(1) 수동필터에 비해 설치비 고가
(2) 전력계통 요소에 대한 신뢰성 확보 필요

5. 향후 전망

능동형 필터는 기술력의 부족과 가격이 고가인 점 때문에 크게 상용화되지 못했으나 최근 IGBT 부품이 일반화되고 신호처리 용이 및 PWM 등 제어 알고리즘 기술이 발전되어 신뢰성이 확보되고, 전철구간의 열차 고빈도화, 대용량화 및 다양한 전기 동력차의 운행으로 전철전원 품질개선이 절실히 요구되는 만큼 고속철도 및 기존선 전철 운행 구간의 고조파 분석과 측정을 통하여 고조파 저감대책 System으로 각광받아 활발한 연구와 기술발전이 예상됨

2.5.6 전철 변전소 직렬리액터(SR) 설치 목적 및 주의사항

1. 직렬리액터(SR : Serise Reactance) 설치 목적

가. 계통의 고조파 전압 확대 억제

저차 고조파를 발생하는 Thyrister 위상제어 차량 등은 역률이 낮아 역률개선용 병렬 콘덴서를 설치하게 되는데 이때 제3고조파는 대부분 억제되나 제5, 제7고조파는 흡수 능력이 낮고, 진상 콘덴서의 정격 용량이 클수록 고조파 리액턴스가 용량성이 되어 회로의 전압이나 전류파형의 왜곡을 확대하여 부하 설비에서 발생하는 고조파 전류보다 전원 계통에 유출되는 고조파 전류의 많은 증폭현상이 발생하므로 직렬리액터를 설치하여 합성 리액턴스를 유도성으로 유도하여 계통의 전압 왜곡을 개선하고 고조파 전류 유출을 억제하게 됨

나. 콘덴서 투입시 과도 돌입전류 억제

계통에 진상 콘덴서를 투입하면 일반적으로 콘덴서의 정격전류에 대하여 수십 배 정도의 큰 돌입전류 또는 서지전류가 흘러 회로의 변압기의 2차측에 이상전압이 발생하고 층간 단락이나 스파크 등으로 손상을 일으키는 경우가 있어 직렬 리액터를 설치함으로써 돌입 전류를 진상 콘덴서의 정격 전류의 약 5배 정도 이하로 억제할 수 있음

다. 전압파형의 찌그러짐 방지 및 제3고조파・제5고조파의 제한

2. 직렬리액터의 적정 용량

가. 직렬리액터 전압 분포

직렬리액터 $L = 13[\%]$에서 콘덴서 전압(E_C)은

$$E_C = \frac{X_C}{X_L + X_C} \times E = \frac{-j100}{j13 + (-j100)} \times E = 1.149E$$ 으로 15[%] 증가됨

또는, $\frac{X_L}{X_C} \times 100 = L[\%]$ 이므로 ➪ $E_C = \frac{1}{1-(L/100)} \times E = 1.149E$

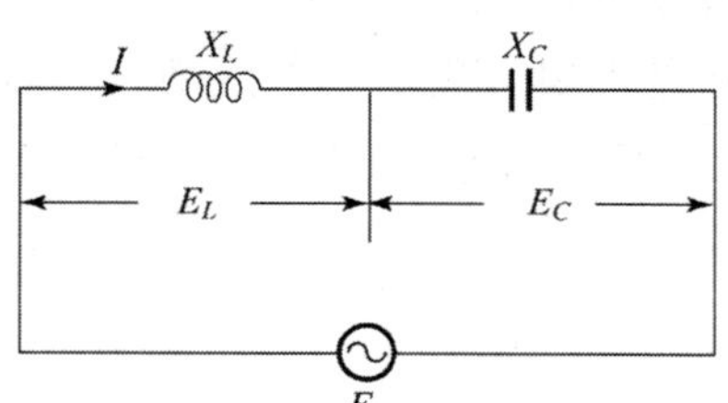

➪ 리액터전압 $E_L = E \times \left(\frac{X_L}{X_L + X_C} \right)$

➪ 콘덴서전압 $E_C = E \times \left(\frac{X_C}{X_L + X_C} \right)$

➪ Percent Reactance $\frac{X_L}{X_C} \times 100 = L[\%]$

그림 2.5.9 직렬리액터 전압분포

나. 콘덴서 정격 전압 및 정격용량

(1) 콘덴서의 정격전압은 직렬 리액터(L=% 리액턴스)에 의해 전압이 상승되어 정격 전압 = 회로전압/(1−L/100)으로 산출하나 회로전압을 그대로 정격전압으로 함

(2) 직렬 리액터가 설치되는 콘덴서의 정격용량은 리액터와 콘덴서를 조합한 설비의 용량을 "정격 설비용량"으로 정의하므로

콘덴서 정격용량 = 정격 설비용량 / (1−L/100) 으로 함

다. 전철부하 최저차 고조파에 대한 직렬리액터

(1) 제3고조파에 대한 대책

전철변전소 콘덴서는 제3고조파에 대하여 유도성으로 되도록 %리액턴스 $L=11[\%]$의 리액터가 필요하나 실제는 주파수 변동, 경제성 등을 감안하여 아래와 같이 $L=13[\%]$로 설정함

⇨ $L(=X_L/X_C)=13[\%]$, 공진차수 $=2.77\left(=\sqrt{X_C/X_L}=\sqrt{100/13}\right)$

(2) 제5고조파에 대한 대책

제5고조파에서는 아래 식과 같이 $L=4[\%]$ 정도의 직렬리액터가 필요하나, 실제는 주파수 변동, 경제성을 감안 6[%]를 표준으로 하여 용량을 설정함(일반전력 계통에서도 $L=6[\%]$를 표준으로 함)

⇨ $5wL \geq \dfrac{1}{5wC}$ ⇨ $wL \geq \dfrac{1}{5^2 wC} = 0.04\dfrac{1}{wC}$

라. 직렬리액터 설치(예)

(1) 전철부하에서 발생하는 제3고조파에는 L=13[%] 리액턴스 사용

(2) 일반회로 제5고조파 이상의 회로에는 L=6[%] 리액턴스 사용

(3) 대용량정류기, 용접기는 발생량에 따라 L=8~13[%] 리액턴스 사용

3. 사용 시 주의사항(고려사항)

가. 직렬 리액터의 소음

직렬 리액터는 철심에 공극을 두는 구조로 제작되어 소음발생이 쉽고 큰 고조파 전류가 유입되는 경우 철심 갭 부의 자기 흡입력과 자기 왜곡진동에 의해 소음과 진동 주파수가 증가하며, 특히 밀폐된 공간에 설치되면 소음의 울림반향과 변압기 소음이 공진을 일으켜 소음이 확대 생산되는 경우가 있으므로 설계 제작상 충분히 고려하고 리액터를 기초 볼트로 고정 또는 방진 고무 패드를 사용하여 소음을 경감시키도록 해야 함

나. 콘덴서 단자전압의 상승

직렬 리액터의 사용으로 인한 콘덴서 전압 상승을 고려하고 특히 전원전압이 높은 곳

에서는 콘덴서 최대 허용전압을 초과 할 수 있으며, $L=13[\%]$ 직렬 리액터를 사용하는 전철부하의 경우에는 콘덴서 단자전압이 약 15[%] 증가 되므로 이에 대응하는 콘덴서 용량 및 발열을 고려하여 선정하여야 함

다. 콘덴서와 리액터의 상호간 조합 용량

(1) 직렬 리액터는 용량에 매칭 되는 콘덴서와 조합되어야 성능을 발휘할 수 있으며 리액터 용량이 적정하지 않으면 선로정수를 증가시켜 무효 전력이 증가하므로 일반적으로 3상 회로에서는 제5고조파 이상을 대상으로 하고 콘덴서 회로를 유도성으로 하기 위해 직렬 리액터의 리액턴스 값은 6[%]로 하는 것을 표준으로 채택하고 있음

(2) 예를 들어 6[kVA] 리액터를 100[kVA] 콘덴서에 접속 시 리액턴스가 6[%]가 되어 제5고조파 억제에 가장 유효하다 할 수 있음

라. 계통의 다수 콘덴서 혼재

(1) 콘덴서 회로에는 직렬 리액터를 설치하는 것이 원칙이나 동일 계통에 직렬리액터는 없고 콘덴서만 여러 대 혼재 된 경우에는 비율에 따라 고조파 확대현상이 발생하므로 계통의 콘덴서 전체 용량의 2/3 이상이 되는 직렬 리액터의 설치를 권고함

(2) 회로에 다수의 콘덴서가 있고 일부 콘덴서에만 직렬 리액터를 사용하는 경우 적어도 전체 용량의 70[%] 이상이 되도록 직렬 리액터를 설치하지 않으면 고조파가 확대되고 과도한 고조파 전류에 의한 장애가 발생할 가능성이 있음

마. 콘덴서 및 직렬 리액터의 최대 허용전류

(1) 콘덴서 회로의 전류가 최대 허용전류 값을 검토하고 허용치 이하의 경우에는 실용상 문제가 없으나 콘덴서 전류가 정격전류의 120[%] 이상 흐를 경우 고조파의 영향을 받으므로 반드시 직렬리액터를 설치해야 함

(2) 최근 고조파 문제에 대응하기 위한 직렬 리액터의 최대 허용전류는 일반적인 허용전류와 고압 배전계통에 직접 연결되는 고조파 내량을 감안한 허용전류로 구분하고 정하고 있음

바. 계통의 콘덴서 일부 분리시 운전

동일계통에서 직렬 리액터에 연결되어있는 콘덴서 일부를 제거하고 SR은 그대로 두고 운전하는 경우 직렬 리액터의 리액턴스(%)가 저하되어 제5고조파에서 공진하게 될 위험이 있으므로 운전하고자 하는 $L=6[\%]$에 적합한 직렬 리액터로 교환하여 사용해야 함

사. 계통의 보호

허용한도 이상의 고조파 과전류가 흐르면 이상온도로 상승하여 소손을 초래 하고 계통에 영향을 주는 경우가 있으므로 이상온도 상승시 검출 할 수 있는 온도센서 및 보

호설비를 설치하여 동작시 경보 또는 전원 차단회로를 구성하여야 함

아. 기타

모선의 단락전류가 큰 계통, 병렬 콘덴서군이 있는 경우에는 리액터를 충분히 고려하여 설치하여야 하며, 직렬 리액터는 반드시 직립 설치함

기출문제

교류 25 kV 전기철도 고조파 방지 필터인 RC Bank의 구성회로도를 그리고 다음 조건에서 R-C 양단에 걸리는 각각의 전압을 계산하시오.(104-4, 25점)

(조건) RC뱅크 저항(R)=750[Ω], 콘덴서(C)=0.18[μF]
RC뱅크 회로전류(I) = 0.08611 + j1.69198 = 1.6942 ∠87.09°[A]

기출문제 풀이

1. 개요

현재 교류 전기철도 구간(SS, SP, SSP 등)에 설치된 RC 뱅크는 저항이 750[Ω], 550[Ω], 350[Ω] 등 3종류가 주로 사용되고 있으며, 전철변전 계통에서 발생하는 고조파 방지용 필터로 가장 널리 사용되고 있다.

2. 구성 회로구성도(결선도)

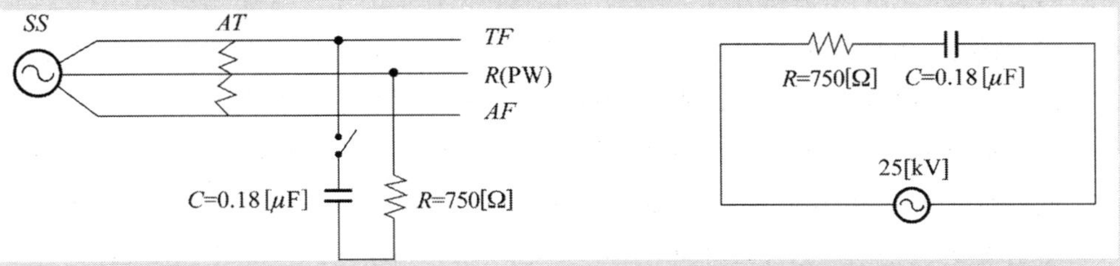

3. R-C 뱅크 양단에 걸리는 전압

가. 회로 임피던스 $Z=\sqrt{R^2+X^2}[\Omega]=R+jX$이므로 주어진 조건을 대입하면

$R=750[\Omega]$,

$X_c=\dfrac{1}{jwc}=-j\dfrac{1}{2\pi fC}=-j\dfrac{1}{2\times 3.14\times 60\times 0.18\times 10^{-6}}\doteqdot -j14{,}737.4[\Omega]$이므로

$Z=750-j14{,}737.4=14{,}756.4\angle 272.91°[\Omega]$

나. R−C 양단에 걸리는 전압 $E = I \cdot Z = I \times (R - jX_c)$이므로

$E = 1.6942x(750 - j14,737.4) = 1,270.6 - j24,967.7[V] = 25,000\angle 87.09°$

∴ 저항(R)의 양단전압 = 1,270[V],
콘덴서(C)의 양단전압 = 24,967[V]가 됨

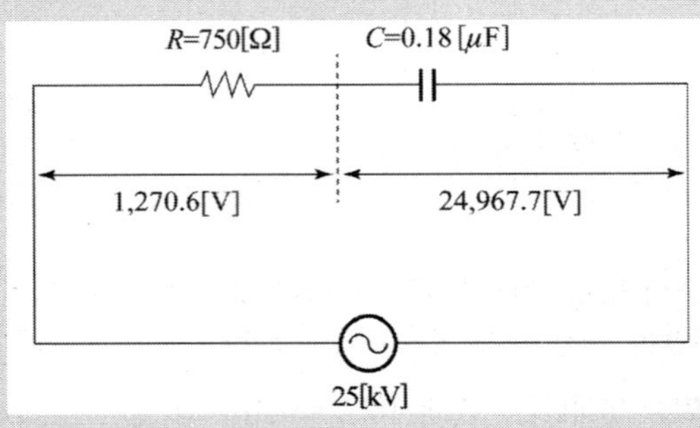

2.6 ◦ 레일의 누설전류와 전기부식

2.6.1 가공 전차선로의 대지 누설전류

1. 개요

가. 가공단선식 전기철도에서 전차선로는 1선접지 회로로 구성되어 있어 전기차량의 전류가 레일을 귀선로로 하여 흐르므로 귀선전류의 일부가 레일과 대지간의 저저항(抵抵伉)을 통하여 대지 등으로 빠져나가는 전류를 누설전류라고 하며 그림 2.6.1과 같이 전기차 운행지점에서 대지 누설전류는 가장 작고, 레일 전위차는 가장 높게 나타남.

나. 레일에서의 누설전류 I는 $I = V/W$[A/km] (여기서, V는 레일전위[V], W는 레일 누설저항[Ωkm])으로 나타내며, 누설저항 값은 1[km]당 약 1~100[Ω]으로 평균 10[Ω] 정도였으나 최근에 도상(道床)의 상태가 좋아짐에 따라 높게 나타남.

2. 대지 누설전류

가. 누설전류의 분포

(1) 누설전류는 전기차 운행 부하지점 부근에서 대지로 유출하여 변전소와 전기차 운행지점의 중간점에서 최대가 됨

(2) 누설전류는 지중금속관이나 대지를 통하여 흐르며 변전소 부근의 레일로 다시 유입하게 됨

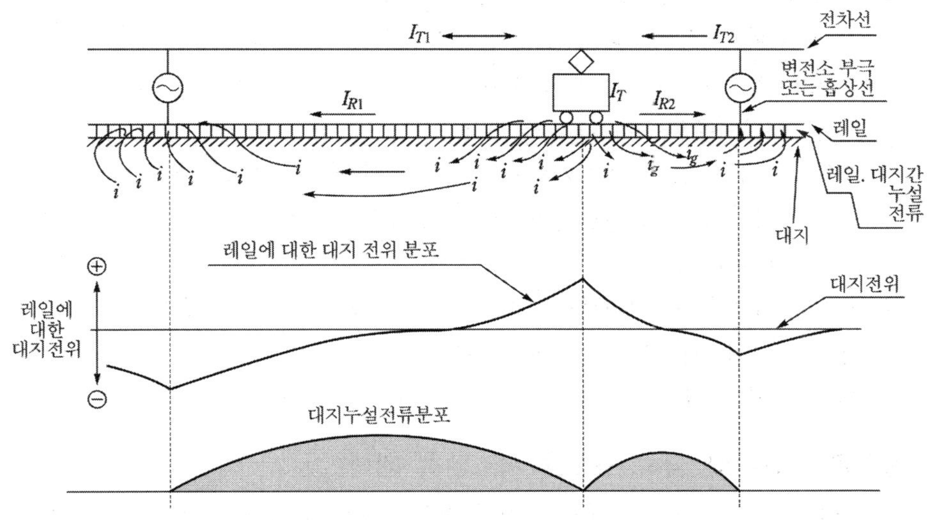

그림 2.6.1 누설전류분포도

나. 누설전류의 영향

(1) 직류급전 반식의 경우 금속체 전기부식의 원인

(2) 교류급전방식의 경우에는 인접 통신선의 유도장해 발생우려

3. 누설전류 감소대책(최소화 대책)

가. 전원시스템 측 대책

(1) 개별 변전소의 출력전압을 조정하여 전차선 공급전압을 높임 : 공급전압이 높으면 운전전류가 감소하여 누설전류도 감소

(2) 변전소 간격을 축소하여 급전구간을 축소함으로써 누설전류 최소화 : 경제성을 고려한 변전소 거리조정 등

(3) 변전소 부극(−) 모선 및 유사 설비의 대지와 절연

(4) 부극도체 및 레일은 대지와 절연 : 부극전선은 절연케이블 사용

(5) 귀선회로와 접지 전극이 있는 시스템간의 전기적인 분리

나. 궤도 시스템측 대책

(1) 귀선회로는 대지와 절연되지 않은 설비 또는 구조물과 접속하지 않음

(2) 귀선회로는 귀선용 레일과 레일간 및 궤도의 근접부분(30[cm]) 이외에는 대지로부터 절연 시행

(3) 귀선회로 궤도 근접부분과 금속제 지중관로 등이 근접하거나 교차하는 경우 상호 간 1[m] 이상 이격

(4) 레일의 전기저항을 감소하여 레일전위값을 기준치 이하로 유지

① 레일본드 강화, 레일의 중량화 및 연결부 용접 등 장대화

② 일반적으로 60[kg] 레일 저항값은 직류에서 약 0.04~0.08[Ω/km]이나 교류에서는 주파수에 따라 표피작용으로 레일저항이 증가하게 됨

(5) 가공절연 귀선 또는 보조귀선을 설치하여 레일 전위경도를 감소 : 궤도 근접부분의 전위차는 궤도의 선로길이 [km] 당 2.5[V] 이하이고 어느 두 점 사이에서도 15[V] 이하로 유지

(6) 레일과 대지간 절연저항을 증대로 누설전류를 감소 : 도상배수의 양호한 처리, 절연도상 설치, 레일과 침목사이 절연패드를 설치

(7) 궤도 밑에 누설전류를 포집용 철근을 매설하여 변전소로 귀환회로를 구성

다. 철근콘크리트 및 금속 구조물 시스템측 대책

(1) 터널의 경우 구조물과 대지 사이의 전위변동을 확인하여 +200[mA] 이내로 유지하도록 구조물과 금속체등의 정기적 Bending.

(2) 철근콘크리트 및 금속체 구조물 등 도전성 구조물간은 등전위 접속

(3) 외부 보호목적 접지선은 구조물에서 전기적으로 분리

(4) 강체전차선 지지용 절연매립전 시공 : 절연저항의 증가

라. 지중 금속매설측 대책

(1) 누설전류 유입 방지 : 금속 체의 피복도장 등으로 절연저항 증대

(2) 매설 금속관등을 금속 도체에 의해차폐 : 누설전류 유입방지

(3) 매설 금속체 접속부에 전기적 절연 : 전기저항이 커져 유입전류가 감소

(4) 궤도와 이격거리 증가 : 궤도와 접근을 피하고 가능한 멀리 매설

2.6.2 전기철도 구간의 레일전위 특성과 방호

1. 개요

가. 전기철도 구간의 레일전위는 레일(궤도)와 대지간의 전위차를 말하며, 레일전위를 결정하는 요소는 전기차 공급전류 및 부하, 변전소와 부하사이의 거리, 변전소의 대지저항 및 궤도의 단위 길이당 누설저항 등이 있으며, 운전상태에서의 레일과 대지전위 및 단락 시의 레일과 대지전위 등을 고려하여 감전으로부터 보호기준을 만족하도록 귀선회로와 접지 시스템을 충족시켜야 함

나. 특히, 직류 급전시스템의 레일전위는 주파수에 의한 영향은 없으나 누설전류에 의한 전식이 발생되며, 교류 급전시스템의 레일전위는 유도성 전압강하가 발생되어 높은 레일 전위값을 가지므로 귀선로와 접지시스템에 대한 충분한 고려가 필요함

2. 레일전위

가. 레일전위는 그림 2.6.1과 같이 전기차 운행위치(부하 점)에서 "+"전위(대지전위보다 높음)가 되고, 교류급전방식의 경우 흡상점(또는 중성점)에서 직류의 경우 변전소 부근에서 "–" 전위가 됨

나. 부하점과 변전소 중앙점 부근에서는 레일전위와 대전위는 동일하며 이지점을 중성점이라고 함

다. 레일전위 특성

(1) 부하전류에 비례함(부하전류가 큰 만큼 높다)

(2) 레일의 고유저항이 클수록 높음

(3) 레일의 대지절연 저항이 클수록 높음(레일의 누설 어드미턴스가 작음)

(4) 부하점과 변전소 또는 흡상점과의 거리가 멀수록 높음

(5) 교류구간의 급전전압이 DC의 10배 이상으로 귀선전류는 1/10이지만 레일의 임피던스가 직류저항의 약 10배가 되어 DC구간과 거의 같음

(6) 교류구간은 전차선과 레일의 상호유도작용에 의해 귀선전류의 1/2정도만 전위발생 요소가 되고, 직류규간에서는 전부가 레일전위 발생요소가 됨

3. 귀선용 레일전위 방호

가. 일반적으로 레일 대지전위는 직·교류 모두 대체로 30[V] 전후에서는 문제가 없으나 조건에 따라 50[V]~100[V] 이상으로 되는 경우에는 안전을 고려하여 최대 허용 접촉전압을 규정값 이하로 낮추는 대책이 필요함.

나. 레일전위의 최대 허용 접촉전압(KEC 461.2)

(1) 직류·교류 전기철도 구간의 레일전위 상승은 일반승객이나 선로 보수원의 안전을 위하여 최대 허용 접촉전압을 규정하고 있으며, 레일전위는 고장 조건에서의 접촉전압 또는 정상 운전조건에서의 접촉전압으로 구분하여야 함.

(2) 교류 전기철도 급전시스템의 레일 전위의 최대 허용 접촉전압은 표 2.6.1의 값 이하로 하여야 함.(다만, 작업장 및 이와 유사한 장소에서는 최대 허용 접촉전압을 25[V](실효값)을 초과하지 않아야 함)

표 2.6.1 교류 전기철도 급전시스템 최대 허용 접촉전압

조 건	시간 범위 (t[sec])	최대허용 접촉전압
순시시간	$t \leqq 0.5$ 초	670 [V]
일시적 조건	0.5 초 < $t \leq$ 300 초	65 [V]
영구적 조건	$t \geq$ 300 초	60 [V]

(3) 직류 전기철도 급전시스템의 레일 전위의 최대 허용 접촉전압은 표 2.6.2의 값 이하로 하여야 함.(다만, 작업장 및 이와 유사한 장소에서는 최대 허용 접촉전압을 60[V]를 초과하지 않아야 함)

표 2.6.2 직류 전기철도 급전시스템 최대 허용 접촉전압

조 건	시간 범위 (t[sec])	최대허용 접촉전압
순시 시간	$t \leqq 0.5$ 초	535 [V]
일시적 조건	0.5 초 < $t \leq$ 300 초	150 [V]
영구적 조건	$t \geq$ 300 초	120 [V]

(4) 외국의 제한전압 사례(독일 전기규격 VDE 0141/264의 제한전압)

구분 \ 통전시간(S)	1.0	0.6	0.5	0.4	0.3	0.2	0.1	비고
VDE 허용보폭전압	90	100	–	105	–	140	170	Dalsiel 식
VDE 허용접촉전압	60	75	80	95	110	135	185	
50[kg] 사람의 0.5[%] 심신세동전류[mA]	122	157	172	193	222	272	385	
심신세동전류 x 500Ω[V]	61	78	86	96	111	136	192	VDE값과 비슷

※ VDE : 독일전기기술자협회규격(Verband Deutscher Electro trchniker e.v)

다. 레일전위의 접촉전압 감소 방법(KEC 461.3)

(1) 교류 전기철도 급전시스템에서 최대 허용 접촉전압을 초과하는 경우 다음 방법을 고려하여 접촉전압을 감소시켜야 함.

① 접지극 추가 사용

② 등전위 본딩

③ 전자기적 커플링을 고려한 귀선로의 강화

④ 전압제한소자 적용

⑤ 보행 표면의 절연

⑥ 단락전류를 중단시키는데 필요한 트래핑 시간의 감소

(2) 직류 전기철도 급전시스템에서 최대 허용 접촉전압을 초과하는 경우 다음 방법을 고려하여 접촉전압을 감소시켜야 함.

① 고장조건에서 레일 전위를 감소시키기 위해 전도성 구조물 접지의 보강

② 전압제한소자 적용

③ 귀선 도체의 보강

④ 보행 표면의 절연

⑤ 단락전류를 중단시키는데 필요한 트래핑 시간의 감소

2.6.3 직류 급전계통의 전기부식과 대책

1. 개요

가. 직류 전기철도의 가공단선식 및 제3궤조 방식에서는 주행레일을 귀선회로로 이용하므로 귀선전류 일부가 대지로 누설됨

나. 누설전류는 전기차(+)와 변전소(−)가 전위차가 발생되어 지중매설 금속체가 있으면 대지보다 저항이 낮은 금속체를 타고 누설전류가 유입 유출됨

다. 누설전류는 전기차(+)측에서 변전소(−)측으로 귀환하며, 이때 금속체의 유출지점에서 이온(Ion)화 현상에 의한 부식이 발생되는 것을 전식이라 함

2. 전기부식 발생원인(Mechanism)

가. 대지 매설중의 금속체는 지하수가 전해액으로 되어 직류 누설전류가 유출되는 부분이 "⊕" 이온화 현상으로 전기분해가 발생하여 전기부식이 생김

나. 누설전류가 유입되는 지점은 "⊖" 이온상태로 전식발생 없음

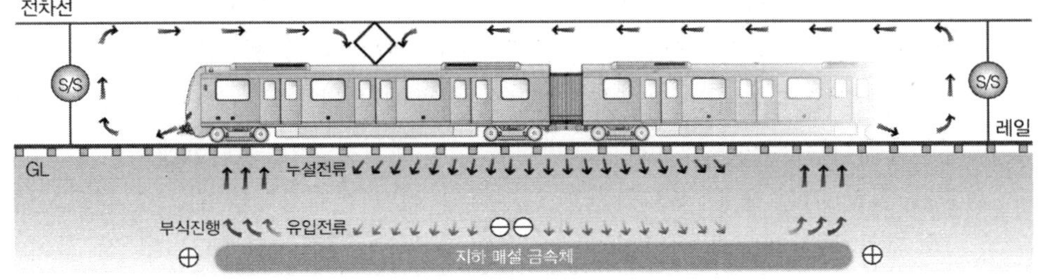

그림 2.6.2 누설전류에 의한 전식 원인

다. 전식발생(전기분해 페러데이 적용)

(1) 누설전류(i_l) $i_l = k\frac{r}{R} \cdot I \cdot L^2$ [A]

여기서, k : 상수, R : 궤선 레일과 대지간 절연저항,
I : 부하전류, r : 궤선 레일저항, L : 변전소간격

(2) 전식량 $M = Z \cdot i_l \cdot t$

여기서, Z : 전식 화학당량, i_l : 누설전류, t : 시간

3. 전기부식(전식) 방지대책 : 누설전류 방지대책과 동일

직류 전기철도에서의 전식은 표류(누설)전류가 직접적인 원인이 되므로 누설전류를 억제하는 방안과 전식을 방지하는 대책은 대동소이 함

가. 전원 시스템측 대책

(1) 개별 변전소의 출력전압을 조정하여 전차선 공급전압을 높임 : 공급전압이 높으면 운전전류가 감소하여 누설전류도 감소

(2) 변전소 간격을 축소하면 귀선회로가 단축되어 누설전류 최소화 : 경제성을 고려한 변전소 거리조정

(3) 변전소 부극(−) 모선 및 유사 설비의 대지와 절연

(4) 부극도체 및 레일은 대지와 절연 : 부극전선은 절연케이블 사용

(5) 귀선회로와 접지 전극이 있는 시스템간의 전기적인 분리

다. 궤도 시스템측 대책

(1) 귀선회로는 대지와 절연되지 않은 설비나 구조물과 접속하지 않음 : 귀선회로는 귀선용 레일과 레일간 및 궤도의 근접부분(30[cm]) 이외에는 대지로부터 절연 시행

(2) 귀선회로 궤도 근접부분과 금속제 지중관로 등이 근접하거나 교차하는 경우 상호간 1[m] 이상 이격

(3) 레일의 전기저항을 감소하여 레일전위값을 기준치 이하로 유지

① 레일본드 강화, 레일의 중량화 및 연결부 용접 등 장대화

② 일반적으로 60[kg] 레일 저항값은 직류에서 약 0.04~0.08[Ω/km]이나 교류에서는 주파수에 따라 표피작용으로 레일저항이 증가하게 됨

(4) 가공절연 귀선 또는 보조귀선을 설치하여 레일 전위경도를 감소 : 궤도 근접부분의 전위차는 궤도의 선로길이 [km] 당 2.5[V] 이하이고 어느 두 점 사이에서도 15[V] 이하로 유지

(5) 레일과 대지간 절연저항을 증대하여 누설전류를 감소 : 도상배수 양호, 절연도상,

레일과 침목사이 절연패드 설치

(6) 궤도 밑에 누설전류 포집용 철근을 매설하여 귀선회로를 구성

라. 철근콘크리트 및 금속 구조물 시스템측 대책

(1) 구조물과 대지 사이의 전위변동을 확인하여 +200[mA] 이내로 유지하도록 구조물과 금속체 등의 정기적 Bending

(2) 철근콘크리트 및 금속체 구조물 등 도전성 구조물간은 등전위 접속

(3) 외부 보호목적 접지선은 구조물에서 전기적으로 분리

(4) 강체전차선 지지용 절연매립전 시공 : 절연저항의 증가

마. 지중 금속매설측 대책

(1) 누설전류 유입 방지 ➪ 금속 체의 피복도장 등으로 절연저항 증대.

(2) 매설 금속관등을 금속 도체에 의해차폐 : 누설전류 유입방지

(3) 매설 금속체 접속부에 전기적 절연 : 전기저항이 커져 유입전류가 감소

(4) 궤도와 이격거리 증가 ➪ 궤도와 접근을 피하고 가능한 멀리 매설

라. 전기적 방식(防蝕) 설비의 시설

(1) 유전양극식 : 자연부식 방지목적으로 설치

지중매설 금속 체보다 전위가 낮은 유전양극 금속을 지중에 매설하여 양금속체간의 전위차를 이용하여 전식방지용 전류를 공급함("희생양극식"이라 하기도 함)

(2) 외부전원식

유전양극식과 유사하나 외부에 전원(DC 60[V] 이하)를 연결하여 지중 접지전극을 양극으로 강제로 흐르게 하는 방법

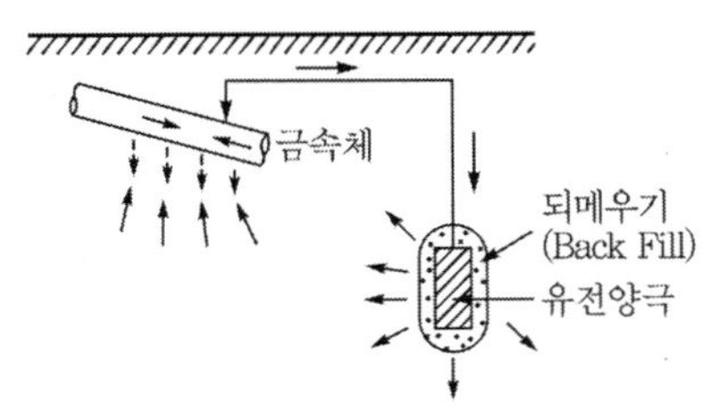

그림 2.6.3 유전양극식

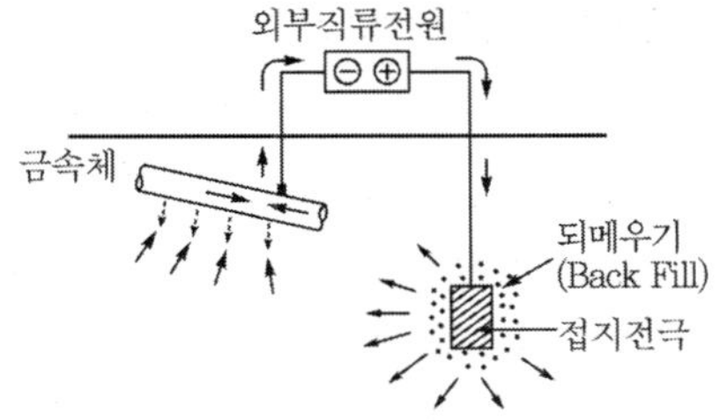

그림 2.6.4 외부전원식

(3) 배류식

지중 매설 금속체와 레일을 전기적으로 접속하고 금속체에 흐르는 누설전류를 일괄하여 레일로 귀환하여 분산 유출되는 것을 방지하여 전식을 줄이는 방법으로 직접, 선택, 강제 배류법이 있음

① 직접 배류식 : 지중매설 금속 체와 레일을 직접접속
  ➪ 전류가 역류할 우려가 없는 경우에만 사용

② 선택 배류식 : 종래 계전기식을 최근 실리콘 다이오드 사용
  ➪ 지중 매설체와 레일사이에 선택배류기 설치
  ➪ 금속체가 레일에 대하여 고전위로 되는 경우에만 전류를 유출시키는 방법으로 접지가 필요 없고 저렴하여 가장 많이 사용

③ 강제 배류식
  ➪ 배류기 대신에 외부에 직류전원을 공급하는 방식
  ➪ 방식효과가 크나 궤도신호 회로에 악영향이 우려되어 채택 신중 필요
  ➪ 열차가 운행하지 않을 때 동작되면 레일 부식 우려가 있음

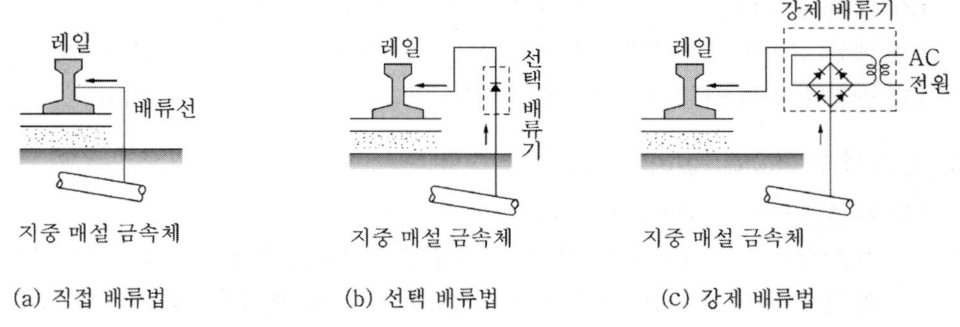

그림 2.6.5 배류식 시설방법

4. 차량기지의 이상전식과 방지대책

가. 이상전식 발생원인

(1) 직류 귀선회로는 전식을 방지하기 위하여 원칙적으로 보호 접지계통과 분리하여야 하나 차량기지 검수고 등과 같이 작업자가 상주하여 귀선회로에 인체의 접근이 가능한 경우 구조물 접지와 귀선회로 사이의 전위차가 많으면 감전사고 등이 발생할 우려가 있어 귀선회로와 구조물 접지를 연결하여 주행 레일과 기기 보호용 접지선을 등전위로 유지하도록 함

(2) 차량기지 검수고 등에서는 내부의 레일의 귀선회로가 차량기지 검수고의 구조물 또는 검수용 피트의 철골 등의 저저항 접지계통과 전기적으로 접속되어 외선측에서 억제된 귀선 회로측의 귀선전류 또는 누설전류가 차량기지 또는 검수고 측으로 크게 증가하여 불꽃(spark)이 발생하고 배관류에 급격한 전식(電蝕)의 발생과 건물기초, Pit 등이 이상(異常) 전식으로 이어지는 현상이 발생하게 됨

(3) 또한, 귀선회로와 접지를 연결해야 하는 조건은 검수고 등은 외선측과 전원의 분리, 주행레일로부터 검수고 내부 레일의 절연, 모든 케이블 차폐와 배관의 절연된 공급 조건을 만족해야 함

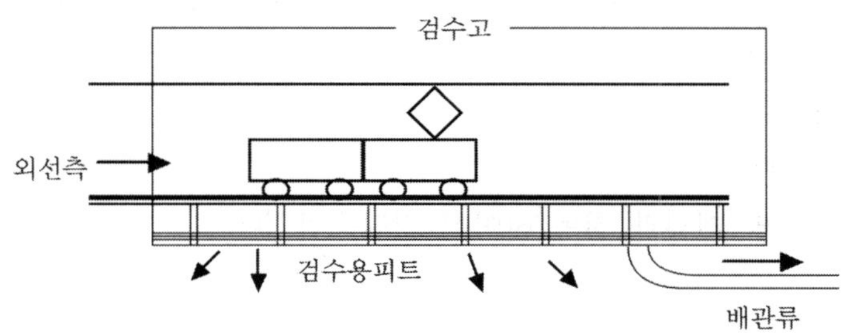

그림 2.6.6 차량기지 누설전류 개념도

나. 차량기지 이상 전식방지

(1) 검수고 주공장과 같이 내부에 전차선이 가선되어 있지 않는 경우는 주행레일과 검수고내부 레일을 검수고 입구에서 궤조 절연을 시행

(2) 전기차의 일상점검 등을 시행하는 검수고 등에 전차선이 가선되어 있는 경우에는 전차선에 구분장치 및 단로기를 설치하여 차량기지 및 검수고는 본선의 귀선회로 및 전원공급 계통과 분리하여야 함

(3) 전차선이 있는 검수고의 레일은 외선 레일로부터 건물내부로 흐르는 전류를 억제할 목적으로 궤조절연 및 다이오드를 주체로 하는 귀선 자동개폐 장치를 설치하여 귀선용 레일에 흐르는 전류의 방향을 일정한 방향으로 제한함

(4) 직류 귀선의 궤도 근접부분이 대지 사이의 전기저항이 낮은 금속체와 전기적으로 접촉할 우려가 없도록 시설.

(5) 차량기지 검사고내 궤도와 지지용 H빔 등은 5[mm] 정도의 EDPM로 절연하고 누설전류의 경로가 되는 배관류에 절연 이음매 등을 삽입함

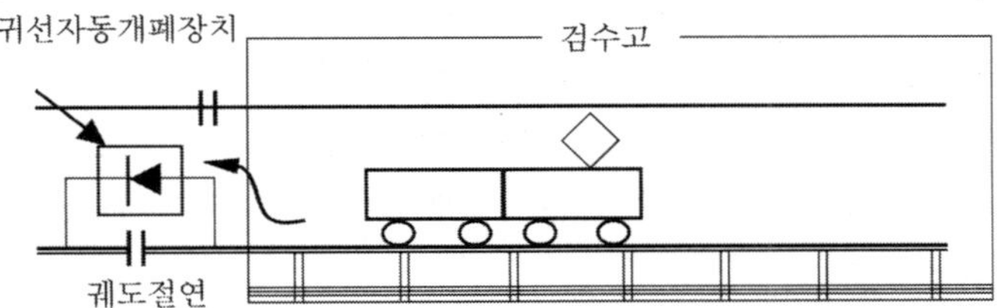

그림 2.6.7 차량기지 귀선자동개폐장치

5. 한국전기설비규정(KEC 461.4)에 의한 전식 방지대책

가. 주행레일을 귀선으로 이용하는 경우에는 누설전류에 의하여 케이블, 금속제 지중관로 및 선로 구조물 등에 영향을 미치는 것을 방지하기 위한 적절한 시설을 하여야 한다.

나. 전기철도측의 전식방식 또는 전식예방을 위해서는 다음 방법을 고려하여야 한다.
(1) 변전소 간 간격 축소
(2) 레일본드의 양호한 시공
(3) 장대레일채택
(4) 절연도상 및 레일과 침목 사이에 절연층의 설치
(5) 기타

다. 매설금속체측의 누설전류에 의한 전식의 피해가 예상되는 곳은 다음 방법을 고려하여야 한다.
(1) 배류장치 설치
(2) 절연코팅
(3) 매설금속체 접속부 절연
(4) 저준위 금속체를 접속
(5) 궤도와의 이격거리 증대
(6) 금속판 등의 도체로 차폐

2.6.4 도시철도에서의 표류(누설)전류에 의한 영향과 사전조사 항목

1. 개요

가. 가공단선식 전기철도의 급전시스템은 주행레일을 귀선회로로 사용하는데 귀선 레일을 완전히 절연할 수 없으므로 귀선전류 일부는 정상적인 귀선회로(운행 레일, 귀선도체, 귀선케이블 등)로 흐르지 않고 귀선레일에서 구조물이나 대지로 전기가 누설되는 전류성분을 표류전류(Stray Current / drift current) 또는 누설전류라고 함

나. 특히, 직류급전 시스템에서의 표류전류는 철도시설물 뿐만 아니라 지하에 매설되어 있는 금속체의 부식을 일으키는 주된 요인이 되고 있어 도시철도 시설기준에서는 대지로 누설되는 표류전류를 가능한 한 작게 하여 전기적인 부식을 방지하도록 기준을 정하고 있음

2. 표류전류(누설전류)의 영향을 받는 설비

가. 레일 및 도상의 상태
나. 금속관 및 금속 외장 케이블
다. 금속탱크 및 용기
라. 대지와 접촉되어 있는 접지 설치물
마. 철근 콘크리트 구조물 및 매립 금속 구조물
바. 신호 및 통신 시스템
사. 음극 보호 시설물

3. 표류전류 크기에 영향을 미치는 요소

표류전류의 영향을 평가하기 위해서는 전기철도 전원 시스템, 궤도시스템, 철골 콘트리트 구조물 및 금속 구조물로 구성된 시스템을 고려하고, 표류전류 크기에 영향을 미치는 아래와 설비를 포함하여 고려하여야 함

가. 전철변전소 간격(인접 변전소간 거리)
나. 궤도와 다른 귀선 회로 부분의 도전성
다. 레일의 종방향 저항 및 레일전위
라. 귀선회로 접속(bonding) 및 상호 접속(cross bonding)
마. 접지 시스템 및 대지 저항율
바. 열차운행 현황 및 기타 영향을 미치는 설비
사. 표류전류 크기 관계식

$$I_{stray} = K \cdot I \cdot \frac{r}{W} \cdot L^2[\mathrm{A}] = \frac{V}{W}[\mathrm{A}]$$

여기서, I_{stray} : 표류전류[A], K : 비례상수, I : 레일전류[A],
r : 단위길이당 레일저항[Ω/km], V : 레일전위[V]
W : 레일의 누설저항[Ω·km], L : 변전소 사이의 간격[m]

4. 표류(누설)전류 감소 대책

가. 전철측 대책

(1) 전차선 공급전압을 높임(운전전류 감소 ⇨ 누설전류 감소)
(2) 변전소 간격을 단축
(3) 강체전차선 지지용 절연매립전 시공(절연저항 증대)
(4) 가공 절연귀선 및 보조귀선의 설치
(5) 유전양극식, 외부전원식, 배류방식 등 전기적 방식 설비 설치

나. 궤도측 대책

(1) 레일 ⇔ 침목 체결부분의 절연강화
(2) 귀선 레일의 전기저항을 감소 (레일의 중량화, 레일본드 설치)
(3) 궤도 밑에 누설전류를 포집용 철근을 매설하여 변전소로 귀환회로를 구성
(4) 레일과 지면 사이를 자갈・침목 등으로 두께 30[cm] 이상 이격 또는 동등 이상의 절연을 갖는 도상 등으로 누설전류 감소

5. 표류전류 감소 대책을 위한 사전조사 항목

직류 전기철도에서 대지를 통하여 흐르는 전류는 위험한 표류전류 부식으로 연결되므로 유럽표준에서는 EN50122-1에서 선로와 대지의 최적 절연 및 레일전위에 대한 전기적인 충격의 보호 형태를 이루도록 하고 있으며, 국내 도시철도 시설 기준에서는 전기철도 기본 계획 및 실시설계 단계부터 표류전류 발생을 예측할 수 있는 사전조사 항목을 제시하고 있음

가. 지전위 측정
나. 대지고유 저항 측정 및 대지 도전율 조사
다. 토양의 산성도 조사
라. 전 노선의 인근 구조접지 및 지하 금속관과 대지간 전위 측정
마. 전 노선의 인근 지중 전력케이블 밑 통신 케이블 조사
바. 레일저항 및 절연상태 조사 ➪ 궤도 및 도상의 인터페이스 계획 조사
사. 기타 표류 전류의 영향이 있는 시설물 조사

2.6.5 전기철도에서의 레일의 전기적 역할과 부작용 및 대책

1. 개요

가. 철도에서 주행레일로 사용되는 레일의 역할은 첫 번째 차륜단면에 전달되는 열차의 하중을 지지하고 열차주행의 가이드 역할을 가지는 구조재료로서 역할과 두 번째는 전기적인 역할로서 신호 궤도회로 및 전기철도 구간의 귀선로 회로인 도체로서의 기능을 갖는 등 크게 두 가지 역할을 하고 있음
나. 레일의 성분인 철은 구리나 알루미늄만큼 도전성(철은 구리의 약15% 도전율을 가짐)이 좋지는 않으나 궤도회로 및 전기철도의 귀선로 도체로 사용하는 데 문제가 없음

2. 레일의 전기적인 역할

전기철도 구간의 레일은 전기철도의 귀선회로와 신호 궤도회로를 전기적 도체로서 공용하는 것으로 아래와 같은 역할을 함

가. 전기철도 구간에서 귀선회로를 구성 ➪ SS와 SS 간에 연속적 회로구성
나. 열차제어 신호 궤도회로로 이용 ➪ 폐색구간 등 단위 궤도회로로 구성
다. 레일의 파단 등을 감지하는 회로 구성

3. 전기철도 구간에서의 전기적인 역할에 대한 부작용

가. 직류 전기철도 구간에서는 누설전류에 의한 주변 금속체 및 통신·신호 시스템의 전식장애 발생에 대한 대책 필요
나. 교류 전기철도 구간에서의 신호 시스템과 인터페이스 대책 필요
(1) 전기철도 귀선로는 상용 주파수로 궤도회로는 상용주파수가 아닌 별도의 신호 주파수를 사용하여야 함
(2) 교류 AT 및 BT 급전방식에서 레일과 접속하는 흡상선과 중성선 위치에서 귀선전류가 최대가 되어 궤도회로에 대한 보완 장치가 필요
(3) 전철전원의 이상 전류 및 접지 또는 지락사고 시 통신·신호 시스템에 이상전류가 유입되어 기기의 오동작 및 소손 발생 우려
(4) 교류 전기철도 구간의 레일전위 상승 및 유도장애에 대한 대책 필요
(5) 귀선로와 궤도회로를 공용하는 전기회로로 발생하는 부작용을 해소하기 위한 보완 설비의 증가로 건설 및 유지비 증가

4. 전기철도 구간의 레일역할의 부작용에 대한 대책

가. 직류급전 구간의 전식방지를 위한 배류기 등 방식(防蝕)설비 설치
나. 교류 전기철도 구간의 대책
(1) 중성선에 임피던스 본드를 설치하여 신호전류와 귀선전류를 구분
(2) 복선의 경우 상·하선간에 궤도 전위차가 없도록 상하선 임피던스를 연결하여 접지 시행
(3) 교류 전철구간에 적합한 고전압임펄스 궤도회로 또는 AF 궤도회로 사용
(4) 변전소 접속 부근의 궤도회로는 신호 대 잡음비를 일정하게 유지하도록 궤도회로 길이를 750[m]로 제한
(5) 레일전위 상승 및 누설전류을 억제하고 회로의 전기적 연결을 위한 레일본드, 신호본드의 완벽한 체결

기출문제

아래의 그림에서 A ~ D간의 궤도에 대해 전압을 측정하니 V_1, V_2, e_1, e_2 였다면 A ~ D간의 누설저항을 구하는 방법을 설명하시오.(단, A ~ B간 레일저항 R_1, C ~ D간 레일저항 R_2).
(79-1. 10점)

기출문제 풀이

1. A~B구간 레일전류 : $I_1 = \dfrac{V_1}{R_1}$ [A]

2. C~D구간 레일전류 : $I_2 = \dfrac{V_2}{R_2}$ [A]

3. 레일과 대지간의 전압평균값 : $e = \dfrac{1}{2}(e_1 + e_2)$ [V]

4. A~D구간 누설전류

   궤도의 귀선 전류를 일정방향으로 보고 A지점의 전류와 D지점의 전류 차이 만큼의 전류가 대지로 누설되었다고 가정하고 계산함

   $$\therefore\ I_g = I_1 - I_2 = \frac{V_1}{R_1} - \frac{V_2}{R_2} = \frac{V_1R_2 - V_2R_1}{R_1R_2}\ [\text{A}]$$

5. 누설저항(ρ)에서 레일과 대지의 전위와 누설전류를 대입하여 계산함

   $$\therefore\ \text{누설저항}\ \rho = \frac{e}{I_g} = \frac{\dfrac{e_1 + e_2}{2}}{\dfrac{V_1R_2 - V_2R_1}{R_1R_2}} = \frac{R_1R_2(e_1 + e_2)}{2(V_1R_2 - V_2R_1)}$$

제 3 장 가공 전차선로 특성

3.1 ◦ 전차선로 가선특성 및 운전속도

3.1.1 전차선로 구비조건 및 특성

1. 개요

가. 전차선로라 함은 전기차의 집전장치(Pantagraph)와 직접접촉하여 전력을 공급하기 위한 전차선 등의 가선설비와 이에 부속하는 설비를 총칭하여 전차선로로 정의함

나. 따라서 합성전차선, 급전선, 빔, 인류장치, 구분장치, 교차장치, 흐름방지장치 등의 일체의 설비를 말함

다. 최근 전기 동력차의 고속화, 대용량화 운전 빈도 증가(운전 시격 단축) 등으로 전차선로의 성능, 신뢰도, 보안도의 필요성이 증대되고 있음

2. 전차선로의 구비조건

가. 전기차의 집전전류, 운전속도, 시격편성 등의 운전조건에 적합한 집전성능을 가질 것

나. 바람, 눈, 서리, 온도 등 예상되는 외력에 대하여 충분한 강도를 가져야 함

다. 가선장력에 대하여 충분히 견딜 수 있을 것

라. 집전장치(Pantagraph) 통과와 집전에 지장이 없을 것(집전율, 내마모성, 내열성, 피로강도)

마. 설비가 체계화되어 기능적, 경제적이고 각 부재의 수명협조, 강도협조, 절연협조가 이루어 질 것

바. 사고발생 시 다른 구간에 파급되지 않고 유지보수 작업이 용이하도록 구성될 것

사. 일반 공중이나 인축에 피해를 주지 않도록 할 것

아. 열차(운행)시 전방투시에 지장이 되지 않는 설비구조일 것

3. 전차선로의 구성요소 및 특징

가. 구성요소

전기차에 전력을 직접 공급하는 전차선등의 가선설비와 이를 전기적, 기계적 구분, 보호, 조정하는 장치 및 구조물로 구성되어 있음

나. 전차선로의 특징

(1) 전기차의 운전에 의하여 부하점의 이동과 부하의 크기가 격심하게 변동됨
(2) 전기차의 집전장치에 의한 전력공급이 불완전 상태임 ➪ 구배, 이선, 편위 등
(3) 철도의 구조물(터널, 교량, 과선교, 분기점)에 의해 설치상의 제한을 가짐
(4) 설치가 궤도상부 또는 측면에 있어 배연, 브레이크 철분 등의 오손
(5) 가공 단선 식에서는 레일을 귀선으로 하는 1선 접지회로로 전식, 유도장애 발생
(6) 부하 용도가 여객, 화물수송용 동력으로 공공성과 안정성 요구 불가피

4. 이선방지를 위한 전차선로 구비조건

가. 등고 : 높이 균일 유지
나. 등요 : 전차선 압상균일 및 가선진동 균일 유지
다. 등장력 : 전차선 장력 균일 유지

5. 전차선의 재료조건

가. 집전장치 통과와 집전에 지장이 없을 것
(1) 도전율이 높고 전류용량이 클 것
(2) 내열성, 마모성이 우수할 것
(3) 피로강도에 충분히 견딜 것(팬터그래프 충격고려)
(4) 기계적강도가 크며 내굴곡성일 것
(5) 내부식성이 우수할 것
(6) 가격이 저렴하고 경제적일 것
나. 가선장력에 충분히 견딜 것
다. 접속개소의 통전상태가 양호할 것

3.1.2 전차선로 정적 · 동적 압상력

1. 개요

가. 가공전차선은 집전장치(Pantagraph) 압상에 의해서 밀어 올려지게 되는데 수평상태에서 전차선이 올려지는 정도를 압상력이라고 함

나. 압상력은 전차선로 가선특성상 그 값이 작으면서 균일할 때 이상적이나 실제 전기차 운행 시 속도, 가선장력, 경간 등의 조건에 따라 균일하지 않으며, 압상력의 종류에는 정적 압상력과 동적 압상력이 있음

2. 압상량과 가선특성 관련성

가. 집전성능이 양호하기 위한 전차선 조건

집전장치(Pantagraph)와 전차선의 원활한 접촉은 접촉력(접촉저항)은 작고 집전성능이 양호한 조건을 만족시키기 위해서는 가선특성의 균일화에 의한 등고, 등요, 등장력, 등압상력 유지가 필요하고 전차선로 및 팬터그래프의 경량화가 요구됨

나. 동적 압상량의 허용범위

(1) 일반철도에서는 표준가고(960[mm])에서 팬터그래프가 최대 기우려 질 때 가선금구와 충돌하지 않는 압상력을 최대 150[mm]를 허용하지만 곡선당김금구 스톱퍼에서 100[mm]로 제한되고, 보수여유 30[mm]를 감안하면 집전장치(Pantagraph) 자체의 압상량은 70[mm] 이하가 됨

(2) 고속 운전구간은 안전율 2를 적용하여 표 3.1.1과 같이 UIC799에 명시된 압상량 규정을 적용함

표 3.1.1 UIC 799에 의한 압상량 규정

파라미터명(설계속도와 관련)	201~230[km/h]	231~300[km/h]	301[km/h] 이상
팬터그래프 통과 시 지지점에서 전차선 최대 압상허용량(기후적 영향제외)	120[mm]	120[mm]	120[mm]

3. 압상량의 계산방식

가. 정적 압상량(한 개의 현으로 생각하는 단순현 모델의 스프링상수 해석)

정적 압상량은 팬터그래프의 접촉력과 탄성율의 평균값에 기초하여 계산되며 저속운행 시 관찰할 수 있으며, 운행속도가 증가하면 동적영향이 정적압상에 보태어짐

(1) 경간중간에서의 압상량

① 그림 3.1.1과 같이 가장 단순하고 실용적인 가선을 1개의 현으로 생각하여 경간길이 S[m]로 지지된 장력 T[N]인 현에 힘 P[N]을 가한 상태에서 지지점에서 X[m]인 위치의 압상력 y[m]는 힘의 평행으로부터 구함

② 현의 하중점 압상량 $y = \dfrac{X(S-X)}{S} \cdot \dfrac{P}{T}$[m]

③ 여기서, 중간지점의 압상량이 제일크므로 $X = \dfrac{S}{2}$를 적용하면,

$\therefore\ y = \dfrac{S}{2} \times (S - \dfrac{S}{2}) \times \dfrac{P}{S \cdot T} = \dfrac{S \cdot P}{4T}$[m]

④ 전차선 및 조가선의 수평장력을 각각 T_t , T_m 이라고 하면

$\therefore\ y = \dfrac{S}{4(T_t + T_m)} \cdot P \times 1{,}000$[mm]

여기서, y : 현의 하중점의 압상량[m]

T : 가선 총중량$(= T_t + T_m)$[kgf]

T_t : 전차선 수평장력[kgf]

T_m : 조가선 수평장력[kgf]

P : 압상력(kgf), S : 경간(m)

X : 지지점에서 하중점까지 거리(m)

(2) 단순현에서 y가 최대가 될 때 스프링 상수

$y_{x=\frac{S}{2}} = \dfrac{SP}{4T}$이므로 ➪ 스프링상수 $k_{x=\frac{S}{2}} = \dfrac{P}{y} = \dfrac{4T}{S}$가 됨

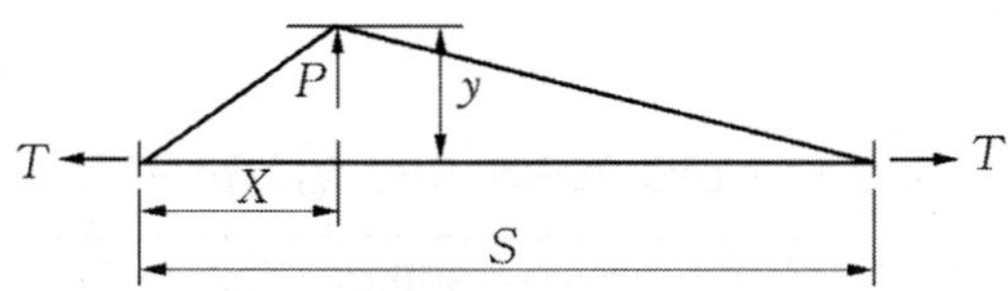

그림 3.1.1 단순현 모델의 압상력

(3) 지지점에서의 압상량

$$y = \frac{P \cdot S}{T_t} \cdot \frac{(1 + T_m / T_t)}{2(1 + 2n \cdot T_m / T_t)} \times 1{,}000[\text{mm}]$$

여기서, n : 드로퍼 또는 행거 개수

$$\therefore\ y = \frac{P \cdot S}{T_t} \cdot \frac{T_t + T_m}{2(T_t + 2n \cdot T_m)} \times 1,000[\text{mm}]$$

즉, 지지점에서의 압상량은 드로퍼(또는 행거) 개수와 장력에 크게 좌우됨을 알 수 있음

나. 동적 압상량(단순법으로 해석)

집전장치(Pantagraph)가 전차선을 접촉하여 주행하면 정적압상량과 별도의 가선진동 등이 복잡하게 작용하여 정량적 이론설명이 곤란하여 현차시험에 의한 실측치를 적용함

(1) 경간중앙에서의 동적압상량(정적압상량에서 인용한 개략식)

$y = \frac{3 \cdot S}{4T} \cdot P \times 1000[\text{mm}]$로 정적 압상량의 3배정도를 나타냄

(2) 지지점에서의 동적압상량(정적압상력에서 인용한 개략식)

$$y = \frac{(3P)^2}{8W_t} \times \left(\frac{1}{T_t} + \frac{1}{T_m}\right) \times 1,000[\text{mm}]$$

여기서, W_t : 전차선 단위길이당 중량[kg]

(3) 동적 압상력은

① 운전속도 100[km/h] 미만에서 정적 압상력의 약 3배 정도이고, 운전속도 100[km/h] 이상에서 정적 압상력의 3배 이상으로 나타냄

② 동적압상력에 영향을 주는 것은 주행속도(V), 가선의 스프링정수, 팬터그래프의 질량, 압상량에 기인함

4. 압상력의 적정관리 및 개선방향

가. 집전장치(Pantograph) 압상력 관리 국제표준 규격(8200대 EL 기준)

(1) 접은 상태에서 위로 20[%]에 해당하는 높이(0~20[%])와 최대 작용높이로부터 아래로 20[%]에 해당하는 높이(80~100[%])는 ±15N의 공차내로 관리

(2) 위 관리 구간을 제외한 작용높이(20~80[%])에서는 ±10N의 공차 내에서 관리하도록 규정하고 있음

나. 압상력 개선 방향

(1) 양호한 전차선로의 핵심요건인 등요, 등장력, 등고를 유지하도록 하고 특히 등요의 이론으로 개선

(2) 집전특성 측면에서는 지지점과 경간중앙의 압상량 차이가 적을수록 좋음

(3) 압상력의 차이를 나타내는 비균일율을 줄이기 위하여 전차선로 가선금구의 개선, 경점제거, 커티너리 전차선로의 경량화 등 적정한 대책 필요

3.1.3 전차선로 파동전파 속도 · 무차원비 · 고유진동수와 운전속도

1. 개요

가. 전차선로 가선특성에서 팬터그래프와 전차선 사이의 집전 접촉력 패턴은 동역학적특성(동적 특성)해석의 가장 중요한 요소임

나. 이러한 전차선로 가선 동적특성은 전기차의 속도와 밀접한 관계가 있어 용어의 정의와 특성에 대하여 기술함

2. 파동전파속도

가. 용어의 해설(정의)

집전장치(Pantagraph)가 압상력을 갖고 전차선의 한 점을 진행하면서 전차선을 파동 변화시켜 동요케 하였을 때, 이로 인한 파동이 전차선을 따라 좌 · 우로 전파되는 속도를 "파동전파속도"라고 함

나. 파동전파속도(계산식)

(1) 파동전파속도

$$C = \sqrt{\frac{T}{\rho}} = \sqrt{\frac{\sigma F}{\sigma m}}\ [\mathrm{m/s}]$$

여기서, T : 전차선장력[N]

ρ : 전차선 단위질량[kg/m]

σF : 전차선 응력[N/m^2]

σm : 전차선 단면질량[kg/mm^2]

(2) 파동전파속도는 전차선의 장력에 비례하고 단위질량에 반비례함

3. 무차원비

가. 용어의 해설

(1) 파동전파속도와 열차 허용운전 속도와의 관계 비율을 말함

(2) 양호한 집전성능 및 운전한 전기차 운전을 위해서는 무차원비가 약 70[%] 정도에서 산정됨

나. 무차원비(계산식) : 무차원비$(\beta) = \dfrac{\text{열차최고속도}(V)}{\text{파동전파속도}(C)}$

다. 무차원비와 전기차 속도 관계

앞에서 설명한 바와 같이 파동전파속도와 열차최고속도와의 상관관계에서 알 수 있듯이 무차원비의 약 70[%] 범위 내에서 허용 운전속도를 설정함

4. 가선의 고유진동수

가. 용어개념

(1) 한 경간 내에서 주기성을 갖는 전형적인 파형으로 진동할 때(가선경간의 중앙점 부근에 진동을 주었을 때) 1초 동안에 일어나는 진동횟수를 "고유진동수"라고 함

(2) 고유진동수는 선의 재질에 따라 충격 점에서 진동, 진폭 및 범위가 상이하고 고유한 진동수를 갖고 진동횟수에 따라 파형이 다르게 발생됨

나. 특징

(1) Panto 수량에 따라 고유진동수가 상이하며 다수 Panto의 열차에서는 지지점에서 진동이 크게 발생되어 가선진동에 큰 영향을 주게 됨

(2) 경간중간에서 진동 폭이 크고 지지점에서는 소멸되는 전형적인 파형으로 그 경간을 주기로 출렁거림.

(3) 고유진동수는 파동전파속도와 밀접한 관계를 갖고 있으며, 경간이 짧고 파동 전파속도가 크면 고유진동수도 커짐

① 한 점의 고유진동수 $f = C/2S$[Hz]　　$\therefore C = 2f \cdot S$

② 다수의 고유진동수　$f = \alpha C/2S$[Hz]　$\therefore C = 2f \cdot S/\alpha$

(C : 파동전파속도, f : 고유진동수, S : 진폭(경간), α : 상수)

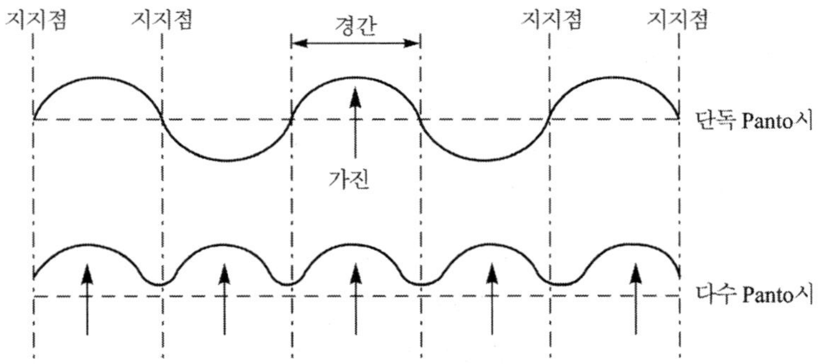

그림 3.1.2　가선을 가진했을 때 전차선 형상

5. 파동전파속도와 전기차 속도와의 관계

가. 전기차 속도(V)가 파동전파속도(C) 보다 클 때($V > C$)
  (1) 전차선이 동적특성이 없는 강체와 같은 성질을 나타냄
  (2) 접촉저항의 비정상적 증대, 전차선 및 팬터그래프 손상
나. 전기차 속도(V)가 파동전파속도(C)와 동일한 경우($V = C$)
  (1) 전차선의 높이 변화를 팬터그래프가 추종하지 못함
  (2) 이선발생으로 아크 및 전차선 국부마모 초래
다. 전기차 속도(V)가 파동전파속도(C) 보다 작을 때($V < C$)
  (1) 팬터그래프의 압상력에 의해 상・하 변위가 기준치 이내로 안정된 집전상태를 유지함
  (2) 정상적 집전이 가능한 최대 운전속도는 파동전파 속도로 알 수 있음
라. 동일가선 형태에서 파동전파속도는 장력에 영향을 받으며, 실제 열차운전은 파동전파속도(C) 값의 70[%] 정도를 허용운전속도(최대집전속도)로 결정함

표 3.1.2 파동전파속도와 열차최고 속도 사례

구 분	경부고속철도	대구-부산전철	TGV 남동선	독일 ICE250	산업선
열차최고속도(km/h)	300	160	270	250	100
파동전파속도(km/h)	441	369	426	426	362
무차원비 (β)	0.68	0.43	0.63	0.59	0.28

※ 장력, 전차선, 조가선 등의 종류에 따라 무차원비 β 값이 달라짐

6. 파동전파속도의 고찰

가. 전차선의 가선특성을 나타내는 파동전파속도, 무차원비・고유 진동수 등은 열차속도와 밀접한 관련이 있으며,
나. 전차선로의 재질, 가선경간 장력 등과 전기차와의 동적특성을 해석하여 열차운행 최고속도 설정 등을 결정하는 주요사항으로 해석해야 할 것임
다. 파동전파속도에서 고려할 사항은 전차선의 인장강도를 고려해야 하며 마모나 부식 등 단면적 감소시 허용된 장력이 판단응력 허용치 이내에 있어야 함
  (일부의 예 : 파단하중 = 표준장력 × 안전율 × 여유율)

3.1.4 전차선로 가선구조의 탄성도 특성(비균일율 등)

1. 개요

가. 전차선로 가선구조는 열차속도와 가장 밀접한 관계에 있으며 집전장치(Pantagraph)와 같은 외부작용이 없는 상태에서 커티너리 구조에 대한 정적특성(정특성)의 해석의 하나로 가선구조의 "탄성도 특성"을 분석함

나. 전차선로는 가능한 한 경간 전체에 대하여 탄성이 균일한 것이 집전 성능이 우수하게 나타남

다. 따라서 지지점과 양지지점 중간에서의 탄성도를 나타내는 탄성도 특성과 탄성율 및 집전특성을 판단하는 비(불)균일율에 대해 설명함

2. 탄성도 특성

가. 가선구조상 탄성은 균일할 수 없으며 경간중심부로 갈수록 탄성도(elasticity)가 크고, 지지점으로 갈수록 작아지는 특성이 있음

나. 고속운전을 위해서는 경간 중간에서 발생되는 최대 탄성도를 낮추어야 함

다. 탄성율 계산식(경험식) : $e_{\max} = \dfrac{S}{k(T_m + T_t)}$ [N/m]

➪ 탄성율은 전차선 및 조가선 장력은 크고 경간이 짧은 경우 양호함

여기서, $e_{\max}$: 경간중간점에서의 최대 탄성[N/m]

S : 경간[m], T_m : 조가선장력[kN], T_t : 전차선장력[kN]

K : 상수 (3.5~4.0) ⓐ 심플 커티너리의 경우 : 4.0

ⓑ 기타 커티너리 경우 : 3.5

라. 비균일율(또는 "불균일율"이라 함)

(1) 전차선로의 집전특성을 판단하는 계수로 경간중간과 지지점 간의 탄성을 가능한 한 일정하게 유지(변동이 작게)하는 것이 필요함

(2) 비균일율

$$u = \frac{e_{\max} - e_{\min}}{e_{\max} + e_{\min}} \times 100[\%] \begin{cases} e_{\max} : \text{최대탄성(경간중앙에서의탄성도[n/m])} \\ e_{\min} : \text{최소탄성(지지점에서의탄성도[n/m])} \end{cases}$$

여기서, $e_{\max}$: 최대탄성(경간중앙에서의 탄성도[n/m])

$e_{\min}$: 최소탄성(지지점에서의 탄성도[n/m])

(3) 몇 가지 실험 및 특성사례 계산결과 공통적으로 경간의 첫 번째 드로퍼 지점에서 탄성이 가장 작게 나타남

3. 탄성특성의 영향

가. 첫번째 드로퍼 지점과 같이 탄성의 급격한 하락은 전차선의 국부적인 마모 발생 : 전차선 수명 단축

나. 첫 번째 드로퍼 간격선택에 대하여 충분히 검토하여 설치해야 함

다. 탄성율이 크고 비균일율이 클 때 이선우려가 높음

※ 자료 : 고속화에 대응한 가선구조특성 최적화 방안 연구(철기연 2000년 11월)

3.1.5 전기철도 속도향상 제약조건 및 대책

1. 철도 고속화의 목적과 수단

가. 철도 고속화의 목적은 도달시간의 단축이며, 최고속도를 제약하는 곡선 및 분기기 통과속도, 오르막 경사(상구배) 등판속도, 하구배의 속도억제 등이 있으며,

나. 열차 운용측면에서는 역에서의 정차 시간 단축, 열차의 고빈도화, 역간격의 설정 등이 중요하며 철도 속도향상의 궁극적인 목표는 대중 교통수단으로서 여행시간 단축에 의한 철도경쟁력 향상에 있음

2. 철도 속도향상을 제한하는 기술적 요인 관계

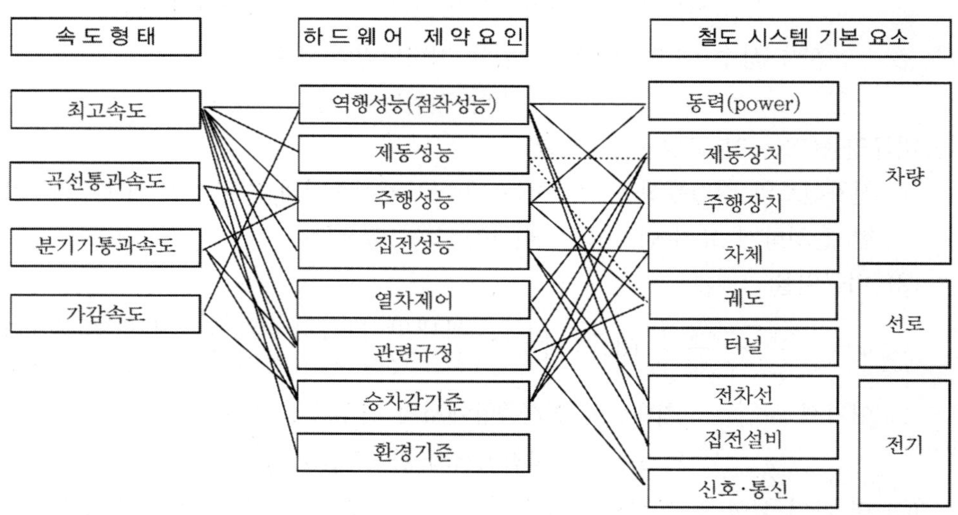

그림 3.1.3 속도향상 기술요인 상관관계

2. 열차 고속화의 제약조건 및 대책

가. 선로 조건 및 대책

(1) **곡선통과 속도** : 곡선부의 고속화를 위하여 캔트를 크게하면 안전면에서 제한이 생기므로 완화곡선의 연장 또는 틸팅열차의 도입필요

(2) **분기기 통과속도** : 고속통과 및 주행안전성을 확보하기 위하여 분기기의 고번화 및 고속분기기를 사용하여 주행안전성 및 승차감을 향상 필요

(3) **궤도 구조** : 수송량에 따라 궤도구조를 결정하나 차량의 축중제한 또는 속도제한을 완화 하기위해서는 차량의 경량화가 필요

(4) **건널목** : 건널목의 입체화 필요

나. 차량 조건 및 대책

(1) **동력성능** : 고속화에 적합한 충분한 차량 출력 확보가 필요

(2) **주행저항** : 고속화에 따라 공기저항은 속도 제곱에 비례하므로 차체하부나 지붕위의 표면 요철을 최소화하고, 장대편성 등을 재검토하여 공기저항의 완화가 필요

(3) **점착성능** : 고속화시는 점착계수가 저하되므로 동축의 증가가 필요하고, 제동 시는 높은 감속도와 함께 활주 방지에 대한 대책이 필요

(4) **브레이크 성능** : 비상 제동거리는 새마을호 140[km/h]에서 약 1,000[m], KTX 300[km/h]에서 약 3,300[m]이므로 비상 제동거리를 단축하기 위하여 점착에 의하지 않는 레일 브레이크 또는 전기 제동장치 등을 병용하는 방법이 필요.

다. 집전성능 및 대책

(1) **집전이론에 의한 가선특성** : 전차선 질량과 집전장치(Pantagraph) 등가 질량이 작아야 하고, 압상력이 커야하며 전차선의 상하방향의 스프링 상수가 일정하여야 하고 전차선의 파동전파 속도가 고속운전에 대응해야 함

(2) **전차선의 구조** : 전차선 구조는 집전이론에 적합하고 파동전파 속도를 높일수 있는 심플커티너리를 적용함

(3) **집전장치(Pantagraph)** : 집전장치(Pantagraph)의 추종성은 집전슈의 경량화와 압상력 증가가 필요한 구조의 고속용 팬터그래프가 필요함

라. 운전 · 신호체계 및 대책

(1) **신호체계** : 고속화에 따라 안전성 확보가 어려운 기관사의 육안 신호체계를 차상 신호시스템으로 설치

(2) **역간격** : 승객에 대한 도착시간을 단축하는데 역으로의 접근성이 중요하며, 제동거리 및 표정속도 등을 감안하여 적정한 역간 거리의 설정이 필요

마. 환경보존 대책

(1) 환경기준 적합성

고속화시 소음에 대한 기준 적합성에 대한 기술적 검토가 필요(주거지역 주간 70[dB], 야간 60[dB] 등)

(2) 소음대책

차륜과 레일의 진동음은 양자 표면의 요철이 원인이므로 연삭을 하여 평활하게 하고, 집전소음은 아크와 집전장치(Pantagraph)의 공기 마찰음이 원인이므로 아크소음은 팬터그래프를 병렬접속하고, 공기마찰음은 집전장치(Pantagraph)에 커버설치, 차체의 높이 축소, 표면 평활화를 시행하는 대책을 마련함

3.1.6 열차고속화를 위한 전차선로 가선구조 및 집전장치(Pantagraph)

1. 개요

가. 전기차의 운전속도는 전차선로의 가선특성과 집전장치(Pantagraph)의 안정된 전력공급이 가능한 "집전성능 확보"와 매우 밀접한 관계가 있으며, 전기차의 고속화를 이루기 위한 필수조건임

나. 운전속도 향상 또는 고속화시 요구되는 전차선로의 조건은 전류용량 및 내하중 등 전차선의 정적・동적특성이 우수하고 집전성능이 양호한 기본적 조건을 만족 시키고, 안정된 전력공급을 위한 이선현상 억제 및 파동전파속도 증가에 대한 기술적인 요구가 충족되어야 함

2. 고속화시 집전성능의 기술적 문제점(열차 고속화에서 집전상 문제점)

가. 고속화시 전차선과 집전장치(Pantagraph)간의 이선율이 증가하여 아크발생 증가, 집전성능저하로 추진동력 불안정, 습동판의 마모 및 소음 증가, 전파방해의 레벨 등이 증가됨

나. 전차선 마모 및 변형이 증대되어 피로에 의한 파손절단의 우려가 있음

다. 다수대의 집전장치(Pantagraph) 운전에서는 팬터그래프 간격과 가선경간의 관계에서 공진을 야기하는 경우가 있음

라. 집전전력의 증가에 따라 습동판의 마모가 증대

마. 집전장치(Pantagraph)의 공기음(소음)증가 및 공기력에 대한 압력과 강도 조정 필요

3. 가선특성과 집전장치(Pantagraph) 공진현상

가. 가선과 Pantagraph가 공진하는 속도(Vc)

$$V_c = \frac{S}{2\pi}\sqrt{\frac{K'}{m}(1-\frac{\varepsilon^2}{2})}\ [\text{km/h}]$$

S : 경간[m]
ε : 스프링계수부등율
m : 등가질량
K′ : 스프링계수평균치

나. 가선과 Pantagraph가 이선을 시작하는 속도(V_r)

$$V_r = \frac{V_c}{\sqrt{1+\varepsilon}}\ [\text{Km/h}]$$

ε : 부동율
V_c : 공진속도

다. 다수대 팬터그래프에 의한 공진

(1) 원인

다수대 팬터그래프를 가진 전기차가 주행할 때 후부에서 집전되는 전차선과 팬터그래프의 진동이 증가하고, 전차선로 경간길이를 넘는 팬터그래프의 간격 또는 고속 운행 시 공진 발생이 증가

(2) 영향

아크를 동반한 대이선, 집전계통 소음발생, 전차선 국부마모 발생

(3) 대책

고속주행 시 공진이 발생되지 않도록 팬터그래프 간격을 적정하게 배치하고, 팬터그래프와 가선에 댐퍼를 설치하는 등 고속운전 시 이선하지 않고 양호한 집전성능을 확보하기 위해서는 질량이 작은 집전체, 등가질량이 작은 프레임 조합체로 된 Pantagraph로 추종성을 향상시킴

4. 고속운전을 위한 전차선로 조건 (집전성능 향상을 위한 지표)

전기차의 고속화 대책으로는 집전성능 향상을 위한 "파동 전파속도의 증대"와 "이선현상의 억제"가 기본적인 조건임

가. 파동전파속도의 증대

(1) 파동전파속도와 무차원비

① 파동전파속도 $C=\sqrt{\frac{T}{\rho}}$ [m/s]

여기서, ρ : 전차선 단위길이당 질량[kg/m]

T : 전차선 장력[N]

② 무차원비$(\beta) = \dfrac{\text{열차속도}(V)}{\text{파동전파속도}(C)}$로 나타냄

(2) 파동전파속도와 집전성능 관계

카티너리 가선 방식에서 열차 고속화는 파동전파 속도 증가가 필요하여 장력은 크게 하고 선밀도는 작게 하고, 가선 후 시간 경과에 따라 요크 각도가 기울어져 장력변화를 가져오고 파동전파 속도의 변화가 발생하므로 집전성능을 지속적으로 유지하기 위한 장력관리가 중요함

(3) 파동전파속도와 열차속도와의 관계에서 열차속도가 파동전파속도 보다 작은 경우 안정적 집전이 가능하므로 열차속도를 향상 시키려면 파동전파속도도 증가시켜야 함

나. 이선현상의 억제

이선현상을 억제하여 집전성능을 향상 할 수 있는 기본적인 지표로 전차선의 이선, 전차선의 응력, 전차선의 압상력 등 3가지 항목의 기술적인 고찰이 필요함

(1) 이선현상

① 이선이란 전기차의 주행 중 집전장치(Pantagraph)가 전차선에서 순간적으로 이탈되는 현상을 말하며, 이선율이란 전기차가 일정구간 총 주행거리에서 이선되는 거리 합을 백분율로 표시한 것을 말함

② 이선율은 고속철도 1[%] 이하, 일반전철은 3[%] 이하로 제한하고 있음

③ 이선율은 전차선과 집전장치(Pantagraph) 습동판에 직접적인 영향을 주며 소음, 전차선 잡음 등의 문제를 가지고 있어 가능하면 적을수록 유리함

(2) 전차선의 응력

① 전차선 응력은 집전장치(Pantagraph)의 압상력 및 진동에 의하여 전차선에 발생하는 것으로 속도향상시 집전성능 개선을 위한 압상력 증가, 고속화에 따른 집전장치(Pantagraph)의 진동 등이 과대해져 피로누적에 의한 전차선 단선을 초래 할 우려가 있음

② 특히 고속운전 구간의 전차선 지지점, 교차개소, 구분장치 등 경점에서 전차선 응력이 허용치를 초과할 우려가 있으므로 금구의 개선 등으로 전차선 응력 저감 방안을 강구해야 함

(3) 전차선의 압상량

① 전차선의 집전장치(Pantagraph) 압상에 의하여 올려지는 정도를 압상력이라 하며 정적압상력과 동적압상력이 있음

② 동적 압상량은 정적 압상량의 약 3배(풍압이 압상력으로 작용하여 고속화에 따라 압상력 P[kgf])가 증가하므로 고속화를 위한 가선구조 일수록 압상력의 변화가 적고 균일해야 함

다. 전차선로의 고속화 조건(고속화 가선구조 검토)

(1) 선밀도가 낮고 경량인 고강도 트롤리선을 사용하고 장력을 증대
(2) 가선특성 유효이용을 위해 운전속도를 파동전파 속도 70% 이하로 설정
(3) 최적의 드로퍼 배치 및 가고의 설정 필요 : 고속선의 경우 이선하지 않고 집전 가능한 드로퍼 간격을 먼저 정하고 경간을 설정하며, 압상력에 대응이 가능한 가고를 결정함
(4) 전기차의 고속주행 시 지지점과 경간내의 동일한 압상량을 얻기 위한 전차선의 사전이도(Pre-sag) 가선 시행
(5) 지지점의 경점제거 및 금구의 경량화가 필요
(6) 평행구간(Over-lap)의 경간 길이를 크게 하여 집전성능을 확보하기 위하여 고속운전구간 평행구간을 3경간으로 시설함
(7) 장력조정 방식을 전차선 조가선 일괄장력을 개별장력 방식으로 개선
(8) 이중절연방식 등 고속화용 절연구분 장치의 설치

5. 집전장치(Pantagraph)의 고속화 대책

가. 집전장치(Pantagraph)의 추종성을 높이기 위해서는 경량화가 필요하여 집전슈(Pantagraph horn)와 프레임(frame) 간의 전체 경량화는 스프링과 댐퍼 등을 적용한 수학적 모델링을 통하여 등가질량으로 평가하여 고찰
나. 허용된 범위의 속도에 따라 압상력이 증가되도록 집전장치(Pantagraph)의 양력을 조정하는 구조로 발전되어 주로 싱글 암 타입이 고속화에 사용됨
다. 가선의 피로 및 마모 방지를 위해 팬터그래프 수량을 최소화(2~3개 이내) 필요
라. 이선에 의한 소음전파 장애를 고려하여 2개의 집전장치(Pantagraph)를 병렬 사용
마. 전기적인 이선방지를 위해 집전장치(Pantagraph)를 모선으로 병렬접속

외국의 카티너리 가선구조와 열차속도 고속화 사례

1. 일본 신간선
   - Heavy compund catenary 방식 : 260~275[km/h]
   - Twin Simple catenary 방식 : 180[km/h]
   - DC 구간 Heavy simple catenary(고장력합성소자) : 160[km/h]
2. 프랑스 TGV
   - Simple catenary(Y-simple catenary) : 250~300[km/h]
   - 최고속도 시험기록 : 515.3[km/h] (1990년), 574.8[km/h] (2007년 4월)
3. 독일 ICE
   - Y-simple catenary: 최고속도시험가속 406.9[km/h] (1988년).

3.1.7 일반철도(기존선) 고속화를 위한 기존 전차선로 보완 대책

1. 개요

가. 전차선로 가선시스템은 열차속도와 밀접한 관계가 있어 열차의 고속화에 따라 가선특성과 집전성능을 향상할 수 있는 기술적인 검토가 필요함

나. 따라서, 고속화에 따른 가선특성과 집전성능의 지표가 되는 이선, 압상력, 응력, 기계적 강도, 전류용량, 전차선의 경량화, 고장력화 등의 기술적인 측면과 경제성 등을 충분히 고려하여 고속화에 대응하여야 함

2. 열차의 속도향상 목적 및 효과

가. 여행 및 수송시간의 단축 ➪ 대중 교통의 경쟁력 강화

나. 경비절감 효과 ➪ 차량 및 승무원의 운용율 증대

다. 철도 속도향상 및 기술개발 ➪ 철도분야 국가 경쟁력 강화

라. 수송 서비스 향상 ➪ 고객의 욕구에 부응

3. 기존 일반철도의 고속화에 따른 문제점.

가. 이선의 증가 ➪ 접촉력 변동

나. 압상력 증가 ➪ 가선 및 집전장치(Pantagraph)의 진동 증가

다. 전차선의 응력 증가 ➪ 전차선의 피로증가로 파단 우려

라. 전차선 및 집전장치(Pantagraph) 집전판의 국부마모 및 파상마모 증가

마. 열차의 소음 및 전파잡음의 증가

4. 고속화에 따른 기술적 검토 사항

가. 이선 대책

(1) 가선의 스프링 정수의 부등율을 작게 하여 정압상력을 일정하게 유지

(2) 가선의 스프링 정수 평균값을 크게 함

(3) 집전장치(Pantagraph)에 적당한 스프링 정수의 댐퍼 설치

나. 압상력의 대책

(1) 가선 압상량은 크기보다 제한된 범위에서의 압상량 변화가 관리 대상임

(2) 지지점과 경간 중앙의 압상량 차이를 줄일 수 있는 가선방법 채용

(3) 프리세그 가선방식으로 비균일률 최소화

다. 소음 및 전파잡음 대책

(1) 공기마찰 소음 저감을 위한 집전장치(Pantagraph) 커버의 설치
(2) 다판타의 경우 동일계의 집전장치(Pantagraph)를 고압모선으로 연결

라. 집전계의 고속화 대책

(1) 추종성이 양호한 시스템 채용
(2) 공기역학적 영향을 고려한 GPU 형 팬터그래프 사용

5. 기존선의 고속화에 따른 전차선로 개량 방안

가. 장력조정장치의 장력 증대 ➪ 일괄식을 개별식으로 개량
나. 전차선의 Pre-sag 가선 방식 적용
다. 오버랩 구간의 개량 ➪ 1경간 방식을 2경간 이상으로 개량
라. 절연구분장치 개량 ➪ FRP Type를 이중절연 구분장치로 개량
마. 곡선당김금구 개량 ➪ 기존 900[mm]를 1,200[mm]로 개량
바. 건널선장치 개량 ➪ 기존의 교차금구 Type를 평행교차설비로 개량
사. 전차선의 기울기 조정 ➪ 기존의 3[‰]를 1[‰] 이하로 조정

3.1.8 전차선로 특수 구간의(섹션, 곡선, 터널 등) 속도향상 대책

1. 개요

가. 전기차의 운전속도는 전차선로의 가선특성과 팬터그래프의 안정된 전력공급이 가능한 집전성능 확보가 매우 중요한 변수로 작용하고 있어 전차선 가선특성이 항상 균일하여야 하나 기존선을 전철화하는 선구는 터널구조, 곡선반경 등을 변경하기 어려워 Overlap 구간, 터널, 곡선 등 특수한 장소에서는 속도향상에 제약 요건이 있으므로 설계 및 시공에 충분한 기술적인 검토와 대책 마련이 필요하게 됨
나. 고속화 신선 건설구간이나 고속철도 구간은 속도에 대응하는 시스템의 표준과 기준이 정하여져 있으므로 설명을 생략함

2. 특수 가선구간의 속도 향상 대책

가. 오버랩 구간

에어섹션, 에어조인트 등의 오버랩 구간은 구조에 따라 집전장치(Pantagraph)가 정지하고 있는 다음 구간의 트로리선에 충격을 주기 때문에 트로리선의 국부마모의 발

생이나 집전장치(Pantagraph) 충격하중이 속도가 높을수록 현저히 증가하므로 오버랩구간의 전차선의 높이의 설정과 유지에 주의가 필요함

나. 곡선구간

곡선반경이 작은 구간에서는 트로리선을 곡선 당김금구에 의해 외측 경사 윗부분으로 강하게 당길 필요가 있으므로 과도한 경점이 되어 지지점에서 주기적인 이선이 발생하고 국부적인 마모 원인이 되므로 가능한 한 수평방향으로 트로리선을 끌어 당겨 경점을 완화할 수 있으나 곡선당김 금구가 집전장치(Pantagraph)에 지장을 주지 않도록 주의를 기울어야 함

다. 터널구간

(1) 기존선 등 터널 단면이 협소한 구간의 전차선로는 가선의 설비공간을 축소하기 위하여 경간을 짧게(10~20[m])하거나 강체 가선방식을 채용하게 되어 집전장치(Pantagraph)의 공진현상이 현저히 발생하고 공진속도 부근에서 대이선이 발생하는 등 집전성능이 현저히 저하되므로 집전장치(Pantagraph) 댐퍼나 특수한 가선 방식을 적용하여야 함

(2) 협소한 터널에 열차가 고속으로 진입시 터널입구 부근에서는 공기저항 등으로 열차속도의 약 2배의 풍속이 집전장치(Pantagraph)의 양력으로 작용하고 일부 집전장치(Pantagraph)는 양력이 역으로 작용하여 접히는 현상으로 집전판이 용손되거나 전차선의 국부마모 원인이 되므로 공력특성이 뛰어난 집전장치(Pantagraph)를 사용하여야 함

라. 건널선, 절연구분장치 구간

(1) 건널선이나 사구분장치가 있는 장소는 속도향상시 문제가 되는 집전장치(Pantagraph)의 끼임이나 트로리선 국부마모 현상을 방지하기 위하여 교차금구를 힌지타입으로 하여 트로리선의 응력을 경감하고, 절연구분장치 장소는 트로리선의 응력 증대책으로 팬터그래프 통과횟수 관리에 의한 주기적인 교체로 고속화에 대응이 가능함

(2) 200[km/h] 이상의 고속운전 구간에서는 운전속도에 대응할 수 있도록 건넘선은 전차선을 평행하게 교차하는 평면교차 방식을 적용하고, 절연구분 장치는 이중오버랩 방식으로 가선하여 전차선의 접속점을 없애고 집전성능을 향상하는 가선 구조를 적용하고 있음

3.1.9 전차선로 사전이도(Pre-sag) 가선방법 및 효과

1. 개요

가. 전차선의 압상량은 같은 경간 내에서는 가선의 탄성 차이로 지지점에서 가장 작고 경간중앙부에서 가장 크게 나타남.

나. 이러한 현상은 한 경간을 주기로 팬터그래프의 상하운동을 유발시키는 요인이 되며 상하운동은 열차주행속도에 비례하고 커지면 대이선이 발생됨

다. 팬터그래프 집전성능을 확보하고 이선을 방지하기 위하여 전차선에 미리 이도를 주는 것을 사전이도(pre-sag)라고 함

2. 사전이도(pre-sag) 설정방법

가. 사전이도(Pre-sag)는 양지지점에서 첫번째와 마지막 Dropper 사이의 경간 내에서만 드로퍼 길이에 의하여 사전이도(Pre-sag)를 설정함

나. 고속철도(KTX) 구간에서 시행하고 있으나, 기존선과 over-lap되는 구간에서는 기존선에도 적용하였음

다. 정확한 드로퍼 길이계산 및 사전이도(Pre-sag)량의 계산을 요하며 계절변화가 심하거나, 시공이 완벽하지 않아 유지보수가 용이하지 않으며 사전이도(Pre-sag) 설치는 불필요함(오히려 집전성능 저하 우려가 됨)

라. 사전이도의 크기(Pre-sag량)는 열차속도에 따라 약간의 차이는 있으나 S/2000 또는 a/2000 값으로 정하고 있음

3. 사전이도(Pre-sag)량 계산 방법

가. 개략 계산식

(1) 경간 $S=63[\text{m}]$라고 할 때 최대 pre-sag량 D는 $a=S-2l$에서
(단, $2l$은 첫번째 드로퍼와 마지막 드로퍼의 지지점간 거리 합)
$a=63-(2\times 4.5)=54[\text{m}]$이므로
$\therefore D=a/2000$에서 $D=\dfrac{54}{2000}=27[\text{mm}]$

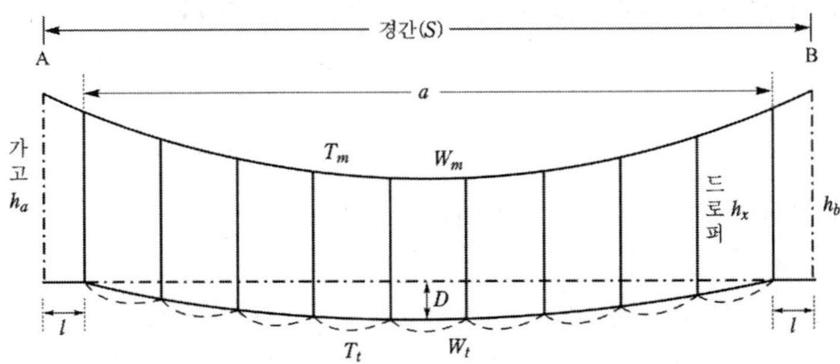

그림 3.1.1 심플커티너리 Pre-sag

나. 동적 압상력에서 적정 sag량 ⇨ 실용성이 낮아 서술 생략

4. Pre-sag(사전이도)에 의한 개선효과

가. 고속운전구간에서 팬터그래프 집전성능이 향상됨

나. 드로퍼 길이계산 오차, 설치 시 오류 등이 발생되면 양단 지지점보다 경간 중앙부가 높아지는 Hog상태가 되어 집전성능이 더욱 나빠지므로 계산과 시공 시 정밀을 요함

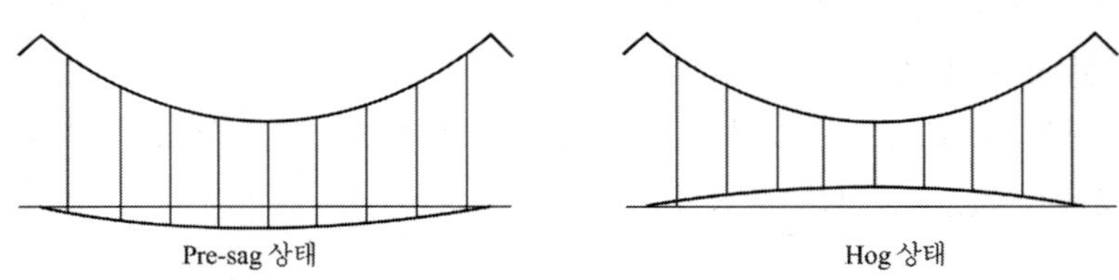

그림 3.1.2 Pre-Sag 및 Hog

3.1.10 전차선로 영구신장조성(Pre-Stretch) 조정방법

1. 개요

가. 영구신장조성(Pre-stretch)이란 전차선 및 조가선을 정상적으로 인류 하기 전에 영구신장이 생기도록 미리 과장력을 가하여 주는 공법을 말하며, 전차선 및 조가선 포설 후 인류장치를 상시 운전장력으로 조정하기 전에 시행함

나. 전차선 및 조가선은 가설후 자동장력장치 등에 의하여 상시 장력이 가해지므로 장시간 경과후 전선의 영구변형(Creep)으로 전선이 늘어나는 현상이 발생하여 전차선의 경

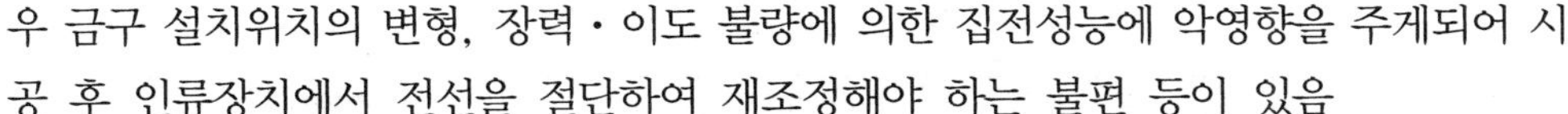

우 금구 설치위치의 변형, 장력·이도 불량에 의한 집전성능에 악영향을 주게되어 시공 후 인류장치에서 전선을 절단하여 재조정해야 하는 불편 등이 있음

다. 따라서, 전차선 및 조가선을 가선 후 영구변형(Creep) 연신율을 최소화하는 방법으로 표준장력보다 큰 과장력을 단시간동안 가하여 전선을 미리 신장시킨 이후에 인류장치를 조정하는 공법을 말함

2. 영구신장 조성 방법

가. 본선의 전차선 및 조가선은 전선의 신장을 적게 하기 위하여 인류장치 및 자동장력장치를 조정하기 전에 영구신장조성(Pre-stretch)를 시행함

나. 부본선 및 본선과 교차하는 전차선 및 조가선은 현장 여건을 고려하여 필요에 따라 시행함

3. 영구신장 조성 과장력과 시간 기준(적용)

가. 크리프 시험결과 과장력 인가시간 초기 30[분] 이내에 연신이 모두 일어났고, 그 이후에는 신장 변화가 아주 미미하게 일어났음. 따라서 신설선의 경우 영구 신장조성은 150[%] 정도의 과장력을 장시간 시행하는 것이 효과적이었으며,

나. 기존선의 경우 현장여건상 기존 운행선 열차운행 및 안전측면 등을 고려할 때 장시간 시행이 어려운 현실이므로 200[%]의 과장력으로 30[분] 이상 단시간 시행하는 것이 바람직하다고 판단되어 아래 표 3.1.4와 같이 과장력과 시간 기준을 적용함(철도시설공단 지침)

표 3.1.4 영구신장조성 과장력 및 시간기준

구 분	선종별[mm^2]	과 장 력	시간	비고
전차선	동[Cu]선	운전장력의 200[%]	30분	기존선
	동[Cu]선	운전장력의 150[%]	72시간	신설선
	동합금선			
조가선	각종	운전장력+1,000[N]	10분	기존선, 신설선

※ 한국철도시설공단 철도설계지침 및 편람

4. 각국의 영구신장 조성 과장력과 시간 기준(사례)

영구신장조성에 적용하는 과장력 및 시간은 나라마다 조금씩 차이는 있으나 대부분 전차선 및 조가선의 선종에 따른 크리프 시험결과와 현장여건에 따라 적용함

표 3.1.5 국내 적용 기준

구 분	선종별[mm²]	과장력[kgf]	시간[분]	비고
전차선	Cu 170	2,500	30	기존선
	Cu 110~150	2,000	30	
	Cu 110~170	운전장력의 150[%]	72[시간]	신설선
조가선	St 135	3,000	10	기존선
	St 90	1,600	10	
	Bz 65~Cdcu 80	1,500	10	
	각 종	운전장력의 110[%]	10	신설선

표 3.1.6 동일본 철도 적용 기준

구 분	선종별[mm²]	과장력[kgf]	시간[분]	비고
전차선	Cu 170	2,000	30	
	Cu 110	2,000	30	
	Cu 85	1,600	30	
조가선	St 135	3,000	10	
	St 95	1,600	10	

표 3.1.7 프랑스(SNCF) 철도 적용 기준

구 분	선종별[mm²]	과장력	시간	비고
전차선	각종	운전장력의 150[%]	72 시간	
조가선	각종	운전장력+1,000[N]	72 시간	

※ 장력단위 환산 : 1[kgf] = 9.8[N], 즉 2,000[kgf]×9.8 = 19,600[N]임

3.2 ◦ 전차선로 조가방식

3.2.1 전차선로 Catenary 조가 방식

1. 개요

가. 전차선로는 항상 양호한 집전성능을 가질 수 있도록 운전속도, 운전밀도, 수송조건, 전기방식, 주변여건, 보수방식에 적합하도록 가선되어야 함

나. 대표적인 가선방식으로는 직접가선방식, 커터너리 가선방식, 강체가선방식 제3궤조식 및 자기 부상식을 들 수 있음

2. 조가방식의 종류

가. 직접조가방식

가장 단순한 구조로 전차선 1조만으로 구성됨

나. 커티너리 조가방식

열차속도에 대응하기 위해 전차선의 등고를 유지하여 경간을 확대하였으며, 조가선이 커티너리 곡선을 이루어 **커티너리 조가방식**이라고 함

(1) 심플 커티너리 조가방식
(2) 변Y형 커터너리 조가방식
(3) 트윈-심플 커티너리 조가 방식
(4) 해비심플 커터너리 조가방식
(5) 콤파운드 커티너리 조가 방식
(6) 합성 콤파운드 커티너리 조가방식
(7) 헤비 콤파운드 커티너리 조가방식
(8) 사조식(반사조식, 연사조식, 경사조식이 있음)

다. 강체조가식 : 지하구간, 터널구간에 주로 사용

(1) T-bar 방식 : DC 구간 사용
(2) R-bar 방식 : AC 구간 사용

라. 제3궤조식(Third rail system)

주행용 궤도 외에 궤도측면에 급전용레일(제3레일)을 설치하여 전기차에 전원을 공급하는 방식.

3. 커티너리(Catenary) 조가방식의 종류 및 특징

가. 커티너리 조가방식의 특징

(1) 전차선의 등고를 유지하기위해 현수선(조가선)을 설치하고 일정한 간격으로 행거 또는 드로퍼를 설치하여 전차선의 등고를 유지함
(2) 집전성능 등 가선특성이 우수하고 고속운전에 적합한 구조이나 복잡함

나. 심플 커티너리(simple catenary) 조가방식

(1) 구조 : 전차선과 조가선을 합성하여 행거 또는 드로퍼에 의해 등고를 유지하는 구조이며 커티너리 방식의 대표적인 형태로 가장 널리 사용됨

(2) 특징

① 당초 국내 지상구간에서는 110[km/h] 정도의 속도에서 대부분 사용되었으나,

고속철도 도입으로 장력, 경간, 가고 등을 변경, 조정된 설비로 300[km/h] 고속화에도 사용되도록 개발되어 가장 널리 사용되고 있음

② 전차선, 조가선등을 경량재질로 사용하여 가선특성을 향상시킨 구조로 커티너리 가선방식에서는 가장 단순(simple)한 구조임

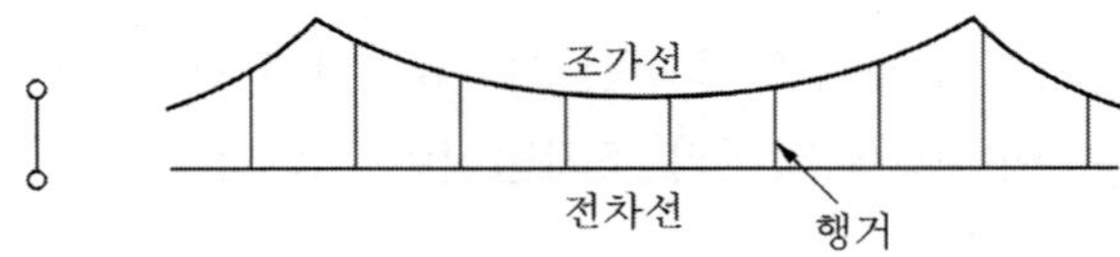

그림 3.2.1 심플커티너리 조가방식

다. 해비 심플커티너리(Heavy simple catenary) 조가방식

(1) 구조 : 심플 커티너리 구조와 동일하나 장력을 크게 하기 위하여 전차선과 조가선을 굵게 함

(2) 특징

① 장력을 크게 하여 경간중앙부근의 전차선 압상황을 적게 하여 동적 이동 상태에서 등고성을 향상시킴 ➪ 일정속도 이상에서는 가선특성 저하

② 고장력으로 풍압에 따른 편위의 증가를 억제하여 가선진동 및 동요를 감소시켜 안전도 및 집전성능을 향상시킴

③ Trolly wire가 굵어 내마모성, 내부식성에 유리함

④ 전류용량이 큰 직류구간 또는 전동차 운행빈도가 높은 일부 구간에서 170 [mm^2](3[ton]) 전차선로를 사용하고 있음

라. 변Y형 simple catenary 조가방식(국내사용하지 않음)

(1) 구조 : 심플 커티너리 가선방식의 지지점에 약 15[m] 정도의 Y선을 설치하여 지지한 방식

(2) 특징

① Y선으로 지지점의 압상력을 크게 하여 지지점의 경점을 경감하여 이선을 방지하는 목적으로 사용

② Y선의 장력조정이 어렵고 지지점의 탄성점수, 가선 압상량 가고 등이 크게 되어 강풍시 가선이 경사되는 등 내풍성이 약함

③ 기존 시스템에 가선장력을 증가시키지 않고 "가동브래킷과 자동장력장치를 병용하여 건설비를 크게 절감한 경제적인 고속화 가선용으로 개발 사용되었음

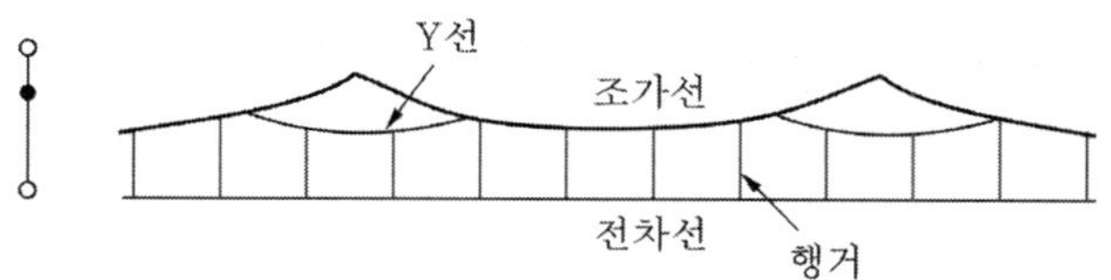

그림 3.2.2 변Y형 심플커티너리 조가방식

마. 트윈심플 커티너리(Twin simple catenary) 방식

(1) **구조** : 심플 커티너리 2조를 일정한 간격(100[mm])로 병행하여 가설한 구조

(2) **특징**

① 팬터그래프에 의한 가선의 상하변위가 없고 압상특성이 양호

② 전차선 2조가 설치되어 집전 전류용량이 커서 고속운전구간, 운전밀도가 높은 대도시 통근수송의 중부하 구간에 많이 사용

③ 심플 커터너리에 비해 건설비가 높고 가선구조가 복잡함

④ 국내 경우 사용하지 않으나, 가고가 작은 터널구간에 극히 일부 더블 전차선(Double Trolly)이 사용되는 경우 있음

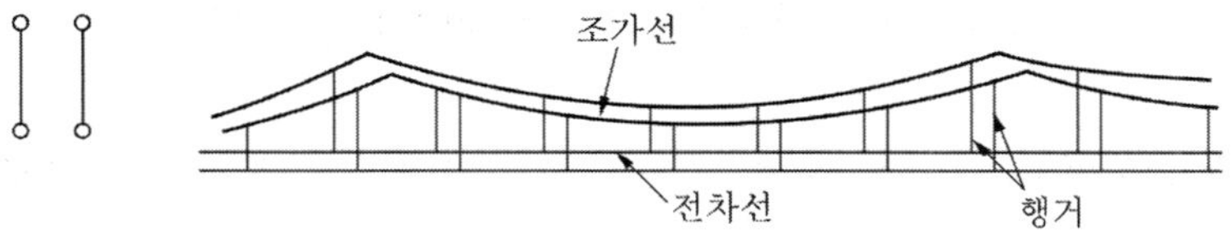

그림 3.2.3 트윈심플 커티너리 조가방식

바. 컴파운드 커티너리(Compound Catenary) 조가방식(국내 사용하지 않음)

(1) **특징**

① 전차선과 조가선 사이에 보조 조가선을 설치한 구조로 집전용량이 크고 지지점과 경간중앙의 압상량 차이를 줄여 속도성능을 향상시킴

② 가선에 필요한 상방향 공간이 커서 건설비가 많이 듬.

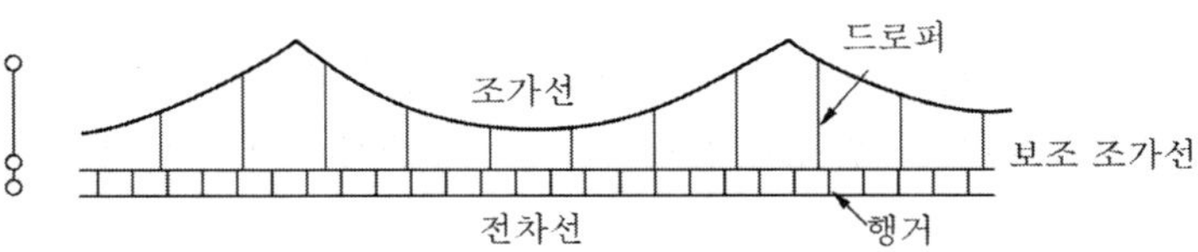

그림 3.2.4 컴파운드 커티너리 조가방식

사. 합성 Compound catenary 조가 방식(국내 사용하지 않음)

(1) 구조 : Compound catenary 조가 방식의 dropper에 스프링과 공기 damper를 조합한 합성소자를 사용함

(2) 특징

① 일본 도카이도 신간선의 250[km/h] 영업개시로 고속용 가선시스템 개발 필요성이 증대되어, 컴파운드 가선방식에 합성소자(스프링 댐퍼소자)를 삽입하여 행거점의 스프링 정수를 고려하여 댐퍼에서 가선진동을 흡수하는 방식으로 개발 사용하였으나, 유지보수에 어려움이 단점으로 지적 됨

② 합성소자로 지지점의 경점을 경감시켜 전차선의 압상특성을 균일하게 유지하여 이선과 아크발생을 방지함 ⇨ 속도성능 향상

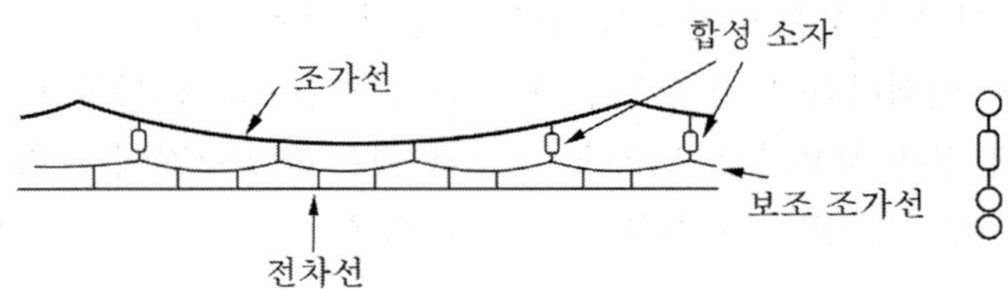

그림 3.2.5 합성컴파운드 커티너리 조가방식

아. 해비콤파운드(Heavy compound) 커티너리 조가방식(국내 사용하지 않음)

(1) 구조 : 컴파운드 커티너리 방식을 전선과 장력을 크게 한 구조임

(2) 특징

① compound catenary 조가방식을 전선의 굵기 및 장력을 높여 속도 성능 및 안전도를 향상시킴(합성소자를 생략하여 구조단순화)

② 다수의 팬터그래프가 고속집전시 가선진동 등이 억제되어 종합적인 집전성능을 향상시킴(고속화 목적으로 가선방식 선정)

③ 약 250[km/h] 고속집전시 지지점에 전차선 압상량이 약 25[mm] 정도이고 가선의 진동이 작음

자. 사조식

일반커티너리 방식은 전차선과 조가선이 수평면(궤도면)에 대하여 수직으로 배열되었으나, 사조식은 특수한 행거로 전차선을 조가선으로부터 경사지게 가선한 방식을 말함

(1) 반사조식

① 곡선개소에서 전차선을 곡선에 따라 심플식으로 가선

② 지지물경간은 직선구간과 동일하게하고 특수행거를 사용함
③ 곡선 당김 금구를 사용하지 않음

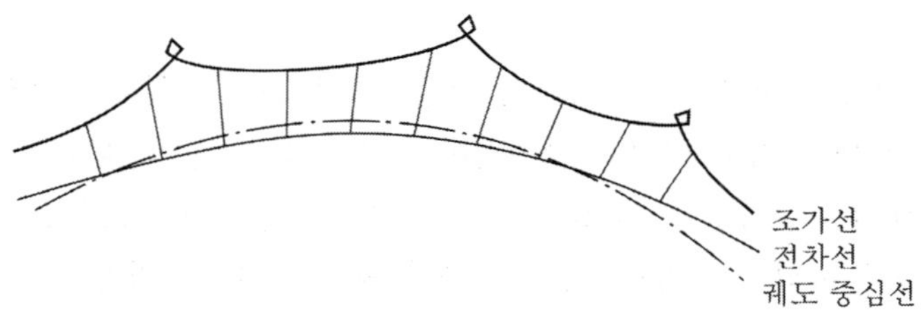

그림 3.2.6 반사조식 조가방식

(2) 연사조식

① 직선개소에서 사용하며, 전차선과 조가선이 경간중앙에서 교차되도록 각 지점에서 다른 편위를 갖도록 함
② 지지점 개소에서 궤도중심선에 대하여 전차선 조가선을 같은 방향으로 설치하여 편위를 둠 ➪ 지지점 위치 상호 반대

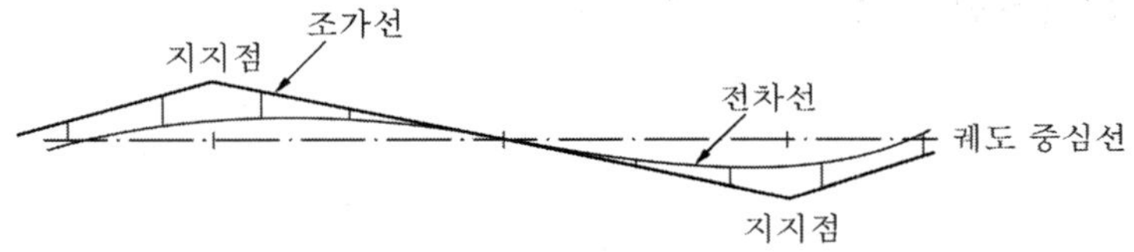

그림 3.2.7 연사조식 조가방식

(3) 경사조식

① 지지점 개소의 전차선에 진동방지장치를 설치하여 궤도 중심선에 대하여 전차선과 조가선을 각각반대 편위가 되도록 가선함
② 풍압에 대하여 효과가 많음

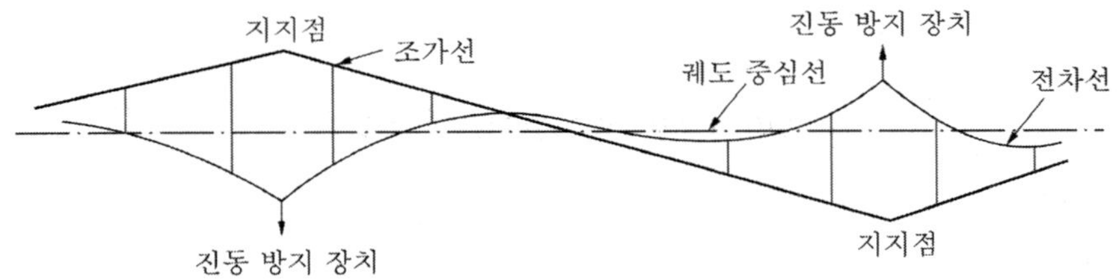

그림 3.2.8 경사조식 조가방식

3.2.2 전차선로 엇가고(Oblique Encumblance) 가선 시스템

1. 추진배경

경부고속철도 1단계 건설사업시 고속선과 기존선 직통운전을 위해 기존선 동대구~부산간 전철화 추진 과정에서 기존 터널의 단면적이 작은 단선 터널의 개량에 과다한 공사비 및 공사기간이 소요되는 문제점을 해소하고 최고 운행속도를 160[km/h]이 가능하도록 기존 터널 브래킷 가선 방식을 대체할 엇가고 가선 방식을 개발하였음

2. 엇가고 시스템 설계기준

가. 전차선 : Cu150[mm^2] 기준, 장력 15,000[N] 이하
나. 조가선 : Bz65[mm^2] 기준, 장력 14,000[N] 이하
다. 경간 : 20[m], 최소가고 : 250[mm]
라. 최소곡선반경 : 600[m] 이상, 캔드 : 160[mm] 이하
마. 편위 : 곡선반경 3,000[m] 이상에서 좌우±200[mm]

3. 엇가고 가선시스템 구조

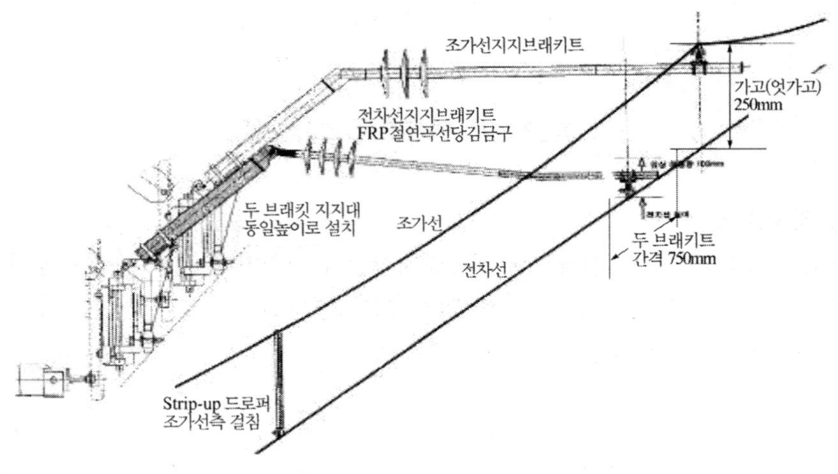

그림 3.2.9 엇가고시스템 개념도

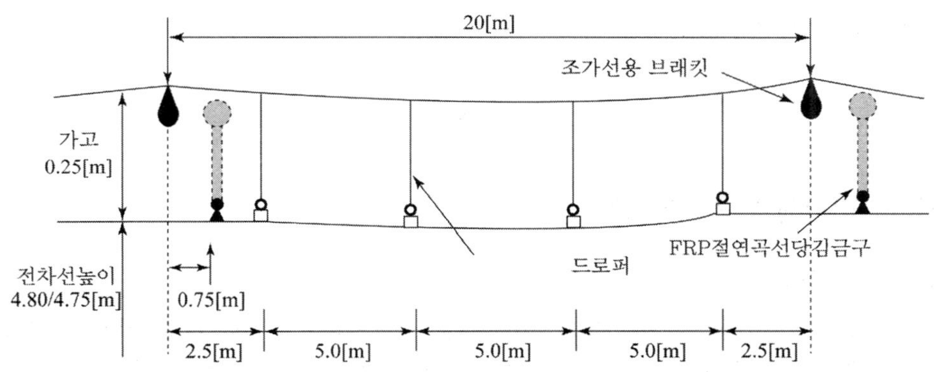

그림 3.2.9 엇가고 가선구성도

가. 터널 브래킷 지지프레임의 구조상 동일평면에 상하로 배치 할 공간이 없고 축소된 가고에서 전차선용 곡선당김금구 압상력을 높일 수 있도록 전차선 지지점과 조가선 지지점을 일정 간격(750[mm])을 두어 엇갈리게 배치함

나. 전차선 지지브래킷(FRP 곡선당김금구)

(1) 허용압상력 : 100[mm] 이상으로 최적의 압상력 보장
(2) 연결관에서 일정한 각도로 굽은 형태로 편위에 관계없이 전차선을 수직으로 지지하여 편심으로 작용하는 힘의 작용방향을 고려하여 좌굴강도를 강화하였음
(3) 재질 : 절연부는 고강도 FRP, 금속연결관은 알루미늄 합금

다. 조가선 지지브래킷

(1) 고강도 FRP 절연부를 제외하고는 기존 터널브래킷 사양 준용
(2) 연결관은 곡선당김금구와 한 세트로 A, B 타입으로 구분하고 알루미늄 재질 사용
(3) 절연부 외피 재질과 전기적 절연성능도 전차선 지지브래킷과 같음

라. 드로퍼는 Stir-up 타입으로 조가선에 걸쳐놓은 형태로 5[m] 간격으로 설치

3.2.3 이동식 전차선(Moveable Catenary) 시스템

1. 개요

가. 전차선로가 가선된 구간에서 필요시 가선시스템에서 전차선을 안전하게 분리하여 이동시키는 설비를 이동식 전차선 시스템이라고 함

나. 이동식 전차선 시스템(Moveable Catenary System)은 차량기지 검수고, 가동교량인 도개교, 대형 화물자동차가 빈번하게 통행하는 공단에 인접된 건널목 등에서 다양하게 설치됨

2. 이동식 전차선의 동작별 분류

가. 회전형(Slewing Type)

(1) 차량기지 검수고, 철도물류 기지 컨테이너 야드 등에서 주로 적용되는 시스템으로 국내의 전동차 차량기지 검수고, 고속철도 차량기지 검수고, 지하철 광주역구내 검수고 등에 설치하여 운용 중에 있음

(2) 크기는 30~40[m]부터 열차장과 같은 420[m] 용이 있음

(3) 구성도(국내 차량기지 검수고용)

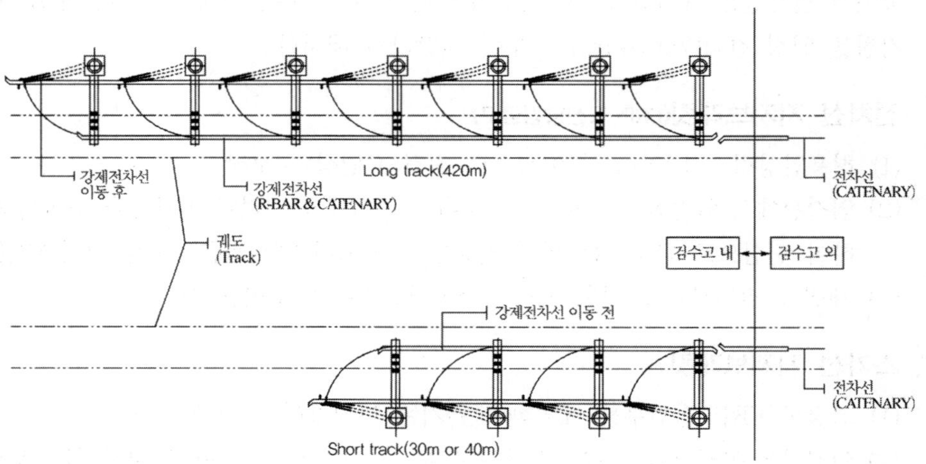

그림 3.2.10 회전형 이동식 전차선 구성도

나. 슬라이딩형(Sliding Type)

(1) 주행 슬라이딩형이 주로 사용되며 가동교량이나 특수 건널목 등에 사용되는 시스템으로 국내에는 대불역구내 건널목에 설치 운용하였으나 최근에 철거하였음

(2) 구성도(대불공단역 구내 설치사례 : 현재는 철거하였음)

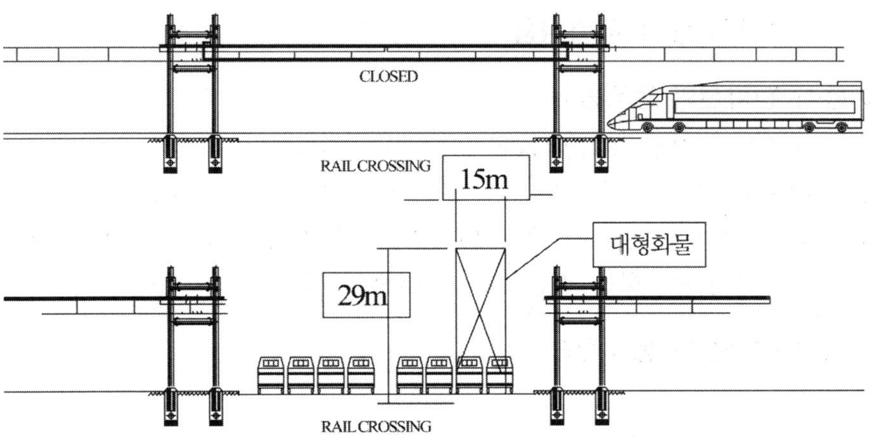

그림 3.2.11 슬라이딩형 이동식 전차선 구성도

다. 오픈/리프트 형(Open Type/ Lifting Type)

(1) 외국에서 해상 도개교(Bascule Bridge)에 사용된 사례가 있으며 특수 건널목 등에도 적용이 가능한 시스템임

(2) 구성도

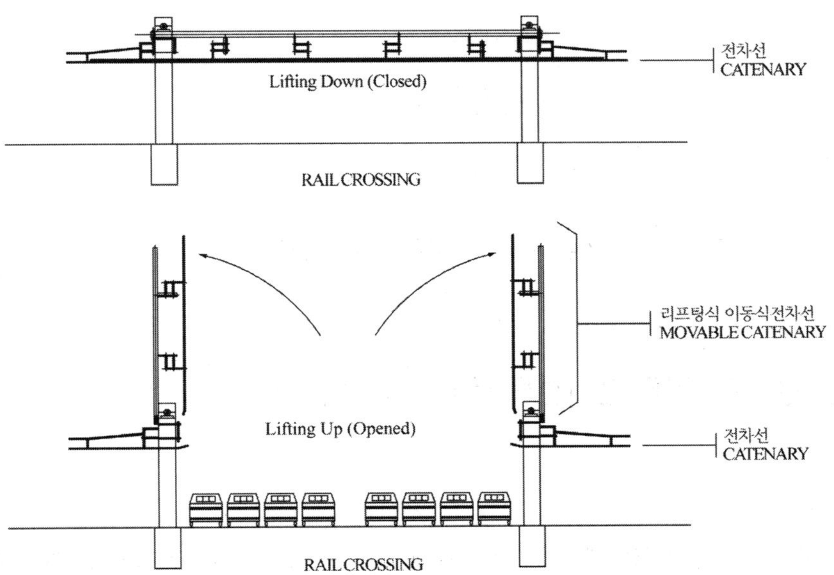

그림 3.2.12 오픈형 이동식 전차선 구성도

3. 이동식 전차선의 동작 메커니즘

가. 이동식 전차선의 동작방식

(1) 열차운행을 우선 조건일 경우 ➪ 상시 연결방식

(2) 차량검수 또는 건널목 화물 우선조건일 경우 ➪ 상시 오픈 방식

(3) 분리 및 접속 조건은 무가압 상태, 열차 출발 또는 정지상태, 건널목 차단 및 기타 안전상태를 만족하는 조건에서 조작되어야 함

나. 이동식 전차선의 동작원리

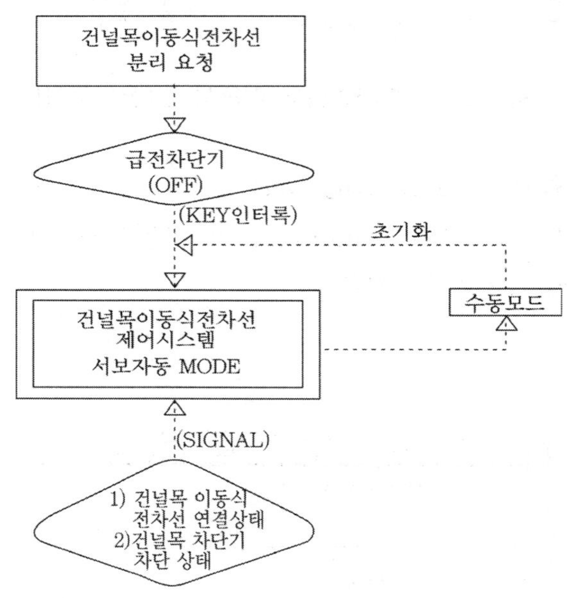

그림 3.2.13 상시연결식 동작원리

3.2.4 경부고속철도 전차선로 주요설비 기준

1. 개요

가. 경부고속철도는 2004년 4월 1일 1단계 238.9[km](서울~동대구)를 개통하고, 2010년 11월 2단계 동대구~부산간 184.9[km]를 개통함으로서 총 423.8[km] 전구간을 개통하여 고속철도 운영하는 국가가 되었으며, 이후 2015년 4월에 오송~광주송정역간 호남 고속철도를 개통하고, 수서~평택간을 2016년말 개통하였음

나. 300[km/h]로 운영하는 경부고속철도의 전기철도 주요설비 기술기준은 기존 일반 전기철도와는 다른 전기방식, 급전방식, 전차선의 높이, 가고, 인류길이, 경간, 전주건식 게이지 등을 간단하게 기술하고자 함

2. 전기방식

경부고속 철도의 전기 방식은 교류 25[kV], 60[Hz] 방식으로 일반철도 전기방식과 동일함

3. 급전방식

가. 경부고속철도 급전방식은 방면별 AT(단권변압기) 급전방식으로 상하선을 연결하는 PP급전 방식으로 SP와 SSP에서 상하선을 연결하여 병렬급전하고 비상시 병렬급전소(PP)에서 상하선을 분리하여 건전선로만 운영함

나. 일반 전기철도의 방면별 AT 급전방식은 상하선을 분리하여 급전하는 SSP 급전방식으로 상시 상하선을 분리하여 급전하다 비상시는 해당 선로를 구분하여 급전하는 방식임

4. 고속철도와 일반철도 전차선로 시스템 비교

표 3.1.3 고속철도와 일반철도 시스템 비교

구 분	경부고속철도	기존철도
전차선전압	교류단상 25[kV], 60[Hz]	교류단상 25[kV], 60[Hz]
가선(조가)방식	심플커티너리	심플커티너리
전주경간(최대)	63[m]	50[m]
전주건식게이지	3.235[m]	3.0[m]
전차선 및 장력	CU150[mm^2] 20[kN]	CU150[mm^2], Cu100[mm^2] 10[kN]~12[kN]
조가선 및 장력	Bz65[mm^2] 14[kN]	Cdcu70[mm^2] 등 10[kN]
자동장력장치	개별장력(5:1)도르레	일괄장력 활차식
드로퍼, 행거	드로퍼 Bz12[mm^2]	드로퍼 Cdcu10[mm^2]
절연구분장치	이중오버랩	FRP 절연체방식
전차선높이	5.08[m]	5.20[m]
가고	1,400[mm]	900[mm]
최대인류거리	1,200[m]	1,600[m]
사전이도조정	경간/2,000	없음

3.3 전차선로 지지물 경간길이의 결정

3.3.1 전철주의 표준경간 및 경간 조정

1. 전철주 경간 길이 결정의 목적

가. 전기철도 차량은 선로를 따라 가선된 전차선로로부터 전력을 공급 받아 주행하게 되는데 어떠한 선로조건, 차량특성, 기후상태 및 열차속도에 관계없이 원활한 집전이 이루어지도록 기술 적합성을 확보하여야 함

나. 따라서, 이러한 기술적인 적합성을 충족시키기 위해서는 최대 경간길이 결정에서와 같이 복잡한 요소를 고려하여 계산하여야 하나 여러 가지 파라미터에 의한 계산 결과에 따라 건설 및 유지보수에 필요한 표준경간을 정하여 적용하고 있는 사항을 기술함

2. 전철주의 표준경간(국내)

국내의 전철주 표준경간은 속도 및 곡선 반경에 따라 아래와 같이 규정함

가. 고속철도 ➪ 속도등급 300[km/h] 이상에서는 최대 65[m] 이하(터널 50[m])

나. 일반철도 ➪ 속도등급 250[km/h] 이하는 아래와 같음

(1) 커티너리 가공 전차선로 지지물은 표 3.3.1에 의하고, 인접하는 경간의 차는 10[m] 이하로 하며, 부득이한 경우 20[m] 이하로 함

(2) 터널 브래킷 경간은 20[m], 강체가선 방식은 10[m] 이하를 원칙으로 함

(3) 확대 터널 C-찬넬에 의한 하수강의 경우 터널공사 라이닝폼 시공법 및 표준가고 등을 고려하여 경간 배치를 정하여야 함

표 3.3.1 곡선반경에 따른 전철주 최대경간

곡선반경[m]	최대경간[m]	비 고
곡선반경 2,000 초과	60	
곡선반경 1,000 초과 ~ 2,000까지	50	
곡선반경 700 초과 ~ 1,000까지	45	
곡선반경 500 초과 ~ 700까지	40	
곡선반경 400 초과 ~ 500까지	35	
곡선반경 300 초과 ~ 400까지	30	
곡선반경 200 이상 ~ 300까지	20	

3. 전철주의 경간 조정시 고려 사항

가. 곡선로 교량 등 특수개소의 전주경간은 기준 편위를 확보 가능한 범위 내에서 교각의 위치에 따라 조정할 수 있음
나. 경간을 정하는 기준점은 분기개소의 중심지점의 전주위치와 고가 또는 터널입구 가장 자리의 전주 위치, 교량의 전주 위치, 건넘선의 중앙 전주의 위치, 변전소 앞 등의 전주 위치를 고정점으로 하여 다른 전주의 위치를 정하여야 함
다. 상하선의 전주 위치는 가능한 한 서로 대향하여 일치하도록 하되, 절연구분장치 등 특수한 경우는 예외로 함
라. 축소경간이 필요할 때는 완화곡선 장소 또는 장애물이 있는 지역에서 조정함
마. 장력조정장치나 흐름방지장치가 설치되는 전주는 건축물 하부나 건넘선 안에 설치하지 않아야 함
바. 교량위의 전주기초는 가급적 교각에 가까운 곳에 설치하도록 하고 교량상판의 연결개소는 피해야 함
사. 구름다리, 짧은 교량은 가급적 경간 중앙에 오도록 전주경간을 설정하여야 함

3.3.2 고속철도 전차선의 최대경간 결정 목적과 조건

1. 최대경간 길이 결정의 목적

가. 전기철도 차량은 선로를 따라 가선된 전차선로로부터 전력을 공급 받아 주행하게 되는데 어떠한 선로조건, 차량특성, 기후상태 및 열차속도에 관계없이 원활한 집전이 이루어지도록 기술적합성을 확보하여야 함
나. 이러한 기술적인 문제에서 편위, 높이 등은 기준데이터로 분류하여 확정해 놓게 되므로 전차선로와 팬터그래프(집전판) 사이의 횡적 위치의 적합성 등을 확보하기 위하여 전차선로 최대 경간을 조정・제한하며 계산식은 UIC606-1 등에 기술하고 있음

2. 최대경간길이 결정 조건(변수분석)

가. 선로분야

선로의 곡선반경, 공칭 궤간, 실제궤간, 캔트 및 캔트부족에 의한 전차선에 미치는 영향, 양 레일면 높이에 의한 허용 오차가 주는 영향 등을 고려함

나. 차량 및 집전장치(Pantagraph) 분야

집전장치(Pantagraph)유효 운전존의 반폭, 차량특성에 따라 집전장치 주체의 중심

축이 궤도 중심으로 이탈되는 량, 집전장치(Pantagraph) 압상력의 수평성분에 의한 전차선 이동량, 팬터그래프 압상력, 차량 회전운동(Rolling)에 의한 영향 등을 고려함

다. 전차선로 분야 ➪ 3항 참조

3. 전차선로 분야에서 고려할 사항

가. 접촉점의 높이

(1) 열차 정지 시 정적압상력을 무시하면 레일면상 전차선 높이를 말하나, 열차가 주행 시는 팬터그래프 양력이 작용하여 접촉점 높이가 상승함

(2) 경부고속철도 경우 정적 높이는 5.08[m]이나 300[km/h]로 주행 시 팬터그래프 양력에 의하여 9~12[cm] 정도 상승하여 풍압 등을 고려하여 동적높이는 정적높이 보다 20[cm] 높여 5.28[m]로 잡아 설계에 적용함

(3) 중저속인 일반철도에서의 전차선 정적높이는 5.20[m], 동적높이는 5.25[m]로 적용하는 것이 타당함

나. 전주 움직임에 의한 전차선 이동량(mm)

(1) 기초의 이동, 고정 지지물 등에 의한 작용 하중, 온도변화에 의한 하중 변동, 전선 등 부속물의 추가로 인한 하중 변동에 대해서는 현장에서 편위(Offset) 조정으로 해결

(2) 선로를 기준으로 각 방향의 바람에 의한 영향 및 지지물에 설치된 전선의 인장 응력의 변동에 의한 영향을 고려하여 기준을 0.055[m] 이내로 함

다. 경간 중앙에서의 편위 값

곡선의 양단 전주에서의 편위 값을 고려하여 결정

라. 경간길이

전차선로 경간길이로 설치오차 ±0.5[m]를 포함하여 고려함

마. 시공 허용오차에 의한 전차선 편위

시공 설치 시 부정확성 및 주기적인 조정 할 수 없는 경우 조정 전까지의 변화 허용량을 말하며, 약 0.02[m]를 적용함

바. 온도변화에 의한 가동브래킷 회전에 따른 전차선의 횡변위 영향

온도변화에 따라 전차선 횡방향 변위는 전선의 신축량에 비례하고, 가동브래킷 길이에 반비례하므로 온도범위 및 가동브래킷 길이 등을 고려함

사. 풍압에 의한 전차선 횡변위량

전차선을 비롯한 가공 전선류는 풍압 및 풍향에 의하여 다양한 횡방향 변위가 발생하므로 주변 조건을 고려하여 적용하여야 함

3.3.3 고속철도 전차선의 이도와 최대경간 결정 기법

1. 고속철도 전차선 이도

가. 고속철도 전차선의 이도는 다수 집전장치(Pantagraph)의 열차가 운행해도 지장이 없도록 하기 위해 경간 S일 때 약 S/2000로 사전이도(Pre-sag)를 주어 가선하고 있음

나. 경간은 기존선의 9[m]의 배수에서 이상적인 집전거리를 고려하여 고속선은 4.5[m]의 배수로 경간을 설정하였고, 드로퍼의 간격은 4.5[m]와 6.75[m]이며 지지점에서 첫 번째 드로퍼 간의 간격은 4.5[m]임

다. 집전장치(Pantagraph)가 경간 중앙을 통과할 때 경간 중앙부분에서 집전장치(Pantagraph)에 의한 압상력이 많이 일어나며 지지점 부근에서 집전장치(Pantagraph)의 유동이 심해 이선현상이 발생하여 집전시 아크현상의 발생으로 인한 전차선에 영향을 주는 것을 보상하기 위하여 고속선에서는 경간마다 사전이도(Pre-sag)를 주어 팬터그래프의 통과 시 전차선이 수평을 유지하도록 하였음

2. 고속철도 전차선 경간 검토 이유

가. 열차가 운행 중일 때 집전장치(Pantagraph)는 선로조건, 차량특성, 기후상태 및 열차속도 등에 따라 여러 위치에 존재할 수 있나 어떠한 경우든 열차가 안전하게 집전하기 위해서는 집전장치(Pantagraph) 집전판이 전차선을 벗어나서 운행하여서는 안됨

나. 궤도, 환경, 차량, 집전장치(Pantagraph) 및 전차선로 기준(Design Criteria)이 이미 결정된 상태에서는 전차선로의 경간 길이를 제한하는 방법밖에 없음. 전차선로 경간 길이에 대한 최대 제한요소는 선로의 곡선반경이며, 최대 경간 결정에 인터페이스가 되는 각 분야에 대한 설계기준을 반영하여 전차선로의 최대경간을 검토하여 결정하여야 함

3. 최대 경간 길이 결정

가. 최대 경간 길이 결정의 원리

(1) 최대 경간 길이를 결정한다는 것은 결국 집전장치(Pantagraph)의 집전가능 범위(*Wd* : Width, Pantograph Working Zone) 내에서 전차선의 횡 움직임을 제한하여 원활한 집전이 되도록 하기 위한 것임

(2) 전차선의 경간 길이, 편위, 장력, 전주처짐 등이 궤도의 특성, 차량의 운동과 관련되어 적절히 선정하여 전차선이 집전장치(Pantagraph) 집전판의 어느 부분에 위치하는가를 확인하여 집전장치(Pantagraph) 잔여부분이 허용 잔여너비보다 작지 않도록 해야 함

(3) 집전장치(Pantagraph) 집전 허용범위는 고정값으로 각 요소 중 다른 값의 변동은 어려우므로 전차선로의 횡변위량(N)을 제한하도록 하는 것이 가장 합리적이며 이 횡변위는 전차선로의 경간 길이를 결정하는 요소가 됨

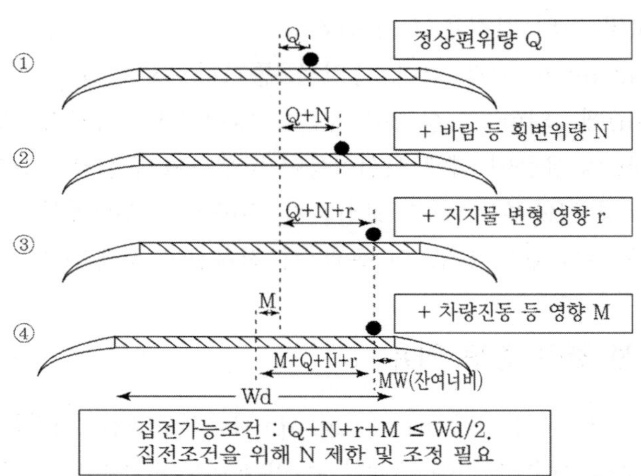

그림 3.3.1 집전장치(Pantagraph)와 전차선의 횡적위치 관계

나. 최대경간 결정 기법

최대 경간은 집전장치(Pantagraph) 작동영역 중에서 절반의 폭인 잔여부분의 너비(M_w)를 확인하는 방법으로 잔여너비의 계산은 열차운행 시 예상되는 최악의 조건인 다음 3가지의 경우에 대하여 모두 0 이상을 유지하여야 하므로 이를 만족하는 경간 중 최댓값을 구함(※ 잔여 너비 계산식은 생략함)

(1) 경우① : 열차가 캔트상에 정지해 있는 경우의 잔여 너비(M_w)

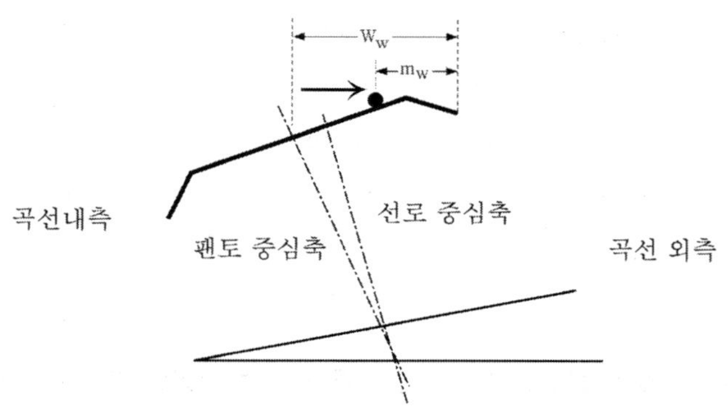

그림 3.3.2 열차 정지 상태에서 전주 반대측의 잔여 너비

(2) 경우② : 최고속도로 열차 주행 상태에서 곡선 외측으로부터 최대 풍압이 작용할 때의 잔여 너비(M_w)

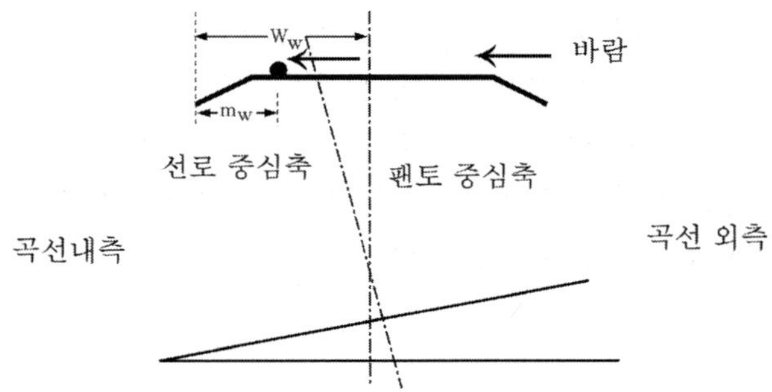

그림 3.3.3 최고속도 주행 시 곡선외측에서 최대풍압 작용시 잔여 너비

(3) 경우③ : 열차 정지 상태에서 곡선 내측으로 최대풍압이 작용할 때 잔여 너비 (M_w)

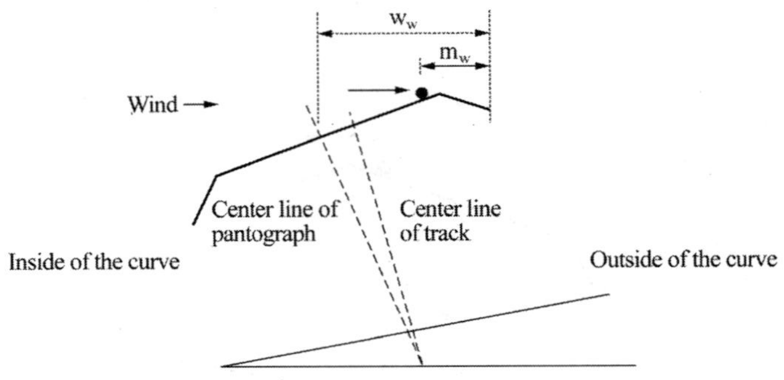

그림 3.3.4 열차정지 상태의 곡선내측에서 최대풍압 작용시 잔여 너비

3.3.4 전차선의 최대경간 계산시 고려사항(선로, 차량, 전차선로)

1. 개요

가. 전차선로 전철주의 최대 경간은 선로조건, 차량특성, 기후상태 및 열차속도 등에 따라 집전장치(Pantagraph)가 전차선과 정상적인 집전이 가능하도록 전차선의 이도 및 편위가 횡변위 제한 범위에 들도록 최대 경간을 설정함

나. 따라서, 최대 경간 계산시 전차선로 편위 등의 변위를 가져오는 선로조건, 차량조건, 전차선로의 제반 다음 조건을 고려하여야 함

2. 선로조건

가. 선로 곡선반경

최대 경간을 계산하는 데에는 선로의 곡선 반경이 기준 데이터가 되며, 선로 곡선반경에 따라 최대 설계 속도가 정해지므로 곡선반경 각 범위에 대해 최대 경간길이를 계산하도록 함

나. 공칭 궤간 및 실제 궤간

(1) 두 레일 사이의 거리로서 보다 정확히 레일 윗면에서 14[mm]아래로 측정된 레일 두부 내측간 거리를 공칭궤간(표준궤간 1,435[mm])이라 하고, 실제궤간은 공칭궤간 + 허용오차 값임

(2) 경부 고속철도의 경우 실제궤간은 직선로에서는 공칭궤간 + 0.006[m]이고, 곡선로에서는 공칭궤간 + 0.01[m]로 설정하였음

다. 캔트/캔트 부족량으로 인한 전차선 높이에서의 영향

열차가 곡선구간에서 정지해 있을 때에는 캔트에 의해 팬터그래프가 곡선 안쪽으로 기울어지며 주행할 시는 캔트 부족량 및 열차 속도에 따라 팬터그래프의 쏠림이 달라지게 되며, 이러한 캔트량 또는 캔트 부족량에 의한 전차선 레벨에서의 팬터그래프의 횡변위 영향을 고려하여야 함

라. 양 레일면 높이에 대한 허용 오차가 주는 영향

양쪽 레일의 높이는 직선 구간에서 높이가 같거나, 곡선 구간에서 캔트값대로 설치되어야 하나, 실제는 허용 오차(Tolerance)를 규정하고 있으므로 이 허용 오차에 의한 전차선 레벨의 영향에 대한 값을 반영하여야 함

3. 차량 및 집전장치(Pantagraph) 조건

가. 팬터그래프 유효 운전존의 반폭

(1) 집전장치(Pantagraph) 주체는 카본 또는 금속카본으로 만들어진 마모 집전판(Wear Strips)과 금속 재질의 연결판(Connection Strips)과 절연성 재질의 가이드(Horn)으로 구성되어 있음

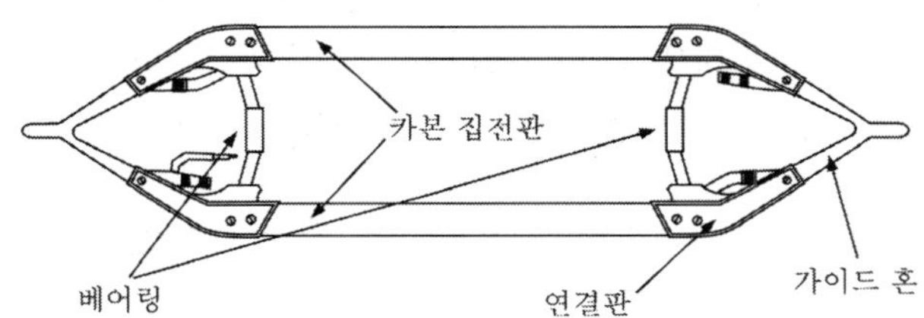

그림 3.3.5 팬터그래프 주체 [고속용 GPU 25kV]

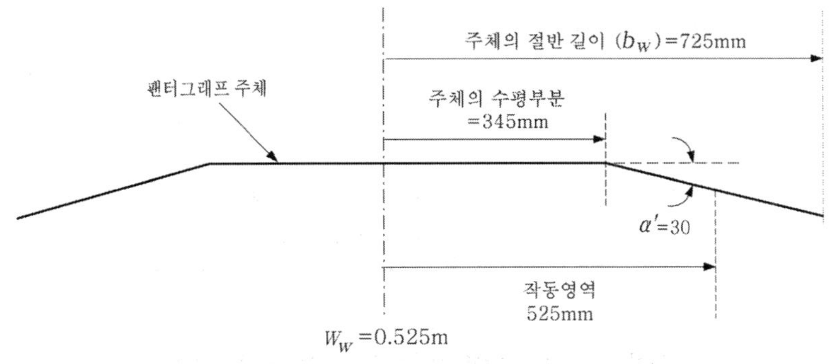

그림 3.3.6 팬터그래프 유효 작동 영역

(2) 차량이 경사진 켄트가 있는 선로위에 위치했을 때에는 중력이나 원심력에 의한 회전이 일어나기 전에 먼저 차량의 횡방향 이동이 일어나므로 팬터그래프 조립부의 베어링 부위 등에서 발생하는 횡변위를 고려함

나. 차량특성상 집전장치(Pantagraph) 주체 중심축이 궤도중심에서 이탈되는 량

차량 및 집전장치(Pantagraph)의 유동 특성 등에 따라 집전장치(Pantagraph)의 주체 중심축이 궤도 중심으로부터 벗어나게 되는 양을 반영하여야 함

다. 집전장치(Pantagraph) 압상력의 수평성분에 의한 전차선 이동량

집전장치(Pantagraph)습판은 30[°] 이내로 기울어진 경사진 가이드혼 부위에 전차선이 위치하게 되면 집전장치(Pantagraph)가 전차선을 수직으로 밀어올리는 압상력이 전차선에 횡방향으로 작용하는 전차선의 이동량을 고려함

라. 차량 회전운동(Rolling)에 의한 영향(u_0)

(1) 차량은 주행 롤링 진동(Rolling)을 하게 되며 이 운동은 대차의 스프링 특성 등에 따라 차체가 중력 중심점(Roll Center)을 중심으로 좌우회전 진동하게 되므로 팬터그래프 접촉점 높이에서의 횡이동의 영향을 고려하여야 함

(2) $u_0 = (h - h_{co})\tan(\eta_{3i})$

여기서, u_0 : 차량 회전운동에 의한 영향 량, h : 접촉점높이

h_{co} : 기관차의 Roll Center 높이(=0.5[m])

η_{3i} : 차량의 동요 각도(UIC에서는 0.6도)

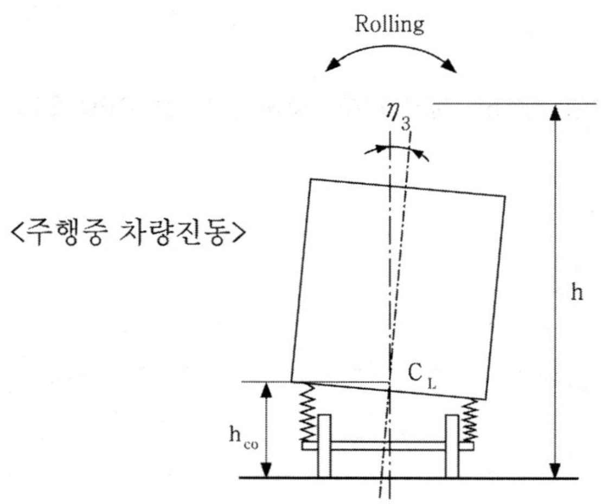

그림 3.3.7 차량 주행 시 횡운동(Rolling)

4. 전차선로 조건

가. 접촉점(전차선)의 높이

집전장치(Pantagraph)와 전차선이 접촉하는 지점의 레일면상 높이로 열차가 주행 시 집전장치(Pantagraph) 양력이 전차선을 밀어 올리므로 접촉점 높이가 상승함

나. 전주 움직임에 의한 전차선 이동량

기초의 이동, 고정 지지물・케이블・와이어로 인해 작용하는 하중, 온도의 변화에 의한 하중의 변동, 전선 등 부속품의 추가 또는 제거로 인한 하중의 변동, 선로를 기준으로 각 방향으로 부는 바람에 의한 영향 등을 고려함

다. 경간 중앙에서의 편위 값 ⇨ 곡선에서의 중간편위로 곡선 외측값이 +값

라. 경간 길이 [C] : 전차선로의 경간길이로서 설치오차를 고려함

마. 시공 허용 오차에 의한 전차선의 편위

이 오차는 설치 시 부정확성, 계속적인 조정이 곤란해 발생하는 틀어짐, 가동브래킷과 같이 정해진 주기로 조정하는 설비에 대해서 주기 조정이 이루어지기 전까지 변화 허용량 값을 고려함

바. 온도변화로 인한 가동브래킷 회전에 따른 전차선의 횡변위 영향

온도가 변하면 전선 길이의 신축으로 인하여 자동장력 조정장치 또는 인류장치 측으로 가동브래킷이 회전하여 전차선의 횡방향 변위의 영향으로 횡방향 위치를 이동시키므로 인류지점부터 해당 전주까지의 거리 및 온도 변화량을 고려함

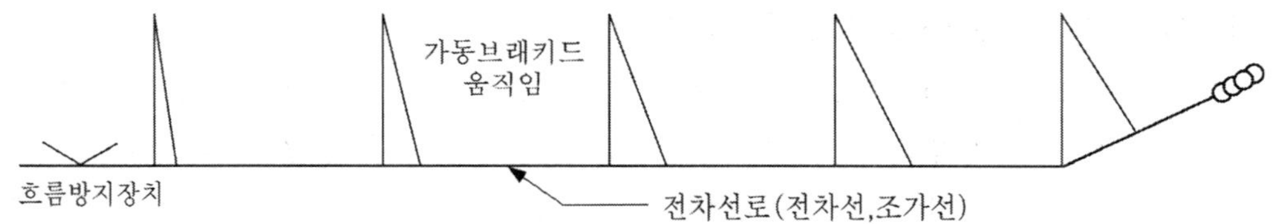

그림 3.3.8 온도 변화에 따른 가동 브래킷의 움직임

사. 풍압으로 인한 전차선 횡변위량

바람이 전차선로에 작용할 때 전차선은 횡방향으로 날리며 이때 발생하는 전차선 변위는 경간의 좌우 편위가 다른 경우에는 최대 변위가 발생하는 위치가 중앙이 아닌 다른 곳으로 이동하게 되고 이러한 편위효과와 곡선구간에 대한 효과를 감안한 전차선로의 횡변위에 대해서 고려함

3.4 ◦ 전차선로 편위, 높이, 구배

3.4.1 전차선로 편위 기준

1. 개요

가. 전차선 편위란 궤도중심에서 수직한 레일윗면의 전차선이 위치한 좌・우 수평 거리를 말함(편위 : deviation : 궤도중심에서 전차선이 벗어난 거리)

나. 집전장치(Pantagraph)가 전차선을 벗어나지 않도록 하며, 집전장치 습동판의 국부 마모를 방지하기 위하여 지그재그(zig zag) 편위로 가선하고 있음

2. 전차선 편위값 기준

가. 고속철도 경우 : 최대 좌・우 200[mm] 이하

나. 일반철도 : 표준 200[mm], 최대 250[mm] 이하

다. 본선의 전차선 편위

(1) 직선 및 곡선반경 1,600[m] 이상의 곡선로 : 좌・우200[mm]

(2) 곡선반경 1,600[m] 미만의 곡선로 : 선로 외측으로 200[mm]

(3) 곡선부 경간중간 : 150[mm] 이하

라. 강풍구간 또는 승강장구간의 전차선 편위 : 100[mm] 이하

3. 전차선 편위를 결정하는 요소

가. 전기차 동요에 의한 집전장치의 편위

차량의 집전장치의 편위는 차량동요의 각도를 3°로 기준으로 하여 전차선 높이 5,200[mm], 차량무게 중심위치 585[mm], 차량 좌・우 수평점 610[mm], 수평점의 상하진폭 : 32[mm] 일 때 전차선 높이를 고려할 때 약 240[mm]가 되며 이에 여유분 10[mm]를 더해 최대편위를 좌・우 250[mm]로 설정함

나. 곡선로에서 전차선 편위

곡선구간의 편위는 주행차량의 집전장치(Pantagraph)의 중심부근에서 전차선과 접촉되도록 지지점에서는 곡선외방으로 경간중앙에서는 곡선내방으로 시설함

다. 가동브래킷(곡선당김 금구) 회전에 의한 편위

온도변화에 따른 전차선 신축작용, 마모에 의한 신장변화에 따라 가동 브래킷 및 곡선

당김 금구의 회전(가동)에 의한 편위 변화

라. 지지물변형(수직 편하 중)에 따른 전차선 편위

지지물 자체의 자중과 전차선등의 하중에 의하여 지지물의 휨, 기초의 회전 등에 의한 편위가 발생하여 최근 경부고속철도 및 일반건설구간에서 횡압력이 작용하는 반대방향으로 1m당 약 3[mm]의 경사를 미리주어 시공함

마. 풍압에 의한 전차선 편위

풍압에 의한 횡변위에 의한 전차선 편위 계산은 풍압하중이 모두 일정하고, 행거 또는 드로퍼는 무한대가 있으며, 조가선·전차선 장력이 불변한 것으로 가정하여 결정함

4. 전차선편위 안전조건

전차선의 편위결정 요소인 차량동요, 곡선로, 가동브래킷, 회전지지물 변형, 풍압하중 등의 편위변동 총합이 팬터그래프(집전장치) 유효폭 이내에 들어가야 전기차 안전운행을 도모할 수 있음

3.4.2 전차선로에서 발생하는 편위 구성요소

1. 개요

전차선의 편위는 주변의 풍압, 곡선반경, 지지물 변형, 집전장치의 동요, 온도변화에 의한 전차선의 신축 등 각 기울기(횡변위)의 총합이 집전장치(Pantagraph) 유효폭 이내에 있어야 하므로 전차선의 최대 편위가 집전장치(Pantagraph) 유효폭 보다 작게 유지될 수 있도록 전차선에 발생하는 각 편위 변위량의 요소를 감안하여 지지경간이나 지지점의 편위를 결정하여야 함

2. 전차선 편위(횡변위)를 결정하는 요소

가. 풍압에 의한 편위
나. 곡선로에 의한 편위
다. 지지물의 변형에 의한 편위
라. 차량동요에 의한 집전장치의 편위
마. 온도변화에 의한 가동브래킷 및 곡선당김금구의 편위

3. 풍압에 의한 전차선 기울기 계산

가. 바람이 불면 전차선에 횡변위가 발생하므로 열차 안전운행을 위하여 풍압에 의한 전차선의 편위가 집전장치의 유효 폭보다 작게 되도록 경간이나 기울기를 제한하여야 함

나. 풍압에 의한 전차선 변위 계산은 풍압하중이 일정하고 행거 또는 드로퍼가 무한대이며, 조가선 · 전차선의 장력이 불변상태에서 직선구간의 지지점에서 200 [mm] 지그재그 편위를 주었다고 가정하여 아래와 같이 계산함

(1) 전차선의 편위(횡변위) 계산식

$$d_1 = \frac{S^2\,(W_t + W_m)}{8(T_t + T_m)} + \frac{2a^2(T_t + T_m)}{S^2(W_t + W_m)}\,[\mathrm{mm}]$$

식에 아래 조건을 적용하면

$$d_1 = \frac{50^2(0.937+0.798)}{8(1200+1200)} + \frac{2\times 0.2^2(1200+1200)}{50^2(0.937+0.798)} = 0.269\,[\mathrm{m}]$$

가 되어 기준 최대 편위량 범위를 초과하므로 지지점의 편위량을 조정하여야 함

여기서, d_1 : 지그재그 편위에서 풍압에 따른 전차선 횡변위(편위)량[mm]

S : 전주경간[m] ➪ 50[m]

a : 지지점의 지그재그 편위량[m] ➪ 0.2[m]

W_t : 전차선 Cu110[mm^2]의 풍압하중[kgf/m]

➪ 0.015[m^2/m] × 76[kgf/m^2] = 0.798[kgf/m]

W_m : 조가선 Bz의 풍압하중[kgf/m]

➪ 0.01234[m^2/m] × 76[kgf/m^2] = 0.937[kgf/m]

T_t : 전차선 Cu110[mm^2]의 가선 장력[kgf] ➪ 1,200[kgf]

T_m : 조가선 Bz의 가선 장력[kgf] ➪ 1,200[kgf]

(2) 설계조건 : 운전가능 풍속 30[m/s]의 풍압하중을 받을 때 지지점의 최고허용 편위량은 100[mm]로 함

4. 곡선로에서 전차선의 편위 계산

가. 곡선구간에서는 주행차량의 집전장치(Pantagraph)의 중심부근에서 전차선과 접촉되도록 지지점에서는 곡선외방, 경간중앙에서는 곡선내방으로 시설하며, 전차선의 편위는 각각의 곡선 반지름(곡선반경)에 대하여 계산함

나. 곡선반경 및 경간에 따른 편위 계산

(1) 그림 3.4.1에서 지지점 편위(ds)와 경간 중간 편위(d)가 같다면,

$(OA)^2 = (OB)^2 + (AB)^2$ ⇨ $(R + ds)^2 = (R - d)^2 + (\frac{S}{2})^2$

⇨ $(R^2 + 2R \cdot ds + ds^2) = (R^2 - 2R \cdot d + d^2 + \frac{S^2}{4})$에서 $d = ds$이므로

⇨ $4R \cdot d = \frac{S^2}{4}$이므로, 곡선에서의 편위(기울기) $d = \frac{S^2}{16R}$

여기서, d : 경간중앙의 전차선 편위량[m]

ds : 지지점의 전차선 편위량 0.2[m]

S : 전주경간[m], R : 곡선반경[m]

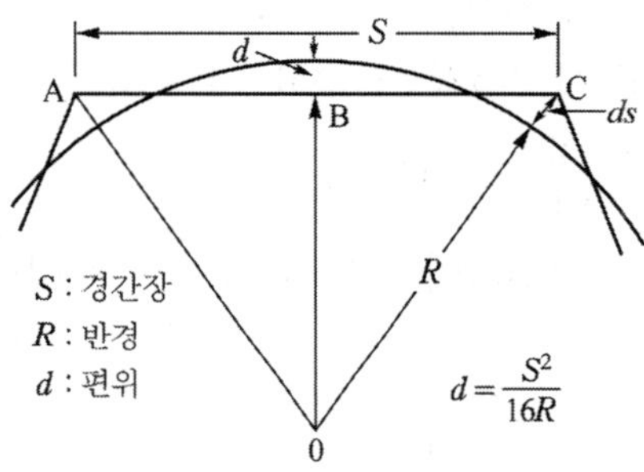

그림 3.4.1 곡선로의 편위

(2) 그러나, 대부분 $d \neq ds$ (지지점 편위와 중간편위가 다름)이므로

곡선로 중간 편위는 $d = \frac{S^2}{8R} - ds$로 계산함

표 3.4.1 전주경간 및 곡선반경 별 전차선 기울기

전주경간	곡선반경	지지점편위	중간 편위	풍압 편위	편위 계
50[m]	1,600[m]	200[mm]	−4.6[mm]	225[mm]	220[mm]
45[m]	1,000[m]	200[mm]	53.1[mm]	182[mm]	235[mm]
40[m]	700[m]	200[mm]	85.7[mm]	144[mm]	229[mm]
35[m]	500[m]	200[mm]	106.2[mm]	110[mm]	216[mm]
30[m]	400[m]	200[mm]	81.2[mm]	81[mm]	162[mm]
20[m]	300[m]	200[mm]	−33.3[mm]	36[mm]	2.7[mm]

5. 지지물 변형(굽힘)에 따른 전차선 편위

가. 바람의 영향 또는 수평장력 및 지지물 자체의 자중과 전차선등의 하중에 의하여 지지물의 굽힘, 기초의 변형에 따라 경사 등의 편위가 발생하는 현상을 말함

나. 지지물 변형에 대한 편위 발생을 억제하기 위하여 전주의 휨을 50[mm], 기초 경사에

대하여 50[mm]로 하여 지지물의 굽힘에 대한 편위는 100[mm] 정도의 경사를 고려하며, 최근 경부고속철도 및 일반건설구간에서 횡압력이 작용하는 반대방향으로 1[m]당 약 3[mm]의 경사를 미리주어 시공함

6. 전기차 동요에 의한 집전장치의 편위

가. 그림 3.4.1과 같이 궤도면상 585[mm]에 차량무게 중심이 위치하고, 대차의 차륜이 좌·우 610[mm]의 수평점에서 상하진폭 32[mm]이고 차량동요 최대각도를 3°로 규정할 때 전차선 높이 5,200[mm]를 고려하여 계산함

나. 전기차 동요에 의한 편위 계산

집전장치에 의한 편위(d)는 (5200−585) : d = 610 : 32

$$\therefore\ d = (5200 - 585) \times \frac{32}{610} \fallingdotseq 242[\text{mm}]$$

∴ 최대 편위값은 여유 10[mm]를 더해 좌·우 250[mm]로 설정함

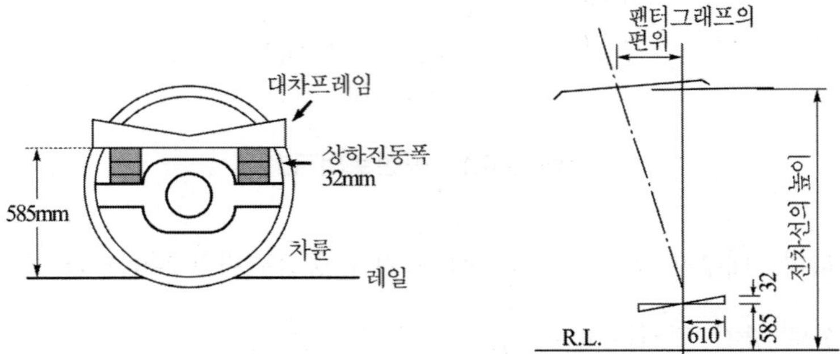

그림 3.4.2 차량동요와 집전장치 편위

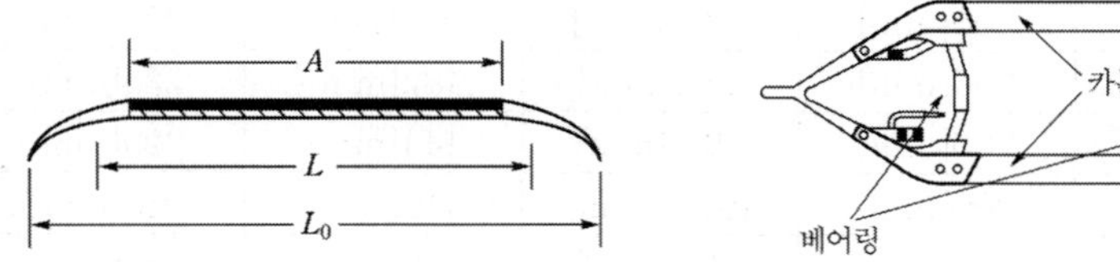

표 3.4.2 집전장치의 형상 및 크기(단위 : mm)

구 분	A(습동판)	L(집전유효폭)	L_0(전체길이)
전기기관차	1,100[mm]	1,030[mm]	1,450[mm]
전기전동차	1,110[mm]	1,310[mm]	1,480[mm]
KTX	690[mm]	1,050[mm]	1,450[mm]

7. 가동브래킷(곡선당김 금구) 회전에 의한 편위

가. 전차선은 온도변화에 의한 신축작용, 마모에 의한 신장변화, 장력변화 등에 따라 이동하므로 가동 브래킷 회전(가동)에 의한 편위 변화가 발생하며 전차선의 인류길이 및 가동브래킷 길이에 대하여 변수를 갖게 됨

나. 가동브래킷 회전에 의한 전차선의 편위(d) 계산식

(1) 계산식 $d = D - \sqrt{D^2 - \Delta l^2}$ [mm]

(2) 전차선 이동량(신축량 : Δl)

$\triangle l$ = 선팽창계수×온도변화×장력 가선거리 = $\alpha(t - t_0) L \times 10^3$[mm]

$= 1.7 \times 10^{-5} \times (t - t_{10}) \times L \times 10^3$[mm]

여기서, α : 전차선 선팽창계수 1.7×10^{-5}

t : 측정온도(변화온도), t_{10} : 기준온도(10[℃])

L : 가선거리(장력 조정거리)[m]

(3) 계산예시 ➪ 외기온도가 40[℃], 가동브래킷 게이지 3.0[m], 전차선 편위 200[mm], 가선거리 600[m]일 때 변동하는 편위 계산.

① 전차선 이동량 $\triangle \ell = 1.7 \times 10^{-5} \times (40-10) \times 600 \times 1{,}000 = 306$[mm]

② D = 3,000 − 200(지그재그편위) = 2,800[mm]

③ 따라서, 가동브래킷 이동에 의한 전차선 편위 변동은

$d = D - \sqrt{D^2 - \triangle l^2} = 2{,}800 - \sqrt{2800^2 - 306^2} = 17$[mm]

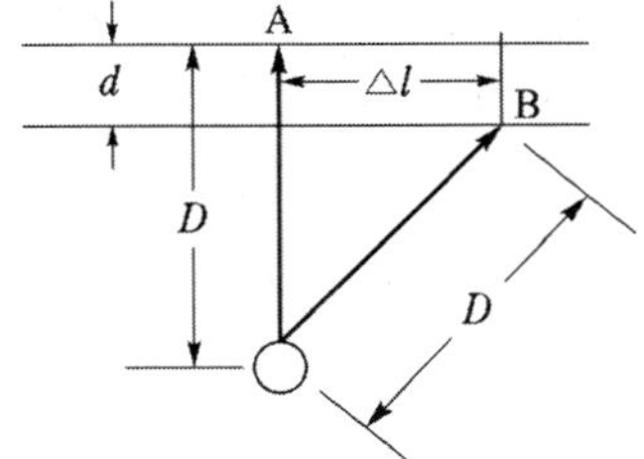

△l : 전차선 신장길이[mm]
D : 가동브래킷 회전반경[mm]
d : 가동브래킷 회전에 의한 전차선 편위 변동량

그림 3.4.3 가동브래킷 회전에 의한 편위

8. 전기차 안전운행 조건

전차선의 편위결정 요소인 차량동요, 곡선로, 가동브래킷, 회전지지물 변형, 풍압하중 등의 편위변동 총합이 팬터그래프(집전장치) 유효폭 이내에 들어가야 전기차 안전운행을 도모할 수 있음

3.4.3 고속철도 전차선 편위와 풍압(바람)에 의한 횡변위 관계식

1. 개요

가. "편위" 란 궤도중심에서 전차선이 벗어난 수평거리를 말하며, 편위를 주는 이유는 직선로에서는 집전장치(Pantagraph)의 편마모를 방지하고 곡선상에서는 전차선과 팬터그래프 습동판이 어떠한 경우라도 유효집전 범위 안에 들어갈 수 있도록 지지물 경간의 중심에서 편위를 확보하여야 함

나. 따라서 고속철도에서는 고속주행 및 고속주행 시 동역학적 요인, 주변의 풍속 등 환경을 고려하여 브래킷의 곡선당김장치에 의해서 직선구간에는 200[mm]의 지그재그(Zigzag)로 같은 크기의 편위를 주고, 곡선구간에서는 곡선반경의 크기에 따라 200[mm]를 초과하지 않는 범위를 편위로 줌

다. 전차선의 편위를 결정하는 요소로 고려할 사항은

(1) 전기차 동요에 의한 집전장치(Pantagraph)의 편위

(2) 풍압에 따른 전차선의 편위(횡변위)

(3) 곡선로에 의한 편위

(4) 가동브래킷 및 곡선당김금구 이동에 따른 편위

(5) 지지물의 경사 등 변형에 따른 편위 등을 들 수 있음

2. 고속철도 전차선 구성 및 편위

가. 경부 고속철도의 전차선로는 심플 카티너리 조가방식으로 전차선은 제형 Cu 150[mm^2]이며, 조가선은 브론즈 청동 BZ 65.4[mm^2]의 재질로 구성됨

나. 고속철도 전차선의 높이는 지지점에서 5,080[mm]로 규정하고 있으며, 전차선로에서의 표준가고는 1,400[mm]로 조가선과 전차선의 기계적 장력은 −20[℃]에서 +60[℃] 사이의 온도 범위에서 조정됨

다. 직선로에서 편위

전차선로 모든 지지물의 설치와 고정은 선로의 수직축과 팬터그래프축에 의하여 고정되므로 전차선과 조가선의 상호 위치도 이 두 축에 의하여 고정되어 직선구간에서는 200[mm]의 지그재그로 같은 크기의 편위를 줌

라. 곡선로에서의 편위

(1) 곡선부 캔트상에서 팬터그래프 이동축은 레일의 수직중심 축과 동일한 커브로 나타나 전차선 높이(H)와 캔트(D)관계에서 곡선부 편위(P)는 $P = \dfrac{D \cdot H}{1.51}$로 계산함

(2) 지지점에서 전차선 편위량이 없을 때 곡선반경(R)과 지지물경간(L)에서 곡선의 편위값(F)는 $F=\frac{L^2}{8}\times R$로 계산함

3. 바람에 의한 전차선 횡변위(UIC 606-1 등의 기준)

풍압이 작용할 때 전차선은 횡방향으로 날리며 이때 발생하는 전차선 변위는 최대 경간길이를 결정하는 요소 중의 하나임

가. 곡선의 기본 방정식

(1) 바람이 불어 전차선이 흔들리는 경우를 생각해보면, 풍압을 받은 전차선은 쌍곡선함수(Hyperbolic Function) 형태로 변형되나, 2차 포물선 방정식으로 근사화하여 표현이 가능하여 풍압에 의해 처진 전차선 곡선(변위)는 다음 식으로 표현함

$$y(x)=\frac{W}{2T}x(a-x)$$

여기서, W : 전차선에 작용하는 수평하중으로 단위길이당 풍압(N/m)
T : 전차선 장력
a : 지지점 간격
x : 지지점에서 경간 중심까지 거리 = a/2

(2) 따라서, 전차선 곡선 처짐식에서 중앙의 최대 처짐 D는 $x=a/2$이므로

$D=y(\frac{a}{2})=\frac{W}{2T}\frac{a}{2}(a-\frac{a}{2})=\frac{Wa^2}{8T}$으로 나타냄

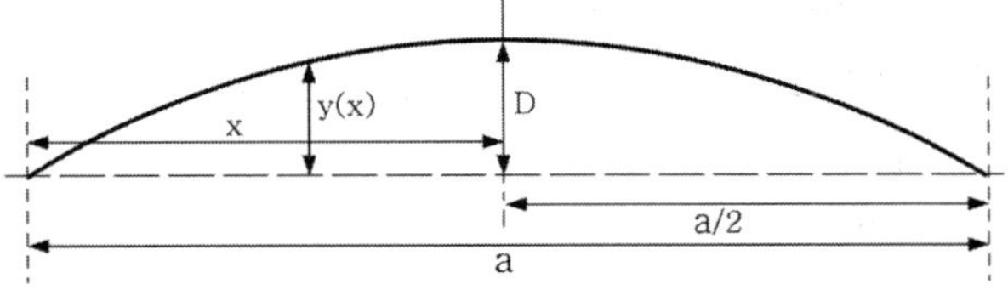

그림 3.4.4 바람이 있을 때 전차선 변위

나. 편위가 같은 경우의 횡변위와 곡선의 관계

전차선로의 전주 양쪽 편위가 같은 경우 바람에 의한 최대처짐(변위)은 경간 중앙에서 발생하게 되며, 이 경우의 곡선 반경과 편위 및 바람에 의한 변위 사이의 관계를 유도하면 다음과 같음

(1) 바람이 곡선의 내측 방향으로 부는 경우

① 풍압에 의한 전차선로 변위의 최대는 경간 중앙에서 발생되며,

경간 내에서 전차선 최대처짐량 $u_{\max} = \dfrac{C^2}{8R} + u_d - u_N$

② 경간 C는 $C = \sqrt{\dfrac{8RZ_f(u_N + u_{\max})}{F_wR + Z_f}}$

여기서, u_N : 전주점에서의 전차선의 편위(Nominal Offset)[m]

$u_{\max}$: 경간 내의 전로중심으로부터 이탈되는 전차선 최대 처짐량[m]

Z_f : 전차선로의 기계적 장력[N]

C : 경간길이[m]

F_w : 바람에 의한 전차선로에서의 유효 작용력[N]

F_w = 풍압(qw) × Drag 계수(e) × 전차선로 전선의 유효직경(A)

u_d : 바람에 의한 전차선로 최대처짐(변위)량[m]

u_R : 일정경간의 곡선반경내 최대변위[m] ($u_R = \dfrac{C^2}{8R}$)

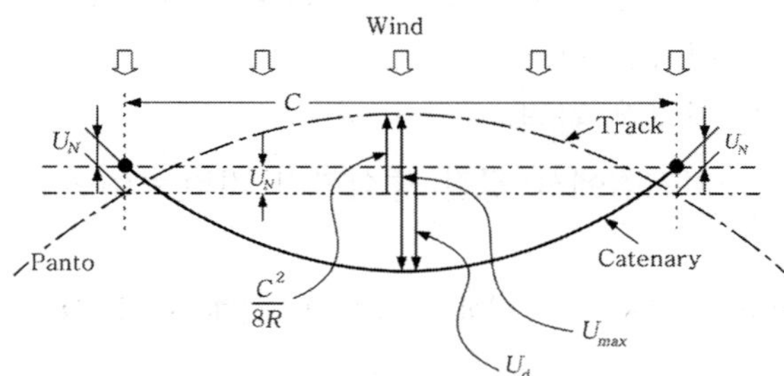

그림 3.4.5 바람이 선로 내측으로 불 때 전차선 변위

(2) 바람이 곡선의 외측 방향으로 부는 경우

(1)항과 같은 방법으로 최대처짐량을 구하면 다음 식을 얻을 수 있음

$u_{\max} = u_d - \dfrac{C^2}{8R} + u_N$

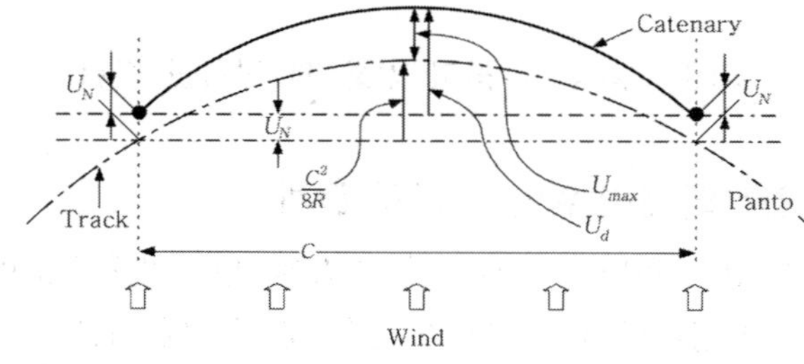

그림 3.4.6 바람이 선로 외측으로 불 때 전차선 변위

다. 일반적인 전차선로 횡변위 관계식

지금까지 전차선로 경간의 좌우 편위가 같은 경우를 생각했으나 실제는 곡선선로에서 좌우 전주에서의 편위가 다르도록 주어지게 되어, 좌우 전주에서의 편위가 다르다면 전차선로는 회전 이동한 형상이 되고 따라서 최대변위가 발생하는 위치가 중앙이 아닌 다른 곳으로 이동하므로 복잡해짐

3.4.4 고속철도 전차선 편위 기준

1. 개요

전차선의 "편위"는 열차 정지 및 열차 주행 시 최악의 운행조건에서도 전차선이 팬터그래프 집전판의 집전범위를 벗어나지 않도록 하여야 하며, 집전장치(Pantagraph)의 집전판이 고르게 마모되도록 유효 범위 내에서 최대로 크게 편위를 주어 시설할 필요가 있음

2. 고속철도 전차선로 편위 기준

가. 일반구간

직선구간에서의 편위는 좌우 200[mm]로 하며, 곡선부를 포함한 일반구간의 기준 편위는 아래 표 3.4.2와 같음

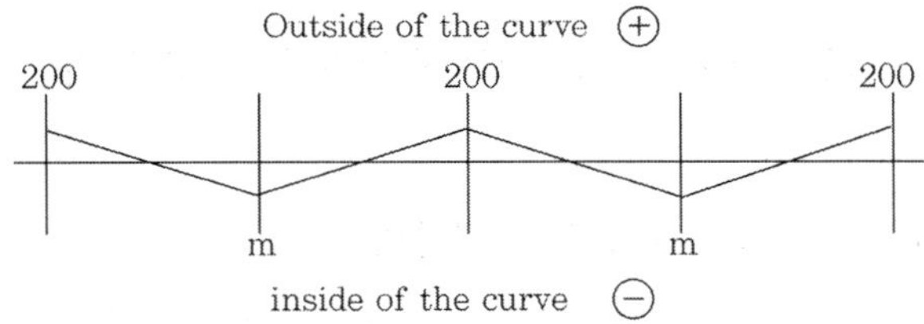

그림 3.4.5 일반구간의 편위기준

표 3.4.2 곡선반경에 따른 편위 기준(단위 : mm)

곡선반경[m]	m 지점 편위기준[mm]	비고
∞ ≥ R ≥ 20,000	−200	m지점 편위 ⊕와 ⊖는 그림 3.4.5 참조
20,000 > R ≥ 10,000	−150	
10,000 > R ≥ 7,000	−100	
7,000 > R ≥ 4,000	− 50	
4,000 > R ≥ 2,000	+ 50	
2,000 > R ≥ 400	+200	

나. 에어조인트(Uninsulated Overlaps) 구간 편위

에어조인트 개소의 기준편위는 곡선반경에 따라 아래와 같음

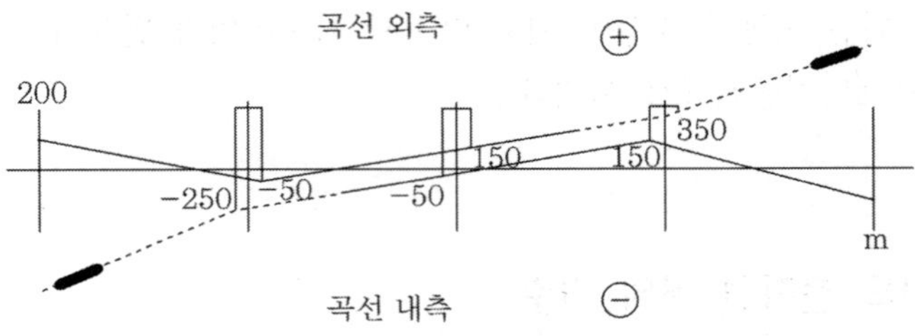

그림 3.4.6 에어조인트 편위기준(R<20,000)

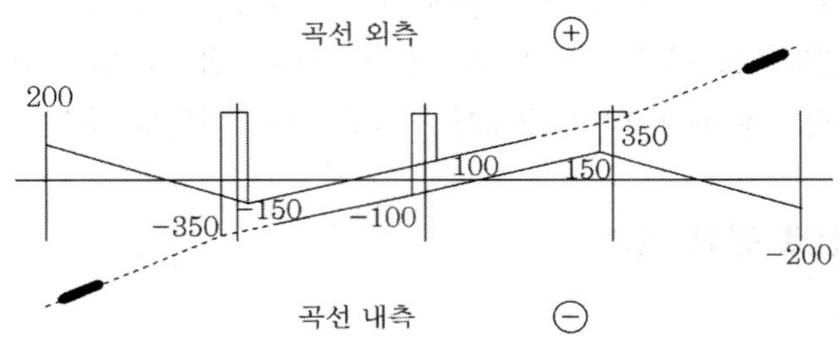

그림 3.4.7 에어조인트 편위기준(R≥20,000)

다. 에어섹션(Insulated Overlaps) 구간 기준편위

(1) 평행부분이 4경간이고 $R \geq 20,000$과 $R < 7,000$일 때

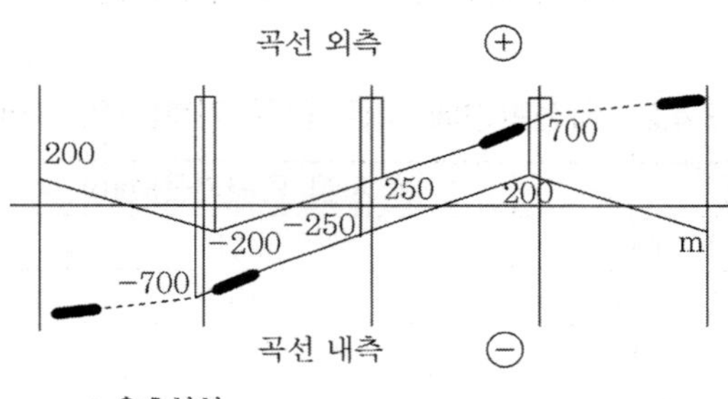

그림 3.4.8 에어섹션 편위기준(4경간, R≥7,000~20,000)

(2) 평행부분이 4경간이고 20,000>R≥7,000 일 때

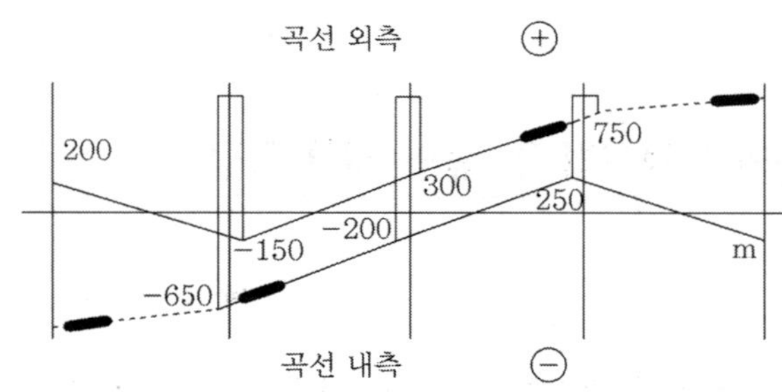

그림 3.4.8 에어섹션 편위기준(4경간, 20,000>R≥7,000)

(3) 평행부분이 5경간인 경우(5 Spans Oerlap)

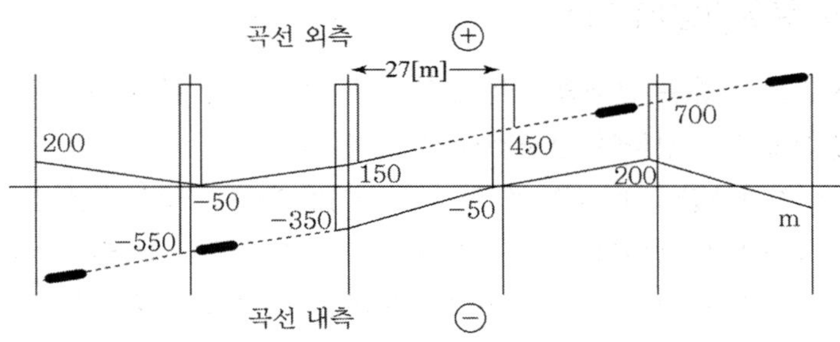

그림 3.4.8 에어섹션 편위기준(5경간 오버랩)

표 3.4.3 에어섹션 평행개소 편위 기준(단위 : mm)

곡선반경[m]	m 지점 편위기준[mm]	비고
∞ ≥ R ≥ 20,000	−200	m지점 편위 ⊕와 ⊖는 그림참조
20,000 > R ≥ 10,000	−150	
10,000 > R ≥ 7,000	−100	
7,000 > R ≥ 4,000	− 50	
4,000 > R ≥ 2,000	+ 50	
2,000 > R ≥ 400	+200	

3. 고속철도 전차선로 편위를 결정하는 요소

가. 전기차 동요에 의한 집전장치의 기울기

나. 풍압에 따른 전차선의 기울기

다. 곡선로에 의한 기울기

라. 온도에 따른 가동브래킷, 곡선당김금구의 이동에 의한 전차선의 기울기
마. 지지물의 변형에 따른 전차선의 기울기

3.4.5 전차선 높이 결정기법 및 높이 제한 규정

1. 전차선 높이

전차선 높이는 레일면상에서 전기차의 집전장치(Pantagraph)가 직접 접촉하여 전기를 공급 받는 전차선 하부까지의 거리(높이)를 말하며, 집전장치(Pantagraph) 유효작동 범위 및 접은 높이, 절연상의 안전 이격거리, 인접 구조물의 형태 및 건설비 등을 감안하여 결정하게 됨

2. 전차선 높이 결정기법의 의의

가. 기존선 전철화의 경우 전차선 높이에 영향을 받는 기존 터널이나 과선교 개량을 최소화하는 방안으로 결정하여 공사기간 및 건설비 절감
나. 신선노선의 지하구간 또는 터널은 전차선 높이에 따라 구조물 단면적이 달라져 막대한 건설비의 증감이 발생되므로 경제성 및 기술적인 모든 요소를 고려하여 결정
다. 기존에 시설되어 운용 중인 시스템의 일관성과 유지보수 및 인터페이스를 고려하여 최고·최저 높이를 결정
라. 고속철도의 터널 단면적의 경우는 터널 내에서 교행하는 열차 상호간의 바람에 의한 영향을 고려하여 결정하므로 전차선 표준높이 5.08[m]를 축소하여도 터널단면 축소 등의 직접적인 영향은 없는 것으로 판단
마. UIC 산정 방법에 따른 UIC 차량 게이지와 국내(KNR) 차량 게이지를 적용하여 계산하며 선로를 횡단하는 구조물 등을 고려하여 결정함

3. 전차선 높이 제한치 규정(국내)

표 3.4.4 전차선 높이 제한 규정

구 분	최소높이[mm]	표준높이[mm]	최대높이[mm]
일반철도	일반구간 5,000	5,200	5,400
	지하터널 4,850		
	강체가선 4,750		
고속철도	5,060 (IV값)	5,080	5,140(IV값)

※ IV값 : 고속철도에서 표준값을 기준으로 보수조치가 필요한 높이

3.4.6 전차선 최소높이 결정근거 및 국제 기준

1. 개요

전차선의 높이는 선로조건, 열차종별 및 운송조건, 구조물 등 여러 가지 제약속에서도 양호한 집전을 위하여 적정한의 높이를 유지하도록 해외 및 UIC 등에서는 상호 시스템간 인터페이스를 고려하여 최소 공칭높이에 대하여 기준을 정하여 적용하고 있음

2. 전차선의 높이 결정방법의 국제기준

가. UIC가 권고하는 지지점에서 전차선 최소높이($h_{fn\min}$) 결정 공식

$$h_{fn\min} = h_L + b_1 + b_2 + b_3 + f_g + f_e$$

또는, $h_{fn\min} = f_{tu} + f_v + \sqrt{b_4^2 + b_5^2 + b_6^2 + f_\mu^2 + f_{du}^2}$

단, h_L : 차량한계중 차량 상부높이(국내 4,310[mm])

b_1 : 대기압 하에서 평판전극 사이의 간격(대기습도 변동범위 반영)

b_2 : 대기압 변동에 의한 허용범위(오차)

b_3 : 오염에 의한 고려(DL 운행, 해안지역, 산업 오염 등)

b_4 : 전계의 불평등 분포에 의한 허용범위(오차)

b_5 : 전차선로에 나타날 수 있는 과전압에 의한 허용범위(오차)

b_6 : 기타 안전요소를 고려한 허용범위(조류, 운행 불규칙성)

f_v : 전차선 이도(sag)로 Pre-sag와 드로퍼 사이의 sag

f_{mu} : 전차선의 설치 오차(아래방향으로 영향), Random 값

f_{du} : 전차선의 진동에 의한 아래 방향 진폭, Random 값

f_g : 궤도의 레벨(Levelling) 오차

f_e : 접촉면 높이에 대한 얼음의 영향(전차선에 매달린 얼음 영향)

f_{tu} : 상온을 넘는 하절기 최고온도에서의 전차선 처짐량(자동장력조정장치가 설치되지 않은 설비 구간에서 적용)

나. UIC 799에서 기술하는 전차선높이와 속도

표 3.4.5 전차선 속도와 높이

파라미터	$200 < V \le 230$[km/h]	$230 < V \le 300$[km/h]	$V > 300$[km/h]
전차선공칭높이		DB : 5300, SNCF : 5080	
전차선표준높이	5000 − 5500 [mm]	5080 − 5300[mm]	5080 − 5300[mm]
허용오차	±30	0±20/±10	0±20/±10

3. 선로, 전기차 조건을 고려한 전차선 높이 고찰

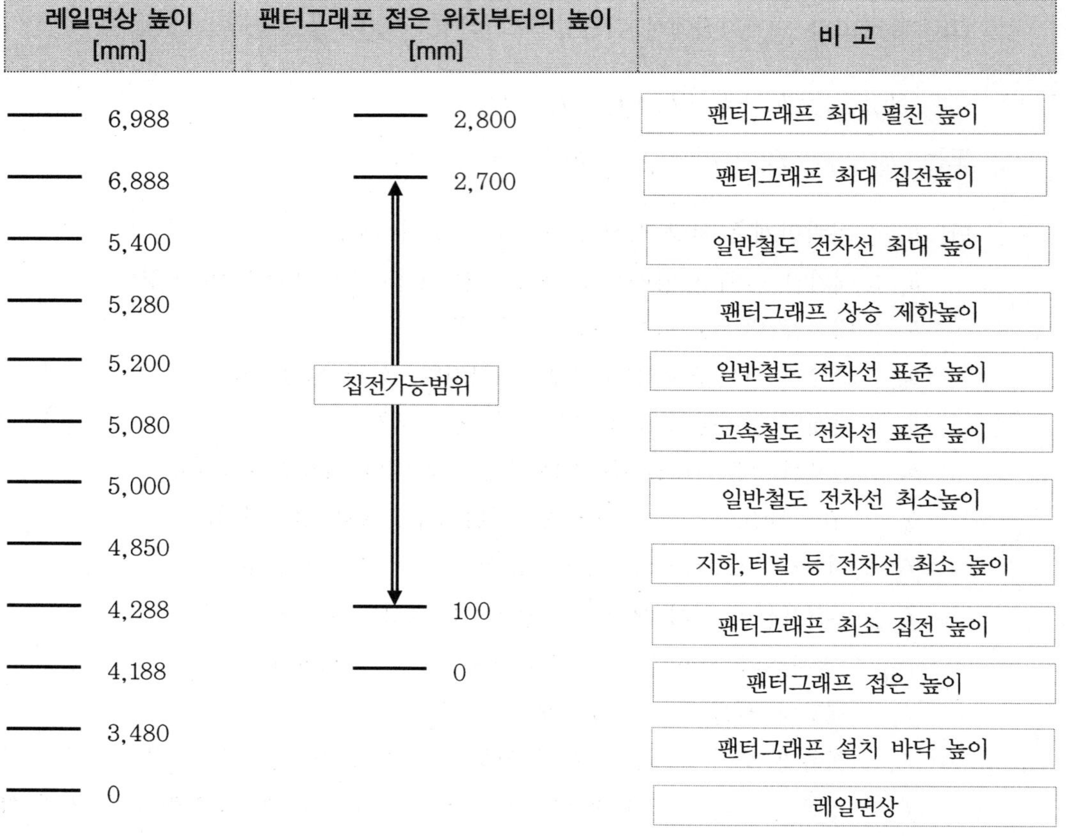

4. 일반 철도구간 전차선 표준높이를 5,200[mm]로 한 근거

가. 전기차(EL 8200대) 기준 팬터그래프 가동범위

(1) 팬터 최대집전 높이 : 6.87[m]

(2) 팬터 접은 높이 : 4.47[m]

나. 정적압상력 범위

(1) 최소높이 = 팬터접은높이+(최대집전높이−접은높이)×0.2
= 4.47+(6.87−4.47)×0.2 = 4.95[m]

(2) 열차진동, 궤도 유지보수 여유 : 0.05[m]

(3) 정적압상력 범위에서 전차선 최저높이 = 4.95+0.05 = 5.00[m]

다. 전차선 표준높이는 전차선의 이도와 온도변화에 의한 상하 변동량 등의 여유와 가장 양호한 집전성능 Position을 고려하여 5,200[mm]로 함

5. 전차선 및 급전선의 최소높이 (KEC 431.6)

가. 전차선과 급전선의 최소 높이는 아래 값 이상을 확보하여야 함.

시스템 종류	공칭전압(V)	동적(mm)	정적(mm)
직류 전기방식	750	4,800	4,400
	1,500	4,800	4,400
단상교류 전기방식	25,000	4,800	4,570

나. 다만, 전차선 및 급전선의 최소 높이는 최대 대기온도에서 바람이나 팬터그래프의 영향이 없는 안정된 위치에 놓여 있는 경우 사람의 안전측면에서 건널목, 터널, 교량, 과선교 등을 고려하여 궤도면상 높이로 정의 함.

다. 전차선의 최소높이는 항상 열차의 통과 게이지보다 높아야 하며 전기적 이격거리와 팬터그래프의 최소 작동높이를 고려하여야 함.

3.4.7 전차선의 구배(기울기)와 속도

1. 전차선 기울기(구배) 정의 및 표시

가. 전차선 구배(기울기)의 정의

(1) 가공전차선의 구배의 변화 또는 궤도면에 대한 구배는 양쪽 드로퍼 간의 전차선을 직선으로 간주하고 이에 대한 구배 변화 또는 궤도면에 대한 구배를 말하며,

(2) 전차선의 구배(기울기)란 그림 3.4.10에서 보는 바와 같이 전차선 1경간 내에서의 지지점 높이의 차($H_2 - H_1$)를 경간의 길이로 나눈값을 말함

(3) 구배(g)= $\dfrac{H_2 - H_1}{S} \times 1,000$ [‰]

(단, S는 경간 H_1, H_2는 전차선 높이)

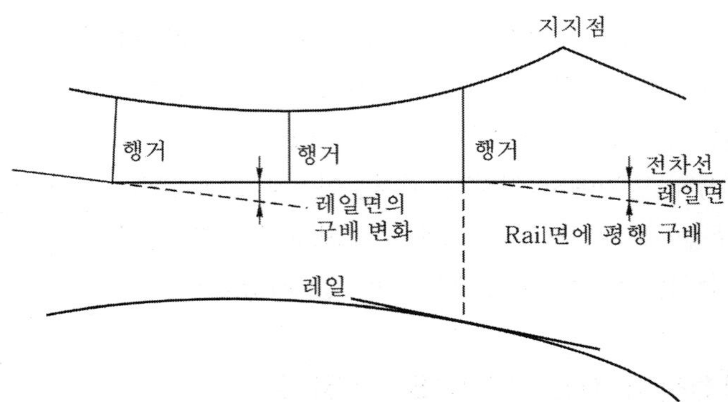

그림 3.4.9 가공 전차선의 구배의 변화

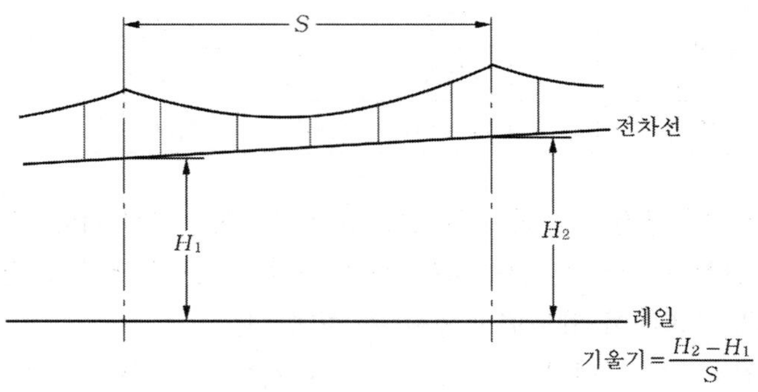

그림 3.4.10 전차선의 기울기(구배)

나. 전차선 구배(기울기)의 표시 단위

기울기(구배)의 단위는 천분율[‰]로 나타내며, 3[‰] 구배라고 하면 수평거리 1000[m]에서 수직거리 3[m]의 높이 변화를 말함

2. 구배(기울기)를 제한하는 이유

가. 전차선은 집전성능상 궤도면상에 등고 가선을 원칙으로 하지만 터널, 과선교, 구름다리 등에서 그 높이를 변동시킬 필요가 있는 경우에는 부득이 기울기를 변화시키거나 궤도면에 대해 기울기를 주게 됨

나. 전차선의 구배(기울기)는 구배 자체보다는 구배의 차(구배변화)가 이선발생 등 집전성능에 주요한 요소로 작용하므로 레일면에 대한 구배의 변화도는 열차속도와 밀접한 관계(이선하지 않고 집전 가능한 한도)가 있어 열차속도에 따라 기울기를 제한함

3. 전차선의 구배 제한 기준

전차선의 기울기는 열차속도와 관련하여 기울기(구배) 변화도가 크면 고속운전 시 구배 변화점에서 이선율이 크게 되므로 각국에서는 아래와 같이 속도에 따른 기울기 한도를 규정하며, 일반철도에서 측선의 한도를 본선보다 높게 설정한 것은 측선의 운전속도가 낮아 집전장치와 전차선의 접촉이 비교적 양호하기 때문임

가. 국내의 전차선 구배 규정(KS C IEC 60913 등)

(1) 전차선 구배(기울기)는 해당구간의 설계속도에 따라 아래 표 3.4.6의 값 이내로 하고, 에어섹션, 에어조인트, 분기구간은 구배를 주지 않음

(2) 전차선의 구배가 시작되는 구간의 첫 번째 경간과 마지막 경간은 규정기울기 값의 1/2로 시설함

표 3.4.6 전차선 구배의 제한

설계속도 V[km/h]	속도등급	구배(기울기) [‰]
$300 < V \leq 350$	350 키로급	0
$250 < V \leq 300$	300 키로급	0
$200 < V \leq 250$	250 키로급	1
$150 < V \leq 200$	200 키로급	2
$120 < V \leq 150$	150 키로급	3
$70 < V \leq 120$	120 키로급	4
$V \leq 70$	70 키로급	10
$V \leq 30$	측선 등	20

나. 외국의 전차선 구배 제한

표 3.4.7 유럽의 규정(EN 50119 등)

속도[km/h]	최대구배[‰]	변화 허용구배[‰]
10	60	30
30	40	20
60	20	10
100	6	3
120	4	2
160	3.3	1.7
200	2	1
250	1	0.5
$V > 250$	0	0

표 3.4.8. 프랑스 SNCF 시설 기준

속 도	전차선 구배기준	비 고
100[km/h]까지	6/1000	
100[km/h]~120[km/h]까지	4/1000	
120[km/h]~160[km/h]까지	3/1000	
160[km/h]~220[km/h]까지	2/1000	
40[km/h]까지	10/1000	측선

4. 전차선 구배 변화점에서 이선하지 않고 집전할 수 있는 범위

가. 전차선 구배 변화점에서 팬터그래프가 이선하지 않고 집전할 수 있는 범위는 팬터그래프가 어느 점에서 도약하여 착점이 다음의 행거(또는 드로퍼) 이내에 있을 때를 말하며, 아래와 같이 식으로 표시함

나. 구배 변화점에서 다음 계산식을 만족하는 기술적합성이 요구됨

$$2m \cdot g \cdot V^2 = F \cdot H$$

여기서, m : 팬터그래프 질량(4.3[kg]), V : 열차의 속도[km/h],
g : 가공전차선의 구배[‰], H : 도약거리(5[m])
F : 팬터그래프 상승압력 5.5[kg]

다. 일반철도의 속도와 기울기 계산(예)

기울기 g [‰]	3	5	10	15	※ $2m \cdot g \cdot V^2 = F \cdot H$ 식에서 개략유도
속도 V [km/h]	103	80	57	46	

※ 위 계산 결과 현재 국내에서 운행 중인 도시철도의 경우 최고속도 110[km/h]정도에서 구배는 3/1000 이하, 측선에서는 속도가 45 [km/h] 이하이므로 15/1000 이하로 규정하여 운영.

3.4.8 합성 전차선의 경사의 제한 규정 및 제한 사유

1. 전차선 경사

가공전차선로 지지점에서 조가선은 원칙적으로 궤도중심선과 일치하도록 가선하나 전차선의 편위 등을 고려하면 전차선은 궤도중심선에서 벗어나게 되며, 이때 조가선과 전차선이 만드는 면과 조가선 지지점에서 궤도면으로 내린 수직선과의 이루는 각도를 **전차선의 경**

사라고 함

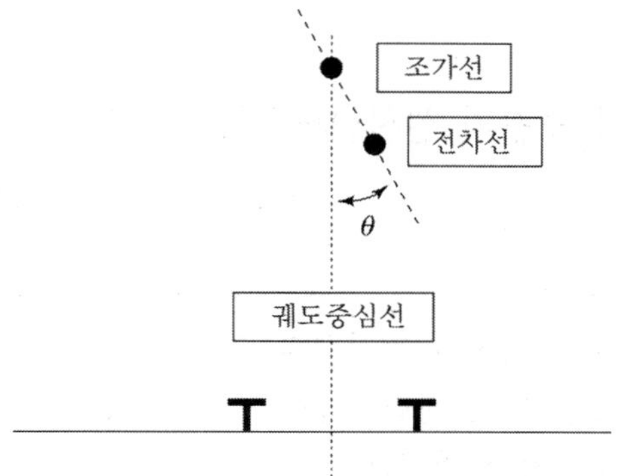

그림 3.4.11 전차선의 경사각도

2. 전차선 경사의 제한

가. 지지점에서 조가선과 전차선을 잇는 면이 궤도중심면과 이루는 각도를 10도 이하로 함(일본기준)

나. 국내의 제한 규정은 지지점에서 조가선과 전차선을 잇는 면과 조가선지지점에서 내린 수직선과의 간격으로 제한함(철도시설공단 설계지침)

표 3.4.9 전차선의 경사제한 기준

속도등급	최대간격
250[km/h] 이상	10[mm]
200[km/h] 이하	50[mm]

3. 전차선 경사를 제한하는 사유

가. 지지점에서 조가선과 전차선을 잇는 면은 반드시 궤도중심면과 수직일 필요는 없으나 각도가 커지면 경사된 전차선의 편마모가 발생하여 수명이 단축될 우려가 있으며,

나. 경사가 커지면 팬터그래프의 압상상태에서 풍압에 의한 경사의 증가, 차량의 동요 등이 경합하면 이어 금구와 팬터그래프의 충격사고 또는 팬터그래프의 활입사고 등이 발생할 우려가 있으므로 경사를 제한하게 됨

3.5 ◦ 전차선로 가고

3.5.1 심플 커티너리 구간의 전차선로 표준 가고

1. 개요

가. 전차선로 지지점에서 조가선과 전차선의 수직 중심간격을 "가고"라고 함

나. 가고는 전차선의 선종, 경간, 장력, 지지점의 진동방지금구 및 곡선당김금구 등 장치의 설비 공간들을 고려하여 결정함

다. 가고가 크면, 가선금구류 취부가 용이, 가선특성의 양호, 진동이 작아 고속운전에 적합하는 등 장점이 있으나, 지지물이 커져 경제상 제약 등의 특징이 있음

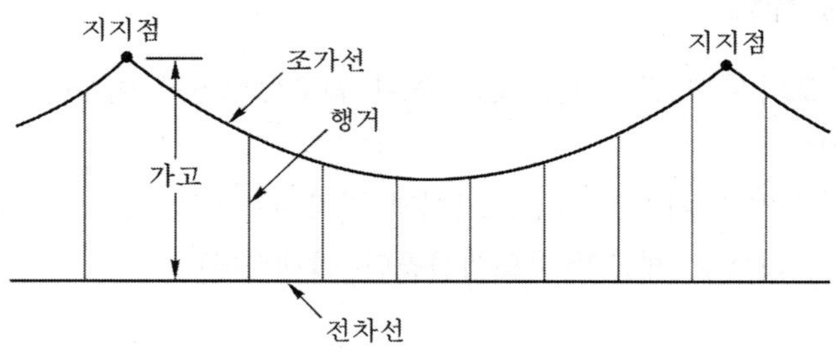

그림 3.5.1 가고의 개념도

2. 가고의 계산

가. 전차선 표준가고 $H = D + h[\text{m}]$ ··· ①

조가선의 최대이도 $D = \dfrac{WS^2}{8T}[\text{m}]$ ··· ②

전차선로 단위중량 $W = W_m + W_T + W_n[\text{kg/m}]$ ··· ③

즉, **가고는 조가선 최대 이도에 최소 드로퍼 길이를 더한 값 이상으로 함**

여기서, H : 전차선의 표준 가고

D : 조가선 최대이도[m], h : 드로퍼 최소길이[m]

S : 경간[m], T : 표준장력 [kgf]

W : 전차선로 단위중량[kg/m]

W_m : 조가선 단위중량[kg/m]

※ st 90[mm^2] : 0.697[kg/m], st 135[mm^2] : 1.090[kg · m]

W_T : 전차선단위중량[kg/m] ➪ Cu 110[mm^2] : 0.988[kg/m]
W_n : 드로퍼의 전차선 단위 길이당 환산중량[kg/m]

나. 대표적 커티너리 조가방식 표준가고

표 3.5.1 커티너리 조가방식 가고

조가방식	표준가고[mm]		비 고
	역간	역구내	
심플 커티너리 트윈 심플 커티너리 해비 심플 커티너리	960	710	Cdcu 70[mm^2] GT 110[mm^2] (St 90[mm^2]) (GT 110[mm^2]) 최대경간 역 간 60[m] 역구내 50[m]
변Y형 심플커티너리	1,070	770	st 135[mm^2] GT 110[mm^2], 경간 60[m]
컴파운드 커티너리	1,500	1,500	st 135[mm^2] GT 110[mm^2], 경간 60[m]
경부고속 철도 Simple catenary	1,400	1,400	Bz 65[mm^2], Cu 150[mm^2] 경간(최대) 63[m]

3. 표준가고의 결정

가. 역구내 표준가고는 "2"항의 식 ① ② ③을 이용하여

(1) $W = W_m + W_T + W_n = 0.697 + 0.9877 + 0.1 = 1.7847$[kg/m]

(2) 이도 $D = WS^2/8T = 1.7847 \times 50^2/8 \times 1{,}000 = 0.56$[m]

(3) 역구내 가고는 드로퍼 최소길이가 150[mm]이므로,
$H = D + h = 0.56 + 0.15 = 0.71$[m] 로 역구내 표준가고는 710[mm]임
여기서, 조가선 st90[mm^2] ➪ W_m : 0.697[kg/m]
전차선 cu110[mm^2] ➪ W_T : 0.988[kg/m]
드로퍼의 전차선 단위길이당 환산중량 ➪ W_n : 0.1[kg/m]
역구내 최대경간 ➪ 50[m]라고 함

나. 역간의 표준가고 결정

(1) 시설조건 : 바람의 영향이 없고 직선 및 곡선 반지름 1600[m] 이상이고, 최대경간 60[m]일 때를 가정함

(2) 역간가고의 결정계산식 : $H = D + h = \dfrac{wS^2}{8T} + h$에서

$H = (1.7847 \times 60^2/8 \times 1000) + = 0.803 + 0.150 = 0.953$
따라서, 역간의 표준경간은 960[mm]로 함

다. 가고의 예외

(1) 심플 또는 해비심플 커티너리 표준가고는 960[mm]로 하되 고정빔, 교량, 터널, 구름다리 및 부득이한 경우는 710[mm], 500[mm], 180[mm]로 단축가능
(2) 측선 및 기지구내 브래킷 구간 : 710[mm]를 표준 가고로 함
(3) 고정빔 구간 : 710[mm]를 표준가고로 함(빔하스펜선 구간) 고정빔에 가동브래킷 사용 시는 960[mm]를 표준으로 함

3.5.2 속도향상(160km/h ⇨ 200km/h)에 따른 가동브래킷 가고

1. 가동브래킷과 전차선 가고

가. 전차선로용 가동브래킷은 커티너리 가선 방식에서 전차선과 전차선을 현수하는 조가선을 직접 지지하는 지지물로서 지지점에서의 조가선과 전차선의 수직 중심간격인 가고를 만들어 주고, 곡선당김금구 및 진동방지 금구를 설치하여 원활한 집전이 되도록 편위를 주는 등 전차선로 가선특성에 직접적인 영향을 미치는 중요한 설비임

나. 가고는 조가선의 최대 이도에 드로퍼 최소길이를 더한 값으로 열차속도가 향상되면 기본적으로 전차선로의 가선특성, 동력학 특성 변화, 동적 압상력 등 기술 적합성을 검토해 볼 때 일반철도의 가고보다 높일 필요가 있어 최근에 KR에서 250[km/h]급 고속용(cako250) 가동브래킷을 개발하여 속도에 따른 표준가고 및 터널구간 가고를 아래와 같이 설정하고 있음

표 3.5.2 커티너리 구간의 속도등급별 표준가고

속도등급	표준가고[mm]	비고
70~200[km/h] 급	960	터널구간 710[mm]
250[km/h] 급	1,200	터널구간 850[mm]
300~350[km/h] 급	1,400	

2. 고속운전에 필요한 가고 적합성 검토사항

가. 가고에 따른 동력학 특성변화 상태
나. 동력학 시뮬레이션을 통한 정상운행 및 최대 풍속 조건에서 압상력
다. 선로와 차량 조건에 따른 차량의 주행 시 동적 특성
라. 팬터그래프 최대 압상 시 가동브래킷 및 곡선당김금구 동적 특성

마. 팬터그래프 게이지 및 최악조건에서의 기울기 각도
바. 곡선당김금구의 사양에 대한 팬터그래프 접촉관계 평가

3. 속도향상에 따른 가동브래킷 가고 고찰

가동브래킷은 일반철도용 가동브래킷과 고속철도용 가동브래킷으로 구분할 수 있으나 철도의 고속화(200~250[km/h])에 필요한 가동브래킷과 가고의 기술 적합성 검토에 따라 250[km/h]에 적합한 가동브래킷을 개발함

가. 곡선당김 금구 개량

(1) 일반철도에 사용하는 곡선당김금구는 최대 압상력이 100[mm]이고, 고속철도용은 최대허용 압상력이 200[mm]로 UIC에서 제시한 사양을 고려하여 최대 허용 압상력을 130[mm]까지 허용하고 팬터그래프가 최대 200[mm]까지 압상하여도 곡선당김금구의 간섭이 없도록 형상을 개선함
(2) 전차선과 암지지금구의 직선거리를 900[mm]에서 950[mm]로 늘리고 전차선과 임지지금구간 수직거리를 189[mm]로 상향 조정 · 설치 및 경량화를 시행하여 기계적 안정성도 확보함
(3) 곡선에서 팬터그래프의 간섭을 피하기 위해 곡선당김금구를 900[mm]에서 1200[mm]로 길게 함

나. 가동브래킷의 형상 및 가고 개선

(1) 기존설비의 가동브래킷은 가고 960[mm]를 표준으로 하여 곡선당김금구의 허용 압상량은 100[mm]로 제한하는 스토퍼(Stopper)가 설치되어 있어 200[km/h] 이상으로 운행될 경우 최악의 경우 160[mm] 이상의 압상력이 요구되어 압상량의 증대를 위한 가동브래킷이 필요하고,
(2) 곡선당김금구를 최대 200[mm] 이상 압상할 수 없도록 스토퍼를 설치한 암지지금구를 포함한 금구류를 개선하고, 기존의 일반철도 가고 960[mm]에 최대 압상량과 여유 분을 감안하여 가고를 1,200[mm]로 설정한 가동 브래킷을 개발하였음

다. 장간애자의 개발

길이가 길어진 곡선당김금구로 인하여 암지지금구가 장간애자 절연부분과 간섭이 발생되어 일반 철도에 사용되는 895[mm] M-Type의 고분자 애자 중 종전의 PW 보호방식에서 지락도선이 설치되었던 부분을 제외하여 장간애자의 길이를 750[mm]로 축소하여 절연부분의 간섭을 방지하고 전기적 성능이 우수한 애자를 개발하여 사용함

기출문제

01. 다음과 같은 조건에서 고정빔 구간과 가동브래킷 구간의 표준 가고를 구하시오.(97-3, 25점)

[조건] 조가선 St 90[mm^2](0.697[kg/m]), 전차선 100[mm^2](0.988[kg/m]), ε_n=0.1[kg/m], 드로퍼 최소길이 0.15[m], 표준장력 1,000[kgf], 고정빔경간 50[m], 가동브래킷 경간 60[m] 이다.

02. 지지물의 높이가 같은 가공전차선의 이도를 계산하시오.(82-1, 10점)
단, 경간(S) : 50[m], 전차선장력(T) : 900[kgf], 전차선의 단위중량 : 1.5[kg/m]

기출문제 풀이

[기출 01번 풀이]

1. 표준가고를 결정하는 식

가. 전차선 표준가고 : $H = D + h$[m]

나. 조가선의 최대이도 : $D = \dfrac{WS^2}{8T}$[m]

다. 전차선로 단위중량 : $W = W_m + W_T + W_n$[kg/m]에서 문제에서 주어진 값을 적용하여 계산함

여기서, H : 전차선의 표준 가고[m]
D : 조가선 최대이도[m]
h : 드로퍼 최소길이[m] ➪ 0.15[m]
S : 경간[m] ➪ (빔구간) : 50[m], 가동브래킷구간 : 60[m]
T : 표준장력 [kgf] ➪ 1,000[kgf]
W : 전차선로 단위중량[kg/m]
W_m : 조가선 단위중량 ➪ st90[mm^2] : 0.697[kg/m]
W_T : 전차선단위중량 ➪ Cu110[mm^2] : 0.988[kg/m]
$W_n(\varepsilon_n)$: 드로퍼의 전차선단위 길이당 환산중량 ➪ 0.1[kg/m]

2. 고정빔 구간의 가고

가. 전차선로 단위중량

$W = W_m + W_T + W_n = 0.697 + 0.988 + 0.1 = 1.785$[kg/m]

나. 조가선의 최대이도

$D = \dfrac{WS^2}{8T} = (1.785 \times 50^2) \div (8 \times 1{,}000) = 0.558$[m]

다. 고정빔 구간의 가고

$H = D + h = 0.558 + 0.15 = 0.708[\text{m}] \fallingdotseq 710[\text{mm}]$

3. 가동브래킷 구간의 표준가고

가. 전차선로 단위중량

$W = W_m + W_T + W_n = 0.697 + 0.988 + 0.1 = 1.785[\text{kg/m}]$

나. 조가선 최대이도

$D = \dfrac{WS^2}{8T} = (1.785 \times 60^2) \div (8 \times 1{,}000) = 0.803[\text{m}]$

다. 가동 브래킷구간 가고

$H = D + h = 0.803 + 0.15 = 0.953[\text{m}] \fallingdotseq 960[\text{mm}]$

[기출 02번 풀이]

지지물의 높이가 같은 경우의 이도를 계산하는 식이므로

이도 $D = \dfrac{WS^2}{8T}[\text{m}]$

여기서, W : 전선단위 중량 ⇨ 1.5[kg/m]
S : 경간 ⇨ 50[m]
T : 전차선 장력 ⇨ 900[kgf]

이므로 주어진 값을 대입하면,

이도 $D = \dfrac{1.5 \times 50^2}{8 \times 900} = 3{,}750 \div 7{,}200 = 0.52[\text{m}]$

즉, 지지점 중간에서의 전차선의 최대 이도는 52[cm]임

3.6 전차선로 이선 현상 및 대책

3.6.1 전차선로 이선 현상 및 대책

1. 전차선 이선 발생 원인

가. 전차선은 압상력을 가진 집전장치(Pantagraph)의 진행에 따라 지지점(경점)에서 압상력이 작아지고 중간부분의 압상력은 커지는 등 상하로 파상운동을 반복함

나. 속도가 높아지면 압상력이 증가되어 전차선과 집전장치(Pantagraph) 사이에 접촉하여 습동하는 것이 곤란하여 도약(이탈)하여 불안전한 접촉상태로 접촉력이 "0"이 되는 현상을 "이선"이라 함

다. 이선은 급격한 구배나 구배 변화가 큰 경우, 지지점 및 급전 분기점 등의 경점, 조가선 및 트롤리선의 비정상적인 장력 등으로 인하여 주로 발생됨

2. 이선율

가. 이선의 대・소를 비교하기 위하여 일정한 주행구간에 이선된 거리 또는 이선시간을 취하여 이선율을 구함

나. 이선율 관계식

$$\text{이선율} = \frac{\text{일정구간 주행시 이선거리합}}{\text{일정구간의 전주행거리}} \times 100[\%]$$

$$= \frac{\text{일정구간 주행시 이선시간의 합}}{\text{일정구간의 전주행시간}} \times 100[\%]$$

다. 전기차의 속도에 따른 이선율 제한(허용한도)

(1) 일반전철의 이선율 : 3[%] 이하로 제한

(2) 고속철도의 이선율 : 1[%] 이하로 제한

3. 이선의 종류

가. 소이선

팬터그래프의 진동에 의한 이선으로 수십분의 1초정도의 것으로 전차선 또는 팬터그래프 습판에 미소한 진동으로 발생되는 이선

나. 중이선

불연속점(경점)에 의한 이선으로 수분의 1초정도 시간에 팬터그래프가 경점과 충격에 의하여 전차선과 이선충격이 반복적으로 발생되는 이선

다. 대이선

지지점 주기의 이선으로 1초에서 1~2초 정도 전차선의 경성점 또는 연성점에 의하여 발생되는 이선

4. 이선에 의한 장애

가. 이선으로 인하여 전차선에 미치는 영향

(1) 이선율이 크면 아크나 불꽃이 발생하여 전차선 미소부분의 용손 발생
(2) 팬터그래프의 접촉력이 순간적으로 이탈되어 전차선에 이상마모 및 손상
(3) 이선이 반복되는 장소는 전차선 재질 변색과 이상 편마모 발생
(4) 이선의 발생이 지속적으로 반복되는 장소의 금구류의 재질 변화
(5) 전차선 아크 및 충격에 의한 열화로 전차선 표면에 아크 스폿이 생겨서 국부마모 촉진, 수명단축, 단선의 위험 및 보수비 증가

나. 차량에 미치는 영향

(1) 팬터그래프의 아크방전에 따른 열화로 습판마모 촉진, 팬터 자체용단 등 유지보수비 증가
(2) 이선이 크면 순간적인 전류차단으로 주전동기 및 운전용 전력 공급에 지장 및 재착전시 주전동기의 정류불량 및 플래시 오버(Flash over) 발생우려

다. 통신기기 등 기타 영향

(1) 무선통신 잡음이 발생 : 아크방전에 의한 잡음, 소이선의 영향이 큼
(2) 아크방전에 의한 지락 : 큰 아크가 발생되면 접지물에 아크가 이행되어 지락 될 우려가 있음

5. 이선감소 대책(이선장해 대책)

가. 전차선 가선특성을 향상하여 집전성능을 향상시킴

(1) 등고 유지 : 구배와 구배변화를 줄여 전차선의 높이를 균일하게 유지
(2) 등장력 유지 : 전차선과 조가선이 장력을 일정하게 유지
(3) 등요 유지 : 전차선을 프리세그 방식으로 가선하여 압상력을 균일하게 유지하도록 함
(4) 전차선의 국부적인 경점축소 : 접속부분을 줄이고 접속금구 경량화
(5) 팬터그래프의 경량화 및 공기저항을 최소화하여 추수성을 향상
(6) 열차속도는 파동전파속도의 70[%] 이하로 설정함

나. 아크방전 발생을 적게 함

두 대의 팬터그래프를 모선으로 연결하여 1대가 이선해도 다른 1대로 집전되기 때문에 습동판의 마모경감에 효과(직류고속구간에서 효과가 큼)

다. 내 아크성 재질사용

아크방전에 의한 내구성이 우수한 재질 사용하여 수명연장

(1) 팬터그래프 : 내아크성이 우수한 카본 습동판 사용

(2) 전차선 : 특별한 대책 없음

3.6.2 전차선로 구배 변환점에서 이선하지 않고 집전가능한 범위

1. 전차선의 이선

가. 전차선은 압상력을 가진 집전장치(Pantagraph)의 진행에 따라 상하로 파상운동을 반복하고, 속도가 높아지면 압상력이 증가되어 전차선과 집전장치(Pantagraph) 사이에 불안전한 접촉으로 발생되는 이선 현상에 의하여 집전장애 및 시스템의 이상장애를 발생할 우려가 있음

나. 이러한 이선 현상은 급격한 구배나 구배 변화가 큰 경우, 지지점 및 급전 분기점 등의 경점, 조가선 및 트롤리선의 비정상적인 장력 등으로 인하여 주로 발생되므로 구배 변환점 등에서 이선하지 않도록 이선율 등을 제한함

2. 전차선의 구배 변환점에서 이선하지 않고 집전할 수 있는 한도

가. 집전장치(Pantagraph) 등이 구배 변환점에서 이선하지 않고 집전이 가능한 한도란 집전장치가 어떤 지점에서 도약해서 다른 지점에 착점될 때 도약점에서 착점까지의 거리(도약거리)가 다음 드로퍼 이내의 거리에 있을 때를 집전 가능한 한도라고 말함

나. 구배 변환점에서의 집전가능한 한도는 열차속도, 집전장치(Pantagraph) 특성, 가공전차선로의 구배, 도약거리 등이 영향을 미치며 안전한 집전 가능한 도약거리는 드로퍼 간격이 5[m]인 점을 고려하여 5[m]로 설정하여 다음 식으로 표시함

다. 관계식

$$F \cdot H = 2 \cdot m \cdot g \cdot V^2 \Rightarrow g = \frac{F \cdot H}{2 \cdot m \cdot V^2} [‰]$$

여기서, F : 팬터그래프 상승압력(5.5[kgf])

H : 도약거리(5[m]), m : 팬터그래프 질량(4.3[kg])

g : 가공전차선의 구배(‰), V : 열차의 속도[km/h]

※ 계산시 팬터그래프 상승압력 단위환산 계산은
1[kg · f] = 9.8[N]이므로
5.5[kg · f]=5.5×9.8[N]=53.9[N]으로 하여도 무방함

라. 구배(기울기)와 속도와의 계산 결과

전차선 구배(g) [‰]	3	5	10	15
열차속도(V) [km/h]	103	80	57	46

※ 기타사항은 구배(기울기)와 속도와의 관계에서 자세히 설명함

3.6.3 집전장치(Pantagraph)의 공진속도와 이선하는 속도

1. 개요

가공 전차선로와 전기차의 집전장치(Pantagraph) 등이 어떤 속도에서도 안정된 집전성능 확보를 위한 상호 인터페이스 되는 기술 적합성을 만족하도록 하여 이선현상에 의한 아크 발생, 집전장치의 진동에 의한 전차선의 진동, 속도향상에 따른 집전계의 공진 등을 억제하기 위한 가선특성과 집전장치의 집전속도 특성은 파동전파 속도에 영향을 주는 열차 속도와 밀접한 관계가 있음

2. 가공 전차선의 고유진동수 특징

가. "고유진동수"란 한경간 내에서 주기성을 갖는 파형으로 진동할 때(가선경간의 중앙 부근에서 진동을 주었을 때) 1초 동안에 일어나는 진동횟수를 "고유진동수"라고 하며, 가선의 재질에 따라 충격 점에서 진동, 진폭 및 범위가 상이하고 고유한 진동수를 갖고 진동횟수에 따라 파형이 다르게 발생됨

나. 고유진동수는 파동전파속도와 밀접한 관계를 갖고 있으며, 경간이 짧고 파동 전파속도가 크면 고유진동수도 커지며, 경간중간에서 진동폭이 크고 지지점에서는 소멸되는 전형적인 파형으로 그 경간을 주기로 출렁거림

(1) 한 점의 고유진동수 $f = \dfrac{C}{2S}$[Hz] ⇨ $C = 2S \cdot f$

(2) 다수의 고유진동수 $f = \dfrac{\alpha \cdot C}{2S}$[Hz] ⇨ $C = \dfrac{2S \cdot f}{\alpha}$

여기서, C : 파동전파속도, f : 고유진동수, S : 경간, α : 상수

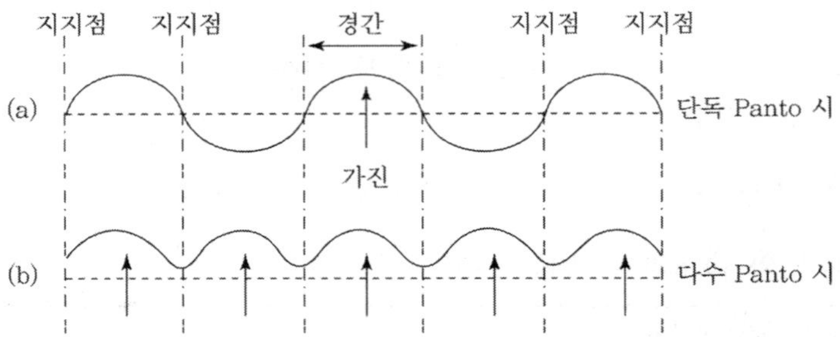

그림 3.6.1 가선을 가진했을 때 전차선 형상

다. 집전장치(Pantagraph) 수량에 따라 고유진동수가 상이하며 다수 집전장치(Pantagraph)의 열차에서는 지지점에서 진동이 크게 발생되어 가선진동에 큰 영향을 주게 됨

3. 가선특성과 팬터그래프 공진현상

가. 일반적인 집전속도 산출공식은 1개의 팬터그래프로 주행 시 가선을 질량이 없는 현으로 보고 상하방향의 스프링으로 가정하여 집전체의 고유 진동수 f를 다음 식으로 나타냄

$$\text{고유진동수}\ f = \frac{1}{2\pi}\sqrt{\frac{k+K}{m}}\,[\text{Hz}]$$

여기서, k : 스프링상수, m : 집전체등가질량, K : 복원스프링계수

나. 가선과 Pantograph가 공진하는 속도(Vc)

$$\text{공진속도}\ V_c = \frac{S}{2\pi}\sqrt{\frac{K'}{m}(1-\frac{\varepsilon^2}{2})}\,[\text{km/h}]$$

여기서, S : 경간[m]
ε : 스프링계수부등율
m : 등가질량
K' : 스프링계수평균치

다. 가선과 Pantograph가 이선을 시작하는 속도(V_r)

$$\text{이선속도}\ V_r = \frac{V_c}{\sqrt{1+\varepsilon}}\,[\text{km/h}]$$

여기서, ε : 부등율
V_c : 공진속도

4. 다수대 팬터그래프에 의한 공진

가. 원인 및 영향

다수 집전장치(Pantagraph) 주행 시 집전하는 후부의 전차선과 집전장치(Pantagraph)의 진동이 증가하고 경간길이 이상의 집전장치(Pantagraph) 간격 또는 고속시 공진 발생이 증가하여 아크를 동반한 대이선, 집전계통의 소음발생, 전차선 국부마모 등이 발생함

나. 공진 방지대책

고속주행에서도 공진이 발생되지 않도록 집전장치(Pantagraph)를 배치하고, 집전장치(Pantagraph)와 가선에 댐퍼를 설치하는 등 고속운전 시 이선하지 않고 양호한 집전성능을 확보하기 위해서는 가선과 질량이 작은 집전체, 등가질량이 작은 프레임 조합체로 된 Pantograph가 필요함

제 4 장 전차선로(Catenary) System

4.1 ◦ 전차선(Trolley Wire)

4.1.1 전차선의 요구성능 및 구비조건

1. 개요

전차선은 레일면상 일정한 높이에 가선되어 전기차의 집전장치와 직접 접촉하여 전기차에 전기를 공급하기 위한 전선으로 전기차가 트롤리에 접촉하여 집전하는 것으로 전차선로 중 가장 중요한 설비로 트롤리 와이어(Trolley Wire) 또는 콘택트 와이어로 부르기도 함

2. 전차선의 구비조건 및 요구되는 성능

전차선은 전기차 집전장치(Pantagraph)가 직접 습동하여 집전하는 것으로 전차선로중에서 가장 중요한 설빔으로 아래의 구비조건 및 성능을 만족하여야 함

가. 전차선의 구비조건

(1) 허용 전류용량이 크고 도전율이 높을 것
(2) 내열성, 내마모성, 내부식성이 우수할 것
(3) 굴곡이나 진동 등 피로강도에 충분히 견딜 것
(4) 설치 또는 보수작업의 경우 취급이 용이할 것

나. 전차선의 요구성능

(1) 가선 장력에 충분히 견딜 수 있도록 항장력이 클 것
(2) 집전율이 높고 집전장치 통과와 집전에 지장이 없을 것
(3) 접속개소의 통전상태가 양호할 것
(4) 설비의 수명 기간동안 설비 투자비 및 유지보수 비용이 낮을 것

3. 전차선의 설계 시 고려 조건

가. 일반 사항

(1) 열차 운전에 안전하고, 고성능의 확보될 것
(2) 사람과 기기가 전차선 운영에 있어서 위험에 노출되지 않을 것
(3) 요구되는 최고속도에서 집전장치(Pantagraph)와 전차선의 상호 영향이 송전의 차단 허용범위에서 보장될 것
(4) 시스템의 구성요소는 장시간 수명을 유지하도록 고도의 전기적, 기계적 강도를 갖고, 주변 시스템과 인터페이스가 원활할 것

나. 기계적 필요조건

(1) 가선특성을 만족할 수 있도록 높이, 편위, 구배, 하중 등 운전조건에 만족하는 허용범위 내에 유지하도록 할 것
(2) 집전장치(Pantagraph)와 전차선 자체의 마모가 균등하고 적은 마모가 되도록 보장할 것
(3) 파동전파속도, 도플러계수, 반사계수, 접촉력 등 동적 품질 기준에 적합하고 다수의 집전장치(Pantagraph)에 의한 집전도 가능할 것

다. 전기적 고려사항

(1) 열차운행에 충분한 허용전류를 갖고 고장전류에도 견딜수 있을 것
(2) 시스템 간 절연협조가 충분히 이루어지도록 할 것
(3) 전철 전원계통에서 발생하는 고조파, 불평형, 유도전압, 표류전류 등에 의한 문제점을 해소할 수 있는 조치를 고려할 것
(4) 정상 운전 또는 고장 시에도 선로의 대지 간 전압은 허용한도를 넘지 않을 것

라. 환경 및 유지보수상의 요구조건

(1) 주변의 환경조건(기온, 풍압, 빙설)에 적합하도록 할 것
(2) 부품의 신뢰도가 있고, 유지보수가 거의 없도록 시스템을 계획할 것
(3) 열차 운행에 차질이 발생하면 이웃 선로와 연계 되도록 할 것
(4) 설치 시 미관, 자연과 환경 보호 차원에서 고려될 것

4. 전차선 형상 및 재료

가. 전차선의 단면 모양은 원형, 홈원형, 홈제형, 홈이형 등이 있으며, 일반철도에서는 홈원형, 고속철도에서는 홈이형이 주로 사용됨

나. 전차선 굵기는 허용전류, 전압강하, 기계적 강도, 작업 편의성과 경제성을 고려하여 결정하며, 국내에서는 Cu110[mm^2], Cu150[mm^2], CuSn150[mm^2], Cu170[mm^2]

등을 주로 사용하고 있음

다. 전차선 재료는 주로 경동선을 사용하나 최근 고속철도 등에서 전차선 성능을 향상시키기 위해 합금 전차선(CuSn 등)을 사용하는 추세임

4.1.2 전차선의 선종 결정시 고려사항 및 가선 표준장력 결정

1. 개요

전차선은 4.1.1.항에서 기술한바와 같이 충분한 허용전류 및 가선장력에 충분히 견딜수 있고, 팬터그래프와 집전성능이 우수하고 내열성 및 내마모성이 강하며 경제성 등을 고려하여 선종 및 가선 시스템을 결정하여야 하며 파동전파속도, 장력 등을 감안하여 가능한 한 단면적이 작은 전차선을 선정하는 것이 유리함

2. 전차선 결정시 고려사항

전차선을 결정할 때는 전차선이 구비해야 할 조건 및 요구되는 성능을 충족할 수 있도록 전차선의 굵기, 전차선의 단면 형상, 전차선의 재질 등을 고려하여 결정하여야 함

가. 전차선의 굵기

(1) 전차선의 굵기는 허용전류, 전압강하, 기계적 강도, 작업편의성과 경제성 및 사고전류에서의 단선위험 등을 고려하여 결정.

(2) 전차선은 일반 가공전선과 달리 등고, 등장력, 등요 등을 유지하여야 하고, 집전장치(Pantagraph) 집전시의 충격 등을 고려하여야 함

(3) 집전장치(Pantagraph) 습동에 의한 마모에 따라 잔존 단면적에서 허용장력의 감소에 대한 고려가 있어야 함

(4) 기상 최악 상태에서도 장력-이도-온도곡선에서 충분한 강도를 갖고 표준장력에서 전선의 항장력 및 안전율을 만족할 수 있을 것

나. 전차선의 단면형상

(1) 전차선의 단면은 원형, 홈원형, 홈제형, 홈이형 등이 있으나 가선 작업 및 유지관리 측면에서 홈원형을 주로 사용되고 있음

(2) 단면적에 대해서는 운전속도와 열차빈도를 감안하여 Cu107[mm^2]부터 Cu170[mm^2]까지 다양하게 사용함

다. 전차선의 재질

(1) 운전속도에 적합한 가선 특성을 갖고 풍압을 받는 상태에서 집전장치(Pantagraph)의 통과에 지장이 없고 편위의 확보가 가능할 것
(2) 자동장력 조정장치의 유무 또는 조가선과의 일괄 또는 개별장력에 대한 장력변화에 대응할 수 있을 것
(3) 이선을 고려하여 장력을 크게 하는 것이 유리하며 도전율, 전류용량 등을 고려하여 홈경동선을 주로 사용하였음
(4) 최근에는 도전율이 저하되지 않고 내열성과 내마모성이 향상 된 Cu-Sn 합금 또는 G 합금을 사용하기도 함

3. 전차선의 표준장력 결정

전차선 등 가공전선의 장력은 온도와 하중에 의하여 수시로 변화하고 변화량은 가선 경간, 전선 종류에 따라 일정하지 않아 경간, 온도, 하중이 표준상태에 있을 때 결정하는 장력을 **표준장력**이라 하며, 국내에서는 표준온도(10[℃])에서 무풍상태의 전차선에 대하여 표준장력으로 규정하고 있으며 자동장력조정 방법, 허용인장력, 선종에 따른 잔존단면적 등에 따라 표준장력을 결정함

가. 조가선과 일괄 자동장력 조정되는 전차선의 표준장력

(1) 전차선과 조가선을 일괄 자동장력 조정하는 경우 일반적으로 가동브래킷 방식이므로 가선의 신축에 의한 이동 억제저항이 매우 작아 전차선 장력을 표준장력 5[%] 전후 이내로 결정함
(2) 따라서, 전차선 표준장력 $T_0 = T(1-0.05)$

여기서, T_0 : 전차선의 표준장력[kgf]

T : 전차선의 허용 인장력[kgf]

나. 전차선을 단독으로 자동장력 조정하는 경우의 표준장력

(1) 전차선 Cu110[mm^2]의 마모한도를 67.6[mm^2](잔존직경 7.5[mm])로 하고, 전차선의 장력 변화가 허용장력의 15[%] 이내로 하며 결정하며, 안전율이 2.2(CuSn 합금전차선 안전율 2.0)이므로 마모한도에서의 허용 인장력을 고려하여 결정함
(2) 마모한도에서의 전차선 표준장력은

허용인장력 $T = \dfrac{\delta_0 \cdot A}{S_t}$[kgf] ➪ 표준장력 $T_0 = T(1-0.15)$로 계산함

여기서, T_0 : 전차선의 표준장력[kgf], T : 전차선의 허용 인장력[kgf]

δ_0 : 전차선의 파괴강도[kgf/mm^2]

A : 전차선의 잔존단면적[mm^2], S_t : 전차선의 안전율(2.2)

다. 자동장력 조정하지 않는 경우의 전차선 표준장력

(1) 전차선 Cu110[mm^2]의 마모한도를 67.6[mm^2](잔존직경 7.5[mm])로 하면 안전율이 2.2이므로 마모한도에서의 허용 인장력을 고려하여 결정함

(2) 마모한도에서의 전차선 표준장력은 전차선이 표준온도보다 최저온도가 되었을 때 발생하는 허용장력을 아래 식으로 구함

$$\text{허용장력}\ T = \frac{A\{\delta_0 - S_t \cdot E \cdot \alpha\,(t_0 - t)\}}{S_t}$$

여기서, S_t : 전차선의 안전율(2.2)

E : 전차선의 탄성계수[kgf/mm^2]

α : 전차선의 선팽창계수(1.7×10^{-5})

t_0 : 전차선의 표준온도[℃]

t : 전차선의 최저가선 온도[℃]

표 4.1.1 전차선의 표준장력[kgf]

자동장력 조정장치 유무	170[mm^2]	110[mm^2]	80[mm^2]
전차선, 조가선 일괄 자동장력조정의 경우	1,500	1,000	800
전차선만 자동장력 조정하는 경우	900	900	700
자동장력조정을 하지않는 경우	800	800	600

4. 조가선의 표준장력 결정

가. 조가선의 표준 장력은 전차선의 단선사고 시 도가선의 장력 부담을 고려하여 아래 식으로 결정함

나. 조가선의 표준장력 계산식 = $T_m \le \dfrac{\delta_m}{S_m + \alpha}$

여기서, T_m : 조가선의 허용하중[kgf]

δ_m : 조가선의 파괴강도[kgf/mm^2]

S_m : 조가선의 안전율(2.5 이상)

α : 여유율

4.1.3 전차선의 마모 원인과 경감 대책

1. 개요

가. 전차선은 집전장치(Pantagraph) 습동판과 직접 접촉하여 전기를 공급하므로 전기적, 기계적 마모가 발생되어 그 잔존단면적이 점차 감소하여 전차선의 항장력이 저하되면 단선의 우려가 있어 허용 마모한도를 설정하고 있으며,

나. 전차선 마모는 선로, 차량, 운전조건 등에 따라 일정하지 않고, 집전장치(Pantagraph)의 이선 또는 도약현상으로 Arc 발생 등에 의한 전차선의 국부마모 등이 발생하여 이에 대한 대책이 필요함

2. 전차선 마모의 원인

전차선 마모는 전기적 마모와 기계적 마모로 나누어 고찰할 수 있으며, 전류가 작은 교류구간은 기계적 마모가 크고, 전류가 많은 직류구간은 전기적 마모 발생이 높음

가. 전기적 마모(융착 마모)

(1) 집전장치(Pantagraph)와 전차선의 불안전 접촉 또는 이선에 의한 불꽃, 아크에 의한 전기적 마모

(2) 집전전류가 클수록 마모가 심하고, 특히 역행구간에서 발생정도가 심함

(3) 주요마모발생개소

① 전차선 구배 전환점

② 조가선과 전차선 장력 불균형 개소

③ 전차선의 경점

④ 전차선 접촉면이 굴곡 등 변형개소

나. 기계적 마모(절삭마모)

(1) 집전장치(Pantagraph)와 전차선의 기계적 마찰이나 충격에 의한 마모.

(2) 집전장치(Pantagraph)의 압상력이 크고, 습판의 재질강도가 크면 기계적 마모는 커지고 마찰계수에 비례함(속도가 커지면 기계적 마모는 작아짐)

(3) 전차선 재질의 경도는 집전장치(Pantagraph) 습동판 경도보다 강해야 기계적 강도가 작으며, 은입 전차선이 경동전차선보다 내열성 내마모성이 우수

(4) 곡선로의 집전장치(Pantagraph) 경사에 의한 전차선의 이상 마모 발생

3. 마모율 및 마모한도

전차선은 허용마모 한도까지 사용하는 것이 경제적이기 때문에 선종 및 단면적을 선정할

때는 집전특성, 잔존직경에서의 항장력 및 전류 용량을 검토하여 결정하여야 함

가. 전차선의 마모율

전차선의 마모정도를 나타내는 것으로 집전장치(Pantagraph)가 1만회 통과했을 때의 전차선이 마모되는 량을 표시함

$$\text{마모율} = \frac{\text{전차선 마모량(mm)}}{\text{팬터그래프 통과 횟수(1만회)}} \times 100[\%]\ [\text{mm/1만팬터}]$$

나. 허용 마모한도

(1) 전차선이 마모에 의하여 잔존 단면적이 차츰 감소하면 전차선의 항장력도 저하되어 전차선의 항장력이 허용 표준장력을 이기지 못하고 전차선이 단선 되는 등 우려가 있어 허용 마모한도를 설정하였음

(2) 마모된 전차선의 항장력이 표준장력에 안전율을 곱한 값에 도달했을 때의 전차선 마모량을 "허용 마모한도"라고 하며, 이때의 전차선의 직경을 "허용잔존직경"이라고 함

표 4.1.2 전차선의 마모한도

구 분	신품외경 [mm]	마모한도			장 력
		잔존직경 [mm]	잔존면적 [mm²]	잔존항장력 [kgf]	
Cu110[mm²]	12.34	7.50	67.60	2,372	1,000[kgf] 경우
Cu150[mm²]	13.60	8.85	94.97	3,298	1,400[kgf] 경우
Cu170[mm²]	15.49	8.50	87.50	3,135	1,500[kgf] 경우

4. 전차선 마모의 일반적인 경향

가. 팬터그래프 압상력 ⇨ 압상력 증대시 전기적 마모감소, 기계적 마모 증가

나. 집전전류(직류구간)

집전전류 대소가 미치는 영향은 작으나 이선시 전류가 크면 전기적 마모증가

다. 운전속도 ⇨ 저속운전 시 기계적 마모 증가 고속운전 시 기계적 마모 감소

라. 접촉력의 변동과 이선 ⇨ 이선시 전기적 마모 증가

마. 집전장치(Pantagraph) 구조와 개수

경량일수록 추종성이 좋아 마모가 감소하고 집전장치(Pantagraph)가 다수일때 기계적 마모는 증가

바. 집전판의 특성 ⇨ 재질의 경도가 낮으며 윤활성이 좋아야 전차선 마모감소

사. 전차선의 온도

온도가 지나치게 높을 경우 (90[℃] 이상) 전차선에 산화피막 생성이 촉진되어 마모 증가

아. 궤도・차량 동요 ➪ 안정된 궤도 및 차량동요 작을수록 마모는 작음

5. 전차선 마모 방지 대책

전차선의 마모는 선로, 운전조건에 따라 항상 균일하게 진행되지 않고 부분적으로 집전장치(Pantagraph)의 이선 또는 도약현상으로 전기적・기계적 마모가 일시에 충격을 주어 발생되는 1섹션 이내에서의 국부마모가 문제시 되고 있음

가. 국부마모 방지대책

(1) 전차선의 구배와 구배변화를 작게함

(2) 전차선의 국부적 경점축소 : 금구 경량화, 수량감소

(3) 장력조정장치 기능 확보 : 등장력 유지

(4) 역행개소의 급전분기 및 더블이어 등 경점제거

(5) 전차선교차개소, 구분 장치 및 굴곡 개소의 최적가선 조건 유지

나. 일반적 마모 방지대책

(1) 내마모성 재질의 전차선 사용(Sn합금 전차선 등)

(2) 전차선을 이중화 : 설비복잡, 비경제적으로 특수한 경우만 사용

(3) 전차선 단면 형상을 변경 : 고속철도 제형 150[mm^2] 등

(4) 집전장치(Pantagraph) 습동판 재질의 경도가 낮고 원활성이 좋은 것으로 선정하여야 함

(5) 전차선을 드럼에 감을 때 횡방향(횡권)으로 감아 포설.

(6) 굴곡에 의한 국부마모 방지를 위하여 가선차로 시공.

4.1.4 전차선의 경점과 마모 관리

1. 개요

전차선의 접속개소, 곡선당김금구, 진동방지금구의 설치 장소는 지지물 경간에 비하여 전차선의 중량이 증가되어 집전장치(Pantagraph) 통과 시 충격에 의한 이선 현상 등이 발생하게 되는데, 이처럼 전차선에서 부분적으로 중량(하중)이 크게 미치는 장소를 경점이라고 함

2. 전차선 마모 관리상의 요주의 개소

가. 에어섹션, 부스타 섹션, 에어조인트 설치개소 및 역행구간의 섹션
나. 역행개소의 급전분기 및 더블이어, 균압선 등의 경점개소 부근
다. 전차선 교차장치 등의 분기기 굴곡개소

3. 평행구간의 마모 현상

가. 평행구간에서 다수의 집전장치(Pantagraph)가 통과할 때는 이선하는 위치가 일정하지 않아 아크 스폿이 발생한 전차선 습동면을 후속 집전장치(Pantagraph)가 번갈아 마찰하고 아크 스폿을 연속하여 만들게 되므로 전차선의 마모가 빨리 진행됨
나. 특히, 아크스폿이 많은 직류 역행구간에서는 단시간에 급속한 마모가 발생됨

4. 경점에서의 마모 경감대책

가. 전차선의 접속개소에서 발생하는 마모를 경감하기 위해서는 전차선이 일정한 가요성을 가져야 하는 것이 중요하므로 접속개소를 가능한 한 줄이고 가선금구의 경량화를 시행하여야 함
나. 교차장치의 개선 ➪ 열차 속도에 적합한 평행교차 설비 시행
라. 평행개소의 에어섹션 및 에어조인트 ➪ 경간 확대
라. 진동방지금구 및 곡선당김금구 등 경점 ➪ 사전이도(Pre-sag) 가선.

4.1.5 전차선 허용 마모한도 산출 및 잔존 항장력과 허용장력

1. 전차선의 허용 마모한도

가. 마모된 전차선의 항장력이 표준장력에 안전율을 곱한 값에 도달했을 때 전차선의 마모량을 “허용 마모한도”라고 하며, 허용 마모한도에 도달한 전차선의 지름을 “허용 잔존 지름”이라고 함
나. 전차선은 허용 마모한도까지 사용하는 것이 경제적이므로 선종 및 단면적을 선정하는 경우에는 집전특성 이외에 전차선의 허용 잔존 지름에 도달했을 때 걸리는 잔존 항장력 및 허용전류 용량도 충분히 고려하여야 함

2. 전차선의 잔존단면적 계산 방법

가. 원형 전차선의 잔존직경으로 잔존 단면적을 구하는 식

$$\text{잔존단면적 } A = S - a$$

$$a = \left(\pi R^2 \times \frac{\theta}{180}\right) - (R - x) \cdot R \sin\theta$$

$$\theta = \cos^{-1}\left(1 - \frac{x}{R}\right)$$

여기서, R : 전차선 반지름[mm], A : 전차선의 잔존 단면적[mm^2]

S : 신품 전차선의 단면적[mm^2], D : 신품 전차선의 직경[mm]

a : 전차선 마모부분의 단면적[mm^2]

θ : 전차선이 마모되었을 때 수직면과의 각도

x : 전차선의 마모 길이[mm]

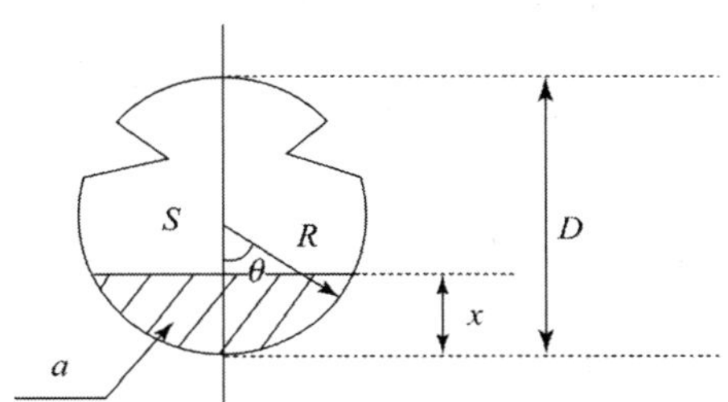

그림 4.1.1 전차선의 잔존단면적

표 4.1.3 전차선 특성표

선종	직경 [mm]	단면적 [mm^2]	항장력 [kgf]	파괴강도 [kgf/mm^2]	비고
Cu110[mm^2]	12.34	111.10	3,900	35.1	신품
CuSn150[mm^2]	14.50	151.36	6,234	41.1	신품원형
Cu170[mm^2]	15.49	170.00	5,900	34.7	신품

나. 원형 전차선의 잔존 단면적을 구하는 계산식 유도

(1) 그림 4.1.2에서 원의 반경을 R, $\overline{ac}$ 에서 마모길이를 x, $\overline{acd}$ 각도를 $\theta°$라고 하면

① 원의 면적 $S = \pi \cdot R^2$

② $\overline{dca}$의 각도 $\theta = \cos^{-1}\dfrac{R - x}{R}$

③ $\overline{abcd}$ 호의 넓이에서 삼각형 $\overline{bcd}$ 넓이를 빼면 $\overline{bad}$ 면적이 됨

(2) $\overline{bad}$ 호의 길이를 l 이라고 하면

$l\ :\ 2\pi R\ =2\theta\ :\ 360°$ 에서 ➪ $l\ =2\pi R\times\dfrac{2\theta}{360}=2\pi R\times\dfrac{\theta}{180}$

(3) $\overline{abcd}$ 호의 넓이 $S_1=\pi R^2\times\dfrac{\theta}{180}=\dfrac{1}{2}R\cdot l$

여기서, $S_1\ :\ S\ =2\theta°\times 360°=S_1\ :\ \pi R^2\ =2\theta°\ :\ 360°$이므로

$S_1\ =\pi R^2\times\dfrac{\theta}{180}$을 전개하면 $S_1\ =2\pi R\times\dfrac{\theta}{180}\times\dfrac{R}{2}$이므로

$l\ =2\pi R\times\dfrac{\theta}{180}$을 대입하면 $S_1\ =\dfrac{1}{2}R\cdot l$ 으로 나타낼 수도 있음

(4) 또한, 각도 $\theta°$ 를 이루는 삼각형 밑변의 길이 $=R\sin\theta$

(5) $\overline{bcd}$ 삼각형 전체 넓이를 S_2라고 하면 삼각형 $\overline{acd}$ 의 두 배이므로

$S_2\ =\dfrac{1}{2}\times(R-x)\times R\sin\theta\times 2=(R-x)\times R\sin\theta$

(6) $\overline{abd}$ 의 현의 넓이(전차선 마모면적)은 S_1-S_2이므로

$(\pi R^2\ \times\ \dfrac{2\theta}{360})-(R-x)\times R\sin\theta=\left(\pi R^2\times\dfrac{\theta}{180}\right)-(R-x)\times R\sin\theta$

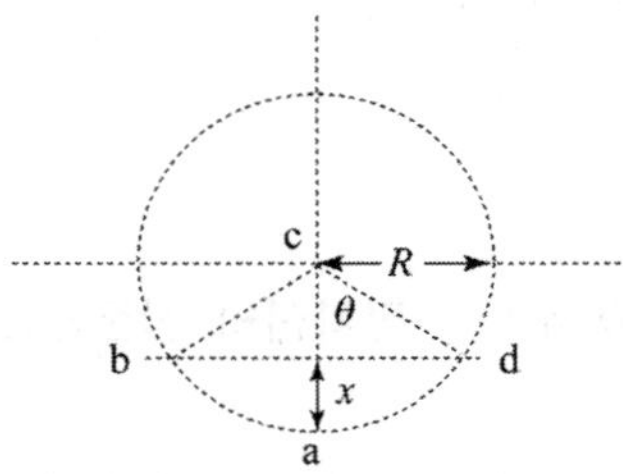

그림 4.1.2 원과 호의 해석

다. 그림 4.1.1에서 Cu110[mm^2] 원형 전차선의 허용마모시 잔존 단면적 계산

- ✔ 신품직경 $D=12.34$[mm], ✔ 반경 $R=12.34/2=6.17$[mm]
- ✔ 신품 단면적 $A=111.10$[mm^2] ✔ 잔존마모한도 직경 = 7.5[mm]
- ✔ 마모길이 $x=12.34-7.5=4.84$[mm]
- ✔ 중심점에서 마모된 길이 $R-x=6.17-4.84=1.33$[mm]

(1) $\theta=\cos^{-1}\dfrac{R-x}{R}=\cos^{-1}\dfrac{1.33}{6.17}=\cos^{-1}0.216=77.5°$

따라서, $\sin 77.5°=0.86$

(2) 허용 마모면적 $= \left(\pi R^2 \times \frac{\theta}{180}\right) - (R-x) \times R\sin\theta$에 수치를 대입,

$a = \left(\pi \times 6.17^2 \times \frac{77.5}{180}\right) - (1.83) \times 6.17 \times 0.86 = 51.45 - 9.71 = 41.74$

(3) 허용마모한도에서 잔존 단면적

$A = S - a = 111.1 - 41.74 = 69.36[\text{mm}^2]$

3. 전차선의 잔존 항장력 및 허용장력

가. 전차선의 잔존단면적에 대한 항장력 계산식

(1) 전차선 잔존중량 $W = A \cdot \rho \times 10^{-3}$

(2) 잔존 항장력 $P = P_0 \times \frac{A}{S}$

여기서, ρ : 전차선의 비중(8.89), A : 전차선 잔존단면적[mm²]
P : 전차선의 잔존 항장력, P_0 : 전차선 신품의 항장력[kgf]
S : 신품전차선의 단면적[mm²]

(3) 전차선의 잔존단면적에 대한 허용장력 $T = \sigma \cdot A \times \frac{1}{S_t}$

여기서, σ : 전차선의 파괴강도[kgf/mm²] = 항장력÷잔존단면적
S_t : 전차선의 안전율(2.0~2.2)

나. Cu110[mm²] 전차선의 잔존단면적에 대한 항장력 계산식

(1) 허용마모에서 잔존 단면적 : 72.96[mm²]

(2) 잔존 항장력 $P = P_0 \times \frac{A}{S}$이므로

$P = 3,900 \times (69.36 \div 111.1) =$ 약 2,434[kgf]

※ 마모한도 7.5[mm]의 항장력이 2,373[kgf]

4.1.6 전차선의 온도상승 영향과 대책

1. 전차선의 온도상승

가. 전차선의 온도는 대기온도, 일사온도, 전차선전류에 의한 저항손(줄열), 집전장치(Pantagraph)와 접촉에 의한 마찰열 발생 등의 원인에 의해 온도상승이 발생됨

나. 교류 급전구간은 급전 전압이 높고 전류가 작아 온도상승이 심한정도는 아니지만 직류구간에서는 전기차 부하전류가 커서 전차선 자체의 주울(joule)열에 의한 온도 상승이

심한 편입

다. 직류 전기차의 사용전류는 약 3,000~4,000[A]가 되지만 대부분분 급전선으로 흐르고 급전분기선을 통하여 전차선에 유입되기 때문에 급전분기점에서의 온도상승이 높게 나타남

2. 전차선의 온도상승 원인

가. 외기온(대기온도) 및 일사에 의한 온도상승

(1) 외기온에 의한 온도상승은 보통 40[℃], 일사에 의한 온도상승은 20[℃]정도로 함

(2) 일반적으로는 최대부하가 발생하는 시간을 고려하여 외기온도 35[℃], 일사온도 15[℃]를 취하여 계산함

나. 전차선의 저항손에 의한 온도상승

(1) 전차선 전류의 Joule 열에 의해 전선온도 상승($H = 0.24 I^2 \cdot R \cdot t$)

(2) 급전분기선에서 전차선으로 유입되는 전류가 전기차 운전 시격에 따라 간헐부하전류가 증가하고 접속저항으로 국부온도상승이 발생하는 등 변전소 인출구 급전선, 급전분기선의 접속점의 온도상승이 높음

다. 접촉저항에 의한 온도상승

(1) 집전장치(Pantagraph)와 전차선의 집전 접촉저항에 의한 온도상승이 발생하나 주행중 문제되지는 않음

(2) 정차 중 냉난방을 위한 집전전류가 큰 경우 저항손에 의해 발열되어 팬터그래프 접촉지점의 전차선 온도상승이 큼(냉・난방 출력증가가 문제)

3. 전차선의 온도상승(기상변화)에 의한 영향

가. 전차선의 온도가 과도하게 상승되면 연화되어 기계적 강도 저하로 단선우려

나. 전차선 신장(늘어남)에 따라 등고, 등장력 등 변화로 이선 발생 우려

다. 전차선 온도상승에 의한 허용전류의 감소 및 국부 마모증가

라. 전기차 정차 시 접촉 저항손 및 급전분기선 국부과열로 전차선 단선우려

마. 전차선 온도변화에 의한 장력의 변화량

$$T = T_0 - AE\alpha(t - t_0)[\text{kg}]$$

여기서, T_0 : t_0[℃]에서의 전차선 표준장력[kg]

T : t [℃]에서의 전차선의 장력[kg]

A : 전차선의 단면적[mm^2]
E : 전차선의 탄성계수[N/mm^2] (11.76 $\times 10^4$)
α : 전차선의 선팽창계수(1.7×10^{-5})
t_0 : 표준온도[℃]
t : 변화된 주변온도[℃]

4. 온도상승이 우려되는 개소(수시 점검 개소)

가. 직류급전 방식에서의 온도상승 개소

(1) 변전소 급전인출구의 급전선 및 급전금구 연결 지점
(2) 급전분기선 접속점 및 주변 전차선

나. 교류 급전방식에서의 온도상승 개소

(1) 급전 인출개소 및 급전분기 개소 접속금구 체결지점
(2) BT 급전구간의 급전인출구 전차선

5. 전차선의 허용온도 제한

가. 전차선의 최고허용 온도는 허용전류 및 전차선 마모시 항장력의 저하를 10[%] 이내로 하도록 최고허용온도를 90[℃]로 규정하고, 급전선 등의 가공 나전선은 마모가 없으므로 100[℃]로 하고 있음
나. 따라서, 대기온도(태양열)에 의한 온도상승 한도를 40[℃], 전차선 자체온도 상승 한도를 50[℃]까지 허용하고 있음

6. 온도상승 방지 대책

가. 급전분기선을 증설 ➪ 분기간격 단축 및 전류용량 증가로 온도 상승 감소
나. 부하용량에 충분한 단면적의 전차선을 사용
다. 집전전류 용량이 큰 구조의 가선방식으로 설치
라. 전차선과의 접촉저항이 적은 집전장치(Pantagraph) 습동판 사용
마. 전차선 접속개소의 접촉저항을 최소화 할 수 있는 접속금구 사용
바. 온도상승 우려개소는 적외선 카메라 등으로 주기적 측정관리

4.1.7 가공 전차선로에서 태양열 흡수에 의한 전선의 영향과 대책

1. 개요

가. 가공 전차선로의 전선류의 온도상승은 허용전류 및 전류용량과 밀접한 관계에 있으며, 전선의 온도는 저항에 의한 발열량과 외기온도 및 일사량(태양열)의 흡수에 의한 온도 상승을 충분히 고려하여야 함

나. 특히, 전차선은 항상 집전장치(Pantagraph)와 접촉되어 마모가 진행되어 단면적이 작아지게 되므로 온도가 높게 되면 전차선이 연화되어 기계적 강도가 저하되고 소손 우려 등이 있어 연속 사용온도를 90[℃] 이하로 정하여 이것을 만족하는 전류용량을 정하고 있음

2. 직사광선에 노출된 전선의 태양열 흡수량

전선의 열특성은 루크식에서 보는 바와 같이 저항손에 의한 발열량과 일사에 의해 흡수되는 태양열량 합이 전선의 표면으로 열방산하는 것과 전선 주위의 대기중으로 전도와 대류되는 열량이 같다고 정의되었으며, 복사열과 대류되는 열방산 계수는 스테만-볼트 법칙 및 라이스 실험식을 적용하여 허용전류를 구함

가. 국제기준(IEC 287-2-1)에서의 태양열 흡수량

태양열흡수 열량 $Q_s = \eta \cdot D_e \cdot H$ [W/m]

여기서, η : 케이블표면에서 태양방사 열량의 흡수율(흑체계수)
D_e : 케이블외경 [m]
H : 태양방사 열량의 세기[W/cm^2]
(대부분 0.1[w/cm^2]이나 지역에 따라 다름)

나. 일본에서의 적용값

태양열 흡수 열량 $Q_s = \eta \cdot D_e \cdot W_s$[W/m]

여기서, η : 흑체계수(신품으로 광채가 나는 신전선은 0.08~0.16 범위, 오래되어 검게 변한 나전선은 0.9 정도를 적용함)
D_e : 케이블 직경[cm]
W_s : 일사량[W/cm^2]으로 약 0.1[W/cm^2]를 적용(지역에 따라 차등)

3. 기상변화에 의한 가공 전차선로 전선의 영향

가. 가공 전차선로의 전선은 온도변화에 따라 저항 온도계수에 의한 전선의 저항변동으로 허용전류 값이 변동됨

나. 온도변화에 의한 전선의 신축량에 따라 장력 및 이도의 변화가 발생하여 팬터그래프와 집전성능이 저하됨

다. 온도변화에 따른 전선의 신축 등으로 이도 및 상호 이격거리 확보 곤란

라. 전선의 온도가 높게 되면 전선이 연화되어 기계적 강도가 저하됨

마. 전선의 온도상승 등에 따라 허용전류 감소

4. 태양열 흡수에 의한 전선의 영향 및 대책

가. 태양열 흡수에 의한 전선의 영향

전선의 최고 허용온도 범위에서 전선표면의 열평행을 고려하여 급전 시 저항의 Joule 열의 발생열량에 의한 온도상승과 일사의 흡수열량에 따른 온도상승의 합이 전선에서 방산하는 복사와 대류에 의한 열량 합과 같다는 루크(Luke) 식에 의하여 전선의 허용전류를 고려하여야 함

$$W_i + W_s = W_r + W_c$$

여기서, W_i : 전선의 저항에 의한 발열량 $= I^2 \cdot R_t$[W/cm]

W_s : 일사에 의한 흡수열량 $= P_s \cdot d \cdot \eta$ [W/cm]

W_r : 복사에 의한 방산열량[W/cm] $= \pi d(\theta - T) h_r \eta$

W_c : 대류에 의한 방산열량[W/cm] $= \pi d(\theta - T) h_w$

나. 전선의 최고 허용온도의 제한

(1) 전선의 온도가 일정 수준 높게되면 전선이 연화(軟化)되고, 기계적 강도가 저하되어 단선의 우려가 있음

(2) 따라서, 전차선의 최고허용 온도는 허용전류 및 전차선 마모시 항장력을 감안하여 90[℃]로 규정하고, 대기온도(태양열)에 의한 온도상승 한도를 40[℃], 전차선 자체온도 상승 한도를 50[℃]까지 허용하는 등 전선자체 저항발열, 일사에 의한 흡수열량, 복사 및 대류에 의한 방산열량에 만족하는 전선 연속 허용전류를 정하고 있음

(3) 외기온에 의한 온도상승은 보통 40[℃], 일사에 의한 온도상승은 20[℃]정도로 하며 일반적으로는 최대부하가 발생하는 시간을 고려하여 외기온도 35[℃], 일사온도 15[℃]를 취하여 계산함

4.1.8 전차선로의 연속 허용전류

1. 연속 허용전류 의미

가. 전선에 전류가 흐르면 Joule 열에 의해 전선의 온도가 상승하고 온도가 너무 높으면 전선이 연화(軟化)되어 인장강도가 저하되고 표면산화 등을 일으키므로 사용조건에서 최고 허용온도 범위의 전류한도를 허용전류라고 하며,

나. 일반 나전선의 경우 연속사용 온도를 90[℃] 이하로 정하고, 90[℃] 이하에 만족하는 전류용량을 "연속 허용전류"라고 하며, 주변온도가 40[℃]라고 하면 전선자체 발열온도는 50[℃] 이하로 규정하게 됨

2. 전선의 허용전류 파라미터

가. 허용전류 계산방법

(1) 나전선(가공전선로)의 허용전류는 다음 조건을 가정하여 결정함

① 주위온도 : $T = 40$[℃]

② 풍속 : $V = 0.5$[m/sec]

③ 일사량 : $P_s = 0.1$[W/cm²]

④ 전선의 복사계수 비 : $\eta = 0.9$ (흑체는 1.0으로 함)

(2) 허용전류는 전선의 최고 허용온도 범위에서 전선표면의 열평행을 고려하여 급전(통전) 시 저항의 Joule 열의 발생열량에 의한 온도상승과 일사의 흡수열량에 따른 온도상승의 합이 전선에서 방산하는 복사와 대류에 의한 열량 합과 같다는 루크(Luke) 식으로 표시함

$$W_i + W_s = W_r + W_c \Rightarrow I^2 \cdot \beta \cdot R = k \cdot \pi \cdot d \cdot L \cdot \theta$$

따라서, 허용전류 $I = \sqrt{\dfrac{k\pi d L \theta}{\beta R}}$ [A]로 나타냄

여기서, W_i : 전선의 저항에 의한 발열량 $= I^2 \cdot R_t$[W/cm]

W_s : 일사에 의한 흡수열량 $= P_s \cdot d \cdot \eta$ [W/cm]

W_r : 복사에 의한 방산열량[W/cm] $= \pi d(\theta - T) h_r \eta$

W_c : 대류에 의한 방산열량[W/cm] $= \pi d(\theta - T) h_w$

P_s : 일사량[W/cm²]

d : 전선의 직경[cm]

β : 교류, 직류저항비 = 표피효과계수 × 철손계수

R : 사용온도에서의 전선의 저항[Ω/cm]
k : 열방산계수
L : 전선의 단위길이[cm],
θ : 사용온도[℃]
T : 주위온도[℃]
h_r : 복사에 의한 열방산계수[W/℃ · cm^2]
h_w : 바람있을 때 대류에 의한 열방산계수[W/℃ · cm^2]
η : 완전 흑체의 복사계수에 대한 전선의 복사계수비

※ **흑체(黑體 / black body)** : 진동수와 입사각에 관계없이 입사하는 모든 전자기 또는 열을 반사하지 않고 완전 흡수하는 이상적인 물체를 말함

나. 저항손(Joule열)에 의한 발열량

$$W_i = I^2 \cdot R_t \,[\text{W/cm}]$$

여기서, 기준온도 20[℃]일 때 저항을 R_{20}이라고 하면, T[℃]에서의 저항은

$$R_T = R_{20}\,\{1+\alpha\,(T-20)\}\,[\Omega/\text{cm}]$$

I : 부하전류[A]
α : 저항온도계수 ➪ 연동연선 3.93×10^{-5}

다. 교류 실효저항

교류실효 저항은 전선의 표피효과에 의한 저항증가분과 철손증가분을 고려하여야 하나 상용주파수에서는 크게 문제되지 않고 전선 단면적이 500[mm^2] 이하는 무시하여도 실용상 문제는 없음

3. 순시 허용전류(순시전류용량)

가. 순시허용전류

(1) 전차선 또는 급전선에 지락 또는 단락사고가 발생한 경우 큰 고장전류가 흐르며, 고장전류는 보호 장치에 의해 단시간에 차단되지만 고장 전류에 의한 발열로 인하여 전선의 기계적 강도를 저하시키게 됨
(2) 고장전류가 흐를 때 보호장치의 동작시간을 2~3초 이내로 가정하여 전선이 성능을 저하시키지 않는 허용전류 범위를 "순시전류용량"이라고 함

나. 순시허용 전류 계산식

(1) 고장전류 등의 통전시간이 2~3[sec]로 극히 짧은 경우에 열이 전선 표면에서 방사되지 않는다는 조건에서 열평행 식을 이용함 ➪ 계산식 생략

(2) 전선의 인장강도가 저하되지 않는 최고 온도한도는 경동선이 200[℃], 경 알루미늄선이 180[℃] 정도이므로 주위온도 40[℃]에서의 순시 전류용량 구하는 식은 아래와 같음

① 경동선의 순시전류 $I = 152.1 \times \dfrac{S}{\sqrt{t}}$[A]

② 경 알루미늄선의 순시전류 $I = 93.26 \times \dfrac{S}{\sqrt{t}}$[A]

③ 아연도강연선의 순시전류 $I = 49 \times \dfrac{S}{\sqrt{t}}$[A]

위에서, t =통전시간[sec], S =전선의 단면적[mm^2]

표 4.1.4 전차선로 전선류의 허용전류

선종	규격	연속허용전류(A)	순시허용전류(A)	비고
급전선	ACSR288[mm^2]	589	12,597	
보호선	ACSR93.3[mm^2]	252	2,902	
조가선	BZ 65[mm^2]	261	5,747	
조가선	MgSnCu70[mm^2]	271	5,747	
전차선	Cu150[mm^2]	532	13,172	
전차선	Cu127.5[mm^2]	454	11,196	마모한도시

※ 최고 허용온도 90[℃](온도상승 50℃, 주위온도 40℃) 기준 적용시

4.1.9 가공 전차선의 단선(斷線) 발생원인과 대책

1. 개요

가. 가공 전차선의 단선은 외부 기계적 충격에 의하여 단선되는 기계적인 요인과 전기적인 단락 또는 지락사고 발생으로 단시간 과도전류가 흐를 때 차단보호가 지연되면 전차선이 순간 과열되어 용단전류에 의해 단선되는 전기적 요인 등 크게 두 가지로 구분할 수 있음

나. 운행선 일부구간에서 변전소 보호계전기 절체 등 사용 중지 시간에 전차선과 전동차 차체간에 단락사고가 발생하였으나 보호차단이 불동작하여 해당 급전구간의 전차선,

조가선, 보호선 등이 단락전류에 의한 급격한 온도상승으로 용단 및 과도하게 늘어져 장시간 열차 운행이 중지된 사례 등이 있음

2. 전차선의 단선이 발생하는 원인

가. 전차선의 최고 허용온도 초과에 의한 단선

(1) 단락 전류용량, 단락강도 또는 단락정격은 전차선로 설비의 열적 설계 대상으로 전차선 등의 단선 등을 고려하는 중요한 요소가 됨

(2) UIC 연구결과 경동 홈붙이 전차선의 경우 최대 허용온도는 125~175[℃]로 명기되어 있으나 CuMg 합금 전차선은 200[℃], 황동 조가선의 허용 최종온도는 300[℃], 드로퍼의 허용 최종온도는 600[℃]로 조사됨

(3) 전차선의 최고허용 온도는 허용전류 및 전차선 마모시 항장력을 감안하여 90[℃]로 규정하고, 대기온도(태양열)에 의한 온도상승 한도를 40[℃], 전차선 자체온도 상승 한도를 50[℃]까지 제한하여 연속 허용전류에서의 최고 허용온도가 초과하지 않도록 하여야 함

나. 단시간 이상전류에 의한 온도상승과 단선이 되는 시간

(1) 경동 전차선 110[mm^2]의 경우 단시간 부하 2,200[A]의 전류를 통전한 경우 보통 130[℃]까지 온도상승이 되나 1[m/s]의 통풍이 있을 때 90[℃]로 낮아지는 등 통풍과 온도상승은 밀접한 관계에 있음

(2) 전차선을 녹이는 용단전류는 의미가 있는 것으로 전차선의 한 지점이 지락 또는 단락 전류에 의해 급속히 가열되거나 접촉부분에서 아크방전이 발생하는 경우 전차선 Cu110[mm^2]의 경우 지락 또는 아크전류(I)와 전류의 지속시간(t)의 곱이 750 이상이 되면 용단되는 것으로 나타남.

① 전차선의 단선이 발생하는 시점 $= I \cdot t \geq 750$

② (예시) 이상전류 3,000[A]라면 0.25[sec]에 단선됨

다. 마모한도 초과 및 외부 충격에 의한 전차선 단선

(1) 가공 전차선로 인접구간에서의 크레인 등 고소 작업장비의 전도, 고가교 또는 과선교의 자동차 추락 등의 외부 충격에 의한 전차선 단선.

(2) 전차선의 보수 미비 또는 집전장치 파손으로 팬터그래프가 전차선에 활입된 상태에서 열차운행이 진행될 때 전차선이 단선되는 경우

(3) 전차선이 팬터그래프 집전에 의한 전기적, 기계적 마모로 단면적이 점차 감소하여 허용마모 한도를 초과할 때 항장력이 저하되어 단선되는 경우

3. 전차선의 단선 예방대책

가. 부하전류 및 장력에 충분히 견딜수 있는 전차선의 굵기 및 재질 선정
나. 급전계통의 지락 또는 단락 시 이상전류에 대응하는 보호계통의 구성
다. 전차선의 온도변화에 대응한 자동장력 조정장치의 설치
라. 고가교 또는 과선교 인접 구간에 낙하방지 구조물 설치
마. 전차선로 인접에서 고소장비 또는 크레인 장비 작업 시 안전대책 수립

4.2 ◦ 급전선(Feeder Line)

4.2.1 급전선(Feeder Line)의 특성 및 설치조건

1. 급전선의 정의

가. "『급전선』이란 철도차량에 사용할 전기를 변전소로부터 합성전차선에 공급하는 전선"으로 정의하며, 전철용 변전소와 변전소간에 전차선과 레일 등의 집전용 도체를 통해서 전기차에 전력을 공급하는 전선을 지칭함
나. 급전선로는 급전선과 이를 지지하는 애자 등 지지물로 구성되어 지며, 전기공급 방식에 따라 다양하게 설치됨

2. 급전선의 특성 및 구비조건

가. 전기용량 특성 ⇨ 급전전류에 대하여 전류, 전압 강하의 허용범위 내의 전기전도가 큰 도전재료로 적합한 전기저항 및 전기용량에 적합한 전선이 필요
나. 급전선의 재질, 굵기 ⇨ 부하전류에 따라 전압강하와 온도상승이 적고 충분한 기계적 강도가 필요
다. 급전시스템과의 절연협조 ⇨ 변전소, 전차선로, 전기차의 애자 절연강도와 피뢰기가 협조되도록 유지
라. 급전계통 구성 ⇨ 급전방식, 급전선로 용량, 연장급전, 작업 및 사고구분 등을 고려하여 급전계통 구성을 간소화 할 것

3. 급전선의 설치 조건

가. 가공 급전선 높이

(1) **도로횡단시 높이** : 도로법에 따라 지표면상 높이 5[m] 이상으로 규정하고 있으나 여유를 두어 6[m] 이상으로 설치함

(2) **철도 · 궤도 횡단시** : 레일면상을 기준으로 5.5[m] 이상으로 시공기면과는 약 6[m]가 되며 전차선로 조가선과의 이격을 고려하여야 함

(3) **횡단보도교위(상부)** : 횡단보도교는 사람이 전용으로 통행하므로 일반도로와는 구분하여 5[m] 이상으로 규정하고, 터널, 과선교 등은 차량한계를 고려하여 3.5[m]까지 완화하여 규정함

나. 도로 · 건조물등과의 접근거리

(1) **도로 등과의 접근시** : 사람에 대한 안전성을 고려하여 3[m] 이상으로 규정하나, 도로가 아래쪽에 있고 수평거리 2.5[m] 이상일 때는 예외로 함

(2) **건조물과의 접근** : 가공급전선이 건조물에 근접하여 시설되면 보안상 또는 화재시 용단 등 관리가 곤란하여 원칙적으로 시설금지하나 부득이한 경우 가공 급전선의 인류부분이 건물 위쪽에 있는 경우 이격거리를 2[m] 이상으로 하거나 절연하여야 함

(3) **식물과의 접근** : 폭설, 풍압에 의한 수목전도, 전선의 이도 및 진동 등을 고려하여 충분한 접근거리를 확보

표 4.2.1 급전선의 설치 높이

설치장소	기준위치	전기방식별 높이[m]	
		직류	교류
일반	지상면	5 이상	5 이상
도로횡단	도로면	6 이상	6 이상
철도, 궤도횡단	레일면	5.5 이상	5.5 이상
터널, 과선교 등	레일면	3.5 이상	3.5 이상
건널목 횡단	도로면	5 이상	5 이상
횡단 보도교	보도면	4 이상	5 이상
절취개소의 경사면	경사면	0.3 이상	0.3 이상

4. 급전선의 인류장치(Anchor Clamp)

가. 급전선의 인류장치는 최대장력을 고려하여 각 부재가 안전율 2.5 이상으로 하여야 함

나. 급전선의 인류장치 설치장소는

(1) 역구내의 전・후
(2) 교량개소에서 이격조건이 어려운 경우
(3) 연속되는 구배의 정점
(4) 지상구간에서 지하구간으로 급전선을 가선하는 장소
(5) 전선의 조장에 따라 직선압축 접속하는 장소

5. 급전선의 접속 방법

가. 급전선의 접속은 장력이 작용하지 않는 개소에서 압축접속으로 함
나. 급전선의 직선 압축접속 위치는 지지점에서 2[m] 이상 이격해야 함
다. 급전선의 접속은 소정의 안전율(2.5)을 확보하여야 함

4.2.2 급전선(Feeder Line)의 종류

1. 급전선의 종류

가. 급전선로는 급전선과 이를 지지하는 애자 등 지지물로 구성되어 지며, 급전선이란 "철도차량에 사용할 전기를 변전소로부터 합성 전차선에 공급하는 전선"으로 정의하며, 전철용 변전소와 변전소간에 전차선과 레일 등의 집전용 도체를 통해서 전기차에 전력을 공급하는 전선을 지칭함
나. 급전선은 전기공급 방식에 따라 다양하게 사용되어 지며, 직류급전 방식에서는 대전류가 필요하여 전차선과 평행하게 급전선을 부설하여 일정 간격마다 전차선에 연결하여 전력을 공급 하지만, 교류 AT 급전방식에서는 전철변전소, 구분소, 보조구분소간에 설치하여 반드시 AT를 통하여 TF측에 전력을 공급하고, BT 급전 방식에서는 전차선과 평행한 급전선을 부설하지 않고 BT에서 전차선과 부급전선을 연결하는 방식 등이 채용되고 있음

2. 직류 급전선

가. 전차선과 병렬로 설치하고 급전분기선을 통하여 전차선에 직접 연결하여 전원을 공급하므로서 충분한 전류용량 및 전압강하를 보상하는 역할을 함
나. 강체방식에서는 공급 가능한 전류용량이 충분하다고 판단될 때 생략하기도 함

다. 직류급전 계통도

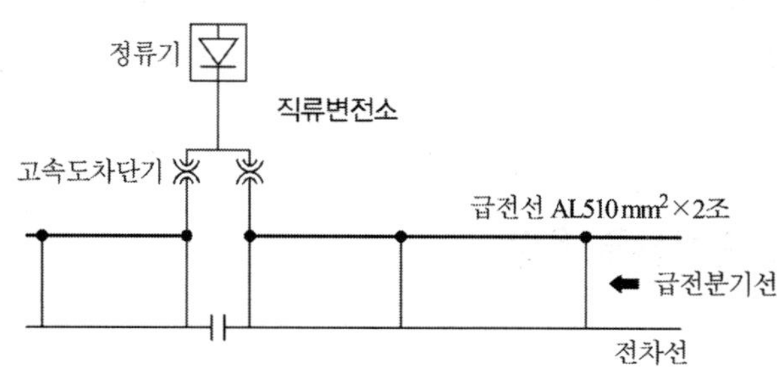

그림 4.2.1 DC 급전선

3. BT급전선

BT급전 구간은 전차선과 병행가선하지 않고 전철변전소 급전인출구의 절연구간 전후에 설치하여 전차선에 전력을 공급하는 인출모선 급전선 및 BT 구간에서 BT섹션을 전후하여 전차선에 연결하는 급전분기선을 포함하여 급전선으로 지칭함

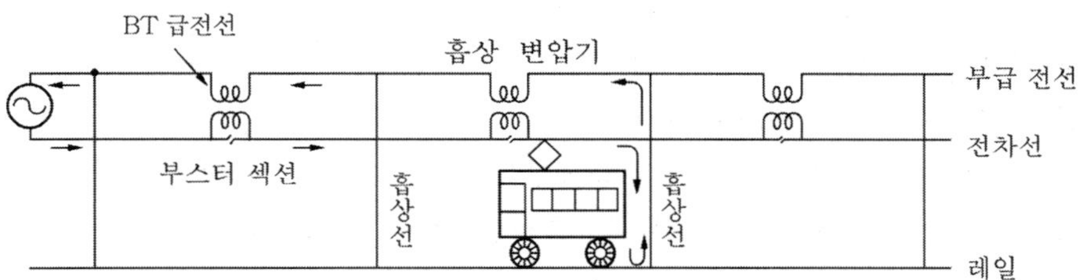

그림 4.2.2 부급전선이 있는 BT급전 계통도

4. AT급전선

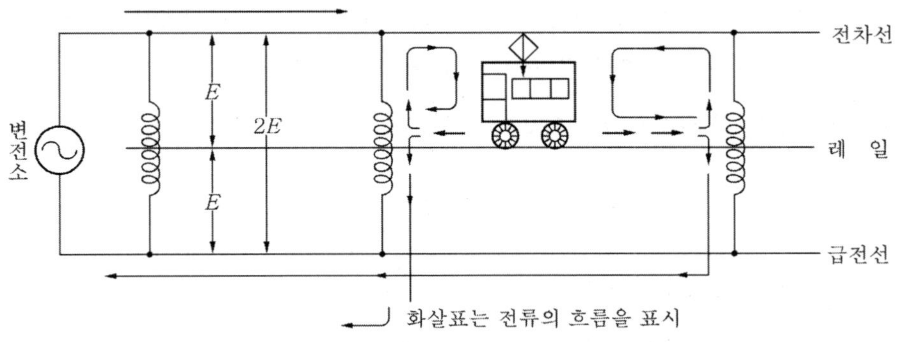

그림 4.2.3 AT 급전계통도(급전선)

가. 전철변전소와 전철변전소 및 구분소간에 전차선과 병행하여 설치하며 급전선은 AT의 급전측에 연결하고 TF측을 통하여 전차선에 전원공급

나. 전압강하 보상 및 통신유도 장해 방지 등의 목적으로 널리 사용함

4.2.3 급전선의 순시전류 용량

1. 개요

급전선은 보통 연선인 경동선 및 경알루미늄 나전선을 사용하며 나전선의 허용전류 용량은 도체의 온도상승과 밀접한 관련이 있어 4.1.8.항목에서 제시한 전차선로 허용전류 계산 조건과 같이 주위온도, 일사량, 전선의 복사 계수비, 바람의 속도 등을 고려하여 연속 허용전류와 순시 허용전류(순시전류)를 고려하여 선종을 결정하여야 함

2. 순시 허용 전류 의미

가. 전차선 또는 급전선에 지락 또는 단락사고가 발생한 경우 큰 고장전류가 흐르며, 고장전류는 보호 장치에 의해 단시간에 차단되지만 고장 전류에 의한 발열로 인하여 전선의 기계적 강도를 저하시키게 되므로,

나. 고장전류가 흐를 때 보호장치의 동작시간을 2~3초 이내로 가정하여 전선이 성능을 저하시키지 않는 허용전류 범위를 "순시전류용량"이라고 함

3. 순시 허용 전류의 계산 방법

가. 고장전류 등의 통전시간이 2~3[sec]로 극히 짧은 경우에는 전선 자체 발열이 전선 표면에서 방사되지 않는다는 조건에서 열평행 식을 이용하며,

나. 주로 경동선 또는 경알루미늄 연선을 사용하는 급전선의 경우 전선의 인장강도가 저하되지 않는 최고 허용온도 한도는 경동선이 200[℃], 경알루미늄선이 180[℃] 정도이므로 주위온도 40[℃]에서의 순시 전류용량을 구하는 식은 아래와 같음

(1) 경동선의 순시전류 $I = 152.1 \times \dfrac{S}{\sqrt{t}}$ [A]

(2) 경 알루미늄선의 순시전류 $I = 93.26 \times \dfrac{S}{\sqrt{t}}$ [A]

(3) 아연도강연선의 순시전류 $I = 49 \times \dfrac{S}{\sqrt{t}}$ [A]

위에서, t = 통전시간[sec], S = 전선의 단면적[mm^2]

4.2.4 교류 급전선의 설계 기준(지지와 배열, 지지점 인상력)

1. 개요

교류 가공 급전선은 대지와 절연 이격거리, 급전선 상호간의 이격거리를 충분히 확보할 수 있도록 급전선의 지지와 배열, 급전선 지지점에서의 인상력, 급전선의 도약 등을 고려하여 설계하여야 함

2. 급전선의 지지와 배열

가. 교류 가공 급전선은 전철용 지지물에 병가하는 것을 원칙으로 하며, 고압 배전선로와 통신선 등을 감안하여 전차선이 있는 전철용 지지물 내측으로 배열함

나. 내측으로 배열하는 이유는 AT 급전 방식에서 급전선과 전차선 상호 전자유도 작용 경감 효과를 보다 크게 할 목적이 있으며, 외측에는 배전선로 등을 병가하기 위함

다. 가공 급전선의 지지방식은 대부분 "수직 조가방식"을 표준으로 하고, 터널 등에서는 열차 풍압에 의한 횡진동의 제한을 받거나 이격거리 확보가 필요한 장소는 "V형 조가방식"으로 하기도 함

라. 급전선을 2조 이상 일괄하여 가설하는 경우 풍압에 의한 상호 진동을 방지 접속금구를 보통 10[m] 간격으로 취부하고, 진동이 많은 장소는 지지점에 클립을 설치함

마. 트러스 교량 위 등 강풍이 예상되는 장소는 급전선을 구분하여 인류하거나, 지점에서 급전선이 미끄러지지 않도록 현수크램프 등을 적용함

바. 변전소 인출장소 등 급전선이 도로횡단, 철도횡단 또는 민가, 터널 등에서 필요한 이격거리, 높이 등이 확보되지 않는 경우에는 케이블을 사용함

사. 급전선의 인류위치는 전차선의 장력장치 또는 인류장치와 동일한 지지물에 설치해서는 안되며, 직선 접속은 인류위치에서 시행하도록 함

3. 급전선 지지점에서의 인상력

가. 지지점의 높이가 다른 경우 작용하는 인상 · 인하력

(1) 전선을 지지할 때 지지점의 고저차가 순차적으로 커지면 지지점에 인상력이 작용하고, 하절기와 동절기에 전선 장력의 변동에 따라 이도의 변화가 생기며 동절기 최대 장력이 미칠 때 인상력이 최대가 됨

(2) 고저차가 순차적으로 커질 때 인상력 계산식

① 그림 4.2.3.에서 경간 S_1이 지지점 B, C 양쪽에 지지될 때 고저차가 커지면 B 점에서 인상력이 작용하고 ,하절기 및 동절기에 전선장력의 변동에 따라 이도의 변화가 생기면 결과적으로 동절기 최대 장력이 작용하는데 아래 그림과

같이 가선장력 T는 B, C 지점에서 유사하다면 0점 주변 회전력 평행조건에 의해

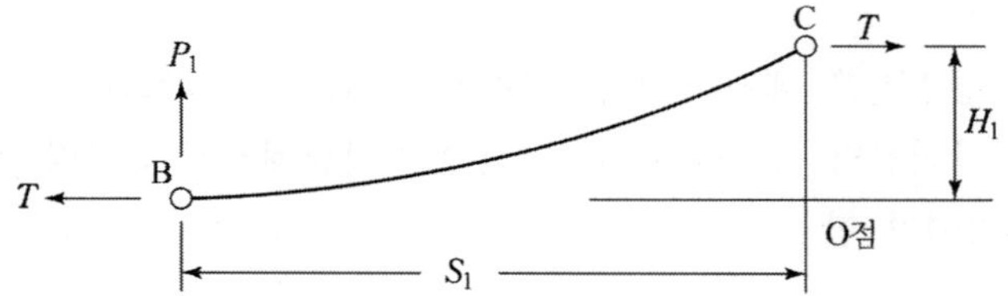

$$T \times H_1 = P_1 \times S_1 + T \times 0 + \int_0^{x_1} w_x d_x \text{ 에서}$$

$$TH_1 = P_1 S_1 - \frac{WS_1^2}{2} = 0\text{이므로}$$

② 지지점 B, C 경간의 S_1에 의한 인상력 ➪ $P_1 = \dfrac{T_1 \cdot H_1}{S_1} - \dfrac{w \cdot S_1}{2}$

③ 지지점 A, B 경간의 S_2에 의한 인상력 ➪ $P_2 = \dfrac{T_2 \cdot H_2}{S_2} - \dfrac{w \cdot S_2}{2}$

④ B 지점에 있어서 수직 분력은 $P = P_1 + P_2$ 이므로, $P > 0$일 때 B 점에서 인상력이 작용 함.

여기서, P : B지점에서 수직 분력(인상력) [kgf]

T_1, T_2 : 전선의 장력 [kgf]

H_1, H_2 : 지지점의 고저차[m]

S_1, S_2 : 지지점간 경간길이[m]

w : 전선의 단위중량[kg/m]

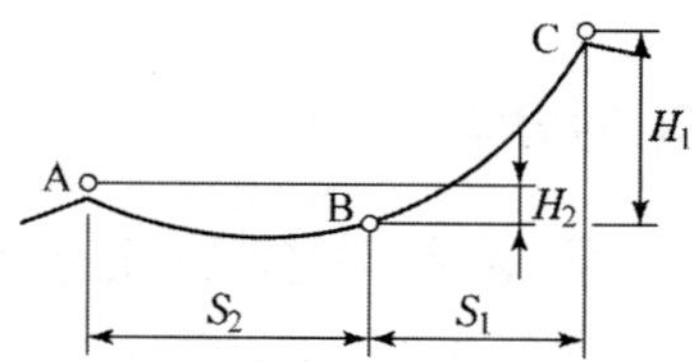

그림 4.2.4. 고저차가 순차적으로 커지는 경우

나. 낮은 쪽 지지점에 인상력이 작용하지 않는 고저차

(1) 고저차가 양 지지점의 이도보다 작으면 인상력이 작용하지 않으며, 낮은쪽 지지점에 인상력이 작용하지 않는 고저차는 아래와 같이 계산 함.

$$H \leq \frac{w \cdot S^2}{2T} [\mathrm{m}]$$

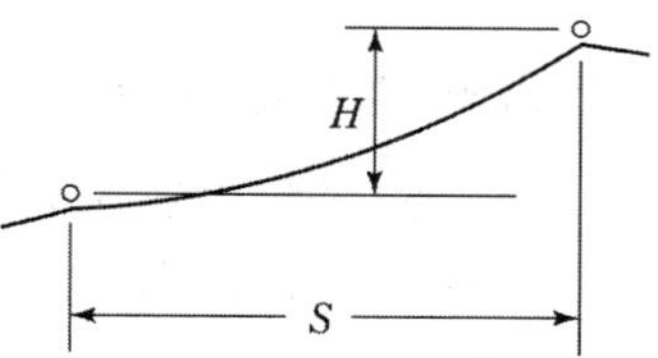

여기서, H : 지지점의 허용 고저차[m]
T : 전선의 장력[kgf]
S : 지지점 경간[m]
w : 전선의 단위중량[kg/m]

4.2.5 급전선의 절연 이격거리

1. 개요

급전선의 절연 이격거리는 급전전압에 따라 구분하며, 대지 절연 이격거리 및 급전선 상호 이격거리를 고려하여 지지 및 배열 등에 적합하도록 설치하여야 함

2. 대지절연 이격거리

가. 전기적 절연이격 거리는 전차선로에 전압이 가압되는 부분이 금속이나 구조물 등 대지 접지물과 떨어져야하는 최소한의 거리를 말하며, 가압부와 접근 또는 교차하는 경우 위험이 미치지 않도록 전차선로 등전위 가압부분과 접지물과의 이격거리를 규정하고 있음

나. 급전선등 전차선로 가압부는 터널, 교량, 난간 등과 같이 협소한 장소에서 접지물과 충분한 이격거리를 확보해야 하므로 전기철도 전기방식에 따라 표준이격거리를 유지하기 곤란한 경우 최소이격거리를 제한하고 있음

표 4.2.1 가공 급전선(전차선로)의 대지절연 이격거리

구분 / 이격거리	직류	교류		비 고
	1,500[V]	25[kV]	50[kV]	
표준이격거리[mm]	250 이상	300 이상	550 이상	일반지구
최소이격거리[mm]	70 이상	250 이상	500 이상	부득이한 경우

3. 급전선의 상호간 이격거리

가공 급전선 상호간의 이격거리는 바람에 의한 횡진동앵 의한 이격거리, 빙설 빙착에 의한 급전선의 수하, 하절기 고온시 및 부하전류에 의한 온도상승에 따른 이도 증가로 발생하는

접근 등을 고려하여 전선 상호간의 이격거리를 결정함

가. 바람의 영향에 의한 전선의 횡진과 선간 이격거리

(1) 전선이 2조 이상 수평으로 가설되는 경우 풍압 등에 의한 진동으로 접근하여 선간 단락 등이 발생하지 않도록 일정한 수평 이격거리를 확보하여야 함

(2) 수평 선간 이격거리는 풍압이 양측 전선 반대방향으로 미치는 영향을 고려하여 아래 식으로 계산하여 이격거리를 결정함

(3) 수평이격거리 계산식

$$C_k \geq 2 \times (Li + d)\sin\theta + \varepsilon[\mathrm{m}]$$

여기서, C_k : 전선의 수평선간 이격거리[m]
Li : 애자의 연결길이(부속 금구포함)[m]
d : 전선의 이도[m]
θ : 풍압에 의하여 전선이 횡진하는 각도[°]
ε : 최소 허용접근거리[m]

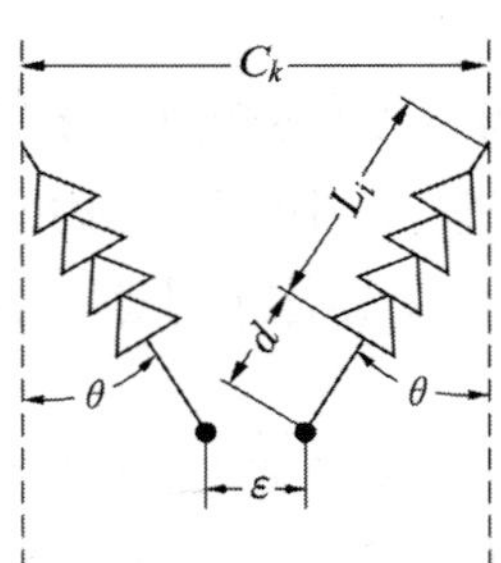

그림 4.2.3 풍압에 의한 전선의 횡진에 의한 이격거리

나. 전선과 지지물과의 절연 이격거리

(1) 전선의 지지점이 풍압 또는 횡장력이 작용할 때 동요 또는 경사된 경우에도 일정한 절연 이격거리를 확보하여 가선할 필요가 있으며, 아래 식을 이용하여 이격거리를 계산함

(2) 전선의 지지점에서의 이격거리 계산식

$$C_h \geq L\sin\theta + D[\mathrm{m}]$$

여기서, C_h: 전선과 지지물과의 이격거리
L : 애자의 연결길이(부속 금구포함)[m]

θ : 풍압 및 횡장력에 의한 경사각도[°]
D : 지지물 등 접지물과의 최소 절연이격거리[m]

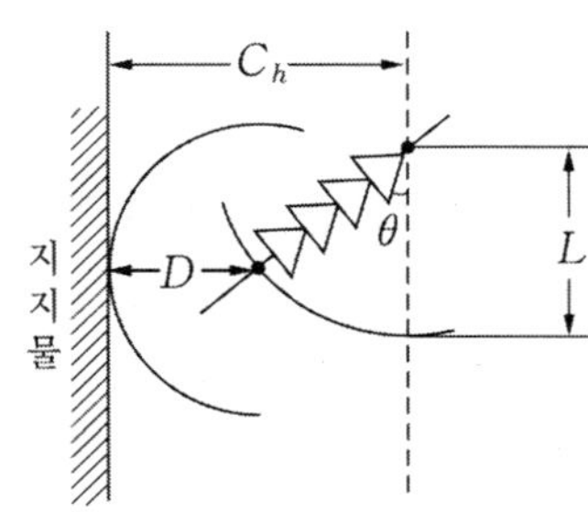

그림 4.2.3 지지물과 급전선의 절연이격거리

다. 전선의 도약

(1) 전선에 상당량의 빙설이 부착되었다가 빙설이 탈락하는 경우 전선이 도약하여 선간 혼촉 또는 용단 등의 피해가 발생하는 현상을 스리트 점프(Sleet Jump)라고 함
(2) 따라서, 착설이 빈번한 지역에 일정 굵기 이상의 경알루미늄 연선을 급전선으로 사용하는 경우에는 스리트 점프에 의한 혼촉의 우려가 없도록 충분한 이격거리를 고려하여야 함

4.2.6 급전선의 분기장치

1. 개요

가. 변전소 또는 AT・BT변압기 및 급전선에서 전차선으로 전력을 공급하기위한 접속연결선을 급전분기선이라 하며, 급전분기선을 연결하기 위한 설비를 총칭하여 "급전분기 장치(Feed Branch)"라고 함
나. 급전분기선은 전류용량과 기계적 강도를 고려하여 전선의 종류 및 굵기를 결정하여야 함

2. 급전분기 장치의 종류

가. 암식 : 직류구간의 Beam 개소에 설치
나. 스펜선식 : 직류 또는 교류구간 Beam 개소의 표준 방식
다. 가동 브래킷식 : 주로단독지지물 가동브래킷 설치장소에 시설하는 방법으로 가동브래킷 회전에 지장이 없도록 하고, 순환전류에 의한 조가선 소손 방지를 위하여 전차선과

조가선을 M-T 균압선으로 균압함

3. 급전분기선의 설치

가. 교류 가공전차선로 구간

(1) 속도등급 200[km/h] 급 이하의 급전분기선은 100[mm^2] 이상의 동연선 또는 이와 동등 이상의 전선을 사용하고 운전 전류가 큰 구간은 이중으로 설치함

(2) 급전개폐기 설치개소의 동봉과의 접속은 슬리브 압축 접속하여야 하며, 급전분기선과 전선류와의 접속은 슬리브 또는 크램프 접속함

(3) 속도등급 250[km/h] 이상의 절연구분장치 중성구간에 설치된 양 전원선의 인류개소 중간 절연부분과 전차선간을 연결하는 균압선은 양측 평행개소의 중간전주 인류 브래킷에 지지하여 연속 균압선을 설치함

(4) 급전분기선을 전차선・조가선에 접속시는 자동장력 조정장치의 기능저하가 없도록 시설하여야 함

나. 직류구간의 지하철, 터널 구간

(1) 보통 Cu200[mm^2] 이상 또는 이와 동등 이상의 전선을 사용

(2) 급전분기선 분기간격은 125[m] 이내로 설치

(3) 조가선과 전차선을 250[m]마다 균압하여야 함

4. 급전분기선의 간격결정

가. 급전분기선은 선로조건, 열차조건, 운행조건 등 제반여건을 고려하여 전기차가 전차선에서 안전하게 집전이 가능한 전류값과 이에 따른 전차선의 온도상승 제한 범위 이내에 있도록 설치간격을 결정하여야 함

나. 급전분기선의 간격은 전차선 마모한도에서 공급할 수 있는 전류용량을 고려하고, 전차선의 최고 허용온도 90[℃]로 규정하므로 통전후의 온도상승 허용값이 50[℃] 이내가 되도록 하여야 함

(1) 급전분기선에 t_0 시간을 통전 후 온도상승 계산식

$$T_0 = \frac{I^2 r}{C}\left(\frac{1}{3}t_0 + \frac{A}{12C}t_0^2\right)e^{-\frac{A}{C}t_0}[℃]$$

여기서, T_0 : t_0초 통전 후 온도상승[℃]

I : 전기차 통전전류[A]

r : 전선 단위길이당 저항[Ω/km]

C : 전선 단위길이당 열용량[J/cm・℃]

t_0 : 급전 통전시간[sec]

A : 전선 열방산율[W/℃] = 단위길이당 표면적×열방산계수

(2) 열차 평균속도 V[km/h]일 때의 급전분기 간격

$$D = V \times 10^3 \times \frac{t_0}{3600} [\mathrm{m}]$$

여기서, D : 급전분기 간격[m], V : 열차 평균속도[km/h]

t_0 : 급전 통전시간[sec]

4.2.7 고속철도 급전선의 종류 및 설치조건

1. 개요

가. 급전분기선은 급전선으로부터 전기를 전차선에 공급하기 위해 급전선과 전차선을 접속하는 전선을 말함

나. 급전선은 급전형태에 따라 단권변압기로부터 전차선로에 전원공급을 위하여 사용하는 한 개 또는 여러 개로 선택되어 설치되는 전선을 말하며, 동 또는 알루미늄 나전선 또는 케이블로 제작 사용됨

2. 급전선의 특성 및 설치

가. 고속철도 급전선의 전선 특성

표 4.2.2 가공 급전선의 전선 특성

구분 \ 선종		동 급전선		ACSR 급전선			
		145.8[mm²]	262[mm²]	228[mm²]		288[mm²]	
단 면 적		145.8[mm²]	261.53[mm²]	227.83[mm²]		288.35[mm²]	
직 경		15.7[mm]	21[mm]	19.6[mm]		22.05[mm]	
형태	도선수	37가닥	37가닥	Al=30	St=7	Al=30	St=7
	지 름	2.24[mm]	3[mm]	2.8[mm]	2.8[mm]	3.15[mm]	3.15[mm]
단중(kg/m)		1.325	2.375	0.874		1.107	
인장하중		5370[daN]	9100[daN]	7710[daN]		9600[daN]	
도 전 율		98[%]	98[%]	61[%]		61[%]	
구리환산단면적		142.88[mm²]	256.30[mm²]	112.62[mm²]		142.62[mm²]	
선팽창계수		17×10^{-6}	17×10^{-6}	18×10^{-6}		18×10^{-6}	

나. 급전선의 설치

(1) 일반적으로 급전선은 지지물의 말단에 설치된 급전완금의 지지금구에 의하여 선로의 외측에 설치되며 유지보수의 특성을 고려하여 현장의 여건에 따라 선로 내측에도 설치

(2) 급전선의 설치작업 후 도체의 온도를 측정하며 온도측정시기는 마지막 인류(Anchoring) 작업을 완료하기 직전에 실시한다. 급전선을 도르래로 현수한 후 48시간에서 72시간 정도 1200[daN]의 장력을 가한 후 장력이 골고루 배분됐는지 측정

(3) 급전선의 표준이도는 $F = \frac{a^2 \cdot P}{8T}$ (여기서, F : 이도, P : m당 하중, a : 경간, T : 장력)이며, 장력을 골고루 걸어주기 위하여 평균경간을 다음과 같이 산출함

$$P_M = \sqrt{\frac{a_1^3 + a_2^3 + a_3^3 + \cdots + a_n^3}{a_1 + a_2 + a_3 + \cdots + a_n}}$$

(4) 급전선의 경간값은 균일하게 산출되지만 전주설치에 의한 경간값과는 다르며, 최저온도시 안전율 3인 상태에서 전선이 단선되지 않아야 함

3. 고속철도 급전선 분기장치 설치

가. 급전선 분기장치의 설치

(1) 급전분기 장치는 급전선으로부터 전기를 전차선에 공급하기 위해 급전선과 전차선을 접속하는 전선을 말하며, 구성 장치별로는 현수애자로 현수시키는 암식과 지지애자에 동봉 ϕ18[mm]를 지지시켜 설치하는 동봉 스팬선식 및 가동 브래킷에 지지시키는 가동브래킷식의 3종류가 있음

(2) 급전 분기장치는 주로 변전소(SS), 급전구분소(SP), 병렬급전구분소(PP) 및 구분장치개소의 단로기 설치개소 등에 설치하며, 특히 이종금속의 접속이 필요할 때에는 이종금속 접촉부식 방지조치를 한 스리브 또는 크램프를 사용

나. 급전 분기장치 스리브 압축 접속방법

(1) 스리브 압축 접속은 다음과 같이함

① 강심 알루미늄전선(ACSR)의 접속은 심선인 강선을 강제 스리브로 압축접속한 다음 바깥층 알루미늄을 소정의 알루미늄제 스리브에 도전성 콤파운드를 넣어 전선을 삽입한 다음 압축 접속하는 방식이며 고속철도 전차선로의 ACSR 288[mm^2]의 급전선 또는 ACSR 93.3[mm^2]의 가공보호선을 접속하는 방식

② 전차선 무효부분에 접속하는 Bz 116.2[mm^2], 변전소, 구분소 등의 급전 인출선인 Cu 261.5[mm^2] 및 일부분에 이용되는 급전선 Cu 145.8[mm^2]의 접속 스리브는 동제 스리브를 사용하여 규정 방법대로 압축 접속

③ 나선의 조가선과 절연보호조가선 또는 절연보호조가선 상호 접속은 소정의 동 스리브로 압축 접속하며 접속개소는 우천에도 수분이 소선내로 침입하지 않도록 규정대로 압축 접속하도록 함

④ 급전 개폐기의 설치 개소에 사용되는 급전 분기선으로 Cu ϕ18[mm] 동봉의 접속도 소정의 동제 스리브로 압축 접속 시행

(2) 급전용 절연케이블(Al 240[mm^2])과 ACSR 288[mm^2]의 접속

① Al 240[mm^2]용 절연케이블 단말처리를 하여 ACSR 288[mm^2]와 크램프로 접속하며, 절연케이블 단말의 한쪽은 케이블의 절연 동차폐층에 접지리드선을 매설접지선이나 가공보호선과 접속하여 접지

② 조가선측의 접속은 볼트조임식 쐐기크램프로 접속하며, 전차선측은 평행형 볼트조임 크램프로 접속하고 신설시는 전차선의 접속은 하지 않는 것을 원칙으로 함

③ 균압선 및 급전분기접속은 크램프로 볼트 조임에 의해 접속하도록 하여 보수, 개신, 조정시에 해체 조립이 가능한 구조로 하고 있음

4.3 조가선(Messenger Wire)

4.3.1 조가선의 구비조건 및 접속방법

1. 개요

가. 조가선이란 가공커티너리 가선방식에서 전차선을 궤도면상 일정한 높이로 유지하기 위하여 행거 또는 드로퍼를 이용하여 전차선을 조가하는 전선을 말함

나. 일반적으로 전선은 부식, 기계적 진동 및 마찰 등을 받아 항장력이 저하하기 때문에 내식성, 내마모성, 내진동성이 충분하여야 하고, 특히 조가선은 합성전차선으로 전차선, 행거 또는 드로퍼 등과 함께 구성되기 때문에 전기적인 특성과 기계적인 강도를 충분히 고려하여 선정하여야 함

2. 조가선의 구비조건(성능)

가. 기계적 강도가 클 것

(1) 전차선 및 조가선의 장력을 크게 하여 가선탄성계수 및 인장강도가 클 것
(2) 높은 응력에 견딜 수 있고 진동피로 강도가 큰 것이 필요

나. 내식성이 클 것

전차선로가 시가지, 공장지대, 해안지역을 통과하게 되므로 아황산가스, 염수(염해)에 견딜 수 있는 내부식성이 우수할 것

다. 내마모성이 클 것

(1) 드로퍼, 행거 등으로 병행 구성되기 때문에 기계적 진동, 마모특성, 이종금속과의 전기, 화학적 접속부식 특성이 좋아야 함
(2) 이선 등 미세한 아크에 대한 스트레스 누적에도 국부마모가 적을 것

라. 도전성이 좋은 것

부하전류를 분담(20~30[%])하므로 도전성이 좋아야 함

마. 선팽창 계수가 적절할 것

(1) 전차선, 조가선 선팽창 계수가 상호 적절하며 신축조성이 좋아야함
(2) 특히, 고정빔 개소의 심플 커티너리의 전차선 수평유지를 위해 선팽창 계수가 적은 것이 좋음

3. 조가선의 선종

가. 아연도 강연선(St) ➪ 현재는 거의 사용하지 않음

(1) 전차선 110[mm^2] 구간 (2[ton] 일괄장력) : St 90[mm^2] 조가선
(2) 전차선 170[mm^2] 구간 (3[ton] 일괄장력) : Sst 135[mm^2] 조가선
(3) 시가지, 공장지대의 아황산가스에 의한 부식이 많아 사용되지 않음

나. 카드늄 동연선(cdcu)

(1) 전차선 110[mm^2] 구간 (2[ton] 일괄장력) : Cdcu 70[mm^2] 조가선
(2) 전차선 170[mm^2] 구간 (3[ton] 일괄장력) : Cdcu 80[mm^2] 조가선
(3) 선진외국(유럽)에서는 카드늄의 환경문제로 사용이 제한되고 있음

다. 브론즈 청동연선(Bz)

(1) 고속철도(KTX)구간 Bz 65[mm^2]를 조가선으로 사용
(2) 기존선인 호남선, 경부선 일부 KTX 운행구간도 적용하였음
(3) KTX 운행구간 제형 전차선 Cu 150[mm^2]사용

4. 조가선의 접속

가. 와이어 크립에 의한 접속

접속양단을 중첩하여 와이어 크립 5개의 방향을 번갈아 150[mm]간격으로 반대로 체결

나. 쐐기형 크램프에 의한 접속

전선을 구부려 그 사이에 쐐기를 삽입하여 스트랩으로 연결하는 방법(주로 Cdcu 조가선에 사용)

다. B금구에 의한 접속

전선의 소선을 벌려 심선을 원추형 쐐기 중심에 삽입하여 B금구 상호 연결하는 방법

라. 압축스리브에 의한 방법

절연조가선과 나전선과의 접속에 주로 사용

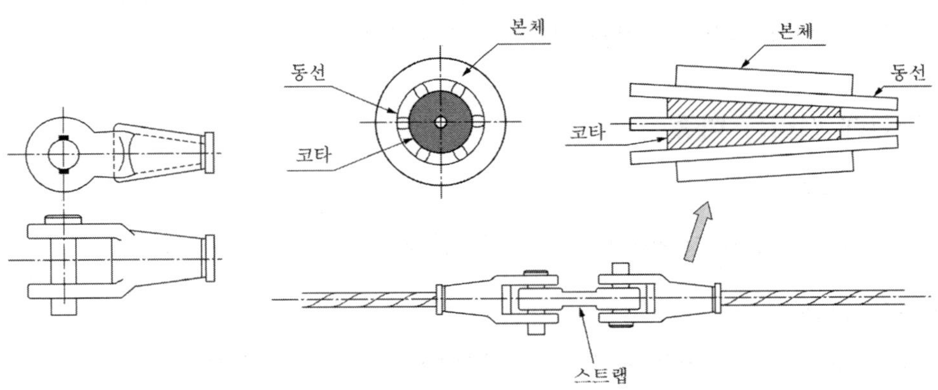

그림 4.3.1 B 금구에 의한 조가선 접속

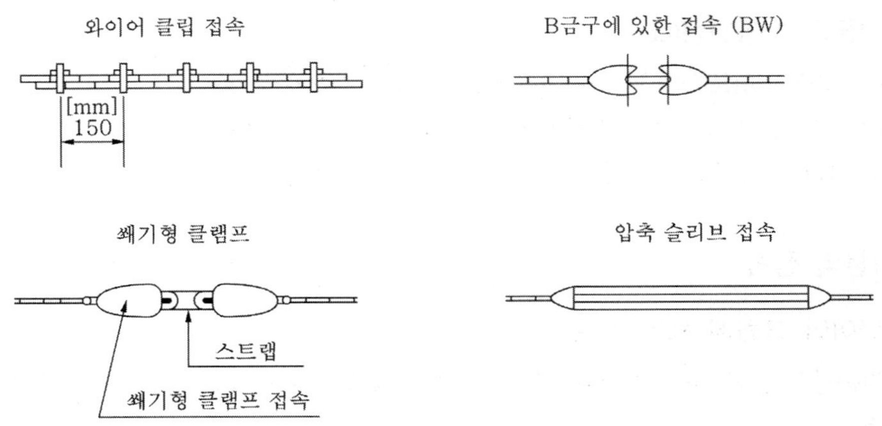

그림 4.3.2 조가선 접속방법

4.3.2 조가선에 인가되는 하중 및 피로강도

1. 개요

조가선은 가공커티너리 가선방식에서 전차선을 궤도면상 일정한 높이로 유지하기 위하여 행거 또는 드로퍼를 이용하여 전차선을 조가하는 전선으로 조가선 자체 하중에 전차선, 행거 또는 드로퍼 등의 하중을 부담하기 때문에 조가선에 인가되는 하중 및 피로강도를 충분히 고려하여 적정한 재질을 선정하여 사용하여야 함

2. 조가선에 걸리는 하중

가. 인장하중

조가선이 가설된 상태에서 경간 중앙부분에 걸리는 하중을 말함

나. 만곡하중

지지점에서는 인장하중과 만곡하중이 걸리므로 지지점의 응력은 인장응력과 만곡응력이 합한 값이 작용함

(1) 조가선이 가설된 상태에서 지지점에는 인장하중과 만곡하중이 동시에 걸리며 조가선은 전차선 등의 중량을 받아 이도에 대하여 등가중량이 크게 됨

(2) 조가선 지지점에서는 전선 경사각도가 커서 일반 단일전선에 비하여 만곡하중의 조건이 가혹하게 됨

(3) 만곡응력은 지지금구 접촉부의 곡률 반지름, 선재의 만곡강성, 사용장력에 따라

달라지므로 적정한 설계가 필요함

3. 조가선의 진동피로 특성

가. 조가선의 진동피로

(1) 조가선을 지지점에서 팬터그래프 통과 시 가선진동에 따른 최대만곡(구부러짐) 하중이 발생하며, 팬터그래프 통과 또는 바람에 의한 진동으로 발생하는 응력은 전차선 종별 및 속도에 따라 다르나 보통 5~10[kg/mm^2]의 범위로 실측됨

(2) 피로강도는 인장강도에 비례하고, 비율은 재질에 따라 다르게 나타남

(3) 표준 피로강도는 완전한 상태에서의 전선재질의 특징으로 전선 표면에 손상이 있는 경우 피로강도가 상당히 저하하게 됨

나. 지지점의 보강방법(피로강도 강화 방법)

(1) 지지점의 이중화

지지점 전선의 인장하중을 경감하여 전선의 강도협조를 보강하는 방법으로 장력하중이 1/2로 감소하게 됨

(2) 지지점의 라인가이드

조가선에 라인 가이드를 직접 감아주는 방법으로 전선의 만곡강성을 크게하고 소선의 만곡응력을 적게 하는 방법임

4.3.3 조가선의 보호 및 피복 절연조가선의 시설기준

1. 개요

가. 조가선 및 보조조가선의 선종은 아연도강연선, 카드뮴동연선, 브론즈동연선 등이 주로 사용되며 연선으로 구성되어 소선이 손상되면 인장강도에 의하여 소선이 풀려 팬터그래프에 활입 또는 지락되어 전차선로 단선사고로 파급되는 현상을 예방하기 위하여 조가선 보호설비를 하여야 함

나. 조가선, 보조조가선의 소선이 손상하는 원인은 기계적 마모, 아크용손 및 이종금속의 접속에 의한 부식 등으로 이를 방지하기 위하여 마모와 접촉부식에 대해서는 절연하고, 아크용손에 대해서는 절연 또는 불안전 접속의 제거를 시행하여야 함

2. 조가선의 보호 기준

가. 카드뮴동연선 · 동복강연선 및 청동연선을 사용한 조가선의 지지점에는 보호스리브,

행거이어 개소에는 보호덮개, 소선이 손상될 우려가 있는 교차장치・구름다리・선상역사 및 터널입구 등의 조가선에는 방호관을 설치하여 보호하여야 함

나. 아연도강연선을 사용한 조가선에는 아래와 같이 조가선 보호덮개를 설치하여야 함
(1) 직선구간은 지지점에서 양방향으로 제1행거, 곡선구간은 제2행거까지
(2) 평행설비는 그 경간의 모든 행거까지

다. 카드뮴동연선・청동연선 및 동복강연선을 사용한 행거이어 개소의 조가선에는 조가선 보호덮개를 전량 설치하고, 특히 구조물이 조가선 상부에 위치한 경우 구조물 내측 지지점 및 외측 첫 지지점의 조가선은 이중조가선으로 함

라. 한동안 유지관리 방법으로는 조가선을 약 50[cm] 간격마다 바인딩을 하여 소선(가닥) 소손이 발생되어 풀리더라도 가고범위 이내에 있어 차체, 팬터그래프와 접촉이 되지 않도록 하였으나 최근에는 생략하고 있음

3. 피복절연 조가선의 시설기준

가. 선상역사 및 구름다리 하부 또는 터널입출구 등 조가선 소선 단선의 위험성이 있는 개소에는 낙하물 등에 의한 조가선 소손 및 단선의 방지를 위해 절연조가선을 설치하여야 함

나. 이물질을 던지거나 낙하할 수 없는 밀폐형 구조의 선상역사, 보호망이나 안전벽이 설치된 터널 입출구, 안전막이나 미세 투시형 그물막이 설치된 과선교로서 조가선과 각부 시설물까지 1.2[m] 이상 이격된 경우는 절연조가선을 사용하지 않아도 됨

다. 이중절연 방식(이중에어섹션)으로 구성된 절연구분장치 개소에는 유도 전차선과 두 전원의 평행부분에 팬터그래프 통과 시 발생할 수 있는 아크열로 인한 소선 단선의 방지를 위해 절연 조가선을 설치하여야 함

4.4 ◦ 구분장치(Sectioning Device)

4.4.1 가공 전차선로 구분장치 구비조건 및 종류

1. 구분장치 설치목적

가. 전차선의 일부분 사고 발생 또는 일상의 보수작업을 위한 정전작업을 할 경우 단전구간을 한정하고 다른 구간의 열차운전은 정상적으로 운행하기 위한 전차선의 급전계통을 전기적, 기계적으로 구분하는 장치를 말함

나. 구분장치는 팬터그래프 습동에 지장을 주지 않으면서 전차선을 전기적, 기계적으로 구분하여야 하며 설치위치, 구조, 재질에 따라 다르게 사용함

2. 구분장치의 설치장소

가. 위상이 다른 구간의 접속 및 교류·직류 접속 개소
나. 전기차의 운전계통(급전계통)이 다른 간선의 구분
다. 상·하선의 건널선
라. 측선과 본선의 구분 ➪ 큰 역구내
마. 차고와 본선의 구분 ➪ 차량기지 등
바. 보수작업 구간의 설정이 쉽도록 구분

3. 구분장치의 구비조건

가. 충분한 절연성을 갖출 것

(1) 절연이 완전하고 누설전류가 없을 것
(2) 팬터그래프 통과 시 아크가 완전히 소멸될 것
(3) 아크에 의한 절연이 파괴 되지 않을 것

나. 팬터그래프 통과에 지장이 없을 것

(1) 가볍고 집전상 경점이 되지 않을 것
(2) 팬터그래프 통과 시 동요가 적고, 적당한 압상량이 있을 것

다. 가볍고 기계적 강도가 클 것

라. 운전하는 열차의 속도에 대응할 수 있을 것

열차속도에 따라 구조가 다름

마. 기계적 구분장치(에어조인트 등)은 온도변화에 의한 전선의 신축 및 과도한 장력을 방지하도록 적당한 인류거리로 할 것

4. 구분장치용 절연재(section insulator)의 구비 조건

가. 절연내력이 크고 마모와 절삭이 적을 것
나. 내 아크(Arc)성 및 내 트래킹(tacking)성이 강할 것
다. 열화가 작고 항장력이 클 것
라. 열에 대한 영향이 적고 중량이 가벼울 것
마. 습기를 함유하지 않을 것

5. 구분 장치의 종류와 사용구분

표 4.4.1 구분장치 종류와 사용구분

구 분	종 별	형 태	사용구분		
			직 류	교 류	고속철도
전기적 구분장치	에어 섹션 (Air section)	공기절연	본선 구분용	동상의 본선구분, 흡상 변압기용	동상의 본선 구분
	애자 섹션 (Section Insulator)	애자재	상, 하선 및 측선 구분용	동상의 상,하선, 측선 구분용	–
		수지재(FRP등)			
	절연구분장치 (Dead Section) (NeatralSection)	수지재(FRP)	본선 구분용	교류 이상 구분용, 교,직구분용	–
		수지재(PTFE)	–	교류 이상 구분용	–
		이중절연(공기절연)	–	–	교류 이상 구분
기계적 구분장치	에어조인트 (Air Joint)	본선의 기계적 구분		가공전차선 구간 평행개소	
	R–Bar Joint	Exponsion Element		강체전차선로 구간 평행개소	
	T–Bar Joint	Exponsion Joint			

4.4.2 구분장치의 종류 및 속도별 사용구분

1. 구분장치의 개요

가. 전차선로 가선구간의 일부분 사고 발생 또는 일상의 보수작업을 위한 정전작업을 할 경우 정전구간을 한정하고, 다른 구간의 열차운전은 정상적으로 확보하기 위한 목적으로 설치하며,

나. 전차선을 팬터그래프의 습동에 지장을 주지 않으면서 전차선의 급전계통을 전기적, 기계적으로 구분하는 장치를 **"구분장치"**라고 하며 열차속도에 따라 구조 및 설비기준이 다름.

2. 구분장치의 종류 및 속도구분

가. 전기적 구분장치의 종별

(1) 동상용 구분장치 : 에어섹션, 애자형 섹션, FRP 형 섹션

(2) 이상용 절연구분장치 : FRP재 절연장치, 이중에어섹션 절연장치

나. 기계적 구분장치(평행개소)

(1) 1경간 에어조인트(Air Joint)

(2) 2경간 에어조인트

표 4.4.2. 구분장치 종류와 속도구분

구분		종별	구성재질	사용구분	속도 [km/h]	비고
전기적 구분 장치	동상 구분	에어섹션 (Air Section)		동상의 본선구분용	설계속도	
		애자섹션 (Section Insulator)	현수애자형	동상의 상,하선 및 측선구분	45	
			장간애자형	–“–	85	
			FRP 재	–“–	120	
	절연구분장치 (이상용)		FRP 재	이상구분 또는 교직/구분	120	
			PTFE 재	이상구분	180	
			NS25	이상구분	200	
			이중절연	이상구분	설계속도	
	비상용 섹션			사고 시 긴급 구분	설계속도	상시 전기적접속
기계적 구분 장치	에어조인트		합성전차선 평행설비	본선구분	설계속도	
	R-Bar 조인트 (Expansion Element) T-Bar 조인트 (Expansion Joint)		강체전차선 평행설비	동상의 본선구분	120	속도에 적합한 시스템으로 변경시 설계속도

4.4.3 이상절연구분장치(Neutral section Device)의 종류 및 특징

1. 개요

가. 교류전철화 구간의 급전계통 특성상 T좌와 M좌의 이상(異相)전원을 구분하기 위하여 변전소 급전 인출구 및 급전구분소의 급전인출구의 이상전원 접속개소 또는 교류와 직류의 접속개소에는 이상절연구분 장치를 설치함

나. 최근 열차속도를 고려하여 이상절연구분 장치는 사용자재 및 시공방법에 따라 FRP 수지제, 이중절연방식, PTFE 테프론제 등으로 분류하고 있음

2. FRP 제 이상절연 구분장치

가. 구조

(1) FRP 절연방식은 다팬터 전기차가 운행하는 교류전철화 구간의 이상(異相)절연구분 및 교류와 직류 접속개소에서 사용되고 있음

(2) FRP 수지 절연체 2[m]짜리를 조합하여 교류 이상 구간에서는 22[m], 교류/직류 접속개소에서는 약 66[m]로 설치하였음

나. 특징

(1) 자체증량과 재질의 경질화로 집전상 경점 작용하여 집정성능 저하

(2) 속도가 커지면 압상력 증가로 과도한 응력이 가해져 피로손상 위험

(3) 수명이 짧고 주기적인 보수점검 등 유지관리 어려움.

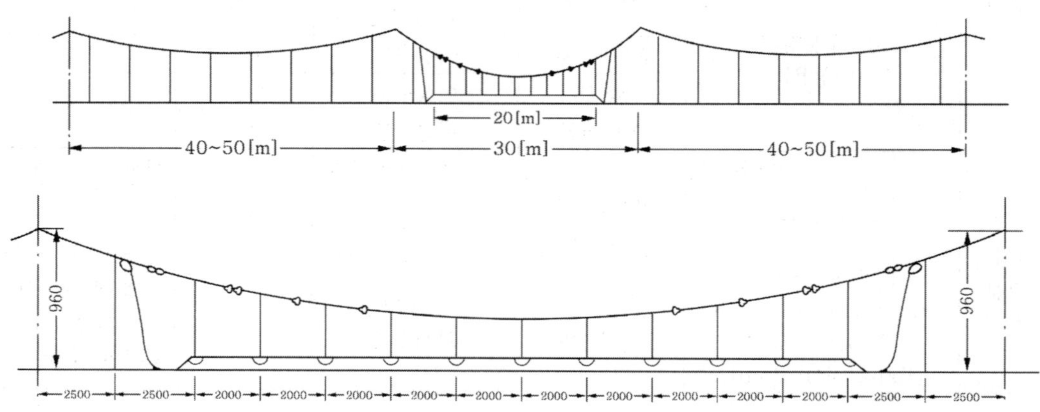

그림 4.4.1 FRP(22[m]) 방식 절연구분장치

3. 이중 절연 구분장치(Neutral section) ➪ 이중 Over Lap 방식

가. 구조

(1) 이중절연방식 구조는 에어섹션 2개를 조합한 형태로 절연체를 사용하지 않고 전차선 만으로 구성하였음

(2) 기본구조는 2경간 에어섹션 2개를 조합하여 에어섹션 사이에 47[m]의 무가압 중성구간(Neutral section)을 삽입한 형태임

(3) 팬터그래프가 A상측에서 중성구간으로 주행하는 순간집전이 중단되고, 중성구간을 통과해 B상측으로 진입시 급전되는 등 전기적으로는 순간적으로 단전되나 기계적으로는 완전 연속성 접속이 되도록 구성됨

나. 특징

(1) 절연구분 장치 경량화로 집전성능향상 및 고속운전 가능(KTX)

(2) 구분장치 구간이 별도의 절연체를 사용하지않아 운영 및 유지보수 용이
⇨ maintenance Free에 유리

(3) 기존선 전철화구간의 선로조건이 곡선구배가 많을 경우 절연구분장치 설치경간(구간)이 길어 장소선정 애로 예상

(4) 노치오프 미시행등 아크발생시 조가선 손상우려(단선우려) : 절연조가선 (피복조가선) 사용

(5) 조가선측 나선과 피복선 접속에 특수 접속금구 사용

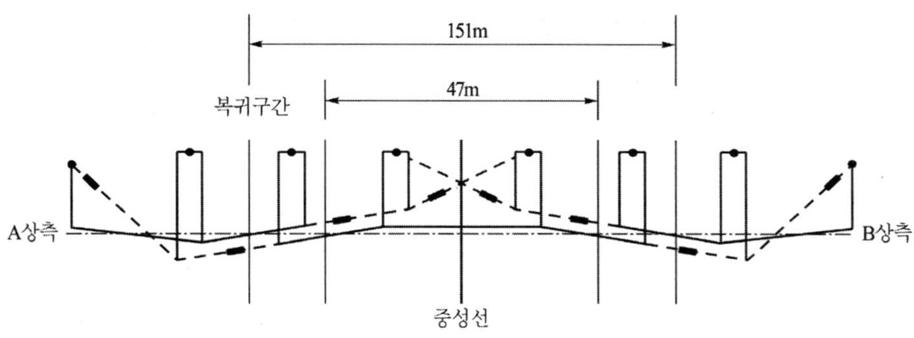

그림 4.4.2 이중절연 구분장치

4. PTFE Type 이상절연 구분장치

가. 구조

(1) 유럽을 중심으로 열차 고속화에 맞추어 PTFE형 (테프론제)로 개발되어 보수성과 속도향상에 적합한 것으로 보고되고 있음

(2) 국내의 경우 호남선 전철화 구간의 이상 절연구분용으로 사용되고 있는 구조는 러시아 철도연구소(VNIZht)에서 제작된 제품으로 열차 최고속도 300[km/h], 사용전압 25[kV]에 적합한 것으로 보고 됨

(3) 설치는 PTFE 타입의 6.6[m] 섹션 인슈레이터 사이에 약 45[m] 정도의 무가압 구간을 두고 양쪽에 설치함

나. 특징

(1) 습동판에 의한 마모 및 환경오염을 방지하기 위하여 절연봉 외피를 PTFE(테프론제)를 사용하여 제작

(2) 아킹혼 설치로 최대 1초 이하의 아크소호 능력이 양호

(3) 팬터그래프 압상력에 의한 동요가 우려되므로 지지점에서 절연체 설치 위치를 정밀하게 시공하여야 함

(4) 팬터그래프와 접촉되는 테프론 부분을 주기적으로 돌려주어 마모를 관리하여야 하고, 테프론 연결접속부가 온도차에 의하여 신축량 등이 달라 유지보수 및 관리가 어려워 호남선에 설치했던 부분은 개량되었음

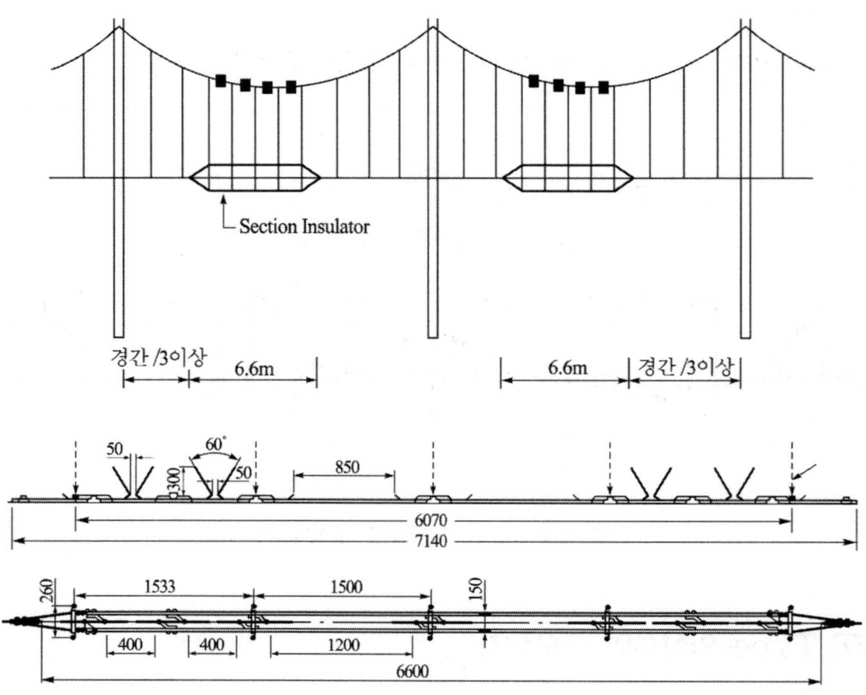

그림 4.4.3 PTFE 방식 절연구분장치

4.4.4 이상절연구분장치(Neutral section Device)의 길이 산출

1. 개요

가. 교류 전철구간의 이상전원 접속개소(전철변전소 및 구분소 앞) 및 전기방식이 다른 교류구간과 직류구간의 접속개소에는 서로 다른 전원 상호간의 단락을 방지하기 위하여 전차선로를 전기적으로 절연한 구분장치를 설치함

나. 절연 구분장치의 길이는 그 구간을 운전하는 전기차의 종류, 구간의 운전 속도, 주행 방향 등에 따라 결정되고, 결정 거리만큼 무가압 구간을 두어 절연구간이라고 함

2. 절연구간의 설치 조건

가. 절연구분장치는 위치가 크게 이동하는 것은 좋지 않기 때문에 절연구분장치가 설치되는 인류구간의 거리를 600[m] 이하로 제한함

나. 인류구간의 자동장력장치는 한쪽에만 설치하고 절연구분장치는 가능한 한 고정 인류측에 설치함

다. 절연구간 양단의 전차선과 조가선은 콘넥터로 접속함

라. 절연구간의 조가선은 팬터그래프 습동 시 발생하는 아크로부터 손상을 받지 않도록 롯드 또는 절연 조가선을 사용함

3. 전동차 운행구간의 이상절연 구분장치의 길이 산출

절연구분 장치의 길이는 전기적 절연 이격거리와 운행되는 전기차의 팬터그래프 수량 및 간격을 고려하여 결정함.

가. 교류 이상 구분장치 길이

(1) 전기차가 Section 통과 시 노치오프(Notch Off)가 원칙이나 Section의 길이를 정할 때는 노치온 상태로 통과 시 아크신도를 고려하여 산출함.

(2) 아크신도는 실제 시험결과 3[mm/kVA]로 나타났고, 최대 아크에너지 신도를 2,600[kVA]로 가정하면,
섹션길이는 2,600[kVA]×3[mm/kVA]≒8[m]가 됨

(3) 이때, 국내 전동차 및 전기기관차 팬터그래프 간격이 약 13.5[m]이므로 양 팬터그래프 혼촉을 방지하기 위한 거리를 감안하면,

절연구간 길이=전기적 절연거리(8[m])+팬터그래프 간격(13[m])+여유길이(1[m])

로 계산하여 22[m]로 설정하였음

나. 교류 / 직류 구분장치 길이

(1) 교류/직류구간의 전기차 직통운전을 목적으로 설치하는 교류/직류 구분용 절연구간의 길이는 기기류의 조건과 현차 시험 결과에 따라 결정하였음

(2) 유효길이[m] = 총동작 시간[h]×운전속도[km/h]로 구함

① 총 동작 시간 = A + B + C + D = 1,410[ms]

여기서, A : 아크의 지속시간(200[ms])
B : 전압계전기 동작시간(900[ms])
C : 차단기의 차단시간 (210[ms])
D : 여유시간 (100[ms])

② 운전속도를 110[km/h]로 했을 때 유효길이는
$1410[ms] \times 10^{-3} \times 110[km/h] \times 10^{3} \div 3600[초] = 43.08[m]$

(3) 교/직 구분장치 소요길이 = 유효길이+팬터그래프 간격이므로
43.08m+13.5m=56.58≒60[m]이며,
여기에 여유 6[m]를 두어 교류/직류 절연구간의 길이를 **66[m]**로 설정함

(4) 국내 전동차 구간의 교류/직류 절연 구분장치의 구성
➪ 2[m]FRP×11개 + 무가압전차선 22[m] + 2[m]FRP×11개 = 66[m]

4.4.5 전차선로 Over-lap 가선시스템의 특징 및 고려사항

1. 개요

가. 전차선로 가선시 작업의 용이성과 온도변화 등에 따른 신축을 조정하기 위하여 적당한 일정 길이마다 인류구간(Section :구분)이 필요하며,

나. 인류구간이 서로 중첩되는 구간의 전기적·기계적 접속을 원활히 하여 팬터그래프가 속도를 줄이지 않고 2~3개의 전차선을 동시에 접촉하면서 통과할 수 있도록 설치한 구간을 over-lap구간이라고 함

다. Over-lap 구간은 전기적 구분인 Air-section과 기계적 구분인 Air-Joint의 두가지 형태가 있음

2. Over-lap 구간의 특징

가. 중첩되는 전차선 상호간에 절연물을 사용하지 않고 전차선을 평행하게 시설하여 전기적·기계적 구분을 실현함

나. 팬터그래프 통과 시 전류차단 없이 연속적으로 집전이 가능

다. 집전상 경점이 되지 않으므로 고속운전에 적합

라. 고속운전 구간의 집전특성 향상을 위해 2경간 over-lap 사용

마. 전기적 구분(Insulator over-lap) : 에어섹숀(air section), 고속철도 절연구분장치(Neutral section)

바. 기계적 구분(uninsulator over-lap) : 에어조인트(Air Joint)

3. 에어섹숀(Air section)의 설치

가. 1경간 평행개소

(1) 에어조인트나 에어섹숀을 총칭하여 평행개소라 하며, 평행개소는 가선 특성상 팬터그래프 통과 시 이선마모, 피로 및 손상 발생 우려가 높음

(2) 평행개소의 경간은 50[m] 이상개소에 에어섹숀을 설치하고, 50[m] 미만의 경우 2경간으로 설치함

(3) 평행부분의 전차선 상호 이격거리는 일반구간 : 300[m], 고속선 : 500[mm]

(4) 무효부분 전차선의 애자를 삽입할 경우 전차선과 구분애자 하단과 이격은 200[mm] 이상 유지하여야 함

(5) 평행부분에서 중앙부근의 레일면상 등고 부분의 길이는 500[mm] 이상 유지하여 팬터그래프의 습동이 원활하도록 하여야 함

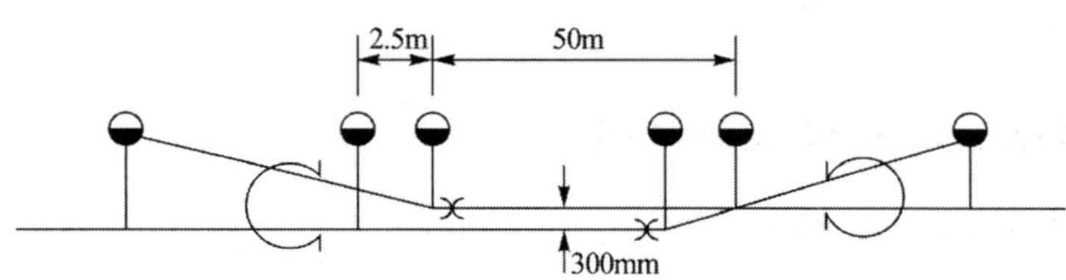

그림 4.4.4 1경간 평행개소

나. 2경간 평행개소

(1) 에어섹숀은 경간 50[m] 미만일 경우 2경간으로 설치하며, 에어죠인트의 경우 경간 40[m] 미만일 경우 2경간으로 설치함

(2) 2경간 설치 시 효과(이유)

① **전차선측의 진동문제 해결** : over-lap 구간이 경간 중앙부에 있으면 구배 변화점에서 경점작용과 최대 탄성율(Emax)에 의해 진동이 발생하므로 2경간으로 하여 중앙부를 가동 브래킷으로 진동을 억제시켜 집전성능을 좋게 함 ⇨ 등고 부분의 확대

② **집전장치측 측면충돌 해결** ⇨ 구배의 변화가 상대적으로 작으면 고속철도의 경우 보조전차선을 삽입하여 팬터그래프 활입사고 예방

(3) 평행개소의 가동브래킷은 전선 상호간 이격거리 확보를 위하여 가고 조절용 브래킷을 사용하는 것이 바람직함

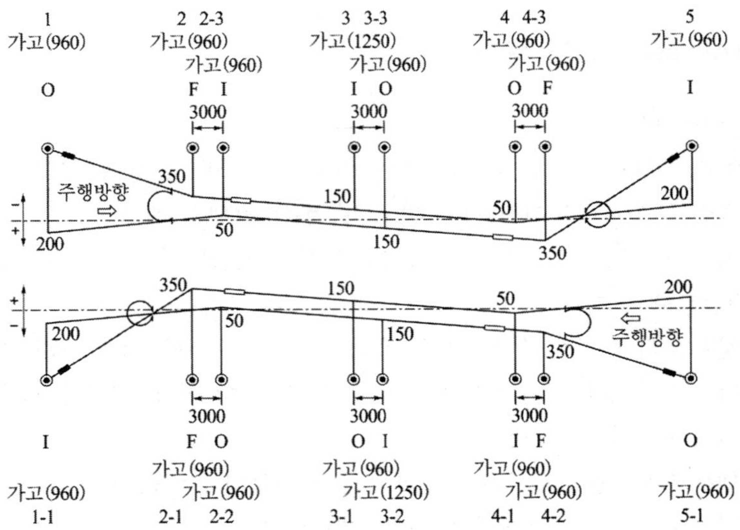

그림 4.4.5 2경간 평행개소

4. 에어죠인트(Air Joint)의 설치 간격

가. 기계적 구분장치로 지지물 경간이 40[m] 이상일 경우 1경간으로 하고, 40[m] 미만일 경우에는 2경간으로 설치함

나. 전차선 상호간 간격은 일반적으로 150[mm]를 표준으로 하고 있으며, 고속선의 경우 300[mm]로 함

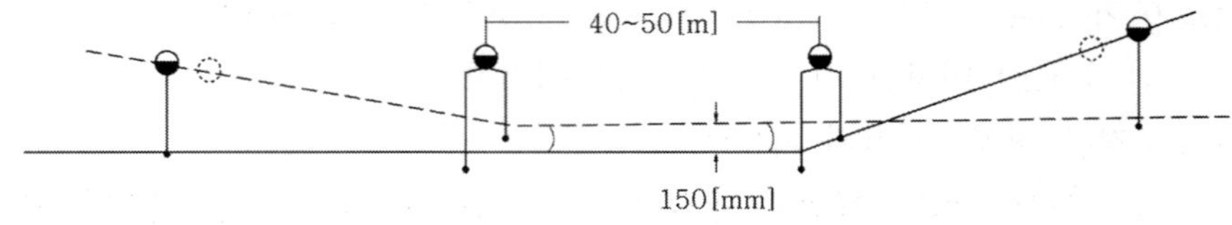

그림 4.4.6 에어죠인트

5. over-lap 구간 설계 시 고려사항

가. 인류구간의 길이계산

(1) 기존선(일반철도구간) : 커티너리구간

① 인류구간 : 표준1500[m], 최대 1600[m]

② 자동장력장치(WTB) : 800[m]를 넘는 경우 양장력
③ 흐름방지장치 : 양장력 구간의 중간지점

(2) 고속철도

① 인류구간 : 최대 1200[m]
② 자동장력장치 : 600[m]를 넘는 경우 양장력

(3) 강체가선구간

① R−Bar 구간 : 표준 400[m] 최대 500[m]이며, 인류장치는 없고, 흐름방지 장치 (고정점 : Fixed Point)는 인류길이 중앙지점
② T−Bar구간(DC구간) : 인류구간길이는 표준 200[m], 최대 250[m]

나. 전차선의 높이

(1) 전차선의 레일면상 높이를 고려하여야 함(표준높이)
① 일 반 선 : 5,200[mm]
② 고 속 선 : 5,080[mm]
③ 강체구간 : 4,750[mm]

(2) 가능하면 구배가 없는 곳에 동일 높이를 유지토록 하고, 구분애자 삽입 시 높이 상・하한치 제한

다. 편위의 유지

규정된 편위 범위 내 확보

라. 가동 브래킷 Type 및 가고조절용 선정 검토

위치에 따라 적용

4.4.6 교류 전기철도 구분장치 설치위치 및 고려사항

1. 개요

가. 전차선의 급전계통을 구분하여 고장이나 보수작업 시 부분적으로 급전 정지구간을 한정하고 다른 구간은 열차안전 운전확보 목적으로 설치

나. 집전장치(Pantagraph) 습동에 지장을 주지 않으며 전기적으로 완전하게 구분하는 장치를 말함

다. 구분장치 설치위치 결정은 전기적 계통분리와 신호기와의 관계를 고려하여 설치함

2. 구분장치 설치위치 결정시 고려할 사항

가. 전기적인 계통분리가 필요한 장소

(1) 운전계층별, 상・하선별, 방면별로 구분함
(2) 주요역내 타급전 계통에서의 절체(연장)급전이 가능하게 분리
(3) 주요 역구내의 본선과 측선의 분리
(4) 전동차고(차량기지) 구내의 분리

나. 유지관리 측면에서의 고려사항

(1) 상향구배, 역의 발차지점 부근 등의 역행구간을 피함
(2) 곡선・터널・교량위 등을 피함

다. 교류 이상구분장치 및 교/직 구분장치의 설치 위치

(1) 열차의 노치(Notch)취급, 집전장치(Pantagraph) 간격, 차상기기의 절환소요 시간을 고려하여 길이 및 위치 설정
(2) 구배가 없는 평탄한 직선개소에 설치
(3) 변전소, 급전구분소 앞에 설치를 원칙으로 함(교류 이상구분장치)

3. 신호기와 구분장치 설치위치 결정

가. 전차선로 구분장치는 신호기와의 관계를 고려하여 집전장치(Pantagraph)의 섹션오버에 의한 사고방지를 위하여 정지신호로 열차가 정차 시 신호기 바로 아래의 섹션집전장치(Pantagraph)가 위치하지 않도록 설치하여야 함

나. 복선구간 장내신호기 부근에 설치하는 구분장치의 설치위치

➪ 장내신호기와 일치 또는 내측에 설치

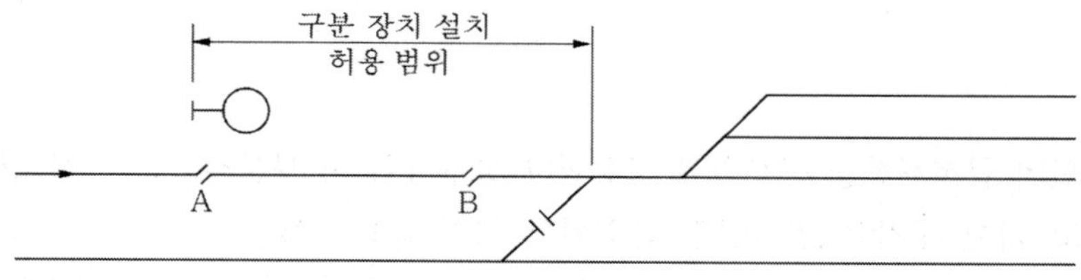

※ 설치 위치는 A점 또는 B점으로 한다.

그림 4.4.7 복선구간 장내신호기 부근 구분장치

다. 복선 구간의 출발신호기 부근에 설치하는 구분장치

(1) 입환을 행하는 역끝단 분기기로부터 인상열차길이+50[m] 이상에 설치

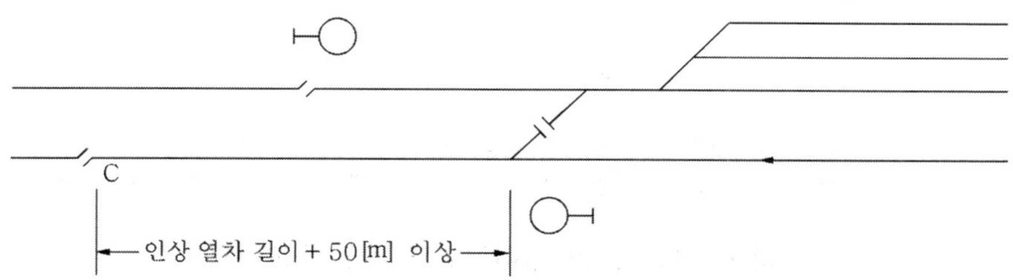

※ 사고시에 열차의 인상 등의 작업에 지장을 주지 않도록 인상 열차 길이에 50[m]를 더한 위치를 C점으로 한다.

그림 4.4.8 복선구간 출발신호기 부근 구분장치

(2) 전방의 폐색신호기까지의 거리가 당해선로 구간의 열차 집전장치(Pantagraph)간의 거리중 최대의 것에 50[m]를 더한 길이 이하는 전방의 폐색신호기의 내측에 설치

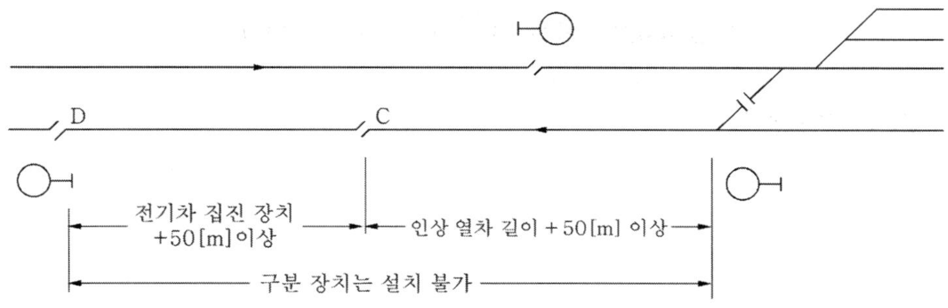

※ C점과 그 전바의 신호기와의 거리가 당해 선로 구간을 운전하는 전기차를 전기적으로 접속하는 집전 장치간의 거리 중 가장 큰 것에 50[m]를 더한 길이 이하일 때에는 전기차가 섹션을 단락할 경우가 있기 때문에 섹션 설치 위는 D점으로 한다.

그림 4.4.9 폐색신호기 부근 구분장치

라. 단선구간의 장내신호기 부근에 설치하는 구분 장치

➪ 장내신호기 외측에 열차의 집전장치(Pantagraph)간 거리 중 가장 큰 것에 50[m]를 더한 길이 이상 이격한 위치에 설치

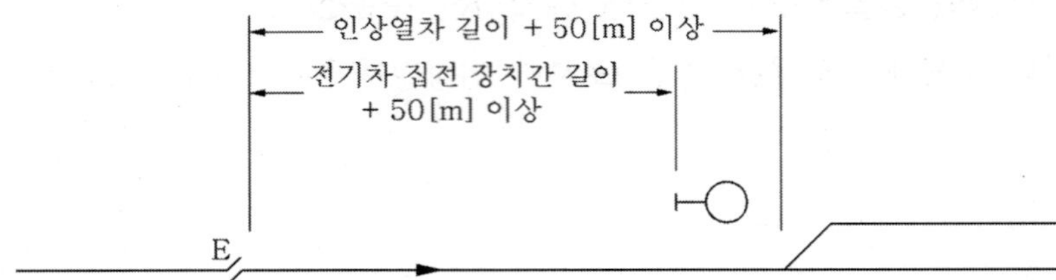

※ 설치 위치는 E점으로 한다. 입환하는 개소는 그 거리가 전기차의 접속하는 집전장치간의 거리 또는 인상 열차 길이의 어느 쪽이든지 긴 쪽에 50[m]를 더한 길이로 하여야 한다.

그림 4.4.10 단선 장내신호기 부근 구분장치

마. 역 중간의 폐색신호기 부근에 설치하는 구분장치

➪ 신호기와 일치 또는 신호기의 내측에 설치함

(1) 복선의 경우

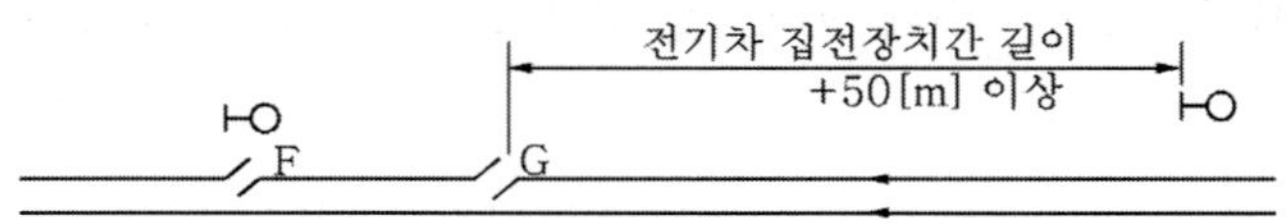

그림 4.4.11 복선 폐색신호기 부근 구분장치

(2) 단선의 경우

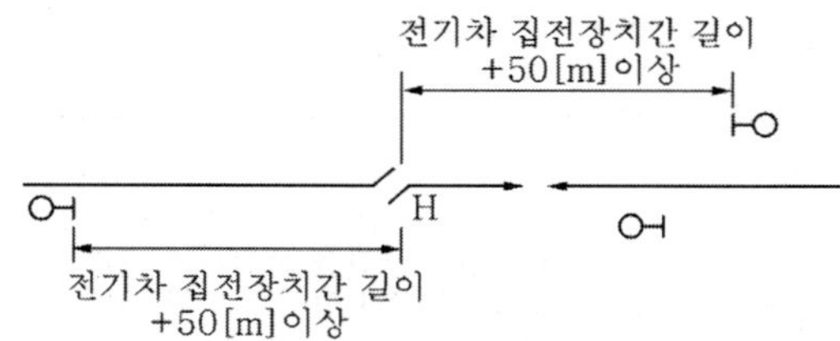

그림 4.4.12 단선 폐색신호기 부근 구분장치

바. 입 · 출고선에 설치하는 구분장치

➪ 차량정지 표지로부터 +20[m] 이격한 위치에 설치

4.4.7 교류/직류 구간 직통운전을 위한 접속방법 및 고려사항

1. 교류/직류 직통운전 필요성

가. 전기철도 전기방식은 크게 교류방식과 직류방식으로 구분하고 있으나 전기철도 운영 측면에서는 연계 되는 해당 선구에서 전기방식이 다르더라도 열차의 정차 또는 환승 없이 직통운전하여야 고객의 서비스 향상, 운용효율 향상 및 안전도의 양상을 가져올 수 있으므로 대부분 연계 직통수송을 하고 있음

나. 교류/직류 구간을 직통운전하기 위해서는 서로 다른 전기방식에서도 운행이 가능한 교류/직류 겸용 전기차가 필요하고 전차선로에서는 교류/직류가 서로 단락하지 않는 절대조건을 만족하면서 연속적인 접속과 가선이 이루어지도록 시스템을 구성하여야 함

2. 교류/직류 전차선로 접속 방법

가. 교류구간과 직류구간을 연속적으로 가선하기 위해서는 교류와 직류간 단락사고가 발생하지 않아야 하는 절대조건이 있으므로 교류와 직류 접속점에 전기적 절연이 되도록 교/직 절연구분장치를 설치하여 접속하게 됨

나. 절연구분장치의 길이는 해당구간에 운전하는 전기차 종별, 열차의 편성방법, 운전속도와 아크신도 길이, 팬터그래프 개수 등을 고려하여 결정하며, 국내 전동차 운행구간의 교/직 절연구분장치 길이는 약 66[m]가 됨

다. 교류와 직류를 연결하는 교/직 절연구분장치는 집전장치(Pantagraph)의 습동에 지장이 없도록 하며, 재질로는 주로 합성 수지제(FRP 등)을 사용함

3. 교류/직류 절연 구분장치의 설치 위치 및 운전방법

가. 교/직 절연구분장치는 열차의 노치 취급, 집전장치(Pantagraph) 간격, 차상기기의 절체 소요시간 등을 고려하여 전기차 운전상 지장이 없는 위치에 설치

나. 절연 구분장치 통과 시는 노치 오프를 원칙으로 하고, 타행 운전으로 열차 속도가 저하될 우려가 있으므로 평탄한 직선개소에 설치

다. 직통운전을 위한 교/직 절연구분장치가 모든 운전 조건을 만족할 수 없으므로 교류/직류 절연구분장치를 운전하는 경우 아래와 같은 제약을 받게 됨

(1) 절연구분장치 운전은 노치 오프를 원칙으로 함

(2) 교/직 절연구분장치 통과 시에는 차상절체 방식으로 하고 승무원이 표지를 확인하면 순차 절환 조작을 함

(3) 전기차는 교류구간에서는 상시 편(偏)집전장치(Pantagraph), 직류구간에서는

상시 양(兩)집전장치(Pantagraph) 운전으로 함

(4) 교류/직류 절환 순서는 통상 차량의 절환 스위치에 의해 차량의 부하를 개방한 후 차량의 차단기를 개방하고 교직절환기 및 교직전환기를 전환하고 절연구분장치를 통과하면 가선전압의 인가를 받아 차단기가 투입되어 정상운전을 계속하게 됨

4. 교류/직류 구간의 모진 보호방식

가. 교류구간에서 직류구간으로 모진 보호

(1) 전기차가 교류 또는 직류구간에서 인접구간으로 노치 오프없이 운전상태로 진입하는 것을 "모진"이라고 하며,

(2) 차량의 회로가 교류 운전상태 상태인 채로 직류구간으로 진입했을 경우 단시간에 교류용 주 퓨즈가 용단되어 회로가 전차선에서 분리되고 파급 사고가 발생하지 않도록 보호함

(3) 이후, 정규적인 운전취급에 의하여 정상적인 운전을 속행할 수 있고 적당한 시기에 주 퓨즈를 교체하면 됨

나. 직류구간에서 교류구간으로 모진 보호

(1) 차량의 회로가 직류 운전상태에서 잘못으로 교류구간으로 진입하는 경우 제1단 보호는 팬터그래프가 절연구분장치 사구간 내에서 직류 무전압을 검출하여 차단기를 개방되므로 교류구간에 진입해도 사고발생이 없어 정규 취급에 의한 운전을 속행함

(2) 제2단 보호는 교류구간으로 진입한 순간 직류 피뢰기의 방전전류를 검지하여 교류 모진 보호계전기를 동작시켜 차량의 차단기를 개발하므로 직류 피뢰기 소손이 발생하는 경우는 정상적인 운전이 불가능함

4.4.8 고속철도 구분장치의 종류 및 특성

1. 고속철도 구분장치의 구비조건

가. 전차선의 구분장치는 전기적 구분장치와 기계적 구분장치로 대별되며, 고속철도는 열차속도가 200[km/h] 이상인 열차를 말하나, 국내 고속철도는 설계속도 350[km/h]에 운행속도는 300[km/h]이므로 고속철도용 구분장치는 열차속도에 대응할 수 있는 구조와 재질을 사용하며, 설치목적은 전차선의 급전 계통상의 구분, 보수작업 시간의 확보, 사고발생시 사고구간의 단축 등의 필요성에 의해 설치하는 것임

나. 전기적인 구분장치를 설치 시 만족해야 하는 조건

(1) 절연을 완전하게 하여야 함

(2) 시설의 경량화로 집전상 경점이 생기지 않도록 하여야 함

(3) 집전장치(Pantagraph) 통과 시 아크가 완전히 끊어 져야하고, 아크로 인해 절연이 파괴되지 않도록 하여야 함

(4) 집전장치(Pantagraph) 통과 시 동요가 최소화 되도록 조정하여야 함

(5) 전차선, 조가선등의 기계적 성능과 협조가 이루어지는 구조로 함

(6) 구간을 운행하는 열차속도에 대응할 수 있는 구조로 함

다. 기계적 구분장치는 전선의 설치와 시공상의 용이성, 온도변화에 의한 전선의 신축 때문에 생기는 전선의 늘어짐을 막기 위해 전선을 일정한 길이로 끊어 인류시키기 위한 설비로 고속용 에어죠인트가 있음

2. 에어 섹션

가. 설치목적

에어섹션은 집전부분의 전차선에 절연물을 삽입하지 않고 절연하고자 하는 두 전차선 상호에 평행 부분을 일정 간격(500[mm])으로 이격시켜 공기절연을 이용한 동상용 절연 구분 장치임

나. 구조

(1) 집전장치(Pantagraph)가 한쪽 전차선으로부터 섹션 중앙에 있는 주축 전주 부근에서 팽행개소의 양 전차선을 습동하여 중간전주 부근에서 다른쪽 구분구간의 전차선으로 옮겨가는 구조로 이는 전기적 절연이 완전하여 집전장치(Pantagraph) 통과 시 전류차단 없이 전기적으로 연속집전이 되어 집전상 경점이 되지 않아 고속운전에 알맞은 구분장치라고 할 수 있음

(2) 에어섹션 장치의 설치 구간은 일반적으로는 4경간으로 구성되나 곡선이 심하거나 강풍 구간에는 5경간으로 구성되며 허용 최대 경간과 편위의 크기는 곡선반경에 의해 정해짐

(3) 평행 구간의 양 전차선간의 이격거리 500[mm]와 등고의 평행 개소를 유지할 수 있도록 주축 전주와 중간 전주에는 쌍브래킷을 설치하여 조정하도록 하며 평행구간의 양끝인 양 중간전주 부근에는 인장되어 인류되는 전차선과 조가선에 합성수지애자를 삽입하여 구분 절연한다. 그리고, 필요에 따라 두 전차선 간을 급, 단전할 수 있도록 평행 개소의 양 전차선 사이에 개폐기를 설치함

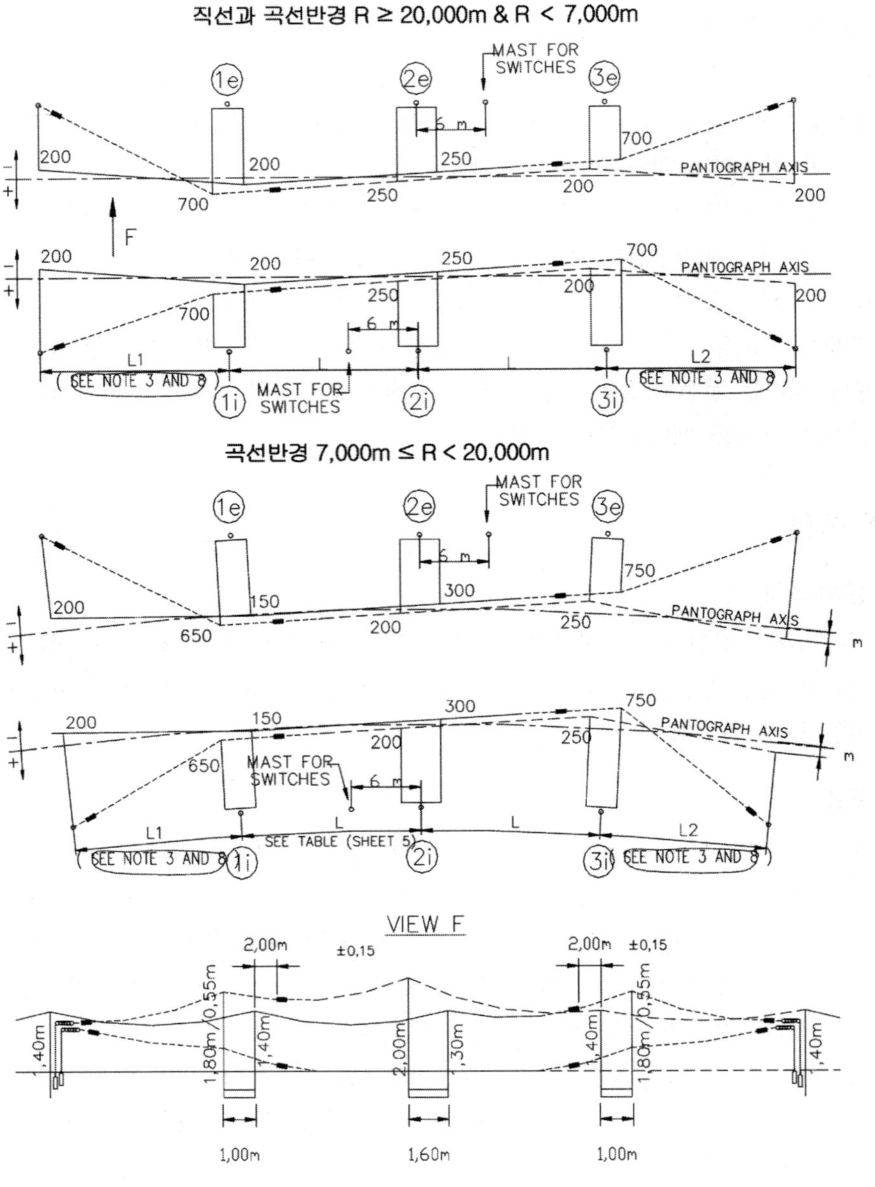

직선과 곡선반경 R ≥ 20,000m & R < 7,000m

곡선반경 7,000m ≤ R < 20,000m

VIEW F

그림 4.4.13 직선/곡선의 4경간 에어섹션 구조

3. 에어 죠인트

가. 설치목적

작업의 용이성과 온도변화 등에 의한 전차선의 신축을 조정하기 위해 전차선을 적정한 길이로 인류하기 위해 설치되어 있는 기계적인 구분장치

나. 구조

평행개소 전차선 상호간을 200[mm]의 일정한 간격을 유지시켜 집전장치(Pantagraph)가 전기적으로나 기계적으로나 연속성이 있고 원활하게 이행할 수 있는 구조로 되어 있으며 에어조인트 구성은 4경간으로 구성하는 것을 원칙으로 하고 전기적인 연속성은 균압선으로 접속하여 유지하여야 함

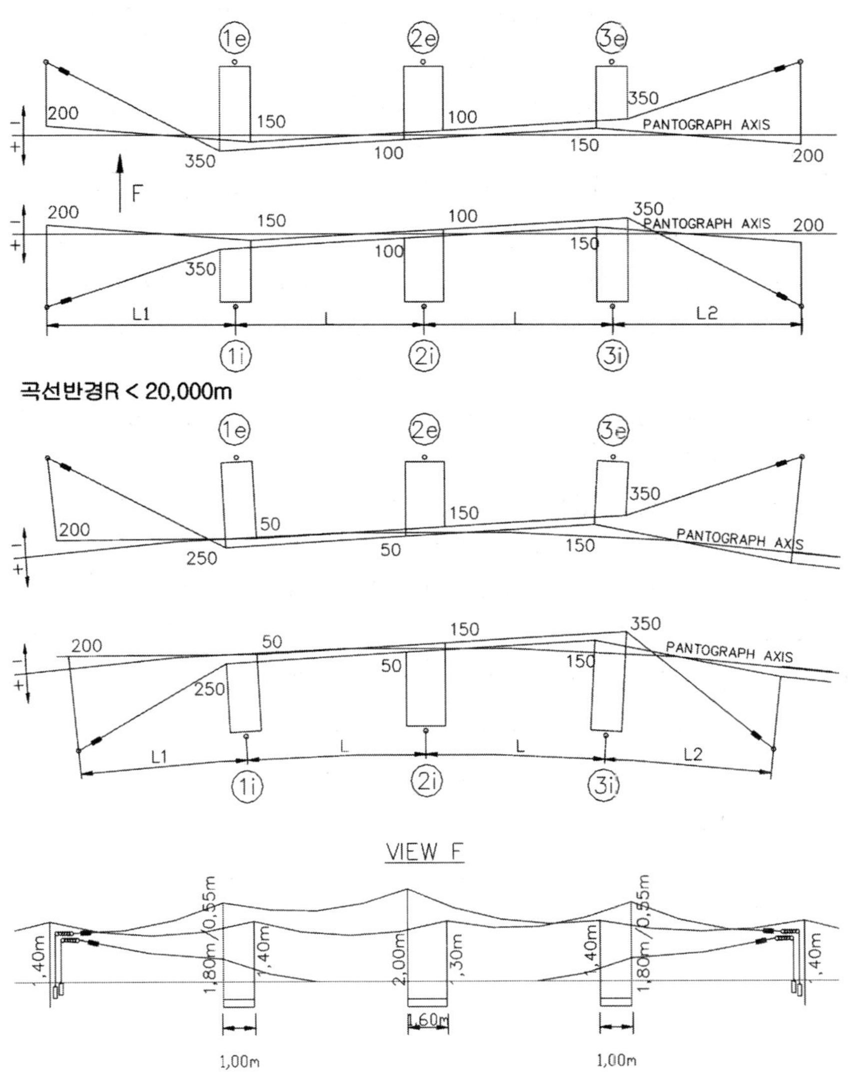

그림 4.4.14 에어조인트 구조

4. 이상 절연 구분장치(이중 Over-lap)

가. 설치목적

전차선로를 구성함에 있어 변전소 앞 또는 이웃 변전소와의 중간부근에 있는 급전구분소 앞에는 반드시 이상전원을 구분하기 위해 교류 이상구분장치 즉, 이상 절연구분장치를 설치해야 함

나. 구조

(1) 고속철도의 절연구분 장치 구조는 집전장치(Pantagraph)를 통해 다른 2개의 이상전원이 상호 접촉되지 않도록 2개의 이상(異相) 전원 사이에 중성구간(Neutral Section)을 설치하여 집전장치(Pantagraph)가 한쪽 전원측에서 중성 구간으로 이행하는 순간은 집전이 중지되고, 순간적으로 다른 전원쪽으로 이행하므로 전기적으로는 순간 단전이 되나 기계적으로는 연속성 있게 습동하도록 구성되어 있어 절연구분 구간을 고속으로 타행 운행할 수 있는 구조로 되어있음

(2) 절연구분장치는 7개의 경간으로 구성되며 이 구간에다 무가압의 보조전차선을 별도로 한선을 더 가선함으로서 절연구분구간의 중간 경간에는 양측 전원선이 없어 이 경간은 중성선(보조전차선)에 의해 집전장치(Pantagraph)가 습동할 수 있는 중성구간이 형성되며 중성구간 양측의 전원선과는 각각 한 개씩의 에어섹션을 구성하여 에어섹션 ➪ 중성구간 ➪ 에어 섹션의 구조로 되어 완전한 이상 절연구분을 이루게 됨

(3) 절연구분 장치를 구성하고 있는 조가선은 절연된 피복 조가선을 사용하여 선간단락을 방지하도록 하고 절연조가선 사용개소의 드로퍼도 절연드로퍼를 사용한다. 그리고 절연구분장치에 사용되는 절연애자는 구분장치용 합성수지 절연애자를 사용하여 절연함

(4) 전차선과 조가선의 절연재(합성수지애자)는 무가압된 전차선로와 1[m]정도 이격하여 설치하며 기타 절연애자는 가동브래킷으로부터 2[m] 이격하여 절연재를 설치하고, 특히 가압부분과 중성부분을 지지하는 평행틀의 가동브래킷의 상호 간격은 1.6[m]로 하여 전기적인 이격거리를 확보하도록 설치함

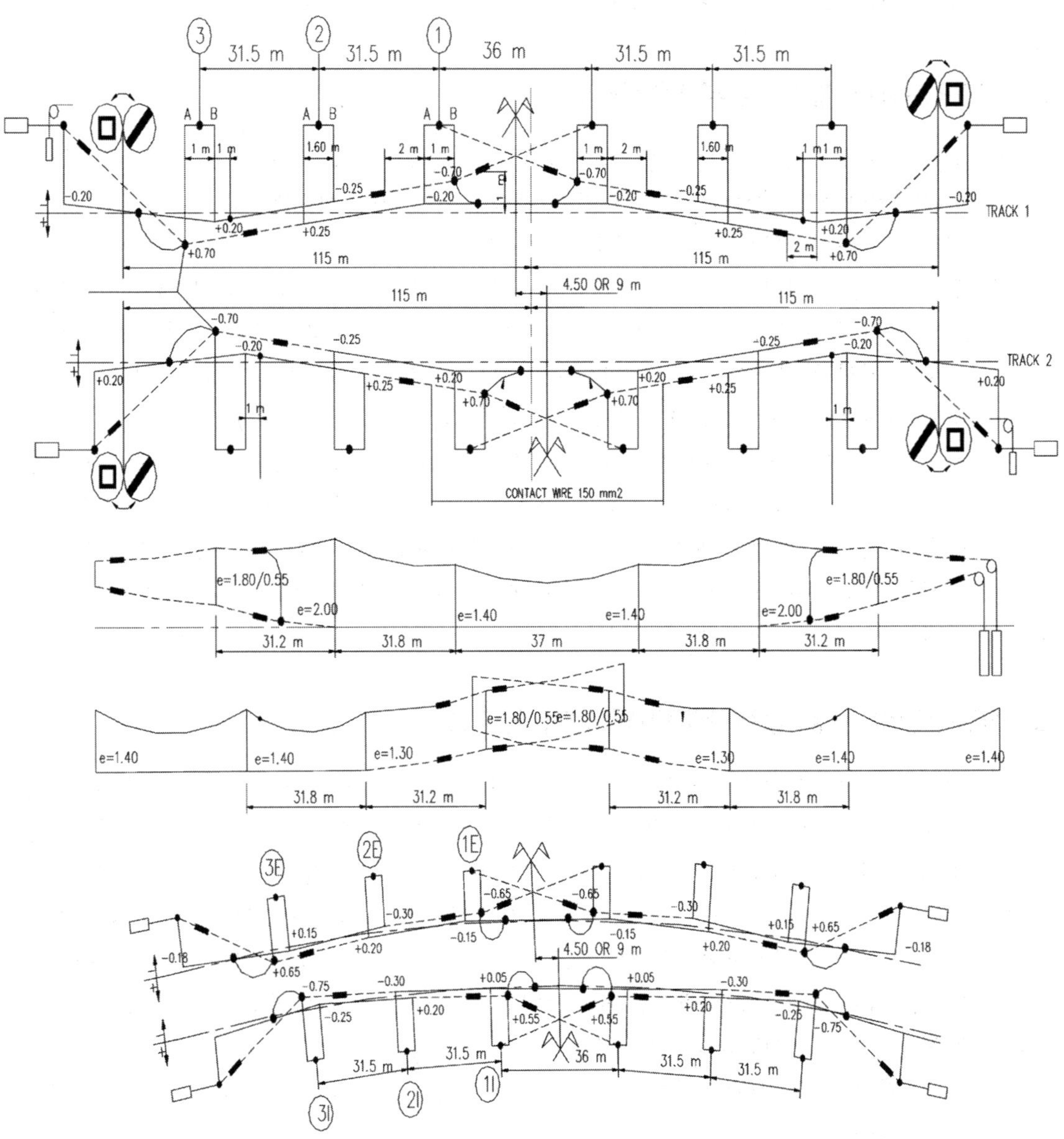

그림 4.4.15 이상 절연 구분장치 구조

4.4.9 교류 전기철도 절연구간(Neutral Section) 자동 통과장치

1. 절연구분장치 절연구간의 열차통과

가. 교류 전기철도는 주로 주변압기로 스코트 결선 변압기를 사용하여 M상과 T상간에 90°의 위상차가 발생하므로 전력공급 계통을 구성하는 전철변전소 및 급전구분소앞 전차선로에는 반드시 절연 구분장치를 두게 됨

나. 절연구간을 통과하는 전기차는 원칙적으로 집전장치(Pantagraph)에 의한 단락사고가 발생하지 않도록 노치오프(전기차 무부하) 상태에서 통과하도록 규정하고 있으나, 일본 등에서 절연구간을 부하상태에서 자동으로 통과할 수 있도록 절연구간 자동통과장치(절연구간 자동절체 개폐기)를 개발하게 됨

다. 절연구간 자동절체 개폐기는 일본에서 진공 개폐기로 개발하여 사용하여 왔으나 최근에는 신뢰성 향상과 다빈도 동작에 대응하기 위하여 전력용 반도체의 사이리스터를 이용한 정지형 절체용 개폐기를 개발하여 신간선에 사용하고 있으며, 국내에서는 국책사업으로 개발하여 대불공단선에 설치하여 시험을 완료하였으나 신뢰성 등이 미흡하다고 판단하여 철거한 후 현재는 설치장소가 없음

2. 절연구간의 자동 절체 개폐기의 원리 및 기능

가. 절연구간 자동절체용 개폐기는 전기차가 절연구분장치 구간에서 노치(Notch)를 동작하지 않고 부하상태에서 역행할 때 열차운행 정보를 받아 절연구간이 열차 진행방향과 동일한 급전계통의 전원이 공급되도록 순간적으로 전원을 절체하는 장치임

나. 교류 전기철도는 표준전압 25[kV]의 전력을 공급하고 약 20[km] 혹은 40[km]마다 전철 변전소를 설치하여 전력을 공급하고 변전소의 전력 공급계통의 경계인 변전소 및 급전구분소에는 절체섹션이라는 설비를 시설하여 전원을 절체하는 방법으로 전원 절체의 수순은 그림 4.4.16과 같음

(1) 전기차 운행 방향의 절체용 개폐기 A를 투입하고 A방면의 전원에 의해 절체섹션에 전력을 공급

(2) 전기차가 절체섹션에 진입 완료한 것을 검지하여 절체용 개폐기 A를 개방하고, 절체섹션을 순시(표준 300[ms]) 정지

(3) 절체용 개폐기B를 투입하여 B방면의 전원에 의해 절체섹션에 전력을 공급하여 역행으로 B방향으로 운행

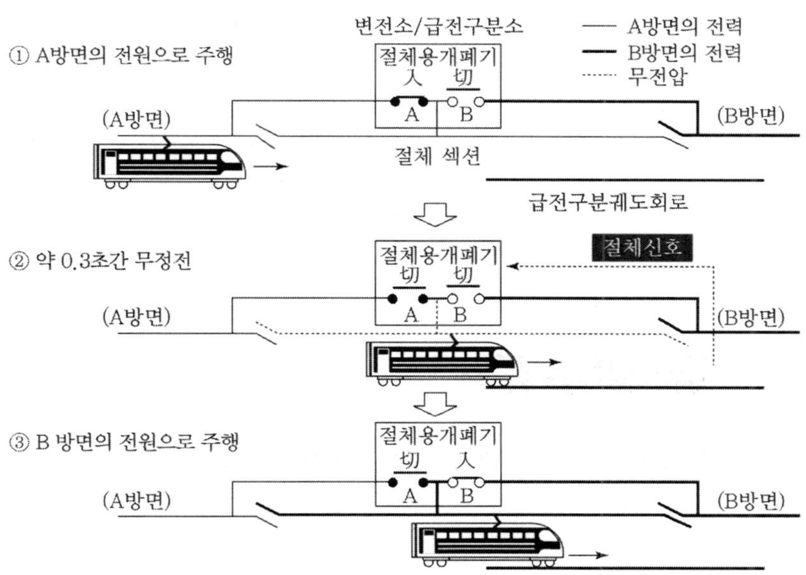

그림 4.4.16 절체섹션의 절체용 개폐기에 의한 전원 절체순서

3. 자동절체 개폐기의 최근 동향

가. 절연구간 자동절체용 개폐기는 열차 운행 시마다 동작하므로 다빈도에서 충분히 내구성이 있어야 하고, 모진에 의한 섹션오버 현상이 발생하지 않도록 신뢰성 확보가 필요하여 꾸준한 기술개발이 이루어지고 있음

나. 일본의 신간선의 경우 1개소 당 절체용 개폐기의 연평균 동작회수는 6만회 이상에 도달하여 공기형 또는 진공형 개폐기는 기계적 및 전기적으로 열화가 발생하여 보다 높은 신뢰성 향상이 요구되어 사이리스터를 이용한 정지형 절체용 개폐기를 개발하여 진공형 개폐기와 2중계를 구성하게 됨

다. 정지형 절체용 개폐기는 기계적 가동부가 없고, 동작회수에 의한 부품 등의 열화에 의한 고장이 없으므로, 고장빈도를 저감시키는 것이 가능하고, 안정된 운용이 가능하며, 동작회수에 좌우되지 않으므로 수명의 장기화나 보수비용 저감 등을 도모할 수 있는 등의 큰 장점이 있음

라. 또한, 소형화와 경량화에 위해 플로토타입 기기를 개발하여 기설 진공형 절체용 개폐기 공간에 정지형 절체용 개폐기를 대체하고, 개폐를 하는 사이리스터 소자의 극간에 보호용 피뢰기(MOA : Metal Oxide Arrester)를 설비하여 사이리스터 소자에 걸리는 서지전압을 억제함으로서 사이리스터 소자수의 저감을 도모하였음

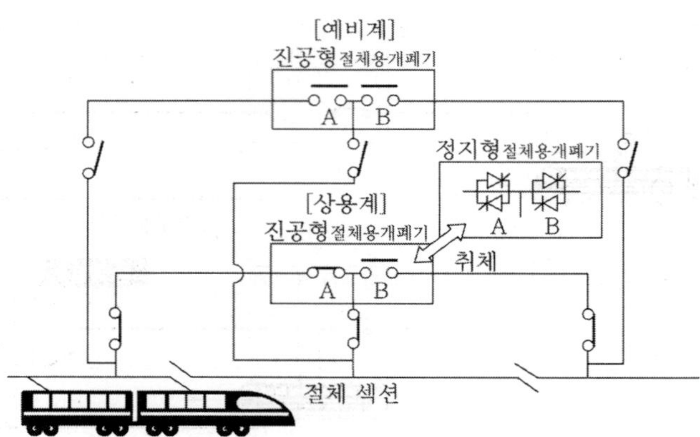

그림 4.4.16 정지형 절체용 개폐기(플로토타입 기기)

4.4.10 섹션오버 보호장치에 대한 설명

1. 섹션 오버 및 보호

가. 섹숀오버(section over)

(1) 변전소와 변전소, 변전소와 구분소 또는 보조 구분소, 차단기 및 단로기에 의해 구분되어지는 구간에서 사고 및 기타 사유로 인하여 전차선로 가압구간과 정전구간이 구분장치로 인접해 있을 때

(2) 전기차 집전장치(Pantagraph)가 가압구간에서 정전구간으로 진입하면 집전장치(Pantagraph)와 차량의 인입모선을 통하여 구분장치를 전기적으로 단락(Patagraph-over)시켜 정전구간이 가압상태가 되는 현상을 “Section over”라고 함

나. Section over에 의한 위험성

(1) Section over에 의해 사고전류(충격전류)로 팬터그래프 및 전차선 손상

(2) 사고전류의 크기에 따라 전차선, 조가선 구분장치 등의 설비 용단사고 발생

(3) 정전구간에 작업 중인 경우 인명 사상사고 발생

다. 구분 장치별 Section-over 우려성

(1) 동상 구분장치(에어섹숀, 수지재 및 애자형 섹션 등)의 경우 집전장치(Pantagraph) 1개 (단팬터)에 의해서도 Pan-over 위험

(2) 이상구분장치 교・직 구분 장치의 경우 전기차 전후 집전장치(Pantagraph) 또

는 다(多) 집전장치(Pantagraph)의 경우 구분장치 길이가 맞지않을 경우 pan–over발생(팬터그래프 전・후의 공통인입 모선에 의함)

(3) 구분장치와 신호기 위치 부적정시 전기차가 구분장치 내에 정차 시 Section–over 우려가 있으므로 구분장치와 신호기의 위치를 적정하게 해야 함

2. section over 보호 장치

가. 열차정지 검지 장치

(1) 섹션 후방에 열차유무 검지장치를 설치하여 열차가 진입할 경우 전기 사령실에 표시됨과 동시에 양변전소(직류방식) 차단기를 개방하여 section over에 의한 사고를 방지함 → 직류급전방식에 주로 사용

(2) 열차정지 검지방식의 종류

① 차량검지지에 의해 열차의 유무를 검지하는 방식

② 궤도회로 조건에 의한 열차의 유무를 검지하는 방식

③ Doppler 레이다 및 초음파에 의한 차량 감지방식이 있음

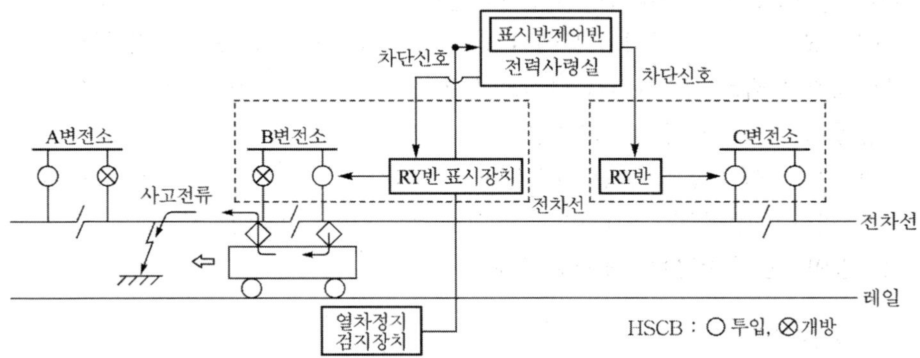

그림 4.26.1 열차검지장치 상세도

나. 절연구분장치 방식(Dead section, Neutral section)

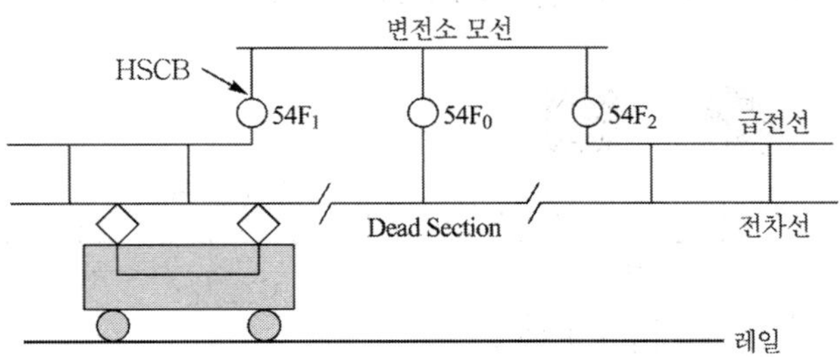

그림 4.26.1 DC 절연구분장치 구간

(1) 위 그림과 같이 급전 section 구간에 절연 구분장치(Dead section 구간)를 설치하고 급전용 차단기(54F)를 두어 단락하지 않도록 구성함.

(2) 동작 메커니즘은 54F1 또는 54F2가 개방되어 있을때는 반드시 54F도 자동 차단되어 비가압 구간을 구성함

(3) 절연 구분장치의 Dead section 길이는 열차속도 집전장치(Pantagraph) 수량 및 간격 등에 따라 다름

다. Side-Rail 구간의 회생차량의 경우

(1) 회생효과를 높이기 위한 차량 간에 모선을 연결하여 급전되므로 차량모선 간에 모선연락 차단기(BHB)를 설치하여 섹션오버 위험이 있을 때는 1차량 단위마다 모선을 분리하는 차상 대응방식을 사용함

(2) 편성차량의 앞부분 및 뒷부분의 제어차의 전압검지 장치로 무전압 또는 속도가 5[km/h] 이하일 때는 모선연락 차단기를 개방하는 설빔

3. 이례사항(사고 등) 발생 시 비상조치(표지류 설치) 방법

가. 교류 급전구간에서 이례사항 발생 시 열차를 운행하면서 긴급보수 작업, 사고복구 작업이 필요한 경우 구분장치 등에서 section over 방지를 위하여 전기차 노치 off 및 팬터내림 상태로 정전구간을 타력으로 통과할 수 있도록 기관사가 인식할 수 있는 표지류를 설치하도록 규정하고 있음

나. 이례사항 발생 내용을 중앙 사령실에서 기관사에게 통보하고, 기관사는 설치된 표지류에 의하여 정전구간을 타력 운행하여 섹션오버를 방지함

(1) 일반구간 구분장치 표지류 설치

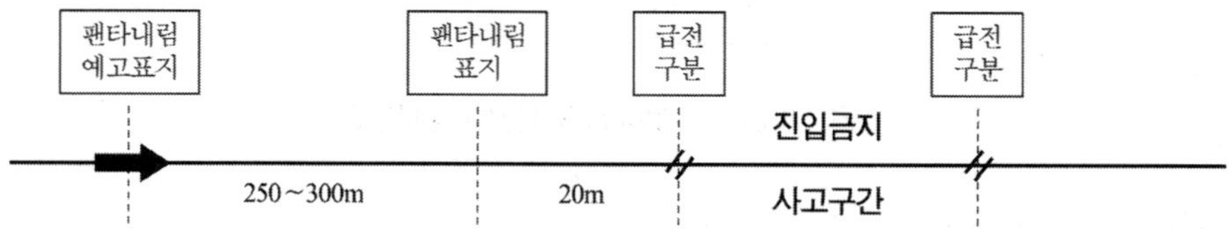

(2) 고속철도(KTX) 구간 타력운전 시 표지류 설치(예)

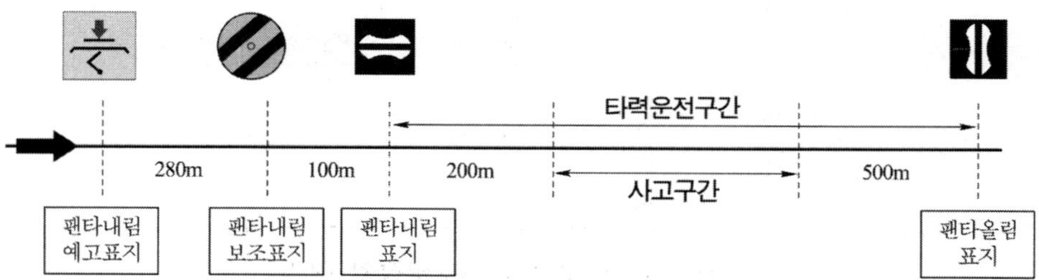

4.5 ∘ 장력조정장치 및 인류장치

4.5.1 가공 전차선로 장력조정장치 종류 및 설치조건

1. 가공 전차선로 장력 조정장치

가. 가공 전차선로의 장력 조정장치는 온도변화에 따라 신축되는 전차선을 일정한 장력으로 유지하여 팬터그래프와 전차선간의 집전성능을 향상하기 위한 장치임

나. 전차선, 조가선 및 빔하스팬선의 온도변화에 따른 장력변화는 자동장력조정 장치에 의하여 조정함을 원칙으로 함

다. 자동장력 조정장치는 온도변화, 조정거리, 설치장소, 운행속도 등을 고려하여 적정한 시스템으로 선정하여야 함

2. 전차선로 장력 조정장치 종류

가. 가공 전차선로 장력조정 장치는 자동식과 수동식으로 구분함

나. 자동식 장력 조정장치

(1) 활차식 자동장력 조정장치

(2) 도르레식 자동장력 조정장치

(3) 스프링식 자동장력 조정장치

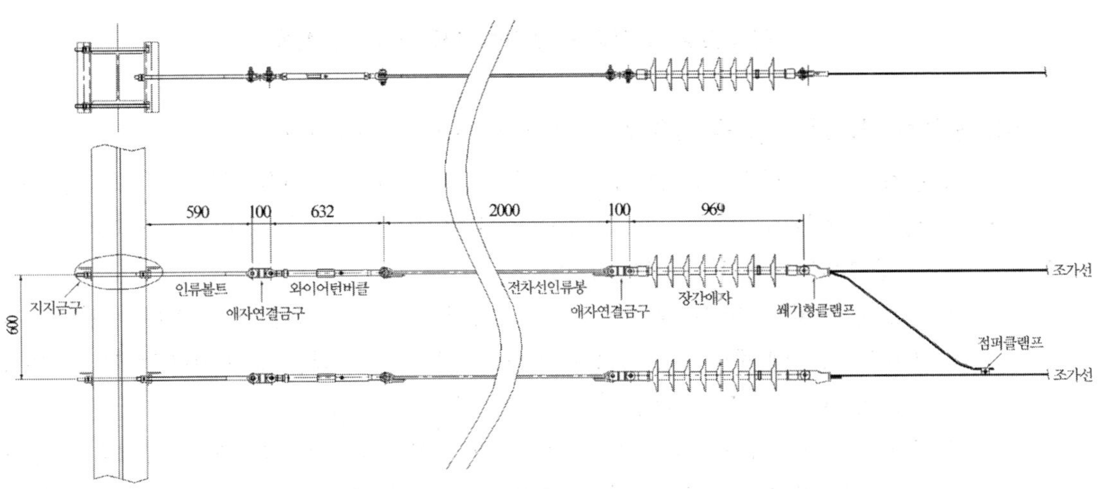

그림 4.5.1 합성전차선의 인류장치

다. 수동식 장력조정 장치

(1) 턴버클

(2) 조정 스트랩

3. 자동식 장력조정 장치

가. 스프링식 자동장력 조정장치(STB : Spring Tension Balancer)

(1) 스프링식 자동 장력조정 장치는 온도변화에 대응하는 스프링의 탄성을 이용하여 전차선을 장력조정하는 장치로 최근에는 고강도 스프링을 개발하여 여러 가지 장점을 고려하여 일반철도는 물론 고속화 구간에도 사용됨

(2) 국내에서는 2000년대 중반 고강도 2중 스프링 구조로 온도에 따른 이동원리를 이용하여 개발한 KRSB(Korea Railload Spring Balancer)를 철도규격으로 확정하여 사용하고 있음

(3) 스프링식 장력조정장치의 종류로는 일반구간용 STB, 터널용 TTB, 장력변화가 미미한 역구내 스펜선용 스프링바란샤(SB) 등이 있음

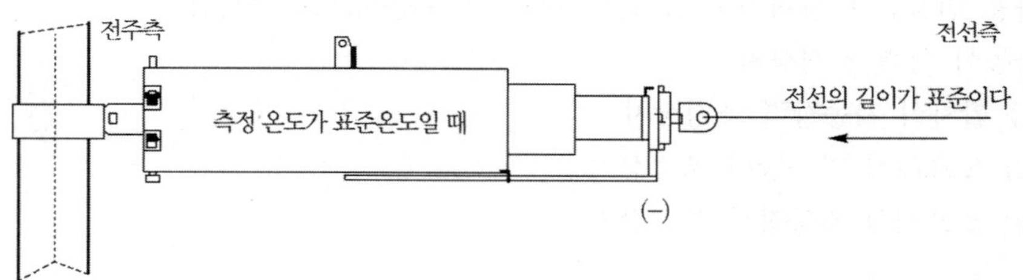

그림 4.5.2 KRSB(스프링식 자동장력조정장치)

나. 활차식 자동장력 조정장치(WTB : Wheel Tension Balancer)

(1) 활차식 자동 장력조정 장치는 활차의 원리를 이용하여 대활차와 소활차로 일괄 구성된 활차부에 와이어 로프를 감아, 소활차에 전차선을 인류하고, 대활차에 장력추(중추)를 연결한 구조로 되어있음

(2) 주변온도 및 조건에 따라 전차선과 조가선의 이도 및 장력이 변화하면 활차가 회전하고 동시에 중추가 상하로 이동하여 전차선의 장력을 항상 표준장력으로 유지하도록 하는 구조로 되어 있음

(3) 활차식 자동 장력조정 장치는 전차선과 조가선을 일괄 조정하는 방식과 개별로 조정하는 방식으로 구분하며, 대활차와 소활자의 활차비는 3:1, 4:1, 5:1 등이 있어 기후조건 및 가선장력 등에 따라 선택하게 됨

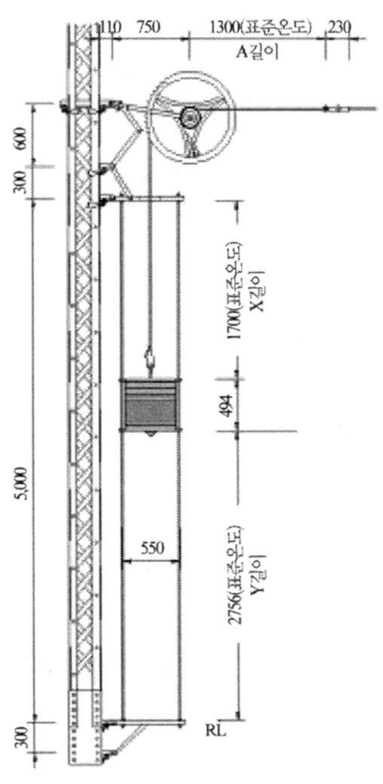

그림 4.5.3 활차식 자동장력조정장치(3톤용, 일괄조정)

다. 도르레식 자동장력 조정장치(WTB : Wheel Tension Balancer)

(1) 도르레식 장력조정 장치는 보통 전차선과 조가선을 개별 조정하는 방식으로 주로 고속철도에 사용되며, 구조는 5개의 알루미늄 합금제 도르래가 상호 와이어 로프로 감겨져, 3개의 도르래는 전주측의 고정금구에 설치되고 2개의 도르래는 전선측과 연결된 이동 블럭과 접속하는 구조임

(2) 장력조정 장치는 와이어로프의 한쪽 끝을 이동 블록에 고정시켜 각 도르래를 차례대로 감은 다음 와이어로프의 다른 한쪽 끝은 장력장치용 중추지지봉과 연결시켜 도르래의 활차비를 1 : 5로 구성한 구조임

(3) 장력추는 주철제로서 추 1개의 중량은 40[kg]과 20[kg]의 두 종류를 사용하며 장력장치는 전차선과 조가선을 같은 인류주에 개별로 설치하여 독립적으로 작용하도록 되어있으며, 경부 고속철도에 적용한 자동 장력조정 장치의 전체 추무게는 조가선 280[kg]이고, 전차선은 400[kg]임

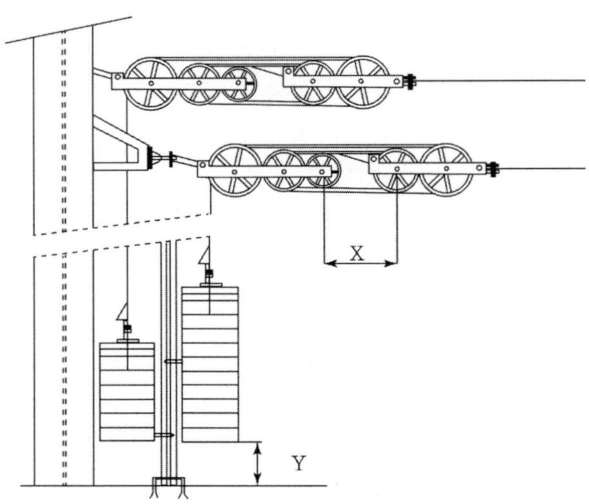

그림 4.5.4 도르레식 개별 자동장력 조정장치

4. 수동식 장력조정 장치

가. 와이어 턴버클(Wire Turnbuckle)

와이어 턴버클은 역구내 측선 등에서 간이 조정용으로 사용하는 방식으로 자동장력 조정이 필요하지 아니하는 합성 전차선 및 전차선의 장력을 나사의 원리를 이용하여 수동으로 조정하는 금구임

나. 조정 스트랩

조정용 스트랩은 평강에 구멍을 여러 개 뚫어 조합한 구조로 이도 및 장력 변화 시 장선기 등으로 전차선을 이동시켜 스트랩 구멍에 맞추어 조정하는 방법으로 미세조정에는 적합하지 않아 활차식에서 보조용으로 사용함

5. 일괄 조정방식과 개별 조정방식의 특징

가. 일괄장력 조정방식의 특징 ➪ 전차선과 조가선 일괄 조정

(1) 설비간단, 유지보수가 편리하여 일반적으로 많이 사용
(2) 전차선 단선시 조가선의 장력부담이 너무 커 허용인장강도 부족 우려
(3) 온도변화시 전차선과 조가선의 이도 불균형으로 집전특성 저하 우려
(4) 집전특성과 안정성 저하 우려 : 저속운전(120km/h 이하)에 적용

나. 개별장력 조정방식의 특징 ➪ 전차선과 조가선을 개별 조정

(1) 조가선의 허용인장하중에 적합하게 중추의 중량 조절가능

(2) 온도의 급변에도 전차선과 조가선 이도를 일정하게 유지
(3) 전차선의 고속집전 특성과 안정성 향상 : 고속운전구간에 적용
(4) 구조가 복잡하고 유지보수 어려움

6. 자동장력 조정장치의 설치 조건

가. 인류 구간의 한쪽에 자동장력조정장치를 설치하는 경우에는 구배가 낮은 쪽에 설치함.
나. 전차선 및 조가선은 억제 저항이 적도록 설치하여야 함
다. 활차식 및 도르레식은 표준장력에 맞는 활차비와 종류를 선택하고, 스프링식은 표준장력 및 표준장력 거리에 맞는 종류를 선택하여야 함

4.5.2 가공 전차선로 활차식 및 스프링식 자동장력장치의 사용구분

1. 가공 전차선로의 자동장력 조정의 필요성

가. 가공 전차선로는 온도변화에 따라 신축되는 전차선을 일정한 장력으로 유지하여야 가선의 집전특성과 팬터그래프와 전차선간의 집전성능을 항상 양호하게 유지하기 위하여 조정식 인류장치인 자동장력 조정장치가 필요하게 됨
나. 특히, 장대편성 전기차로 초고속 집전을 하는 경우 전차선의 장력을 일정하게 유지하여야 레일면상 높이를 균일하게 유지할 수 있기 때문에 자동장력장치를 설치하여 온도변화에 즉시 대응하고 장력조정 효율을 높이고 있음
다. 전차선로의 조정식 인류장치(자동장력조정장치)는 구조상으로 볼 때 활차식과 스프링식이 주로 사용되고 있어 사용구분 및 장단점에 대하여 기술함

2. 활차식 및 스프링식 자동장력 조정장치의 사용구분

가. 활차식 자동장력조정장치(WTB)

(1) 활차식 자동장력 조정장치의 조정거리는 조정장치의 효율, 억제저항, 전선의 신축에 의한 곡선당김 및 진동방지 금구의 이동범위를 감안하여 일반전철에서 인류구간이 800[m] 이하인 경우는 한쪽(1단), 800[m]를 넘고 1,600[m] 이하인 경우에는 양단(양쪽)에 설치함
(2) 사용구분은 표 4.5.1과 같이 본선의 전차선, 본선과 교차하는 전차선, 중요 측선의 전차선 등에 사용함
(3) 전차선과 조가선을 인류하는 방식에 따라 전차선과 조가선의 장력조정을 활차 1개로 일괄하여 인류하고 조정하는 일괄조정 방식과 전차선과 조가선을 각각 개별로

장력장치 1개씩을 이용한 개별 조정방식이 있음

나. 스프링 자동장력조정장치(STB : Spring Tension Balancer)

(1) 인류구간이 300[m] 이하인 경우는 한쪽에 300[m]를 넘고 600[m] 이하인 경우에 양쪽에 설치함 : 최근 고강도 스프링을 이용한 KRSB 개발로 본선 전차선에 WTB와 같은 거리 적용하고 있음

(2) 장대터널 구간 등에서 WTB 또는 STB의 설치공간이 확보되지 못할 때는 터널용 텐션 밸런서(TTB)를 사용함

표 4.5.1 자동장력조정장치 사용구분

형식	사용구분	사용거리 개념
활차식	1. 본선의 전차선. 2. 본선과 교차하는 전차선 3. 중요 측선의 전차선	1. 인류구간의 거리가 800[m] 이하인 경우에는 편측(한쪽) 2. 800[m]를 넘고 1,600[m] 이하인 경우에는 양측에 설치함
스프링식	1. 본선교차의 건널선 전차선 2. 빔하스펜선 ※ 본선의 전차선도 사용	1. 인류구간의 거리가 300[m] 이하인 경우에는 편측(한쪽) 2. 300[m]를 넘고 600[m] 이하인 경우에는 양측에 설치함 ※ 고성능 KRSB 개발로 WTB와 동일한 거리를 적용함

3. 자동장력 조정장치의 종류별 장단점

가. 활차식(WTB)의 장단점

(1) 설비가 간단하여 가장 널리 사용됨

(2) 초기 투자비가 저렴하여 경제성이 높음

(3) 전차선 또는 조가선 단선 시 장력 부담이 너무 커서 허용 인장강도의 부족이 우려되고 온도 급변 시 이도의 불균형으로 집전특성과 안전성을 저하할 우려가 있어 주로 저속운전 구간에 사용됨

(4) 마모 등으로 전차선의 신축이 증가할 경우 중추 이동 및 전차선의 조정 등의 유지보수가 어려움

나. 스프링식(STB, KRSB)의 장단점

(1) 고강도 스프링 개발로 사용구분이 다양해 짐

(2) 중추가 없고, 온도변화에도 조정 등이 필요없어 무보수 관리가 가능

(3) 소형화 및 고신뢰성으로 터널 등의 설치면적이 작아 건설비 절감

(4) 시공이 편리하고, 안전성의 확보가 가능함

(5) 활차식에 비하여 고가이므로 초기 투자비의 증가가 단점(터널, 고가, 과선교, WTB의 점검이 어려운 장소 등에 제한적으로 사용되나, 설치이후의 유지보수 비용 등을 감안하면 경제성이 높음)

4.5.3 철도 스프링장력장치(KRSB) 특징 및 설치기준

1. 개요

가. 1962년 일본에서 STB(Spring Tention Balance)로 개발되어 300[m] 이하 경간에 사용한 후, 1990년대 고강도 Spring을 사용한 NSTB(New Spring Tention Balance) 개발로 800[m] 경간까지 사용 가능하게 됨

나. 국내에서는 2005년 KRSB(Korea Railload Spring Balancer)를 개발하여 철도규격으로 확정하고 사용하기 시작하였으며, 최근 유지보수비 절감 및 안전확보 신뢰성 차원에서 설치 및 유지보수가 용이한 장점 등을 고려하여 기존 WTB의 노후화 대체 및 신설선 등에 확대 설치되고 있는 추세에 있음

2. KRSB의 장단점(WTB와 비교)

가. Maintenance Free 및 유지보수 비용 절감

활차, 추, 로프 등의 부속품이 없는 단순한 구조로 무보수가 가능하며, 설치후 조정·점검 등이 필요없고, 온도변화에 의한 전차선 신축상태는 외함에 설치된 게이지(눈금자)를 통하여 지상에서 육안점검과 확인이 용이하므로 유지보수 비용이 거의 발생치 않음

나. 자동장력장치의 소형화 및 고신뢰성 확보

고강도 2중 스프링 구조로 기계적 저항이 적고 온도변화에 효과적으로 동작되는 소형화, 경량화로 지지물에 대한 부담이 경감되고, 장애요인이 없는 고신뢰성 System 확보로 열차안전확보에 기여하게 됨

다. 시공 용이성 및 안전사고 발생우려 해소

설치공간이 협소한 터널, 고가 등에서 WTB는 설치공간 및 기능 확보, 유지보수가 어려웠으나, KRSB는 시공능률 향상은 물론 충분한 기능확보가 가능하고, 순회점검 및 주상작업을 생략할 수 있어 직원 직무사상사고 우려가 감소됨

라. 건설투자비 및 외화절감

전철화 건설시 장대터널 등에 KRSB를 사용함으로써 기존 터널 또는 신설 터널에 별도의 WTB 설치공간 확보가 필요 없어 추가 건설비용 절감이 가능하고, 수입에 의존했던 STB의 국산화 개발로 수입대체 효과를 가져옴

마. 초기투자비 많음

기존 WTB에 비하여 가격이 고가임(단점)

3. KRSB 동작원리

가. 고강도 2중 스프링 구조로 온도에 따른 이동원리를 이용
  (1) 주변온도 10[℃] 기준 : 눈금자를 "0" 위치에 설정
  (2) 주변온도 10[℃] 이상 시 : 전선이 늘어나고 스프링이 축소되어 "−" 위치
  (3) 주변온도 10[℃] 미만 시 : 전선이 축소되고 스프링이 늘어나 "+" 위치
나. KRSB 외함 원통에 눈금자를 표시하여 신축변화를 쉽게 확인하도록 함

4. 설치기준 및 기술사항

가. 정상동작 온도범위 : −20 [℃]~+40[℃]
나. KRSB 설치 가선거리 적용
  (1) 800[m] 미만은 1단에 설치
  (2) 800[m] 이상은 양단에 설치
다. 양장력 개소(800m 이상구간) 설치 시는 규격이 동일한 제품을 양단에 설치하되 활차식과 병용은 피하도록 함
라. 종구배가 심한 장소에는 종구배 아래쪽에 설치(종구배 윗쪽은 인류장치)
마. 커티너리 신설구간은 가능하면 구배가 없는 장소에 설치
  (1) 구배없는 장소 설치 시 양단에는 전차선 신축에 따른 가선특성을 고려하여 동일규격의 KRSB를 설치하고, 드로퍼 설치 구간은 흐름방지장치 생략함
  (pre−stretch 용 흐름방지 임시설치후 일정기간 경과시 흐름방지 철거)
  (2) 기존 WTB 설치구간을 KRSB로 개량 시 기존 흐름방지 장치는 존치함
바. KRSB의 허용장력 거리보다 작거나 유사한 가선거리에 적합한 규격 사용
사. 전차선, 조가선의 일괄 또는 개별장력에 적합한 규격 사용
  (예시 : 20, 24, 28, 30[kN] 용 등이 있음)
아. 터널 내 설치 시 설치공간 및 이격거리를 충분히 고려하여 설치

4.5.4 고속철도 개별식 자동장력장치 특성 및 설치

1. 개요

가. 고속철도에 사용하는 자동장력조정장치는 도르레(Muffle) 형으로 고속선의 온도범위(−20℃~+60℃)에서 전차선의 신축을 흡수하고 일정한 기계적인 장력을 유지하기 위하여 각 전선(전차선, 조가선)에는 그 양 단말에 자동장력 조정장치를 설치함
나. 도르레형 개별식 자동장력 조정장치는 기계적인 장력을 도르레 활차비에 의하여 배가시키고 장력을 일정하게 유지하기 위하여 도르레와 장력추로 구성되어짐

2. 개별식 자동장력조정장치 특성

가. 장력조정장치의 구조는 그림 4.5.4와 같이 5개의 알루미늄 합금제 도르래가 서로 와이어로프로 감겨져 있으며 그중 3개의 도르래는 전주측의 고정금구에 설치되고 2개의 도르래는 전선측과 연결된 이동 블럭과 접속됨

(1) Fixed Muffle : 전주에 고정되는 3개 Pulley로 조합된 고정 도르레

(2) Mobile Muffle : 전선측의 2개의 Pulley로 조합된 구동 도르레

나. 장력조정장치는 와이어로프의 한쪽 끝을 이동 블록에 고정시켜 각 도르래를 차례대로 감은 다음 와이어로프의 다른 한쪽 끝은 장력장치용 중추지지봉과 연결시킨 구조로서 도르래의 활차비는 1:5이며 장력추의 전체무게는 전선의 기계적인 장력의 1/5가 된다. 그리고 장력추의 수직 이동은 온도변화에 따른 전선의 신축길이의 5배가 됨.

다. 장력추는 주철제로서 추 1개의 중량은 40[kg]과 20[kg]의 두 종류를 사용하며 장력장치는 전차선과 조가선을 같은 인류주에 각각 설치하여 독립적으로 작용하도록 하였으며, 장력추 무게는 조가선은 40[kg]의 블록 7개로 280[kg]이며, 전차선은 40[kg] 9개와 20[kg] 2개 블록을 조합한 400[kg]임

3. 개별식 자동장력조정장치 조정

가. 자동장력 조정장치를 초기에 설치할 때 주는 과장력은 조가선 1500[daN](규정치 : 1400[daN]), 전차선 3000[daN](규정치 : 2000[daN])으로 72시간을 주고 있음 (※ 단위 ➪ 1[kN : 키로뉴튼]=100[daN : 데카뉴튼]=102[kgf])

나. 과장력 순서는 과장력을 72시간 가량 준 다음 과장력을 제거하고 과장력에 의하여 늘어난 전선을 절단하고 대기온도를 측정하여 자동장력조정장치를 올바로 취부하는 순서에 의하여 설치함

다. 자동장력 조정장치는 1:5의 도르래 비를 가져 중추의 수직운동 거리는 온도의 변화에 의하여 일어나는 전선의 신축의 5배에 해당되는 길이가 되므로 유지관리시 정기적으로 전차선과 조가선의 X값과 Y값을 측정하여 늘어난 부분을 제거하여 전차선과 조가선의 일정장력을 유지하도록 함

라. 자동장력장치는 최대 선로온도에서 X길이는 40[cm], Y길이는 0[cm]가 되도록 조정하며, 온도 및 가선거리에 따른 X와 Y 길이는 아래 식에 의하여 계산하나, 지역에 따라 외기온도를 고려하여 계산된 조정값을 이용함

(1) X 길이 ➪ $X = C \times L \times (60℃ - T℃) + A$[cm]

(2) Y 길이 ➪ $Y = 5 \times C \times L \times (60℃ - T℃)$[cm]

여기서, C : 전차선(BzCu) 선팽창계수 1.7×10^{-5}

L : 전차선의 가선거리[m]

T : 현재온도[℃]

A : +60[℃]에서의 X 값(0.40m).

4.5.5 가공 전차선로 억제저항 및 자동장력장치 조정거리

1. WTB의 조정거리 제약사항

자동장력 조정장치의 조정거리(유효 동작거리)는 전차선의 억제저항, 전차선 편위의 변화량, 전차선의 장력변화, 중추의 동작범위 및 장력조정 장치의 효율 등의 제약을 받게 됨

2. 곡선로의 가동브래킷 이동에 따른 억제저항

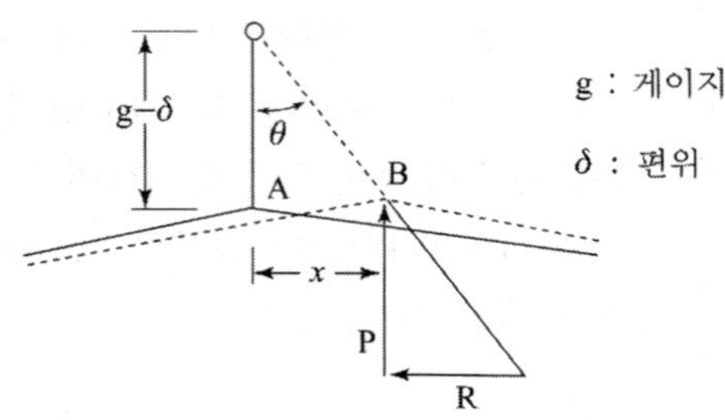

그림 4.5.5 곡선구간의 억제저항

가. 그림 4.5.5에서와 같이 곡선로에서 기온변화에 의하여 가동브래킷이 A에서 B로 회전했을 때 가선편위의 증가를 무시하고 억제저항을 해석하여 WTB의 조정거리를 산출하고 있어 먼저 억제저항을 산출함

나. 그림 4.5.5에서 가선편위의 증감를 무시하고 이동량에 대하여 해석하면

(1) 가동브래킷 이동에 의한 변위 각도 $\tan\theta = \dfrac{x}{g-\delta}$ ·························· ①

(2) 가동브래킷 이동에 따른 가선 횡장력 $P = T \times \dfrac{S}{G}$ 가 됨 ············· ②

(3) 이때, 발생하는 억제저항 R은 ①, ② 식에서

$R = P \times tan\theta = T \times \dfrac{S}{G} \times \dfrac{x}{g-\delta}$이며, (여기서, $g \geqq \delta$이라면)

$R = T \times \dfrac{S}{G} \times \dfrac{x}{g}$ 가 됨

이때, 온도변화에 의한 가선 이동량을 $x = C \cdot \Delta t \cdot X_1$이므로,

억제저항 $R = T \times \dfrac{S}{G} \times \dfrac{C \cdot \Delta t \cdot X_1}{g}$

여기서, X_1 : 고정점 또는 중성점(흐름방지장치)에서 구하고자 하는 지지점 까지의 거리

Δt : 온도변화(표준온도 10℃를 기준으로 한 온도차이)

C : 전차선 선팽창계수 1.7×10^{-5}

g : 가동브래킷 게이지[m]

δ : 전차선 편위[m]

x : 기온변화에 의한 가선의 이동량[m]

P : 가선횡장력[kgf]

T : 전차선 가선장력[kgf]

S : 지지점 경간[m]

G : 곡선반경[m]

다. 곡선로 길이를 D[m], 지지점 경간을 S[m], 곡선로 구간의 지지점 수를 n [개], 자동장력 조정장치로부터 구하고자 하는 곡선 중앙까지의 거리를 X[m]라고 할 때 곡선로 전체의 억제저항 합을 ΣR이라고 하면

$$\Sigma R = T\times\frac{S}{G}\times\frac{C\cdot\Delta t\cdot X}{g}\times n \text{ (단, 곡선로 길이 } D=n\cdot S\text{이므로)}$$

$$\Sigma R = T\times\frac{D}{G}\times\frac{C\cdot\Delta t\cdot X}{g}$$

라. 따라서, 가선장력을 T[kgf], Δt=20[℃], $C=1.7\times10^{-5}$라고 할 때

(1) 전차선과 조가선 가선장력 T=2,000[kgf]를 일괄 조정하는 경우

$$\Sigma R = \Sigma T\times\frac{D}{G}\times\frac{C\cdot\Delta t\cdot X}{g} = 2,000\times1.7\times10^{-5}\times20\times\frac{D\cdot X}{G\cdot g}$$

$$= 0.68\times\frac{D\cdot X}{G\cdot g}$$

(2) 전차선의 가선장력 T=900[kgf] 일 때 개별 조정하는 경우

$$\Sigma R = \Sigma T\times\frac{D}{G}\times\frac{C\cdot\Delta t\cdot X}{g} = 900\times1.7\times10^{-5}\times20\times\frac{D\cdot X}{G\cdot g}$$

$$= 0.306\times\frac{D\cdot X}{G\cdot g}$$

3. 자동 장력조정 장치의 조정거리 산출 계산식

표준온도에 대하여 최고온도와 최저온도 차이가 같다고 하고, 곡선로 등에서의 억제저항을 고려한 자동장력 조정장치의 조정거리 계산식은 아래와 같음

$$\alpha\cdot F \geq \Sigma R+\frac{L}{S}\cdot f+r\pm R_0$$

여기서, L : 장력장치의 조정 거리[m]
F : 전차선의 가선 장력[kgf]
S : 지지점의 표준경간[m]
f : 가동 브래킷 1 본당 억제저항 ≒ 3[kgf]
α : 장력 변동률(일괄조정 5%, 개별조정 10%)
r : 밸런서 내부저항[kgf] ≒ 20[kgf]
$\sum R$: 곡선로의 억제저항 합[kgf]
R_0 : 선로구배, 풍압, 팬터그래프 접촉 등에 의한 가선저항(정량적으로 표시가 어려워 실제계산에서는 생략)

4.5.6 WTB의 조정거리 계산식 및 조정거리를 800[m]로 제한한 이유

1. 온도변화에 의한 전차선의 신장

가. 자동장력 조정장치의 조정거리(유효 동작거리)는 전차선의 억제저항, 전차선 편위의 변화량, 전차선의 장력변화, 중추의 동작범위 및 장력조정 장치의 효율 등의 제약을 받게 됨

나. WTB에서는 전차선측의 와이어 로프를 A 길이, 중추쪽의 추유도봉 상부금구와 중추 상단까지를 X 길이, 중추하부와 추유도봉 하부금구까지의 길이를 Y 길이로 정하여 온도변화에 의한 전차선의 신축길이를 관리하고 있음

2. 직선로만 있는 경우 WTB 조정거리 검토

가. 전차선 신장 길이 $X = C \cdot L \cdot \Delta t$ 식에서 $L = \dfrac{X}{C \cdot \Delta t}$[m]

여기서, C : 전차선선팽창계수 1.7×10^{-5}
X : 전차선 신장 길이
Δt : 온도변화(표준온도 10℃와 차이)
L : WTB 조정거리(가선길이)

나. 가공 전차선로의 오버랩 구간은 온도변화에 의한 자동장력장치 동작에 따라 전차선 이동량이 가장 크고, 가동브래킷 A와 B는 상호 반대방향으로 작용하므로 회전에 의한 가선 편위에서의 조정거리를 검토하도록 함
(단, 가동 브래킷 게이지 g=2.8[m], 오버랩 전차선 상호간격 300[mm])

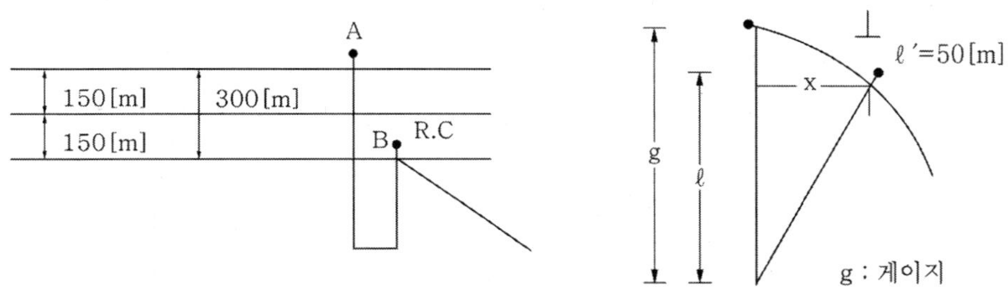

그림 4.5.6 선팽창에 의한 가동브래킷 이동량

(1) 이동에 의해 가동브래킷 B의 이동 가능한 회전 여유 ℓ'는
$\ell' = 200 - 150 = 50[\text{mm}]$임

(2) 여기서, 외기온도를 40[℃], 가동 브래킷 게이지 $g = 2.8[\text{m}]$이면,
가선의 신장길이 $X = \sqrt{g^2 - l^2}$ (단, $l = g - \Delta l$)이므로
$X = \sqrt{2.8^2 - 2.75^2} \fallingdotseq 0.53[\text{m}]$ (단, $l = 2.8 - 0.05 = 2.75[\text{m}]$)

(3) WTB 조정거리는 $C = 1.7 \times 10^{-5}$, Δt=40−10=30[℃]이므로

$$L = \frac{X}{C \cdot \Delta t} = \frac{0.53}{1.7 \times 10^{-5} \times 30} = 1{,}039 \times 10^3 = 1{,}039[\text{m}]$$

(4) 즉, 가선 편위 측면에서의 WTB 조정거리를 볼 때 외기온도 40[℃]에서 직선로만 있는 구간의 가동 브래킷 게이지가 2.8[m]인 경우 WTB의 최대 조정 가능거리는 1,039[m]임

다. WTB 중추 및 지지대 간격에 따라 허용되는 전차선 조정거리 검토

(1) 활차식 추유도봉 상・하부지지대 간격은 5,000[mm]=5[m]이며, 콘크리트 추두께 100[mm] 12개를 설치(철추는 494[mm]로 다름)하고, 추롯드 상부여유 85[mm]를 고려하면, 중추 유효동작 범위는
$l_1 = 5{,}000 - (100 \times 12) - 85 = 3{,}595[\text{mm}]$

(2) 위 식에서 활차 비를 1:4라고 하면 가선의 신축 허용범위

$$l_2 = \frac{3{,}595}{4} \fallingdotseq 900[\text{mm}]\text{가 되므로 } L \le \frac{900 \times 10^{-3}}{1.7 \times 10^{-5} \times 65} \fallingdotseq 814[\text{m}]$$

(여기서, Δt는 최고・최저 온도차를 65[℃]로 가정하였음)

(3) 따라서, 중추봉 길이, 장력추 크기에 따라 다르나 일반적으로 콘크리트추를 기준으로 볼 때 최대 허용 조정거리 범위는 814[m] 임을 알 수 있듯이 직선구간에서의 WTB 조정거리는 여유를 고려하여 800[m]로 설정함

3. 곡선로를 포함하는 WTB 조정거리 검토

가. 그림 4.5.7.과 같이 곡선로를 포함한 선로상태에서 전차선을 양장력으로 일괄조정한다고 가정하고 A지점에 장력조정장치를 설치할 때, 반대측 끝단의 WTB 설치지점 B를 구하여 조정이 가능한 거리를 계산해 보도록 함

(1) 아래와 같은 조건을 가정하여 우선 A점의 밸런서 조정거리 L_1을 구하는 임의의 C점(흐름방지) 위치를 아래 식을 인용하여 X_1 값을 구하여 L_1 길이를 산출함

$$\alpha \cdot F \geq \Sigma R + \frac{L}{S} \cdot f + r \pm R_0$$

[조건] α(일괄조정) = 5%, F(가선장력) = 2,000[kgf], S(경간) = 50[m]
f(가동브래킷억제저항) = 3[kgf], r(밸런서 내부저항) = 20[kgf]
g(브래킷게이지) = 2.4[m], R_0(선로구배등 가선저항) = 무시함

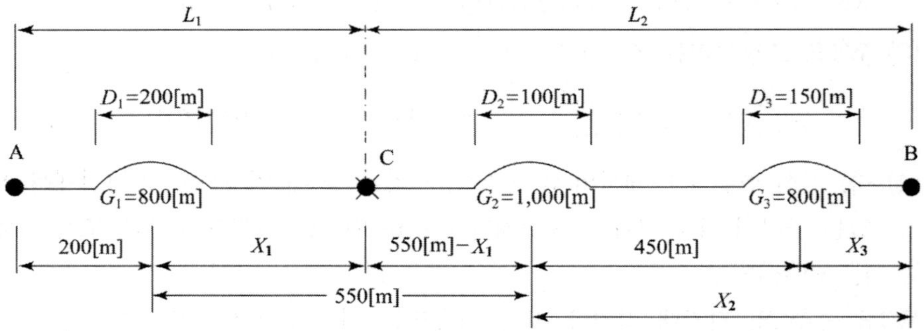

그림 4.5.7 곡선로를 포함한 조정거리(예시)

(2) $\Sigma R_1 = 0.68 \times \dfrac{D_1 \cdot X_1}{G_1 \cdot g} = 0.68 \times \dfrac{200 \times X_1}{600 \times 2.4} = 0.094\ X_1$[kgf]

$\alpha \cdot F \geq \Sigma R_1 + \dfrac{L_1}{S} \cdot f + r \pm R_0$식에 위 조건을 대입하여 계산하면

$0.05 \times 2{,}000 \geq 0.094 X_1 + \dfrac{(200 + X_1)}{50} \times 3 + 20$ ⇨ $100 \geq 32 + \dfrac{7.7 X_1}{50}$에서

$\therefore\ X_1 = \dfrac{68}{0.154} \fallingdotseq 440$[m]

(3) 따라서, $L_1 = 200 + 440 = 640$[m] 위치가 C점(흐름방지장치) 위치가 되어 800[m] 보다 작으므로 적정하다고 판단됨

(4) 다음은 C 지점에서 B 점의 밸런서 조정범위가 되는 L_2를 구함

(2)항 계산치에서 $X_1 = 440[m]$이므로

$$\Sigma R_2 = 0.68 \times \frac{D_2 \cdot (550 - X_1)}{G_2 \cdot g} = \frac{0.68 \times 100 \times (550 - 440)}{1000 \times 2.4} = 3.12[kgf]$$

$$\Sigma R_3 = 0.68 \times \frac{D_3 \cdot (550 - X_1 + 450)}{G_3 \cdot g} = \frac{0.68 \times 150 \times 560}{800 \times 2.4} = 29.75[kgf]$$

(5) 조정거리를 구하는 식 $\alpha \cdot F \geq \Sigma R_2 + \Sigma R_3 + \frac{L_2}{S} \cdot f + r$을 인용하면

$$0.05 \times 2000 \geq 3.12 + 29.75 + \frac{(110 + 450 + X_3)}{50} \times 3 + 20$$

$$\Rightarrow 100 \geq 52.87 + \frac{(560 + X_3)}{50} \times 3 \Rightarrow (100 - 52.87 - 33.6) \times 50 \geqq 3X_3$$

$$\therefore X_3 \fallingdotseq 226[m]$$

(6) $L_2 = (550 - X_1 + 450 + X_3) = 110 + 450 + 226 = 786[m]$가 되어, 조정거리 한도 800[m] 이내이므로 C점(흐름방지 고정점)에서 786[m]지점이 자동장력장치를 설치하는 조정거리가 됨

4. 활차 및 도르레식 WTB 의 조정거리 제한 이유 및 설치기준

가. 일반전기철도 구간의 WTB의 조정거리는 2항에서 제시한 바와 같이 온도 및 편위 변화에 의한 신축허용 범위, 밸런서 중추봉 길이 및 곡선로 억제저항에 의한 신축 조정거리와 전차선 편위 이동량을 감안하여 일반적인 조정거리를 800[m] 이하로 설정하였음

나. 일반철도에서 활차식 자동장력 조정장치는 인류구간의 길이가 800[m] 이하인 경우 1단에 설치하고, 인류구간의 길이가 800[m]를 넘고 1600[m] 이하인 경우 양단에 설치함

다. 고속철도의 도르레식 자동장력 조정장치는 인류구간의 길이가 750[m] 이하인 경우 1단에 설치하고, 인류구간의 길이가 750[m]를 넘고 1,500[m] 이하인 경우 양단에 설치함

4.5.7 고속철도 터널길이에 따른 인류장치 설치 기준

1. 고속철도 인류장치

가. 온도 변화 등으로 인한 전선의 신축 때문에 전선의 늘어짐과 과장력을 방지하고 일정한 기계적인 장력을 유지시키기 위해 전선의 신축을 흡수할 수 있도록 일정한 길이마

다 전선을 인류 지지하기위하여 설치한 장치를 인류장치라고 함

나. 고속철도 일반구간의 최대 인류구간은 1,500[m]로 하며 인류구간 750[m] 이상일 때에는 그 인류 양단에 전차선과 조가선을 각각 자동장력조정장치를 설치하여 전선의 신축을 자동 흡수 조정할 수 있는 구조로 하며 인류구간이 750[m] 이하일 때에는 한쪽 끝은 고정 인류하고 다른 한쪽 끝의 인류주에 개별 자동장력 조정장치를 설치함

2. 고속철도 터널개소의 인류장치 설치 기준

터널 내 인류개소는 터널의 길이와 터널이 인접하여 연속되어 있을 때의 터널간의 거리등을 고려하여 인류지점과 구간을 선정해야 하므로 터널개소에 인류구간을 정할 때에는 아래와 같이 인류구간을 설정하며 H형강의 하수강에 인류 함

가. 터널길이가 700[m] 이하일 경우(L≤700[m])

터널길이가 700[m] 이하일 경우(L≤700[m])의 인류장치는 터널의 중앙에 흐름방지장치가 설치되도록 설치하고 에어조인트 개소는 터널 밖에서 이루어지도록 한다. 특히 터널 내에 설치되는 전차선의 인류시작 지점은 터널 입구에서 250[m] 이격하여 하여 설치하고 터널 내부에는 인류개소가 없도록 하여야 함

나. 연속된 터널길이가 각각 700[m] 이하일 경우(L≤700[m])

하나 또는 여러 개가 연속된 터널길이가 각각 700[m] 이하일 경우(L≤700[m])의 인류장치의 설치는 다음과 같이 한다. 흐름방지장치는 터널입구에서 350[m]정도 되는 지점에 설치하도록 하며 인류장치는 터널외부에 설치하도록 함

다. 터널 길이가 700[m] 초과 1,050[m] 이하일 경우(700[m]<L≤1,050[m])

(1) 터널길이가 700[m] 초과 1,050[m] 이하일 경우의 인류장치는 모두 터널 외부에 설치하도록 하며, 터널 내부에 설치하는 고정식 인류장치는 터널입구에서 350[m] 되는 지점에 설치하고 터널외부에 설치하는 인류장치는 자동장력 조정장치를 설치함

(2) 터널을 통과하는 전차선로의 흐름방지장치는 터널 내부에 설치하는 인류장치로부터 550[m] 되는 지점에 설치하고 다른 쪽의 인류장치는 터널외부에 설치되도록 함

라. 터널 길이가 1,050[m] 초과 1,500[m] 이하일 경우(1,050[m]<L≤1,500[m])

(1) 터널길이가 1,050[m] 초과 1,500[m] 이하일 경우의 인류장치 설치는 터널의 양단에는 터널입구로부터 350[m] 되는 지점의 터널 내부에 고정식 인류장치를 설치하고 터널 외부에 자동장력조정장치를 설치한다.

(2) 터널 내부의 전차선로는 전체길이가 1,250[m] 정도가 되게 설치하고 흐름장지장치는 인류되는 전차선로의 중앙지점에 위치하도록 설치함

마. 터널 길이가 1,500[m]를 초과할 경우(L>1,500[m])

(1) 터널 길이가 1,500[m]를 초과할 경우 터널 외부에 설치된 전차선로는 터널에서 인류가 되지 않도록 터널 입구의 적절한 지점에 인류장치를 설치함
(2) 터널외부로부터 터널 내부로 설치될 전차선로의 인류시작점은 터널외부로부터 하고 이때 흐름방지장치는 터널입구로부터 350[m] 되는 지점에 설치함
(3) 터널 외부로부터 터널 내부로 설치된 전차선로 인류장치는 흐름방지장치로부터 750[m] 이내로 함

4.5.8 전차선의 무효부분

1. 전차선의 무효부분

가. 가공 전차선로는 온도변화 등에 의한 전선의 신축 및 마모에 의한 선조의 신장으로 전차선의 이도장력에 미치는 영향을 방지하기 위하여 일정길이(최대 1,600[m] 이하) 마다 전차선 및 조가선의 양쪽 단말을 인류를 하게 됨
나. 전차선 및 조가선의 인류개소는 보통 에어조인트, 에어섹션, 교차개소 등의 시설로 전기적인 연결을 구성하여 집전장치(Pantagraph)의 원활한 습동과 집전을 유지하는 구조이며, 전차선의 가선 단말은 인류장치 또는 장력장치와 연결되는데 곡선당김 장치 등의 지지점에서 인류측으로 인상 가선되어 집전장치(Pantagraph)가 습동하지 않는 전차선 부분을 전차선의 무효부분이라고 함

2. 무효부분 전차선의 조가선 대용

가. 무효부분은 원칙적으로 전차선을 사용하여야 하나, 무효부분이 여러 경간(2경간 이상)에 걸쳐 있는 경우에는 아연도강연선(St) 등 다른 전선을 전차선과 접속하여 대용 전차선으로 사용할 수 있으며, 가능한 한 애자 등을 삽입하여 무가압 구간으로 설치하는 것이 안전상 유리함
나. 전차선과 대용 전차선의 접속개소는 집전장치(Pantagraph) 통과에 지장이 없도록 수평방향은 팬터그래프의 진동 등을 감안하여 팬터그래프 한계 이상 이격하고, 수직방향은 팬터그래프의 압상력을 고려하여 충분한 높이 이상에 위치하도록 하여야 함

3. 무효부분 전차선의 설치기준

가. 전차선의 무효부분이 여러경간에 걸치지 않는 경우에는 가선 전차선을 그대로 인류위치까지 사용하는 것을 표준으로 함

나. 합성 전차선의 무효부분 및 인류선의 굽힘 각도는 10도 이하로 함

다. 무효부분에서의 전차선 및 조가선의 교차위치에는 교차 금구를 사용하지 않으며, 전선 상호간 접촉이 되지 않도록 하고 접촉우려가 있는 장소에는 마찰이나 순환전류에 의한 손상이 발생하지 않도록 보호설비 및 균압설비를 하여야 함

라. 전차선의 무효부분과 가동브래킷, 진동방지파이프 등과의 이격은 전차선의 압상 및 진동 등을 고려하여 집전장치(Pantagraph)와 접촉되지 않도록 하여야 함

마. 오버랩(Overlap) 구간의 인상 전차선과 가동브래킷(특히, O Type)의 진동방지 파이프와의 이격은 구조상 충분한 여유가 없으면 불완전한 접촉에 의한 단선 우려가 있어 시공에 있어서도 세심한 주의가 필요함

4.5.9 고속철도 300[km/h] 급과 350[km/h] 급의 자동장력조정장치

1. 고속철도 전차선로

가. 국내 운영되는 고속철도는 300[km/h] 급의 경부고속철도, 350[km/h](일부 구간 400[km/h])급의 호남고속철도 및 수도권 고속철도(수서~평택간)로 속도에 따라 전차선로 시스템 파라메터 값을 철도설계지침 및 편람에서 제시하고 있음

나. 경부고속철도는 설계속도는 350[km/h] 이나 최고운행속도는 파동전파속도의 70[%] 수준인 308[km/h]로 제한하고, 호남고속철도는 설계속도와 최고운행 속도를 동일하게 적용하여 건설하였음

2. 전차선로 최고운행속도 결정요인

가. 고속화에 따른 전차선로의 최고운행속도 결정은 전차선과 전기차의 집전장치가 일정한 압상력을 가지고 접촉하면서 운행함에 따라 가선특성에서 언급한 바와 같이 전차선의 장력과 전차선의 단위 질량에 의하여 결정되는 파동전파속도의 영향을 고려하여 전기철도의 최고운행 속도를 파동전파속도의 70[%] 이내로 규정하고 있음

나. 따라서, 열차최고속도를 증가하기 위해서는 파동전파 속도를 증가하기 위하여 가선장력을 높이거나, 전선의 질량을 가볍게 하여야 하는데 전차선의 부하전류 허용용량 및 가선장력 인장하중에 견딜 수 있는 신소재의 재료 개발이 필요하게 됨

3. 고속철도 증속에 따른 장력장치의 적용

가. 철도설계지침 및 편람에 의한 국내 전차선로 설계속도 등급별 전차선로 시스템의 설계 사양은 표 4.5.2와 같음

나. 표4.5.2에서 보는 바와같이

(1) 300[km/h] 급에서는 전차선을 Cu 150[mm^2], 조가선을 CuMg 65[mm^2]를 사용하고 자동장력 조정장치는 개별 도르레식으로 전차선의 장력을 20[kN]으로 하였으며,

(2) 350[km/h] 급에서는 전차선을 고장력 합금 전차선인 CuSn 150[mm^2] 및 CuMg 150[mm^2]를 개발하여 적용하고, 조가선을 CuMg 116[mm^2]를 사용하여 자동장력 조정장치는 개별 도르레식으로 전차선의 장력을 26[kN]으로 채택하여 건설하였음

표 4.5.2 속도별 국내 전차선로 시스템 비교

구 분	최 고 운 행 속 도			
설계속도	200[km/h]	250[km/h]	300[km/h]	350[km/h]
전 차 선	Cu 110[mm^2]	Cu 110/120[mm^2]	Cu 150[mm^2]	Cu–Sn 150[mm^2]
조 가 선	Cu–Mg 65[mm^2]	Cu–Mg 65[mm^2]	Cu–Mg 65[mm^2]	Cu–Mg 116[mm^2]
전차선높이	5.2[m]	5.2[m]	5.08[m]	5.10[m]
사전이도	S/1,000	S/2,000	S/2,000	S/3,000
드로퍼간격	2.5/5.0[m]	2.5/5.0[m]	4.5/6.75[m]	4.5/6.5[m]
자동장력 조정장치	일괄	일괄	개별	개별
	2.4 t	2.8 t	T=2.0t, M=1.4t	T=2.6t, M=2.0t
	4 : 1(장력비)	4 : 1	5 : 1	5 : 1

4.6 흐름방지장치(Anticreeping Device)

4.6.1 전차선의 흐름유발 요인과 방지대책

1. 개요

가. 가공 전차선로에서 전차선은 선로조건, 기상조건, 설치 후 마모 등의 변화, 장력추 중량의 불균형, 가동 브래킷의 형별 등에 의하여 전차선의 신축 및 이동 (흐름)이 발생됨

나. 이때, 신축 및 이동(흐름)하는 전차선이 한 방향으로 흐를 때 전차선의 장력 불균형 및 억제저항이 증가하여 전차선의 국부마모, 집전불량, 사고발생 위험성 등 문제점을 야기하게 되므로 전차선의 흐름유발 요인과 방지대책을 강구하여야 함

2. 전차선 흐름발생 요인

가. 전차선의 흐름발생 요인

(1) 선로구배, 선로곡선부 등 선로 조건의 영향
(2) 가동브래킷 형별(I Type, O Type 등)이 연속하여 설치되는 경우
(3) 활차식 자동장력장치의 장력추 중량의 불균현
(4) 풍압, 풍향 등 기상조건의 영향
(5) 복선 등과 같이 전기차가 한쪽 방향으로만 운행되는 경우

나. 선로조건(선로구배, 선로 곡선부) 요인

(1) 선로구배(경사)에 의한 요인

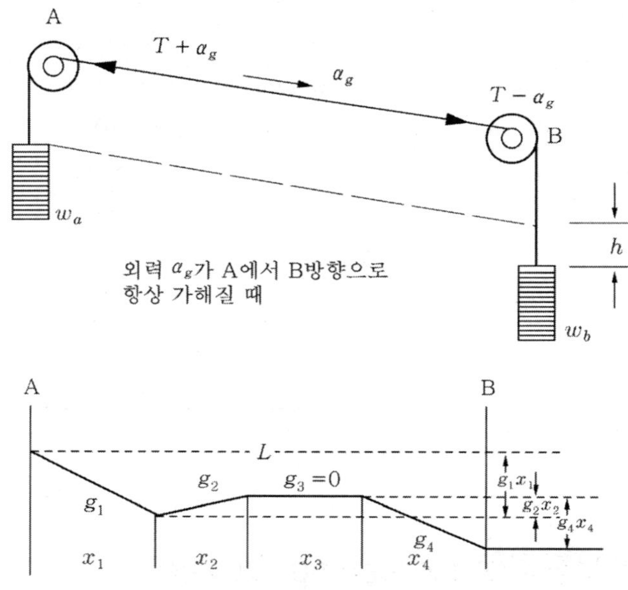

그림 4.6.1 전차선 흐름요인

① 선로에 구배가 있는 경우 전차선의 자중에 의해 외력(外力)이 상시 가해진 상태가 되며 양측 밸런서 취부위치 높이차에 따라 결정됨

② 여기서, 선로구배에 의한 외력 $a_g = w(g_1x_1 - g_2x_2 + g_4x_4)$[kgf]

w : 전차선 단위중량(kg/m)

※ 조가선, 전차선, 행거, 기타중량 합으로 일괄조정시 약 2[kg/m]

g : 선로구배(‰), x : 선로구배연장(m)

③ 고저차 h[m]에 의하여 $a_g = w \cdot g \cdot x$[kg]만큼의 외력이 작용한다고 가정함
(예제) 구배 25[‰], 구배연장 1,600[m]일 때 발생하는 외력요인은

$a_g = \frac{25}{1000} \times 2 \times 1600 = 80$[kgf]의 외력에 의한 흐름요인 발생

(2) 선로곡선구간의 흐름요인(고정빔 구간)

① 곡선부의 경우 기온변화에 의해 전차선이 이동하면 반대 방향으로 힘이 발생 (전차선의 신축에 따른 이동 방해)

② 전차선 방향의 분력 : $r = P \cdot \tan^{-1}\frac{x}{G-\delta}$

여기서, P : 전차선 횡장력[kgf] x : 전차선 이동량[m]
G : 게이지[m] δ : 전차선편위[m]
r : 전차선이동으로 발생하는 전차선 방향의 분력[kgf]

(3) 가동 브래키드 구간의 곡선로 흐름요인

선로조건에 적응되도록 가동 브래키드 형태가 "O"형 과 "I"형이 혼재하는 경우는 문제가 없으나 같은 Type이 연속하여 집중된 구간의 경우에는 전차선 흐름요인이 발생되는 방향은 아래와 같음

① 곡선 "O" Type : 전차선의 이동량을 늘리는 방향의 분력이 발생

② 곡선 "I" Type : 전차선의 이동에 대하여 역방향으로 분력이 발생

다. 전동차의 운행 방향에 따른 요인

복선구간의 경우 전기차 운행방향이 항상 동일하므로 팬터그래프 압상력에 의하여 전기차 진행방향으로 전차선을 계속 밀게 되므로 흐름요인이 발생

라. 장력추 무게의 불균형

활차식 자동장력 조정장치(WTB)의 중추에 대한 장력은 활차비에 의해 결정되는데 양 장력간 추무게 차이만큼 무거운 쪽으로 흐름 발생

마. 온도에 의한 신축영향으로 흐름발생

3. 전차선 흐름방지 대책

가. 흐름방지장치의 설치

(1) 가선 인류구간이 800[m]를 넘는 경우 일반적으로 양장력 구간의 중성점에 흐름방지장치를 설치하여 전차선이 한쪽방향으로 흐름을 방지

(2) 열차운전에 지장을 주지 않도록 전선의 이도·가고 등을 정함

(3) 곡선 또는 선로구배가 있는 구간에 흐름방지장치를 설치할 때의 중성점 위치는

장력과 억제저항을 고려하여 결정하여야 함

나. 선로구배 및 곡선부 대책

(1) 선로구배 구간의 전차선 자체 중량에 의한 외력이 가해져 전차선 흐름이 발생하는 경우에는 중추 동작범위 및 장력추 무게를 조정함

(2) 곡선부의 조정구간 한쪽 방향에 치우치면 직선측 밸런서의 중추 높이가 높던가 아래로 처지는 등 불균형이 발생되므로 이 경우에는 조정구간을 표준보다 짧게하여 전차선 이동량을 작게 함

다. 가동브래킷 구간

(1) 직선구간에서는 O Type와 I Type를 혼용하여 분산배치 되도록 설치

(2) O Type 경우 가동 브래킷이 전차선의 흐름과 동일방향으로 회전하여 흐름이 발생하므로 인류점 부근에 집중 설치

4.6.2 전차선로 흐름방지 장치 설치목적, 설치기준 및 방법

1. 개요

가. 인류구간 양단에 자동장력 조정장치를 설치하는 경우 선로조건, 기상조건, 팬터그래프의 습동, 장력추 중량의 불균형, 가동 브래킷의 형별 등에 따라 전차선의 신축 및 이동(흐름)이 발생되므로 인류구간의 거의 중성점에 전선의 이동을 억제하기 위하여 흐름방지 장치를 설치하게 됨

나. 이때, 흐름방지 장치는 전선의 처짐 등에 의해 열차운전에 지장이 없도록 전선의 이도, 가고 등을 고려하여 설치하여야 함

2. 전차선 흐름발생 요인

가. 선로구배, 선로곡선부 등 선로 조건의 영향

나. 가동브래킷 형별(I Type, O Type 등)이 연속하여 설치되는 경우

다. 활차식 자동장력장치의 장력추 중량의 불균형

라. 풍압, 풍향 등 기상조건의 영향

마. 복선 등과 같이 전기차가 한쪽 방향으로만 운행되는 경우

3. 흐름방지장치(Anticreeping Device) 설치 목적

가. 전차선의 장력변화를 원활하게 흡수하여 전차선 장력을 균일하게 유지하고 전차선의 이동(흐름)에 대한 억제 저항을 작게하도록 가선거리가 800[m] 이상인 경우는 양쪽,

800[m] 이하인 경우 한쪽에 자동장력 장치를 설치함

나. 가선 양쪽에 자동장력 장치가 설치되는 경우 "2"항과 같은 전차선의 흐름발생 요인에 의하여 전차선이 한쪽방향으로 흐르게 되면 Balancer가 기능을 잃게 되고 억제저항이 증가하여 장력의 불평행에 의한 이선, 아크 등으로 전차선에 심한 국부마모 현상이 발생되는 등 문제점 발생요인이 됨

다. 따라서, 전차선 가선 1섹션 양쪽에 자동장력장치가 설치되는 구간의 전차선이 한쪽방향으로 흐름을 방지하기 위하여 가선 중성점에 흐름방지장치를 설치함

4. 흐름방지장치 설치 기준 및 방법

가. 인류구간의 양쪽에 활차식, 도르레식 또는 스프링식 자동장력 조정장치를 시설하는 경우 거의 중성점에 흐름방지장치를 설치함

나. 인류구간에서 전차선의 장력이 평행되거나, 양측의 억제저항이 같게되는 중성점에 전선의 이동을 억제하도록 흐름방지장치를 설치함

다. 흐름방지장치 전선의 처짐 · 강하 등으로 열차운전에 지장이 없도록 전선의 이도 · 가고를 조정하고 급전선과의 이격거리를 충분히 고려하여 설치함

라. 흐름방지가 설치되는 주축전주의 가동 브래킷은 항상 선로에 대해 수직이 되도록 설치하여 흐름의 변동이 없어야 함

마. 흐름방지장치의 양 인류전선은 해당 선로의 조가선과 동일한 전선으로 하며, 인류전선의 인장력은 현지온도에 따라 설치함

바. 일반 가동브래킷 구간의 흐름방지장치는 흐름방지장치를 인류하기 전에 전주 지선을 먼저 설치하여야 함

사. 스펜선식 흐름방지 장치를 중성점을 벗어난 위치에 설치할 때 조가선을 고정한 스펜선의 한쪽 이도가 커져서 팬터그래프와 접촉할 우려가 있으므로 스펜선의 이도 및 인류높이를 고려하여 설치하여야 함

아. 강체가선 구간에서는 인류구간(섹션) 중앙점에 흐름방지장치를 설치함

5. 흐름방지장치 설치위치 선정

가. 선로곡선 구배 등 선로 조건에 따랄 전차선의 흐름이 특별히 크게 될 우려가 있는 경우 1섹션의 길이를 800[m] 이하의 인류 구간을 만들어 한쪽에서 조정하는 것을 원칙으로 함

나. 1섹션의 거리가 800[m]를 넘고 한쪽에서 전차선을 조정할 수 없는 경우는 양쪽에 WTB를 설치하여 활차비 변화형 밸런스로 흡수하도록 함

다. 흐름방지장치는 양측 전차선 장력이 평행되는 지점(억제저항이 같게 되는 중성점)에 설치하여야 하나 양쪽 전차선 흐름 요인 등이 상이하여 1섹션의 중앙점과 일치하지

않아 중성점을 산출하여 설치 위치를 정하여야 함

라. 흐름방지장치 설치 위치(중성점) 산출식

(1) 곡선로가 포함되는 선로에서 흐름방지장치가 설치되는 1섹션의 고정 중성점은 자동장력장치의 조정거리와 계산식과 동일한 개념이므로 전차선로 가선장력 및 조정방법(일괄 또는 개별) 등을 고려하여 곡선부가 있는 억제저항의 합 ΣR 을 구한다.

(2) 중성점 위치를 산출하는 식을 이용하여 조정거리 L을 산출함

$$\alpha \cdot F \geq \Sigma R + \frac{L}{S} \cdot f + r \pm R_0$$

여기서, α : 장력변동률(일괄조정 5[%], 전차선 개별조정 10[%])
F : 전차선 가선장력(1[kgf] = 9.8[N])
L : 밸런스 조정거리[m], S : 지지점 표준경간[m]
r : 밸런스 내부저항(보통 20[kgf] = 196[N])
f : 가동브래킷 1본당 억제저항(보통 3[kgf] = 29.4[N])
R_0 : 선로조건, 풍압 등 가선저항(계산시 무시함)

(3) 위 식을 이용하여 자동장력 장치의 조정거리에 따른 종단측 WTB 설치 위치와 흐름방지장치를 설치할 중성점을 구할 수 있음

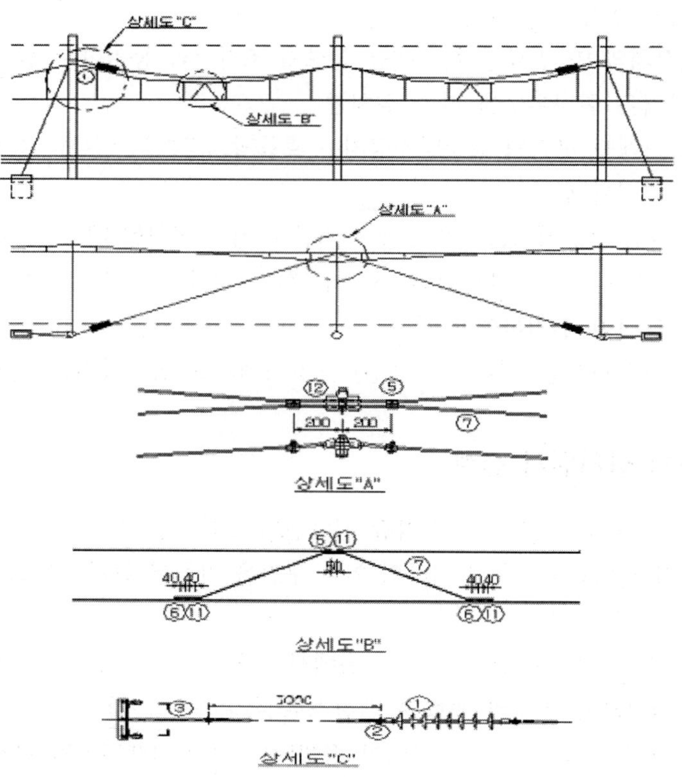

그림 4.6.2 가동브래킷 구간 흐름방지장치

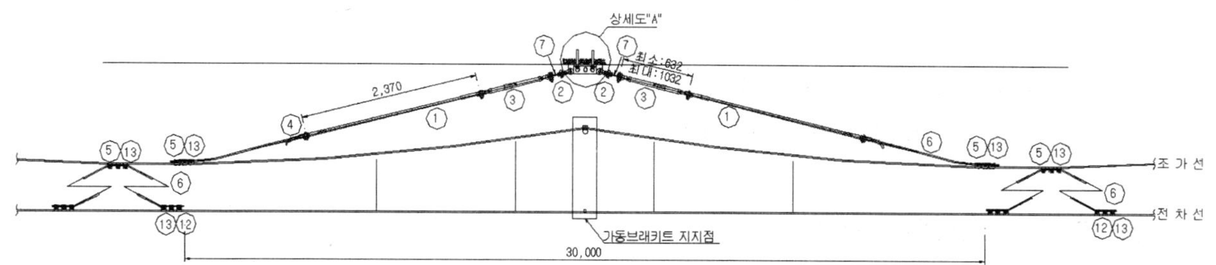

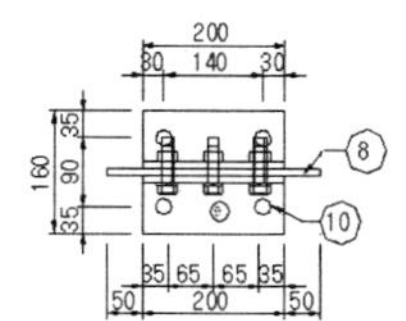

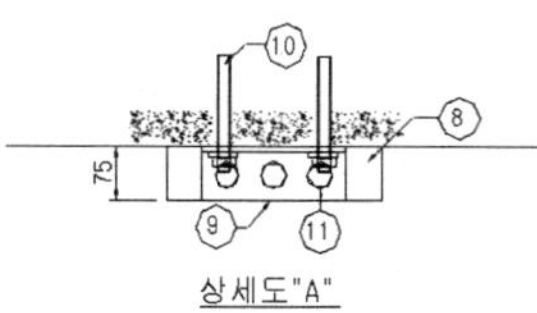

재료표

번호	품명	규격	단위	수량	단위중량		중량[Kg]	비고
					Kg/m	Kg/개		
①	절연봉	(테프론제 Φ23 L=2,370)	개	2				
②	더블클레비스	직각형	개	2				
③	와이어턴버클	L-4	개	2				
④	쐐기형클램프	1호(50~70㎟)	개	2				
⑤	조가선접속클램프	SC(70㎟)	개	12				
⑥	청동연선	Bz 65㎟	m	36				
⑦	평스트랩	2호(150mm)	개	2				
⑧	강 판	PL9t(300x75)	kg	1	70.65	1.55	1.55	0.022㎟
⑨	ㄱ형강	75x75x9tx200	kg	2	9.96	1.99	3.98	
⑩	케미컬 앵커볼트	M20x240	개	4				
⑪	볼트,너트,와셔	M16x60	개	3				
⑫	점퍼클램프	70㎟용	개	12				
⑬	보호용 슬리브	U형 P3	개	36				
	합 계						5.53	

그림 4.6.3 빔구간 흐름방지장치

4.7 ◦ 행거 및 드로퍼(Hanger & Dropper)

4.7.1 행거와 드로퍼의 용도와 구조적 차이점

1. 행거 및 드로퍼의 용도

가. 커티너리 가선 방식에 있어서 전차선은 어느 정도의 가요성을 갖게되는 것이 불가피하고 경점에서 집전장치(Pantagraph)의 도약에 의한 이선현상 등으로 열차운전에 지장을 주기 때문에 전차선과 집전장치(Pantagraph) 습동이 원활하도록 조가선에 현수하여 전차선을 수평(일정한 높이)으로 유지하기 위하여 전차선을 조가하는 장치로 행거 또는 드로퍼를 설치함

나. 구비조건

(1) 기계적강도가 클 것(진동에 의한 늘어짐이 없을 것)

(2) 경점이 발생하지 않도록 경량일 것
(3) 내부식성이 좋을 것
(4) 점검 및 보수 등이 용이할 것
(5) 전차선 교체시 단시간에 설치가 가능한 구조일 것

2. 행거 및 드로퍼 구조의 차이

가. 행거(Hanger)

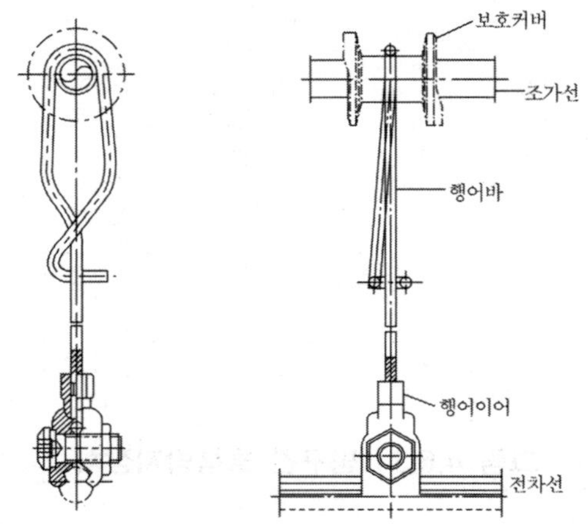

그림 4.7.1 볼트취부형 표준행어

(1) 단선(單線)으로 조가선에 걸어서 행거 한쪽에만 전차선 지지클립을 설치하여 현수되도록 되어 있음
(2) 전차선에는 이어로 체결되어 있으나 조가선쪽에 고리로 걸려있기 때문에 전차선 등의 진동으로 기계적 마모발생에 의한 소선 손상우려
(3) 전기적 접촉 불량으로 Arc발생(순환전류)에 의한 소손 손상우려
(4) 조가선, 전차선 상호간 전위차 발생 방지를 위한 균압설비를 함에 따른 전차선 경점 증가 등의 단점이 발생함
(5) 가닥단선 방지를 위해 보호덮개를 사용하고 있으나 취부불량의 경우는 순환전류에 의한 장애 발생 우려가 있음

나. 드로퍼(Dropper)

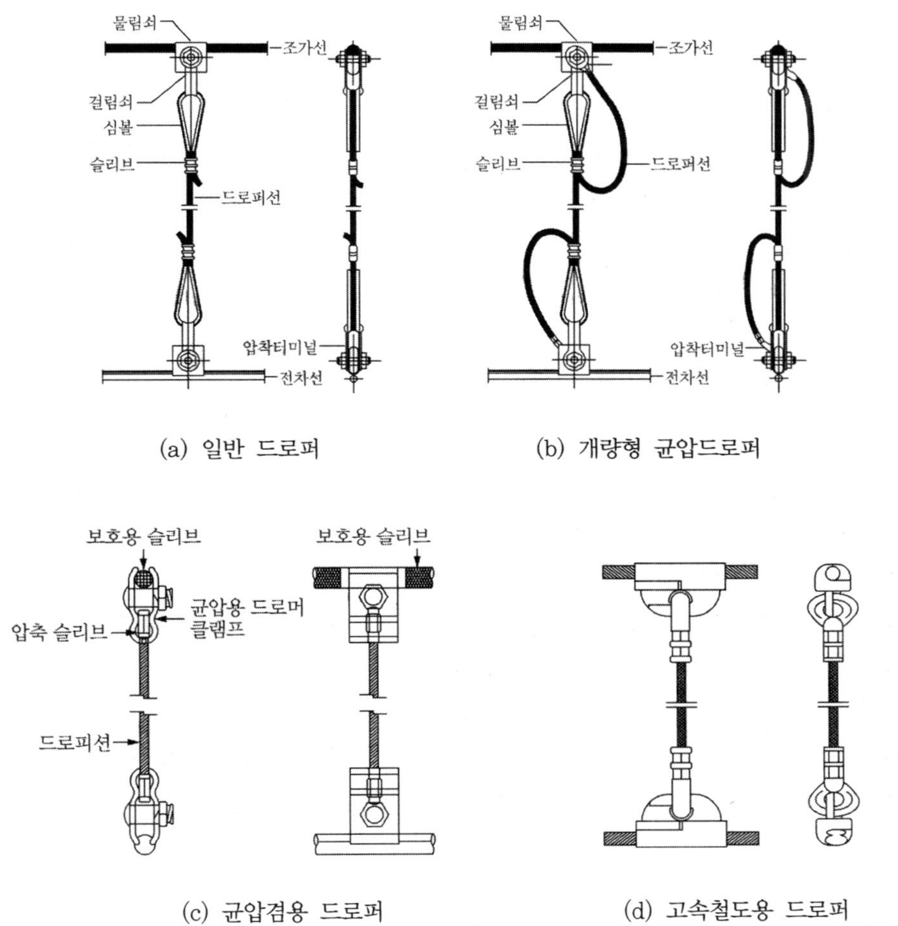

(a) 일반 드로퍼　　(b) 개량형 균압드로퍼

(c) 균압겸용 드로퍼　　(d) 고속철도용 드로퍼

그림 4.7.2 Dropper의 종류

(1) 연동 연선으로 양단에 클립형 구조로 조가선 이도에 맞추어 전차선을 조가선에 현수되게 지지함
(2) 드로퍼선을 드로퍼 클립에 스리브 압착단자로 접속함에 따라 전기적으로 접촉이 완전하게 되어 Arc발생에 의한 소선 손상 우려가 없음
(3) 최근에는 순환전류에 의한 조가선 또는 드로퍼의 손상을 방지하기 위하여 개량형 드로퍼 및 균압겸용 드로퍼를 사용함

4.7.2 행거와 드로퍼의 설치간격에 따른 문제점 및 대책

1. 개요

가. 커티너리 가선방식에서 전차선을 궤도와 일정한 높이를 유지하기 위하여 조가선이 이도에 따라 전차선을 조가하는 것을 형태에 따라 “행거” 또는 “드로퍼”라고 함

나. “행거”는 행거이어와 강봉구조로 주로 수도권에 사용되고 있으며 드로퍼(Dropper)는 전차선이어, 조가선크립, 10~12[mm^2] 전후의 가요 경동연선으로 이루어져 산업선, 고속철도 등에 널리 사용되고 있음

2. 행거 및 드로퍼의 설치간격 결정

가. 행거의 간격은 전차선이 단선되어 늘어졌을 경우 행거간격을 전차선 표준높이보다 작게하여 접지사고를 예방할 목적으로 당초에 4.5[m]를 표준으로 하였음

나. 드로퍼의 간격은 전차선의 가선 동적특성을 고려하여 200[km/h] 이하 운행속도와 경제성 등을 고려하여 10[m]를 표준으로 하였음

다. 그러나 차단기, 보호장치 발달에 따라 선택보호차단 가능하고, 열차의 속도향상(고속화)에 따른 가선특성 분석 및 행거・드로퍼 설치간격에 따른 이선 아크 발생빈도 등을 고려하여 결정하고 있음

라. 따라서, 전철설비 시설규정에서 행거는 5[m], 드로퍼 10[m]를 표준으로 규정하고 있으나, 국내 고속철도(KTX)가 운행하는 구간은 드로퍼의 간격을 4.5~5[m]로 적용하고 있음

3. 행거 및 드로퍼 방식별 장단점

가. 행거방식 : 설치간격 5[m]

(1) 설치 및 유지보수가 편리함 ➪ 장점

(2) 조가선과 행거접촉부분의 소손단선 발생

① 순환전류에 의한 미소아크 발생 스트레스 누적

② 진동에 의한 기계적 마모 발생

(3) 조가선 단선시 사고범위 파급 확대

(4) 열차빈도 증가 및 부하전류 증가시 균압설비 보강 필요

나. 드로퍼 방식 : 설치간격 10[m]

(1) 전차선과 조가선 사이 순환전류 감소 ➪ 균압 설비 감소

(2) 설치간격이 멀어 가선특성 저하 ➪ 고속운전에 부적합

(3) 설치 및 점검보수 어려움 ➪ 압착심볼 내부 점검곤란

다. 공통사항

(1) 행거 또는 드로퍼 설치 지점이 경점으로 작용 ➪ 이선우려
(2) 가선진동 및 순환전류에 의한 기계적 · 전기적 스트레스(피로) 누적으로 소손단선 발생우려
(3) 부식 등 가선본체(전차선 · 조가선등)와 수명협조 및 신뢰성 향상이 요구됨

4. 행거 및 드로퍼 방식의 대책

가. 행거 및 드로퍼의 구비조건 충족

(1) **기계적 강도가 클 것** : 반복되는 가선진동에 늘어짐이 없을 것
(2) **가벼울 것** : 경점작용 우려 해소로 집전성능 향상
(3) **내부식성이 좋은 것** : 가선본체와 수명협조 및 신뢰도 향상
(4) **점검 · 보수가 용이할 것** : 점검 및 교체시 단시간에 가능할 것

나. 열차속도에 적합한 가선특성을 가질 수 있도록 간격설정 필요

(1) 행거 및 드로퍼의 설치간격에 따른 이선아크 발생 실험결과 설치간격이 약 3.5[m]일 때 이선아크 발생이 가장 적었음
(2) 행거 방식의 설치간격은 5[m]를 표준으로 하는 것이 적정
(3) 드로퍼 방식의 10[m]는 열차운행속도, 경간, 집전성능 확보 등을 고려하여 설치간격 단축이 바람직함

표 4.7.1 행거 · 드로퍼의 최소길이 적용(경간 중앙점의 최소길이)

구분	운행속도	설치간격		최소 높이	
		최대	최소		
일반철도	100 [km/h]	10[m]	5[m]	150[mm]	동적압상력 124[mm] 여유 20~30[mm]
고속철도	300 [km/h]	6.75[m]	4.5[m]	275[mm]	KTX적용

4.7.3 속도향상에 따른 최적의 드로퍼 간격 기술적 검토

1. 개요

가. 전차선로의 드로퍼(또는 행거)란 커티너리 가선방식에서 조가선에 전차선을 조가하는 전선 또는 콤파운드 커티너리 가선방식에서 보조조가선을 조가선에 현수하는 전선을 말함

나. 드로퍼의 설치 목적은 궤도와 전차선의 높이를 일정하게 유지하여 전차선과 차량의 집전장치가 원활하게 접촉하여 집전성능을 향상시키기 위한 설비임

다. 열차속도 등을 고려한 최적의 드로퍼의 설치(배치) 간격을 평가하기 위해서는 정적해석 및 동력학 해석 등을 통해 전차선로 가선특성 및 각종 계수 파악의 기술적인 검토를 시행하여 속도등급 또는 가선시스템 특성 등을 고려하여 드로퍼 설치 간격을 조정 설치할 수 있음

2. 드로퍼 최적 배치간격의 기술적 검토사항

가. 드로퍼 최적 배치간격 기술적 검토 항목

(1) 최소드로퍼 길이
(2) 정적탄성 불균일률
(3) 곡선당김금구에서의 최대 압상력
(4) 평균 접촉력 대 표준편차의 비(r)
(5) 응력 및 마모문제
(6) 순환 전류의 문제

나. 최소 드로퍼 길이 검토 : 경간 중앙점에서 동적압상력을 감안한 최소길이

(1) 일반철도 (100~150[km/h]급) 설계기준 : 0.15[m]
(2) 고속철도 (300[km/h]급) 설계기준 : 0.275[m]

다. 정적탄성 불균일률

정적탄성 자체로는 평가기준을 갖지 않으나 탄성도 특성을 파악하기 위한 변수로서 필요한 자료로 활용함

라. 곡선당김금구에서 최대 압상력 검토

(1) 표준가고 960[mm]인 일반철도는 허용압상력이 150[mm]로 곡선당김금구 자체에 스토퍼가 있어 더 이상 압상을 허용하지 않는 구조
(2) 표준가고 1,400[mm] 고속철도에서 허용압상력 275[mm]임

마. 평균접촉력 대비 표준편차의 비(r) 검토

(1) $r = \dfrac{\text{접촉력표준편차}}{\text{평균접촉력}} \times 100[\%]$로 계산됨

(2) 독일 20[%] 이하, 프랑스 22[%] 이하, 일본 21~22[%] 정도로 유지하는 등 보수 관점에서 20[%] 이하가 양호한 집전성능을 가지는 것으로 판단됨

바. 응력 및 마모 검토

(1) 응력은 부재의 단위면적당 작용하는 힘(Mpa[N/mm^2])으로 부재에 피로를 야기시키고 장기간의 피로 누적은 부재의 파단을 가져옴

(2) 드로퍼 수가 적으면 드로퍼 지점에 걸리는 하중과 전차선 응력 등 정적응력 증가로 동적상황에서 팬터그래프 접촉진동이 커짐에 따라 드로퍼 지점에서의 충격타입(Implus Type)이 심화될 것으로 예상됨

(3) 전차선의 기계적 마모는 접촉력에 의한 직접적인 관계가 있고, 아크에 의한 마모는 이선률과 국부적인 마모에 영향을 주어 드로퍼의 간격에 따른 접촉력 및 집전성능이 달라지므로 전차선의 마모에 대한 충분한 검토가 필요함

(4) 드로퍼의 간격이 늘어남에 따라 전차선의 마모율이 커지고 비균일적인 파상 마모현상이 심화될 것으로 예상되어 커티너리의 Parameter, 열차운용 스케줄, 팬터그래프 수, 유지보수 조건 등 복합적인 문제와 관련하여 검토하여야 함

사. 순환전류의 검토

(1) 전차선을 구성하는 조가선, 드로퍼, 보조조가선, 전차선은 병렬회로를 구성하는 복합도체이나, 가선간의 전위차, 곡선당김금구의 불안전 접속개소 진동 및 기타 원인으로 순환전류가 발생하여 사고발생 원인이 됨

(2) 따라서, 순환전류가 발생하지 않도록 가선 간 전위차를 2.5[V] 이하가 되도록 전선 상호간을 저저항으로 완전 접속하거나 완전히 절연하여야 함

표 4.7.2 드로퍼 배치 간격에 의한 전위차 측정결과(전기차 부하260[A]시)

경간내 드로퍼 간격[m]	50	25	12.5
전차선과 조가선 최대전위차[V]	6.24	3.58	1.35

※ 위 표와 같이 순환전류 측면에서는 드로퍼 간격을 최대 12.5[m] 이하로 유지하여도 무방하나 전체 보수적인 측면에서 고려하여야 함

3. 속도등급에 따른 드로퍼의 설치간격(철도 전철전력설비 시설지침)

가. 드로퍼의 설치 간격은 속도 등급에 따라 아래 표와 같이 설치할 수 있으며, 전차선로 가선시스템 및 특수경간에 따라 조정할 수 있음

표 4.7.3 속도에 따른 적정 드로퍼 길이

속도등급	설치간격[m]	비고
300~350[km/h] 급	4.5~6.75	
250[km/h] 급	3~4.5 또는 3~5	
150~200[km/h] 급	2.5~5	
70~120[km/h] 급	2.5~5	행거이어 사용가능

나. 기존 산업선 BT구간에 한하여 드로퍼 간격을 10[m]로 설치할 수 있음

다. 교차장치에서 본선과 교차되는 선의 드로퍼(행거이어 포함)는 서로 접촉되지 않도록 설치하여야 함

4.7.4 Hanger 및 Dropper 길이 계산 방법

1. 개요

가. 커티너리 가선방식에서 전차선을 궤도와 일정한 높이를 유지하기 위하여 조가선의 이도에 따라 전차선을 조가하는 것을 "행거" 또는 "드로퍼"라고 하며, "행거" 또는 "드로퍼"의 길이는 설치간격, 양단가고, 전차선의 기울기 등에 따라 다르고, 경간 60[m]에서 전차선의 동적 압상량 124[mm]에 이어의 길이를 감안하여 행거의 최소 길이는 150[mm]로 하고 있음

나. 본 항목에서는 제시된 조건에 대한 행거길이를 계산하고, 각 조건별 행거(드로퍼) 길이 계산방법에 대하여 간략하게 서술함

2. 양단의 가고가 같고 전차선이 수평인 경우

가. 행거(드로퍼) 길이산정 기본식

그림 4.7.3에서 경간중앙에서 이도를 D, 임의점 x에서의 이도를 y라고 하면

$y = \frac{w}{2T}x^2 + Ax + B$ 가 전차선, 급전선, 기타 가선의 이도계산 기본식임

(단, A, B는 원점위치에 따라 정해진 정수가 되고, 2차 방정식이 되므로 이도 곡선은 포물선이 됨)

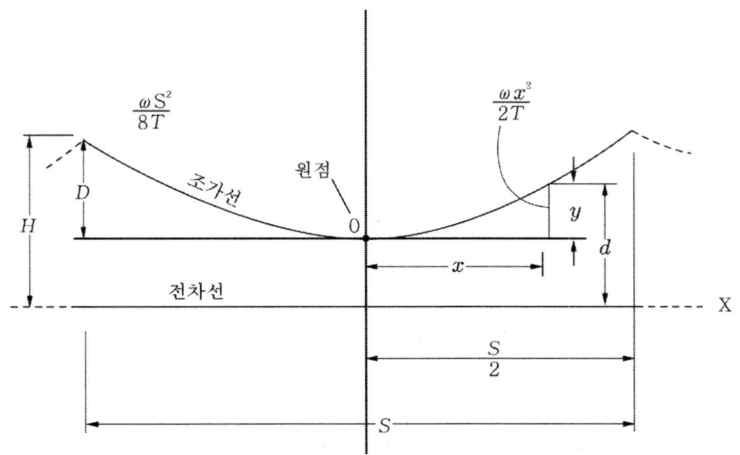

그림 4.7.3 이도계산 기본식 유도

나. 양단의 가고가 같고 전차선이 수평인 경우

(1) 그림 4.7.3과 그림 4.7.4에서 보듯이 양단의 가고가 같고 전차선이 수평인 경우의 행거길이는 임의점에서 전차선과 조가선 높이와 같으므로
행거길이 $L = H - D + y$ 임

(2) 경간 중앙에서의 이도 $D = \frac{w}{2T} \cdot (\frac{S}{2})^2 = \frac{w \cdot S^2}{8 \cdot T}$

임의의 점 x에서의 이도는 $y = \frac{w\,x^2}{2T}$이므로,

행거길이 $L = H - D + y = L = H - \frac{wS^2}{8T} + \frac{wx^2}{2T}$가 됨

여기서, L : 구하고자하는 행거길이[m]
T : 표준온도에서 전차선 장력[kgf]
w : 합성전차선 단위중량[kg/m]
S : 지지점 경간[m]
H : 가고[m]
x : 경간중앙에서 행거위치까지 거리[m]
$R(y)$: 임의점 x에서의 이도[m]

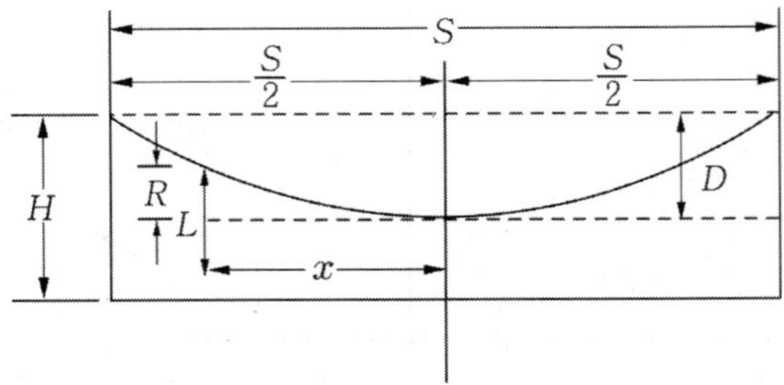

그림 4.7.4 양단가고가 같고 전차선이 수평인 경우

3. 양단의 가고가 다르고 전차선이 수평인 경우

가. 기본식 $y=\frac{w}{2T}x^2+Ax+B$에서,

그림 4.7.5에서 $x=0$일 때 $B=H$, $x=S$일 때 $y=h$이므로

$h=\frac{w}{2T}S^2+A\cdot S+H$에 $A=\frac{h-H}{S}-\frac{w}{2T}S$를 대입하면

$$L=\frac{w\,x^2}{2T}+(\frac{h-H}{S}-\frac{w\,S}{2T})x+H$$

나. 여기서, y축을 $\frac{S}{2}$로 이동시키면 임의점은 $(x+\frac{S}{2})$이므로

$$L=\frac{w\,x^2}{2T}+(\frac{h-H}{S}-\frac{w\,S}{2T})x+H$$

$$=\frac{w}{2T}(x+\frac{S}{2})^2+(\frac{h-H}{S}-\frac{wS}{2T})(x+\frac{S}{2})+H$$

$$=H-\frac{wS^2}{8T}+\frac{w}{2T}\cdot x^2-(\frac{H-h}{S})(x+\frac{S}{2})$$

다. 따라서, 좌측 부분의 행거길이 L_1은 임의점을 x_1일 때

$$L_1=H-\frac{wS^2}{8T}+\frac{w}{2T}x_1^2-\frac{H-h}{S}(\frac{S}{2}-x_1)[\text{m}]$$

우측 부분의 해거길이 L_2는 임의점을 x_2

$$L_2=H-\frac{wS^2}{8T}+\frac{w}{2T}x_2^2-\frac{H-h}{S}(\frac{S}{2}+x_2)[\text{m}]$$

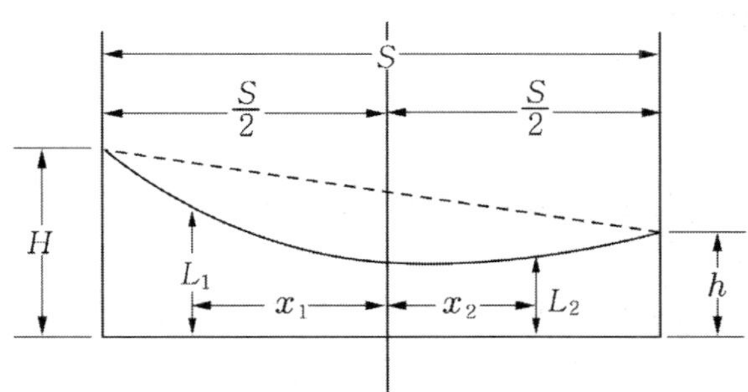

그림 4.7.5 양단의 가고가 다르고 전차선이 수평인 경우

4. 양단의 가고가 다르고 전차선이 기울기가 있는 경우

가. 그림 4.7.6에서 전차선의 기울기는 $-\dfrac{G}{S}$이며, 임의의 점에서의 기울기를 나타내는 식은 $Y=-\dfrac{G}{S}x+G$이고, y축을 $\dfrac{S}{2}$쪽으로 이동시키면

$$Y=-\frac{G}{S}x+G=-\frac{G}{S}(x+\frac{S}{2})+G=-\frac{G}{S}x+\frac{G}{2}$$

나. 따라서, 가고가 다르고 전차선이 평행한 경우의 행거길이에서 전차선 기울기만큼을 뺀 것이 행거길이가 되므로

$$L_1=H-\frac{wS^2}{8T}+\frac{w}{2T}x_1^2-\frac{H-h}{S}(\frac{S}{2}-x_1)-\frac{G}{S}(\frac{S}{2}+x_1)[\mathrm{m}]$$

$$L_2=H-\frac{wS^2}{8T}+\frac{w}{2T}x_2^2-\frac{H-h}{S}(\frac{S}{2}+x_2)-\frac{G}{S}(\frac{S}{2}-x_2)[\mathrm{m}]$$

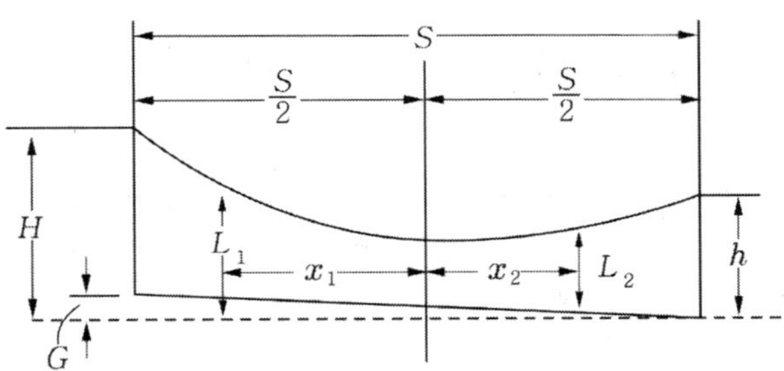

그림 4.7.6 양단가고가 다르고 전차선 기울기가 있는 경우

5. 에어섹션 평행개소의 경우

가. A~B 간 : $L = \dfrac{P}{2T}x^2 + A \cdot x + H$[m]

나. B~C 간 : $L = \dfrac{q}{2T}x^2 + B \cdot x + C - R'$ [m]

다. C~D 간 : $L = \dfrac{q}{2T}x^2 + D \cdot x + E - Q - R$[m]

여기서, $A = B - \dfrac{x_1}{T}(P-Q)$, $B = D - \dfrac{V}{T}$, $C = H - \dfrac{x_1^2}{2T}(P-q)$

$D = \dfrac{h-E}{S} - \dfrac{q \cdot S}{2T}$, $E = C - \dfrac{V}{T}x^2$, $R = \dfrac{P}{2T_1}(x_2 - x_1)^2$

$R' = \dfrac{w}{2T_1}(x - x_1)^2$, $Q = \dfrac{V(x - x_2)}{T_1}$,

$x_1 = S - \sqrt{\dfrac{2T_1}{w}}\left\{m - \dfrac{V}{T_1}(S - x_2)\right\}$

L : 행거길이[m]　　w : 전차선단위중량[kg/m]
q : 조가선단위중량[kg/m]　　V : 애자의 중량[kg]
P : 합성전차선단위중량[kg/m]　　m : 전차선의 인상높이[m]
x : A점에서 행거까지의 거리[m]
T : 조가선 표준장력[kgf]　　T_1 : 전차선 표준장력[kgf]

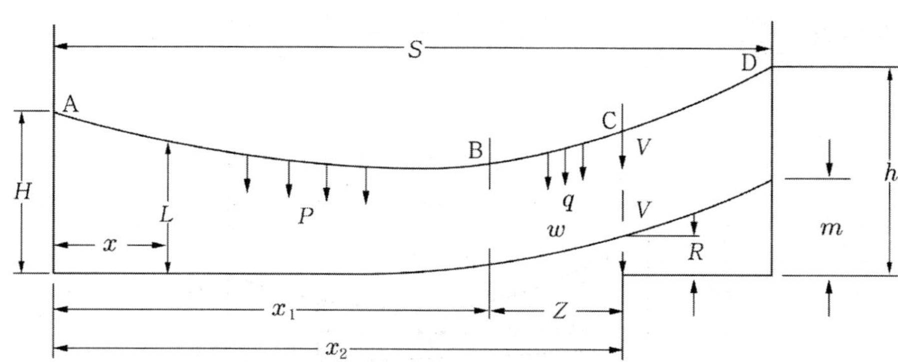

그림 4.7.7 에어섹션 평행개소 행거길이

6. 에어죠인트 평행개소의 경우

가. A~B 간 : $L = \dfrac{P}{2T}x^2 + A \cdot x + H$[m]

나. B~C 간 : $L = \dfrac{q}{2T}x^2 + B \cdot x + C - R'$ [m]

여기서, $A = B - \dfrac{x_1}{T}(P - Q)$, $B = \dfrac{h - C}{S} - \dfrac{q \cdot S}{2T}$

$$C = H - \frac{x_1^2}{2T}(P - q),\quad R = \frac{P}{2T_1}(x_2 - x_1)^2,\quad x_1 = S - \sqrt{\frac{2T_1}{w}}$$

L : 행거길이[m]
w : 전차선단위중량[kg/m]
q : 조가선단위중량[kg/m]
V : 애자의 중량[kg]
P : 합성전차선단위중량[kg/m]
m : 전차선의 인상높이[m]
x : A점에서 행거까지의 거리[m]
T : 조가선 표준장력[kgf]
T_1 : 전차선 표준장력[kgf]

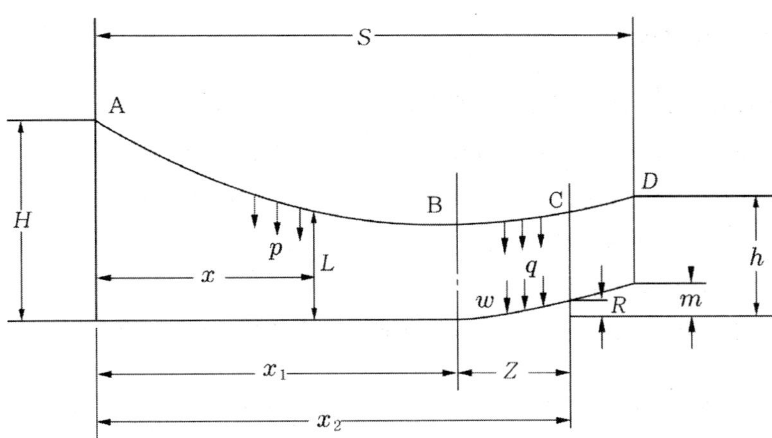

그림 4.7.8 에어죠인트 평행개소 행거길이

4.7.5 고속철도의 드로퍼 설치 및 길이계산

1. 고속철도용 드로퍼 구성 및 설치

가. 드로퍼는 전차선이 수평을 유지할 수 있도록 조가선에 현수시키는 전선으로서 드로퍼의 설치위치에 따라 길이가 상이하므로 계산에 의해 각각의 길이를 산정함

나. 고속철도용 드로퍼는 단면적 12[mm^2] 직경 5[mm] 청동선으로 제작되며, 드로퍼의 구성은 0.63[mm]의 청동선 7개로 꼬여진 중심의 1묶음과 외피를 만드는 0.5[mm]의 직경을 가지는 7개의 선으로 꼬여진 여섯 묶음으로 구성됨

다. 드로퍼의 최소길이는 0.275[m] 이상으로 제한하며 드로퍼는 경간 중앙에서 경간의 1/2000의 이도를 갖도록 설치한다. 드로퍼는 모두 전주의 표준경간에 맞추어 미리 계산된 드로퍼 표에 의해 제작 사용함

라 드로퍼 설치 간격은 지지점에서의 1번째 드로퍼는 4.50[m], 2번째 드로퍼부터는 1번째 드로퍼로부터 6.75[m], 그 다음 드로퍼는 경간의 길이에 따라서 경간의 중앙에서부터 6.75[m] 또는 4.50[m]의 간격으로 설치함

2. 드로퍼의 길이 계산

가. Pre-sag를 준 정상 경간 전차선로의 드로퍼 길이계산

(1) 사전이도(Pre-sag)가 주어지는 n개의 드로퍼를 가진 일반적인 전차선로에 대한 드로퍼의 길이계산은 양단 전주에서의 가고 및 전차선 높이가 같거나 다른 경우에도 먼저 전차선의 Sag량을 다음 식으로 계산됨

① 전차선 Sag는 사전이도(Pre-sag) 값인데 대부분의 경우 사전이도는 첫 번째 드로퍼와 마지막 드로퍼 사이에서만 주어지므로,

이때 전차선 Sag 값은 $d_i = \dfrac{w_c}{2T}(x_i - x_1)\{S_1 - (x_i - x_1)\}$

② 경간중앙의 최대이도, 즉 경간의 사전이도 값 d_c 식으로 나타내면

$d_i = \dfrac{4d_c}{S_1^2}(x_i - x_1)(S_1 - x_i + x_1)$가 됨

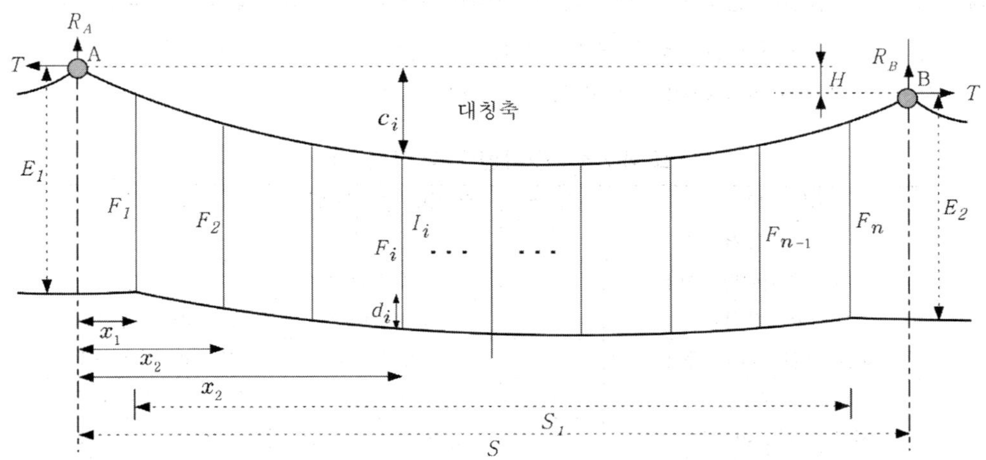

그림 4.7.9 Pre-sag 있는 전차선로

S : 경간의 길이 [m] n : 드로퍼의 수
T_m : 조가선 장력 [N] T_c : 전차선 장력 [N]
R_A : A 지지점에서의 반력 [N] l_i : i 드로퍼 길이 [m]
R_B : B 지지점에서의 반력 [N] F_i : i 드로퍼의 지지하중 [N]
E_1, E_2 : 가고(Encumbrance) [m] w_m : 조가선 단위길이당 무게 [N]
w_c : 전차선 단위길이당 무게 [N] x_i : i 드로퍼까지의 수평거리 [m]
c_i : i 드로퍼에서의 조가선 이도 [m]
d_i : i 드로퍼에서의 전차선 세그량(Pre-sag) [m]
d_c : 경간중앙의 전차선 사전이도 = 보통 S/2000 [m]
S_1 : 전차선 sag가 주어지는 구간만의 길이 [m]
x_1 : 첫 번째 드로퍼까지의 거리(Pre-sag가 주어지지 않는 구간)[m]
H : 두 현수점 높이차(±) (좌측 현수점 높이-우측 현수점 높이)[m]

(2) 다음은 전차선로 현수점에서 조가선 처짐(이도량 c_i)을 구함

$$c_i = \frac{1}{T_m}\left\{R_A x - \frac{w_m x_i^2}{2} - \sum_{k=1}^{i-1} F_k (x_i - x_k)\right\}$$

(3) 따라서, Pre-sag를 준 일반적인 전차선로에서 드로퍼 길이를 l_i, 가고를 E_1, 조가선이도(처짐량)을 c_i, 전차선 사전이도를 d_i 라고 하면,
드로퍼길이 $l_i = E_1 - c_i + d_i$이므로 일반식은 아래와 같이 나타냄

$$l_i = E_1 - \frac{1}{T_m}\left(R_A x_i - \frac{w_m x_i^2}{2} - \sum_{k=1}^{i-1} F_k (x_i - x_k)\right) + \frac{4d_c(x_i - x_1)(S_1 - x_i + x_1)}{S_1^2}$$

나. 양단 지지점이 높이가 같은 경간 54[m]에서의 드로퍼 길이의 계산(실례)

경부 고속철도 전차선로에서 양단 지지점의 높이가 같고 경간이 54[m]일 때 표 4.7.4의 전선류 제원을 참고하여 드로퍼의 길이 계산하여 보면

표 4.7.4 전차선로 데이터 값

구 분	기 호	데이터 값 (단위)	비 고
조가선 장력	T_m	14,000(N)	
조가선 단위길이당 중량	w_m	6.05(N/m)	
전차선 장력	T_c	20,000(N)	드로퍼 작용하중
전차선 단위길이당 중량	w_c	13.34(N/m)	드로퍼 작용하중
평균 드로퍼 중량	w_d	3.60(N)	드로퍼 작용하중
전차선 사전이도량	d_c	경간/2,000 (m)	드로퍼 작용하중
전차선 사전이도구간 길이	S_1	45(m)	

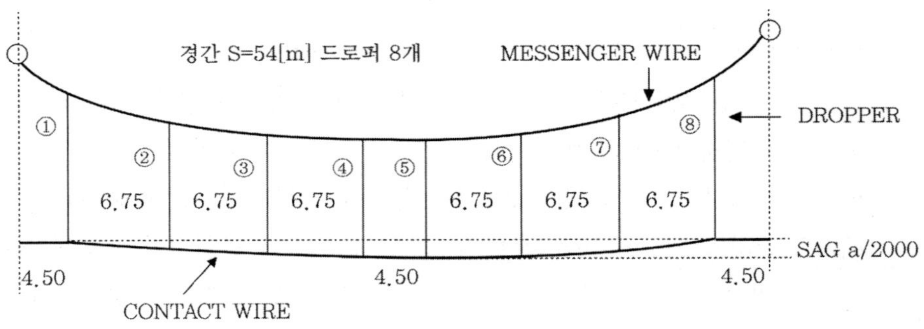

그림 4.7.10 경간 54[m] 드로퍼 배치도

(1) 전차선 사전이도에 의한 전차선 이도

사전이도량 54/2000에 대한 2번째 드로퍼의 처짐량을 계산하여 보면 아래와 같고, 같은 방법으로 드로퍼 순서별로 사전이도를 계산함

$$d_2 = \frac{4d_c}{S_1^2}(x_2 - x_1)(S_1 - x_2 + x_1)$$

$$= \frac{4\frac{54}{2000}}{45^2}(11.25 - 4.5)(45 - 11.25 + 4.5) = 0.01377[\mathrm{m}]$$

(2) 드로퍼 지지하중

사전이도로 전차선 높이차가 있기 때문에 전차선 장력에 의한 드로퍼 하중의 편중을 고려하여 드로퍼 3과 드로퍼 8(마지막 드로퍼)에 대하여 계산하면 아래와 같고, 같은 방법으로 드로퍼별 높이차와 지지하중을 계산함

$$F_3 = \left(\frac{x_4 - x_2}{2} - \frac{T_c(d_3 - d_2)}{(x_3 - x_2)w_c} + \frac{T_c(d_4 - d_3)}{(x_4 - x_3)w_c}\right)w_c + w_d$$
$$= \left(\frac{24.75 - 11.25}{2} - \frac{20000(0.0227 - 0.0138)}{(18.0 - 11.25)13.34} + \frac{20000(0.0267 - 0.0227)}{(24.75 - 18.0)13.34}\right)13.34 + 3.60$$
$$= 79.2(\mathrm{N})$$
$$F_8 = \left(\frac{x_8 - x_7}{2} - \frac{T_c(d_8 - d_7)}{(x_8 - x_7)w_c} + (S - x_8)\right)w_c + w_d$$
$$= \left(\frac{49.5 - 42.75}{2} - \frac{20000(0.0 - 0.0138)}{(49.5 - 42.75)13.34} + (54 - 49.5)\right)13.34 + 3.60$$
$$= 149.5(\mathrm{N})$$

(3) 전차선로 현수점(지지점)의 반력

현수점 높이차는 0이고 드로퍼 하중은 위 식의 값을 이용하면 좌측 지지점에서의 반력은

$$R_A = 6.05 \times 54/2 + 149.453 \times (54 - 4.5)/54 + 79.245 \times (54 - 11.25)/54 + \cdots$$
$$= 537.930(\mathrm{N})$$

(4) 조가선 이도

조가선 이도의 예로서 4번째 드로퍼 지점에서의 조가선 이도(처짐량)를 구해보기 위해 $i = 4$를 계산하면 아래와 같고, 같은 방법으로 드로퍼 전 지점에 대하여 계산한다.

$$c_4 = \frac{1}{T_m}\left(R_A x_4 - \frac{w_m x_4^2}{2} - \sum_{k=1}^{4-1} F_k(x_4 - x_k)\right)$$
$$= \frac{1}{14,000}\left\{537.93 \times 24.75 - \frac{6.05 \times 24.75^2}{2} - 149.453(24.75 - 4.5)\right\}$$
$$+ 79.245(24.75 - 11.25) + 79.245(24.75 - 18.0)]$$
$$= 0.488(\mathrm{m})$$

(5) 드로퍼의 길이 계산 결과

위 계산결과에 의하여 순서별 드로퍼의 길이는 "가고 − 조가선 이도 +전차선 사전이도에 의한 이도"를 계산하면 아래와 같다.

표 4.7.5 드로퍼의 길이 계산(결과)

드로퍼 번호	1	2	3	4	5	6	7	8
길이(m)	1.231	1.081	0.983	0.9007	0.9007	0.983	0.1081	1.231

기출문제

01. 가공 전차선로에서 그림과 같이 양단의 가고가 같고 전차선이 수평인 경우 각 행거의 길이(m), L_1, L_2, L_3, L_4, L_5를 구하시오.(63-3. 25점)

(설계조건)

- 경간(s) : 50[m]
- 가고(h) : 0.96[m]
- 조가선의 장력(T) : 1,000[kgf]
- 전차선의 단위중량(w) : 1.745[kg/m]
- 행거(드로퍼) 간격(L) : 5[m]

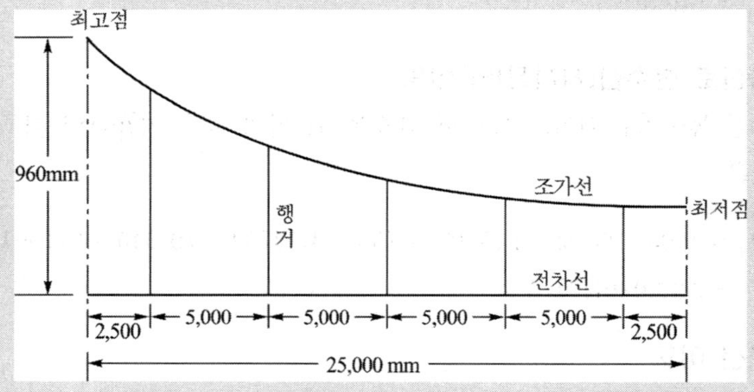

02. 15[‰]의 경사면에 부설된 경간 60[m]의 심플 커티너리 전차선로에서 그림과 같이 가장 큰 처짐이 발생하는 지점에 부착될 드로퍼(A)의 길이[m] (클램프 길이 포함)를 구하시오. (단, 양단 지지점의 가고는 1.4[m]로 동일하며, 전차선은 궤도면에서 5.2[m] 높이에 설치되어 있고, 전차선을 포함한 조가선의 단위 중량은 2.221[kg/m], 가선 수평장력은 1,400[kgf]로 간주한다) (130-4, 25점)

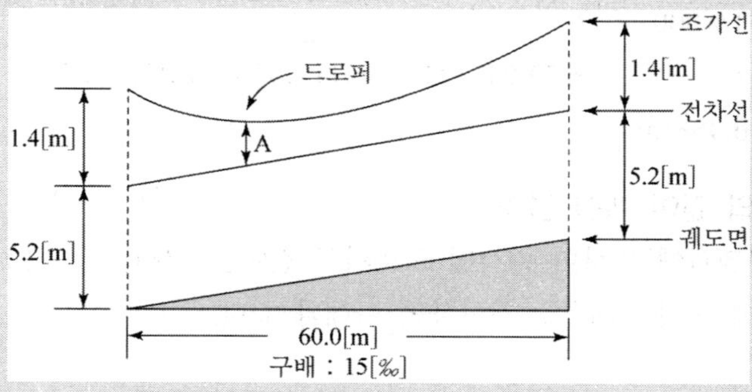

기출문제 풀이

[문제 01번 풀이]

1. 양단의 가고가 같고 전차선이 수평인 경우의 기본식을 이용하여

가. 양단의 가고가 같고 전차선이 수평인 경우의 행거길이는 임의점에서 전차선에서 조가선까지의 높이이므로 행거길이 $L = H - D + y$ 임

나. 경간 중앙에서의 이도 $D = \frac{w}{2T} \cdot (\frac{S}{2})^2 = \frac{w \cdot S^2}{8 \cdot T}$

임의의 점 x에서의 이도는 $y = \frac{w\,x^2}{2T}$ 이므로,

행거길이 $L = H - D + y = L = H - \frac{wS^2}{8T} + \frac{wx^2}{2T}$ 가 됨

여기서, L : 구하고자하는 행거길이[m],
T : 표준온도에서 전차선 장력[kgf]
w : 합성전차선 단위중량[kg/m]
S : 지지점 경간[m],
H : 가고[m]
$R(y)$: 임의점 x에서의 이도[m]
x : 경간중앙에서 행거위치까지 거리[m]

2. 조건별 행거 및 드로퍼의 길이 계산 결과

위 1항의 기본식을 적용하여 문항의 행거길이 계산

$$L_1 = 0.96 - \frac{1.745 \times 50^2}{8 \times 1000} + \frac{1.745 \times 22.5^2}{2 \times 1000} = 0.86[\text{m}]$$

$$L_2 = 0.96 - \frac{1.745 \times 50^2}{8 \times 1000} + \frac{1.745 \times 17.5^2}{2 \times 1000} = 0.68[\text{m}]$$

$$L_3 = 0.96 - \frac{1.745 \times 50^2}{8 \times 1000} + \frac{1.745 \times 12.5^2}{2 \times 1000} = 0.55[\text{m}]$$

$$L_4 = 0.96 - \frac{1.745 \times 50^2}{8 \times 1000} + \frac{1.745 \times 7.5^2}{2 \times 1000} = 0.46[\text{m}]$$

$$L_5 = 0.96 - \frac{1.745 \times 50^2}{8 \times 1000} + \frac{1.745 \times 2.5^2}{2 \times 1000} = 0.42[\text{m}]$$

[문제 02번 풀이]

1. 드로퍼 길이 A는 가장 큰 처짐(dip)을 구하여 가고에서 뺀 길이이므로 먼저 최대 처짐과 최대 처짐 위치가 어디인지를 구하면 됨.

가. 지지물의 높이 차이가 있는 경우 최대 처짐을 D라고 하면

$D = \frac{w}{8T}(S - \frac{2T}{w \cdot S} \times h)^2[\text{m}]$ 이므로,

(여기서, h는 지지물 기울기 높이차 $h = S \times 15‰ = 60 \times \frac{15}{1,000} = 0.9[\text{m}]$)

$$\therefore\ D = \frac{2.221}{8 \times 1400}(60 - \frac{2 \times 1400}{2.221 \times 60} \times 0.9)^2 = 0.335[\mathrm{m}]$$

나. 드로퍼 A 길이는 가고에서 최대 처짐을 뺀 길이이므로
드로퍼 길이 $A = 1.400 - 0.335 = 1.065[\mathrm{m}]$

다. 드로퍼 A 설치 설치위치는 구배 시작점에서 거리를 s_1이라고 하면

$$s_1 = \frac{S}{2} - \frac{T \cdot h}{w \cdot S}[\mathrm{m}] \text{ 식에서}$$

$$= \frac{60}{2} - \frac{1400 \times 0.9}{2.221 \times 60} = 30 - 9.455 = 20.545[\mathrm{m}]$$

라. 따라서, 가장 큰 처짐이 발생하는 지점의 드로퍼 길이 A는 1.065[m]이고, 드로퍼 설치 지점은 기울기가 시작되는 점에서 부터 20.545[m] 위치임.

4.8 ◦ 건넘선(교차) 장치(Overhead Crossing)

4.8.1 전차선로 건넘선 장치의 설치 목적 및 설치제한

1. 개요

가. 전기철도 구간의 선로(궤도) 분기개소에서 맞나는 2개의 커티너리 가선을 1개의 교차금구 또는 평행교차 방식을 이용하여 전차선 상호간을 교차시켜 기계적 전기적으로 연결되어 집전장치(Pantagraph) 통과 및 집전에 지장없도록 설치한 장치를 "건넘선 장치" 또는 "교차장치"라 함

나. 건넘선 장치의 종류는 교차금구에 의한 방식과 평행 오버랩을 이용한 평면교차 방식이 있음

2. 건넘선 장치의 설치목적

가. 건넘선 장치의 설치목적은 분기점에서 교차하는 양 전차선의 레일면상 높이를 동일하게 유지하여 집전장치(Pantagraph)가 전차선에 끼어드는 활입사고를 방지하고,

나. 선로의 분기개소에서 전기차가 전차선을 교차 시키면서 기계적, 전기적으로 연속적으로 연결하여 집전장치(Pantagraph)의 집전을 원활하게 하기 위함

3. 분기부 부근의 지지물(전주) 건식위치 고려사항

가. 곡선당김 장치 및 진동방지장치의 위치
나. 분기기의 종별 및 배열 상태
다. 경간율과 인접 지지점의 선로에서의 이격관계
라. 본선의 편위와 건넘선의 편위와의 관계
마. 건넘선 장치의 종별

4. 건넘선 장치 교차점에서의 시설제한 사항

가. 본선 및 분기선의 궤도중심과 전차선 상호간격이 1200[mm]인 범위 내에서는 전차선 접속금지 (더블이어 등 경점으로 이선아크 및 활입 우려 방지)
나. 건널선 장치에서 진동방지 금구의 암(Arm)은 상대하는 전차선 외측에 설치
다. 건널선 장치에서 곡선당김 금구는 각각의 레일중심선과 전차선과의 간격이 300~1200[mm] 범위 내에는 설치금지
   (1) 빔하부 경우 300~1,000[mm] 이내 설치 금지
   (2) 빔하부 이외의 경우 300~1,200[mm] 이내 설치 금지
라. 특히, 전차선 및 조가선의 접속은 접속점 또는 접속금구가 교차점의 시설제한 금지범위에 설치해서는 안 됨

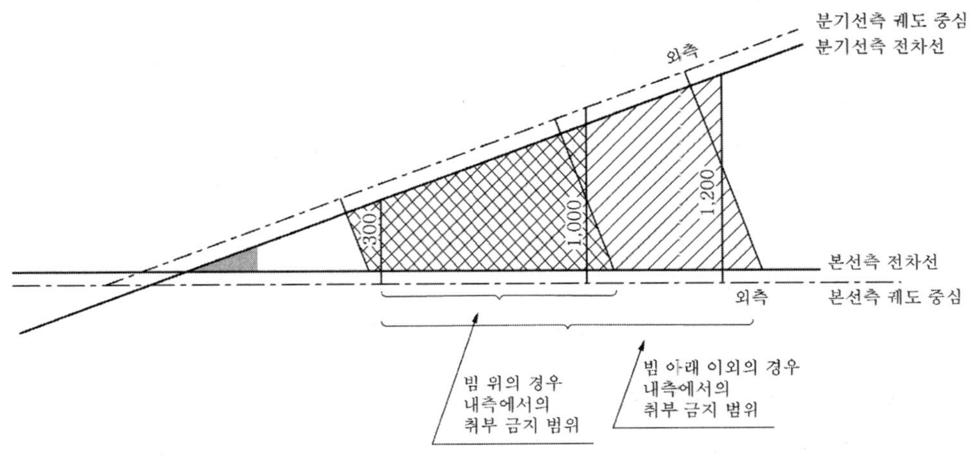

그림 4.8.1 건넘선 장치내 각종금구류 설치제한 범위

4.8.2 가공 전차선로 교차금구에 의한 건넘선 장치 구성 및 설치방법

1. 교차금구에 의한 건넘선 장치

본선통과 속도 120[km/h] 이하의 역구내 본선 및 측선상에 가설되는 선로 분기점의 건넘선 장치는 2조의 전차선 가선을 1개의 교차금구로 기계적으로 연결하고, 균압선 또는 콘넥터에 의하여 전기적으로 연결하는 특수한 가선구조를 형성함

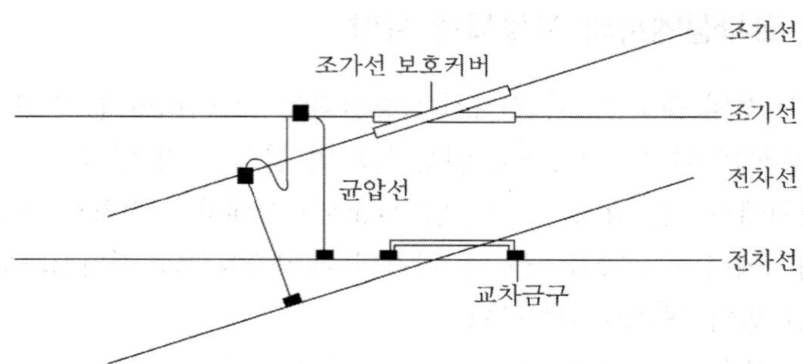

그림 4.8.2 교차금구에 의한 건넘선 장치 구성도

2. 교차금구의 설치방법

가. 교차금구의 설치 기본

(1) 운전 빈도가 높은 주요본선의 전차선을 하부에 둠(분기선측과 부본선 등 측선은 주요본선의 상부에 위치하도록 설치)

(2) 전차선이 교차하는 위치에는 교차금구를 설치하고 균압설비를 설치

(3) 교차금구는 전차선 신축에 따라 이동하는 전차선, 교차금구 등(곡선당김 금구)와 조화하여 집전장치(Pantagraph) 통과에 지장이 없도록 설치

(4) 교차금구 장치에서 곡선당김금구는 상대되는 전선의 외측에 설치

(5) 교차점은 연간 평균온도에서 교차금구의 중앙점에 위치하여야 함

나. 교차금구 고저차 설치방법

(1) 건널선장치에서 본선과 부본선 공히 상대측 레일중심에서 전차선까지의 거리가 300[mm]되는 지점은 수평을 유지할 것

(2) 주요본선의 궤도 중심으로부터 900[mm] 위치에서 주요선과의 고저차(정적 높이차)는 고속철도 60~70[mm], 일반철도 0~30[mm]로 함

(3) 본선 전차선과 교차되는 측선 전차선로의 조가선을 지지하는 장소가 빔하스펜선 방식으로 현수되는 경우 조가선 현수선에는 도르레를 설치하여 높이 변화 및 장력

의 Blocking을 줄이도록 시설함

(4) 조가선은 상호 접촉되지 않도록 설치하고 부득이 접촉되는 경우에는 마찰 등으로 소선의 손상되지 않도록 방호관 등을 설치함

다. 합성전차선의 교차

(1) 무효 부분의 전차선 및 조가선의 교차지점은 교차금구를 설치하지 않음

(2) 전차선 및 조가선의 무효부분 교차는 상호 접촉되지 않도록 높이를 조정하여 설치하고, 부득이한 경우 접촉우려가 있을 때는 마찰 및 순환전류에 의한 손상이 없도록 보호설비 또는 균압설비를 하여야 함

3. 교차금구의 종류 및 표준길이

가. 교차금구의 종류

교차금구는 1단식과 2단식이 있으며, 중・저속용에는 1단식, 고속용 본선과 측선의 교차개소는 2단식을 사용함

나. 교차금구의 표준길이는 분기 크기(종류)에 적합한 길이의 교차금구를 사용

(1) 12번 포인트(분기) 이하 : 1400[mm]

(2) 16번 포인트(분기) 이하 : 1800[mm]

4.8.3 전차선로 평행 건넘선 장치 구성 및 설치기준

1. 개요

고속운전 구간 등에서 선로의 분기개소에 전차선을 교차할 때 교차금구 등을 사용하지 않고 평행구간(over lap)을 만들어 전차선을 무교차하는 방식으로 전차선의 경점을 줄여 고속운전에 적합한 구조의 건넘선 장치를 말함

2. 평면교차 방식의 종류

본선 통과속도 등급에 따른 평면교차 방식의 기준은 아래와 같음

표 4.8.1 평면교차 방식의 기준

본선통과 속도등급	평면교차 방식	비 고
120[km/h]급 이상~220[km/h]급 미만	2 커티너리	
220[km/h] 급 이상	3 커티너리	보조전차선 추가가선

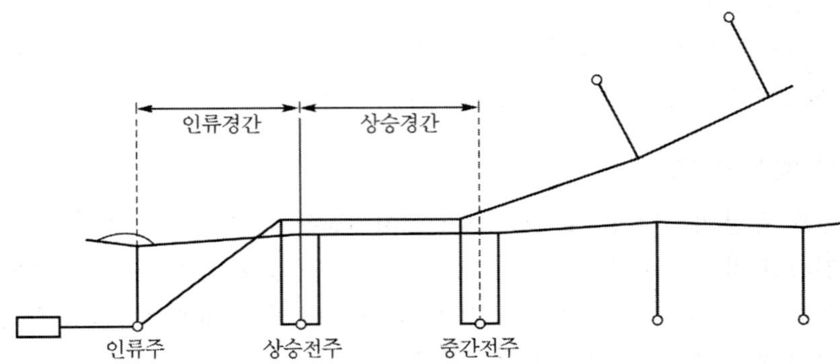

그림 4.8.3 평행 건넘선(평면교차 방식)

3. 평행 건넘선(평면교차) 장치 설치기준

가. 열차속도 220[km/h] 이하의 직선구간에서 분기되는 장소에 시설

나. 건널선장치에서 곡선당김 금구는 상대되는 전선의 외측에 설치

다. 전철기 부근에서 본선과 분기선로 전차선은 팬터그래프 가이드가 접촉하는 지점에서 분기선로 전차선은 본선 전차선 보다 분기기에 따라 높거나 같게 설치함

표 4.8.2 본선과 교차하는 측선의 전차선 높이

조 건	전차선 높이차	비 고
분기궤도 속도가 90[km/h] 이하인 경우 (F18.5 이하 해당)	50[mm]	측선이 높게 설치
분기궤도 속도가 90[km/h]를 넘는 경우 (F21 이상 해당)	0[mm]	동일 높이
통과 속도와 분기궤도 속도가 동일한 경우	0[mm]	동일 높이
측선 전차선로가 고정 장력인 경우	50[mm]	측선이 높게 설치

라. 12번 분기 이하의 전철기에서는 전주위치를 전철기 중심 근처에 설치함

마. 15번 분기 이상의 전철기에서는 전주위치를 팬터그래프 가이드가 접촉하는 지점(Attact pint)에 설치하여 지지점에서 본선과 분기선로의 간격은 본선의 최대편위, 두 전차선간의 거리, 분기선로의 최대 편위를 고려하여 0.64 ± 0.1[m] 이내이어야 함

바. 평행개소의 인류측에서 양선의 조가선과 전차선을 균압함

사. 평행개소의 인류 점에서 전차선의 상호 인상높이는 300[mm]로 함

아. 평행개소의 경간은 2경간을 표준으로 함

자. 전철기의 중심을 포함하는 지지물 경간은 45[m] 이내로 함

차. 평행개소의 전차선 상호간격은 200[mm]로 함

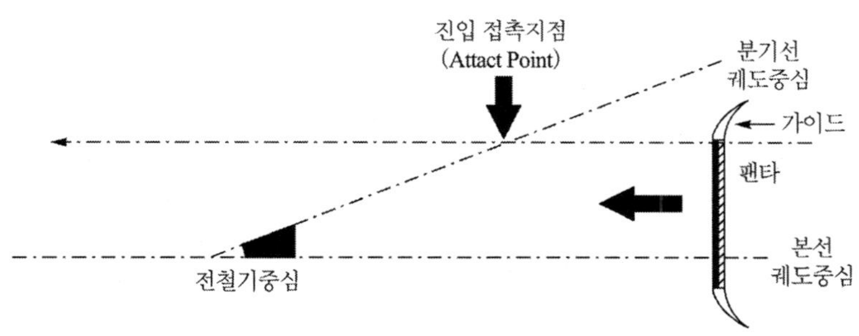

그림 4.8.4 Attact Point

4. 평면교차 방식에서 분기주축전주

가. 평면교차방식(탄젠트 타입) 전주 건식위치는 분기기 궤도위치에 따라 결정됨

나. 분기 주축전주 설치위치는 반드시 분기기 이론교점(스켈톤 교점, Turnout Center, 분기궤도 중심 외법선 : 탄젠트)이 통과 궤도 중심선과 만나는 점으로부터 다음의 위치를 참고하여 설치하여야 함

(1) 탄젠트 > 0.0654 인 경우(분기기 F15.3 미만 해당)는 분기기 이론교점에서 오차 범위 이내에 설치

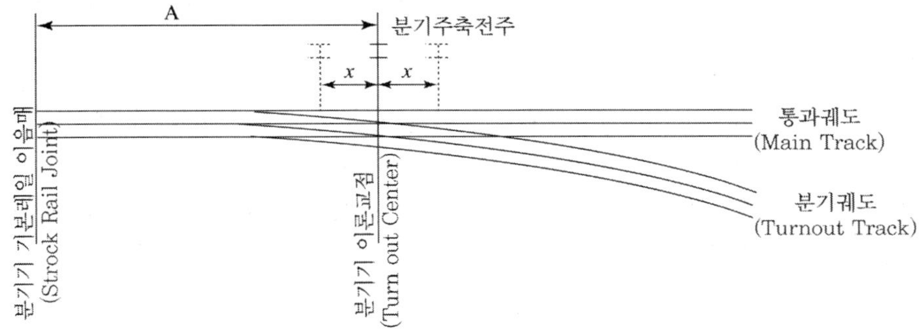

분기기타입	분기기탄젠트	분기궤도속도	A[m]	x(허용오차)[m]
F8	0.1253	25[km/h]	12.14	1.6
F10	0.0099	35[km/h]	14.66	1.8
F12	0.0834	45[km/h]	17.36	2.3

그림 4.8.5 분기기 F15.3번 미만의 이론교점 및 분기주축전주

(2) 탄젠트 ≦ 0.0654인 경우(분기기 F15.3 이상 해당)는 통과궤도 중심선과 분기궤도 중심선 사이 거리가 0.54[m]에서 0.74[m]까지 사이에 있는 장소에 설치함

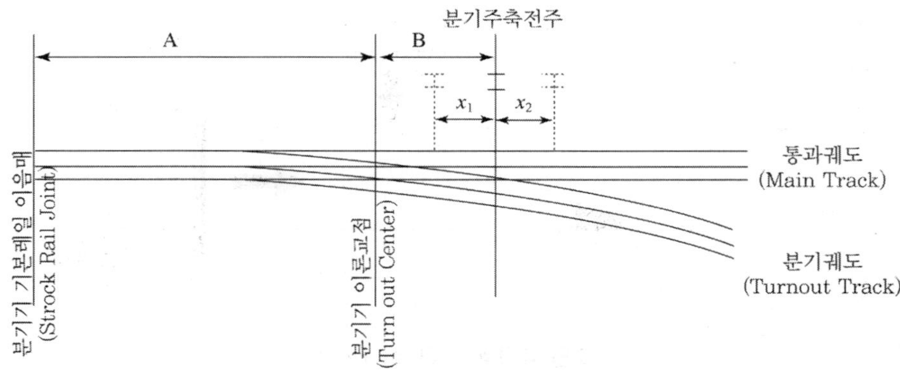

분기기 타입	분기기 탄젠트	분기궤도 속도	A[m]	B[m]	x_1 / x_2(허용오차)[m]
F15.3	0.0652	80[km/h]	31.02	4.76	−2.92/+2.69
F18	0.0539	90[km/h]	32.77	6.78	−3.19/+2.95

그림 4.8.6 분기기 F15.3번 이상의 이론교점 및 분기주축전주

4.8.4 고속철도 속도별, 분기기별 건넘선 장치 구조 및 설치기준

1. 개요

고속철도의 건널(교차)선 장치는 선로가 분기 교차되는 개소에 시설되는 설비로기존선 전차선에서 사용하는 교차금구에 의해 직접 교차시키지 않고 두 전차선로가 평행하게 교차하도록 전차선의 경점을 줄여 고속운전에 적응할 수 있는 구조로 속도별, 분기기 종류별로 다르게 구성되어 있음

2. 본선 통과 속도별 구조 및 설치기준

가. 본선 통과 속도 V ≥ 220[km/h]인 경우

(1) 본선 궤도에 운행되는 열차의 팬터그래프가 분기선로의 전차선에 의해 일어날 수 있는 측면 충격 접촉의 발생을 방지하기 위해 본선 궤도의 전차선과 분기궤도의 전차선 사이의 교차설비에 보조전차선을 설치함

(2) 보조전차선의 조정으로 본선궤도 전차선 및 분기궤도 전차선과 각각의 평행장치를 구성시켜 일반 구분장치 개소나 장력장치 개소에서와 같이 팬터그래프가 원활히 통과할 수 있도록 조정한 구조임

(3) 이 건널(교차)선장치는 3개의 전차선을 동시에 다루어야 하므로 단독주에서는 1.6[m]의 완철에 등간격으로 3개의 가동브래킷을 설치한 단독주 구조와 또한 레일 간의 거리가 너무 멀어 장치를 설치할 수 없거나 혹은 교차설비 구간을 확보할 수 없을 때에는 문형빔을 설치하여 특수 하수강에 의해 장치되는 구조로 함

(4) 이와 같은 개소에는 선간거리가 멀어서 편위조정에 사용되는 곡선 당김 금구는 2.0[m]와 1.75[m]의 특별히 긴 것과 1.4[m]의 압축형 곡선당김 금구 등을 사용함

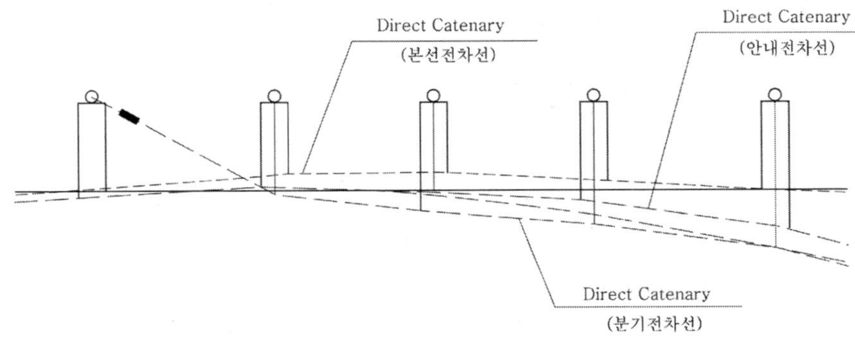

그림 4.8.7 본선 통과 속도 V≥220[km/h]인 경우

나. 본선 통과 속도 V < 220[km/h]인 경우

본선의 운행속도가 전차선을 과도하게 압상하는 원인이 되지 않으므로 보조전차선을 사용하지 않고 본선 전차선과 분기 전차선으로 평행구간을 만들어 일반개소의 평행장치와 장력장치개소처럼 팬터그래프 통과가 원활하도록 조정하여 사용하도록 설치함

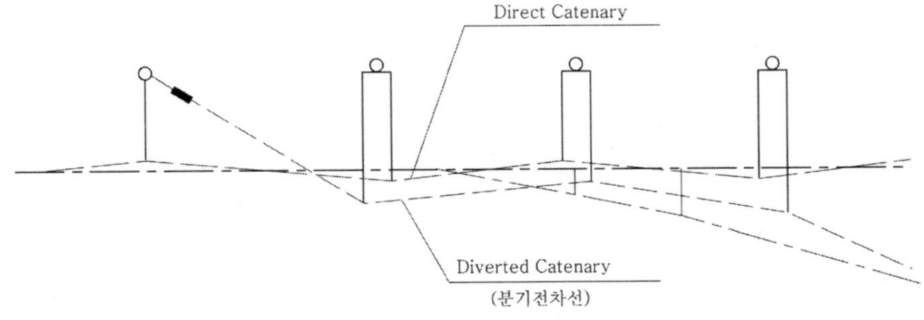

그림 4.8.8 본선의 통과 속도가 220[km/h] 이하인 경우

3. 통과 분기기별 구조 및 설치기준

가. 46번 분기기(F46)

분기기가 F46형처럼 클 때에는 레일 간의 거리 관계와 교차 설비를 확보하기 위해 건널선 중앙부근에 고정빔을 설치하여 여기에 특수 하수강으로 에어섹션을 구성시켜 팬터그래프의 고속통과 시 공기절연에 의한 전기적인 구분을 할 수 있도록 설치함

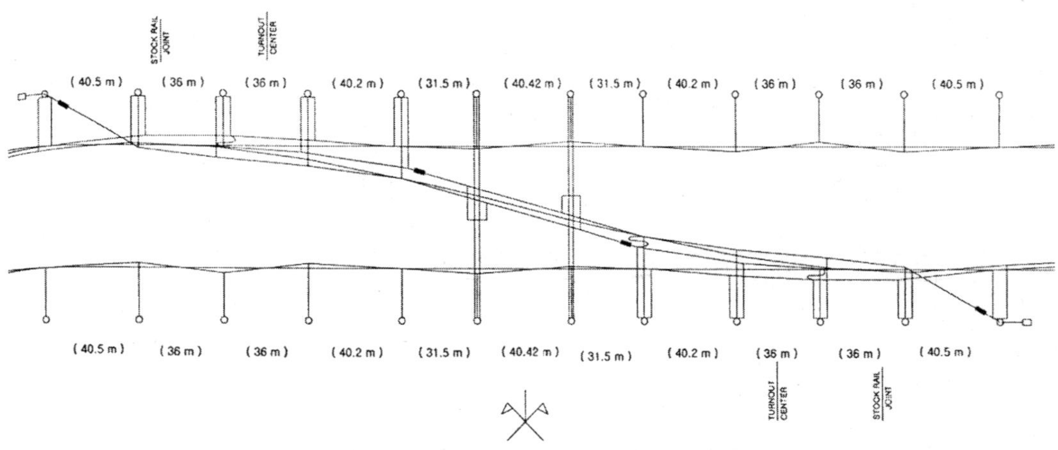

그림 4.8.9 F46번 분기기 건널선 장치(3커티너리 방식)

나. 18.5번 이하 분기기

분기기가 F18.5처럼 작을 경우에는 건널선 중앙 부근에 고정빔을 설치하여 빔에서 4.5[m] 이격된 위치의 건널선 전차선에 애자형 섹션장치를 설치하여 상, 하 본선간의 건널선을 전기적으로 절연구분 하며, 사용하는 애자형 구분장치의 제한 운행속도가 90[km/h] 이하에 사용하는 애자형 섹션을 사용함

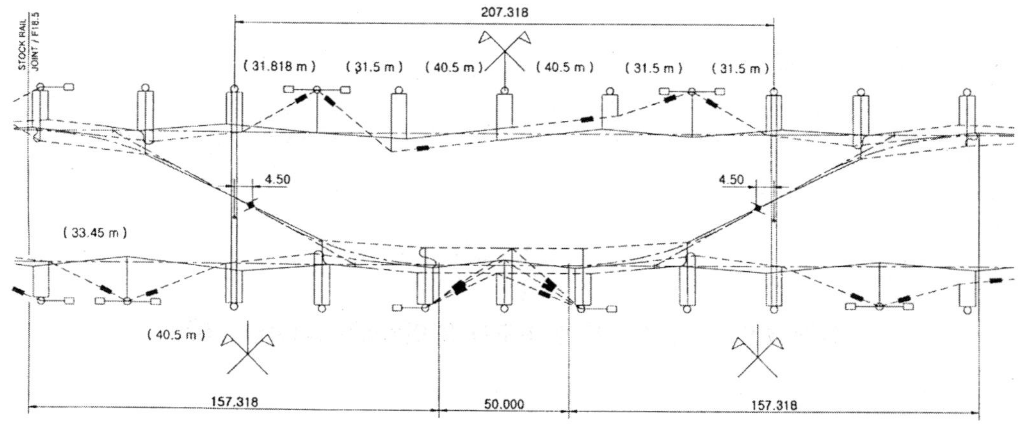

그림 4.8.10 F18.5번 분기기 건널선 장치

4.9 ∘ 순환전류 및 균압선

4.9.1 전차선로 순환전류 및 방지대책

1. 개요

가. 변전소에서 송출된 전류가 급전선, 급전분기장치 및 전차선을 통하여 전기차에 집전되기까지의 경로에 주회로(전차선) 이외의 전선이나 가선금구 등에 흐르는 전류를 "순환전류"라고 함

나. 이러한 순환전류(Circulating current)에 의하여 불완전 접촉개소에서 발열, 아크, 용해 등에 의한 전차선로 변형 또는 사고 우려가 있어 순환전류 사고방지 대책이 필요함

2. 순환전류의 경로

전철변전소에서 전기차까지 전력을 공급하는 계통에서는 아래와 같이 복잡한 설비를 통하여 순환전류 경로가 다양하게 구성되고, 특히 전기차에 전력이 공급되는 지점의 순환전류가 증가되므로 설비간 완전접속(균압) 대책을 수립하게 됨

가. 전철변전소 ➪ 급전선 ➪ 급전분기장치 ➪ 전차선 ➪ M・T균압선 ➪ 조가선 ➪ 행거 또는 드로퍼 ➪ M・T균압선 ➪ 전차선

나. 전차선 ➪ 곡선당김금구, 진동방지금구, 인류장치 ➪ 조가선・전차선

다. 급전선 ➪ 급전분기장치 ➪ 전차선 ➪ 행거 ➪ 조가선, 곡선당김금구, 진동방지장치 ➪ 가압 빔 ➪ 조가선 ➪ 행거, 곡선당김금구, 진동방지장치 ➪ 전차선

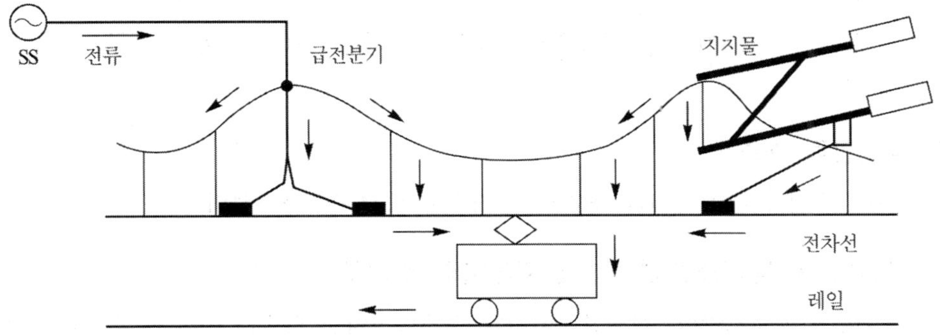

그림 4.9.1 순환전류 흐름도

3. 순환전류에 의한 영향

부하전류의 경로가 조가선과 행거 · 드롭바 · 곡선당김금구, 진동방지금구의 접촉개소에서 진동, 기타원인에 의하여 불완전 접속이 발생할 경우 접촉저항 증가로 발열 등 온도상승에 의한 금속의 열화 및 아크 발생 등으로 금속의 용해, 부식이 발생하여 사고 우려

4. 설비별 순환전류 방지대책

가. 순환전류 방지를 위한 기본적인 사항

(1) 전선 상호, 전선과 가선금구 및 가선금구 상호간을 완벽하게 접속하거나 충분한 이격거리를 두어 절연하도록 함

(2) 접속이 요구되거나 절연이 어려우면 저저항으로 균압을 채결해야 함

(3) 전차선과 조가선 및 보조조가선은 무한이 긴 병렬 복합도체로서 전선 상호간을 동일개소에서 완전하게 접속하여 전위차를 작게하여 전류회로가 완벽하게 구성되도록 시설하여야 함

(4) 빔하스펜선, 진동방지장치, 가동브래킷 등 전선과 직접 연결되는 가선금구는 완벽하게 접속하여야 함

(5) 가선이 연속되는 경우 교류구간은 약 250[m], 직류구간은 약 125[m] 구간 마다 M-T 균압설비를 설치함

나. 건넘선 장치 및 에어조인트 개소

조가선 및 전차선 상호간 및 조가선과 전차선을 T-M-M-T (C형) Type 균압선으로 균압함

다. 전차선 교차개소

(1) 교류구간 : 조가선 상호(M-M), 전차선 상호(T-T) 균압 설비

(2) 직류구간 : 전선상호간을 보호관으로 절연하되, 보호관이 팬터그래프 집전에 지장을 줄 우려가 있을 경우에는 조가선 상호(M-M), 전차선 상호(T-T) 균압 설비

라. 무효인류 개소

무효인류개소는 전차선과 조가선을 접속하는 M-T 균압설비

마. 가압빔 및 빔하스펜선 진동방지장치와 스펜로드 개소

가압빔 및 빔하스펜선 진동방지장치와 스펜로드의 지지점은 조가선 및 전차선과 전기적으로 접속하는 균압설비를 설치

바. 급전분기 설치개소

급전분기선과 조가선을 접속하되 접속이 어려운 장소는 조가선과 전차선을 접속하고, 필요에 따라 가동브래킷의 수평파이프와 곡선당김금구 등을 접속하여야 함

5. 균압설비(균압선) 종류 및 설치

가. 일반철도 구간 균압선

순환전류에 의한 전차선로 사고를 방지하기 위하여 전차선과 조가선 사이를 전기적으로 완전하게 접속하는 균압선을 설치하며, 접속하는 형태에 따라 M-T, M-M, T-T, T-M-T, T-M-M-T Type으로 구분하여 설치함

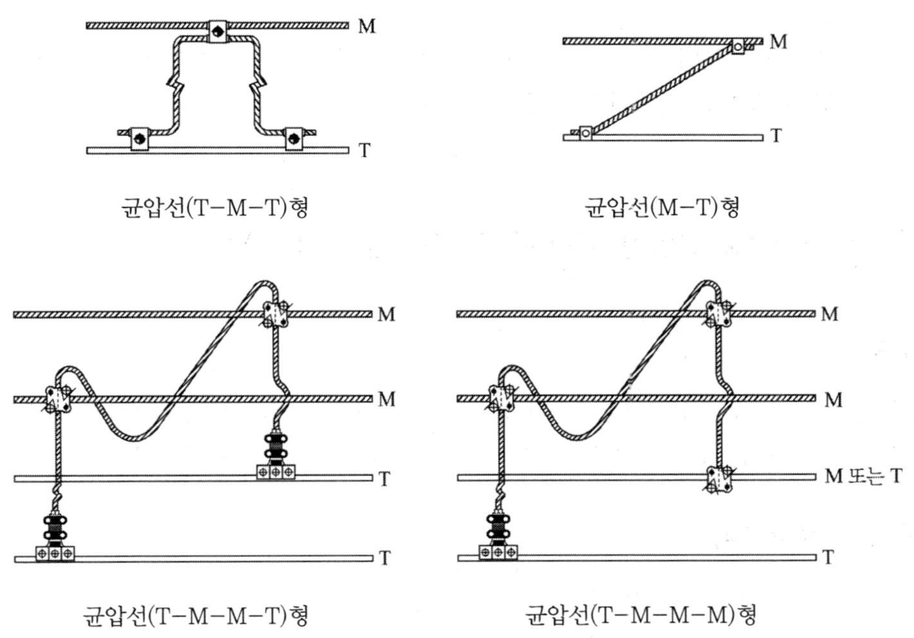

그림 4.9.2 균압선 종별

나. 고속철도의 MT형 균압선

(1) 최대 200[m]마다 경간중앙의 드로퍼에 병행하여 M-T형 균압선 설치

(2) MT균압선을 드로퍼에 1~2개소 고정하여, 전차선측은 50[mm], 조가선측은 300[mm] 지점에 Connector설치(Cu 26[mm^2])

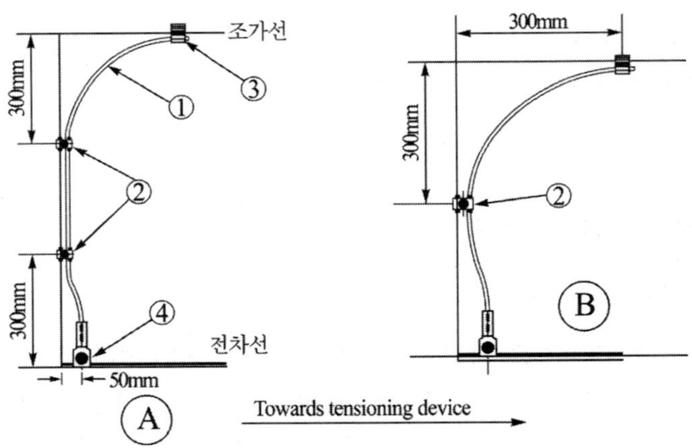

그림 4.9.3 경부고속철도 MT 균압선

(3) 최근에는 균압 드로퍼 보급과 적용이 일반화(고속선, 기존선 신설구간)되어 일반구간의 균압선 설치간격은 별도 조정하여 설치하고 있음

4.9.2 전차선로 균압선 설치목적과 종류별 설치 방법

1. 개요

균압선은 인류, 건넘선, 섹션 등 전차선 및 조가선의 교차와 접촉장소에서 상호 전위차가 발생하지 않도록 이어와 클램프 및 이것을 연결하는 도선으로 구성됨

2. 균압선 설치목적

가. 전차선, 조가선 상호간에 전위차가 발생하지 않도록 균압
나. 전차선로 순환전류에 의한 사고 발생의 방지를 위한 균압
다. 조가선, 보조 조가선에서 급전전류의 분기에 따른 순환전류 방지

3. 균압선(콘넥터)의 구성 및 구비조건

가. 구성 : 이어, 클램프, 리드선
나. 균압 설비의 구비조건
  (1) 접속개소의 통전 상태가 좋을 것
  (2) 기계적강도가 크고 진동에 느슨함이 없을 것
  (3) 경량일 것 : 설치위치의 경점문제 해소
  (4) 내식성이 좋을 것

4. 균압선의 종류

가. A형(T-M-T)

전차선 ⇔ 조가선 ⇔ 전차선을 균압하는 방법으로 주로 일반구간에 사용

나. B형(M-M-M)

무효부분 전차선측이 조가선인 경우 균압 접속하는 방식

다. C형(T-M-M-T)

전차선 ⇔ 조가선 ⇔ 조가선 ⇔ 전차선 순으로 접속하는 균압선으로 주로 에어조인트, 에어섹션, 건널선 개소에 사용

라. D형(T-M-M-M)

C형과 같으나 무효부분 전차선이 조가선인 경우

마. E형(M-S-T)

조가선 ⇔ 빔하스펜선 ⇔ 전차선 순으로 접속하여 균압하는 방식으로 수도권 등 대전류 구간의 빔하스펜선에 사용

바. F형(T-M)

전차선 ⇔ 조가선 사이를 균압접속한 것으로 균압효과는 물론 조가선 단선시 파급범위 축소 및 이탈방지 목적으로 사용됨

사. S형(M-T)

조가선-전차선 접속방법으로 장력장치 등에 사용

5. 균압선 종류별 사용장소 및 설치기준

가. 속도등급 250[km/h] 이상 구간의 균압장치

(1) 경간 중간 드로퍼에 설치하는 M-T 균압선의 설치간격은 최대 200[m]이며, 균압선의 선종은 26[mm^2]의 연동선을 사용하고 클램프로 지지함

(2) 에어조인트, 에어섹션, 절연구분장치 장소의 균압장치는 팬터그래프 통과에 지장 없는 위치에 전차선과 조가선을 연접하여 접속하는 연속 균압선을 설치함

(3) 가압부분과 절연된 연류 단말개소에는 전차선과 조가선을 전기적으로 균압하여야 함

(4) 분기개소에는 서로 분기하는 전차선과 조가선을 연접하여 접속하는 연속균압선을 설치함

표 4.9.1 조가선이 Cdcu, Bz, CuMg 인 경우 균압장치

사용구분	균압 종별	사용전선[mm^2]	사용(설치장소)
일반 설비	A형(T-M-T)	Cu 70, Cdcu 70 Bz 65, CuMg 65	일정거리 균압, 장력, 인류, 구분장치 양단 (장력, 인류는 M-T 가능)
	S형(M-T)		
	B형(M-M-M)	Cu 50, Cdcu 70 Bz 65, CuMg 65	전차선을 조가선으로 대체할 때 균압(B형)
평행설비 및 건널선 장치	C형(T-M-M-T)	Cu 95 (가요연동연선)	에어조인트, 에어 섹션, 건넘선 개소 전차선을 조가선으로 대체장소(D형)
	D형(T-M-M-M)		
빔하스펜선	E형(M-S-T)	Cu 50, Cdcu 70 Bz 65, CuMg 65	빔하스펜선 각지지점
터널, 과선교	F형(T-M)	Cdcu 70 Bz 65, CuMg 65	전차선 단선시 조가선 이탈방지용

※ 최근은 아연도강연선을 조가선으로 사용하지 않아 St용은 생략함

나. 속도등급 200[km/h]급 이하 구간의 균압장치

(1) 규정된 일반구간의 일정거리의 균압은 교류구간은 전차선과 조가선을 200~300[m]마다, 직류 구간은 125[m]마다 "A형"균압을 시행하되, 운전전류가 큰 경우는 간격을 1/2로 축소 가능하고 균압 드로퍼 사용 시는 조정함

(2) 전기차가 상시 정차 출발하는 곳은 반드시 균압설비 설치

(3) 터널 입·출구 및 과선교 양쪽에는 "F형"균압 장치 설치

(4) 건넘선 장치에서의 균압 ➪ 조가선 상호(M-M), 전차선 상호(T-T)간을 균압, 무효부분으로 가는 전차선이 조가선인 경우 T-M-M-M형을 설치함

(5) Air Joint 개소의 균압 ➪ T-M-M-T형을 사용하여 전차선 및 조가선을 일괄하여 균압설비 설치

(7) 빔하스펜선에서의 균압 ➪ 빔하스펜선 각 지지점에 M-S-T(조가선-스펜선-전차선)형 균압 설치

(8) 전선의 교차개소(전차선 상호 교차시) ➪ 각 전선 상호간 및 가선금구가 접촉되지 않도록 이격은 300[mm]를 초과하여 시설하고, 온도변화 및 가선환경 등으로 여의치 않는 경우는 전선의 신축을 고려하여 균압을 시행하며, 균압설비가 적절치 못한 경우에는 적절한 방호설비를 함

4.10 ◦ 전차선로 보호방식 및 설비

4.10.1 전차선로 보호방식 및 보호설비 종류

1. 전차선로 보호설비 개요

가. 전차선로의 설비가 인축이나 기타 설비에 대하여 위해를 끼칠 우려가 있을 때 또는 외부로부터 손상을 받을 우려가 있을 때 이를 방지하기 위하여 설치하는 섬락보호설비, 보안기, 피뢰기, 보호망, 접지장치등을 보호설비라고 함

나. 보호설비는 각각의 급전방식에 적합하게 설비되어야 하며 아래와 같은 기본사항을 충족하여야 함

(1) 기기류는 충분한 보안도, 신뢰도를 가져야 함

(2) 전선류는 소요의 전기적특성, 기계적 강도를 가져야 함

(3) 다른 설비에 악 영향을 주지 않아야 함

2. 전차선로 보호설비 종류

가. 섬락보호설비 : 3항 참조

나. 보안기

교류 전기철도의 전차선로용 보안기는 이중절연보호방식(PW방식)에서 섬락보호지선(FPGW)와 부급전선 또는 AT 보호선 사이에 설치하는 방전 갭(Gap)으로 애자섬락시 일정 전압을 초과하면 방전간극을 아크(Arc)에 의하여 단락 시켜 사고전류 구분 및 대지전위 상승을 억제하는 보호장치임

다. 피뢰기

(1) 피뢰기는 전차선로 또는 전력설비와 대지간에 설치하여 뇌 및 회로 이상전압 발생 시 이상전압을 대지로 방전시켜 이상전압을 저감시키는 기능과 가선전압에 의해 대지로 흐르는 전류를 차단하는 보호설비임

(2) 피뢰기 설치 위치는 BT구간의 흡상변압기 양단의 전차선 및 NF전선, AT구간의 급전선 인출 및 터널의 케이블 양단, AT변압기 1차측 및 2차측에 설치함

라. 보호망 및 방호설비

(1) 전차선로 상부에 도로, 과선교 등에서 급전선 또는 전차선로에 사람이 접촉할 우려가 있을 때 감전사고를 예방하기 위하여 필요한 장소에 보호망 또는 방호설비를

설치하여야 함

(2) 화물홈, 도로변 등 자동차 및 통행인에 의하여 손상을 받을 우려가 있는 지지물은 철책, 콘크리트벽 등으로 방호설비를 하여야 함

마. 접지설비

전차선로의 접지설비는 섬락보호설비에 사용하는 보안기의 접지극, 피뢰기의 접지극, 지지물의 접지, 교류 전기철도의 유도방지용 접지, 급전회로의 보호, 전차선로에 인접한 승강장 및 금속부분의 접지, 인축의 감전사고를 예방하기 위하여 단독 접지설비 또는 공용매설 접지설비를 시행하고 있음

3. 전차선로 섬락 보호방식

가. 이중절연 보호선(PW : Protective Wire) 방식

보호선(PW) 에 의한 이중절연 방식으로 선로를 따라 보호선(PW)을 가선하여 장간애자 또는 현수애자의 부측 절연부에 지락도선을 설비하고 그 일단을 부급전선(NF) 또는 AT보호선(PW)에 접속하여 섬락 보호회로를 구성함

나. 비절연 보호선(FPW : Fault Protection Wrie) 방식

공동 매설접지 구간에서 보호선과 지락도선을 비절연한 것으로 지락도선을 생략하고 지락도대를 사용하여 보호선과 전주 밴드간을 직접 연결하고 일정간격 마다 매설접지선에 연결하여 섬락 보호회로를 구성하는 방식

다. 섬락보호 가공지선 방식(FPGW : Flash Protective Ground Wire)

역구내, 차량기지, 변전소의 급전선 인출구 등 전차선 설비가 복잡하여 이중 절연방식 채용이 곤란한 장소에서 사용하며, 섬락사고가 발생되면 사고전류는 섬락보호 가공지선으로 흘러 대지 전위가 상승되어 보안기가 동작하고 AT보호선(PW전선)을 통하여 변전소로 회귀시키는 회로를 구성하는 보호방식

4.10.2 전차선로 섬락보호 설비 및 기능

1. 섬락보호 방식 개요

가. 전철 급전회로의 보호는 지락 등의 사고가 발생하였을 때 이것을 신속히 검지하여 회로를 차단하는 기능과 낙뢰 등의 이상전압에 대응하는 피뢰설비에 의하여 보호하고 있으며,

나. 전철변전소의 보호계통과 연계하여 교류 전차선로 측에서의 애자 섬락사고 또는 낙뢰 발생 시 검출회로의 보호차단을 신속하게 동작시켜 전차선로의 급전회로를 보호하는 일련의 방식을 섬락보호 설비라고 함

2. 이중절연방식(PW 방식)

가. 구성 및 결선

(1) AT 급전구간에서 보호선(PW : Protective Wire)을 선로에 따라 전차선과 평행하게 가선하여 장간애자 또는 현수애자의 부측 절연부에 지락도선을 AT보호선(PW)에 접속하여 섬락 보호회로를 구성하는 방식임

(2) AT 설치개소 및 AT와 AT간의 중간부분에서 임피던스본드를 통해서 레일에 접속하는 보호선용 접속선(중성선)에 접속하여 회로를 구성함

(3) BT 급전구간에서는 부급전선(NF)이 보호선(PW)의 역할하며 레일과는 흡상선에 의하여 회로를 구성함

나. 설치 기능

(1) 애자 섬락사고 시 전차선과 부급전선 또는 AT 보호선(PW)선이 금속 단락되어 사고 전류를 통하게 함으로써 차단기를 차단시키는 방식

(2) 부급전선, AT 보호선 및 지락도선이 지지물과 약 3,000[V]로 절연됨

(3) 애자섬락시 지지물과 대지간 전압이 발생되지 않아 전기적으로 안전

(4) 이중절연 애자와 지락도선 등으로 설비가 복잡한 단점이 있음

다. 효과

(1) 지지물 등의 접지전위 상승을 억제함

(2) 지지물에 첨가 또는 인근의 전력, 통신, 신호 등 약전류 기기보호

(3) 변전소 등에서 사고검출이 용이하여 회로차단 보호동작 기여

(4) 전자유도 및 통신유도 장해 경감

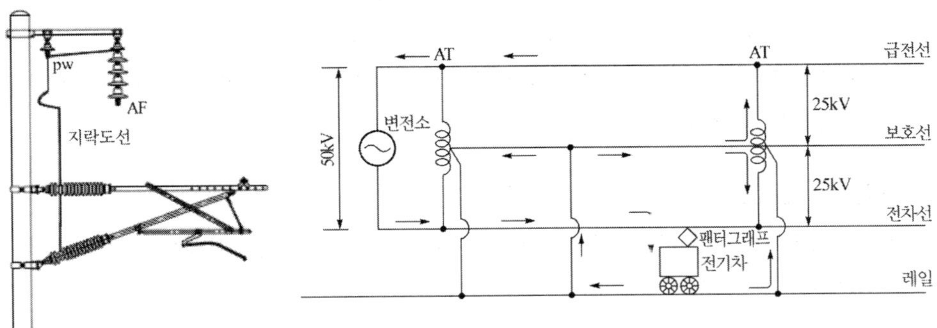

그림 4.10.1 AT구간 PW 방식 구성도

3. 비절연 보호(FPW) 방식

가. 구성 및 결선

(1) 비절연보호선(FPW : Fault Protection Wrie) 방식은 AT 급전방식에서 공용접지방식과 지하구간에서 섬락보호를 위하여 철재, 지지물등과 직접 연결하는 가공전선으로 대지에 대하여 절연하지 않는 방식임

(2) FPW는 지락도선이 없고 지락도대 등을 이용하여 보호선과 철재 및 전주밴드간을 직접 연결하고 일정간격 마다 매설접지선에 연결하여 섬락 보호회로를 구성하는 방식

(3) 비절연 보호선은 AT 중성선과 레일을 접속하거나 AT와 AT의 중간부근에서 보호선용 접속선(CPW)으로 레일과 접속하여 FPW와 레일은 병렬로 폐회로를 구성함

(4) 공동 매설접지 시설구간(KTX 운행구간에 처음 설치하여 사용)에서 보호선과 매설접지선을 약250[M]마다 접속하여 귀선로로 사용함

(5) 상・하선에 별도로 설치하는 FPW는 약 1,000[m]마다 횡단접속선을 이용하여 상호 접속하고 매설접지선에 연결함

나. 설치 목적 및 효과는 PW 방식과 같음

다. 설치위치

(1) 비절연 보호선의 설치 위치는 일반 토공구간 개별 장주를 기준으로 가동브래킷 하부밴드에 설치하는 것을 원칙으로 함

(2) 통신유도 대책을 위한 차폐선을 병가하는 경우는 비절연보호선을 상부밴드, 차폐선을 하부밴드에 설치함

4. 섬락보호지선(FPGW : Fault Protection Ground Wrie) 방식

가. 설치목적

전차선로 측의 애자의 섬락사고, 빔 등의 단락사고가 발생되면 사고전류는 섬락보호지선으로 흘러 대지 전위가 상승되어 보안기가 동작하고 AT 보호선(PW전선)을 통하여 변전소로 회귀시키는 금속회로를 구성하여 차단기능과 연계하여 전차선로를 보호할 목적으로 설치함

나. 구성 및 결선

(1) FPGW 보호방식은 보호지선을 빔, 완금, 애자금구 등 철제류를 직접 전기적으로 접속하고 회로의 중앙부에 보안기를 설치하여 부급전선 또는 보호선에 접속함

(2) 주로 지지물이 철재류인 경우, 복잡한 역구내, 차량기지, 변전소의 급전선 인출구 등 전차선로 설비가 복잡하여 이중 절연방식 채용 시 보안도가 오히려 저하시키는 장소 등에 적용함

다. 보호회로의 구성

보호회로 구성은 섬락보호 지선을 빔, 완철, 애자금구 등과 전기적으로 접속하여 시설하고 약 1[km]마다 제 1종 접지공사를 시행하고, 섬락보호 가공지선의 중앙 부분에서 병렬로 설치하는 보안기를 통하여 NF, PW에 접속

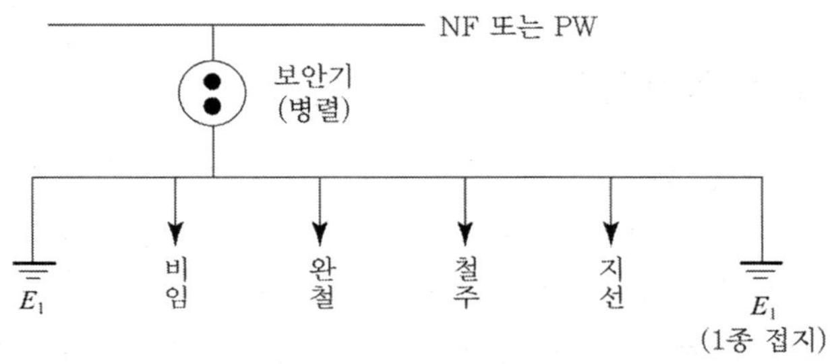

그림 4.10.2 FPGW 보호회로 구성도

5. 섬락보호 접지장치

가. 단독접지 방식

단독접지는 이중절연방식. AT 보호방식 또는 섬락보호지선 방식을 적용할 수 없는 경우에 당해설비를 단독으로 제 1종접지를 시행하여 보호하는 방식

나. 매설접지 방식

(1) 전차선로 금속 구조물은 등전위 접지망을 형성하도록 매설접지선에 연결하여 레일과 접속(귀선로)함

(2) 따라서 매설접지는 변전소로 돌아오는 전류의 귀환을 용이하게 하고 레일 및 대지 전위 상승을 억제하여 위험수준의 장해를 방지하고자 함

4.10.3 전차선로 보안기(Discharge Gap) 기능 및 설치기준

1. 교류 전차선로용 보안기

가. 교류 전차선로용 보안기는 이중절연 보호방식에서 섬락보호지선(FPGW)과 부급전선 또는 AT 보호선 사이에 설치하는 방전 갭(Gap)을 말함

나. 전차선로에서 애자섬락시 어느 값 이상의 전압이 보안기에 걸리면 방전간극을 아크(Arc)에 의하여 단락 시켜 사고전류 구분 및 대지전위 상승을 억제하는 보호장치로 피뢰기와는 다르게 특성요소가 없고 일정한 방전 간극으로만 되어 있음

2. 보안기 설치목적 및 동작원리

가. 애자의 섬락사고가 발생하였을 때 변전소 차단기 동작을 확실히 하기 위하여 부급전선과 섬락보호지선을 접속하여야 하나 부급전선에는 상시 전압이 걸려있기 때문에 직접 연결하는 경우 사람이 접촉하면 위험하므로 보안기를 설치하여 접속함

나. 애자의 섬락 또는 낙뢰에 의하여 1,200~2,500[V]의 전압이 보안기에 가압되었을 때만 방전간극(약 2~3[mm])이 아크에 의하여 단락 시켜 사고전류를 부급전선으로 흐르게 하여 변전소 차단기를 동작함으로서 대지전위 상승을 억제하는 설비보호 장치임

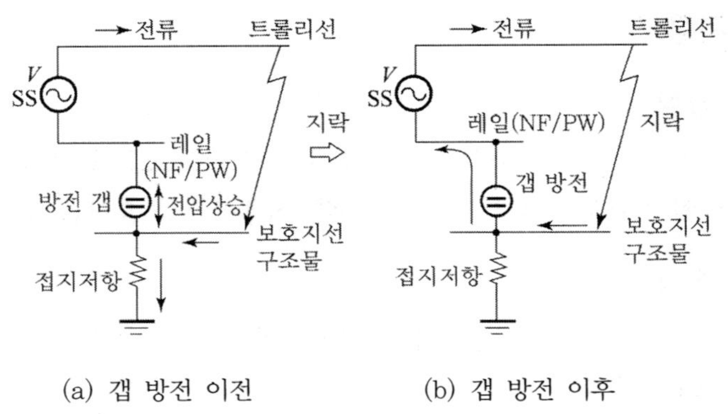

그림 4.10.3 보안기 회로구성 및 방전원리

3. 설치 기준

가. BT구간 정거장 구내 양쪽 흡상선 설치된 가까운 장소에 보안기를 설치하고 섬락보호지선을 통해 대지와 접속함

나. BT구간 정거장간은 흡상 변압기에 보안기를 설치하고 부급전선과 연결하여 제1종 접지를 시행함

다. AT 구간 정거장 구내에 설치되는 보호선용 접속선이 설치된 가까운 장소에 설치하고 1[km] 마다 보안기를 설치하고 제1종 접지를 시행함

라. 부급전선에는 상시 전압이 걸려있어 사람이 접촉 시 위험하므로 지상 높이 3.5[m] 이상 설치하고, 배선용 전선은 경동연선 38[mm^2] 이상의 전선을 사용하여야 함

마. 보안기는 저, 고압 가공전선 또는 통신선으로부터 0.6[m] 이상 이격하여 설치함

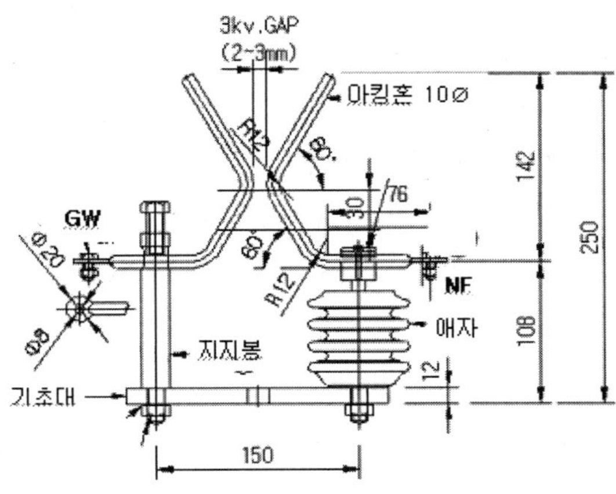

그림 4.10.4 BT급전 구간 전차선용 보안기

(참고) 보안기는 BT 급전구간에 설치하여 운영하였으나, AT급전 방식으로 건설 또는 개량하면서 FPW 보호방식으로 변경하여 현재는 사용하지 않고 철거하는 추세 임.

4.10.4 교류 전차선로용 피뢰기 기능 및 특성

1. 교류용 피뢰기 기능

피뢰기는 전차선로 또는 전력설비와 대지 간에 설치하여 뢰 및 회로 이상전압 발생 시 이상전압을 대지로 방전시켜 이상전압을 저감시키는 기능과 가선전압에 의해 대지로 흐르는 전류를 차단하여 안전을 도모함

2. 피뢰기의 구조 및 구성요소

가. 직렬갭

정상전압 상태에서는 가선과 대지 간을 공기절연 상태를 유지하고, 이상전압은 대지로 방전하여 속류를 차단함

나. 특성요소

탄화규소 입자를 결합체와 혼합한 비저항 특성이 있어 밸브저항체라고 하며, 일정값 이상전압에 대해서는 낮은 저항값을 나타내는 등 모든 속류차단 능력을 갖고 있으므로 특성요소가 피뢰기의 방전용량을 결정함

다. 갭레스(Gapless) 형 피뢰기

(1) 산화아연(ZnO)을 주성분으로 하는 소결체를 특성요소로 하는 피뢰기로 인가되는 전압이 보호레벨 이하에서는 전류가 거의 흐르지 않고 직렬갭이 필요 없는 실질적으로는 절연물과 같음

(2) 인가전압이 보호레벨를 초과하는 과전압이 되면 전류를 통전하여 광범위한 방전전류치에 대하여 단자전압은 거의 일정하게 유지되며, 과전압이 없어지면 방전전류가 급격히 감소 또는 차단되는 특성을 가지고 있음

3. 피뢰기의 구비조건

가. 이상전압의 침입에 대해서 적정하고, 지체없는 방전특성이 있을 것

나. 방전 후 서지전류 융통시의 단자전압을 일정 레벨 이하로 억제할 것

다. 이상전압 처리 후 속류를 차단하여 자동회복 능력이 있을 것

라. 반복 동작에 대해서 특성이 변화하지 않을 것

4. 피뢰기 설치 위치

가. 교류 전차선로 흡상변압기 양단의 전차선 및 부급전선, 급전선 인출 및 터널의 케이블 양단, 단권변압기 1차측 및 2차측

나. 직류 전차선로 급전선 긍장 약 500[m]마다, 급전선 인출 및 터널의 케이블, 양단변전소 인출구(급전 인입개소)

5. 피뢰기의 제한전압 및 유효 보호범위

가. 피뢰기의 제한 전압

(1) 상용주파 정상전압에 뇌전압이 침입하여 파고값이 뇌임펄스 방전전압에 도달(피뢰기가 방전)하고, 피뢰기 방전 중 과전압이 제한되어 피뢰기 양단사이에 잔류하는 충격전압을 제한전압이라 함

(2) 제한전압은 방전전류의 파고치 및 파형에 의하여 정하여 규정치는 파고치로 표시함

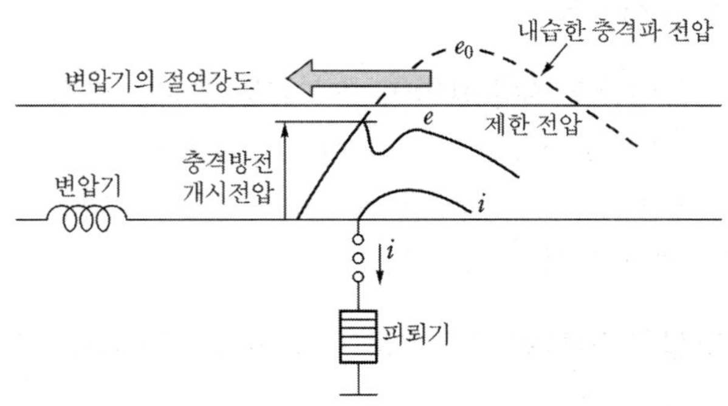

그림 4.10.5 피뢰기 방전특성(제한전압)

나. 피뢰기의 유효보호 범위

피뢰기의 직선적 유효범위는 아래 식으로 계산함

$$L = \frac{C \cdot t}{2}[\mathrm{m}]$$

여기서, L : 피뢰기의 직선적 유효보호 범위[m]

C : 전파속도[m/s]

t : 뇌의 파두장[μs]

4.10.5 보호선용 접속선(CPW) 설치목적 및 간격결정 요소

1. 개요

가. 교류 전기철도에서 보호선용 접속선(CPW)을 단권변압기(AT) 전기방식에서 PW 전선과 귀선레일을 접속하는 전선이라고 정의하나 이는 중성선이므로, CPW는 비절연 보호선(FPW)과 접지단자 간을 접속하는 전선을 말함

나. 고전압 임펄스 궤도회로의 경우에는 귀선레일 측 임피던스 본드의 중성점과 AT 중성점과 연결하여 전기차 귀선전류는 레일을 통하여 전철변전소로 보내고, 신호전류는 임피던스 본드(ZB)에서 차단하여 궤도회로 기능을 유지하도록 하고 있음

다. 최근 국내는 전철구간을 공용매설접지 방식을 도입하여 보호선을 비절연 보호선(FPW)으로 건설하고 있으나 보호선용 접속선의 설치방법은 동일함

2. 보호선용 접속선 설치목적

가. 궤선레일의 누설전류를 최소화하여 통신유도장해를 방지

전철화 구간의 열차운행 빈도가 고밀화 되면서 귀선전류가 커져 레일전위 상승과 누설전류로 인한 통신유도 장애 발생을 예방하기 위하여 보호선 또는 비절연 보호선과 귀선레일을 접속하고 누설전류를 최소화하도록 함

나. 사고전류의 확실한 귀선로 구성으로 레일전위 상승억제 및 파급사고 방지

(1) 전차선로 절연애자의 섬락, 낙뢰, 지락사고 등이 발생하는 경우 확실한 귀선로를 구성하여 접지전위 상승을 억제하고 인접되어 있는 전력, 신호, 통신 등의 저전압 약전류 회선과 기기의 절연파괴를 방지

(2) 변전소에서 사고 검출을 용이하게 하여 신속, 정확한 회로 차단의 보호동작에 기여 함

3. 보호선용 접속선의 접속간격 결정요인의 검토

가. 귀선전류에 의한 통신유도 장애를 고려한 측면

(1) 교류 전기철도에서 문제가 되는 통신유도 장애는 전차선 전류와 보호선 전류의 불평행 또는 레일의 누설전류로 인하여 발생되는 전자유도 전압에 의한 통신장애 발생이 주요인이 되고 있음

(2) 전차선 전류와 귀선전류가 같다면 통신선에 대하여 기하학적 대칭이 되어 이론상으로 유도전압을 Zero로 하는 것이 가능하나, 실제는 레일에 누설전류가 흘러 유도장애 원인이 되어 유도전압의 제한값을 정하고 있음

(3) 보호선은 유도차폐 효과가 있어 레일의 귀선전류를 보호선으로 원활히 흘려보내기 위해서는 CPW를 가급적 가깝게 설치하는 것이 유리하고, 전력유도전압을 기준치 이하로 유지하기 위한 예측계산 결과 CPW 설치간격이 약 2~2.5[km]정도가 적정한 것으로 판단되었음

(4) 방송통신설비의 기술기준에 관한 규정에서 정하는 "전력유도의 방지"에서 유도위험전압 및 잡음전압의 제한치를 규정하고 제한치를 초과하는 경우는 전력유도방지시설 설치를 의무화 하고 있음

나. 부하전류와 사고전류(낙뢰, 지락, 애자섬락 등)을 고려한 검토

(1) 전차선전류의 부하 밀도와 관계없이 보호선에 유입되는 전기차 귀선전류와 레일로 흐르는 귀선전류의 분류비는 약 84 : 16 정도로,

(2) 보호선용 접속선의 설치간격이 짧을수록 레일에 흐르는 귀선전류와 누설전류를 최소화하여 신호, 통신선로에 미치는 영향을 최소화 시킬 수 있음

(3) 지락, 낙뢰 등 사고 시 보호선용 접속선 간격은 지락전위 또는 뇌격전위 분포에 크게 영향을 주지 않으나, 구분소(SP)를 개방하여 운영하는 경우 말단측 전위가 상승할 우려가 있으므로 보호선용 접속선으로 폐회로를 구성하여 과도안정상태에 빠르게 도달하기 위해서는 보호선용 접속선의 간격이 짧을수록 유리함

다. 궤도회로 특성을 고려한 검토

(1) 철도신호용 궤도회로 장치는 위험한 상태에서도 오동작하지 않고 fail-safe 기능을 유지하도록 하고, 교류전기철도 구간에서는 고전압임펄스 궤도회로 방식과 AF 궤도회로 방식이 널리 사용되고 있음

(2) 고전압임펄스 궤도회로는 일정간격의 궤도를 절연하여 임피던스 본드로 연결되며 임피던스본드 중성점에 CPW를 연결하여 보호선에 접속함

(3) AF 궤도회로는 ATC 지상설비로 열차검지, 차상신호전송, 레일절손검지 기능 등 다양한 기능을 수행하는 신호장치로 임펄스 궤도회로 방식(3[Hz]) 보다 높은 고주파수(CAB반송파 990[Hz])를 사용함

(4) 두 궤도회로 방식에서 레일절손시 우회회로 구성에 의한 궤도계전기의 오동작을 방지하기 위해서 CPW 설치간격은 최소한 800[m] 이상으로 하고, 궤도회로 특성상 2~3 궤도회로 이상 이격하여 설치해야 함

4. CWP 의 접속간격의 결정

가. 귀선전류에 의한 통신유도, 부하전류와 사고전류(낙뢰, 지락, 애자섬락 등), 궤도회로 특성 등을 고려하여 검토한 결과, 보호선용 접속선 간격을 2.5[km] 이내로 설치하였을 경우 모든 조건을 만족함

나. 따라서, 사고전류의 신속한 회로 구성, 과도안정상태의 신속한 회복, 유도장해로 인한 오동작과 잡음전압, 설비유지보수 등 경제성을 고려하여 CPW의 설치간격을 2.5[km] 이내로 하는 것이 바람직 함

4.10.6 변전소 제어회로용 개방형보안기 및 절연형 보안기 비교

1. 개요

가. 전철변전소의 제어회로는 중앙 제어소, 변전소 내 또는 인접변전소간에 제어케이블로 연결되고, 계전기나 전자기기 등이 사용되고 있어 계통의 지락 및 피뢰기 방전시의 대지전위 상승, 낙뢰 및 차단설비의 개폐 등에 의한 서지가 발생하여 손상을 줄 우려가 있어 고압 주회로와 동등한 절연레벨이 요구되고 있음

나. 특히, 전철변전소가 공용 매설접지와 분리된 단독접지의 경우 서지가 내습하게 되면 설비의 손상이 우려되므로 제어・정보장치의 절연레벨의 강화 및 서지의 대책이 필요하게 되어 서지방지용 보안기 등을 설치하게 됨

2. 개방형 보안기

가. 개방형 보안기는 그림 4.10.6과 같이 대지전압이 구내의 근방접지(메슈접지) E_n에 접속된 피뢰관과 원방접지 E_f에 접속된 피뢰관 사이에 인가하도록 구성하여, 이상(異相)전압에 의해 보안기(5극 피뢰관) A_{r1}과 A_{r2}가 방전하면 방전전류 i에 의하여 퓨즈 F를 용단시키고, 통신 케이블과 기기를 순간적으로 끊어 기기 및 케이블측을 보호하는 원리임

나. 변전소에서 직류로 정보를 전송하는 「직류펄스 방식」이 채용되고 있는 원격제어 장치에 사용되는 보안기로 교류 모선 지락 시 대지 전위 상승의 양상과 이에 대한 기기 및 통신 케이블을 보호하는 방식임

다. 그림 4.10.6은 변전소의 전력계 기기와 원격제어 장치나 그 밖의 약전(弱電) 기기 및 구내에 들어와 있는 통신 케이블과의 관계를 나타낸 것임

라. 직렬저항 R은 전력 사고 시의 퓨즈 차단성능 확보와 피뢰관의 내량에 대한 방전전류를 제한하며, 낙뢰서지 진입에 의한 피뢰관의 방전전류에서는 퓨즈가 잘 끊어지지 않게 하기 위한 전류 제한저항으로 아래 사항을 고려하여 보통 100[Ω] 정도로 사용함

(1) 서지에 의한 퓨즈 용단을 회피

(2) 변전소 지락사고 시 퓨즈 차단 성능을 확보

(3) 회선 저항 증가에 의한 원격제어거리 단축

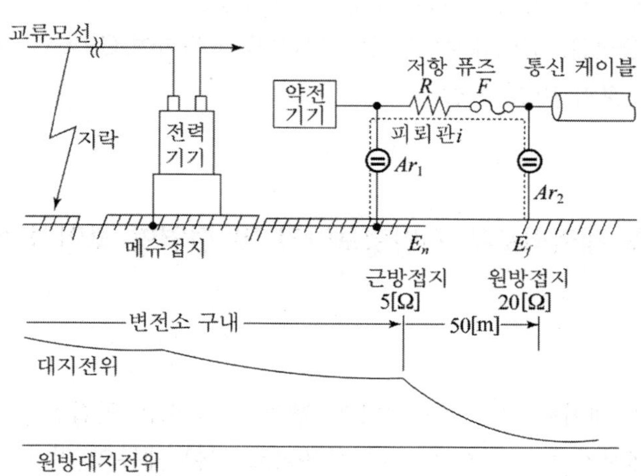

그림 4.10.6 변전소구내 대지전위상승과 보안기의 구성

3. 절연형 보안기

가. 전철용 변전소의 원격제어장치 등의 정보전송 방식이 "직류펄스 방식"에서 "반송파 전송" 방식으로 전환되어 전송회선의 교류화가 도모되어 내전압이 10[kV]의 실드에 들어있는 절연트랜스를 이용한 절연형 보안기가 사용됨

나. 회로구성은 그림 4.10.7과 같으며, 대지 이상 전압에 대해서는 고내압 실드에 들어 있는 트랜스로 기기의 절연을 보호하고, 트랜스의 1차와 2차 코일 사이에 넣은 정전실드는 통신케이블과 원격제어 장치간의 서지이행을 매우 작게함

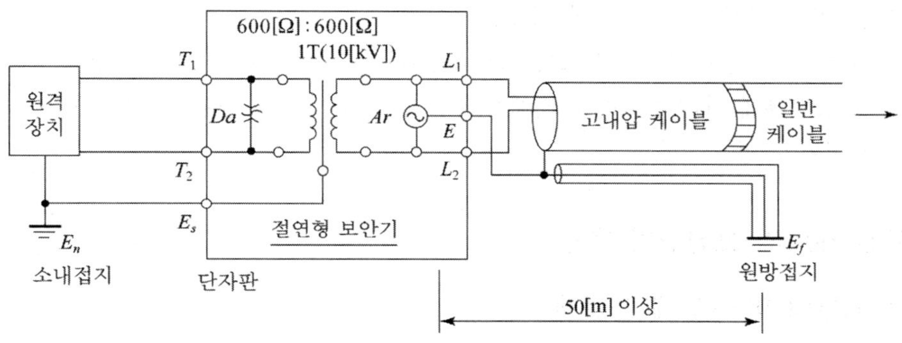

그림 4.10.7 절연보안기의 회로구성

다. 낙뢰서지가 진입한 회로에 불평형이 있는 경우나 한쪽 선의 어딘가에 절연의 약점이 있어서 한 선에서 대지로 방전할 때는 선간 이상전압이 발생하고 선간 이상전압에 대해서는 피뢰관 및 서지 방호 다이오드로 보호를 하고 있음

라. 절연형 보안기는 개방형 보안기와 달리 보안기 동작 후에 퓨즈를 교환할 필요가 없으며, 또한 퓨즈 자동 전환장치와 같은 복잡한 가동부가 없기 때문에 유지보수를 경감할 수 있으며, 크기도 개방형 보안기의 1/2 정도로 소형임

4.11 ◦ 전차선로 가선 장치 및 금구류

4.11.1 전차선로 장치 및 가선 금구류 구비조건

1. 개요

가. 가공 전차선은 전차선, 조가선 및 이러한 전선을 지지하는 각종 가선 금구류로 구성되어 적절한 장소에 사용되고 있으며, 전차선 장치 및 가선금구류는 전차선로의 기계적 연결 및 전기적 연결을 위해 필요함

나. 따라서, 전차선 장치 및 클램프, 가선금구류는 가압된 전차선로 시스템에서 운전전류 및 고장전류에 견디어야 하고 기계적 스트레스 및 강도에 충분히 견딜 수 있는 재질이 사용되어야 함

2. 전차선 재료의 보전상의 문제

가. 습동부의 마모에 대한 문제

전차선 장치 및 가선 금구류의 보전상 최대의 문제점은 집전장치(Pantagraph)와 습동하는 부분의 마모가 있으며, 마모시 교체할 때는 많은 시간과 경비가 수반되기 때문에 수명을 결정하는 적정한 재질을 고려하여야 함

나. 부식에 대한 방식 문제

전차선 장치와 가선금구류의 금속재료는 전차선로 주변의 환경영향에 따라 부식을 피할 수 없으므로 내부식성이 강한 합금류를 개발 적용하고, 철재류에 대해서는 용융아연 도금 강재 등을 사용하여 부식에 대한 대책이 필요함

다. 장치 및 금구류의 경량화 문제

가선의 고장력화에 따라 지지물, 가동브래킷, 지지애자의 중량 등이 증가함에 따라 경점 발생 우려가 있고, 향후 유지관리 측면에서도 지지물, 전차선 장치, 가선 금구류 등이 경량화 될 수 있는 설비가 적용되도록 함

라. 애자의 염해 및 절연 문제

해안에 근접되어 시설되는 전차선로의 애자류는 염해가 문제가 되므로 실리콘 또는 컴파운드 애자를 사용하여 경량화와 함께 염해에 대한 장해를 예방하도록 하여야 함

마. 전류에 의한 손상 문제

전차선로 가압부에는 운전전류 또는 사고전류가 흐를 때 순환전류에 의하여 전차선 장치나 금구류의 전기적인 손상이 발생할 우려가 있고, 팬터그래프 습동 중 아크의 발생 시는 급격한 손상이 올 수 있으므로 기계적, 전기적인 강도를 충분히 고려하여야 함

3. 전차선 장치 및 가선금구류 구비조건

가. 장치와 금구류는 내마모성과 내부식성이 클 것
나. 전기적 커넥터 등은 내구성과 전도성이 좋을 것
다. 장치 및 금구류는 경량화 재질일 것
라. 해안주변의 애자는 염진해에 강한 재질일 것
마. 기계적 강도가 충분하고, 기계적 스트레스 및 반복적인 진동에 견딜 것
바. 전기적 강도가 충분하고 전기가 통하는 금구는 전도성이 좋을 것

4. 전차선 장치 및 가선금구류 시험종류

가. 최대 인장하중시험
나. 인장하중 내력시험
다. 압축하중 내력시험
라. 비틀림 Moment 내력시험
마. 미끄럼 하중시험
바. 접속부 저항시험

4.11.2 전차선로 곡선당김금구 및 진동방지 설치간격과 방법

1. 설치목적 및 용도

가. 설치목적

(1) 전차선 및 집전장치(Pantagraph) 습동판 이상마모 방지를 위하여 지그재그 편위 유지
(2) 전차선의 동요를 억제하고 곡선로에서 전차선을 적합한 위치로 유지시킴
(3) 풍압 및 팬터그래프 습동에 따라 집전성능 확보를 위한 전차선의 위치를 양호한 상태로 유지

나. 사용용도(장치의 적용)

(1) 진동방지 금구(장치)

① 직선구간 및 곡선반경 1,600[m] 이상에서 사용하는 금구

② 전차선 및 보조조가선의 횡진방지 및 지그재그 편위 유지

(2) 곡선당김 금구(장치)

① 곡선반경 1,600[m] 이하인 곡선로에 사용하는 금구

② 곡선로에서 전차선의 곡선 횡장력에 의하여 곡선내측으로 장력이 작용하므로 곡선 외측방향으로 잡아당겨 곡선로 적정 편위 유지

2. 진동방지금구와 곡선당김금구 종별

가. 진동방지 금구 적용

(1) 열차의 고속화, 열차의 장대편성(다팬터)에 수반하는 가선동요 및 압상량 증가에 따라 팬터그래프 및 진동방지금구의 손상사고 발생을 방지하기 위하여 본선에서는 궁형을 사용함

(2) 전차선을 잡아주는 부분을 "이어"라고 하여 볼트식과 쐐기식이 있음

표 4.11.1 진동방지금구 적용장소

구분	금구종별	지지점 적용
본선	궁형	가동브래킷, 가압빔, 가동파이프식, 빔하스페선
측선	직선형	빔하스펜선 (스펜로드식)

나. 곡선당김 금구

표 4.11.2 곡선당김금구 길이 적용

금구종별	길이(L)	적용구분
일반용 궁형	900[mm]	역간 등 일반적인 장소
가동브래킷 궁형	900[mm]	가동 브래킷에 설치
일반용 직선형	750[mm]	궁형이 적당하지 않는 장소, 정차장 구내 등에 설치
일반용 직선형	425[mm]	정차장구 내에서 설비가 밀접 되어 한계에 여유 없는 장소 또는 팬터그래프 습동 할 우려가 없는 장소

3. 금구(장치)의 설치

가. 설치간격

(1) 진동방지 장치(금구) : 직선로 및 곡선반경 1,600[m] 이상에 사용

표 4.11.3 진동방지금구 설치간격

장소	본선	측선	비고
고정빔 및 고정 브래킷 경우	각 지지점	4경간마다	분기기 부근 등 전차선이 밀접한 개소에서 팬터그래프 통과에 지장이 없도록 시설함
가동브래킷 및 강풍구간	각 지지점	각 지지점	

※ 풍압이 횡장력보다 큰 경우나 같은 경우의 곡선반경 약 1600[m]에 사용

(2) 곡선 당김 금구(장치) : 곡선반경 1600[m] 이하의 곡선로에서 각 지지점마다 설치하여 일정한 한도이내의 편위 유지

나. 설치방법(취부방법)

(1) 진동방지금구(장치) 설치방법

① 순간풍속 30[m/s] 이하에서 팬터그래프 통과에 지장없도록 설치

② 자동장력조정구간은 억제저항이 최소화 되도록 설치

③ 빔하스펜선에 설치 시 이종금속 접촉 및 순환전류에 의한 부식·단선이 없도록 균압설치 및 동스리브 설치

표 4.11.4 레일 면에 대한 진동방지금구 설치 각도 및 간격

구분	레일면에대한 표준각도(°)	스펜선과 전차선 사이의 간격(mm)	비고
궁형	11°	300[mm]	
직선형	15°	350[mm]	

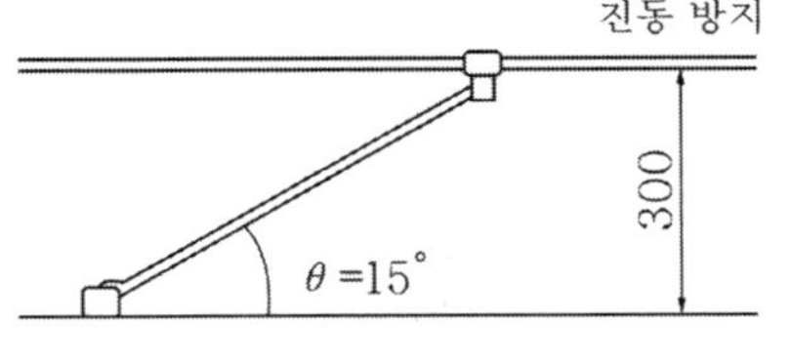

직선형 진동 방지 금구

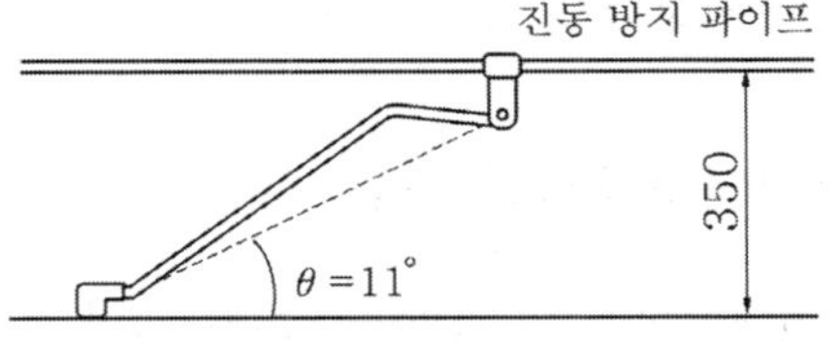

궁형 진동 방지 금구

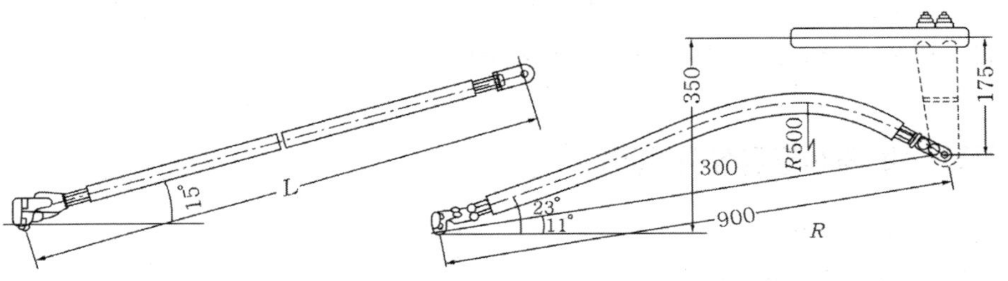

일반용 직형　　일반용 궁형, 가동 브래킷용(심플 커티너리용)

그림 4.11.1 진동방지금구 설치 기준

(2) 레일 면에 대한 표준각도 및 간격

① 레일면에 대한 표준각도 및 간격 : 궁형의 경우 11°, 직선형의 경우 15°이며, 주로 가동브래킷 또는 가동 파이프식으로 진동방지 파이프와 전차선간의 간격은 350[mm]를 표준으로 함

② 곡선당김 금구 지지점은 궤도중심에서 1[m] 이상 이격

③ 자동장력고정구간에서 억제저항이 최소화 하도록 설치

④ 빔하스펜선에 설치 시 이종금속 접촉 및 순환전류에 의한 부식·단선이 없도록 균압 설비 및 동스리브 설치

⑤ 곡선반경 1600[m]정도의 완화곡선 종단은 진동방지 금구가 유리함

다. 진동방지금구, 곡선 당김 금구 탈락 방지 대책

스텐레스제 split pin을 삽입함(분할핀)

4.11.3 고속철도 『곡선당김장치』 설치목적 및 길이

1. 설치목적

곡선 당김장치는 전차선의 위치를 브래킷 바로 밑에다 고정하며 어떠한 최악의 조건인 풍압에 의한 전차선의 움직임과 집전장치(Pantagraph)의 동요, 곡선에 의한 캔트의 변화 및 전차선의 어떠한 압상 작용 하에서도 전차선의 편위를 유지시켜 팬터그래프의 습동 집전에 지장 없도록 전차선의 위치를 확보시켜주는 장치임

2. 곡선당김장치의 재질

곡선 당김장치의 재질은 당김자체의 무게로 인한 전차선의 경점을 최소로 줄이기 위해 알루미늄 합금관으로 되어 있으며 전차선의 어떠한 외력에도 견딜 수 있는 충분한 기계적인 강도(항장력 300[N/mm^2], 탄성강도 230[N/mm^2])를 갖고 팬터그래프의 통과에 지장이 없도록 모두 활꼴 모양인 궁형으로 사용함

3. 설치장소별 곡선당김장치 길이

가. 일반개소 : 1.2[m]

나. 구분장치 또는 장력장치 개소 : 1.3[m]

다. 선로 분기개소에는 1.75[m]와 2.0[m]

라. 압축력을 받는 개소 : 두 개의 곡선 당김금구를 용접 제작한 1.4[m] 특수형

표 4.11.5 곡선 당김 장치용 알루미늄관의 크기와 용도

구 분	사 용 개 소
외경 ϕ30[mm] (두께 2.5[mm])	- 일반개소의 곡선 당김 장치 - 구분용 곡선 당김 장치 - 장력 장치용 곡선 당김 장치
외경 ϕ30[mm] (두께 2.5[mm])	선로분기 개소용 곡선 당김 장치

4.11.4 전차선 재료의 부식원인, 종류, 방식 대책

1. 개요

가. "부식"이란 에너지 준위가 높은 물질에서 낮은 화합물로 되돌아가는 과정에서 물질자체의 변질 또는 특성이 변질되는 것을 말함

나. 부식의 진행은 대기부식, 이중접촉부식, 기타 요인에 의함

다. 전차선재료의 부식과 열화는 제품의 성능을 저하하여 열차안전운행을 저해하므로 수명연장, 신뢰도 향상을 위한 적정한 방식 대책필요

2. 부식의 원인 및 종류

가. 대기 조건에 의한 부식 ⇨ 전차선로 주변 환경의 영향

(1) 화학공업 지역의 부식성 유해가스 발생

(2) 염해 또는 진해 : 해변지역, 시멘트 공장 등 먼지 발생 지역

(3) DL 기관차 등의 매연구간 : 디젤기관차가 병용하는 구간의 장대터널, 구배에 의한 DL역행구간, 디젤기관차 상시 또는 장시간 정차 장소

나. 이종(異種)금속의 접촉부식

(1) 이종금속 접촉부식 발생원리

두 종류의 금속 접속부분에서 전위차에 의하여 발생하는 것으로 두 종류의 금속접속부가 염해질 용액에 접촉되면 국부전지가 형성 되고 용액중의 금속전위(−) 또는 전위가 높은 금속이 양(+)극으로 되어 용액 중에서 용해되어 국부전지 작용에 의한 전식이 발생함

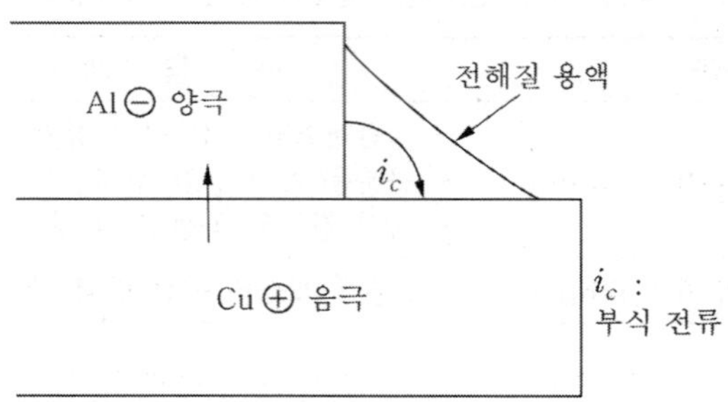

그림 4.11.2 국부전지 작용

(2) 접촉부식의 원인

① 수분, 습기의 부착 : 국부전지 발생에 절대적 영향

② 부착수분의 성질(염수 : 해안지역, 아황산수 : 공업지역)에 따라 부식의 속도가 빨라짐

③ 두 금속의 조합 또는 접촉으로 두금속간 전위차 발생에 의한 영향

④ 전계·누설 및 순환전류의 영향

⑤ 온도 조건 : 온도상승 시 부식촉진

⑥ 분진의 부착 : 분진과 습기가 작용하여 부식 가중

다. 기타부식의 원인

(1) 가선진동의 미세한 스트레스가 장기간 누적되어 금구의 균열 및 손실

(2) 집전장치에 의한 전기적 아크의 스트레스 누적으로 열화부식

표 4.11.6 이중금속의 조합에 의한 부식특성

접속 금속 / 피접속금속	(A)	(B)	(C)	(D)	(E)	(F)	(G)
(A)	–	○	○	○	⦶	⦶	○
(B)		–	○	○	⦶	⦶	○
(C)	◑	◑	–		◑	◑	⦶
(D)	◑	◑	◑	–	◑	◑	◑
(E)	○	○	○	○	–		○
(F)	○	○	○	○	○	–	○
(G)	●	●	⦶	○	⦶	⦶	–

(예시) ○ : 피접촉 금구 부식 없음 ⦶ : 피접촉 금구 부식증가
◑ : 피접촉금구의 현저한 부식 ● : 습기 존재로 대책 수립이 필요한곳

3. 부식 방지대책(방식대책)

가. 스테인리스강, 크롬강 등 내부 식성이 가장 재질을 사용할 것

나. 용융아연도금의 적용

(1) 전차선로 철 구조물에 용융아연도금을 적용하여 대기부식에 의한 영향을 방지 : 아연도금의 피막방식효과

(2) 아연도금의 사용 수명은 도금 부착 량에 비례하지만 사용 환경(중공업, 지대, 해안지대, 도시지역, 전원지역 등)의 영향이 커 제1기 부식으로 아연도금 부식, 제2기 부식으로 금속체 부식으로 진행됨

(3) 아연도금은 KSD8308 "용융아연도금"에 의하여 설비별 부착량을 정함

표4.11.7. 용융 아연도금의 적용(KSD8308에 의함)

종별	부착량 [g/m³]	적용구분
용융아연도금	350 이상	M16 이상 볼트·너트·좌금류
	500 이상	가선금구류
	550 이상	철주, 빔, 완금, 롯드류

다. 이종 금속의 접촉에 의한 부식방지

(1) 이중금속 간 접촉부분을 절연 함 ⇨ 국부전지 전류발생 차단

(2) 이중금속 간 접속부분에 수분 또는 습기가 차지 않는 구조가 설치

(3) 금속제 경계면의 도장 및 피복으로 수분을 차단

(4) 원칙적으로 전위차가 상호 근접한 금속을 선정하여 접속하며, 두개의 금속간 부식의 정도를 알기위한 상대 전위차 계산식은 아래와 같음

$$V_e = \frac{V_a - V_b}{\frac{V_a + V_b}{2}} = 2(V_a - V_b)/(V_a + V_b)\ [\mathrm{V}]$$

여기서, V_e : 상대전위차, V_a : a금속의 전위, V_b : b금속의 전위

표4.11.8. 상대전위차와 부식금속의 부식정도

상대전위차	부식정도	상대전위차	부식정도
0~0.2	거의 부식되지 않음	0.8~1.2	심한부식이 진행
0.2~0.8	미세한 부식진행	1.2 이상	조합사용 불가능

(5) 대전류 · 고전압 연결개소의 이종금속 접촉 부분에 중간금속을 삽입
➪ 부스바, 콘넥터, 슬리브, 이종전선 등의 접속에 중간금속판, 이종슬리브 등

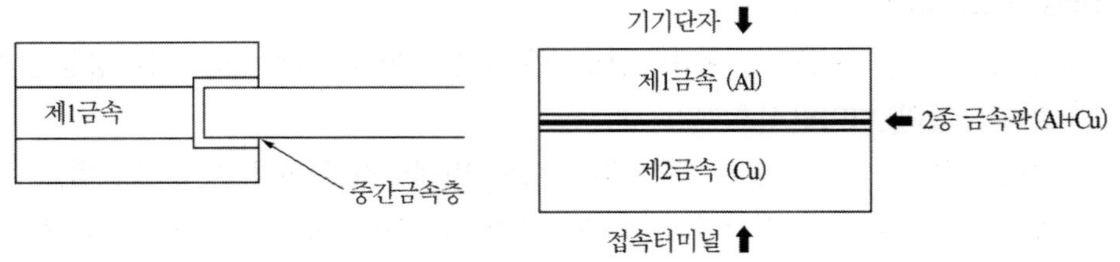

그림 4.11.3 중간금속의 삽입

① 중간 금속층(판)은 한쪽 면은 제1금속(AL), 반대쪽 면은(Cu)로 제작하여 이종금속간 전위차를 "Zero"에 가깝게 하여 부식방지
② 시공 및 유지관리시 수분 등 습기가 혼입되지 않는 구조 · 형태로 하여야 함

4.12 ◦ 전차선로 기기 및 안전설비

4.12.1 교류 전철변전소 인출개소 개폐기 설치 목적

1. 변전소 인출개소 개폐기 설치 목적

인출개소에 설치하는 개폐기(단로기)의 핵심목적은 GIS 점검보수 및 고장, 전차선로 급전케이블 고장 시 전차선로를 전기적 및 기계적으로 완전 분리하여 점검보수 시 안전을 확보하고 열차의 비상운전이 가능하도록 하는 설비로 설비별 측면에서 보면 아래와 같음

가. 변전설비 측면

GIS(가스절연개폐기)의 정기점검 시 장시간 선로와 분리가 필요하고 고장 시 변전설비를 전차선로와 분리하여 설비의 신속한 복구를 위함

나. 전차선로 측면

케이블로 시공된 전차선로 급전선(AF) 장애시 고장선로 분리후 TF 로만 전력을 급전하여 열차의 비상운전을 도모하기 위함

2. 변전소 인출개소 개폐기 설치방법

가. 일반철도 구간변전소 및 급전구분소 등의 인출개소에 설치하는 개폐기는 수동단로기(HDS : Handle Disconnecting Switch)를 원칙으로 함

나. 고속철도 구간의 변전소(SS) 및 급전구분소(SP)의 인출개소 개폐기는 원격제어가 가능한 동력단로기(PDS : Power Disconnecting Switch)로 설치함

다. 고속철도 병렬급전구분소(PP) 인출개소에는 수동단로기(HDS)를 설치함

다. 단로기(DS)는 계통의 기기의 분리 및 급전 케이블의 장애를 구분할 수 있는 적합한 위치에 설치함

라. 설치위치가 교량 상부 등으로 수동단로기 운영여건이 부적합한 장소는 동력단로기(PDS)를 설치할 수 있음

마. 단로기는 구분형태 및 고장개소 분리 목적에 적합하도록 2P 또는 1P형 단로기를 현장 여건에 적합하도록 선정하여 설치함

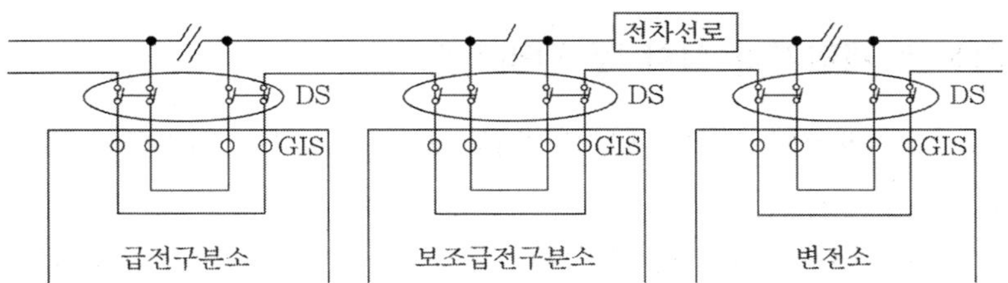

그림 4.12.1 인출개소 개폐기 설치 개념도

4.12.2 교류 전차선로 선로분리용 개폐기(DS, PDS, LBS) 설치기준

1. 전차선로 개폐기 설치 이유

가. 전차선로 구간에서 사고 등 고장이 발생한 경우 긴급 사고복구 구간 또는 고장구간을 분리하여 고장구간을 최소화하거나 비상 열차운행(타력운전 등)의 목적으로 설치하여 전기회로나 장치의 상태를 ON 또는 OFF로 바꾸어 접속하기 위한 물리적 또는 전기적 장치를 총괄하여 개폐기라고 함

나. 교류 전차선로의 선로용 개폐기는 CB, DS, PDS, LBS 등이 있으며, 변전소, 구분소 등의 인출개소, 전차선로 고장구간의 분리 등의 목적으로 설치하여 변전설비의 점검 및 유지보수, 전차선로 긴급보수 또는 열차의 비상운전 등 안전을 도모하기위하여 설치함

2 교류 전차선로 개폐기의 종류

가. 차단기(CB : Circuit Breaker)

전력계통의 정격전류(암페어 A로 표시) 이상의 과전류가 흐를 때 보호계통과 연동하여 부하상태에서 개폐가 가능한 설비

나. 단로기(DS : Disconnecting Switch)

전기회로에서 무부하 상태에서 전로를 개폐하는 것을 원칙으로 하며, 개폐상태를 육안으로 확인 가능한 설비

(1) PDS (Power Disconnecting Switch) : 동력조작 단로기

(2) HDS (Handle Disconnecting Switch) : 수동조작 단로기

다. LBS(Load Break Switch)

전원계통의 전로 부하상태에서 정격전류에서 개폐가 가능한 설비

3. 교류 전차선로 개폐기의 설치 및 관리기준

가. 개폐기는 운전계통별, 상하선별, 전압위상별로 구분하여 설치하여야 함

나. 변전소, 구분소의 인출개소에는 선로 분리용 개폐기를 설치함

다. 복잡한 정거장구내 측선은 필요에 따라 본선으로부터 적당한 군으로 분리하는 개폐기를 설치함

라. 수차고 및 일상검사선 등 차량을 점검하는 정비선과 화물적하장은 매선마다 구분 개폐기를 설치하고, 전기차 차고선 및 차량기지는 본선과 구분함

마. 개폐기 설치는 가능한 한 모아서 설치하고, 전용주 또는 전차선로 겸용주에 설치하여야 함

바. 개폐기 설치 높이는 지표면상 5[m] 이상에 설치하되 부득이한 경우는 인축의 위험이 없도록 설치하고 위험표지 또는 울타리등 안전설비를 설치함

사. 개폐장치는 부하상태에서 원격 또는 수동제어가 가능한 부하 개폐기와 무부하 상태에서만 조작이 가능한 단로기(동력, 수동)를 구분하여 설치함

아. 부하개폐기는 본선로의 절연구분장치 및 에어섹션 개소, 전압 변성기(전압감지설비) 설치개소의 전차선로 전주 또는 단독주에 설치하여야 함

자. 단로기는 무부하시에 원격제어 또는 수동 레버조작이 가능하도록 설치함

차. 개폐기는 조작후 개폐상태를 육안으로 확인 가능하여야 하고, 개폐기와 다른 가압부분 또는 구조물 등과의 안전 이격거리가 충분히 확보되어야 함

카. 수동 조작하는 개폐기는 조작자의 안전을 위한 발판지지대를 설치하여 공용접지와 연결하고, 개폐기 조작레버에 쇄정장치를 설치하여야 함

4. 전차선로 개폐기의 관리

가. 전차선로용 개폐기의 취급 및 관리는 급전제어지침에 의하여 시행하여야 하며 조작 및 운영의 편리성을 위하여 아래와 같이 번호를 부여하여 관리함

나. 전차선로용 개폐장치 관리번호 부여 방법

(1) 100 자리수 부여방법

① 역구내 상하 본선 연결용 개폐장치는 300대로 함

② 변전소, 구분소 인출에 설치하는 가공전차선 급전용 개폐장치는 500대로 하고, 절연구분 장치 내 비상급전용 단로기는 400대로 함

③ 구내 측선용(화물적하장 제외) 단로기는 600대

④ 화물 측선용(적하장 포함) 개폐장치는 700대

⑤ 기지 내 차고 개폐장치는 800대, 전원 절체용 개폐장치는 900개

(2) 10자리수 부여방법

위 (1)항 ①호에서 ④호까지의 10자리 번호는 하선측 개폐기은 50대, 상선측개폐기은 60대로 하고, ⑤ 항의 10자리는 0으로 함

(3) 1 자리수 번호부여

① 역간 본선로, 변전소 인출, 절연구분장치 등의 1 자리수 번호는 서울방면 측은 1번, 서울반대 방면 측은 2번으로 함

② 구내측선, 화물측선, 차량기지 내 개폐기의 1자리수 번호는 선로번호 순으로 일렬번호를 부여함

③ 고속철도 ZCP 구간 전차선로용 개폐장치는 ZCP 일련번호로 부여함

4.12.3 BT 급전구간의 전차선로용 흡상변압기 설치기준

1. BT(Booster Transformer) 구성 및 원리

가. 국내 중앙선 등 산업선에 처음 도입된 교류 전기철도 급전방식이 BT 방식으로 귀선전류를 부급전선으로 강제 흡상시켜 부급전선에 흐르는 전류는 전차선 전류와 반대방향으로 흐르도록 회로를 구성하여 전차선 전류에 의하여 발생되는 고조파를 상쇄시켜 인접 통신선의 유도장해를 경감하는 역할을 함

나. BT 급전방식은 1/2차 권수비가 1:1인 흡상변압기(Booster Transformer) 64[kVA] 또는 120[kVA]를 약 4km마다 설치함

다. BT 1차측은 급전분기선을 이용하여 전차선과 연결하고, 전차선에는 부스터 섹숀(Booster Section)을 설치하여 구분하고, 2차측은 부급전선과 직렬로 연결한 구조로

되어있음

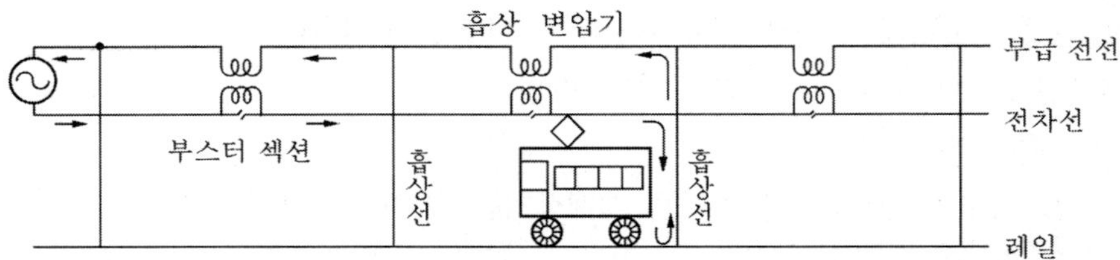

그림 4.12.3 흡상변압기 설치도

2. 흡상변압기의 설치 기준

가. 흡상변압기는 주상 또는 지상에 설치하며, 지상에 설치하는 경우에는 방호설비를 하여야 함

나. 흡상변압기 설치간격은 4[km]를 표준으로 하며, 운전전류와 통신유도 장해 정도에 따라 용량 및 설치 간격을 조정함

다. 주상에 설치하는 흡상변압기의 설치 높이는 지표면상 5[m] 이상으로 하며, 부득이한 경우에는 개폐기 설치 기준에 의함

라. 흡상변압기를 설치하는 장소의 전차선에는 에어섹션, 애자형섹션 또는 수지제 구분장치를 설치하여 전차선을 전기적으로 구분하고 있음

3. 흡상변압기의 용량

가. 흡상변압기의 용량은 정격 전차선 전류와 정격전류에서의 단자전압의 곱으로 아래와 같은 표준식으로 나타냄

나. 흡상변압기 용량 계산식

$$W = V_1 \cdot I_a = I_a^2 \cdot D(Z_{33} - Z_{23})[\text{VA}] = \frac{I_a^2 \cdot D(Z_{33} - Z_{13})}{1,000}[\text{kVA}]$$

여기서, V_1 : 흡상변압기 단자전압[V]

I_a : 전차선 전류[A]

D : 흡상선 간격[km]

Z_{33} : 부급전선 대지귀로 임피던스[Ω/km]

Z_{13} : 전차선과 부급전선의 상호임피던스[Ω/km]

4.12.4 전차선로 표지류 종류 및 설치기준

1. 전차선로 표지류 설치 목적

전차선로 표지류는 전기철도 구간의 열차운행 및 유지보수에 필요한 표시를 규정하여 열차 승무원 또는 전차선로 보수자에게 상황을 정확히 인지하게 함으로서 열차안전 운행, 작업원의 안전확보, 시설물의 유지관리 편리성 도모, 전기철도에 근접하여 통행하는 사람에 대한 주의를 환기하여 안전사고를 예방하기 위하여 설치하였음

2. 전차선로 표지류 종류 및 용도

가. 열차 운행에 관련되는 표지류

(1) **가선종단표** : 본선 및 측선 등의 전차선 가선 종단 지점
(2) **전차선 구분표** : 전차선로 구분장치가 설치 된 장소
(3) **가선 절연구분구간 예고표** : 절연구분장치 구간을 사전에 예고
(4) **가선 절연구간 표지** : 절연구분장치 구간을 나타내는 표지
(5) **타행표지** : 교류/직류, 교류/교류 절연구간의 전방에 설치하여 전기차의 노치 OFF 상태에서 진입하도록 허용되는 표지
(6) **역행표지** : 절연구간을 통과한 후방에서 노치 ON 상태로 운전
(7) **팬터내림 예고표지** : 사고 등 긴급시 팬터내림을 예고하는 표지
(8) **팬터내림표지** : 사고구간 진입시 팬터내림후 운전이 허용되는 표지
(9) **팬터올림표지** : 사고 또는 타행구간 후방에서 팬터올림 가능한 표지

가선종단표 전차선구분표 절연구간예고표 절연구간표

타 행 표 역행표(EL) 역행표(전기동차) 역행표(고속철도)

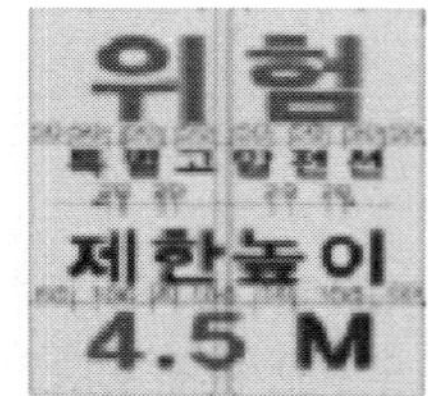

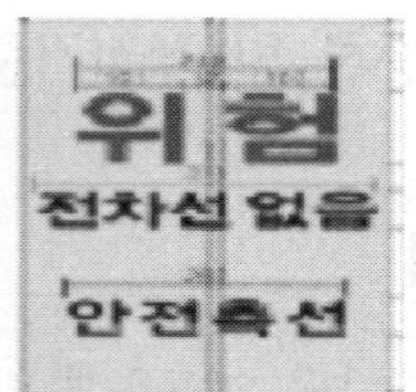

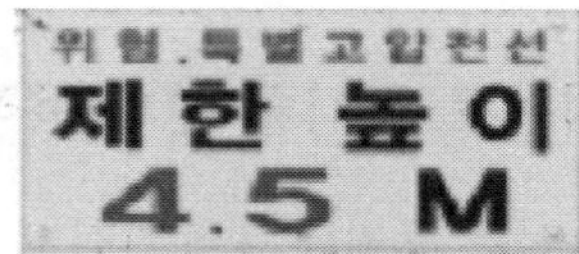

전기위험표　　주의표(전차선 있음, 없음)　　건널목 주의표

팬터내림예고표지　　팬터내림표지　　팬터올림표지　　전주번호표

그림 4.12.4　각종 전차선로 표지류

나. 유지관리 및 통행차량과 행인의 안전관리

(1) **전주번호표** : 전주 등 지지물의 위치 및 설치년도 등을 나타냄

(2) **케이블 매설표** : 지하에 케이블이 매설된 루트를 알리는 표시

(3) **건널목 주의표** : 차량 및 사람이 통행하는 건널목에서 전기위험 및 제한높이를 표시하여 안전성을 확보하는 표지

(4) **전기위험표지** : 전기철도 가압부와 인접한 장소의 통행인 및 보수자의 안전을 확보하기 위한 표지

3. 전차선로 표지류 설치 기준

가. 가선종단표

본선 및 측선 등의 전차선 가선종단 전방에 설치하여 전기차가 팬터를 올리고 진입하는 것을 금지하는 표지

나. 전차선 구분표

열차 진행방향에서 전차선로 구분장치(절연구분장치 제외)의 전방에 표지를 설치하여 열차 승무원에게 열차안전을 도모하기 위함

다. 가선 절연구분구간 예고표

가선 절연구간 예고표지는 속도등급 200[km/h]급을 초과하는 구간은 가선 절연구간의 1,000[m] 전방, 그 외의 구간은 가선절연 구간표지의 400[m] 전방에 설치함

라. 가선 절연구간 표지

속도등급 200[km/h] 초과하는 구간의 가선 절연구간 표지는 가선 절연구간 중심부에서 110[m] 전방에 설치하고, 그 외의 구간은 절연구분장치(교류/교류, 교류/직류) 접속지점의 시단 또는 시단과 가까운 지지물에 설치함

마. 타행표지

속도등급 200[km/h]급을 초과하는 구간의 타행표지는 가선 절연구간 전방 200~250[m]에 설치하고, 그 외의 교류/직류 절연구간은 150~200[m] 전방, 교류/교류 절연구분구간은 100~200[m] 전방에 설치함

바. 역행표지

(1) 전기기관차 : 가선절연구간 후방에서 20~30[m]를 더한 값의 위치에 설치(중련 운전구간은 40~50[m]를 더한 위치)

(2) 전기동차 : 가선 절연구간의 후방에서 열차장에 10[m]를 더한 장소

(3) 고속철도 차량 : 가선 절연구간 후방에서 열차장에 30[m]를 더한 위치

사. 팬터내림 예고표지

사고 등 긴급시 해당지점으로부터 고속선은 1,400[m] 이상, 150[km/h] 구간은 500[m] 이상, 120[km/h] 이하 구간은 400[m] 이상의 전방에 설치하고 후방에 팬터내림 표지가 있음을 예고하는 표지임

아. 팬터내림표지

사고 등 긴급시 해당지점으로부터 고속선은 500[m] 이상, 150[km/h] 구간은 300[m] 이상, 120[km/h] 이하 구간은 200[m] 이상의 전방에 설치하고, 해당 구간 통과 시는 반드시 팬터를 내리고 운전할 것을 지시하는 표지

자. 팬터올림표지

해당 지점으로부터 고속선은 500[m] 이상, 기타선은 열차장을 고려하여 적정 지점 후방에 설치하여 팬터그래프를 올리고 정상 운전할 것을 표시함

차. 전주번호표

일반개소는 레일면상 2.5[m] 위치, 지하구간은 레일면상 3[m] 위치에 역구내의 경우 레일과 직각방향, 역간의 경우는 기점과 종점을 구분하여 45도 방향으로 설치

카. 케이블 매설표

지중케이블을 매설한 경로를 따라 철도부지내는 10[m] 이내, 기타 장소는 관련법에 따라 설치함

타. 건널목 주의표

건널목, 과선교 등 차량 또는 사람의 통행이 빈번한 장소에서 2차로 이상의 차량이 통행하는 건널목은 스펜선식, 1차로 이하의 차량이 통행하는 건널목은 브래킷식, 사람만 다니는 건널목은 입찰식 주의표를 설치함

4.12.5 전차선 해빙시스템 원리 및 구성

1. 개요

가. 추운 겨울밤 수시간 동안 열차를 운행하지 않으면 전차선에는 눈 또는 얼음이 착빙하여 선로에 빙설이 부착된 상태에서 전기차가 운행하면(특히 첫열차) 팬터그래프와 전차선의 접촉이 불안전 상태가 되어 심한 아크가 발생함

나. 전차선의 착빙을 제거하는 방법은 기계적인 기법, 화학적 기법, 전기적인 방법이 있으나, 여기서는 국내에서 설치하여 운영 중인 최초열차 운행 전에 일정시간 전차선에 전류를 가할 때 발생하는 Joule 열에 의하여 착빙된 빙설을 녹이는 "해빙시스템"에 대하여 기술하고자 함

2. 빙설부착에 대한 영향

가. 전차선 및 팬터그래프의 심한 아크발생으로 국부마모 및 용손 우려

나. 집전불량에 의한 고조파 발생으로 인한 전기기기 오동작 우려

다. 가혹한 아크 및 기계적 충격에 의한 팬터그래프 파손 우려

라. 정격치 이상의 하중 발생으로 자동장력 전차선의 과도한 이도 발생

마. 큰 진폭의 도체발진(갤러핑)에 의한 전차선의 도약 및 집전성능 저하

바. 전차선로의 설계기준인 최저기온(−35℃), 착빙 6[mm] 풍속 40[m/s]는 강도를 나타낸 것으로 집전성능과는 별개임

※ 국내의 경우 서울이북 또는 강원 산간지역 등 동절기에 적용이 적합하나, 중부이남의 경우 빙설영향이 적어 실효성이 낮은 것으로 보고됨

3. 전기적 기법에 의한 해빙기 시스템의 원리 및 구성도

가. 동작원리

(1) 그림 4.12.5와 같이 빙설이 일정한도 이상 전차선에 부착되면 구분소의 CB_1, CB_2, CB_3 차단기를 투입한후, 변전소의 CB_4를 투입하여, 변전소 → 하선 →

구분소 CB_1 → 상선 → CB_2 → CB_3 → 상선 → 변전소로 이어지는 전기적인 폐회로 구성

(2) 상하선을 연결하는 이유는 전차선의 저항이 0.0355[Ω/km]로 매우 작기 때문에 저항을 증가시켜 주기 위함

(3) 전차선에는 Joule 열에 의한 열이 발생하여 전차선이 가열되고 빙설이 녹게 됨

① 열 발생 Joule 열 $W = I^2 \cdot R \cdot t$[joule] $= 0.24I^2Rt$[cal] ≒ 60[℃]

② 이때 전차선 온도가 약 60℃ 되려면 시간은 약 20~30분으로 길게 하여 빙설이 완전히 녹은 다음 열차운행을 개시함

나. 구성도

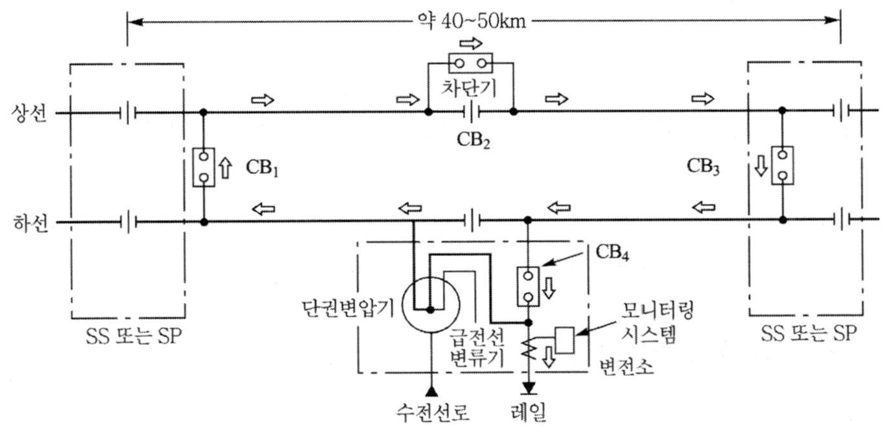

그림 4.12.5 고속철도 해빙시스템

제 5 장 강체 전차선로

5.1 ◦ 강체 가선방식 및 System

5.1.1 전차선로 강체 가선방식 및 장단점 설명

1. 개요

가. 강체가선방식은 지하철 구간(터널)의 대표적인 조가방식으로 전차선을 강체에 완전하게 일체화시켜서 터널 등의 천정 또는 벽면에 애자나 bracket로 취부시키는 방식

나. 강체형식에 따라 구분하여 보면 직류구간에서 사용하는 T-Bar 방식과 교류구간에서 사용하는 R-Rar 방식이 있음

2. 강체 가선방식 종류 및 구성

가. T-Bar system

(1) 주로 직류급전구간에 설치된 것으로 터널 등의 형상에 따라 지지금구를 설치하고 지지애자로 T-Bar를 지지하고 T-Bar에 전차선을 취부하였음

(2) 구성

① **전차선(Trolly wire)** : 제형 170[mm^2]을 주로 사용

② **T-Bar** : AL5083S 계열사용 하였으나, 서울지하철의 경우 2기 지하철 이후에는 AL6063S계열을 사용하여 도전율 향상 ⇨ 단면적 2,100[mm^2]

③ **절연 매입전** : Rail 중앙 점에 콘크리트 타설 전 시공하는 매입 볼트 너트로 전식 등을 고려하여 절연물로 되어있음

④ **지지금구** : 매입 전 볼트와 애자를 연결시켜주는 것으로 전차선의 높이, 편위, 구배조정 및 진동 등에 대비한 지지역할 금구

(3) 지지점 간격 : 5[m] : T-Bar 1본길이 : 10[m]

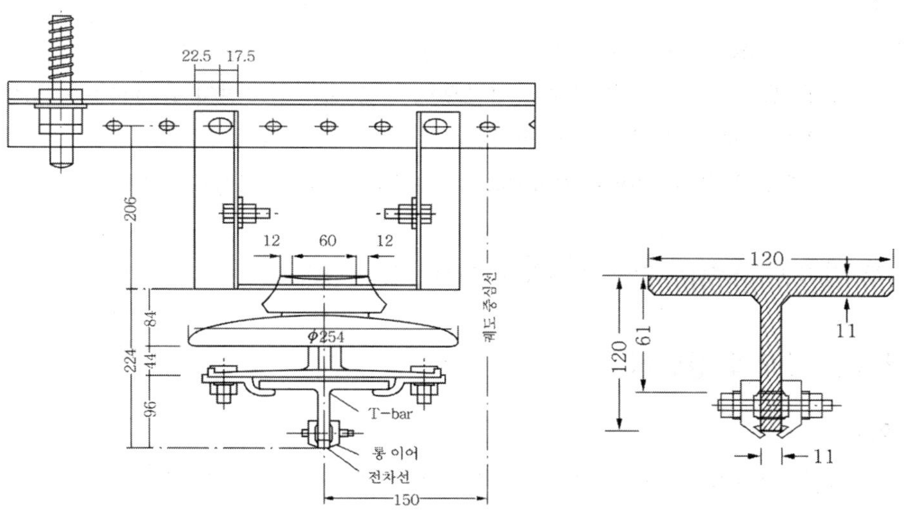

그림 5.1.1 T-Bar 형체 및 설치도

나. R-Bar system

(1) 교류지하구간의 천정벽면에 지지 브래킷을 설치하여 AL제 R-Bar를 지지하고 R-Bar에 전차선을 가선한 방식

(2) 국내 최초로 과천선 터널구간에 적용되었으며 R-Bar 전용 Bracket 사용으로 터널 절연이격 거리를 최소한으로 확보하여 일괄 급전체계(교류급전)를 구축한 방식임

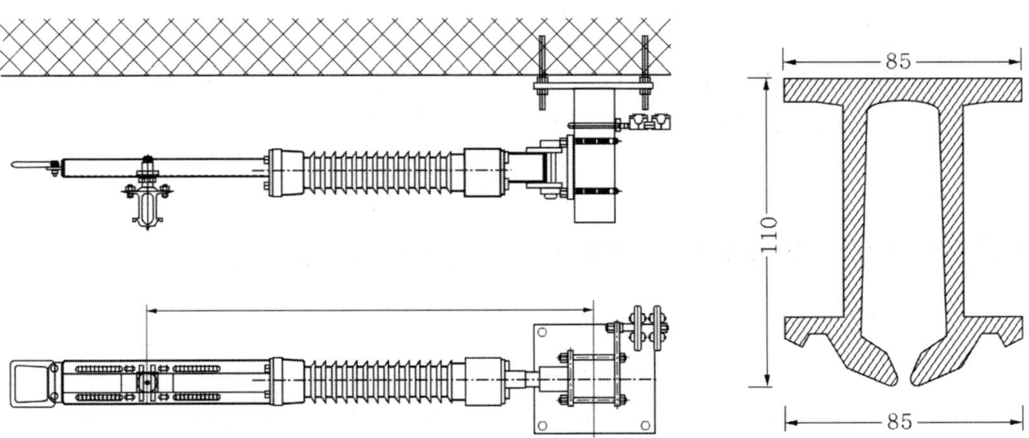

그림 5.1.2 R-Bar 형체 및 설치도

(3) 구성

① **Trolley wire** : GT(Groved Trolley wire) 110[mm^2]

② **R-Bar** : Box 모양의 AL 합금으로 자중에도 견고성이 유지되는 구조로 1본은 12[m]로 연결금구로 연결사용

③ **연결금구(Interlocking joint)** : R-Bar와 동일 재질로 R-Bar와 R-Bar를 연결하는 금구

(4) 지지점 간격(R-Bar Bracket 설치간격) : 10[m]

3. 강체가선 방식의 장단점

가. 장점

(1) 터널구조물의 단면 및 높이를 축소할 수 있어 건설비가 저렴함

(2) 전차선이 도체성 형재와 일체가 되어있어 커티너리 조가방식과 같은 전차선 단선 사고가 거의 없음

(3) 터널 내 장력 조정장치, 곡선당김장치, 진동방지장치 등 부속물이 불필요하여 지지물이 간단하고 장력조정이 불필요하여 유지보수가 편리함

(4) 전류용량이 커서 직류급전구간은 별도의 Feeder를 가설하지 않음

(5) 지상부 커티너리 구간과 동일한 집전장치를 사용할 수 있음

나. 단점

(1) 가선 집전특성이 나빠 전기차 운행속도에 한계가 있음

(2) 전차선의 압상 등 가용성이 없어 상대적으로 전차선의 마모가 많음

(3) 요철부분의 국부적 아크에 의한 특정개소 마모가 심하고 팬터그래프 마모와 손상이 우려됨

(4) 교류구간(25kV 방식)의 경우 급전선 안전도 향상을 위하여 절연전선 및 지지애자(절연애자)을 사용하여 이격거리 확보가 요구됨

5.1.2 직류 T형 알루미늄 강체 전차선 적용시 유의할 점

1. 개요

가. 직류 강체방식은 전차선을 T-Bar에 Long-Ear로 밀착시켜 일체가 되게하고, 매립전에 절연체를 넣어서 지지물에 의하여 지지하고 절연애자로 강체와 구조물을 절연하여 전력을 전기차에 공급하는 전차선로 가선으로 T형제는 직류 1,500[V] 방식에서 주로 사용되고 있으며,

나. T–Bar에 사용되는 현재로는 다양한 종류의 알루미늄 합금이 사용되고 기계적 성질, 물리적 성질 등을 만족하는 재질을 사용하고 있음

2. T형제(T-bar)의 특성

가. 커티너리 가선방식의 급전선과 조가선을 합친 역할을 하는 것으로, T자형의 알루미늄 합금제로 되어있으며 단면적은 2,100[mm²]이고 애자에 달려있는 누름금구에 의해 지지됨

나. AL T–bar의 제원은 1개의 길이가 10[m]이며, 중량은 1[m]당 5.6[kg]을 표준으로 하고, 아르곤가스 용접으로 접속하여 강체전차선의 주체를 이룸.

다. T–bar는 전차선을 1개만 취부하는 단선식과 2개를 취부하는 복선식이 있지만, 주로 단선식을 사용함

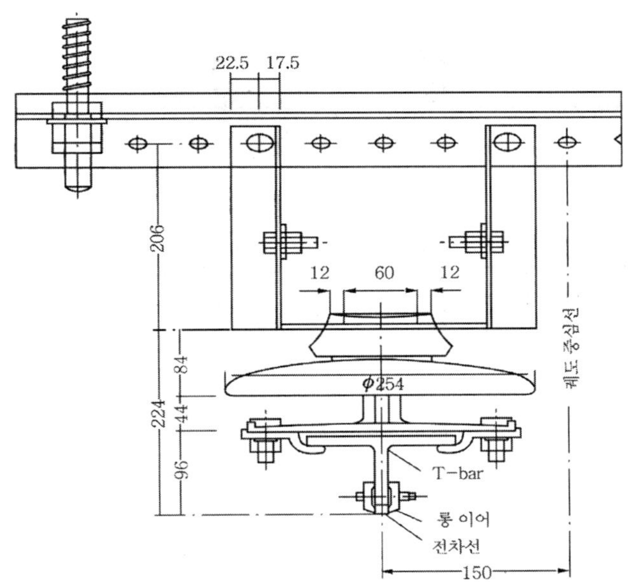

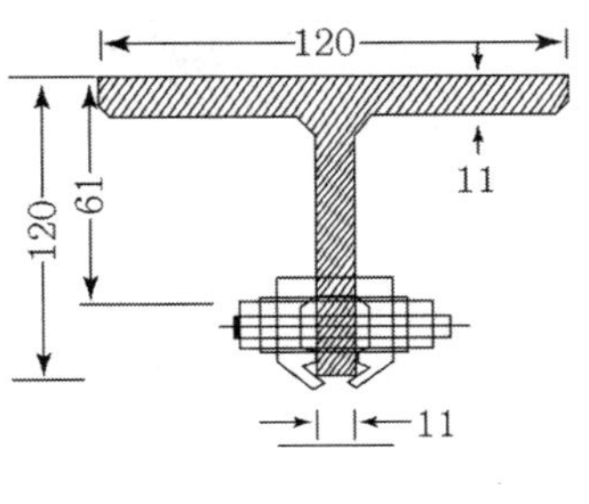

그림 5.1.3 T–Bar 형체도

3. 적용시 유의하여야 할 사항

가. 접속용접할 때에는 휨이나 비틀림이 생기지 않도록 공구를 사용하여 정교하게 시공을 하여야 함

나. 커티너리 전차선의 경우에는 자동장력조정장치가 있고 당김금구에 의해 수시로 편위 조정이 가능하지만, AL T–bar는 설치 후 길이조정이 불가능하므로 공정관리를 완전하게 하여야 함

5.1.3 강체가선 전차선로의 구분장치

1. 강체전차선로 구분장치 설치 목적

가. 직류 급전계통은 병렬급전 방식으로 전 구간 전차선이 전기적으로 연결되어 구분장치가 불필요하나 유지보수 또는 사고발생시 정전작업을 위한 급전구간을 한정하고 타 구간은 정상적인 열차운행을 확보하기 위하여 구분장치를 설치

나. 교류구간은 가공 전차선로 구간과 동일한 목적으로 변전소, 급전구분소 등의 급전구분점 및 건널선, 유치선등의 필요한 장소에 설치하여 전기적인 구분 장치를 설치함

2. 강체구간의 구분장치의 종류

가. 직류 급전구간 : 에어섹션, 수지제(FRP) 섹션

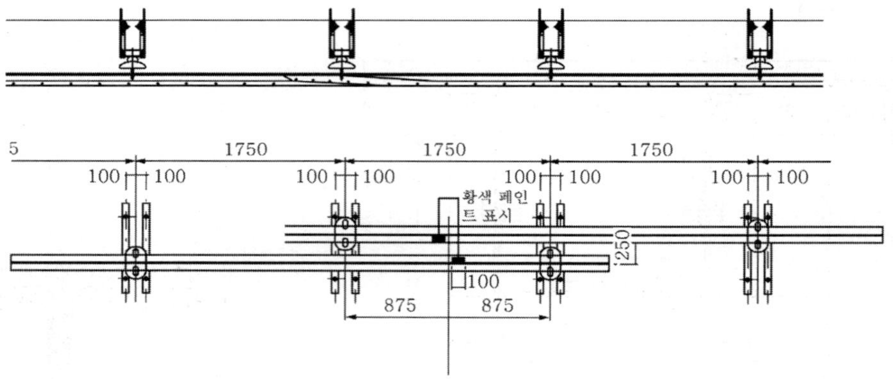

그림 5.1.4 T-Bar 에어섹션

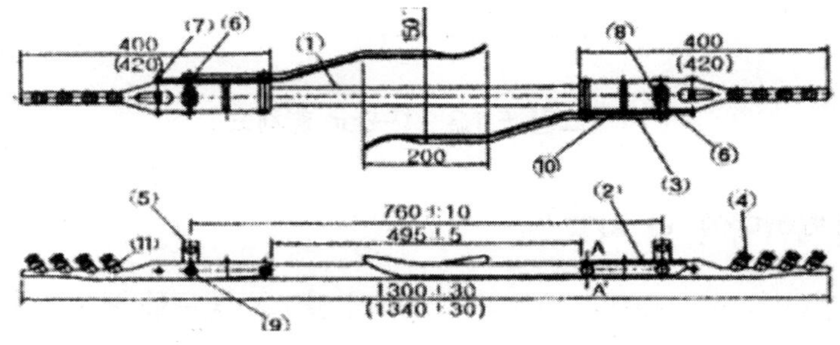

그림 5.1.5 T-Bar 수지제섹션

나. 교류 급전구간 : 에어섹션, 애자형(Insulator) 섹션

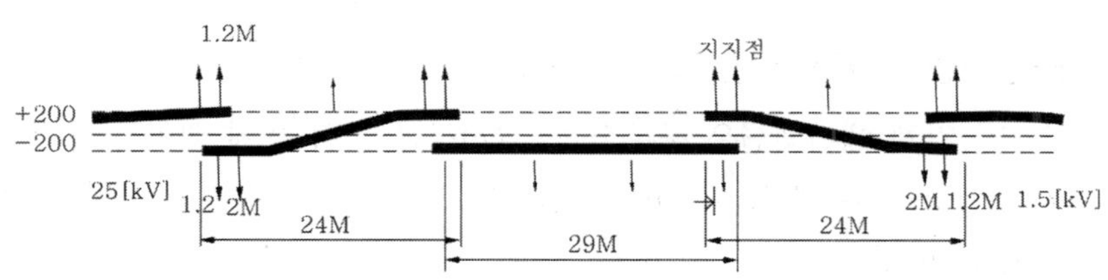

그림 5.1.6 R-Bar 에어섹션

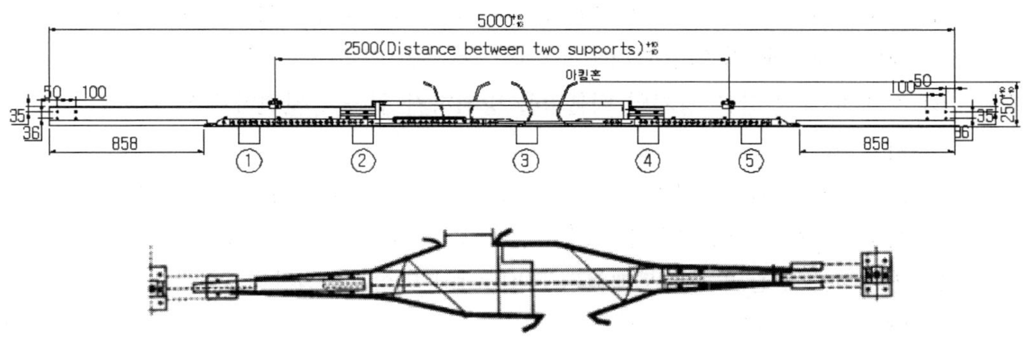

그림 5.1.7 R-Bar 애자형(FRP) 섹션

3. 강체 전차선로 구분장치의 특징 및 설치

가. 직류구간의 에어섹션 또는 수지제(FRP) 섹션

(1) 에어섹션은 전차선에 절연물을 삽입하지 않고 일정한 간격으로 평행부분을 유지하는 에어섹션 구조로 주로 본선에 사용함

(2) 수지제(FRP) 섹션은 전차선에 유리섬유와 실리콘을 적침한 절연제를 형성시킨 FRP를 이용한 것으로 상하선 본선과 측선구분 및 기지구내 구분, 기지내에서의 검수고 입구 등에 사용함

(3) 변전소로부터 급전된 인출구에 가장 가까운 장소에 시설하며, 전동차가 상시 정차하는 장소는 피하여 설치함

(4) 급전케이블이 접속되는 지점은 T 형 슬리브에 의해 아르곤 가스 용접으로 시공하여야 함

(5) 구분장치의 설치위치는 E/X와 같이 0(Zero) 편위 위치에 설치하며 전차선의 평행부분 상호간격은 300[mm]를 표준으로 함

(6) 평행부분 경간의 중앙부에서는 500[mm] 이상 양 전차선 높이를 동일하게 구성함

나. 교류 급전구간 : 에어섹션, 애자형(Insulator) 섹션

(1) 교류구간 강체 에어섹션은 구분소 등 급전구분 지점 등에 설치하는 것으로 컨텍트 레일(R-Bar) 두 개를 300[mm] 간격으로 평행하게 유지하는 방법으로 주로 본선측에 사용함

(2) 강체 전차선로 애자형(절연형)섹션은 건널선이나 유치선 등에 설치하는 것으로 구분 절연체와 두 면의 러너로 구성되어 러너의 끝부분은 열차통과 시 아크소호를 위한 아킹혼이 구조로 되어 있음

(3) 구분장치를 연결 또는 구성할 때는 원활한 집전을 위하여 R-Bar의 단말 끝단을 팬터그래프에 접촉되지 않도록 위로 구부림(엔드어프로치).

(4) 강체의 양 끝단은 장치의 비틀림을 방지하기 위하여 완전하게 일직선상에 설치하여야 함

(5) 구분장치의 설치위치는 E/X와 같이 0(Zero) 편위 위치에 설치하며 전차선의 평행부분 상호간격은 300[mm]를 표준으로 함

(6) 평행부분 경간의 중앙부에서는 500[mm] 이상 양 전차선 높이를 동일하게 구성함

5.1.4 강체 가선구간의 온도변화 신축 흡수장치 및 흐름방지 장치

1. 개요

지하터널 구간의 터널단면 축소 및 시스템의 단순화를 기하기 위하여 설치하는 강체가선 방식도 전차선 및 AL제-Bar 자체도 온도의 변화에 따라 신축하게 되어 팬터그래프 집전 성능 향상을 위해 신축흡수 장치를 두어야 함

2. T-Bar 방식의 신축현상 흡수

가. 설치목적

T-Bar 방식의 강체전차선은 그 단면이 2,100[mm^2]나 되는 부피가 큰 알루미늄합금을 시설하여 연결부분에서 온도변화에 따른 신축이 발생하므로 신축을 흡수하기 위하여 섹션 익스펜션 조인트(Expansion Joint)를 설치함

나. 설치기준

(1) 익스펜션 조인트 간격(1setion길이) ➪ 표준 200[m], 최대 250[m] 이하
(2) 전차선 상호간격 ➪ 200[mm]
(3) 양전차선 등고 습동부분 길이 ➪ 200[mm] 이상
(4) 점퍼선 설치 ➪ 접속 터미널은 아르곤 용접을 하여 AL T-Bar의 비틀림이 없도록하고, Cu200[mm^2]×4조 설치를 원칙으로 하고 증감은 가능함
(5) 팬터그래프 통과를 원활하게 하기위해 T-Bar의 양끝부분을 경사지게 앤드 어프로치(End approach)를 시행

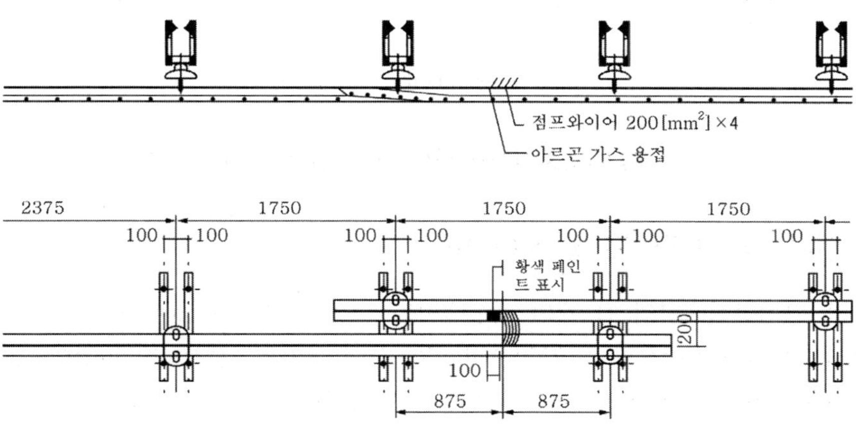

그림 5.1.7 T-Bar용 익스팬션 죠인트 구조

3. R-Bar 방식의 신축현상 흡수

가. R-Bar 방식에서 강체의 신축을 흡수하는 장치를 확장장치 또는 익스펜션 디바이스(Expansion Device)라고 함

나. 확장장치(Expansion device)특징

(1) 컨덕터 레일(Conduct Rail)의 기계적, 전기적 저항없이 길이의 유지를 가능하게 함
(2) 상호 움직이는 두개의 시팅 컨덕터 웨어가 컨덕터 레일과 만나는 두지점에 차례로 조여짐
(3) 두개의 강체전차선이 교차하는 확장장치는 기온의 변화에 따라 교차길이가 변화됨

다. 설치기준

(1) 확장장치 간격(1section길이) : 400 ~ 600[m]를 기준으로 함
(2) 컨덕터 레일(conduct rail)이 만나는 지점 : 최대 500[m]이격

(3) Current bridge는 두 개의 평평한 300[mm]의 리본으로 만들어져 가능한 한 직선구간에 설치함

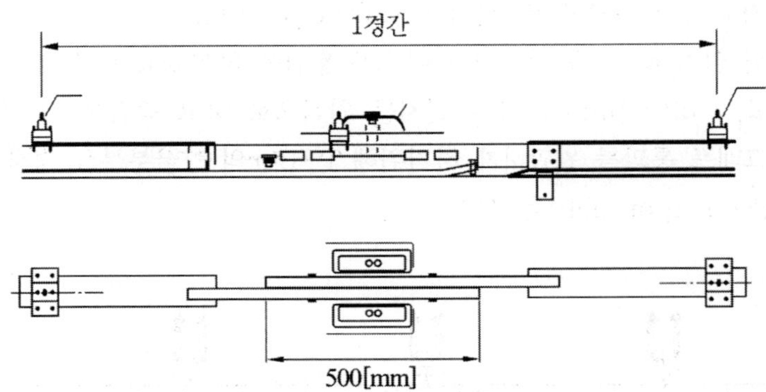

그림 5.1.8 R-Bar용 익스팬션 디바이스

4. 강체 전차선의 흐름방지 장치(고정점)

가. 강체 가선방식에서의 한 개의 섹션길이는 T-Bar 방식은 200[m], R-Bar 방식은 약 400[m]를 표준으로 하고 있으며, 전차선의 신축 및 전기차가 일정한 방향으로 운행하게 되면 열차진행 방향으로 전차선이 이동하므로 섹션 중앙의 최대 편위지점에 흐름방지 장치를 설치함

나. T-Bar 방식에서는 터널 내에 설치하는 마름모꼴(롬버수 앵커링)과 역 승강장에 설치하는 특수 흐름장지(스페셜앵커링) 장치 두 가지 종류가 있고,

다. R-Bar에서는 흐름방지 역할을 하도록 섹션 중앙점에 고정판, 앵커로프, 종단 턴버클, 애자로 구성한 고정점을 두게 됨

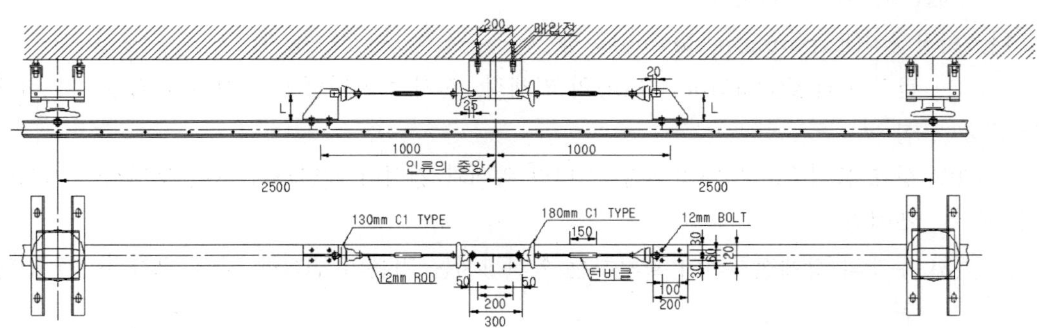

그림 5.1.9 T-Bar 구간 역구내 흐름방지장치 구조

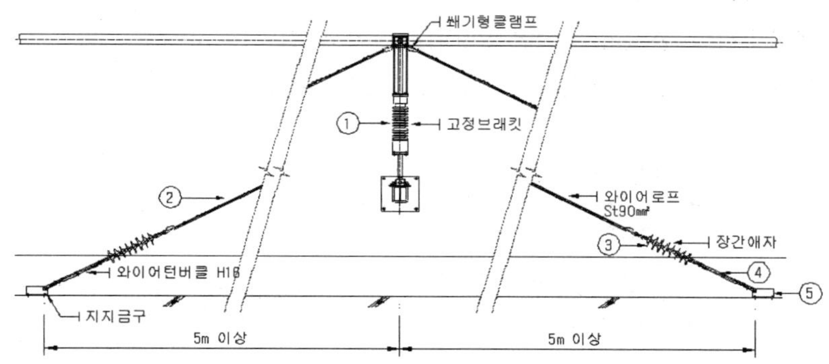

그림 5.1.10 R-Bar용 고정점

5.1.5 강체 가선방식의 건널선 장치의 종류 및 설치 방법

1. 개요

가. 건널선장치는 열차의 진행방향을 바꾸는 장소에 설치하여 전기차의 팬터그래프가 원활하게 통과할 수 있도록 설치한 장치를 말함

나. T-Bar방식의 건널선장치(Overhead cross) 교차건널 선 I-형, 및 Y-형 건널선장치가 있음

2. 직류 강체가선방식(T-Bar) 구간의 건널선 종류 및 설치방법

가. 교차 건널선(Diamond cross over)

(1) 교차건널선 분기선단은 앤드 어프로치(end approach) 설치

(2) Jump wire는 200[mm^2] 1조를 아르곤 용접하여 전기적 접속

(3) Air-section 간격은 250[mm]유지하고 길이는 5[m]임

나. I-형 건널선(I-Type cross over) : 편건널선

(1) 편건널선 분기선단은 End approach 설치

(2) 분기선이 본선의 전차선보다 10[mm] 높게 시설

(3) Air section(A · S)의 T-Bar간격은 250[mm], 길이는 5[m]

(4) Jump wire는 200[mm^2] 1조를 아르곤 용접

다. Y-형 건널선(Y-Type cross over)

(1) 건널선 분기선단은 End approach 설치

(2) 분기선단은 본선전차선보다 10[mm]높게 설치
(3) 에어섹션의 T-Bar간격은 250[mm]이고 길이는 5[m]
(3) Jump wire는 200[mm^2] 1조를 아르곤 용접

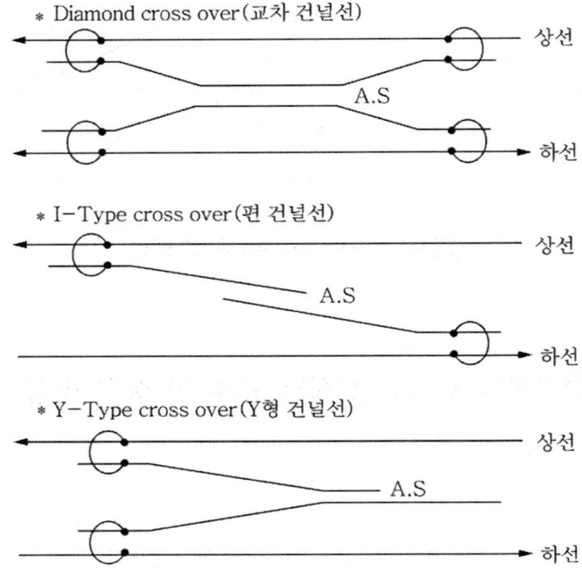

그림 5.1.11 DC 강체 건널선 장치 단선도

3 교류 강체가선 방식(R-Bar)의 분기장치 설치방법

가. 단선도

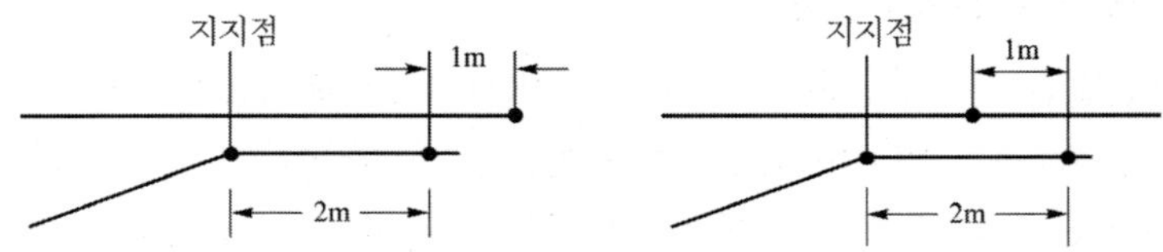

그림 5.1.10 AC 강체 건널선 장치도

나. 설치방법

(1) 측선의 첫 번째 지지점과 본선의 지지점 사이의 거리는 그림 5.1.10과 같이 1[m]보다 작거나 같은 위치에 둠(지지점간 거리 ≤ 1[m])
(2) 강체전차선 평행부분의 길이는 2[m] 정도이며 측선 부분의 압상을 고려하고, 지지점의 지나친 이동을 방지하기 위하여 양 트랙의 분기점과 고정점은 적정한 거리

를 유지하여야 함

(3) 강체전차선의 가로 방향 평행부분은 200[mm]의 이격거리를 가져야 함

(4) 수직방향으로 양 강체 전차선은 레일면상 동일높이로 하되 측선 강체 전차선의 높이는 본선보다 조금 높아야 하며 끝부분은 위로 올리는 앤드어프로치 처리를 하여야 함

5.1.6 강체가선과 지상부 이행구간의 장치 및 시설기준

1. 이행장치(유도장치)의 설치 목적

가. 지상구간과 터널구간이 연결되는 부분에서 가공 전차선로와 터널 내 강체 전차선이 접속되는 부분을 "이행구간"이라 하며 직류 T-Bar 구간에서는 지상부 이행장치, 교류 R-Bar 구간에서는 직접 유도장치라고 함

나. 설치 목적은 가공 전차선과 강체 전차선의 강도차이(가선특성)을 점차적으로 같게하여 이행구간을 운행하는 전기차의 팬터그래프가 원활하게 습동하여 통과하도록 하는데 있음

2. 직류급전구간 지상부 이행장치

가. 지상부전차선은 더블심플커티너리 가선방식으로 병행습동 후에 터널상부에 인류 되게 함

나. 강체와 가공전차선이 병설된 지점은 팬터그래프의 원활한 습동을 위해 강체의 시단은 엔드어프로치하고, 강체지지금구는 800형 금물을 사용하여 강체와 가공전차선의 현수애자를 동시에 지지해 주어야 함

다. 강체전차선과 커티너리 전차선과의 이행구간은 팬터그래프가 원활하게 습동할 수 있는 구조로 하며, 강체 전차선로의 처음 시작부분은 커티너리 전차선의 압상량을 고려하여 10[mm] 높게 취부함

3. R-Bar 용 직접유도장치(이행장치)

가. 교류 가공전차선과 R-Bar 강체를 접속하는 장치를 직접유도장치라고 함

나. 그림 5.1.11과 같이 직접 유도장치를 유연하게 하고 관성모멘트를 약화시키기 위해 6개의 요철을 약 480[mm] 간격으로 제작한 구조임

다. R-Bar 요철부위는 수분의 침투를 막기 위하여 보호 커버를 설치함

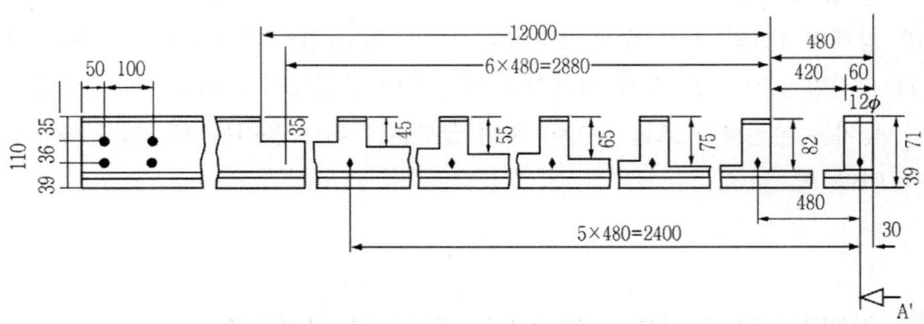

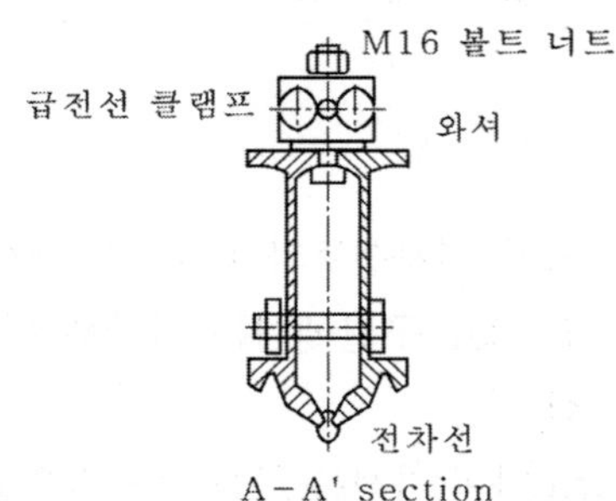

그림 5.1.11 R-Bar 직접유도장치(direct lead-in device)

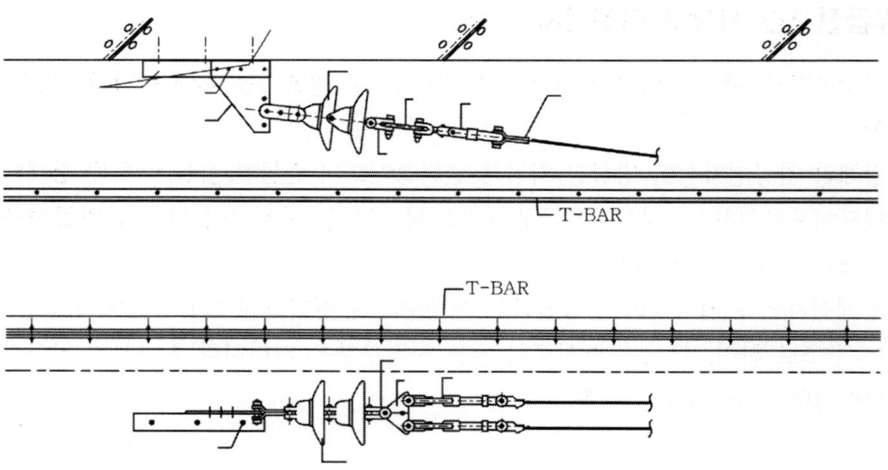

그림 5.1.12 T-Bar 구간 터널종단 전차선 인류장치

5.1.7 강체 전차선로 절연 매입전 설치목적 및 시공방법

1. 절연 매입전(Insulation Bolt) 설치목적

가. 전차선을 구조물(터널 등)에 취부하기 위하여 선행 공정인 구조물 콘크리트 타설시에 구조물 상부에 전차선을 지지할 수 있는 볼트를 사전에 매입할 때 볼트 구조상 구조물과 절연이 되고 전기 공급시 누설전류를 최소화하기 위하여 절연체로 감싼 볼트를 사용하게 되는데 이를 절연 매입전이라 함

나. 특히, DC1,500[V] 등 직류구간에서는 전차선 지지물을 견고히 지지해 주고 누설전류로 인한 지하 매설물의 전기부식을 예방하기 위한 시설로서 토목 구조물 시공 시 정확하고 정밀하게 시공할 수 있도록 전차선 분야와 설계 및 시공상의 충분한 인터페이스가 필요함

※ 교류구간의 터널 구조물 등에서는 터널 내 전차선로 지지물 설치를 위하여 앵커볼트 및 C-channel을 터널시공 시에 선시공하며 설치기준은 따로 정함

2. 절연 매입전 구조

가. 절연 매입전(埋込佺)의 구조는 매입전, 스프링코일, 가설용 볼트, 본볼트 및 너트와 와샤로 되어 있으며, 매입전 절연체는 아세탈 또는 나이롱 봉으로 시공 시 외력에 의한 변형이나 용접 시 그을림이 없어야 함

나. 스프링 코일(Spring Coil)은 아연도철선으로 콘크리트이 밀접하게 부착하는 구조로 코일의 간격은 200[mm]를 정확하게 유지하여 비틀림이 없어야 함

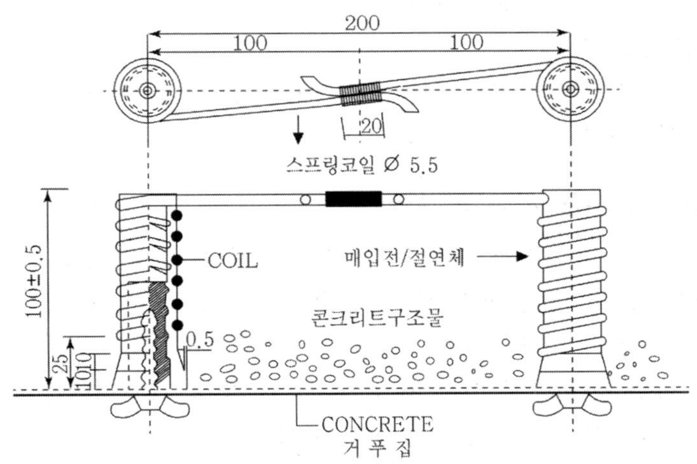

그림 5.1.13 절연 매입전 구조도

다. 가설용 볼트는 가설 시 지지를 위한 고정용으로 토목거푸집 제거 시 제거함

라. 본 볼트 및 너트, 와셔는 용융아연도금하고, 전차선로 지지물을 토목구조물에 견고히 지지할 수 있도록 충분한 강도를 갖추어야 하며 본 볼트 시공 후 인발시험 등을 시행함

3. 절연 매입전 시공 방법

가. 토목분야와 인터 페이스

(1) 설계 위치도는 기본형을 기준으로 개착구간, 익스펜션조인트, Box 구간, 터널구간, 곡선부 등을 감안하여 설치도 및 Anchoring 위치를 설계함

(2) 매입전(埋込侌) 설치는 토목 시공 시 동시에 시공할 수 있도록 사전에 설치 위치도를 설계하여 토목 공구에 배부하여야 함

나. 절연 매입전 시공방법 및 순서

(1). 구조물 상부의 거푸집을 기준으로 궤도 중심선을 측량함

(2) 포인트(Point)를 5[m]의 배수 간격으로 분할 측량함

(3) 매입전 설치 중심에서 매입전 간격(200×500[mm])을 측정하여 설치 위치를 표기하여야 함

(4) 거푸집에 매입전 가설볼트 취부용 나비볼트가 들어갈 수 있도록 사전에 구멍을 뚫어 놓음

(5) 하부 철근을 조립하고, 매입전을 설치함(매입전은 반드시 수직으로 세우고 나비볼트를 견고히 조임)

(6) 매입전 코일과 철근을 견고하게 용접 함(매입전 그을림 주의)

(7) 콘크리트 양생후 거푸집 제거 및 가설볼트 제거 후 본 볼트 및 와셔를 체결하여 설치를 완료 함

(8) 선로가 곡선 부분인 경우 Cant량에 편기량을 감안하여 궤도 중심선에서 편기량 만큼 이동하여 설치함

다. 절연 매입 전 시공 시 유의 사항

(1) 작업의 일관성 유지를 위하여 가급적 작업자와 감독자를 고정배치

(2) 매입전 지지를 위한 용접기는 가급적 소용량(3[kW] 이하)을 사용하여 용접 시 코일의 손상이 없도록 함

(3) 토목 하부 철근 조립 시는 매입 전 설치 위치를 고려하여야 함

(4) 매입전 고정은 절연체 손상에 의한 누설전류로 전식이 발생하는 것을 방지하기 위하여 못 등을 사용하지 말고 반드시 전기용접으로 견고히 지지하도록 하여야 함

5.1.8 강체 전차선로의 설계 일반

1. 강체 전차선로의 설계 시 고려사항

가. 전차선로를 설계할 때 기본적으로 노선의 조건, 운전조건, 차량조건, 전기공급 조건을 고려하여 가선방식을 결정하게 됨

나. 강체 가선방식에서 최우선적으로 고려할 사항은 노선의 최대운전 속도에 적합하도록 강체의 최대 허용이도와 지지점간의 간격, 지지점의 최대허용 높이차 및 최대 경사차를 고려하여 결정하여야 함

다. 또한, 국토교통부 주관으로 국내개발 완료 단계인 고속용 R-Bar 시스템은 현재 추진되고 있는 GTX 사업 등 심도전철의 터널 단면적 등 사업비 등을 고려할 때 고속용 강체 가선방식을 적극 적용할 필요가 있다고 판단됨

2. 강체 전차선의 높이와 최대 이도(처짐)

가. 강체 전차선의 높이는 KR E 03160(전차선의 높이와 기울기) 기준에 따르며, 전차선 높이는 일반적으로 레일면상 4,750[mm]를 최저로 함

나. 강체 전차선 경간 중앙의 처짐(이도)는 지지점 간격(경간)의 1,000분의 1 이하로 하여야 하되, 측선의 경우 3/1000 이하로 할 수 있음

(1) 강체가선 시스템의 전차선은 하중에 견디는 기능이 없다고 가정하고 아래 식으로 지지점 중앙의 이도를 계산하여 지지점 경간을 결정함

(2) 지지점 중앙의 이도 : $f = \dfrac{(g_a + g_c) \times a^4}{384 \times E_a \times I_{y-y}} \times 10^5$ [mm]

여기서, $g_a + g_c$: 경간에서의 합성중량[N/m]

a : 경간[m] = 5[m]

E_a : 강체의 탄성계수[N/mm²]

I_{y-y} : y-y 축의 관성 모멘트[cm⁴]

3 강체가선 인류구간 및 브래킷의 간격

가. 강체 전차선의 고정점과 고정점 중심에는 확장장치를 설치하며, R-Bar 강체가선의 인류거리는 400~600[m], T-Bar 강체가선의 인류거리는 200~250[m]를 표준으로 하고, 신축장치 등을 고려하여 인류 구간을 조정할 수 있음

나. 강체가선 구간의 브래킷 또는 지지점 경간은 R-Bar 시스템에서는 10[m], T-Bar 시스템에서는 5[m]를 표준으로 하고, 설계속도 및 처짐을 고려하여 조정할 수 있음

4. 강체가선 전차선의 편위 등

가. 가공 전차선로 편위는 톱니형의 지그재그 형태인 반면 강체가선 방식 전차선의 편위는 200[mm]를 표준으로 보다 완만한 sin 곡선 형태를 나타냄

나. R-Bar 방식에서는 강체 전차선용 가동 브래킷을 사용하고, T-Bar 방식은 터널 천정에 애자를 사용하여 AL-T 형체를 고정한 형태의 편위임

기출문제

강체전차선 가선방식에서 T-bar 지지간격을 5[m]로 할 경우 이도(Deflection)에 대하여 적정 여부를 설명하시오.(83-11. 10점)

〈조건〉

① 가선구배 : 1/1000

② 전차선 합성중량 : 0.08711[kg/cm]

③ 알루미늄 탄성계수 : 700,000[kg/cm^2]

④ T-bar의 관성모멘트 : 108.55[cm^4]

기출문제 풀이

1. 강체 전차선의 최대 이도

(1) 양 지지점에서 약 54[cm] 이상부터 강체 전차선에 수직 하중이 작용하여 강체바와 전차선은 유사한 하중을 수반함

(2) 강체 전차선 경간 중앙부의 처짐(이도)는 지지점(경간)의 1,000분의 1 이하로 하여야 하며, 측선의 경우 1,000분의 3 이하가 되도록 지지점 간격을 결정함

2. 강체가선 시스템의 전차선은 하중에 견디는 기능이 없다고 가정하고 아래 식으로 지지점 중앙의 이도를 계산함

지지점 중앙의 이도식 ⇨ $f = \dfrac{(g_a + g_c) \times a^4}{384 \times E_a \times I_{y-y}} \times 10^5$[mm]

여기서, $g_a + g_c$: 경간에서의 합성중량[N/m] ⇨ 0.08711[kg/cm] = 85.37[N/m]

a : 경간[m] = 5[m]

E_a : 강체의 탄성계수[N/mm^2] ⇨ 700,000[kg/cm^2] = 68,600[N/mm^2]

I_{y-y} : y-y 축의 관성 모멘트[cm^4] ⇨ 108.55[cm^4]

3. 주어진 조건을 하중 및 모멘트 단위를 환산하여 위 식에 대입하면

(1) $f = \dfrac{(g_a + g_c) \times a^4}{384 \times E_a \times I_{y-y}} \times 10^5 = \dfrac{85.37 \times 5^4}{384 \times 68600 \times 108.55} \times 10^5 = 1.87[\text{mm}]$

※ 단, 1[kg/cm] = 9.8×100[N/m], 1[kg/cm^2] = 9.8/100[N/mm^2]에서
합성중량 = 0.08711[kg/cm] = 0.08711×9.8×100[N/m] = 85.37[N/m]
관성모멘트 = 700,000[kg/cm^2] = 700,000×9.8÷100[N/mm^2]=68,600[N/mm^2]

(2) 따라서, 최대 이도량 = 1.87[mm]÷5[m] = 1.87/5,000 = 0.37 /1,000이므로
최대 이도량이 경간의 1,000분의 1 이하를 만족하므로 5[m] 경간은 적정함

제 6 장 전기철도 급전계통의 구성

6.1 교류 급전계통의 구성 및 운용

6.1.1 전철 급전회로의 특성 및 구비조건

1. 전기철도 급전회로의 정의

가. 전기철도는 전기를 동력으로 하여 궤도위에 전기차량을 운전하는 철도로 급전된 운전용 전력은 전철변전소에서 전차선로에 공급되어 전기차를 구동시킨 후 귀선로를 통하여 변전소로 귀환하는 일련의 전기회로를 전기철도의 급전회로라고 함

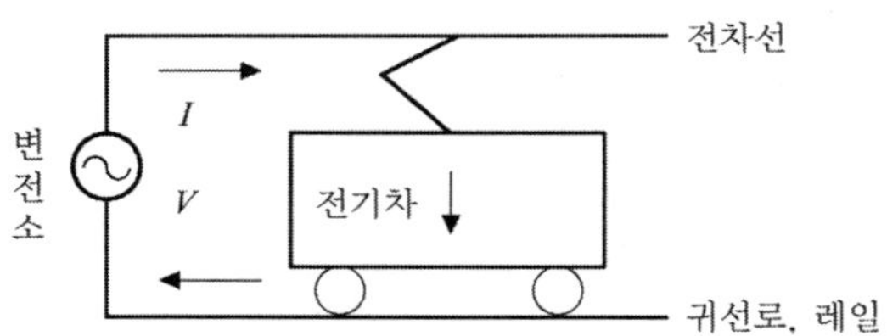

그림 6.1.1 급전회로 기본도

나. 급전회로는 변전소로부터 급전거리, 전압강하, 사고 시의 구분, 유지관리 등을 고려하여 전차선로를 적정한 구간으로 구분하여 급전 및 정전이 가능하도록 구성한 전기회로(전기계통)을 급전계통이라고 하며, 전철변전소에서 전기차에 전기를 공급하는 방법에 따라 분류하는 것을 급전방식이라 함

2. 전기철도 급전회로의 특성

가. 전기철도 부하는 일반전력 계통과 다르게 주 부하인 전기차량의 특성상 기동과 정지가 빈번하게 반복되고, 부하위치가 이동하기 때문에 전철 부하의 크기 및 시간적 변동이 매우 큰 특성을 가지고 있음

나. 급전회로인 전기차는 제한된 선로상을 주행하므로 중량과 크기가 제한되고 일반적으로 광범위한 속도와 대출력이 요구됨

다. 철도수송은 전용궤도를 따라 장거리를 연속으로 수행해야 하므로 사고 등으로 설비의 일부가 기능을 상실하면 광범위한 구간에 걸쳐 열차운행에 지장을 초래하므로 고신뢰성과 안전성이 요구됨

라. 부하급전은 트롤리선 또는 제3궤조방식 등 전기차 집전장치와 연속적으로 습동접촉에 의하므로 고속운전 시에도 양호한 접촉과 집전이 보장되어야 함

마. 전기철도는 레일을 귀선로로 사용하여 1선 직접접지의 전기회로가 구성되므로 직류방식은 전식대책, 교류방식은 통신유도 대책이 필요하고, 지락 시는 선간 단락상태로 되어 사고전류가 매우 크므로 적절한 보호대책이 필요함

바. 직류 전차선로에서는 운전전류가 커서 사고전류와의 차이가 적어 사고전류의 선택차단이 곤란함

3. 전철 급전회로의 설계 시 고려사항

가. 전철 급전회로는 정상 운전 시에 전압 및 전력의 손실을 최소화 하여 전차선 설비의 최적 효율을 고려해야 함

나. 전차선로 설비 회로는 개보수 또는 단락 시에 최소한의 구간을 분리함으로서 기타 영향받지 않는 구간에서는 열차 운행이 계속 될수 있도록 급전회로 구성 및 보호개념을 고려하여야 함

다. 전차선로의 급전회로는 유지관리 측면에서 명확하게 이해할 수 있도록 구성하여 연결오류 또는 작업 사고를 예방하고 쉽게 감시할 수 있도록 표준화된 규정과 지침에 적합하도록 해야 함

라. 급전회로에서 필요한 전차선로 계통의 운전기기(차단기, 구간 단로기, 구분장치 등)은 가능한 한 최소로 제한되도록 하여야 함

4. 전차선로 급전회로의 구비조건

가. 전차선 전압은 전기차량의 운전에 영향을 주지 않도록 규정된 최고전압과 최저전압 범위를 유지하여야 함

나. 급전회로 전류용량은 운행되는 차량의 부하에 충분히 견딜 수 있어야 함

다. 변전소, 전차선로, 전기차량 간의 절연협조가 충분히 유지되고 소요 절연강도와 절연이격 거리가 확보되어야 함

라. 사고발생시 신속하게 사고개소를 구분하고 적정한 보호조치를 수행할 수 있어야 함

마. 사고발생 또는 유지보수 작업 시 타 구간은 열차운행의 영향을 최소화하도록 급전구간을 구분하여야 함

마. 전차선로의 전기적, 기계적 구비조건을 충족하고 팬터그래프와 집전성능이 항상 확보되도록 가선특성 및 강도를 유지하여야 함

6.1.2 교류 전기철도 급전계통의 구성방법

1. 교류 급전계통 구성

가. 전기철도 급전계통이란 전철 변전소로부터 급전거리, 전압강하, 사고 시의 구분, 유지관리 등을 고려하여 전차선로를 적정한 구간으로 구분하여 급전 및 정전이 가능하도록 구성한 전기적인 회로계통을 말함

나. 전철 급전계통은 급전방식과 변전소의 위치에 따라 형성되고, 급전범위의 설정, 구분장치의 위치, 유지관리 편의성 등을 충분히 고려하고, 사고 등 이례사항 발생 및 유지관리시 정전구간을 최소화하고 타 구간의 전기차 열차운행에 미치는 영향은 최소화되도록 계통을 구성하여야 함

다. 교류 급전계통은 전철변전소(SS), 급전구분소(SP 또는 PP), 보조급전구분소(SSP) 설치하여 계통을 구성하고, 사고 구간의 단축을 위하여 장대 터널 입출구 단로기 및 역간 에어섹션 설치 등을 설치하여 필요한 경우 급전계통을 풀어 분리하도록 구성하였음

2. 교류 급전계통의 분리 방법

가. 급전별 분리

급전별 분리는 인접 변전소와 상호 연동하여 계통운전이 되도록 하고 변전소별로 전압 위상별, 방면별, 상하선별로 구분하여 급전함으로서 사고발생시 해당 운전계통과 분리하여 사고가 발생하지 않은 구간은 정상 급전하거나 인접 변전소로부터 연장 급전을 받을 수 있도록 하기 위함

나. 본선간의 분리

본선과 본선의 상・하선 등의 분리는 동일 급전계통 구간 내에 사고발생시 해당 구간을 분리하고 급전 할 수 있도록 SP, PP, SSP를 설치하여 분리하는 방법

다. 본선과 측선의 분리

주요 역구내는 사고 시 단선 운전 또는 타절운전이 필요할 경우가 있고, 측선의 사고발생시는 본선과 측선을 분리하여 급전할 수 있도록 전차선을 분리하거나 측선에 구분장치 등을 설치하여 단로기에 의하여 분리하는 방법

라. 차량기지와 본선과의 분리

전동차 및 전기기관차 차량기지는 수많은 차량이 대기 및 정비를 시행하고 있어 차량에 의한 장애시 급전차단 장애로 파급되어 본선에 운행 중인 열차에 지장을 줄 우려가 있으므로 차량기지의 급전계통은 본선과 별도로 계통을 구성함

3. 교류 전기철도 구간의 급전방식(6.1.3항 참조)

가. 방면별 급전방식

(1) 방면별 동상 급전방식
(2) 방면별 이상 급전방식

나. 상 · 하 선별 급전방식

(1) 상하선별 동상 급전방식
(2) 상하선별 이상 급전방식

6.1.3 교류 전기철도 방면별 및 상하선별 이상급전방식

1. 교류 급전방식의 구분

가. 교류 급전계통은 전철변전소를 중심으로 급전용 변압기를 통하여 3상 교류를 2상으로 변환하여 급전하는 방식으로 변압기의 M · T좌간 위상차(90°)가 있기 때문에 현실적으로 M · T상 병렬급전은 불가능하여 단독급전 방식으로 함

나. 교류 급전계통은 급전 방법에 따라 변전소를 중심으로 좌 · 우로 급전하는 "방면별 급전방식"과 복선 이상의 경우 상 · 하선을 구분하여 급전하는 "상하선별 급전방식"으로 대별하며, 방면별 급전방식 또는 상하선별 급전방식 중 전력의 위상이 동일한 경우 "동상급전 방식" 전력의 위상이 다른 경우 "이상급전방식"으로 구분함

2. 방면별 이상급전방식

가. 전철 변전소 주변압기(Scott 변압기)의 변전소를 중심으로 T좌와 M좌를 구분하여 좌 · 우 방면별로 급전계통을 구성하는 방식을 말함

나. 급전계통은 변전소(SS)와 변전소 사이에 급전구분소(SP)를 설치하여 급전하고 한쪽 변전소가 단전될 경우 연장급전이 가능하도록 구성함

다. 전차선로는 변전소 앞에 절연 구분장치를 설치하고 절연구분장치를 중심으로 좌 · 우를 각각 T좌와 M좌로 구분하여 단독 급전하는 방식을 말함

라. 역구내나 건널선이 많은 구간에서 적절하지만 본선의 변전소 위치에 이상 절연 구분장치를 설치하여야 하는 결점이 있음

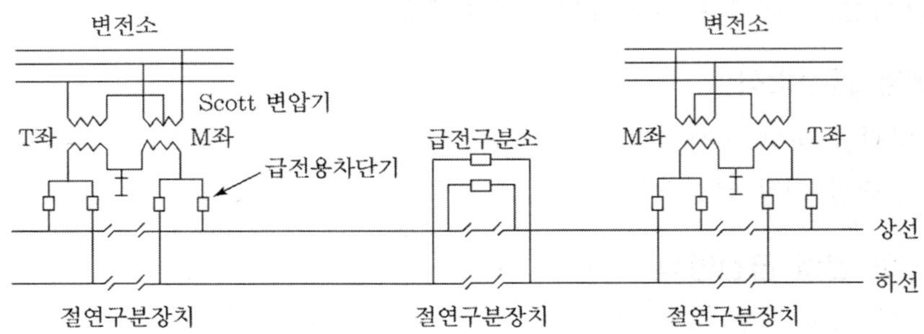

그림 6.1.2 방면별 이상급전 방식

3. 상하선별 이상 급전방식

가. 복선 이상의 선로에서 급전용 변압기의 위상차가 있는 M · T좌를 상선측과 하선측으로 구분하여 각각 급전하는 방식을 말하며, 변전소 앞에 이상절연 구분장치를 둘 필요가 없어 고속 운전에 적합함

나. 복잡한 역구내 건널선 등에서 이상 구분장치 등을 설치해야 하는 등 단점과 기술적인 문제가 있어 국내 교류전철 구간에서는 사용하지 않음

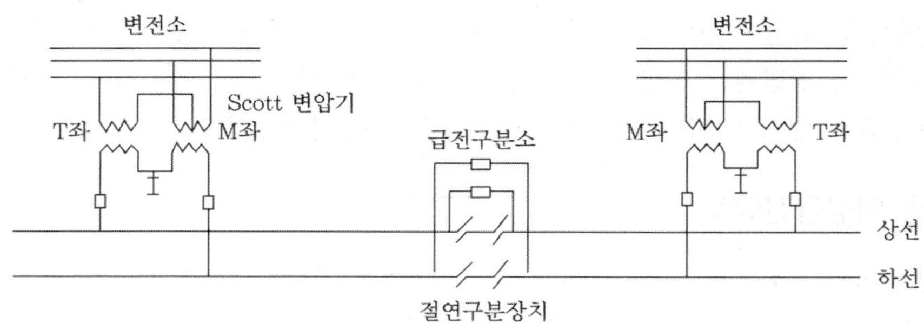

그림 6.1.3 상하선별 이상급전 방식

표 6.1.1 방면별, 상하선별 이상급전방식 비교

항 목	방면별 이상급전	상하선별 이상급전
변전소앞 Section	이상 절연구분장치	동상 구분장치
상하건널선 Section	동상 구분장치	이상 절연구분장치
상하 급전타이 채용	가 능	불가능

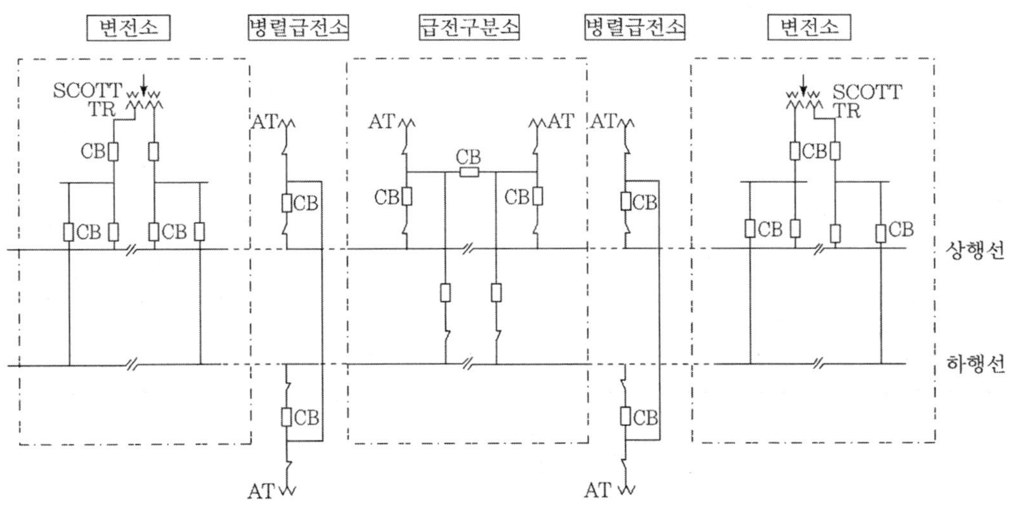

그림 6.1.4 교류 방면별 병렬급전 계통도

4. 국내 전기철도 적용방식

가. 국내 전기철도의 교류 급전계통의 급전방식은 일반철도 또는 고속철도 모두 방면별 이상급전 방식을 원칙이며, 상하선은 동상 급전방식을 채용함

나. 고속철도의 경우는 방면별 이상급전 방식으로 전차선로의 전압강하 등을 고려하여 병렬급전소(PP)에서 상하선을 연결하는 급전방식이며,

다. 일반철도는 방면별 이상급전 방식을 적용하고, 급전 변압기의 동상을 차단기로 상·하선을 분리하여 급전하는 상하선 동상급전방식이며 급전단말에 급전 타이포스트를 설치하여 전압강하를 방지하고 있음

6.1.4 교류 AT 급전계통의 SP, SSP, FTP, ATP 설치목적 및 구성

1. 교류 급전계통의 구성

가. 교류 AT 급전방식은 한전 등 전력공급회사로부터 전력을 수전받아 전기차 운전에 적합한 전원으로 변성하여 전차선로에 급전하는 전철변전소(SS), 급전계통의 구분을 위하여 변전소와 변전소 중간에 설치하는 급전구분소(SP), 변전소와 급전구분소 중간지점에 설치하여 정전구간을 축소 분리하는 보조급전구분소(SSP)로 이루어짐

나. 전차선로 측면에서는 변전소 및 급전구분소앞에는 이상절연 구분장치, 보조구분소 앞

에는 동상 구분장치, 기타 필요한 구간에 에어섹션, 가선섹션 마다 에어조인트를 두어 급전회로를 구분하거나 전기적으로 연결하고 있음

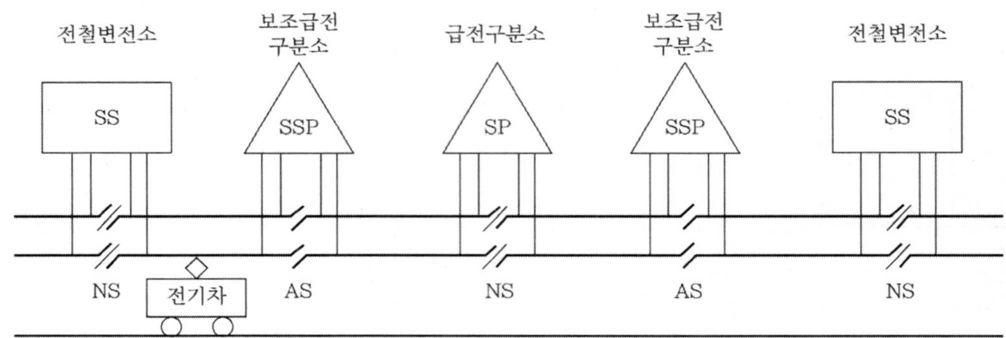

그림 6.1.5 교류 급전계통도(복선기준)

2. 급전구분소(Sectioning Post : SP)

가. 급전계통의 구분, 이례사항 발생 시 연장급전을 위하여 변전소와 변전소 중간위치에 설치하며 AT, 차단기 및 단로기 등을 설치한 곳을 SP라고 함

나. 교류 전철구간에서 전기차에 공급하는 교류전기는 위상차, 전위차 등의 문제는 있으나 동일 급전구간에 변전소로부터 전차선에 병렬급전(2개 변전소 전원 동시급전)할 수도 있음

나. 평상시에는 급전구분소의 차단기는 개방상태이며 양측 2개소의 변전소에서 급전구분소 양측 차단기까지 급전하고 있음

다. 양측 변전소로부터 병렬운전하기 위해서는 특히 양측 변전소의 위상차가 문제가 되며 병렬운전중 전원계통이 분리되거나 사고가 일어나면 전차선에 의해 막대한 전류가 흘러 장애를 일으킬 우려가 있으므로 부득이한 경우가 아니면 병렬운전은 하지 않음

3. 보조 급전구분소(Sub Sectioning Post : SSP)

가. 변전소와 급전구분소간 중간지점(약10km)의 전차선로에 선로의 작업, 고장구간 구분 또는 급전계통 분리가 필요한 경우에 전기적 구분개소를 추가로 설치하여 단전구간을 축소하므로서 열차운행 지장을 최소화 할 목적으로 개폐장치 등을 설치한 곳을 보조 급전구분소(SSP)라 함

나. 보조 급전구분소에도 차단기와 단로기 등의 개폐장치를 설치하며 차단기는 상시 투입되고 작업 등을 할 경우에만 개방하게 됨

4. 단말 급전구분소(Auto Transformer Post : ATP)

교류 AT 급전 방식에서 전차선로의 전압강하 보상과 통신 유도장해 경감을 위하여 말단에 단권변압기(AT)만을 설치하고 개폐장치는 설치하지 아니한 곳을 단말 급전구분소라 하며, 과거 서울 ATP 등이 있었으나 실효성 등의 문제가 있어 철거하고 국내에서는 현재 운영하는 곳이 없음

5. 급전 타이포스트(Feeder Tie Post : FTP)

교류 AT 급전구간에서 M 또는 T좌의 동일한 상이 병행하는 두 개 급전구간의 중간이나 말단을 차단기로 연결 또는 결합한 보조 급전구분소 형태를 급전 타이포스트(FTP)라 하는데 차단기, 단로기 등 개폐장치를 설치하였음

6.1.5 전기철도 교류와 직류 급전계통의 급전구분소(SP) 설치목적

1. 개요

전기철도 급전계통의 직류급전 방식과 교류급전 방식에 설치되는 급전구분소(SP : Section Post)는 설치목적 및 계통구성이 다름.

2. 교류 급전구분소

가. 설치목적

(1) 급전계통의 구분, 이례사항 발생 시 연장급전을 위하여 변전소와 변전소 중간위치에 설치하며 AT, 차단기 및 단로기 등을 설치하였음
(2) 교류 전철구간에서 전기차에 공급하는 교류전기는 위상차, 전위차 등의 문제는 있으나 동일 급전구간에 변전소로부터 전차선에 병렬급전(2개 변전소 전원 동시급전)할 수도 있음
(3) 양측 변전소로부터 병렬운전중 전원계통이 분리되거나 사고가 일어나면 전차선에 의해 막대한 전류가 흘러 장애발생 우려가 있으므로 부득이한 경우가 아니면 병렬운전은 하지 않음

나. 운영방법

평상시에는 급전구분소의 차단기는 개방상태이며 양측 2개소의 변전소에서 급전구분소 양측 차단기까지 급전하고 있음

3. 직류 급전구분소(급전 구분개폐기)

가. 설치목적

(1) 직류 급전방식은 복수의 직류 변전소가 병렬로 접속되는 병렬급전방식이 표준이나 주변여건상 변전소 간격이 멀어져 전압강하가 심한 경우 차량기지 등 본선에서 분기하는 전차선로를 구분할 목적으로 설치함

(2) 본선과 지선이 분기되는 곳에 설치하는 급전구분소는 전차선로의 전압강하를 경감하고 고장검출이 용이하며, 사고구간을 한정하여 구분하고 사고 또는 작업 시 정전구간을 단축하는 효과가 있음

나. 운영방법

직류 급전구분소의 고속도 차단기는 평상시 본선과 분기선의 전압강하 보상을 위하여 투입되어 있다가 어느 쪽이든 정정값 이상의 과다전류가 흐르면 자동 차단할 수 있는 양방향성 특성을 가짐

4. 직류 및 교류 급전구분소 비교

표 6.1.2 직류와 교류 급전구분소(SP) 비교

구분	DC 급전구분소	AC 급전구분소
목적	1. 전차선로 전압강하 경감 2. 고장검출을 용이하게 함 3. 사고 또는 작업 시 정전구간 단축	1. 급전계통 구분 및 연장급전 2. 사고 및 작업 시 구간단축 3. 한쪽 급전측 장애시 연장 급전
설치 위치	1. 본선과 지선이 분기되는 지점 2. 본선분기 등으로 전차선로를 구분할 경우에 설치	1. 변전소와 변전소 중간에 설치 2. 이종전원 구분을 위한 위치에 CB, DS, AT 등을 설치함
특성	1. 양방향성특성 고속도 차단기능 2. 본선과 분기선의 전압강하 방지를 위해 HSCB 상시투입	1. 평시 SP CB는 개방 2. 연장급전시 CB 투입 3. 전압강하 보상 기능 없음

6.1.6 교류 급전계통의 보조급전구분소(SSP)와 병렬급전구분소(PP) 방식

1. 개요

가. 국내 전기철도 교류 전기방식의 급전계통은 전철 변전소 M좌와 T좌를 중심으로 좌우 방면별 급전방식을 원칙으로 하여 변전소, 구분소, 보조구분소 등을 두어 계통을 구성하여 제어 및 보호를 하고 있음

나. 다만, 일반철도에서는 방면별 급전방식에 병행하여 동일전원을 변전소에서 차단기로 상하선별을 구분하여 개별 급전하고, 고속철도 구간은 방면별 급전방식에 SP와 SSP에서 상하선을 연결하는 개폐기를 두어 상하선 병렬급전 방식을 적용하였으며, 상・하선을 구분하여 급전하는 방식을 SSP 방식, 상하선을 Tie 차단기로 병렬급전하는 방식을 PP 방식이라고 함

2. SSP 급전방식 및 특징

가. 상하선 분리방식(SSP 급전) ➪ 일반철도 구간에서 적용

일반철도에서는 변전소에서 상・하선용 차단기를 별도로 두어 평상시에는 전철변전소 동일전원을 상・하선을 전기적으로 분리하여 급전하고, 비상시는 SP에 Tie 차단기를 두어 상・하선을 연결하여 운영하는 방식을 말함

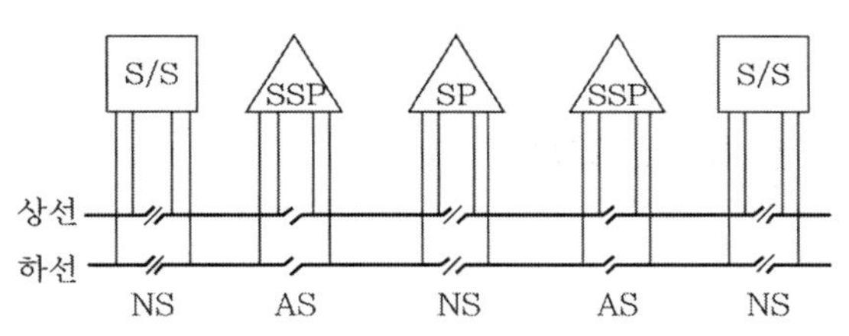

S/S : Sub Station
SP : Sectioning Post
SSP : Sub Sectioning Post
NS : Neutral Section
AS : Air Section

(a) SSP 급전계통도

AS : Air Section
AT : Auto Transformer
CB : Circuit Breaker
DS : Disconnecting Switch

(b) SSP 결선도

그림 6.1.6 교류 SSP 급전계통 및 결선도

나. 상하선 분리방식(SSP 방식)의 특징

(1) 선로 임피던스가 큼
(2) 전압강하가 PP 방식에 비해 큼(PP 기준 최소 95%)
(3) 상대적으로 고조파 공진차수가 높고, 확대율이 큼
(4) 회생전력 이용률이 낮음
(5) 급전구분소(SP)의 단권변압기 수가 많음(4대)
(6) 급전구분소(SP)의 GIS 설비가 적음(GIS 4-Bay)
(7) SSP 개소에 상・하선 Tie 차단설비가 필요 없음
(8) 계통보호가 용이하고 고장위치 파악이 용이함
(9) 역간이 짧고 저속 운행구간에 적합하여 장애 및 일부구간 정전 작업 시 정전구간 및 열차운행 지장의 최소화 가능함

3. PP 급전방식 및 특징

가. 상하선 병렬 급전방식(PP 급전) ➪ 고속철도에서 적용

고속철도에서 방면별 급전방식에 상하선을 각 SS와 SP 사이에 PP를 설치하고 전기적으로 연결하여 운영하고, 선로장애 발생 또는 정전 작업 시에 필요한 상선 또는 하선을 분리하여 건전선로만 운영하는 방식임

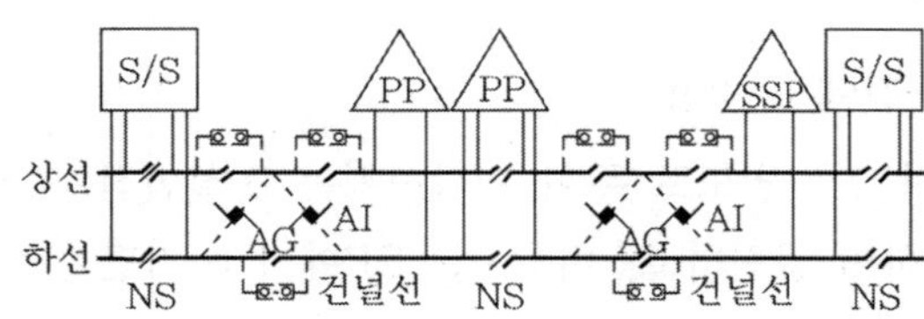

S/S : Sub Station
SP : Sectioning Post
PP : Parallel Post
NS : Neutral Section
AG : Air Gab
: Air Insulator

(a) PP 급전계통도

AT AT
DS DS
DS CB DS DS CB DS
상선
AI
AG
하선
건널선

AS : Air Section
AT : Air Transformer
CB : Circuit Breaker
DS : Disconnecting Switch

(b) PP 결선도

그림 6.1.7 교류 PP 급전계통 및 결선도

나. 상하선 연결방식(PP 방식)의 특성

(1) 선로 임피던스가 적음(SSP기준 선로중간 65%, 선로말단 50% 임)
(2) 전압강하가 작음($V_{SSP} \leq V_{Tie} \leq V_{PP}$)
(3) 상대적으로 고조파 공진주파수가 낮고 확대율이 작음
(4) 회생전력 이용률이 높음
(5) 급전구분소(SP)의 단권변압기 수(2대)가 적으나, 급전구분소(SP)의 GIS 설비가 많음(GIS 5-Bay)
(6) SSP 개소에 상・하선 Tie 차단설비가 필요함
(7) 계통보호가 용이하고 고장위치 파악이 용이함
(8) 역간이 길고 고속 운행구간에 적합 함
(9) 장애 및 일부구간 정전 작업 시 변전소 급전구간의 상・하선 모두 정전이 필요하므로 열차운행 지장 파급 우려.

4. 상・하선 Tie 연결방식 및 특징

가. 상하선 Tie 연결방식 ➪ 전차선로 단말부에 일부 적용

급전계통의 구성은 일반철도 SSP 급전방식과 동일하나, 급전구분소(SP)에서 상선과 하선을 상시 Tie로 연결하여 운용하는 방식

나. 특징

(1) 선로 임피던스가 적음(SSP 방식 기준 : 선로중간 80%, 말단 50%)
(2) 전압강하가 적음 (PP 기준 최소 98.9% 정도)
(3) 상대적으로 고조파 공진주파수가 낮고 확대율이 작음
(4) 회생전력 이용률이 비교적 높음
(5) 급전구분소(SP)의 단권변압기 수가 많음(4대)
(6) 급전구분소(SP)의 GIS 설비가 적음(GIS 4-Bay)
(7) 급전구분소(SP)의 GIS 설비가 적음(GIS 4-Bay)
(8) SSP 개소에 상·하선 Tie 차단설비가 필요 없음
(9) 계통보호가 용이하고 고장위치 파악이 용이하며, 장애 및 일부구간 정전 작업 시 정전구간 및 열차운행 지장의 최소화 가능함

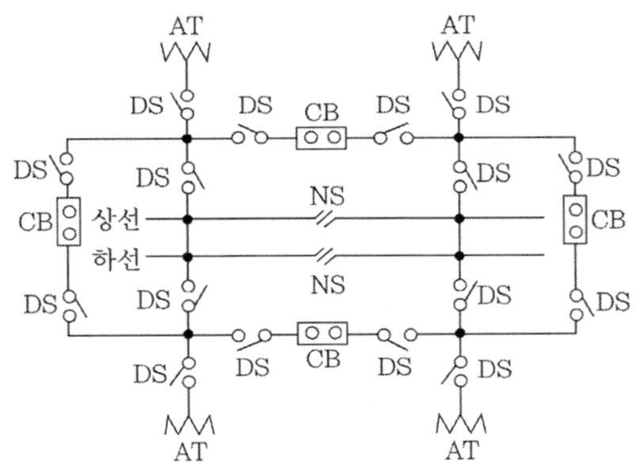

(a) Tie 결선도

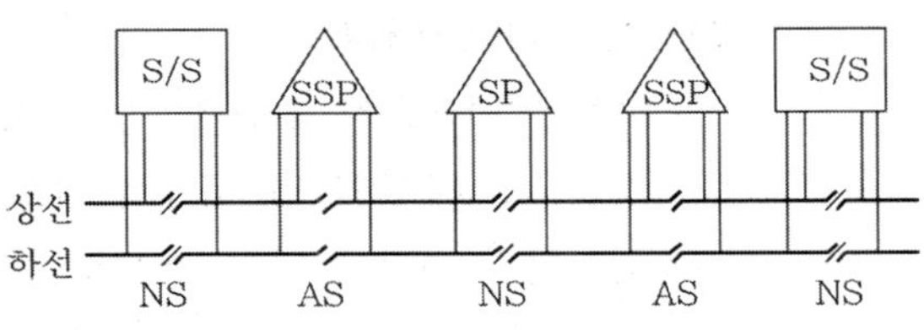

S/S : Sub Station
SP : Sectioning Post
SSP : Sub Sectioning Post
NS : Neutral Section
AS : Air Section

(b) Tie 급전계통도

그림 6.1.8 교류 Tie 연결 결선도 및 급전계통도

6.1.7 교류 병렬급전 방식의 사용 목적 및 등가회로

1. 개요

가. 급전계통에서 병렬운전은 변압기 용량 부족 및 전압강하 대책으로 효과적이나 양쪽 변전소간 병렬 운전조건을 만족해야 하고 계통 보호협조 및 사고 파급 등의 문제로 건설 시는 대부분 급전 변압기의 용량을 충분히 설정하거나 예비변압기를 두어 단독 운전 방식을 채택하고 있음

나. 다만, 기존 전기철도 운영 중 열차운행 횟수 증가 또는 고속화에 따라 전철 변전소의 용량증설이 필요한 경우 급전 변압기를 추가 설치하거나 용량 증가에 대비하여 설치

한 예비 변압기를 운영 시는 병렬급전을 시행함

다. 고속철도에서는 병렬급전소를 두어 방면별 병렬급전 방식을 채택하고 있으며, 실질적으로는 병렬운전 조건을 만족하고 두 변압기 사이의 순환전류가 정격전류의 10[%]를 초과하지 않고, 부하전류가 두 변압기의 정격전류 합계에 대하여 110[%]를 초과하지 않으면 병렬운전이 가능함

2. 병렬 급전방식의 사용목적 및 문제점

가. 병렬운전 사용목적

(1) 병렬운전에 따른 임피던스 경감으로 전압강하 보상
(2) 변압기 무효분 경감으로 전력손실 감소
(3) 순시 Peak 전력이 안정적으로 경비 절감 효과
(4) 전압 불평형 경감에 효과적

나. 병렬운전의 문제점

(1) 변압기 병렬운전 조건을 만족해야 함
(2) 병렬운전중 투입 및 개방시 과도현상 발생
(3) 임피던스 경감에 따라 단락용량 증가
(4) 사고 및 고장 시 피급범위 확대 및 보호계전기 정정 불리
(5) 신뢰성 확보 및 고장점표정에 어려움.

3. 병렬 급전방식의 등가회로 및 운전조건

가. 병렬급전 등가회로

급전구분소, 보조급전구분소의 개폐기를 ON 상태에서 병렬급전 계통

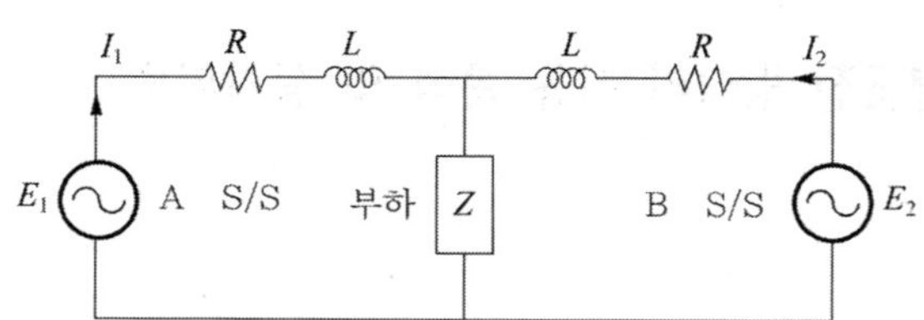

그림 6.1.9 교류 병렬급전 등가회로도

나. 병렬 운전조건

(1) 변압기 1, 2차 정격전압 및 극성이 같을 것
(2) 변압기 권선비가 같을 것

(3) 변압기의 % 임피던스가 같을 것
(4) 내부저항과 누설 임피던스 비가 같을 것
(5) 위상차가 3[%] 미만일 것

6.2 ∘ 직류 급전계통의 구성 및 특징

6.2.1 직류 DC 1,500[V] 전기방식의 수전계통 구성 및 보호

1. 직류 1,500[V] 전기철도 수전설비

가. 수전설비라 함은 전기사업자(이하 "한전")으로부터 전기를 공급받는 모든 설비를 말하며, DC 전철변전소는 한전에서 전력을 공급받는 수전변전소와 수전변전소로부터 전력을 공급받는 연락 변전소가 있음

나. 수전선로는 보통 CN/CV 지중케이블 1~2회선을 지중관로에 수용하여 시설하고, 책임 분계점은 전기사업자 변전소의 개폐기 2차측부터임

2. 수전계통

가. 전철변전소마다 한전변전소에서 직접수전하는 방식과 한전의 1개 변전소로부터 수전하여 2개 이상의 DC 전철변전소에 공급하는 연락수전 방식이 있음

나. 수전전압은 보통 22.9[kV] 또는 154[kV]를 수전받아 필요한 전원으로 변환하여 전기철도에 사용함

다. 22.9[kV] 계통은 Tree 형태로 변전소 또는 선로 고장 시 인접한 DC 전철변전소 수전단 2차측을 상호 연계한 연락 송전계통을 구성하여 신뢰성을 향상시키고, 154[kV] 계통은 Loop 형태로 한전 1개 변전소 고장 또는 선로 고장 시에도 전력을 공급할 수 있도록 구성되어 있음

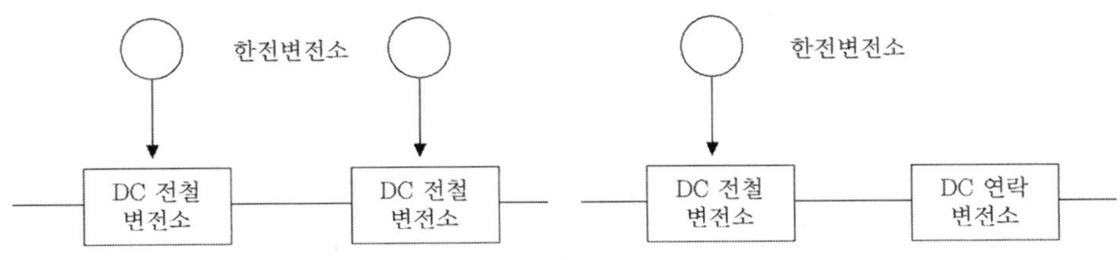

그림 6.2.1 직류 전기철도 수전계통

3. 수전(특고압 AC 22.9kV) 계통 보호

가. 각 차단기반

과부하, 단락사고, 지락사고 검출 및 보호를 위한 과전류 계전기 및 지락과전류 계전기 등을 설치

나. 연락 급전반

연락 급전선의 가압상태를 확인할 수 있는 무전압 계전기를 설치하여 양측의 다른 계통과의 혼촉 사고를 예방할 수 있어야 함

다. 주모선

저전압시 동작하는 저전압 계전기를 설치하여 변전소의 정전에 대비하여 조치할 수 있도록 하여야 함

6.2.2 직류 DC 1,500[V] 방식 전력공급 계통 및 구성

1. 직류 전력공급 계통

가. 국내 직류 전기철도는 대부분 DC 1,500[V]를 표준전압으로 하는 전기방식으로 전력회사로부터 교류 22.9[kV] 또는 154[kV]를 수전받아 수전 변압기로 AC 1,200[V]로 강하한 후, 정류기 등 전력변환 장치를 통하여 DC 1,500[V]로 변환하여 전차선로에 공급하는 방식임

나. 급전계통의 주요설비는 전철변전소, 급전구분소, 급전 Tie-Post, 정류 포스트 등으로 구성됨

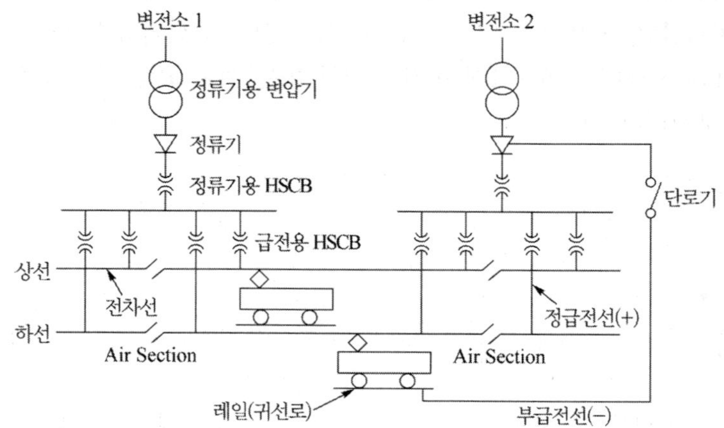

그림 6.2.2 직류 전력공급 계통도

2. 직류 급전계통의 구성 방법

가. 직류급전 구간은 원칙적으로 변전소와 급전구분소를 1구간으로 하여 방면별 급전방식과 상하선별 분리 급전방식을 표준으로 하고, 변전소, 급전구분소의 모선을 전기적으로 연결하여 인접 변전소와 병렬급전 방식을 채용하고 있음

나. 직류변전소 정극모선에서 급전회로에 인출하는 방법은 방면별 급전과 양방향을 일괄 인출하는 방식이 행하여지고 있으나, 급전모선과 전차선측의 접속형태에 따라서 π 방식, T 방식, Tie-Post 급전방식으로 구분하기도 함

3. 직류 급전계통 구성 방법

가. π 급전방식

(1) π 급전방식은 급전모선을 복수로 하여 상선과 하선의 전차선에 급전하는 방식으로 급전회로수가 T 급전방식의 2배가 되고 설비수가 증가됨

(2) T 급전방식에 비하여 급전범위가 작아 전압강하 발생이 적고 고장선택이 쉬우며, 직류고속도차단기의 자동차단에 의해 정전구간을 작은 범위로 한정할 수 있는 이점이 있어 가장 널리 사용되는 방식임

나. T 급전방식

일반적으로 사용되지 않는 방식이나, 변전소가 선로의 종단 근처이고 급전구간이 짧은 경우 극히 일부 사용함

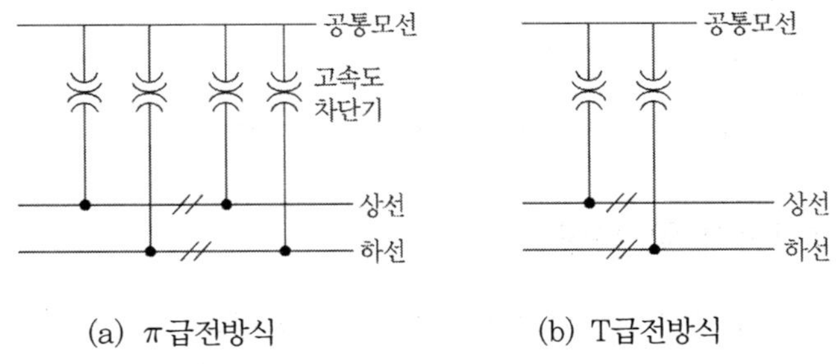

그림 6.2.3 직류 π 및 T 급전 계통 구성

다. Tie-Post 급전방식

(1) 전차선에 병렬 급전할 수 없는 단말부분의 상・하선 급전선을 차단기를 통하여 접속시켜 말단에서 발생하는 전압강하를 보상하는 설비로 양방향 고속도 차단기, 직류변류기, 변성기, 보호계전기, 연락차단장치, 피뢰기 등으로 구성됨

(2) 직류 급전구분소(SP)와 비교하여 주요설비 및 보호장치는 비슷하나 차단기 1대를 시설하여 운영하는 방법이 다름.

(3) 상선과 하선이 고속도 차단기 1대로 연결되어 있어 말단에서 발생하는 전압강하를 보상하고, 상선과 하선 어느쪽 방향으로도 정정치 이상의 과대전류가 흐르면 자동 차단하여 상하선을 분리할 수 있는 양방향성 고속도 차단기를 설치함

6.2.3 직류 급전구분소의 설치 목적 및 전압강하 개선 효과

1. 직류 급전구분소 설치목적

가. 직류 급전방식은 복수의 직류 변전소가 병렬로 접속되는 병렬 급전방식이 표준이나 주변여건상 변전소 간격이 멀어져 전압강하가 심한 경우 차량기지 등 본선에서 분기하는 전차선로를 구분할 목적으로 설치함

나. 직류 급전구간의 본선과 지선이 분기되는 곳에 설치하는 급전구분소는 전차선로의 전압강하를 경감하고 고장검출이 용이하며, 사고구간을 한정하여 구분하고 사고 또는 작업 시 정전구간을 단축하는 효과가 있음

표 6.2.1 직류 전기철도 급전전압 (KEC 411.2)

급전방식	공칭전압 [V]	지속성 최저전압[V]	지속성 최고전압[V]	비지속성 최고전압[V]	장기 과전압[V]
직류 방식	750	500	900	950※	1,269
	1,500	900	1,800	1,950	2,538

※ 회생제동의 경우 1,000[V]의 비지속성 최고전압은 허용 가능

2. 급전구분소 설치위치 및 특성

가. 급전구분소는 본선에서 분기되는 전차선로를 구분하는 위치에 설치하여, 계통의 전압강하를 경감시키며,

나. 본선을 구분하는 직류 급전구분소의 고속도 차단기는 평상시 본선과 분기선의 전압강하 보상을 위하여 투입되어 있다가 어느 쪽이든 정정값 이상의 과다전류가 흐르면 자동 차단할 수 있는 양방향성 특성을 가짐

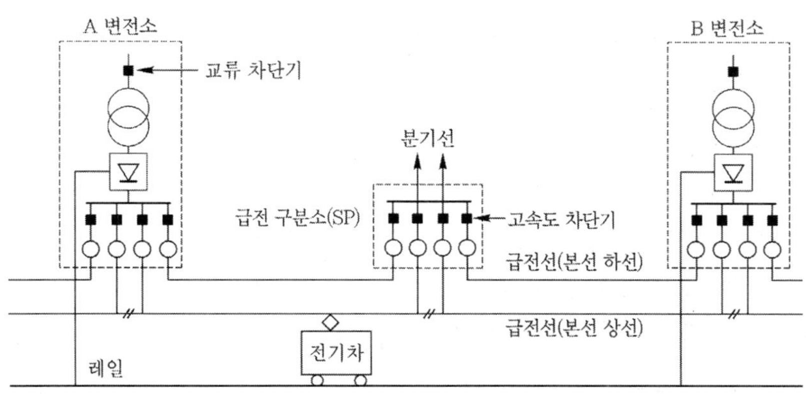

그림 6.2.4 직류 급전구분소 있는 급전계통도

3. 직류 급전구분소 전압강하 개선 효과

가. 급전구분소가 있는 경우에는 변전소와 급전구분소 간의 상・하선 급전선이 병렬로 접속되므로 급전선의 합성저항이 1/2로 감소되어 전압강하가 경감됨

나. 급전구분소에는 급전용 전원(정류기)이 없기 때문에 각 급전회로에 역방향의 전류가 흐르게 되므로 급전구분소가 없는 경우와 다른 보호방식을 채용하게 됨

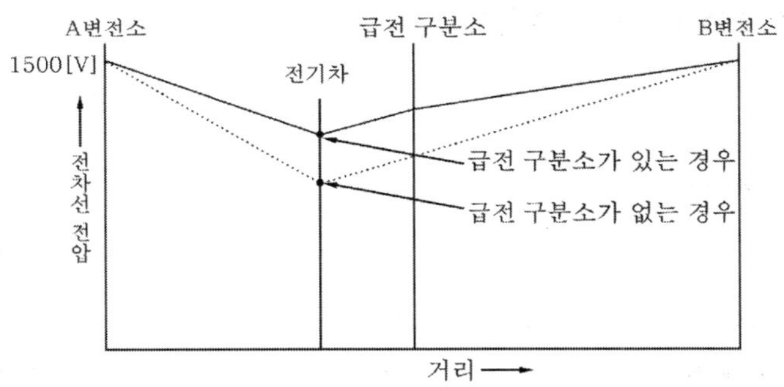

그림 6.2.5 직류 급전구분소가 있는 경우 전압보상

6.2.4 직류 급전타이포스트(TP) 및 정류포스트(RP) 설치목적 및 특징

1. 개요

직류급전 구간에서 전차선에 병렬급전이 곤란한 단말 부분의 전압강하 경감과 변전소와 변전소 간격이 멀어 전압강하를 보상할 목적으로 설치하는 급전 타이포스트와 정류포스트의 설치목적 및 특징에 대하여 기술함

2. 급전 타이포스트(Feeder Tie-Post : FTP)

가. 설치목적 및 구성

(1) 직류급전 타이포스트(TP)는 전차선에 병렬급전 할 수 없는 단말부분의 상하선을 1대의 차단기를 통하여 말단에서 접속시켜 말단에서 발생할 수 있는 전압강하를 보상할 목적으로 설치하였음

(2) 주요 설비는 양방향성 고속도 차단기, 직류변류기, 변성기, 보호계전기, 연락차단 장치, 피뢰기 등으로 구성되어짐

나. 타이포스트의 특징

(1) 전차선의 단말에서 상선과 하선이 1대의 차단기로 연결되어 있어서 상선과 하선 어느 쪽 방향으로 정정치 이상의 과대전류가 흐르면 자동차단 할 수 있는 양방향성 고속도 차단기(HSCB)를 설치하게 됨

(2) 급전 타이포스트는 구분개폐소(SP)와는 달리 1개의 차단기로 설치되고, 기타 회로구성 주요설비 및 보호장치는 급전구분소와 동일함

(3) 급전 타이포스트가 있는 경우 평시 차단기 투입시 상하선을 접속한 타이포스트 지점을 중심으로 전압강하가 보상되며, 전압강하 보상은 직류 급전구분소(SP)가 있는 경우와 거의 동일한 특징을 가짐

다. 급전타이포스트(Tie Post) 계통도

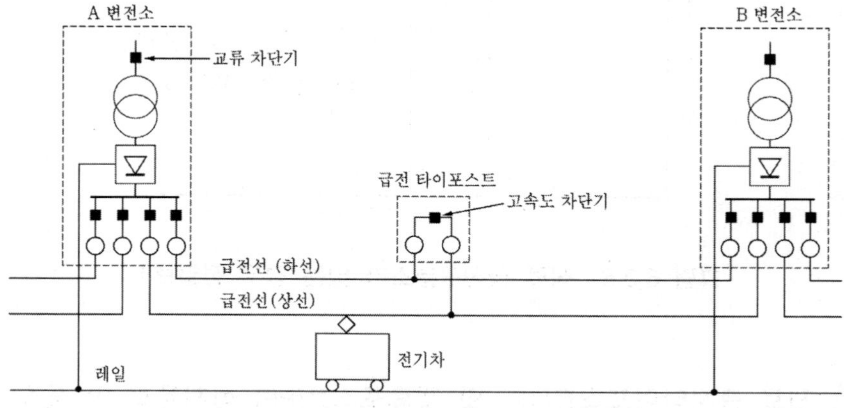

그림 6.2.5 급전타이포스트 계통도

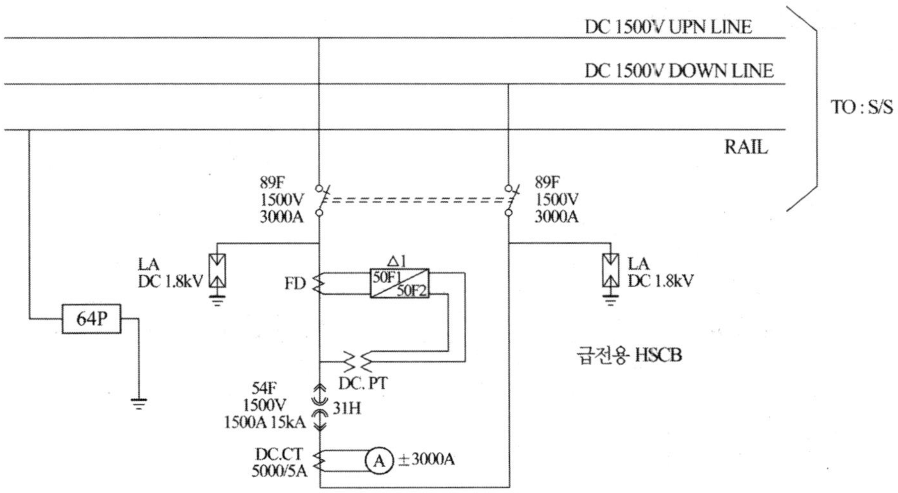

그림 6.2.6 급전타이포스트 단선결선도

3. 정류 포스트(Rectifier Post)

가. 설치목적 및 구성

(1) 정류 포스트는 변전소와 변전소 간격이 멀어 발생하는 전압강하를 보상하고, 레일과 대지간의 누설전류를 경감할 목적으로 설치함

(2) 주요설비는 정식으로 수전설비를 갖추지 않고 연락송전선로를 이용하며 고속도 차단기를 생략한 급전설비를 설치하여 정류기용 변압기, 정류기, 보호장치 등으로 구성됨

나. 정류포스트 급전계통의 특징

(1) 설비가 간단

정류 포스트는 변전소와 변전소 간격이 먼 위치에 인접 변전소에서 교류전원을 공급받아 정류기용 TR, 정류기(SR) 및 급전설비 만으로 구성하여 변전소 간격단축 효과로 변전소 추가 건설비가 대폭 절감됨

(2) 계통보호 고신뢰도 요구

급전회로에 단락사고가 발생하였을 경우 사고검출 및 Trip 신호를 송출하여 전원을 공급하는 변전소의 차단기를 동작시켜야 하므로 설비의 고신뢰도가 요구됨

(3) 누설전류 감소에 따라 인접 지중금속성에 대한 전식장해가 대폭 감소됨

다. 정류포스트(RP) 계통도

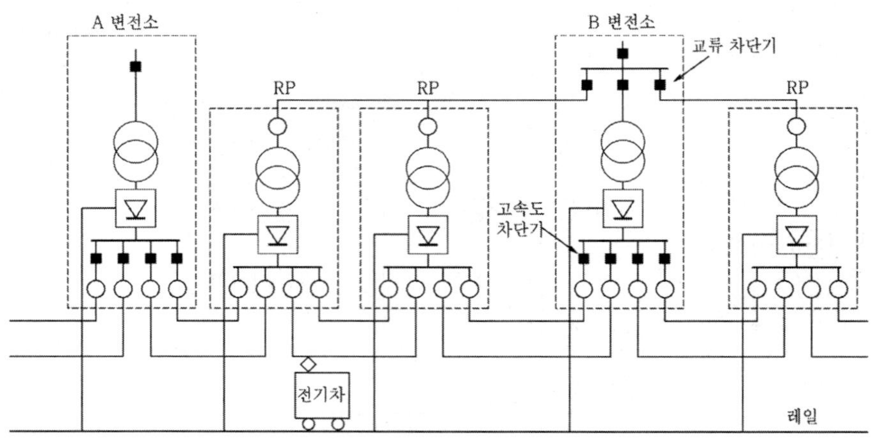

그림 6.2.7 DC 정류포스트 계통도

라. RP의 누설전류 억제 개념도

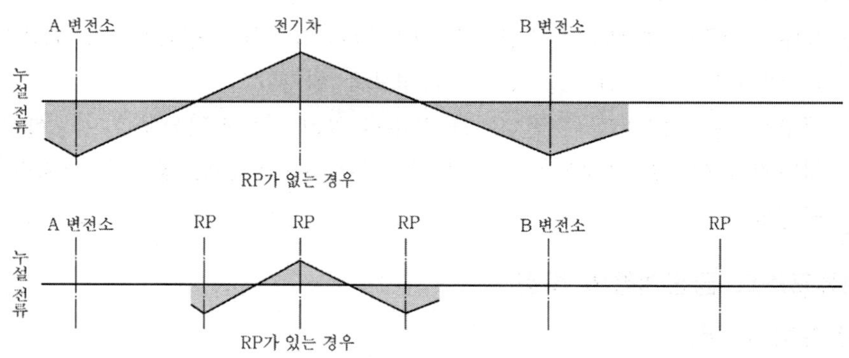

그림 6.2.8 정류포스트 누설전류 분포도

6.2.5 직류 전철변전소 계통 및 단선결선도

1. 개요

가. 직류전기철도 변전소의 구성은 수전설비, 정류기용 변압기, 고속도차단기, 전력필터 등으로 구성되었으며,

나. 3상 교류전력을 전력회사로부터 공급받아 변압기에서 AC 1200[V] 또는 600[V]로

강하하여 정류기에 의해 DC 1500[V]로 변환하여 전차선에 공급하며, 역사조명등 일반전력은 고압배전용 변압기로 2차 전압 6.6[kV]로 변환하여 1, 2, 3호계로 구분하여 고압배전선로 전력을 공급하는 계통임

2. 주요사양

가. 직류 변전소 급전전압

(1) 수도권 1~2호선

한전수전(22.9kV 3ϕ4W) ➪ DC 전철변전소 변압기(22.9kV/1.2kV) ➪ 실리콘정류기(3상전파정류, DC 1,500[V] ➪ 전차선 전압 DC 1,500[V]

(2) 수도권 5~8호선

한전수전(22.9kV 3∅4w) ➪ DC 전철변전소 변압기(22.9kV/0.6kV) ➪ 실리콘정류기(6상 12Puls 정류, DC 1500[V] ➪ 전차선 전압 DC 1,500[V]

나. 변전소 간격 및 수전계통

(1) DC 전철변전소 간격 : 약 3~5[km]

(2) 1기 지하철 수전계통 : DC 전철변전소 한개 건너뛰어 한전수전하고, 인접변전소는 연락 송전선로를 이용하여 연락 전철변전소로 운영

(3) 2기 지하철 수전계통 ➪ 계통의 신뢰성 확보를 위해 직류 전철변전소마다 한전수전

다. 정류기용 변압기(Silicon Rectifier Transformer)

(1) 정류기용 변압기의 1차측은 AC 22.9[kV] 2차측은 AC 1.2[kV](정류기 출력을 직렬 연결하는 방식의 경우는 600[V])정도임

(2) 변압기 용량은 정류기의 용량에 따라 결정되며 서울지하철에는 정류기 단위용량이 2,000[kW], 3,000[kW], 4,000[kW] 등 세 종류가 시설되어 사용되고 있음

표 6.2.2 직류 전류기용 변압기 및 정류기 용량(서울메트로 예)

선 별	정류기용변압기 용량[kVA]	정류기용변압기 2차전압[V]	정류기 단위용량[kW]	비 고
1~2 호선	4,520	1,200	4,000	
3~4 호선	4,480	1,188	4,000	
5~7 호선	3,392	590	3,000	
8 호선	2,260	590	2,000	

(3) 정류기용 변압기 2차 전압

$$E = \frac{(1+0.08)}{1.35} \cdot E_d[\text{V}] = 1,500 \times 1.08 \div 1.35 = 1,200[\text{V}]$$

여기서, E_d : 직류공급전압, 0.08 : 내부전압강하 8[%] 적용

라. 고압배전용 전원

(1) 고배 배전용 변압기 2차(22.9kV/6.6kV)에서 1, 2, 3호계로 구분

(2) 각역사 전원공급 : 1호계, 2호계 ➪ 조명, 동력, 3호계 ➪ 환기, 냉방

3. DC 변전소의 단선결선도

가. DC 전철변전소의 단선결선도

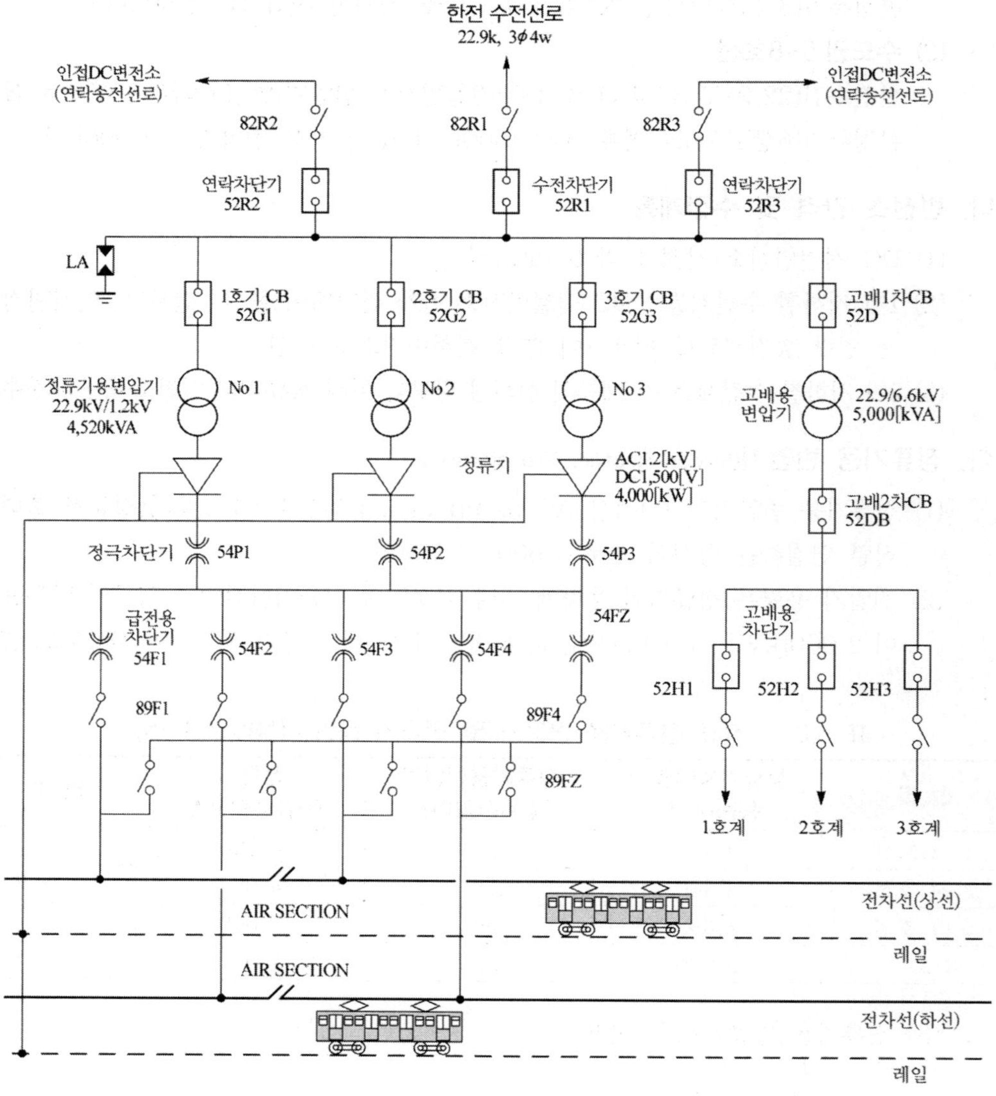

그림 6.2.4 직류 전철변전소 계통도

나. 단선결선도의 각 기호(표 6.2.3)

표 6.2.3 직류 급전계통 단선결선도 기호표

기기번호		기기명칭	비 고
52	52R1	수전차단기(AC용)	
	52R2,3	연락차단기(AC용)	
	52G	정류기용 변압기 교류 차단기	No1, No2, No3
	52D	고배용 1차 교류차단기	
	52DB	고배용 2차 교류차단기	
	52H	고배 급전용 교류차단기	1호계,2호계,3호계
54	54P	정극용 고속도차단기	No1,No2,No3
	54F	급전용 고속도차단기	No1,No2,No3,No4
	54FZ	예비용 고속도차단기	
82	82R	수전 및 연락 차단단로기	
89	89F	급전(DC)용 단로기	
	89FZ	급전(DC)용 예비단로기	
	89H	고배용 단로기	
LA		피뢰기	
정류기용변압기		22.9[kV]/1.2[kV], 4,520[kVA]	3대
정류기		AC1.2[kV]/DC1.5[kV], 4,000[kW]	3조

6.3 전철변전소 특성 및 용량

6.3.1 전철변전소 위치선정 및 간격 선정시 고려사항

1. 전철변전소의 전원특성 및 구비조건

가. 전기철도 부하는 전기차의 빈번한 기동/정지를 반복하는 등 부하변화가 심하고 부하의 위치가 열차진행에 따라 이동하는 이동부하임

나. 변전소의 전기용량은 전기차의 부하에 충분히 견디어야 하며, 전차선로의 전압강하는 허용범위이내여야 하는 요구조건을 만족해야 함

다. 사고 시 1개 변전소가 정전되더라도 연장급전 등으로 열차안전 운행을 확보해야하는 등 높은 신뢰도가 요구됨

라. 전차선로나 전기차 사고 등으로 집전회로가 단락하는 경우 확실하게 사고회로를 검출하여 구분 차단해야 함

마. 변전소의 배치는 전기철도의 종류, 급전방식, 전기차의 출력, 선로 조건 및 운전 상황 등을 고려하여야 하며, 전차선로 전류용량, 전압강하, 전식 또는 유도장해 등 환경적 요소를 동시에 만족하도록 검토하여야 함

2. 변전소 위치선정시 고려사항

가. 공통사항

(1) 수전변전소(한전 등 전원공급점)와 가까운 거리에 있을 것
(2) 변전소 간격을 유지하고 전압강하 지장이 없을 것
(3) 기기의 운반 및 반입에 필요한 진입로 개설이 용이할 것
(4) 지반이 견고하고, 수해나 토사유입 등의 우려가 없을 것
(5) 교량, 터널 및 환경오염 지역을 피할 것
(6) 토지비용(용지매수비용)이 저렴하고 향후 확장이 가능할 것
(7) 환경보호를 해치지 않고 도시계획 및 토지이용계획에 저촉되지 않을 것
(8) 도심 및 주거밀집 지역등 민원발생 우려지역을 피할 것
(9) 유지보수가 편리하도록 국도 등으로부터 가까울 것

나. 전철변전소

(1) 변전소의 상별(M상, T상) 균형을 이루는 부하 중심점에 위치할 것
(2) 수전선로의 인・출입이 용이하고 수전선로 길이가 가까울 것
(3) 변전소 인출부근의 절연구분 장치 위치가 전기차의 노치오프(Notch Off) 운전이 용이한 선로조건(구배, 곡선반경, 신호기 위치)에 만족할 것
(4) 변전소 정전 또는 고장 시 인접 변전소와 상호 연장급전시 전압강하로 인한 열차 운전에 지장이 없는 장소일 것
(5) 가급적 철도부지를 활용하여 용지비를 절감하고 인・허가 등 행정업무를 간소화 할 수 있는 위치일 것
(6) 향후 인접선구의 전철화 계획 시 급전범위 및 부하를 고려할 것

3. 변전소 설치간격 결정요소

가. 직류 전철 변전소의 전식장해 방지 측면

나. 전기차 운전에 적합한 전원 확보 ➪ 전압강하 허용범위 이내

다. 급전회로의 고장검출 보호 능력 ➪ 보호계통의 신뢰도
라. 용지확보
마. 경제적인 건설비 부담

표 6.3.1 국내 전기철도 변전소 개략간격

DC 구간		구간	
커티너리 구간	약 5~6[km]	BT 구간	약 30[km]
강체가선 구간	약 10~12[km]	AT 구간	약 40~100[km]

4. 전철변전소 설치 간격을 단축하는 경우 장 · 단점.

가. 장점

(1) 전압강화 및 전력손실이 감소
(2) 동일전압 강하에서 전차선로의 전류 용량이 작아져 전차선로 건설비 감소
(3) 귀선의 누설전류가 감소하여 전식 및 통신유도 장해 감소
(4) 급전회로의 보호가 용이

나. 단점

(1) 변전소수가 증가하여 전체 건설비 증가
(2) 기기의 단위 용량이 작아지므로 효율저하 및 손실증가
(3) 보수 및 운전경비의 증가
(4) 보수 및 운전인력의 증가

6.3.2 전철변전소 부하특성 및 관리

1. 전기철도 부하의 특성

가. 전기철도용 변전소는 전기차에 전원을 공급할 목적으로 설치함
나. 전기차는 열차운행 특성상 기동, 정지가 빈번하고 큰 견인력이 요구되며 이동하는 비선형 부하 특성을 가지고 있음
(1) 그림 6.3.1과 같이 전기차의 기동, 역행, 타행 및 정지를 수시로 수행하므로 시공간적으로 부하변동이 매우 심한 현상을 보임
(2) 교류급전의 경우 1Φ 급전시 부하전압 불평형 초래
(3) 전기차 구동제어 시스템의 인버터 및 콘버터에 의한 고조파 발생

(4) 전기차 전류파형 (전류–시간곡선)

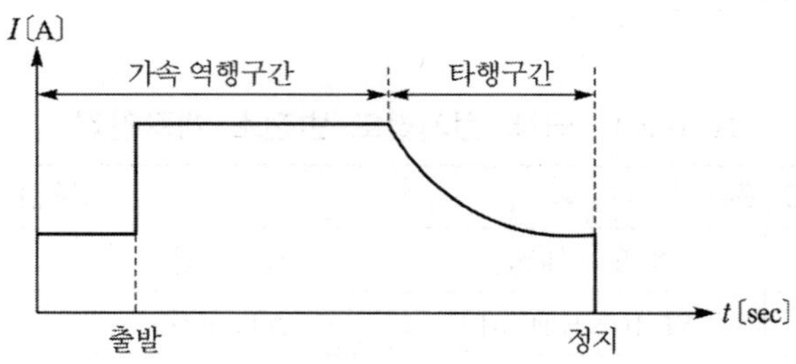

그림 6.3.1 전기차 전류–시간곡선

다. 변동이 심한 부하로 인하여 일부하율이 낮음

(1) 일부하율 = 1일중의 1시간 평균 전력 / 1일중의 1시간 최대전력

(2) 일부하율 실례 – ① 노면전차 : 40~70%
② 교외철도 : 25~50%
③ 간선철도 : 60~80%

2. 전철변소의 부하분담

가. 직류 전철변전소의 부하분담

(1) 전철변전소는 병렬급전하고, 선로정수는 동일(저항성분) 한다고 가정하므로 부하분담은 전기차의 위치(거리)에 따라 반비례하여 분담함

(2) 아래 그림에서 A변전소가 분담하는 전류(I_a), B변전소가 분담하는 전류(I_b)를 보면 $I_a = \dfrac{D-x}{D} \times I\,[\mathrm{A}]$, $I_b = \dfrac{x}{D} \times I\,[\mathrm{A}]$임

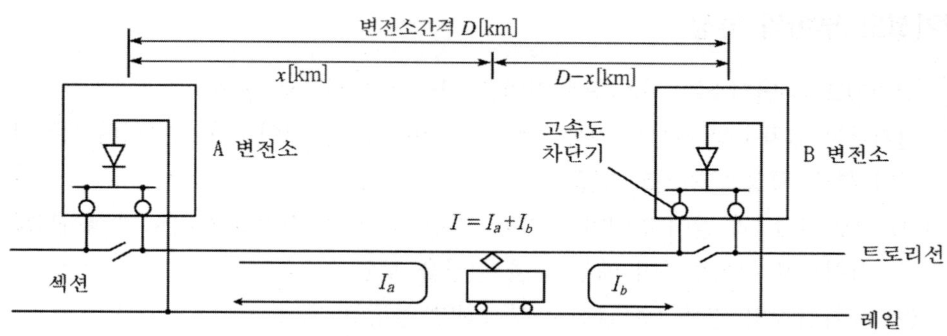

그림 6.3.2 DC변전소 부하분담도

나. 교류 전철변전소의 부하분담

(1) 교류전철 급전 계통은 원칙적으로 상・하선별 또는 방향별 단독 급전을 원칙으로 하므로 1개 변전소 구간 내는 1개 변전소에서 부하 분담함

(2) 즉, 1개 변전소의 M좌, T좌 구간 내의 운행하는 모든 전기차의 부하분담은 해당 변전소에서만 공급하게 됨

(3) 따라서 전철변전소 ⇨ 급전구분소 ⇦ 전철변전소와 같은 급전형태로 구성되며 급전구분소에서 절연구분 장치에 의해 구분함

(4) 교류 전철변전소 상호간에는 매우 특별한 경우를 제외하고는 병렬 급전을 하지 않으며, 동일 변전소 내의 주변압기를 증설하여 동일 방향으로 병렬급전 방식을 채용하여 운영함

3. 전철변소의 부하관리

가. 순시 최대전류

(1) 변전소의 부하는 시시각각 전류값이 변동하고 있으므로 1일중 열차 Dia에 의하여 급전구간 내의 변전소에서 최대 전류가 걸리는 시점을 순시최대 전류라 함

(2) 순시 최대전류가 발생하는 시점에서 급전구간 내의 열차종별, 열차위치, 열차개수를 포함한 전력량이 순시 최대 전력량이 됨

나. 1시간 최대전력

변전소의 부하는 1시간 단위로 나누어 1시간 내에 사용된 전력량의 최댓값을 1시간 최대 전력이라 함

다. 평균전력

전철변전소 1일 공급전력량 총량을 24시간으로 나눈값으로 부하율 산출 등에 사용하며, 전철 부하상태 파악 및 유효사용 설비에 대하여 표시하는데 사용

라. 부하율

(1) 부하율은 설비의 유효사용을 표시하는 지표로 아래 식으로 나타냄

(2) $\text{부하율} = \dfrac{\text{1일 평균전력}}{\text{1일 1시간 최대전력}} \times 100[\%]$

마. 부담율

(1) 전철구간에서 정류기와 급전용 변압기는 부하의 특성 때문에 단시간에 정격용량의 200~250[%] 부하에서 견딜 수 있도록 설계할 때 과부하 비율을 나타내는 것을 부담률이라 하며, 아래 식으로 나타냄

(2) 부담율 $= \dfrac{\text{순시최대전력}}{\text{설비용량}} \times 100[\%]$

6.3.3 전철변전소 용량 산정 방법

1. 개요

가. 전철변전소 위치 및 간격이 결정되면 열차운영계획, 궤도의 구배 및 곡선반경, 운영 전기차의 출력 및 주행 특성 등을 고려하여 변전소 부담 부하(매 시간의 1시간 출력 및 순시 최대출력 등)를 추정 계산하여 변전소 용량을 결정함.

나. 변전소 용량결정은 일반적으로 1시간 최대출력 또는 순시 최대전력을 기초로 하여 간이계산법이 주로 사용되고, 1시간 최대출력보다 크고 순시 최대 출력에도 견딜수 있도록 하며, 장래의 열차운영 계획 등에 대응할 수 있도록 용량을 결정함.

다. 열차는 급전계통 측면에서 보면 계속 이동하는 집중부하이므로 그 변화가 심하고 다른 열차와의 간격에 따른 영향이 시시각각 달라 전철차량의 부하 및 전력사용량을 정확히 산출하기 어려워 대부분 컴퓨터 프로그램 시뮬레이션을 이용하여 부하율 및 최대출력 기타 주변 조건을 종합적으로 검토하여 결정하고 있음.

2. 전철변전소 용량 산정 방법

가. 1시간 최대 출력을 이용하여 산출

열차의 운행시간표(열차다이아)에 의해 매 시간마다, 열차 종별마다 변전소 급전 담당 구간을 운행하는 열차편수를 조사하여 변전소 용량을 계산하는 방법

(1) 전력–시간 부하곡선을 이용하여 산출

① 운전다이아 그램상 임의 시간에 있어 열차대수를 구하고,

② 전력시간곡선에서 전력을 구하여 각 시간의 합계 소요전력을 구함.

③ 부하 = {∑열차수량×(소요전력/열차당)+보조기기전력+손실}×시간

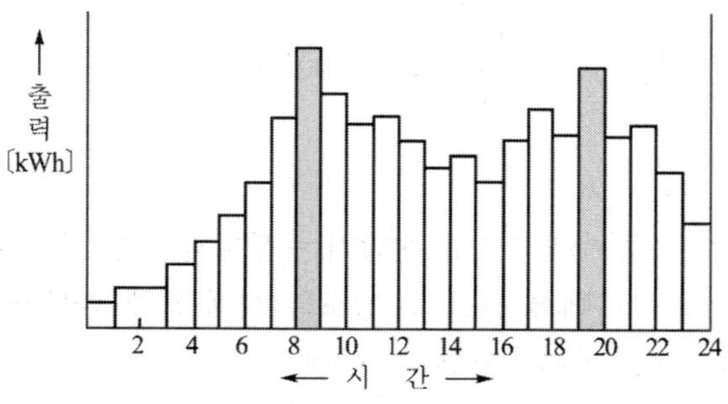

그림 6.3.3 전철변전소 부하곡선

(2) 전력소비율을 이용하는 방법

① 전력소비율이라 함은 편성 전기차 총중량 M[ton] 전기차가 1[km]를 주행하는데 필요한 소비전력량[kwh]으로 단위는 [kWH/1000t·km] 또는 [kWH/car·km]로 나타내며, 전기차의 열차 종류별 주행특성을 고려한 전력소비량을 기초로 하여 산출하는 방식임.

② 일정기간 동안 변전소 급전구간을 주행하는 전기차 운행대수를 각각의 전력소비율과 주행거리를 곱하여 1시간 최대전력과 1일 평균 전력량을 산출함.

※ 평균전력량 = (∑열차대수×소비전력/car·km)×거리×시간)

(3) 1시간 최대전력(Y) 계산 방법(복선기준)

$$Y = \frac{60}{T} \times 2 \times K \times L \times N \times C[\text{kWh}]$$

여기서, T : 러시아워 시간대 운전 시분(분)

K : 러시아워 시간대 전력소비율 [kWh/car·km]

L : 변전소담당 급전거리(km)

N : 열차편성수

C : 편성당 차량수

※ 전기차 1[km] 당 전력소비량이 불분명한 경우에는 다음을 표준으로 함.

✔ 정거장 간격이 짧은 경우 : 2.5 [kWh/car·km]

✔ 기타의 경우 : 2.0 [kWh/car·km]

※ $\text{전력소비율} = \dfrac{\text{상,하선전력량} \times 1000}{2 \times \text{열차주행(km)} \times \text{견인수(톤수)}}$ [kWh/1000t·km]

※ 전력소비율(일본자료 예시)

[kWh/1,000t·km]

적용범위	전기차		
	특급	급행	완행
평탄선(표준소비율)	25	27	33
평균 2‰ 정도의 완만한 구배(상하선평균)	25	23	32
평탄하고 10‰ 일방구배 있는 선로	30	32	35
평탄하고 10‰ 상하선 구배 사이의 선로	41	40	−

나. 순시 최대전력을 이용하는 방법

(1) 순시 최대전력이란 열차 Dia 상에서 급전구간 내의 변전소에 최대부하가 걸리는 시점을 선정할 때 열차위치와 열차전류(급전전류)로 부터 전철 변전소에 최대 전류가 발생하는 순간의 순시 최대부하가 발생한 지점을 계산하여 최대치로 함.

(2) 순시 최대전력을 "Z"라고 하면 1시간을 최대출력은 아래 식과 같음

$$Z = Y + C \cdot \sqrt{Y}[\mathrm{kW}]$$

여기서 Z : 순시 최대전력 [kW]

Y : 1시간 최대전력 [kW]

C : 정수(C값의 선정 방법에 의함)

I_{tm} = 해당 선구를 운행하는 1개 열차의 최대전류값[A]

(3) C값의 결정은 유사선구의 운행사례를 적용하거나 해당선구를 운행하는 열차의 최대 전류값을 이용하여 $C = 1.7\sqrt{I_{tm}}$ 으로 계산함.

3. 전철변전소 용량 결정 방법

가. 직류 전철 변전소 용량 결정(DC 변전소) 방법

(1) 통근수송과 같은 러시아워 열차밀도가 높은 구간의 대용량 변전소의 용량은 1시간 최대전력으로 결정

(2) 간선철도와 같이 열차밀도가 높지 않으면 순시 최대전력으로 결정

(3) 정류기 정격에서 순시 최대전력이 250[%]를 초과하면 순시 최대 전력으로 결정

(4) 정류기 정격에서 순시최대 출력이 250[%] 미만인 경우에는 1시간 최대전력을 계산하여 변전소(변압기), 정류기 용량 등을 선정하되 향후 부하증가 여부 등을 충분히 고려하여 최종 결정함

(5) 도시철도시설표준규격(고시)에서는 정류계통 용량 및 전압에 대하여 선로조건, 운전조건에 따라 아래와 같이 정류기 정격용량 및 전압을 정하고 있음

① 정류계통의 단위 정격용량은 4,000[kW] 이하로 함.

② 정류기용 변압기와 정류기를 통한 전동차 공급전압은 1,500[V]로 함.

나. 교류 전철 변전소 용량 결정(AC 변전소) 방법

(1) DC변전소와 같은 방법으로 부하량을 산출(1시간 최대전력, 순시최대 전력)하되, 역률을 고려함

(2) 급전용 변압기는 온도상승의 시정수가 크므로 순시최대전력은 거의 문제가 없어 일반적으로 1시간 최대 출력으로 결정함

(3) 급전용 변압기의 과부하 내량은 정격전류의 300%에 해당하는 부하에서 1분 이상 견디어야 함

(4) 급전계통 시뮬레이션에 의한 용량 결정 : 검토대상 선로에 투입할 열차의 종류 및 운행 패턴을 설정하여 시뮬레이션을 수행하면 운행구간 내에서 시각별 열차 위치, 속도, 전력소비량이 계산되고, 계산된 열차 운전곡선을 열차운행계획에 따라 배열하면 변전소 공급구간의 모든 열차에 대하여 소비전력을 합산하여 종합적인 변전소 부하 및 전압변동 등을 추출한 용량계산이 가능함

▣ 전기차의 원단위

1. 전기차 1량(Car)이 1[km] 주행에 필요한 전력사용량[kWh]를 말하며, 단위는 [kWh/car·km]로 나타내고 변전소의 용량이나 간격을 결정하는 기초가 됨.

2. 원단위는 열차의 성능이나 선로조건에 따라 아래와 같은 변동 특성이 있음

가. 전기차량의 중량이 무거울수록 커진다 (전력소비율 증가)
나. 저항제어차가 CHOPPER 제어차량 또는 VVVF 제어 차량보다 크다.
다. 회생제동 차량 쪽이 작아 진다.
라. 냉방차의 용량이 클수록 커진다.
마. 승차효율이 높을수록 커진다.
바. 주행과 제동이 반복되는 노선구간이 커진다.
사. 정거장 간격이 짧을수록 커진다.
아. 평탄노선보다 상·하행 구배구간이 반복되는 노선쪽이 커진다.

➪ 도시철도 전동차구간의 원단위는 대략 2.0 ~ 3.5[kWh/car·km] 정도임

6.3.4 직류 전철변전소 간격 제한요소 및 선정 방법

1. 개요

가. 변전소의 간격을 결정하는 최대조건은 전압강하가 허용 범위 내에 있어야 하며, 변전소 건설비, 변전소의 운전 및 보수 용이성, 전력손실, 수전점등을 종합적으로 비교 검토하여 가장 경제적으로 선정해야 함

나. 직류 전철 변전소의 간격을 제한하는 요소로는

(1) 열차의 운전에 필요한 전압의 확보(전압강하 규정이내)
(2) 전식장해의 방지
(3) 급전회로의 고장검출 및 보호에 대하여 기본적으로 고려하고 있음

2. 변전소 간격을 단축할 경우 장·단점

가. 장점

(1) 전압강하, 전력손실이 작음
(2) 전압강하로 볼 때 전차선로의 전류용량은 작게되어 건설비 감소
(3) 귀선의 누설전류가 감소 → 전식, 유도장해 방지
(4) 급전회로의 보호용이

나. 단점

(1) 변전소수가 증가 → 건설비 및 유지보수비 증가
(2) 기기의 단위용량이 작아짐 → 효율저하 및 손실증가
(3) 보수 및 유지관리비 증가 → 운전경비, 인건비 증가

3. 변전소 선정 방법

직류변전소의 선정방법에 대해서는 개요에서 설명한 대로 간격을 결정하는 제한요소를 중심으로 선정방법을 고찰함

가. 전동차 운전 가능한 전압에 의한 고려

(1) 전차선 최저전압 한도 : 표준 DC 1,500[V]일 때 ⇨최저 DC 1,000[V]
(2) 최저전압 관계식

$$E = E_0 - \left\{ R_0 + (\frac{1}{2} \cdot D \cdot r) \right\} \times \frac{I}{2} [\mathrm{V}]$$

E_0 : 변전소 송출전압[V]
R_0 : 변전소 내부저항[Ω]
D : 변전소 간격[m]
r : 전차선 저항 [Ω/km]
I : 전차선전류(부하전류)

(3) 따라서, 전압강하 측면에서의 변전소 간격은 커티너리 방식은 6~8[km], 강체가선 방식은 8~9[km]가 적정한 것으로 나타남.

나. 전식장해 방지를 위한 방법(전기설비기술 기준령 기준)

(1) 귀선 2점간의 전압강하(최대 전압강하 기준)

$$V_m = \frac{1}{2} \times R \times i \times L^2 \le 15[\mathrm{V}] \le 15[\mathrm{V}] \text{ 이하}$$

(2) 귀선의 1[km]당 평균 전압강하 $V_e = V_m / L \le 2.5[\mathrm{V/km}]$ 이하

(3) 계산 관계식

$$V_m = \frac{1}{2} \cdot R \cdot i \cdot L^2 \le 15[\mathrm{V}]$$

여기서, R : km당 레일저항[Ω/km]
L : 변전소 간격[m]
i : km당 평균전류 [A/km]

위 식을 적용한 변전소 간격은
① DC1,500[V] 직류 급전시스템 : 4~6[km]
② DC600~750[V] 직류 급전시스템 : 2.5~3.0[km]

다. 고장검출과 급전회로 보호측면에서 변전소간격 검토

(1) 직류 고속도 차단기 : 사고전류와 부하전류의 선택차단 동작

(2) $\triangle I$ 고장선택 계전 장치 : 고장전류를 검출하여 고속도차단기와 연동하여 회로차단 (차단기의 개방)

① $\triangle I$ 정정치 : DC 1500[V]인 경우 1,500~3,000[A]정도

② 급전전류의 변화 검출 계산식

$$\triangle I = \frac{E_D - E_a}{R}\left(1 - e^{-\frac{R}{L}t}\right)[\mathrm{A}]$$

여기서, E_D : 정류기정격전압[V]
E_a : 고장점아크전압(300V 표준)[V]

(3) 위 관계식들을 감안하여 DC 변전소 간격은 아래와 같이 결정

① 커티너리 방식 : 5~6[km]

② 강체가선 방식 : 10~12[km]

③ 고속도차단기와 연락차단방식 채용 시는 변전소 간격을 2배로 확대가능

표 6.3.2 적정변전소 간격(예시)

구 분	전차선 표준전압 [V]	변전소 간격 제한 요소별 검토 간격[km]				최적변전소 간격선정 [km]
		전식방지 측면	궤전 보호회로 측면		전압강하 측면	
			일반	열락차단 장치병용		
커티너리 방식	1500	4~6km	5~6km	10~12km	6~8km	4~6[km]
강체가선 방식	1500	4~6km	10~12km	20~24km	8~9km	4~6[km]
Side Rail	750	2.5~3km	2.5~3km	5~6km	3~4km	2.5~3[km]
	600	2.5~3km	2.5~3km	5~6km	3~4km	2.5~3[km]

6.3.5 전철변전소 설치 시 환경 검토요소 및 대책

1. 개요

가. 최근 국민의 생활여건 개선 및 환경보존에 대한 요구가 강해져 전철 변전소를 설치하면 혐오시설로 인지하고 인접 지역주민의 반대가 심하여 입지선정 단계에서부터 매우 큰 어려움을 겪고 있는 현실이며,

나. 설계단계부터 친환경 변전소를 기본으로 하여 옥내용 또는 지하 변전소를 계획함으로서 최적의 변전설비 적용, 소음, 화재, 통풍 등에 대비한 다양한 환경적인 요소를 검토하여 시행하고 있음

2. 변전소 소음발생 원인과 대책

가. 발생원인

(1) 변압기 운전소음 발생(철심의 자왜현상, 권선의 전자력, Fan 등)

(2) 차단기의 동작 시 진동 및 소음발생

나. 방지대책

(1) 변압기 제작 시 철심의 자기왜곡을 작게 하기 위한 고방향성 규소 강판 및 철심의 자속 밀도 저감화 시행

(2) 옥내 변압기 방식 채용 시 : 옥내 방음벽 설치

(3) 방음벽 및 소음 차단벽 설치

(4) 급전용 변압기 등의 소음 대책은 KS C 4313에 의함

3. 화재 방재대책

가. 발생원인

(1) 변압기 등의 유입기기에서 절연유 유출 ➪ 화재발성 우려
(2) 지진 등 재해에 의한 변전기기의 파손 등 사고
(3) 변압기, 고압케이블, 배전반 등의 발열에 의한 화재발생
(4) 변압기의 자체 절연열화로 폭발 등 화재 발생

나. 방지대책

(1) 유입기기의 적정배치 : 이격거리 확보 및 독립된 망으로 구성
(2) 가스절연 기기의 채용 : 차단기 등에 SF_6 가스 사용
(3) 소화설비 및 방화설비 대책 : 하론가스, CO_2 가스 등 소화장치 설치
(4) 케이블 연소 방지 대책 : 난연케이블, 불연도료 도포 등.
(5) 기름유출 대책 : 집유핏트, 집유정 설치로 유류흡수 저축
(6) 주변압기, AT 변압기 격벽 또는 별도의 변압기실 분리 설치
(7) 변압기실의 자연통풍 또는 강제통풍을 위한 건축설비의 설치
(8) 급전용 변압기는 지진강도 0.2g (6.5M) 이상에 견디도록 내진설계 반영

4. 옥내식 또는 지하식 변전소로 친환경 조성

가. 변전소 규모 축소화
복합일체형 가스절연 개폐장치(GIS), 큐비클형 변압기 등의 축소형 기기의 설치로 환경조화성 향상, 신뢰성과 안전성 향상, 설치공사의 공기단축 및 경제성 등의 기대효과가 있음

나. 도심 및 민가근접 구간은 옥내식 또는 지하식 전철변전소로 건설
(1) 전자파에 대한 인식부족 및 소음에 대한 민원 발생 차단
(2) 환경 친화적 건물의 디자인, 외관, 조경설비 시행

다. 건설비가 높아 경제성이 낮으므로 기술적 고려 필요

라. 송배전선로, 전차선 및 급전선 인출 케이블 설치로 미관 향상

마. 옥내식 또는 지하식 변전소의 경우 강제통풍 설비 강화

6.3.6 옥내형 전철변전소 변압기실 통풍 방안

1. 변압기실 통풍 고려사항

가. 최근 전철변전소 대부분은 옥내에 설치하므로 옥내에 설치하는 변압기실은 변압기 손실로 인하여 발생하는 열을 외부로 방출하여야 함

나. 변압기실 통풍은 독일기준(DIN)에 의하면 흡입공기의 온도와 배기온도와의 차가 12K 이하가 되도록 하며, 적정량의 통풍량으로 공기를 순환하여야 함

다. 변전실의 통풍방법은 자연통풍과 송풍기에 의한 강제통풍 방식이 있음

2. 자연통풍 방법

가. 통풍로의 공기저항은 $R = R_1 + m^2 \cdot R_2$으로 나타냄

여기서, R_1 : 흡입 통풍로의 저항과 가속계수

R_2 : 배기 통풍로의 저항과 가속계수

m : 흡입구 면적 A_1과 배기구 면적 A_2의 비로, 0.91임

즉, 배기구의 면적 A_2는 흡기구의 면적 A_1보다 10%정도 크게 함

나. 통풍조건은 $(\Delta\theta)^3 \cdot H = 13.2 \cdot \dfrac{P_w^2}{A_1^2} \cdot (R_1 + m^2 R_2)$로 주어짐

여기서, $\Delta\theta = \theta_2 - \theta_1 = 12K$

H : 변압기 높이 중심에서 배기구 중심까지의 높이[m]

P_w : 변압기의 손실[kW]

A_1 : 흡입구의 면적[m^2]

θ_1 : 흡입공기의 온도[℃]

θ_2 : 배기공기의 온도[℃]

3. 강제통풍 방법

가. 변압기실이 구조상 자연통풍이 어렵거나 건축물의 크기가 너무 커져 문제점이 있으면 송풍기에 의하여 강제통풍을 함

나. 강제통풍시 송풍기의 용량

$$Q = k \times \frac{P_w}{\Delta\theta}[\mathrm{m^3/min}]$$

여기서, Q : 소요 공기량[m^3/min]

$\triangle\theta$: 흡입공기와 배기공기의 온도차(K)

P_w : 변압기 손실[kW]

k : 온도에 의하여 정해지는 계수[m^3 · K/min, kW]

$$k = \frac{860}{60} \cdot \frac{1}{\rho \cdot C_p} [m^3 \cdot K/min,\ kW]$$

ρ : 온도 t[℃]에서의 공기 비중

C_p : 온도 t[℃]에서의 공기의 비열

표 6.3.3 계수 k의 값

배기온도[℃]	상수 k 값
30	53.0
35	53.7
40	54.5
45	55.4
50	56.2

다. 송풍기는 송풍통로의 저항 손실을 감안하여야 하며, 공기의 순환이 잘되게 하기 위해서는 변압기 라지에이터(방열판)와 벽사이의 간격은 400[mm] 이상 이격시켜야 함

6.3.7 옥내용 전철변전소 및 급전용 변압기 방재 대책

1. 개요

가. 최근 철도 전철변전소는 민원 및 환경오염 시설로 인식되어 대부분 옥내형으로 건설하고 있는 실정으로 전기철도 변전소는 Scott 결선 급전용변압기, AT 및 BT 변압기 등 특고압 대용량 유입 변압기를 주로 사용하고 있음

나. 변압기 등 변전소 내부의 각종 유입기기는 특고압이 상시 가압되어 있으므로 외부충격 또는 변압기 고장으로 내부 압력이 상승되면 폭발이나 절연유에 의한 화재가 발생할 우려가 많으므로 옥내 전철변전소 설계단계에서부터 특별한 방재대책을 고려하여야 함

2. 전철용 변압기 온도상승 한도

가. 전기철도용 급전용 변압기 및 단권변압기의 권선과 절연유의 온도상승 한도는 표 6.3.4와 같이 규정함

나. 과전압시 온도상승에 대해서는 2차 정격전압의 105[%], 부하역률 80[%]에서 표 6.3.4의 온도상승 허용온도를 초과하지 않고 연속 정격출력으로 운전 가능하여야 함

다. 무부하 상태에서는 2차 정격전압의 110[%] 전압에서 허용온도 상승 한도를 넘지않고 운전가능 하여야 함

표 6.3.4 변압기 온도상승 허용온도

변압기의 부분	측정방법	온도상승 허용한도(K)	비고
권선	저항법	65	유입자냉식 또는 유입풍냉식
유온	온도계법	60	본체 탱크내의 최상부 절연유가 외기와 접촉하지 않는 경우
철심 및 기타	온도계법	근접 절연물을 손상하지 않을 온도	철심 및 기타 금속부분의 절연면에 접하는 표면

3. 변압기 화재발생 원인

가. 변압기 내부 고장으로 절연유가 분출되어 점화되었을 때

나. 변압기 주변에 유출된 절연유에 점화되었을 때

다. 변압기 고장 시 보호장치가 동작하지 않아 전원이 차단되지 않고 계속적인 아크가 발생하거나, 내부 압력이 상승하여 폭발하는 경우

4. 건물설계 시 방재대책

가. 변압기실의 자연통풍 또는 강제 통풍을 고려한 공기 흡입구 및 배출구 설치

나. 절연유 유출시 안전하게 집유할 수 있는 집유핏트 및 집유정 설치

다. 절연유 분출 및 변압기 화재시 확산방지를 위한 급전용 변압기 및 AT 실의 개별 변압기실 설치 또는 격벽 설치

라. 전기화재 방지를 위한 하론가스, 이산화탄소 등 소화설비의 구축과 화재시 외부와 완전 차단을 위한 방화구획 설치

마. 건물 내부마감재, 흡음재 등의 건축 부자재의 불연재 사용

바. 난연용 절연유 사용 및 변압기의 기계적, 전기적 보호 시스템의 구축.

사. 급전용 변압기 내진대책으로는 지진강도 0.2g(6.5M) 이상의 강도에 견디도록 설계 · 제작하여야 하며 내진설계 반영여부를 계산 자료로 증명하여야 함

6.3.8 회생차량 도입에 따른 전철변전소 최적 시스템 구축 방안

1. 개요

가. 최근의 전기차량은 회생차량(Chopper 제어차, VVVF 제어차)이 주류를 이루고 있으며, 회생차량은 정지 시 또는 하구배 시 회생제동을 위해 전동기 전원을 차단하면 관성으로 회전자가 발전기 역할을 하여 회생에너지를 발생하게 됨

나. 회생에너지는 러시아워 등 열차빈도가 많을 때는 회생차 근처에 있는 역행차량에 의해 효율적으로 이용되지만, 이용되지 않을 때는 회생실효(회생전력이 적절히 사용되지 않고 전차선 전압의 상승을 유발하는 요인)로 되어 전기제동이 되지 않고 공기 제동으로 전환되는 경우도 있음

다. 회생전력은 전차선에 공급되어 역행 중인 다른 열차에 공급되거나 변전소로 보내는 방법으로 전력소비절약, 변전소설비 용량감소 등 이점이 있어 회생전력을 효율적으로 흡수하여 전원측으로 반환할 수 있는 흡수장치 및 전철변전소 시스템 구성에 대해서 다각적인 노력이 요구됨

2. 회생차량 도입에 따른 급전시스템의 고려할 사항

가. 회생에너지 유효이용 및 회생실효 저감에 적합한 급전 시스템 고려

나. 전철변전소 부하 특성 변화에 대한 고려

(1) 변전소용량 및 정격의 선정은 부하특성의 변화를 고려해야 함

(2) 회생차에 의한 변전소 부하특성중 순시 최대전력은 변화가 거의 없음

(3) 1시간 평균전력은 회생에너지가 역행차량에서 사용된 분량만큼 감소

다. 변전소 보호 장치에 미치는 영향 고려

(1) △I 형 고장 선택장치의 오동작 유발현상에 대한 대책이 필요

(2) 회생전류가 회생차에서 변전소 모선을 경유하여 역행차에 흐를 경우, 역행정지로 인해 △I형 고장 선택 장치가 부하영역에서 ⊕방향의 큰 전류변화로 간주하여 오동작 발생우려

(3) 변전소 측의 대책으로서 회선전류 정(+)값의 전류방향 증가만을 검출할 수 있는 △I를 설치하여 불요동작 금지 ➪ 도입확산 추세

3. 직류 급전구간 회생차량에 대한 변전 시스템의 구성

가. 직류 급전구간의 회생전력

(1) 최근 직류 급전구간은 대부분 회생차량이 운행되며, 정지 시 또는 하구배 감속시에 회생 전력을 발생함

(2) 따라서, 회생에너지를 유효하게 활용하거나, 차량에 회생실효를 야기하지 않기 위해서는 직류급전 시스템을 적합하게 구성하여야 함

나. 회생전력에 대한 직류 전철변전소 구성 방안

(1) 회생 인버터(사이리스터) 장치 설치 : 회생에너지를 사이리스터 인버터를 사용하여 회생전력 DC를 AC로 변환하여 고배부하 등에 사용

(2) 사이리스터 쵸퍼 저항장치 설치 : 단순한 회생실효 대책으로 회생에너지를 열로 소비시키는 방식

(3) 기타 변압기탭 조정(송출전압저하), 사이리스터 정류기(전압억제) 상하선 일괄 급전방식(회생차와 역행차 중복 증가) 등을 채용함

(4) 실제에 있어서는 당초 회생차에 대응한 급전 시스템을 고려하지 않은 구간이 많으므로, 채용방식에 대해서는 회생실효에 대한 사고, 투자비용, 보수비용 등 경제성을 감안하여 결정 필요

4. 교류 급전구간의 회생차량에 대한 변전 시스템의 고려

가. 교류 급전 구간의 회생전력 시스템

(1) 교류급전 시스템에서는 회생에너지를 그대로 전원(변전소)에 반환하는 것이 가능(인버터 장치 필요 없음)

(2) 그러나 인접변전소와 또는 상하선별 전원위상이 서로 상이한 경우 병렬운전이 불가능하므로 회생전력을 역행차에서 이용하는 경우는 적음

나. 사이리스터에 의한 자려식 회생차량의 문제점 검토

(1) 동일한 급전구간에 역행 중인 차량과 회생제동 중의 차량이 있는 경우에 정전이 되면 회생제동 차량으로부터 역행차량에 전력공급

(2) 회생차량이 회생제동 시 전력회사의 송전선에 단락고장이 발생하면 급전용 변압기의 권선전압이 상승

(3) 회생차량 부하 임피던스 특성이 변하게 되므로 변전소의 보호장치에 불요동작의 가능성이 있음

6.3.9 전기철도의 잉여 회생전력 흡수장치의 종류 및 효과

1. 회생전력 및 회생실효

가. 회생전력

전력회생 능력을 가진 쵸퍼제어차 또는 VVVF Inverter 제어차가 운행되는 급전구간에서 정차 시 또는 하구배 운행 시 회생제동(발전제동) 시에는 전동기가 발전기 역할을 하여 회생에너지(회생전력)를 발생하는 현상을 말함

나. 회생실효

(1) 회생전력 발생 시 인접구간에 역행차량 또는 회생전력 흡수장치 등에서 소비하지만, 전기에너지 특성상 급전구간의 회생전력이 소비되지 않으면 정류기에서 회생전력을 저지하기 때문에 가선전압이 상승하고 제동력이 발생하지 않는 현상을 회생실효라고 하며,

(2) 회생실효 시 공기제동으로 동작하게 되어 열차운행 안전성 측면에서도 불리함

다. 회생실효 대책

회생실효 대책으로는 잉여 회생전력 흡수 장치 및 회생전력 저장장치 등이 있으며, 여기서는 회생전력 흡수장치에 대하여 기술하고자 함

2. 회생전력 흡수장치

가. 전기철도에서 발생하는 회생전력을 교류 측에 반환하여 차량의 회생실효를 방지하여 전력절감을 가능하게 하는 장치를 회생전력 흡수장치라고 함

나. 직류 전철구간은 부대용 전력의 부하를 가지고 있기 때문에 일반적인 전철에 비하여 효과적인 전력의 반환이 가능함

다. 회생전력을 흡수하는 장치로는 회생인버터 장치에 의하여 교류 측에 전력을 반환하는 방법과 전력을 반환하는 것을 고려하지 않으면 쵸퍼저항으로 흡수하여 줄열 에너지로 발산하는 방법 등이 있음

3. 회생전력 흡수장치 종류

가. 회생 인버터 장치

(1) 전기차량이 운행할 때는 정류기로부터 전력을 공급하고, 차량이 회생을 시작하면 차량 자체가 발전기가 되어 전원이 높은 쪽에서 낮은 쪽으로 이동하게 됨

(2) 정류기만의 경우에는 회생전력을 저지하기 때문에 가선전압이 상승하여 회생실효

로 이어지므로 전원측의 위상과 동기되어 직류단락이 되지 않도록 제어하는 정류기와 역방향의 스위칭 소자(사이리스터)를 이용하여 전력을 차량으로부터 전원측으로 공급이 가능한 시스템임

나. 저항식 회생전력 흡수장치

차량에서 잉여 회생전력이 발생하여 전차선 전압이 상승하는 경우 사이리스트 쵸퍼에 저항을 삽입하여 잉여 회생전력을 흡수하여 열에너지로 대기중에 방출하는 방법으로 회생실효의 방지를 주목적으로 하고 전력변환에 기여하는 것이 아니므로 전력량의 경감효과는 없으나, 초기 투자비가 적어 경제적임

4. 회생 인버터(Inverter) 장치의 원리

가. 전력회생용 사이리스터 인버터 개념(그림 15.4.2 참조)

(1) 회생전력이 발생되면 전력변환 장치를 통하여 직류의 회생전력을 교류로 변환하여 교류계통의 역(驛)부하, 고압배전 부하 및 전력회사에 반환하는 시스템으로 지하철(직류급전) 구간에서는 부대전력이 크므로 효과적인 전력 변환에 의한 유효사용이 가능함

(2) 기본적인 구성은 실리콘 정류기 또는 사이리스터 정류기(SCR)에 사이리스터 회생 인버터를 조합하거나, 사이리스터 정류기에 회생인버터 기능을 부가하는 기능으로 구성되어짐

(3) 회생전력은 그림 6.3.4와 같이 전기차 역행 시 인접 전기차에 전원을 공급하여 전기차의 운전전력으로 사용하고, 회생 시는 차량에서 회생전력이 발생하여 전원측으로 반환하며, 잉여 회생전력은 직류를 교류로 변환하여 고배부하 등에 반환하여 사용

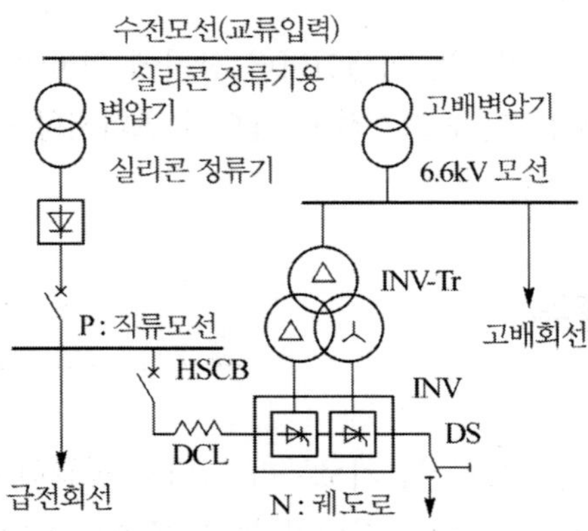

그림 6.3.4 전력회생용 사이리스터 인버터

나. 회생 조건

(1) 회생 인버터 동작개시 전압 : 정류기 무부하 전압보다 수십 Volt 높게 함
(2) 인버터 용량 : 순간 Peak 부하에 견디는 용량
(3) 회로보안 필요 : 정전 시 인버터가 동작하면 정전 검출이 어려움

다. 회생 Inverter 장치의 동작원리

(1) 역행전력의 공급 : 차량이 주행할 때는 정류기에서 전력이 공급
(2) 차량이 하구배, 정차장 정지 등 회생을 시작하면 주전동기가 발전기로 되어 전압이 높은 쪽에서 낮은 쪽으로 전력이 이동하려 함
(3) 회로에 정류기만 있으면 회생전력을 저지하여 가선전압 상승으로 회생실효에 연결되므로, 정류기와 역방향의 회생 인버터(사이리스터)를 설치하여 전원측 위상과 동기를 잡아 직류 단락이 되지 않도록 제어 하면서 전력이 차량에서 전원측으로 이동이 가능하게 됨
(4) 회생인버터 개시전압은 정류기의 무부하 전압보다 수십 볼트 높게 설정함
➪ 정류기 출력전압과 회생출력전압의 구분 필요

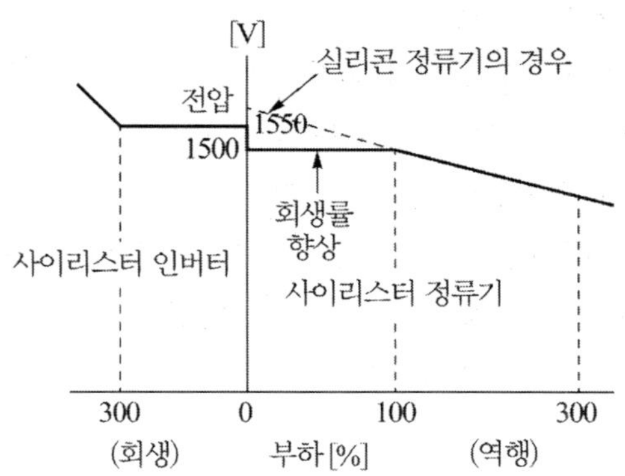

그림 6.3.5 사이리스터 정류기와 인버터의 출력전압특성

5. 회생전력 흡수 장치의 장단점

가. 장점

(1) 에너지 절약 : 회생전력 유효(약 30[%]) 이용, 변전소 설비용량 축소
(2) 제동력이 주전동기로 분담되어 공기제동 사용경감에 의한 제륜자(브레이크슈)의 열적 안전성 확보 및 마모경감

(3) 구배구간에서 속도제동 안전 동작에 의한 안전성 확보
(4) 차량의 소형화 가능 : 발전제동용 저항기 불필요
(5) 지하철 터널 안의 온도상승 방지 : 냉방력 향상, 화재 예방
(6) ATO 운전 시의 정차위치의 오차 방지

나. 단점

(1) 출·퇴근 등 러쉬아워 혼잡시간의 회생전력은 대부분 역행차에 흡수
(2) 한산 시간대 회생전력으로 전차선 전압상승되어 전기제동 실패 우려

6.3.10 전기철도 잉여 회생전력 흡수 및 저장 시스템의 종류 및 효과

1. 개요

가. 전기차의 기술발전으로 최근의 전기차량은 회생차량이 주류를 이루고 있으며, 회생차량에서 발생하는 회생전력을 유효하게 이용하고자 하는 노력과 연구가 계속되어 다양한 방법으로 실용화되고 있음

나. 잉여 회생전력을 쵸퍼 저항방식과 회생전력 인버터 등 회생전력 흡수장치를 통하여 인접한 역행차량 및 고배전원으로 교류 측에 반환함으로서 회생실효 방지 및 전력절감을 가능하게 하는 회생전력 흡수장치가 있으며,

다. 열차가 한산한 시간대에 전차선 전압이 상승할 때 회생전력을 저장하였다가 열차가 급증하는 러시아워 시간대 등에 방출하여 전압강하 보상 및 피크전력의 효율적인 운용 목적으로 사용하는 에너지 저장장치가 있음

2. 전기에너지 절약 시스템 종류

가. 회생전력 흡수 장치

(1) 회생 인버터 장치
(2) 저항식 회생전력 흡수장치

나. 에너지 저장장치

(1) 배터리에 의한 저장방식
(2) Fly Wheel에 의한 저장방식

(3) 슈퍼 커패시터에 의한 저장 방식(전기 2중층 커패시터)
(4) 리튬이온전지 방식
(5) 니켈수소전지 방식

3. 회생전력 흡수 및 저장장치 효과

가. 회생전력 흡수장치 효과

(1) 에너지 절약 : 회생전력 유효(약 30[%]) 이용, 변전소 설비용량 축소
(2) 제동력이 주전동기로 분담되어 공기제동 사용경감에 의한 제륜자(브레이크슈)의 열적 안전성 확보 및 마모경감
(3) 구배구간에서 속도제동 안전 동작에 의한 안전성 확보
(4) 차량의 소형화 가능 : 발전제동용 저항기 불필요
(5) 지하철 터널 안의 온도상승 방지 : 냉방력 향상, 화재 예방
(6) ATO 운전 시의 정차위치의 오차 방지

나. 에너지 저장장치 효과

(1) 가선전압의 안정화 : 회생전력을 흡수저장 후 피크 시 방출하여 전압강하를 보상하여 일정전압 유지
(2) 최대 피크전력 관리 및 에너지 절약 : 러쉬아워 등 열차운행 중 발생되는 피크전력에 대응하여 에너지 절약 및 전기요금 절감
(3) 전기장치 수명 연장 : 차량 및 시스템에 일정 전압을 공급함으로서 전압강하 등으로 발생이 우려되는 시스템의 수명 보전
(4) 에너지저장 효율 우수 : 기존 배터리장치의 10~100배 이상 저장
(5) 단점으로는 설치비용 및 설치공간 등 투자비 과다 ⇨ 회생인버터와 기술적 차이가 거의 없고 투자비 대비 에너지 절약 투자비 회수기간이 길어짐

기출문제

다음 그림과 같은 1500V 직류급전 계통에서 각 변전소간(A와 B, B와 C) 부하 분담전류와 B변전소의 순시최대 전력(kW)을 구하시오.(70-3-4)

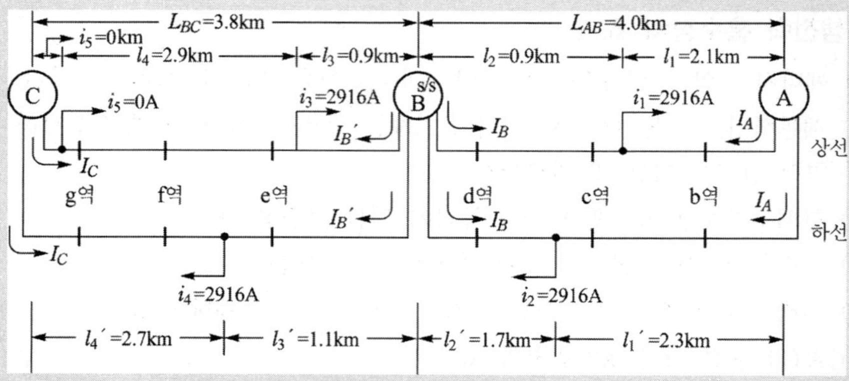

(그림 : 병렬 직류급전 계통에서의 부하전류 분포도)

기출문제 풀이

1. 변전소별 부하 분담전류

가. A, B 변전소간 부하 분담전류 계산

(1) I_A상선 $= \frac{1}{4.0} \times (2{,}916\text{A} \times 1.9\text{km}) = 1{,}385.1 ≒ 1{,}385[\text{A}]$

(2) I_B상선 $= \frac{1}{4.0} \times (2{,}916\text{A} \times 2.1\text{km}) = 1{,}530.9 ≒ 1{,}531[\text{A}]$

(3) I_A하선 $= \frac{1}{4.0} \times (2{,}916\text{A} \times 1.7\text{km}) = 1{,}239.3 ≒ 1{,}239[\text{A}]$

(4) I_B하선 $= \frac{1}{4.0} \times (2{,}916\text{A} \times 2.3\text{km}) = 1{,}676.7 ≒ 1{,}677[\text{A}]$

∴ I_A상하선 = I_A상선 + I_A하선 = 1,385[A]+1,239[A] = 2,624[A]

I_B상하선 = I_B상선 + I_B하선 = 1,531[A]+1,677[A] = 3,208[A]

나. B,C 변전소간 부하분담 전류 계산

(1) I_B'상선 $= \frac{1}{3.8} \times (2{,}916\text{A} \times 2.9\text{km}) = 2{,}225.3 ≒ 2{,}225[\text{A}]$

(2) I_B'하선 $= \frac{1}{3.8} \times (2{,}916\text{A} \times 2.7\text{km}) = 2{,}071.8 ≒ 2{,}072[\text{A}]$

(3) I_C상선 $= \frac{1}{3.8} \times (2{,}916\text{A} \times 0.9\text{km}) = 690.6 ≒ 691[\text{A}]$

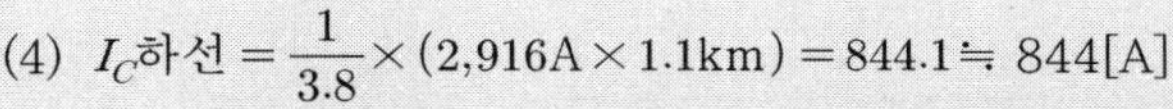

(4) I_C하선 $= \frac{1}{3.8} \times (2{,}916\text{A} \times 1.1\text{km}) = 844.1 ≒ 844[\text{A}]$

∴ $I_B{}'$상하선 = $I_B{}'$상선 + $I_B{}'$하선 = 2,225[A]+2,072[A] = 4,297[A]

I_C상하선 = I_C상선 + I_C하선 = 691[A]+844[A] = 1,535[A]

2. 각 변전소 부하분담 전류

가. A 변전소 = I_A상하선전류합 = 2,624[A]

나. B 변전소 = I_B상하선전류 + $I_B{}'$상하선전류합 = 3,208+4,297 = 7,505[A]

다. C 변전소 = I_C상하선전류합 = 1,535[A]

3. B 변전소 순시최대 전력

순시최대전력[kW] = 순시최대전류(Imax)[A] × 급전전압[kV]이므로

B 변전소 순시최대전력 = 7,505[A]×1.5[kV] = 11,258[kW]

6.4 ◦ 귀선로

6.4.1 가공단선식 전차선로 귀선로 구성 방법 및 요구되는 성능

1. 전차선로 귀선로

가. 가공 단선식 전차선로의 전류는 변전소로부터 전차선에 공급된 전력은 전기차 집전장치(Pantagraph)로 집전되어 차내의 전동기를 회전시킨 후, 차륜을 거쳐 열차 주행용 레일에 흘러 변전소로 되돌아가는 회로를 구성함

나. 이때, 전기차에 공급된 운전용 전력을 변전소로 되돌려 보내는 도체를 귀선이라 하고 이것을 지지 또는 보장하는 공작물을 포함한 설비를 귀선로라고 함

2. 급전 방식별 회로 구성

가. 직류 급전방식

직류 전철구간의 전기차 전류(귀선 전류)는 일반적으로 열차 주행용 레일과 대지 귀로(일부 대지에 누설하는)를 흘러 임피던스본드의 중성점에 접속된 인입 귀선을 통하여 변전소의 부극(−) 모선에 돌아가는 회로로 구성함

나. 교류 BT 급전방식

BT 방식의 교류 전철구간에는 선로 부근의 통신선에 주는 유도장해를 방지하기 위하여 흡상변압기(BT)로 레일(임피던스 본드)로부터 귀선전류를 흡상선을 통하여 강제적으로 흡상하고 부급전선(NF)을 통하여 변전소로 돌아가는 회로로 구성함

다. 교류 AT 급전방식

AT방식의 교류 전철구간에는 단권변압기(AT) 설치 개소에 변압기 권선의 중성점과 레일(임피던스본드)을 중성선으로 연결하여 귀선전류를 강제적으로 단권변압기에 흘리는 회로로 구성함

3. 귀선로에 요구되는 성능

가공 단선식 전차선로는 1선접지 회로로 되어 있으며, 귀선로의 기본적인 요건으로는 다음과 같은 사항이 고려되고 있음

가. 대지 누설전류가 작도록 시설하고 전식·통신유도장해·레일전위의 상승 등을 경감시킬 수 있을 것
나. 귀선로용 전선은 전기차 전류에 대응한 전류용량·필요한 기계적강도 및 내식성을 가질 것
다. 교·직류방식의 접속점에는 귀선전류의 흐름에 따른 궤도회로 지장·자기교란 현상이 발생하지 않아야 함
라. 귀선로는 레일을 통하므로 레일의 도전성과 연속성(이음매 접속)이 최대로 확보되도록 임피던스본드 등에 단자취부 및 가공전선의 지지는 탈락, 손상이 없어야 함.
마. 귀선로는 임피던스를 최저가 되도록 가급적 최단거리로 설계하여 직렬 연속성이 확보되도록 하여야 함

4. 귀선로의 접속 및 설치 기준

가. 주귀선레일과 변전소(AT 설치개소) 사이에 설치되는 변전소 인입귀선(중성선)은 특별한 경우를 제외하고 케이블 길이가 100[m] 이하가 되도록 최단거리로 설치하여야 함
나. 접속단자와 궤도 사이의 배선수는 궤도당 절연전선 F-GV 70[mm^2] 4선으로 배선하고, 각 레일 간에는 절연전선 F-GV 70[mm^2] 2선으로 레일에 견고하게 고정하여 연결하여야 함
다. 궤도회로가 없는 주귀선레일에 연결된 보조귀선레일(측선, 부본선)은 주귀선레일과 최소한 두 지점의 각 끝을 연결함

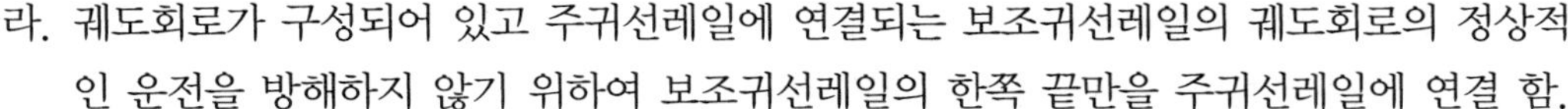

라. 궤도회로가 구성되어 있고 주귀선레일에 연결되는 보조귀선레일의 궤도회로의 정상적인 운전을 방해하지 않기 위하여 보조귀선레일의 한쪽 끝만을 주귀선레일에 연결 함.
마. 보조귀선레일은 반드시 매설접지선에 연결하거나 가공보호선이 설치된 전차선로 지지물의 하부에 설치된 접지단자 볼트에 연결하여야 함
바. 보조귀선 레일이 주귀선레일과 연결된 지점으로부터 100[m]가 초과되면 접지설비를 시설하여야 함

6.4.2 전기철도 흡상선 및 중성선의 용도 및 설치기준

1. 개요

교류 전기철도는 주로 BT(흡상변압기) 급전방식과 AT(단권변압기) 급전방식을 사용하고, 부급전선 및 보호선을 사용하여 귀전류회로를 구성하여 운전용 전류를 변전소로 되돌려 보내게 됨. 이때 귀선전류를 부급전선 또는 보호선으로 흐르게 하여 귀선레일에 흐르는 구간을 짧게 하고, 대지 누설전류를 최소화하여 통신유도 장해방지 및 사고 시 신속한 고장선택이 가능하도록 흡상선 및 중성선을 설치하게 됨

2. 흡상선(Booster Wire)

가. 흡상선의 설치목적 및 용도

(1) 부급전선이 있는 흡상변압기(BT) 급전방식에서 변전소 최근접 지점과 흡상변압기와 흡상변압기 설치 간격의 중간지점(약 4[km] 간격) 부근에서 부급전선과 귀선레일을 접속하는 선을 『흡상선』이라고 함
(2) BT 급전방식에서 귀선레일과 부급전선을 흡상선으로 연결함으로써 흡상변압기의 전류흡상 작용에 따라 레일의 귀선전류 대부분이 부급전선으로 흡상되어 레일을 흐르는 귀선전류 구간이 짧게 되어 누설전류를 경감시키고, 통신유도장애를 경감하기 위한 목적으로 설치함

나. 흡상선의 시설 기준

(1) 교류 전철구간에는 동일 궤조에 전차선전류와 신호전류가 중첩하여 흐르기 때문에 이것을 분리하는 임피던스본드를 궤조회로의 경계로 사용하고 있어 복궤조식은 임피던스 본드의 중성점에서, 단궤조식은 귀선 레일 측에서 부급전선과 접속함
(2) 부급전선에 흐르는 상시 귀선전류는 약 200[A] 정도이며 전압은 약 350[V] 정도이므로 흡상선은 600[V] 비닐절연전선(CV케이블) 100[mm^2] 또는 동등 이상의 성능을 갖는 케이블을 사용함

(3) 지중에 매설하는 경우는 트러프 또는 관로에 수용하고 궤도하부를 횡단할 때는 노반면에서 750[mm] 이상의 깊이에 매설함

(4) 임피던스본드에 부착한 흡상선이 열차의 진동 등에 의하여 접촉 불량이 되면 신호회로 등에 지장을 주는 것 외에도 인축에도 위험을 줄 수 있으므로 흡상선은 2본 병렬로 시설하여야 함

(5) 흡상선은 사람이 접촉할 우려가 있으므로 지상으로부터 2[m] 높이까지는 절연관 등으로 보호하고, 특히 임피던스본드와의 접속개소는 사람이 접촉할 우려가 많기 때문에 절연관 등으로 보호하여야 함

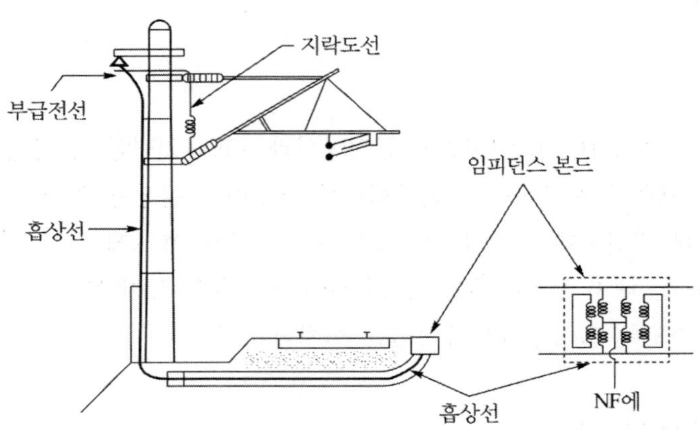

그림 6.4.1 BT 급전구간의 흡상선 설치도(복궤조식)

3. 중성선(Neutral Wire) 및 보호선용 접속선(CPW)

가. 설치목적 및 용도

(1) 단권변압기(AT) 급전방식의 변전소 등에 설치되는 단권변압기의 중성점과 레일 임피던스본드의 중성점을 연결하는 선을 『중성선』이라고 함

(2) 정상 시에는 레일과 병렬로 결선된 귀전류회로의 일부를 형성하고 있으나, 애자가 섬락되거나 전차선이 레일에 지락되는 등 사고 시에는 금속 단락회로를 구성하여 보호계전기의 동작을 확실하게 하여 계통을 보호할 목적으로 설치함

나. 시설기준

(1) 중성선 및 보호선용 접속선은 흡상선에 준하여 시설하되 단권변압기(AT) 설치장소에서 귀선레일과 연결된 임피던스본드 중성점을 단권변압기 중성선과 접속함

(2) 보호선용 접속선은 흡상선에 준하여 설치하되 설치간격은 800[m] 이상 2.5[km] 이내로 하되 궤도회로 2~3개 이상 이격하여 설치함

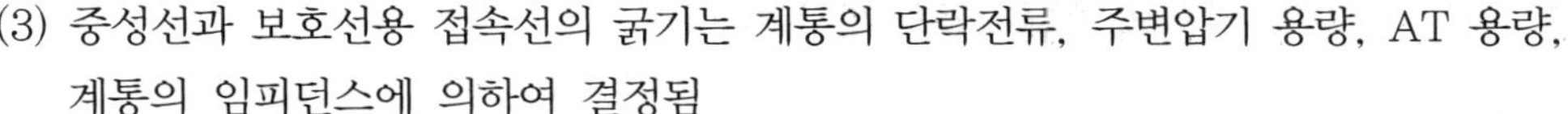

(3) 중성선과 보호선용 접속선의 굵기는 계통의 단락전류, 주변압기 용량, AT 용량, 계통의 임피던스에 의하여 결정됨

(4) 경부 고속철도는 프랑스 기준에 의하여 보호선(FPW)의 전선 굵기는 나동선 75[mm^2]이며, 보호선용 접속선(CPW)는 XLPE 100[mm^2]로 레일의 거리 1.2[km]마다 임피던스 중성점과 FPW를 연결함

(5) CPW 및 중성선은 지상으로부터 2[m] 높이까지는 절연관(합성수지관) 등으로 보호하고, 자성체인 금속관은 사용을 엄격히 금지함

6.4.3 전철 변전소 인입귀선의 허용전류 계산방법

1. 변전소 인입 귀선

가. 전철 변전소로부터 급전하는 전류의 방향에 따라 정(正) 급전선(Positive Feeder)을 『인출』, 부(負)급전선(Negative Feeder) 또는 귀선을 『인입』이라고 하며 변전소 인입 개소에서 레일과 변전소 부극 모선을 접속하는 선을 『변전소 인입귀선』이라고 함

나. 인입귀선의 전류는 급전전류와 거의 같기 때문에 전선의 단면적은 지중매설의 경우 열방산 관계 때문에 가공 급전선보다 상당히 크게 되며, 인입귀선의 레일과 접속은 임피던스본드의 중성점에 접속하고 변전소 내에서는 일반적으로 고조파 제거를 위하여 직렬리액터에 접속되어 있음

2. 변전소 인입귀선 시설 기준

가. 변전소 인입귀선에는 가공식과 지중식 방법이 있으며, 지중식은 600[V] 동연선 비닐 절연 케이블 또는 이와 동등 이상의 성능을 갖는 전선을 사용하고, 흡상선에 준하여 시설함

나. 가공식은 급전선의 지지와 배열에 준하여 시설하고, 애자는 애자의 사용 구분표에 의하고, 귀선레일과의 접속은 흡상선에 준하여 시설함

다. 변전소 인입귀선의 허용전류는 귀선의 포설 방법(직매, 트로프, 지하관로 등)에 따라 주변온도, 방열, 다수조 포설의 저감율 및 기저온도(배전용 케이블군 또는 관로군의 무부하시 온도)에 대한 보정률 등을 고려하여 산정함

3. 변전소 인입귀선의 허용전류 계산 방식

가. 적용 정수치

전선에 전류가 흐르면 도체의 전기저항에 의한 Joule 열이 발생하여 전선의 온도상승의 요인이 되고, 발생하는 열은 기중 또는 토양 속에 방산하게 될 때를 감안하여 정수치를 다음과 같이 적용함

표 6.4.1 인입귀선 허용전류 정수치

구분		기호	정수값	구분	기호	정수값
도체허용 최고온도[℃]		T_1	60	기저온도[℃]	T_2	직매 25
						관로 40
열저항 [℃ · cm/W]	절연체 고유	ρ_1	600	토양 열저항 저감율	η_2	1.0
	토양	g	100	특고 케이블 송전선로 손실율	L_f	0.6~0.8
	교류표면	ρ_2	d_2 값			

※ ρ_2 값 ⇨ $d_2 \le 12.5$[mm] : $300+32d_2$, $d_2 > 12.5$[mm] : 700

나. 직매포설의 경우 허용전류 계산

토양에 직접 매설하거나 트로프 내 모래채움 시공의 경우 기저온도는 경험적으로 25[℃]를 표준으로 하고, 지표면에서 케이블 중심까지가 깊이가 60[cm] 이하인 경우 일사에 의한 영향을 고려하여 35[℃]를 적용하며, 케이블의 허용전류(I) 관계식은 아래와 같음

$$I = \sqrt{\frac{T_1 - T_2}{n \cdot r \cdot R_{th}}}\,[\mathrm{A}]$$

여기서, $R_{th} = R_1 + R_3$, $R_1 = \frac{\rho_1}{2\pi} \log_e \frac{d_2}{d_1}$

R_{th} : 전열저항[℃ · cm/W]

R_1 : 절연체 열저항[℃ · cm/W]

d_1 : 도체의 외경[mm]

d_2 : 절연체의 외경[mm]

$$R_3 = \frac{g\,\eta_2}{2\pi}\left(\log_e \frac{4L_0}{d_2} + \sum_{1}^{N-1} \log_e \sqrt{\frac{4L_0 . L_m}{X_{m+1}^2}}\right)$$

n : 케이블 선심수

r : 도체저항[Ω/cm]

R_3 : 토양의 열저항[℃ · cm/W]

N : 케이블 조수

L_0 : 지표면에서 케이블 중심까지의 깊이[mm]

L_m : m 번째 케이블 표면에서의 깊이[mm]

X_m : 기준 케이블과 m번째 케이블과 중심거리[mm]

다. 암거포설의 경우 허용전류 계산

공기층이 있는 트로프 내에 케이블을 클르트 등으로 고정하여 지중에 매설할 경우에 적용함

$$I = \eta_0 \sqrt{\frac{T_1 - T_2}{n \cdot r \cdot R_{th}}} \text{ [A]}$$

여기서, $R_{th} = R_1 + R_2$, $R_2 = \dfrac{10\rho_2}{\pi \cdot d_2}$

R_2 : 케이블 표면의 방열저항[℃ · m/W]

ρ_2 : 고유표면 방열저항[℃ · cm/W]

η_0 : 다조포설의 저감율

라. 케이블의 지하도(지하관로) 포설의 경우 허용전류 계산

공기층이 있는 트로프 내에 케이블을 클르트 등으로 고정하여 지중에 매설할 경우에 적용함

$$I = \sqrt{\frac{T_1 - T_2}{n \cdot r \cdot R_{th}}} \text{ [A]}$$

여기서, $R_{th} = R_1 + R_2 + R_4$, $R_4 = \dfrac{M_c \cdot g\eta_3}{2\pi} \log_e \left\{ \dfrac{2L}{D} + \sqrt{(\dfrac{2L}{D})^2 - 1} \right\}$

R_4 : 케이블 지하도의 열저항[℃ · cm/W]

M_c : 케이블 지하도의 케이블 포설조수

L : 케이블 지하도 중심까지의 매설깊이[mm]

D : 케이블 지하도의 등가직경(높이×폭)[mm]

η_3 : 지하수 기타에 의한 열저항의 저감율

6.5 ◦ 전철변전소 제어 및 운용

6.5.1 전기철도용 SCADA System의 주요구성 및 기능

1. 개요

가. SCADA(Supervisory Control And Data Acquisition) 시스템이란 원방에 있는 설비를 어떤 정해진 목적에 맞도록 조작하고 그 결과를 확인 감시하는 것으로 원방감시제어장치로 불려지기도 함

나. 원방감시제어는 제어 측과 피제어 측이 멀리 떨어져 있어도 같은 장소에 있는 것처럼 원하는 목적으로 감시제어하고, 현재의 상태를 빠른 시간에 정보를 교환하여 효율적인 운전을 할 수 있게 하는 일련의 장비 및 설비를 말함

2. SCADA System의 기능

SCADA System의 기능은 크게 집중원방감시・제어 및 자동기록 등으로 구분함

가. 집중원방 감시(Centralized Supervision) 기능

전력계통반에 표시되는 다수변전소의 전력공급 운영상태인 차단기 개폐표시, 주변압기 부하 및 전류 계통의 이상유무 등을 디지털 숫자로 표시하여 쉽고 신속한 파악이 가능하여 사고 시 경보를 통하여 즉시 대응하도록 하는 집중원방감시가 가능토록 함

나. 원방제어(Remote Control)

각 변전소 (또는 구분소)의 주개폐기록(차단기, 단로기) 및 제반 절체 스위치류 등 변전소 운전에 필요한 각종기기를 원방(원격) 조작함으로써 신속 정확한 제어를 가능케 함

다. 자동기록(Auto Recording) 기능

(1) **계측기록(Telentering)** ➪ 변전소 운전일보에 필요한 상태(전압, 전류, 유효전력, 무효전력, 역률, 전력량 등)을 시간, 일, 월별로 필요한 Data를 자동기록하여 선로트립시 차단된선로의 부하상태를 기록하여 사고 발생원인 및 처리에 신속하게 대응할 수 있음

(2) **운전기록** ➪ 변전소의 기기 조작 또는 사고 시 차단기의 트립등의 내용, 운전상태의 이상, 주변압기 또는 송・변전설비의 과부하시 전압의 변동내역 등을 발생기간과 함께 자동기록함

3. SCADA 구성방식

가. 1 : 1 제어방식 ➪ 1개의 제어소에서 1개의 다른 피제어소를 감시제어.

나. 1 : N 제어방식 ➪ 1개의 제어소에서 수개의 피제어소를 감시제어

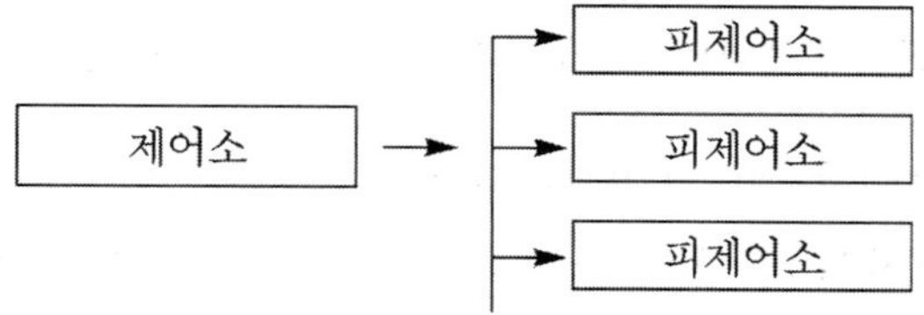

다. 계층제어 방식 ➪ 1개의 제어소에 N개의 소제어소를 두고, 1개의 소제어소에서 N개의 피제어소를 감시제어 하는 방식

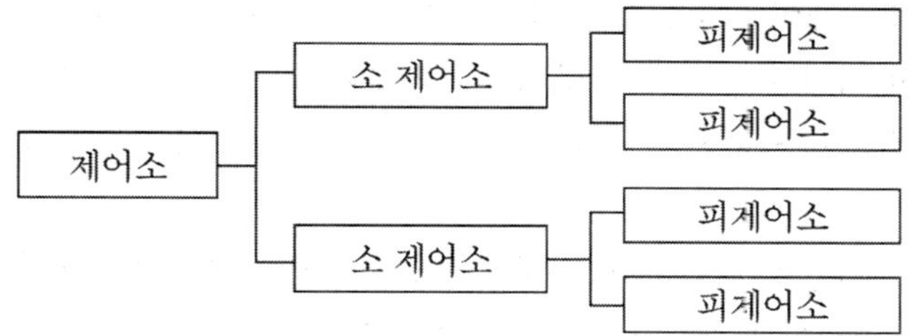

4. SCADA 구성 내용 및 기능

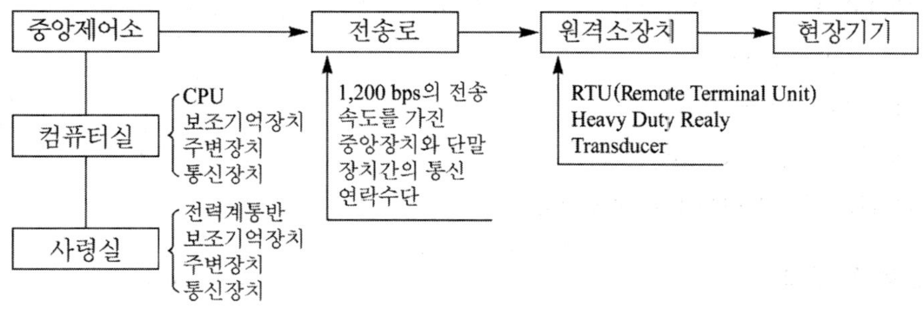

가. 중앙제어장치

(1) CPU(중앙연산처리장치) : CPU는 SCADA 시스템의 핵심 심장부로 모든 프로그램화된 주변장치와 메모리간 정보교환과 계산능력을 가지고 있음

(2) **DISK** : PC에서 사용하는 하드디스크와 같은 랜덤 Access 방식으로 마그네틱 테이프에 비해 정보처리 속도가 빠름.

(3) **인간-기계연락장치(Man/Machine Interface)** : 운전 지령원(사령원)과 시스템 데이터베이스(프로그램) 간을 연결시키는 장치로서 변전소에 설치된 원격소장치를 통해서 전송된 변전소 기기들의 운전상태가 컴퓨터 시스템의 데이터베이스에 기록되는 데 이 기억된 내용을 사람이 알 수 있도록 전력 계통반, 영상브라운관, 기록장치를 통해서 표시되고 사령원(지령원)은 표시된 내용을 확인하여 계통의 운전상태를 판단, 분석하는 기능을 제공함

(예) 사용자콘솔, 모니터, 영상복사장치, 프린터장치, 시스템관리용 컴퓨터 등

나. 원격소 장치(RTU : Remote Terminal Unit)

원격소 장치는 피제어소, 즉 변전소 각기기 정보를 취득하는 장치로서 피제어소의 차단기상태, 조작변압기 ULTC Tap 위치, 조작에 필요한 전압, 전류 등의 정보를 제어소(중앙장치)에 송수신하는 장치임

다. 통신장치 및 전송로

(1) **통신장치** : 제어소(중앙장치)와 피제어소(원격소장치) 같을 연결하여 상호간 정보교환의 매개체로서 전송 특성 및 신뢰도가 높은 전송로의 확보가 필수적이며, 중앙장치에는 송・수신 제어기, 송・수신 변・복조기 Channel Multiplex 등이 있음

(2) **전송로** : 전송로 방식은 금속케이블방식(유선), 마이크로웨이브 방식. 전력선 반송방식, 광케이블 방식이 있는데, 안정된 광케이블 방식이 주로 사용됨

5. 원격소 장치의 구성 및 기능

가. CPU모듈 : 각 기능 모듈로부터 수집된 정보를 종합 분석하여 처리

(1) CPU프로세서

(2) 메모리 기능

(3) 배터리 Back-up 기능

(4) HDLC 고속데이터 전송기능

나. 변복조 모듈

제어소와 피제어소의 원거리 통신을 위해 사용되는 장치로 디지털신호 ⇔아날로그 신호 상호간을 적정한 신호로 변환하는 장치임

다. 감시 · 적산 모듈(Indication Accumulator Module)

상태감시 · SOE 기능, 펄스계수, 적산기능을 가지며 각종기기의 개폐상태, 전력량 등을 읽어 현장제어 모듈로 전송하는 것임

라. 아날로그 모듈

전력설비에서 최대한 아날로그 신호를 디지털 신호를 변환하여 공동제어 모듈로 전송하는 역할을 수행

마. 제어모듈(Control Module)

제어 보호계전기 접점을 이용하여 Binary output 신호를 출력하여 현장의 기기를 제어

바. 주 전원부(RTU main power supply)

6.5.2 SCADA의 원격소장치(RTU)에 사용하는 포인트 종류

1. 개요

가. SCADA(Supervisory Control And Data Acquisition)는 원방감시제어장치로서 원격감시제어와 자료취득 시스템을 총칭하며 원거리에 있는 전력기기를 제어하고, 기기가 지시한데로 동작하는지 운전상태 뿐만 아니라 전력시스템 운용에 관한 모든 정보를 수집하는 일을 하며, 제어구간을 통합하여 중앙제어소에 설치하고 관제센타로 운용됨

나. RTU(Remote Terminal Unit)는 원격소 장치로 변전소, 구분소, 전기실 등 현장 피제어소에 설치하여 전력기기(차단기, 변압기 등)의 상태 정보를 취득, 분석하여 중앙제어소로 송신하고, 중앙제어소의 명령을 수신하여 처리하는 역할을 담당하는 장치임

2. 원격소장치(RTU)의 주요장치

가. 전원부

나. 릴레이부

다. CPU 부

라. 변복조부

마. 감시부(DI : digital input)

바. 제어부(DO : digital output)

사. 아날로그부(AI : analog input)

3. RTU의 제어 포인트

원격소장치와 말단의 제어되는 기기의 감시와 제어를 할 수 있게 하는 제어회선이 연결되는 단자대를 말하며, 제어대상 및 방법에 따라 제어 포인트 숫자는 달라질 수 있음

가. DI point (디지털 입력포인트)

개폐장치의 투입, 개방 상태, 보호계전기 동작상태 등 각종 주요기기의 접점을 중앙제어소 콘솔에 현시시키기 위해 사용되는 단자대

나. DO point (디지털 출력포인트만 있음)

운영자가 중앙제어소에서 현장 RTU 내 릴레이를 통해 각각의 기기를 제어하는데 사용되는 단자대

다. AI point (아날로그 입력포인트)

전압, 전류, 유효전력, 무효전력, 역률, DC전력량 등을 중앙제어소에 송신하기 위한 원격제어소 단자대로 PT, CT 출력을 T/D(전력변환장치)를 경유하여 아날로그부에서 디지털 신호로 변환하여 RTU의 CPU에 전달하고 디지털 정보는 중앙제어소 CPU에 전달됨

제 7 장 교류변전 System

7.1 ◦ 교류 급전용 변압기

7.1.1 교류 스코트(Scott) 결선 변압기의 원리와 전압, 전류

1. 스코트 변압기 설치목적

가. Scott 결선 변압기는 미국의 Charles. S. Scott 교수가 고안하여 만든 변압기로 단상변압기 2대를 T 결선하여 3상 전원에서 상차각 90°인 단상 2회선을 공급할 수 있도록 특수 제작된 변압기를 말함

나. 교류 3상 전원에서 대용량 단상부하에 전원을 공급하게 되면 3상전원이 부하 불평형 현상이 발생하므로 이를 방지하기 위하여 대용량 부하인 전기철도에서 교류 3상 전원을 평형하게 유지하면서 단상 교류 전기철도 구간의 전기차에 안정된 전원을 공급할 목적으로 Scott 변압기를 사용하게 됨

2. 구조 및 동작원리

가. M좌 변압기는 양쪽 단자를 모선에 연결하고, 1차 권선의 중앙점에서 단자를 인출하여 T좌 변압기의 1차 권선 단자에 연결함

나. T좌 변압기는 1차 권선의 한쪽은 M좌 변압기의 중앙점에서 인출하고, 다른 쪽은 1차 권선의 $\frac{\sqrt{3}}{2}$(=0.866)지점에서 단자를 인출하여 모선에 연결함

다. 이때, T상의 권선이 M상 권선의 중앙점에 결선되므로 T상의 전류는 M상의 중앙점에서 좌우양쪽 권선에 균등히 흐르게 되어 M상 철심에는 서로 Ampere-Turn 수가 같고 방향이 반대인 자속이 발생하여 자속이 서로 상쇄되므로 M상 변압기는 T상 변압기 흐름에 영향을 미치지 않음

라. T상 변압기 임피던스와 M상 변압기 임피던스가 같게 되면 T상과 M상의 전압강하도 같게 되며, 2차측 권선에는 E_m(M상)과 E_t(T상)의 기전력이 유지되고 NF(중성점)에서 볼 때 90°의 위상차가 발생함

마. 변압기의 구조는 1개의 Tank 에 결선된 3상/2상 Scott 변압기를 표준으로 하지만,

급전용 변압기의 용량이 대형화하는 경우 M상 변압기와 T상 변압기를 분리 제작하여 외부에서 T 결선하는 방법이 운반이나 유지관리 측면에서 유리한 경우도 있음

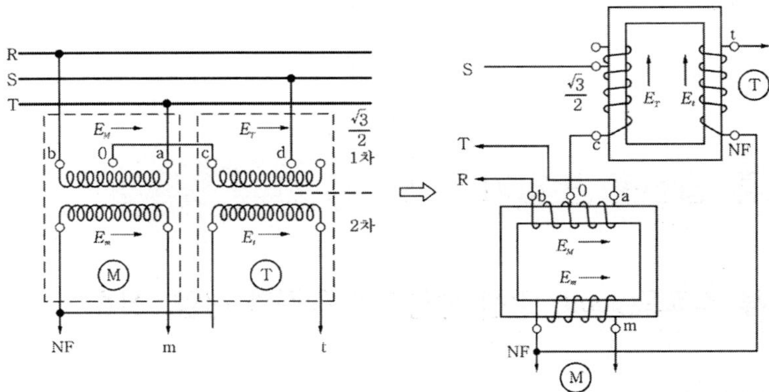

그림 7.1.1 Scott 결선 변압기 구조

3. Scott 결선 변압기 권수비 계산

가. 일반 변압기 이론식에서 변압기의 1차 권선수를 N, 2차 권선수를 n, 1차 전압을 E_1, 2차 전압을 E_2, 1차 전류를 I_1, 2차 전류를 I_2라고 하면 변압기권수비 $a=\frac{N}{n}=\frac{E_1}{E_2}=\frac{I_2}{I_1}$인 기본식을 이용하여 계산함

나. 그림 7.1.2에서와 같이 Scott 결선변압기 권선비는

(1) M상의 권수비 : $n_M=\frac{E_{R-T}}{E_{m-NF}}=\frac{N}{n}$

(2) T상의 권수비 : $n_T=\frac{E_{S-O}}{E_{t-NF}}=\frac{\frac{\sqrt{3}}{2}N}{n}=\frac{\sqrt{3}}{2}\frac{N}{n}=0.866\times\frac{N}{n}$

표 7.1.1 변압기의 1차 권선을 N, 2차 권선수를 n일 때 권선 수

구분	1차 권선수	2차 권선수	비고
M좌 변압기	N	n	
T좌 변압기	$0.866N$	n	$\sqrt{3}/2=0.866$

다. 3상 66[kV]에서 2상 25[kV]를 얻기 위한 권수비를 실례로 보면

(1) Vector도에서 M상 권수비 : $n_M = \dfrac{66}{25} = 2.64$

(2) T상 권수비 : $n_T = 66 \times \dfrac{\sqrt{3}}{2} / 25 = 66\sqrt{3}/50 = 2.29$

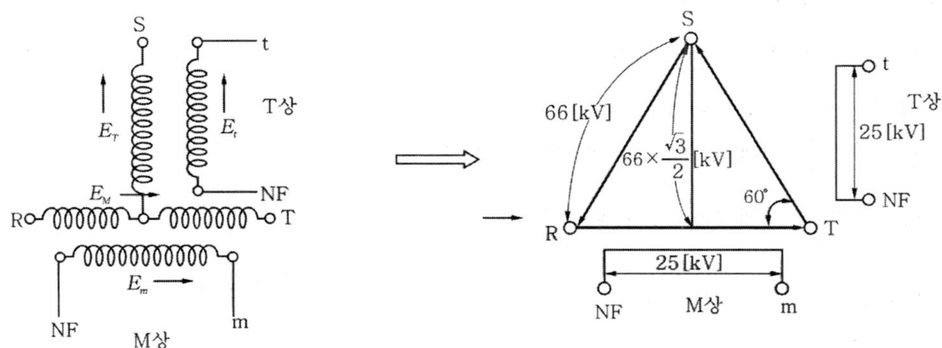

그림 7.1.2 66[kV] / 25[kV] 전압 벡터도

4. 스코트 결선 및 전압 Vector 도

가. M상 또는 T상 변압기는 각각 1, 2차가 동일한 철심에 감겨있는 단상 변압기로 여자임피던스를 무시하면 M상의 2차전압 V_M은 1차 선간전압 V_{UW}와 동상이고, T상의 2차 전압 V_T는 V상의 1차 상전압 V_{0V}와 동상이 되어 각각의 1, 2차 전압은 동상이며, 그림 7.1.3에서와 같이 2차 전압 V_M과 V_T는 Vector 상으로 전기각(상차각)이 90° 차이가 남

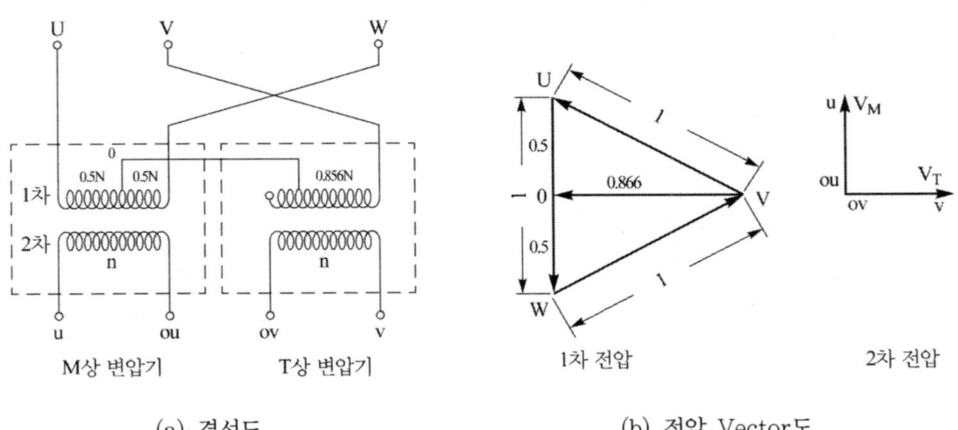

(a) 결선도 (b) 전압 Vector도

그림 7.1.3 Scott 변압기 결선과 전압 벡터도

나. 1차측 전압의 상차각은 V_{V0}와 V_{WU}는 90°이고, V_{V0}와 V_{VW}는 30°이므로 V_{WU}와 V_{VW}는 120°가 되고 같은 논리로 V_{WU}와 V_{UV}, V_{UV}와 V_{VW}는 각각 120°가 되어 3상 평행을 이루는 것을 알 수 있음

5. M, T상이 평행부하 일 때 전류의 분포

가. M 상과 T 상의 전류분포

그림 7.1.4에서 기준 Vector를 V_0, 부하 역률을 1이라고 할 때 M상과 T상의 1차 환산전류는 아래와 같은 관계식이 성립함

(1) M상 부하에 의한 1차 환산전류 : $I_{1M} = I_M \times \dfrac{n}{N}$

(2) T상의 1차 환산전류는 T상의 1차와 2차 권수비가 $\dfrac{\sqrt{3}}{2}N$: n이므로

$$I_{1T} = I_T \times \frac{n}{\frac{\sqrt{3}\,N}{2}} = \frac{2}{\sqrt{3}} \times I_T \times \frac{n}{N} = 1.1547 \times I_T \times \frac{n}{N}$$

여기서, I_{1M} : M상의 1차 환산 전류
I_{1T} : T상의 1차 환산 전류
I_M : M상의 2차 전류
I_T : T상의 2차 전류
N : Scott 결선 변압기 1차 권선 수
n : Scott 결선 변압기 2차 권선 수

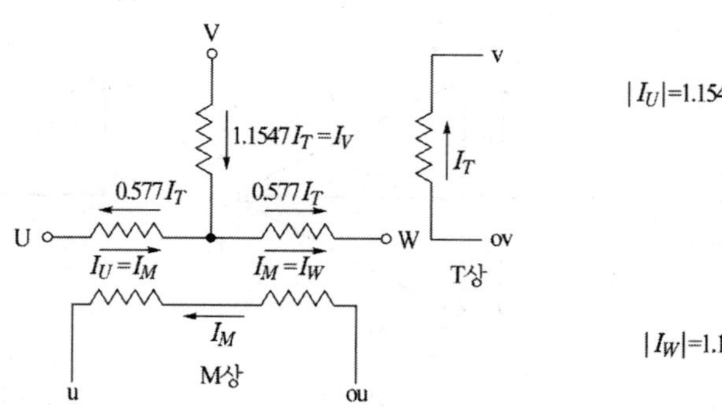

(a) 전류의 흐름도

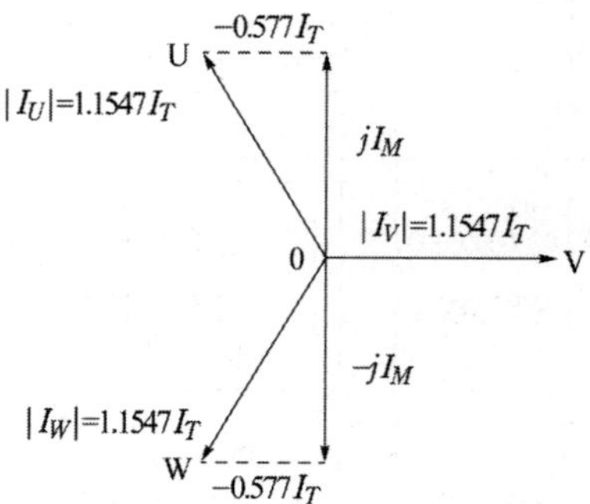

(b) 전류 Vector도

그림 7.1.4 Scott 결선 변압기의 전류 Vector

나. 2차 부하가 평형일 때 1차 각상의 전류분포

Scott 결선 변압기 V상을 기준 Vector로 하고, M상과 T상의 부하가 동일할 때 기준으로 각상의 1차 전류를 계산하여 보면,

(1) 변압기 1차 U상 전류(I_U)

① M상 부하에 의한 1차 전류는

$$\dot{I_{1M}} = j\,I_M \times \frac{n}{N}$$

② T상 부하에 의한 U 상의 전류는 방향이 반대이며, 권선의 1/2에서 인출하여 M상과 T상의 부하가 같을 때 $\dot{I_M} = j\dot{I_T}$이므로

$$\dot{I_{1T}} = -\frac{2}{\sqrt{3}} I_T \times \frac{1}{2} \times \frac{n}{N} = -\frac{1}{\sqrt{3}} \times I_T \times \frac{n}{N} = -0.5774 \times I_T \times \frac{n}{N}$$

$$= -0.5774 \times I_M \times \frac{n}{N}$$

③ 따라서, M상 및 T 상 부하에 의한 U상 1차 전류는

$$\therefore\ \dot{I_U} = \dot{I}_{1M} + \dot{I}_{1T} = (j\,I_M \times \frac{n}{N}) + (-0.5774\,I_M \times \frac{n}{N})$$

$$= (jI_M - 0.5774 I_M) \times \frac{n}{N}$$

$$\therefore\ |\,I_U\,| = \sqrt{1^2 + 0.5774^2} \times I_M \times \frac{n}{N} = 1.1547\,I_M \times \frac{n}{N}$$

(2) 변압기 1차 V상 전류(I_V)

① M상에 의한 전류는 V상 전류와 무관하므로

$$\dot{I_{1M}} = j\,I_{1M} \times \frac{n}{N} = 0$$

② T상 부하 전류

$$\dot{I_{1T}} = I_T \times \frac{n}{0.866N} = 1.1547 \times I_T \times \frac{n}{N}$$

에서 M상과 T상의 부하가 평형조건에서 전류크기는 같으므로

$$\dot{I_{1T}} = I_T \times \frac{n}{0.866N} = 1.1547 \times I_T \times \frac{n}{N} = 1.1547 \times I_M \times \frac{n}{N}$$

$$\therefore\ |\,I_V\,| = I_{1T} + I_{1M} = 0.5774 \times I_M \times \frac{n}{N}$$

(3) 변압기 1차 W상 전류(I_W)는

① M상 부하에 의한 1차 전류

$$\dot{I_{1M}} = -j\,I_{1M} \times \frac{n}{N}$$

② T상 부하에 의한 전류

$$\dot{I_{1T}} = -\frac{1.1547}{2} \times \frac{n}{N} \times I_T = = -0.5774 \times \frac{n}{N} \times I_M$$

③ W상 1차 전류

$$\therefore \dot{I_W} = \dot{I_{1M}} + \dot{I_{1T}} = (-0.5774\ I_M - jI_M) \times \frac{n}{N}$$

$$\therefore \ |I_W| = \sqrt{1^2 + 0.5774^2} \times I_M \times \frac{n}{N} = 1.1547\ I_M \times \frac{n}{N}$$

④ Vector 각은 V상을 기준으로 하였으므로 W상의 Vector 각은

$270° - (\tan^{-1} 0.5774) = 270° - 30° = 240°$ 가 됨

즉, M상과 T상이 평행 부하일 때 변압기 1차 전류는 크기가 같고, 120° 씩 상차각이 발생하므로 평행 3상이 됨을 알 수 있음

다. Scott 변압기 M상 및 T상 부하에 의한 1차 상전류(위 풀이 정리)

(1) U상 1차 전류 $\dot{I_U} = \dot{I_{1M}} - \frac{1}{\sqrt{3}} \dot{I_{1T}}$

(2) V상 1차 전류 $\dot{I_V} = \frac{2}{\sqrt{3}} \dot{I_{1T}}$

(3) W상 1차 전류 $\dot{I_W} = -\dot{I_{1M}} - \frac{1}{\sqrt{3}} \dot{I_{1T}}$

6. M상 또는 T상에만 부하가 걸린 경우 각상 1차 전류

V상을 기준 Vector, 역률 1.0, Scott 결선변압기 154[kV]/55[kV], M상 또는 T상에만 각 각 10[MVA] 부하가 걸렸을 때 각상의 1차 전류를 계산해 보면,

가. M상에만 10[MVA] 부하가 걸린 경우

(1) T상에는 부하가 없어 $\dot{I_{1T}} = \dot{I_T} = 0$, M상에만 10[MVA] 부하가 있으므로

$$I_M = \frac{P_m}{V_m} = \frac{10{,}000}{55} = 181.8[A]$$

$$I_{1M} = I_M \times \frac{n}{N} = \frac{P_m}{V_m} \times \frac{n}{N} = \frac{10{,}000}{55} \times \frac{55}{154} = 64.94[A]$$

(2) 따라서, 각 상의 전류는

① $\dot{I_U} = \dot{I_{1M}} + \frac{1}{\sqrt{3}} \dot{I_{1T}} = j\,I_{1M} + 0 = j\,64.94[A]$

② $I_V = 0$

③ $\dot{I_W} = -\dot{I_{1M}} - \frac{1}{\sqrt{3}} \dot{I_{1T}} = -jI_{1M} - 0 = -j64.94[A]$

나. T 상에만 10[MVA] 부하가 걸린 경우

(1) M상에는 부하가 없어 $\dot{I_{1M}} = \dot{I_M} = 0$, T상에만 10[MVA] 부하가 있으므로

$$I_T = \frac{P_t}{V_t} = \frac{10,000}{55} = 181.8[\mathrm{A}]$$

(2) 따라서, 각 상의 전류는 1차 전압을 V_U, T상의 전압을 V_t라고 하면

① U상 1차 전류

$$\dot{I_U} = \dot{I_{1M}} - \frac{1}{\sqrt{3}}\dot{I_{1T}} = 0 - j\frac{1}{\sqrt{3}} \times \frac{10,000}{55} \times \frac{55}{154} = -j37.49$$

② V상 1차 전류

$$\dot{I_V} = \frac{2}{\sqrt{3}}\dot{I_{1T}} = \frac{2}{\sqrt{3}} \times \frac{10,000}{55} \times \frac{55}{154} = 74.98$$

③ W상 1차 전류

$$\dot{I_W} = -\dot{I_{1M}} - \frac{1}{\sqrt{3}}\dot{I_{1T}} = 0 - j\frac{1}{\sqrt{3}} \times \frac{10,000}{55} \times \frac{55}{154} = -j37.49$$

표 7.1.1 Scott결선 변압기 전류비[단위 pu.A]

구 분	2차		1차		
	M상	T상	U(P) 상	V(S) 상	W(T)상
M, T상 평행부하시	$-j$	1	1.1547∠120°	1.1547∠0°	1.1547∠240°
M상만 전부하시	$-j$	0	j	0	$-j$
T상만 전부하시	0	1	−0.5774	1.1547	−0.5774

7. Scott 결선 변압기 용량선정 방법 (변전소 용량결정 방법과 同一)

가. 전철변전소 부하특성은 선로상태, 전기차의 출력 및 특성, 운전다이야 설정, 급전 계통에 따라 복잡하고 부하변동이 심하며, 교류 급전용 변압기 용량산출 방법은 전철변전소 용량 산출 방법과 동일하게 전력소비율 산출방법, 1시간 최대전력 산출방법, 순시최대전력 산출방법 등이 있음

나. 전력소비율에 의한 방법

$$\text{전력소비율} = \frac{\text{상·하선 전력량} \times 1000}{2 \times \text{열차주행(km)} \times \text{견인력}(t)\text{수}} [\mathrm{kWH / 1000T \cdot km}]$$

다. 1시간 최대출력에 의한 방법

1시간 최대 출력 (Y) : $Y = \frac{60}{T} \times 2 \times K \times L \times N \times C[\mathrm{kW}]$

여기서, T : Rush 시간대 운전 시분(분)　　K : Rush 시간대 전력 소비율
L : 변전소 급전구간 거리[km]　　N : 열차 편성 수
C : 열차편성당 차량수(량)

라. 순시최대전력에 의한 방법

순시 최대 전력(Z) : $Z = Y + C_o\sqrt{Y}$ [kW]

여기서, Y : 1시간 최대 출력 (kW)
C_o : 정수 (60~140 정도)

마. 1시간 최대출력과 순시최대 출력 중에서 기기의 정격, 역률 등을 고려하여 Scott변압기 용량을 결정함(통상 1시간 최대 출력을 많이 적용).

7.1.2 3권선 Scott 결선 변압기의 구조 및 결선 방법

1. 3권선 스코트 결선 변압기 사용목적

특고압으로 수전하는 AT급전 계통에서 스코트 결선 변압기의 2차 권선을 3권선으로 분할하여 급전측 절연강도를 전차선로(전기차 공급전압) 절연계급과 동일하게 저감 할 목적으로 일본에서 개발하여 신간선에 적용한 바 있음

2. 3권선 스코트결선 변압기의 원리

가. AT급전 방식은 전기차 공급전압(27.5kV)의 2배(55kV)로 급전하므로 AT가 선로에 접속되어 있지 않을 때 주변압기 2차측에 지락사고가 발생하면 선간전압이 60[kV]계통 지락사고와 같으므로 변전소 급전측 절연을 전기차 전압의 2배인 60호 절연(JEC 규격 ➪ 60호는 공칭전압 66kV 절연)을 하여야 함

나. 특고압을 수전하는 경우 Scott 결선 변압기의 2차 권선을 2개의 권선으로 분할하여 55[kV]의 절반인 27.5[kV]가 되는 중성점을 직접 레일에 접속함으로써 절연계급을 전차선 전압과 동일한 30A호 절연(JEC절연규격➪30호는 33kV 절연계급)으로 저감할 수 있음

3. 3권선 스코트결선 변압기 구조 및 결선방법

가. 그림 7.1.5는 Scott 결선 변압기의 2차 권선(M, T상)을 2권선 및 3권선으로 분할한 3권선 Scott 결선 변압기의 구조 및 결선도를 나타냄

나. 레일과의 접지점은 2권선과 3권선의 접속점인 중성점 Nu 및 Nv가 됨

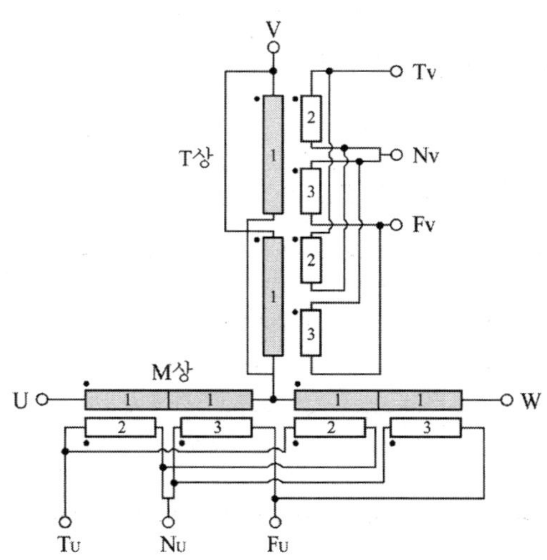

1 : 스코트1차, 2 : 2권선, 3 : 3권선

그림 7.1.5 3권선 변압기 결선도

7.1.3 교류 전기철도에 단상으로 전원을 공급하는 방법

1. 개요

가. 전기철도의 교류 급전방식에서 전기차에 필요한 단상 전원을 공급하는 방식은 단상변압기에 의한 방법, V결선 변압기에 의한 방법, 스코트 결선 변압기에 의한 방법, 변형 우드브리지 결선 변압기에 의한 방법, 전동 발전기에 의한 방법 등이 있음

나. 국내 또는 일본의 경우 Scott 결선 변압기 방식을 BT 또는 AT 급전방식에 모두 적용하고 있으며, 유럽 국가(독일, 프랑스 등)에서는 전철변전소 규모를 최적화하기 위하여 단상변압기 또는 단상변압기 V결선 방식을 주로 적용하고 있음

2. 단상변압기를 이용한 급전방법

가. 단상 교류 ⇨ 단상변압기로 급전하는 방식

(1) 발전소 및 전철변전소로부터 단상교류 전력을 단상 전용 송전선로를 철로변에 가설하고 송전하여 적정한 간격으로 설치한 단상변압기에 의하여 전기차에 적합한 전원으로 변환하여 전차선로에 급전하는 방식

(2) 일반 전력계통과 분리되어 단상 전철부하에 의한 전압변동 및 전압불평형 등이 일반 수용가에 영향을 미치지 않음

(3) 동일 송전선로 계통일 때 전철변전소 상호간 병렬운전 가능
(4) 변전소 간격을 증대시킬 수는 있으나 전용 발전소 및 송전선로가 필요하여 건설비가 증가함

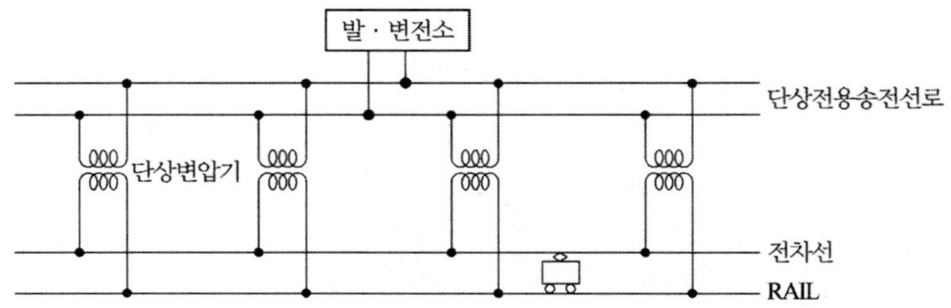

그림 7.1.6 단상교류 / 단상변압기 급전방식

나. 3상 교류 ⇨ 단상변압기로 급전하는 방식

(1) 전력공급회사의 3상 전원계통 또는 전용 송전선로를 이용하여 3상중 서로 다른 상을 단상변압기에 연결하여 전차선로에 공급하는 방식임
(2) 단상변압기 각상이 다르므로 전차선로를 여러 섹션(절연구분장치)으로 구분하여야 하고 섹션별로 3상 송전선로의 서로 다른 상으로 공급함
(3) 일반 3상 전력계통과 연결했을 때는 전철 단상부하에 의한 수전점의 전압변동 및 전압불평형에 악영향을 줄 우려가 있음

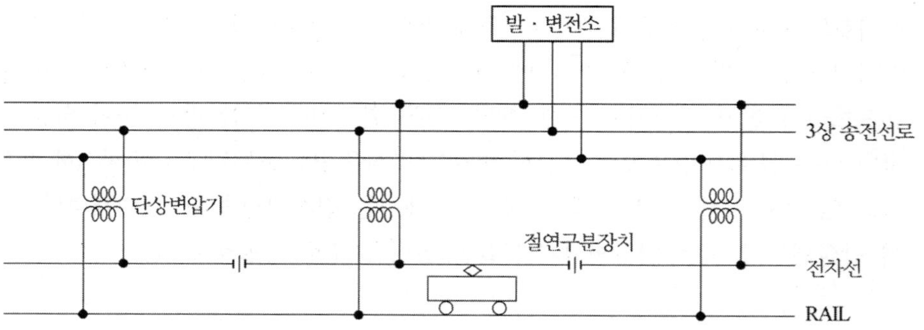

그림 7.1.7 3상 교류 / 단상변압기 급전방식

다. 3상교류 ⇨ 단상변압기 V결선 급전방식

(1) 일반 또는 전용 3상 교류 송전선로에 2대의 단상변압기를 V결선하여 3상에서 전기차에 적합한 2개의 단상으로 전원으로 변환하여 전차선로에 급전하는 방식
(2) 전철 단상 변동부하에 대한 전압변동 및 전압불평형의 문제가 완화됨
(3) 2개의 단상 부하전력이 같은 경우에도 약 50[%]의 전압불평형이 발생

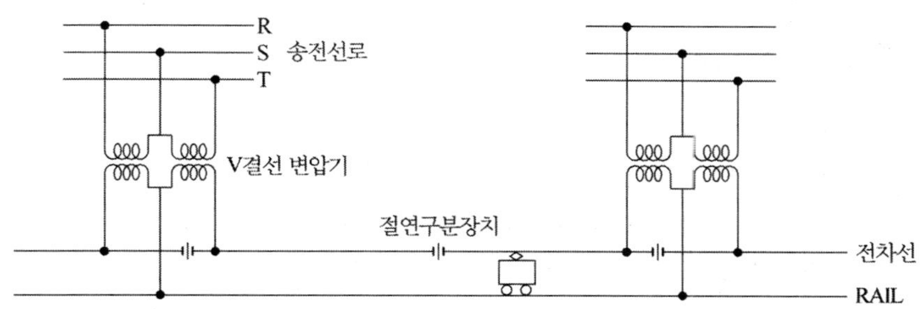

그림 7.1.8 3상 교류 / 단상변압기 V 결선 급전방식

3. 변형 우드 브리지(Wood Bridge) 결선변압기

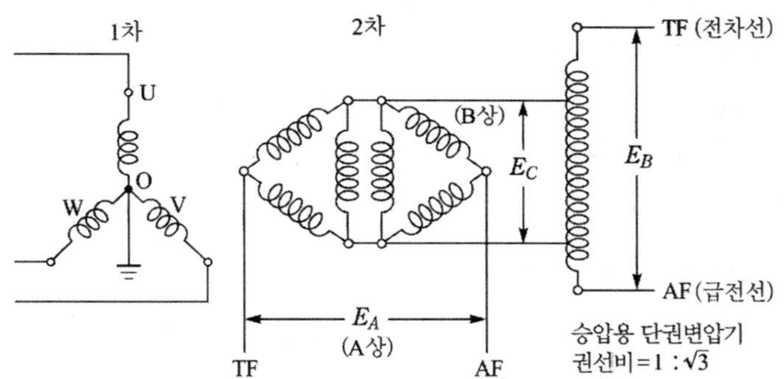

그림 7.1.9 변형우드브리지 변압기 결선도

가. 중성점 접지계통의 초고압(220kV, 275kV)를 직접 수전하는 변전소에서 스코트결선 변압기는 1차측 권선의 중성점 직접접지가 곤란하므로, Scott 변압기와 동일한 기능을 갖고 1차측 중성점 접지(탭)을 취하고 AT 급전방식의 급전회로에 2조의 단상전력을 급전하는 방식임

나. 변형우드브리지 결선 변압기의 1차가 Y 결선으로 중성점 접지가 가능하고, 2차측 권선 6개 모두 권선수가 같으므로 A상 단상 출력전압 E_A는 B상 출력전압 E_C와 서로 달라 $E_C = E_A / \sqrt{3}$가 되어, 2차측 B상 출력 단자에 승압용 변압기(권선비=1 : $\sqrt{3}$)을 접속하여 E_C 전압을 E_A 전압과 같게 승압하여 급전하는 원리임

다. 주변압기의 1차 중성점 접지를 제외하고는 Scott 결선 변압기와 같은 기능을 가지므로 A상은 M상, B상은 T 상에 대응하여 상호 치환하여 계산하면 됨

4. Scott 결선 변압기 방식

가. Scott 결선 변압기

(1) 3상 전력계통에 접속하여 상이 다른 단상 교류 2조(M상, T상)를 얻어 교류 전기 철도에 가장 많이 사용되는 방식임

(2) 변압기 2차측 2상의 단상부하가 동일한 경우에는 전원측의 3상 평행부하기 되어 전압변동 및 전압불평형이 현저히 감소하게 됨

(3) 부하의 불평형이 발생하는 경우에는 전기적 중성점이 이동하여 중성점 전위에 의하여 누설전류가 증가하여 통신유도 장애에 영향을 미칠 우려가 있음

나. 3권선 Scott 결선 변압기

(1) AT 급전회로는 전기차 전압의 2배로 급전하므로 AT가 선로에 접속되지않은 경우 주변압기 2차측 지락사고 시 변전소 급전측 절연계급을 전기차 절연계급의 두배인 60호로 절연하게 됨

(2) 154[kV]를 수전하는 경우 Scott 결선변압기 2차 권선을 분할하여 급전측(55[kV]) 권선 중성점을 인출하여 레일에 접속하며, 절연계급을 전차선 전압(27.5[kV])과 동일하게 저감하기 위한 목적으로 채용함

다. 부등변 Scott 결선 변압기

(1) 스코트 결선 변압기의 M좌와 T좌를 직렬로 접속하고 사변 S좌를 급전전압으로 하여, 1계통의 급전회로에 접속하는 방식임

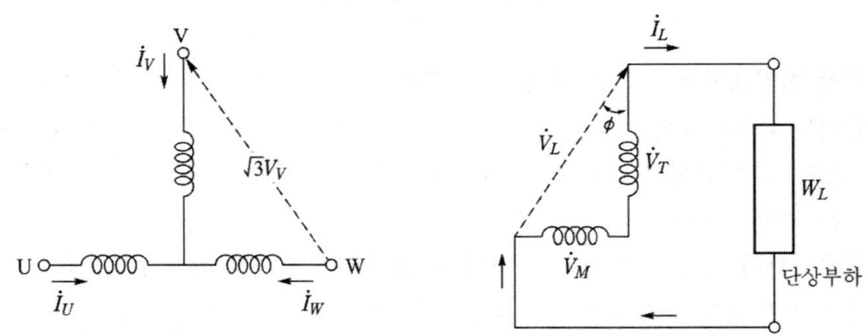

그림 7.1.10 부등변 Scott 변압기 결선도

7.1.4 교류 전기철도용 급전변압기의 전기적, 기계적 보호장치

1. 개요

교류 전기철도용 급전변압기는 초고압 전원을 수전받아 급전계통내의 전기차 운전에 필요한 대용량 부하를 감당하고 있어 변압기 고장 시 열차운행에 막대한 지장과 이용객의 불편을 초래하게 되므로 변압기 자체 보호는 물론 외부의 이상전압 등에도 충분히 견딜수 있는 전기적, 기계적 보호장치가 필요하게 됨

2. 전기적 보호장치

가. 과전류 계전기(51 OCR : Over Current Relay)

(1) 변압기 1차측에 순시요소부 과전류 계전기를 설치하여 변압기 2차 사고전류에 대한 후비보호와 변압기 2차의 권선사고, 2차 CT에 의해 보호되지 않는 2차 붓싱과 주차단기 사이의 고장에 대한 주보호를 담당함

(2) OCR은 정격전류의 150[%] 정도에 정정하여 과부하 전류에 대한 보호를 담당함

나. 비율차동 계전기(87)

(1) 변압기의 내부단락 및 지락고장 검출

(2) 외부사고 시 등 과대전류가 통과 할 때는 큰 차전류가 동작코일로 흐르지 않으면 계전기가 동작하지 않고, 내부사고 시 적은 전류가 통과하여도 차 전류만으로 동작함(억제전류와 동작전류의 일정한 비율 관계로 동작하므로 차동계전기라 함)

(3) 여자돌입 전류에 의한 오동작 방지회로가 구성되어야 함

3. 기계적 보호장치

가. 브쯔홀쯔 계전기(Buchholtz Relay)

(1) 일종의 Float Switch와 Flow Relay를 조합한 구조로 변압기의 주탱크와 콘서베이터를 연결하는 연결관의 중앙에 설치하여 변압기 내부 고장 시 발생하는 가스 또는 유류에 의하여 동작하는 원리임

(2) 상부의 float은 가스가 규정치 이상 가스 집적함내 모였을 때 1단계 접점이 동작하여 경보를 발생하고, 하부의 float는 가스와 기름이 분류할 때 가스가 급격히 발생하여 유속이 일정한도를 초과하거나 유면이 연결관 중심보다 낮아지면 2단계 접점이 동작하여 고장차단 동작하도록 함

(3) 가스 집적함에 모인 가스의 양, 색, 냄새 등으로 고장 가스를 추정하나 지진 등 외부진동에 오동작 우려가 많아 차동계전기와 조합하여 사용함

나. OLTC 보호계전기(Protective Relay)

(1) 변압기의 부하시 탭전환장치(OLTC : On Load Tap Changer) 유격실에 결함이 발생하는 동안 그 결과가 결함이 생긴 부분으로부터 전달되어 변압기와 탭절환기를 보호하기 위함

(2) 콘서베이터 절연유가 절환기 윗부분에 있는 절연유의 이동에 의하여 동작되는데 정격부하 혹은 허용 과부하 상태에서의 탭전환기 동작시에는 동작하지 않으나, 최근에는 OCTC를 표준으로 하는 실정임

다. 충격압력계전기(Sudden Pressure Relay)

(1) 유입변압기 내부아크에 의해 발생하는 가스 압력의 갑작스런 상승을 감지하여 최단시간 내 차단하여 피해를 최소화하기 위한 장치임

(2) 용기내의 압력감지 벨로즈, 마이크로 스위치, 등압기 등으로 구성하고, 트립접점을 구성함

라. 방압 안전장치(Auto Resettion Pressure Velit Device)

(1) 변압기 내부고장에 의한 압력상승을 억제는 장치로 변압기 탱크압력이 정상압력을 초과하면 방압막이 동작하여 가스를 방출하고, 압력상승을 충분히 완화 시킨후 자동 복귀하여 변압기 폭발을 방지함

(2) 방압 안전장치의 방출 방향은 인접 시설물에 지장이 없도록 배치해야 하며 동작부분은 방압막, 압축스프링, 카스켓 및 보호덮게로 구성됨

마. 권선 온도계(Winding Temperature Indicator)

(1) 탱크상부 최고 유온부에 취부하여 변압기 내부의 권선의 최고온도를 지시하는 온도계로 변류기에 의한 가열코일(Heating coil)에 붓싱변류기의 2차 전류가 가해져 절연유에 대한 권선의 온도를 보상함

(2) 셋팅된 온도에 따라서 선풍기 및 펌프의 기동 및 제어, 과열시 경보 및 트립 등에 사용할 수 있는 접점이 내장되어 있음

바. 콘서베이터(절연유 열화방지장치)

(1) 변압기의 부하상태 및 외기의 변화에 따라 변압기유의 온도변화에 따라 절연유의 수축과 팽창이 일어나는 것을 절연유의 호흡작용이라고 하며, 절연유가 외부공기와 직접 접촉할 경우 이러한 호흡작용에 의하여 공기중의 습기를 흡수하면 절연유가 열화하게 되므로 공기와 절연유가 직접 접촉하지 않도록 콘서베이터를 설치하여 절연유 열화를 방지함

(2) 콘서베이터는 유열화 방지 공기주머니(Air Seal Cell) 식을 표준으로 하며, 변압기 절연유가 호흡작용을 할 때 기름과 대기수분과의 접촉을 최소화하기 위한 흡습호흡기, 배유밸브, 유면계를 설치함

사. 기타 변압기 보호설비로는 유온계, 유면계, 방열장치, 냉각팬 등을 설치하여 급전용 변압기를 보호 관리하고 있음

7.1.5 교류 급전용 변압기의 부싱 상배열 및 제작 시험 종류

1. 개요

가. 교류 전기철도용 급전용 변압기에 적용하는 한국철도 표준규격을 적용함

나. 정상사용 조건은 주위온도 최고 40[℃], 최저는 −25[℃] 이내, 표고는 1,000[m] 이하, 염해의 영향이 예상되는 해안지역 및 분진 농도가 높은 터널 지역 또는 산업화 등으로 인하여 오염이 심한장소는 피하여 설치함

2. 급전용 변압기의 부싱

가. 부싱은 절연전면의 전위경도는 균일하여야 하며, 대기에 대하여 완전 밀봉되고 최악의 운전성태에서도 열적으로 안정되어야 함

나. 부싱의 재질은 균등질의 자기제 또는 이와 동등 이상의 것을 사용하고, 기포나 균열, 흠 등이 없이 습기가 침투할 수 없는 방습형이어야 함

다. 부싱의 외부단자의 접촉면은 나사부분을 제외하고 은도금을 하여야 하며, 부싱단자와의 모든 접속은 분해조립이 가능한 접속단자를 사용하여야 함

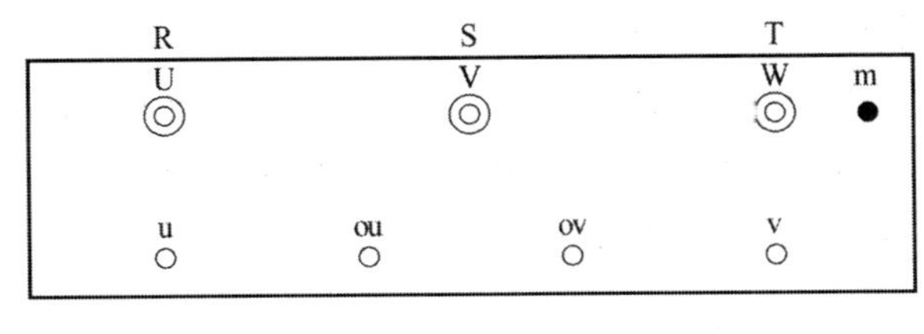

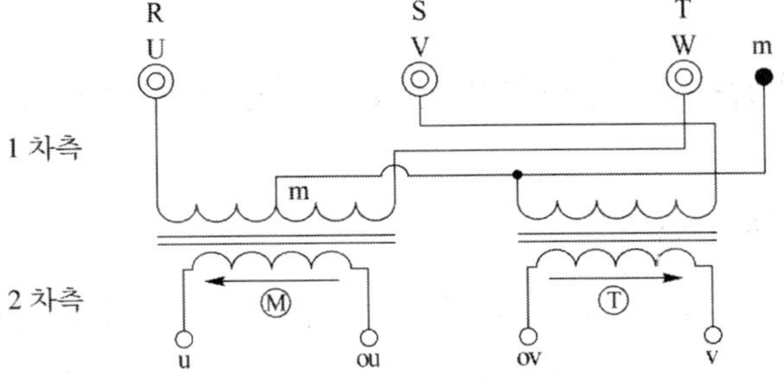

그림 7.1.11 부싱의 상배열 및 결선도

3. 공장검수 시험 및 검사항목

가. 검사의 종류 : 구조 및 외관검사

나. 시험의 종류

(1) **절연저항 측정** : 절연저항계를 사용하여 주회로는 1,000[MΩ] 이상, 접점과 대지간은 2[MΩ] 이상이어야 함

(2) **변압비 측정, 극성시험 및 각변위 시험** : KS C IEC 60076-1의 변압비 측정, 극성시험 및 각변위 시험을 따름

(3) **임피던스 전압 및 전부하 시험** : KS C IEC 60076-1의 단락회로 임피던스 및 부하손의 측정 방법을 따름

(4) **무부하손 및 여자전류 측정** : KS C IEC 60076-1의 무부하손 및 전류 측정방법을 따름

(5) **권선저항 측정** : KS C IEC 60076-1의 권선저항 측정방법을 따름

(6) **유도내전압 시험** : 유도시험 전압의 파고치를 측정하고, 파고값을 $\sqrt{2}$로 나눈 값이 시험전압값과 같아야 함
시험시간은 (정격주파수)/(시험주파수)×120으로 함

(7) **상용주파수 내전압 시험** : KS C IEC 60076-3의 분리전원 교류 내전압 시험을 따름

(8) **부분방전 시험** : KS C IEC 60076-3의 유도교류전압 시험을 따름

(9) **온도상승 시험** : KS C IEC 60076-2의 온도상승 시험을 따름

(10) **뇌 임펄스내전압 시험** : KS C IEC 60076-3의 말단부에서 초핑된 뇌임펄스 시험을 따름

(11) **기타**, 절연물 역률 시험, 절연유 시험, 조작 및 제어회로의 절연강도 시험, 소음레벨 시험, 변압기 단락 강도 시험, OCTC 시험, 피뢰기 시험등응 한국철도 표준규격의 시험 및 검사 종류에 따라 시행함

7.1.6 Scott 변압기 % 임피던스 전압과 계통에 미치는 영향

1. 변압기 백분율 임피던스(%Z)

가. 변압기에는 누설자속에 의한 리액턴스분과 권선저항에 의한 저항성분의 임피던스가 존재하여 전류가 흐를 때 내부 전압강하가 발생하게 되는데, 이때 변압기 내부 전압강하(변압기 임피던스 전압)의 정격전압에 대한 비(%)(전압 강하율)을 변압기 백분율 임피던스 또는 퍼센트 임피던스 (%Z)라고 하며, 전기철도용 변압기의 백분율 임피던스

기준은 전차선로 등 제반 여건을 고려하여 표 7.1.2와 같이 정하고 있음

나. 일반 전선로에 있어서 %임피던스(%Z)는 전선로에 흐르는 전류와 전선로의 임피던스에 의하여 발생되는 전압강화와 상전압 또는 선전압과의 관계에서 전압 강하율을 말하며, 단락용량, 전압강하 등을 계산하는데 사용하고 있음

표 7.1.2 정격전압별 변압기 백분율(%) 임피던스

정격전압(고압측 kV)		백분율 임피던스(%)	비고
22.9		6	75[℃]로 환산 ※ 전기철도 여건을 고려하여 일부 %Z 하향 조정 의견에 대한 제작 가능성 검토
66		8	
154	30[MVA] 이하	10	
	30~60[MVA]	12.5	
	60[MVA] 초과	15	

2. 변압기 백분율 임피던스 및 %Z 전압

가. 변압기의 내부 임피던스(%R, %X)에 의하여 발생하는 변압기의 내부 전압강하를 변압기 임피던스 전압이라고 함

나. 변압기에 전류가 흐르면 자체의 임피던스 (내부 임피던스) 에 의해서 전압강하가 발생할 때 변압기 용량을 Q[kVA], 1차 정격전압을 V[kV], 동손을 W_C[kW], 임피던스 전압을 V_P[kV]라고 하면 %Z는 아래와 같이 계산함

$$\%Z = \frac{V_P}{V} \times 100, \quad \%IR = \frac{W_C}{Q} \times 100, \quad \%IX = \sqrt{\%Z^2 - (\%IR)^2}$$

다. 변압기 임피던스 전압의 측정방법은 한쪽 권선을 단락 시키고 다른 쪽 권선에 전압을 인가해서 단락 된 권선에 정격전류가 흐를 때 다른 쪽 권선에 인가된 전압이 임피던스 전압이 됨

라. 임피던스 전압의 측정에서 단락하지 않은 권선 측에서의 입력을 임피던스 와트라고 하는데 이는 그 변압기의 전부하시 동손과 같으나, 변압기 용량이 크고 정격전압이 높은 변압기는 저항값이 상대적으로 낮으므로 저항을 무시하고 $\%IX$ 값만 고려하여도 됨

3. % 임피던스 전압이 계통에 미치는 영향

가. 전압강하

임피던스 전압이 크면 전압강하($e = IZ =$ 무부하전압—정격전압)가 커지게 되어 전압강하 측면에서는 임피던스 전압이 작을수록 좋음

나. 전압변동률

전압변동률은 전압강하가 크면 전압변동률도 따라서 커지게 되어, 전압변동률 측면에서는 임피던스 전압이 작을수록 좋음

다. 차단용량(단락용량)

차단기 용량이란 일반적으로 차단기가 설치된 바로 2차측에서 단락 사고가 난 경우 이를 차단할 수 있는 용량한도를 말하며, 단락전류와 차단기의 차단용량은 퍼센트 임피던스에 반비례해서 변화하기 때문에 차단용량 측면에서 보면 임피던스 전압은 클수록 좋음

라. 전력손실

변압기의 임피던스는 저항분과 리액턴스분으로 구성되는데 이중 저항분이 크면, 즉 $\%R$이 크므로 변압기의 손실전력이 커짐

마. 병렬운전

변압기를 병렬운전 하는 경우 임피던스 전압이 다르거나 임피던스 전압의 절대값이 같아도 내부 임피던스(%R과 %X)의 비율이 다르면 무부하 시에도 변압기 사이에 순환 전류가 흘러서 병렬운전이 곤란하게 됨

바. 계통의 안정도

전력계통에 급격한 부하변화 또는 단락사고 등이 발생해도 발전기가 일정한 상차각을 유지하고 동기운전을 계속할 수 있는 정도를 안정도라고 하며, 변압기 임피던스 전압이 작으면 단락전류가 커짐에 따라 안정도를 유지하기가 어려워지므로 계통의 안정도 측면에서는 변압기 임피던스 전압이 큰 것이 좋음

7.1.7 전철변전소 변압기 병렬운전 조건 및 효과

1. 개요

가. 변압기의 부하가 증대하여 새로운 변압기를 증설할 경우 또는 경제적 운전이 필요할 때 서로 다른 변압기 1차측과 2차측을 각각 병렬로 연결하여 운전하는 것을 변압기 병렬운전(Parallel Driving)이라고 함

나. Scott 결선 변압기는 단상변압기 2대를 조합하여 1대의 Scott 결선 변압기가 구성되어 지므로 2대의 변압기가 같은 변전소 구내에 설치되든 다른 변전소에 분리하여 설치하든 상관없이 병렬운전 조건에 적합하면 병렬운전은 가능함

2. 변압기 병렬운전 조건

가. 단상변압기의 병렬운전 조건

(1) 각 변압기의 극성이 일치할 것
(2) 각 변압기의 권수비가 같고 1차 및 2차의 정격전압이 같을 것
(3) 각 변압기의 %임피던스가 같을 것
(4) 각 변압기의 R(저항임피던스) / X(리액턴스임피던스) 비가 같을 것

나. 3상 변압기의 병렬운전 조건

(1) 단상 변압기의 병렬운전 조건에 적합할 것
(2) 각 변압기의 3상의 상회전 방향(phase rotation)이 같을 것
(3) 각 변압기의 1차와 2차 권선간 유도 기전력의 위상변위(phase rotation)가 같을 것

다. 변압기 병렬운전 조건이 다른 경우 문제점

(1) 변압기의 2차측 극성을 다르게 접속할 경우 양쪽의 2차 전압이 동상이 되어서 서로 가해지고 이것이 2차 권선으로 된 폐회로에 작용하여 권선의 임피던스가 적기 때문에 대단히 큰 순환전류가 흘러 권선을 소손함
(2) 변압기 권수비가 다르면 2차 전압의 차이에 따라 2차 권선 사이에 소용없는 순환전류가 흘러 권선이 과열되는 원인이 됨
(3) %임피던스가 같지 않으면 부하분담이 부적당하게 됨
(4) 3상의 상회전 방향 및 유도 기전력 위상변위가 다른 경우 양쪽의 결선이 각각 다른 상차에 의한 순환전류로 단락현상이 발생하여 위험해짐

표 7.1.3 변압기 결선과 병렬운전 가능 여부

병렬 운전이 가능한 결선	병렬운전이 불가능한 결선
△-△와 △-△	△-△와 △-Y
Y-Y와 Y-Y	△-Y와 Y-Y
Y-△와 △-Y	
△-Y와 △-Y	
△-△와 Y-Y	
△-Y와 Y-△	

3. 변압기 병렬운전 효과 및 문제점

가. 이상적인 변압기의 병렬운전 효과

(1) 각 변압기가 그 용량에 비례하여 전류를 분담함
(2) 각 변압기에 대한 전류의 대수합이 항상 전체의 부하전류와 같음
(3) 병렬로 되어 있는 각 변압기에서 이루어진 폐회로(closed circuit)에 순환전류가 흐르지 않음
(4) 추가 변전소를 건설하지 않고 부하증가에 대처할 수 있어 건설 및 운영비가 절감됨

나. Scott 결선 변압기 병렬운전 문제점

(1) 실제는 병렬운전 조건을 100[%] 만족할 수 없으므로 2개 변압기 사이의 순환 전류가 정격전류의 10[%]를 초과하지 않고 부하전류가 2개 변압기의 정격전류 합계의 110[%]를 초과하지 않으면 병렬운전은 가능함
(2) 표7.1.2.와 같이 전기철도용 % 임피던스는 자기용량 기준 매우 크므로 병렬 운전 시에는 %Z가 감소하는데 따른 주의가 필요함
(3) 병렬운전 시 운전전류가 크고, 사고 등 장애가 발생 시 복구 지연 등 열차운전에 막대한 지장을 초래
(4) 급전 계통의 %Z(퍼센트 임피던스)가 감소하여 단락용량이 증대됨
(5) 전 부하 운전 시 변압기 허용 과부하율에 의한 변압기 용량 증대로 변압기 손실증가
(6) 차단기의 빈번한 동작으로 차단기의 수명 단축 우려

기출문제

스코트결선 변압기의 결선도를 그리고 아래 조건에서 1차측 각 상의 전류 크기를 계산하시오.(86-3.25점)

〈조건〉
정격전압 : 1차측 154[kV], 2차측 55[kV]
부하전류 : T좌 1,000[A], M좌 0[A]

기출문제 풀이

1. 문제해설 개요

주어진 조건은 T상에만 부하가 있고, M상에는 부하가 없는 불평형의 경우를 조건으로 제시한 문제로 M 상의 전류는 무시하고 해설 7.1.1 급전용 Scott 결선 변압기의 결선 및 전류분포를 기준으로 계산하도록 함

2. 전류의 분포(결선도 및 벡터도)

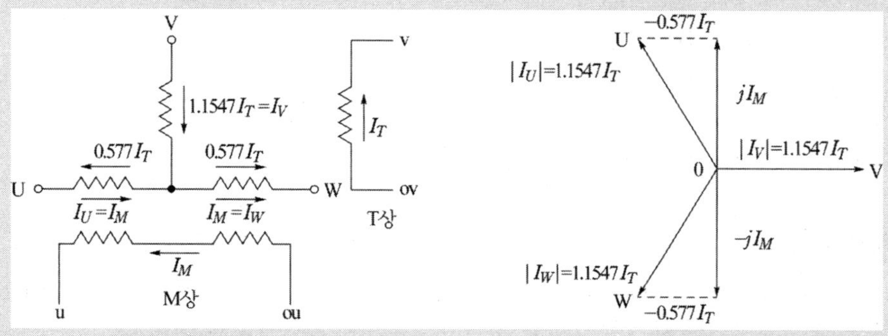

(a) 전류의 흐름도 (b) 전류 Vector 도

3. 조건에서 권선비(a)$= \frac{n_1}{n_2} = \frac{V_1}{V_2}$이므로 $\frac{n}{N} = \frac{55}{154}$이고, 2차 전류가 1,000[A], T상에만 부하가 걸린 경우이므로 아래 식을 이용하여 1차 전류를 구함

$$I_{1M} = \frac{n}{N} \times I_M = 0, \quad I_{1T} = \frac{2}{\sqrt{3}} \times \frac{n}{N} \times I_T = 1.1547 \times \frac{n}{N} \times I_T$$

여기서, I_{1M} : M상의 1차 환산 전류
I_{1T} : T상의 1차 환산 전류
I_M : M상의 2차 전류
I_T : T상의 2차 전류
N : 변압기 1차 권선수
n : 변압기 2차 권선수

가. U상 1차 전류(I_U)
- M상 부하에 의한 전류 $I_{1M} = 0$
- T상 부하에 의한 전류

$$I_{1T} = -\frac{1.1547}{2} \times \frac{n}{N} \times I_T = -0.5774 \times \frac{n}{N} \times I_T$$

$$\therefore I_U = I_{1M} + I_{1T} = 0 - 0.5774 \times \frac{55}{154} \times 1{,}000 = -206.2 = 206.2\angle 180°[A]$$

나. V상 1차 전류(I_V)

- M상 부하에 의한 전류 $I_{1M}=0$
- T상 부하에 의한 전류

$$I_{1T} = \frac{n}{0.866N} \times I_T = 1.1547 \times \frac{n}{N} \times I_T$$

$$\therefore\ I_V = I_{1M} + I_{1T} = 0 + 1.1547 \times \frac{55}{154} \times 1{,}000 = 412.4 = 412.4\angle 0°[A]$$

다. W상 1차 전류(I_W)

- M상 부하에 의한 전류 $I_{1M} = -jI_{1M} \times \frac{n}{N} = 0$
- T상 부하에 의항 전류

$$I_{1T} = -\frac{1.1547}{2} \times \frac{n}{N} \times I_T$$

$$\therefore\ I_W = I_{1M} + I_{1T} = 0 - 0.5774 \times \frac{55}{154} \times 1{,}000 = -206.2 = 206.2\angle 180°[A]$$

〈간략계산 방법〉

1. V 상을 기준 Vector, 정격전류를 1pu, 권선비를 편의상 1 : 1 이라고 했을 때, T 상에만 부하가 걸린 경우 V상 전류와 T상 전류는 동상이므로 아래 기본식을 적용함

$$\dot{I}_{1M} = \dot{I}_M = 0,\ \dot{I}_{1T} = \frac{2}{\sqrt{3}} I_T = 1.1547\, I_T$$

$$\therefore\ \dot{I}_V = 1.1547,\ \dot{I}_U = \dot{I}_W = -0.5774$$

2. 권선비(a) $= \frac{n_1}{n_2} = \frac{V_1}{V_2}$ 이므로 $\frac{n}{N} = \frac{55}{154}$, T상 전류(I_T)는 1,000[A]이므로

가. M상 환산 전류는 0

나. T상 환산 전류는

$$\dot{I}_{1T} = \frac{2}{\sqrt{3}} I_T \times \frac{n}{N} = 1.1547\ I_T \times \frac{n}{N} = 1.1547 \times 1{,}000 \times 55/154 = 412.4$$

다. 따라서, 1차 전류는

$I_V = 1.1547 \times 1{,}000 \times 55/154 = 412.4\angle 0$

$I_U = I_W = -0.5774 \times 1{,}000 \times 55/154 = 206.2\angle 180°$

7.2 AT(Auto Transformer) 및 BT(Booster Transformer)

7.2.1 AT급전 방식에서 단권변압기의 원리 및 특성

1. 개요

가. AT 급전방식은 변전소부터 선로를 따라 급전선을 가선하여 급전선과 전차선사이에 약 10[km] 간격으로 AT (Auto Transformer)를 설치

나. 철도에 사용되는 단권변압기 (AT)는 1차, 2차 권수비가 2 : 1로 급전계통의 전압을 전차선로 전압의 2배로 하여, 전압강하 방지, 전압 불평형 방지, 통신유도 장해경감 목적으로 일반철도 및 고속철도에 널리 채용되고 있음

다. 단권변압기는 승압용(체승용)과 강압용(체강용)이 있으나 본항에서는 전기철도에 사용되는 강압용 단권변압기에 대하여 기술하도록 함

2. 단권변압기의 원리

가. 단권변압기는 하나의 공통철심에 2개의 권선을 감고, 권선의 1차 및 2차의 회로를 절연하지 않고 직렬로 연결되어 권선의 일부를 인출하여 공통으로 사용함

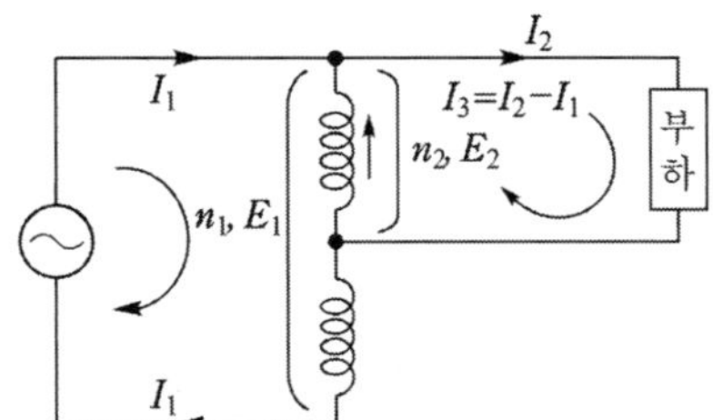

E_1, E_2 : 1차, 2차 전압
n_1, n_2 : 1차, 2차 권선수
I_1, I_2 : 1차, 2차 전류
$a-b$ 권선 : 분로 권선
$b-c$ 권선 : 직렬 권선
I_3 : 분로 권선 전류

그림 7.2.1 AT 변압기의 회로도

나. 단권변압기 전류 분포도

(1) 1차와 2차의 전압, 전류 및 권수비 관계식에서

$\frac{n_1}{n_2} = \frac{E_1}{E_2} = \frac{I_2}{I_1}$ 가 성립됨

(2) 전류분포(철도용 AT는 권수비가 2 : 1이므로)

$\frac{n_1}{n_2} = \frac{I_2}{I_1} = 2$ 에서 $I_2 = 2I_1 = I_1 + I_3$

$\therefore\ I_1 = I_3$ 식이 성립됨

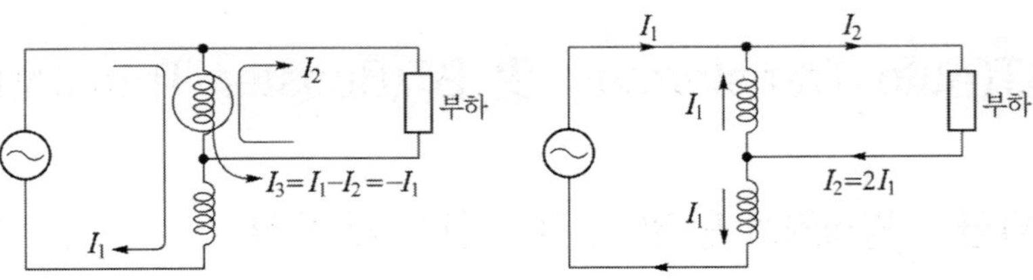

(a) AT 변압기 전류　　　　(b) AT 변압기 전류분포

그림 7.2.2 AT 변압기의 전류 분포

다. AT가 2대, 전기차 1대의 부하전류가 100[A]이고, 전기차가 AT의 중간지점에 있다고 가정할 때 전류분포를 보면 부하전류를 균등하게 분담함

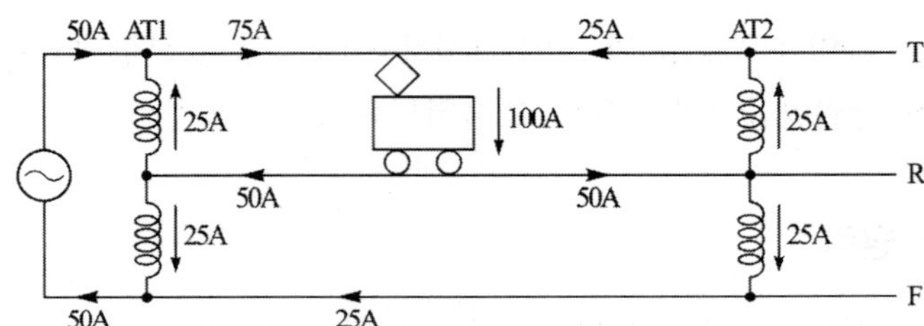

그림 7.2.3 AT 급전계통 전류분포

3. 단권변압기(AT)의 용량 표시

가. 선로용량 P_L (=부하용량)

부하용량은 1차 전압과 1차 전류 곱으로 나타내며, AT 권수비가 2 : 1이므로 자기용량의 2배가 됨

$$P_L = E_1 I_1 = E_2 I_2 = 2 E_2 I_3$$

나. 자기용량 P_S (=직렬권선 또는 분로권선 용량)

AT는 2권선 변압기로 부하에 공급가능한 용량을 말하며, 등가용량으로 나타내기도 함(직렬권선과 분로권선의 비는 1 : 1 임)

$$P_S = (E_1 - E_2) I_1 = E_2 I_3 = E_2 (I_2 - I_1)$$

다. 자기용량(P_S)과 선로용량(P_L)의 관계비(권수분비 : co-ratio)

$$K = \frac{P_S}{P_L} = \frac{(E_1 - E_2) I_1}{E_1 I_1} = 1 - \frac{E_2 \,(2차측)}{E_1 \,(1차측)} = \frac{E_2 (I_2 - I_1)}{E_2 I_2} = 1 - \frac{I_1}{I_2}$$

라. AT 변압기 정격(고유)용량은 자기용량으로 표시하며, 과부하내량은 150% 부하에서 2시간, 300% 부하에서 2분간 견디도록 규정하고 있음

$$\text{고유용량(자기용량)} = \text{부하용량} \times \frac{E_1 - E_2}{E_1} = P_L \times \frac{E_1 - E_2}{E_1} = \frac{P_L}{2}$$

4. 전력공급 측면에서의 단권변압기의 특징

가. 장점

(1) 동량을 줄일 수 있어 중량감소, 비용감소, 조립수송이 간단
(2) 효율이 높고, 전압 변동률이 적어 계통의 안정도가 증가
(3) 분로전선에 $I_1 - I_2$ 의 차전류가 흘러 동손이 작음
(4) 분로권선에서 누설자속이 없으므로 리액턴스가 작음
(5) 소용량으로 큰 부하 감당이 가능하며, $\%Z$를 10%정도로 하면 철심지수가 작아짐

나. 단점

(1) 임피던스가 작아 단락전류가 큼
(2) 기계적 열적강화를 크게 해야 함
(3) 적절한 절연설계 필요 ➪ 충격전압이 대부분 직렬권선에 가해짐
(4) 1, 2차 직접접지 방식을 채택함

5. 단권변압기가 2권선 변압기에 비해 유리한 점

가. 단권변압기와 2권선 변압기 차이

(1) 단권변압기는 동일철심에 하나의 연속된 권선을 감고, 권선의 일부를 1차 및 2차의 직렬권선과 분로권선으로 사용하여 회로에 공통으로 접속되는 변압기를 말하며,
(2) 보통 단상용 2권선 변압기는 철심에 1차와 2차 권선을 별도로 감아 1차에 인가하는 전원에 따라 2차에 유기되는 기전력을 이용하는 구조의 변압기를 말함

나. 단권변압기가 유리한 점.

(1) 소형이고 값이 저렴함
(2) 효율이 좋음
(3) 전압 변동률이 작음
(4) 여자전류가 작음

다. 단권변압기의 단점

(1) 1차 회로와 2차 회로가 전기적으로 완전히 절연되지 않음
(2) 단락전류가 큼

7.2.2 AT급전 방식에서 단권변압기의 용량 산정

1. AT 용량 계산 방법

가. 단권변압기 용량계산 방법은 변전소 구내에 설치하는 경우와 구분소 또는 급전구분소에 설치하는 장소에 따라 구분하여 계산함

나. 변전소 구내에 설치하는 경우는 전기차 운전에 필요한 용량과 변전소 전원계통에 근접되어 단락용량이 크고, 변압기 내부 임피던스가 작은 점을 고려하여 단락용량의 25배를 견딜수 있는 특성을 갖도록 결정하며,

다. 기타 장소(SP, SSP)에 설치하는 AT 용량은 전기차 운전에 필요한 용량을 고려하여 계산함

2. 변전소부근(또는 변전소 내)의 단권변압기 용량 계산

가. 변전소 내에 설치하는 AT용량은 계통전원의 Impedance를 고려하여 단락강도를 25로 적용하며, 전차선 단락사고 시 AT의 권선전류의 1/25를 AT권선의 연속 정격전류로 가정하고 AT변압기의 자기용량을 계산함

나. 변전소의 AT 용량 및 Feeder 차단전류는 급전용 변압기 2Bank 병렬운전 가능성을 충분히 고려하여 결정함

다. 변전소 AT 용량 계산식

$$W \geq \frac{I_S}{2} \times \frac{1}{25} \times E_0 = \frac{I_S}{50} \times E_0 [\text{kVA}]$$

여기서, W : AT의 자기용량 [kVA]

E_0 : AT 정격 단자전압[kV] ➪ 27.5[kV]

I_S : 사고점 전류[A](전차선 전압을 기준으로 환산한 전류)

(1) AT 2차측 단락 시 사고전류(I_S)의 계산식

$$I_S = \frac{E_0}{2Z_S + Z_T + Z_{AT} + Z_L} [\text{kA}]$$

여기서, Z_S : 전차선 전압을 기준으로 환산한 전원 임피던스[Ω]

Z_T : 환산한 급전용 변압기 편상 임피던스[Ω]

Z_{AT} : AT의 임피던스[Ω](표준규격 0.45Ω 이하)

Z_L : 변전소에서 사고점까지 전차선로 임피던스 [Ω]
(소내의 경우 근접거리이므로 무시함 $Z_L = 0$)

(2) 전원측 임피던스(Z_S) 계산식

$$Z_S = \frac{{E_0}^2 \times 10 \times \%Z_s}{P_r} = \frac{{E_0}^2 \times 10 \times \%Z_s}{100 \times 1,000} \ [\Omega]$$

여기서, $\%Z_S$: 전원측 % 임피던스(100MVA 기준)
P_r : 급전용 변압기 편좌용량 기준[kVA]

(3) 급전용 변압기 임피던스(Z_t) 계산식

$$Z_t = \frac{{E_0}^2 \times 10 \times \%Z_t}{P_r} = \frac{{E_0}^2 \times 10 \times \%Z_t}{100 \times 1,000} [\Omega]$$

여기서, $\%Z_t$: 급전용 변압기 % 임피던스

(4) 전차선로 단위 길이당 임피던스(Z_l)

① 변전소에서 일정 거리인 경우 $Z_L = L \times \frac{{E_0}^2 \times 10 \times \%Z_l}{P_r}$

② 변전소내의 경우 $Z_l = 0$

여기서, Z_L : 사고점까지 선로 전체 임피던스[Ω]
Z_l : 선로 단위길이당 임피던스[Ω/km]
L : 사고지점까지의 거리[km]

라. 단락강도에 의한 변전소내의 AT 용량 산출(예시)

(1) 전원측 및 급전용 변압기 Impedance 계산
급전용변압기 단독운전을 기준으로 하되, 주변압기 2대 병렬운전 가능성이 있을 경우를 고려하여 $\%Z_t$는 단독운전조건 또는 병렬운전 조건으로 함

(2) 환산 총 임피던스 $Z = 2Z_S + Z_T + Z_{AT} + Z_L = 0.3446 + j5.4188$일 때 AT 용량을 계산 해보기로 함

① 사고전류 $I_S = \frac{27,500}{5.4188} = 5,075[\text{A}]$

② 단락강도 25일 때 AT 용량

AT 용량 $W \geq \frac{I_S}{2} \times \frac{1}{25} \times E_0 = \frac{I_S}{50} \times E_0[\text{kVA}]$

$\therefore W = \frac{1}{50} \times 27.5 \times 5,075 = 2,791.3[\text{kVA}]$

③ 단락강도 35일 때 AT 용량

AT 용량 $W \geq \frac{I_S}{2} \times \frac{1}{35} \times E_0 = \frac{I_S}{70} \times E_0$[kVA]

$\therefore W = \frac{1}{70} \times 27.5 \times 5{,}075 = 1{,}993.8$[kVA]

(3) 단락강도가 높을수록 변압기 용량은 작아짐을 알 수 있고, 단락전류에 의한 AT 용량은 철도표준 정격용량에 따라 5,000[kVA]로 함

3. 일반 장소(SP, SSP)의 단권변압기 용량 계산

가. SP, SSP의 AT 용량은 전기차의 최대출력 전류를 기준으로 계산하는 방법으로 선구에 운전되는 열차 1편성 전기차 최대출력 전류의 $\frac{I_t}{2} \times \frac{1}{2.5}$을 AT 권선전류로 하여 자기용량을 산출하며, AT 과부하 내력이 최대 300%이나 열화 등을 고려하여 단락강도를 2.5배로 하여 안전을 확보하도록 하였음

나. AT 용량 계산식

(1) $W \geq \frac{I_{tm}}{2} \times \frac{1}{2.5} \times E_0 = \frac{I_{tm}}{5} E_0$ [kVA]

여기서, W : AT 자기용량[kVA]

E_0 : 정격 단자전압[kV]

I_{tm} : 열차 1편성 전기차 최대출력 전류[A]

I_{tm} = (열차당 최대출력) / (역률 × 정격전압)

(2) 설계 등 용량 산출시 최대출력 조건을 열차 최대 1편성 출력과 열차 지연운전을 고려하여 1편성의 열차를 추가하여 검토함

7.2.3 AT 급전방식의 단권변압기 전압강하 보상 원리 및 계통도

1. AT 급전방식의 개요

가. AT 급전 방식은 변전소에서 전차선 전압의 2배로 급전하여 전차선로를 따라 약 10[km]마다 AT를 설치하여 급전전압을 1/2로 강압하여 전기차의 정격전압인 25[kV]로 급전하는 방식임

나. Scott 결선 변압기 또는 Woodbridge 결선 변압기는 변압기 2차 권선에서 중성점을 둘 수 없으므로 변전소와 근접한 첫 번째 단권변압기는 변전소 구내에 설치하게 됨

다. 첫 번째 AT를 변전소 구내에 설치하는 이유는 변전소 고장으로 역송전하는 경우 말단 구간의 급전선(AF)에는 전류가 흐르지 않고 전차선(TF)과 귀선로(레일)에만 전류가 흐르는 직접 급전방식이 되어 전압강하가 커지고 통신선에 대한 유도장해가 커지는 현상을 방지하기 위해서임

2. AT 급전방식의 계통도

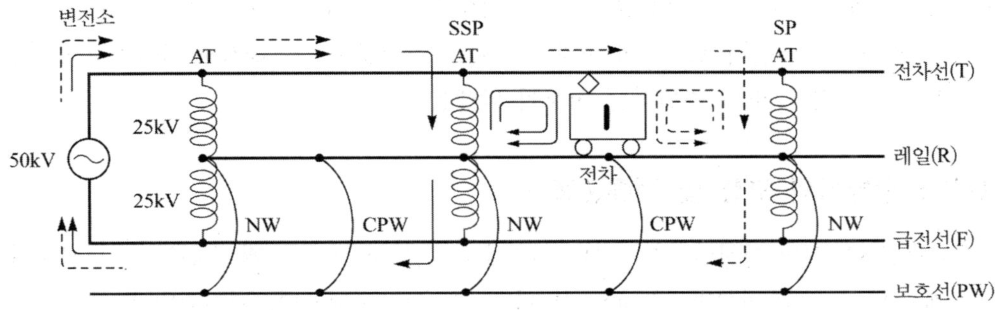

그림 7.2.4 AT급전 계통 구성

3. 단권변압기(AT) 전압강하 보상 원리

가. 국내의 전기철도용 단권변압기는 1차 및 2차 권수비가 2 : 1로 변전소의 급전전압(55[kV])은 전차선 전압(27.5[kV])의 2배가 되므로 부하용량이 일정하면 급전전류는 부하전류의 1/2 이 되므로 급전선로의 전압 강하율은 전차선 전압 강하율의 1/4이 되어 전압 강하율이 작아지는 원리를 이용하여 실질적으로는 전압강하 보상 효과가 있고 변전소의 간격을 멀리할 수 있고 대용량 전력공급에 유리함

나. 고속철도 구간은 상하선 병렬급전 방식을 채택하여 보조급전구분소 대신 병렬급전소(PP : Parallel Post)를 두어 급전구분소(SP)와 병렬급전소(PP)에서 상선과 하선 전차선을 병렬로 결선하여 급전하여 고속 대용량 열차 운행 시 전압강하를 보상하는 역할을 하게 되는 원리임

7.2.4 BT 급전방식의 흡상변압기 특성 및 전류분포

1. 흡상변압기 원리 및 특징

가. BT 급전방식은 권수비가 1:1인 흡상변압기(Booster Transformer)를 약 4[km]마다 설치하고 BT와 BT중간에 흡상선을 설치하여 레일에 흐르는 귀선전류를 BT의 2차

측인 부급전선으로 흡상하게 되어 레일에 흐르는 전류 구간을 한정하고 궤도 누설전류를 최소화하는 급전방식임

나. 전기차가 운전 중일 때는 흡상변압기(BT)의 권선비가 1:1이므로 BT의 1차 전류(전차선 전류)와 2차 전류(부급전선 전류)가 같게 되어 레일에 흐르는 전류범위가 전기차 운행 지점에서 전원측 흡상변압기의 흡상선 사이 구간에 한정적으로 흐르게 되며, 전차선과 부급전선 사이에는 크기는 같고 방향이 반대인 전류가 흐르게 되어 유도작용이 서로 상쇄되므로 인접 약전류 전선 및 통신선로에 유도장해가 경감됨

다. BT는 변압기 특성상 전차선(T)과 레일(R)이 단락되면 1차 전류가 증가하여 200[A]를 초과하면 철심이 포화되어 여자 임피던스가 상대적으로 급격히 작아지고 BT의 흡상효과가 감소 또는 소멸되는 현상이 발생함

2. BT 급전방식의 구성 및 전류분포

가. BT 급전방식의 전철변전소 구성은 수전설비, 급전용 Scott 결선 변압기, 급전설비(개폐설비), 고압배전설비, 소내용 전원설비 등으로 구성되며, 변전소와 변전소 사이에 급전구분소(SP)와 급전보조구분소(SSP)를 둠

나. 전차선로 측에는 급전선로가 없고 전차선과 귀선로로 구성되며 약 4[km] 마다 권수비가 1 : 1인 흡상변압기(Broster Transformer) 설치하고 BT 설치장소에 Boostor Section을 설치함

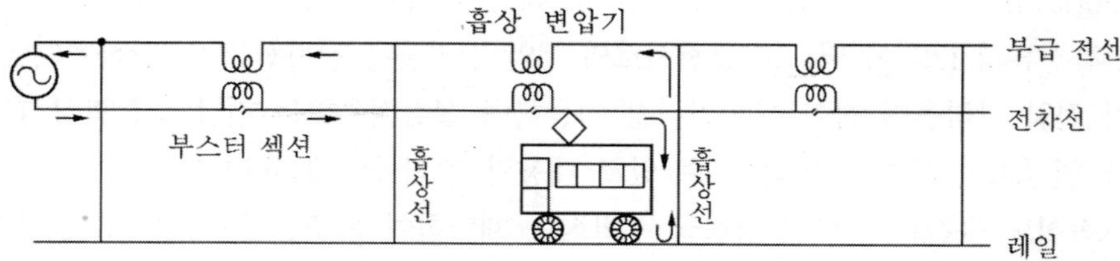

그림 7.2.5 BT 급전방식 계통도

3. 전기차 위치와 전류 분포

BT 급전구간의 급전전류 분포는 흡상변압기와 흡상변압기 중간 지점에 흡상선을 설치하고 전차선로 측에는 BT Section이 설치되어 전기차가 BT Section을 통과 하는 전・후의 전류분포는 아래와 같이 한정 구간에만 흐르게 됨

가. Boostor Section 통과전 전류 방향

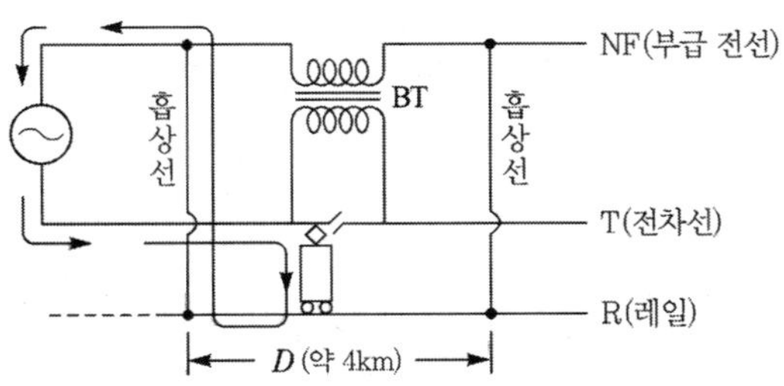

그림 7.2.6 BT Section 통과전 전류 흐름

나. Boostor Section 통과직후 전류 방향

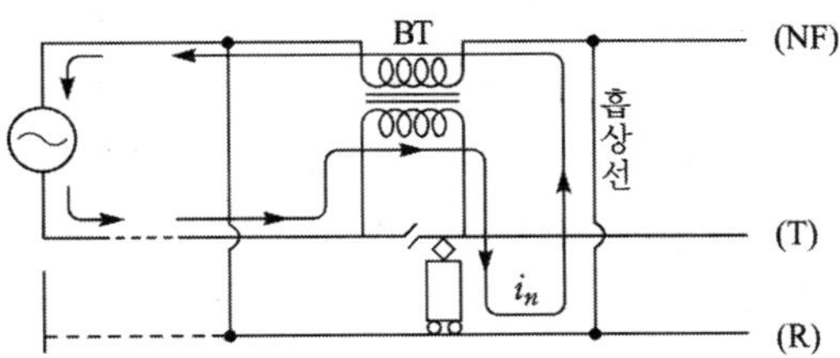

그림 7.2.7 BT 통과직후 전류 흐름도

7.2.5 BT 급전회로의 등가 임피던스 및 전차선 전류

1. BT 급전회로의 등가회로 및 등가 임피던스

가. 흡상변압기는 1차와 2차 권선비가 1 : 1인 변압기로 등가회로는 그림 7.2.8과 같음

나. BT 급전방식의 등가임피던스는 전차선과 레일(T−R), 전차선과 부급전선(T−NF)의 단락현상으로 구분하여 계산함

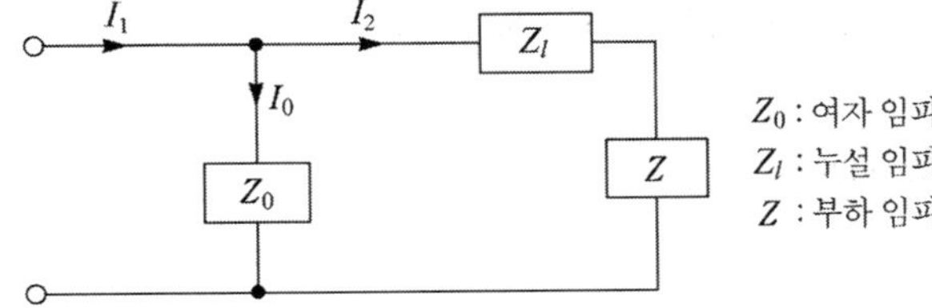

그림 7.2.8 BT 급전회로 등가회로도

2. BT 급전회로의 전차선 전류

그림 7.2.8 등가회로에서 I_1는 전차선 전류, I_2는 부급전선 전류이며, I_0는 흡상변압기 여자 전류로 전차선 전류와 부급전선 전류의 차가 되어 레일에 흐르는 전류에 상당함

가. $I_0 = I_1 - I_2$

나. 전류 분배법에 의하면, $\dfrac{I_2}{I_0} = \dfrac{Z_0}{Z_l + Z}$이므로 $I_2 = \dfrac{Z_0}{Z_l + Z} \cdot I_0$

다. 따라서, 전차선 전류(I_1)는 $I_1 = I_0 + I_2$이므로,

$$I_1 = I_0 + \frac{Z_0}{Z_1 + Z} \cdot I_0 = (1 + \frac{Z_0}{Z_1 + Z}) \cdot I_0 [A]$$

3. BT 급전회로의 임피던스 특성

가. BT 급전회로의 임피던스는 T(전차선)-R(레일) 및 T-NF 단락으로 구분하여 생각하며, 전기차가 Boostor Section을 통과하기 전・후의 레일과 NF에 흐르는 전류 방향이 변하므로 전기차 위치, BT 및 BT Section, 흡상선 위치에 따라 고려하게 됨

나. BT급전회로 임피던스 특성은 그림 7.2.9와 같이 전차선과 레일 단락(T-R 단락)시는 계단형태, 전차선과 부급전선 간의 단락(T-NF 단락) 시는 직선형태를 보임

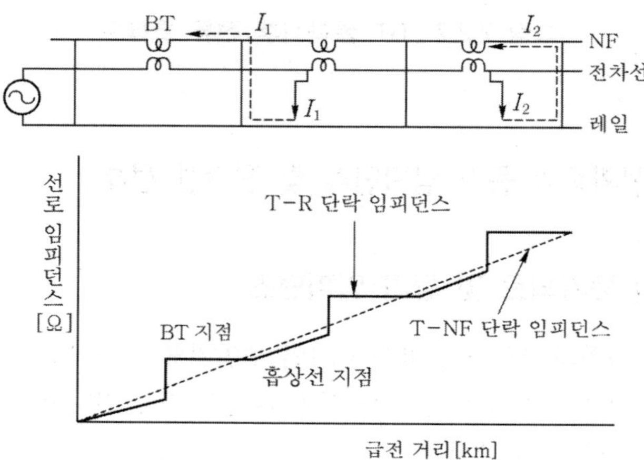

그림 7.2.9 BT 급전회로 임피던스 특성

4. BT 급전회로의 임피던스 계산

가. 부하 임피던스(Z)와 BT 용량

부급전선이 있는 부하 임피던스는 레일의 전압강하를 무시하면 흡상선과 흡상선 간격

D[km] 구간의 부급전선 전압강하를 부급전선 전류(I_2)로 나누어 구함

(1) $Z = (Z_{NN} - Z_{TN}) \times D$

여기서, Z_{NN} : 부급전선의 km 당 자기 임피던스

Z_{TN} : 전차선과 부급전선 간의 km 당 상호 임피던스

(2) $Z \fallingdotseq 0.4D$으로 BT 간격이 약 4[km]이므로 $Z = 1.6[\Omega]$임

(3) BT 정격부하 전류를 200[A]이라 하면 BT의 정격 용량(W_{BT})은

$W_{BT} = I^2 \cdot Z = 64[\text{kVA}]$

나. BT 급전회로 등가 자기임피던스

(1) BT의 임피던스는 길이가 길어지면 전차선과 부급전선(T-NF) 단락 임피던스에 따라 직선으로 간주하여도 무방함

① $Z_T = Z_{TT} + Z_{NR} - Z_{TN} - Z_{TR}$

② $Z_N = Z_{NN} + Z_{TR} - Z_{TN} - Z_{NR}$

③ $Z_R = Z_{RR} + Z_{TN} - Z_{TR} - Z_{NR}$

여기서, Z_{TT} : 전차선의 자기 임피던스

Z_{NN} : 부급전선의 자기 임피던스

Z_{RR} : 레일의 자기 임피던스

Z_{TN} : 전차선과 NF 선의 상호 임피던스

Z_{TR} : 전차선과 레일의 상호 임피던스

Z_{NR} : NF 선과 레일의 상호 임피던스

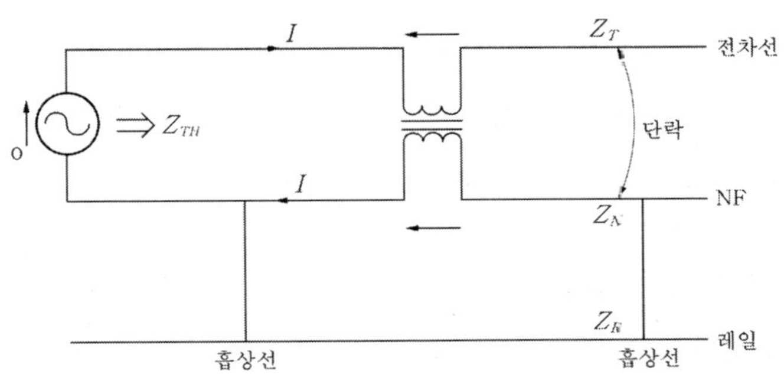

그림 7.2.10 BT 급전회로 구성도

(2) 그림 7.2.10에서 흡상변압기의 누설임피던스를 무시하면 다음 식이 성립됨

① $V_0 - V + V = Z_T \cdot I + Z_N \cdot I$

② 따라서, BT 급전회로의 단위 길이당 임피던스(Z_{BL})은

$$Z_{BL} = Z_T + Z_N = (Z_{TT} + Z_{NR} - Z_{TN} - Z_{TR}) + (Z_{NN} + Z_{TR} + Z_{TN} - Z_{NR})$$
$$= Z_{TT} + Z_{NN} - 2Z_{TN}\,[\Omega/\text{km}]$$

③ 흡상변압기 임피던스의 km당 환산 임피던스를 Z_B라고 하면 BT 급전회로의 임피던스는 아래와 같음

$$\therefore\ Z_{BL} = Z_T + Z_N = Z_{TT} + Z_{NN} - 2Z_{TN} + Z_B[\Omega/\text{km}]$$

기출문제

다음의 회로 정수 조건에서 단권 변압기의 일반개소에서의 용량과, 변전소 근방인 변전소에서 2km지점의 용량을 구하시오.(79-4. 25점)

[조건] E_0 : 27.5[kV]
$\%Z_{Tr}$: 10[변압기 %Z(Pr kVA 기준)]
$\%Z_S$: 1.3[전원 %Z 10,000[kVA] 기준]
$\%Z_L$: $0.1088 + j0.213$
P_r : 10,000[kVA] (급전변압기 편좌 용량)

기출문제 풀이

1. 일반개소의 단권변압기 용량 : $W = \frac{1}{5} E_0 \cdot I_t$ 식을 이용

여기서, E_0 : 27.5[kV], I_t : 300[A] (1편성 전기차 최대전류 : 300 ~ 350[A] 적용)

$$\therefore\ W \geq \frac{1}{5} \times 27.5 \times 300 = 1{,}650 \fallingdotseq 2{,}000\,[\text{kVA}]$$

2. 변전소 근방의 단권변압기 용량 : $W \geq \frac{1}{50} \cdot E_0 \cdot I_S$ 식을 이용

가. 고장(단락) 전류

$$I_S = \frac{E_0}{2Z_S + Z_t + Z_l} = \frac{E_0}{Z} = \frac{27.5 \times 1{,}000}{0.0059 + j11.5062} = 2{,}390[\text{A}]$$

여기서, $Z = 2Z_S + Z_t + Z_l = 2(j1.966) + j7.5625 + (0.0059 + j0.0117)$
$= 0.0059 + j11.5062 = 11.506$

(1) $Z_S = 2 \times \dfrac{E_0^2 \times 10 \times \%Z_S}{P_r} = 2 \times \dfrac{(27.5)^2 \times 10 \times 1.3}{10{,}000} = j\,1.966$

(2) $Z_t = \dfrac{E_0{}^2 \times 10 \times \%Z_t}{P_r} = \dfrac{(27.5)^2 \times 10 \times 10}{10{,}000} = j\,7.5625$

(3) $Z_L = 2\text{km} \times \dfrac{E_0^2 \times 10 \times \%Z_L}{P_r} = 2 \times \dfrac{27.5^2 \times 10 \times (0.1088 + j0.213)}{10{,}000}$

$= 0.0059 + j0.0117$

나. 변전소 근방의 AT 용량

$W \geq \dfrac{1}{50} \times 27.5 \times 2{,}390 = 1{,}314 \fallingdotseq 2{,}000\,[\text{kVA}]$

다. 따라서, 계산상 AT 변압기 용량은 약 2,000[kVA]이나 철도 표준규격 정격용량 기준이 5,000[kVA]이므로 5,000[kVA]로 하여 안전도를 확보할 필요가 있음

3. $\%Z$의 정의 (퍼센트 임피던스의 정의) : $\%Z$는 임피던스에 의한 "전압강하율".

가. 전선로 또는 변압기에 전류가 흐르면 선로 임피던스 또는 변압기 내부 임피던스에 의하여 발생하는 전압강하(e)에 대한 정격전압의 비를 전압강하율 또는 퍼센트 임피던스라고 함

나. 이때, 정격 인가전압을 E[kV], 변압기 용량을 P[kVA]라고 하면

$\dfrac{e}{E} \times 100 = \dfrac{i \cdot Z}{E} \times 100 = \%Z$로 나타냄.

$\therefore\ \%Z = \dfrac{i \cdot Z}{E} \times 100 = \dfrac{Z \cdot P}{10E^2} = \dfrac{I}{I_s} \times 100\,[\%]$

$\therefore\ \%Z$에서 환산한 임피던스 $Z = \dfrac{10E^2 \cdot \%Z}{P}\,[\Omega]$

7.3 ∘ 차단기 및 개폐장치

7.3.1 전철 변전소에 GIS를 채용하는 이유 및 장단점

1. GIS 확대 설치 이유

가. 변전설비의 각종기기(변압기, 차단설비, 변성기 등)을 철탑 및 철구를 이용하여 옥외에 설치하고 배전반 및 각종 제어설비는 옥내에 설치하는 옥외방식과 모든 기기를 옥내 또는 지하에 설치하는 옥내 GIS(Gas Insulated Switchgear) 방식이 있으며,

나. 옥내 GIS방식은 초기 투자비가 다소 불리하나, 국토이용 효율성, 설비의 기능 신뢰성, 유지보수성, 보안성, 기기의 내구성, 지역의 민원 해소차원 등을 감안할 때 가장 유리한 건설 방식임

다. 최근에는 경제성장과 삶의 질을 추구하는 국민의식 변화에 따라 인근에 설치하는 송·변전설비의 거부감으로 집단민원 등이 우려되어 전기철도 뿐만 아니라 한전에서도

기존설비 개량 및 초기 건설시 대부분 옥내 GIS Type 변전소로 변화하는 추세에 있음

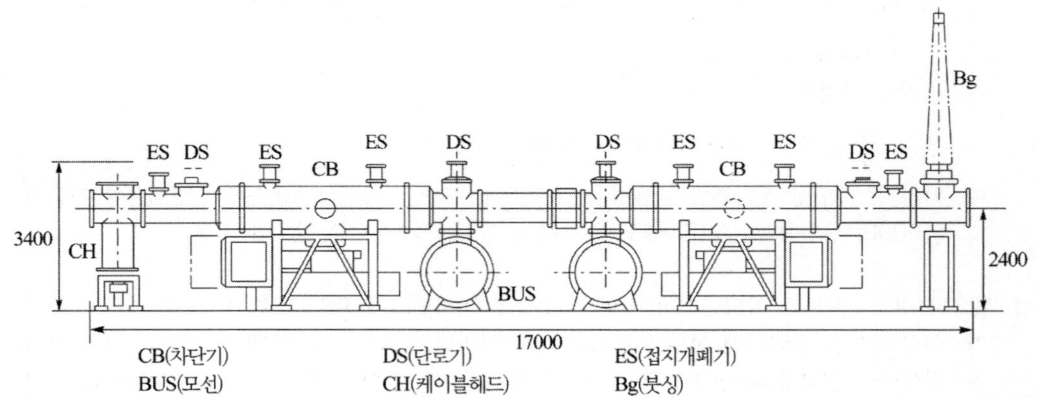

그림 7.3.1 GIS 구조도

2. GIS(가스절연개폐장치)의 특징

가. 설치면적의 최소화

GIS는 SF_6 가스를 이용하여 개폐기기 및 도체를 금속탱크에 일괄 수용하여 기존의 철구형 변전소보다 약 1/4 면적으로 만으로도 설치가 가능하며, 특히 대도시, 공업단지, 산악지역, 지라 발전소 등에 유리하고 3상 일괄형 구조는 분리형에 비해 약 70 [%] 정도의 면적으로 설치가 가능함

나. 높은 안정성 확보

SF_6 가스는 무독, 무취, 불연성의 가스로 절연성이 우수하고 부싱이외의 충전부는 노출되지 않고, 금속제 탱크는 대지와 완전히 접지하여 작업자가 충전부에 접촉할 우려가 없는 등 안정성 확보가 가능함

다. 고신뢰성 확보

(1) 도전부, 절연부, 접속부 등의 충전부가 SF_6 가스로 충진된 금속제 용기내에 완전히 밀폐되어 있으므로 대기오염, 염해, 기후변화 또는 곤충 조수 등 외부환경에 영향에 의한 단락 및 지락사고 발생우려가 없고, 탱크내의 압력이 대기보다 높으므로 분진 등의 침해 우려가 없음

(2) 탱크는 절연 Spacer로 가스 구획이 구분되어 누기방지와 가스 누출시에도 해당 가스 구획내로 한정하여 사고 파급을 방지 하는 등 기기의 신뢰성을 대폭 향상 시킴

라. 설치비용 및 설치기간 단축

GIS는 완전조립체로 현지수송이 가능하고 설치작업이 간단하여 철구형에 비해 공사기간을 1/2로 단축이 가능하므로 설치비용이 절감됨

마. 소음 공해 등이 낮은 친환경 시스템

각종 개폐기기 및 조작부가 탱크내부에 일체형으로 밀폐되어 외관 및 구조가 간단하고 소음과 공해가 없고, 주변환경과 조화되는 환경 친화적 설빔.

바. 유지관리 및 점검이 용이

전기적 및 화학적으로 안정된 SF_6 가스를 사용한 완전 밀폐형으로 접촉자 등이 열화 및 마모가 적고 견고하여 유지보수에 Maintanence Free가 가능하며, 충분한 보호대책이 적용되어 경년변화가 적고 신뢰성이 높음

사. GIS의 단점

(1) 내부 사고발생시 대응이 부적절할 경우 대형사고 우려

밀폐형으로 내부구조를 육안으로 확인할 수 없고, 분해가 불가능하여 제작사 A/S 팀 도착시까지 장시간 소요 우려.

(2) 초기 건설비 과다소요

건축비용 및 GIS 철구형 기자재에 비해 가격이 비싸나 부지가격이 높은 경우는 상대적으로 유리

3. 옥외 철구형과 옥내 GIS 전철 변전소의 비교

표 7.3.1 옥외형과 옥내형 변전소 비교

구분	공기절연 철구형	GIS 옥내형
특 성	1. 종래변전소의 일반적인 형태로 철탑, 철구, 애자와 독립된 개별 개폐기 및 변성기로 구성되어 옥외용 공기절연형 변전소	1. SF_6 가스로 밀폐된 탱크 내에 각 개폐기 및 변성기를 내장 시킨 옥내·외 설치 가능한 가스절연 개폐용 변전소 2. 외관이 간단하고, 밀폐형으로 주위환경과 조화를 이루나 설비개폐 상태나 내부 동작상태의 확인이 불가함
경제성	1. GIS에 비해 기자재에 대한 투자 비용이 저렴 2. 건축비에 대한 부담이 저렴	1. 공기절연 철구형보다 약 30[%] 비용이 비쌈. 2. 용지비용을 고려할 때 상대적으로 유리하기도 함

구분	공기절연 철구형	GIS 옥내형
신뢰성	1. 대기오염 및 주변 및 기후환경의 영향을 많이 받아 신뢰성이 저하 2. 공해지역에서는 절연파괴에 대한 사고방지 대책이 필요함	1. SF_6 가스 절연으로 탱크 내 일체형으로 수용되어 충전부에 접촉할 우려가 없이 안전성이 확보됨 2. 기후 및 주변환경의 영향을 받지않아 제반특성이 우수함 3. 가스는 Spacer로 구획이 구분되고 격실마다 압력계가 있어 가스누기시 신속한 발견 가능
설치 면적	1. 변전소 설치부지 면적이 넓음 2. 부지가격이 낮을 경우 비용측면에서 불리	1. 공기절연형에 비해 설치면적 최소화 (약 25[%] 면적 소요) 2. 용지구입, 도심지 민원, 번화가, 염해 및 공해지역 등에서 유리
유지 보수	1. 설비사고 시 육안으로 판단이 용이하고, 신속한 복구가 가능 2. 기기의 고신뢰성으로 유지보수 성력화로 인력의 효율성 도모	1. 설비사고 시 밀폐형으로 사고파악 및 복구에 장시간 소요되어 열차 정상운행 저해

7.3.2 전철 변전소의 GIS의 내장 주요기기 및 운영상 주의사항

1. 개요

가. 가스절연개폐장치(GIS : Gas Insulated Switchgear)는 차단기, 단로기 등 개폐설비와 변성기, 피뢰기, 주회로 모선(부스)등을 금속제 탱크 내에 일괄 수납하여 충전부는 고체절연물 (spacer)로 지지함

나. 탱크내부에는 절연성능과 소호능력이 우수한 SF_6 가스를 절연매체로 하여 충진, 밀봉하여 전력계통의 신뢰도를 향상한 개폐설비 시스템을 말함

다. 공기절연을 이용한 철구형 변전소는 주변의 환경, 용지확보, 지역주민의 혐오시설로 인식한 빈번한 집단민원 등의 문제와 열차의 고속화, 고빈도화에 따라 수전전압의 고전압화, 기기의 안정성 및 신뢰성 향상 측면에서 GIS Type 옥내형 변전소를 설치하고 있음

2. GIS의 내장 주요기기

가. 가스차단기(Gas Circuit Breaker)

나. 모선(Main Bus)

다. 단로기(Disconnecting Switch) ➪ 절연 스페이서로 지지하는 고정도체와 절연막대에 의한 이동도체

라. 접지개폐기(Earthing Switch) ➪ GIS, 외부작업 시 접지상태 유지 개폐용
마. 피뢰기(Lightning Arrestor)
바. 계기용 변압기(Potential Transformer)
사. 계기용 변류기(Current Transformer)

3. GIS 변전소 운전 시 유의사항

가. 운전 및 보수 측면

(1) SF_6 가스로 절연 밀폐된 고성능, 고신뢰성 기기이므로 이러한 성능을 유지하기 위해 조작부분의 동작확인, 가스압력, 수분량, 가스누설 등 관리에 유의하여야 함
(2) 점검항목, 주기별 항목을 철저히 확인하고, 특히 무인변전 시설에 대한 온라인 점검 시스템을 확대하여야 함(예방진단 시스템 확대)

나. 사고 시 대응

(1) 사고 시 사고 범위의 최소화를 위해 내부 도전부를 지지하고 있는 절연 스페이서 등으로 가스 구획의 적정화가 필요
(2) 사고복구용 응급재료의 상시비치
(3) 사고발생시 요인별 대체 메뉴얼 비치
(4) 관제센터와 유기적인 협조로 급전구간의 제한, 연장급전, 열차제한 등 필요한 조치강구
(5) 제작사 A/S팀 및 외부 기술진과의 비상 복구 체계 확립

4. GIS 변전소 설계 시 유의사항

가. 시스템의 구성

GIS는 향후 증설이나 사고복구 시에 정지범위를 국한시키는 동시에 작업의 효율화와 신뢰서, 안전성을 확보하도록 시스템을 구성하고, 소모성인 부품 및 구성품은 블록마다 호환성이 있고 교체가 용이하도록 하여야 함

나. 다른 기기와의 접속부 고려

GIS는 변압기, 전력케이블 등의 다른 기기와 접속 가능하도록 하고, 접속부는 전기적, 기계적으로 충분한 강도를 갖고 작업성 등이 용이하도록 하여야 함

다. 이상전압 및 낙뢰에 대한 대책

(1) 가스 절연형 기기의 전압-시간(V-T) 특성은 공기 절연형 기기에 비해 외부침입 Surge의 진행 및 반사 특성이 달라 기준파 영역에서 절연협조가 매우 어려워 기

기내부의 절연 Spacer 등 유기절연물에 대한 보호대책도 동시에 고려하여야 함
(2) GIS 형의 절연특성 및 선로 측의 절연협조를 감안하여 선로 인입구 모선 및 변압기 전단 등 필요한 장소에 피뢰기를 설치하여야 함
(3) 345[kV] 변전소의 154[kV] 선로 측에는 설치하지 않고, 모선 측에는 변압기 Bank 별로 설치하며, 변압기 또는 큐비클에서 직접 케이블로 접속하는 경우는 생략해도 무방하지만, 가공송전선과 지중송전선로 접속점에는 반드시 피뢰기를 설치함

라. 기타사항 : 설계지침 및 자재 표준규격에 의함

7.3.3 GIS에 사용되는 SF_6 가스의 수분 발생원인과 대책

1. 개요

가. 가스절연개폐장치(GIS : Gas Insulated Switchgear)는 차단기, 단로기 등 개폐설비와 변성기, 피뢰기, 주회로 모선(부스)등을 금속제 탱크내에 일괄 수납하여 충전부는 고체 절연물(spacer)로 지지하고,
나. 탱크내부에는 절연성능과 소호능력이 우수한 SF_6 가스를 절연매체로 하여 충진, 밀봉하여 전력계통의 신뢰도를 향상한 개폐설비 시스템을 말함

2. SF_6 가스의 특성

가. 물리적, 화학적 성질

(1) 무독, 무색, 무미, 무취이며, 불활성 및 불연성의 기체이고, 화학적으로 안정된 화합물임
(2) 열적 안전성 우수 : 용매 없이 약 500[℃]까지 분해 안됨
(3) 열전달성 우수 : 공기의 1.6배, 비중은 공기의 5배, 비열은 공기의 0.5배임

나. 전기적 성질

(1) 절연내력이 공기의 약 3배로 높고, 절연 회복이 빠름.
(2) 소호능력이 공기의 약 100배 높고, 아크가 안정되어 있음

3. SF_6 가스의 수분 및 분해가스 발생원인

가. 수분의 발생원인

(1) 수분관리 기준 값 : 최저사용온도에서 이슬점이 되지 않는 값.

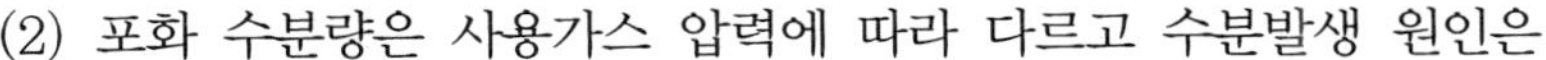

(2) 포화 수분량은 사용가스 압력에 따라 다르고 수분발생 원인은
  ① SF_6 가스 중에 포함되어 있는 수분량
  ② 조립시 침입하는 수분량
  ③ 유기재료에서 석출하는 수분량
  ④ 패킹에서 투과되는 수분량

나. 이슬점과 수분관리

(1) SF_6 가스 자체의 절연강도는 가스 중의 수분량에 큰 영향 없음
(2) 가스 중에 고체절연물이 있을 때 고체절연물 표면에 부착된 수분(이슬점)에 의하여 절연특성의 영향을 받음
(3) 분해가스가 발생하지 않은 기기에 있어 이슬점과 가스압력에 따라 수분함유량을 관리하면 절연저하는 무시하여도 됨

표 7.3.2 이슬점과 수분관리

이슬점 온도	가스압력(Mpa)	수분함유량 PPm(Vol)	기 타
0 [℃]	0.3 Mpa	1,500 PPm(Vol)	압력이 높을 수록 낮아짐
	0.5 Mpa	1,000 PPm(Vol)	
-5 [℃]	0.3 Mpa	990 PPm(Vol)	
	0.5 Mpa	660 PPm(Vol)	

다. 분해가스의 발생원인

(1) SF_6는 상온에서 극히 안정된 가스지만 전류아크에 노출되면 약간의 분해현상이 발생함
(2) 분해된 가스는 급속히 재결합하며 대부분 SF_6으로 되돌아 가지만 재결합과정에서 극히 일부는 가스중의 수분과 반응하여 불화황산 가스와 가는 가루모양의 석출물이 되어 남게 됨
(3) 불화황산 가스와 같이 화학적 반응성이 강한 분해가스가 수분과 공존하는 경우 절연재료 및 금속표면을 열화 시킬 위험이 있음

4. SF_6 가스의 수분 및 분해가스 발생 대책

가. SF_6 가스 중의 수분과 분해가스가 절연에 영향을 주므로 이들을 관리값 이하로 유지하기 위해 수분과 분해가스를 흡착하는 흡착제를 기기내에 봉입함
나. 흡착제가 갖추어야 할 특성
  (1) 분해가스에 대한 흡착성능이 뛰어날 것

(2) 분해가스와 반응하여 2차적인 유해가스를 발생하지 않을 것
(3) 저온도 영역에서 수분흡착 성능이 뛰어날 것
(4) 기계적강도가 높아 사용 중 마모 또는 가루가 되어 수분에 녹지 않을 것

다. 흡착제의 종류 : 활성 알루미나, 합성 제오라이트 (흡착능력 양호).

7.3.4 GIS의 조립설치 및 유지보수 검사항목에 대한 유의사항

1. 개요

가. GIS는 밀폐구조이고 구성도 컴팩트화하여 고장율이 대폭감소하고 신뢰성이 확보되었으나 내부상태를 육안으로 점검이 불가능하여 고장진단 및 점검에 대한 고도의 장비와 기술을 요함

나. 고장의 주요인은 조립 및 설치 시 문제점이 장기간에 걸쳐 운전 중에 나타나는 현상이 많아 각종 부재 및 도체의 볼트 조임, 너트의 풀림 및 진동에 의한 부품의 탈락, 미세한 금속물의 용기내 잔류 등이 없도록 조립하여야 함

2. 장기간 운전 시 나타나는 경년열화 부위

가. 접촉부의 마모
나. SF_6 가스의 수분, 분해가스 및 생성물
다. 절연물의 열화
라. 패킹 가스킷 등
마. 윤할 재료
바. 제어회로 부품(압력 스위치, 밀도 스위치 등 각종 계기류)

3. 유지보수 검사항목에 대한 고찰

가. 절연성능을 나타내는 현상

(1) 내부부분방전
(2) 이상음
(3) 가스 압력 저하
(4) 가스 중 수분 증가 및 가스분해
(5) 절연저항 저하
(6) 지락

나. 통전성능을 나타내는 현상

(1) 가스압력 증가
(2) 주 회로 저항 증가
(3) 접촉상태 불량

다. 기계적 성능을 나타내는 현상

(1) 개폐 시간의 증대
(2) 가동부의 마찰력 증대
(3) 동작횟수 과다
(4) 구조의 변형
(5) 조작 압력 및 유면저하

7.3.5 교류 154[kV] 수전용 GIS 의 기기접지 방법

1. 개요

교류 전기철도의 전철변전소의 국내 수전전압은 대체적으로 154[kV]를 사용하고 있어 변전소 접지는 ANSI/IEEE std80-2000 규정에 따라 접지설계를 하여야 하므로 여기서는 154[kV]용 GIS의 주회로 및 기기의 접지에 대하여 기술함

2. GIS 탱크 및 가대의 접지

가. GIS 탱크 및 가대 접지에서는 접지 매쉬에 유입되는 전류와 탱크 외함에 유도되는 유도전류 및 유도 서지를 고려하여야 함

나. 접지방식에는 1점 접지와 다점접지 방식이 있으며, 차단기류는 1점 접지방식을 단로기 모선 등은 다점 접지방식을 채택하는 등 두 가지를 병용함

다. 다만, GIS 의 절연된 외함은 내부 모선에 흐르는 전류에 의한 유도전류가 불균형하게 발생되어 각 섹션의 전류 또한 불균형하므로 제조사가 공급하는 접지단자 위치를 충분히 파악하여 접지도선의 길이가 최소가 되도록 설치함

라. 접지방식의 종류

(1) 일점접지 : 절연후랜지로 구획된 탱크마다 접지선을 한가닥씩 접속하고 동시에 탱크에 유도전류가 흐르지 않도록 탱크 가대의 각 지지점을 절연하여 완전히 1점에서 접지하는 방식

(2) 다점접지 : 각 탱크간은 물론, 가대 및 탱크의 지지점 모두를 절연하지 않고 여러 점의 접지를 연결하는 방식

3. GIS와 다른 기기의 접지

가. GIS와 연결되는 변압기, 케이블 등 타 기기 사이에는 순환전류 회로가 구성되어 다른 기기의 성능에 영향을 미칠 우려가 있음

나. 따라서, 유도전류가 문제되는 경우는 상호 절연하여야 함

다. 다른 기기와 절연하는 경우에는 단로기 서지 등에 의한 절연 후렌지 부분의 섬락현상에 주의하여야 함

표 7.3.3 GIS 접지방식별 비교

접지방식	특징	고려사항
다점접지	1. 외부자계가 일점접지 방식에 비하여 1/3 정도로 완화되어 가대 등의 국부 온도 상승이 저감됨 2. 절연 후랜지를 생략하므로 개폐서지에 의한 절연부에서의 방전이 없어짐 3. 저압 제어계의 유도서지 Level Down 4. 접지의 신뢰성이 향상됨	1. 탱크내 유도전류를 흐르게 되므로 온도상승을 검토 필요 2. 대지에의 유입전류검토 필요 3. 접지선의 굵기 검토
일점접지	1. 접지점이 일점뿐이므로 탱크에 유도 전류가 흐르지 않아서 탱크의 온도상승이 낮음 2. 기초배근, 등에 매립되어있는 금속물의 온도상승이 없음	1. 정격전류가 크면 (6,000A 이상)외부 자계가 크므로 가대의 국부발열방지 필요 2. 탱크 사이 등 절연부의 개폐서지에 의한 전위상승방지를 고려하여야 함

4. 주회로의 접지

가. 피뢰기 및 유도전류 개폐기용 접지개폐기의 접지

주회로와 직접 연결된 피뢰기 및 유도전류 개폐기용 접지개폐기는 동작중 큰 전류가 흐르므로 직접접지하여야 함, 다만 다점접지인 경우는 탱크에 유도전류가 흐르도록 되어 있으므로 접지개폐기는 탱크에 접지하여도 됨

나. 계기용 변압기와 일반 접지개폐기의 접지

주회로에 직접 연결되어 있으나 접지계에 큰 전류가 흐르지 않으므로 직접 접지하지 않고 일반적으로 GIS 탱크 접지에 연결함

다. 제어회로 및 기타 접지

(1) 일반적인 제어케이블은 중성점 직접접지 계통에서는 쉴-드 케이블을 사용하고, 비접지 또는 저항접지 계통에서는 일반 케이블을 사용함

(2) 최근 디지털계전기 등 노이즈에 취약한 기기사용의 경우에는 쉴-드 케이블의 선호도가 높아졌으며, 제어케이블의 유도 차폐를 고려하여 양단접지를 시행함

라. 콘크리트 기초

GIS의 기초가 일괄 통기초인 경우 기초의 철근을 접지모선에 연결하여 기초 가대의 GIS 외함 탱크와 철구조물이 등전위가 되도록 함

7.3.6 차단기의 정격

1. 차단기의 정격

가. 전력계통의 단락협조는 주로 전력기기의 열적 과전류 강도와 기계적 과전류 강도로 구분하며, 열적 과전류 강도는 차단기가 규정된 시간 내에 고장 전류를 차단할 때 고장 전류로 인하여 발생하는 열이 계통을 구성하는 각종 기기의 허용온도 한도를 넘지 않아야 하며, 기계적 과전류 강도는 차단전류 파고치에 의한 기계적 충격에 의하여 기기의 변형 또는 손상되지 않도록 기계적 강도를 가지는 것을 말하며,

나. 차단기는 급전계통에 있어서 단락협조의 중심이 되는 기기로서 차단기의 정격 전압, 정격전류, 정격차단 전류 및 정격 투입전류 등 규격으로 차단기의 정격을 정하고 있음

2. 차단기에 규정하는 정격 종류

가. 절연강도

차단기 정격전압 실효치에 대하여 정격 뇌임펄스 전압과 정격 1분간 상용주파수내 전압 실효치를 KS C IEC 60071-1 table2로 절연강도를 정하여 통용하고 있음

나. 정격전류

정격전류는 정격전압, 정격 주파수에서 허용된 온도를 초과하지 않고 차단기에 연속으로 흘릴 수 있는 전류의 상한치를 말하며 대칭 실효치로 표시함

다. 정격차단 전류

모든 정격 및 규정된 회로 조건에서 규정된 표준 동작책무와 동작상태에 따라 차단할 수 있는 지상 역률인 차단전류의 한도를 말하며, 직류 성분이 20[%] 이하인 때의 교류 성분의 대칭 실효치로 단위는 [kA]로 표시함

라. 정격 최고 내전류(Rated peak Withstand current)

차단전류의 첫 주파의 파고치를 말하고 주파수에 따라 다르며, 50[Hz] 이하의 전력계통에서는 정격 차단전류의 2.5배, 60[Hz] 전력계통에서는 정격차단 전류의 2.6배로 함

마. 정격 주파수

차단기의 규정 조건에 맞도록 설계되는 주파수로 국내의 경우는 상용주파수인 60[Hz]이나 나라에 따라 차이가 있음

바. 정격투입 전류

모든 정격 및 규정된 회로 조건에서 규정된 표준 동작책무와 동작상태에 따라 투입할 수 있는 전류의 한도를 말함

사. 정격 단시간 내전류

정격단시간 내전류는 차단기의 차단전류와 같은 크기로 전류를 1초간 흘려도 차단기에 이상이 없는 전류 한도를 말함

아. 정격 과도 회복전압

차단기가 각각의 회로조건에서 고장전류를 차단할 때 보과되는 과도 회복전압의 한도로 단자 사고의 TRV 상승률은 72.5[kV] 계통 차단기에서는 0.75[kV/μs], 170[kV] 계통의 차단기는 2[kV/μs]를 규정하고 있음

자. 정격 차단시간

모든 조건에서 정격차단 전류로 표준 동작책무에 따라 차단하는 경우의 차단시간 한도를 말하며, 차단시간은 차단기의 접점 개극에서 모든 상의 Arc가 소호되는 최종 소멸까지의 시간으로 사이클로 표시함

차. 정격 투입개방 조작 전압

차단기의 투입 개방 장치의 설계 전압으로 기기 단자에서 측정한 전압으로 조작 전압은 보통 직류이며, 정격전압은 24[V], 48[V], 60[V], 110[V] 또는 125[V], 220[V] 또는 250[V]에서 선정하고 정격전압의 85[%]에서 110[%] 사이의 전압에서 동작하여야 함

카. 정격조작 압력

차단기의 정격조작 압력은 유체조작 장치가 설계된 조작압력을 말하며, 유체조작 장치는 정격 조작압력의 85[%]에서 110[%] 사이의 압력으로 차단기의 개폐가 가능하여야 하고, 조작 압력 단위는 Mpa로 나타냄

7.3.7 차단기의 동작 책무 및 자동재폐로 방식의 특성

1. 개요

가. 전력계통에서의 차단기는 투입 → 차단 → 투입 (Close → Open → Close)와 같은 동작이 되풀이 되며, 특히 사고전류의 차단시 접촉자의 손상, 소호실 내부오손, Arc 및 이온 등에 의한 절연저하 등으로 다음회의 차단능력이 저하되는 것으로 추정됨

나. 차단기의 성능한도로서 점검이나 보수 없이 일정한 시간 간격으로 일련의 개폐동작을 반복하여도 실용상 지장이 없는 성능부담을 "차단기의 동작책무"라고 하며 표준규격으로 정하고 있음

다. 일반적인 동작책무 표시 방법 ➪ O → t_1→ CO → t_2→ CO

여기서, O : 차단동작(Open)　　　C : 투입동작(Close)

CO : 투입직후 차단　　　t_1, t_2 : 동작시간 간격

2. 표준 동작책무

가. "표준 동작책무"란 일정한 조건으로 동작책무를 규정한 것으로 표준 동작 완료후 차단기 구성부분이 동작전과 차이가 없고, 정격전류를 정격전압으로 투입, 통전, 차단되는 성능이 규정됨

(1) 정격차단 용량 = $\sqrt{3}$ × 정격전압 × 정격차단전류[MVA]

(2) 정격전압 : 규정조건 하에서 차단기에 부과할 수 있는 사용회로 전압의 상한 값 (선간전압 등)

(3) 정격차단전류 : 모든 정격 및 규정의 회로조건하에서 규정된 표준 동작책무와 동작 상태에 따라서 차단할 수 있는 지상역률의 차단전류 한도

나. 일반적인 표준 동작 책무

표 7.3.4 일반용 차단기 동작책무

표준 동작책무	적용 대상
O → 15초 → CO	1. 주로 저압차단기의 최대 단락 시험에 적용 2. 차단후 15초후에 재투입 및 차단(CO) 시험할 수 있는 능력
O → 3분 → CO → 3분 → CO	1. 저압차단기의 상용단락 시험에 적용 2. 고압차단기에 적용될 수 있는 재폐로용
O → 15초 → CO	1. 일반고압 차단기에 적용되는 재폐로용
O → 0.3초 → CO → 3분 → CO	1. 고속재폐로용 고압차단기에 주로 적용 ※ 0.3초는 보호계전기와 차단기 동작 시간의 합
O → 10 초 → CO	1. 직류 고속도 차단기에 적용함

다. 전기철도용 차단기 동작책무

전철변전소 급전측에는 급전구간의 단락전류를 자동으로 차단하는 차단기를 설치하고 용량은 전원의 장래 확장계획을 가만하여 결정하며, GIS의 정격전압별 표준동작 책무는 표 7.3.5와 같이함

표 7.3.5 전철용 GIS 동작책무

정격전압 [kV]	기기종류	정 격	
		표준 동작책무	차단시간
25.8	가스차단기(GIS)	O-0.3초-CO-15초-CO	5 cycle
72.5	가스차단기(GIS)	O-0.3초-CO- 3분-CO	3 또는 5 cycle
170	가스차단기(GIS)	O-0.3초-CO- 3분-CO	3 cycle

3. 자동 재폐로 방식의 특징

가. 자동재폐로 방식의 특징

(1) 전기철도 자동재폐로는 급전계통에 적용하는 방식으로 급전계통의 사고는 대부분 뇌에 의한 아크사고 또는 미미한 단락사고가 대부분으로 사고 제거 후 아크의 자연소멸을 기다렸다가 재송전하면 사고점의 절연이 회복되어 급전을 계속할 수 있는 경우가 대체적임

(2) 자동 재폐로 방식은 사고차단 후의 재투입을 자동으로 하는 것으로 보호계전기에서 신호를 받아기동하고 계통의 여러 가지 조건을 확인하여 규정된 시간후에 투입 지령을 내는 방식으로 자동재폐로가 구성된 차단기를 리클로저(Recloser)라고도 함

(3) 다중접지 특고 배전선로에서는 고장 시 한시동작 특성이 없고 후비 보호장치의 동작횟수 등을 기억하는 특성만으로 보호장치 기능을 수행하는 Sectionalizer(섹셔라이져)를 Re-Closer 부하측에 설치함

나. 자동재폐로 방식의 목적 및 효과

(1) 전기철도 급전계통(전력계통)의 안정도 유지 : 고속도 재폐로를 실시하여 계통의 과도 안정도를 향상시킬 수 있음

(2) 급전계통 고장의 자동복구 : 사고가 발생해도 재폐로 동작 시간 내 순간적으로 고장제거가 가능하여 급전계통을 장시간 정전하지 않고 안정된 운전이 가능

(3) 인접 선로의 과부하 허용시간 내에 계통을 자동복구하여 정상적인 열차운전이 가능

(4) 기기나 선로의 과부하를 감소시키고, 계통의 자동복구로 운전원의 조작에 의한 복구보다 신속하고 정확함

다. 자동 재폐로(Recloser)를 정지(Lock)하는 경우

(1) 사고정지된 선로를 강제 송전할 경우
(2) 정전 작업후 선로 가압시
(3) 선로의 활선 작업 시
(4) 병행 2회선중 1회선 정전등 유지보수시

7.3.8 차단기의 트립프리(Trip Free) 및 재기전압(TRV) 정의

1. 차단기의 트립프리(Trip Free)

가. 차단기의 트립프리 정의

(1) 차단기는 어떠한 조건에서도 필요할 때는 트립(차단) 할 수 있는 구조이어야 함
(2) 즉, 투입기구가 부세되어 투입기구가 동작중인 상태에서도 트립이 자유롭게 행하여 질 수 있는 기능을 트립프리(Trip Free)라고 함

나. 트립프리(트립자유)의 종류

(1) 기계적 트립자유

투입기구가 전기적으로 투입 측에 넣어져 있어도 트립기구가 부세하면 차단기를 트립시킬 수 있는 것을 말하며, 차단기의 가동 접촉부를 움직이는 조작롯드와 투입기의 피스톤, 플런저, 전동기 등의 연결기구를 풀어서 접촉부가 투입동작을 하지 못하도록 함

(2) 전기적 트립자유

전기적 투입조작의 차단기에서 투입 조작회로가 부세되어 있어도, 트립기구가 부세하면 차단기를 트립시킬 수 있고, 또 투입 조작회로를 닫아둔 채로 있어도 재투입하지 않는 것을 말하는 것으로 투입회로의 부세와 동시에 트립회로의 부세가 행하여 졌을 경우 투입회로는 트립자유 계전기 등에 의해 개로 되도록 되어 있는 방식임

(3) 공기적 트립자유

압축공기 투입 방식으로서 압축공기에 의한 트립자유 기구를 가지고, 투입의 전자밸브 외에 트립자유 밸브가 있어 투입기구의 부세가 행하여 지면 트립자유 밸브가 동작하여 제어밸브의 피스톤에 대하여 투입의 경우와 반대쪽으로 압축공기를 보내서 피스톤은 동작하지 않게 하고 주 실린더의 누르고 있는 축공기는 외부로 방출하도록 되어 있는 것임

2. 차단기의 TRV(Transient Recovery Voltage)

가. 차단기의 TRV 정의

(1) TRV(Transient Recovery Voltage)란 재기전압이라 하며, 차단기가 트립되어 접촉자간의 아크가 끊어질 때, 계통의 전전압이 접촉자 간격사이에 형성되어 계통을 구성하는 RLC회로에 전압이 걸리는 것과 같게 되는 것을 말함

(2) 이때, 접촉자 사이에 걸리는 전압은 RLC의 특성에 따라 과도진동을 일으키게 되는데 이러한 과도진동 전압을 재기전압(TRV)이라고 함

나. TRV 특징

(1) 재기전압은 회복전압보다 훨씬 큰값을 가질 수 있으며, 이때 접촉자간의 절연이 재기전압에 견디지 못하면 절연이 파괴되어 재점호가 발생되어 개폐서지가 계통으로 전파 됨

(2) 재기전압은 무부하 송전선로나 콘덴서의 충전전류를 차단할 때 가장 크게 나타나는데, 이는 충전전류의 위상이 전압보다 90° 진상이어서 전류영점에서 아크가 끊어지는 순간의 계통전압이 최대치를 가지게 됨

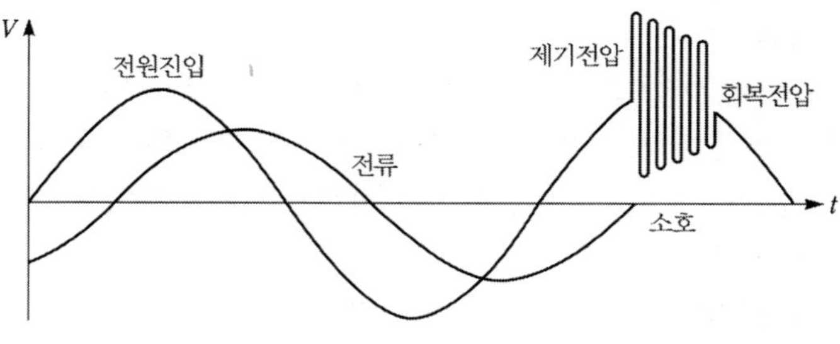

그림 7.3.2 재기전압의 특성

7.3.9 교류전철 변전소에 사용하는 OCB, GCB, VCB의 특성

1. 개요

가. 차단기는 기본적으로 부하전류를 개폐하고, 이상상태 발생시에 신속히 회로를 차단하여 회로에 접속된 전기기기, 전선로를 보호하고 안전하게 유지하는 목적으로 설치하는 개폐장치를 말함

나. 교류 전철변전소에 사용하는 차단기의 종류는 전로의 차단시 발생하는 아크를 소호하는 절연매질에 따라 유입차단기(OCB), 가스차단기(GCB), 진공차단기(VCB) 등이 있

으며, 급전 계통의 사고 시에 고장전류를 신속하게 개방하는 능력을 주목적으로 하며 동작횟수 등을 한정됨

2. 유입차단기(OCB : Oil Circuit Breaker)

가. 계통의 전로 차단을 절연유를 소호매질로 사용하여 동작하는 차단기를 말함

나. 유입차단기는 탱크형과 소유량 유입차단기(MOCB) 두 종류가 있으며, 탱크형은 철재 탱크내의 절연유 중에서 소호차단 시키는 것이며, 소유량차단기는 탱크대신에 자기제 애관내의 절연유 중에서 소호 차단하는 방법임

다. 국내에는 전철 초기에 유입형을 사용하였으나 현재는 가스차단기 등으로 성능개량을 시행하여 거의 사용하지 않음

라. OCB 의 특성

(1) 가격이 저렴하고 넓은 전압 범위에서 다양하게 적용이 가능

(2) 일반 배전계통에서는 중, 소용량 차단기로 널리 사용

(3) 차단성능이 낮고, 절연유 갱환 등 보수면에서 불리

(4) 절연유를 사용하므로 화재의 위험성이 상존

(5) 다른 차단기에 비해 무거움

3. 가스차단기(GCB : Gas Circuit Breaker)

가. 가스차단기는 절연유 대신에 절연내력과 소호능력이 뛰어난 불활성가스인 SF_6 압축 가스를 소호매질로 사용하여 동작하는 차단기를 말함

나. 가스차단기는 물리적, 화학적, 전기적인 성질이 매우 우수하여 절연내력과 아크가 안전하고 절연회복이 빨라 고전압 대전류 차단에 적합한 방식임

다. 물리적, 화학적 특성

(1) 열전달성이 뛰어남(공기의 약 1.6배)

(2) 화학적으로 볼활성이므로 매우 안정된 가스임

(3) 무색, 무취, 무해, 불연성의 가스임

(4) 열적 안정성이 높음(용매가 없는 경우 약 500[℃]까지 분해 안됨)

라. 전기적 특성

(1) 절연내력이 높음(평등 전계의 1기압에서 공기의 2.5~3.5배, 3기압에서 절연유와 같은 절연내력을 가짐)

(2) 소호성능이 뛰어나고, 아크가 안정되어 있음

(3) 차단전류 레벨이 현저히 낮고, 여자전류 등의 차단에 의한 이상전압이 발생하는 경우가 거의 없으며, 절연회복이 빠름

(4)전류차단이 저아크 에너지 및 저전극강하로 접촉자의 소모가 적음

4. 진공차단기(VCB : Vacuum Circuit Breaker)

가. 진공차단기는 진공 중에서의 높은 절연내력과 아크 생성물이 진공 중에서 급속히 확산되는 현상을 이용한 특성을 살려 진공 용기 내에서 전로를 차단하는 방식임

나. 차단기의 크기가 작고 접촉자가 외기로부터 격리되어 있어 아크에 의한 화재염려가 없어 최근에는 방재 겸용으로 급격히 사용되는 추세임

다. VCB 장점

(1) 소형이고 경량임

(2) 아크전압이 극히 낮고 진공으로 밀봉되어있어 전기적 개폐수명이 길고 가동부가 가벼워 접촉부의 소모가 적어 기계적 수명도 길어짐

(3) 고속도, 고빈도 개폐기능이 우수하여 22.9[kV] 이하에 주로 사용

(4) 화재나 폭발 위험이 없음

라. VCB의 단점

(1) 고속 차단시에 이상전압 발생 우려가 있어 서지대책이 필요

(2) 동작시 높은 서지전압이 발생하므로 몰드변압기와 병행하여 설치하는 경우는 서지 업서버를 별도로 취부하여 개폐서지 및 순간 과도전압에 의한 장애를 방지하도록 함

표 7.3.6 특고압 차단기 특성비교

구분		유입차단기	진공차단기	가스차단기(단일 압력식)
사용전압[kV]		12~300	12~36	24~550
차단 단락전류		대전류차단에 적합	소전류차단에 적합	중전류차단에 적합
구조	소호부분	단순	단순	단순
	조작기구	단순	단순	단순
	기타	–	–	가스압력검출회로필요
서지전압		약간높음	높음 (보호필요)	매우 낮음
차단시 발생음		큼	작음	작음
화재 위험도		가연성	불연성	불연성
차단용량		큼	큼	큼
보수성		복잡	간단	간단
개폐능력		약10,000회	약50,000회	약50,000회
기기의 수명		중	대	대
보수의 난이도		번잡	간단(용이)	간단(용이)
설치가격		가격저렴	고가임 (GCB와 동등)	고가임(부싱형은 동일 용량의 ACB보다 저렴)

7.3.10 직류 차단기와 교류차단기 차단방법(원리)

1. 개요

가. 차단기는 기본적으로 부하전류 상태에서 개폐가 가능하고, 급전계통에 단락사고 등 이상상태 발생 시 신속히 회로를 차단하여 회로에 접속된 전기기기, 전선로를 보호하고 안전하게 유지할 목적으로 설치하는 개폐기기를 말함

나. 전기철도 급전방식은 직류방식과 교류방식으로 나뉘며, 국내의 직류방식은 대부분 DC1,500[V] 이하로 저전압 대전류 급전으로 사고전류와 차이가 많지 않아 선택차단이 어렵고, 교류급전 방식은 AC25[kV]로 대전압 저전류로 고장선택 차단이 용이한 특성을 가지고 있어 직류 차단기와 교류 차단기는 고장전류에 대한 차단 원리 및 방법이 차이가 있음

2. 직류차단기 차단 방법

가. 직류 급전회로는 선로의 저항성분만 있고 계통회로의 저항이 매우 작으므로 단락고장에 의한 사고 전류가 대단히 크므로 회로의 인덕턴스에 의한 과도현상 진행 중에 전류가 작은 순간에 회로를 차단해야 하므로 직류 고속도차단기는 고장전류에 의한 과도현상의 돌입율을 감지하여 고속으로 차단하는 선택특성을 이용하는 방법임

나. 직류전류는 자연적으로 전류영점을 발생하지 않기 때문에 전류차단이 어렵기 때문에 직류차단기로 전류를 차단하기 위해서는 직류전류에 강제적으로 전류영점을 발생시킬 수 있는 장치를 갖추어야 하며, 직류전류의 크기를 감소시키기 위하여 유도성회로에 저장된 에너지를 소산시켜야 하고, 전류차단에 의해 야기되는 과전압을 억제하여야 함

다. 직류 전기철도 구간에 주로 사용하는 고속도 기중차단기(HSCB : High Speed Circuit Breaker)는 고장전류 검출 부분과 접촉자(접점)을 개방하여 전류를 차단하는 인출부분으로 구성되며, 차단에 따른 아크는 소호실의 공기 중으로 방출함

라. 투입은 전자조작 또는 공기조작으로 수행하고 투입위치에 접촉자를 유지하기 위하여 유지용 전자석이 사용되어 주회로 전류의 일부가 유도분로와 병렬로 구성되어 흐르므로 급격한 전류의 증가시에는 접촉자의 흡인력이 감쇄하여 개로하는 선택특성을 가지고 있음

마. 개로시에 발생한 아크는 취소 코일의 자력에 의하여 소호실내부로 압출되고 아크길이의 신장과 냉각효과에 의해 아크 전압을 상승시키고 전류의 한류작용을 이용하여 차단하는 방법임

3. 교류차단기 차단 방법

가. 국내 교류 급전방식은 AC25[kV] 급전방식으로 전압이 높고 운전전류가 낮은 반면 사고전류는 커서 선택차단이 용이한 특성이 있음

나. 교류는 전류파의 한 사이클내에서 반드시 전류가 0(Zero)이 되는 영점을 통과하고 영점이 되는 지점에서 교류차단이 이루어 짐

다. 차단의 성패는 차단시 극간 절연내력이 극간에 가해지고 있는 전압에 견디는 여부에 달려있고, 역률이 1일때는 전류와 전압이 동상이고, Arc가 소멸한 순간에 극간 전압도 0이 되며 비교적 차단은 용이하지만, 진상역률회로에 있어서는 Arc가 소멸한 순간이 극간에 상용주파수의 전압이 가장 높이 올라가며, 차단기의 책무는 대단히 어렵게 됨

라. 전기철도 교류 차단기는 운전전류와 고장전류를 선택하는 과전류 계전기, 전류증분(ΔI) 계전기 등 각종 보호계전기에 의해 사고전류를 감지하고 차단기를 동작시키는 원리임

7.3.11 큐비클형 GIS(C-GIS)의 특징

1. 개요

C-GIS (큐비클형 가스절연개폐장치)는 기존의 폐쇄 배전반과 TANK 형 GIS를 합친 타입으로 배전반의 축소 기술과 SF_6 Gas 절연기술을 합성한 종합 기술의 결정체로 소형, 경량화로 설치면적의 축소와 안정성을 추구한 제품으로 유지보수 및 취급이 용이하다는 장점 등으로 인하여 확대 설치 추세에 있고, 국내 기술개발 및 생산이 활발히 진행되고 있음

2. C-GIS의 구조 및 사양

가. 배전반의 변천과정을 보면 폐쇄배전반(1980년대) ➪ GIS(1990년대) ➪ C-GIS (2000년대)로 기술개발이 진전되고 있음

나. 25.8kV/36kV 적용시 기존 탱크형 보다 작고 경제적임 ➪ 29[kV] 개발 사용

다. 현존 제품으로는 경량이며 성능이 우수한 제품으로 인정받고 있으나 SF_6 Gas 사용규제로 대체 배전반 사용이 검토되고 있으며, 일부는 2012년부터 친환경 배전반 사용이 대두되고 있음

라. 동일 TANK 내의 VCB (Main + Feeder 반), ALTC, LBS, MOF, PT 등으로 조합 구성됨

마. 정격용량 25.8kV/36kV 급, 630 / 12,50 / 2,000[A], 25[kA]

바. 스테인레스 강판 사용으로 녹이 슬지 않고, 튼튼하며, 구획별 격벽이 설치되어 사고확대 방지에 유리함

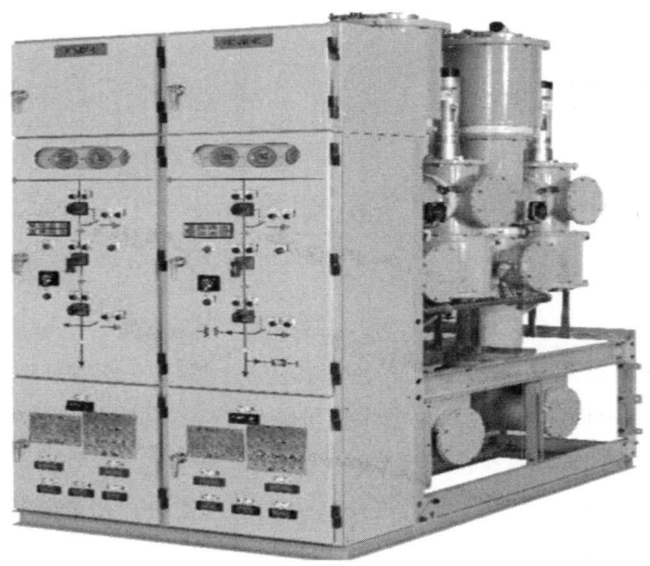

그림 7.3.3 C-GIS 외형

3. C-GIS의 특징

가. 안전성

(1) 충전부 노출이 없어 안전함

(2) Interlock System 적용으로 운전원의 오동작 방지

(3) LPS(활선표시장치) 사용으로 외부에서 통전여부를 확인 가능

(4) 불활성, 불연성으로 화재위험이 없고, 무색, 무취, 무독성으로 화학적 안정

(5) VCB 내장으로 긴 수명과 다빈도 개폐에 유리하여 신뢰성 확보

나. 설치 용이성

(1) 기존 폐쇄 배전반보다 콤팩트하고 경량임

(2) 완제품, 반제품으로 신설, 증설시 공사기간 단축 가능

(3) 디지털 계전기 및 계기 사용으로 Wep 기반 인터넷 제어 기능 요소

다. 경제성

(1) 기존 배전반보다 작아 설치면적이 대폭 축소 가능.

(2) VCB, DS, ES, BUS 부분의 절연가스 충진으로 절연내력과 성능우수.

(3) 낮은 압력의 SF_6 Gas 사용으로 사고전류 차단능력 우수.

7.4 축전지 및 UPS

7.4.1 축전지(Storage Battery) 종류 및 특성

1. 개요

가. 축전지는 양극과 음극의 전해판과 전해액(전해물질)로 구성되어 화학작용에 의해 직류 기전력을 발생하여 전원으로 사용하는 것을 말하며, 전기에너지를 이용하여 충전하여 반복 재사용이 가능한 것을 2차 전지라고 함

나. 전기철도, 자동차 등 산업용으로 주로 사용되는 축전지는 연축전지, 알카리 축전지(니켈카드늄, 니켈수소), 리튬이온축전지 등이 있으며, 최근에는 카드늄(Cd)의 재순환 공해문제로 인하여 알카리 축전지의 사용이 감소되고 친환경 축전지로 주목받는 니켈수소, 고성능 리튬이온 축전지 등의 사용이 증가하는 추세이므로 향후 축전지 선정시에는 환경성, 유지보수성, 신뢰성 등을 고려하여 설치하여야 함

2. 축전지의 종류별 원리 및 특성

가. 연축전지(Load Acid Battery)

(1) 현재 변전소의 비상용 전원으로 가장 많이 사용하여 온 연(납)축전지는 양극으로 과산화납(PbO_2), 음극으로 납(Pb)를 사용하여 비중 1.2인 묽은 황산(H_2SO_4)를 전해액으로 직류기전력을 발생시켜 전원으로 사용함

(2) 충전과 방전 화학반응식은 아래와 같고, 공칭전압은 2[V]임

$$PbSO_4 + PbO_2 + 2H_2SO_4 \rightleftarrows 2PbSO_4 + 2H_2O$$

(3) 연축전지에서는 다른 축전지에 비해 가격이 저렴한 장점은 있으나, 황산(H_2SO_4)와 황화수소(H_2S)와 같은 환경유해 물질이 배출되어 환기설비, 방폭설비, 내화설비를 구비한 별도의 축전지 실(Room)이 필요함

(4) 연축전지는 셀당(개당) 2[V]이므로 DC125[V]의 직류전원을 공급하려면 60개의 연축전지를 직렬로 연결하여 1개의 축전지가 불량해도 전원공급 기능을 상실하는 단점이 있음

(5) 주기적으로 균등충전, 전압 및 비중 측정, 전해액 보충 등의 유지보수가 필요하고, 기대수명이 약 10년으로 짧음

나. 니켈카드늄(Nickel Cadminum Battery, Ni-Cd)

(1) 알카리 축전지 일종으로 양극에 수산화 니켈[NiOOH], 음극에 수산화 카드늄 [$Cd(OH_2)$]을 사용하고, 비중 1.3의 칼륨 수용액(알카리)을 전해액으로 사용하여 직류기전력을 발생시켜 전원으로 사용하는 축전지임

(2) 충전과 방전 화학 반응식은 아래와 같고 공칭전압은 1.2[V]임

$$2Ni(OH)_2 + Cd(OH)_2 \rightleftarrows 2NiOOH + Cd + 2H_2O$$

(3) 니켈 카드늄 축전지는 연축전지에 비해 전기적 강도, 열적 성능, 기대수명 등이 우수하고 가스발생 등이 없어 단시간 대전류용으로 적합함

(4) 충방전으로 인한 수산화카드뮴($Cd(OH)_2$) 결정이 커지고 거칠어져 전극 반응 표면적의 감소에 의한 용량 감소 및 충전효율 저하를 초래하며 공해물질인 카드늄을 발생하며,

(5) 유지보수 측면에서는 축전지의 메모리 현상에 의한 성능약화 및 전지간 전압편차가 발생하여 년2회 이상 공칭전압의 140[%]로 균등충전을 시행하여야 함

다. 니켈수소(MH) 축전지

(1) 알카리 축전지의 일종으로 양극에 수산화 니켈[NiOOH], 음극에 카드늄 대신 수소흡장 합금(MH Alloy)을 사용한 축전지로 자동차용, 휴대용 기기 등에 사용함

(2) 충·방전의 흡입 방출 반응식은 아래와 같고 공칭전압은 1.2[V]임

$$Ni(OH)_2 + M \rightleftarrows NiOOH + MH$$

(3) 니켈수소(MH) 축전지는 NI-Cd 축전지에 비해 2배 정도의 에너지 밀도를 가지고 고용량, 과방전, 과충전에 충분히 견디고, 급속 충방전, 소형·경량화가 가능하여 중량 및 설치면적이 감소하고, 전기적 특성과 열적성능이 우수하고 기대수명이 김

(4) 유지관리 측면에서는 축전지의 메모리 현상이 거의 없고, 가스발생 및 전해액 보충이 필요없는 친환경 축전지로 성능이 우수하지만, 자연방전율이 높고 초기 설치비용이 비싼 단점이 있음

라. 리튬이온(Lithium-Ion) 축전지

(1) 리튬이온 축전지는 양극(+)에 리튬산화물 코발트, 음극(-)에 탄소를 사용하고, 전해질로 리튬이온 유기용매(Li-Ion)를 사용한 축전지임

(2) 충전과 방전 화학 반응식은 아래와 같고 공칭전압은 3.6[V]임

$$LiCoO_2 + C_6 \rightleftarrows Li_1 - xCoO_2 + LixC_6$$

(3) 리튬이온 축전지는 연축전지 및 알카리 축전지에 비해 에너지 밀도가 월등히 높아 소형화, 대용량화가 가능하며, 자가 방전율이 낮아 수명이 길고, 충방전 시 이온만 이동하므로 화학반응이 없어 환경유해 물질을 배출하지 않는 친환경적 축전지임

(4) 휴대폰, 노트북, 디지털카메라 등에 주로 사용하며, 최근 대용량화로 자동차, 변전소 비상용 전원 등 산업용으로 각광받고 있으나, 초기 설치비용이 높고, 과충전 또는 극간단락 시 폭발 등의 우려가 있어 축전지 보호장치 및 보호회로 부과등 기술개발에 노력하고 있음

(5) 최근, 한전변전소에서는 연축전지에 비하여 설치면적이 1/4 정도 소요되므로 노후개량 또는 신설시 독립운전이 가능한 Tray를 3개 이상 병렬로 연결하여 DC 125[V] 144[Ah] 이상을 표준으로 정하여 시범설치 운영 중에 있음

3. 축전지 종류별 특성비교

표 7.4.1 축전지 종류별 특성비교표

구분	연축전지 (무보수밀폐형)	니켈 카드늄 (Ni-Cd) 축전지	니켈수소 (MH) 축전지	리튬이온 축전지
공칭전압	2[V/Cell]	1.2[V/Cell]	1.2[V/Cell]	3.6[V/Cell]
부동전압 및 균등충전	2.25[V]로 균등충전불필요	1.25[V]로, 년2회 1.45[V] 균등충전	1.36[V]로, 방전후 1.42[V] 1회 균등충전	4.2[V]이며, 균등충전불필요
자기방전율	월 1~2[%]	월 4[%] 정도	월 4[%] 정도	월 3~5[%]
허용온도	−15~+50[℃]	−25~+50[℃]	−45~+60[℃]	−20~+60[℃]
충방전특성	수시충전	완전방전후 완전충전 권장	수시충전	수시충전
	방전초기 전압 변동 거의없음	방전초기 전압 변동 거의없음	방전초기 전압 변동폭 작음	방전초기 전압 변동없음
기대수명	Floting 운영시 20~30년	Floting 운영시 10~15년	최적 사용 시 30년 이상	최적 운영시 15~20년
메모리현상	거의없음	있음	거의없음	없음
환경성	밀폐형 높음	낮음(Cd 유해)	높음	가장높음
경제성	가장저렴	고가	고가	가장비쌈

7.4.2 축전지의 설페이션(Sulphation) 및 메모리(Memory) 현상

1. 연축전지의 설페이션(Sulphation) 현상

가. 설페이션 현상

연축전지는 방전상태로 오래 방치하거나 유지관리가 소홀시 극판상에 황산연의 미립자가 응집하여 비교적 큰 결정의 백색 피복물(백색 황산연)으로 변하게 되는 현상을 말함

나. 설페에션이 발생하는 주요원인

(1) 방전상태로 장기간 방치하는 경우
(2) 전해액의 비중이 너무 낮은 경우
(3) 전해액이 부족하여 극판이 노출되는 경우
(4) 전해액에 불순물이 혼입되어 있는 경우
(5) 불충분한 충방전이 반복되는 경우 등이 있음

다. 설페이션에 의한 영향

(1) 백색피복물은 부도체이므로 작용물질의 면적이 감소하고, 전지의 용량이 감소함
(2) 극판의 작용물질을 탄락시켜 전지의 수명이 단축됨
(3) 설페이션 현상은 극판이 백색으로 변하는 동시에 내부저항이 대단히 증가하여 충전 시에는 전해액의 온도상승이 많음
(4) 전해액인 황산의 비중 상승이 낮으며 가스의 발생이 심함

마. 설페이션 대책

설페이션이 발생했을 때 일반적인 충전으로는 본래의 과산화인 해면상 극판으로 환원되지 않으므로 설페이션의 대책으로는 경미한 경우 20시간 이상 과충전을 하고, 심한 경우는 희류산 또는 중성 유산염 중에서 장시간 충전하면 일부 제거가 가능함

2. 축전지의 메모리 현상(Memory Effect)

가. Ni-Cd 축전지의 Memory Effect

Ni-Cd 축전지의 Memory 현상이란 니켈카드뮴 축전지가 충전후 이전의 사용량에 대하여 방전량이 어느 정도인가를 기억할 수 있다는 의미에서 주기적인 기억(Cyclic-Memory)이라는 말에서 유래함

나. 축전지 메모리 현상의 발생원인 및 영향

(1) 니켈카드늄 축전지에서 발생하는 메모리 현상은 니켈카드뮴 축전지의 전해질결정형성(Crystalline Formation)이 치명적인 문제로 니켈로 만든 전지에서는 활성물질로 사용된 NiOH에서 OH가 떨어졌다, 붙었다 하면서 전하를 전달하는 충전과 방전 원리를 이용함

(2) 니켈카드뮴 축전지를 구성하는 활성카드뮴 물질은 잘게 나뉘어진 결정으로 이루어져 축전지의 충전과 방전(특히, Sallow Charge –Discharge)을 반복하게 되면 NiOH에서 산화가스(Oxdizing Gas Bubble : OH)가 발생하여 활성카드뮴 결정체들이 성장하고 수지상 석출이 일어나게 되어 결정체의 표면적이 급속하게 줄어드는 결정 성형을 만들게 됨

(3) 활성 카드늄의 결정형성은 비가역적인 반응으로 한번 결정형성이 되면 다시는 원상되지 못하여 남아있는 용량을 사용하지 못하게 되고 축전지 내부에서 전압강하가 발생하여 축전지 용량이 감소하게 됨

(4) 결정성형이 더 발전하며 결정질의 날카로 운 모서리가 커지면 분리판을 관통하도록 커져서 높은 자기방전 또는 전기적 단락(Electrial–Short)을 발생시킴

(5) 따라서, 니켈카드늄 축전지는 충방전 특성을 고려하여 년 2회 정도 완전방전후 완전충전을 권장하고 있으며, 니켈카드늄 축전지를 제외한 축전지는 메모리 현상이 거의 없으므로 수시 충방전을 반복하여도 문제가 없음

7.4.3 축전지 및 충전장치의 용량계산 방법

1. 개요

가. 축전지는 일반적으로 비상용 전원으로 사용하며 부하종류에 따라 비상 조명등, 배전반 표시등과 같이 상용부하와 변전소 차단기 등과 같이 기기조작 등순시부하에 전원을 공급하는 목적으로 설치함

나. 충전장치는 축전지의 자기 방전을 보충함과 동시에 상용부하에 대하여 상시에 전원을 공급하고, 충전기가 부담이 어려운 일시적인 대전류 부하는 축전지로 부담하게 하는 방식(무정전전원장치 방식)이 주로 사용됨

2. 축전지 용량계산 방법

가. 축전지 용량 결정순서 및 계산

(1) 축전지의 종류 결정 : 경제성, 축전지실 규모, 부하특성, 유지보수 측면 등을 고려

하여 결정함

(2) 예상 부하특성 곡선을 작성 : 충전기 정전 후 실제로 부하로 공급하는 전류의 크기와 필요 소요시간에 대한 증감상황을 파악하고, 예상부하 곡선을 작성함

(3) 방전전류(I) 산출 : 방전전류는 최대 부하값을 사용하며, 축전지가 부담 할 부하용량에서 방전전류를 계산함

$$\text{방전전류}(I) = \frac{\text{부하용량[VA]}}{\text{정격전압[V]}}\text{[A]}$$

(4) 방전시간(t) : 예상되는 최대 부하시간을 사용하여 부하의 종류별 요구되는 방전시간을 환산한 용량환산 시간 계수 값(k 값)을 적용함

(5) 축전지의 셀수 결정 : 축전지의 수량은 $N = \dfrac{V}{V_B}$[개]

여기서, N : 축전지 셀수, V : 부하의 정격전압[V], V_B : 축전지 공칭전압

(6) 허용 최저전압 산출 : 축전지의 허용 최저전압은 부하 측에서 요구되는 최저전압과 축전지에서 부하간의 접속선 전압강하를 합한 값으로 함

$$V = \frac{V_a + V_c}{n} \text{ [V/Cell]}$$

여기서, V : 축전지의 허용 최저전압[V/Cell]
V_a : 부하의 허용 최저전압[V]
V_c : 축전지와 부하간 총전압강하[V]
n : 직렬 접속된 Cell 개수 [개]

(7) 설치장소별 최저 축전지 온도 고려

표 7.4.2 설치장소별 축전지 최저온도

설치장소		축전지 최저온도	축전지온도와 성능	
			온도	축전지 성능
실내에 설치		+ 5 [℃]	+25[℃]	100[%]
옥외 큐비클에 수납설치		− 5 [℃]	0 [℃]	63[%]
한랭지	옥내	− 5 [℃]	−18[℃]	46[%]
	옥외 큐비클에 수납	−15 [℃]	−30[℃]	30[%]
공조설비로 실내온도가 일정한 곳		+ 25[℃]	※ 연축전지 기준	

나. 축전지 용량 계산

(1) 축전지의 용량은 부하특성으로 결정하며, 방전전류가 증가하는 경우는 용량산출식에 의하고 방전전류가 단계별로 감소하는 경우는 각각을 계산하여 가장 큰 용량

으로 결정함

(2) 계산식은 AIEE 에 근거한 거치형을 기준으로 아래와 같음

$$C = \frac{1}{L}\,[k_1 I_1 + k_2(I_2 - I_1) + \ldots.. + k_n(I_n - I_{n-1})]$$

여기서, C : 축전지 용량[Ah/10hr] (10시간 정격방전율 용량)
L : 축전지 보수율(0.8 적용)
k : 최저전압에 의한 용량환산 시간[h]
I : 부하 특성별 방전전류[A].

3. 충전기(정류기) 용량계산 방법

가. 충전기(정류기)의 충전방식

(1) **초기충전** : 미충전 축전지를 처음 설치하여 전해액을 주입한후 처음으로 시행하는 충전을 말함
(2) **보충충전** : 필요시 마다 표준 시간율로 소정의 충전을 하는 방법
(3) **급속충전** : 비교적 단시간에 보통의 충전전류 2~3배로 충전하는 방법
(4) **부동충전** : 축전지의 자기 방전을 보충함과 동시에 상용부하에 대하여 상시 전원을 공급하고, 충전기가 부담하기 어려운 일시적인 대전류 부하는 축전지로 부담하게 하는 방법

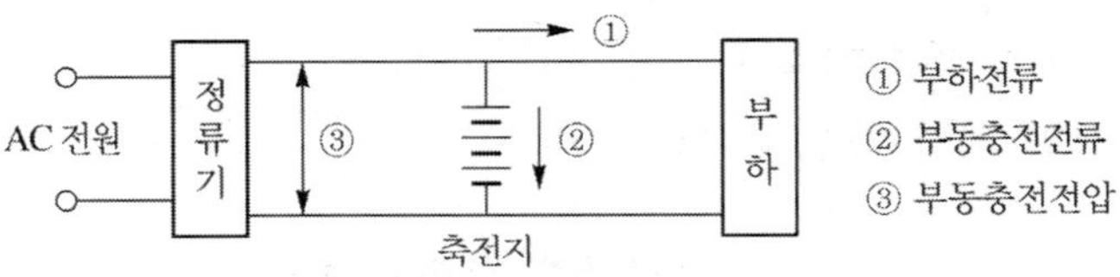

그림 7.4.1 부동 충전방식의 구성

(5) **균등충전** : 부동충전 방식으로 사용할 때 각 전해조에서 발생하는 전위차를 보정하기 위하여 일정 기간마다 정전압으로 10~12시간 충전하여 전해조의 용량을 균등하게 충전하는 방법
(6) **트리플(세류) 충전** : 자기 방전량만을 충전하는 부동충전 방식의 일종
(7) **정전압 충전** : 일정한 전압으로 충전하는 방식으로 초기의 충전전류가 커서 비경제적으로 일반적으로 사용하지 않음
(8) **정전류 충전** : 5~10 시간동안 일정전류를 흘려 충전하는 방식

나. 충전기 용량 계산

(1) 부동충전 방식은 상시부하 전류는 정류기가 부담하고 순시 대전류는 정류기와 축전지가 부담하며, 교류전원이 정전되었을 경우는 축전지가 전부하를 부담하고, 정전 회복후에는 정류기가 축전지를 충전하면서 부하전류도 공급하는 방식으로 구성함

(2) 정류기(충전기)의 용량 계산식

$$P_{ac} = \frac{(I_L + I_C) \times V_d}{\cos\theta \times \eta \times 10^3}[\text{kVA}], \quad I_{ac} = \frac{(I_L + I_C) \times V_d}{\sqrt{3} \times E \times cos\theta \times \eta}[\text{A}]$$

여기서, P_{ac} : 교류 측 입력용량[kVA] I_{ac} : 교류 측 입력전류[A]
I_L : 직류측 부하전류[A] I_C : 직류측 축전지 충전전류[A]
V_d : 정류기 직류측 전압[V] $\cos\theta$: 정류기 역률
η : 정류기 효율[%]

표 7.4.3 한전표준 규격 정류기의 역률 및 효율[%]

정격전류	역률		효율[%]	
	단상	3상	단상	3상
50 [A] 이하	70	80	55	70
50~100[A]			60	75
100[A] 초과			60	80

7.4.4 무정전전원장치(UPS)의 구성요소 및 동작원리

1. UPS의 필요성 및 사용목적

가. 무정전 전원장치를 UPS(Uninterrutible Power Supply System)이라고 하며, 상용전원의 전압변동이나 주파수는 물론 상용전원측에 정전이나 순시 전압강하가 발생하여도 부하에서는 전원차단 또는 전압변동이 일어나지 않도록 극히 짧은 시간 내에 예비전원(축전지 등)으로 정전압, 정주파수의 양질의 전원을 안정적으로 부하에 공급할 수 있는 장치로 일반적인 정지형 UPS와 전기와 기계장치로 구성되는 Dynamic UPS가 있음

나. UPS의 사용목적

(1) 상용전원의 순간적인 전압 및 주파수 변동으로부터 부하를 보호

(2) 정전 시 축전지 방전에 의한 안정된 전원 공급으로 부하를 보호

(3) 외부유입 서지(Surge)에 의한 Noise로부터 부하를 보호
(4) 상시 정전압, 정주파수로 양질의 전원을 부하에 공급

2. 정지형 UPS의 구성요소

가. Converter(순변환장치) ➪ 교류전원을 직류전원으로 변환하는 장치

교류 입력 전원을 반도체(SCR, Diode)로 정류하여 축전지를 충전하는 동시에 인버터부에 전원을 공급하는 장치

나. Inverter(역변환장치) ➪ 직류전원을 교류전원으로 변환하는 장치

축전지의 직류전원을 반도체 소자(IGBT, Transister, FET 등)으로 변환하여 교류전원을 발생하는 장치

다. 절체스위치(Static Switch)

상용 Bypass 전원에서 인버터로 전환하는 과정에서 출력의 끊김이 없도록 SCR 반도체 소자 등으로 Switching 역할을 하는 교류 절체스위치

라. 동기절체

인버터 고장이나 조작에 의해 입력전원으로 절체하는 경우에 서로의 동기(위상차)를 맞추어 절체용 반도체 및 부하에 무리가 가지 않도록 하기 위하여 절체시간을 최대한 짧게할 필요가 있으므로 일반적으로 절체시간이 4[msec](0.004초) 또는 0.2[msec] 등이 있음

마. Back-Up 시간(축전지 용량)

정전이 되어 축전지를 사용하여 정전을 보상하는 시간을 말하며, 보상시간은 일반적으로 10분, 30분, 1시간, 2시간, 5시간, 8시간 등이 있으며, 시간이 길수록 대형화 및 경제적 부담이 커지므로 부하의 특성 및 중요도에 따라 적정하게 결정하여야 함

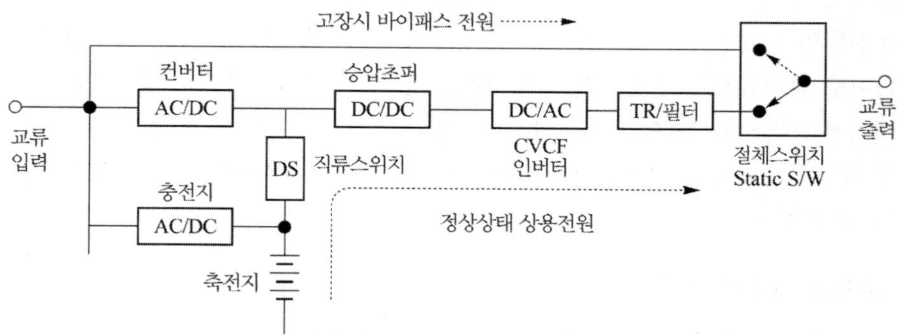

그림 7.4.2 UPS의 주요 구성요소

3. UPS의 동작원리 및 운전 방법

가. UPS 동작방식에 의한 분류

(1) OFF-LINE 방식

정상적인 상용전원을 직접 바이페스 전원으로 공급하다가 정전 시에만 인버터(Inverter)를 동작하여 부하에 전원을 공급하는 방식으로 주로 서버 등과 같은 소용량에 사용함

(2) ON-LINE 방식

입출력에 상관없이 정상적인 상용전원을 충전기와 인버터를 이용하여 부하에 전원을 공급하는 방식으로 부하전류를 인버터에서 계속 공급하므로 고신뢰성이 요구되고 중용량 이상에서 사용됨

나. 전기철도용 UPS 의 동작원리 및 운전방법

(1) 정상운전(그림 7.4.2)

정상운전 시에는 상용전원이 정류기 및 축전지에 인가되어 DC로 변환되고, DC는 인버터에서 AC 정전압, 정주파수로 변환되어 부하에 공급하고 DC 일부는 축전지의 부동충전에 사용함으로써 부하에 양질의 전원을 공급하고, 상용 입력전원에서 유입되는 문제점을 제거함

(2) 상용전원 정전 시 축전지 방전으로 운전

상용전원이 정전되면 정류기/충전기는 정지되고, 축전지 전원이 인버터를 통하여 무정전으로 필수 부하에 전원을 공급하고, UPS 축전지 방전시간이 지나면 UPS가 정지되면서 DC UV(저전압) 차단신호를 내고, DC UV 차단전에 상용전원이 회복되면 정류기/충전기가 동작하여 정상운전 상태로 됨

(3) 정상운전 회복으로 축전지 재충전

DC UV 차단 전에 상용전원이 회복되면 정류기와 충전기는 축전지를 충전시킴과 동시에 부하에 전력을 공급하게 되고, 재충전 시에는 정류기/충전기가 과부하 상태가 되므로 전류제한 동작을 함

(4) 바이페스 절체

과부하나 UPS 고장이 발생하면 필수 부하가 바이페스 전원으로 절체되며, 절체시간이 1/4 Cycle 이내로 하여 거의 무정전을 확보하도록 함

(5) 바이페스 운전 중 UPS로 절체

바이페스 운전중 UPS로 절체하려면 출력 스위치를 투입하게 되고, 이때 부하는 바이페스 전원과 UPS 전원을 동시에 받게 되는데 UPS가 서서히 부하를 부담하도록 자동으로 인버터 출력전압을 천천히 증가시켜 UPS가 전부하를 부담하게 되면 바이페스 차단기는 개방되는 “Make before Break” 절체 방식을 적용함

7.4.5 무정전전원장치(UPS)의 운용방식 및 최근 경향

1. 개요

가. 무정전 전원장치(UPS)의 운전방식은 부하의 특성 및 중요도, 경제성 등을 고려하여 UPS 모듈 1조로 단독운전하거나, UPS를 2대 이상 설치하여 병렬운전하는 방식이 있음

나. 병렬운전 방식에는 부하용량에 대응하는 UPS를 2대 이상 설치하여 각각 부하를 분담하여 상시 운전하는 방식과 예비 UPS를 설치하여 상시운전 중인 UPS 에 문제가 발생 했을 때 예비 UPS로 절체할 수 있는 Stand-By 방식이 있어 운전방식별 장단점과 고려사항 및 최근의 UPS 동향에 대하여 기술함

2. 단독운전 방식

가. 구성

UPS 단일 모듈(1대)로 구성하여 용량은 부하 용량과 같고, 바이페스 기능만을 가지는 형태

나. 특징 및 고려사항

UPS 1대 설치로 설치비용은 저렴하나 고장 시 대처가 어렵고 신뢰성이 저하되므로 응급시 절체가능한 바이페스 회로를 구성하여야 함

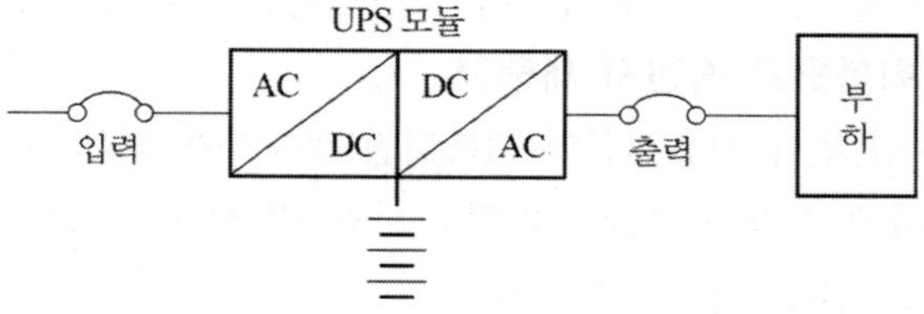

그림 7.4.3 UPS 단독 운전방식

3. 병렬운전 방식(부하분담 운영)

가. 구성

(1) 부하용량이 UPS 단일 용량을 초과하는 경우 2대 이상의 UPS 모듈을 병렬로 설치하여 운영하는 방식

(2) 일반적으로 용량이 같은 UPS 2조를 설치하여 각각의 UPS가 부하용량을 50[%]

씩 부담하는 방식으로 1대 고장 시 필요 부하를 나머지 1대가 부담하는 방식으로 축전지 설비는 UPS 모듈마다 설치함

나. 특징 및 고려사항

(1) 병렬운전 방식은 평상시 용량이 같은 2대의 UPS가 부하를 분담하여 부하용량 증가에 신축적으로 대응이 가능한 장점이 있으며, UPS 간 절체 과정이 없이 부하를 부담하여 신뢰성이 높음

(2) 부하분담 및 2대를 제어하는 회로가 복잡하고, 사용부품이 많아 고도의 기술력이 필요함

(3) 병렬 운전 설정이 필요하므로 동일 제품으로 동시에 구매하여야 하므로 설치비용이 비싸고, 축전지를 UPS 모듈별로 설치하므로 비용 및 설치면적의 제한을 받음

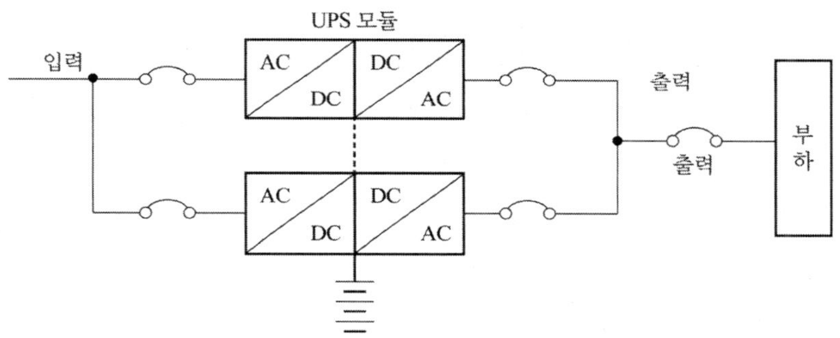

그림 7.4.4 UPS 병렬 운전방식

4. 병렬 STAND-BY 운전방식(예비 UPS 운영)

가. 구성

(1) 부하의 중요도가 매우 높은 경우 부하용량에 맞는 UPS 모듈을 2조 이상 설치하여 운전중인 UPS 모듈 중 어느 한 모듈이 고장난 경우 예비 UPS 모듈로 절체되어 정상적으로 운전되므로 신뢰성이 우수한 방식임

(2) 축전지는 UPS 모듈별로 설치하거나, 공통으로 1조를 설치하여 운용할 수 있으므로 비용 및 설치면적이 축소됨

(3) S/M(모드변환 스위치)는 사용 중인 UPS가 문제발생 시 대기 UPS로 전환할 수 있고, S/S(시스템 전환 스위치)는 UPS로 전원공급 시스템과 사용전원 공급 시스템을 전환할 수 있는 스위치를 가지고 있음

나. 특징 및 고려사항

(1) 동일 제품이 아닌 UPS로 구성이 가능하므로 회로가 간단하며, 초기에 1대만 설치하고, 추후 설치해도 문제가 없으므로 비용측면에서 유리함

(2) UPS 1대가 전부하 부담 중 고장이 발생하면 예비(Stand-By) UPS로 절체되어 100[%] 부하를 부담하게 되므로 절체 시 부하급변에 대한 돌입전류 유입으로 부품의 고장우려 등이 있으므로 Salve UPS 내량을 충분히 고려하여야 함

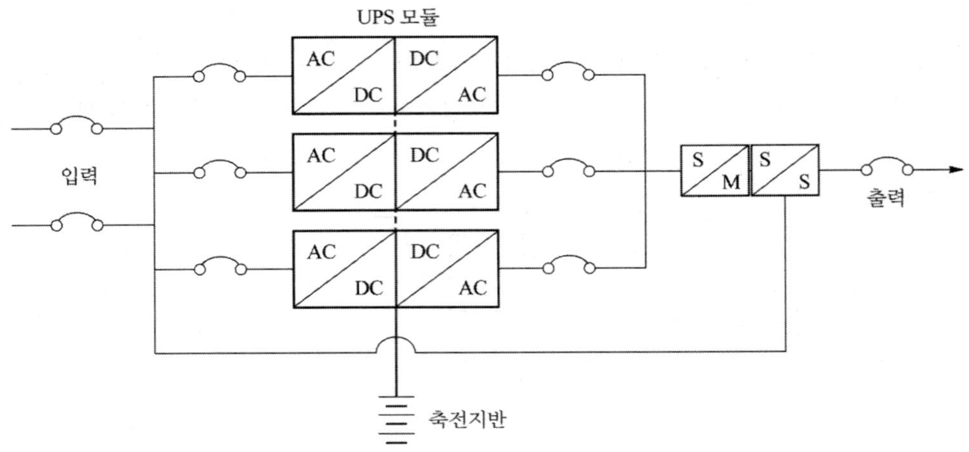

그림 7.4.5 UPS STAND-BY 병렬 운전방식

5. UPS의 최근 경향

가. 소형, 경량화

설치장소가 수변전실은 물론 컴퓨터실이나 사무실이기 때문에 설치공간의 확보와 반입문제 등으로 소형, 경량화가 요구됨

나. 입력특성의 개선

입력전원측에서 보면 UPS는 정류부하이고 고조파 전류를 유출하고 역률이 낮은 문제로 12펄스 다상 정류방식으로 개선이 되고, 전원측에 유출되는 고조파 전류 등을 감쇄시키기 위한 고역률 컨버터의 채택이 증가하고 있음

다. 출력특성의 개선

부하의 입력부가 반도체 소자에 의한 정류회로가 사용되어 고조파 문제와 피크가 큰 변형파 전류가 문제가 되고 있어 최근에는 PWM 방식에 의한 순시전압 파형제어를 부가하여 부하의 과도변동 특성을 개선하고 있음

라. 저소음화

중/소형 UPS는 컴퓨터실 또는 사무실에 설치되기 때문에 트랜스 및 리액터의 철심이나 권선의 운전소음과 냉각팬의 소음을 저감하기 위한 요구가 커짐

마. 전자 노이즈 저감

고주파 변환 회로부 자체의 저 노이즈가 요구되고, 넓은 주파수 대역에 걸쳐 노이즈 흡수효과가 있는 고성능 필터를 채용함

바. 보수의 간단화 및 성력화

니켈수소 및 리튬이온 축전지 등으로 유지보수는 간단하나 축전지의 열화상태 파악과 수명예측이 어려우므로 이에 대한 기술 확보가 요구됨

사. 조작 및 감시 기능의 인텔리 젠트화

제 8 장 직류변전 System

8.1 직류 고속도 차단기

8.1.1 직류 고속도 차단기(HSCB)의 종류 및 요구 성능

1. 개요

가. 직류 고속도 차단기는 사고 시 신속히 차단하여 사고를 극소화하고, 고도의 신뢰성과 안정성이 요구되나, 직류전류는 교류전류에 비해 영점(0)이 없어 선택 차단이 곤란하므로 차단기 자체에 사고검출 기능과 차단기능을 동시에 갖추도록 하고 있음

나. 전철변전소 등에 사용하는 고속도 차단기 종류는 동작특성상 정방향, 역방향, 양방향 고속도 차단기 등으로 분류하고, 조작방식에 따라 고속도 기중차단기(HSBT), 고속도 진상차단기(HSVCB), GTO 사이리스터 차단기 등이 있음

2. 고속도차단기의 동작 특성상 분류 및 용도

가. 정방향 고속도차단기

(1) 정상전류와 동일방향의 과전류에 대하여 자동차단

(2) 용도 : 급전용(54F), 정극용(54P), 부극용(54N) 필터장치, 인버터용 등으로 급전회로나 기기 등의 과전류보호에 사용

나. 역방향 고속 차단기

(1) 정상전류의 역방향 전류에 대한 차단(Setting치 이상의 과전류)

(2) 용도 : 정극용(54P), 부극용(54N)

다. 양방향 고속도 차단기

(1) 전류의 방향에 관계없이 Setting치 이상의 과전류가 흘렀을 때 자동차단

(2) 용도 : 급전타이포스트(Tie Post) 등의 상, 하선 접속용 차단기

표 8.1.1 차단기 종류별 표시방법

차단기 종류	표시방법	범례
정방향 고속도 차단기	Ⓟ ——)(—— Ⓝ	(범례) ——▸ 정상 전류의 방향 ——▷ 자동 잡아빼기가 되는 정방향 과전류 ◂----- 자동 잡아빼기가 되는 역전류 ◂-------- 자동 잡아빼기가 되는 역방향 과전류 Ⓟ 정극(+), Ⓝ 부극(−)
역방향 고속도 차단기	Ⓟ ——)(—— Ⓝ	
양방향 고속도 차단기	Ⓟ ——)(—— Ⓝ	

3. 고속도차단기의 조작방식에 의한 분류

가. 고속도 기중차단기(HSCB : High Speed Circuit Breaker)

(1) 공기중에서 아크를 소호하는 방식으로 국, 내외 직류 전기철도에서 가장 많이 사용되고 있어 신뢰성이 확보되고, 축적된 경험으로 유지보수가 용이한 장점이 있음

(2) 동작시 소음이 크고 방재성 문제되며 접촉자를 정기적으로 교환하는 등 VCB 방식에 비해 안정성이 다소 떨어짐

나. 사이리스터(Thyrister) 고속도차단기

(1) 반도체 소자인 사이리스터 전류 특성을 이용한 무접점 차단기로서 아크 발생이 없는 구조로 방재성 및 보수성에서 유리함

(2) 전력손실이 크고, Feeder 차단의 경우 회생전력의 역류를 위하여 Thyrister를 역병렬로 2조 설치하므로서 단위 설치면적이 큼(국내는 사용실적 없음)

다. 고속도 진공차단기(HSVCB : High Speed Vacuum Circuit Breaker)

(1) 진공중에서 차단 아크를 소호할 수 있는 방식으로 기중차단기의 주접점 및 소호장치를 진공벨브로 대체한 방식임

(2) 차단 중 기중 아크가 없어 소음이 없음

(3) 개극 시간이 짧아 한류값을 억제할 수 있고, 조작전류가 대폭 감소됨

(4) 자기유지 전류가 필요없고, 아크시간이 짧아 접점 소모가 적음

(5) 방재성, 보수성 등 전기적 특성이 우수하고, 소형 경량화로 설치면적을 약 1/4 정도로 축소할 수 있음(국내사용실적 없음)

4. 직류 고속도차단기에 요구되는 성능

가. 부하전류를 확실하게 개폐할 능력이 있고, 부하 전류의 개방과 투입에 착오가 없이 동작이 안정되어야 함

나. 사고발생시 자기 자체 또는 다른 장치로부터 차단 신호가 있을 때 사고전류를 확실히 선택하여 차단할 수 있을 것

다. 예상되는 부하전류에 대하여 충분한 전기적 및 기계적 내력을 갖을 것

라. 가급적 점검이 용이한 구조로 되어 있을 것

표 8.1.2 직류 고속도차단기 종류별 비교

구 분	HSCB(기중)	HSVCB(진공)	GTO
차단특성	공기중에서 차단 아크소호	진공중에서 차단 아크 소호	반도체에 의하여 전기적으로 차단
Close(투입) 성능	전자투입 방식 주접촉자의 통전 및 차단용량으로 결정	스프링투입 방식 접촉부의 통전성능으로 결정	Gate 점호 방식 GTO의 병렬접속 수량 및 냉각성능으로 결정
Trip(개방) 성능	스프링. 주접촉자의 개로 거리로 절연저항이 결정되고, 육안확인 가능	전자반발 코일. 접촉자의 개로거리로 절연저항 확보되고, 육안점검 어려움	Reverse 전류 방식 GTO의 누설저항이 절연저항 결정
전류감지방식	유지철심과 인출 철심의 자속차	홀 CT로 감지하여 과전류계전기로 연산	홀CT로 감지하여 디지털계전기 연산
동작시간	짧음	짧음	극히짧음
내전류 및 절연특성	강	강	약
소음 및 진동	크고 방재필요	작고, 방재불필요	없음
선택률	돌입전류로 결정	보호계전기 동작시간으로 결정	보호계전기 동작시간으로 결정
경제성	자재비 저렴	자재비 고가	자재비 고가
보수성	차단부 접촉자 소모 교환 및 아크 슈트의 청소	접촉자의 수명교환	무보수
	보수회수가 많음	보수회수 적음	보수회수 적음

8.1.2 직류 고속도 차단기(HSCB)의 차단원리 및 특성

1. 개요

가. 직류고속도 차단기는 "O"점(AC경우 사인파이므로 180°에서 O가 됨) 없는 대전류를 차단하여야 하므로 교류차단기에 비해 선택차단이 어려움.

나. 따라서, 직류 고속도차단기는 자체 내부에 사고전류 검출 및 차단기능을 가지고 있으며, 사고전류 검출시 극히 짧은 시간에 차단을 완료하는 방식이 교류용 차단기와 크게 다름

2. 고속도 차단기의 동작 원리(동작순서)

가. 자기유지 코일에 전원(DC 110[V]) 투입 ➪ 전자력 발생 ➪ 전극자 흡인 ➪ 접촉자가 페로(Close)됨

나. 트립코일에 주회로 전류가 흐르면 미흡인력을 상쇄하는 방향의 기자력을 발생하고 Setting 전류값을 초과하면 흡인력 감쇄 ➪ 개방스프링에 의해 접극자가 고속도 개방(Open)함

다. 트립코일과 병렬로 유도분로를 설치하여 사고전류를 선택 차단함

라. 조정철심의 눈금 나사는 자기유지 철심의 자기저항을 변화시킬 수 있으며, 자기기자력을 변화시킬 수 있어 고속도차단기의 동작값을 조정함

마. 접촉자 개방시 발생한 아크전류는 소호장치, 소호코일에 의해 소멸하게 됨

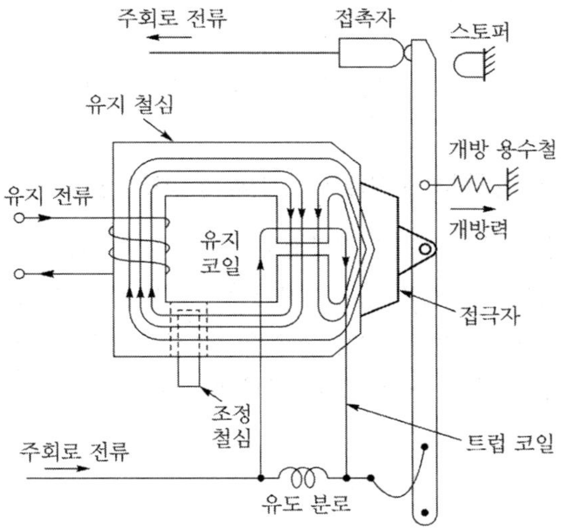

그림 8.1.1 직류 고속도차단기 동작회로

3. 고속도 차단기의 특성

가. 선택특성

(1) 트립코일과 병렬로 유도분로를 설치하여 정상전류가 분로코일에 흐르다가 돌진율이 클 때 사고전류가 회로 인덕턴스에 의한 과도현상 등으로 트립 코일측의 전류를 증가시켜 차단하게 되는 특성이 있음

(2) 전류가 Setting치를 초과하면 신속히 차단을 수행되고 발호되어야 하며, 발호후에는 신속하게 아크길이 및 Arc 전압을 증가하여 차단을 완료함

(3) 동일 설정치에서 돌입전류에 의한 최소동작 전류와 점진전류(운전전류)에 의한 최소 동작전류의 비를 선택률이라고 함

나. 트립자유(Trip Free)

자기유지 코일의 여자전류에 의해 접촉자가 접촉·투입되어 있어도 회로상 고장의 지속 또는 과전류 발생 시 즉시 차단하는 기능

다. 자기유지

변전소 내 단락사고 발생 시 역방향 대전류가 급전측으로 유입되는 경우 유지코일의 전류가 영(0)이 되어도 트립되지 않음(이때 수동 개방하려면 유지코일 전류를 역방향으로 함)

라. 역방향고속도 차단기의 오동작

정상전류가 급격히 감소하는 경우 역방향 고속도 차단기가 불요동작하는 현상을 방지하기 위하여 유지코일과 트립코일 자속이 쇄교하지 않도록 함

마. 소전류 차단

소호코일방식에서는 소전류 차단이 곤란 ➪ 공기소호방식 병용

4. 직류 고속도차단기 아크차단 이론(고장전류의 과도특성)

가. 직류 급전회로의 정상 급전 시 전압전류는 저항성분(R) 만을 고려하나, 사고전류의 급격한 변화 과정에서는 자기 유도작용에 의해 전류의 변화를 방해하는 방향의 기전력을 유기하는 자기 인덕턴스(L)를 고려해야 하므로 일반적인 직류 R−L 회로의 단락전류 및 과도특성 식은 아래와 같이 나타냄

$$i = \frac{E}{R} \times (1 - e^{-\frac{R}{L}t}) \text{ [A]}$$

여기서, E : 회로전압, t : 단락개시 시점부터의 시간[sec]

e : 자연대수(≒2.7182)

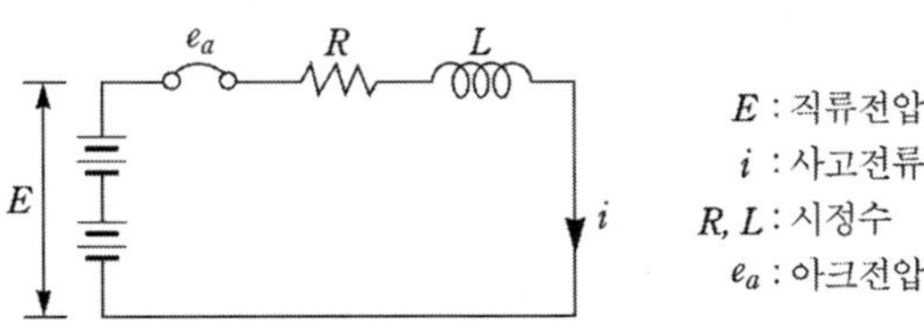

그림 8.1.2 직류회로의 차단

나. 그림 8.1.2와 같은 직류회로에 사고전류(i)가 흘러 회로를 차단하면 순간적으로 아크 전압(e_a)이 직류 전원측 E(급전전압)과 반대방향으로 기전력이 발생하므로 관계식은 아래와 같음

$$E = L\frac{di}{dt} + R \cdot i + e_a \Rightarrow -L\frac{di}{dt} = e_a - (E - R \cdot i) \text{ 가 성립됨}$$

다. 따라서, 차단 완료시 전류가 영(0)인 부근에서 아크전압은 반드시 급전전압 "E"보다 반드시 커야 전류가 차단됨 ⇨ 차단조건 : $e_a > E - R \cdot i$

라. 단락전류는 $i = \frac{E}{R}(1 - e^{-\frac{R}{L}t})$로 급증하다 약 10[ms]정도의 시간에서 급감하고, 사고전류가 추정 단락전류 최댓값(I_s)이 되기 전 약 20[ms]에서 차단됨

마. 그림 8.1.3에서와 같이 사고전류(i)의 전류 상승율은 사고 순간인 $t = 0$에서 최대가 되며, 초기 최대상승율은 $(\frac{di}{dt})_{t=0} = \frac{E}{L}$이고, 이때의 $\frac{di}{dt}$를 고속도 차단기의 돌진율(돌입율)이라고 함

바. 돌진율($\frac{di}{dt}$)과 시정수 $\tau (= \frac{R}{L})$ 관계는 $(\frac{di}{dt})_{t=0} = \frac{E}{L} = \frac{1}{\tau} = \alpha \Delta I$ 임

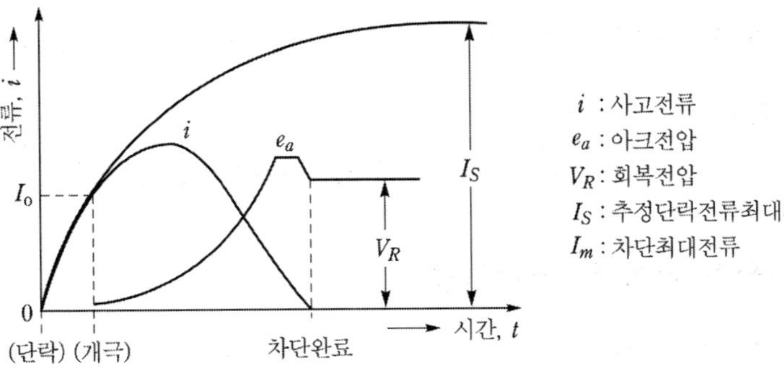

그림 8.1.3 고속도차단기 차단전류 감소곡선

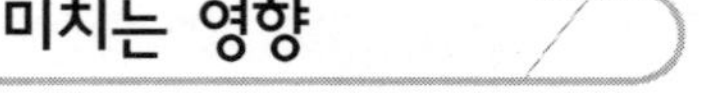

8.1.3 직류 고속도차단기의 특성과 변전소 설계에 미치는 영향

1. 개요

전기철도 직류고속도 차단기는 직류 급전계통에 이상이 발생한 경우 신속히 사고를 감지하여 고속으로 계통을 개방하여 사고 전류를 차단하는 기능을 가지고 있으며, 직류 급전변전소의 정류기 보호, 급전회로 보호 및 개폐용, 인접된 변전소 사이를 병렬로 연결하는 병렬급전 방식을 기본으로 하고 있음

2. 고속도 차단기의 특성

가. 선택특성

트립코일과 병렬로 유도분로를 설치하여 정상전류가 분로코일에 흐르다가 돌진율이 클 때 사고전류가 회로 인덕턴스에 의한 과도현상으로 인하여 트립 코일측의 전류를 증가시켜 차단하게 되는 특성이 있음

나. 트립자유(Trip Free)

자기유지 코일의 여자전류에 의해 접촉자가 접촉·투입되어 있어도 회로상 고장의 지속 또는 과전류 발생 시 즉시 차단하는 기능

다. 자기유지

변전소 내 단락사고 발생 시 역방향 대전류가 급전측으로 유입되는 경우 유지코일의 전류가 영(0)이 되어도 트립되지 않음 ➪ 이때 수동개방하려면 유지코일 전류를 역방향으로 함

라. 역방향고속도 차단기의 오동작

정상전류가 급격히 감소하는 경우 역방향 고속도 차단기가 불요동작하는 현상을 방지하기 위하여 유지코일과 트립코일 자속이 쇄교하지 않도록 함

마. 소전류 차단

소호코일방식에서는 소전류 차단이 곤란 ➪ 공기소호방식 병용

3. HSCB의 변전소 설계 시 고려사항

가. 고속도 차단기의 차단용량은 추정단락 전류와 돌진율로 결정되는데 단락사고 발생 시 HSCB가 신속히 동작하여 사고전류를 차단할 수 있는 충분한 차단 용량이 요구됨

나. 차단 최대전류(차단용량)에 따라 변전소의 주회로의 통전용량, 기계적강도, 보호계통

에 대한 종합적인 검토가 수반되도록 설계 시 반영되어야 함

다. 시시각각 변하는 운전전류에 의해 자동개방되는 등의 불요동작이 없도록 규격 및 사양을 충분히 고려하여 반영하여야 함

라. 급전회로 작업 중으로 정전되는 경우 작업원에게 안전하도록 충분한 전기적 절연을 확보하도록 함

마. 통전상태, 개방상태에서도 변전소 및 급전회로의 이상전압에 대하여 충분한 절연내력을 유지되도록 하여야 함

8.1.4 직류 고속도차단기의 유도분로(자동트립) 동작원리

1. 고속도차단기 유도 분로

가. 고속도 차단기는 그림 8.1.4와 같이 트립 코일과 유도분로에 각각의 저항에 반비례하는 전류가 흐르는데 운전전류는 전동기의 권선을 흐르므로 권선의 리액턴스에 인하여 전류의 증가율 폭이 크지않는 점진전류가 되지만, 돌진율이 큰 사고전류인 경우는 유도분로의 인덕턴스 때문에 트립코일에 흐르는 전류비율이 커져 점진전류와 사고전류를 판단하여 차단하는 선택 특성을 가지게 됨

나. 즉, 직류 급전계통에서 사고로 인한 과전류로 자동 트립(잡아빼기 동작)하는 고속도 차단기에서 운전전류와 같이 완만하게 증가하는 주전류(점진전류)와 구분하여 사고전류와 같이 급격하게 변화하는 돌진전류에 대해서는 전류수치가 추정 최대 단락전류보다 작을 때 차단할 수 있도록 설치한 것이 유도분로 임

2. 유도분로 동작원리

가. 그림 8.1.4의 자동트립 구조와 같이 정방향 또는 역방향 차단기와 같이 일방향 고속도 차단기는 주회로의 주전류가 Trip coil 의 자속 Φ와 자기유지 코일이 만드는 유지자속 Φ_{11}은 접극자 접촉면에서 서로 상쇄되도록 되어 있음

나. 직류 부하계통에서 단락사고가 나면 고장전류는 급격히 증가하는데 주회로에 결선되어 있는 유도분로에 흐르는 전류는 분로 코일의 인덕턴스(L) 에 의하여 큰 저항을 받아 자동 Trip coil 측으로 더 많은 전류가 분류되어 자속 Φ가 급격히 증가하므로 차단전류 눈금 조정치 이하의 사고전류에서 개극하여 추정 최대사고전류 보다 적은 범위에서 신속히 차단하게 되는 원리임

다. 주회로에 이상전류가 흐르는 경우 trip coil 에 trip 동작방향의 전류가 많이 흐르는 경우에는 접극자면에서 자기유지력을 상실하여 가동접촉자가 Quick trip spring (트

립스프링)이 당기는 힘에 의하여 차단동작을 하게 됨

라. 동작전류 수치는 전류 눈금설정장치 내의 설정 스프링 강도를 바꿈으로써 설정되며, 기계유지식 고속도 차단기는 주전류의 방향에 관계없이 주전류의 크기만으로 자동 트립이 되므로 양방향 고속도 차단기로 사용할 수 있음

3. 유도분로 구조

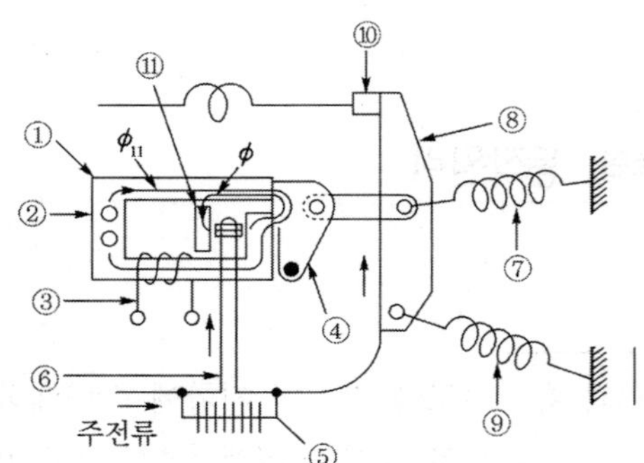

번호	명칭	번호	명칭
1	유지철심	7	Quick trip spring
2	눈금조정나사	8	가동접촉자
3	유지코일	9	폐로 spring
4	접극자	10	고정접촉자
5	유도분로	11	Bias 철심
6	trip coil		

그림 8.1.4 고속도차단기 자동트립 구조

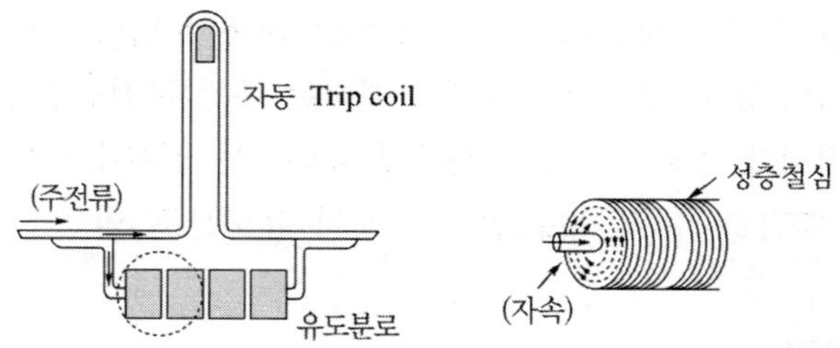

그림 8.1.5 고속도차단기 유도분로 구조

8.2 ◦ 직류 급전용 정류기 및 정류기용 변압기

8.2.1 단상 전파 및 3상 전파 정류의 교류와 직류 전압

1. 개요

교류의 전압과 전류는 실효값(rms : Root mean square)로 표시하는데 비하여 직류는 평균값으로 나타내며, 전기철도에서는 일반적으로 3상을 수전하여 3상 전파정류를 이용하지만 3상을 동시에 고려하면 복잡해지므로 먼저 단상 전파정류와 3상 중에서 1상의 정류특성 알고리즘을 이해하고, 전기철도용 정류기의 전압과 전류에 대하여 입력측과 비교하기로 함

2. 단상 전파정류의 교류와 직류 전압

가. 단상 전파정류 회로 및 전압파형

(1) 그림 8.2.1과 같이 단상 전파정류 회로에 단상 교류 $v = \sqrt{2}\,V\sin\theta$의 정형파 전압이 입력되면, 정현파 전압에 대하여 정(正)의 1/2 사이클 범위($0 \le \theta \le \pi$)에서는 다이오드 D_1, D_4가 도통하는 회로가 구성되고,

(2) 부(負)의 1/2 사이클 범위($\pi \le \theta \le 2\pi$)에서는 다이오드 D_2, D_3가 도통하는 회로가 구성되어 순방향으로 흐르게 됨

(3) 단상 전파정류는 교류전압의 정(+) 측이나, 부(−) 측을 모두 통과하여 정(+)파로 되어 2개의 산이 연속되는 전파정류 방식으로 1[cycle] 범위에서 직류 출력전압은 e_d와 같은 굵은 실선의 파형으로 됨

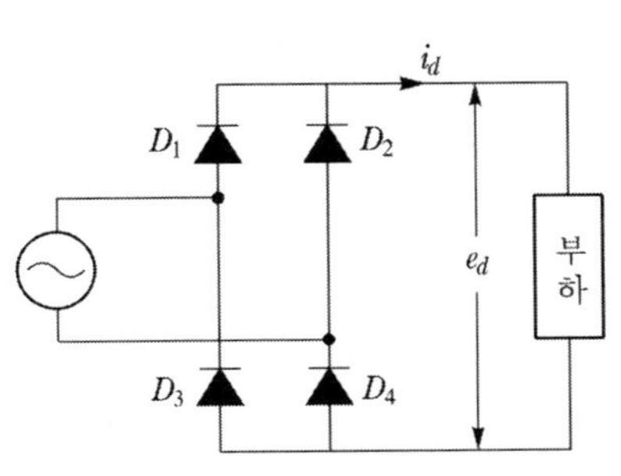

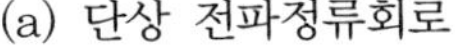
(a) 단상 전파정류회로

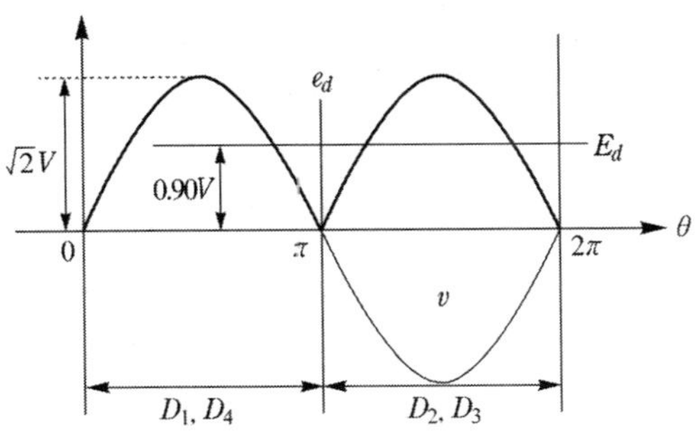

(b) 단상전파정류 전압파형

그림 8.2.1 단상 전파정류 브리지회로 및 전압파형

나. 단상 전파정류의 입력(교류)와 출력(직류)의 전압 관계

(1) 전파정류 출력전압은 그림 8.2.1(b)과 같이 1/2(반) 사이클 마다 발생되므로 직류 전압 평균치(E_d)는 반사이클($0 \leq \theta \leq \pi$) 범위의 출력전압 순시치 e_d 의 면적의 합과 같으므로 아래와 같이 계산할 수 있음

(2) 단상 정현파 전압의 평균값 기본식

$$V_{avg} = \frac{1}{T}\int_0^T V_m \sin\theta \cdot d\theta = \frac{1}{T}\int_0^T \sqrt{2}\, V \sin\theta \cdot d\theta$$

여기서, V_{avg} : 전압의 평균값

T : 정현파의 주기

V_m : 교류입력 전압의 최댓값($V_m = \sqrt{2}\, V$)

V : 입력 전압의 실효값

(3) 단상 전파정류의 교류와 직류의 전압비

2차 출력전압은 1/2 사이클(주기 $T=\pi$)마다 연속적으로 발생되므로 기본식을 이용하고, 직류 전압은 평균치로 나타내므로 직류전압 평균값을 E_d 라고 하면,

$$\begin{aligned} E_d &= \frac{1}{\pi}\int_0^\pi v \cdot d\theta = \frac{1}{\pi}\int_0^\pi V_m \sin\theta \cdot d\theta \\ &= \frac{V_m}{\pi}\int_0^\pi \sin\theta \cdot d\theta \ (\text{여기서, } \int \sin\theta \cdot d\theta = -\cos\theta + C \text{이므로}) \\ &= \frac{V_m}{\pi}[-\cos\pi - (-\cos 0)] = \frac{V_m}{\pi}[-(-1)-(-1)] \\ &= \frac{2\,V_m}{\pi} = \frac{2\sqrt{2}}{\pi} V \ \Rightarrow \text{따라서, } E_d = 0.637\,V_m = 0.9\,V \end{aligned}$$

(4) 사이리스터 정류(SCR)에 점호각 (α)가 존재한다면

$E_d = \frac{V_m}{\pi}(1+\cos\alpha) = \frac{\sqrt{2}\,V}{\pi}(1+\cos\alpha)$이 일반식이 됨

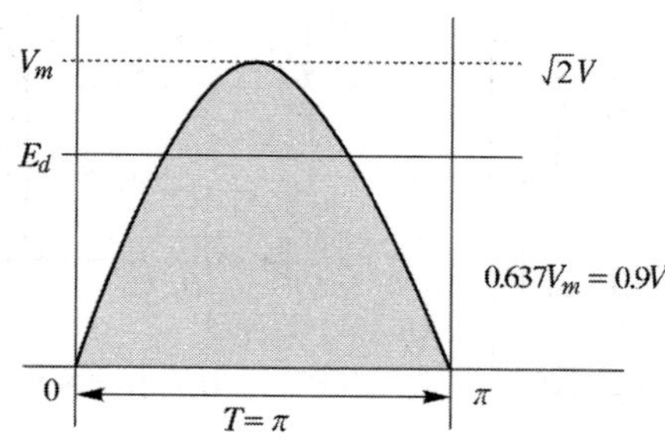

그림 8.2.2 단상 전파정류 교류 및 직류 전압

3. 3상 전파정류의 교류와 직류의 전압

가. 3상 전파정류 회로 및 전압파형

(1) 3상 전파정류는 3상을 동시에 고려하면 매우 복잡해지므로 3상 전압중 한상(相)인 V_{ab} 에만 정현파가 인가되었다고 가정하면 단상 전파정류와 같은 파형이 발생됨

(2) 따라서, 3상의 상전압 V_{ab} , V_{bc}, V_{ca}는 가각 120°의 위상차를 가지고 반복적으로 나타나 그림8.2.3.과 같이 3상 전파정류 방식에서는 1[cycle] 사이에 6개의 반파가 전기각 60°($\frac{\pi}{3}$rad), 시간적으로는 60[Hz]에서 $\frac{1}{360}$[sec]의 주기 간격으로 정(+)측에 나타나는 배열이 됨

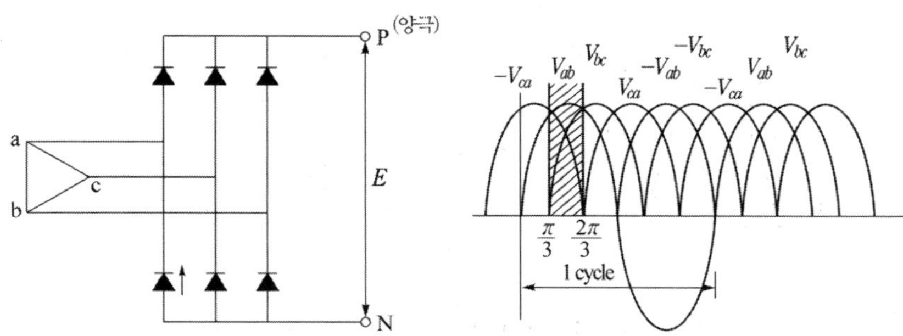

그림 8.2.3 3상 전파정류 브리지 회로 및 전압파형

나. 3상 전파정류의 교류와 직류전압 관계

(1) 그림 8.2.4와 같이 정류기 직류측에 나타나는 전압은 맥동전압으로 사인파 교류 파고치(V_m)을 중심으로 한개의 맥동파의 $\frac{1}{3}$부분만 나타냈으므로 맥동전압의 평균치는 정현파의 위상각 $\frac{\pi}{3}$부터 $\frac{2\pi}{3}$까지 점선부분 면적(S)와 같으므로 아래와 같이 계산함

$$S = \int_{\theta=\frac{\pi}{3}}^{\theta=\frac{2}{3}\pi} V_m \sin\theta \cdot d\theta \;=\; V_m \int_{\frac{\pi}{3}}^{\frac{2}{3}\pi} \sin\theta \cdot d\theta$$

$$S = -V_m\left(\cos\frac{2}{3}\pi - \cos\frac{\pi}{3}\right) = -V_m\left(-\frac{1}{2} - \frac{1}{2}\right) = V_m$$

여기서, 각속도 $wt = \theta$, $\int \sin\theta \cdot d\theta = -\cos\theta$임

(2) 따라서, 직류 맥동전압 평균치는 점선면적의 높이와 같으므로 직류전압 평균치는 점선면적을 아래측 저변의 길이로 나눈값이 됨

$$E_d = \frac{S}{\text{아래저변길이}} = \frac{V_m}{\frac{\pi}{3}} = \frac{3V_m}{\pi}\,[\text{V}] \quad (\text{단, } S = V_m)$$

(3) 따라서, 3상 전파정류의 교류 파고치를 실효치 $V_m = \sqrt{2}\,V$로 변환하여 교류전압(V)와 직류 전압(E)의 관계식으로 나타내면,

$$\therefore E_d = \frac{3V_m}{\pi} = \frac{3\sqrt{2}\,V}{\pi} = 0.9549\,V_m = 1.35\,V \text{가 됨}$$

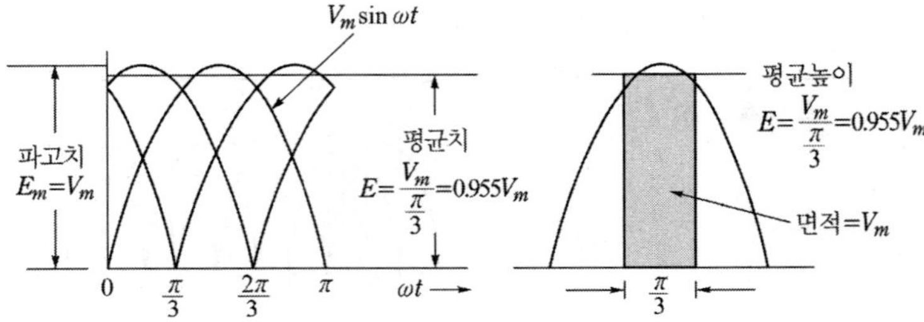

그림 8.2.4 3상 전파정류의 직류 전압

다. 다상(多相) 정류의 교류와 직류전압 관계

(1) 교류 측이 m-상(또는 m-Pulse) 회로에서 점호각이 α 각일 때 전압비

$$E_d = \frac{1}{2\pi/m}\int_{-\pi/m+\alpha}^{\pi/m+\alpha} V_m \cos\theta \cdot d\theta = \frac{V_m \sin(\pi/m)}{\pi/m}\cos\alpha$$

$$= \left(\frac{m\sqrt{2}}{\pi}\,V\sin\frac{\pi}{m}\right)\cos\alpha = E_{d0}\cdot\cos\alpha$$

점호각이 0일 때

$$E_d = E_{d0} = \frac{m\sqrt{2}}{\pi}\,V\sin\left(\frac{\pi}{m}\right)$$

여기서, E_d : 점호각이 있는 직류전압
E_{d0} : 점호각이 0일 때 직류전압
m : 교류 측의 상수, α : 정류소자의 점호각
V_m : 교류 최고전압, V : 교류 상전압 실효값

(2) 점호각이 0인 3상 브리지회로의 6 Pulse 회로를 가정하면

$$E_d = E_{d0} = \frac{m\sqrt{2}}{\pi} V \sin\left(\frac{\pi}{m}\right) \text{ 식에서}$$

$$E_{d0} = \frac{6\sqrt{2}}{\pi} V \sin\left(\frac{180}{6}\right)° = \frac{6\sqrt{2}}{\pi} V \times \frac{1}{2} = 1.35\,V\,[\text{V}]$$

8.2.2 직류급전용 실리콘 다이오드 정류기의 특성 및 결선방식

1. 개요

가. 실리콘 정류기는 반도체 정류기의 일종으로 실리콘(Silicon)이나 게르마늄(Ge)등의 반도체 소자를 특수한 방법으로 접합하여 만든 반도체 Diode로 반도체의 P, N 접합 전극에 순방향 전압을 인가한 경우에는 전류가 흐르지만 역방향 전압을 인가하면 전류가 흐르지 않는 정류작용을 응용한 정류기로 일반적으로 다이오드 정류기라고 함

나. 실리콘 정류기에는 접점, 진공용기, 섬세한 온도관리도 필요 없으며, 섬락이나 역호와 같은 약점도 거의 없으며, 최근 제조기술의 향상에 따라 내전압이 향상되고 정류성능이 우수하여 효율이 높으며 소형경량의 구조로 보수 및 운전조작이 간단한 장점 등으로 직류 전기철도 급전용 정류기로 널리 사용됨

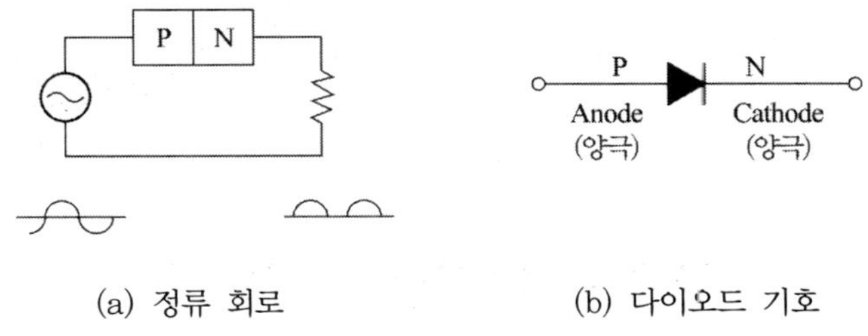

(a) 정류 회로 (b) 다이오드 기호

그림 8.2.5 다이오드 소자의 정류작용

2. 실리콘 다이오드 정류기의 정류소자

가. 전철용 정류기와 같이 고전압 대전류의 정류기에서는 다수의 소자가 조합되고, 이에 대한 냉각장치, 보호장치 등을 부속하여 1조의 정류장치를 구성하며 실리콘 정류기의 정류소자로는 스터드(Stud)형과 평판형(평형소자)이 있음

나. 초기의 실리콘 다이오드는 스터드 형이라고 하는 전압 · 전류정격이 작은 소자를 냉각

핀(fin) 상에 다수 배열하여 대 전류에 대응했으나, 전류용량도 크고 방열이 좋은 원반형의 평형소자가 개발되어 대용량 부하에 대부분 사용됨

다. 평형소자의 특징

(1) 고전압 대전류에 적합한 대형소자의 필요성 및 소자의 신뢰성 향상을 위하여 스터드형을 대체 개발하게 됨

(2) 스택의 구성이 소형화 되고 스터드형에 비해 양면을 냉각하기 때문에 소자 전류용량이 증가(약 300[A] ➪ 약 1600[A])하여 대전류에도 적합

(3) 스택의 구성에 따라 직병렬 접속이 용이함

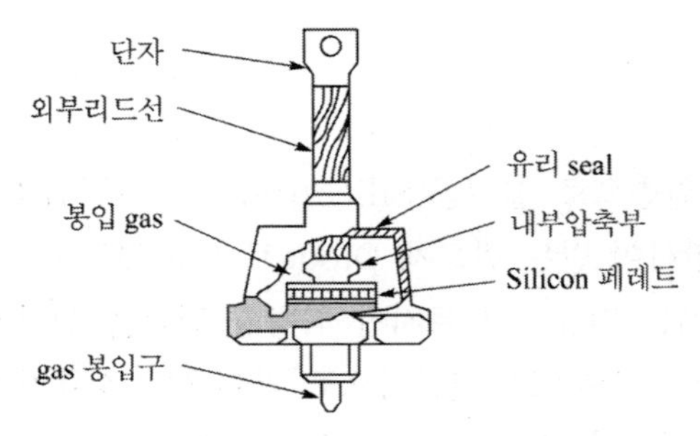

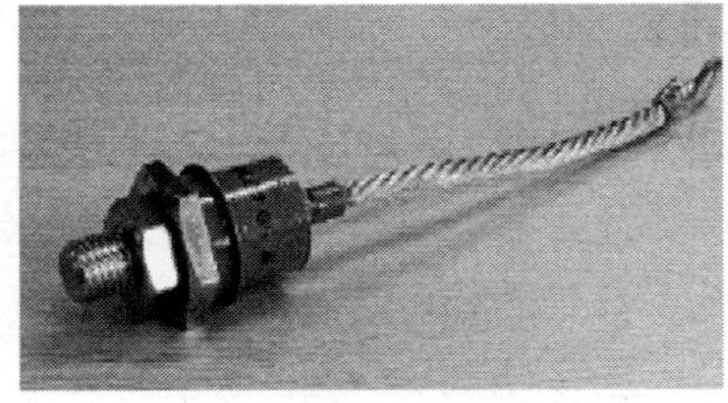

(a) 스터드형 소자

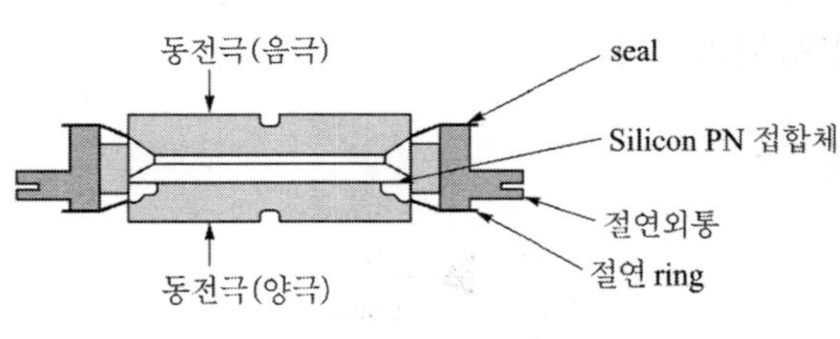

(b) 평형소자

그림 8.2.6 실리콘다이오드 정류소자

3. 실리콘 다이오드 정류기의 장단점

가. 장점

(1) 구조 및 취급이 간단하여 보수 및 운전이 용이함

(2) 냉각이 충분하면 수은 정류기와 같은 온도제어 및 진공유지 불필요

(3) 효율이 높음

(4) 소형 경량으로 설치 면적이 작고 가격이 저렴함

(5) 순방향 전압강하(0.8~1.5V)가 작고 역내전압이 높으며 역전류가 낮음

(6) 허용 온도가 높고, 내진성이 풍부함

나. 단점

단시간 과부하 내량이 작고, 과전압 내량이 작음

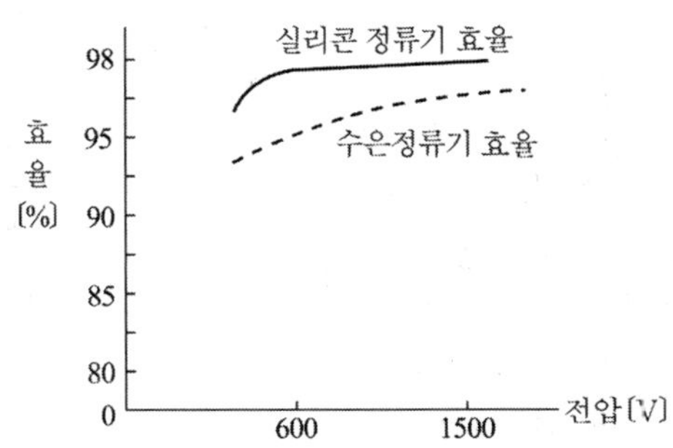

그림 8.2.7 정류기 효율 특성

4. 실리콘 정류기의 결선(접속) 방식

가. 일반적으로 전기철도에 주로 사용하는 실리콘 정류기의 결선은 2중성형 결선(상간 리액터부)과 3상 브리지(Bridge) 결선 방식이 있으며, 변압기와의 조합에 따라 단방향 정류회로와 양방향 정류회로가 있음

(1) 3상 브리지 결선은 1상 소자전체에 인가된 상시 역내전압은 변압기 2차 선간전압의 1/2이 되고, 2중 성형 결선의 경우는 변압기 상전압과 같음

(2) 전류는 2중 성형결선의 경우 상시 2개의 상(arm)에 병렬로 전류가 흐르지만, 브리지 결선의 경우는 2개의 상(arm)에 직렬로 전류가 흐르므로 1개의 상에 흐르는 전류는 2배가 됨

나. 정류소자의 접속 방법

(1) 직렬로 접속된 소자를 병렬로 접속하는 방법

➪ 전류 분담면에서 유리하나, 전압분담의 불평형이 큼

(2) 병렬로 접속된 소자를 직렬로 접속하는 방법

➪ 전압 분담면에서 유리하나, 전류분담의 불평형이 큼

(3) 어느 방법이나 콘덴서 및 저항으로 분압기를 설치하여 역전압 분담이 균일하게 하여 문제점을 해소함

다. 결선 방식 비교표

구 분	2중 성형 결선	3상 브리지 결선
변압기측 결 선	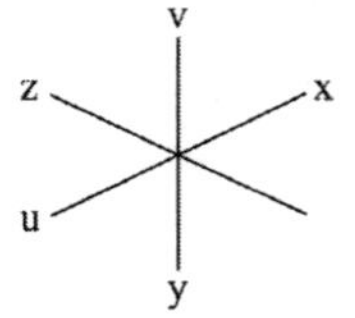 v z x u y	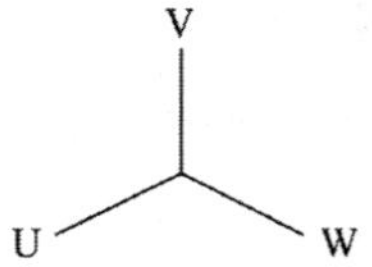 V U W
정류기측 결 선	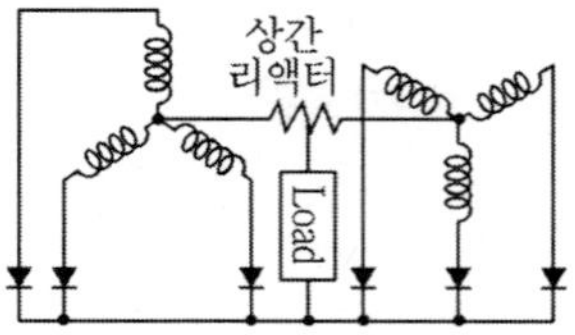 상간 리액터 Load	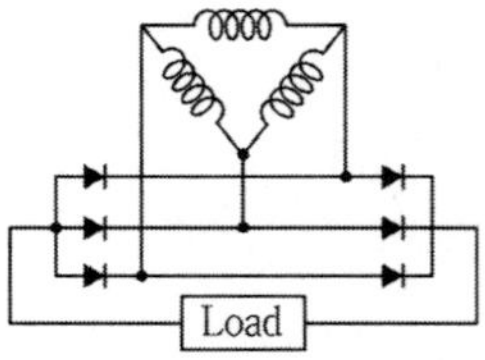 Load
정류방식	6상 전파 정류 (12Plus)	3상 전파 전류 (6Plus)
정류회로	한(단) 방향	양방향
직렬소자수	6 (브리지 결선의 2배)	3
병렬소자수	1	2(2중 성형의 2배)
적용전압	600[v], 750[v] 계열	1500 [V] 계열
특징	(1) 변압기 결선이 복잡 (2) 고조파 함유율이 적음 (3) 전압억제 제한장치 필요	(1) 변압기 결선이 단순 (2) 고조파 함유율이 큼 (3) 변압기 이용률 높음

5. 실리콘 다이오드 정류기의 표준정격

가. 정류기의 표준정격은 정류기가 견딜 수 있는 역방향 사인파 전압의 실효값과 순방향으로 흐르는 전류밀도(직류 출력전류)를 기준으로 하여, 100[%] 연속운전에 필요한 정격출력 직류전류에 대하여 과부하 내량을 7개 종류(A_0, A, B_0, B, C, D, E)로 나누어 표준을 정하고 있으나 전기철도용의 경우 D종 또는 E종 규격이 주로 적용됨

나. 중부하 전철급전용으로 사용되는 정류기는 연속 정격출력이 해당시간 동안 충분히 견딜수 있는 것을 해당 표준정격으로 정하여 3상 2중결선 브리지 방식을 병렬 또는 직렬로 결선한 12펄스(Pulse)를 사용하고, 과부하 정격은 아래 표와 같음

표 8.2.1 전철급전용 실리콘 정류기 표준정격

정격의 종류	부 하 조 건	
D종	100[%] 연속 정격출력	정격출력 직류전류의 150% 2시간
		정격출력 직류전류의 300% 1분
E종	100[%] 연속 정격출력	정격출력 직류전류의 120% 2시간
		정격출력 직류전류의 300% 1분

8.2.3 직류 급전용 정류기의 보호 및 냉각방식

1. 전기철도용 정류기로서 요구되는 성능

가. 전철용 부하는 반복 피크(Peak) 부하이므로 전류 및 온도 변화의 반복에 대해서는 실리콘 정류소자가 충분히 견딜 것

나. 직류전압이 높고 소자의 직렬 개수가 많으므로 역전압 분담을 충분히 평형 시킬 수 있을 것

다. 직류측으로부터 침입되는 이상전압에 직렬소자가 충분이 대응할 수 있을 것

라. 전차선로, 전기차사고 등에 의한 급전회로의 단락사고에 대비하여 병렬소자는 과전류에 충분이 대응(협조)할 수 있을 것

마. 정류기는 허용온도 150[℃](주위온도 40℃, 허용상승 온도110℃)로 하며 온도상승 경보장치를 설치하여야 함

2. 실리콘(다이오드) 정류기의 보호

가. 다이오드 퓨즈 설치

퓨즈는 다이오드 소자와 인접하여 설치하고, 용단상태를 육안으로 감시가능하고, 상태 감시 시스템을 설치함

나. 방열판 온도장치

온도센서를 다이오드 방열판에 설치하여 감시 가능하도록 하고, 설정온도 초과 시 경보 및 차단기 트립 요소를 갖추어야 함

다. Space Heater

정류기반 내부에 자동 온도조절 장치 설치

라. 과전류 보호

단락, 지락 등에 대하여 54P(급전용 고속도차단기)의 자동차단 및 과전류 계전기, 단락계전기와 연동하여 차단기를 개방하도록 보호

마. 직류역류 보호

정류기 주회로에 역류계전기를 설치하여 사고 즉시 검출하여 차단기를 개방

바. 서지(이상전압) 보호

(1) **교류 측 보호** : 외뢰 서지에 대하여 수전측에 피뢰기 설치 및 캐리어 축적에 대하여 소용량 콘덴서, 저항 등역 전압 제한 서지보호장치 설치

(2) **직류측 보호** : 외뢰 서지에 대하여 피뢰기 설치 및 개폐서지에 대하여 서지흡수기 (Surge absober) 설치

사. Door Open 검출

정류기반으로 설치 시 문 개방에 대한 감시

3. 실리콘 정류기의 냉각 방식

실리콘 정류소자의 허용온도는 약 150[℃](주위온도 40℃의 경우 허용 온도 상승한도를 110℃)로 효율을 높이기 위해 열의 발산이 필요함

가. 강제 풍냉식

(1) 방법 : 운전 중 송풍으로 냉각
(2) 특징 : 오손에 약해 미세분진 청소가 필요하고 운전 시 상시 송풍 필요

나. 유냉방식

(1) 방법 : 절연유 강제 순환식 및 프레온 가스를 넣은 자냉방법
(2) 특징 : 보수용이, 절연유 방식은 화재 대책, 프레온 가스는 오존파괴 대책 필요

다. 비등냉각식

(1) 방법 : 냉각매체로 프레온 가스 대신 불화탄소 사용하여 열교환 작용 이용
(2) 냉각원리 : 통전으로 열이 발생하면 냉매용액이 비등하여 기화하면서 정류스택이 열을 흡수하며, 기화 가스는 응축기로 냉각하여 액화 후 탱크로 되돌려 지는 사이클 임
(3) 특징 : 비등 냉각의 열전도율이 강제 풍냉식의 100~200배이고, 액냉식의 10~20배로 우수함, 소형·경량·불연성·유지 보수성이 좋아 옥·내외용으로 모두 사용됨

8.2.4 전기철도용 사이리스터 정류기(SCR) 특성 및 효과

1. 사이리스터(SCR) 정류기 사용배경

가. 직류 전기철도용 정류기는 초기에 수은정류기가 사용되어 왔으나 전력전자 기기의 기술발전으로 실리콘 다이오드의 개발에 따라 실리콘 정류기를 주로 사용하고 있으나, 실리콘 정류기는 직류에서 교류로 역변환이 불가능하므로 최근 회생제동 시스템의 전기차가 운행되면서 발생하는 회생전력을 유효하게 사용할 수 없는 회생실효가 발생하

게 됨

나. 회생실효를 방지하기 위한 대책으로 교류를 직류로 역변환하는 사이리스터 반도체를 이용한 회생 인버터 장치를 정류기와 병렬로 설치하여 교류로 변환한 회생전력을 유효하게 사용하는 방법으로 사이리스터 정류기를 사용하게 되었으며, 최근에는 정류기의 기술 발전형으로 정류기에 회생인버터의 기능을 넣어 쌍방향으로 전력변환이 가능한 자여식 정류기가 개발되어 사용 중임

2. 사이리스터(Thyristor) 동작 원리 및 장점

가. 사이리스터의 구조

(1) 다이오드 소자는 2개의 P형과 N형 전극을 가졌으나, 사이리스터 반도체 소자는 P형 반도체와 N형 반도체가 최소 3개 이상 결합한 구조로 이루어 지며, Gate의 존재 여부에 따라 단방향, 양방향, 2극, 3극으로 구별하고, 주로 PNPN 4층 구조를 가진 소자를 사용함

(2) 사이리스터 정류기를 SCR(Silicon Controlled Rectifier Thyristor)이라고 하며, 양극을 에노드(anode), 음극을 캐소드(cathode), 게이트(Gate)의 전극을 가지는 실리콘 제어 정류기라고도 함

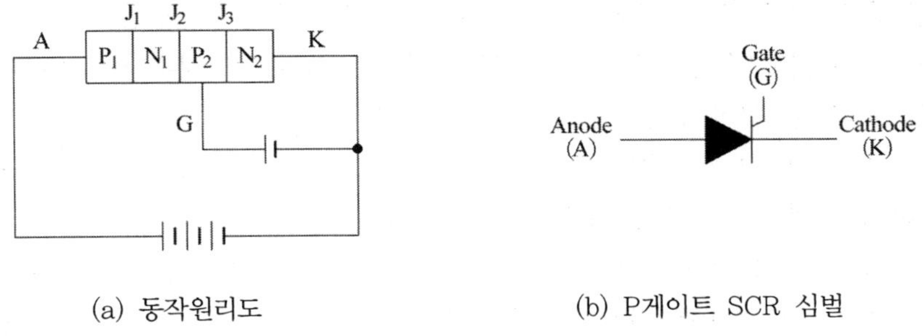

(a) 동작원리도 (b) P게이트 SCR 심벌

그림 8.2.8 사이리스터 구조 및 동작원리

나. 동작원리

(1) 사이리스터의 Turn-On 동작

① 그림 8.2.8과 같이 사이리스터 접합부분 J_1, J_3에 순방향 전압, J_2에 역방향 전압이 가해지는 회로에서 VBO(브레이크 오버 전압)에 이르기까지는 순방향을 저지하는 상태가 유지됨

② 게이트에 (+) 전압을 인가하면 에노드(A)－캐소드(K)간에 VBO으로 도통되어 통전하는 것을 Turn-On 상태라고 함

③ 턴온(Turn-On) 상태가 되면 게이트 전류와 무관(게이트 제어능력이 상실)하게 되고, A-K 간에 수십[mA] 이상의 순방향 전류가 흐른다면 Turn-On 상태를 계속 유지하게 되어 게이트에 전류에 의하여 턴 오프(Turn-Off)를 할 수 없음

(2) 사이리스터의 Turn-Off (소호) 동작

① 턴 오프(Turn-Off)상태로 전환하려면 애노드 전압을 "0"으로 하여 A-K 사이의 전류가 수[mA] 이하로 떨어지게 하거나,

② 에노드(A)-캐소드(K) 사이에 순간적인 역전압을 인가함

다. 사이리스터의 장점

(1) 고전압, 대전류의 제어가 용이함

(2) 제어이득이 높고, 게이트 신호가 없어도 턴-온 상태를 유지할 수 있음

(3) 수명이 반영구적으로 신뢰성이 높고, 서지전압과 전류에도 강함

(4) 소형, 경량으로 기기나 장치에 설치가 용이하여 함

(5) 사이리스터의 특성인 전력제어의 스위치 제어기능, 위상제어 기능, 정전류 및 정전압 기능, 속도제어 기능을 이용하여 다양하게 사용함

3. 사이리스터 정류기의 특성 및 효과

가. 사이리스터 정류기는 부하전류 증가에 따라 정류기 제어각을 변환시켜 출력전압을 용이하게 변환시켜 전압강하를 보상하므로 실리콘 다이오드 정류기에 비하여 급전거리를 길게 할 수 있어 변전소수를 축소할 수 있음

나. 기본회로에 반대방향의 사이리스터를 병렬로 결선한 더블 컨버터(컨버터+인버터)를 사용하여 회생전력을 교류 측으로 회수 가능함

다. 경부하시 직류 변전소의 출력전압을 낮게 설정할 수 있으므로 회생차량에 대한 전력회생 인버터의 회생효율을 향상시킬 수 있으나, 중부하시는 원거리 전동차에 의한 출력전압 증가시 회생전류가 감소하고, 회생차가 변전소 주변에 있을 경우 회생실효 가능성이 높아 전체 회생효율은 감소하기 됨

라. 변전소간 부하 균형을 조정하여 각 변전소의 피크전력을 저감할 수 있어 최대 설비용량을 축소할 수 있음

표 8.2.2 다이오드 정류기와 사이리스터 정류기 특성

구 분	다이오드 방식	사이리스터 방식
정류 소자	다이오드	사이리스터
출력전압 특성	부하증가시 감소	부하증가시 증가
회생전력 회수	• 인근 차량에서 부분흡수 되고 회생실효 발생 • 회생인버터 설치 시 AC 계통으로 회수 가능	• 인근차량에서 일부 회수 • 회생인버터에서 AC 계통으로 회수 가능
직류모선	공통모선 사용	분리모선 사용
직류배전반	직류고속도 차단기사용	직류 전동단로기 사용
Air Section	단순함	전위차 발생으로 복잡.
정류기 용량	작음	단위 정류기용량 증가
변압기 용량	작음	전압조정으로 용량증가
변전소 수	많음	적음
전차선 전력손실	작음	많음(급전거리 증가시)
유지보수성	용이	복잡

8.2.5 실리콘 정류기의 정류소자 특성이 다른 경우 문제점

1. 개요

가. 실리콘(Silicon)정류기는 반도체의 PN 접합의 정류작용을 응용한 실리콘 정류소자를 조합하여 만든 특수 반도체 Diode로써, 소형경량 구조로 보수 및 운전조작이 간단하고 다른 반도체에 비하여 순전압 강하가 적고 허용온도가 높으며 단위 면적당 전류용량이 커 역내전압이 높고 정류특성이 우수하여 직류전기철도에 널리 사용됨

나. 전기철도와 같이 고전압 대전류가 소요되는 정류기는 다수의 소자를 직렬 및 병렬로 접속하여 한 개의 상(Arm)으로 조합하는 망목접속 구조로 결선방식은 3상 브리지 결선과 2중성형 결선 방식의 2가지가 사용되고 있음

2. 실리콘 정류기의 특성(장점 및 단점)

가. 소형경량으로 구조가 간단하고 설치면적이 작아 보수 및 운전이 용이

나. 냉각을 충분히 시행하면 수은정류기와 같은 온도제어 및 진공유지가 불필요

다. 효율이 높고, 가격이 저렴

라. 순방향 전압강하가 작고(0.8~1.5V) 역내전압이 높고 역전류가 매우 작음

마. 내진성이 풍부하고 허용온도가 높음

바. 단시간 과부하 내량과 과전압 내양이 작은 것이 단점임

3. 정류기의 소자특성이 다를 경우 문제점

가. 실리콘정류기 소자는 스터드형과 평행소자가 있으며, 현재 정류기에서는 제작, 냉각장치 보호장치 구성 등이 용이한 평행소자를 표준으로 하며, 정류소자는 순특성 및 과부하 특성을 고려하여 정류기의 표준 운전등급을 정하고 있음

나. 대용량의 실리콘 정류기는 다수의 정류소자를 직렬 및 병렬로 연결하는 것으로 정류소자의 특성을 나타내는 각종 정류소자의 순특성, 정류소자의 과부하 특성, 정류기의 부하한도 등이 동일한 특성을 가져야 함

다. 그림 8.2.9와 같이 2개의 A_1, A_2 실리콘 정류소자의 각각 순방향 내부저항을 r_1, r_2이라고 하고 실리콘 정류소자에 흐르는 전류 I_1, I_2 등을 가정하여 문제점을 검토해 보면,

(1) 정류소자 특성이 같은 경우

$I_1 = I \times \dfrac{r_2}{r_1 + r_2}$, $I_2 = I \times \dfrac{r_1}{r_1 + r_2}$ 에서 같은 형식의 소자로 특성이 일치하다고 하면 $r_1 = r_2$이 되므로 $I_1 = I_2 = \dfrac{I}{2}$로 전류특성은 양쪽 소자에 같은 전류값이 균형있게 부담되어 안정성을 유지하게 됨

(2) 소자의 특성이 다른 경우

$r_1 \neq r_2$가 되어 각 소자의 전류 부담이 다르게 되고 내부저항 등이 작은 소자에 과부하 특성이 급속히 작용하여 소손 단락고장 우려가 있음

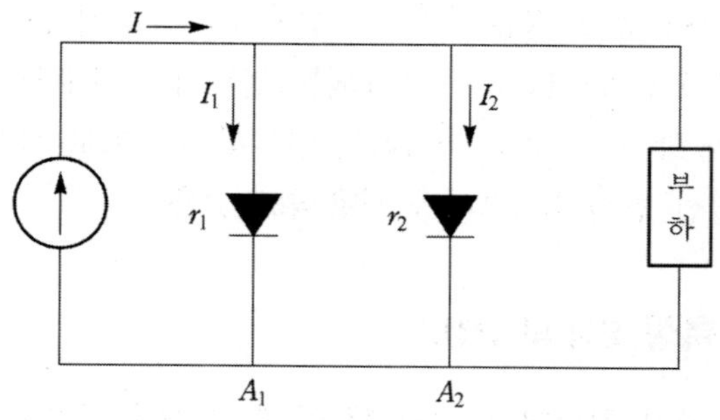

그림 8.2.9 정류소자의 전류분포

라. 직렬로 접속되어 있는 소자의 단락고장이 발생하는 경우에는 정격반복 Peak 역전압 등이 모두 다른 소자에 걸리게 되어 소손 고장의 원인이 되므로 정류기를 구성하는 소자의 특성은 모두 같아야 하고 가능하면 동일 제작사의 제품을 사용하는 것이 바람직함

8.2.6 직류 전철변전소에 리액터와 LLR를 설치하는 목적

1. 개요

가. 정류기는 직류급전 방식에서 교류 전원을 실리콘 반도체 소자 등를 이용하여 직류로 변환하는 기기를 말하며, 직류변전소의 정류기용 변압기 결선은 크게 "3상브리지 결선"과 "2중성형결선" 방식이 있음

나. 안정된 전원 확보를 위하여 3상 브리지결선 방식에서는 LLR(전압억제 경부하저항)을 설치하고, 2중 성형 결선 방식에서는 상간 리액터를 설치함

2. 상간 리액터의 설치

가. 상간 리액터 결선(2중성형 결선방식에 사용)

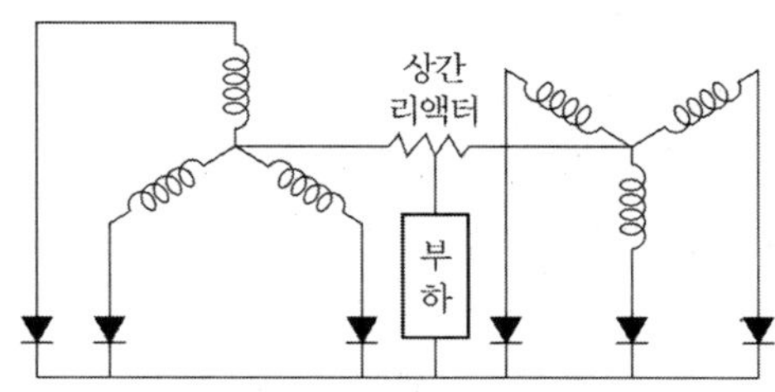

그림 8.2.10 상간리액터 설치도

나. 설치목적

(1) 그림 8.2.10과 같이 2중 성형 결선(6상 전파정류 12Puls 방식)에서 양극전류를 평형 시키고 2개의 양극에 전류를 통하여 2조의 3상전류를 병렬로 동작시키기 위하여 중성점간에 설치함

(2) 정류기에서 위상이 다른 맥동전압을 가지는 2개 이상의 전류군 간의 병렬운전을 수행시키는 전자결합장치 역할로 위상차에 기인한 전압차를 단자 간에 흡수하여

평행시키는 작용을 하도록 병렬로 연결된 다이오드 사이의 전류분배 목적으로 설치함

3. L.L.R(Light Load Resistor : 경부하저항) 설치

가. LLR 결선도(3상 브리지 결선방식에서 사용)

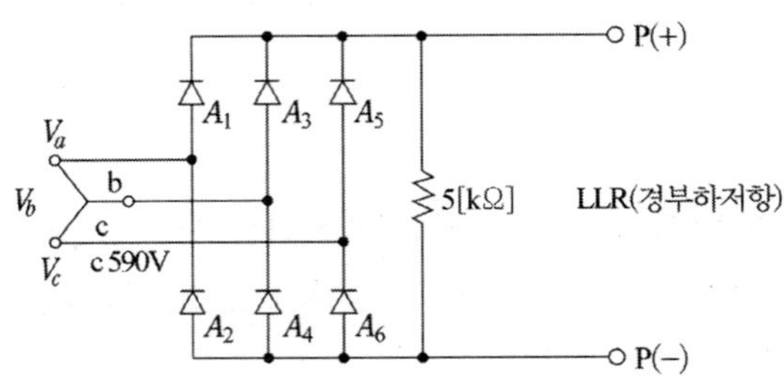

그림 8.2.11 LLR 결선도

나. 설치 목적 및 원리

(1) 그림 8.2.11에서 각상전압(V_a, V_b , V_c)은 변압기 2차 선간전압이 1200[V]의 $1/\sqrt{3}$ 배이므로 $1200/\sqrt{3} = 693$[V]이며, 파고값은 각상 전압의 $\sqrt{2}$ 배이므로 $693 \times \sqrt{2} = 982$[V]

(2) 정류기의 결선이 2개의 3상결선 구조이므로 정류기의 직류단자 P. N 사이에는 $980 \times 2 = 1{,}960$[V]가 나타남

(3) 1,960[V]의 전압은 정류기 절연에 영향이 우려되므로 무부하 상태에서도 "콘덴서의 전하를 방전시켜 전압상승을 억제"해야 하기 때문에 직류단자간에 경부하저항(LLR)을 설치

(4) 즉, 무부하시 2차측 서지흡수기에 충전된 전압방전 목적으로 정류기용량의 약 0.1% 정도 LLR을 설치(예 : 3,000kW에서 LLR은 약 5[kΩ]임)

(5) 단점으로는 LLR 저항성분 때문에 무부하 운전 중에도 일정한 전류가 흘러 그만큼 전력 손실이 발생됨

8.2.7 직류 전철변전소 정류기와 정류기용 변압기의 용량

1. 개요

가. 직류 전기철도 전력공급 계통

(1) 국내 직류전기철도 전력공급 계통은 한전으로부터 AC 3상 22.9[kV-Y]를 수전받아 직류 전철변전소 정류기용 변압기(SRTR)의 2차(정류기측 권선)를 AC 3상 1,200[V]로 변환하고,

(2) 정류기(SR)를 통해 DC1,500[V]로 변성한 후 급전용 고속도차단기(HSCB)를 거쳐 급전선과 전차선에 전력을 공급하여 전기차를 운행하게 됨

나. 정류기 용량과 정류기용 변압기 용량의 개념

직류 전철변전소 정류기용 변압기 용량은 교류 3상 피상전력[kVA]으로 표시하고, 정류기 용량은 직류전력[kW]로 표시되며, 교류는 실효값을 적용하고 정류기 출력은 직류 평균값으로 나타냄

2. 3상 전파정류 브리지 방식의 전압 및 전류

가. 교류전압과 직류전압 관계

(1) 3상 전파정류에서 정류기용 변압기의 결선방식에 따라 변압기의 용량이 변하기 때문에 일반적으로 사용하는 3상 브리지 방식을 가정하며, 교류는 전압과 전류의 최댓값을 V_m(최대전압), I_m(최대전류)이라고 하면 실효값은 $V = V_m / \sqrt{2}$, $I = I_m / \sqrt{2}$ 이고, 직류는 모두 평균값으로 표시함

(2) 3상 전파정류기 직류 출력전압(E_d)는

$$E_d = \frac{3\,V_m}{\pi} = \frac{3 \cdot \sqrt{2}\,V}{\pi} = 1.35\,V[\mathrm{V}]$$

$$\therefore\ E_d = 1.35\,V,\quad V = \frac{\pi}{3\sqrt{2}}\,E_d = 0.741\,E_d$$

(3) 국내 지하철의 정격전압이 DC1,500[V]일 때 정류기 입력전압은 이론상 $E_d = 1.35\,V[\mathrm{V}]$에서 $V = \frac{1,500}{1.35} = 1,111[\mathrm{V}]$이나 정격부하 상태에서 정류기용 변압기와 정류기의 임피던스(약 8%)에 의한 전압강하 등을 고려하여 정류기 입력전압(변압기 2차 전압)을 1,200[V]로 하고 있음

나. 점호각이 α이고, 교류 측의 정류기 상수가 m일 때 직류/교류 전압비

(1) DC 성분은 한 상의 도통주기인 $\frac{2\pi}{m}$ 각에 대하여 상수가 m일 때 위상차 각은 $\frac{\pi}{m}$이고 점호각이 α인 범위의 평균값을 구하면 됨

$$E_d = \frac{1}{2\pi/m}\int_{-\frac{\pi}{m}+\alpha}^{\frac{\pi}{m}+\alpha} V_m \cos\theta \cdot d\theta$$

$$= \frac{V_m}{\frac{\pi}{m}} \sin\left(\frac{\pi}{m}\right) \cdot \cos\alpha$$

$$= \left(\frac{m\sqrt{2}}{\pi} \cdot V \sin\frac{\pi}{m}\right)\cos\alpha$$

(2) 따라서, 정류기 상수가 m, 점호각이 0일 때 기본 식은 아래와 같음

$$E_d = \frac{m\sqrt{2}}{\pi} \cdot V \sin\left(\frac{\pi}{m}\right)[\mathrm{V}]$$

다. 교류전류와 직류전류 관계

(1) 교류전력와 직류전력 상호간 환산은 계통에서 임피던스(저항) 및 운용시간이 동일한 조건하에서 아래와 같이 AC공급 전력량과 DC공급 전력량이 같다고 가정하고 계산하면,

$$\int_0^T R \cdot I_d^2\, dt = \int_0^t R \cdot i^2\, dt \quad (\text{여기서, } I_d = \text{직류, } i = \text{교류})$$

$$\Rightarrow\ R \cdot I_d^2\, T = \int_0^t R \cdot i^2\, dt$$

$$\Rightarrow\ I_d^2 \cdot R = \frac{R}{T}\int_0^t i^2\, dt$$

$$\therefore\ I_d^2 = \frac{1}{T}\int_0^t i^2 dt \text{ 이므로 } \quad I_d = \sqrt{\frac{1}{T}\int_0^t i^2 dt}$$

(2) 3상 전파정류 브리지 회로에서 정류기용 변압기의 각상 권선에는 교류전류 반파(180°=π) 중 $\pi/6$에서 $5\pi/6$까지 $2\pi/3$ rad(120°) 부분만 전류가 흐르므로 직류전류의 평균값을 I_d라 하고 이 값을 교류의 실효전류값(I)으로 환산하여 계산함

(3) 따라서, 그림과 같이 직류전류(I_d)는 주기(T) π인 범위에서 $\frac{2\pi}{3}$ 구간만 흐르므로 교류 실효(I)값으로 환산하면,

$$I=\sqrt{\frac{{I_d}^2\times\frac{2\pi}{3}}{\pi}}=\sqrt{\frac{2\pi}{3\pi}\cdot I_d^2}=\sqrt{\frac{2}{3}}\cdot I_d=0.816\,I_d$$

$$\therefore\ I=0.816\,I_d,\ \ I_d=\sqrt{\frac{3}{2}}\cdot I=1.225\,I$$

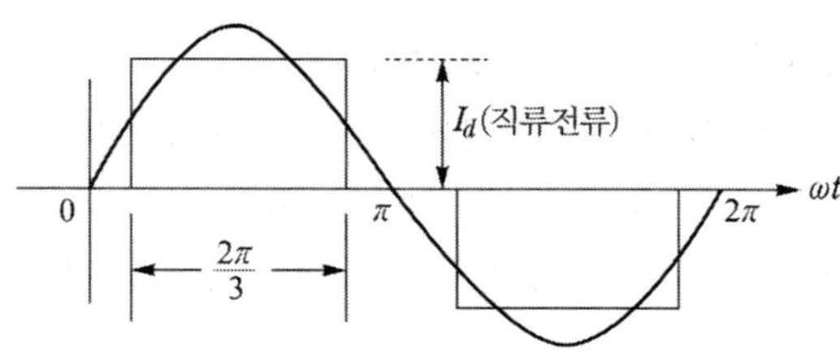

그림 8.2.12 전류파형

3. 정류기용 변압기 용량 검토

가. 정류기용 변압기 용량(Q)은 피상전력임으로

$$\begin{aligned}Q&=\sqrt{3}\times\text{교류전압}(V)\times\text{교류전류}(I)\times10^{-3}\\&=\sqrt{3}\,VI\times10^{-3}[\text{kVA}]\end{aligned}$$

$$\begin{aligned}\therefore\ Q&=\sqrt{3}\ \ VI\times10^{-3}\\&=\sqrt{3}\times0.741\,E_d\times0.816\,I_d\times10^{-3}[\text{kVA}]\end{aligned}$$

여기서, V : 정류기 입력 교류전압 실효치[V]
I : 정류기 입력 교류전류 실효치[A]
E_d : 정류기 정격전압[V]
I_d : 정류기 정격전류[A]
Q : 정류기용 변압기 용량[kVA]

나. 국내 지하철의 경우 10량 1편성의 경우 단위 정류기 용량이 4,000[kW]일 때 정류기용 변압기 용량 산출

(1) 정류기 정격출력(P) : 4,000[kW]

(2) 정류기 정격전압(E_d) : DC1,500[V]

(3) 정류기 정격출력 전류(I_1)

$I_1 = P/E = 4{,}000/1.5 = 2{,}666[A]$

(4) 변압기 2차측 출력 전류(I_2)

$$I_2 = I_1 \times \sqrt{\frac{2}{3}} = 2{,}176[A]$$

(5) 변압기 2차측 전압(V)은 전압강하 8[%] 고려시

$V = E_d \times 1.08/1.35 = 1{,}500 \times 1.08/1.35 = 1{,}200[V]$

(6) 정류기용 변압기 용량(Q)

$Q = (\sqrt{3} \times E_s \times I_2)/\text{변압기효율}$

$= \sqrt{3} \times 1{,}200 \times 2{,}176 = 4{,}520[kVA]$

다. 정류기 정격전압 DC1,500[V], 정격용량은 6,000[kW] 일 때 변압기 용량

(1) 교류전압 실효치 : $V = 1{,}620/1.35 = 1{,}200[V]$

(2) 교류전류 실효치 : 정류기 정격 직류전류는 용량÷전압이므로

$I_d = P/V$에서 $6{,}000 \times 10^3/1{,}500 = 4{,}000[A]$이므로

∴ 교류 실효전류 $I = 0.816 \times I_d = 0.816 \times 4{,}000 = 3{,}265$

(3) 교류 전류 및 전압 실효치를 환산하여 변압기 용량을 구하면,

$Q = \sqrt{3}\,VI \times 10^{-3} = \sqrt{3} \times 1200 \times 3265 \times 10^{-3} = 6{,}786\,[kVA]$

4. 정류기와 정류기용 변압기 용량이 다른 이유

교류 3상 전파정류를 보면 정류기 용량을 결정하는 직류 전압 및 전류는 교류와의 전압비, 전류비 및 정류파형을 통하여 해석한 바와 같이 이론상 정류기용 변압기 용량은 정류기 용량보다 커짐

표 8.2.1 서울메트로 정류기용 변압기 용량

구분	서울메트로 1, 2호선	서울메트로 3, 4호선
정류기용량	DC 1,500[V], 4,000[kW]	DC 1,500[V], 4,000[kW]
정류방식	다이오드 방식, 3상 전파브리지 6펄스	다이오드 방식, 2중3상 전파브리지 12펄스
정류기용 변압기용량	4,520[kVA]	4,480[kVA]

8.2.8 직류 전기철도 급전계통의 6 Pulse 및 12 Pulse 정류회로 비교

1. 개요

가. 국내 지하철에 주로 사용하는 실리콘정류기는 반도체 정류기의 1종으로, 반도체의 PN접합이라고 불리는 부분의 정류작용을 응용한 실리콘 정류소자를 조합하여 구성하였음

나. 실리콘정류기는 순방향의 전압을 인가한 경우에는 전류가 흐르지만, 역방향의 전압을 인가하면 전류는 거의 흐르지 않게 되어 정류작용을 하게 됨

2. 12펄스와 6펄스 정류회로의 비교

가. 정류기의 결선과 구성

(1) 정류기의 결선

일반적으로 지하철에 설치한 실리콘정류기의 결선은 3상 브리지결선과 2중성형결선(상간 리액터부)의 2가지가 널리 쓰임

(2) 정류기의 구성

전철변전소와 같은 대용량 정류기에서는 다수의 정류소자를 직렬 및 병렬로 접속하여 한개 상(arm)을 구성함

나. 고조파 측면에서 6펄스와 12펄스의 비교

(1) 3상 전파결선 방식은 6펄스, 6상 전파결선 방식은 12펄스임

(2) 정류기 등에서 발생하는 고조파 차수는 $h = kp \mp 1$로 나타냄
여기서, h : 고조파 차수, k : 정수(1, 2, 3,……)
p : 정류기 상수(Pluse 수)

(3) 즉, 6펄스에서 발생하는 고조파 $h = 6k \mp 1$이므로 5, 7, 11, 13, 17, 19차 등의 고조파가 발생하며, 12펄스에서 발생하는 고조파 $h = 12k \mp 1$이므로 11, 13, 23, 25 … 차 등의 고조파가 발생함

(4) 따라서, 6펄스를 12펄스화하면 5, 7, 17, 19차 등의 고조파가 상쇄되어 전류의 크기가 가장 큰 고조파를 제거하는 등 펄스수를 증가시키면 고조파는 감소하는 효과는 있으나 설비비가 증가하게 됨

(5) 또한, 12펄스방식에서 정류기용변압기의 결선을 △-△-Y로 결선한 것은 직류측의 5, 7, 17, 19차 등의 고조파를 상쇄하여 제거하기 위한 것임

표 8.2.2 6펄스 및 12펄스 정류기 비교

항 목	결선도	관련상수	설치장소
6상 전파 직렬결선 (12펄스)	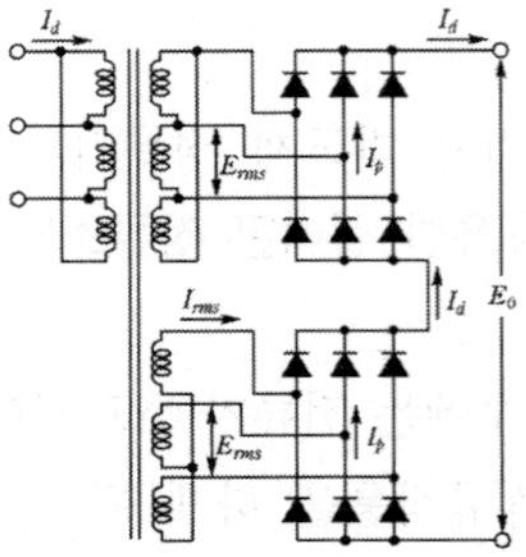	• 변압기2차 선간전압 $E_{rms} = 0.37\ E_{d0}$ • 변압기2차 선전류 $I_{rms} = 0.816\ I_d$ • 다이오드 전류 $I_p = 0.577\ I_d$	도시철도 정류기 3,000[kW]
6상전파 병렬접속 (12펄스)	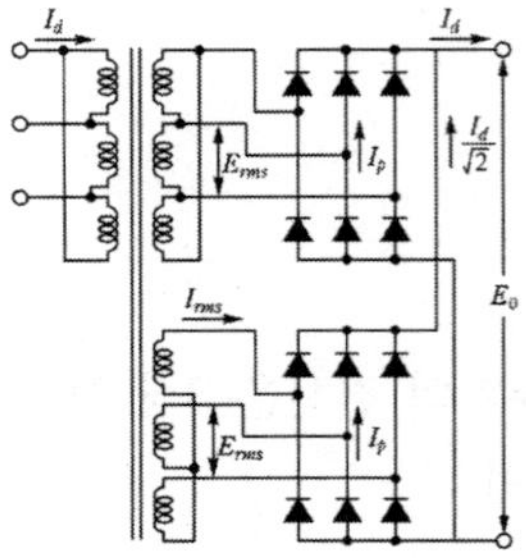	• 변압기2차 선간전압 $E_{rms} = 0.74\ E_{d0}$ • 변압기2차 선전류 $I_{rms} = 0.577\ I_d$ • 다이오드 전류 $I_p = 0.408\ I_d$	서울메트로 3.4호선 정류기 4,000[kW]
3상전파 결선방식 (6펄스)	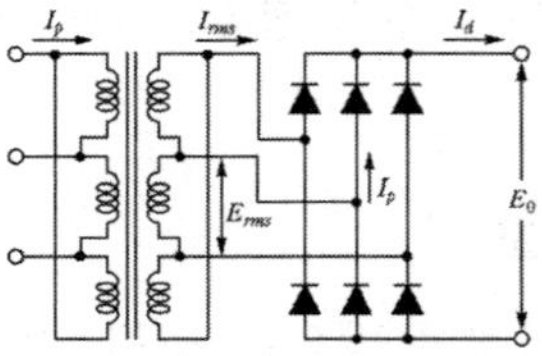	• 변압기2차 선간전압 $E_{rms} = 0.74\ E_{d0}$ • 변압기2차 선전류 $I_{rms} = 0.816\ I_d$ • 다이오드 전류 $I_p = 0.577\ I_d$	서울메트로 1,2호선 정류기 4,000[kW]

※ E_{d0} : 직류출력전압, I_d : 직류출력전류, I_p : 정류소자에 흐르는 전류

3. 정류기의 전류 고조파 차수

가. 전력변환 장치의 교류 측 고조파 전류

(1) 일반적으로 전력의 흐름은 전원측에서 부하 측으로 흐르는 것으로 알고 있으나 고조파 전류는 부하 측에서 전원측으로 흐름.

(2) 최근 사용이 증가하는 Power electronics 응용기기(정류기, UPS, 컴퓨터 등)는 파형을 왜곡시키는 비선형 특성을 가지고 있으며, 이때 발생하는 고조파 전류는 부하 측에 고조파 정전류원이 있는 것으로 간주하여 전원측으로 유출된다고 생각하면 됨

나. 12펄스 정류기에서 교류전류 고조파가 12k±1 차로 되는 이유

(1) 정류기 등에서 발생하는 고조파 차수는 기본식 $h = kp \mp 1$로 나타냄

여기서, h : 고조파 차수

k : 정수(1, 2, 3, ……)

p : 정류기 상수(Pluse 수)

(2) 정류기를 6펄스에서 12펄스로 다 펄스화하면 5, 7, 11, 13, 17 등의 저주파 차수의 고조파 전류를 삭제하여 전압원에는 흐르지 않게 되는 효과를 가지며, 12펄스 정류기에서 발생되는 고조파 차수는 기본식 $h = kp \mp 1$에서 $h = 12k \mp 1$가 됨

(3) 여기서, 위상제어각 α, 중첩각 u가 존재할 경우 고조파 전류발생량 일반식은

고조파전류 발생량 : $I_h = K_n \times \dfrac{I_1}{h}$

여기서, I_h : 고조파 전류발생량, I_1 : 기본파 전류

K_n : 고조파 저감계수, h : 고조파 차수

(4) 따라서, 위상제어각 α, 중첩각 u가 0(zero)이라고 하면 고조파 전류 발생량은 $I_h = I_1/h$ 임

8.2.9 전력변환 장치에 사용되는 스너버 회로(Snubber Circuit)

1. 전력용 다이오드 스노버 회로

가. 스노버 회로는 스위칭 보조회로로 다이오드가 역회복 하는 동안 첨두 과전압에 의한 파괴를 막아주는 역할을 하며, 그림 8.2.13과 같이 저항과 커패시터를 직렬로 연결하여 다이오드 양단에 연결하여 구성함

나. 다이오드의 역회복 전류가 감소하는 동안 커패시터는 첨두전압을 제한하고, 역회복 전류 루프에 의해 인덕턴스에 저장된 에너지는 커패시터를 충전시키고 첨두 과전압을 감소시키는 원리로 저항 R은 에너지 일부를 소모 시키고, 적정한 값으로 선정되면 L-C 회로에 의해 진동을 감쇄시킴

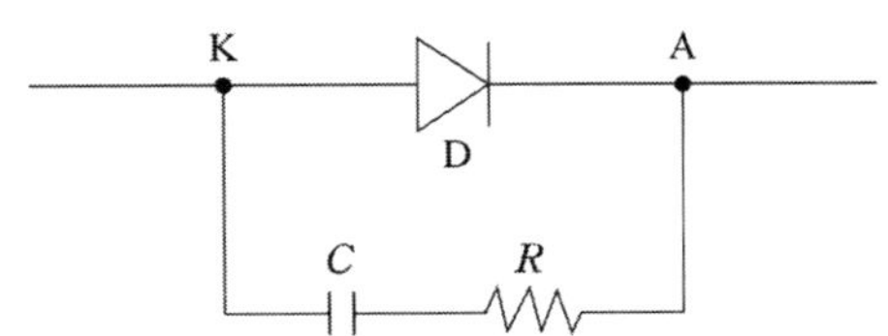

그림 8.2.13 전력용 다이오드 스노버회로

2. 전력용 트랜지스터 스노버 회로

가. 일반적으로 전력용 트랜지스터와 함께 사용되는 일반적인 스노버 회로는 그림 8.2.14와 같으며, 턴-오프 스위칭 동안 동작점이 SOA(Semiconductor Optical Amplifier : 반도체 광증폭기) 내에 있도록 하는데 목적이 있음

나. 회로는 커패시터 C, 다이오드 D, 저항 R로 구성되어, 트랜지스터가 온(On) 상태가 되면 전압이 스위치 양단에 인가되어 스위칭 보조회로에 인가되며, 그 값은 거의 0(zero)에 가까움.

다. 커패시터와 다이오드의 조합은 턴-오프 스위칭시 양단에 인가되는 전압의 상승률을 줄이는데 목적이 있으며, 그 이유는 스위치가 오프 되는 동안 다이오드가 턴-온되고 커패시터가 충전을 시작하기 때문임

라. 트랜지스터가 오프 상태로 있을 때 커패시터는 저지전압까지 충분히 충전되고, 트랜지스터의 다음 스위칭 동안 방전함

마. 저항 R은 트랜지스터에 흐르는 방전전류를 제한하고, 트랜지스터가 턴-온 될 때 마다 커패시터에 저장된 에너지는 저항을 통해 소모되는데 저항에서 일어나는 전력소모는 스위칭 주파수에 비례하고 저지전압의 제곱에 비례함

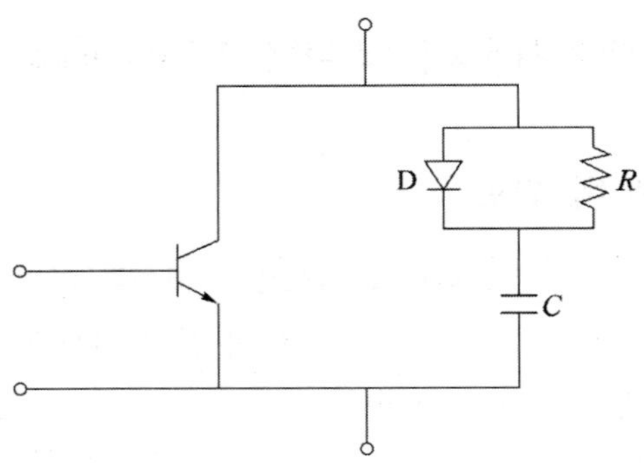

그림 8.2.14 접합 트랜지스터 턴-오프 스노버 회로

제 9 장 송배전 및 전력설비

9.1 ◦ 지중선로 및 전력 케이블

9.1.1 전기철도 구간의 CV 전력케이블 절연열화 원인 및 대책

1. 개요.

가. 전기철도 구간의 특고압(고압) CV 케이블은 절연 이격거리 확보가 어려운 터널구간, 도심지하철 지하구간, 변전소, 구분소 인출입 장소의 급전선로 및 수전선로에 주로 사용하고 되고 있으며, 절연재료를 구분하여 XLPE라고 불리는 단심형 가교 폴리에칠렌 비닐시스절연케이블을 사용함

나. 특히, 전기철도 구간의 수전계통 및 급전계통에 사용되는 66[kV]~154[kV] 급의 XLPE(Cross linked Polyethylene) 케이블은 절연열화에 의한 사고발생시 복구가 어렵고 열차운전에 막대한 지장을 줄 우려가 있음

다. XLPE 초고압 케이블은 절연체 내 · 외부 반도전 성 금속차폐층(금속시스, Copper wire Sheild) 등의 구조로 되어 있으며, 절연재료인 가교 폴리에칠렌의 고분자 유기재료 특성상 전기적, 열화학적, 환경적 스트레스에 의한 케이블의 절연 열화요인이 발생되므로 열화방지 대책과 시공 및 유지관리 기술 적합성에 대한 명확한 고찰이 필요함

2. CV 케이블 설치의 장 · 단점

가. 장점

(1) 가공선로로 설치할 수 없는 협소한 장소에서 절연 이격거리를 축소하여 시공범위를 최소화 할 수 있음

(2) 절연도가 향상되어 인축에 대한 혼촉 위험이 없음

(3) 케이블의 금속 차폐층에 의해 정전차폐, 외부손상에 의한 케이블 보호, 절연체의 내전압 향상이 가능함

(4) 유지관리의 성역화(Maintenance Free)가 가능함

나. 단점

(1) 가공선로에 비해 자재비 및 건설비가 고가임
(2) 사고 및 장애시 검출이 어렵고 복구에 장시간이 소요됨
(3) 긍장이 긴 경우 무부하 충전전류에 의한 전원변압기 단자전압 상승의 염려 등 패란티 현상에 의한 보완대책이 필요함
(4) 금속 차폐층의 유기전압 상승에 대비한 접지계통과 접속에 기술적 고찰이 필요함
(5) 부분방전 측정 등 열화진단에 전문기술이 필요함
(6) 케이블 포설 및 단말접속에 주변 환경적 요인을 고려하여야 함

3. CV 케이블 절연열화 발생 원인

가. 전력케이블의 열화 종류 및 발생원인.

(1) 전력기기 또는 전력케이블에 이용되고 있는 각종 고분자 절연재료는 열, 전기, 주변환경 및 기계적인 요인에 의하여 장기간 스트레스를 받으면 초기의 물성을 유지하지 못하고 변질 또는 극단적인 경우 파괴되기도 하는데 이를 절연열화라고 하며 이로 인해 수명이 저하하게 됨
(2) 전력 케이블이 시간의 경과에 따라 절연성능이 저하되는 열화는 보통 구성 재료의 변질에 의한 성능 저하의 원인에 의하여 발생함. 즉 전압, 열, 수분, 화학물질과 개미, 쥐 등의 생물에 의한 원인, 시공불량에 의한 보이드 발생, 클랙, 이물질 혼입, 수분침투 등이 열화 요인이 됨

나. 전기적 열화

케이블 제작 중에 절연물에 혼입된 이물이나 공극(Void), 포설공사 중에 받은 스트레스에 의해 생긴 균열부분에 전계가 집중하여 부분방전이 발생되고, 전도전류, 유전체손, 전자력 등에 의한 전기적 스트레스가 절연열화의 발생원인이 되고 있음

다. 온도(열)에 의한 열화

CV 케이블의 절연체가 열(온도) 상승에 따라 고분자 연결고리의 분열반응으로 화학적 반응이 촉진되고, 비닐시스는 고온수 또는 증기에 의해 가소제가 추출되어 경화되므로 전력케이블의 온도상승 한계는 절연재료의 열화적 관점에서 결정되어야 함

라. 화학적 열화

가교 폴리에칠렌 절연재료를 사용한 CV케이블은 화학성분이 절연체를 투과하여 도체에 이르고 도체재료와 반응하여 생성된 화합물이 절연체에 트리(Tree)형태로 진행되어 절연파괴에 달하는 화학트리 현상이 발생하여 비닐외피는 기름이나 약품에 의해 가소제가 추출되어 경화하게 됨

마. 흡수, 흡습에 의한 열화

절연체중에 함유된 수분이나 습기가 절연체를 투과하면서 전계와 열의 상승작용에 의해 수트리(水 Tree)라는 미세한 찬넬(Channel)이 형성되어 절연 파괴 전압을 저하시키는 현상으로 주로 단말 접속시 불량시공이 요인이 되고 있음

바. 기계적 열화

포설시 무리한 구부림, 킹크(꼬임)에 의한 절연의 손상 포설후 중량물에 의한 압력이나 진동, 부하전류 변화 등에 의한 신축 등으로 시스(Sheath)나 절연물이 손상되어 침수되거나, 손상부분에 발생하는 부분방전(Corona)에 의해 발생됨

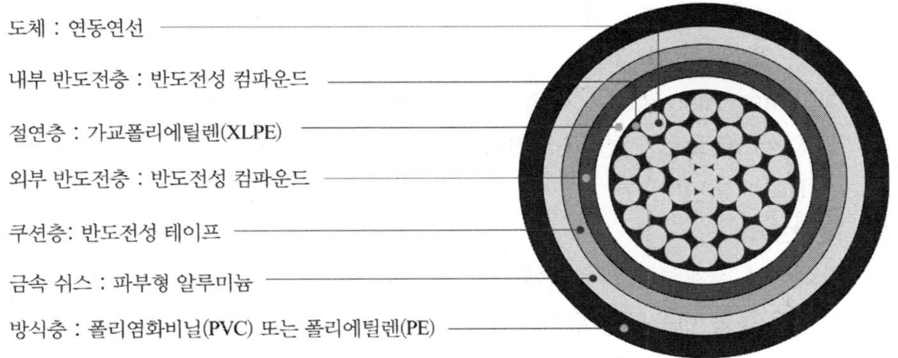

그림 9.1.1 154kV XLPE 케이블 단면도

4. CV 케이블 트리(Tree) 현상

가. 케이블의 Tree 현상

(1) 케이블의 절연열화의 진행은 케이블 자체가 가지는 결함의 형태, 주변 환경 및 전기적, 화학적 원인 또는 수분침투에 의하여 절연체내 또는 절연체와 도체의 계면에서 열화가 시작되어 그림 9.1.2와 같이 나뭇가지 모양 같다고 하여 트리(Tree)라고 칭하며, 이것이 계속 진행되어 절연이 파괴되는 현상을 Tree 현상이라고 함

(2) 절연열화가 진행되는 Tree는 절연층 내에 Voids가 있거나, 도체와 절연체 사이의 계면에 돌출 부분 또는 De-laminagtion(계면이 완전히 접착되지 않은 부분)이 있으면, 그 부분에서부터 부분 방전이 발생하여 쉽게 트리로 진행되어 감

나. 트리(Tree)의 종류

(1) 전기트리

케이블내 공극이나 돌기와 같은 결격지점에서 부분방전에 의해 부분적으로 발생되는 트리로서, 궁극적으로는 Vented Tree 가 하나씩 수량이 계속 증가되면 절연파괴가 발생됨

(2) 수트리(Water Tree)

CV케이블이 수분흡습 상태로 사용되는 경우 포리에틸렌에서의 전계집중및 물리화학 작용에 의해 수트리가 발생함

① **Vented Tree** : 절연체의 내부 및 외부 반도전층의 결함요소로부터 신장하는 수트리로 돌기와 불순물의 접촉에 의해 방향성 있는 트리

② **Bow-Tie Tree** : 절연체 내부의 이물및 보이드를 시작점으로 양쪽으로 신장하는 트리

③ **Water-Rich Halo** : 배전 Feeder 용 케이블에서 특별히 나타나며 이는 Load Cycling으로 인한 온도변화로 Cable 내에 물띠가 형성하는 Water-Rich Halo가 나타남.

(3) 화학트리

황화물이 존재하는 분위기에 포설된 케이블의 경우에 황화물이 PE층을 투과하여 도체인 동과 반응하여 황화동을 만들고 운전 중에 이러한 분자들이 외부로 나가면서 나무모양으로 성장하여 가는 Tree임

다. 트리(Tree)의 영향

외부 반도전층과 내부 반도전층에서 발생하는 수트리는 전하의 공급과 수분공급이 이루어지면 쉽게 활성화되어 시간과 함께 진전하여 절연파괴에 이르되며, 특히, 고압이상의 전력케이블에 있어서는 전기트리와 수트리는 케이블 절연체의 주요한 파괴요인이 되고 있음

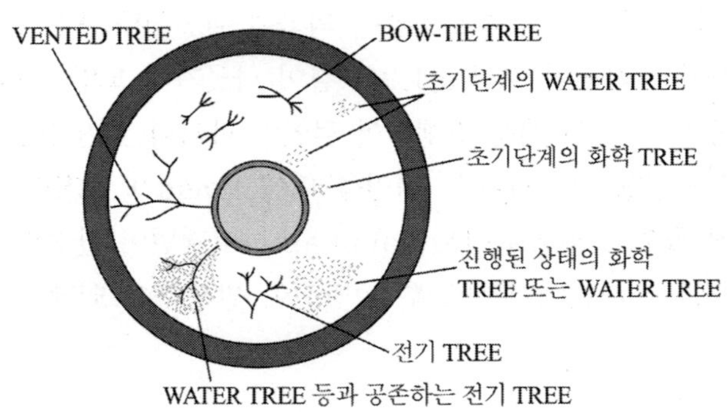

그림 9.1.2 케이블 Tree 현상

5. CV 케이블 열화방지 대책

가. 케이블의 구조개선

케이블 시스에 차수층을 설치하는 방법으로 알미늄 테이프를 사용하는 금속성 간이차수 방식과 흡습 팽창성 테이프를 사용하는 방식과 수밀형 압축제를 사용하는 방식이 있음

나. 공장 제조공정의 개선

(1) 건식가교 방식의 채택 : 습식가교 방식을 건식으로 바꾸어 절연체내의 수분 함량을 감소시키도록 함

(2) 적정한 냉각속도 유지 : 고분자 전기적 물성을 개선하고, 반도전층과 절연층간 계면상태를 개선하도록 함

(3) 반도전층 카본 블럭(Carbon Black)의 양호한 분산 돌기부 형성을 억제하여 절연체와 내부 반도전층간 전계집중을 완화시킴

다. 절연재료의 개선

(1) 기능적인 방법 : 수분응집 방지, 전하집중 현상 방지, 파괴인성 증진, 불순물 및 미세가공(Void) 최소화

(2) 재료적인 방법 : 전압 안정제의 첨가제 사용, 폴리 에칠렌질개선, 수Tree 성장억제, XLPE 컴파운드 개발사용

(3) 포설 공사시 기계적 인장응력의 완화

(4) Surge 보호대책 : 지중선로용 피뢰기 설치사용

(5) 케이블 외피 보호 : 외상으로 인한 외피손상 방지 대책시행

(6) 열화진단 및 평가방법 개선 및 개발

9.1.2 고체 절연물의 트리잉(Treeing) 발생 원인과 종류

1. 절연체의 트리잉 현상

가. CV 케이블, 배전반 등의 고체 절연물은 절연물 자체가 가지는 결함의 형태, 주변환경 및 전기적, 화학적 원인 또는 수분침투에 의하여 절연체내 또는 절연체와 도체의 계면에서 열화가 시작되어 나뭇가지 모양으로 절연이 파괴되어 가는 형상을 트리잉 현상이라고 함

나. 절연열화가 진행되는 Tree는 절연층 내에 Voids가 있거나, 도체와 절연체 사이의 계면에 돌출 부분 또는 De-laminagtion(계면이 완전히 접착되지 않은 부분)이 있으면, 그 부분에서부터 부분 방전이 발생하여 쉽게 트리로 진행되어 감

2. Tree 발생 원인 및 영향

가. CV 케이블, 고체 절연물 제조과정에서 주로 발생하는 것으로 절연체 중의 기공(Voids), 이물질의 혼입, 수분의 침투, 절연층이 들뜨는 박리현상, 내외부의 침상돌기 등이 주원인이 됨

나. 절연체 중의 기공(Voids)는 전기적 스트레스를 받아 부분방전을 일으켜 장기적으로 열화를 촉진시킴

다. 이물질, 수분, 침상돌기 등 역시 전기적 스트레스와 부분방전으로 절연체 내부가 나뭇가지 형태의 통로를 형성하여 절연성능이 저하되고 결국에는 절연파괴에 이르게 됨

3. 트리(Tree)의 종류

가. 전기트리

절연체내 공극이나 돌기와 같은 결격지점에서 고전계에 의한 부분방전이 국부적으로 발생되는 트리로서, 주로 케이블의 반도전체 돌기에서 출발하여 전계가 집중되어 궁극적으로는 Vented Tree가 하나씩 수량이 계속 증가하면서 절연파괴가 발생되는 Tree로 진행됨

나. 수트리(Water Tree)

CV케이블 등이 수분흡습 상태로 사용되는 경우 포리에틸렌에서의 전계집중 및 물리화학 작용에 의해 전기 Tree 보다 낮은 전계에서도 수트리가 발생하며, 절연체 수명에 대한 영향은 Vented Tree〉Water-Rich Halo〉Bow-Tie Tree 순서임

(1) Vented Tree : 절연체의 내부 및 외부 반도전층의 결함요소로부터 신장하는 수트리로 돌기와 불순물의 접촉에 의해 방향성 있는 트리

(2) Bow-Tie Tree : 절연체 내부의 이물 및 보이드를 시작점으로 양쪽으로 나비넥타이 모양으로 신장하는 트리

(3) Water-Rich Halo : 배전 Feeder 용 케이블에서 특별히 나타나며 이는 Load Cycling으로 인한 온도변화로 Cable 내에 물띠가 형성하는 Water-Rich Halo가 나타남

다. 화학트리

황화물이 존재하는 분위기에 포설된 케이블의 경우에 황화물이 PE층을 투과하여 도체인 동과 반응하여 황화동을 만들고 운전 중에 이러한 분자들이 외부로 나가면서 나무모양으로 성장하여 가는 Tree임

4. 트리잉(Treeing) 영향 및 대책

가. 트리잉 발생 영향

(1) 전기적 스트레스로 인한 부분방전에 의한 절연열화 촉진
(2) 절연강도 저하로 케이블 등 절연물의 수명 단축
(3) 트리잉의 진행은 절연열화 및 외부요인과 결합하여 중대 사고발생

나. 트리잉 발생 방지대책

(1) 제조 및 품질관리 단계에서부터 절연체내 이물질 및 수분흡수 방지
(2) XLPE(CV 케이블) 등 제작발주 시 건식가교 및 3중 압출방식 적용
(3) 단말, 직선접속 시공 시 수분침투 방지 및 설치장소의 침수방지 대책
(4) 고체 절연물 및 CV 케이블의 사용용도, 적정 전압 및 전류용량 충족

9.1.3 철도 전력케이블 절연열화 진단 및 관리 방안

1. 전력케이블 열화진단 이유

교류 전기철도 구간에서 다양한 장점이 있어 CV 케이블(XLPE)이 많이 사용되지만 장기간 사용 시 발생할 수 있는 절연열화에 의한 케이블의 사고나 장애를 미연에 방지하기 위하여 주기적으로 케이블 열화진단 및 기능 판정기법을 개발 발전시키고 특히 최근에는 정전을 필요로 하지 않는 활선상태에서의 열화진단 장비 등을 개발하여 사용하는 등 열화진단에 대한 기법과 계측기의 정밀도 향상이 필요하게 됨

2. 전력케이블 열화진단 방법

가. 절연 저항계에 의한 방법

(1) 현장에서 통상적으로 가장 많이 사용하는 방법으로 절연저항계(Megger)를 이용하여 직류전압을 절연체 또는 시스에 일정시간 인가하여 이때의 누설전류로부터 절연저항(Megger Ohm)을 측정하는 방법.
(2) 휴대하기 편리하고 사용이 쉬우나, 저압케이블은 유효하지만 고압케이블 이상에서는 측정 정밀도가 낮고 국부적 열화나 미소한 열화검출은 어려움.

나. 직류 고압 측정법(내전압 시험법)

(1) 케이블의 도체와 시스(Sheath) 간에 규정된 직류 고전압을 인가하여 흡수전류를 측정하여 성극비, 상간 불평형률, 약점비 등을 진단하는 것으로 주로 시공 후 사용개시 전에 하는 시험방법

(2) 시험은 간단하여 단시간에 결과를 알 수 있는 이점이 있으나, 케이블 열화시 절연 파괴 위험이 있어 사용 중인 케이블의 열화진단 시험으로는 별로 사용하지 않는 방법임

다. 유전정접(Tan δ) 측정법 ➪ δ는 유도손실각으로 절연열화 시 커짐

(1) 유전정접(Tanδ)는 절연체층의 수분함량의 변화에 매우 민감하게 작용하기 때문에 흡습이나 절연체 열화정도를 판단하는 효과적인 방법으로 케이블에 상용주파 교류전압을 인가하고, 유전정접의 온도 특성, 전압특성을 측정하여 절연상태를 판정하는 방법.

(2) 케이블 공장시험에 폭넓게 사용되며 측정에는 고압 세링브릿지(Schering Bridge), 간이세링브릿지, Tanδ 계 등이 사용됨

라. 부분방전 측정법(PD측정법 : Partial Discharge)

(1) 부분방전(Partial Discharge)에는 유전체의 공동이나 내부의 절연내력이 남은 함유물에 의한 내부방전(Internal Discharge), 유전체의 표면에서 일어나는 표면방전(Sarface Discharge), 전극의 끝이나 날카로운 부분에서 불균질성의 코로나방전(Corona Discharge) 등이 있음

(2) 케이블에 고전압을 인가하면 보이드(Void)나 Tree 에 부분방전이 발생하며, 이 때 인가전압에 작은 변화가 생기는 데 이 전압변화의 크기, 횟수, 부분방전이 발생하기 시작하는 인가전압으로 판정하게 됨

(3) 인가하는 전압에는 교류와 직류형이 있으나 교류형은 장치가 대형이므로 공장시험에 적당하고, 직류형는 장치가 소형이므로 현장시험에 적합하지만 전반적인 흡수(水 Tree)열화 측정에는 적용이 곤란하므로 케이블 접속함, 고전압전력 기기 절연진단에 많이 사용됨

마. 직류 누설전류 시험.

(1) 케이블 절연체에 직류 전압을 인가했을 때 전류-시간특성으로부터 절연물의 흡습, 도전성 불순물의 흡입, 또는 생성, 오손 등 절연체의 상태를 판정하는 시험 방법임

(2) 절연체에 직류전압을 인가하여 전체전류, 흡습전류, 누설전류, 충격전류 등을 측정하여 각 성분별 전류특성을 분석함으로서 열화정도를 판정하는 진단법임

바. 기타 시험

무정전 활선상태에서 열화진단법 등 다양한 방법이 응용되고 있으며, 직류 성분법, 직류누설전류 시험법, 활선 tanδ 측정법, 저주파 중첩 누설전류 측정법, 접지선 전류법 등이 있음

표 9.1.1 전력케이블 열화진단법 비교

열화진단법	측정요소	측정전원	측정상문제점	비고
1. 메가에 의한 측정	절연저항	DC	• 종단함에서 표면 누설전류의 제거(애자표면청소 등)	절연체, 방식층절연저항 측정, 종담함침수검출
2. 직류 내전압 측정	내전압	DC	• 사용상 견딜지도 모르는 선로를 파괴 내지는 손상시킬 위험이 있다.	부품 시공불량, 수트리 열화검출
3. 직류누설 전류측정	• 누설전류 • 성극비 • 약점비 • 부분방전	DC	• 전원전압의 변동에 의한 충전전류 혼입 • 종단부터 기중 코로나 누설	흡습, 수트리열화, 부분방전 검출
4. 부분방전 측정	• 방전전하량 • 방전개시 소멸전압 • 방전발생 빈도	DC 초저주파 준3각파 상용주파	• 외래잡음의 제거 • 측정용전원 (DC의 경우 방전불안정)	보이드, 외상, 기타 구조 결함의 검출
5. 유전정접 측정	유전정접	상용주파 초저주파	• 유도의 제거 • 상용주파수에서는 대용량 전원필요	흡습, 수트리 열화 검출 용이, 상용주파 이외 전원 유도제거
6. 역흡수 전류측정	Q/C (방전시역 흡수전류)	DC	종단함의 오수, 침수로 국부전지작용에 의한 오차의 제거	• 방전시 역흡수전류 • 수트리열화의 검출
7. 잔류전압 측정	잔류전압	DC	종단부의 표면누설, 잔류전하의 방전	• DC인가 → 접지 제거 후 회복전압 측정 • 수트리열화 검출

3. CV 케이블의 효율적인 유지관리법.

가. 전력케이블의 효율적인 유지관리

(1) 사용 중인 케이블을 최적의 환경에서 절연 잔여수명을 추정하여 사고 및 장애가 발생하지 않는 기능을 최대한 오래도록 유지하도록 관리하는 것을 의미함

(2) 최근 전기철도 구간의 CV케이블의 사고 또는 장애 요인을 보면 케이블 자체의 문제보다는 외부충격 또는 시공불량에 의한 요인이 대부분이므로 단계별 관리대책을 수립 시행하여야 할 것으로 사료됨

나. 설계 및 시공측면

(1) 절연등급 케이블 규격 및 특성에 맞는 설계기준을 적용하여 설계

(2) 케이블 포설시 무리한 기계적 충격이 가해지지 않도록 신중하게 시공하여야 함

(3) 단말 또는 직선접속은 반드시 주변온도, 습도, 날씨 등을 고려하여 접속시 이물질, 수분 등이 함유되지 않도록 하여야 함

(4) 케이블 긍장에 따르는 접지계통 접속, 케이블 보호를 위한 피뢰기 설치 시 기술적 적합성을 고찰하여 적용하여야 함

다. 준공 및 사용개시 단계

(1) 시공 완료후 시공사, 감독자(감리자) 시행청 합동으로 육안및 축수검사를 시행
(2) 규정된 시험(절연저항측정, 내전압시험, 부분방전시험, tanδ 측정법 등)을 시행하고 시험 Data를 기록 비치
(3) 한국 전기안전 공사의 사용전 검사를 요청하여 검사 시행
(4) 검사 합격된 선로에 대하여 무부하 전압 인가시험을 시행
(5) 이상 없을시 부하시험 및 사용 개시

라. 유지관리 측면

(1) 주기적인 케이블의 비전기적 시험(육안 검사, 축수검사, 열화상 측정등)과 전기적 시험(절연저항법, 부분방전 측정법, tanδ 측정법등)을 시행하여 진단결과를 Data-Base화 함
(2) 열화진단 결과 이상점 발견시 조치방안을 신속히 마련함
(3) 진단결과를 계속 비교 분석하여 잔여 절연수명을 예측하도록 함
(4) 사고발생시 열차안전 운행확보를 위하여 케이블 제작사, 시공 기술자, 케이블 운영자간 협조체계 및 비상복구 체계를 구축함

9.1.4 단심 전력케이블의 시스(Sheath) 전위 감소 대책

1. 개요

단심케이블은 3심 케이블과 달리 케이블 각 상의 시스(차폐층)이 서로 절연되어 있어, 심선에 전류가 흐르면 전자유도 작용에 의하여 차폐층의 길이와 심선전류의 크기에 비례하는 전압이 차폐층에 유기되어 사람이 접촉시 감전사고 등의 우려가 있으므로 차폐층에 대한 전위상승 허용치를 규정하고 있음

2. 단심케이블 시스의 유기전위

가. 차폐층 유기전위 계산식(ANSI/IEEE 계산 방식)

단심케이블 3상을 정3각 배치 시 각 상 차폐층에 유기되는 전압을 예로 들면

$$E = 2\omega \cdot I_s \cdot \ln\left(\frac{2D}{r}\right) \times 10^{-7} \angle \theta° = X_m \cdot I_s \cdot L \angle \theta° [\text{V/km}]$$

$$X_m = 2\omega \cdot ln\left(\frac{2D}{r}\right) \times 10^{-4} [\Omega/\text{km}]$$

여기서, I_s : 연장급전시 상·하선별 운전전류(케이블 허용전류)[A]

X_m : 시스(sheath)의 리액턴스[Ω/km]

D : 단심 케이블 3상포설시 케이블 중심간 거리[m]

r : 단심 케이블 금속시스 평균반경[m]

L : 포설 케이블 거리[km], θ는 3상 위상각

나. 차폐층 유기전위의 영향

단심케이블은 차폐층에 전압이 발생하므로, 케이블 차폐층을 병렬로 접속하면 차폐층이 폐회로를 형성하여 순환전류가 흘러 차폐층에 열이 발생하여 케이블 온도가 상승하고 케이블 전류용량이 감소하게 됨

표 9.1.2 케이블 유기전압 허용치

구분	철도설계 지침 및 편람		한국전력 공사	CCITT 국제전신전화 자문위원회
	지중송전선로	지중배전선로		
CODE	KR E-02020 수전선로구성 및 계획	KR E-04020 지중배전선로	DS-6320 케이블의 금속시스 유기전압 및 순환전류	• 사람접촉 잦은 곳 60[V] • 사람접촉 많지 않는 곳 150[V]
기준전압	100[V]	100[V] 전력구, 변전소, 역사 : 50[V]	100[V]	

※ ① 미국 : 65~90[V], 영국 : 65[V], 일본 : 50[V] (50[V] 초과 시 감전 안전조치 필요)
② 국내 접지시설의 연속정격 전위 : 일반인 접근이 쉬운 경우 60[V] 이하, 일반인 접근이 어려운 경우 150[V] 이하.

3. 단심 케이블의 시스 유기전위 감소대책(시스 접속방법)

케이블을 정3각형 배치하고 연가하는 것이 최선의 방법이나, 연가가 어려운 경우에는 케이블의 배열을 적절히 하고, 유기전압이 초과하지 않도록 아래와 같은 적정한 시스 접지방식을 선택하여 차폐층 전위 및 회로손실을 저감할 수 있음

가. 완전접지(Solid Bonding)

(1) 차폐층을 2곳 이상 접지하는 방식으로, 차폐층전위는 거의 없어지나 시스회로에 손실이 발생함

(2) 허용전류에 충분한 여유가 있을 때나 해저케이블 포설과 같이 불가피한 경우에 쓰이며, 22.9kV 배전선로의 대표적인 다중접지 방식임

나. 편단접지(Single Point Bonding)

(1) 케이블의 한쪽만 접지하고, 다른쪽은 개방하는 방식으로, 회로손실은 없으나, 초고압케이블은 서지침입시 개방단에 위험한 이상전압이 발생

(2) 개방단에 저항기나 소형 서지억제 피뢰기 등 이상전압 억제대책 필요.

(3) 포설케이블 길이가 짧을 때는 흔히 편단접지가 쓰이며, 22.9kV 이하의 케이블은 포설케이블 긍장이 긴 경우에 케이블의 중간점을 접지하고 양단을 개방하는 것도 가능함

다. 크로스본드(Cross Bond) 방식

(1) 긍장이 긴 초고압 케이블 포설에서 세계적으로 널리 사용되는 방식으로, 본드선으로 3상을 연가하여 접속하고 3구간마다 접지하는 방식임

(2) 초고압케이블을 제외하고는 22.9kV 이하의 케이블에서는 크로스본드를 시행하는 일이 거의 없음

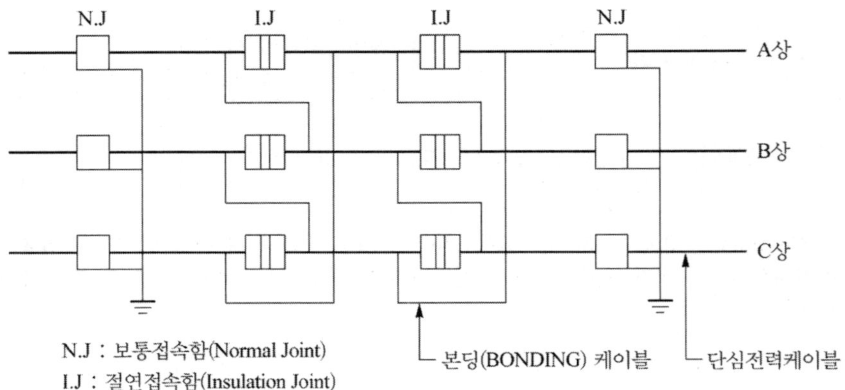

그림 9.1.3 크로스 본드접지 방식

4. 시스 접지방식의 고찰

시스 유기전압은 케이블 종류 및 배열(포설) 형태에 따라 많은 차이가 있는데 여러 배열중 정3각형 배열이 유기전압이 가장 낮고 수평배열에 비하여 유기전압 크기가 절반 수준으로

감소함. 또한 단심 케이블간 정삼각형 배열의 경우 시스 유기전압은 감소하나 각 상간 케이블의 열전달로 케이블 온도가 상승하여 허용전류를 감소시키기도 하므로 케이블 포설 긍장에 따라 적정한 시스의 접지방식을 선택할 필요가 있음

9.1.5 지중 송전선로 케이블 부설 및 오프셋(Off-Set) 방법

1. 지중 송전선로 케이블 부설

가. 국내 전기철도에서는 지중 송전선로로 66[kV] 이상이 적용되며, 지중 송전선로 부설 방식은 직매식, 관로식, 덕트식, 암거식(전력구식) 등이 있음

나. 직매식 매설깊이는 차도 및 중량물의 영향을 받을 우려가 있는 경우에는 1.0[m] 이상, 기타의 경우에는 0.6[m] 이상 깊이가 되도록 부설하며, 관로식도 직매식에 준하여 부설함

다. 이때, 지중 케이블 부설시 케이블의 허용장력 및 허용측압, 케이블의 신축작용 등을 고려하여 맨홀경간을 최대 500[m]로 하고, 케이블의 여유장을 두어 부설하게 됨

2. 케이블 설계 여유장(Margin length for Cable Design)

가. 현장에 설치하는 케이블의 소요길이는 고저차 등의 영향으로 도면과 차이가 나므로 이를 보완하기 위하여 여유장을 산정함

나. 접속단위 구간별 케이블 길이는 케이블시설 긍장+긍장여유장+접속 및 오프셋 여유장 등을 합한 길이로 함

다. 긍장 여유장은 케이블 공사 설계 시 시설 경과지를 따라 길이를 산출하지만, 공사단계에서 굴곡, 지하 장애물, 측정오차 등을 감안하여 거리산출 긍장 또는 실측 긍장에 일정 비율을 추가하여 케이블 길이를 결정함

라. 국내 전기철도에서의 송전용 케이블의 표준 여유길이는 아래와 같음

(1) 직매식 케이블 여유장

① 직매 길이의 2[%] 이내

② 접속 및 오프셋 여유길이(양측맨홀의 합계)는 2[m]

(2) 관로식 및 전력구식

① 관로길이의 1[%] 이하, 전력구 길이의 0.5[%] 이하

② 접속 및 오프셋 여유길이(양측 맨홀의 합계) 2[m]

(3) 케이블 종단개소 입상(개소당) 1.5[m]

마. 케이블 포설 공사 시 허용 곡률반경

표 9.1.3 케이블 허용곡률 반경[mm]

케이블 종별 \ 선심	단 심	비 고
66[kV] XLPE	$10D$	D : 케이블 외경 D_S : 케이블 금속차폐층의 평균외경 66[kV]케이블 시스가 AL 경우 $15D_S$ 적용
66[kV] TFR-CV	$15D_S$	
154[kV] XLPE	$20D_S$	

3. 케이블의 오프셋(Off-Set)

가. 케이블은 주위온도, 부하의 변화에 따라 수축과 팽창을 하게 되며, 이러한 열신축으로 케이블의 금속시스, 접속함의 연공부, 절연체 등에 스트레스가 가중되어 손상을 일으킬 수 있어, 케이블의 신축량을 곡률 변화에 의해 흡수되도록 맨홀 내에서 케이블을 곡선 형태로 설치하는 것을 Off-Set이라고 함

나. 관로와 연결되는 맨홀내의 단심케이블에서 부하변동이 특히 크다고 예상되는 경우는 수직 오프셋으로 되는 접속배열은 하지 않으며, 관로와 연결하는 맨홀의 경우 전력구 쪽은 오프셋을 두지 않음

다. 최소 오프셋 각도는 30° 이상으로 하고, 최소 오프셋 횡폭은 300[mm] 이상으로 하며, 케이블의 온도변화에 의한 열신축을 흡수할 수 있는 최소 오프셋 폭은 표 9.1.4와 같음

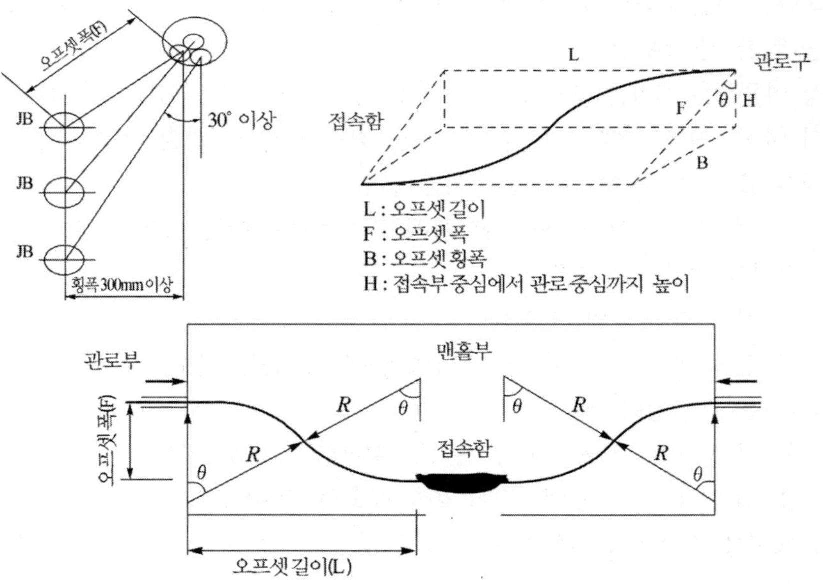

그림 9.1.4 맨홀 내의 오프셋(Off-Set) 폭과 길이

표 9.1.4 최소 오프셋(Off-Set) 폭

케이블 종류		오프셋폭 (관로)
66[kV] 단심	XLPE	400[mm]
154[kV] 단심	XLPE	750[mm]

9.1.6 지중 송전선로 관로설계 시 관내경 선정 및 시공방법

1. 지중 송전선로의 관로

가. 국내 철도에서는 지중 송전선로로 66[kV] 이상이 적용되며, 지중 송전선로는 공사비 및 공사기간이 많이 소요되므로 관련 법령 및 규정을 충분히 검토하여 신뢰성 있고 경제적인 설계가 되도록 하여야 하며,

나. 지중 송전선로의 부설 방식은 직매식, 관로식, 덕트식, 암거식(전력구식) 등이 있으며, 부설방식의 선정은 장래의 계통 구성, 소요 송전용량, 경과지, 케이블 종류 등 제반 조건과 환경보존, 시공조건, 사고대책, 설비변경 가능성 등을 충분히 고려하여 선정하며, 주로 적용되는 관로식에 대하여 기술함

2. 관로 내경의 선정

가. 관내경은 케이블의 최대외경, 장래의 용량증가, 경제성 등을 고려하여 아래 기준에 따라 선정함

(1) 1공 1조 포설시 관내경

$D \geq 1.3d$ 및 $D \geq d + 30$[mm]를 동시에 만족해야 함

여기서, D : 관로내경[mm], d : 케이블 최대외경[mm]

(2) 1공 3조 포설시 관내경

$(2.16d + 30) \leq D \leq 2.85d$ 또는 $D \geq 3.15d$ 을 만족해야 함

표 9.1.5 케이블 종류별 관로내경

선종	도체규격	인입방식	관로내경
66[kV] XLPE 케이블	400[mm^2] 이하	1공 1조	100[mm]
154[kV] XLPE 케이블	1,200[mm^2] 이하	1공 1조	200[mm]
		1공 3조	300[mm]
	2,000[mm^2] 이하	1공 1조	200[mm]

3. 관재(관로재질)의 선정

가. 합성수지 파형관

철도에서의 지중 송전선로용 관재는 합성수지 파형관 사용을 기본으로 함

나. 합성수지 직관(PVC 관)

교량첨가 등 특수개소, 지하공간이 협소하여 합성수지 파형관으로 시공이 곤란한 장소에 적용함

다. 강관

주요도로, 철도 횡단개소, 압입공법 적용개소, 도로굴착이 빈번하여 관의 손상이 우려되는 지역, 매설깊이가 부족한 장소의 관로보강 콘크리트 시공이 곤란한 장소에 적용

라. 합성수지 고강도파형관

차도 및 중량물의 압력을 받는 장소에 설치하는 관로중 토피부족 및 기타 외압으로 관로의 손상이 우려되는 장소에 적용

마. 기타 관재

특수한 개소 또는 특수공법이 적용되는 개소는 별도의 관재를 적용

4. 관로의 시공방법(유의사항)

가. 맨홀 한 경간에서 관로시점과 종점은 관로별로 서로 대칭되게 배열하여야 함

나. 차량 등 중량물에 견디어야 하며, 무단굴착 등에 대비하여야 함

다. 관로 상호간 접속은 견고하게 하여야 하며, 수밀성, 내식성이 있고, 케이블 포설시 케이블 외피(방식층)에 손상이 없도록 하여야 함

라. 케이블 포설 장력 및 측압에 견디어야 함

마. 관로 최소 곡율반경은 관내경의 30배 이상으로 하고, 케이블 허용 장력 및 허용측압 이내가 되도록 하여야 함

바. 관로 관통시 관로내경에 따라 시험봉이 통과되어야 함

아. 관로 보강 콘크리트 타설시 관의 변형이 발생하지 않아야 하며, 관내에 콘크리트가 유입되지 않도록 하여야 함

9.1.7 지중 송전선로 케이블의 내뢰(耐雷) 등 보호대책

1. 개요

지중 전선로는 지하에 전력 케이블(Power Cable)을 매설하여 송·배전용으로 사용하는 것을 말하며, 케이블이 지중 송전선로로 채용되는 이유는 도시의 미관, 뇌 및 풍수해에 대한 신뢰성 확보, 수용밀도가 높은 지역의 전력 공급, 보안상의 제한 조건, 지역주민의 단체민원 등으로 가공전선로를 건설할 수 없는 경우이나, 건설비가 비싸고 사고발생시 고장발견 및 복구에 어려움이 있어 지중 송전선로에 대한 보호대책이 절실히 요구되고 있음

2. 케이블의 내뢰(耐雷) 대책

가. 가공 전선로로부터 침입하는 뇌서지(Surge) 등에 의해 지중 송전선로의 케이블이 손상을 받을 우려가 있는 경우는 케이블에 대한 내뢰대책을 단독 또는 병행하여 아래와 같이 시행함

나. 절연통의 보호

(1) 병행지선의 설치
(2) 절연통 보호장치의 설치

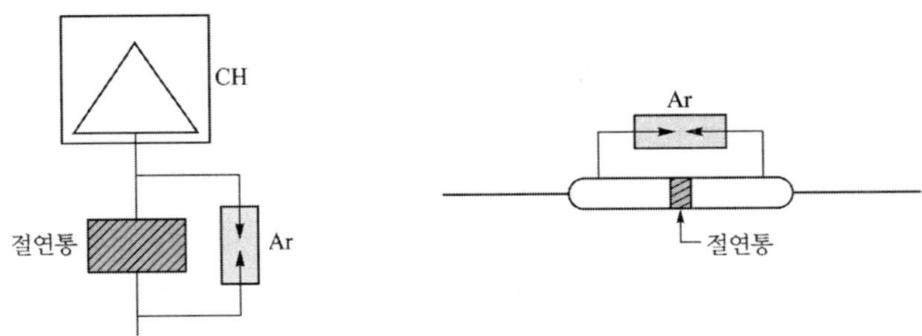

(a) 케이블헤드(CH) 절연통 부분　　(b) 크로스본드 IJ 부분

그림 9.1.5 케이블의 절연통 보호장치

다. 케이블 절연체의 보호

(1) 가공 전선로의 철탑접지와 종단 접속상 가대 및 케이블 금속 시스(Sheath) 접지의 연접 시행
(2) 케이블의 절연 강화 및 피뢰장치의 설치

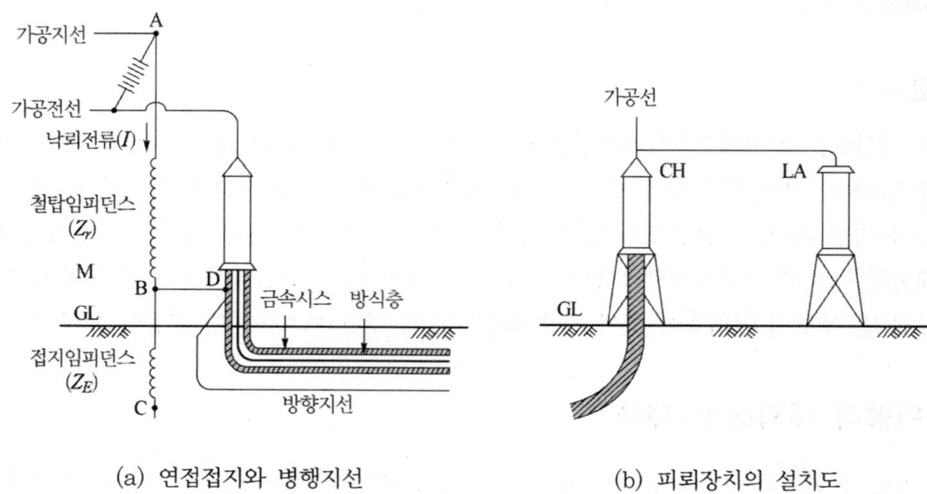

(a) 연접접지와 병행지선 (b) 피뢰장치의 설치도

그림 9.1.6 케이블의 절연체 보호(예)

3. 케이블 절연통의 보호대책

가. 케이블이 뇌 또는 개폐임펄스 등 이상전압이 내습할 때 절연통 및 케이블 접속부에는 위험전위가 발생하여 절연파괴가 발생할 수 있으므로 일정 보호레벨 이상의 이상전압이 침입 시 보호레벨 이하로 서지전압을 제한할 필요가 있음

나. 따라서, 154[kV] 이상의 송전 케이블의 절연접속부 또는 종단부의 절연통 간의 임펄스 내전압 및 보호레벨을 공히 50[kV]를 되어 있으나, 시공 및 경년열화 등에 의한 내전압 등을 감안하여 14[kV] 이상의 전압이 유기시 방전할 수 있도록 절연통 보호장치의 제한전압을 14[kV]를 정하고 있음

다. 보호대책으로는 크로스 본드(Cross-Bond) 접지방식에서 절연접속의 보호효과를 절연통 사이 발생하는 전압크기를 비교해 볼 때 전압크기가 가장 낮은 절연통간 연결 비접지 방식이 가장 효과가 크므로 시행방법에 대해서는 설계 지침 등에 따라 적용하는 것이 바람직 함

※ 접지별 절연통 전압크기 비교

① 대지간 접지 > ② 교락접지방식 > ③ 교락비접지 방식

9.1.8 철도 배전계통의 지중 배전선로와 가공 배전선로 비교

1. 개요

가. 철도의 배전선로는 한전 변전소에서 수전을 받아 선로를 따라 산재되어 있는 역사, 차량기지, 신호소, 보수기지 등의 철도운영에 필요한 전력을 안정적으로 공급하기 위하여 시설하였음

나. 당초에는 6.6[kV] 3상 3선식 비접지 방식을 사용하였으나 고속철도 운영과 함께 3상 22[kV] 또는 22.9[kV] 방식을 적용하여 건설 및 기존선의 개량을 병행하고 있으며, 배전계통의 구성은 가공 배전선로와 지중 배전선로가 혼용되어 있어 그 특징에 대하여 기술하기로 함

2. 배전선로의 구성

배전선로는 그 지역의 여건 및 현장 특성 등을 고려하여 아래와 같이 구성함

가. 단선철도 구간은 1회선, 복선 철도구간은 2회선을 원칙으로 하며, 지하구간 및 2복선 이상의 경우에는 2회선으로 함

나. 2회선 이상의 복선철도 구간은 공급점이 다른 2개소에서 공급이 가능한 선로에서 수전하는 것을 원칙으로 함

다. 2회선으로 시설하는 경우 가공선로 1회선, 지중선로 1회선을 원칙으로 하되 다음사항을 고려하여 시설하여야 함

(1) 터널 및 교량 구간이 60[%] 이상일 때는 지중 2회선으로 함

(2) 터널 및 교량구간이 60[%] 이상일 경우라도 토공구간이 연속하여 1[km] 이상인 경우의 예비선로는 가공으로 설치할 수 있음

(3) 운행속도 300[km] 이상구간, 역구내, 터널, 교량구간은 케이블로 시설하는 것을 원칙으로 함

라. 2회선 이상의 배전선로는 가선위치를 분리하여 시설하는 것을 원칙으로 하며, 지중선로인 경우 현장 여건상 분리가 고난한 경우에는 예외로 함

마. 전철 운행구간의 가공 배전선로는 원칙적으로 전차선로 지지물과 공용함

바. 케이블 충전전류에 의한 전압상승을 방지하기 위하여 적정용량의 분로리액터를 검토하여 반영하여야 함

3. 배전선로의 전압

배전선로의 배전방식과 공칭전압 및 회로 최고전압은 표 9.1.6과 같음

표 9.1.6 배전방식별 공칭전압 및 회로 최고전압

구 분	표준공칭 전압[V]	배전방식별 전압[V]			회로 최고 전압[V]
		단상 2선식	3상 3선식	3상4선식	
저 압	220	220	220	220/380/440	
	380	–	–		
	440	–	440		
고 압	3,300	6,600	6,600	–	7,200
	6,600				
특고압	22,900	13,200	22,000	22,900	25,800

4. 지중 배전선로와 가공 배전선로 특성

표 9.1.7 지중 및 가공 배전선로 특성 비교

구 분	지중 배전선로	가공 배전선로
회선 공급능력	다회선 공급가능	4회선 이상 불가능
외부영향	기상 등 주변 환경영향 거의 없음	기상조건 및 전력선 접촉 등 정전빈도 많음
유지보수	설비의 단순, 고도화로 유지보수 업무 적음	설비의 지상 노출로 보수업무 많음
환경조화	쾌적한 도심환경 적합	도심환경 저해
건 설 비	고가	저렴
건설기간	장기간 소요	단시간 소요
고장복구	고장점발견이 어렵고 복구가 어려움	고장점발견과 고장복구 용이
송전용량	발생열의 구조적 냉각장해로 전선 용량에 비해 저하	발생열이 공기중으로 냉각이 수월해 송전용량 높은 편임
고장형태	절연체 열화, 접속개소 시공 불량에 의한 영구사고 발생	이물질 접촉 등 순간 및 영구사고 발생
충전전류 제한	경부하시 선로길이가 30[km] 이상시 문제	문제없음
비교 검토	배전선로 2중화를 위한 예비선로를 감안하면, 안정적인 전력공급을 위한 지중배전선로 1회선과 장애시 사고복구가 용이한 가공배전선로 1회선으로 구성하는 것이 바람직함	

9.1.9 장거리 송・배전선로의 패란티현상 및 분로 리액터

1. 패란티(Ferranti) 현상

가. 장거리 송・배전선로에서 일반적으로 부하 역률은 지상 역률이기 때문에 비교적 큰부하가 걸려 있을 때에는 전류가 전압보다 위상이 뒤져 지상전류가 송・배전선로 및 변압기를 흐르게 되어 송전단 전압이 수전단(부하 측) 전압보다 높아 정상적인 급전 상태를 유지하게 됨

나. 그러나, 장거리 송・배전선로가 무부하이거나 부하가 아주 작은 경우에는 선로의 정전용량 때문에 전압보다 위상이 90° 앞선 진상 충전전류가 흐르게 되고, 진상 충전전류가 흐르면 배전거리에 비례하여 선로의 자기 인덕턴스에 의한 기전력이 발생하므로서 송전단보다 수전단(부하 측) 말단 전압이 높아지는 현상이 발생하는데 이를 패란티(Ferranti) 현상 또는 패란티 효과라고 함

다. 특히, 장거리 배전선로가 Cable로 구성되는 경우는 선로의 단위 길이당 정전용량이 클수록, 배전길이가 클수록 패란티 현상이 현저히 커져 송전단 전압이 제일 낮고 송전측에서 멀리 갈수록 선로전압이 점차 높아져 부하 측 개방단에서 최고값을 보이게 됨으로서 기기의 과전압에 의한 수명단축, 보호계전기 오작동 등을 초래하므로 이에 대한 충분한 검토와 대책이 필요함

2. 패란티 현상에 의한 영향 및 문제점

가. 패란티 현상의 문제점

(1) 역률개선 이전 보다 피상전력 및 전류증가로 선로손실 발생

(2) 수전설비용량 이용의 극대화 불가능

(3) 패란티 현상이 반복되면 전력계통이 붕괴되거나 심한 전압변동 발생

(4) 보호 계전기의 오동작 및 콘덴서에 부속된 직렬 리액터의 과열

(5) 조작용 유입 개페기나 차단기의 용량이 커야하고, 주차단기는 진상전류차단에 대한 문제점을 초래

(6) 용량이 작은 발전기로 무부하 충전시 자기 여자현상에 의하여 순식간에 발전기 전압이 이상 상승하여 발전기 소손우려.

나. 패란티 현상에 의한 전압상승 비교

$$E_r = E_s \times \frac{\frac{1}{jwC/2}}{jwL + \frac{1}{jwC/2}} = E_S \times \frac{1}{1 - w^2 \times \frac{LC}{2}}$$

$$\therefore \frac{E_r}{E_s} = \frac{1}{1 - w^2 \times \frac{LC}{2}}$$

여기서, E_S : 송전단 전압[V], E_r : 수전단(부하단) 전압[V]
L : 선로 인덕턴스[H], C : 선로 커패시터[F]
w : $2\pi f$(각속도)

3. 패란티 현상에 의한 장해 대책

가. 전력계통에서의 대책

(1) 콘덴서, 분로리액터, 동기조상기를 사용하여 무효전력을 일정 범위로 유지하여 적정전압유지, 전력손실경감등을 도모해야 함

(2) 분로리액터는 케이블이나 초고압 계통의 선로의 정전용량에 의한 진상 무효전력 또는 경부하시 일반수용가로부터의 진상 무효전력 과잉으로 인한 전압 상승 방지용으로 설치함

나. 수전설비의 대책

부하용량이 급변하는 수전설비에서는 경부하시 앞선 전류에 의한 과보상으로 문제점이 발생하여 아래와 같이 콘덴서의 제어가 필요함

(1) 무효전력제어 : 무효전력측정값과 설정값을 비교 콘덴서 투입제어

(2) 역률제어 : 역률 검출 측정값과 설정치와 비교하여 콘덴서 투입제어

(3) 전압제어 : 전원 임피던스가 커서 전압변동이 큰 경우에 적용

(4) 프로그램제어 또는 전류제어는 1일 부하변동이 거의 일정하거나 전류와 무효전력 관계가 일정한 경우 선택하여 제어함

4. 분로 리액터(Shunt Reactor)

가. 분로 리액터 설치목적 및 원리

(1) 분로 리액터 설치목적은 특고압(고압) 케이블 배전선로에서 발생하는 패란티 현상에 의한 콘덴서 작용량의 충전전류를 상쇄시켜 계통에 연결된 기기에 걸리는 진상 무효전력을 조정하여 전선로를 안정적으로 운영하기 위함

(2) 송・배전선로는 정전용량이 존재하여 진상 무효전류(충전전류)가 흐르게 되는데 리액터를 병렬로 연결하여 전류 위상이 90° 늦은 지상 무효전류를 공급하게 되면 서로 상쇄되어 유효전류가 흐르게 되어 계통의 전압을 조정 할 수 있는 원리를 이용한 것임

나. 분로 리액터의 용량

(1) 전기철도 구간에 설치하는 분로 리액터의 용량은 수전실과 인접 수전실 간의 상시 배전구간의 특고압(고압) 케이블 배전선로 콘덴서 작용용량과 최대수요 전력, 역률 등을 종합적으로 검토하여 산정하며, 리액터 1대의 최대용량는 550[kVA]를 초과할 수 없음

(2) 실제용량은 케이블 배전선로의 합산 콘덴서 작용용량 값의 85~95[%] 범위에서 결정하고, 5~15[%]는 역률 개선용 콘덴서 역할로 활용함

(3) IEC 규정으로 정하고 있는 케이블 배전선로 콘덴서 작용용량(C)

$$C = \frac{\varepsilon}{18\ln\left(\frac{D_i}{D_c}\right)} \times 10^{-9}[\mathrm{F/m}]$$

여기서, C : 케이블 콘덴서 작용용량[F/m]

ε : 절연체의 비유전율(XLPE = 2.5)

D_i : 절연체의 외경(반도체층 제외)[mm]

D_c : 도체의 외경+반도체층 두께[mm]

(4) 22.9[kV]용 XLPE 60[mm^2] 케이블 3조1회선 배전선로 콘덴서 작용용량 중에서 역률 개선용으로 일정비율을 사용할 경우 분로리액터 용량산정은 표 9.1.7과 같음

표 9.1.8 분로리액터 용량산정(예시)

22.9[kV] XLPE 60[mm^2] 3조1회선 콘덴서 작용용량중	※주① [kVAR]	분로리액터 1대로 담당가능한 최댓값		분로리액터 1대의 최대 용량[kVAR]
		콘덴서 작용 용량[kVAR]	환산거리 [km]	
5%를 역률개선용으로 활용시	550	579	17.88	550
10%를 역률개선용으로 활용시	550	611	18.87	550
15%를 역률개선용으로 활용시	550	647	19.98	550

※ 주 ① : 분로리액터 1대를 전선로에서 분리 시 케이블 배전선로 콘덴서 작용용량 변화 제한 값

9.2 ◦ 가공 송 · 배전선로

9.2.1 가공 전선로의 이도 및 전선의 실제길이

1. 전선이도의 필요성

가. 가공전선의 이도(Dip)란 전선이 전선을 지지하는 수평선으로부터 아래쪽으로 내려가는 최저점까지의 길이를 말함

나. 이도를 주는 이유는 하절기 및 혹한기의 전선 신장과 수축에 의한 늘어짐과 장력의 변화, 태풍 등 풍압에 의한 전선 상호간의 접촉, 빙설의 부착 등으로 전선의 장력변화 등의 문제로 전선단선 사고 등을 발생하는 원인이 되므로 적정한 이도를 줄 필요함

다. 가공 전선로와 이도의 영향

(1) 이도의 크기는 지지물의 높이를 좌우함

(2) 이도가 너무 크면 전선이 좌우로 크게 진동하여 다른 상의 전선과 접촉하거나 수목접촉 또는 안전 이격거리 확보에 지장 등을 초래함

(3) 이도가 너무 작으면 전선의 장력이 증가하여 전선의 단선 우려가 있음

2. 지지점 고저차가 없는 경우 이도계산

가. 전선 지지점에 고저차가 없는 경우의 이도계산은 전선이 완전한 가소성이 있는 것으로 본 다면 커티너리 곡선(Catenary Curve)로 계산하지만, 이도가 경간의 10[%] 미만일 때는 포물선으로 계산해도 실용상 지장이 없음

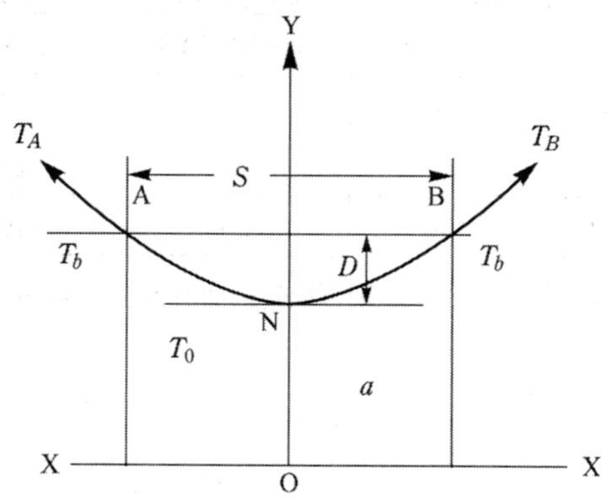

그림 9.2.1 양 지지점 고저차 없을 경우 이도

나. 그림 9.2.1에서 O 점을 기준으로 하는 커티너리 곡선식에서 이도

(1) $y = a\cosh\dfrac{x}{a} = a(1+\dfrac{x^2}{2!a^2}+\dfrac{x^4}{4!a^4}+\dfrac{x^6}{6!a^6}+......)$

(2) 실제의 송・배전선로는 대부분 이도 D[m]가 경간 S[m]에 비해 매우 작기 때문에 (1)식에서 3항 이하를 무시해도 실용상 문제없음

따라서, $y = a + \dfrac{x^2}{2a}$로 표현하는 근사적으로 포물선 관계식이 됨

(3) 그림에서 원점을 O로부터 곡선의 최저점 N 점으로 이동하면, $y = a + \dfrac{x^2}{2a}$는 되고, $x = \dfrac{S}{2}$를 대입하여 이도 D를 나타내는 식은 $D = \dfrac{wS^2}{8\,T_0}$[m]가 됨

여기서, a : 정수로 곡선의 최저점 N에서 세로측 좌표값$(=T_0 / w)$

w : 전선의 자체중량[kg/m]

T_0 : N 점에 작용하는 전선의 수평장력[kgf]

S : 전선의 지지점 간격[m]

다. 전선의 실제 길이(L) ➪ $L = S + \dfrac{8D^2}{3S}$[m]

라. 전선의 합성 하중(W) ➪ $W = \sqrt{(w+w_i)^2 + w_w^2}$[kg]

여기서, w : 전선의 자체중량, w_i : 부착 빙설의 중량, w_w : 수평풍압

마. 전선의 최대 장력 ➪ 전선의 지지점 A, B에서 장력을 T_A, T_B라고 하면 최대장력은

$$T_A = T_B = T_0 + wD \quad ➪ \quad T_A = T_B \fallingdotseq T_0$$

위 식에서 wD는 T_0의 1[%] 정도이므로 전선의 각 지점의 장력은 수평장력 T_0와 같다고 가정해도 문제가 없음

3. 지지점 고저차가 있는 경우 이도계산

가. 전선의 이도계산은 전선의 최대 사용장력을 먼저 구해야 하는데, 이는 전기설비 기술기준에서 정하는 안전율(경동연선 2.2, 기타 전선은 2.5 이상)을 확보 할 수 있도록 전선의 인장하중으로부터 구함

나. 그림 9.2.2와 같이 양 지지점 A, B에 고저차 h[m]가 있을 때 경간길이, 이도 및 전선의 길이를 구하는 식은 아래와 같음

(1) 이도 최저점에서 A 지점까지 거리 : $S_1 = \dfrac{S}{2} - \dfrac{T_0 h}{wS}$[m]

(2) 전선의 이도 : $D = \frac{w}{8T_0}\left(S - \frac{2T_0}{wS} \cdot h\right)^2$[m]

(3) 전선의 실제길이 : $L = S + \frac{w^2S^2}{24T_0} + \frac{h^2}{2S}$[m]

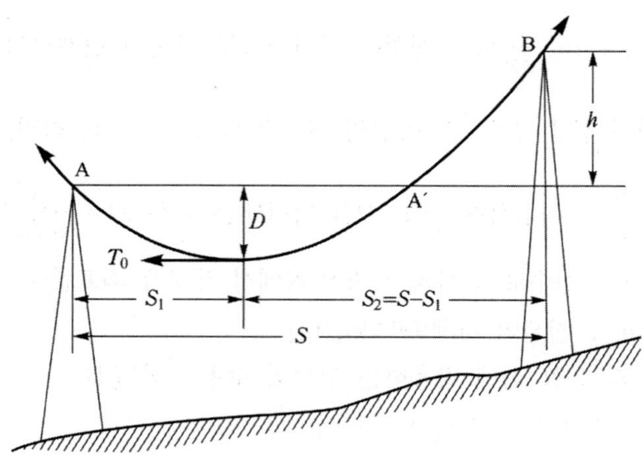

그림 9.2.2 양 지지점 고저차 다른 경우의 이도

9.2.2 가공 전선로의 중간 지지점에서 전선탈락시 이도 및 높이

1. 개요

아래 그림 9.2.3과 같이 전선 지지점간 높이와 장력이 같을 때 전선 지지점 B 지점에서 전선이 탈락했을 때 이도 및 전선의 실제길이를 계산하도록 함

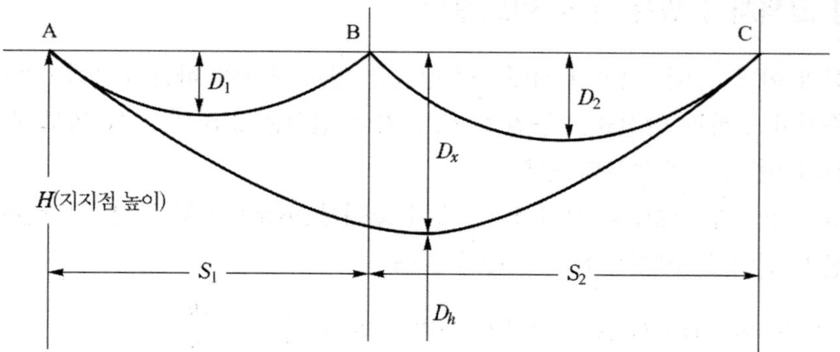

D_x : 지지점탈락시 전선이도, D_h : 지지점탈락시 지표상 높이

그림 9.2.3 가공전선 이도 및 지표상 높이

2. 지지점간의 고저차가 없는 경우의 실제 전선길이

가. 가선 경간의 전선의 이도를 D[m], 지지점간의 경간길이를 S[m], 전선의 수평 장력을 T[kgf], 전선의 단위중량을 w[kg/m]이라고 할 때

(1) 전선의 이도(D) : $D = \frac{wS^2}{8T}$[m]

(2) 전선의 실제길이(L) : $L = S + \frac{8D^2}{3S}$[m]

나. 그림 9.2.3에서 이도 D_1인 S_1 경간의 전선 실제길이를 L_1, 이도 D_2인 S_2 구간의 전선 실제길이를 L_2라고 하면 아래의 식과 같이 된다.

$$L_1 = S_1 + \frac{8D_1^2}{3S_1}, \quad L_2 = S_2 + \frac{8D_2^2}{3S_2}$$

다. 2경간의 전선 실제 총길이(L)는 $L = L_1 + L_2$[m]이므로

(1) $L = L_1 + L_2 = S_1 + \frac{8D_1^2}{3S_1} + S_2 + \frac{8D_2^2}{3S_2} = S_1 + S_2 + \frac{8}{3}\left(\frac{D_1^2}{S_1} + \frac{D_2^2}{S_2}\right)$이며,

(2) 중앙 지지점에서 전선이 탈락했을 경우 이도를 D_x, 전선의 장력이 불변이고 전선의 신장을 무시하면 전선의 실재길이는 일정하므로 L[m]와 같고, 두 경간의 합 $S = S_1 + S_2$에서 전선의 전체길이는 불변이므로,

$L = S + \frac{8D_x^2}{3S} = (S_1 + S_2) + \frac{8D_x^2}{3(S_1 + S_2)}$와 같으므로 전개하면,

$$L = (S_1 + S_2) + \frac{8}{3}\left(\frac{D_1^2}{S_1} + \frac{D_2^2}{S_2}\right) = (S_1 + S_2) + \frac{8}{3}\frac{D_x^2}{(S_1 + S_2)}$$

$$\Rightarrow \left(\frac{D_1^2}{S_1} + \frac{D_2^2}{S_2}\right) = \frac{D_x^2}{(S_1 + S_2)}$$

$$\therefore D_x^2 = \left(\frac{D_1^2}{S_1} + \frac{D_2^2}{S_2}\right)(S_1 + S_2)$$

(3) 위 전제조건에서 양 지지점 전선장력은 같으므로 경간과 이도의 관계는

$$T = \frac{wS_1^2}{8D_1} = \frac{wS_2^2}{8D_2} \Rightarrow \therefore \frac{S_2}{S_1} = \sqrt{\frac{D_2}{D_1}}$$

3. 전선의 지표상의 높이(D_h)

가. 중간지지점 B에서 전선 탈락후 이도 D_x는

$$D_x^2 = \left(\frac{D_1^2}{S_1} + \frac{D_2^2}{S_2}\right)(S_1 + S_2) \text{ 또는 } D_x = \frac{w}{8T}(S_1 + S_2)^2$$

나. 전선의 지표상 높이는 양단 지지물 높이에서 중간지지점 탈락 후 전선이도 값(D_x)을 뺀 높이가 됨

$D_h = H - D_x$ [m].

9.2.3 가공 송전선로의 코로나 방전 개시전압 및 코로나 대책

1. 코로나(Corona) 현상

가. 전력의 급격한 증가에 따라 송전전압이 154[kV]→345[kV] →765[kV]급의 초고압 계통으로 높아지면서 송전선로 전선 주위의 공기중의 전위경도가 일정치를 넘으면 공기절연이 부분적으로 파괴되어 낮은 소리나 엷은 빛을 내면서 방전하는 현상을 코로나(Corona)또는 코로나 방전이라고 함

나. 이러한 코로나 발생으로 전력손실, 잡음 및 통신 유도장해 등을 일으키므로 최대한 억제하기 위한 대책이 필요함

2. 코로나 임계전압

가. 공기의 절연내력은 표준 온도 20[℃] 및 표준기압 760[mmHg]에서 직류는 약 30 [kV/cm], 교류는 약 21[kV/cm]의 전위경도를 가하면 공기절연이 파괴되는데 이것을 파열 극한 전위경도라 하며, 이때의 코로나 전압을 코로나 임계전압이라고 함

나. 임계전압을 간략식으로 표시하면 $E_0 = 24.3\, d \log \frac{d}{r}$ [kV] (단, E_0 = 코로나 임계전압, d = 송전선 도체지름(cm), r = 송전선로 반지름(cm), D = 송전선로 선간절연거리(cm)로 나타냄

다. 위 식은 계략 식으로 실제로는 송전선로 표면상태, 날씨, 상대공기밀도 등의 영향을 받으며 송전선의 굵기(단도체, 복도체 등), 선간거리에 따라 임계전압은 차이가 있음

3. 코로나 발생 장해

가. 코로나 손실

코로나가 발생하면 코로나 손실이 발생하여 송전효율을 저하시키며, 코로나 손실 계산식으로는 아래와 같이 Peek의 실험식을 들 수 있음

$$P = \frac{241}{\delta}(f+25)\sqrt{\frac{d}{2D}}(E-E_0)^2 \times 10^{-5}[\text{kW/km/line}]$$

여기서, E : 전선 대지전압[kV], E_0 : 코로나 임계전압[kV]
f : 주파수[Hz], d : 전선지름[cm],
D : 선간거리[cm], δ : 상대공기밀도

위 식을 보면 송전선의 굵기와 선간 절연거리가 변수로 작용하고 있어 코로나 손실, 건설비 등을 고려하여 전선굵기를 선정함

나. 코로나 잡음

코로나 방전은 전선의 표면에서 파열극한 전위경도(약 30kV)를 넘을 때 발생하며 이때 코로나 펄스는 선로를 따라 전파되어 송전선로 주변의 라디오, TV 등의 수신이나 약전류 기기에 잡음, 방해를 주게 됨

다. 통신선의 유도장해

코로나에 의한 고조파 전류중 제 3고조파 성분이 중성점 전류로 나타나고 중성점 접지방식이 송전선로 부근의 통신선에 유도장해를 일으킬 우려가 있음

라. 소호리액터의 소호 능력 저하

1선 지락 시에 있어서 건전상의 대지전압 상승에 의한 코로나 발생은 고장점의 잔류전류의 유효분을 증가해서 소호능력을 저하시킬 우려가 있음

마. 전선의 부식 촉진

코로나에 의한 화학 작용으로 전선지지점등에서 전선의 부식이 발생함

4. 코로나 방지대책.

코로나 발생을 억제하기 위해서는 무엇보다도 코로나 발생 임계전압을 상규전압 이상으로 높여주도록 하는 것이 필요하므로 송전선로 측과 방송·통신 등 수신측에서의 대책이 요구됨

가. 송전선로 측의 대책

(1) 전선의 굵기를 크게 할 것

전선의 굵기를 크게 하면 전선표면의 전위기울기가 완만하게 되어 코로나 임계전압이 올라가서 공기절연이 향상되며, 만일 가는 전선을 사용하면 반대로 전위 기울기가 급해져서 주위 공기절연이 약해짐

(2) 복도체를 사용

복도체는 각상의 전선을 2가닥 이상으로 나누어서 비교적 가는 전선을 사용하여 코로나 임계전압을 높이고자 하는 것으로, 복도체는 단선에 비하여 선로의 작용 인덕턴스를 감소하고 정전용량을 증대하며 송전전력을 증대시키는 장점이 있음 (실험에 의하면 전선을 2도체로 분할하여 25~50[cm]의 간격을 주었을 경우 임계전압이 15~25% 향상되는 것으로 알려짐)

(3) 가선 금구를 개량

송전선로 지지점, 기타 코로나에 의한 부식 작용을 억제하기 위해 가능한 한 돌기부를 없앤 원형 형태의 내부식성 금구를 사용하고 차폐링(차폐환)등을 사용함

나. 방송 · 통신측의 대책

(1) 수신 안테나를 송전선로에서 멀리 설치하도록 함
(2) 공동수신 방식으로 함
(3) 수신 안테나를 지향성을 가지게 함

9.2.4 가공 송전선로 4각 철탑의 종류 및 설계기준

1. 가공 송전선로의 지지물

가. 가공 수전선로의 지지물에는 철탑, 철주, 목주 및 콘크리트주가 있으며, 사용용도 및 목적에 따라 분류하며, 일반적으로 철탑은 경간이 200[m] 이상, 철주는 경간 200[m] 이하, 목주 및 콘크리트주는 66[kV] 이하의 특수한 장소에 사용함

나. 일반적으로 사용하는 4각철탑은 표준철탑과 특수철탑으로 구분하며, 철탑의 장주결정은 동일 철탑에 시설하는 수직선간 이격거리, 수평선간 이격거리, 철탑간의 크리어런스 다이어그램(Clearance Diagram) 및 오프셋(Off-Set) 유지에 대하여 충분히 검토하여 시설하여야 함

2. 사용목적에 의한 4각 철탑의 종류

가. 표준철탑(전선로의 표준경간에 사용)

(1) **직선철탑** : 직선로의 수평각도가 적은개소(3° 미만)에 사용하는 현수형 애자장치의 철탑으로 기호는 "A" "SF" "F"로 나타냄

(2) **각도철탑** : 수평각도가 3°를 넘는 장소에 사용하는 내장 애자형 철탑으로서 20° 이하의 경각도로 설계하는 B 형과 30° 이하의 중각도롤 설계하는 C형 철탑이 있으며, 기호는 Ba, Bb, C, D, E로 표시함

(3) **보강철탑** : 전선로를 보강하기 위하여 사용하는 내장애자형 철탑

(4) **인류철탑** : 전체의 가섭선(전선 및 가공지선을 총칭)을 인류하는 경우에 사용하는 애자내장형 철탑을 말하며, 기호는 "D0"로 표시함

(5) **내장철탑** : 선로의 전체를 보강하기 위하여 사용하는 철탑

나. 특수철탑(표준철탑을 사용할 수 없는 장소)

송전선로 분기개소, 하천이나 계곡의 횡단 등의 장경간 개소, 표준철탑의 허용 수평각도를 초과하는 중각도 개소 등의 특수한 장소로 표준철탑을 사용할 수 없는 개소에 사용하기 위한 철탑.

3. 철탑의 시설기준

가. 철탑은 고온계절이나 저온계절에서도 규정된 상시상정하중 또는 이상시 상정하중의 3분의 2배(완금류는 1배)의 하중 중 큰 것에 견디는 하중일 것

나. 대형하천 횡단부와 그 주변 등 지형적으로 이상 착설이 발달하기 쉬운 장소에 설치하는 철탑 및 기초는 해당 지형에 상정하는 이상 착설시의 하중에 견디는 강도로 하여야 함

다. 내장 철탑 또는 보강철탑의 전선로 보강하는 기준

(1) 전선로 중 양측 경간의 차가 매우 큰 경우(지지물 좌우 경간비 2 이상)

(2) 전선로의 장경간(표준경간에 150[m]를 가산한 값을 초과하는 경우) 개소의 당해 지지물 및 인접 지지물

(3) 직선철탑이 연속되는 경우 10기 이하마다 내장애자형 철탑 또는 동등 이상의 강도를 가진 철탑 1기를 시설

(4) 좌우 경간의 불평형장력률이 10[%] 이상인 경우.

라. 가섭선의 절단에 의하여 발생하는 불균형 장력은 가섭전선의 상의 총수에 따라 가섭선이 절단되는 것으로 하고, 가섭선 절단 시 각 부재에 대한 불균형 장력 크기는 가섭선의 최대 장력과 같은 값으로 계산함

기출문제

다음 그림과 같이 평탄한 곳에 같은 장력으로 가선된 두 경간의 이도(D)가 각각 $D_1 = 4$[m], $D_2 = 9$[m]이다. 중앙의 지지점에서 전선이 떨어졌을 때 전선의 지표상의 높이는 최저 몇 [m]로 되는가? 단, $h = 14$[m]라 하고, 전선의 늘어남은 무시한다.(63-2, 25점)

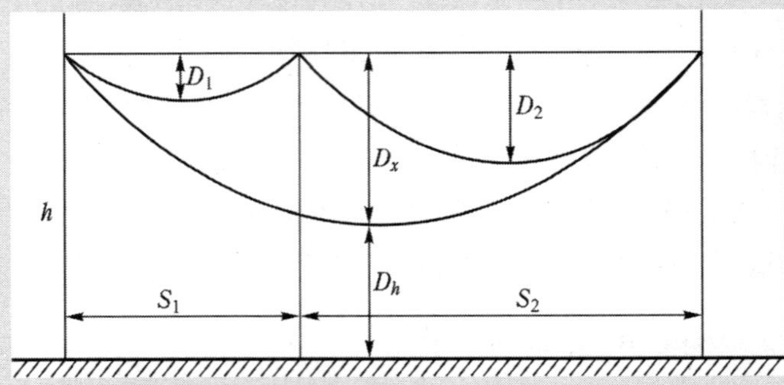

D_x : 지지점탈락시 전선이도, D_h : 지지점탈락시 지표상 높이

기출문제 풀이

1. 해설 9.2.2의 전선의 지표상의 높이(D_h) 해설식을 이용하면
2. 전체조건에서 S_1 부분과 S_2부분의 전선장력은 같으므로

$$T = \frac{WS_1^2}{8D_1} = \frac{WS_2^2}{8D_2} \text{ 에서 } \frac{S_2}{S_1} = \sqrt{\frac{D_2}{D_1}}$$

$$\therefore \frac{S_2}{S_1} = \sqrt{\frac{9}{4}} = \frac{3}{2} = 1.5 \text{ 이므로 } S_2 = 1.5\ S_1$$

3. 중간지지점 탈락후 이도 D_x는

가. $D_x^2 = \left(\frac{D_1^2}{S_1} + \frac{D_2^2}{S_2}\right)(S_1 + S_2) = \left(\frac{4^2}{S_1} + \frac{9^2}{1.5S_1}\right)(S_1 + 1.5S_1)$에서

$D_x^2 = \left(4^2 + \frac{9^2}{1.5}\right) \times 2.5 = 175$이므로 $D_x = \sqrt{175} = 13.23$[m]

나. 따라서, 전선의 지표상 높이는 양단 지지물 높이에서 중간지지점 탈락후 전선이도값을 뺀 높이이므로 $D_h = h - D_x = 14 - 13.23 = 0.77$[m]임

9.3 변압기 및 기타 전력기기

9.3.1 변압기의 원리 및 사용주파수 변동에 따른 영향

1. 변압기의 원리

가. 변압기는 그림 9.3.1과 같이 코일에 자속이 쇄교하면 유도기전력이 발생하는 전자유도 작용을 이용한 것으로 철심에 권선을 감고 교번전압을 공급하면 교번자속이 발생하여 권선을 쇄교하여 공급전압과 방향이 반대인 유도기전력(역기전력)이 발생하는 원리를 이용한 정지형 유도기기임

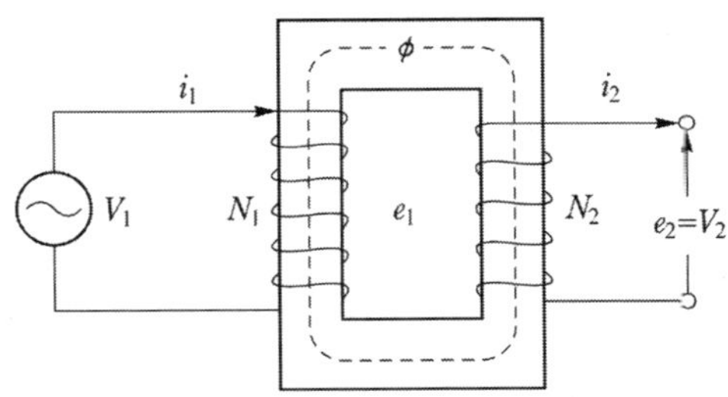

그림 9.3.1 변압기 원리

나. 그림 9.3.1 과 같이 권선중에 교번전류를 흘리면 자속이 발생하여 자기회로를 통하여 1차 및 2차 권선을 전부 쇄교한다고 가정하면, 교번자속에 의한 유기기전력 크기는 전자유도 법칙에 의해 공급전압 V_1과 크기가 같고 방향이 반대이므로,

$$V_1 = V_{1m}\sin wt = -e_1 = -N_1\frac{d\Phi}{dt}[\text{V}]$$

$$e_2 = -N_2\frac{d\Phi}{dt} = V_2[\text{V}]$$

여기서, V_1 : 교류 1차 단자전압, V_2 : 2차 단자전압
e_1 : 1차 유기기전력, e_2 : 2차 유기기전력
N_1 : 1차 권선수, N_2 : 2차 권선수
Φ : 자속수($\Phi = \phi_m \sin wt$)

다. $e_1 = -V_{1m}\sin\omega t = -N_1 \frac{d\Phi}{dt} = -N_1 \frac{d}{dt}\phi_m \sin wt$ [V]을 미분하면,

$$e_1 = -N_1 \frac{d}{dt}\phi_m \sin\omega t = -wN_1\phi_m \cos\omega t = wN_1\phi_m \sin(\omega t - \frac{\pi}{2})$$

$$= V_{1m}\sin(\omega t - \frac{\pi}{2})$$ (여기서, $wN_1\phi_m = V_{1m}$ 임)

라. 유기기전력은 공급전압과 같고 방향이 반대이므로 실효치로 나타내면,

(1) $V_1 = -e_1 = \frac{V_{1m}}{\sqrt{2}} = \frac{wN_1\phi_m}{\sqrt{2}} = \frac{2\pi f N_1\phi_m}{\sqrt{2}} = 4.44 f N_1\phi_m$

(2) $V_2 = e_2 = 4.44\, f N_2\, \phi_m = \frac{N_2}{N_1} \cdot e_1$[V]

(3) 따라서, 1차와 2차 전압비와 전류비는 $\frac{e_1}{e_2} = \frac{N_1}{N_2}$, $\frac{i_1}{i_2} = \frac{N_2}{N_1}$

※ 기자력 베터합 $N_1 i_1 + N_2 i_2 = 0$이므로 $\frac{i_1}{i_2} = \frac{N_2}{N_1}$

2. 변압기의 철손

가. 와류손

(1) 변압기 · 전동기와 같이 강판철심을 사용하는 전기기기는 자속이 철심을 관통함에 따라 철심에 유도 와전류가 발생하여 철심의 온도를 상승시키고, 손실이 발생되는 것을 와류손이라 함

(2) 와류손실 이론식 : $P_e = K_e\ (t \cdot f \cdot B_m)^2$

여기서, P_e : 와류손실[W], K_e : 재료에 따라 정해지는 정수

t : 철심의 두께, f : 주파수

B_m : 최대 자속밀도

(3) 와류손실은 철심두께, 주파수의 자승에 비례하므로 성층철심(적층)을 사용하여 손실을 최소화하고 있음

나. 히스테리시스 손

(1) 변압기와 같이 자기회로 코일에서 전류를 변화 시키면 철심이 자화되어 자속이 발생하고, 이때 자속의 강도는 단위 면적당의 자속수로 나타내어 자속밀도라고 하며, 자속밀도는 자성체의 자화력과 관계가 있어 자성체를 자계속에 넣고 자화력을 변화시킬 때 자속밀도와의 관계를 나타내는 히스테리시스 곡선을 얻을 수 있음

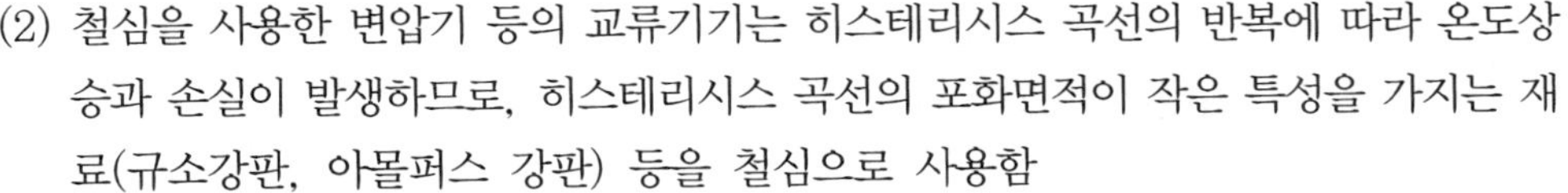

(2) 철심을 사용한 변압기 등의 교류기기는 히스테리시스 곡선의 반복에 따라 온도상승과 손실이 발생하므로, 히스테리시스 곡선의 포화면적이 작은 특성을 가지는 재료(규소강판, 아몰퍼스 강판) 등을 철심으로 사용함

(3) 히스테리시스 손실 이론식

① 전압과 주파수가 일정할 때 히스테리시스 손실 : $P_h = K \cdot f \cdot B_m^{1.6}$

② 기 제작된 변압기의 사용 전압과 주파수가 변한다고 하면

변압기 기전력 $E = 4.44 f \cdot n \cdot B_m \cdot A$[V]에서

$B_m = \dfrac{E}{4.44 f \cdot n \cdot A} = K \dfrac{E}{f}$ 이므로 B_m을 ①항에 대입하면

$$P_h = K \cdot f \left(K \frac{E}{f} \right)^{1.6} = K' \cdot f \left(\frac{E}{f} \right)^{1.6} = K' E^{1.6} f^{-0.6}$$

여기서, P_h : 히스테리시스손실

K 및 K' : 환산정수

E : 기전력(사용전압)

③ 즉, 히스테리시스손은 전압의 1.6승에 비례하고, 주파수의 0.6승에 반비례 함

3. 변압기의 정격 주파수와 사용 주파수가 다른 경우 영향

가. 정격 주파수 60[Hz] 변압기를 50[Hz]에 사용하는 경우

(1) 변압기의 철손 이론식에서 보듯이 정격 주파수가 60[Hz]인 변압기를 50[Hz]에 사용하면 60[Hz] / 50[Hz] = 1.2배의 과여자가 되어 철손 및 여자전류가 큰폭으로 증가하고 심한 온도상승이 되므로 사용하지 않음

(2) 다만, 이론적으로는 정격전압 보다 낮은 전압(1/1.2 = 0.83배)에서는 과여자가 발생하지 않아 사용은 가능하나, 실제적으로는 0.83배의 전압으로 사용하는 경우는 없음

나. 정격 주파수 50[Hz] 변압기를 60[Hz]에 사용하는 경우

(1) 주파수가 50[Hz] / 60[Hz] = 0.83배로 감소하여 여자전류와 무부하 손실(철손)이 감소하므로 사용 가능함

(2) 다만, 임피던스가 10~20[%] 증가하여 전압 변동률이 증가하는데 크게 문제가 되지는 않음

(3) 동일용량에서 50[Hz] 변압기는 60[Hz] 변압기에 비하여 철심이 크고, 권선을 많이 감아야 하는 등 자재비가 증가하는 단점 등이 있음

다. 변압기의 정격 주파수와 사용주파수 관계

변압기는 해당 국가의 사용 주파수에 적합하게 설계 및 제작하여 사용하여야 철손 등

을 감소하고, 효율을 높일수 있으므로 특별한 경우가 아니고는 정격주파수와 사용주파수는 일치하여야 함

9.3.2 변압기 종류별 특성 비교

1. 변압기의 절연방식에 의한 분류

가. 전력용 변압기는 절연재료에 따라 유입변압기, 건식변압기, 몰드변압기, 가스절연변압기 등으로 구분하며, 변압기의 용량은 부하설비용량이 추정되면 수용률, 부등률, 부하율 등을 적용시켜 설비에 적정한 용량을 산정하여야 함

나. 변압기의 종류

(1) 유입변압기

절연유가 담긴 탱크속에 권선을 담근 구조로 제작이 용이하고 사용범위가 넓어 소용량에서 대용량까지 가장 많이 사용함

(2) 건식변압기

절연유를 사용하지 않고 고체 절연체만으로 절연을 유지하는 것으로 화재 예방을 중시하는 건물에 사용하였으나, 몰드변압기의 등장으로 최근에는 소용량 강압용 변압기로 주로 사용함

(3) 몰드변압기

건식변압기 일종으로 권선을 불연재인 에폭시로 몰드한 방식으로 난연성, 무보수화, 에너지절약 등의 이점이 있어 최근 많이 사용하고 있으나 인출부 절연과 방열 및 서지 등의 문제가 있어 고전압 대용량화에는 한계가 있음

(4) 가스변압기

절연 매체로 SF_6 가스를 사용한 변압기로 불연성이고 전기적 특성이 좋음

(5) 아몰퍼스변압기

변압기의 철심소재를 기존의 방향성 규소강판 대신 아몰퍼스 메탈(Amorphous Metal)을 적용하여 무부하손(철손)을 기존 변압기의 1/5 이상 절감한 절전형 고효율 변압기임

2. 유입 변압기의 특성

가. 장점

(1) 일반적으로 가장 널리 사용되어 왔으며, 가격이 저렴함

(2) 소음이 작고, 충격 내전압이 높아 2차 보호에 유리함

(3) 옥내, 옥외 등 설치 장소에 구애를 받지 않음

나. 단점

(1) 절연유의 발화 온도가 낮고, 연소성임
(2) 절연물이 내열온도가 A종으로 과부하시 쉽게 열화됨
(3) 옥내시설시 절연유 유출에 대비한 추가 시설이 필요

3. 몰드(MOLD)형 변압기의 특성

가. 장점

(1) 우수한 절연특성과 H종 건식변압기의 방재성을 겸비하고 있음
(2) 경화시에 가스발생이 없고, 내약품성, 내수성, 내열성이 좋음
(3) 권선은 자체 소화성을 가진 내열성 에폭시 수지를 몰드하여 난연성임
(4) 몰드 코일표면이 에폭시 수지로 싸여 있으므로 H종 건식변압기에 비해 감전 등에 대해 안전함
(5) H종 건식변압기보다 절연내력이 향상되어 장기간 방치하여도 습기 등 오손에 의한 절연성능이 변하지 않고, 절연물의 경련변화도 작음
(6) 고급방향성 규소강판과 합리적 절연설계로 합침실을 콤팩트화하여 무부하 손실의 저감, 저소음화가 가능해짐
(6) 권선을 고진공에서 몰딩하고 있기 때문에 견고하고, 외부기계력 및 이상 진동에 강한구조임

나. 단점

(1) 값이 비싼 절연재료를 사용하기 때문에 H종 절연건식변압기와 같이 유입변압기의 1.7~2배 정도로 고가임
(2) 내전압 충격에 약하므로 차단기 2차측에 서지 보호기를 설치하여야 함
(3) 유입변압기 보다 무부하손실이 크고, 권선 온도상승이 높음
(4) 고전압 인가 부분이 노출되어 절연거리 확보 필요(외함 필요)

4. 아몰퍼스(Amorphous) 변압기의 특성

가. 장점

(1) 신소재 아몰퍼스 메탈 철심으로 무부하손실 1/5 이상 절감
(2) 고주파 및 고조파 대역에 우수한 자기적 특성에 의한 고효율
(3) E종 절연물 사용으로 절연열화에 의한 사고방지 가능
(4) 변압기 발열량이 적어 권선 및 절연물의 경년변화를 줄여 수명연장

(5) 권선의 온도상승을 최소화하여 과부하 내량이 증가
(6) 에너지 절감에 의한 변압기의 운전 보수비 절감 및 수명연장
(7) 전력소모 감소로 변전소 건설 및 유해가스 배출 감소 등 환경개선효과

나. 단점

(1) 자속밀도 및 점적율이 낮고, 압축응력이 작용하면 특성이 저하됨
(2) 소재의 특성상 제작의 어려움과 보급 한계로 가격이 비쌈
(3) 아몰퍼스 유입형 옥내시설시 절연유 유출에 대비한 추가 시설이 필요
(4) 부하율이 높아지면 에너지 절감효과가 낮아짐

5. SF_6 가스 변압기의 특성

가. 장점

(1) 불연성
무색, 무취, 불연성 가스인 SF_6를 이용하여 내부절연을 함

(2) 외함의 견고성
SF_6 가스의 압축성 때문에 일반 유입식 변압기에 비하여 압력의 증가가 훨씬 적어 변압기 외함이 내부 Fault에 의해서 발생하는 압력 상승을 충분히 견딜 수 있음

(3) 소형 경량화
가스 절연 변압기의 경우, 콘서베이터(Conservator), 방압관(PRD) 등 보호장치가 없어 변전소 공간을 최소화할 수 있음

(4) 설치 용이성
가스의 투입은 가스 보관통에서 변압기로 직접 투입이 가능하고, 최소한의 도구를 이용하므로 설치가 단순함

(5) 유지보수 및 점검 용이성
모니터링으로 SF_6 가스의 압력만 점검함

(6) 청결성
절연유 누유와 오염이 없어 청결의 유지가 가능함

나. 단점

(1) 가격이 비쌈.
(2) 정기적인 유지보수가 필요함

표 9.3.1 변압기 종류별 비교

구 분	유입변압기	몰드형 변압기	아몰퍼스변압기	SF_6가스 변압기
절연재료	절연유, 크라프트지	공기와 에폭시	절연유 또는 에폭시	SF_6 가스 및 플라스틱 절연
절연종별	A 종	F 종	H 종	E/H 종
권선온도 상승	55 도	95 도	80도	70/120 도
연소성	가연성	난연성	난연성	불연성
경제성	100%	175%	215%	(고가)

9.3.3 단상 변압기 운전 시 최대효율 조건

1. 변압기 손실

가. 변압기의 효율은 입력에 대한 출력의 비로 나타내며, 손실은 부하전류에 관계하는 부하손과 무부하손(철손)이 있음

나. 무부하손(no load loss)

변압기의 무부하손은 변압기 2차에 부하가 없는 상태(2차측 개방)에서 발생하는 손실로 철손(히스테리시스손 + 와전류손), 여자전류에 의한 1차 저항손, 여자전류에 의한 절연물 중의 유전체손 등이 있으나 여자전류에 의한 손실은 미미하므로 무부하손은 철손이라고 해도 무방함

다. 부하손(load loss)

변압기 2차에 부하전류가 흐를 때 변압기에서 발생하는 손실로 권선의 저항손, 표류부하손 등이 있음

2. 변압기 효율

가. 변압기 효율(η)

(1) 정격 전부하에서의 변압기 효율

$$\text{변압기 효율}(\eta) = \frac{\text{입력}}{\text{출력}}[\%],\ \text{규약효율} = \frac{\text{출력}}{\text{출력} + \text{손실}}[\%]$$

$$\eta = \frac{V_2 I_2 \cos\phi}{V_2 I_2 \cos\phi + P_i + P_c} \times 100 = \frac{V_2 I_2 \cos\phi}{V_2 I_2 \cos\phi + P_i + I_2^2 r_2} \times 100[\%]$$

여기서, V_2 : 2차전압[V], I_2 : 부하전류[A], $\cos\phi$: 부하역률,
P_i : 무부하손(철손)[kWh], P_c : 부하손(동손)[kWh]
$P_c = I_2^2 r_2$ (r_2 : 변압기 2차로 환산한 내부저항)

(2) 부하율 m으로 운전 시 효율

$$\eta = \frac{m \cdot V_2 I_2 \cos\phi}{m \cdot V_2 I_2 \cos\phi + P_i + m^2 \cdot I_2^2 r_2} \times 100[\%]$$

나. 단상 변압기 최대효율조건

(1) 변압기 효율$(\eta) = \dfrac{V_2 I_2 \cos\phi}{V_2 I_2 \cos\phi + P_i + I_2^2 r_2} \times 100[\%]$ 식에서 효율이 최대가 되기 위해서는 분모가 최소가 되는 즉, 철손과 동손의 합이 최소가 되는 경우이나, 이미 제작된 변압기를 운전하는 것으로 철손은 변동할 수 없으므로 변수는 부하전류에 의한 동손이 됨

(2) 변압기 효율식을 정수 $a(= V_2 \cos\phi)$, $b(= P_i)$, $c(= r_2)$를 써서 (1)식을 변환하면 $\eta = \dfrac{a I_2}{a I_2 + b + c {I_2}^2} = \dfrac{a}{a + b/I_2 + cI_2}$ 형태가 되어 효율이 최대가 되는 조건은 $\dfrac{d\eta}{dI_2} = 0$ 이므로 이를 풀면 $b = cI_2^2$ ⇨ $P_i = I_2^2 r_2 (= P_c)$가 됨

(3) 즉, 변압기의 정격 전부하에서 동손과 철손이 같을 때 효율이 최대가 되며, 부하율이 m이라고 하면 부하율은 전류자승에 비례하므로 이때 변압기의 최대효율 조건은 $P_i = m^2 \cdot P_c$이 됨

3. 전일효율(All day efficiency)

가. 변압기의 1차측은 항상 전원에 접속되어 있어 부하에 관계없이 철손이 소비되는 반면 부하손은 부하가 걸리는 T시간 동안에만 발생하므로 변압기를 운영하는 1일간의 종합적인 효율을 전일효율이라고 하며 아래 식으로 나타냄

$$\text{전일효율 } \eta_{day} = \frac{\Sigma T \cdot V_2 I_2 \cos\phi_2}{\Sigma T \cdot V_2 I_2 \cos\phi_2 + 24P_i + \Sigma T \cdot P_c}[\%]$$

나. 전일효율 최대 조건

1일간의 전체 철손과 전체 동손이 같은 경우 ⇨ $24P_i = \Sigma T \cdot P_c$임

9.3.4 전력용 변압기의 절연유 특성 및 영향

1. 전기 절연유(絕緣油, Insulating Oil)

가. 전기 절연유란 전기기기의 냉각과 절연을 목적으로 원유로부터 분할 증류하여 얻은 기름으로 첨가제 성질에 따라 광유계 절연유와 합성유계 절연유로 크게 나누며 전력용 유입 커패시터, 유입케이블, 유입 변압기, 유입 차단기 등에 널리 사용됨

나. 절연유 규격은 KS C 2301 에 의하여 1종 1호부터 7종 4호까지 다양하게 분류하여 사용용도에 따라 일반변압기는 1종2호, 특고압용 변압기(66kV 이상)은 1종4호 등이 널리 사용됨

다. 절연유 판정기준

표 9.3.2 절연유 보수판정 기준값

측정 항목	보수 판정	기준 값
절연파괴 전압[kV/2.5mm]	전압 66kV 이상 변압기 유열화방지장치 부착	35 이상
	기타 변압기	30 이상
	부하시 탭절환 개폐기	20 이상
산가[mgKOH/g]	신 유	0.02 이하
	초고압 변압기	0.2 이하
	33kV 이하 변압기	0.3 이하
	상태를 보아 재생, 교체필요	0.3~0.5
	가능한 한 빨리 재생, 교체필요	0.5 초과
	부하 탭절환 개폐기	0.7 이하
체적 저항률[Ωcm](50℃)	양 호	1×10^{12} 이상
	요주의	1×10^{11}~1×10^{12}
	불 량	1×10^{11} 이하
계면 장력[dyne/cm]	양 호	19 이상
	요주의	16~19
	불 량	16 이하
유전 정접[%] (50℃, 50Hz, 1,000V)	양 호	1.25 이하
	의 문	1.25~5.0
	정밀진단 필요	5.0 이상

2. 절연유에 요구되는 성질

가. 전기적 특성이 양호할 것(절연파괴전압, 유전정접, 체적저항률)
나. 냉각작용이 클 것(대류에 의한 열전달이 용이하도록 충분히 낮은 점도)
다. 산화 및 열안정성이 우수할 것
라. 우수한 저온유동성
마. 고전계하에서 안정할 것(내코로나성) – 가스흡습성
바. 인화의 위험성이 적을 것(화재방지를 위한 높은 인화점)
사. 내부식성이 없을 것(화학적으로 중성이고 부식성 황화합물이 없어야 함)

3. 절연유의 종류

가. 광유계 절연유

(1) 광유계 절연유는 석유를 분류하여 비점이 250 ~ 400℃ 정도의 혼합물을 정제하여 만든 것으로 유동점이 낮고 열안정성, 탄화물 청정성이 우수한 Naphthenic Base Oil을 전기절연유로 주로 사용함
(2) 우리나라는 "첨가제를 함유하지 않은 절연유"를 규격화하고 있으나 ASTM, BS, IEC등과 같이 산화방지제, 유동점강하제, 내코로나 성능 향상제, 유동대전방지제, 금속불활성제 등의 첨가가 한하여 투입을 인정하여 사용하고 있음

나. 합성유계 절연유

(1) 합성유계 절연유는 화학적인 합성반응에 의하여 공업적으로 특성을 조절한 것으로 염소화페닐계(PCB), 실리콘계, 에스테르계, 알킬계 등이 있음
(2) 특히, PCBs(폴리염화비페닐 : Polychlorinated Biphenyls) 절연유는 합성유계로 전기적 안정성이 높아 변압기의 절연유 등으로 널리 사용됐으나, 다이옥신 발생, 강한 독성 및 생체 잔류성 등으로 인체에 유해하여 국내외적으로 사용 규제 중이고 PCBs 폐절연유는 반드시 폐기물 절차에 따라 처리하여야 함

4. 절연유 유중가스분석

가. 절연유 가스분석 목적

(1) 유입기기 내부에서의 이상현상은 절연파괴 현상이나 국부과열과 같이 발열이 수반되어 절연유, 절연지, 프레스보드, 베크라이트 등이 발열에 의해 영향을 받아 분해 반응하여 수소, 일산화탄소, 이산화탄소, 탄화수소계열의 가스 등을 발생시킴
(2) 발생된 가스는 대부분 절연유 중에 용해하므로 기기에서 채취한 절연유 중의 가스를 추출, 분석하여 변압기 등의 내부 이상의 유무 및 그 정도를 추정하기 위함

나. 판정기준

(1) 시료유에 녹아 있는 가스를 추출하는 방법은 탈기성능이 우수한 확산 진공펌프 방식이 많이 사용되고 있으며, 추출된 가스는 가스분석 장치로 각 가스성분으로 분리, 정량하며, 대상으로 하는 가스는 주로 H_2, N_2, O_2, CO, CO_2, CH_4, C_2H_2, C_2H_4 및 C_2H_6의 9종에 대하여 분석하여 판정함

(2) 판정 기준

표 9.3.3 요주의 레벨의 절대값(어느 것이든 하나라도 이것을 넘었을 경우)

변압기 정격		가연성가스 합계	H_2	CH_2	C_2H_6	C_2H_4	CO	C_2H_2
500kV 미만	10MVA 이하	1,000	400	200	150	300	300	검출
	10MVA 초과	700	400	150	150	200	300	검출
500kV 이상		400	300	100	50	100	200	검출

표 9.3.4 요주의 레벨의 증가량[ppm/년]

변압기 정격		가연성가스 합계
500kV 미만	10MVA 이하	350
	10MVA 초과	250
500kV 이상		150

표 9.3.5 이상레벨의 증가량[ppm/월]

변압기 정격		가연성가스 합계
500kV 미만	10MVA 이하	100
	10MVA 초과	70
500kV 이상		40

9.3.5 변압기의 냉각방식의 종류

1. 변압기 냉각

가. 변압기는 회전부분이 없어 고장이 별로 없고 효율이 좋으나 권선의 발열에 대한 냉각작용이 충분하지 못하므로 용량이 커지면서 열손실의 처리가 매우 중요한 문제가 되어, 변압기 권선에서 발생하는 열을 자연적 또는 인원적으로 냉각시킬 필요가 요구됨

나. 따라서, 변압기의 권선과 철심을 냉각시키는 매체의 종류 또는 순환방식에 따라 냉각 방식을 구분하고 있음

2. 변압기 냉각방식의 종류

가. 건식 자냉식(AN)

절연유를 사용하지 않고 철심 및 권선이 공기에 의하여 자연적으로 냉각되는 방식으로 소용량 또는 20[kV] 이하의 PT 정도에 사용되며, 대기중의 온기를 흡수하여 절연을 저하시킬 우려가 있는 단점이 있음

나. 건식 풍냉식(AF)

건식 자냉식과 유사하나 철심 및 권선의 발열을 송풍기에 의하여 강제통풍에 의하여 냉각하는 방식으로 거의 사용하지 않음

다. 유입 자냉식(OA)

변압기의 철심과 권선을 외함에 수용하고 절연유를 넣고 외함 주변의 공기로 자연적으로 냉각시키는 방법으로 소용량은 평면의 외함을 사용하나, 대용량이 되면 파형철판 외함 또는 방열기(Radiator) 등을 설치하여 공기와 접촉하는 냉각면적을 증가시켜 주상변압기는 물론 대용량 변압기에도 가장 많이 사용하는 방식임

라. 유입 수냉식(OW)

유입자냉식에서 방열기를 붙여 방열면적을 증가시키는 대신 외함속에 냉각배관(Helical Pipe)를 설치하고 냉각수를 순환 켜 절연유를 냉각시키는 방법으로 펌프를 설치하고 배관의 부식 또는 결빙 등의 문제가 있어 유지보수가 어려운 단점이 있음

마. 송유 자냉식(FAN)

변압기 본체 밖으로 방열기 탱크를 따로 두고 순환 배관을 설치하여 변압기 내부의 절연유를 펌프로 강제 순환시켜 수냉 또는 공기냉각시키는 방법

바. 송유 풍냉식(FOA)

송유 자냉식 방열기 탱크 또는 유입자냉식의 방열기를 송풍기를 이용하여 강제통풍으로 냉각하는 방식으로 유지보수 등이 용이하여 대용량 등에서 점차 많이 사용하고 있음

3. 전기철도용 변압기 냉각 방법

가. 전철용 3상 스코트 변압기 : 유입 자냉식 또는 유입 풍냉식

나. 단권변압기(AT) : 유입 자냉식
다. 흡상변압기(BT) : 유입 자냉식
라. 직류 정류기용 변압기 : 건식 변압기

9.3.6 전력용 변압기의 검사 및 시험

1. 변압기 검사 및 시험

가. 변압기 검사 및 시험에는 공장시험, 현장시험, 보수시험 등이 있으나 여기서는 전기철도 구간에 신설되는 전력용 변압기를 기준으로 공장 및 현장 검사와 시험항목 위주로 기술함

나. 검사의 종류에는 겉모양 검사, 치수검사, 외관검사가 있으며, 시험에는 형식 시험 및 형식시험에 합격한 자재에 대한 검수시험이 있으며, 검수시험에 합격한 자재를 현장에 수송 및 설치 완료후 이상발생 유무를 확인하는 현장 시험을 시행하며, 시험의 항목 및 시험기준은 KSC IEC 규정에 의함

2. 변압기 시험항목 및 시험기준

가. 구조 및 외관검사 ➪ 승인사양 및 제작도면에 의함

나. 권선저항 측정 ➪ KS C IEC 60076-1의 11.2항에 의함

권선의 저항을 측정하며 부하손의 온도확산 및 온도상승 계산에 필요한 것으로 측정방법은 직류에 의한 브리지법과 직류전류에 의한 전압강하법을 이용하여 시험을 시행함

다. 변압비 측정 및 각변위 극성 시험 ➪ KS C IEC 60076-1의 11.3 항에 의함

(1) 변압비 측정은 전압계 법에 의하여 공장시험은 정격전압의 10[%] 이상으로 각 권선탭마다 측정하고, 현장시험시는 고압측에 200[V] 정도를 인가하여 2차 전압을 측정함

(2) 각변위 극성시험은 극성이 확인된 표준변압기와 비교해서 극성을 결정하는 비교법과 직류전원과 직류전압계에 의한 유도법 및 교류전원과 교류전압계에 의한 가감법 등이 있으며, 반드시 고압측에 전원을 인가하여 시험하여야 함

라. 임피던스 저압 및 부하손실 측정 ➪ KS C IEC 60076-1의 11.4항에 의함

단락회로 임피던스 전압강하 및 부하손의 측정을 통하여 효율과 전압변동률을 구하기 위한 시험임

마. 무부하손 및 여자전류 측정 ⇨ KS C IEC 60076-1의 11.5항에 의함

무부하손 및 전류 측정방법으로 시험하고자 하는 권선측에 전압을 인가하고 다른 전압의 권선은 단자를 모두 개방한 상태에서 행하며 무부하손과 무부하 전류를 측정함

바. 상용주파수 내전압 시험 ⇨ KS C IEC 60076-3의 7.3항에 의한 분리전원 교류 내전압 시험 방법을 따름

사. 유도내전압 시험 ⇨ KS C IEC 60076-3의 12항에 의함

유도시험 전압의 파고치를 측정하고, 파고값을 $\sqrt{2}$로 나눈값이 시험전압값과 같아야 함 : 시험시간은 (정격주파수) / (시험주파수)×120으로 함

아. 충격내전압 시험 ⇨ KS C IEC 60076-4의 7항에 의함

뇌임펄스 시험으로 충격시험시의 표준 충격파형은 $1.2 \times 50\mu s$ 정도로 피시험 변압기의 표준 충격절연강도(BIL)와 같은 파고치를 가진 충격파를 인가해서 시험함

자. 부분방전 시험 : KS C IEC 60076-3의 12항 유도 교류전압 시험

차. 기타 소음측정, 온도상승 측정, KS 규정에 정한 방법에 따라 시행

9.3.7 % 임피던스 개념과 응용

1. %Z(퍼센트 임피던스)의 개념

가. 그림 9.3.2와 같은 교류 회로에 임피던스 $Z[\Omega]$이 접속되었을 때 $E[\mathrm{V}]$의 정격전압이 인가되어 회로에 정격전류 $I[\mathrm{A}]$가 흐른다고 가정하면, 임피던스에서 전압강하($e[\mathrm{v}] = I \cdot Z[\mathrm{V}]$)가 발생하며, 이때 회로의 전압강하($e[\mathrm{V}]$)가 정격전압 $E[\mathrm{V}]$의 몇 %가 되는가를 100분율로 표시한 것을 전압 강하율 또는 $\%Z$(퍼센트 임피던스)라고 함

나. 기본식은 $\%Z = \dfrac{Z \cdot I}{E} \times 100\,[\%] = \dfrac{e}{E} \times 100[\%]$임

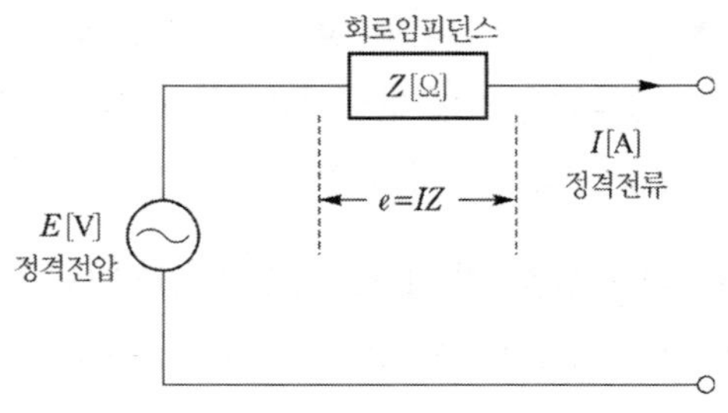

그림 9.3.2 교류 임피던스 회로도

2. %Z를 활용하는 이유

가. 변압기, 발전기 등을 포함한 복잡한 전력계통에서 %Z 방법을 사용하면 회로전압에 대응하는 임피던스의 변화에 상관없이 직・병렬 계산을 손쉽게 수행할 수 있으며 전력계통의 고장(단락 또는 지락고장)계산, 전압강하율 계산 등에 편리하게 적용할 수 있기 때문이고,

나. 이러한 고장전류 계산에 의하여 차단기의 용량 결정, 보호계전기의 정정, 기기에 가해지는 전자력을 추정하는데 사용함

다. 일반적으로 특고압 회로의 단락(고장)용량 계산에 사용하는 기준용량은 대부분 100[MVA]로 정하고, 저압회로는 1,000[kVA]로 정하고 있음

3. %Z를 이용한 3상 단락고장 계산방법

가. %Z(퍼센트임피던스) 계산

(1) 기본식 $\%Z = \frac{Z \cdot I}{E} \times 100[\%]$ 식의 양변에 E[V]를 곱하여 변환하면

$$\%Z = \frac{Z \cdot I \cdot E}{E \cdot E} \times 100[\%] = \frac{Z \cdot P}{E^2} \times 100[\%] \text{ 또는}$$

$$Z = \frac{\%Z \times E}{100I} = \frac{\%Z \times P}{E^2}[\Omega] \text{으로 변환이 가능함}$$

여기서, $\%Z$: 퍼센트 임피던스, Z : 회로의 임피던스
I : 계통의 정격전류[A], E : 정격 대지전압[V]
e : 회로의 전압강하[V], P : 정격용량[VA]

(2) 일반적인 기준용량 P[kVA], 정격전압 E[kV]으로 전환하면,

$$\%Z = \frac{Z \cdot P}{E^2} \times 100 = \frac{Z \times 1000P}{(1000E)^2} \times 100 = \frac{\mathrm{Z} \times \mathrm{P}[\mathrm{kVA}]}{10E^2[\mathrm{kV}]}[\%]$$

나. 3상 단락전류 및 단락용량 계산식(%Z를 활용한 3상 단락전류 단락용량)

(1) 단락전류는 $I_s = \frac{E}{Z[\Omega]} = \frac{E}{\frac{\%Z \cdot E}{100 \cdot I}} = \frac{100 \cdot I}{\%Z}[\mathrm{A}]$

$$\therefore I_s = \frac{E}{Z[\Omega]} = \frac{E}{\frac{\%Z \cdot E}{100I}} = \frac{100}{\%Z} \cdot I = \frac{100}{\%Z} \cdot \frac{P}{\sqrt{3}\,V}[\mathrm{A}]$$

(2) 3상 단락용량 $P_s = \sqrt{3} \cdot V \cdot I_s[\mathrm{kVA}]$

여기에 단락전류(I_s)를 선간전압과 용량에 관한 식으로 정리하면

$$P_s = \sqrt{3} \cdot V \cdot I_s = \sqrt{3}\,V \times \frac{100}{\%Z} \cdot \frac{P}{\sqrt{3} \cdot V} = \frac{100P}{\%Z}[\text{kVA}]$$

여기서, I : 기준용량에 대한 정격전류[A], E : 정격대지전압[V]
V : 선간전압[kV], $P = \sqrt{3}\,V \cdot I$: 정격용량[kVA]
I_s : 3상단락전류[A], $P_s = \sqrt{3}\,V \cdot I_s$: 3상단락용량[kVA]

9.3.8 %Z 전압이 계통 및 변압기 특성에 미치는 영향

1. %Z 전압의 의미

가. 변압기의 임피던스는 누설자속에 의한 리액턴스 성분과 권선저항에 의한 저항 성분이 존재하며, 이러한 임피던스에 의하여 내부 전압강하가 발생하는 것을 변압기의 임피던스 전압이라고 함

나. 임피던스 전압 측정은 변압기의 2차측 권선을 단락 시키고, 1차측 권선에 정격주파수 저전압을 인가하여 1차측과 2차측 단락 권선에 정격전류가 흐를 때 1차측에 인가된 전압을 변압기의 임피던스 전압이라 하고, 이 임피던스 전압과 정격전압에 대한 비를 퍼센트(%) 임피던스라고 하며 $\%Z$로 표기함

다. 임피던스 전압의 측정에서 단락하지 않은 권선측의 입력을 임피던스 와트라고 하며, 임피던스 와트는 변압기의 전부하시 동손과 같음

2. 임피던스 전압과 % 임피던스 전압 계산

가. 변압기 1차 권선의 임피던스 $\dot{Z}_1 = r_1 + jx_1$에 의한 전압강하는 공급전압 V_1에 비하여 매우 작고, 여자전류 I_0도 1차 전류 I_1에 비하여 매우 작으므로 여자 어드미턴스를 전원측으로 환산한 간이 등가회로에서 구하기로 함

나. 그림 9.3.3 변압기 1차측으로 환산한 간이 등가회로에서 임피던스 전압은

(1) 변압기 임피던스(Z) : $Z = (r_1 + a^2 r_2) + j(x_1 + a^2 x_2) = R + jX$

(2) 임피던스 전압 : $e = I \cdot Z = I(R + jX) = IR + jIX$[V]

1차 전류에 의한 저항 전압 $IR = I_1(r_1 + a^2 r_2)$

1차 전류에 의한 리액턴스 전압 $IX = I_1(x_1 + a^2 x_2)$

여기서, V_1 : 변압기 1차전압, I_1 : 변압기 1차 전류

r_1 : 1차 권선저항, r_2 : 2차 권선저항
x_1 : 1차 권선 리액턴스, x_2 : 2차 권선 리액턴스
a : 권수비, Z : 변압기 임피던스

다. $\%Z$ 전압은 임피던스 전압을 1차 전압에 대한 비를 백분율 수치로 표시

(1) % 저항전압 : $\%IR = \dfrac{IR}{V_1} \times 100 = \dfrac{I_1(r_1 + a^2 r_2)}{V_1} \times 100[\%]$

(2) % 리액턴스 전압 : $\%IX = \dfrac{IX}{V_1} \times 100 = \dfrac{I_1(x_1 + a^2 x_2)}{V_1} \times 100[\%]$

(3) % 임피던스 전압은 % 저항전압과 %리액턴스 전압의 벡터합이므로

% 임피던스 전압 : $\%e = \dfrac{IZ}{V_1} \times 100 = \%IZ = \sqrt{(\%IR)^2 + (\%IX)^2}$

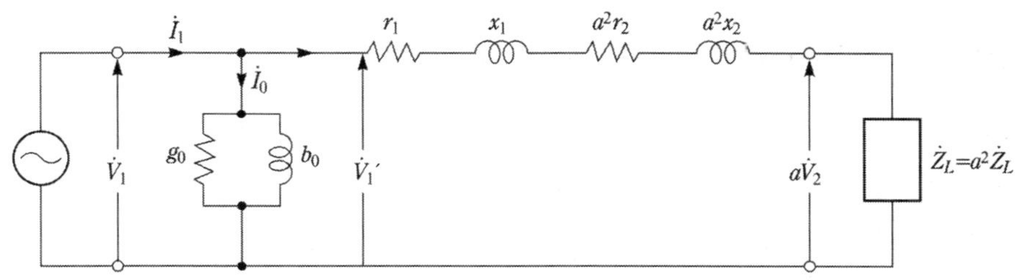

그림 9.3.3 변압기 1차로 환산한 간이 등가회로

3. %임피던스 전압이 계통에 미치는 영향

가. 전압강하

임피던스 전압이 크면 전압강하가 커지게 되어 전압강하 측면에서는 임피던스 전압이 작을수록 좋음

나. 전압변동률

전압변동률 측면에서는 임피던스 전압이 작을수록 좋음

다. 계통의 단락용량

차단기 용량이란 차단기 2차측에서 단락 사고가 난 경우 이를 차단할 수 있는 용량한도를 말하며, 단락전류와 차단용량은 퍼센트 임피던스에 반비례해서 변화하기 때문에 차단용량 측면에서 보면 임피던스 전압은 클수록 좋음

라. 전력손실

변압기의 임피던스는 저항 성분과 리액턴스 성분으로 구성되는데 이중 저항성분이 크

면, 즉 $\%R$이 크므로 변압기의 손실전력이 커짐

마. 변압기의 병렬운전

변압기를 병렬운전 하는 경우 임피던스 전압이 다르거나 임피던스 전압의 절대값이 같아도 내부 임피던스(%R과 %X)의 비율이 다르면 무부하 시에도 변압기 사이에 순환 전류가 흘러서 병렬운전이 곤란하게 됨

바. 계통의 안정도

전력계통에 급격한 부하변화 또는 단락사고 등이 발생해도 발전기가 일정한 상차각을 유지하고 동기운전을 계속할 수 있는 정도를 안정도라고 하며, 변압기 임피던스 전압이 작으면 단락전류가 커짐에 따라 안정도를 유지하기가 어려워지므로 계통의 안정도 측면에서는 변압기 임피던스 전압이 큰 것이 좋음

4. %임피던스 전압이 변압기 특성에 미치는 영향

가. 변압기의 임피던스 전압은 전압 변동률, 계통의 단락용량, 변압기의 병렬운전, 무부하손과 부하손의 손실비(최대효율의 부하율에 영향을 미침), 단락 시 전선로에 작용하는 전자기자력 등에 영향을 미침.

나. 일반적으로 임피던스 전압이 작은 변압기는 철기계가 되어 부하손은 작으나 중량이 무거워지고, 임피던스 전압이 큰 경우에는 동기계가 되어 부하손은 증가하지만 중량이 가벼워지는 경향이 있음

다. 전압변동률 측면에서는 임피던스 전압이 낮은 편이 좋으나 계통의 단락용량(차단용량) 측면에서는 높은 편이 좋은 등 변압기 설계 시부터 사용용도 등에 따라 경제적인 범위에 있도록 제작하고 있음

표 9.3.6 %Z가 변압기에 미치는 영향

%Z가 클 때	%Z가 작을 때
단락(고장) 전류가 작음	단락용량이 커짐(안정도가 높고 전압강하 감소)
차단기 용량이 작아 짐	차단기 용량이 커져야 함
전압 변동률이 커 짐	전압변동률이 작아짐
부하손(동손)이 증가 함	철손, 기계손이 증가하며, 부하손은 감소함
변압기 중량이 가벼워 짐	변압기 중량이 무거워 짐
변압기 가격이 낮아 짐	변압기 가격이 상승함

9.3.9 변압기의 과부하 운전과 수명

1. 변압기의 수명

가. 변압기의 정상적인 수명은 정격 운전조건과 정상 주위온도하에서 연속운전하는 경우에 대한 예상값으로 과부하 또는 정격보다 높은 주위온도로 운전하는 것은 변압기의 열화와 수명단축에 결정적인 영향을 줌

나. 변압기의 수명은 과전압, 계통 단락 및 비상 과부하운전과 같은 돌발사고가 별개로 일어나든 복합적으로 일어나든 변압기 수명에 영향을 주는 요인은

(1) 사고의 가혹성(크기 및 지속시간)
(2) 변압기 부하내량 설계
(3) 변압기 여러부분의 허용온도
(4) 절연물이나 절연유중의 수분 함유량
(5) 절연물이나 절연유중의 산소 및 그외 가스 함유량
(6) 이물질의 수량과 크기 및 종류.

2. 과부하 운전에 의한 변압기 영향

정격부하를 초과하는 과부하에서 운전 시 아래와 같이 변압기에 미치는 영향이 계속하여 누적될 경우 수명이 단축되고 소손이 발생할 수 있음

가. 권선, 지지물, 리드선, 절연물 및 절연유의 온도가 허용치 이상으로 상승
나. 누설 자속밀도의 증가로 금속부분에 와전류가 흘러 금속부가 가열
다. 온도변화에 따라 절연물이나 절연유내의 수분이나 가스량의 증가
라. 부싱, 탭절환기, 케이블 종단접속부 및 변류기에 보다 높은 스트레스가 가해져서 설계 및 운용의 여유가 감소 등

3. 변압기 수명에 영향을 주지않는 과부하 운전조건(한전규정 등)

가. 주위온도가 저하되었을 때

냉각 공기온도가 1일 최고 30도에서 1[℃] 내려갈 때마다(수냉식은 25도에서 1도 내려갈 때마다) 냉각방식에 따라 과부하율 증가(1.0~0.75)

나. 부하율 저하에 의한 과부하

24시간 동안 유지하는 부하의 부하율이 90%에서 1%씩 저하 할 때마다 냉각방식에 따른 과부하 비율에 의해 운전

다. 단시간 사용하는 과부하

24시간 이내에 1회 단시간 과부하에 대해서는 규정에 따라 과부하 운전이 가능하며, 예를 들어 자냉식의 경우 부하가 정격부하의 70[%] 이내이고, 주변온도가 30[℃]일 때 2시간 동안 167[%] 과부하로 운전할 수 있고, 이때의 권선온도 상승은 134[℃]까지임

라. 냉각방식을 바꾼 경우 과부하

냉각방식을 보완 또는 바꾼 경우 과부하 운전이 가능함, 예를 들어 자냉식에 송풍기를 붙여 풍냉식으로 하는 경우 등으로 제작사와 충분히 협의하여 운전하여야 함

마. 여러 가지 조건이 중복되었을 때

주위온도 저하, 부하율 저하 등 여러 가지 조건이 중첩된 경우 과부하는 규정하는 과부하율을 계산하여 정격출력을 기준으로 절연유 및 권선의 온도상승 등을 충분히 고려하여 결정하여야 함

4. 변압기의 온도제한

가. 과부하에 대한 변압기의 민감도는 통상 변압기의 용량에 따라 좌우되며, 변압기의 용량이 커짐에 따라 누설자속 밀도가 증가, 절연적으로 스트레스를 받은 절연물 량의 증가, 확한 최고온부 온도결정이 곤란 등으로 대형 전력용 변압기가 소형 변압기보다 과부하에 대해 더욱 취약함

나. 주위온도에 따른 변압기 운전 : 절연물의 열화특성에는 임계온도라는 것이 존재하지 않기 때문에 변압기의 정격 온도상승 한도는 A종 절연물의 최고점 온도의 허용치가 연속운전에 있어서 105℃이며 유입식변압기 권선 평균온도는 절연물의 최고점 온도보다 10℃가 낮은 것으로 하여, 권선온도의 상한은 95℃로 규정하고 주위온도를 40℃로 가정하면 변압기의 허용온도 상승은 55[℃]로 제한됨

9.3.10 변압기 철심의 잔류자속과 여자 돌입전류의 영향

1. 변압기의 여자돌입전류

가. 변압기 여자전류(Exciting Current)

여자전류(勵磁電流)란 전기력선을 이용하는 발전기, 전동기, 변압기 등의 전기기기에서 전류를 권선에 흘려 전기력선(자속)을 발생시켜야 다음단계로 기기를 구동시킬수 있는데, 이때 자속을 발생시키기 위해 맨 처음 흘려주는 전기를 여자전류(Exciting

Current)라고 함

나. 변압기 여자돌입전류

(1) 여자전류는 전원측에서 공급하며 정상 시에는 매우 작아서 문제가 되지 않으나, 무부하 또는 무여자 상태에서 변압기에 전압을 인가하면 철심자속이 순간적으로 포화되어 전원에 연결된 권선이 공심코일 상태가 되어 여자 인덕턴스가 급격히 감소하여 매우 큰 과도전류가 흐르는 것을 여자돌입전류라고 함

(2) 여자 돌입전류의 크기는 투입시의 전압위상, 철심의 잔류자속, 전원 임피던스, 변압기의 구조에 따라 다양하게 나타나며 정격전류의 10배를 초과하는 경우도 있어 계전기 등의 오동작 방지대책을 수립해야 함

(3) 여자돌입전류에 의한 영향은 기기 및 계전기 등의 오작동, 고조파 발생으로 인한 노이즈의 원인이 되고 있음

2. 여자돌입전류 발생 원인

가. 공급전압 위상에 의한 여자돌입전류(잔류자속이 없을 때)

(1) 인가전압의 파고치에서 투입할 경우

철심의 잔류자속이 없는 무 부하 상태에서 여자전류는 누설리액턴스의 영향으로 전압 위상보다 90° 늦은 0°에서 시작하여 전압파형과 같은 정현파로 안정된 상태를 유지하며, 철심이 포화하지 않아 큰 돌입전류는 흐르지 않음

(2) 인가 전압의 위상이 0에서 투입할 경우

여자전류는 전압의 위상보다 90° 늦으므로 전압 위상이 0에서 인가되면, 철심의 자속은 Φ_0 상태에서 순간적으로 파고치(Φ_m)까지 도달해야 하며, 전압의 반주기 동안 자속은 Φ_0 ⇨ Φ_m ⇨ Φ_0 ⇨ $-\Phi_m$로 되어 철심은 $2\Phi_m$으로 포화되어, 이 자속을 만들기 위한 여자 전류가 급증하여 매우 큰 여자돌입전류가 흐르게 됨

나. 잔류자속에 의한 여자돌입전류

(1) 철심에는 히스테리시스 현상이 있기 때문에 정상상태는 철심의 자속은 인가전압에 90° 늦은 정현파가 되고, 전원개방시 일정시간이 지나면 잔류자속이 자연 감쇄되므로 여자돌입전류에 영향을 주지않으나,

(2) 철심에 잔류자속 Φ_r이 있을 경우 인가전압에 의하여 발생하는 자속이 잔류자속과 벡터적으로 중첩되어 최대($2\Phi_m + \Phi_r$) 자속이 흐르게 되고, 철심의 포화자속을 초과하면 철심이 포화되어 공심(空心)에 근접하게 되고, 철심이 공심이 되면 여자전류를 제한했던 권선의 인덕턴스가 급감하여 큰 여자돌입전류가 흐르게 됨

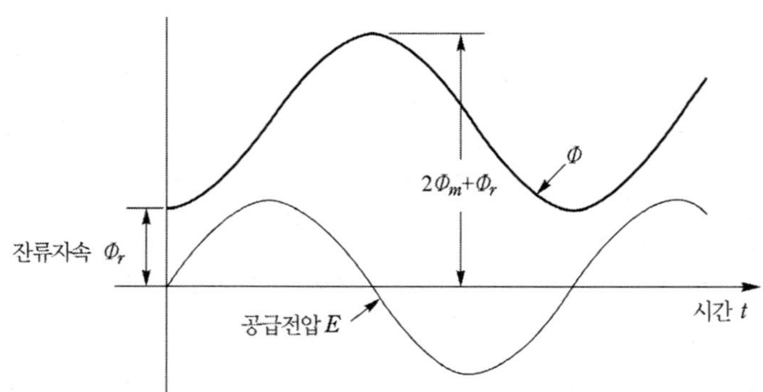

그림 9.3.4 잔류자속에 의한 자속파형

3. 여자돌입전류에 의한 오동작 방지부 비율차동계전기

가. 감도저하법

여자돌입전류는 시간이 경과하면 감소하므로 비율차동계전기에 한시동작 전압계전기와 감도저하용 저항기를 직렬로 설치하여 변압기 투입후 수초동안 동작코일을 Bay-Pass 하므로서 차동계전기 동작감도를 대폭 저하시켜 돌입전류에 오동작이 되지 않도록 한후 전압계전기 동작으로 Bay-Pass 접점을 개방하여 정상적인 감도로 회복시키는 방법

나. 고조파억제법

(1) 여자돌입전류의 파형은 고조파(특히, 2고조파) 성분이 많이 포함되어 있는 점에 착안하여 차동전류 성분을 필터회로로 구분하여 기본파 성분은 동작력으로 사용하고, 고조파 성분은 고조파 통과 필터와 직렬로 접속한 억제코일에 의하여 억제력이 발생하도록 하여 오동작을 방지하는 방법

고조파성분	제2고조파	제3고조파	기타
기본파 대비 백분율	63%	27%	10%

(2) 변압기 내부고장 시에도 변류기 포화로 인한 고조파가 발생하여 억제요소의 동작으로 계전기가 동작하지 않을 우려가 있으나, 여자돌입전류의 최대치에서는 동작하지 않고 변류기가 포화되는 전류에서 동작하는 과전류 동작요소를 설정하여 일정한 전류치 이상에서는 전류 파형에 관계없이 동작하도록 함

다. Digital Type 87T 계전기 방식

최근 디지털 기술발전으로 디지털계전기의 연산장치(COU)에 의하여 위상각, 고조파,

돌입전류의 보상 및 억제회로를 프로그램에 따라 연산처리하여 돌입전류에 의한 오동작을 방지하는 방법 등이 있음

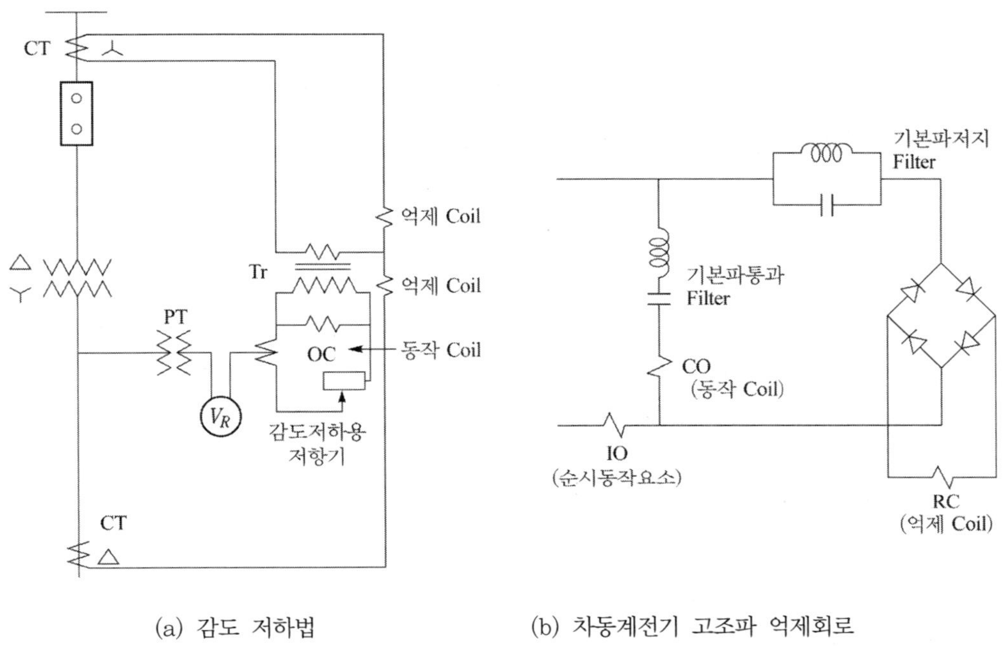

(a) 감도 저하법 (b) 차동계전기 고조파 억제회로

그림 9.3.5 돌입전류 오동작 방지부 비율차동계전기

9.3.11 변압기 보호용 차동계전기 결선 및 특성

1. 변압기의 차동계전기 원리

가. 차동계전기(Differential Relay)는 전압 또는 전류 등의 두가지 요소에서 유입하는 량과 유출하는 량의 차에 의하여 동작하는 계전기로서 차동회로에 과전류계전기를 접속하면 차동계전기가 됨

나. 차동계전기의 기본적인 문제는 변류기(CT)의 오차에 있으며, 외부고장 시 유입전류 합이 0이 되어도 CT 특성차에 따라 차동회로에 과전류가 흘러 오동작하는 경우가 있으므로 고감도, 고출력을 위하여 대부분의 차동계전기는 비율차동 계전기를 사용하고 있음

다. 비율차동 계전기는 변압기, 발전기, 모선 등의 내부고장인 상간 단락, 층간단락, 지락 고장 등에 대한 보호용으로 보호할 범위 내에서 두 가지 전기량(전압 또는 전류)의 차이가 미리 정해진 비율을 초과하는 경우 동작하는 비율차동 특성을 가진 계전기임

2. 비율차동계전기 특성 및 적용 시 고려사항

가. 비율차동계전기는 변압기의 권선의 상간단락, 지락고장 또는 다른 상 또는 대지와 관계되는 고장을 주로 보호하지만, 과부하 또는 같은 상권선에서의 층간단락 및 단선과 같은 고장에 대해서는 보호하지 않으므로 적용시는 아래와 같이 주의할 사항에 대하여 고려하여야 함

나. 비율차동계전기의 특성 및 적용시 주의할 사항

(1) 비율차동계전기는 구동토크를 발생하는 억제코일을 가지고 있어 변류기의 2차 회로에 차동접속하여 평상시 및 외부고장 시는 차전류가 오차범위 이내로 변동이 거의 없어 동작하지 않음

(2) 비율차동계전기의 비율특성을 표현하는 방법은 2가지로 통과전류가 보호구간을 통과했을 때 차동전류가 얼마 이상 흐르면 동작하는가를 표시하는 방법과 유출전류에 대해서 유입전류가 얼마 이상 흐르면 동작하는가를 나타내는 방법 등이 주로 사용됨

(3) 중성점 고저항 접지 또는 비절연 변압기는 권선 지락고장 시 지락전류가 고저항에 의하여 제한되므로 차동계전기의 동작 특성이 저하됨

(4) 보호하고자 하는 변압기 1, 2차측 CT의 전류값의 위상각 및 과전류 특성이 대체로 같아야 하며 특히 2차 부담은 같아야 함

(5) CT 2차에 부담에 차이가 있으면 고장 시 부담이 많은 CT에 오차가 발생하여 비율차동계전기가 보호범위 밖의 고장에 오동작하는 경우가 있으므로 CT는 다른 계전기와 공용하지 않고 단독으로 사용함이 안전함

3. 비율 차동계전기의 결선

가. 비율 차동계전기는 전류의 차에 의해 동작하는 계전기로 CT의 결선이 매우 중요하고, CT의 결선은 변압기의 1차 및 2차 전류 Vector 차이로 인하여 변압기 결선과 특별한 관계에 있음

나. 변압기 1차와 2차 결선이 서로 다른 때에는 CT 결선은 변압기 결선과 역으로 하며, 이는 변압기 결선이 Δ-Y 인 경우 변압기의 1차 3상 전류 Vector 에 대하여 2차 3상 전류 Vector는 30° 진상으로 되기 때문에 CT 결선을 Y 결선으로 하여 CT 2차 전류를 상전압 위상과 동상으로 하기 위함

다. 변압기와 비율 차동계전기용 CT의 결선 방법

표 9.3.7 변압기와 CT 의 결선방법

No	변압기 결선		CT 결선	
1	고압측 결선	Δ	고압측 CT 2차결선	Y 또는 Δ
	저압측 결선	Δ	저압측 CT 2차결선	Y 또는 Δ
2	고압측 결선	Δ	고압측 CT 2차결선	Y
	저압측 결선	Y	저압측 CT 2차결선	Δ
3	고압측 결선	Y	고압측 CT 2차결선	Δ
	저압측 결선	Δ	저압측 CT 2차결선	Y

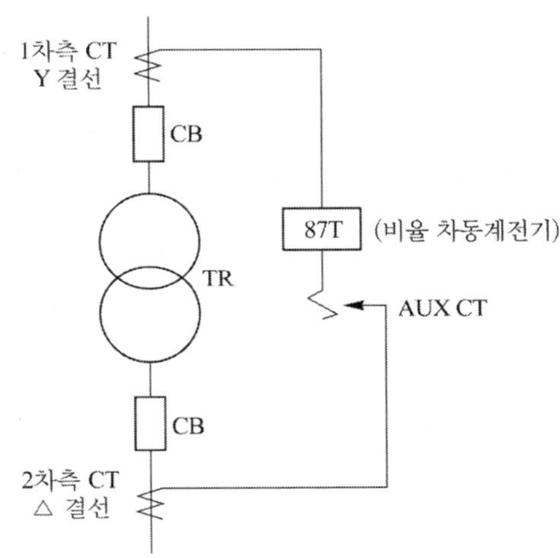

그림 9.3.6 변압기 Δ-Y 결선시 비율차동계전기 CT 결선도

9.3.12 변압기 시설의 특고압과 고압의 혼촉 방지대책

1. 변압기의 혼촉방지 목적

가. 변압기의 혼촉방지 목적은 변압기의 특고압측과 고압측 또는 특고압 및 고압측과 저압측의 혼촉이 발생할 경우에는 변압기 1차측의 특고압 또는 고압이 2차측에 걸려 2차측에 있는 각종 전력기기의 손상이 발생하므로 이를 방지하기 위한 대책을 마련하여야 함

나. 변압기의 특고압 및 고압과 저압의 혼촉방지는 혼촉방지판이 내장된 변압기 등을 사용하지만, 특고압과 고압의 변압기에 있어서의 혼촉방지는 절연판의 두께 및 절연상의 기술적 문제로 거의 사용하지 않고 전기설비기술 기준의 판단기준에 의한 시설을 하게 됨

2. 특고압과 고압의 혼촉 등에 의한 위험방지 시설(전기설비규정. 322.3)

가. 변압기에 의하여 특고압전로에 결합되는 고압전로에는 사용전압의 3배 이하인 전압이 가하여진 경우에 방전하는 장치를 그 변압기의 단자에 가까운 1극에 설치하여야 함

나. 다만, 사용전압의 3배 이하인 전압이 가하여진 경우에 방전하는 피뢰기를 고압전로의 모선의 각상에 모선에 시설하거나 특고압권선과 고압권선간에 혼촉방지판을 설치하고, 접지저항 값이 10[Ω]이하 또는 전기설비규정 142.5호에 의한 접지공사를 시행하는 때에는 생략함

다. 사용전압 15[kV] 이하의 특고압 가공전선로, 직류 전기철도용 회전변류기, 전기로, 전기보일러 기타 상시 전로의 일부를 대지로부터 절연하지 않고 사용하는 부하에 공급하는 변압기는 혼촉 위함방지 시설을 생략함

3. 고압 또는 특고압과 저압의 혼촉에 의한 위험방지 시설(전기설비규정 322.1)

가. 고압전로 또는 특고압전로와 저압전로를 결합하는 변압기(철도 또는 궤도의 신호용 변압기를 제외)의 저압측의 중성점에는 일반적으로 변압기의 고압 · 특고압측 전로 1선 지락전류로 150을 나눈 값과 같은 저항 값 이하로 시행함

나. 변압기의 고압 · 특고압측 전로 또는 사용전압이 35 kV 이하의 특고압전로가 저압측 전로와 혼촉하고 저압전로의 대지전압이 150 V를 초과하는 경우는 저항 값은 다음에 의함.

(1) 1초 초과 2초 이내에 고압 · 특고압 전로를 자동으로 차단하는 장치를 설치할 때는 300을 나눈 값 이하

(2) 1초 이내에 고압 · 특고압 전로를 자동으로 차단하는 장치를 설치할 때는 600을 나눈 값 이하

다. 전로의 1선 지락전류는 실측값에 의한다. 다만, 실측이 곤란한 경우에는 선로정수 등으로 계산한 값에 의함.

4. 혼촉방지판 내장 변압기

가. 혼촉방지판 내장 변압기는 고저압 권선 사이에 0.1~0.2mm 정도의 도전체로 정전차폐를 하여 이것을 접지할 수 있도록 한 것을 말하며 이를 내장한 변압기를 혼촉방지판 내장변압기라고 함

나. 혼촉방지판 내장의 목적

(1) 변압기 권선의 고, 저압 사이에 절연이 파괴 되었을 경우 저압측에 전달되는 접지전류는 혼촉방지판의 접지를 통해서 흐르게 되어 저압 회로의 전위 상승을 방지하여 저압기기의 소손 및 인축 등의 피해를 방지함

(2) 고압측에서 인입 되는 뇌 임펄스 전압 등의 이상 전압은 형성된 철심의 자로를 통해 저압 권선에 전달되어 혼촉방지판에 의하여 양 권선 사이를 차폐하면 저압측에 전이되는 이상 전압을 낮출 수 있음

(3) 이 같은 특징 때문에 혼촉방지판 내장 변압기는 반도체 전력변환 장치용 변압기, 방폭구조 변압기, 제어・정보기기의 전원변압기 및 접지할 수 없는 저압회로의 전원 변압기로 사용됨

9.4 계기용 변성기(PT 및 CT)

9.4.1 계기용 변압기(PT) 종류 및 특성

1. 계기용 변압기(PT : Potential Transformer)

가. 계기용 변성기는 계통의 1차측의 고전압, 대전류를 직접 측정하기는 현실적으로 어려우므로 낮은 전압, 낮은 전류로 변화시켜 계기용 또는 보호장치용으로 사용하기 위한 보조장치로 계기용 변압기(PT), 계기용 변류기(CT), 계기용 변압변류기(MOF) 등이 있음

나. 계기용변압기(PT)는 1차 권선과 2차 권선을 갖는 변압기로서 1차 권선은 전력계통에 직접 접속하고 2차 정격은 110[V]로 규정하여 배전반의 전압, 전력계, 주파수계, 역률계, 표시등 및 보호계전기의 트립 코일의 전원으로 사용함

2. 계기용 변압기(PT)의 종류

가. 절연구조에 따른 분류

(1) **건식 PT** : 저전압 옥내용으로 많이 사용

(2) **몰드형 PT** : 흡습에 의한 절연파괴를 방지하기 위하여 합성수지 또는 고무로 절연한 형태로 30[kV] 미만에서 주로 사용

(3) **유입형 PT** : 절연유를 사용하므로 외형은 탱크형으로 제작되어 비교적 고전압 옥외용으로 주로 사용

(4) **가스형 PT** : 절연유 대신 SF_6 Gas를 사용하여 탱크형으로 제작되고, GIS 설비에 주로 사용됨

나. 권선형태에 따른 분류

(1) **권선형 PT** : 1차 및 2차를 권선으로 제작하여 권수비에 따라 변압비를 결정하는 PT

(2) **콘덴서형 PT** : 고전압측을 권선대신 콘덴서를 이용하여 1차 전압을 분배시킨 후 사용하기 적당한 전압 Tap을 만들어 분배 전압을 권선형 PT를 통하여 필요한 전압을 얻는 PT로 결합 콘덴서형 계기용변압기(CCPD : Coupling Capcitance Potential Device)와 부싱 콘덴서형 계기용변압기(BCPD : Bushing Capacitance Potential Device) 두 종류가 있음

다. 용도에 따른 분류

(1) 단상 PT : 한 상분의 PT 가 한 대의 기기속에 내장된 것으로 3상 측정을 위해서는 결선방법에 따라 2대 또는 3대가 필요함

(2) 삼상 PT : 한 대의 기기 속에 3상을 측정할 수 있도록 제작된 PT로 정상분 또는 영상전압을 얻기 위해서는 3상 PT 사용이 경제적임

(3) 보조 PT : 단상 PT와 흡사하며 소폭의 전압조정, 위상조정, 절연 및 오차보상 등의 목적으로 사용함

3. 계기용 변압기(PT)의 특성

가. PT 정격(Ratio)

(1) **변압비** : 1차 전압에 대한 2차 전압 크기의 비

(2) **비오차** : 공칭 전압비와 측정 전압비 사이에서 얻어지는 백분율 오차

$$\text{비오차} = \frac{\text{공칭변압비} - \text{측정변압비}}{\text{측정변압비}} \times 100[\%]$$

(3) **비보정계수(Ratio Correction)** : 비오차 표시방법 중 한가지로 위상각 오차까지 포함됨

$$R.C.F = \frac{\text{측정변압비}}{\text{공칭변압비}}$$

나. 오차계급

각 나라마다 규격으로 정하여 계기용과 계전기용으로 구분하여 계급별 허용오차를 적용하고 있음

다. 계기용변압기의 2차 부담

(1) PT의 부담은 2차 단자 간에 연결된 외부 부하임피던스를 말하는 것으로 보통 정격 2차 전압으로 부하에 소비되는 볼트암페어[VA]로 표시함

$$\text{PT 부담 : } VA = \frac{V_2^2}{Z_b}[\text{VA}]$$

여기서, V_2 : 정격 2차전압[V]

Z_b : 계전기, 계측기, 2차 케이블을 포함하는 총 부하[Ω]

(2) 2차 회로 : PT 회로의 1차 전류는 2차 회로상태에 의하여 결정되는데 2차 회로가 개방되어 있으면 여자전류 뿐이고, 2차가 단락되면 단락전류가 흘러 소손될 우려가 있음

(3) 오차발생 : PT 2차 부하는 병렬로 접속되기 때문에 부하가 증가하면 부하 임피던스는 감소하고, 정격부담을 초과하면 오차가 발생함

(4) 2차 단락 : 2차 정격부담을 크게 초과하거나 단락상태가 되면 1차에 단락전류가 흘러 소손우려가 있으므로 단락되지 않도록 주의해야 함

라. 퓨즈(Fuse) 사용

(1) 1차측 : 66[kV] 이하는 Fuse를 사용하고, 154[kV] 이상은 사용않음

(2) 2차측 : 일반적으로 PT 2차측은 Fuse를 사용하지만 계전기 회로, Voltage Regulator 회로, 영상전압 회로에는 원칙적으로 설치하지 않음

(3) Fuse 사용으로 인한 PT 2차 회로의 전압강하는 0.1[%] 이하여야 함

9.4.2 계기용 변압기(PT) 접속 방법(4가지)

1. PT의 접속 및 극성

가. PT의 1차측은 선로계통에 접속하고, 2차 회로는 계전기에 접속하고 변류기(CT)와 마찬가지로 계전기측에서 접지를 시행함. 이 경우 접지는 1점에서만 접지하고 다중접지가 되지 않도록 주의하여야 함

나. 계기용변압기의 접속방법에는 아래와 같이 Y 접속, Δ 접속, V 접속, 오픈 델타 접속 방법 등이 주로 사용되고 있음

다. PT의 1, 2차 단자에는 권선의 극성을 나타내는 극성기호엥 의하거나 1차단자에 U, 2차단자에 u 가 표시되어 전류가 U로 들어가면 u 단자로 나온다는 의미이며, 접속시 극성을 고려하여야 함

라. 극성은 1차 전압의 방향에 대하여 2차 전압의 방향을 나타내는 특성으로 우리나라는 감극성을 표준으로 함

2. Y 결선 방법

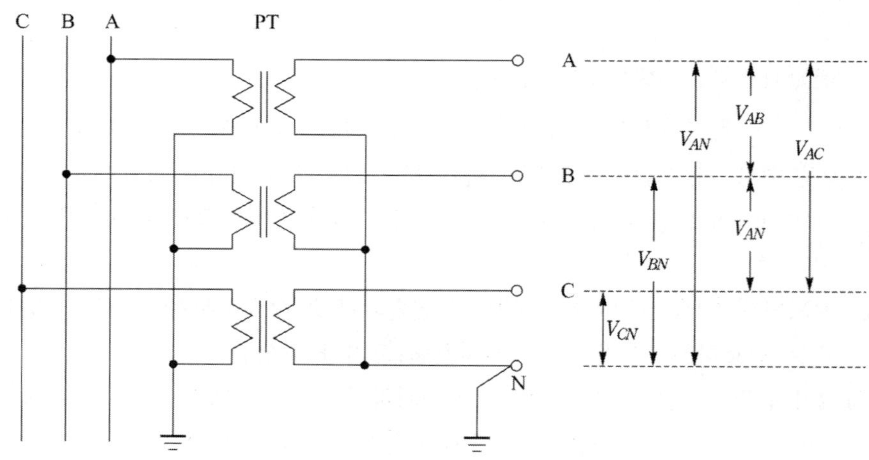

그림 9.4.1 계기용변압기 Y 접속

가. Y 결선은 PT 회로의 기본결선 방법으로 PT를 각각 설치하고, 권선의 한쪽을 Common 하고 다른 한측에서 건전상을 얻어내는 결선방법임

나. 선간전압은 상전압의 $\sqrt{3}$ 배가 되고, 위상은 1차와 2차가 동상임

3. △ 결선 방법

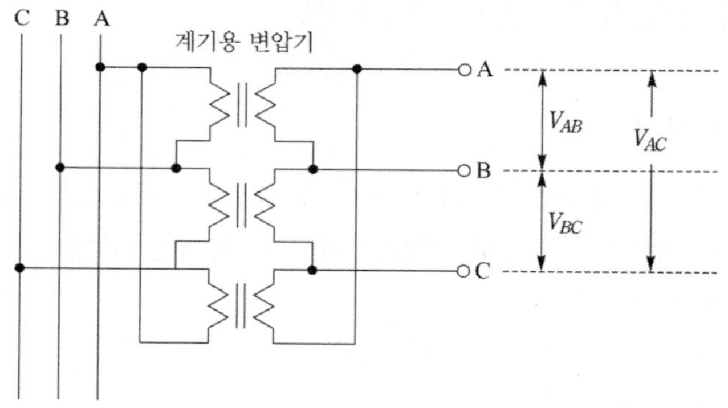

그림 9.4.2 계기용변압기 △ 접속

가. PT 의 1차 결선은 일반적으로 Y 결선이므로 2차 회로를 △ 결선하는 경우 1차와 2차 간에 30°의 위상차가 발생하므로 2차를 △ 결선하는 경우는 거의 없음
나. 지락방향 계전기의 극성을 얻을 수 없으므로 영상전압이 필요한 경우에는 오픈 델타 (Open △) 결선 방식을 사용함

4. V 결선 방법

가. 평행 3상 3선식 회로에서는 두 대의 PT를 V 결선하면 3상 전압을 얻을 수 있어 경제적임
나. 1차 회로의 B 상에 Fuse를 두지 않는데, 그 이유는 B상이 결상되면 AC 단상 전압이 2대의 PT에 공급되어 반 전압이 걸리고, 2차측의 위상도 V_{AB} 대신 V_{AC}가 V_{BC} 대신 V_{AC}가 나타나 60°의 위상차가 발생하기 때문임
다. 지락방향 계전기의 극성을 얻을 수 없으므로 영상전압이 필요한 경우에는 오픈 델타 결선을 사용하여야 함

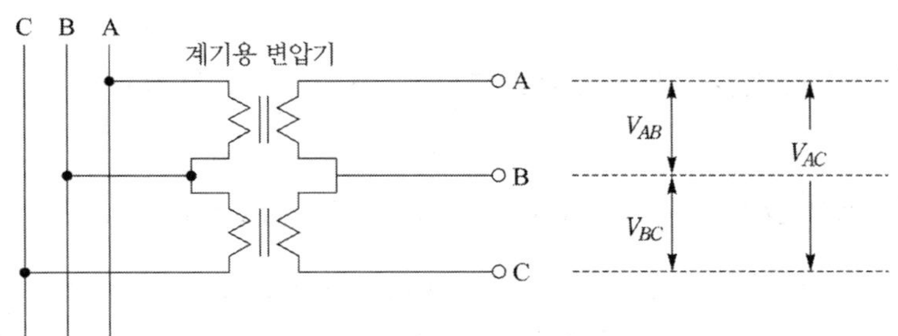

그림 9.4.3 계기용변압기 V 접속

5. 오-픈 델타 결선 방법

가. 지락방향계전기/선택지락계전기는 영상전류의 크기뿐만 아니라 영상전압, 영상전류 또는 양자의 방향관계에 따라 동작은 특성 때문에 계전기의 극성전압은 그림 9.4.4와 같이 오픈 델타 접속으로 영상전압이 얻어짐
나. 단자 a-b 간의 벡터 전압 V는 3배의 영상전압이 극성전압으로 됨

$$\dot{V} = \dot{V}_A + \dot{V}_B + \dot{V}_C = \dot{V}_{A0} + \dot{V}_{B0} + \dot{V}_{C0} = 3\dot{V}_{A0} = 3\dot{V}_{B0} = 3\dot{V}_{C0} = 3V_0$$

다. 지락방향계전기 극성전압은 $-3V_0$를 사용하므로 b단자를 계전기의 극성 기준단자에 접속하고, 접지는 a단자 측이나 b단자 측이나 관계없음
라. 오픈 델타접속은 계기용변압기가 3차 권선이 있는 경우는 1차는 Y 접속하고 3차 권선은 오픈 델타 접속하고, 2차 권선만 있는 경우는 1차 권선 및 2차 권선을 Y 결선하여

단락계전기를 연결하고 오픈 델타 보조 PT를 추가하여 보조 PT 출력을 지락방향계전기의 극성전압으로 함

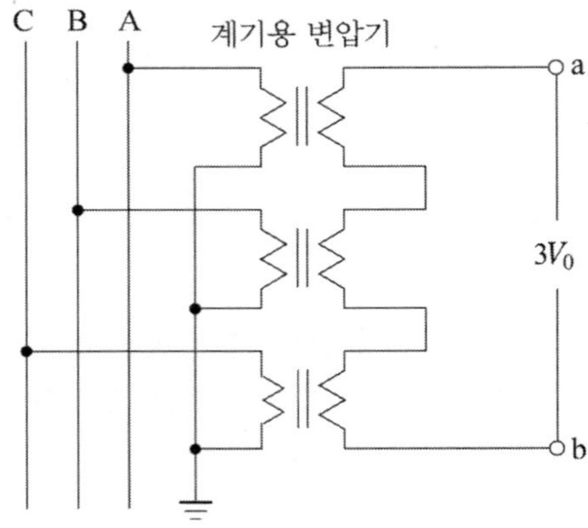

그림 9.4.4 계기용변압기 오-픈 델타 접속

9.4.3 접지형 계기용변압기(GPT) 결선도 및 적용시 고려사항

1. 접지형 계기용변압기(GPT : Ground Potential Transformer)

가. 접지형 계기용 변압기(GPT)는 계통의 지락사고(3상 계통의 불평형사고)시 발생하는 영상전압을 검출하여 지락방향계전기(DGR : Directional Ground Relay)를 동작시키기 위해 설치함

나. 영상전압이란 3상 계통의 불평형사고(지락사고)에 발생하게 되며, 영상전압을 검출하는 방법은 비접지 계통의 영상전압 검출은 3상 접지형계기용변압기 또는 단상계기용변압기 3대를 사용하고, 중성점 접지계통의 영상전압 검출은 단상 PT 1대를 사용하여 영상전압을 얻음

다. 기본원리는 중성점의 불안정을 제어함과 동시에 지락전류의 유효성분을 필요한 양만 흐르게 하는 한류저항과 각 배선에 ZCT(영상변류기)를 접속하여 정상적인 선과 고장이 생긴 선과의 선택이 한류저항에 의해서 흐르는 전류와 합해져 접지점에서 대지 충전전류를 합성한 것을 검출하는 방식임

라. 일반적으로 영상전압의 크기는 중성점 접지 또는 비접지 방식 등 접지방식에 따라 다르게 되므로 접지방식 및 GPT의 결선 등을 고려하게 됨

2. GPT 결선 및 고려사항

가. 단상 계기용 변압기 접속방법

단상 계기용 변압기 3대를 1차측을 Y결선으로 접속하여 중성점을 접지하고 2차측은 오픈 델타로 접속함. 이때 완전지락 시 얻어지는 영상전압은 190[V](각 상당 영상저압은 63.5V)

나. 3상 접지형 계기용변압기 결선 및 고려사항

(1) 1차 권선은 Y로 접속되고 그 중성점은 접지하며, 2차측은 Y접속하여 중성점을 접지한 후 정상전압을 인출함

(2) GPT의 3차 권선은 오픈델타(브로우큰 델타)로 접속하여 영상전압을 얻고, Open △ 결선하는 경우 A상을 Open 함을 원칙으로 함

(3) 주 PT에 3차 권선이 없을 때에는 주PT의 2차 권선에 보조PT를 접속하고 2차 권선을 Y결선하고 중성점을 접지하며, 보조 PT의 2차측은 open △ 결선함

(4) 정격 3차 전압은 각 상당 110/3 또는 190/3이고 완전 1선지락 시 오픈 델타의 개방단자에 나타나는 정격 영상 3차 전압은 110V 또는 190V임(GPT 3차측 1상의 전압은 $110/\sqrt{3}$ 이지만 3차 권선에 나타난 전압은 3배의 영상전압이 나타나므로 $3\times110/\sqrt{3}=190$V임)

(5) 영상전압의 크기는 계통의 중성점 접지방식, 고장점까지의 거리에 따라 달라지며, 최대치는 정격전압(상전압)의 직접접지계에서는 1배, 비접지계통에서는 3배가 나타남

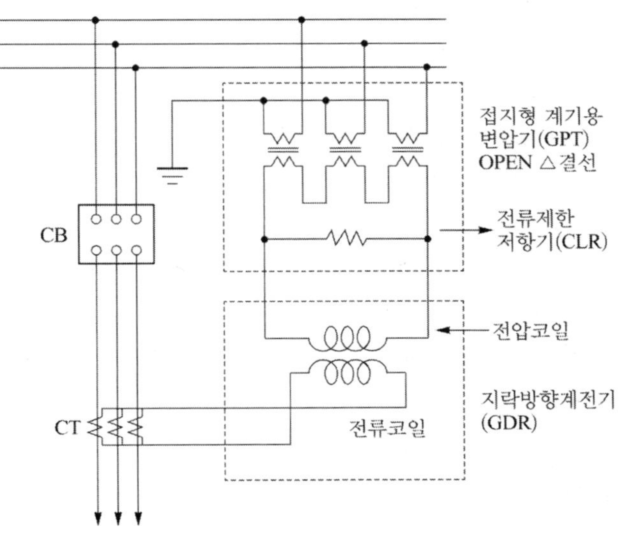

그림 9.4.5 접지형 계기용변압기(GPT) 결선도

(6) 3차측의 정격부담은 지락전류를 380[mA]로 제한할 경우 500[VA] 이상으로 제작되고, 영상전압의 극성은 C상 −측이 영상전압 +측이 되며 PT가 2차 권선만 있을 때에는 보조 PT를 사용하여 보조 PT의 2차측을 개방 Δ결선하여 영상전압을 얻도록 함

3. 전류 제한저항기(한류 저항기 : CLR) 사용목적 및 용량

가. 제한저항기(한류저항기)의 사용 목적

(1) 제한 저항기는 오픈델타 회로에 접속하여 지락사고 시 방향 지락계전기를 동작 시키는데 필요한 지락 유효분 전류를 발생, 개방 삼각결선 회로의 각 상전압 중의 제 3고조파 전압의 발생을 방지, 중성점 이상전위 변동, 중성점 불안전 현상 등의 이상 현상을 억제하는 목적으로 사용함

(2) 제한 저항기의 시한정격은 일반적으로 30초로 하며, 지락전류(1차 영상전류)는 제한저항기를 설치하여 $3I_n = 0.38$[A] 이하로 선정함

나. 제한저항기의 용량

(1) 전류 제한저항기의 저항치는 계전기 형식이나 계통전압에 따라 상이 하지만 일반적으로 50~200[Ω] 이내에서 사용하고 있음

(1) 제한저항기의 용량은 아래 식으로 구함

$$W = I^2 R_n = 3 I_n E \text{[W]}$$

여기서, W : 한류제한기 용량[W],
I : 한류저항기의 전류[A]
E_1 : 1차 상전압[V]
E_3 : 3차 상전압[V]
R_n : 한류 저항기의 저항[Ω]
I_n : 1차 한상의 영상 유효분 전류[A]

$$R_n = \frac{3E_1}{\left(\frac{E_1}{E_3}\right)^2 \cdot I_n} = \frac{3{E_3}^2}{E_1 \cdot I_n} [\Omega]$$

$$I_n = \frac{3E_1}{\left(\frac{E_1}{E_3}\right)^2 \cdot R_n} = \frac{3E_3^2}{E_1 \cdot R_n} \text{[A]}$$

9.4.4 계기용 변류기(CT) 종류

1. 변류기(CT : Current Transformer)

가. 변류기는 계통의 정상적인 사용상태에서 1차측 고전압 대전류를 전류를 직접 측정하기는 어려우므로 2차측 전류가 1차측 전류에 현저히 비례하고, 위상각의 변위가 거의 없도록 1차측에 흐르는 전류를 2차측 정격전류 5[A]로 변환하여 계측기기, 보호계전기 등에 주로 사용하는 계기용 변류기를 말함

나. 변류기의 종류는 권선형, 관통형, 부싱(Bushing)형, 영상 CT, 3차 권선부 CT, 다중철심형 CT 등 현장에서 다양하게 호칭되고 있으나, 여기서는 절연구조별, 권선형태별, 검출용도 및 특성에 따라 아래와 같이 분류함

2. 계기용 변류기 분류

가. 절연구조에 따른 분류

(1) **건식 CT** : 절연재료를 종이, 면 등을 절연와니스에 진공 함침한 CT

(2) **몰드형 CT** : 절연재료로 합성수지 또는 부틸고무 등을 사용하여 권선 또는 전체를 절연한 것으로 저전압, 6.6[kV], 22.9[kV] 등에 사용

(3) **유입형 CT** : 절연유를 사용한 애자형, 탱크형으로 고전압(22.9kV~345kV) 옥외용으로 주로 사용

(4) **가스형 CT** : 절연유 대신 SF_6 Gas를 사용하여 탱크형으로 제작되어 GIS 설비용으로 사용

나. 권선형태에 따른 분류

(1) **권선형 CT** : 1차, 2차 모두 한 철심에 감겨있는 구조

(2) **관통형 CT** : 1차권수가 1회인 도체가 철심 중심부를 통과하고, 철심에 2차 권선이 균일하게 감겨있는 구조

(3) **Bushing 형 CT** : 관통형 CT의 일종으로 붓싱내의 도체를 CT 1차 도체로 사용하는 구조

(4) **단일비 CT** : 한 개의 철심에 1, 2차 권선이 있어 변류비가 한 개인 CT

(5) **다중비 CT** : 전류비가 2개 이상인 CT로 1차 권선의 결선을 다르게 하거나, 2차 권선에 여러개의 Tap를 두어 변류비를 변경하는 방식

(6) **3차 권선부 CT** : 고저항 접지계통에서 영상전류를 얻기 위한 CT로 2차 권선에서는 정상전류, 3차 권선에서는 영상전류를 얻을 수 있음

다. 검출용도에 따른 분류

(1) **정상 CT** : 정상분을 얻기 위해서 한상에 한 대의 CT가 필요하고, V 결선의 경우 2대로 3상 정상분 전류를 검출할 수 있음

(2) **영상 CT** : 영상전류만을 간단히 얻기 위한 CT로 1차 권선이 3상을 일괄 통과하고, 그 주위에 환상철심을 두어 철심둘레에 2차 권선을 균일하게 감아 영상전류를 얻는 방식임

(3) **합성 CT** : 여러 선로의 전력을 종합하여 계량할 목적으로 사용

(4) **보조 CT** : 오차보상, 소폭의 전류조정, 위상각 변경 등을 위하여 사용

라. 특성에 따른 분류

(1) **계측용 CT** : 평상시 정상부하에서 사용하여 정격이내에서 정확해야 하며, 사고 시에는 포화되어 계측기 및 회로를 보호하는 특성을 구비해야 함

(2) **계전기용 CT** : 사고 시 응동해야 하므로 대전류에 포함되지 않아야 함

(3) **C형 CT** : 미국 규격에서 정한 특성으로 정격의 20배 전류에서 포화되지 않고 비오차가 −10[%] 이내를 유지하도록 한 CT

(4) **T형 CT** : 미국규격 특성으로 철심의 누설자속이 커서 변류비에 영향을 줄 수 있어 시험에 의해서만 특성을 구할 수 있는 CT.

9.4.5 계기용 변류기(CT) 정격 및 특성

1. 변류기(CT)

가. 변류기는 정상적인 사용상태에서 2차측 전류가 1차측 전류에 현저히 비례하고, 위상각의 변위가 거의 없어 계측기기, 보호계전기 또는 이와 유사한 기기에 1차측에 흐르는 전류에 비례하는 전류를 공급함

나. CT는 과전류 강도가 낮으면 CT의 1차측에 계통 고장전류가 흐를 때 과대한 전류에 의한 전선의 과열로 권선이 용단되거나 전자력에 의한 절연파괴 등을 일으키므로 정격 부담 및 특성을 충분히 고려하여야 함

2. 변류기의 정격(CT Ratio)

가. 정격 1차 전류

변류기의 정격 1차 전류값은 해당 회로의 최대부하 전류를 계산하여 그 값에 여유를 주어 결정하며, 수용가의 인입회로나 전력용 변압기의 1차측에 설치하는 것은 최대

부하전류의 120~150[%] 정도, 전동기 등 기동전류가 큰 부하는 전동기의 정격 입력값의 200~250[%] 정도로 선정함

나. 정격 2차 전류

(1) 변류기의 정격 2차 전류는 변류기에 접속되는 부하의 정격입력 전류를 검토하여 결정(보통 정격 2차 전류는 5[A]임)

(2) 변류기의 2차 권선에 여러 개의 부하가 연결될 경우 이들은 모두 직렬로 연결하여야 하므로 부하의 정격입력 전류와 변류기의 정격 2차 전류를 일치시켜야 함

다. 변류비 ➪ 1차 전류에 대한 2차 전류 크기의 비

라. 비오차 ➪ 공칭변류비와 측정 변류비 사이에서 얻어진 백분율 오차

$$비오차 = \frac{공칭변류비 - 측정변류비}{측정변류비} \times 100[\%]$$

마. 비보정계수(Ratio Correction Factor) ➪ ANSI 규격으로 정한 표시방법

$$R.C.F = \frac{측정변류비}{공칭변류비}$$

바. 오차계급

변류비 오차, 위상각 오차 등에 대하여 계급별로 허용범위를 정한 규정으로 각 나라마다 조금씩 다름

사. 영상변류기 정격

(1) 정격전류 : 주회로 전류에 상당하는 정격 1차 전류 이외에 정격 영상 1차 전류(표준값 200[mA]) 및 이것에 대응하는 2차 전류(표준값 1.5[mA])으로 정해짐

(2) 영상 2차 전류의 허용치 : 주회로 전류에 비해 극히 작은 영상전류를 변성하는 영상변류기에는 2차 전류 오차를 작게하기 위하여 여자 임피던스가 크게하는게 바람직하나 경제성 등을 고려하여 규정치를 정함

아. 변류기의 부담

변류기의 2차 또는 3차측에 가해지는 외부 부하임피던스를 CT의 부담이라고 하고, 부하임피던스에서 소비되는 정격 2차 전류의 제곱에 부하임피던스를 곱한 값.

$$변류기\ 부담(VA) = I_2^2 \times Z_B$$

여기서, VA : 변류기의 부담, I_2 : 2차 정격전류,
Z_B : 계전기, 계측기 및 2차 cable을 포함한 총부하[Ω]

3. 변류기의 특성

가. 과전류 정수

(1) CT는 과전류 영역에서 1차 전류가 어느 한계를 넘으면 포화되어 비오차가 급격히 증가하므로 CT가 포화되지 않도록 정격주파수, 정격부담 상태에서 CT의 비오차가 -10[%]일 때의 최고 1차 전류를 정격 1차 전류로 나눈값 보다 크게 설정하는 것을 과전류 정수(n)라고 함

$$\text{과전류정수 } n \geq \frac{\text{최대사고전류}}{\text{1차정격전류}}$$

(2) 과전류정수는 사용하는 보호대상 기기의 보호계전기의 요구 및 방식에 따라 $n > 5$, $n > 10$, $n > 20$, $n > 40$ 등으로 표시하며, JEC에서는 아래 표와 같이 과전류 정수를 정하고 있음

(3) 즉, $n > 5$라는 의미는 최대 1차 전류가 1차 정격전류의 5배보다 커야 한다는 의미를 나타냄

표 9.4.1 과전류정수 적용표(JEC)

보호대상	보호방식	과전류 정수		비고
		표준	특수	
발전기		10	20	
변압기	차동방식	10	20	2권선
	차동방식	20	40	3권선
송전선	차동방식	10	20	
	거리방식	20	40	
	과전류방식	10	20	
배전선	과전류 방식	5	10	
전동기	과전류 방식	10	20	

나. 과전류 강도

(1) 과전류 강도

① CT에 정격부담과 정격주파수 상태에서 어떤 전류를 1초간 흘릴 때 CT가 열적, 전기적, 기계적 손상이 없는 경우의 인가된 최고 1차 전류를 정격 1차 전류로 나눈 값을 과전류 강도라고 하며, 고장전류가 변류기 1차 권선에 흐를 경우

그 변류기의 정격 1차 전류값의 몇 배의 고장전류까지 견딜 수 있는가를 정한 것이 CT의 과전류강도가 됨

② 보통 변류기의 과전류 강도 표준은 40, 75, 150, 200 등이 있으며, 이는 정격 과전류강도가 정격 1차 전류의 몇 배인가를 표시한 것임

(2) 열적 과전류 강도

CT에 손상을 주지 않고 1초간 1차측에 흘릴 수 있는 최대 전류를 말하며, [kA]로 표시함

$$S_n = S\sqrt{t}\,[\mathrm{kA}] \quad \Rightarrow \quad S = \frac{S_n}{\sqrt{t}}\,[\mathrm{kA}]$$

여기서, S_n : 정격 과전류강도, S : 과전류강도, t : 동작시간

(3) 기계적 과전류 강도

CT가 전자력에 의하여 전기적으로나 기계적으로 손상되지 않는 1차측 전류의 파고치(kA peak)를 말하며, 일반적으로 열적 과전류의 2.5배로 하고 있음

다. 정격 과전류 배수

(1) 영상변류기가 포화하지 않는 영상 1차 과전류의 범위를 말함

(2) 전력계통의 확대, 케이블화 등으로 지락전류가 정격 영상 1차 전류를 크게 상회하는 경우 등에는 문제가 되며, JEC 등에서는 표 9.4.1과 같이 과전류 정수에 대한 범위를 정하고 있음

라. 잔류전류

(1) 잔류전류는 CT의 철심을 자화시킨 1차 도체와 2차 권선 사이의 전자적 결합의 불균일로 인하여 발생함

(2) 잔류전류의 크기와 위상은 1차 도체, 2차 권선의 구조 및 위치에 의하여 변하고 1차 전류가 클수록 커지며, 2차 회로에 접속된 계전기에는 영상 2차 전류와 잔류전류의 벡터합으로 흐르게 되어 계전기의 오동작 또는 동작불능의 원인이 됨

(3) 잔류전류를 작게 하려면 1차 도체, 철심, 2차 권선을 기하학적으로 대칭이 되도록 배치하고, 정격 1차 전류가 큰 영상변류기를 사용하면 좋음

(4) 케이블용 분할 관통형은 배치가 불균일하므로 되도록 사용을 피하고, 부득이 단상케이블을 사용할 때는 케이블을 관통공의 중심에 정삼각형이 되도록 배치하여야 함

마. 포화특성

(1) 포화특성 : CT 1차 전류가 증가하면 2차 전류도 변류비에 비례하여 증가하지만, 어느 한계에 도달하면 1차 전류는 증가하여도 2차 전류는 포화하여 증가하지 않는 특성을 말함

(2) **포화점(Knee Point)** : CT의 1차 권선을 개방하고 2차 권선에 정격 주파수의 교류 전압을 서서히 증가시켜 여자전압이 10[%] 증가할 때 여자전류가 50[%]가 증가 되는 지점을 포화점이라고 함

(3) **포화전압** : 포화점의 인가전압을 말하며, 포화전압이 충분히 높아야 대전류 영역에서 확실한 보호가 가능함

9.4.6 계기용 변류기(CT)의 접속 및 결선 방법

1. 변류기(CT)의 접속

변류기의 1차측은 주회로의 전류가 그대로 흐르도록 주회로에 직렬로 접속하고, 2차측은 보호계전기 등의 동작에 필요한 전류를 얻기 위하여 다양한 접속 또는 결선 방법을 채택하고 있음

2. 변류기(CT)의 접속 방법

가. Y 접속

(1) 단락전류 또는 지락전류를 검출하기 위한 접속방법으로 V접속과 함께 가장 널리 사용하는 방법으로 그림 9.4.6과 같이 각상의 2차 단자(k단자)에 단락계전기를 접속하고, 반대측 단자에 지락계전기를 연결함

(2) 각상 과전류(단락)계전기에는 영상전류를 포함한 각 상의 대칭분 전류가 흐르고, 잔류회로 지락계전기에는 영상전류의 3배인 $3I_0$가 흐름.

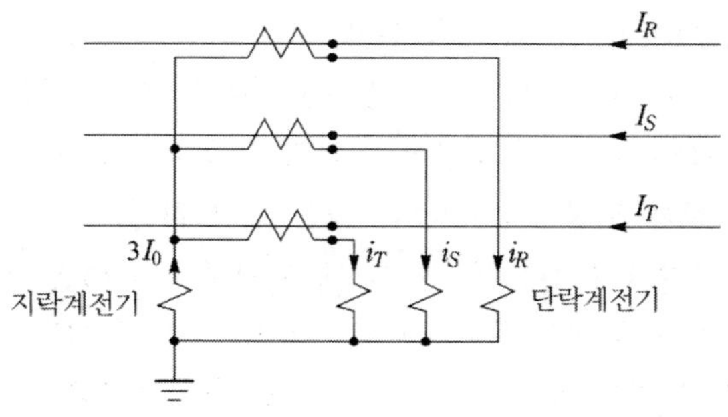

그림 9.4.6 CT의 Y 접속

나. V 접속

(1) 3상 3선식 계통에서 변류기 2대로 3상회로의 단락보호를 할 때 사용되며, 그림 9.4.7과 같이 보통 R상과 T상측에 설치함

(2) 영상전류는 꺼낼 수 없으므로 영상변류기 설치 등 별도의 지락보호에 대하여 고려하여야 함

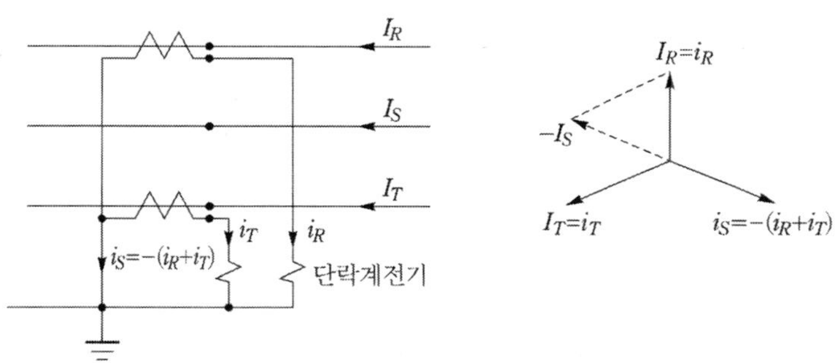

그림 9.4.7 CT의 V 접속

다. Δ 접속(환상결선 : 상전류=선전류)

(1) 변압기의 차동보호에서 변압기 결선측의 변류기는 각 변위 보정을 위하여 Δ 접속이 시행되고, 단락계전기에 흐르는 영상전류가 포함되지 않음

(2) Δ 접속 외부에 영상전류를 꺼내려면 그림 9.4.8과 같이 보조변류기를 상전류가 흐르는 부분에 삽입하여 보조변류기 2차측 잔류회로에 의하여 얻게 됨

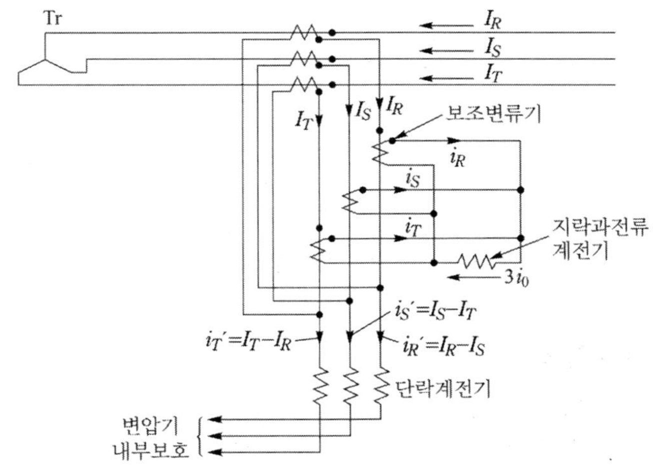

그림 9.4.8 CT의 Δ 접속

라. 교차접속

(1) 교차접속은 전압조정기에 보상전류를 도입하는 등 선간전압과 동상의 전류를 필요로 할 때 적용 함.

(2) 총합 2차전류는 그림 9.4.9.와 같이 R상과 T상의 전류차이고 3상평형 부하에서의 크기는 선전류의 $\sqrt{3}$배가 되며, 계전기측 전류는 전압과 동상이 됨.

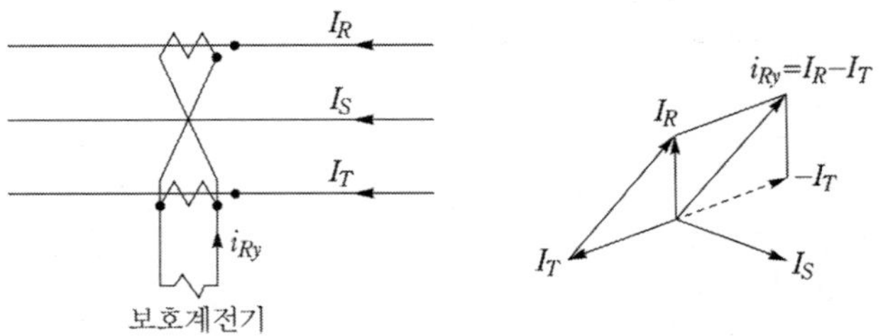

그림 9.4.9 CT의 교차접속

마. 차동접속

(1) 차동접속은 병행 2회선의 보호 또는 변압기의 차동보호에 채용됨

(2) 사고전류가 한쪽에 흐르거나, 양회선의 전류방향이 반대가 되었을 때 양회선 전류의 벡터차가 계전기에 흐르게 됨

(3) 차동접속은 양변류기의 오차가 계전기에 그대로 흐르므로 변류기의 특성을 정상전류에서 사고전류 범위까지 갖추어야 함

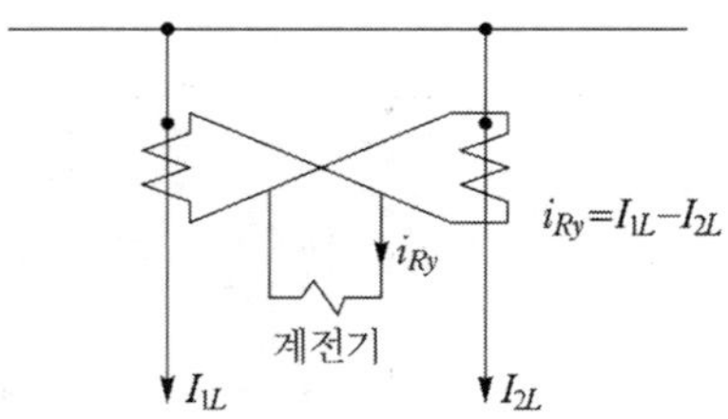

그림 9.4.10 CT의 차동접속

바. 3차 영상 분로접속

(1) 이 접속은 계통접지 전류가 수백 암페어(Ampere) 이하인 고저항 접지계통에서 영상전류 검출에 많이 사용하는 접속방법임

(2) 3차 영상 분로접속은 2차 권선은 Y 접속으로 하고 3차 권선은 Δ 직렬접속으로 하되 일각을 Open 하여 지락계전기를 연결하는 형태임

(3) 영상분로 접속에서 주의할 것은 2차 회로에 2개소 접지에 의한 2차 잔류회로가 구성되면 2차 잔류회로와 3차 영상분로로 분류해서 계전기에 정상적인 영상전류가 흐르게 되므로 2차 잔류회로를 절대로 만들지 않도록 하여야 함

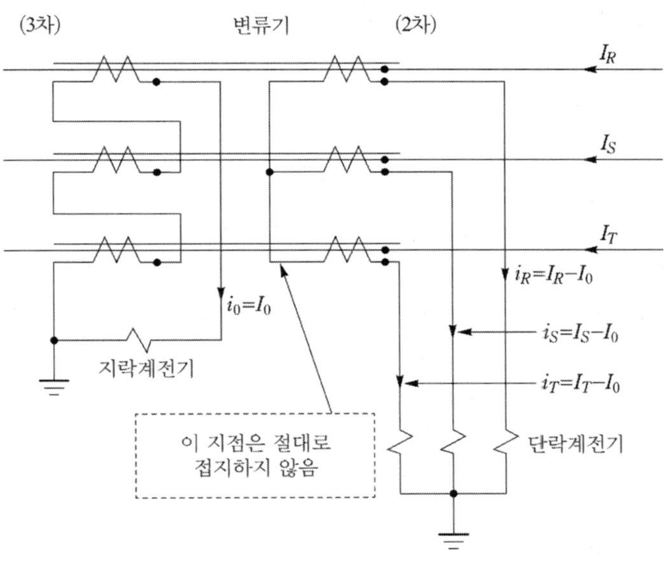

그림 9.4.11 CT의 3차영상분로 접속

사. 직렬 또는 병렬접속

(1) 직렬접속은 부싱용변류기의 오차특성을 개선하는 목적으로 주로 사용

(2) 직렬접속은 F지점에서 두 대의 변류기간 사고 시는 변류기의 전류방향이 반대가 되어 2차측에 높은 전압이 인가되므로 주의가 필요함

(3) 병렬접속은 몇 개의 회로에 대한 합전류를 얻는 목적으로 사용함

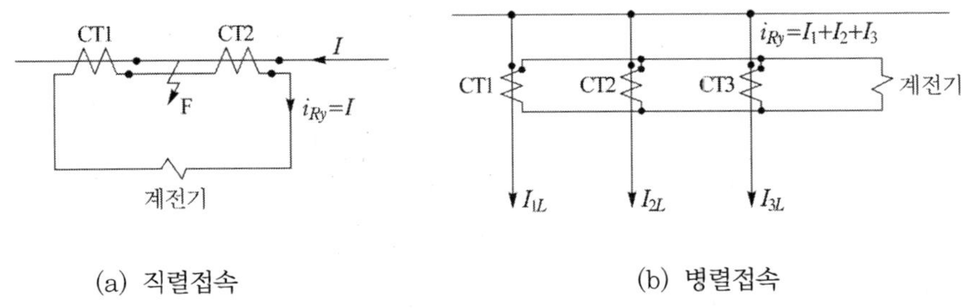

(a) 직렬접속 (b) 병렬접속

그림 9.4.12 CT의 직렬 또는 병렬접속

9.4.7 영상 변류기(ZCT)의 원리 및 특성

1. 영상변류기(ZCT) 개요

가. 영상변류기(ZCT : Zero Current Transformer)는 영상전류를 검출하기 위해 3상 전류를 1차 전류로 변환하는 변류기로 영상 분로기라고도 함

나. 주용도는 비접지 송배전선로의 지락보호를 위해 선택지락계전기(SGR)와 함께 사용하며, 저압계통에서는 전기화재경보기의 누설전류 검출 및 누전차단기의 누설전류 검출용 등으로 주로 사용하고 있으나, 여기서는 계통의 지락보호를 목적으로 하는 3상용 ZCT의 결선과 특성에 대하여 기술함

2. 동작원리 및 종류

가. 동작원리

(1) 그림 9.4.13과 같이 원통형 ZCT에 3상 1차 전류 I_R, I_S , I_T가 관통하면 철심에 발생하는 자속(Φ_R, Φ_S , Φ_T)에 의하여 ZCT 2차에 발생하는 전류를 i_R, i_S, i_T 라고 하면, 1차 전류에 영상전류가 포함되지 않을 때는 각상의 벡터가 평행이 되어 벡터합은 0(Zero)이 됨

$$I_R + I_S + I_T = I_{R1} + I_{R2} + I_{S1} + I_{S2} + I_{T1} + I_{T2} = 0$$
$$\therefore i_R + i_S + i_T = 0$$

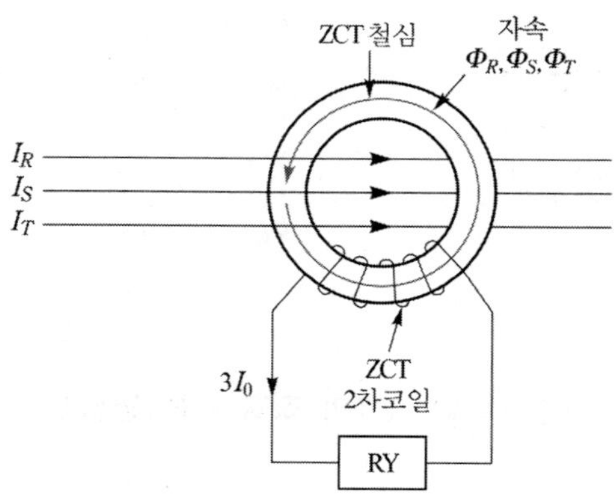

그림 9.4.13 영상변류기 원리

(2) 지락사고 시는 영상전류가 포함되므로

$$I_R + I_S + I_T = I_{R1} + I_{R2} + I_{R0} + I_{S1} + I_{S2} + I_{S0} + I_{T1} + I_{T2} + I_{T0} = 3I_0$$
$$\therefore\ i_{R0} + i_{S0} + i_{T0} = 3i_0$$

즉, ZCT 2차에는 영상전류의 3배인 $3i_0$가 흘러 검출하게 됨

(3) 따라서, 영상변류기는 각상의 정상 및 역상전류의 영향을 받지 않고 2차측에 영상전류분 만을 얻을 수 있는 원리임

나. ZCT의 종류

(1) 권선형

1개의 철심에 3조의 1차 권선 및 1조의 2차 권선이 감겨져 1차 권선에 3상 각상의 전류를 흐르게 했을 때 2차 권선에 각 상 영상전류의 3배인 영상전류에 대응한 전류가 흐름.

(2) 관통형

관통형 CT와 비슷한 구조인 2차 권선을 감은 철심에 1차 도체로서 3상의 케이블을 관통하여 사용하여 영상전류를 얻음

3. ZCT의 정격

가. 정격전류

비 접지계통의 지락전류 및 지락 계전기의 강도를 고려하여 주 회로의 전류에 상당하는 정격 1차 전류 이외에 정격 영상 1차 전류(표준 값 200mA) 및 이에 대응하는 정격 영상 2차 전류(1.5mA 또는 3.0mA)를 표준으로 정함

나. 영상 2차 전류의 허용오차

ZCT는 영상 2차 전류의 오차를 작게 하기 위하여 여자 임피던스가 큰 것이 좋으나, 경제성을 고려해 여자 임피던스와 영상 2차 전류의 허용치를 정함

다. 정격 과전류 배수

영상변류기가 포화하지 않는 영상 1차 전류의 범위를 나타냄

(1) 70>100 : 영상 1차 전류 20[A] 정도를 고려할 때

(2) 70>200 : 이상 지락 시에 과전류보호를 할 때

라. 잔류전류

ZCT의 2차 회로에 접속된 계전기에는 영상 2차 전류와 잔류 전류의 벡터합이 흘러 오동작, 부동작의 원인이 되므로 잔류전류가 작도록 1차 도체, 철심 2차 권선의 상호

관계를 기하학적 대칭이 되도록 배치하고 정격 1차 전류가 큰 변류기를 사용하는 것이 유리함

마. 정격부담 ➪ 10[Ω], 역률 0.5(지연전류)

3. 영상변류기 사용상 주의사항

영상변류기는 주로 비접지계의 미소지락전류를 검출하는 것이기 때문에 사용에 있어서 다음의 주의가 필요함

(1) 영상변류기 부근에 대전류 도체가 없을 것
(2) 근접한 자성체에 의한 자기회로를 형성하지 않을 것
(3) 케이블용 관통형 ZCT에는 케이블의 위치를 관통창의 중심에 둘 것
(4) 관통형 ZCT를 쉴드케이블을 사용하는 경우는 케이블의 단부로 취해 ZCT를 전원측에 설치하는 경우 접지선은 필히 ZCT의 내부를 관통해 접지 할 것
(5) ZCT의 2차 배선이 긴 경우 고압선의 전자유도에 의해 지락계전기를 동작시킬 우려가 있어 전력선과 충분한 이격 거리를 두거나 쉴드선을 이용함

기출문제

600/5A, 20VA, 5P20인 변류기(CT)의 과전류정수와 오차에 대해 설명하시오. (82-1. 10점)

기출문제 풀이

1. CT의 정격(IEC 규격 표기방법)

가. 변류비 : 600/5[A]= 120

나. CT의 2차 부담 : 20[VA]

다. CT의 5P20 : IEC 규격에서 표시하는 방법으로 5P는 보호계전기용 CT의 오차계급으로 오차범위가 ±5[%]임을 나타내며, 20은 과전류 정수를 나타냄

2. 과전류 정수

가. 과전류정수란 정격부담, 정격주파수에서 변성비오차가 −10[%]가 될 때의 1차 전류와 1차 정격전류의 비를 n이라고 표시하며, $n>5$, $n>10$, $n>20$을 표준으로 함

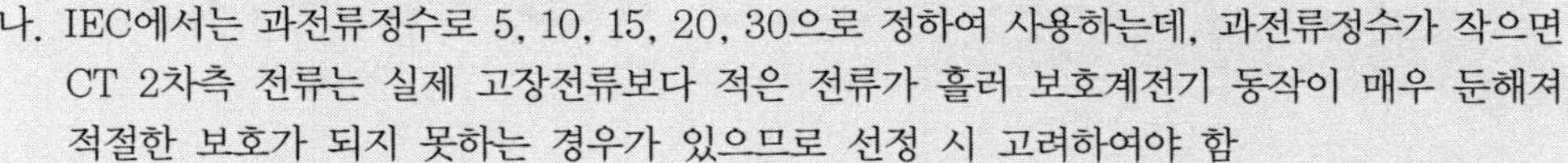

나. IEC에서는 과전류정수로 5, 10, 15, 20, 30으로 정하여 사용하는데, 과전류정수가 작으면 CT 2차측 전류는 실제 고장전류보다 적은 전류가 흘러 보호계전기 동작이 매우 둔해져 적절한 보호가 되지 못하는 경우가 있으므로 선정 시 고려하여야 함

다. 여기서, 과전류 정수는 20배이므로, 상기사양을 만족하는 정격부담은 40[VA]로 정격부담(40[VA])/정격 2차 전류(5[A])에서 전압이 8[V]이므로 약 20배 전압(160[V]) 초과시 포화가 시작되어야 함

3. 오차

가. 1차측에 과전류 정수(20)만큼 전류를 흘렸을 때 2차측에도 같은 20배의 전류가 검출되어야 하나 CT의 1차 정격 전류보다 큰 전류가 흐르면 철심의 포화 특성으로 인하여 2차에는 변류비에 비례하는 전류 보다 적은 전류가 흐르게 되어 −(부)의 오차가 발생함

나. IEC에서는 오차 계급으로 5P, 10P 두 종류가 있으며, 5P는 합성오차 −5[%]에, 10P는 −10[%]에 일치하는 과전류정수로 국내는 5P용을 사용함

다. 정격전류의 20배에서 합성오차 ±5[%]에 일치하는 1차 전류와 CT의 1차 정격전류의 비를 표현함

라. 여기서는, 정격 부담 하에서 1차 정격전류(600[A])의 20배(12,000[A]) 전류가 흐를 때 2차 전류가 ±5[%] 이내의 비오차를 가져야 한다는 의미임

제 10 장 전기철도 급전계통의 특성

10.1 ◦ 전압 불평형 원인과 대책

10.1.1 3상 전압 불평형의 정의 및 계산식

1. 3상 불평형률의 정의

보통 3상 전압 또는 전류의 평균치에 대한 최대편차로 정의 되며, 최대편차를 3상 전압 또는 전류의 평균치로 나눈 비율로 나타냄. 불평행율이 발생되는 것은 역상분이 가해지는 것이 되므로 다음과 같이 정의함

$$\text{불평행율} = \frac{\text{역상분전압}(V_2)}{\text{정상분전압}(V_1)} \times 100[\%] \fallingdotseq \frac{\text{단상부하용량}}{\text{계통3상단락용량}} \times 100[\%]$$

2. 전압불평형의 허용기준

가. 송전용 전기설비에서 전압불평형률은 3[%] 이내 유지 (단, 송전용 전기설비의 비상상황, 개폐시는 허용기준을 벗어날 수 있음)

나. 교류 전기철도에서는 전철변전소 수전모선에서 단시간(보통 연속 2시간) 최대부하에서 전압불평형률이 3[%] 이하가 되어야 함

3. 불평형률 계산식

전압 불평형률 계산은 일정주파수인 3상 불평형 계통에서 각 상전압을 V_a, V_b, V_c이라고 하면, 대칭좌표법에 의하여 영상분(V_0), 정상분(V_1), 역상분(V_2) 전압을 구하는 식을 이용하여 간략하게 구할 수 있음

가. 영상분 : $V_0 = \frac{1}{3}(V_a + V_b + V_c)$

나. 정상분 : $V_1 = \frac{1}{3}(V_a + aV_b + a^2 V_c)$

다. 역상분 : $V_2 = \frac{1}{3}(V_a + a^2 V_b + aV_c)$

라. 전압 불평형률을 K_V [%]라고 하면

$K_V = \frac{V_2}{V_1} \times 100 = \frac{V_a + a^2 V_b + aV_c}{V_a + aV_b + a^2 V_c} \times 100[\%]$ 방법으로 계산하면 됨

여기서, $a = 1\angle 120° = \varepsilon^{j\frac{2}{3}\pi} = -\frac{1}{2} + j\frac{\sqrt{3}}{2}$

$$a^2 = 1\angle 240° = \varepsilon^{j\frac{4}{3}\pi} = -\frac{1}{2} - j\frac{\sqrt{3}}{2}$$

$$1 + a + a^2 = 1 + (-\frac{1}{2} + j\frac{\sqrt{3}}{2}) + (-\frac{1}{2} - j\frac{\sqrt{3}}{2}) = 0$$

마. 또한, 3상 평형부하에서는 $V_0 = 0$, $V_1 = V_a$, $V_2 = 0$가 됨

4. 전압 불평형 계산(예시)

가. 3상 전압이 $Va = 286\angle 30°$, $Vb = 244\angle 270°$, $Vc = 232\angle 150°$일 때 불평형률

$$\text{불평행율} = \frac{\text{역상분전압}(V_2)}{\text{정상분전압}(V_1)} \times 100(\%) ≒ \frac{\text{단상부하용량}}{\text{계통3상단락용량}} \times 100(\%)$$

나. 정상분 전압 V_1 계산식 ➪ $V_1 = \frac{1}{3}(V_a + aV_b + a^2 V_c)$에서

$$V_1 = \frac{1}{3} \times (286\angle 30° + a \times 244\angle 270° + a^2 \times 232\angle 150°)$$

$$= \frac{1}{3} \times (286\angle 30° + 1\angle 120° \times 244\angle 270° + 1\angle 240° \times 232\angle 150°)$$

$$= \frac{1}{3} \times \{286\angle 30° + 244\angle (120° + 270°) + 232\angle (240° + 150°)\}$$

$$= \frac{1}{3} \times (286\angle 30° + 244\angle 390° + 232\angle 390°)$$

여기서, 390°는 30°와 같으므로 아래와 같이 계산함

$$= \frac{1}{3} \times (286 + 244 + 232) \times 1\angle 30° = 254\angle 30°$$

$$\therefore V_1 = 254\angle 30° = 254(\cos 30° + j\sin 30°) = 127\sqrt{3} + j127$$

다. 역상분 전압 계산 ➪ $V_2 = \frac{1}{3}(V_a + a^2 V_b + a V_c)$에서

$$V_2 = \frac{1}{3}\times(286\angle 30° + a^2 \times 244\angle 270° + a\times 232\angle 150°)$$

$$= \frac{1}{3}\times(286\angle 30° + 1\angle 240° \times 244\angle 270° + 1\angle 120° \times 232\angle 150°)$$

$$= \frac{1}{3}\times\{286\angle 30° + 244\angle(240° + 270°) + 232\angle(120° + 150°)\}$$

$$= \frac{1}{3}\times(286\angle 30° + 244\angle 150° + 232\angle 270°)$$

$$= \frac{1}{3}\times\{286(\cos 30° + j\sin 30°) + 244(\cos 150° + j\sin 150°)$$
$$+ 232(\cos 270° + j\sin 270°)\}$$

$$\therefore\ V_2 = \frac{1}{3}\left\{286\times(\frac{\sqrt{3}}{2} + j0.5) + 244(-\frac{\sqrt{3}}{2} + j0.5) + 232\times(0 - j1)\right\}$$

$$= \frac{1}{3}\times\{(143\sqrt{3} - 122\sqrt{3}) + j(143 + 122 - 232)\}$$

$$= \frac{1}{3}(21\sqrt{3} + j33) = 7\sqrt{3} + j11 = 16.37\angle 42.23°$$

라. 전압불평형률은 역상분에 대한 정상분의 비이므로

$$\text{불평형률} = \left|\frac{V_2}{V_1}\right|\times 100\% = \left|\frac{16.37\angle 42.23°}{254\angle 30°}\right|\times 100[\%]$$

$$= \frac{1,637}{254}\angle(42.23° - 30°) = 6.44\angle 12.23°[\%]$$

따라서, 전압불평형률은 6.44[%], 위상차는 12.23° 임

극좌표형식 승·제법

(예) $A\angle\alpha = A(\cos\alpha + j\sin\alpha)$, $B\angle\beta = B(\cos\beta + j\sin\beta)$일 때

$(A\angle\alpha)\times(B\angle\beta) = AB\{\cos(\alpha+\beta) + jsin(\alpha+\beta)\} = AB\angle(\alpha+\beta)$

$\frac{A\angle\alpha}{B\angle\beta} = \frac{A}{B}\{\cos(\alpha-\beta) + j\sin(\alpha-\beta)\} = \frac{A}{B}\angle(\alpha-\beta)$

※ 극좌표 또는 복소수로 환산한 계산결과는 같음

10.1.2 전기철도 급전 방식별 불평형 및 대책

1. 전압 불평형

가. 교류식 전기철도는 그 단상 부하에 의한 전압 불평형의 허용한도는 교류식 전기철도 변전소의 변압기 결선 방식에 따라 계산하며, 그 변전소 수전점에서 불평형률은 3[%] 이하로 제한함("국가철도공단 설계지침" : 변전소의 간격 및 위치)

나. 단상교류 전기철도 급전회로는 1선 접지의 단상부하로 3상 전원계통에서 수전하는 경우 M 상과 T상의 부하 전류치는 불평형이 발생되고, 수전측 3상 전원에도 불평형의 영향을 미치는 불평형률은 아래와 같이 나타냄

(1) 대칭좌표법을 이용한 불평형률 : $\text{불평형률} = \dfrac{\text{역상분}}{\text{정상분}} \times 100[\%]$

(2) $\text{전압불평형률} \fallingdotseq \dfrac{\text{단상 부하용량}}{\text{부하점의 3상 단락용량}} \times 100[\%]$

2. 단상결선 변압기의 전압 불평형률

가. 단상결선 변압기 불평형률 계산식

$$K = Z \cdot P \times 10^{-4} [\%]$$

여기서, K : 백분율로 표시한 전압불평형률[%]

Z : 변전소 수전점에서 3상 전원계통의 기준 용량을 10[MVA]로 했을 때의 % 임피던스 또는 % 리액턴스 값

P : 급전 전구간에서 연속 2시간의 평균 부하[kVA]

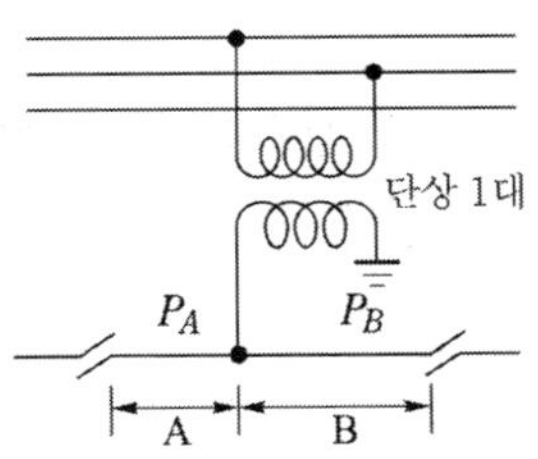

그림 10.1.1 단상변압기 결선도

나. 불평형 대책

(1) 3상 송전선로에서 전차선로의 다수 급전구간으로 분할후 각각 1상씩 수전하도록 하면, 송전선의 일부 구간에서 불평형이 발생해도 전체적으로는 불평형을 최소화

할 수 있음

(2) 그림 10.1.1의 A · B 구간에서 최대부하를 P_A, P_B, 부하점 3상 단락용량이 P_S 라면 최악부하 조건에서 전압불평형 최댓값($k_{\max}$)은

$$k_{\max} = \frac{P_A + P_B}{P_S} \times 100[\%]$$

로 나타낼 수 있음

3. 단상변압기 V 결선시 전압 불평형률

가. V 결선의 불평형률 계산식

$$K = Z\sqrt{P_A^2 - P_A P_B + P_B^2} \times 10^{-4}[\%]$$

여기서, K : 백분율로 표시한 전압불평형률[%],

Z : 변전소 수전점에서 3상 전원계통의 기준 용량을 10[MVA]로 했을 때의 % 임피던스 또는 % 리액턴스 값,

P_A, P_B : 각각의 급전 구간에서의 연속 2시간의 평균 부하[kVA]

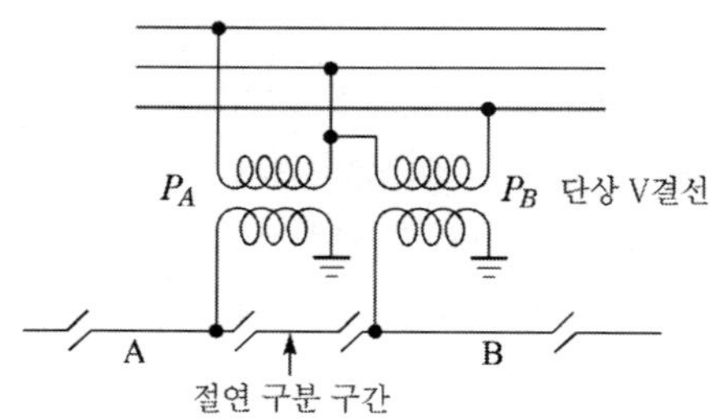

그림 10.1.2 단상변압기 V결선 계통도

나. 불평형 대책

(1) 3상회로에 단상변압기 2대로 V 결선하여 상 · 하 방면으로 급전하면 양 변압기에 가해지는 단상부하에 대한 불평형률은 단상변압기 1대 사용에 비하여 1/2로 감소함

(2) 이때, 단상 부하 P_A, P_B가 최대가 되는 경우 전압변동률(K)는

$$K = \frac{(a^2 P_A + P_B)}{P_s} \times 100\,[\%]$$

여기서, $a^2 = -\frac{1}{2} - j\frac{\sqrt{3}}{2}$, P_S : 전원의 단락용량

(3) 따라서, 최악조건은 $P_A = P_B$인 경우 전압변동률은 $K = \frac{P_A}{P_S} \times 100[\%]$

4. Scott 결선 변압기(T-결선)에서의 전압 불평형률

가. 스코트결선 변압기 불평형 계산식

$$K = Z(P_A - P_B) \times 10^{-4}[\%]$$

여기서, P_A, P_B : 각각 급전 구간에서의 2시간 연속 평균 부하[kVA]

Z : 변전소 수전점 3상 전원계통의 기준용량을 10[MVA]로 했을 때 % 임피던스 또는 % 리액턴스 값

나. 불평형 대책

(1) 스코트결선 변압기를 사용하여 3상 회로로부터 수전하여 M상과 T상에서 상하선별 또는 방면별로 급전하는 방식

(2) 최대 단상부하 P_A, P_B 일 때 $K = \frac{P_A - P_B}{P_S} \times 100[\%]$이며, 한상이 최대이고 한상의 부하가 0일 때 최악조건으로 되고, 전기철도 부하가 $P_A = P_B$일 때 K는 평형에 가까워 이상적인 사용방법이 됨

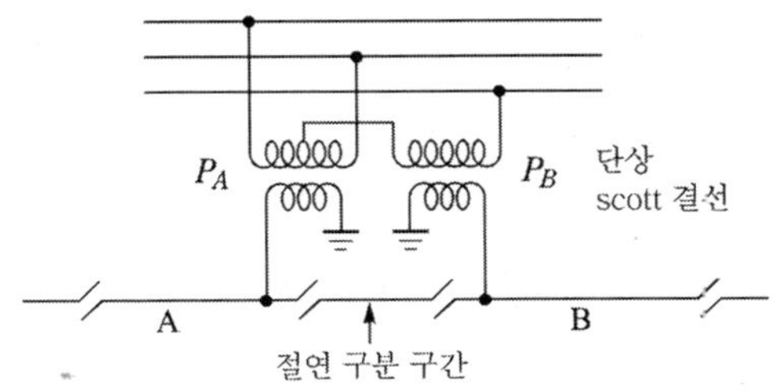

그림 10.1.3 Scott 결선변압기 결선도

10.1.3 스코트결선 변압기의 전압 전류 불평형 및 대책

1. 개요

가. 교류 전기철도에서는 일반적으로 2시간 연속 평균부하에서 전압 불평형률을 3[%] 이하로 제한하며, 단락용량이 큰 전원에서 수전하여 전기철도용 급전용 변압기에 의하여 3상을 2상으로 변환하여 2조의 단상교류(M상, T상)를 방면별, 상하선별로 급전하여 사용하고 있음

나. 이때, 2조의 단상부하가 상하선 또는 방향별로 부하가 평형이 되지 않으면 수전점의 전압 불평형 및 전압강하가 발생하므로 이를 경감하기 위하여 스코트결선 변압기 등을 사용하고 경감대책을 마련하고 있음

2. 전압 불평형률

가. Scott 결선 변압기의 M상과 T상의 부하의 크기가 서로 다른 불평형 부하에서는 전압강하율에 차이로 전원 전압의 불평형이 발생하며, 역상전압의 정상전압에 대한 비율을 전압불평형률이라고 함

나. 수전점 3상 V상을 기준 Vector로 하고, Scott결선 변압기 부하 역률각을 각각 ϕ_M, ϕ_T라 하고, M상과 T상의 전압 전류를 Vector로 나타내어 전압 불평형률 계산식을 유도하여 보면,

(1) M상의 전압 $\dot{V}_M = jV$, 전류 $\dot{I}_M = j I_M \varepsilon^{-j\phi_M} = j\dfrac{P_M - jQ_M}{V}$

T상의 전압 $\dot{V}_T = V$, 전류 $\dot{I}_T = j I_T \varepsilon^{-j\phi_T} = \dfrac{P_T - jQ_T}{V}$

M상의 전력 $\dot{W}_M = \dot{V}_M \dot{I}_M = P_M + jQ_M$

T상의 전력 $\dot{W}_T = \dot{V}_T \dot{I}_T = P_T + jQ_T$

여기서, P_M, P_T : M상과 T상의 유효전력

Q_M, Q_T : M상과 T상의 무효전력

(2) 1차측 선간전압을 V, 정상전압을 V_1, 역상전압을 V_2, 정상임피던스를 Z_1, 역상임피던스를 Z_2라고 하면, 전선로에서는 $Z_1 = Z_2$이므로

$V_1 = I_1 Z_1 = I_1 Z_2$가 성립되어 3상 단락용량(P_S)는 아래와 같음

$$P_S = \sqrt{3}\ VI_1 = 3V_1 I_1 = \frac{3V_1^2}{Z_1} = \frac{3V_1^2}{Z_2} = \frac{(\sqrt{3}\,V_1)}{Z_2} = \frac{V^2}{Z_2}$$

(3) 따라서 전압 불평형률(K_V)은

$$K_V = \frac{V_2}{V_1} \times 100 = \frac{\sqrt{3}\, I_2 Z_2}{V} \times 100$$
$$= \frac{1}{3 V_1 I_1} \sqrt{(P_T - P_M)^2 + (Q_T - Q_M)^2} \times 100$$
$$= \frac{1}{P_S} \sqrt{(P_T - P_M)^2 + (Q_T - Q_M)^2} \times 100$$

여기서, 역률이 비교적 높으면 무효분인 $Q_T - Q_M$은 무시해도 되므로 아래 식과 같이 된다.

$$K_V \fallingdotseq \frac{1}{P_S}(P_T - P_M) \times 100[\%]$$

(4) 수전점 기준용량 100[MVA]에서 전원의 %임피던스를 Z라고 하면 $P_S = \frac{10^4}{Z} \times 100[\text{kVA}]$이므로 위 (3)식에 대입하면

$$K_V = \frac{1}{P_S}(P_T - P_M) \times 100 = \frac{Z}{10^6}(P_T - P_M) \times 100$$
$$= Z(P_T - P_M) \times 10^{-4}[\%]$$

※ 전기설비기술기준 제49조 및 국가철도공단 설계지침 기준.

3. 전류 불평형

가. 전압 불평형률 계산에서 보는바와 같이 M상과 T상이 불평형 부하시에 전원측에 흐르는 전류에 불평형이 발생하며, 이때의 각 상전류를 I_a, I_b, I_c, 영상전류를 I_0, 정상전류를 I_1, 역상전류를 I_2라고 하면, 대칭좌표법에 의한 기본 식을 이용하여 역상전류와 정상전류를 구하여 불평형률을 계산함

(1) 영상전류 $I_0 = \frac{1}{3}(I_a + I_b + I_c) = 0$

(2) 정상전류 $I_1 = \frac{1}{3}(I_a + aI_b + a^2 I_c)$

(3) 역상전류 $I_2 = \frac{1}{3}(I_a + a^2 I_b + aI_c)$

나. 정상전류(Positive Phase Sequence Cuttent)

$$I_1 = \frac{1}{3}(I_a + aI_b + a^2 I_c) = \frac{1}{\sqrt{3}}\sqrt{I_T^2 + I_M{}^2 + 2I_T I_M \cos(\phi_T - \phi_M)}$$

다. 역상전류(Negaitive Phase Sequence Cuttent)

$$I_2 = \frac{1}{3}(I_a + a^2 I_b + aI_c) = \frac{1}{\sqrt{3}}\sqrt{I_T^2 + I_M{}^2 - 2I_T I_M \cos(\phi_T - \phi_M)}$$

라. 전류 불평형률(K_I)

$$K_I = \frac{I_2}{I_1} \times 100 = \sqrt{\frac{I_T{}^2 + I_M{}^2 + 2I_T I_M \cos(\phi_T - \phi_M)}{I_T{}^2 + I_M{}^2 - 2I_T I_M \cos(\phi_T - \phi_M)}} \times 100[\%]$$

여기서, $I_T = I_M$ 과 같이 T상과 M상의 부하가 평행이면 불평형이 없음

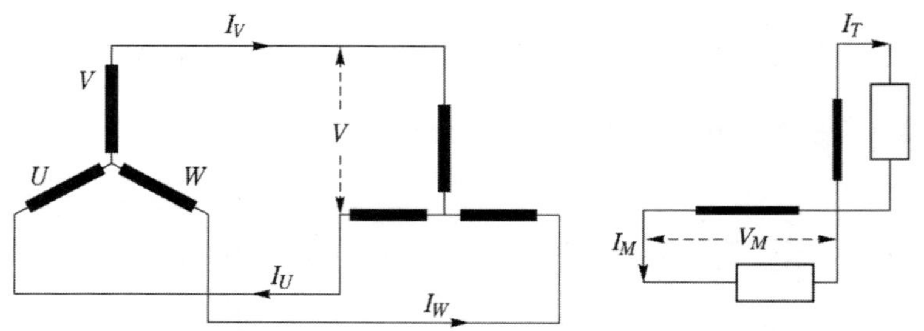

그림 10.1.4 3상/2상 변환 결선도

4. 스코트결선 변압기의 불평형 보상 대책

가. 전기철도에서 전압불평형을 경감하기 위하여 스코트결선 변압기를 사용하고 있으나, 스코트결선 변압기도 2차측 M상과 T상의 불평형 부하는 1차측 불평형 전류를 만들고 불평형 전류가 불평형 전압의 원인이 되어 동일 모선에 접속된 부하에 나쁜 영향을 주게 되므로 불평형 전류을 평행전류가 되도록 하는 방안이 고려되어 불평형 전류 보상대책으로 다음과 같은 방식이 채택되고 있음

나. 단상 SVC(Static Var Compensator) 방식

(1) 단상정지형 무효전력 보상(SVC : Static Var Compensator) 방식은 진상설비와 지상설비를 SCR 소자를 사용하여 적절히 조정하여 역상전류를 0(Zero)에 근접하도록 조정하여 불평형 전류를 보상하는 방법임

(2) 스코트결선 변압기 SVC는 고임피던스 변압기(HZT : High Impedance Transformer)에서 SCR에 인가하기 적합한 전압(약 5.7~10.3[kV])으로 변환하고, SCR의 용량은 SVC 용량에 따라 다르나 전압 4,000[V] 전류용량 3,000[A]의 것을 대체로 사용함

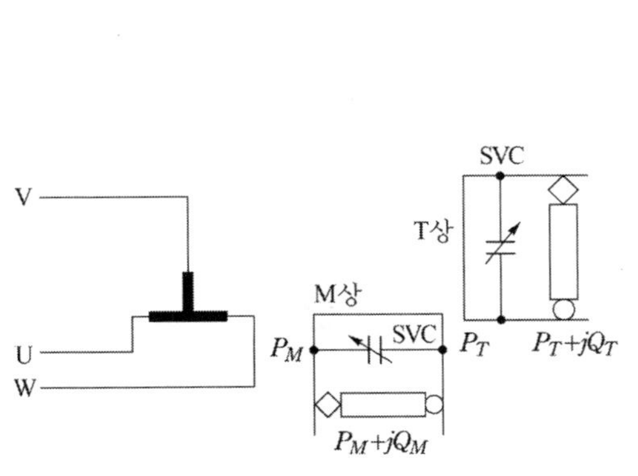

(a) SVC 보상회로 결선도

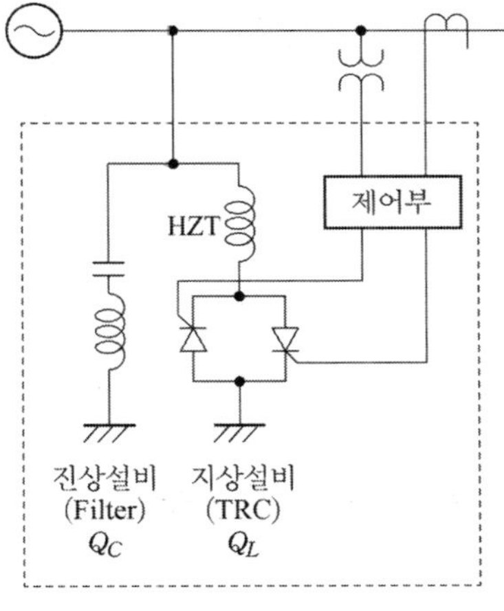

(b) TCR형 SVC 결선도

그림 10.1.5 스코트변압기 단상 SVC 불평형 보상회로 결선도

(3) 전압 V를 1[pu]라고 하면, SVC의 선간 평형장치의 소요 리액턴스[pu] 용량 Q_L 및 소요 커패시턴스[pu] 용량 Q_C는 아래 식과 같음

$$Q_L = P(\sin\theta + \frac{\cos\theta}{\sqrt{3}}), \quad Q_C = P(-\sin\theta + \frac{\cos\theta}{\sqrt{3}})$$

여기서, P : 단상부하 피상전력[pu]
$\cos\theta$: 부하역률

나. 3상 SUC 방식(SUC : Static Unbalanced power Compensator)

(1) 3상 SUC 방식은 3상의 각 상에 단상 SVC를 각각 접속하여 전기철도 부하에 의한 불평형 및 전압변동을 보상하는 방법임

(2) 이 방식은 부하 측의 유효 및 무효전력을 검출하여 SUC를 제어하여 지상용량일 때 리액턴스를 접속하여 어떠한 부하 패턴에서도 급전측의 유효전력이 3분할되어 평행이 됨과 동시에 역률이 1 이 되는 원리이나 용량이 매우 커져 실용화에는 많은 기술적 요소가 고려되어야 함

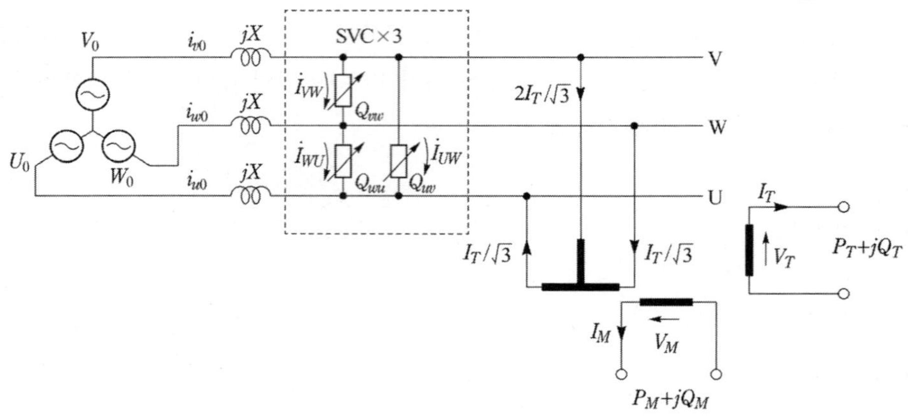

그림 10.1.6 3상 SUC 불평형 보상 회로도

다. 역 Scott SVC 방식

(1) 3상 SVC 개량형으로 급전변압기 2차측에 Scott 결선변압기를 역으로 연결한 방법임

(2) 이 방식은 55[kV] 급전점에 설치되어 있으므로 수전점보다 설비의 전압이 낮고, 3상 SVC를 구성하여 투자비 등 경제적인 이점이 있으나 실질적으로 설치된 사례는 없음

10.1.4 전기철도 전원 불평형이 타계통에 미치는 영향

1. 전원 불평형률

가. 교류전기철도 급전시스템은 초고압(66[kV], 154[kV])를 수전받아 Scott 결선변압기를 사용하여 3상에서 2상으로 변환하여 M좌 및 T좌의 90°위상차가 있는 2조의 단상 전력으로 사용하므로, M상과 T상의 부하가 다른 경우 전원 전압강하율의 차이가 발생하여 전원 전압의 불평형이 발생함

나. 전기철도부하는 매순간마다 전기차가 운행하는 대용량 이동부하로서 일반부하에 비해 부하변동이 매우 커서 수전측의 3상 전원계통에 영향을 주는 전압불평형의 발생을 초래함

다. 3상 전원측의 불평형은 전기공급자의 발전설비, 송전설비 및 일반 수용가의 부하설비에 영향을 미치므로 이에 대한 대책이 필요함

2. 전압불평형의 허용한도

가. 한국철도에서는 전철변전소 수전점에서 단시간(2시간) 최대부하에 대한 전압 변동률은 3[%] 이내로 제한하고 있음

나. 기타 일반수용가는 5[%] 이내로 허용하고 있음

3. 전기철도 불평형 부하가 계통의 타부하에 미치는 영향

가. 전원 발전기의 용량감소 및 계통의 절연열화

(1) 발전기에 불평형에 의한 역상전류가 흐르면 발전기의 회전방향과 반대되는 회전자계가 형성되어 돌극기에서는 극표면의 제동권선을, 원통형기에 있어서는 계자권선 고정용 쐐기(Wedge)와 회전자의 과열로 발전기의 출력을 저하시키고 기계적 진동의 원인이 됨

(2) 역상전류에 의한 제2고조파 전류를 발생시켜 발전기의 전압파형을 나쁘게 하고 회전자 도체의 온도상승을 현저하게 높게 함

(3) 전력계통의 발전기, 조상기 등의 국부적 열발생에 의한 절연열화 및 유기전압 파형의 변형 발생

나. 한전 동일계통에서 수전하는 다른 수용가의 전동기 출력감소, 전동기의 과열발생 및 진동의 원인이 되며, 특히, 농형 유도전동기는 전동기 회전자 권선의 과열 초래

(1) 3상 유도전동기 정상 임피던스는 역상임피던스에 비하여 20[%] 이하로 매우 작아서 작은 역상전압에서도 매우 큰 역상전류가 흐름

(2) 역상전류에 의한 역 토크(Torgue)가 발생하여 유효토크 감소 및 동손이 증가하여 온도상승이 커지고 효율 및 출력감소 유발

(3) 일반 농형 전동기의 동손 증가율은 전류불평형률의 자승에 비례함

(4) 고정자 권선은 국부적인 열을 발생시켜 절연열화를 촉진

다. 동기전동기의 회전 Torque 맥동 및 제동권선 또는 Wedge 과열 발생

라. 적산전력계 오차 및 보호계전기의 오동작 발생 원인이 됨

4. 전철변전소 전압 전류 불평형 방지대책

가. 전기철도용 급전용 변압기에 Scoot 결선 변압기 채용

(1) 3상 전원을 위상이 90° 다른 2상 전력(M좌, T좌)로 변환시켜 단상부하 측이 평형할 경우 3상측도 평형유지

(2) 각 권선별 부하분담은 방면별 또는 상・하선별로 구분 급전하여 적정분담

나. 무효전력 보상장치(SVC 설치)

(1) 단상 SVC 방식 : 지상무효전력보상(사이리스터 제어차에 적용)
(2) V결선 SVC방식 : 유효전력(M좌, T좌)의 평형 유지(PWM 제어차에 유효)
(3) 역 Scoot SVC 방식 : 유효전력 평형 및 무효전력 보상으로 효과가 가장 큼

다. 자려식 전력변환장치(SVG) 설치

(1) 3상 SVG : 3상 무효전력보상
(2) RPC : 급전측 무효전력보상(Railway static power condition)
(3) SFC(Shingle phase Feeding power Condition)(불평형 보상 단상 급전장치
➪ 일본 고속전철에서 실용화된 방식으로 PWM 제어차에 유용

라. 교류급전전압 보상장치(ACVR : AC Voltage Regulator) 설치

(1) AT 급전방식 전철화 초기 SSP에 주로 설치
(2) 최근에는 ACVR 대신 SVC가 많이 사용됨

마. 직렬콘덴서 설치

급전회로의 임피던스 및 급전용 변압기의 임피던스를 개선하는 방법.

※ SVC : Static Var Compensator (정지형 무효전력 보상장치)
SVG : Static Var Generator (자려식 무효전력 보상장치)
PWM : Palse Width Modulation (펄스폭 변조방식)

10.2 ∘ 급전계통의 이상전압 및 절연협조

10.2.1 전기철도 급전계통의 이상전압 발생원인과 대책

1. 이상전압 발생원인

가. 전기철도 급전계통은 매우 복잡하고 넓은 지역을 경과하게 되어. 직접자연에 노출됨으로써 뇌방전, 염진해, 설해, 조류에 의한 섬락사고 및 계통의 복잡화로 내・외부의 이상현상이 발생하여 송전계통을 타고 변전설비에 침입하여 선로절연 및 기기의 절연을 위협하게 됨

나. 이상전압의 발생원인은 크게 계통의 내부요인과 외부요인이 있으며, 내부요인으로는 차단기의 투입 또는 개방 및 전력기기의 조작시 나타나는 개폐서지 또는 1선 지락 및 2선 지락 시 비유효 접지계의 리액턴스와 대지간의 커패시턴스가 공진하는 경우 과도전압에 의한 이상전압 발생 원인이 되고,

다. 외부요인으로는 뇌가 송전선 또는 급전계통에 직격할 때의 직격뢰와 뇌운 바로 아래에 있는 송전선에 유도되는 구속전하가 뇌운과 대지간의 방전을 통해서 자유전하로 되어 송전선로를 진행파로 전파하는 유도뢰에 의하여 이상전압이 발생하는 원인 등이 있음

2. 내부 이상전압(내뢰)의 종류

가. 송배전계통의 개폐조작, 고조파 전압존재, 기기의 배치 및 중성점 접지방식에 따라 이상전압이 발생하는데 대표적인 종류는 아래와 같음

나. 과도 이상(진동) 전압

(1) 계통 조작시 개폐서지 : 무부하 충전선로의 개폐서지(이상전압이 가장 큼), 유도성 소전류 차단전압, 변압기의 3상 비동기 투입서지 등

(2) 영구 지락에 따른 과도 진동전압, 충격성 지락 및 고장전류 차단에 의한 서지

다. 상용주파 지속전압

(1) 무부하 송전선의 패란티 효과

(2) 수차발전기의 부하차단

(3) 발전기의 자기여자 현상(철심포화에 의한 이상전압)

(4) 기본파 또는 고조파의 공진 및 소호리액터계의 1선 단선 이상전압 등

3. 외부 이상전압의 종류

가. 직격뢰(낙뢰)

뇌운이 전력계통(송전선로 등)에 직접 방전하는 현상으로 자연현상에 의한 장애로는 가장 많고, 계통을 아무리 절연해도 낙뢰현상(섬락)을 방지할 수 없는 충격파로 작용하여 섬락(Flashover)를 일으킴

※ 직격뢰 파고값은 매우 높아 수백[kV]로 추정되고 있으며, 파두길이는 1~10[μs], 파미시간은 10~100[μs] 정도임

나. 유도뢰

뇌운 상호간 또는 뇌운과 대지간 방전이 일어나 아래쪽의 전력 공급계통에 이상전압을 발생하는 현상 ➪ 파고값이 수십[kV]로 절연설계 시 크게 문제 삼지 않음

4. 이상전압 방지대책

가. 피뢰기에 의한 기기보호

(1) 이상전압이 내습하여 피뢰기의 단자전압이 어느 일정값 이상이 되면 특성 요소과 직렬갭에 의해 즉시 방전하여 전압상승을 억제.

(2) 시간이 경과하여 이상전압이 없어져서 단자전압이 일정값 이하로 되면 즉시 방전을 중지하고 원래의 기능상태로 회복하게 됨

나. 가공지선에 의한 뇌차폐

가공지선은 접지와 병행하여 뇌(직격뇌, 유도뇌)에 대한 전선의 차폐 및 진행파의 감쇄효과가 있어 이상전압 방지대책으로 사용되고 있으며, 종래에는 ACSR 등이 주로 사용되었으나 최근에는 차폐효과를 높이기 위해 도전성이 높은 전선을 사용하고 있음

다. 기기의 절연협조

(1) 외뢰에 대한 충격전압을 기기절연 협조 대상으로 고려하며, 전력계통의 각 기기(변압기, 차단기, Bushing, 애자, MOF 등) 사이에는 이상전압에 견딜수 있도록 서로 균형 있는 절연강도를 유지하여야 함

(3) 계통 전체의 절연설계는 다른 보호장치와 합리적이고 최소 비용으로 최대 효과를 가져오기 위해 상호 절연협조(Insulation Co-ordination)가 되도록 절연계급과 기준절연 강도 BIL 등을 규정하고 있음

라. 애자련 보호 ⇨ 아킹혼 등(송전선로에 사용) 섬락 및 역섬락 방지용 설비

마. 서지흡수기(Surge Absorber)

콘덴서와 저항을 조합하여 서지발생시 콘덴서에서 일정레벨로 서지전압을 조정하는 장치

바. 방전갭(Discharge Gap)

전기철도 계통에서는 방전갭으로 보안기, 지락보호용 방전장치(GP), S 형 Horn 등을 사용하여 지락사고 시에 지락점 전위 및 레일의 전위상승 억제, 사고전류의 금속체 회로구성을 목적으로 함

10.2.2 급전계통의 이상전압 전파속도 및 증폭현상

1. 외뢰와 전력기기의 고찰

가. 뢰전압은 1.2[μs] x 50[μs] 의 파형을 갖는 매우 높은 주파수의 전압으로 변압기는 주로 리액턴스로 구성되어 뢰전압이 변압기를 통과하지 못하고 변압기 부싱에서 반사되어 전압파와 반사파가 겹쳐서 입사파의 2배의 전압이 걸려 결과적으로 피뢰기에 인가된 전압에 비하여 변압기 부싱에는 상대적으로 높은 전압이 걸리게 됨

나. 따라서, 가공선로와 지중선로에 대한 서지 임피던스와 전파속도 및 증폭 현상을 고려하여 서지전압 특성과 절연협조를 고찰하여야 함

2. 서지 임피던스(파동 임피던스) 및 전파속도

가. 이상전압이 발생되면 발생지점을 중심으로 좌・우 계통에 빠르게 진행하면서 진행파 전류와 진행파 전위의 특성을 가지며, 진행파가 얼마나 멀리, 빨리 진행하는가 하는 것은 진행파가 진행하는 선로 특성임피던스(파동임피던스)에 따라 달라짐

나. 전기공학적인 특성임피던스

전기공학적인 특성임피던스는 $Z=\sqrt{\dfrac{R+jwL}{G+jwC}} \fallingdotseq \sqrt{\dfrac{L}{C}}$ 로 표시되며, 진행파 전위(e)와 진행파전류(i)의 비를 파동 임피던스(서지임피던스)로 나타냄

$$Z=\frac{e}{i}=\frac{1}{CV}=LV=\sqrt{\frac{L}{C}}$$ (여기서, V : 전파속도, L, C : 선로정수)

다. 가공선로에서의 서지임피던스와 파동속도

(1) $L=\dfrac{\mu_0}{2\pi}\log_e\dfrac{2h}{r}[\text{H/m}] = 0.4605\log_{10}\dfrac{2h}{r}[\text{mH/km}]$

$C=\dfrac{2\pi\varepsilon_0}{\log_e\dfrac{2h}{r}}\ [\text{F/m}] = \dfrac{0.02413}{\log\dfrac{2h}{r}}[\mu\text{F/km}]$

여기서, r : 도체의 반경[m], h : 도체의 지상높이[m]

ε_0 : 진공의 유전율($\dfrac{1}{4\pi\varepsilon_0}=9\times10^9 \Rightarrow \varepsilon_0=8.854\times10^{-12}$[F/m])

μ_0 : 진공의 투자율($4\pi\times10^{-7}$[H/m])

(2) 전파속도 : $V=\dfrac{1}{\sqrt{LC}}=\dfrac{1}{\sqrt{\mu_0\ \varepsilon_0}}=\sqrt{9\times10^{16}}=3\times10^8[\text{m/s}]$

(3) 파동임피던스 : $Z = \sqrt{\frac{L}{C}} = \sqrt{\frac{0.4605 \times 10^{-3}}{0.02413 \times 10^{-6}}} \log \frac{2h}{r}$ [Ω]

여기서, 공기중의 비투자율(μ_s)과 비유전율(ε_s)은 모두 1이므로

$Z = 60 \log_e \frac{2h}{r}$[Ω]이 됨

※ 일반적인 임피던스는 가해진 전압에 의해서 흐르는 전류를 방해하는 성질을 의미하며, 서지임피던스는 서지에 의해 발생된 진행파의 진행을 얼마나 방해하는가를 의미함

라. 케이블의 서지임피던스와 파동속도

(1) $L = 0.2 \log_e \frac{R}{r} \times 10^{-3}$[H/km]

$C = \frac{\varepsilon}{18 \log_e \frac{R}{r}} \times 10^{-6}$ [F/km]

여기서, r : 도체의 반경[m], R : 시스반경[m]

ε : 케이블에 충진된 절연물의 유전율($\varepsilon_0 \times \varepsilon_s$)

(2) 전파속도 : $V = \frac{1}{\sqrt{LC}} = \frac{1}{\sqrt{\varepsilon}} \times 3 \times 10^5$[km/sec]

(3) 파동임피던스 : $Z = \sqrt{\frac{L}{C}} = \frac{60}{\sqrt{\varepsilon}} \log_e \frac{R}{r}$[Ω]

3. 이상전압 반사 및 증폭현상

가. 이상전압 진행파는 특성임피던스가 다른 곳에 도달하면 반사·투과

(1) 특성 임피던스가 Z_1인 송전선로에 전압의 입사파 V_i가 진행하다가 임피던스가 다른 Z_2인 지점에서의 반사파 Vr은 다음과 같이 나타냄

$$V_r = \frac{Z_2 - Z_1}{Z_2 + Z_1}$$

V_i → Z_1 Z_2 ← V_r

(2) 여기서, $Z_1 = Z_2$이면 반사파가 0이 되도록 케이블의 끝에 연결하는 저항을 무반사 종단저항이라 함

나. 선로말단이 개방됐다면($Z_2 = \infty$)반사파 전압과 입사파 전압이 같으며, 양자의 파고가 겹치는 순간의 전위는 진입파 파고값의 2배가 됨

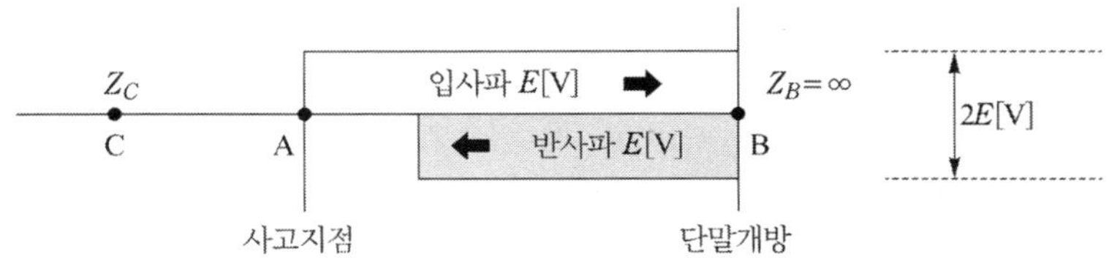

그림 10.2.1 입사파 및 반사파 전압

다. 그림 10.2.1에서와 같이 반사지점 B에서 전압은 입사파 전압의 2배가 되며 $Z_C \gg Z_A$ 라고 하면 C지점에서 다시 반사되어 전압이 더욱 증폭되는 현상은 B지점에서 C점 사이를 왕복하면서 처음 발생한 서지전압보다 훨씬 큰 전압으로 증폭되며, 서지뿐만 아니라 고조파에 의해 선로에 공진현상이 발생해도 단말의 전압 증폭현상이 발생됨

10.2.3 철도 배전선로의 서지보호장치(SPD)가 갖추어야 할 조건

1. SPD의 기능

가. 서지보호장치(SPD : Surge Protective Device)

선로에 침입한 서지전압을 제한하고 서지전류를 분류시켜, 보호대상 기기의 절연파괴를 방지하기 위한 장치임

나. SPD가 갖추어야 할 기능

(1) **서지가 없을 때** : SPD는 설치된 계통의 동작 특성에 영향을 미치지 말 것

(2) **서지가 침입할 때** : 침입한 서지에 신속히 응답하여 SPD 자신의 임피던스를 낮추어 서지전류를 통과 시켜 서지전류를 분류시킴으로서 서지전압을 보호수준(Protective Level) 이하로 제한하기 위한 조건을 갖추어야 함

(3) **서지가 소멸된 때** : 서지가 소멸되면 SPD는 높은 임피던스 상태로 회복되어 더 이상 속류가 흐르지 못하게 해야 함

2. 서지의 단계별 보호

가. CLASS 1 (I 등급 SPD : 1단계 뇌서지보호)

(1) 일반적으로 직격뇌 전류 보호시스템으로 보호되는 건물의 인입선로 등과 같이 노출정도가 높은 지점 등에 설치변압기 2차측 메인판넬에 Main protector를 설치하여 외부로부터 침입하는 서지를 1단계로 억제함

(2) 1등급 SPD 시험은 공칭 방전전류 및 임펄스 전류로 시행하는 시험에 적합해야 함

나. CLASS 2 (Ⅱ등급 SPD : 2단계 과전압 서지보호)

(1) 직격뇌에 대한 노출이 적은 장소로 지속시간이 짧은 임펄스에 적용하며, 각 건물의 분전반 또는 UPS 등 입력단에 SPD를 설치하여 잔여 서지 및 내부 발생 서지를 억제함

(2) Ⅱ등급시험은 공칭방전전류 및 최대방전전류 시험에 적합해야 함

다. CLASS 3 (Ⅲ등급 SPD : 3단계 정밀서지보호)

(1) 최종단계의 정밀제어 장비의 입력단(신호, 영상, 제어 등)의 서지를 제거할 수 있는 SPD를 설치하여 기기를 보호

(2) Ⅲ 단계 시험은 조합파(1.3/50μs 임펄스전압, 8/20μs 임펄스전압)의 시험 전압을 인가하는 시험에 적합하여야 함

3. 철도 서지흡수기 설치

가. 철도배전선로 및 전력계통의 SPD는 각종 서지와 보호대상을 기준으로 전압, 전류보호레벨에 적합하도록 선정절차에 따라 보호장치를 선정하여야 함

표 10.2.1 철도 배전선로 서지흡수기 적용 보호기기

차단기 종류		VCB				
전 압 등 급		3[kV]	6[kV]	10[kV]	20[kV]	30[kV]
전 동 기		적용	적용	적용	–	–
변압기	유 입 식	불필요	불필요	불필요	불필요	불필요
	몰 드 식	적용	적용	적용	적용	적용
	건 식	적용	적용	적용	적용	적용
콘 덴 서		불필요	불필요	불필요	불필요	불필요
변압기와 유도기기의 혼용 사용 시		적용	적용	–	–	–

나. 철도 배전선로 서지보호기(서지흡수기) 설치위치는 개폐서지를 발생하는 차단기 후단과 부하 측의 보호 개상 기기전단 사이에 설치하여 운용함

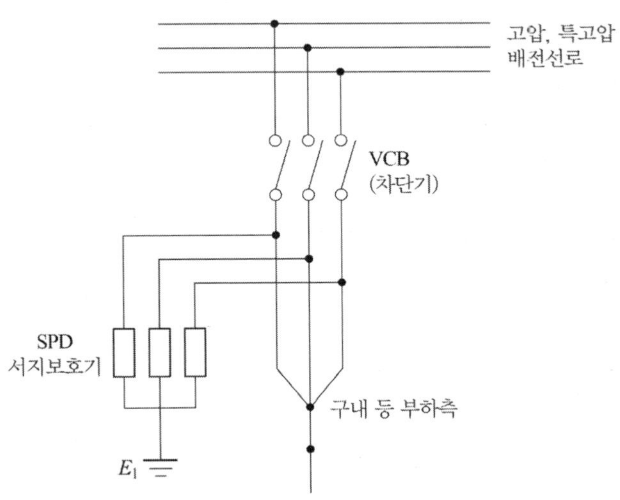

그림 10.2.2 서지흡수기 설치위치도

10.2.4 교류 전기철도 급전회로 절연협조

1. 교류 전기철도 절연협조

가. 전기철도의 전력설비나 차량의 고압기기는 상시의 사용전압은 물론 일정레벨의 서지전압에도 견딜 필요가 있음

나. 따라서, 일정 레벨 이상의 서지 전압은 어떤 방법으로든 억제하고, 기기의 절연내력은 실용적인 레벨로 설정하는 방법으로 절연레벨의 정도 및 보호방법을 검토하여 안전하고 경제적인 설비로 하는 것을 "절연협조"라고 함

다. 전기철도에서의 절연 협조의 기본적인 방향은

(1) 상시의 사용전압 및 개폐서지에 대해서는 선로 및 기기 자체가 충분히 견딜 수 있는 절연강도로 하여야 함

(2) 뇌격 서지전압에 대해서는 억제 대책을 실시하여 절연파괴 사고가 발생하지 않도록 하여야 함

2. 교류 급전 회로의 절연 설계

가. 교류 급전회로의 절연 설계

(1) 급전회로의 절연설계는 계통에 발생하는 전차선 지락사고, 개폐서지 등에 의한 섬락, 뇌격서지에 의한 절연파괴 등이 일어나지 않도록 절연 강도를 결정해야 함

(2) 교류 급전회로의 절연 강도는 일반 3상 전력 계통에서 사용하는 절연 계급을 적용하여야 함

(3) 교류 전차선로의 절연에는 현수애자와 장간애자가 주로 사용되며 이상전압 억제 대책이 검토 되어야 함

나. 교류 급전회로에 발생하는 이상전압

(1) 이상 과도전압의 종류

구 분	발 생 원 인
뇌격서지(뇌격에 의한 과도전압)	직격뢰, 유도뢰
개폐서지(개폐에 의한 과도전압)	차단기, 단로기 등의 개폐에 의한 과도 이상전압, 팬터 이선시 과도 이상전압, Fuse 용단시 이상전압
고장에 의한 지속성과전압	지락, 단락
기타 지속성 과전압	공진현상, 패란티 현상

(2) 과도 이상전압 발생 개념

팬터그래프 이선이나 스위치 개폐에 따른 내부 서지는 뇌격서지 및 지락서지에 비하면 레벨이 매우 낮아 주로 뢰격서지에 대한 절연강도를 갖도록 적용함

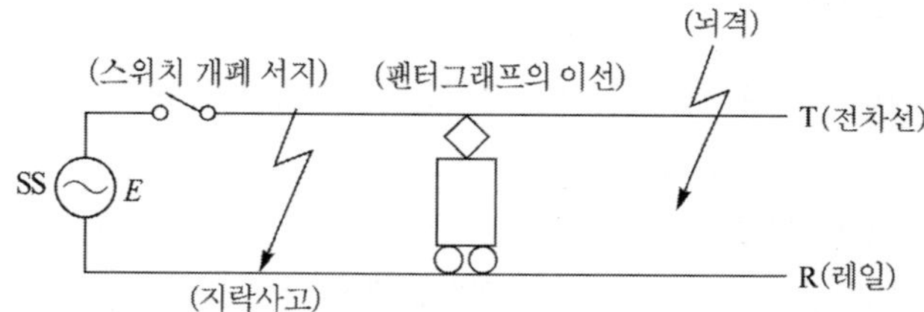

그림 10.2.3 과도 이상전압 발생 개념도

3. 교류 급전회로 절연협조 및 보호

가. 교류전철 급전회로의 절연 협조

(1) 수전부터 부하 말단의 전기차까지의 절연 강도는 전기차 변압기의 절연레벨을 최저로 하여 서지전압에 대한 보호를 시행함

(2) 다음으로 변전 및 전력기기 : 전차선로 애자 절연강도 순으로 절연레벨을 높여 낙뢰의 영향을 최소화 하도록 함

나. 교류전철(25kV) 방식의 절연강도

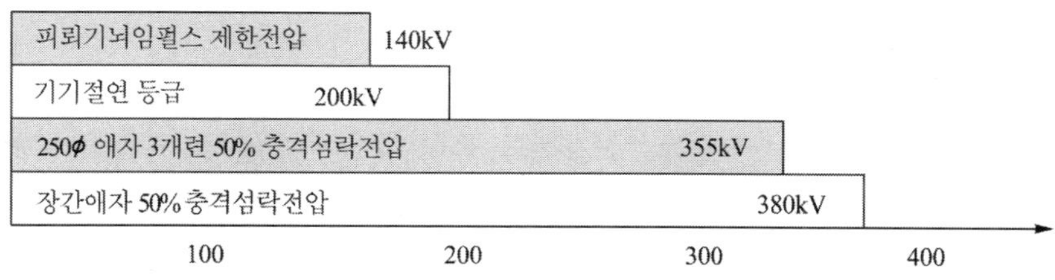

그림 10.2.4 교류 25kV 급전방식 절연강도

다. 서지 전압의 억제 방법

(1) 피뢰기 설치

(2) 서지 흡수기 설치

(3) 가공지선 및 방전갭은 병용설치 필요

4. 전철 변전소의 절연협조 보호

가. 변전소 뇌해 대책

(1) 변전소 설비의 직격뢰 방지

(2) 철탑, 가공지선 등 낙뢰시 변전소 전위상승 억제

(3) 급전회로 1선 지락 시 변전소 구내 전위 억제

(4) 약전회로(신호, 통신 제어회로)용 기준전위 접지의 분리

나. 변전소내의 접지 구성

(1) 변전소는 공용접지 시행 ⇨ 전력기기, 피뢰기 등을 공용접지하여 전위상승을 최대한 억제 ⇨ 교류 전철변전소 접지저항 값은 보통 1[Ω] 이하로 함

(2) 급전측 지락사고 시 급전회로의 전위억제를 위하여 변전소 접지계통과 레일 사이에 방전갭을 설치함

다. 변전소 구내로 입출입하는 제어회로 등은 보호협조를 고려하여 특수 변압기를 설치하여 보호함

10.2.5 직류 전기철도 급전회로 절연협조

1. 직류 전기철도 절연협조

가. 전기철도의 급전회로는 변전소, 전차선로, 전기차로 구성되고, 이들은 상시 급전전압과 이상전압에 노출되어 있음

나. 따라서, 급전회로 각 부분의 절연특성을 적절하게 선정하여 협조가 유지 되도록하여 절연사고의 최소화 대책이 필요함

다. 직류 급전회로는 비교적 절연강도가 낮은 직류 변성기기를 포함하고 피뢰기에 의한 직류 속류차단이 어려워 절연협조 구성은 용이치 않음

2. 절연협조의 요건

가. 계통내의 각 기기, 기구, 애자 등 상호간에 적정한 절연강도 유지

나. 계통의 접지방식, 피뢰기의 보호효과, 보호계전기의 동작, 계통조건 등을 감안한 합리적이고 경제적인 절연설계

다. 뢰 이외의 서지에는 플래시오버 또는 절연파괴가 없을 것

라. 직격뢰를 받아도 피해를 최소화 할 수 있을 것

3. 직류 급전회로의 절연협조 및 보호

직류 전기철도 급전회로의 절연 협조는 변전소, 전차선로, 전기차 요소로 대별되고 이들 상호간의 협조는 피뢰기에 의하여 연계됨

가. 변전소의 절연협조

(1) 변전소의 절연협조는 피뢰기의 보호특성을 기준으로 결정됨

(2) 정류기의 양극 측에는 내부 이상전압 제한용 피뢰기를 설치함

(3) 급전선 인출구에는 외부선로에서 침입하는 뇌격서지(Surge) 등의 이상전압을 제한하기 위한 피뢰기를 설치함

(4) 변전소의 기기는 피뢰기와 협조가 유지되도록 절연강도를 결정함

(5) 피뢰기 접지저항치는 최대한 작아야하며 변전소의 공용접지에 연결하도록 함

나. 전차선로의 절연협조

(1) 직류 전차선로 표준장주에는 급전선, 전차선 및 고압배전선이 동일 지지물에 설치되어 현수애자련 (180ϕ 2개련)으로 절연되었음

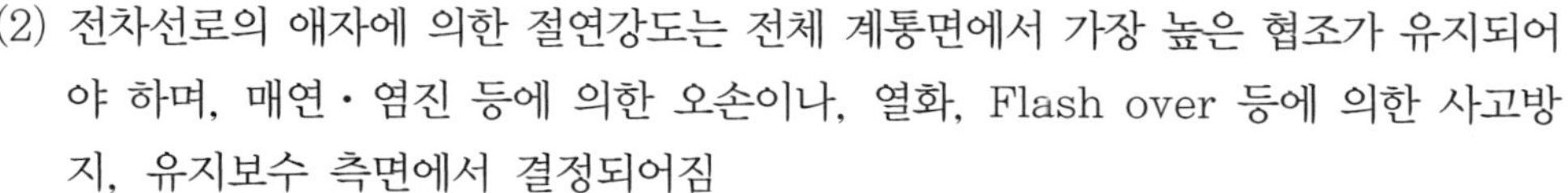

(2) 전차선로의 애자에 의한 절연강도는 전체 계통면에서 가장 높은 협조가 유지되어야 하며, 매연·염진 등에 의한 오손이나, 열화, Flash over 등에 의한 사고방지, 유지보수 측면에서 결정되어짐

(3) 팬터그래프 이선, 섹션통과 전류차단 현상 등에 의하여 정상 전압이 3~4배 정도의 내부 이상전압이 발생되나 선로의 절연강도에 비하면 문제가 되지 않음

(4) 뇌격에 대해서는 변전소용 피뢰기 보다 제한전압이 높은 피뢰기를 선로에 분산설치(선로중간에서 간격은 약 500m)하고 변전소 부근은 간격을 단축하여 설치함

다. 전기차의 절연 협조

(1) 전기차에서는 집전장치와 차체 사이에 변전소와 동일한 피뢰기를 설치함

(2) 전기차의 피뢰기 절연강도 : 변전소용과 동일함

라. 직류 1.5 [kV] 방식의 절연협조 비교 (KEC 451.2)

항 목			변전소용	전차선로용
회로 전압	공칭 (kV)		1.5	1.5
	최고 (kV)		1.8	1.8
뇌 임펄스 내전압 (kV)			12	50
피뢰기의 성능(ZnO)	정격 전압 (kV)		2.1	2.1
	동작 개시 전압 (kV)		2.6 이상	※ 9 이상
	제한 전압 (kV)	(2 kA)	4.5 이하	–
		(3 kA)	–	25 이하
		(5 kA)	5 이하	28 이하
	임펄스 내전압 (kV)		45	50
전차선 애자의 성능	현수 애자 (kV)		교류 주수 내전압	45
	180mm 2개 연결		뇌 임펄스 내전압	160
	장간 애자 (kV)		교류 주수 내전압	65
			뇌 임펄스내전압	180

주) 전차선로용 피뢰기는 ZnO형, 갭(Gap) 부착이며, ※는 방전 개시전압을 나타낸다.

4. 절연협조 구성도

가. 구성도

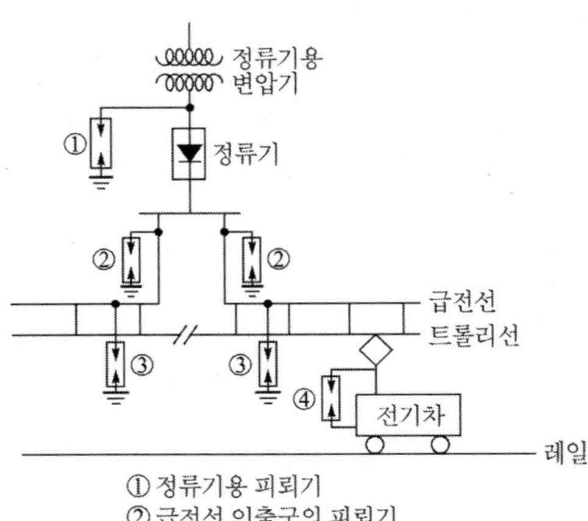

① 정류기용 피뢰기
② 급전선 인출구의 피뢰기
③ 전차선로의 피뢰기
④ 전기차의 피뢰기

그림 10.2.5 DC 급전방식 피뢰기 절연협조

나. 직류 급전회로의 절연강도

(변전소)
5.5kV 피뢰기
12kV 주기기

(전차선)
피뢰기 25kV
전선로(애자) 50kV

(전기차)
5.5kV 피뢰기
12kV 주기기

(충격절연강도)
10kV 20kV 30kV 40kV 50kV

표10.2.2. 직류 1500[V] 전기철도용 피뢰기 특성

항목 적용		변전소	전차선로	전기차량
정격전압(V)		1,800	3,000	1,800
직류방전 개시전압(V)		4300 이상	9,000 이상	4,300 이상
충격(100%) 방전 개시전압(V)		5500 이하	25,000 이하	5,500 이하
제한전압(V)	3,000[A]	–	25,000 이하	–
	1,000[A]	6,500 이하	–	6,500 이하

10.2.6 AT 급전방식의 피뢰시스템과 전기차의 절연협조

1. 개요

가. 교류급전 회로는 1선이 레일에 직접연결(접지)된 회로 구성이지만, 3상 송전선 최초 지락사고 시 건전 상대 전압 상승과 비슷하므로 공칭전압의 3상 송전선이 지락사고 때의 전위상승 정도의 절연레벨로 정하고 있음

나. 특히, 교류 AT 25[kV] 방식은 기존선 및 고속철도에 널리 사용되고 있어 피뢰보호 시스템 및 절연협조에 관하여 기술함

2. 교류 급전(25kV) 회로의 특성

가. 교류 급전계통은 교류 대전력 회로를 구성하게 됨

나. 대전력의 부하전류가 흐르게 되는 귀선레일에 신뢰도가 요구되는 각종 신호 및 통신기기가 설치됨

다. 터널등의 구조물의 제약이 있는 경우 충분한 절연이격거리를 취할 수 없으므로 일반 송전선로에 비하여 다소 낮은 절연레벨로 설계됨

라. 절연강도는 상시급전전압에 견디는 것을 기본으로 하여, 전차선로의 지락사고 및 개폐서지에 의한 이상전압, 뇌격등에 의한 외부의 이상 전압에도 충분히 견디어야 함

마. 정상전압을 초과하는 큰 이상전압에 대해서는 피뢰기, 가공지선, 보호선, 방전기 등을 사용하여 이상전압을 경감하여야 함

3. 전차선로 뇌격 절연협조 설계

가. 팬터 이선이나 개폐에 의한 내부 surge는 뇌격서지에 비하여 레벨이 낮으므로 절연설계에서는 유도뢰 서지를 보호하도록 함

나. 급전전압이 25[kV]인 경우 전력계통의 공칭전압 33[kV]급의 절연계급 적용함

다. 공칭전압 33[kV]의 전력기기 충격절연 전압강도(BIL : Basic Impulse Insulation)은 200[kV]로 되어있음

라. 열적손상을 방지하기 위하여 실제 애자의 절연강도는 300~400[kV] 절연레벨을 채택함

표 10.2.3 교류 25[kV] 급전회로의 이상전압의 발생종류

종 류		정상 시 최고전압	이상전압의 배수	이상전압치
개폐서지에 의한 이상전압		27.5[kV]	2.0~2.5배	60~70 [kV]
팬터이선에 의한 이상전압			1.5~2.0배	40~60 [kV]
뇌격서지전압	유도뢰		3.6~5.5배	100~150[kV]
	직격뢰		11~88배	300~500[kV]
전차선로에 이행하는 진행전압			애자의 플래시오버	250~300[kV]

4. AT 급전 계통의 피뢰보호 시스템

가. 변전소 급전 인출구 및 차량의 팬터그래프 직하에는 전차선으로부터 이상전압을 억제하기 위하여 피뢰기 설치

나. 연선(역간)은 급전회로의 중간에 분산 배치된 AT, LT, BT 등의 전력기기 보호용 피뢰기만 설치함

다. 보호선은 상시레일과 중성선(CPW)로 병렬 접속되어 선로 임피던스를 경감하는 효과가 있으며, 지락도선, 방전갭 등이 설치됨

라. 방전갭(S형혼)은 전차선의 애자가 절연파괴되어 지지물의 보호선 전위가 상승한 경우 대지전위가 상승되면 방전장치(GP)가 동작하여 방전섬락 보호지선과 보호선을 통하여 고장전류를 변전소로 보냄

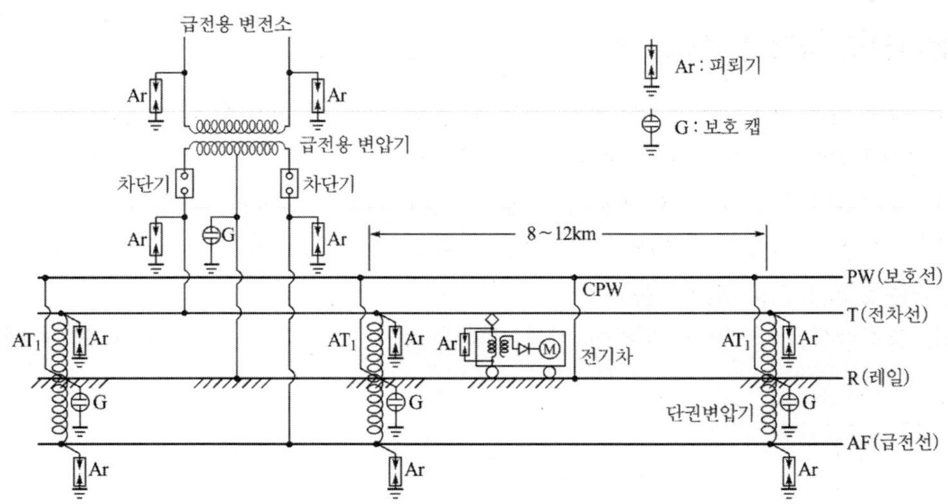

그림 10.2.6 AT급전계통 피뢰보호 구성도

표 10.2.4 교류 25[kV] 방식의 절연협조 비교(KEC 451.2)

항 목			변전소용	전차선로용
회로전압	표준(kV)		25	25
	최고(kV)		29	29
뇌임펄스 뢰전압(kV)			200	200
피뢰기성능 (ZnO)	정격전압(kV)		42	42
	동작개시전압(kV)		60	60
	뇌임펄스제한전압 (kV)	5 kV	128	128
		10 kV	140	140
	내전압(kV)	교류	70	70
		임펄스	200	200
전차선 애자성능	현수애자 250ϕ 4개련(kV)		교류주수 내전압	160
			뇌임펄스 내전압	445
	장간애자 ACH1호 11Feet (kV)		교류주수 내전압	135
			뇌임펄스 내전압	320

10.2.7 전철변전소용 기기의 기준충격 절연강도(BIL)

1. 개요

가. 전력계통은 절연협조와 지락 전류를 포함한 단락협조로 이루어지며, 이상전압에 대한 절연협조는 피뢰기의 제한전압과 설치 기기의 기준충격 절연강도(BIL) 또는 뇌충격 전압(LIWL)에 의한 협조로 보호하게 됨

나. 변압기 등 기기의 절연강도는 상용주파수 내전압과 기준 뇌충격 절연강도로 규정되어 BIL에서는 표준 충격파의 전파 전압을 인가하여 시험함

다. 표준 충격파는 파두길이가 1.2[μs]이고 파미(파고치의 50%)의 길이가 50[μs]가 되는 충격 전압파를 말하며, 이때 재단파의 시험도 병행하여 실시함

표 10.2.5 전력기기의 전압별 절연계급

IEC 규격			JEC 규격		
기기최고 전압[kV]	내임펄스 전압[kV]	상용주파 내전압[kV]	절연계급 (호)	내임펄스 전압[kV]	상용주파 내전압[kV]
3.6	20	10	3A	45	16
	40		3B	30	10
7.2	40	20	6A	60	22
	60		6B	45	16
24	125	50	20A	150	50
	145		20B	125	
36	145	70	30A	200	70
	170		30B	170	
52	250	95	–	–	–
72.5	325	145	60	350	140
170	650	275	140	750	325
	750	325			

2. 기준충격 절연강도(BIL) 의미

가. BIL(Basic Impulse Insulation Level)은 지정된 전체 충격전압파의 내전압 충격전압 파고치로 표시되는 기준충격 절연강도를 말하며, 시험 전압파에는 1.2×50[μs] 및 1.5×40[μs]을 포함함

나. 외뢰에 의한 이상전압의 파고치는 회로전압과 무관하게 약 1,000[kV] 이상일 때도 있어 피뢰기 자체 절연강도로 견딜 수 있도록 하는 것은 거의 불가능하므로, 고압 또는 특고압에 사용하는 전력기기는 사용전압 등급별로 피뢰기의 제한전압 보다 높은 충격파 전압을 기준충격 절연강도(BIL)를 규정하여 전력기기 절연을 표준화하고 동일한 절연협조 체계를 구성하는데 있음

다. 동일한 절연내력을 ANSI/IEEE 규정에서는 BIL이라는 용어를 사용하나 IEC 규정에서는 LIWL(Lighting Impulse Insulation Level)이라는 용어를 사용하며, 일반적으로 유입변압기 및 차단기는 이 기준에 따름.

3. 전철변전소용 기기의 BIL 선정

가. 모든 고압 또는 특고압 전력설비는 서로 균형있는 절연강도를 유지해야 하며, 외뢰에 의한 충격전압만을 대상으로 고려하여 계통전체의 보호장치의 상호 절연협조를 하여야 함

나. 변압기와 전력기기 등은 사용전압 등급별로 아래와 같이 기준충격 절연강도(BIL)를 선정하게 됨

(1) 전철변전소 기기의 BIL 식 : $BIL = \frac{공칭전압}{1.1} \times 5 + 50[kV]$

(2) 154[kV] 전철변전소 변압기 및 기기의 절연강도는 위 식을 적용하여 계산해 보면 $BIL값 = 5 \times \frac{154}{1.1} + 50 \fallingdotseq 750[kV]$ 정도이며 아래 표와 같음

표 10.2.6 전철변전소 회로별 기기 절연강도(BIL 적용)

구분	기기명	적용규격[kV]	비고
변 전 소	154kV 용 피뢰기	144	
	170 GIS, 부싱	750	
	주변압기 1차 권선	650	
	주변압기 2차 권선	325	
	변압기 2차측 피뢰기	75~84	
	72.5kV용 GIS	325	
	단권 변압기	200	
구분소 등	72.5.kV (29kV GIS)	200	
	단권 변압기	200	
	R-C 뱅크	170	

10.3 ◦ 뇌보호시스템 및 피뢰기

10.3.1 피뢰기의 정격전압 및 공칭 방전전류

1. 피뢰기의 중요책무(설치목적 및 기능)

가. 급전계통(전선로) 등에 뇌격 등 이상전압이 발생하면 계통에 설치된 변압기 등 전력기기의 절연강도만으로는 견딜 수 없어 내습하는 이상전압의 파고값을 저감시켜 이상전압을 방전함으로써 계통 및 전력기기의 보호 목적으로 피뢰기를 설치함

나. 이상전압이 내습해서 피뢰기의 단자전압이 어느 일정값 이상으로 올라가면 즉시 방전하여 전압상승을 억제

다. 이상전압이 소멸되어 단자전압이 일정값 이하로 떨어지면 즉시 방전을 정지하고 원래의 송전상태를 유지

2. 피뢰기의 정격전압

가. 피뢰기는 이상전압 내습 시 방전전류에 이어서 전원으로부터 공급되는 상용주파수 속류를 차단하는 특성요소가 있으나 상용주파수 전압이 너무 높으면 속류가 너무커서 차단 불능이 됨. 따라서 속류를 끊을 수 있는 교류 최고전압 실효값을 피뢰기의 정격전압으로 정하고 있음

나. 상용주파수에서 이상전압의 크기는 유효 접지계에서 1선 지락 시 1.2~1.4배 정도로 정확히는 접지계수(고장중 건전상 최대대지전압/최대선간전압)에 따라 결정되며, 전압상승값보다 15[%] 정도 높은 전압에서도 방전이 되지 않도록 여유를 두어 피뢰기 정격전압을 채택하고 있음

다. 교류 전기철도의 AC55[kV] 급전계통에는 75[kV] AC 27.5[kV] 계통에는 42[kV]를 피뢰기의 정격전압으로 사용함

(1) AC 55[kV]×1.2배×1.15 = 75.9 ≒ 75[kV] 급

(2) AC 27.5[kV]×1.3배×1.15 = 41.1 ≒ 42[kV] 급

표 10.3.1 전기철도 피뢰기 정격사항

구 분	정격전압	공칭방전전류	제한전압	비 고
154kV 계통	144[kV]	10[kA]	375[kV]	
25kV 계통	42[kV]	10[kA]	140[kV]	

3. 피뢰기의 공칭 방전전류

가. 피뢰기 단자간에 충격전압을 인가하였을 경우 방전을 개시하는 전압을 충격개시전압(=상용주파 방전개시전압)이라 하며 피뢰기 정격전압의 1.5배 이상으로 잡고 있으며,

나. 이상전압 내습에 따라 직력갭의 방전으로 대지에 흐르는 충격전류를 피뢰기의 방전전류, 방전전류의 허용 최대한을 피뢰기의 방전 내량이라고 말하며 일반적으로 뇌임펄스 전류의 파고값으로 나타내고 있음

다. IEC 규격에서는 245[kV] 이하 계통에서 5~10[kA], 245[kV]급 이상에서는 10~20[kA]를 권고하고 있고, 국내 AC25[kV] 전기철도에서는 보통 10[kA]를 기준으로 사용하고 있음

4. 피뢰기 제한 전압

가. 상용주파 정상전압에 뇌전압이 침입하여 파고값이 충격방전 개시전압에 도달하면 갭의 방전에 따라 피뢰기를 통하여 대지로 흐르는 충격전류를 피뢰기의 방전전류, 그 허용 최댓값을 피뢰기의 방전내량이라고 하며 파고값으로 나타내고,

나. 피뢰기가 동작하여 방전중 과전압이 제한되어 피뢰기 양단자 사이에 남게되는 임펄스 전압(충격전압)을 피뢰기의 제한전압이라고 하며, 제한전압은 피뢰기 동작중 계속해서 걸리고 있는 단자전압의 파고치를 규정값으로 정하고 있음

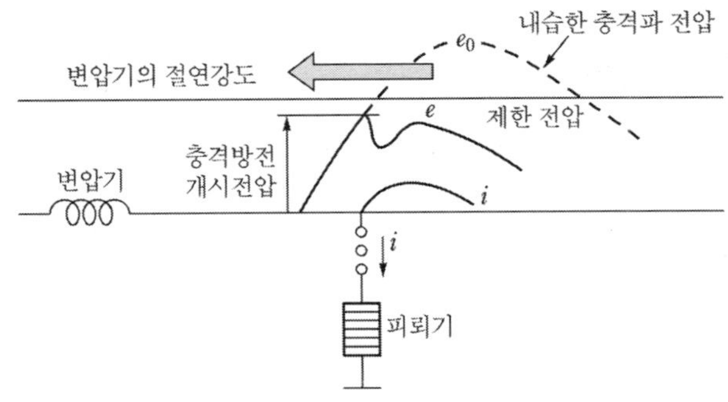

그림 10.3.1 피뢰기 방전특성 및 제한전압

10.3.2 피뢰기의 구비조건 및 설치장소

1. 피뢰기의 구비조건

가. 충격방전 개시전압이 낮아 보호능력이 충분할 것
 ➪ 이상전압의 침입에 대해서 적정하고 지체없는 방전특성이 있을 것
나. 상용 주파 방전 개시 전압이 높아 상용주파수에서 방전하지 않을 것
다. 방전내량이 크고 제한전압이 낮아 반복 동작에도 장기간 사용이 가능할 것
 ➪ 방전후 서지전류 융통시의 단자전압을 일정 레벨 이하로 억제할 것
라. 속류차단 능력이 충분하고 동착책무 특성이 충분할 것
 ➪ 이상전압 처리후 속류를 차단하여 자동회복 능력이 충분하고 반복 동작에 대해서 특성이 변화지 않을 것

2. 피뢰기의 구성요소

가. 직렬갭

정상전압 상태에서는 가선과 대지간을 공기절연 상태를 유지하고, 이상전압은 대지로 방전하여 속류를 차단함

나. 특성요소

탄화규소 입자를 결합체와 혼합한 비저항 특성이 있어 밸브저항체라 하며, 일정 값

이상전압에 대해서는 낮은 저항값을 나타내는 등 모든 속류차단 능력을 갖고 있으므로 특성요소가 피뢰기의 방전용량을 결정함

다. 산화아연형(ZnO형) 피뢰기 : 갭레스(gap less)형으로 직렬갭이 없음

3. 피뢰기의 유효보호 범위

피뢰기의 직선적 유효보호 범위는 아래 식으로 계산함

$$L = \frac{C \cdot t}{2} [\mathrm{m}]$$

여기서, L : 피뢰기의 직선적 보호범위[m]
t : 뇌의 파두장[㎲]
C : 전파속도[m/㎲]

4. 전기철도 구간 피뢰기 설치 위치 및 기준

가. 변전소의 피뢰기의 설치 장소는 가능한 한 피보호 기기 또는 전선로 에 근접하여 설치하고 누설전류 측정이 용이하도록 가대와 절연하여 설치

나. 가공전선을 따라 수전하는 변전소 인입측 및 급전선 인출 점

다. 가공수전선과 직접 접속하는 지중 케이블에서 낙뢰에 의해 절연파괴가 우려되는 케이블의 단말 피뢰기는 수전단의 근접된 장소와 급전선의 인출 설비에 설치

라. 전차선로용 피뢰기는 흡상변압기 및 단권변압기 1차측 및 2차측 급전용 케이블 단말에 설치

마. 주상에 설치하는 피뢰기는 지표상 5[m] 이상 높이에 설치

바. 피뢰기의 접지단자와 지중 접지도체 리드선과의 접속은 25[mm^2]의 전력 케이블을 사용하고, 지표상 2[m]까지는 절연관으로 보호

5. 전기철도 구간 피뢰기 선정 조건 (KEC 451.4)

가. 피뢰기는 밀봉형을 사용하고 유효 보호거리를 증가시키기 위하여 방전개시 전압 및 제한전압이 낮은 것을 사용

나. 유도 뢰서지에 대하여 2선 또는 3선의 피뢰기 동시동작이 우려되는 변전소근처의 단락전류가 큰 장소에는 속류차단능력이 크고 차단성능이 회로조건의 영향을 받을 우려가 적은 것을 사용함.

10.3.3 산화 아연(ZnO)형 피뢰기의 특성

1. 산화아연 소자의 특성

가. 직열갭부 탄화 규소형 피뢰기는 상규 대지전압에서 수백 암페어의 전류가 흐르므로 평상시에는 피뢰기 소자를 계통에서 분리하고, 방전시에는 계통으로부터 흐르는 속류를 차단하기 위하여 직렬갭이 필요하나,

나. 산화아연 피뢰기는 비직선 전압-전류 특성이 뛰어나 소자에 흐르는 전류의 크기 변화에 단자전압의 변화가 거의 없고, 계통 전압에서 수 ㎂~10 ㎂ 의 미세한 전류밖에 흐르지 않으므로 직렬갭이 필요 없게되어 갭레스(Gap-less)형 피뢰기라고 불림.

다. 산화아연 소자는 서지전압이 인가됨과 동시에 서지전압을 흡수 처리함으로서 이상전압 억제 효과가 크고, 서지 방전후에도 전압파형 변화에 따른 전류만 방전하여 서지파의 소멸과 동시에 전압파에 관계없이 방전전류가 소멸되는 등 인가전압에 따라 자동적으로 변하여 서지 에너지를 흡수 할 수 있는 대용량을 가지고 비직선 특성이 미소전류 영역까지 유지되는 특성이 있어 피뢰기의 이상적인 소재라고 할 수 있음

2. 산화아연(ZnO) 형 피뢰기의 특징

가. 직렬갭이 없어 간단하고 소형화, 경량화가 가능함

나. 속류차단이 신속하여 반복동작에 견디고, 과열소손이 없음

다. 방전개시전압이 없으므로 피보호기기가 방전 과도현상의 영향을 받지 않음

라. 비직선 저항특성이 우수하여 제한전압이 낮고 서지억제 효과가 큼

마. 내구성과 내오손 특성이 우수함

바. 대방전전류 동작 직후라도 보호특성에 큰 변화가 없음

사. 특성요소 사고 시 단락사고와 같은 사고로 연결될 가능성이 있음

아. 초고압 송전계통이나 직류 송전계통에도 용이하게 적용할 수 있음

3. 동작개시 전압과 과전율

가. 아연소자를 사용한 피뢰기는 항상 계통전압이 인가되어 있음으로 약간의 누설 전류가 흐르며, 연속운전 전압과 계통에 예상되는 단시간 교류 과전압에 견디는 것이 필요하므로 성능 보장을 위한 동작개시 전압을 규정 하고 있음

나. 동작개시 전압과 상시 인가전압 파고치의 비율을 과전율이라 하며, 일반적으로 과전율은 45~80[%] 정도이고, 계통전압이 높고 저감 절연을 한 경우에 적용하는 피뢰기는 과전율이 높은 고정격 피뢰기가 됨

과전율(S) = (상시인가전압의 파고치 / 동작개시 전압)×100[%]

4. 산화아연 피뢰기의 열폭주(Thermal Runway) 현상

가. 산화아연(ZnO) 소자형 피뢰기는 상시 계통전압이 인가되어 있으므로 소자의 저항분과 정전용량에 의하여 누설전류가 발생하고, 저항성분에 의하여 열이 발생하는데 발열량은 누설전류의 제곱과 시간에 따라 변화하게 됨

나. ZnO 소자 저항은 온도상승에 따라 감소하는 특성이 있어 발열량이 피뢰기 자체 방열량보다 크면 누설전류가 증가하여 발열량이 증가하는 현상이 지속되어 피뢰기가 파괴되는 현상을 피뢰기의 열폭주 현상이라고 함. 따라서, ZnO 소자 특성상 피뢰기는 특히 소전류를 방전하는 개폐서지 방전후에 열폭주 현상이 없도록 조건을 갖추어야 함

10.3.4 뢰보호 시스템의 수뢰부 시스템 배치방법

1. 수뢰부시스템

가. 수뢰부 시스템(Air-termination System)이란 낙뢰를 포착할 목적으로 피뢰침, 망상도체, 가공지선 등과 같은 금속물체를 이용한 외부 피뢰시스템의 일부를 말함

나. 수뢰부시스템은 돌침, 수평도체, 메시도체의 요소로 구성되며, 뇌전류가 분산되도록 각 피뢰침은 지붕 또는 옥상에서 서로 접속함

다. 수뢰부시스템의 배치는 구조물의 모퉁이, 뾰족한 지점, 모서리 등에 보호각법, 회전구체법 또는 메시법중 하나 이상의 방법으로 배치하며, 피뢰시스템의 보호각, 회전구체 반경, 메시크기의 최대값은 KS C IEC62305-3 에 따름

표 10.3.2 피뢰시스템 등급별 적용 최댓값

피뢰시스템의 등급	보호방법		
	회전구체반경(r) [m]	메시치수 W_m[m]	보호각 $\alpha°$
Ⅰ	20	5×5	IEC 표준에 따름
Ⅱ	30	10×10	
Ⅲ	45	15×15	
Ⅳ	60	20×20	

2. 수뢰부시스템의 배치 적용(KEC 152.1)

가. 지상으로부터 높이 60[m]를 초과하는 건축물·구조물에 측뢰 보호가 필요한 경우에는 수뢰부시스템을 다음과 같이 시설하여야 함.

(1) 전체 높이 60[m]를 초과하는 건축물·구조물의 최상부로부터 20 % 부분에 한하

며, 피뢰시스템 등급 Ⅳ의 요구사항에 따름.

(2) 자연적 구성부재가 표준규격에 적합하면, 측뢰 보호용 수뢰부로 사용할 수 있음.

나. 건축물 · 구조물과 분리되지 않은 수뢰부시스템의 시설은 다음에 따름.

(1) 지붕 마감재가 불연성 재료로 된 경우 지붕표면에 시설할 수 있음.

(2) 지붕 마감재가 높은 가연성 재료로 된 경우 지붕재료와 초가지붕 또는 이와 유사한 경우에는 0.15[m] 이상, 다른 재료의 가연성 재료인 경우 0.1[m] 이상 이격하여 시설하여야 함.

다. 건축물 · 구조물을 구성하는 금속판 또는 금속배관 등 자연적 구성부재를 수뢰부로 사용하는 경우 표준규격 조건을 충족하여야 함.

3. 수뢰부시스템의 배치 방법(3가지)

가. 회전구체법을 이용한 수뢰시스템의 배치

(1) 피뢰등급에 따라 표 10.3.2에서 정해진 반경이 r인 회전구체를 구조물의 상부와 둘레에 걸쳐 모든 방향으로 굴렸을 때 피보호 구조물의 어느 점에도 닿지 않을 경우 회전구체법을 적용하여 위치를 정하는 것이 적절함

(2) 회전구체 반경 r보다 높은 모든 구조물은 측면 낙뢰가 입사할 수 있으나, 60[m] 이하의 구조물에는 측뢰 입사 확률이 무시할 정도임

(3) 따라서, 회전구체법은 높은 구조물인 경우 구조물 높이의 상부 20[%]에 측방 수뢰부 시스템을 설치하고, 상층부의 구조물 꼭대기, 가장자리, 모서리 등에 수뢰부 시스템 배치를 적용함

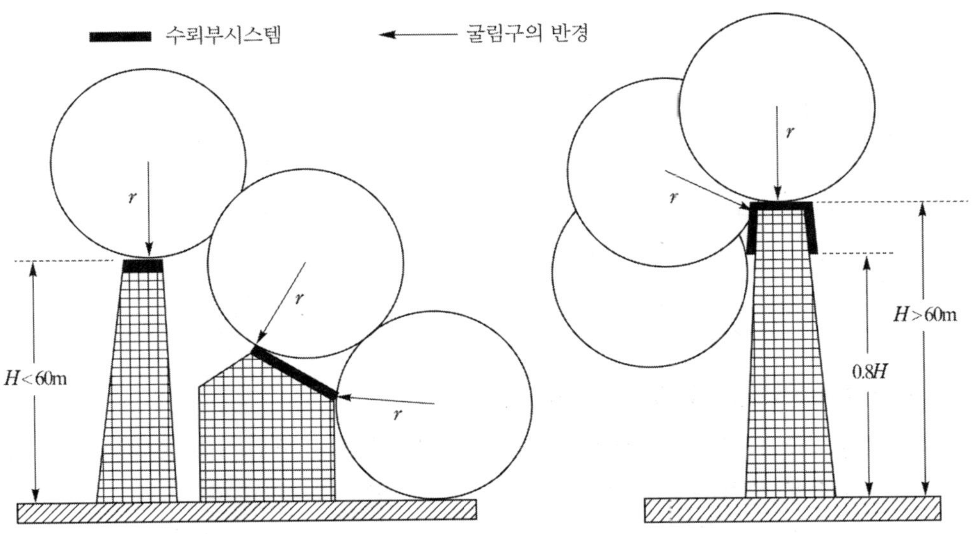

그림 10.3.2 회전구체법에 의한 수뢰부시스템 배치

나. 보호각법에 의한 수뢰부 시스템의 배치

(1) 피보호 구조물 전체가 수뢰부시스템에 의한 보호범위 이내에 있을 때 보호각법에 의하여 배치하며, 피보호 범위의 결정은 금속제 수뢰부시스템의 실제 물리적 수치만을 고려하여야 함

(2) **수직피뢰침 보호범위** : 수뢰부 축의 꼭지점이 위로 놓이도록 세운 보호각 α인 원추형으로 되며, 보호각은 피뢰레벨과 수뢰부 시스템의 높이로 규정함

(3) **수평피뢰 도선에 의한 보호범위** : 수평피뢰도선에 의한 보호범위는 수평피뢰도선 상의 꼭지점이 놓이는 가상 수직피뢰침에 의한 보호범위로 됨

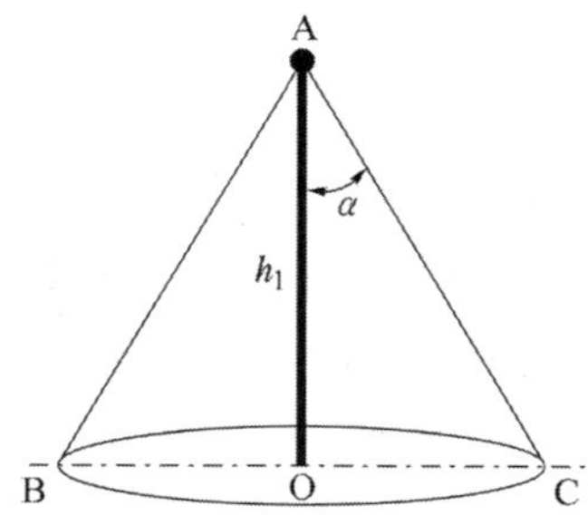

A : 수직피뢰침
B : 기준면
OC : 보호영역의 반경
h_1 : 보호영역 기준면의 상부 수직피뢰침 높이
α : 규정에서 정한 보호각

그림 10.3.3 수직피뢰침에 의한 보호범위

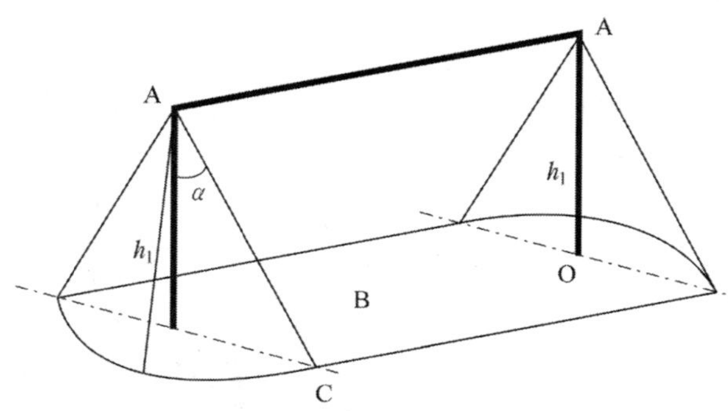

A-A : 수평피뢰도선
B : 기준면
OC : 보호영역의 반경
h_1 : 보호영역 기준면의 상부 수직피뢰침 높이
α : 규정에서 정한 보호각

그림 10.3.4 수평피뢰도선에 의한 보호범위

다. 메시법을 이용한 수뢰부시스템 배치

(1) 메시법은 굴곡이 없는 수평이거나 경사진 지붕 등 평탄면을 보호할 경우 적합한 방법으로 전체표면을 보호하는 것으로 간주함

(2) 수뢰도체는 지붕끝선, 지붕돌출부, 지붕경사가 1/10을 넘는 경우 지붕 마루선 등에 배치함

(3) 수뢰부시스템망은 뢰전류가 항상 접지극 시스템에 이르는 2개 이상의 금속체로 연결되도록 구성함
(4) 수뢰부시스템은 보호범위 밖으로 금속체 설비가 돌출되지 않아야 하며, 수뢰도체는 가능한 짧고 직선경로가 되도록 함

10.3.5 피뢰시스템의 인하도선 배치 및 설치 기준(KEC 152.2)

1. 피뢰 시스템의 개요

가. 뇌격점(Point of Strike)이란 대지 또는 돌출물(구조물, LPS, 전선로, 나무 등)에 뇌방전이 일어나는 지점을 말하며, 일반적으로 낙뢰(뇌격)으로부터 발생하는 인명피해는 물론 구조물 및 내부시스템의 물리적, 경제적 손실을 보호하기 위한 뇌보호설비로 피뢰시스템을 설치함
나. 피뢰시스템의 주요 구성은 뇌격을 포착하는 수뢰부시스템, 뇌전류를 수뢰부시스템에서 접지극(대지)시스템으로 흘려보내는 인하도선시스템, 뇌전류를 안전하게 대지로 방류시키는 접지극 시스템으로 구성됨
다. LPS 설치 필요성에 대해서는 뇌격으로부터 사회적 가치(L1 : 인명피해, L2 : 공공서비스손실, L3 : 문화유산손실)의 손실을 줄이기 위해 보호 대상물에 대한 손실유형의 리스크를 평가(KS C ICE62305-2)하여 허용레벨보다 크다면 낙뢰에 의한 리스크 보호대책으로 피뢰시스템의 설치 필요성이 있음
라. 구조물과 그 내용물, 활동의 손실 등에 의한 경제적가치 손실(L4)에 대한 리스크를 평가하여 허용된 보호대책의 유무에 따른 경제적 손실비용을 산출하여 타당성을 검토하여 최종 결정함

2. 인하도선 배치 방법

가. 인하도선 시스템은 수뢰부시스템과 접지시스템을 전기적으로 연결하는 것으로 구조물 등의 피뢰시스템에 대해서는 KS C IEC62305-3 기준으로 세부사항을 정하여 적용하고 있어 이 기준을 중심으로 인하도선시스템 설치에 대한 고려사항을 기술 함.

나. 건축물 · 구조물과 분리된 피뢰시스템인 경우

(1) 뇌전류의 경로가 보호대상물에 접촉하지 않도록 하여야 함.
(2) 별개의 지주에 별도로 분리하여 설치하는 경우에는 각 지주마다 1가닥 이상의 인하도선을 시설함.

(3) 수평도체 또는 메시도체인 경우 지지 구조물마다 1가닥 이상의 인하도선을 시설함.

다. 건축물 · 구조물과 분리되지 않은 피뢰시스템인 경우

(1) 벽이 불연성 재료로 된 경우에는 벽의 표면 또는 내부에 시설할 수 있으며, 벽이 가연성 재료인 경우에는 0.1 m 이상 이격하고, 이격이 불가능 한 경우에는 도체의 단면적을 100 mm^2 이상으로 함.

(2) 인하도선의 수는 2가닥 이상으로 함.

(3) 보호대상 건축물 · 구조물의 투영에 따른 둘레에 가능한 한 균등한 간격으로 배치하며, 노출된 모서리 부분에 우선하여 설치함.

(4) 병렬 인하도선의 최대 간격은 피뢰시스템 등급에 따라 Ⅰ·Ⅱ 등급은 10 m, Ⅲ 등급은 15 m, Ⅳ 등급은 20 m로 시설 함.

라. 자연적 구성부재의 인하도선으로서의 적합성 검토

(1) 금속제 설비로 각 부분간 전기적 연속성에 적합한 내구성 여부

(2) 표준 인하도선으로 규정된 값 이상의 크기 여부

(3) 건축물의 전기적 연속성을 가지는 철근콘크리트 구조체의 금속

(4) 건축물의 상호 접속된 강재 구조체를 인하도선으로 사용할 때 환상도체의 설치 필요성

(5) 정면부재, 측면레일, 금속제 정면벽의 보조구조재로 인하도선 요구에 부합하는 크기이고, 두께가 0.5[mm] 이상인 금속판 또는 금속관으로서 수직방향의 전기적 연속성이 요구사항에 부합되는지 여부

마. 인하도선 구성방식에 대한 검토

(1) 직접배선방식(매입노출)(+ 수평환 도체 필요성)

(2) 건물구조체(철근, 철골) 이용방식 (+ 전기적 연속성 여부)

(3) 뇌보호시스템의 재료별 최소치수

(4) 직접배선방식에서의 안전거리확보

(5) 건물구조체의 전기적 연속성(전기저항 $< 0.2\Omega$ 여부)

표 10.3.3 피뢰시스템의 레벨에 따른 인하도선의 최적간격 검토

피뢰시스템 등급	인하도선 사이의 최적간격	피뢰시스템 등급	인하도선 사이의 최적간격
Ⅰ	10[m]	Ⅲ	15[m]
Ⅱ	10[m]	Ⅳ	20[m]

인하도선수 계산 예

(예) 아래 그림과 같은 보호대상 건물 지붕에 피뢰시스템 레벨이 Ⅳ인 경우 인하도선의 수는 어떻게 배치하는가?

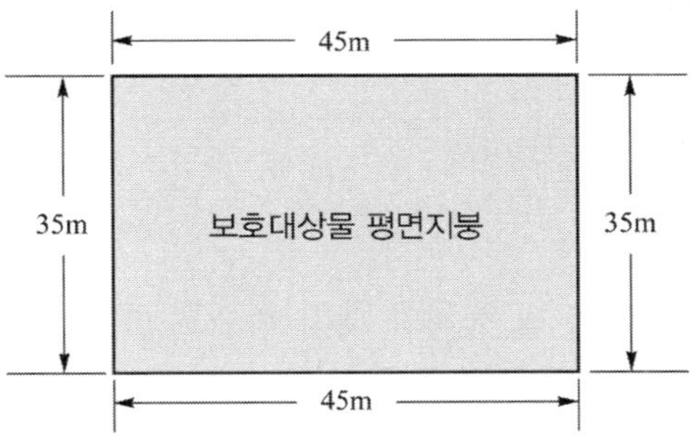

(풀이) 1. 바깥둘레길이 : 160[m], 보호레벨 Ⅳ의 최적간격 : 20[m]이므로
2. 인하도선수는 160[m]÷20[m]=8개이나 인하도선은 최적간격 이하로 균등하게 시설하여야 하므로 이 보호대상물에는 10개의 인하도선이 필요함

3. 인하도선 설치 방법

가. 인하도선은 수뢰부 시스템과 접지극시스템 사이에 전기적 연속성이 형성되도록 가능한한 루프 형성이 되지 않게 최단거리로 곧게 수직으로 설치

나. 여러개의 병렬 전류통로를 형성하도록 하고, 가능하면 구조물의 노출된 모퉁이 마다 설치하되 처마 또는 수직으로 설치된 홈통 내부에 시설하지 않아야 함.

다. 철근 콘크리트 구조물의 철근을 자연적 구성부재의 인하도선으로 사용하기 위해서는 해당 철근 전체 길이의 전기저항 값은 0.2[Ω]이하가 되어야 함.

라. 시험용 접속선의 설치 : 자연적 구성부재의 인하도선을 제외하고 유지관리 및 시험을 위하여 인하도선과 접지극시스템의 접속점에 시험용 접속점을 설치하고, 시험용 접속선은 항상 폐로되어야 하며 측정 시에 공구 등으로만 개방 할 수 있어야 함.

마. 기본적으로 전기철도 시스템은 KS C IEC62305 에 의한 피뢰시스템의 적용범위에서 제외되어 국가철도공단 설계지침을 적용하도록 되어있으나, 철도역사, 전철변전소 건물 등 전기철도 관련 건축구조물에는 이 기준을 적용 함.

10.4 계통의 접지설비

10.4.1 교류 전기철도 급전계통 매설접지선의 구성 및 특징

1. 접지의 목적 및 종류

가. 접지의 목적

(1) 접지란 각종 전기기기 및 설비와 대지 즉 지구를 전기적으로 접속하는 것을 말함(학문적 정의)

(2) 전력계통에서 야기되는 지락사고 또는 낙뢰와 같은 요인에 의하여 발생되는 고장전류 혹은 써지를 신속하고 효과적으로 대지에 분산시켜 접지점에서의 전위상승을 "0"으로 억제하여

(3) 전기・전자・통신・제어 장비 등 시스템의 안정적 운용을 확보 할 수 있고, 인축에 대한 안전사고를 예방할 목적으로 시설함

(4) 접지장치는 경제적으로나 안전측면에서 최적의 접지시스템을 선택하고 기준 저항치, 시공방법, 접지재료 등의 특성을 반영하여야함

나. 접지의 종류

(1) 독립접지(단독접지)

① 기기별 또는 장소별로 개별적인 접지장치를 설치하는 것을 말함

② 이상적인 독립 접지는 2개의 접지전극이 있는 경우 한쪽 전극에 접지전류가 아무리 많이 흘러도 상대쪽 접지극에는 전위상승이 일어나지 않는 경우를 말함(이상적 단독접지)

(2) 공동접지

① 1개 또는 수 개소에 시공한 공통의 접지 극에 각종 개별기기를 모아서 접지에 연결하는 공용접지 방식

② 전기철도에서는 전철변전소 및 구분소등 소내 공용접지망을 구성하여 사용, 역사건물 등의 공용접지 사용사례 등이 있음

2. 교류급전시스템의 매설접지선(공용접지방식)

가. 매설접지선의 도입

(1) 경부고속철도에 처음 도입되어 기존선 전철화 구간에 적용하게 됨

(2) 기존선 전철운행 구간에도 단독 또는 공용접지 방식을 점차적으로 매설 접지선

방식으로 개량하고 있음

나. 매설접지선의 계통구성

(1) 전철설비의 회로는 차상(車上)으로 가선(전차선, 조가선, 급전선, 보호선)된 회로와 차하에 포설(궤도회로, ZB, 귀선용 중성선, 흡상선 접속선 및 매설접지선)된 회로로 구성되어 있음
(2) 매설접지선은 궤도레일과 병행하여 노반 지중에 포설하여 전철변전소 등으로 돌아오는 귀선전류의 귀환을 용이하게 하고,
(3) 전철설비의 지락사고 시 전철, 전력, 통신 신호설비의 전위상승을 억제하여 등전위 접지망으로 구성하여 기기 및 인축의 사고를 예방한 방식임
(4) 귀선로를 구성하므로 보호선을 비절연으로 하여 매설접지선과 연결함
(5) 전철, 전력, 통신, 신호의 각설비의 접지선을 매설접지선에 연결하여 역구내, 역간 등을 하나의 매설접지선에 연속하여 연결시킴

다. Rail 전압의 안전기준

(1) 전기차(EL ,EC)가 정상상태로 운전중일 때 : 60[V]
(2) 전차선로가 Rail과 단락고장 상태일 때 : 650[v], (250[ms]이내)

라. 매설접지선의 시설기준

(1) 매설접지선은 cu50[mm^2](cu38mm^2)의 경동선을 사용하여 지하 750[mm] 이상의 깊이에 매설하고 선로 한쪽에 시설
(2) 신설터널인 경우 터널공사시 상·하선 양쪽에 매설접지선을 미리 포설하고 T접속하여 터널벽면 250[m]마다 동단자를 설치
(3) 기존터널 교량구간에서 매설하기 곤란한 경우에는 절연접지선 GV95[mm^2](GV80mm^2)를 상·하선 양쪽에 포설하여 접지망 구성
(4) 교량구간의 교각철근 접지는 교각바닥 철근과 접지선을 용융 용접하여 GV95[mm^2](GV80mm^2)를 교각상부 1[m]까지 인출하여 접속
(5) 접지단자함은 250[m]마다 설치하고 π 또는 T접속을 함
(6) 횡단접속선의 시설
  ① 비절연 보호선, 임피던스 본드, 중성선 들과 매설접지선을 연결하는 횡단접속선은 주기적으로 접속함
  ② 횡단접속선 설치간격은 변전소부터 10[km] 이내의 특수 지역은 1,000 ~ 1,200[m], 일반구간은 1,500 ~ 2,000[m]로 함
  ③ 궤도회로에 임피던스본드 또는 신호유니트가 있는 경우에는 횡단접속선과 최소 100[m] 이상 이격

④ 터널 및 교량의 길이가 긴 경우 중간에 횡단접속선 설치(부득이한 경우 생략가능)

⑤ 500[m] 이하의 터널 또는 교량의 경우에는 터널 또는 교량의 양쪽에 보조횡단 접속선을 설치

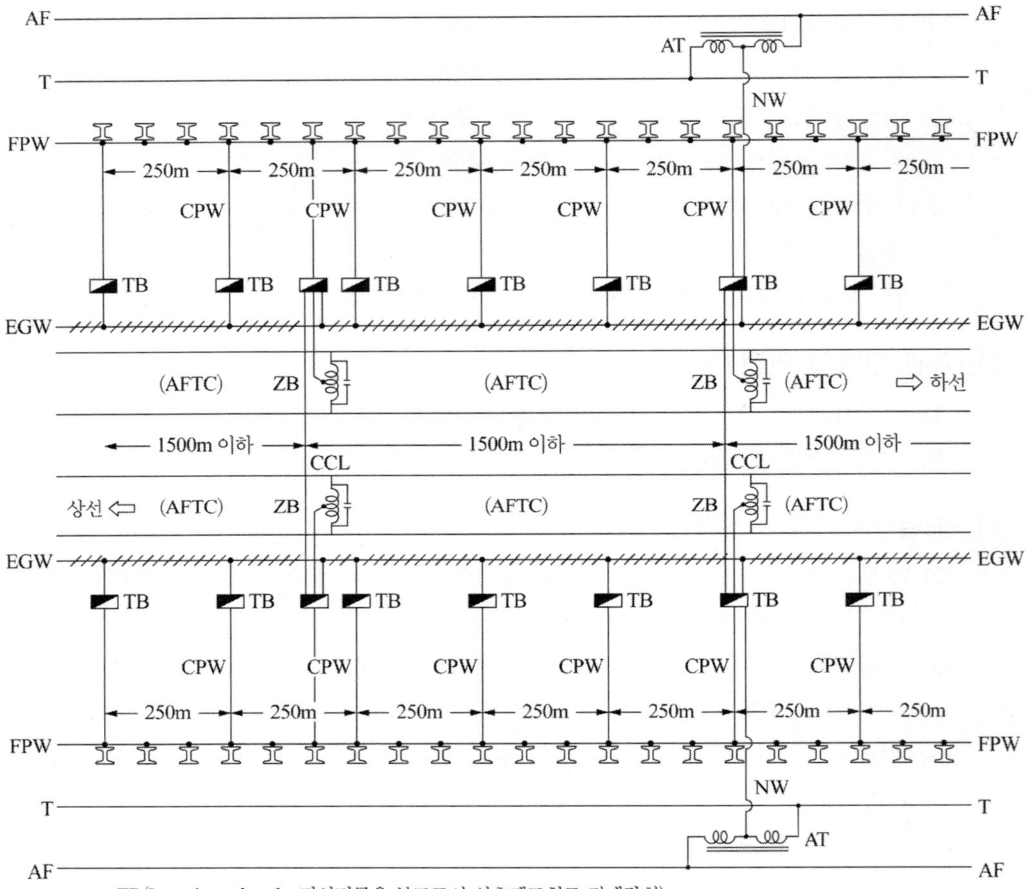

그림 10.4.1 일반구간 매설접지선 설치도

※ 그림 10.4.1은 일반구간이며 변전소, 구분소, 터널, 교량 등과 같은 특수지역의 매설접지 방법이 약간 다르며, 그림에서는 상선, 하선별로 별도의 매설접지 형태를 보이고 있으나 실제 적용은 건설비, 효과 등을 고려하여 상선 또는 하선측 한곳에만 설치하고 횡단접속선으로 일정구간마다 연결함

3. 향후전망

가. 교류 전철구간에서의 매설접지선에 의한 접지방식의 우수성이 인정되고 선진국에서도 성능이 확인되어 전구간으로 확대될 전망임

나. 기존 전철운영 구간을 매설접지선 방식으로 개량시 절연보호선(pw)를 비절연 보호선(FPW)으로 변경하고 있음

다. 복선 이상 구간에서 매설접지선을 한쪽만 시설 할 것인가 양쪽으로 시설 할 것인가에 대한 주변여건 경제성 기술적 적합성을 고려하여 결정함

10.4.2 "철도전철전력설비시설지침" 규정에 의한 접지시설

1. 적용

철도전철전력설비시설지침 제38조(접지시설), 제39조(접지계통), 제40조(접지방식)에 대하여 기술 함.

2. 접지시설(제38조)

가. 전차선 지락과 같은 사고 시에도 레일 전위의 상승을 억제하여 사람 등을 보호하고, 낙뢰에 의한 피해 및 유도에 의한 감전을 방지하기 위하여 적절한 접지설비를 하여야 하며, 모든 접지는 서로 연결되는 공용접지방식으로 하여야 함

나. 접지시설은 다음 각 호의 기준을 만족하도록 하여야 함

(1) 사람이 접촉되었을 때 인체 통과 전류가 15[mA] 이하일 것

(2) 일반인이 접근하기 쉬운 지역에 있는 경우 연속정격 전위가 60[V] 이하일 것

(3) 일반인이 접근하기 어려운 지역에 있는 경우 연속 정격 전위가 150[V] 이하일 것

(4) 순간 정격(200/1,000초 이내) 전위가 650[V] 이하일 것

다. 접지시설을 설치할 때에는 낙뢰 등으로부터 보호를 위하여 다음 각 호의 사항을 반영하여야 함

(1) 비절연 보호선을 가공으로 설치할 것

(2) 선로를 따라 공동 매설 접지선을 시설할 것

(3) 선로의 레일과 비절연 보호선 및 매설 접지선을 연결하는 횡단접속선을 평균 1[km], 최대 1.2[km] 간격으로 주기적으로 시설할 것

(4) 선로변 철도 시설물의 금속제 외함, 금속제 관로, 금속 구조물 및 철제 울타리 등은 공동 매설 접지선에 연결할 것

라. 교류 전차선로가 시설되는 전기철도의 철도부지 내에 있는 금속 설비로서 일반인이 닿을 수 있거나, 철도 유지보수요원이 전차선로를 단전하지 않은 상태에서 작업할 때 닿을 수 있는 부분은 모두 접지를 하여야 함

마. 비공용접지구간에는 타법령에서 정하는 바에 의함

3. 접지계통 및 접지방식

가. 변전소등의 접지(건물, 기기, 부대설비 포함), 제어용 연락선 접지 등의 접지장치는 지락사고와 역섬락으로 사람이나 기기에 위험을 주지않도록 견고히 시설하여야 함. (제39조 : 접지계통)

나. 변전소 등의 접지는 망상접지로 하며, 선로변에 매설된 공용접지와 연결하여야 함. (제40조 : 접지방식).

10.4.3 KEC 규정에 의한 전철변전소 접지설계 순서 및 고려사항

1. 개요

가. 국내에서는 최근 KEC 규정(KEC140)을 개정하여 종래 종별(제1종, 제2종, 제3종, 특3종) 접지설계방식을 폐지하고, 국제 표준 접지설계방식(IEEE 및 IEC규격)을 적용하여 한국전기설비규정(KEC) 및 표준규격(KSC)을 개정하여 적용하도록 함.

나. 따라서, 전철변전소 등의 접지(SP, SSP 포함)는 고압 및 특고압 전기설비접지시스템에 대한 KSC IEC61936-1(교류 1kV초과 전력설비)의 "10. 접지시스템" 및 KEC. 320(접지설비) 등의 규정과 IEEE Std 80-2000 의 절차를 적용하여 설계 시공하여야 함.

다. 국가철도공단에서는 KSC IEC61936-1 및 IEEE Std 80-2000,2013 기준을 적용하여 "변전소 등의 접지" 설계지침을 정하고, 지락고장시 최대허용전압(보폭전압, 접촉전압 등) 이하로 억제하여 인체위험을 초래하지 않는 개념으로 전철변전소 등에 대한 접지시스템을 설계, 시공하도록 함.

2. 설계수순 스텝(STEP)별 내용

Step 1 : 접지설계를 하고자 하는 변전소 구역 및 평면 계획과 대지 고유저항(대지저항율 ρ), 토지모델 조건 등 현장 데이터 조사 및 확정

A : 접지공사 가능한 설치장소의 가로 및 세로 길이, 면적[m^2]

ρ : 접지구역의 대지저항율[Ωm] 측정 및 분석

Step 2 : 최대고장 전류 및 고장제거용 후비보호 시간, 메시도체 지름 등을 감안하여 접지선의 도체 굵기를 결정

Step 3 : 인체의 안전전압(감전사고 방지)을 위하여 허용접촉전압과 최대 보폭전압에 대하여 인체의 체중을 50[kg] 또는 70[kg]을 기준으로 산출하여 안전한계의 기준값을 결정

E : 체중 50[kg] 또는 70[kg]에 대한 인체 접촉전압

$E_{step50\sim70}$: 체중 50[kg] 또는 70[kg]에 대한 인체 보폭전압

Step 4 : 초기 예비설계 단계로 접지전극 제원 등을 설정

D : 메시전극의 메시간격[m]

n : 메시전극의 1변의 메시도체수

L : 메시도체의 길이[m]

h : 전극의 매설깊이[m]

Step 5 : 설계된 접지전극에 대한 접지저항을 산출

R_g : 접지저항[Ω]

L_c : 메시도체의 길이[m]

L_r : 봉상전극의 길이[m]

Step 6 : 매설도선의 최대전류와 접지저항에 의한 구내 대지전위 상승과 허용 접촉전압의 크기를 비교하여 GPR 값이 최대 허용 접촉전압보다 작으면 설계조건이 만족됨.

GPR[V] : 구내전위 상승($I_g \cdot R_g$)

E : 인체 접촉전압[V]

Step 7 : 매설도선의 최대전류와 접지저항에 의한 구내전위 상승과 허용 접촉전압의 크기를 비교하여 판정

$I_g \cdot R_g$: 구내전위 상승 GPR[V]

E_{touch} : 인체 접촉전압[V]

Step 8 : 구내 전위경도 평가를 위한 mash 전압과 보폭전압의 계산 결정

E_m : 메시전압, E_s : 보폭전압

K_m : 메시간격계수, K_s : 보폭간격계수

Step 9 : 계산된 메시전압과 접촉전압의 크기를 비교하여 판정

Step10 : 계산된 접촉전압, 보폭전압의 한계값(허용전압)을 비교하여 판정

Step11 : Step9, Step10에서 안전기준(허용치)을 만족하지 못하는 경우 설계제원을 재수정하여 Step5부터 다시 검토

Step12 : 모든 조건이 만족되면 상세설계 시행을 완료함

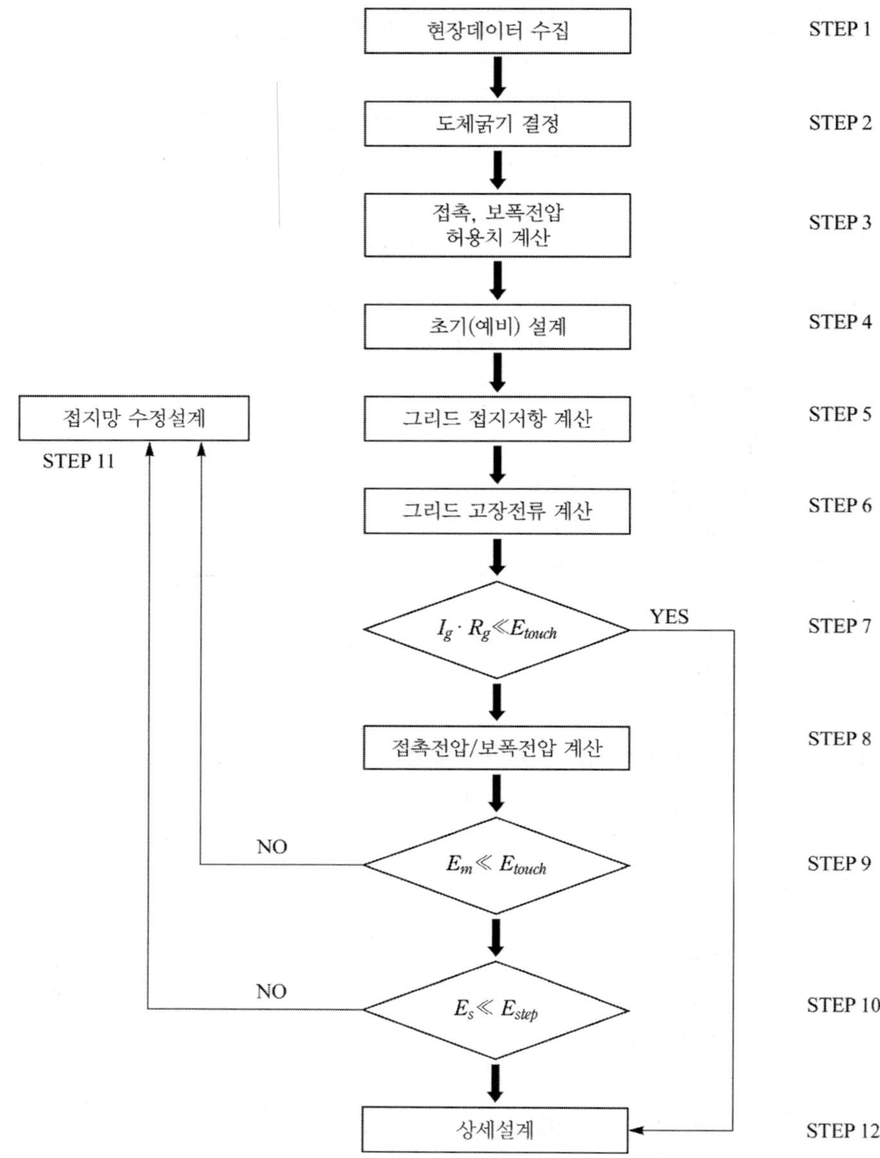

그림 10.4.2 설계수순 Block Diagram

3. 변전소 접지설계 시 고려사항

가. 변전소의 접지(건물, 기기, 부대설비 포함)는 지락사고나 역섬락으로부터 사람이나 기기에 위험을 주지 않도록 견고하게 설치하여야 함

나. 변전소 등의 접지시설은 메쉬 접지전극을 원칙으로 접지저항은 가능한 낮게 하도록 함.

다. 접지는 주 접지전극으로 접지망(ground grid)을 사용하고, 부득이한 경우 보조 접지 전극을 병용 함.

라. 접지망은 정사각형 또는 직사각형으로 하되, 허용 접촉전압 및 보폭전압을 고려하여 초기 설계시 그리드 간격을 10[m]이상으로 하고 최종설계시 3[m] 이하가 되지 않도록 배열 함.

마. 건축물 구조체와 등전위 본딩을 위해 주철근과 병행하는 접지선은 약 2[m] 간격마다 철근접지 클램프로 철근과 접속 함.

바. 변전소의 모든 접지는 특수한 경우를 제외하고 주접지망에 직접 연결하여 공동접지 함을 원칙으로 함.

사. 교류 전철변전소 등의 접지는 망상접지를 원칙으로 하고, 선로변에 매설된 공통접지와 연결하여야 함.

아. 주접지망 접지도체 및 접지선의 최소굵기는 기계적, 전기적 강도 등을 고려하여 표 10.4.1.과 같으며, 접지저항 계산에 따라 선정할 수 있음.

표 10.4.1 접지전선 사용구분(단위mm^2) 기준

설치개소	철구 및 주요기기	주 Mesh	배전반	건물접지	기타
SS	150	120	60	120	25
SP	70	70	60	70	25

자. 변전소 등의 울타리 접지는 전기설비기준에 의함.

10.4.4 공통접지와 통합접지의 의미 및 장단점

1. 공통접지 또는 통합접지 필요성

가. 종전 접지방법에는 보호기기마다 제1종, 제2종, 제3종, 특별3종 접지를 단독으로 시행하는 개별접지 방식이 사용되어 왔으나, 최근 KS C 표준규격 및 한국전기설비규정(KEC)이 개정되면서 감전사고 등 접지시스템 개념이 위험전압 측면에서 계통접지, 보호접지, 피뢰시스템 접지로 구분하고, 접지시스템의 시설 종류별로 단독접지, 공통접지, 통합접지 방식으로 적용하게 되었음

나. 전기기기의 충전부가 지락 또는 낙뢰 서지 등에 의한 전위상승 시 전위경도가 상승하여 감전의 우려가 있으나, 공통접지 또는 통합접지의 경우 전위가 상승하여도 건물 내 모든 대지전위를 같은 높이로 하기 위하여 등전위 접지를 하여 감전사고 등 위험전

압에 안전을 확보한 접지방식으로 적용됨

다. 교류 전기철도 구간에서는 고속철도 도입 시부터 통합접지 형태인 매설접지선을 적용하여 선로를 따라 연속적으로 포설하고, 전철, 전력, 통신, 신호 및 건물 등 선로변의 모든 피접지물과 접속하여 사용하고 있는 방식이므로 여기서는 일반적인 공통접지와 통합접지에 대하여 기술함

2. 공통접지 방식

가. 공통접지 방식

(1) 특고압, 고압, 저압 등 전력계통의 접지전극은 일괄 접속하여 공통으로 사용하고, 전력계통의 접지와 분리하여 피뢰설비, 통신 및 제어설비 등의 접지를 별도로 시행하는 접지방식을 말함

(2) 고압 및 특고압과 저압 전기설비의 접지극이 서로 근접하여 시설되어 있는 변전소 또는 이와 유사한 곳에서는 공통접지시스템으로 할 수 있음.

① 저압 전기설비의 접지극이 고압 및 특고압 접지극의 접지저항 형성영역에 완전히 포함되어 있다면 위험전압이 발생하지 않도록 이들 접지극을 상호 접속함.

② 접지시스템에서 고압 및 특고압 계통의 지락사고 시 저압계통에 가해지는 상용주파 과전압은 전기설비 규정에서 정한 값을 초과해서는 안 됨.

(3) 고압 및 특고압을 수전 받는 수용가의 접지계통을 수전 전원의 다중접지된 중성선과 접속하면 위 "(2)항 ②"의 요건을 충족하는 것으로 간주할 수 있음.

(4) 기타 공통접지와 관련한 사항은 KS C IEC 61936-1(교류 1 kV 초과 전력설비 - 제1부:공통규정)의 "10 접지시스템"에 의함.

(5) 저압설비 상용주파 과전압 허용한도 (KEC 142.6)

고압계통에서 지락고장시간 (초)	저압설비 허용 상용주파 과전압 (V)	비 고
>5	U_0 + 250	중성선 도체가 없는 계통에서 U_0는 선간전압을 말한다.
≤5	U_0 + 1,200	

1. 순시 상용주파 과전압에 대한 저압기기의 절연 설계기준과 관련된다.
2. 중성선이 변전소 변압기의 접지계통에 접속된 계통에서, 건축물외부에 설치한 외함이 접지되지 않은 기기의 절연에는 일시적 상용주파 과전압이 나타날 수 있다.

나. 공통접지의 장점

(1) 접지선이 짧아지고, 접지 배선 및 구조가 단순하여져 보수 점검이 용이

(2) 각 접지 전극이 병렬로 연결되므로 합성 저항을 낮추기가 쉽고, 건축의 철골 구조체를 연결하여 접지성능 및 보조효과 향상

(3) 여러 접지전극을 연결하므로 서지나 노이즈 전류 방전이 용이
(4) 여러 설비가 공통의 접지 전극에 연결되므로 등 전위가 구성되어 장비간의 전위차가 발생되지 않아 신뢰성 확보
(5) 접지전극 및 접지봉 수를 줄일 수 있어 시공비 절감

다. 공통접지의 단점

(1) 접지전극의 손상 또는 접지성능이 악화시 다른 계통으로 파급위험
(2) 설비간 연결된 접지배선이 너무 길면 설비간 접지전위차 발생
(3) 접지를 공용하는 설비중 어떤 접지전류가 발생하면 각 접지 전극의 접지저항에 의하여 접지점의 전위상승
(4) 개별접지와 공용시 효과가 감소되고, 노이즈 침투 가능성이 있음

3. 통합접지 방식

가. 통합접지 방식

(1) 특고압, 고압, 저압 등 전력계통의 공통접지와 피뢰설비, 통신설비, 수도관, 가스관, 철근, 철골 등 모든 접지도체를 통합하여 접속하는 접지방식을 말함
(2) 최하층의 접지와 최상부층의 전위가 발생되지 않도록 함
(3) 대형건물 등 구조체 접지가 대표적인 방식으로 통합접지에서는 낙뢰에 의한 과전압으로부터 전력기기를 보호하기 위하여 서지보호장치(SPD)를 반드시 설치하여야 함

나. 장점

(1) 모든 도체를 접지하므로 감전의 우려가 없음
(2) 건물 내 철근이나 도전체를 접지극으로 사용할 수 있음
(3) 낮은 저항값을 용이하게 얻을 수 있음
(4) 접지의 신뢰성 향상
(5) 접지계통이 단순화되고 보수점검 용이

다. 단점

(1) 통신접지와 공용되므로 노이즈 침투 우려가 있어 SPD를 설치하여야 함
(2) 건물 내 모든 도체를 접지하여야 하는 관계로 시공비 상승.

10.4.5 송배전계통의 중성점 접지의 목적과 종류별 장단점

1. 송배전계통의 중성점 접지

가. 일반적으로 송, 배전선로에 발생하는 이상전압의 억제, 기기의 절연경감, 피뢰기 및 차단기 동작 신뢰성 측면에서 저임피던스 중성점 접지로 고장 시 중성점 전류를 크게 하는 것이 바람직하며, 과도안정도의 증대, 통신선 유도장해 경감, 고장점손상저감 및 기계적 충격완화 등을 감안하면 고임피던스 중성점 접지로 고장점전류를 감소시킬 필요가 있음

나. 송배전 계통의 3상 Y결선 변압기의 접속점인 중성점 접지문제는 송배전선로 및 기기의 절연상태, 송배전선로로부터 통신선의 유도장해, 고장구간의 검출을 위한 보호계전기 동작 및 계통의 안정도와 보호에 커다란 영향을 미치므로 계통의 특성과 상황을 충분히 검토하여 가장 적합한 접지방식을 채택하도록 노력해야 함

2. 중성점 접지의 목적(필요성)

가. 지락고장 시 건전상의 대지전위 상승을 억제하여 전선로 및 기기의 절연레벨을 경감시킴

나. 뇌, 아크지락, 기타에 의한 이상전압의 경감 및 발생을 방지

다. 지락 고장 시 접지계전기의 동작을 확실하게 함

라. 소호리액터 접지방식에는 1선 지락 시의 지락을 신속히 소멸하고 송전을 계속하게 할 수 있음

3. 중성점 접지방식의 종류 및 장단점

중성점 접지방식은 그림 10.4.3과 같이 접지임피던스 Z_n의 종류에 따라 여러 가지 방식으로 분류함

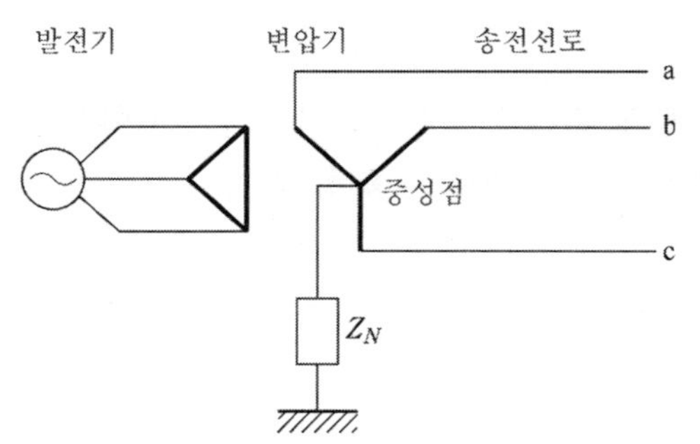

$Z_N = \infty$: 비접지방식
$Z_N = 0$: 직접접지방식
$Z_N = R$: 저항접지방식(저저항, 고저항)
$Z_N = L$: 리액터접지(리액터, 소호리액터)

그림 10.4.3 중성점 접지방식

가. 비접지 방식($Z_n = \infty$)

(1) 적용계통

△ - △ 결선 3상 변압기를 사용할 경우에는 변압기의 중성점이 없기 때문에 중성점 접지가 불가능하며, 주로 선로의 길이가 짧거나 전압이 낮은 계통(33[kV] 이하)에 사용됨

(2) 장점

① 대지 정전용량이 작기 때문에 대지 충전전류가 크지 않음

② 만일 1선지락 고장발생 시 대지 정전용량에 의한 용량 리액턴스 값이 아주 큰 값이 되어 지락전류가 아주 작아 지락전류 영점 통과 시 자연 소멸되어 계속 송전이 가능

③ 변압기를 △ - △ 결선으로 연결 할 수 있으므로 변압기 고장 또는 점검 수리 작업 시 변압기(단상) 1대를 들어내고 V결선으로 변환하여 계속 송전가능

(3) 단점

전압이 높고 선로의 길이가 긴계통에 채용 시 높은 전압과 장거리 선로에 의한 대지정전용량 증가로 1선지락 시 충전 전류에 의한 간헐 아크지락을 일으켜 이상전압이 발생됨

나. 직접접지 방식($Z_n = 0$)

(1) 적용계통

송배전 계통에 접속된 변압기의 중성점을 금속선으로 직접 접지하는 방식으로 절연레벨의 저감이 있으므로 절연비가 큰 초고압 송전계통에 가장 적합한 방식으로 우리나라 154[kV], 345[kV] 계통에 주로 사용됨

(2) 장점

① 1선 지락 시 건전상 대지전위(전압)은 거의 상승하지 않음

② 개폐서지 전압 경감으로 피뢰기 책무를 경감시키고 효과증대 가능
➪ 정격전압이 낮은 피뢰기 사용가능

③ 선로 애자개수 감소 및 기기 절연수준 저하로 전압이 높을수록 경제적임

④ 변압기 중성점은 영전위 부근으로 유지되므로 변압기 권선의 절연은 단절연 가능함

⑤ 아크지락에 의한 이상전압, 차단기 개폐서지 전압이 매우 낮음

⑥ 보호계전기 동작이 확실(고장선택 차단이 확실해져 고속차단기와 조합하여 고속차단방식(6사이클 이내 차단)채용 가능

(3) 단점

① 지락 전류가 저역률의 대전류이기 때문에 과도안정도가 나빠짐

② 지락 고장 시 병행 통신선에 대한 전자 유도장해가 큼

③ 평상시 불평형 전류 및 변압기 제3고조파로 유도장해 위험성 우려
④ 지락전류가 커서 기계에 대한 기계적 충격을 주기 쉬움
⑤ 계통사고의 70~80%가 1선지락 사고로 차단기가 대전류 차단 횟수가 많아짐

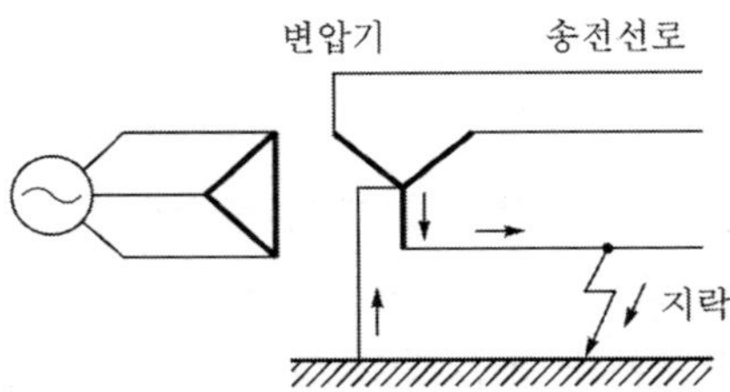

그림 10.4.5 직접접지방식

다. 저항접지 방식($Z_n = R$)

중성점 접지에 저항을 삽입하는 것으로 저항값에 따라 두 가지로 분류함

(1) 저저항 방식 : $R=30[\Omega]$ 정도

(2) 고저항 방식 : $R=100\sim1000[\Omega]$ 정도로 접지 저항 R값이 너무 낮으면 고장시 통신선 유도장해가 커지고, 저항값이 너무 높으면 지락 계전기 동작이 곤란하고, 건전상 대지전압 상승을 초래함

(3) 장점

① 2개소 이상의 중성점을 동시에 접지하는 복저항 접지가 지락 전류를 2개소 이상을 분산시켜 유도전압을 감소시킴
② 복저항 접지시 접지계전기의 병행2회선 선택을 쉽게 할 수 있음

(4) 단점 : 비경제적임(직접접지 방식으로 전환)

라. 소호리액터 접지방식($Z_n = jX_L$)

(1) 원리

① 계통에 접속된 변압기의 중성점을 송전선로의 대지 정전용량과 공진하는 리액터를 통해서 접지하는 방식
② 이 리액터를 소호리액터 또는 발명자인 독일의 페테센씨 이름을 붙여 페테센 코일(Petersen coil)이라고 함
③ 기본원리는 교류이론의 L.C 병렬공진을 응용한 것으로 1선과 대지간 정전용량의 3배, 즉 3C와 L에 의한 공진조건인 $wL = \dfrac{1}{3\omega C}$ 이 만족되면 고장점에서 본 합성리액턴스가 이상적(무한대)로 되어 1선지락 고장이 발생하더라도 지락전류(고장전류)가 0(실제로는 최소)가 된다는 점을 이용함

(2) 장점

① 고장점아크가 지락전류 영점통과로 자연 소멸되므로 1선 지락고장이 발생되어 정전 없이 송전을 계속할 수 있음

② 일반적으로 소호리액터에는 선로의 상황에 따라 언제나 정전용량과 공진할 수 있도록 조정탭 설치운용 가능

(3) 단점(운용상 주의점)

소호리액터 탭은 절대로 부족보상의 탭($wL > \frac{1}{3wC}$)의 상태에서 사용해서는 안 됨(지락사고 시 과대한 이상전압 발생위험)

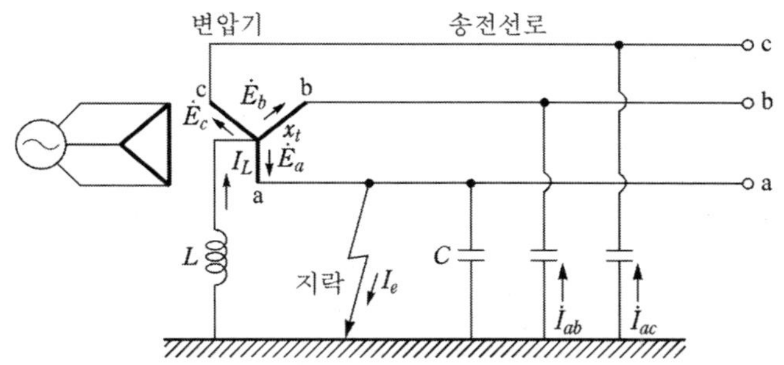

그림 10.4.6 소호리액터 접지방식

표 10.4.2 중성점 접지 방식의 비교

항 목	비접지방식	직접 접지	저항접지	리액터접지
1. 지락사고 시 건전상 전압상승	크다. 장거리 송전선로 경우는 이상 전압발생	작다. 평상시와 거의 차이가 없음	약간 크다. 비접지보다 약간 작다	크다. 최고 $\sqrt{3}$ 배까지 올라감
2. 절연레벨 애자개수 변압기	감소불능, 최고, 전절연	감소가능, 최저, 단절연가능,	감소불능, 전절연 비접지, 보다 낮은편	감소 불능, 비접지보다 낮은편
3. 지락 전류	적다. 장거리 송전선로는 매우큼	최대	중간정도(저항값에 따라 다름)	최소
4. 보호계전기 동작	지락 계전기 적용 곤란	가장 확실 (신뢰도 최대)	확실	지락계전기 적용곤란
5. 1선지락 시 통신유도장해	작다	최대(고속차단시 최소화 가능)	중간 정도	최소
6. 과도안정도	크다	최소(고속차단 개폐기로보완)	크다	크다
7. 다중고장에서 확대 가능성	최대	최소	보통	보통

10.4.6 KS C IEC 60364의 접지계통(TN, TT, IT 계통)

1. KS C IEC 60364 적용

가. IEC 60364 국제규격은 제1부 "기본원칙"에서 제7부 "특수설비 또는 특수장소에 관한 요구사항"까지로 구성되었고, 주로 안전보호 및 접지방식에 따른 제반 기기선정과 공사방법 등을 규정하고 있음

나. 접지계통의 종류로는 TN 계통, TT 계통, IT 계통으로 분류하여 적용하고 있으나, 전기철도 설비는 IEC 60364 적용 대상에서 제외되어 있음

다. 계통접지란 전원(전력계통)과 대지간의 접속을 말하고, 그 내용은 접지계통의 종류를 나타내는 첫 번째(제1문자)에 따라 표시하고, 한 점을 대지에 직접 또는 임피던스를 삽입하여 시설하는 접지를 말함

2. TN 계통(TN System)

가. 전원 한 점을 대지와 직접 접지하고 설비의 노출 도전성 부분을 보호도체(PE)를 이용하여 전원 한 점에 접속하는 접지계통을 말함

나. TN 계통은 중성선 및 보호도체의 배치에 따라 TN-S 계통, TN-C-S 계통, TN-C 계통의 세 종류가 있음

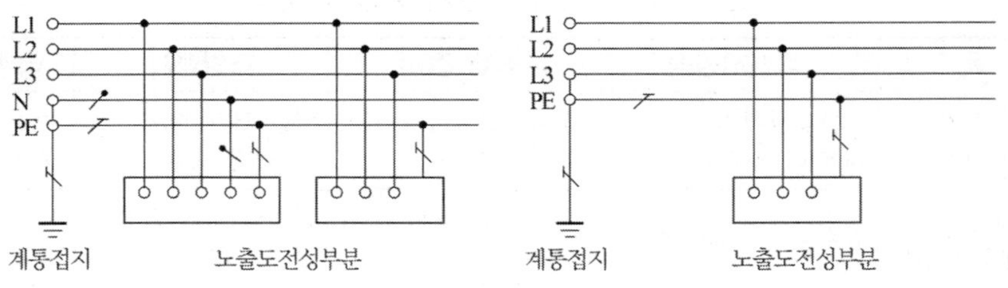

그림 10.4.7 TN-S 계통

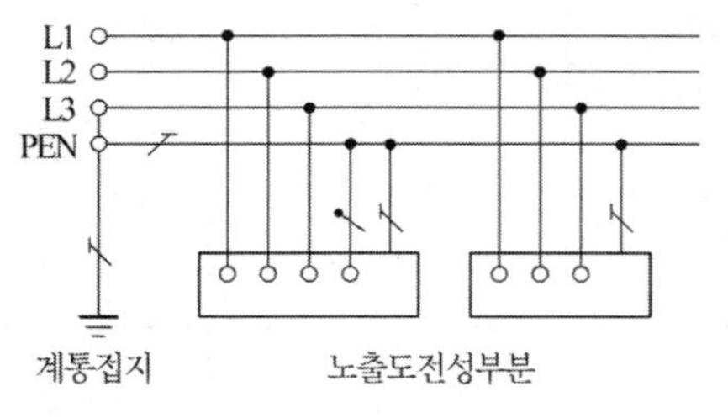

(a) TN-C 계통

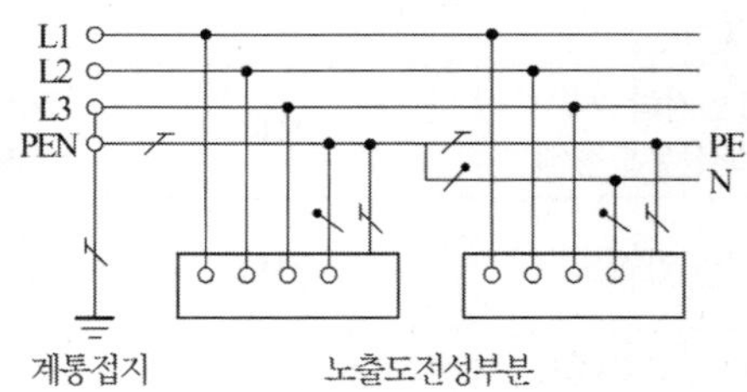

(b) TN-C-S 계통

그림 10.4.8 TN-C 및 TN-C-S 계통

3. TT 계통(TT System)

전원 한 점을 대지와 직접 접지하고 설비의 노출 도전성 부분을 전원계통의 접지극과 전기적으로 독립된 접지극에 접지하는 접지계통을 말함

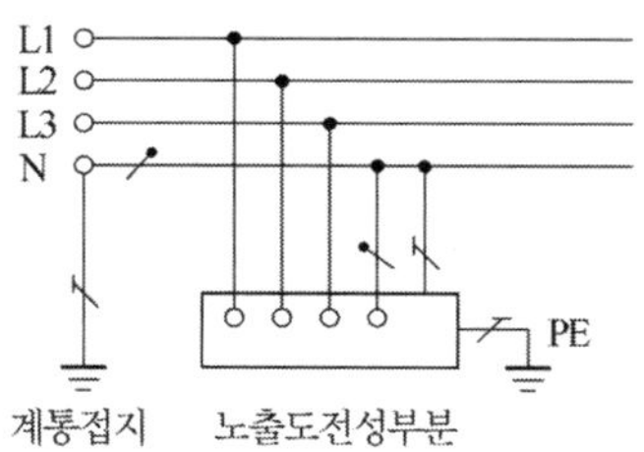

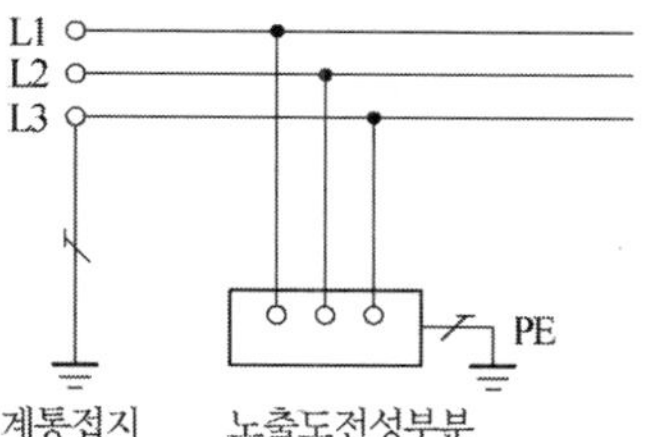

그림 10.4.9 TT 계통

4. IT 계통(IT System)

충전부 전체를 대지로부터 절연시키거나 한 점에 임피던스를 삽입하여 대지에 접속시키고, 전기기기의 노출 도전성 부분을 단독 또는 일괄적으로 접지 또는 계통접지에 접속하는 접지계통을 말함

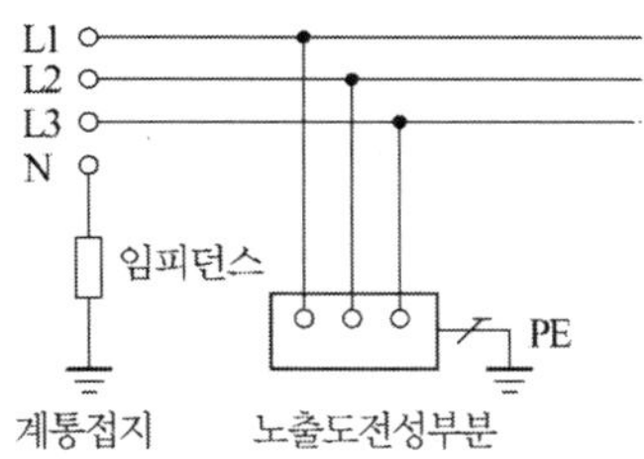

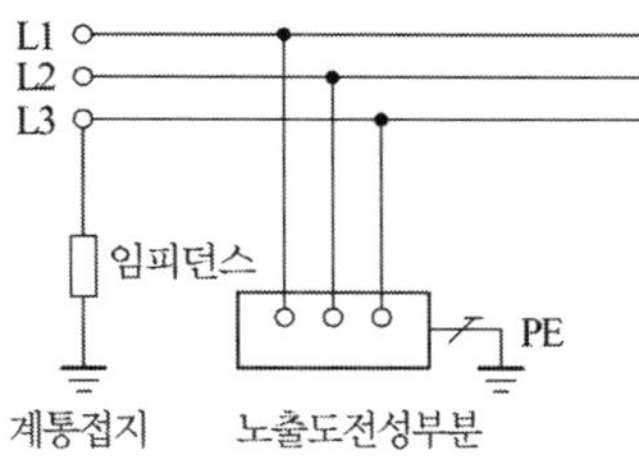

그림 10.4.10 IT 계통

계통에 사용되는 문자 및 기호의 의미

1. **제1문자** ⇨ 전력계통과 대지의 관계를 나타냄
   T : 한 점을 대지(Terra)에 직접 접속
   I : 모든 충전부를 대지(접지)로부터 절연하가나 임피던스를 삽입하여 한 점을 대지에 직접 접속

2. **제2문자** ⇨ 설비의 노출 도전성 부분과 대지와의 관계를 나타냄
   T : 전력계통 접지와 무관하며, 노출 도전성 부분을 대지와 직접 접속
   N : 노출 도전성 부분을 전력계통의 접지점(교류 계통에서는 중성점 또는 중성점이 없는 경우는 단상)에 직접 접속

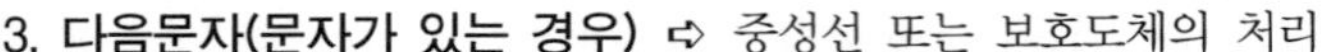

3. 다음문자(문자가 있는 경우) ⇨ 중성선 또는 보호도체의 처리

S : 보호도체의 기능을 중성선 또는 접지측 도체 또는 교류 계통에서는 접지측 상과 분리된 도체를 실시

C : 중성선 및 보호도체의 기능을 한 개의 도체로 겸용(PEN 도체)

4. 계통에 사용하는 기호

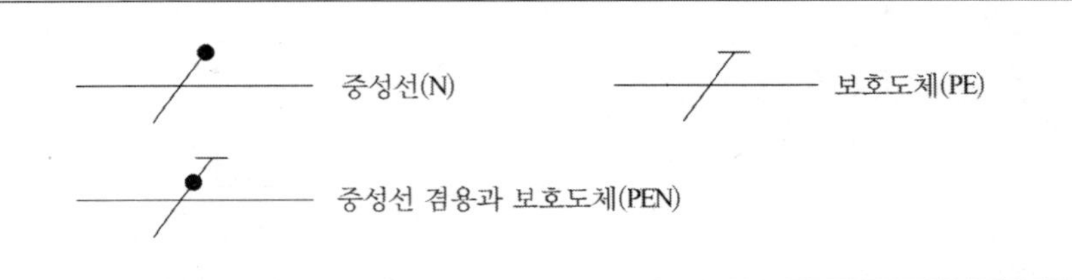

10.4.7 지락고장 시 안전을 위한 보폭전압과 접촉전압 허용치

1. 개요

가. "보폭전압"과 "접촉전압"은 뇌격, 고압선로 또는 전기기기 지락사고 등이 발생했을 경우 인체의 감전전류 안전한계를 나타내는 지표로서 감전보호 등을 위하여 변전소 내 등에서 허용치를 고려하고 있음

나. 접지전류에 의한 반구형(반지름 $= r$)접지극에서 임의점 x[m] 지점이 $x > r$일 때 전위분포를 예로 들어 보면 $R = \rho \frac{l}{A} = \rho \frac{l}{2\pi r^2}$ [Ω]에서 x 지점 저항은 아래 식과 같다.

$$R = \int_1^\infty \rho \frac{l}{2\pi r^2}\, dx = \frac{\rho \cdot l}{2\pi} \int_1^\infty \frac{1}{r^2}\, dx = \frac{\rho}{2\pi x}\ [\Omega]$$

$$\therefore\ \text{전위분포}\ U_{(x)} = R \cdot I = \frac{\rho \cdot I}{2\pi x}\ [\mathrm{V}]$$

다. 이러한 전위분포는 인체각부의 신체 접촉조건, 지표면 부근 대지저항율, 접지형태 등에 따라 보폭전압 및 접촉전압이 달라지므로 설계 시 충분히 고려하여 허용치를 넘지 않도록 하여야 함

2. 보폭전압(E_S)

가. "보폭전압"이란 뇌격전류 또는 고장전류가 발생되었을 때 지표면상 접근 격리한 두지

점간 전위차 발생 시 인축의 양다리에 걸리는 전위차를 말하며, 접지전류와 양다리 사이에 해당하는 접지저항의 곱으로 나타내고 IEEE에서는 접지전극 부근의 대지면 두 지점(양다리) 간격을 1[m]로 상정한 전위차로 정의함

나. 보폭전압 허용치

(1) 보폭전압

$$E_{step} = I \cdot R = I_K \cdot (R_K + 2R_F) = (R_K + 2R_F)\frac{0.165}{\sqrt{T}}\,[\mathrm{V}]$$

여기서, I : 접지전류[A], R_F : 한쪽발과 대지접촉저항[Ω]

R_K : 인체저항[Ω], T : 인체통과 지속시간[S]

I_K : 인체에 흐르는 전류로 미국 Dalziel 실험식에서 체중 70[kg]로 환산한 $I_K = 165/\sqrt{T}\,[\mathrm{mA}]$를 적용

(2) 보폭전압 허용치

$$E_{step} \le \frac{I_K}{F}(R_K + 2R_F)$$

여기서, E_{step} : 보폭전압, F : 심장전류계수, I_K : 인체전류

이때, 감전 인체전류를 약 200[mA], 양발간 심장전류계수 0.04, 인체저항 약 1,500[Ω], 한쪽발 접촉저항 약 2,000[Ω]을 고려하면 보폭전압 허용치는 $U_S \le 12,500[\mathrm{V}]$ 정도가 됨

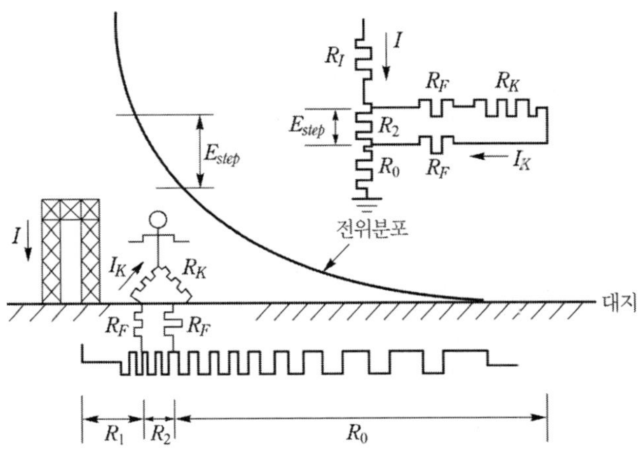

그림 10.4.11 보폭전압의 등가회로도

3. 접촉전압(E_t)

가. "접촉전압"은 접지한 도전성 구조물에 사고전류가 흐르면 접지전극 근처에 전위가 발생하고, 이때 부근의 인축이 충전된 구조물에 접촉했을 때의 전위차를 말하며, 접촉전압은 구조물과 대지면 거리 1[m] 간격의 전위차로 정의함

나. 허용 접촉전압은 감전전류의 안전한계 곡선 및 인체의 임피던스 기준으로 접촉시 심실세동을 일으키지 않는 전압(감전사에 이르지 않는 전압)을 허용치로 정함

다. 접촉전압 허용치(미국 Dalziel 실험식 적용)

(1) 접촉전압(E_{touch})

$$E_{touch} = (R_H + R_K + \frac{R_F}{2})\, I_K = (R_H + R_K + \frac{R_F}{2}) \times \frac{0.165}{\sqrt{T}}\ [\text{V}]$$

여기서, I_K : 인체전류, R_H : 손과 구조체와의 접촉저항

(2) 접촉전압 허용치

$$E_{touch} \le \frac{I_K}{F}(R_H + R_K + \frac{R_F}{2})$$

여기서, $I_K = 200[\text{mA}]$, $F = 0.1$, $R_K \fallingdotseq 1{,}500[\Omega]$, $R_H \fallingdotseq 1{,}000[\Omega]$,
$R_F \fallingdotseq 2{,}000[\Omega]$을 고려하면 $E_{touch} \le 700[\text{V}]$ 정도임

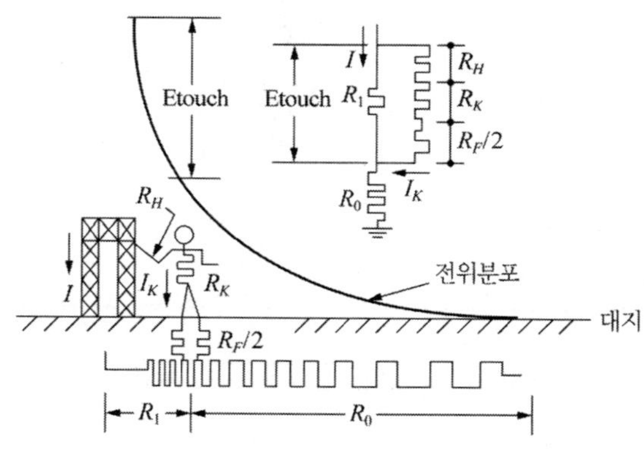

그림 10.4.12 접촉전압의 등가회로도

4. 보폭전압과 접촉전압 저감 방법(일반적인 사항)

가. 보폭전압과 접촉전압은 전위분포・전위경도에 영향을 받으며 전위분포・전위경도는 접지극의 종류, 형태, 시공방법에 따라 영향을 받음

나. 접지극을 봉형전극이 아닌 메시전극으로 함

⇨ 실제 전철변전소는 망상접지로 메시전극 형태로 시공함

다. 접지기기 주변 1[m]에 0.2~0.4[m]의 환상 보조접지선을 매설하고 주접지선과 연결하면 약 25[%] 저감

라. 접지기기 주변 약 2[m]에 자갈 또는 콘크리트(아스팔트)를 15[cm] 이상 타설하면 건조시 19[%], 습윤시 14[%] 정도 저감

마. 접지메시의 간격을 좁게하고 접지 저감제를 사용

바. 접지극 설치 기기주변에 펜스를 설치하고 펜스내측에 대형전극 설치

10.4.8 접지계의 위험전압에 대하여 설명

1. 접지의 목적

가. 접지란 전기기기의 일부를 대지와 접속하는 것으로 접지 설치목적은 인축에 대한 감전으로부터 안전성의 확보와 기기 및 설비의 보호 및 기능 향상으로 접지선과 접지극으로 구성되어 있음

나. 접지의 목적별 종류

(1) 안전을 목적으로 하는 접지 : 기기접지, 계통접지, 뇌보호용 접지

(2) 기능을 목적으로 하는 접지 : 전위기준용 접지, 노이즈 대책용 접지

다. 접지저항치는 기준보다 낮을 수록 좋으며 높을때는 장애발생 요인이 됨

라. 최근 IEC, IEEE 국제기구에서는 위험전압에 대한 규정을 강화하는 추세에 있음

2. 위험전압

가. 위험전압의 요소는 접지저항, 접촉전압, 보폭전압 등이 있음

나. 인체 감전에 대한 전격의 위험성은 통전전류의 크기와 지속시간에 관계되고, 인체저항과 통전전류의 크기를 곱하여 접촉저항이라 하고 이에 대한 한도를 허용 접촉전압이라고 함

3. 허용접촉전압

종 별	접촉상태	허용접촉전압
제1종	인체 대부분이 수중에 있는 상태	2.5[V] 이하
제2종	인체가 현저히 젖어있는 상태	25[V] 이하
제3종	1, 2종 이외의 경우로 통상의 인체상태에서 접촉 전압이 가해지면 위험성이 높은 상태	50[V] 이하
제4종	• 1, 2종 이외의 경우로 통상의 인체상태에서 접촉 전압이 가해지면 위험성이 낮은 상태 • 접촉전압이 가해질 우려가 없는 경우	제한없음

4. 전기철도의 감전에 대한 보호조치(KEC 461.1)

가. 공칭전압이 교류 1 [kV] 또는 직류 1.5 [kV] 이하인 경우

(1) 사람이 접근할 수 있는 보행표면의 경우 가공 전차선의 충전부뿐만 아니라 전기철도차량 외부의 충전부(집전장치, 지붕도체 등)와의 직접접촉을 방지하기 위하여 아래 그림에 표시한 공간거리 이상을 유지하여야 함(단, 제3레일방식은 적용하지 않음)

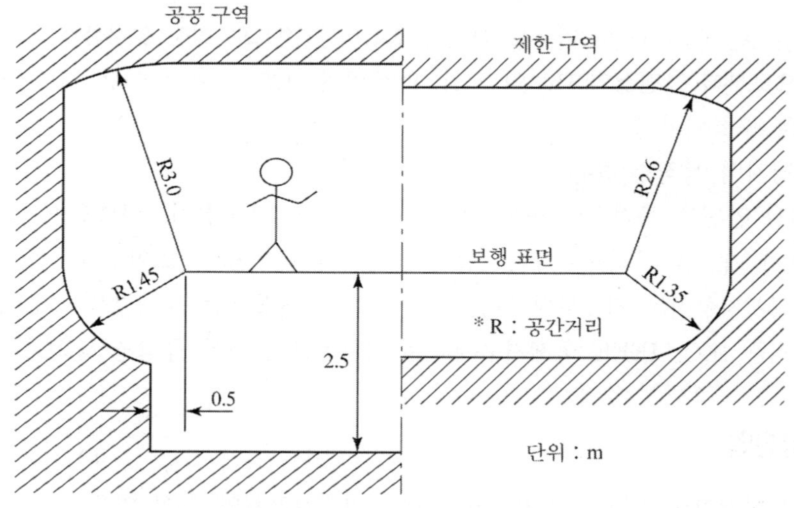

※ 공칭전압이 교류 1[kV] 또는 직류 1.5[kV] 이하인 경우
사람이 접근할 수 있는 보행표면의 공간거리

(2) 위의 공간거리를 확보할 수 없는 경우 충전부와의 직접 접촉에 대한 보호를 위해 장애물을 설치하여야 함. : 충전부가 보행표면과 동일한 높이 또는 낮게 위치한 경우 장애물 높이는 장애물 상단으로부터 1.35 m의 공간 거리를 유지하여야 하며, 장애물과 충전부 사이의 공간거리는 최소한 0.3 m로 하여야 함.

나. 공칭전압이 교류 1[kV] (DC 1.5kV) 초과 교류 25[kV] 이하인 경우

(1) 사람이 접근할 수 있는 보행표면의 경우 가공 전차선의 충전부뿐만 아니라 차량외부의 충전부(집전장치, 지붕도체 등)와의 직접접촉을 방지하기 위하여 아래 표시한 공간거리 이상을 유지하여야 함.

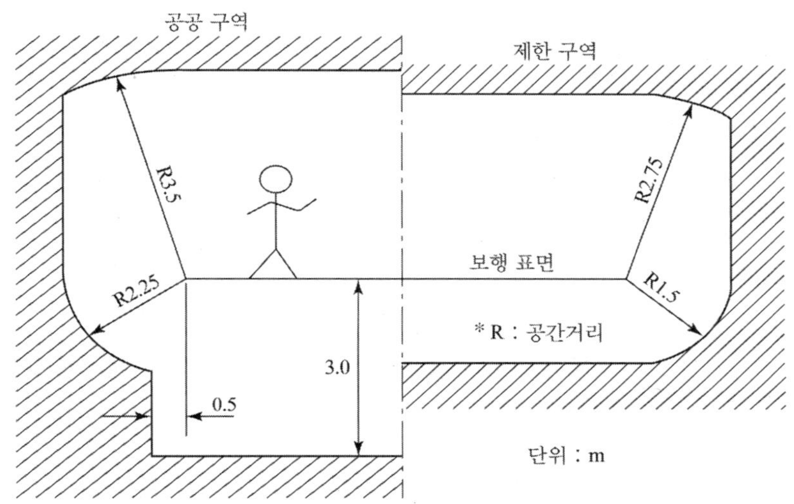

※ 공칭전압이 교류 1[kV] 초과 25[kV] 이하인 경우 또는 직류 1.5[kV] 초과 25[kV] 이하인 경우 사람이 접근할 수 있는 보행표면의 공간거리

(2) (1)항에 제시된 공간거리를 유지할 수 없는 경우 충전부와의 직접 접촉에 대한 보호를 위해 장애물을 설치하여야 함. : 충전부가 보행표면과 동일한 높이 또는 낮게 위치한 경우 장애물 높이는 장애물 상단으로부터 1.5 m의 공간 거리를 유지하여야 하며, 장애물과 충전부 사이의 공간거리는 최소한 0.6 m로 하여야 함.

10.4.9 대지저항율 및 접지저항 측정방법

1. 대지저항율(대지고유저항) 개념

가. 일반토양은 완전하게 건조하면 거의 절연체에 가까우나 자연계의 토양은 수분이 함유되어 저항율이 급격히 감소하여 도체의 성질을 띄게 되며, 이때 대지저항율은 토질의 성분, 수분의 함유량, 토양의 온도, 계절의 변화 등에 따라 영향을 받음

나. 전기설비의 인체에 대한 감전사고 예방 및 기기보호 목적으로 시행하는 접지설비는 안전기준에 적합하도록 접지설계 초기단계에서 현장 데이터를 수집하여 설계에 적용하기 위하여 대지고유저항(대지저항율)을 측정하며, 측정기술로는 토목공사 등에서

보링법에 의한 지질조사 방법, 탄성파 또는 음파에 의한 물리탐사법, 대지의 전기적인 량을 측정하는 전기탐사법 등이 있음

다. 여기서는 현재 가장 널리 사용되는 전기 탐사법중 사용기기가 다양하고 측정결과 해석 방법이 간단한 특징이 있는 Frank Wenner의 등간격 4전극법과 봉전극에 의한 간이 측정법에 대하여 서술하고자 함

2. 대지저항율 측정방법

가. Wenner 4전극 측정법

(1) 전극배치 및 측정원리는 그림 10.4.13과 같이 측정하고자 하는 대지 일직선상의 외부에 전류전극 C_1, C_2를 전극간 거리 a[m] 만큼의 등거리로 설치하고 전원을 접속하여 전류를 흘릴때 안쪽의 전위전극 P_1, P_2 사이에 발생하는 전위차를 측정하여 접지저항율 $\rho[\Omega \cdot \mathrm{m}]$을 계산함

(2) 대지전류 전극에서 r[m] 위치의 접지전극이 타입되어 전극에 전류 I가 흐른다면 전류는 방사모양으로 분포되어 전위차는 $V_r = \dfrac{\rho}{2\pi r} \cdot I[\mathrm{V}]$이므로 등거리 전극 a[m]에서의 대지저항율 $\rho = 2\pi a \cdot \dfrac{V}{I} = 2\pi a \cdot R[\Omega \cdot \mathrm{m}]$가 되는 $\rho - a$ 곡선을 이용하는 원리임

※ 대지전류에 의한 접지저항값은 $R = \dfrac{V_r}{I}[\Omega]$

(3) 실제 측정방법은 대지저항계(측정기기)에서 인출되는 전류 및 전압 전극 4극을 일직선상에 타입하고 발진기에 의해서 교류전압을 발생시켜 대지에 전류를 흘려 접지 저항값 또는 대지저항률을 직독할 수 있도록 함

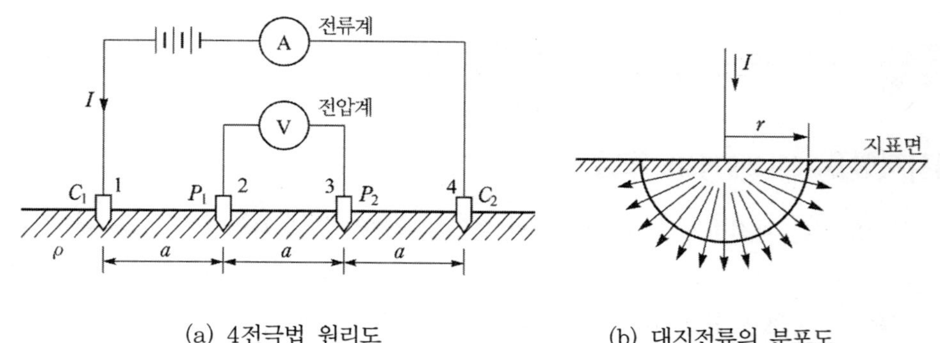

(a) 4전극법 원리도 (b) 대지전류의 분포도

그림 10.4.13 Wenner 4전극 측정 원리 및 전류분포도

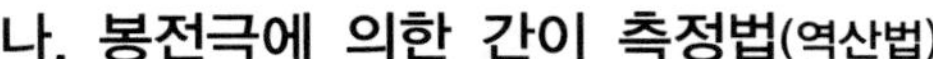

나. 봉전극에 의한 간이 측정법(역산법)

(1) 측정원리

접지저항은 주변의 대지저항율에 비례하므로 일정길이 및 지름을 가진 봉전극 1본을 타입하여 접지저항값을 측정하고 그값을 역산하여 대지저항율을 계산하는 방법으로 H.B. Dwight 씨의 식이라고도 함

(2) 지표면에 봉전극을 타입한 경우 접지저항은 $R = \dfrac{\rho}{2.73L}\log\dfrac{4L}{d}[\Omega]$임

여기서, R : 접지저항

L : 봉전극 타입깊이[m]

d : 전극의 지름[m]

ρ : 접지저항율

(3) 위 식에서 접지저항율 ρ를 역산하면 $\rho = 2.73\,LR \times \dfrac{1}{\log\dfrac{4L}{d}}[\Omega \cdot \mathrm{m}]$임

3. 접지저항 측정방법

가. 접지저항의 의미

(1) 접지저항은 접지 전극과 대지간의 전기적인 저항을 말하며, 전극도체의 전기저항, 도체가 대지와 접촉되고 있는 접촉저항, 대지가 갖는 토양 저항값의 합을 접지저항으로 나타냄

(2) 접지저항은 전극도체와 대지간의 접촉면적, 주변의 토질, 기온 및 습도 등 주변 환경 등에 복잡하게 변화하는 성질을 가짐

나. 접지저항의 측정

(1) 접지저항의 측정은 전위강하법에 의한 측정이 일반적이며, 일반장소는 아날로그 또는 디지털 방식의 직독식 접지저항계를 주로 사용하고, 중성점 다중접지 계통의 접지저항 측정시 접지선을 분리하지 않고 측정이 가능한 클램프 접지저항계를 사용함

(2) 전위강하법(전위차계) 측정원리는 그림 10.4.14와 같이 전위보조극 P와 전류보조극 C를 설치하고 교류전원을 인가하면 대지의 E극과 C극 사이에 전위가 분포되고 전류 I가 흐른다고 가정하고, 접지저항계의 슬라이드 저항기를 조정하여 검류계의 지침이 균형을 이룰 때 전위차가 발생하지 않으므로 회로의 접지저항값을 지시하게 됨

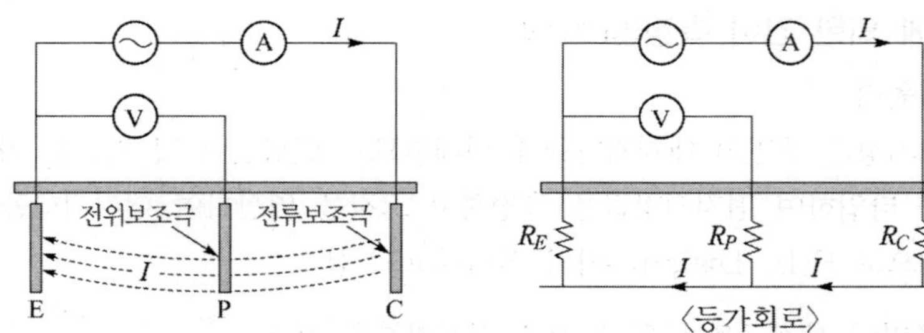

그림 10.4.14 접지저항 측정회로도

다. 61.8% 측정법

(1) 일반적으로 접지저항계는 측정의 대상이 되는 접지저항의 종류나 규모에 관계없이 접지체에서 전위 보조극은 10[m], 전류 보조극은 20[m] 위치에 설치하여 측정하도록 되어 있으나 이론 근거는 없음

(2) 61.8% 법은 전류보조극의 거리를 C[m]라고 할 때 전압 보조극의 거리P[m]를 C[m]의 61.8[%]로 하여 접지저항을 측정하는 방법임

(3) 이때 C극의 설치거리 C[m]는 현장여건에 적합하게 조정이 가능함

라. 접지저항 측정방법 및 순서

(1) 측정하고자 하는 접지체를 접지대상과 완전히 분리함

(2) 접지체기 설치되지 않은 방향을 선정함

(3) E-P-C는 가급적 일직선이 되도록 설치함

(4) E-P, P-C 사이는 각각 5~20[m]로하는데 긴쪽이 좋음

(5) 보조 접지극은 지면에 확실히 타입하고, 저항값은 표준으로 500~2,000[Ω] 이하로 함

(6) 보조접지극을 지면에 타입할 수 없는 경우는 접지망을 이용하여 충분히 물을 적셔 사용할 것

(7) 전환스위치를 전지 전압으로 하고, 전원 스위치를 눌러 지시눈금이 규정된 범위에 있는 것을 확인함

(8) 교류전압 레인지로 지전압을 측정하고, 10[V] 이상일 때는 접지도체 분리 또는 회로를 정전 시켜 지전압의 영향을 최소화하여 측정함

기출문제

전기철도 자가용 수용설비에서 특고압(AC 22.9[kV])에서 고압(AC 6.6[kV])으로 강압하는 고압 배전용 변압기 설치 시의 다음 사항에 대하여 설명하시오.(109-3. 25점)
(1) 특고압과 고압의 혼촉 등에 의한 위험방지 시설 방법
(2) 구내 배전계통(22.9[kV]/6.6[kV], △-Y)의 저항접지의 NGR(Neutral Grounding Resistor) 값을 계산하시오. (단, NGR에 설치되는 CT는 100/5[A]이다)

기출문제 풀이

1. NGR 설치목적

가. 지락 시 변압기에 유입되는 지락전류를 25~30[%] 줄일 수 있음
나. 전력용 변압기의 기계적 충격을 완화시켜 고장을 줄이며 수명연장 가능
다. 지락고장 시 효율적인 순시 동작 보호 협조가 가능
라. 차단기 선로 보호장치의 차단용량을 감소시킬 수 있음
마. 변전소 주상변압기 폭발을 방지할 수 있음
바. 지락 고장 전류의 유입제한으로 접촉전압, 보폭전압 감소로 안전성 제고
사. 지락계전기의 동작에 영향은 거의 없으나, 고저항 지락고장 시 고장전류 감소 영향은 미미함

2. 특고압과 고압의 혼촉 등에 의한 위험방지 시설(전기설비규정 322.3)

가. 변압기에 의하여 특고압전로에 결합되는 고압전로에는 사용전압의 3배 이하인 전압이 가하여진 경우에 방전하는 장치를 그 변압기의 단자에 가까운 1극에 설치하여야 함
나. 다만, 사용전압의 3배 이하인 전압이 가하여진 경우에 방전하는 피뢰기를 고압전로의 모선의 각상에 모선에 시설하거나 특고압권선과 고압권선간에 혼촉방지판을 설치하여 접지저항 값이 10 Ω 이하 또는 "전기설비규정 142.5"에 따른 접지공사를 한 경우에는 그러하지 아니함.
다. 혼촉 위험방지 장치의 접지는 "전기설비규정 제1장 140"에 따라 시설하여야 함.

3. 중성점 접지 저항

가. 중성점 저항기(NGR) 계산식

$R = \frac{E_n}{I_n} = \frac{E_L}{\sqrt{3}\,I_n}[\Omega]$ 식에서 선간전압이 6.6[kV], 정격전류가 100[A]이므로

NGR 저항은 $R = \frac{6{,}600}{\sqrt{3} \times 100} \fallingdotseq 38[\Omega]$

여기서, R : NGR 저항[Ω], E_n : 상전압[V], E_L : 선간전압[V], I_n : 정격전류[A]

나. 고압회로의 중성점 접지저항기(6.6[kV] 기준)

충전전류(I_C)	정격전류(I_n)	접지방식	저항	비고
$I_C \le 500$[mA]	380[mA]	GPT 접지	25[Ω]	제한저항
500[mA]$\le I_C \le$ 1[A]	1[A]	충전전류보상식	–	실적없음
1[A] $\le I_C \le$ 5[A]	10[A]	NGR	380[Ω]	중성점접지
10[A] $\le I_C$	100~400[A]	NGR	38~10[Ω]	중성점접지

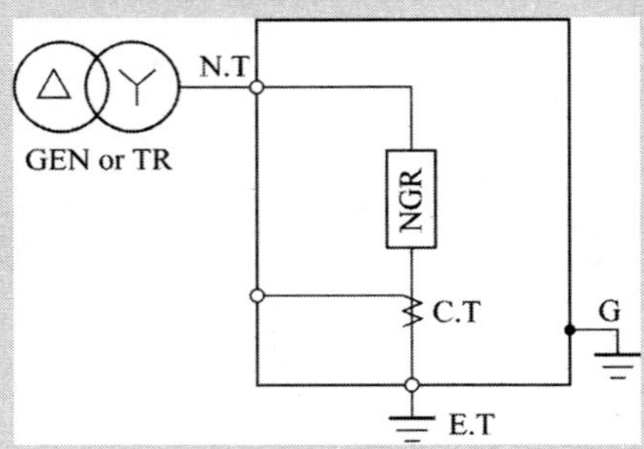

그림 10.4.15 중성점 접지 NGR 설치도

10.5 전기적 이격거리

10.5.1 전차선로 전기적 절연 이격거리

1. 개요

가. 전기철도에서 전기적 절연이격거리는 열차의 안전운행을 확보하기 위하여 전압이 가압되는 부분(Electrical Live Parts)이 금속이나 구조물로부터 떨어져야 하는 최소한도의 거리를 말하며,

나. 전력공급 계통 및 가공전차선로(급전선, 전차선 등)에서는 가압부분과 접지물(대지)간 또는 상(相)이 다른 전선로 상호간의 전기적 위험을 초래하지 않도록 적정한 이격거리를 두고 있는데, 대지 절연이격거리, 가압부분 상호 이격거리, 활선작업상 필요한 이격거리 등 전기적 절연 이격거리를 규정으로 정함

2. 전기적 절연이격거리 용어 정리

가. 대지절연 이격거리

(1) 가공 전차선 등과 교량 등의 구조물이 접근 또는 교차하는 경우에 전차선 등이 이들 구조물에 대하여 위험을 초래하지 않도록 급전선, 전차선 등 전차선로 등전위 가압부분과 접지물과의 절연거리를 규정하는 이격거리

(2) 전차선로의 가압부분은 터널이나 교량 등의 협소한 장소에서도 접지물에 대하여 충분한 이격거리를 확보하여야 함

나. 표준이격 거리

각종 실험결과에서 최소 이격거리에 여유를 더하여 규정하는 이격거리

(1) 교류 25[kV]의 경우

실험결과 최소이격거리 250[mm]에 여유 50[mm]를 감안하여 300[mm]로 결정함

(2) 직류 1,500[V]의 경우

집전속도 및 풍압을 고려한 실험값을 고려하여 250[mm]로 정함

다. 최소이격거리

(1) 교류 25[kV]의 최소 이격거리

교류 25[kV] 전기철도 회로에서 발생하는 이상전압(최고사용전압 27.5[kV]× 2.5배 = 68.75[kV])의 개폐서지에 견딜 수 있는 가압부분과의 최소 대지간격을 고려하여 250[mm]로 규정함

(2) 직류 1,500[V]의 최소 이격거리

직류 전차선로에 500[m] 간격으로 피뢰기를 설치할 때 피뢰기의 뇌임펄스 방전 개시 전압이 25[kV] 이하임을 고려하여 70[mm]로 규정함

라. 순시 접근 이격거리

(1) 협소한 터널이나 교량 등에서 주행 중의 팬터그래프와 건조물 등의 접지측과 극히 짧은 시간에 근접하는 경우의 이격거리를 말함

(2) 교류 25[kV]의 경우

협소한 터널 등에서 전기차 주행 중 팬터그래프와 접지물간의 근접시간은 매우 짧으며, 이때 발생하는 이상전압은 최고 사용 전압의 2배(27.5[kV]×2=55[kV])의 개폐서지를 고려할 때 충분하므로 단시간 접근 대지간격을 고려하여 150[mm]로 규정함

(3) 직류 1,500[V]의 경우

현차 연구결과 20[mm]에 여유분 10[mm]를 포함하여 30[mm]로 규정함

표 10.5.1 가공전차선로 대지절연 이격거리

구 분	직류 1500[V] 방식	교류 25[kV] 방식
표준이격거리	250[mm] 이상	300[mm] 이상
최소이격거리	70[mm] 이상	250[mm] 이상
순시접근거리	30[mm] 이상	150[mm] 이상

3. 전차선로의 절연 이격거리

가. 공칭전압 25[kV] 및 50[kV]가 인가되는 부분에 적용하는 절연이격거리는 아래표와 같으며, 오염지구는 염해의 영향이 예상되는 해안지역 및 분진 농도가 높은 터널지역 또는 산업화 등으로 오염이 심한 지역을 말함

표 10.5.2 전차선로 절연 이격거리

구분	표준 이격거리[mm]		최소 이격거리[mm]	
	25[kV]	50[kV]	25[kV]	50[kV]
일반구간	300	550	250	500
오염구간	350	600	300	550

나. 속도등급 250[km/h]급 이상 구간의 전차선로 이격거리는 열차풍의 영향을 고려하여 시설하여야 함

다. 차고 등 상시 팬터그래프가 승강하는 장소는 전차선과 팬터그래프의 접은 높이와의 거리가 커티너리 가선구간은 500[mm], 강체 가선(이동 전차선 포함)은 250[mm] 이상 되어야 함

라. 교류 가공전차선로와 다른 계통의 가공전선 사이의 수평 이격거리는 안전을 고려하여 2[m] 이상 이격하고, 기존 시설인 경우 개량시에 2[m] 이상 이격하여 시설하여야 함

마. 직류 가공전차선로는 다른 계통의 가공전선 사이의 수평 이격거리는 안전을 위하여 가능한 0.6[m] 이상 이격함

바. 가압부분 상호간 이격거리(교류 25[kV] 방식 기준)

(1) 급전선과 부급전선(보호선)간 : 300[mm] 이상

(2) 상이 다른 가압부분 상호간 : 1200[mm] 이상

(3) 급전선과 합성 전차선간 : 550[mm] 이상

(4) 전차선과 팬터그래프 접은 높이 : 500[mm] 이상

(5) 이상(異相) 에어 섹션 상호간 : 500[mm] 이상

(6) 동상(同相) 에어 섹션 상호간 : 300[mm] 이상

사. 활선 작업상 필요한 이격거리
(1) DC 1500[V] 전차선로 활선작업 가압부분 상호 이격거리 : 0.6[m] 이상
(2) AC 25[kV]전차선로 활선작업 타 접지 구조물과 이격거리 : 1.0[m] 이상

10.5.2 교류 25[kV] 전차선로의 동적 및 정적 절연 이격거리

1. 전기적 절연 이격거리

가. 전기철도에서 전기적 절연이격거리는 열차의 안전운행을 확보하기 위하여 전압이 가압되는 부분(Electrical Live Parts)이 금속이나 구조물로부터 떨어져야 하는 최소한도의 거리를 말함

나. UIC 규격 등에서는 각종 전압 레벨별 전기적 이격거리를 열차 통과에 따라 동적으로 움직이는 상태와 열차 운행이 없고 항상 가압된 상태를 전제로 한 정적인 상태를 구분하여 절연 이격거리를 정하고 있음

다. 전기철도에서의 절연이격거리는 정적인 상태에서의 이격거리만을 적용해서는 안되고 시설물의 종류와 상태에 따라 열차 통과 시 전선의 흔들림, 조가선 및 전차선의 풍압의 영향, 애자의 현수방식에 따른 풍압의 영향, 터널입구 또는 노출 구간의 조류 영향, 누수 터널의 고드름 등 동적상태에서의 이격거리 등을 충분히 고려하여 안전하도록 확보하여야 함

2. 교류 전차선의 동적 또는 정적 절연 이격거리

가. 경부 고속철도 설계기준 ⇨ UIC 규격에 의해 적용
(1) 축소적용 : 특별히 설계 지침에 따라 절연이 확보된 상태에서 적용
(2) 동적상태 : 열차가 통과할 때 전차선로가 움직이는 상태의 이격거리

표 10.5.3 경부고속철도 동적 및 정적 이격거리 적용

구 분		정적상태	동적상태
일반적용	비오염지구	270 [mm]	170 [mm]
	오염지구	320 [mm]	220 [mm]
축소적용	비오염지구	200 [mm]	70 [mm]
	오염지구	250 [mm]	120 [mm]

나. 전차선로의 충전부와 건조물 간의 절연이격(전기설비규정. 431.2)

(1) 건조물과 전차선, 급전선 및 전기철도차량 집전장치의 공기절연 이격거리는 아래 표에 제시되어 있는 정적 및 동적 최소 절연이격거리 이상을 확보하여야 함. 동적 절연이격의 경우 팬터그래프가 통과하는 동안의 일시적인 전선의 움직임을 고려하여야 함.

(2) 해안 인접지역, 공해지역, 열기관을 포함한 교통량이 과중한 곳, 오염이 심한 곳, 안개가 자주 끼는 지역, 강풍 또는 강설 지역 등 특정한 위험도가 있는 구역에서는 최소 절연이격 거리보다 증가시켜야 함.

표 10.5.4 전차선과 건조물 간의 최소 절연이격거리

시스템 종류	공칭전압(V)	동적(mm)		정적(mm)	
		비오염	오염	비오염	오염
직류	750	25	25	25	25
	1,500	100	110	150	160
단상교류	25,000	170	220	270	320

다. 전차선과 차량 간의 최소 절연이격거리 (KEC 431.3)

(1) 차량과 전차선로나 충전부 간의 절연이격은 아래에 제시되어 있는 정적 및 동적 최소 절연이격거리 이상을 확보하여야 함.(동적 절연이격의 경우 팬터 그래프가 통과하는 동안의 일시적인 전선의 움직임을 고려하여야 함)

(2) 해안 인접지역 공해지역, 안개가 자주 끼는 지역, 강풍 또는 강설 지역 등 특정한 위험도가 있는 구역에서는 최소 절연이격거리보다 증가시켜야 함.

표 10.5.5. 전차선과 차량 간의 최소 절연이격거리

시스템 종류	공칭전압(V)	동적(mm)	정적(mm)
직 류	750	25	25
	1,500	100	150
교 류	25,000	170	270

3. 교류 전차선과 다른 가공전선의 접근 또는 교차

가. 전기설비규정 제332.15에서는 저압 가공전선 및 고압 가공전선이 교류 전차선 등과 접근하는 경우에 저압 또는 고압 가공전선은 교류 전차선 위쪽에 시설하여서는 안됨

(1) 다만, 가공전선과 교류 전차선등의 수평거리가 3[m] 이상인 경우에는 가공전선로의 전선의 절단, 지지물의 도괴의 경우 교류 전차선과 접촉할 우려가 없을 때는

전기설비규정에 따름.

(2) 전기설비규정 332.15 – 1항에서 정하는 시설을 하는 경우는 예외임.

나. 저압 가공전선 또는 고압 가공전선이 교류 전차선 등과 교차하는 경우에 저압 가공전선 또는 고압 가공전선이 교류 전차선 위에 시설되는 경우는 전기설비규정 332.15의 2항에서 규정하는 별도의 시설규정을 따라야 함.

다. 저압 가공전선과 고압 가공전선은 교류 전차선과 옆쪽 또는 아래쪽에 수평거리로 교류 전차선 등의 지지물의 높이에 상당하는 거리 이내에 시설하여서는 아니 됨

(1) 다만, 가공전선과 교류 전차선의 수평거리가 3[m] 이상인 경우에 교류 전차선 등의 지지물에 철근 콘크리트주 또는 철주를 사용하고 지지물의 경간이 60[m] 이하이거나 교류 전차선등의 지지물의 도괴 등의 경우에 교류 전차선이 가공전선과 접촉이 없는 경우는 예외로 함

(2) 가공전선과 교류전차선 등 사이에 수평거리가 3[m] 미만인 경우에 전기설비 규정 332.15에 의한 시설을 하는 경우에는 예외로 함.

4. 철도 건축한계 및 차량한계에 의한 이격거리(일반철도 항목 참조)

가. 건축한계

열차 및 차량이 선로를 운행할 때 주위에 인접한 건조물 등이 접촉하는 위험성을 방지하기 위하여 일정한 공간 내에 어떠한 건조물도 설치하지 않도록 설정한 공간을 말하며, 곡선구간과 전동차 운행구간은 확대함

(1) 곡선구간에서 건축한계를 추가하는 계산식 : $W = \dfrac{50,000}{R}$ [mm]

여기서, R은 곡선 반경으로 $R = 800$[m] 이하일 때 적용

(2) 전동차 전용구간 건축한계 추가하는 계산식 : $W = \dfrac{2400}{R}$ [mm]

나. 차량한계

차량한계는 차량의 단면크기를 제한한 것으로 그 어떠한 부분도 그 한계내에 들지 않으면 안 되는 강제규정으로 한계선을 말함

제 11 장 급전계통의 보호계전 방식

11.1 보호계전 방식 일반

11.1.1 보호계전 방식에서의 주보호와 후비보호 의미

1. 개요

가. 계통에 고장이 발생하면 고장구간을 계통으로부터 신속히 분리 및 고장의 제거가 필요하므로 계통의 보호를 위하여 차단기능을 수행하는 Source를 전달하여 계통을 차단하는 보호기능을 보호계전기(Protective Relay)라고 함

나. 이러한 보호계전기를 계통보호 목적을 달성하기 위하여 어떻게 적절히 조합하는가를 보호계전 방식(Protective Relay Scheme)이라고 하며, 보호계전 방식에는 주보호(Main protector) 계전방식과 후비보호(Back-up protector) 계전방식으로 분류함

2. 주보호 및 후비보호 개념

가. 주보호(Main Protection)

(1) 전력계통에서 고장발생 시 1차적으로 보호해야 할 보호장치(First line of defence)에 의하여 보호되는 것을 주보호라 함

(2) 이는 "신속하게 고장구간을 최소범위로 한정해서 제거한다"는 것을 기본책무로 하여 보호 범위 내의 고장만을 신속히 선택 검출하여 보호되도록 하고 있음

나. 후비보호(Back up protection)

(1) 주보호가 실패 또는 보호할 수 없을 때에는 어느 시간을 두고 동작하는 Back-up 계전방식으로 다음과 같이 분류할 수 있음

① **계전기 후비보호(Relay Back up)** : 주보호계전기의 동작 실패 또는 운휴에 대비한 보호

② **차단기 후비보호(Breaker Back up)** : 어느 Freeder의 차단기가 차단실패 했을 때 같은 모선에 접속된 차단기 또는 관련 회로의 차단기능을 차단시켜 고장

을 제거함

③ **원방 후비보호(Remote Back up)** : 고장구간 보호장치에 의한 고장제거가 실패할 경우 다음 구간의 보호장치에 의하여 고장을 제거함

3. 주보호 및 후비보호 계전기 구분

보호계전기 종류 자체를 주보호용 또는 후비보호용으로 처음부터 구분하지 않고 어느 설비를 어떤 순서(단계)로 보호역할을 수행할 것인가에 따라 구분하게 됨

가. 수전점에서의 보호계전기 구분

(1) 주보호 : 과전류계전기, 지락과전류계전기

(2) 후비보호 : 거리계전기

나. 변압기측에서의 보호계전기 구분

(1) 변압기 자체보호

① 주보호 : 비율차동 계전기

② 후비보호 : 과전류 계전기 또는 과전압 계전기

(2) 변압기 과부하 보호

① 주보호 : 2차 과전류 계전기

② 후비보호 : 1차 과전류 계전기

다. 전차선로 측(급전측) 보호계전기 구분

(1) 주보호 : 거리계전기, 재폐로계전기

(2) 후비보호 : 고장선택 ΔI 계전기

4. 보호계전 방식의 구비조건

가. 고장회선 또는 구간의 선택차단을 신속 정확하게 할 수 있을 것 ⇨ 고장발생시 고장 파급범위를 최소로 한정시키는 데 목적이 있음

나. 과도안정도를 유지하는데 필요한 한도 이내의 시한을 가질 것

다. 적절한 후비보호 능력이 있을 것

라. 계통구성 또는 발전기 운전대수 변화에 따른 운전전류 변동에 대하여 소정의 계전기 동작이 정상적으로 수행될 것

마. 전력계통 운용측면에서 경제적인 보호계전방식일 것

11.1.2 직류 급전계통의 보호계전기 종류 및 기능

1. 개요

보호계전기의 보호목적은 기본적으로 교류 전기철도와 동일하며, 직류 전기철도 급전계통에서 주로 사용하는 주요 "직류보호계전기"는 아래 종류가 있음

가. 직류과전류 계전기(76) 나. 연락차단장치(85)
다. 역류계전기(32) 라. 직류 고장선택계전기(50F)
마. 직류부족전압계전기(80) 바. 부극지락보호계전기(64P) 및 기타

2. 직류 과전류 계전기

가. 정류기의 정극측에서 정극모선 사이와 모선에서 분기된 각 피더(Feeder) 측에 설치하여 직류회로에 과대전류가 흐르면 차단기를 차단하여 정류기 및 급전회로를 보호하는 계전기로 정극용(76T), 피더용 한시(176FT), 피더용 순시(76F) 등이 있음
나. 정극용의 경우 과부하 전류는 주회로에 접속된 Shunt(분류기)에 의해 76F가 검출되며, 순시 과전류는 고속도 차단기 몸체에 설치된 76F가 검출함
다. 그림 11.1.1과 같이 분류기에 76 계전기의 가동코일 단자를 접속하고 과부하가 흐르면 가동코일이 회전하여 폐회로를 구성 ➪ 76T가 여자 ➪ 76TX 타킷을 통해 54TC가 동작 ➪ 고속도차단기(54)를 트립시킴

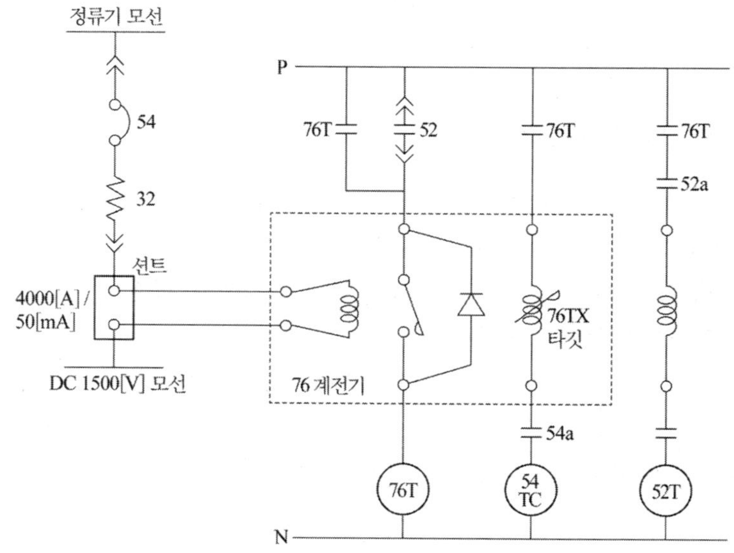

그림 11.1.1 정극용(76T) 계전기 결선도

라. 정류기용 변압기 1차측 교류차단기(52)도 76T의 접점에 의해 52T가 여자되어 트립시킴

마. Feeder용 한시 과전류계전기(176FT)의 기본 동작원리는 76T와 같으나 타이머계전기(176FT)를 사용하고, 콘덴서 C를 충전하는 시정수에 따라 동작을 지연(약 80sec)시켜 차단기를 트립함

바. Feeder용 순시 과전류계전기(76F)는 차단기 몸체에 설치되며, 단락전류가 흐를 때 차단기 스스로 차단이 행해지는 순시계전기 방식임

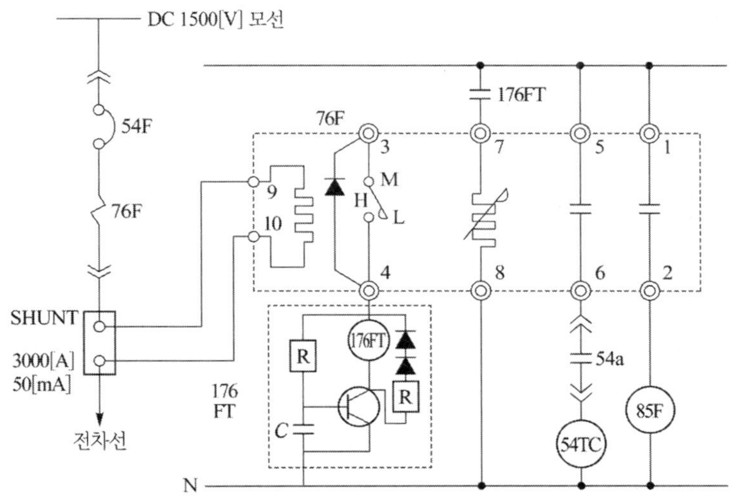

그림 11.1.2 피더용 한시(176FT) 계전기 결선도

3. 직류 역류계전기(32P)

가. 역류계전기는 실리콘정류기의 보호계전기로서 정류기의 정극과 DC 1500[V] 모선에 설치함

나. 방향성을 갖는 차단기(HSCB) 사용 시 적용하는 계전기로 (정류기 ➪ 직류모선으로 전류가 흐를 경우 동작하지 않음) 직류모선에서 정류기로 역전류가 흐를 경우 동작하여 정류기를 보호하는 계전기임

다. 역류계전기 동작원리

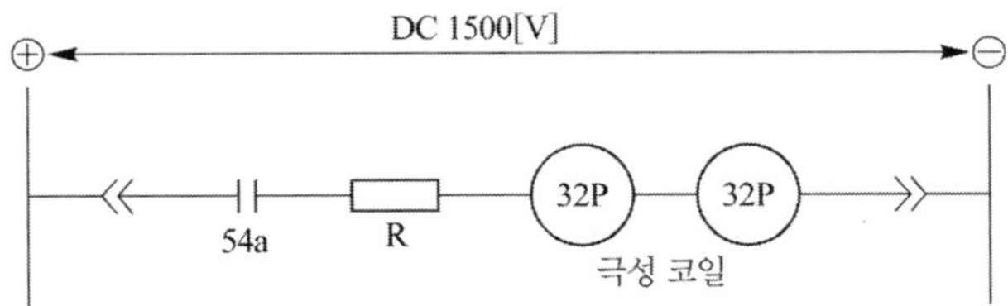

그림 11.1.3 역류계전기 동작원리도

(1) DC 전원으로 54a 접점을 통하여 두개의 32P가 자화되며, 차단기가 역방향일 경우 기자력이 발생하여 켈리브레이션 스프링을 당겨 차단기를 트립하고,

(2) 역류계전기가 동작하면 변전소 직류 고속도 차단기(54F)와 정류기 1차측 교류차단기(52)가 차단되고, 병렬 급전하는 경우 연락차단장치로 해당 변전소의 차단기를 차단시킴

(3) 역류계전기는 정류기 1련의 소자가 어떤 원인에 의하여 단락상태로 되면 역류현상이 나타나고, 정류기용 변압기 2차 권선은 단락상태로 되어 권선소손이 우려되므로 정류기에 유입되는 전류를 감지하여 기기 및 계통을 보호함

(4) 전기차 회생제동 시 역전압이 이상상승하여 정류 Diode 에 역바이어스가 걸리면 절연파괴가 우려되므로 이때도 차단기를 동작시키게 함

4. 직류 부족전압계전기(80)

가. 그림 11.1.4와 같이 직류 부족전압계전기는 전차선 1개 급전구간의 양쪽 급전 차단기 선로 측에 80F를 설치하고 중간지점(Mid point)에 80A계전기를 설치하여 각각 전차선과 레일 사이에 저항을 통하여 접속함

나. 이때, 계전기는 전차선 전압이 900[V] 이하가 될 경우 동작되도록 셋팅되어 전차선의 단락이나 지락사고 시 발생하는 전압강하를 감지하여 회로를 보호하는 방식으로 변전소 근접구간에서도 80F 계전기가 동작하고, 변전소에서 멀리 떨어진 지점에서는 80A가 동작함

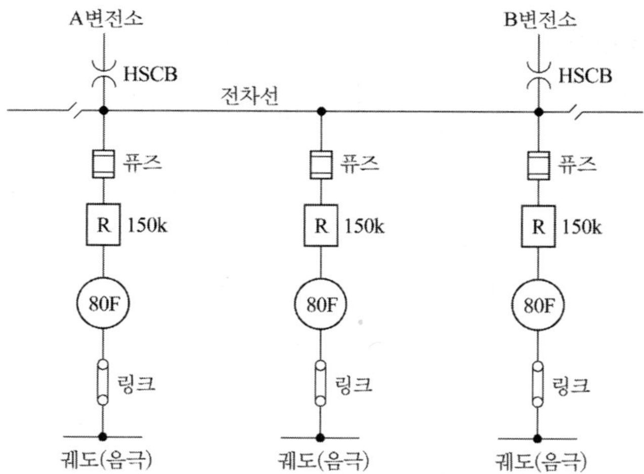

그림 11.1.4 직류 부족전압계전기 결선도

5. 직류 접지계전기(64P : 부극지락보호계전기)

가. 직류 급전회로에 접지사고가 발생하여 사고 전류가 흐를 경우 접지계전기 64P가 동작하여 고속도차단기 54P를 차단시킴으로서 지락에 의한 전차선 및 지상설비 보호 및 고장 확대를 방지하기 위함

나. 직류 접지계전기는 대지 접지극과 정류기의 부극(−) 모선 사이에 전압계전기를 설치하여 접지극이 음극 모선에 대한 전압상승이 어떤 일정값 이상으로 되는 경우 직류 지락으로 판단하게 됨

다. 변전소 구내에서 DC 1,500[V]가 지락된 경우 지락 과전압계전기(64P)에 걸리는 전압은 다음 식으로 표시함

$$V_{64P} = 1{,}500 - V_{\rm arc} \times \frac{R_E + R_R}{R_E + R_R + R_0}[\rm V]$$

여기서, $V_{\rm arc}$: 지락아크 전압(경험치 약 300[V])

R_E : 변전소 접지극의 접지저항

R_R : 레일의 누설저항

R_0 : 변전소 내부저항

라. 지락사고가 발생하면 지락전류에 의해 계전기의 접지전위가 Rail 전위보다 상승하여 동작하게 되며, 64P 계전기의 전압 정정치는 일본 JR의 경우 500[V], 국내의 경우 240[V] 정도로 정정하며, 일반적으로 급전전압의 1/3 정도로 정정하는 것이 적합한 것으로 판단됨

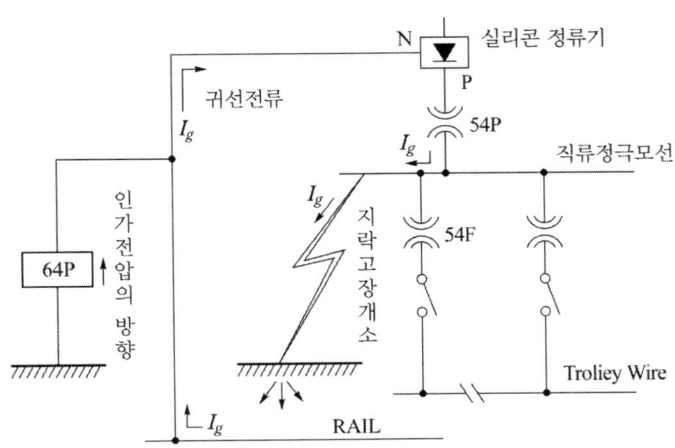

그림 11.1.5 직류 접지계전기 동작원리도

6. 연락차단 장치(85F) : 11.1.3항 해설 참고

11.1.3 직류 급전계통의 연락차단장치 원리 및 기본책무

1. 연락차단장치 개요

가. 직류급전 계통에서는 병렬급전하기 때문에 사고발생 지점이 멀리 떨어진 경우에는 사고발생시 전류 변화폭이 작아 정상전류로 착각되어 오동작되는 문제를 해소하기 위하여 계전기 상호간을 연동시켜 연동된 계전기 하나라도 동작하면 상호 연락되어 고속도차단기를 개방(Trip)시키는 장치를 말하며,

나. 인접 변전소간 2선 1조의 파이럿 와이어에 94F 계전기(자유트립 계전기)를 85F 계전기(연락차단장치) 접점과 80F 계전기(부족전압계전기) 접점에 직렬로 연결하여 제어전원이 공급되도록 구성하고,

다. 사고 발생 시 어느 하나라도 계전기가 동작하면 파이럿회로가 개방되어 양쪽변전소의 94F 계전기가 동작함으로서 전차선 동일급전구간의 전원을 개방시키는 System으로 연동된 여러 계전기를 총칭하여 연락차단 장치라 함

2. 기본책무 및 요건

가. 연락차단장치의 기본책무

(1) 직류급전 방식은 인접 변전소와 병렬급전을 하고 있기 때문에 고장 시 대향차단이 필요하여 연락차단 장치가 적용되며,

(2) 병렬급전시 연락차단 장치가 없을 경우 지락된 변전소의 고속도차단기는 트립되나, 상대편 변전소의 54F는 트립되지 않아 2차 사고파급이 우려되어 사고파급을 방지하기 위하여 연동된 계전기가 하나라도 동작시 고속도 차단기를 개방시키는 책무를 가짐 : 부하단말 등 편송 급전구간의 경우에는 연락차단장치를 생략해도 무방함

나. 연락차단 장치의 기본요건

(1) 급전구간의 장애 감지시 확실한 차단확보
(2) 운전 전류와 사고전류 판별 기능
(3) 전송로 고장을 나타내고(회선장애감시) 자가 진단 기능
(4) 신뢰도가 높고 확실하게 차단되며 연락회선 소요수가 적을 것
(5) 출력의 차단지령 신호가 계속되지 않을것
(6) 급전회로 구성형태의 대용사용 기능이 있을 것
(7) 취급 및 점검보수가 용이할 것

3. 동작원리 및 구성도

가. 보호시스템 개념도

(1) 직류급전 방식에서 대향차단을 위해 아래 그림 11.1.6과 같은 보호 시스템이 요구되며,

(2) 직류급전 계통은 병렬급전을 원칙으로 하므로 A 변전소 고속도차단기의 차단 요건이 있을 때 B 변전소의 대향 HSCB의 차단기도 동일하게 차단시키는 역할을 함

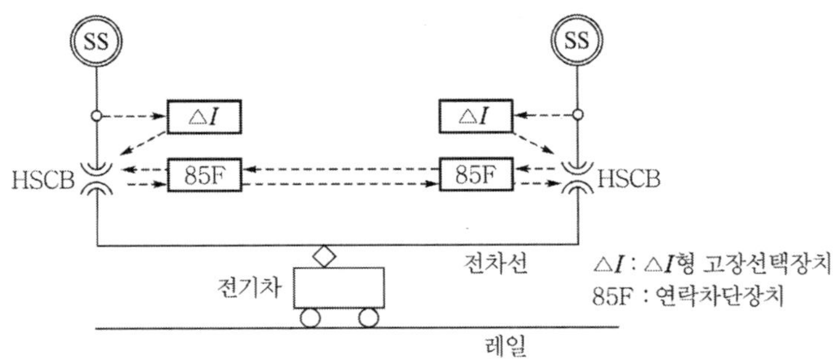

그림 11.1.6 직류급전 보호시스템

나. 연락차단장치 구성 및 동작원리

(1) 연락차단장치는 그림 11.1.7과 같은 구성을 갖고, 양측변전소 연락차단계전기(85F), 부족전압계전기(80F) 및 미드포인트(Mid point : 변전소중간)의 부족전압계전기(80A)가 직렬로 연결되어 어느 하나라도 동작하면 제어전원이 개방되어 동일 급전구간의 A 및 B 변전소 급전용 고속도 차단기(54F)를 동작(Trip) 시키게 되며,

(2) 변전소 가까운 지점에서의 발생사고는 80F가 동작하지만 멀리 떨어진 Mid point(중간지점)에서는 사고 발생 시 저전압을 검출하여 미드포인트의 80A 계전기가 동작하여 양단의 고속도차단기를 연락차단시키는 기능을 수행하게 되는 원리임

(3) 직류 부족전압계전기인 80F 및 80A 계전기는 전차선의 배율기 저항(보통 150[kΩ])을 통하여 레일에 접속되어 있으며, 이계전기는 전차선 전압이 900[V] 이하로 떨어질 때 동작하도록 정정(Setting)되어 전차선 전압이 900[V] 이하시 동작·차단하게 됨

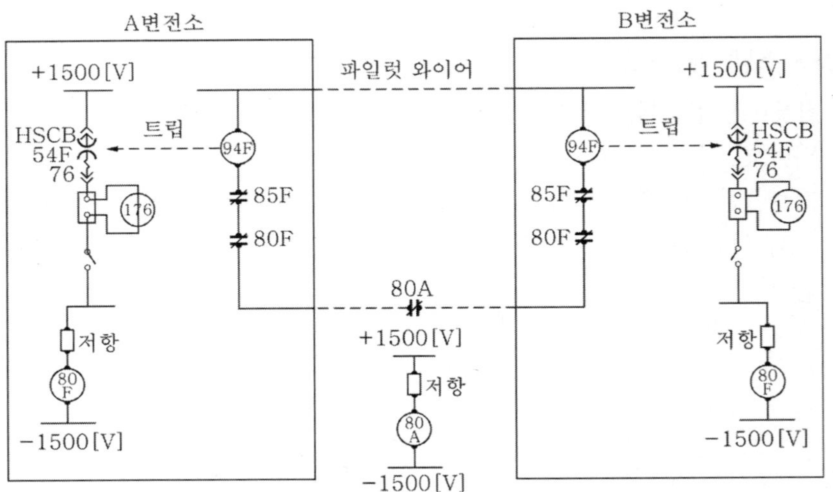

그림 11.1.7 연락차단장치 구성도

11.1.4 DC 1,500[V] 변전소의 정류설비와 급전설비 보호방식

1. 직류 급전 계통보호설비

직류 DC 1,500[V] 계통 보호설비는 각 전압계통인 수전계통(AC 22.9[kV]), 배전계통(AC 6.6[kV]), 직류 급전계통(DC 1,500[V])별로 운전특성에 맞추어 적합한 보호계전방식을 적용함

2. 특고압(AC 22.9[kV]) 계통 보호

가. 각 차단기반

과부하, 단락사고, 지락사고 보호를 위하여 과전류 계전기 및 지락과전류 계전기를 설치함

나. 연락급전반

연락급전선의 가압상태를 확인할 수 있는 무전압 계전기를 설치하여 양측의 다른 계통과의 혼촉 사고를 예방할 수 있도록 함

다. 주모선

저전압시 동작하는 저전압계전기를 설치하여 변전소의 정전에 대비하여 조치할 수 있도록 함

3. 고압배전(AC 6.6[kV]) 계통 보호

가. 각 차단기반

과부하 및 단락사고 검출을 위하여 과전류계전기를 설치함

나. 변압기 2차측 주차단기반

변압기 2차측의 정전 검출을 위하여 부족전압계전기를 설치하며, 지락사고 검출을 위하여 영상전압계전기(64)를 설치함

다. 고압배전용 차단기반

지락사고 시 선택차단을 위하여 지락선택계전기(67)를 설치하며, 고압 배전부하의 연장급전시 병렬급전 사고예방을 위하여 단로기 2차측에 무전압계전기(84)를 설치함

4. DC 1,500[V] 급전회로 보호

가. 정류기의 보호

(1) 정류기의 온도를 정격소자 온도 이하로 유지하기 위하여 온도 Senser를 설치하여 정격소자 보호 온도를 150[℃] 이하로 유지하도록 함

(2) 정류기 2차측 직류고속도차단기반은 기중차단기 사용에 따라 아크(Arc) 감지장치를 설치하여 화재 및 소손을 방지하도록 하며,

(3) 역류방지를 위하여 역류방지계전기를 설치하고, 과전류 방지를 위한 직류과전류계전기를 설치하여 정류기 소자 고장으로 인한 역전류를 검출하여 차단하도록 함

나. 직류급전 고속도 차단기반

(1) 기중차단기 사용에 따라 아크(Arc) 감지장치를 설치하여 화재 및 소손을 방지하고, 과전류 방지를 위하여 직류과전류계전기를 설치함

(2) 회생차량에 의한 회생전류 유입으로 인하여 급전차단기반은 양방향으로 전류가 흐르므로 양방향성 고속도 차단기를 설치함

(3) 전차선의 단락사고 검출을 위하여 $\varDelta I$ 계전기 또는 $\frac{di}{dt}$ 계전기를 사용하며, 역류방지계전기는 사용하지 않음

(4) 인접변전소간 병렬급전에 따라 전차선 구간 사고 시 상호 연락차단이 될 수 있도록 연락차단장치를 설치하여 사고파급을 예방하고, 차량기지 부하공급용 차단기반은 편단급전 방식이므로 연락차단장치를 설치하지 않음

다. 직류 부(負)모선반

직류급전선의 지락사고를 검출하기 위하여 직류접지계전기를 설치함

11.1.5 교류 전기철도 급전계통별 보호계전기 종류 및 보호협조

1. 개요

가. 보호계전기란 전차선로 등 전력급전 계통에서 발생한 이상상태를 감지하여 신속하게 계통에서 분리 또는 차단하여 계통 및 전력기기를 보호하는 역할을 수행함

나. 교류 전기철도에서는 한전측에서 특고압을 수전하여 교류 전철변전소에서 변성하여 전차선로에 급전하는 계통구성으로 되어있으므로 수전측, 변압기측, 급전측으로 구분하여 보호계전 방식을 적용하고 있으며, 최근에는 디지털 계전기를 채택하여 전기철도 급전계통의 보호와 신뢰성을 향상 시켰음

2. 교류 전기철도 보호계전기 종류 및 용도

전기철도용 보호계전기는 계통의 구성, 회로정수, 사고전류를 감안하여 정정하며, 보호계전기의 종류 및 용도는 표 11.1.1과 같음

가. 수전측 보호(SS에 적용)

(1) 부족전압계전기(27R) : 수전측 저전압 발생 시 검출하여 기기보호
(2) 과전류계전기(50R/51R) : 수전반 과부하, 고장으로부터 계통보호
(3) 지락과전류계전기(50N/51N) : 수전반 지락 고장전류로부터 계통보호

나. 변압기측 보호(SS에 적용)

(1) 변압기 1차 3상 과전류계전기(50T/51T) : 변압기 1차측의 과부하, 고장으로부터 계통을 보호
(2) 변압기 2차 단상 과전류계전기(50/51) : 변압기 2차측의 과부하, 고장으로부터 계통의 주변압기 보호
(3) 과전압 계전기(59) : 회생 과전압의 변전소 인입 검출 보호
(4) 지락과전압계전기(64) : 급전측 비접지 계통의 지락 검출용으로 사용
(5) 비율차동계전기(87T) : 변압기 1, 2차 전류차를 이용한 변압기 내부 보호

다. 급전측(전차선로 측) 보호(SS, SP, SSP에 적용)

(1) 거리계전기(21F) : 급전회로의 임피던스에 비례하여 동작하며, 지락 및 단락 보호용으로 회선마다 설치(SS, SP)
(2) 고장선택계전기(50F ΔI 형)은 전류 변화분에 의해 동작하므로 거리계전기(21F)의 후비보호로 설치
(3) 과전류계전기(51F) : 급전측 과부하, 고장으로부터 계통보호(SS, SP)

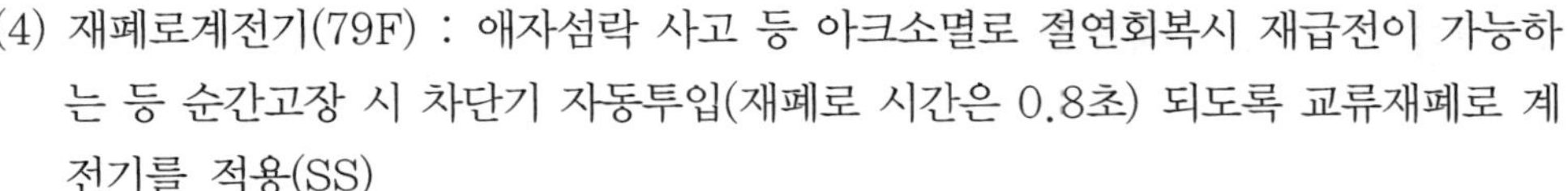

(4) 재폐로계전기(79F) : 애자섬락 사고 등 아크소멸로 절연회복시 재급전이 가능하는 등 순간고장 시 차단기 자동투입(재폐로 시간은 0.8초) 되도록 교류재폐로 계전기를 적용(SS)

(5) 부족전압계전기(27F) : 급전회로의 저전압 및 정전 시 경보와 차단기 개방으로 기기보호(SS, SP, SSP)

(6) 로케타계전기(고장점표정장치 99F) ➪ 고장지점의 검출

(7) 저전류보호계전기(37F) : R-C 뱅크 저항이 끊어질 때 전류가 흐르지 않음을 검출(SP)

(8) 지락과전류계전기(51N) : R-C 뱅크 콘덴서 단락 시 저항에 과전류 흐름 방지용(SP)

(9) 비율차동보호계전기(87) : 몰드형 AT 보호용(SP, SSP)

표 11.1.1 보호계전기 종류 및 용도 요약

계통별	보호계전기명	번호	기능 및 용도
수전측 (R)	과전류계전기(OCR)	50R/51R	과전류 검출
	지락과전류계전기(OCGR)	50N/51N	수전측 지락 및 고장전류 검출
	저전압계전기(UVR)	27R	저전압 검출
변압기측 (T)	과전류계전기(OCR)	51T	변압기1차의 과전류
	단락계전기	50T	단락 검출
	압력계전기	63T	변압기 내부고장
	온도계전기	26T	변압기 과열
	비율차동계전기(RDR)	87T	변압기 내부고장
	지락과전압계전기	64	급전측 지락검출
	과전압계전기(OVR)	59	회생 과전압 인입 검출
급전측 (F)	거리계전기	21F	전차선로 고장
	고장선택계전기(ΔI 형)	50F	21F 후비보호
	고속도 단락계전기	50F	차량기지 등 과전류검출
	과전류계전기(OCR)	51F	과전류 검출
	재폐로계전기	79F	차단기 재폐로
	로케타계전기	99F	고장지점 검출
	저전압계전기(UVR)	27F	저전압 검출

3. 교류 전기철도 계통별 보호협조

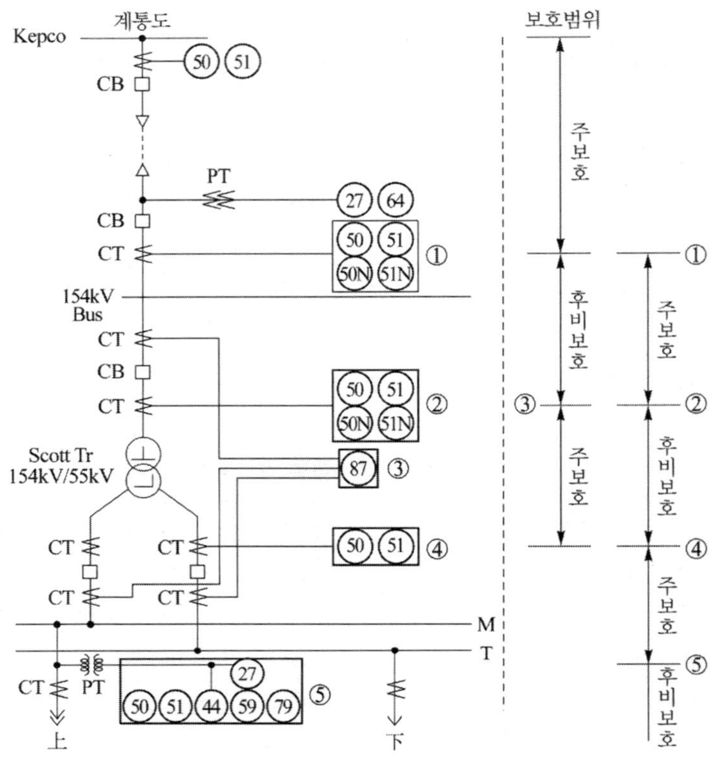

그림 11.1.8 교류 전기철도 보호계전기 설치위치와 보호협조

가. 수전측 보호

(1) 전철수전용 송전선로는 각 회선마다 단락 및 지락보호용 과전류 계전방식을 채택하여 지락과전압 계전기 및 부족전압 계전기를 설치하며, 상시부하 전류와 고장시 고장전류와의 차이를 이용하여 보호계전기의 최소 동작전류치와 동작시간을 선정하여 고장설비를 선택 차단 함

(2) 과전류 방식의 특징은 장치가 간단하고, 가격이 저렴한 반면 고장전류 크기가 변하는 경우(배후 전용용량, 전원계통 구성의 변화)에는 보호계전기를 정정하거나 특성이 다른 것으로 교체해야하는 불편이 있음

나. 급전용변압기 보호

(1) 급전용 변압기 사고는 권선의 단락 및 층간 단락, 권선과 철심간의 절연파괴에 의한 지락, 고전압 권선의 혼촉, 권선의 단선, 기타 부싱불량이나 OLTC의 고장 등이 있어 크게 전기적 보호와 기계적 보호장치로 구분하여 보호협조를 시행함

(2) 전기적 보호장치로는 비율차동계전기에 의한 주보호에 과전류 및 지락과전류 계전기에 의한 후비보호가 시행되고,

(3) 기계적 보호장치로는 브흐홀츠계전기, 방압충격계전기, 온도계전기 등 여러 가지 보호장치에 의하여 보호협조를 시행함

다. 급전측 보호

(1) 교류 전기철도 급전방식은 급전전압이 높고 부하전류와 사고전류 차이가 커서 선별이 용이하나, 부하전류에 많은 고조파 성분이 포함된 왜형파이기 때문에 보호계전기의 오동작에 대한 대책이 필요함

(2) 특히, 교류 급전방식에서의 전기기관차는 운전전류에 고조파가 포함되고, 전차선로 절연구간 통과 시 과도돌입 전류 및 변전소의 차단기 투입될 때 변압기 여자돌입전류 등에 의한 고조파가 발생되므로 교류 급전 고장 선택계전기, 거리계전기 등을 이용하여 급전측을 보호함

11.1.6 교류 급전계통 주요 보호계전기 기능 및 특성

1. 개요

가. 전기철도 급전계통에 사용하는 보호계전기는 수전측, 변압기측, 급전측 등의 급전계통에서 발생한 이상상태를 감지하여 신속하게 계통에서 분리 또는 차단하여 계통 및 전력기기를 보호하고 고장이 발생하지 않은 구간은 열차운행을 계속하기 위한 목적으로 보호계전 방식을 사용하고 있음

나. 전기철도용 보호계전기는 일반 전력계통과 유시하나 계전기 번호에 수전측은 R, 변압기측은 T, 전차선로 급전측은 F를 붙여 구분하며, 주요 보호계전기 종류별 특성 및 기능에 대하여 간략하게 서술함

2. 과전류 계전기(Over Current Relay : 51)

가. 과전류계전기의 기능 및 용도

(1) 과전류계전기는 전류가 예정값 이상이 되었을 때 동작하는 계전기로 용도가 다양하여 단락보호용(과부하 보호포함)과 지락보호용으로 사용되며, 변전소 수전점 과전류 계전기는 한전측의 송전단 보호계전기와 보호협조를 위하여 보호계전기 정정은 한전과 협의하여야 함

(2) 교류 전기철도에서는 단락회로, 교류장치 및 변압기 급전선의 과부하가 일으키는 사고로부터 보호하기 위하여, 변류기(CT) 2차측에 접속되어 전류가 계전기의 정

정치를 초과할 때 동작하여 차단기를 동작시키는 역할을 함

(3) 직접보호 또는 주보호계전기의 후비 보호로서 저항이 큰 장해 검출을 위한 경우와 급전거리가 비교적 짧은 역구내, 차량기지 내에 사용됨

나. 과전류계전기의 특성

(1) **순시특성** : 전류의 크기에 상관없이 정정된 최소동작전류 이상의 전류가 흐르면 즉시 동작하는 것으로 보통 0.3초 이내에 동작하는 특성

(2) **반한시 특성(Inverse)** : 동작코일에 흐르는 전류가 증가함에 따라 동작시간이 반비례적으로 짧아지는 특성을 가지는 것을 말함

(3) **정한시 특성(Definite Time)** : 계전기 동작코일에 유입하는 입력전류가 정정동작치 이상이면 입력전류의 크기가 변하더라도 대략 일정한 시간으로 동작하는 것으로 한시계전기와 조합하여 고장전류 크기에 상관없이 동작시간을 임의로 조정이 가능함

(4) **강반한시 특성(Very Inverse)** : 입력이 커질수록 짧은 한시에 동작하는 율이 더 커지는 동작특성을 말함

(5) 기타 동작시간 특성, 복귀시간 특성 및 온도와 주파수 특성 등이 있으며, 계전기의 정정은 순시정정 및 한시정정으로 전류값 및 시간을 조정함

3. 재폐로 계전기(79F)

가. 재폐로계전기의 기능 및 용도

(1) 교류 급전 계통에서 수목이나 조류 등 외부 접촉이나 애자섬락 등 순간 지락 및 단락사고 시 회로를 자동으로 차단한 후 일정시간(재폐로 시간 0.5[sec])이 지나면 자동투입 되도록 함

(2) 자동투입시 고장이 자연 소멸되지 않으면 차단기는 자동개방 됨

(3) 1회~수 회의 재투입에 의해서도 고장이 회복되지 않는 경우에는 차단기를 쇄정(Lock)하고 고장과 경보 표시를 함

나. 재폐로 계전기의 장단점

(1) 이물질 제거 등 신속한 장애처리 기능에 의한 정전 시간의 단축으로 열차 안전운행 확보 ➪ 고장 자연소멸시 전기차의 주차단기 자동개방 방지

(2) 과부하(피크상승)로 인한 차단기 개방시 자동급전 : 전동차 동시 기동 등의 순간적인 과부하 차단시 자동급전 용이

(3) 단점으로는 사고 장애 발생 시 고장이 자연 소멸되지 않으면 지락 또는 단락 상태에서 수 회 급전시도를 하게 되면 인접구간의 신호・통신 등 약전 계통의 피해확산 및 전차선로 시설물에 대한 사고・장애 피해범위의 확대가 우려됨

4. 거리계전기(21F) : 별항해설

5. 고장점표정장치(99F) : 별항해설

6.. 비율차동계전기(78T) : 별항해설

7. △I 형 고장선택계전기(50F) 및 기타 : 별항해설

11.1.7 교류 급전계통의 급전반 보호계전기 계통도와 기능 및 적용

1. 개요

가. 교류 급전회로의 보호계전 방식의 적용은 주로 거리계전기와 교류 ΔI 형 고장선택 장치 및 기타 보호계전기를 사용하고 있으며, 국내 교류 전기철도의 경우 급전회로의 보호계전기는 일본 및 프랑스 제품이 사용되고 있어 이에 대한 특성과 보호범위에 대하여 숙지하여야 함

나. 교류 급전회로를 구성하는 계통별 급전반에 적용하고 있는 보호계전기에 대하여 전철변전소(SS), 급전구분소(SP), 병렬급전구분소(PP), 급전보조구분소(SSP)로 구분하여 보호계전기의 계통도 및 보호계전기의 기능과 적용에 대하여 기술함

2. 전철변전소(SS) 급전반 보호계전기

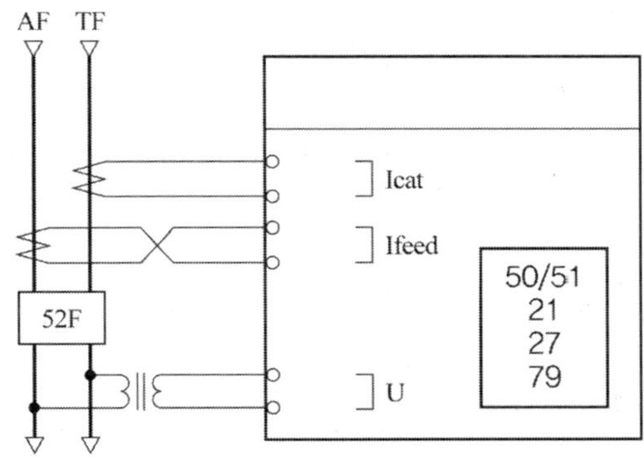

그림 11.1.9 변전소 급전반 보호계전 계통도

가. 과전류 보호계전기(OCR 50/51)

(1) 기능 : 급전계통의 과부하, 고장으로부터 계통을 보호

(2) 적용

구 분	주보호	후비보호
한시 과전류계전기 보호(51)	전차선로의 과부하	전차선로의 고장
순시 과전류계전기 보호(50)	전차선로의 고장	–

나. 거리(최소 임피던스) 보호계전기(21)

(1) 기능 : 단락보호 및 고장구간 확인

(2) 적용 : AC 급전선로의 단락 및 지락사고 시 급전 차단기(52F)를 차단하여 전차선로를 보호함

다. 저전압 보호계전기(UVR 27)

(1) 기능 : 급전측의 저전압 발생 시 저전압으로부터 기기의 보호

(2) 적용 : 전차선로 저전압 발생 시 급전 차단기(52F)를 차단하여 기기보호

라. 재폐로계전기(79)

(1) 기능 : 자연회복(순간고장) 시 차단기 자동 투입

(2) 적용 : 급전선로의 단락 사고 및 과부하 트립시 차단기 재폐로

3. 급전구분소(SP) 급전반 보호계전기

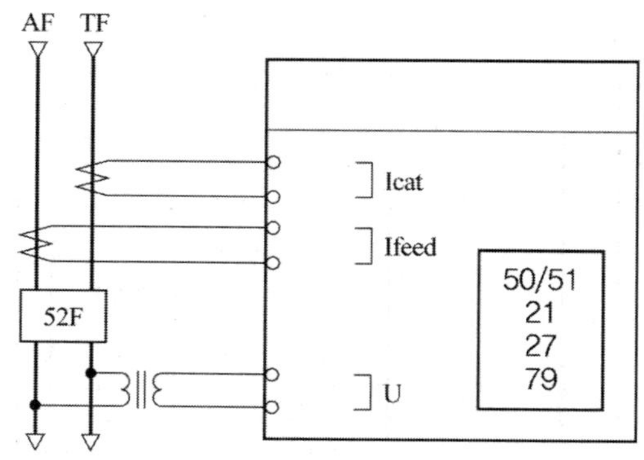

그림 11.1.10 급전구분소 급전반 보호계전 계통도

가. 과전류 보호계전기(OCR 50/51)

(1) 기능 : 급전계통의 과부하, 고장으로부터 계통을 보호

(2) 적용

구 분	주보호	후비보호
한시 과전류계전기 보호(51)	전차선로의 과부하	전차선로의 고장
순시 과전류계전기 보호(50)	전차선로의 고장	–

나. 거리(최소 임피던스) 보호계전기(21)

(1) 기능 : 단락보호 및 고장구간 확인

(2) 적용 : AC 급전선로의 단락 및 지락사고 발생 시 타이(Tie) 차단기(52FT)를 차단하여 전차선로를 보호함

다. 저전압 보호계전기(UVR 27)

(1) 기능 : 급전측의 저전압 발생 시 저전압으로부터 기기의 보호

(2) 적용 : 전차선로 저전압 발생 시 타이 차단기(52FT)를 차단하여 기기보호

4. 병렬급전소(PP) 급전반 보호계전기

가. 저전압 보호계전기(UVR 27)

(1) 기능 : 급전측의 저전압 발생 시 저전압으로부터 기기의 보호

(2) 적용 : 전차선로 저전압 발생 시 급전 차단기(52F)를 차단하여 기기보호

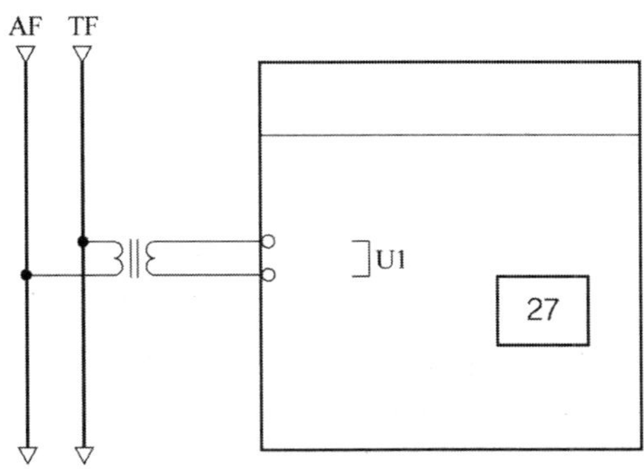

그림 11.1.11 병렬급전소 급전반 보호계전 계통도

5. 급전보조구분소(SSP) 및 단말보조급전구분소(ATP) 급전반

가. 저전압 보호계전기(UVR 27)

(1) 기능 : 급전측의 저전압 발생 시 저전압으로부터 기기의 보호

(2) 적용 : SSP는 전차선로 저전압 발생 시 저전압 발생 경보를 알리고, ATP에서는 저전압 발생 시 급전 차단기(52F)를 차단하여 기기보호함

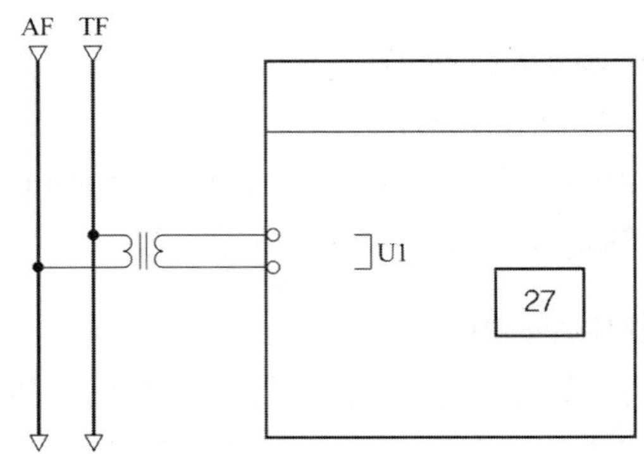

그림 11.1.12 SSP 및 ATP 급전반 보호계전 계통도

11.1.8 교류 전기철도 급전계통의 보호계전기 선정시 고려사항

1. 개요

가. 교류급전 방식은 급전전압이 높고 부하전류와 사고전류차가 커서 선별이 용이한 반면 전기기관차의 전력변환 장치 및 제어장치, 전기기관차의 전차선로 절연구분장치 통과 시 과도 돌입전류 등으로 부하전류에는 많은 고조파성분이 포함된 왜형파이기 때문에 보호계전 방식에 여러 가지의 오동작 방지대책을 고려하고,

나. 특히, 국내의 전기철도 전력계통은 일본과 유럽의 전력계통을 조합하여 구성한 형태로 보호계전 시스템의 선정과 적용에는 서로 상이한 부분이 많으므로 계전기의 특성과 기능에 대한 신뢰성 및 호환성을 고려하여 선정하여야 함

2. 보호계전기 선정시 고려사항

가. 보호대상의 정상상태의 전압, 전류, 역률에 대비하여 고장 시의 전압, 전류, 역률과 분포상태를 계산하고, 그 계산치에서 계전기 입력을 전압 및 전류 변성비에 의해 환산하여 고장 검출에 필요한 계전기의 최소 감도 및 동작정정 범위를 정하여 그것에 적합

할 것

나. 변전소 내에는 물론 전원측 변전소와 관련하여 상호 과전류 및 동작시한 정정(動作時限征定)에 대하여 보호협조를 가질 것

다. 계전기 및 공용계기의 소비전력을 계산하여 계전기의 검출 감도를 만족하고, 과전류 강도에 지장을 주지 않는 계기용변성기(PT, CT)를 사용할 것

라. 송전, 수전, 변성기기의 과부하, 단락, 접지보호에는 일반적으로 과전류계전기(순시요소 부착)을 사용하지만 특수한 송수전 계통의 경우에는 다음 사항을 검토하여 선정함

(1) 병행회선 및 전원이 양단에 있는 경우 : 방향요소부 병형 보호방식 및 파일럿 계전방식의 채용

(2) 과전류계전기에 한시협조가 어려운 경우 : 전압제어부 과전류 또는 거리계전방식의 채용

3. 교류 급전계통의 보호계전기 선정(예)

가. 거리계전기(21F)는 급전선로의 임피던스에 비례하여 동작하는 계전기로서 지락, 단락 보호용으로 회선마다 설치함

나. 고속도 단락계전기(50F)는 급전거리가 비교적 짧은 경우에 설치함

다. 급전고장 선택계전기(50F ΔI 형)는 전류의 변화분에 의해 동작하기 때문에 거리계전기의 후비보호로 설치함

라. 애자의 섬락사고 등에는 고장전류의 차단에 의한 아크의 소멸로 절연 회복 시 재급전되는 경우가 많기 때문에 교류재폐로계전기(79)를 채용하여 재폐로 시간은 0.8초로 함

마. 급전회로(급전선, 전차선로)의 저전압 또는 정전 시 경보 및 차단기 개방을 위하여 저전압계전기(27)를 사용

11.1.9 전철설비의 보호협조에 대하여 4가지 이상

1. 보호협조

가. 보호협조는 피보호물에 사고가 발생했을 때 주보호장치가 동작하여 고장이 제거되고, 피 보호물의 후비 보호장치를 동작하지 않도록 주보호 장치와 후비보호 장치간에 시차를 주어 보호장치간에 시간협조(時間協助)를 시킨 것을 말하며,

나. 전철급전 계통의 변전소 등의 설비는 보호계전방식 적용 및 보호장치를 설치하여 수전단 이하의 계통에서 발생하는 고장 및 장애를 확실히 검출・차단하여 설비 전반의 보

호협조가 이루어 지도록하고 있음

다. 보호협조를 위한 장치로는

(1) 변전소 등에서는 수전반, 변압기반, 급전반 등의 각 회로마다 사고검출장치(보호계전방식)와 차단기를 설치하고 기기와 전기회로의 조작이나 보수에 필요한 계측기를 설치하여 보호협조를 시행함

(2) 급전회로에는 필요에 따라 연락 차단장치 및 개폐로 장치를 설치함

(3) 변전소 등에는 필요시 지락보호를 위하여 급전회로에 지락보호용 방전장치를 설치함

(4) CT회로 보호를 위하여는 CT개방 감시장치 등을 시설함

2. 전철설비의 보호 협조

가. 송 · 수전설비 보호

(1) **과전류 계전기(51R)** : 상용 및 예비전원 보호장치로 정정치는 한전 등 전력공급자와 협의 결정하며, 상위 계전기와의 시간차는 0.3~0.4[sec]로 함

(2) **단락계전기(50R)** : 최소 단락전류의 순시치로 정정하여 단락보호용으로 51R 순시 요소부를 사용하는 경우 생략 가능

(3) **지락과전압계전기(64R)** : 최소 지락전류 · 전압치로 정정하는 지락보호용

나. 변압기측 보호

(1) **과전류계전기(51)** : 변압기 1차 과전류 보호용으로 정격전류의 250[%]에서 1[sec]로 정정

(2) **고속단락 계전기(50)** : 변압기 단락보호용으로 정격전류의 500[%]에서 순시동작

(3) **비율차동계전기(87)** : 변압기 내부 단락 등 내부고장 보호용

(4) **압력계전기(63T)** : 변압기 내부압력 상승 등 변압기 내부고장 보호용

(5) **온도계전기(26T)** : 변압기 과열시 동작. 보통 85[℃]에 정정

다. 급전측 보호

(1) **거리계전기(44F)** : 고장점까지의 거리를 정정치 이내일 때 검출하여 동작하며, 주보호 계전기로 보호구간의 110[%] 지점까지 보호하고, 고속도 재폐로 방식 채용하여 재폐로 시간은 0.4~0.5[sec]로 조정함

(2) **교류선택 단락계전기(50F)** : 부하전류분과 고장전류분의 차이에 의해 장해를 검출하는 계전기로 거리계전기 후비보호용으로 사용하며, 거리계전기로 선택이 곤란한 고저항 접지고장 및 연장 급전시 거리계전기로 보호되지 않는 접지고장 등을 검출

(3) **과전류 계전기(51F)** : 과전류에 의해 동작하는 일반 계전기로 후비보호로서 저항이 큰 장해검출을 위한 경우와 급전거리가 비교적 짧은 선로(큰 역구내, 차량기지 등)에 사용

(4) **재폐로 계전기(79F)** : 교류 급전회로에서 순간 지락이나 단락고장 등의 장애 발생 시 차단기가 차단되어 일정시간 경과 후 고장이 소멸되면 자동투입되어 정상 급전하는 방법으로 거리계전기(44F)와 고장선택계전기(50F)를 조합하여 사용

11.1.10 아날로그 신호와 디지털 신호의 특징 및 생성과정

1. 아날로그 신호 및 디지털 신호 개념

가. 아날로그(Analog) 신호

(1) 전압, 전류, 사인파 등과 같이 시간에 따라 연속적으로 변화하는 물리량을 그대로 표현하고 계량하는 형태의 모든 신호를 말함

(2) 연속적으로 변화하는 교류 전압을 예를 들면, 일정시간대에 몇 볼트의 전압이 인가되었다고 표시할 때 아날로그 신호값이 됨

나. 디지털(Digital) 신호

(1) 디지털 신호는 모든 데이터 장비의 아날로그 신호를 0과 1 또는 ON, OFF 의 신호체계로 구성된 2진 펄스 형태의 불연속적인 신호로서 단속적이고 계수적인 점에서의 약속에 의하여 해석하는 신호로서 명확하고 단순한 신호방식을 취하는 것으로 디지털량에 대한 각종 데이터의 연산을 처리하여 정밀도를 높이고 있음

(2) 예를 들어 시간적으로 변화하는 교류 전압을 가정하면, 전압이 있고(ON), 없는(OFF) 상태를 표시하는 것을 디지털 신호라고 함

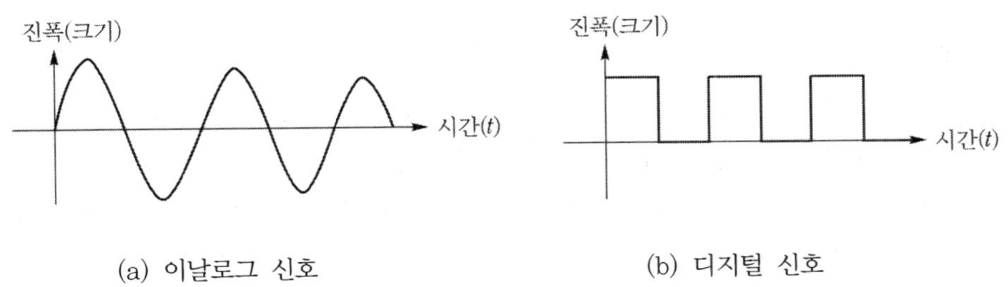

그림 11.1.13 아날로그신호와 디지털신호

2. 디지털 신호 생성과정

가. 디지털 회로의 기본신호는 1 또는 0이라는 두 가지 요소를 가지고 시간에 따라 연속적인 값을 가지지 않고 2진수에 의하여 미리 정해진 특정값으로 디지털 신호의 특성을 갖게 됨

나. 2진수 정보는 터미널, 프로세스 컴퓨터, 그 밖의 데이터 장비에 의하여 생성되고 그림 11.1.13과 같이 디지털 펄스 정보로 변환되고, 디지털 정보는 숫자와 텍스트가 포함되어 모두 2진법으로 표시하게 됨

다. 2진법 체계에서는 1과 0의 두 개의 숫자로 나타내고, 문자를 일련의 비트(Bit)로 표현하는 코드가 고안되어 미국표준 기준을 국제적으로 널리 사용하며, 7비트의 2진법 코드에 의하여 128가지의 다른 문자를 표현 할 수 있음

라. 아날로그 신호를 디지털 신호로 변환하거나 전송하는 데는 다양한 변조와 복조과정을 거쳐 원하는 데이터 정보를 전송하거나 수신하여 이용하게 되며, 디지털 회로의 기본 회로는 NOT, OR, AND라는 3가지 논리대수로 해석하게 됨

3. 디지털 신호의 특성

가. 디지털 신호의 특성

(1) 반드시 신호변환과정을 거쳐야 함 : 자연에 존재하는 영상과 소리는 모두 아날로그 형태로 디지털 변환(A/D)이 반드시 필요함

(2) 고품질화 가능 : 에러보정 기능을 사용하여 기록, 전송 과정에서 완전한 디지털 신호복원이 가능

(3) 다양한 신호처리 가능 : 신호의 처리, 가공의 자유도가 크며, 아날로그 처리 방식으로는 불가능한 일들의 구현이 가능함

(4) 무 조정성, 고 신뢰도 확보 : 자기진단에 의한 자동조정 기능이 우수

(5) LSI화, 소형화, 저가격화 : 반도체 직접기술의 발달로 가격이 낮아지고, 데이터 압축이 용이하여 소형화 실현

나. 장점

(1) 한번 양자화(Quantization = 디지털화)되면 특성이 변하지 않아 정확한 데이터의 전달이 가능함 : 원본과 100[%] 동일한 복제가 가능

(2) 전송 중에 발생하는 에러를 자동으로 복구시키는 알고리즘이 가능하고, 전송거리가 멀어도 Repeater의 에러보정 기능을 이용하여 데이터 자체 재생성 과정을 반복함으로서 신호잡음과 신호의 왜곡 없이 전송이 가능

(3) 정보저장의 단위와 용량이 명확함

(4) 아날로그 신호보다 상대적으로 잡음이 적음

다. 단점

(1) 신호자체가 주파수 대역을 많이 차지함
(2) 아날로그 신호의 미묘한 특성 데이터를 100[%] 간직하지 못하여 표현범위가 다양하지 못함(mp3 보다 LP 판의 음질이 좋은 원인 등)
(3) 데이터 변환이 필요하므로 회로구조가 복잡함
(4) 순간적인 오류가 이후의 신호에도 영향을 미칠 수 있어 신호의 동기에 대하여 충분히 고려하여야 함

4. 아날로그 신호의 특성

가. 아날로그 신호의 특성

(1) 진폭(amplitude) : 신호의 높이로 특정 순간의 신호 값을 나타냄
(예 : 전압(voltage), 전류(amperes), 전력(watts) 등)
(2) 주기(period), 주파수(frequency) : 하나의 사이클을 완성하는데 필요한 반복되는 초 단위시간 주기와 1초 동안 생성되는 신호 주기의 주파수
(3) 위상(phase) : 둘 또는 그 이상의 신호의 시간적인 관계
(4) 신호발생 및 처리가 쉽고 직관적이나 전송 시 잡음과 왜곡의 요소를 제거하기가 어려움.

나. 아날로그 신호의 장단점

표현의 범위가 넓고, 품질의 측면에서는 우수하지만, 전송 시 잡음의 제거가 불가능한 단점이 있음(아날로그 신호는 늘 여러 가지의 방해를 받아서 이동하면 약해지거나 왜곡되어 장거리 전송 시 신호를 증폭시키는 Amp에 의하여 증폭 될수록 잡음도 함께 증폭하게 되어 제거가 어려움)

5. 신호에 대한 잡음영향

가. 아날로그 회로에서는 그 성질상 외부에서 잡음전압이 혼입되기도 하며, 회로 자신이 일그러짐을 발생하기도 하여 원래 신호를 충실히 재현한다고 하는 것이 극히 어려워 고도의 회로기술이 요구됨
나. 디지털회로에서는 신호의 단위 변화량에 비하여 매우 작은 잡음전압의 혼입과 왜곡 발생으로 무시되므로, 회로구성이나 정보의 존재 면에서 유리함
다. 디지털 신호처리는 보다 경제적이고 신뢰도도 높으며, 더욱 더 좋은 것은 신호를 처리하는 방법이 아날로그 신호보다 훨씬 다양함
라. 다만, 주변에 존재하는 물리량은 대부분 아날로그 량으로 반드시 아날로그 회로를 거쳐 디지털 데이터로 변환과정을 거쳐 사용하게 되므로 Repeater, 필터 등의 기능을 이용하여 잡음영향을 제거하고 있음

11.1.11 디지털 보호계전기의 구성 및 특성

1. 디지털 보호계전기(Digital Protective Relay) 개념

디지털계전기는 전압, 전류 신호를 일정한 간격으로 샘플링하여 디지털 량으로 변환하고, 이 데이터를 마이크로 프로세스 등으로 구성된 연산처리부에서 미리 준비한 프로그램에 의해 연산 처리하여 계전기 특성을 실현시키는 방식으로 기본적인 구성은 A/D(아날로그/디지털)변환부, 디지털연산 처리부, 정정부로 구성되는 하드웨어적 구성과 기능에 대하여 기술함

2. 디지털 보호 계전기의 구성

가. 입력변환부

입력 변환기는 PT, CT 입력과 전자회로 간을 절연하고, 큰 입력 신호값을 전자회로에 적당한 전류, 전압 입력값으로 변환하여 제공하는 역할을 함

나. 입력 필터(Analog Filter)

디지털계전기의 연산 알고리즘은 대부분 전력계통 기본주파수의 정현파를 기본으로 하므로 계통고장 시 과도적으로 고조파성분이 발생하여 파형왜곡을 야기하고 오차가 발생하여 고장판단이 어렵게 되므로 고조파성분을 제거할 수 있는 필터를 설치함

다. Sampling Hold

샘플링 홀더 회로는 필터에서 출력되는 아날로그 신호를 일정시간 간격으로 샘플링(표본화)하여 샘플링된 값을 일정시간 홀딩하는 역할을 하며, 홀드제어 신호가 제어하는 아날로그 스위치가 닫혀있는 동안 신호가 출력되며 스위치가 열리게 되는 시점에 Hold Capacitor 가 방전함으로서 입력에 무관하게 출력신호가 나오게 하는 동작원리임

라. 멀티플렉서(Multiplexer : 데이터 선택기)

멀티플렉서는 많은 수의 정보장치를 작은 수의 Channel 이나 선들을 통하여 전송하는 것을 말하며, 각 입력 찬넬의 샘플링 홀드 회로 출역을 시분할하여 순차적으로 A/D 변환기에 전달하는 스위치 회로임

마. A/D 변환기

PT, CT에서 입력되는 아날로그 신호를 디지털 신호로 변환하는 부분을 A/D 변환기(Analog/Digital Converter) 라 하며 디지털 계전기에서는 12Bit 정도의 A/D 변환기가 많이 사용됨

바. 디지털연산처리부

(1) 전력계통의 전압, 전류 신호를 일정한 간격으로 샘플링하여 디지털 신호로 변환한 후 연산처리부에서 계전기 동작판정을 하는 부분임

(2) 연산처리부에는 연산을 행하는 CPU, 동작수순을 기억하는 ROM, 판정기준을 정하는 정정부(Setting Unit), 아날로그 입력부에서의 A/D 변환데이터와 일시적으로 데이터를 기억하는 RAM 등으로 구성되며, 이들은 데이터 정보 등을 전송하는 버스(Bus)라는 선으로 연결되어 있음

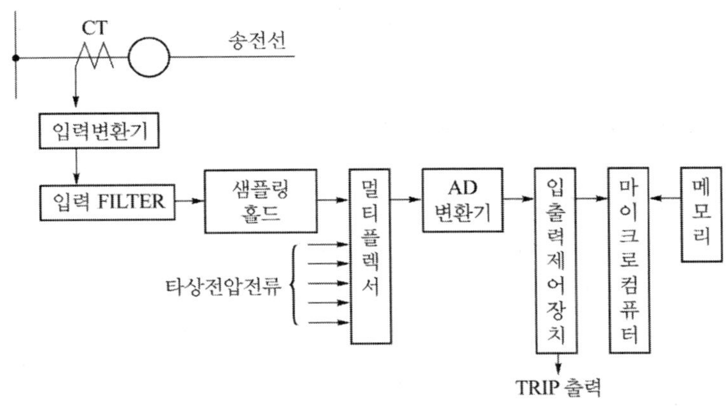

그림 11.1.14 디지털 보호계전기 구성도

3. 디지털계전기의 특징

가. 고성능, 다기능화

디지털 연산처리 및 메모리 기능에 의하여 아날로그형에서 실현하지 못했던 고도의 보호기능 및 보호특성의 실현이 가능함

나. 장치의 소형화 가능

마이크로 프로세스에서 집적도가 높은 IC, LSI 소자들로 구성하여 기능이 고도화 되고 장치의 소형화, 축소화가 가능함

다. 고신뢰성 확보

컴퓨터 메모리에 자동점검 프로그램에 의해 고도의 자동감시 및 점검 기능실현으로 장치의 고장 및 이상 발견이 용이함

라. 표준화 및 융통성이 용이

보호방식을 개선 또는 변경할 경우 하드웨어의 변경없이 메모리 또는 프로그램 수정으로 다양한 보호방식의 구성이 가능

마. 소비전력이 극히 적음

아날로그 계전기는 동작 에너지가 필요하지만 디지털계전기는 정보만 받아들이는 것으로 충분함

바. 경제성 및 저부담화

입력변환기의 공용으로 PT, CT 회로의 부담이 저감되고, 반도체 소자의 가격저하에 따라 경제성 확보가 가능함

사. 부품의 열화에 대한 특성변화가 없음

아. 계통의 서지 등 노이즈에 약함

노이즈 침입 및 차단을 위하여 노이즈 발생원으로부터 격리 또는 차폐하고, 전송회로가 긴 경우 유도 우려가 없는 광파이버(Fiber) 사용이 필요.

11.1.12 디지털계전기의 설치환경 및 노이즈 영향과 방지대책

1. 디지털 보호계전기의 활용

가. 보호계전기는 아날로그 Type인 전자기계형과 정지형이 사용되어 왔으나, 최근 마이크로 프로세스 기술발전에 힘입어 기존의 아날로그(Analog) 계전기에 비하여 Software에 의한 계전기특성 고도화, 고신뢰성, 기구의 축소, 입력정보의 보존 특성이 우수한 Digital 계전기가 널리 보급되고 있음

나. 현재 실용화된 디지털 계전기는 하드웨어 및 소프트웨어 측면에서 크게 연산형, 계수형, 간이구성 연산형, 스캐너 형 등으로 구분하고 있으며, 디지털장치와 외부장치인 변류기, 계기용변압기, 전송장치, SCADA와 같은 감시반과의 인터페이스를 이루고 있음

2. Digital 계전기의 설치 환경

가. 온도와 습도

(1) 주위온도 : 0[℃] 이상~40[℃] 이하

(결빙되지 않은 상태에서 −10[℃]~50[℃]로 1일 수시간을 허용)

(2) 보관온도 : −20[℃]~60[℃] 가 되도록 제작

(3) 상대습도 : 일평균 30% ~ 80%범위

이상과 같은 온도와 습도 범위에서 제품의 수명, 신뢰성을 향상시키기 위해 공조설비를 하는 것이 바람직함

나. 설치 주위환경(설치 시 고려해야 할 환경)

(1) 먼지 : 먼지는 프린트기판의 콘넥터(Connector)부 또는 보조 계전기 가동부에 부착하여 접속불량과 경년 열화를 촉진시킴

(2) 염해 : 염해는 계전기의 녹이나 부식의 원인이 됨

(3) 유해가스 : SO_2와 같은 유해가스 환경에서 계전기 금속부분 부식

(4) 진동 : 장기간 진동이 지속되는 장소는 계전기 불량원인 발생

3. 디지털 계전기의 노이즈 영향

디지털 계전기의 연산처리부 처리속도는 0.1[μs]단위로 기준 아날로그 계전기의 신호처리의 10^{-3}초(ms)에 비하여 처리속도가 초고속으로 그만큼 미세한 노이즈에 대해서도 쉽게 영향을 받음

가. 노이즈 발생원인

(1) 외부 환경적 요인

① 차단기, 단로기의 개폐서지

② 전력계통에서 발생하는 뇌에 의한 서지

③ 계통사고 전류에 의한 구내 접지점의 전압상승

④ 전원의 개폐서지 및 직류조작 전원의 개폐서지

(2) 내부 발생원인

① 보조 계전기 개폐시의 노이즈

② IC회로의 스파이크 노이즈

③ D/D 콘버터의 스위칭 노이즈

나. 노이즈 침입모드

일반적으로 외부 발생 노이즈는 제어회로를 통하여 다음 2가지 형태로 계전기 제어장치에 침입함

(1) Common Mode ➪ 노이즈 성분이 2본의 신호선을 공통으로 타는 Mode

(2) Normal Mode ➪ 노이즈 성분이 2본의 선간을 타는 Mode

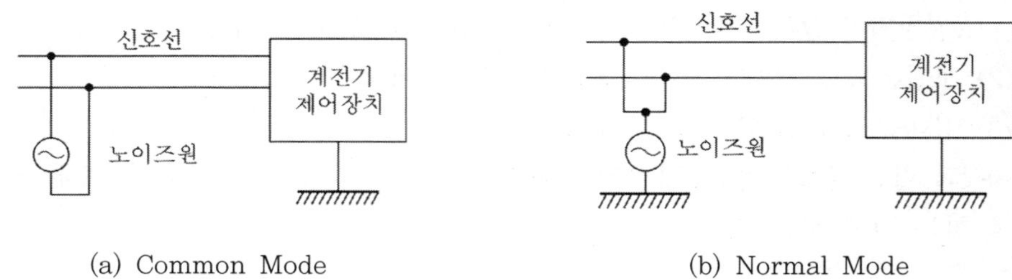

그림 11.1.15 디지털계전기 노이즈 침입모드

4. 노이즈 방지(침입) 대책

가. 피뢰기 설치 및 변전소구내 접지저항을 최대로 작게 함

차단기 및 단로기의 개폐서지, 계통 사고전류에 의한 접지점 전위상승을 억제하고 노이즈의 침입을 방지하는데 효과적임

나. 회로상의 대책

(1) **Twist Pair 전선(꼬임전선)을 사용** : 통상 존재하는 노이즈는 Common Mode와 Normal Mode 합성 노이즈이며 신호선 2본이 완전히 평행이 아닌 불균형 성분이 Normal Mode로 Twist Pair 전선(꼬임전선)을 사용하면 Normal Mode에 의한 노이즈 침입 및 발생 억제 가능함

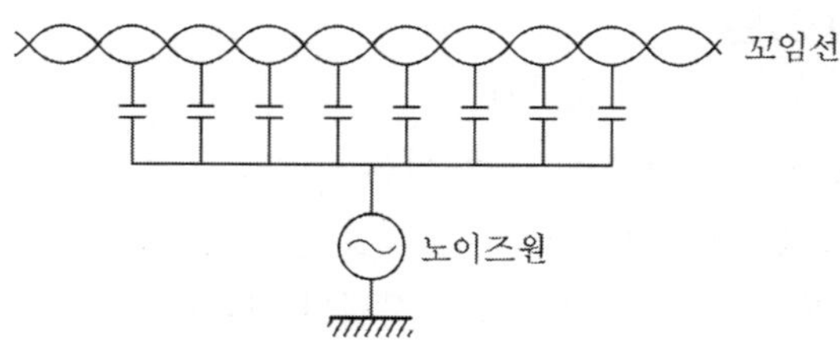

그림 11.1.16 노이즈 Twist Pair 효과

(2) **제어 케이블의 분리포설** : 디지털 계전기가 연결되는 신호선, 제어선은 노이즈 발생이 우려되는 케이블등과 거리를 두고 분리 포설하여야 함

(3) **제어선로 접지** : 제어 케이블의 쉴드 접지는 외부 노이즈 침입방지에 큰 효과가 있으며, 편단접지 방식 또는 양단 접지방식이 있으며 편단접지 방식은 정전유도에 의한 노이즈 방지에 효과적, 양단 접지는 전자유도 노이즈 방지에 효과적임(일방적으로 양단 접지 시행)

(4) **계전기 자체의 접지** : 외부 노이즈 침입방지를 위하여 일점 접지를 시행함(어떤 경우에도 계전기는 복수 접지 시 노이즈 유입, 유출로 노이즈에 극히 취약한 시스템이 되므로 복수접지를 하여서는 안됨)

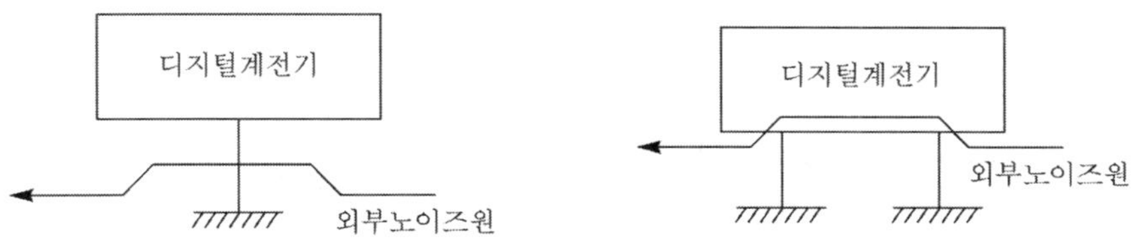

그림 11.1.17 디지털계전기 접지방법

11.2 ◦ ΔI 고장선택계전기(50F)

11.2.1 직류급전계통의 ΔI형 고장선택장치 동작원리

1. 직류급전계통의 특징 및 보호방식

가. 직류 급전회로의 특징

(1) 직류급전계통은 급전전압이 낮고, 부하전류가 크며 인접변전소와 병렬 급전하므로 고장전류의 구분선택 차단이 어려움

(2) 연접선과 방전갭을 이용한 고저항 지락보호로 전선등과 지지물 접지시 단락회로 구성이 곤란함

(3) 전기차 운행에 따른 부하변동이 매우 심하여 상시 운전전류에 의한 오동작이 발생하지 않도록 충분한 선택능력이 요구됨

나. 직류회로의 보호방식

(1) 직류 ΔI 형 고장선택 장치는 과전류가 아닌 전류의 증분(ΔI) 만을 검출하여 이 값이 정정치를 초과할 때 동작토록 함

(2) 직류 급전회로에서는 차단능력과 고장전류 선택성을 높이기 위해 고장선택장치와 고속도차단기(HSCB : 54F)를 일체형 구조로 함

2. ΔI 형 고장선택장치의 원리

가. 직류 급전 회로의 고장전류 검출

(1) 고장회로의 전류특성 곡선은 지락사고 발생 시 고장전류의 변화곡선

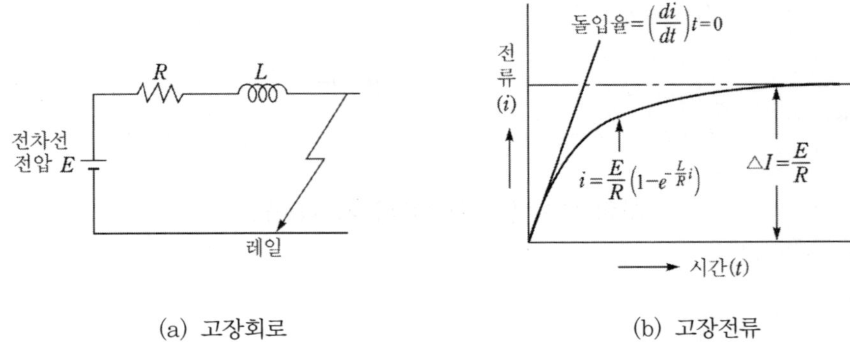

(a) 고장회로 (b) 고장전류

그림 11.2.1 고장회로 전류특성 곡선

(2) 그림 11.2.1과 같이 사고 발생시의 전류변화$(\frac{di}{dt})_{t=0}$는 보통 운전전류에 비해 급증하여 최초의 L값에 제한을 받아 유한직선이 됨

(3) 여기서 $R \cdot L$이 커지면 곡선이 하향으로 처지며, 부하전류 대·소에 관계없이 전류의 증가분($\triangle I$)만을 검출하고, $\triangle I$ 값이 설정치를 초과하는 경우에 고장으로 간주하여 사고검출과 보호계전기를 동작시켜 차단신호를 직류고속도 차단기(HCSB)에 보내 개방하는 원리임

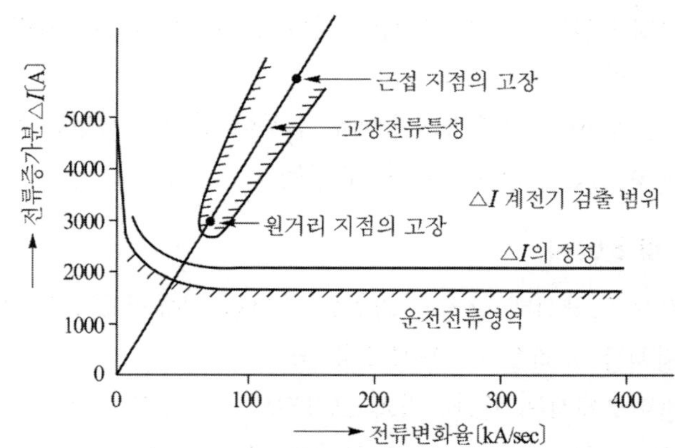

그림 11.2.2 직류 $\triangle I$형 50F 계전기 사고검출 원리

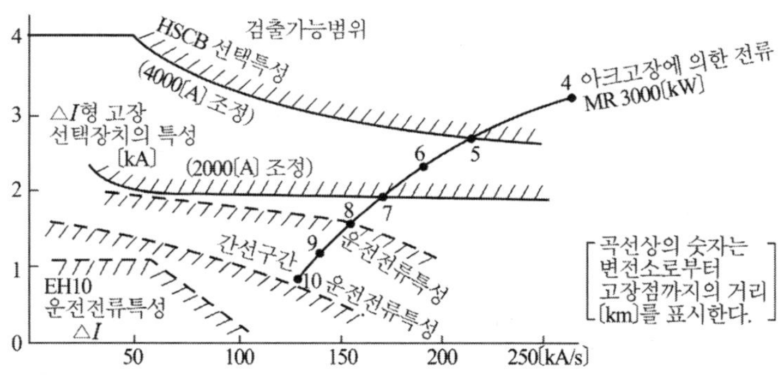

그림 11.2.3 △I 형 고장검출 장치의 특성곡선

나. 부하전류와 사고전류의 유형비교

(1) **운전전류(정상전류)** : 전기차의 노치(Notoh) 취급에 따라 단계적으로 증가 또는 변동이 많으며 대전류가 장시간 지속되지 않으며, 노치 취급 부하전류는 최대 부하 전류치 보다 적음

(2) **고장전류** : 순시에 큰 전류증가를 나타내고, 큰 전류 증가 지속시간이 길어지며 사고전류 △I_2는 부하전류 △I_1 보다 매우 큼

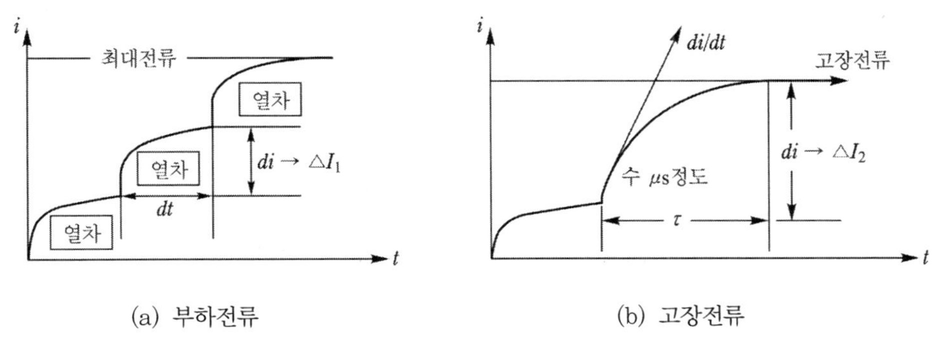

(a) 부하전류 (b) 고장전류

그림 11.2.4 부하전류와 고장전류 증분(△I)

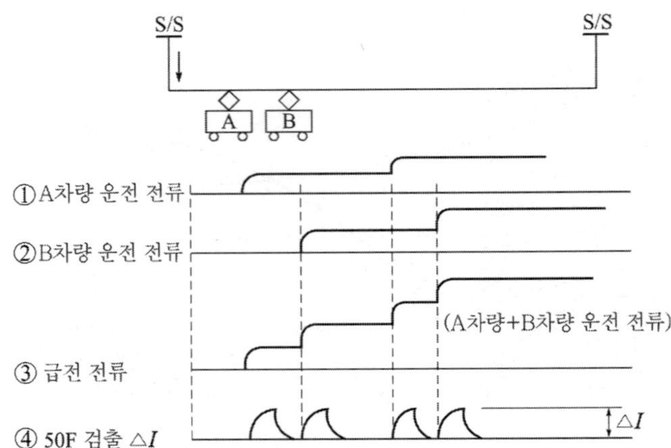

그림 11.2.5 복수차량 운행 시 부하전류

다. △I 형 고장선택장치 결선

(1) HSCB 2차측에 △I용 CT 및 동작 계전기(50F)로 구성하여 신호검출

(2) 급전최초의 부하 전류에 관계없이 정방향 전류 증가분에만 동작

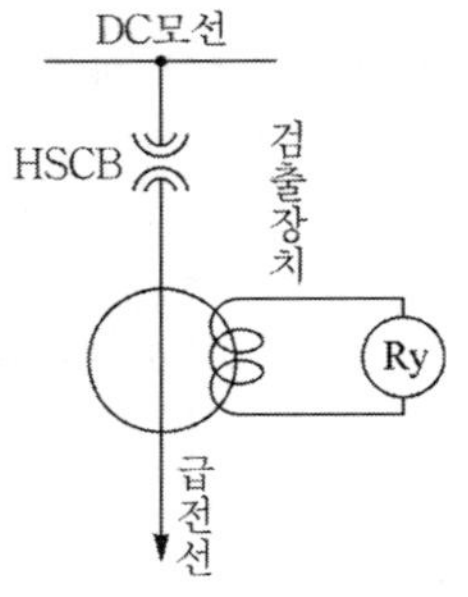

그림 11.2.6 △I 형 고장선택 장치 결선도

3. △I 형 고장선택장치 불요동작(오동작)과 대책

가. 전기차 Section 통과 시 오동작 및 대책

(1) 변전소 Section을 전기차가 통과 시 급격한 전류변화로 오동작 발생우려

(2) 대책으로는 섹션 보상 회로 구성하여 섹션개소에서 대응하는 상대측 급전선에 CT를 설치하여 각각 유기되는 전압을 소멸시키는 방법

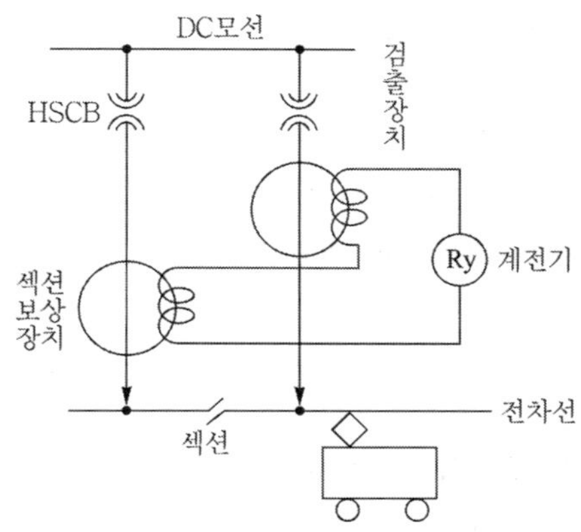

그림 11.2.7 섹션보상장치

나. 회생 실효에 따른 부방향(–) 전류 급감에 따른 오동작 방지

(1) 회생차로부터 모선을 경유하여 역행차로 회생전류가 흐르는 경우에 역행정지에 의해 직류 50F는 큰 ΔI로 간주하고 불요 동작함(부하영역으로부터 정방향 전류 변화로 착각)

(2) 대책으로는 부하전류에 관계없이 변전소 모선에서 부하 측으로 흐르는 전류변화에만 동작하고 역방향 변화량에는 동작하지 않도록 구성함

11.2.2 직류 고장선택계전기(50F)의 제 설정요소

1. 직류 고장선택계전기 원리

가. 직류급전은 급전전압이 비교적 낮고 부하전류는 수시 변동하며, 부하전류 노치(Notch) 변동에 의한 전류증분(ΔI)은 부하전류 최대치 보다 상당히 작으나 사고전류는 초기 돌진율 보다 커지는 등 운전전류와 사고전류 특성이 다른 점을 이용하여 과전류가 아닌 전류 증가분(ΔI) 만을 검출하여 사고전류를 판별할 수 있는 원리임

나. 열차편성의 증가, 운전 시격 단축으로 차단기의 선택특성으로는 부하전류와 사고전류의 판별이 어려워 직류 ΔI형 고장선택 계전기와 고속도 차단기를 병용하여 사용하게 되었음

2. $\triangle I$ 형 고장선택장치 계전기 종류

가. 전자형 고장선택장치(EF형)

전자형 고장선택 장치의 전류검출용 변성기(DCCT)는 급전선을 1차측 관통권선으로 하는 포화 변성기로 2차 권선에 발생하는 전류에 의한 출력과 사고 시(과도시) 1차 전류에 의해 변화하는 2차출력에 대하여 적분 시정수 750[ms]로 설정한 미분 · 적분량으로 환산하여 설정값을 초과하면 차단기가 트립(Trip)하는 원리

나. MEF형 고장선택장치(전류방향 판별형)

MEF형 고장선택 장치는 검출 코일과 홀(hole) 소자를 조합 설치하여 홀 소자의 출력을 이용하여 정극성 전류방향으로 판별하고, 현재의 전류와 100[ms] 이전의 전류 차이를 구하여 전류변화가 일정한 크기를 초과하면 사고로 판단하는 원리로 회생실효시 부극성 전류로부터 정극성 전류로 흐르는 경우의 불요동작을 피할 수 있음

다. 윈도우형 고장선택 계전기

초기상승율(돌진율)과 최종 단락전류를 판별하도록 Hole 소자를 이용한 전류검출기의 출력전압을 A/D 변환하여 메모리에 저장하고, 일정 시간간격(매 1[ms]) 마다 샘플링한 데이터를 메모리에 저장된 전류변화를 측정하여 정정치 보다 클 때 차단 신호를 송출하는 방식

3. 고장선택 계전기의 제설정 요소

가. 고장선택계전기 제설정 기준은 기본적으로 급전방식, 전기차 특성, 선로정수, 부하전류 및 사고 시 고장전류 등을 조사 · 분석하여 정정함

(1) 열차의 기동 및 운전전류, 사고 발생빈도 등을 검토하여 정상 운전전류에서 동작하지 않도록 $\triangle I_2$(사고전류) > $\triangle I$(정정치) > $\triangle I_1$(운전전류)의 범위가 되도록 설정함

(2) 인접변전소 검출 보호범위를 중복시켜 보호협조가 되도록 함

(3) 고장계산(고장점 아크전압 300[V], 단락점 저항 0.1[Ω])에 의해 보호구간(병렬급전 60[%] 이상, 단독급전 100[%] 기준)이 충분한지를 검토함

(4) 윈도우형의 경우 급전구간 전기차 부하의 $\triangle I$를 추정 산출하고 장치의 운용 후에 표시되는 최대치에 의하여 재수정함

나. 변전소 등 Air Section에 전기차 통과 시 급격한 전류변화로 오동작이 발생할 우려가 있어 Air Section을 기준으로 대응하는 급전용 차단기 전류에 의한 유기 전압을 상쇄시키는 섹숀 보상장치를 설치하여 오동작을 방지함

다. 회생차에서 모선을 경유하여 역행차로 회생전류가 흐르는 경우는 역행정지에 의해 직

류 50F는 부하영역으로부터 정방향 전류 변화로 착각하여 ΔI로 간주하여 불요동작이 되므로 부하 전류에 관계없이 변전소 모선에서 부하 측으로 흐르는 전류변화에만 동작하고 역방향에는 동작하지 않도록 구성함

11.2.3 직류 급전계통의 고장선택 측면의 문제점 및 개선방향

1. 직류급전 회로의 부하전류와 사고전류의 특성

가. 직류급전 방식은 대체로 급전전압이 낮고 부하전류가 크며 인접변전소와 병렬 급전하므로 운전전류와 사고전류의 판별이 매우 어려운 특징이 있음

나. 사고전류는 거의 일정값을 유지하나 부하전류는 항상 변동하며 큰 전류가 지속되는 경우는 거의 없음

다. 부하전류의 Notch 변동에 의한 전류증분(ΔI)은 부하전류의 최대치보다 상당히 작으며, 동일한 전류증분 ΔI의 초기상승율(돌진율)에 있어서는 사고전류가 부하전류의 ΔI 보다 큼

2. 직류급전 회로의 고장선택성 문제점

가. 운전전류와 사고전류의 명확한 선택 차단의 어려움

나. 소전류 고저항 지락사고에 보호되지 않는 대책이 필요

다. 전기차 섹션 통과 시의 오동작 대책 필요

라. 회생 실효에 따른 오동작 방지대책 필요

3. 직류급전 회로의 고장선택성 개선방향

가. 운전전류의 전류증분 ΔI와 고장전류의 초기상승율 관계를 비교하여 운전전류와 사고전류를 판별하는 ΔI형 50F 계전기와 직류전류의 초기상승율(돌진율)과 최종 단락전류를 관계를 설정하여 운전전류와 사고전류를 판별하는 원도우형 50F 계전기를 사용함

나. 인접하여 있는 두 변전소에서 병렬로 급전하는 급전회로의 보호에도 직류 고속도차단기 및 연락차단기와 조합하여 50F 계전기로 선택 보호

다. 소전류 고저항 지락사고 시 직류과전류계전기(76)와 조합하여 레일전위를 상시 감시하여 레일전위가 일정값 이상으로 높아지면 방전장치로 방전하고 순간적으로 급전회로를 단락 시켜 대전류를 흐르게 함으로서 계전기를 동작시켜 고장전류를 판단

다. 변전소 Section을 전기차가 통과 시 급격한 전류변화로 오동작이 발생할 우려가 있으

므로 섹션 보상 회로 구성

라. 회생 실효에 따른 부방향(−) 전류 급감에 따른 오동작을 방지하기 위해서는 부하전류에 관계없이 변전소 모선에서 부하 측으로 흐르는 전류변화에만 동작하고 역방향 변화량에는 동작하지 않도록 구성함

11.2.4 교류 급전계통의 ΔI형 고장선택장치의 동작원리

1. 교류급전 회로의 특성 및 보호방식

가. 교류급전 회로의 특징

(1) 교류급전 방식은 급전전압이 높고 부하전류가 작아 직류급전 방식에 비해 사고전류의 선택. 선별이 용이함

(2) 부하전류(운전전류)는 고조파 성분이 상당히 포함된 왜형파이므로 각종 동작 불요 방지 대책이 필요함

나. 보호 방식의 적용

(1) 지락 및 단락 주보호방식은 당초에 임피던스 거리계전기(44F) 방식만 사용되었으나, 부하와 고장 선택이 점점 곤란하여져 44F 거리계전기 후비보호로서 고장선택장치($\triangle I$ 50F)가 개발되어 적용하게 됨

(2) 교류 $\triangle I$형 고장선택장치(50F)는 변압기의 여자돌입전류에 대하여 시간적 감쇄특성을 이용하기 때문에 동작시간이 200[ms] 이상 지속되는 결점이 있음 (개발 당시 적용 문제점 고민)

(3) 그 후, 고조파 억제형 $\triangle I$형 고장선택장치가 개발되어 본격적으로 적용되면서 거리계전기와 함께 이중계(二重界)를 구성하는 최적의 보호계전기로 활용되어 있음

2. 교류 $\triangle I$ 형 고장선택장치의 원리

가. 교류 $\triangle I$ 형 고장선택장치의 기본특성

(1) 부하전류의 노치(Notch)마다 전류변화분($\triangle I_1$)은 부하전류의($\triangle I$) 최댓값 보다 작음

(2) 고장전류 변화분($\triangle I_2$)는 부하전류 변화분($\triangle I_1$) 보다 매우 크다는 기본 특성원리를 이용하여 장치의 정정치를 다음 식으로 고장선택 하는 것임
(즉, $\triangle I_1 < \triangle I < \triangle I_2$가 됨)

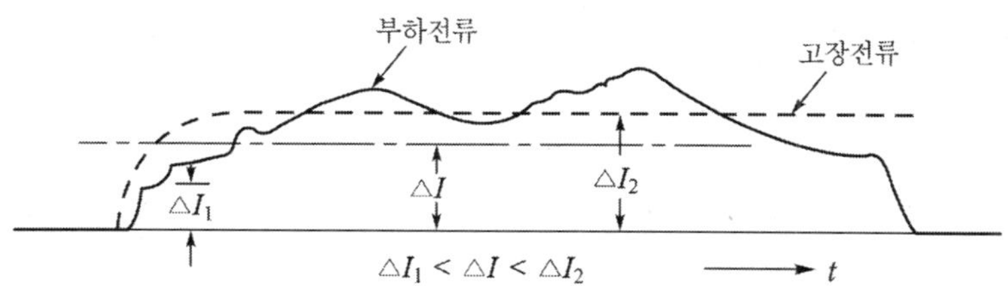

그림 11.2.8 부하전류와 고장전류 특성

(3) 전류 변화분의 검출 방법은 교류전류를 정류한 후 시정수가 크게 다른 2조의 1차 지연요소를 통하여 그 출력의 차를 $\triangle I$로 하며, 이 $\triangle I$가 정정치 보다 크면 고장선택 장치가 동작되도록 되었음

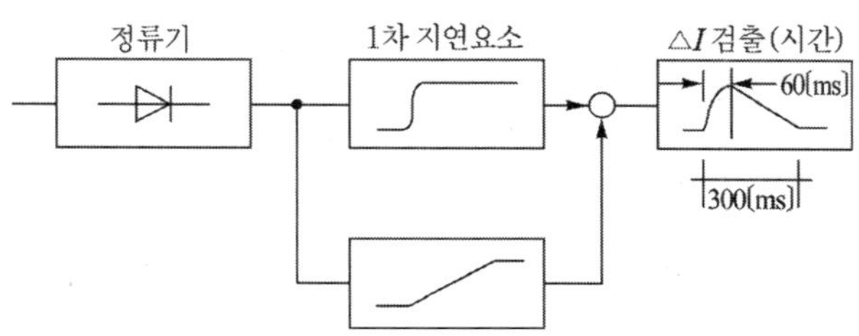

그림 11.2.9 전류변화분 검출 방법

나. $\triangle I$형 계전기의 장점

(1) 전기차 부하의 심한 변동에서 최대부하 전류에 의한 오동작 방지가능
(2) 원거리 지점 고장발생 시 전류부족에 의한 계전기 부동작 방지 보호
(3) 고역률 고조파 PWM 및 사이리스터 전기차 보호용으로 적합

3. 고장선택장치의 보호 범위

가. AT 급전방식에서 급전전압은 50[kV]이며, 전차선과 계전기간 전압이 25[kV]이므로 25[kV] 계통의 지락저항을 50[kV] 계통으로 환산하면 4배가 됨
　➪ 급전전류는 1/2배

나. 보호범위는 원점을 중심으로 $\triangle I$를 반경으로하는 원의 내부는 계전기 부동작 범위이고 외부는 동작범위로서 운전중 전류증분($\triangle I_1$)은 부하전류 최대치보다 작고, 고장전류 증분($\triangle I_2$)은 $\triangle I_1$에 비해 매우 큼

다. 고장선택 계전기는 고저항접지인 경우 보호하는 것으로 고장전류를 선택하는데 약 400[ms]의 시간이 필요함 ➪ ΔI 계전기는 설정치 이상의 ΔI가 발생하거나, ΔI 전류가 일정시간동안 고장전류로 지속되는 것을 검출함

라. 고장전류가 통상 120[ms] ~ 200[ms]에서 (거리계전기 동작)회로가 차단되므로 후비 보호로서의 역할을 충분히 담당함

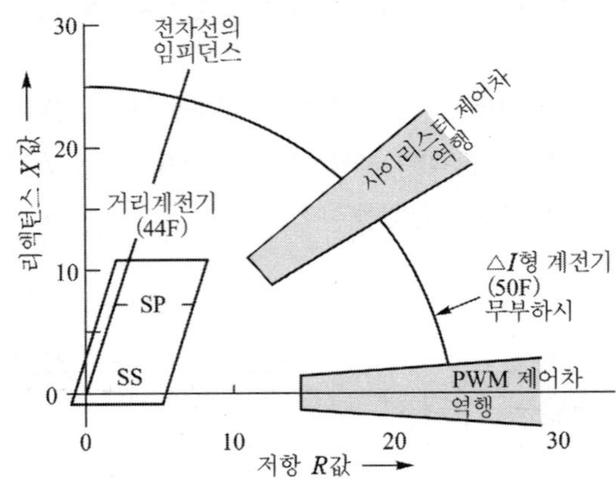

그림 11.2.10 계전기 보호협조 범위

4. 벡터 연산형 고장선택장치 원리

가. 최근 고역률 저조파의 PWM 제어차의 보급에 따라 부하역률각과 고장전류의 위상각 차이가 큰 것을 이용한 디지털(Digital)형 벡터(Vector) 연산방식의 교류 ΔI형 고장 선택장치가 개발되어 널리 사용됨

나. 동작원리 및 기본사양은 기존의 아날로그형과 거의 동일하며, 그림 11.2.11에서 보는 바와 같이 Vector형 ΔI형 계전기가 같은 사고전류에서 동작 범위 및 감도에서 훨씬 예민함을 알 수 있음

(1) Vector형 ΔI형 계전기의 동작 특성은 전기차 역행 시의 ΔI 크기이며, I_F는 선로고장 시 고장전류, I_L은 운전전류, I_B는 전기차 Notch 조작 등으로 발생되는 운전 중의 최대 증분전류인 기준전류 일 때

(2) 스칼라형 ΔI 계전기의 동작전류 범위는 $|I_F| - |I_L| > \Delta I$ 스칼라 량으로서 동시에 $|I_F| > |I_L|$ 조건을 만족하는 영역이어야 함

(3) 벡터형 ΔI 계전기의 동작전류 범위는 $|I_F| - |I_B| > \Delta I$ Vector 량으로서 검출 감도가 넓음을 알 수 있음

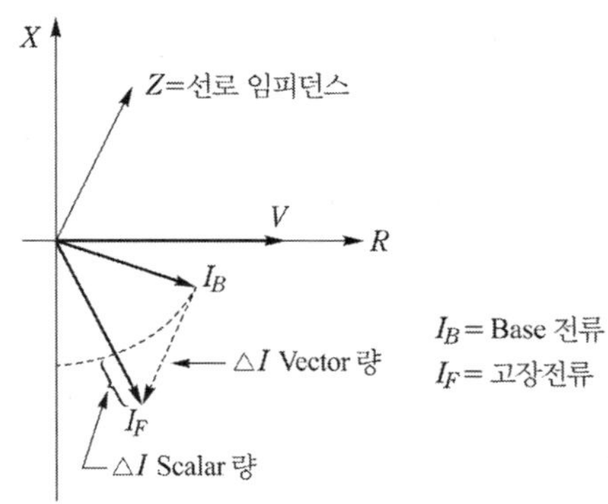

그림 11.2.11 Scalar 형과 Vector 형 계전기의 ΔI 검출감도

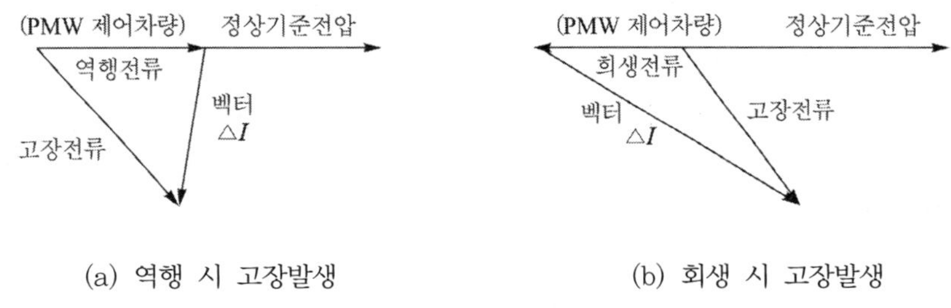

그림 11.2.12 Vector 연산형 $\triangle I$ 형 고장선택장치 벡터도

11.2.5 고조파 억제형 교류 ΔI형 고장선택장치의 필요성 및 구성

1. 개요

가. 교류 전기철도 급전회로의 단락 또는 지락사고 주보호 방식은 당초 거리계전기(21F)만을 사용하였으나, 고속철도 및 고빈도 열차운전으로 부하와 고장선택이 점차 어려워져 거리계전기 후비보호로서 $\triangle I$ 형 고장선택 장치가 개발되어 사용됨

나. 교류 $\triangle I$ 고장선택장치는 변압기의 여자 돌입전류에 대하여 시간적 감쇄특성을 이용할 때 동작시간이 200[ms] 이상 지속되는 결점이 있고,

다. 이러한 결점보완을 위하여 변압기 무부하 돌입전류와 부하전류의 고조파를 이용하여 불요동작을 억지하며 보호능력을 향상시켜 고속동작을 수행할 수 있도록 고조파억제형 $\triangle I$ 형 50F 계전기가 개발되어 거리계전기와 함께 최적의 보호계전시스템을 구성하게 됨

2. 고조파 억제형 교류 ΔI 고장선택장치 필요성

가. 교류 급전계통의 돌입전류 특성

(1) AT 급전 회로에서는 초기 급전 시 및 재폐로 시에 큰 무부하 돌입전류가 발생함
(2) 전기차의 절연구간 통과 시 차량용 변압기의 무부하 여자 돌입전류 또는 탭 제어 차량의 역행 통과 시에 부하 돌입전류가 발생하여 큰 전류 증분으로 됨
(3) 돌입전류에 의한 불요동작을 방지하기 위하여 부하전류 또는 고장전류가 가지는 고조파 특성을 이용하여 대책을 시행하고 있음

나. 교류 급전회로 고조파 억제 ΔI형 고장선택장치 필요성

(1) 고장선택장치 동작력으로 기본파만을 이용함
(2) 변압기 무부하 여자돌입전류에 많이 포함된 제2조파를 이용하여 출력을 억제함
(3) 부하 돌입전류에 대해서 부하전류에 많이 포함된 제3조파를 이용하여 피상 부하전류가 작아지도록 억제함
(4) 상시의 기저부하 전류에서 고장전류까지의 증분전류를 제3조파에 의하여 억제를 시행하면 피상 기저전류가 작아지고, 전류증분이 크게 나타나므로 보호능력이 대폭 향상됨

3. 고조파 억제형 교류 ΔI 고장선택장치 구성

가. 급전전류를 전압으로 변환(i/v)하고 밴드패스 필터에서 기본파 분을 유출시켜 정류하고, 제3조파에 의하여 억제를 시행한 후 ΔI를 검출함
나. 부하전류에 대해서는 제3조파 함유율이 15[%]로, 기본파 전류가 50[%]가 되는 비율로 억제함
다. 탭제어차 또는 사이리스터 위상제어차는 부하전류에 제3조파 함유율이 10~20[%]이므로 기본파 전류는 거의 1/2이 됨
라. 최근의 PWM 제어차는 제3조차 함유율이 종래의 1/3 정도로 적고 고역률이며 기본파 전류가 작으므로 기저전류에 대한 보호성능은 종래의 사이리스터 제어차와 유사함
마. 변압기 무부하 여자 돌입전류의 제2조파 함유율은 일반전철에서는 15[%] 이상, 고속전철에서는 12[%] 이상으로 출력을 억제함
바. 고속철도에서는 50F를 이중계로 구성하고, 50FB는 제2조파와 제3조파 함유율을 동일하게 억제함

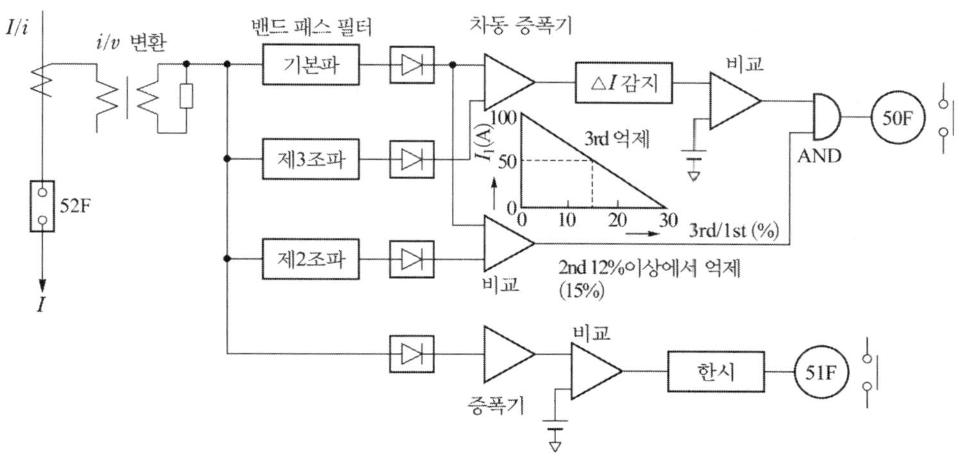

그림 11.2.13 고조파 억제형 $\triangle I$ 고장선택장치 구성 블록선도

11.3 고장점표정장치(99F) 및 거리계전기(44F)

11.3.1 고장점표정장치(로케타계전기)의 원리 및 특성

1. 고장점표정장치 기능 및 필요성

가. 교류 급전방식은 직류방식에 비해 변전소의 간격이 비교적 멀어 전차선로에 고장이 발생되면 고장지점을 탐색하기 위한 순회점검 구간이 길어지고, 애자 섬락 및 이물질의 접촉 등 순간적인 사고에는 화상흔적이 미세하여 고장지점을 발견하기가 어려움.

나. 따라서, 전차선로 또는 배전선로의 급전계통 지락 또는 단락 사고가 발생 시 고장점까지의 거리 또는 고장구간을 신속하고 정확하게 검출하여 사고복구 시간을 최대한 단축함으로서 열차 안전운행을 확보하기 위하여 고장점표정장치를 설치함

다. 고장점표정장치를 "Fault Locator"라고 하며 거리계전기(44F)와 고장선택계전기(50F)를 조합하여 급전회로 보호에 사용하며, 고장점의 검출방식에 따라 BT 급전계통에서는 주로 "리액턴스 검출방식"이 사용되고, AT 급전계통에서는 "흡상전류비 방식"이 적용됨

라. 최근 고속철도(KTX) 도입 구간에서는 유럽형 거리계전기를 이용한 고장점표정장치가 도입되어 운영되고 있음

2. 고장점표정장치의 기본원리

가. 고장점표정장치는 변전소 또는 구분소에 설치하여 사고발생 시 고장전류와 그 때의 전압으로 고장점까지의 임피던스를 구함

나. 전차선로의 임피던스값은 거리에 따라 고유값을 가지고 있으므로 고장 시의 전류와 전압에 의하여 고장점표정장치에 의해서 환산된 임피던스값을 고유 임피던스와 비교하여 고장점까지의 거리를 검출하게 되는 원리임

다. 고장점까지의 리액턴스값은 변전소에 디지털로 표시되고, 원격전송장치를 통하여 급전사령실에 전송되어 사고복구 및 열차운영 정보로 사용함

3. 고장점표정 검출 방식

가. 리액턴스 검출방식

(1) 교류 BT 급전계통에 적합하게 사용하는 방식임

(2) BT 급전회로는 급전선 등이 없고 설비가 간단하여 변전소측에서 바라본 선로 단락임피던스가 거리에 대하여 거의 직선적으로 비례하는 원리를 이용하여 고장점까지의 임피던스를 계산하고 이미 알고있는 선로 임피던스를 비교하여 고장점까지의 거리를 표정하는 방식임

(3) 임피던스 검출 방식은 고장점에 저항분이 있을 경우 표정오차가 발생하므로 저항분의 영향분이 없는 리액턴스 검출 방식이 개발되어 사용됨

나. AT 흡상전류비 방식

(1) 교류 AT 급전계통에 적합하게 사용되는 방식임

(2) AT 급전회로에서 선로 임피던스는 거리에 대해서 비례하지 않으므로 리액턴스 검출방식의 표정장치는 오차가 크게 발생함

(3) AT 급전회로에서는 고장점을 중심으로 양측에 설치된 AT 중성점 흡상전류가 각각의 AT로부터 고장점까지의 거리에 반비례하는 원리를 이용하여 사고 발생 시 해당 급전회로 전체의 AT중성점 흡상전류를 자동계측하고 변전소로 전송하여 고장점까지의 거리를 산출하는 방식임

4. 고장점표정장치의 오차발생 원인 및 보정 유의사항

가. 상하선의 판별

(1) AT 급전계통 회로는 복잡하여 흡상전류비는 상・하선의 AT흡상전류를 합성하여 전류비를 구함

(2) 고장회선의 결정은 상하 AT의 흡상전류 크기를 비교하지 않고 해당구간의 보호계

전기 동작에 의해 판단하는 것이 정확도가 높음

나. T–F 단락(전차선과 급전선의 단락)

(1) 흡상 전류비 방식에서는 T–F 단락고장은 표정이 불가능하고,
(2) 이때는 보호계전기가 동작하여도 AT의 흡상 전류가 작아서 500[A] 이하에서도 T–F 단락 시 고장점산출 정정이 필요

다. 3권선 변압기를 사용하는 AT 급전회로에서의 적용

3권선 변압기를 사용하는 AT 급전회로의 변전소 인근에서 고장발생 시 변압기의 중성점으로 전류가 분류됨으로 변전소 AT의 흡상전류에 변압기 중성점 전류의 가산이 필요함

11.3.2 리액턴스(임피던스) 검출방식 고장점표정장치 원리

1. 검출 원리

가. BT 급전회로의 변전소에서 본 단락임피던스는 거리에 대해 직선적(비례) 이어서 사고점까지의 임피던스를 연산하여 거리를 표정하는 방식임
나. 임피던스 검출 방식은 고장점에 저항분이 있을 경우 표정오차가 발생하므로 저항분의 영향분이 없는 리액턴스 검출 방식이 사용됨

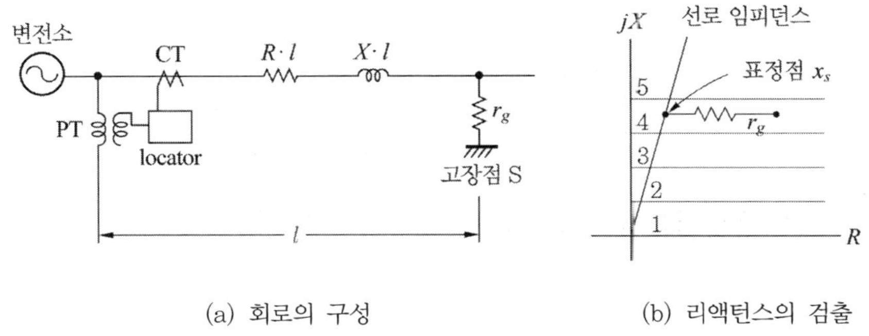

(a) 회로의 구성 (b) 리액턴스의 검출

그림 11.3.1 리액턴스 검출방식 원리

2. 측정항목 및 판정

가. 측정항목 및 기능

(1) 부하전류, 전압, 임피던스, 사고전류를 표시하여야 함
(2) 사고점까지의 Reactance 값을 %로 표시 ⇨ 고장거리 표정

나. 측정방법

(1) Fault Locator는 계산에 의해 구해진 Reactance 값을 %로 표시하고 동시에 중앙제어소로 전송하며, 중앙제어소는 거리와 Reactance 관계(표정곡선)에 의하여 고장이 발생한 위치를 검출하게 됨

(2) 표정거리 연산

$$X = \frac{E}{I}\sin\theta[\text{km}]$$

여기서, X : 변전소(기점)으로부터 고장점까지의 거리[km]
E : 사고발생시 전압[V]
I : 사고발생시의 고장전류[A]
$\sin\theta$: 전압과 전류의 위상각

다. 계측결과의 판정

(1) 계측부 단체에 대한 허용오차 : ±2% 이내 ➪ 다만, BT 급전방식에서 T-R 간의 사고 시에는 BT와 흡상선 설비의 관계에 의하여 표정곡선이 아닌 계단상의 형태가 나타남.

(2) 표정구간은 초기 5단계였으나, 현재는 10단계로 정밀도를 향상시킴

3. 특성 및 조건

가. 데이터 입력 기본단위 ➪ 0.01[Ω/km] (step 0.01)
나. 고장점거리 ➪ 0.0~100.0[km]
다. 고장거리 허용오차 ➪ ±2[%] (직선 10[km] 기준)

11.3.3 AT 흡상전류비 방식 고장점표정장치 원리

1. 검출 원리

가. AT 급전회로에서 선로임피던스는 거리에 대해서 비례하지 않음

나. AT 급전회로에서는 고장점을 중심으로 양측에 설치된 AT 중성점 흡상전류가 각각의 AT로부터 고장점까지의 거리에 반비례함을 이용함

다. 사고 발생 시 해당 급전회로 전체의 AT 중성점 흡상전류를 자동 계측하여 변전소로 전송하여 고장점까지의 거리를 연산하고, 급전제어소를 전송함

2. 측정항목 및 판정

가. 측정항목 및 방법

(1) 중성점전류, 부하전류를 표시하고, 기동후 1 사이클분의 AT 중성점에서 흡상하는 전류를 계속하여 %로 표시하게 됨

(2) 급전회로에 고장이 발생한 경우 지령소에서는 전류값이 큰 2개소의 자료를 흡상전류비 계산식에 따라 고장점거리를 산출함

(3) 흡상전류비 방식은 AT 중성점에 전류가 흐르지 않고, T-F 혼촉 고장을 표정되지 않음

나. 계측결과의 판정

계측부 단체의 허용오차(±2[%] 이내) : 기능유지 검사관리치

3. 특성 및 조건

가. 모장치

(1) 표시범위 : 0~10,000[A], 0~70[kV]

(2) 고장점거리 : 0.1~999.9[km]

(3) 오차범위 : ±2[%] (직선 10[km] 기준)

나. 자장치

표시범위 : 0~10,000[A], 오차한도 : ± 2[%]

4. 흡상전류비 고장거리 산출 방법

가. AT 급전계통에서 정상 선로의 AT는 정상적인 전원으로 역할을 하고 있으나, 고장발생 시 고장점 양측 AT 중성점 전류크기는 각각의 AT에서 고장점까지 거의 반비례로 흐름.

나. 그림 11.3.2와 같이 AT흡상전류비 방식의 흡상전류비는 $H_i = \dfrac{I_{n+1}}{I_n + I_{n+1}}$ [pu]로 표시되며 거리에 직선적으로 비례하므로, 좌표에서 $(H_i - 0.08) : (0.92 - 0.08) = x : D$에서

$$\therefore\ x = \frac{(H_i - 0.08)}{0.84} \times D[\text{km}]$$

다. 따라서, $X = L_n + x = L_n + \dfrac{(H_I - 0.08)}{0.84} \times D$[km]가 됨

여기서, X : 기점(변전소)에서 고장점까지의 거리[km]

D : AT_n에서 AT_{n+1}까지의 AT 간 거리[km]

L_n : 기점에서 AT_n까지의 거리[km]

x : 고장점에서 AT_n까지의 거리[km]

I_n : AT_n에서의 흡상전류[A]

I_{n+1} : AT_{n+1}에서의 흡상전류[A]

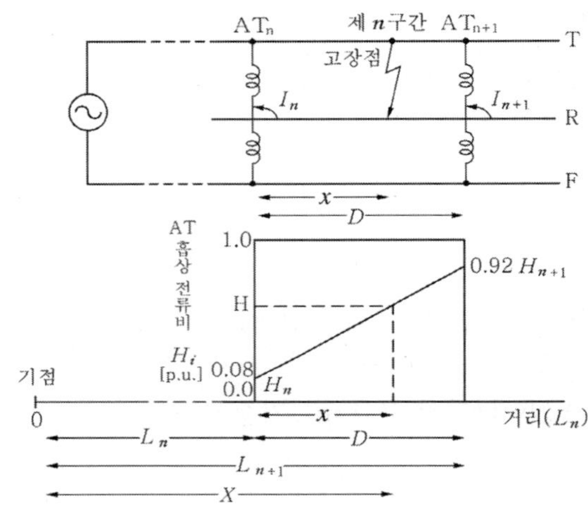

그림 11.3.2 흡상전류비 방식 고장표정 원리

11.3.4 AT 급전계통의 고장점표정 측면에서의 단락임피던스 궤적

1. 고장점표정장치 개요

가. 고장점표정장치(99F)는 전차선로에 단락, 지락사고 발생 시 사고지점(고장점)까지의 거리를 표시하는 장치이며, S/S나 SP에 설치함

나. 거리계전기(44),고장선택계전기(50)와 조합하여 사용하며, 고장점표정방식은 리액턴스 검출방식(BT구간), 흡상전류비방식(AT구간)이 있음

다. AT 급전구간에서는 전차선로 임피던스가 거리에 비례하지 않아 흡상전류 비율이 AT에서 고장점까지 거리에 반비례하는 원리를 이용한 AT 중성점 흡성전류비 방식으로 Fault Locater로 불리기도 함

2. 고장점표정측면의 단락 임피던스의 궤적 특성

전차선을 T, 레일을 R, 급전선을 F라고 할 때 AT지점에서 다음 AT까지의 거리에 대한 선로 임피던스를 기준으로 단락임피던스 궤적 특성을 설명함

가. 그림 11.3.3과 같이 T-F 단락임피던스는 2개 전선의 왕복 임피던스로 직선형이나, T-R 단락 임피던스는 AT 위치에서 골짜기가 생기는 곡선 궤적으로 되는데 이는 주로 AT의 흡상효과에 의한 것으로 이러한 파상 임피던스는 일반 거리계전기로는 정확하게 표정할 수 없는 원인이 됨

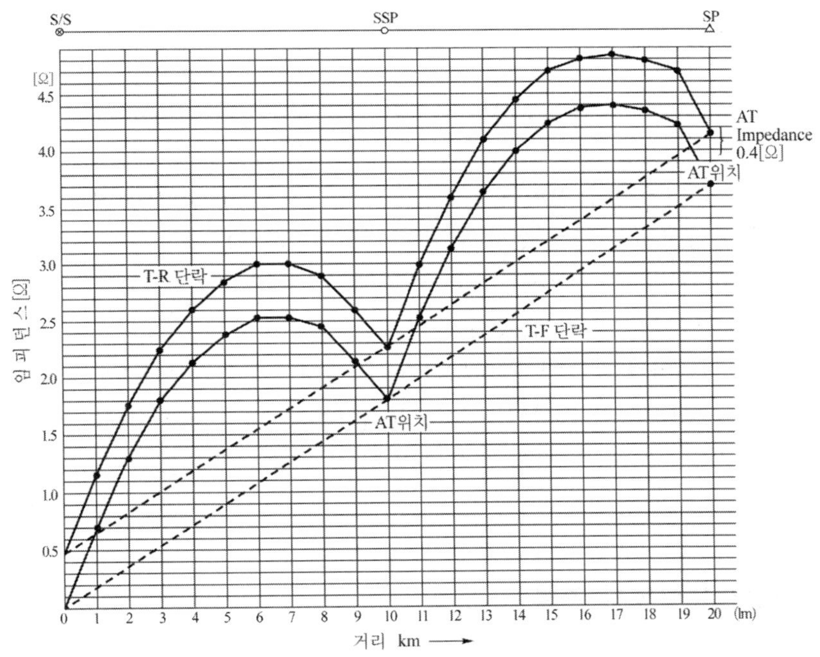

그림 11.3.3 AT 급전회로 T-R 단락임피던스 궤적

나. 그림 11.3.4에서 AT-1 지점의 T-R 단락임피던스는 T-F 단락임피던스에 AT 누설 임피던스 약 0.45[Ω]을 더한 값만큼 커짐을 알 수 있고, a, b, c, d 점의 T-R 단락 임피던스 궤적을 보면 AT1 근방 a, b에서는 대부분 전류를 흡상하고 AT2 흡상효과는 매우적기 때문에 거리에 대한 임피던스 상승률 m'는 T-F 단락 임피던스 상승률 m의 4배정도가 되며,

다. 단락점이 AT1에서 점점 멀어져 AT2 에 가까워지면 AT1의 흡상 효과는 감소하고 AT2 흡상효과가 커져서 중앙점을 지난 c점에서 상승률이 0이 되고 d점에서 상승률이 마이너스가 되는 등 AT 급전계통의 임피던스는 그림 11.3.4와 같이 산(山) 모양이 됨

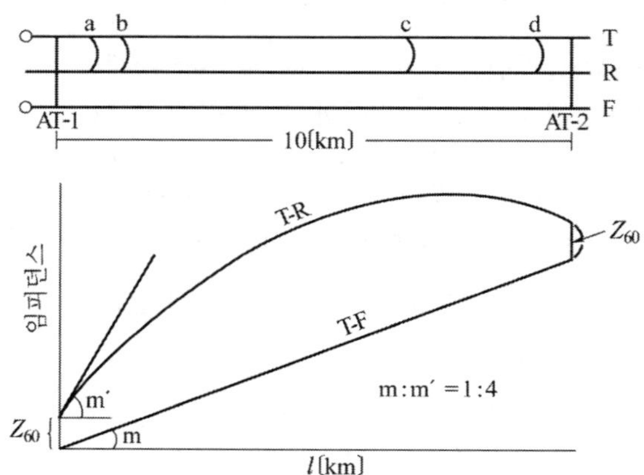

그림 11.3.4 AT 급전계통 임피던스

라. 고장점표정 측면에서의 임피던스궤적

(1) AT의 흡상전류 분포는 선로 임피던스와 상관되므로 AT1에서 AT2 측으로 바라본 전기차 전류 흡상비율은 AT1 직후에서 100[%] 흡상되고, 1/4 지점은 AT1에 3/4, AT2에는 1/4가 흡상되고,

(2) 반대로 전기차가 AT1에서 3/4떨어진 지점에 있을때는 전류의 흡상비율은 AT1에 1/4, AT2에 3/4가 흡상되는 등 고장점양측의 AT중성점 전류는 각 AT로부터 고장점까지의 거리에 반비례 한다는 원리를 전제로 고장점표정장치를 적용하게 되었음

3. 국내의 고장점표정장치 종류

가. 국내 전기철도에 채택된 고장점표정장치는 일본의 쯔다전기가 제작한 AT 중성점 전류비 방식, 국내 P&C Tech 회사의 중성점 흡상전류비 방식의 Fault Locator, 프랑스 ICE 회사의 Reactance type형 등을 사용하고 있음

나. 기존 고장점표정은 오차가 5[%] 정도이고 AT설치 간격(10[km]) 기준이었으나, 최근 T-F 단락고장 표정이 가능하고 CPW 설치간격인 2~2.5[km]를 기준으로 표정하는 기기가 개발되어 신뢰도를 대폭 향상시켰음

11.3.5 거리계전기의 원리 및 특성

1. 거리계전기 원리 및 특성

가. 교류 급전회로, 송전선로 등의 선로 임피던스는 선로거리에 비례하는 원리를 이용한 거리계전기는 선로사고 시 고장점까지 거리(전기적 임피던스)를 사고순간의 전압, 전류값을 측정하여 거리로 환산하고, 정정치 이내일 때 동작하는 전차선로의 주보호 계전기로 사용되고 있음

나. 전기철도용 거리계전기가 보호 구간 내의 고장을 확인하여 판정하는 요소로는 고장점으로 흐르는 전류의 방향과 계전기 설치점으로부터 고장점까지의 거리, 즉 계전기 보호방향과 보호거리가 주요 요소임

다. 거리계전기의 종류는 임피던스형, 모오형, 리액턴스형, 4변형형, 옵셋트형 등이 있으나, 4변형형 거리계전기는 방향성을 갖고 가장 이상적인 리액턴스 특성을 가지고 단거리 및 장거리에 모두 적합하여 국내에서 주로 사용되고 있음

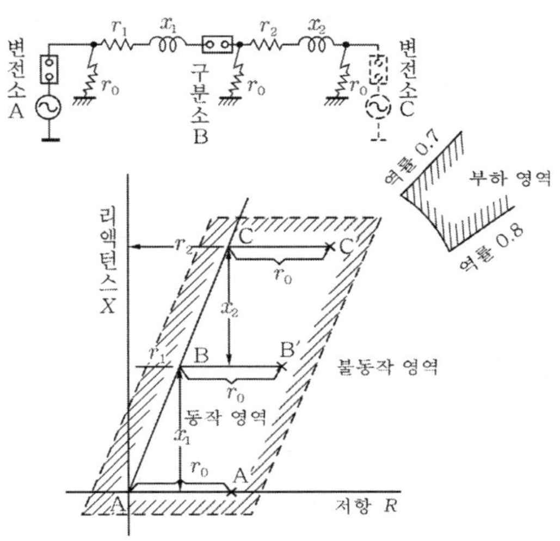

그림 11.3.5 거리계전기 원리도

2. 거리계전기 보호범위 및 보호방향

가. 국내 교류 전기철도 급전방식 중 고속철도는 병렬급전구분소에서 상하선 Tie(연결)하여 병렬급전(Parallel Post) 방식을 채택하고, 일반철도는 상하선 분리급전(Sectioning Post) 방식을 채택하여 급전하고 있어 적용하는 거리계전기 정정개념을 고려하여 보호범위와 보호방향을 설정하여야 함

나. 그림 11.3.6에서 zl_1, zl_2와 같이 임피던스는 선로 길이에 비례하므로, 전기차의 경

우 노치 OFF 때 임피던스는 큰 값이고, 노치 ON(역행) 때의 임피던스가 작은 값으로 부하영역 임피던스 값임

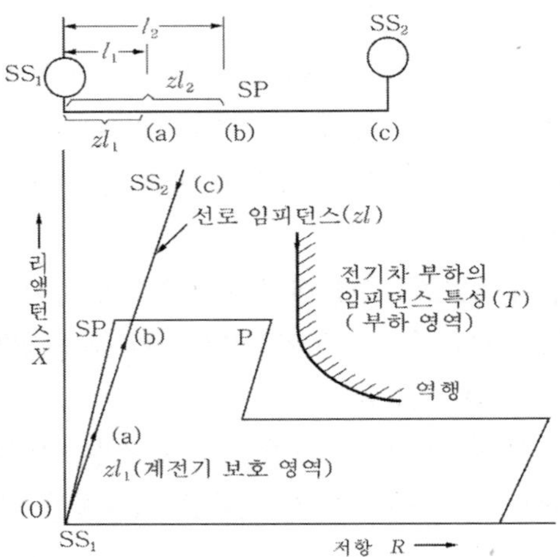

SS_1, SS_2 : 변전소　　l_1, l_2 : SS_1에서 점 a, b까지의 거리
z : 전선로 단위 길이당의 임피던스

그림 11.3.6 선로 및 전기차 부하 임피던스 특성

다. 거리계전기의 정정을 점선으로 표시 ➪ 고장영역과 부하영역의 구분하여 고장영역과 부하영역을 임피던스 곱으로 표시하며, 고속도재폐로 기능을 채용 할 때의 재폐로 시간을 0.5초로 정하고 있음

3. 거리계전기의 동작특성

가. 전차선로 임피던스는 거리에 비례하므로 고장이 발생하면 거리계전기 설치점인 변전소에서 고장점까지의 임피던스를 측정·계산하여 보호범위 이내일 때 차단기를 차단하는 기능을 수행함

나. 전기차가 거리계전기 보호범위 내로 진입하면 전기차 및 선로전체의 임피던스를 인식하고 부하이동 위치 및 역률에 따라 R 및 X 값이 달라지는 상황을 인지하게 되어 이상발생 시 고장거리를 판별하게 됨

다. 이때, 운전전류에는 상당한 제3, 제5 고조파가 포함된 것을 감지하여 운전전류와 고장전류를 구분하여 계전기 오동작을 억제하도록 함

라. 애자의 플래쉬 오버(Flash over) 등의 경우에는 고속도 차단하여 아크를 소멸시키고 재폐로 동작(0.4~0.5[see])으로 계통을 정상화하지만, 사고로 동작하면 고장점 표정장치를 통하여 사고지점을 표출하게 됨

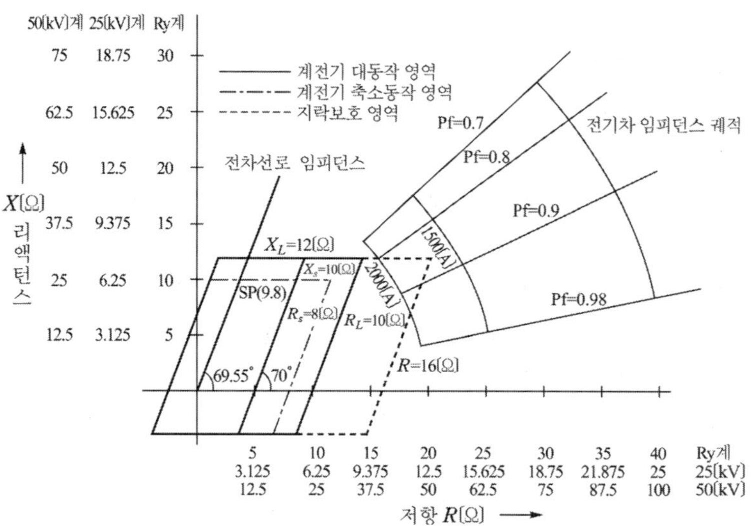

그림 11.3.7 거리계전기 동작특성 범위

11.3.6 거리계전기의 정정(Setting) 방법

1. 보호계전기 정정 의미

가. 보호계전기는 전력계통을 구성하고 있는 각종 전력설비를 상시 감시하여 사고 또는 이상이 발생했을 때 이를 신속하고 확실히 검출하여 고장부분을 최단시간 내에 계통으로부터 분리함으로써 전력공급 지장을 최소화 하고 전력설비의 손상을 억제하는 기능을 가지며,

나. 단락 또는 지락사고 등의 이상현상이 발생했을 때 사용 목적에 맞도록 확실하게 동작하여 최단 시간 내에 최소 사고부분을 분리하여 전력계통의 신뢰성을 확보하기 위하여 보호계전기가 고장을 감지하여 작동을 시작하는 값과 고장구간을 구별하기 위하여 동작시간을 결정하는 것을 계전기 정정이라 하며, 정정에 의하여 결정된 값을 정정치라고 함

다. 사용목적에 맞도록 적정 정정치로 조정되어 있을 때 본래의 의무인 최적의 감시 및 고장구간 분리기능 수행을 할 수 있으며, 전력계통내에서 보호계전기에 의해서 고장부분 또는 고장구간을 판별하는 정정 요소에는 고장전류, 전압의 크기 및 위상각, 시간, 방향비교, 차동 및 로직에 의하게 됨

2. 보호계전기의 정정이 필요한 경우

가. 일반적으로 보호계전기를 최적의 상태로 운영하기 위하여 전력계통의 설비 증설, 신설, 철거 등으로 보호계전기의 특성 요소가 변화하는 경우 계전기 정정을 하여야 함

나. 최근 보호계전기 정정은 인접 보호계전기 및 설비간 보호계전기 협조 프로그램을 이용하여 상호 보호협조가 되도록 하고 있으며, 새로운 보호설비의 경우에는 충분한 데이터베이스를 구축하여야 함

다. 보호계전기 정정이 필요한 경우는

(1) 전력설비(발전기, 변압기, 송배전선로, 모선, SR 등) 신, 증설시

(2) 전력계통 구성이 변경되었을 때

(3) 전력계통 운전 모형이 변경되었을 때

(4) 계전기용 변성기(CT, PD 또는 PT) 교체 또는 전압, 전류비 변경시

(5) 송배전선로 교체 및 부하 증가시

(6) 배전반 및 계전기 대체시

(7) 보호계전기 오동작 및 부동작시

(8) 기타 필요하다고 인정되는 변경이 있을 때

3. 거리계전기의 정정(setting) 방법

가. 거리계전기(21F)는 전차선로 주보호 계전기로 주로 사용하는 계전기로 보통 그림 11.3.8과 같이 전차선 CT와 급전선 CT의 2차 전류를 모두 거리계전기에 입력시켜 계전기 내부에서 차동결선 또는 디지털방식으로 TF 전류와 AF전류의 차를 이용하여 임피던스를 연산하여 보호범위를 벗어나는 정정값 이내 일 때 동작함으로서 임피던스 값을 환산한 고장점까지의 거리를 표시하는 원리임

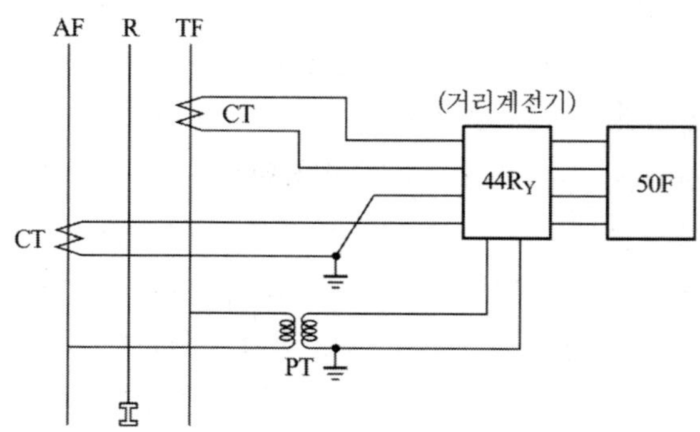

그림 11.3.8 CT 및 거리계전기(ICE 및 Mitsubish) 결선도

나. 거리계전기 정정은 동작한계가 되는 보호범위까지의 선로의 정상 임피던스를 기본으로 하여 정해지며 임피던스에 포함된 저항 성분의 R 탭 정정과 리액턴스 성분의 X 탭 정정이 있음

다. 거리측정은 입력된 전압, 전류로 임피던스를 계산하는데 정정된 거리보다 먼거리(보호범위밖)의 고장을 보호범위 이내로 잘못 판단하여 동작하는 Over reach, 보호범위 내 고장을 보호범위 밖으로 잘못 판단하여 동작하지 않는 Under reach 등의 오동작을 감안하여 거리계전기 정정을 약 20[%] 크게 함

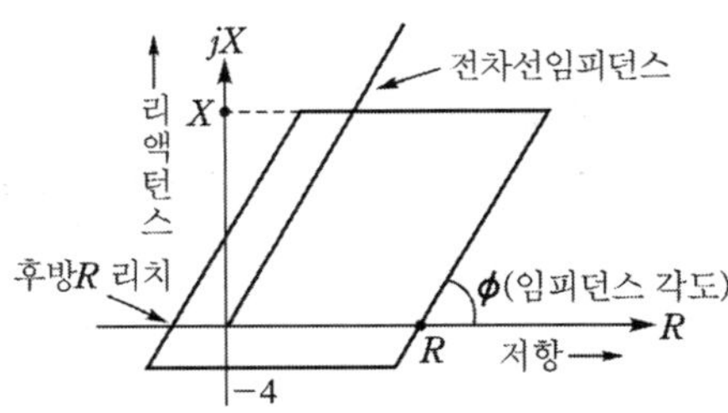

그림 11.3.9 거리계전기 보호범위

라. 임피던스를 거리로 환산하는 실계(實系)와 계전기계 임피던스 관계

(1) AT 급전회로는 50[kV]와 25[kV]의 두 개의 전압이 공존하므로 실계통의 임피던스는 두 가지로 표시하며, 그림 11.3.10과 같이 TF−R 사이에서 고장이 발생한 경우 선로임피던스를 Z_T, Z_R [Ω/km], 고장점저항을 rg이라고 할 때 25[kV] 계통의 임피던스 Z_{25}은

$$Z_{25} = \frac{V_{25}}{I_{25}} = (Z_T + Z_R) \cdot l + rg$$

(2) 50[kV] 계통은 AT 작용에 의하여 전압은 $V_{50} = 2\,V_{25}$, 전류는 $2\,I_{50} = I_{25}$이므로 50[kV] 계통의 임피던스 Z_{50}은 Z_{25}의 4배가 됨

$$Z_{50} = \frac{V_{50}}{I_{50}} = \frac{2\,V_{25}}{I_{25}/2} = 4 \cdot \frac{V_{25}}{I_{25}} = 4\,Z_{25} = 4\,(Z_T + Z_R) \cdot l + 4\,rg$$

따라서, $Z_{50} : Z_{25} = 4 : 1$의 관계가 성립됨

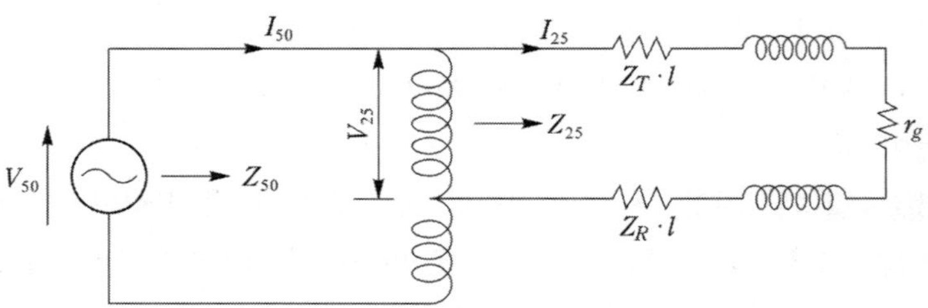

그림 11.3.10 AT 급전회로 Z_{50}, Z_{25} 관계

마. 계전기계 임피던스(계전기에서 바라본 임피던스) 관계

(1) PT와 CT 2차측의 전압 전류로 구한 임피던스를 계전기계의 임피던스 Z_{RY}이라 하고, PT 전압비를 $K_{PT}= V_1/ V_2$, CT 전류비를 $K_{CT}=I_1/I_2$ 에 의해 실제 계통의 임피던스 $Z= V_1/ I_1$와는 다음과 같은 관계가 있음

$$Z_{RY} = \frac{V_2}{I_2} = = \frac{V_1}{I_1} \cdot \frac{I_1/I_2}{V_1/V_2} = Z \cdot \frac{K_{CT}}{K_{PT}} \Rightarrow Z_{RY} = \frac{K_{CT}}{K_{PT}} \cdot Z_{50}$$

(2) 여기서, AT 급전회로의 부하전류가 400[A]라고 하면,
K_{PT} = 55[kV] / 110[V]=500, K_{CT} = 400[A] / 5[A]=80이므로

$$Z_{50} : Z_{RY} : Z_{25} = Z_{50} : \frac{K_{CT}}{K_{PT}} \cdot Z_{50} : Z_{50}/4 = Z_{50} : \frac{80}{500} Z_{50} : \frac{Z_{50}}{4}$$
$$= 6.25 : 1 : 1.5625$$

4. 거리계전기 정정(setting) 실례

가. 급전회로의 인전 변전소 또는 급전구분소까지의 리액턴스 보다 20[%] 오버 리서치(Over Research)하여 결정함

나. AT 급전계통의 전차선로 임피던스를 0.1263 + j0.1838 = 0.2230[Ω/km], 변전소와 인접 급전구분소 간격이 52[km]이라고 할 때 거리계전기의 정정값

(1) X Tap Setting(X탭 정정)

$$X_L = 0.1838 \times 52 \times \frac{1}{1.5625} \times 1.2 = 7.34$$ 이므로, 8[Ω] 탭으로 정정

(2) R Tap Setting (R 탭 정정)

$$R_L = 0.1263 \times 52 \times \frac{1}{1.5625} \times 1.2 = 5.04$$ 이므로, 5[Ω] 탭으로 정정

※ 일부 거리계전기는 열차빈도가 높고 기동전류가 크면 실계 임피던스 등이 보호범위를 침범하게 되므로 축소영역(80[%])으로 정정하기도 함

11.4 ◦ 기타 보호계전기 및 보호방식

11.4.1 비율차동계전기(87T) 원리 및 오동작 방지 방법

1. 비율차동계전기 보호

가. 차동계전기는 변압기, 발전기, 모선 등의 내부고장인 상간단락, 층간단락, 지락고장에 대한 보호용으로 사용되는 계전기로 전압, 전류 또는 기타 두 가지 Sourse 비교에 의한 차이로 동작하는 원리를 이용하였음

나. 기본원리는 보호하고자 하는 구간에 유입되는 전류와 유출되는 전류차가 미리 정해진 비율을 초과하는 경우에 동작하는 특성을 가진 차동계전방식의 계전기로 과부하 보호 특성은 없음

다. 교류전철 변전소 스코트 결선변압기는 단상변압기 2대를 T결선한 것과 같으므로 M상과 T상에 각각 분리하여 단상용 비율차동계전기를 설치하여 보호하는 것을 원칙으로 함

2. 비율차동계전기의 동작원리 및 특성

가. 비율차동계전기의 동작원리

(1) 비율차동계전기의 기본적인 원리는 정상적으로 운전되는 변압기는 1차 전류에 변압기 권수비를 곱하면 변압기 2차 전류가 되는데, 어떤 이유로 변압기 1차 및 2차 전류의 비가 권수비와 다르면 변압기 내부고장으로 판단하고 1차 및 2차 전류의 차에 비례하여 동작하도록 하는 것으로,

(2) 그림 11.4.1과 같이 보호대상 변압기의 전원측과 부하 측에 변류기(CT)를 설치하여 1차 및 2차 전류비가 동등한 경우에는 변류기 2차 전류는 평형되어 있으므로 동작 Coil에 전류가 흐르지 않고, 억제코일에 흐르는 전류의 회전력에 의해 접촉이 개방상태(동작코일 ➪ Open)를 유지하여 정상으로 판단하고 동작하지 않으며,

(3) 외부 고장 시는 억제 코일에 의해 개방된 변류기 특성의 상위에 따라 약간의 차전류가 생겨도 계전기의 접촉을 막지 않아 고장검출을 하지 않음

(4) 변압기의 내부고장이 발생하면 전원측 전류와 부하 측 전류비가 권선비와 다르면 전류평형이 무너지고 일정치 이상이 되면 동작코일에 차동전류가 흘러 동작 Coil의 회전력이 계전기를 동작시켜 내부고장으로 판단하고 전원을 차단하는 원리임

d : 동작코일
a, b, c : 억제코일
$K_C i_1 \fallingdotseq i_2 - i_3$(부동작)
$K_C i_1 > i_2 - i_3$(동작)

그림 11.4.1 비율차동계전기 회로도

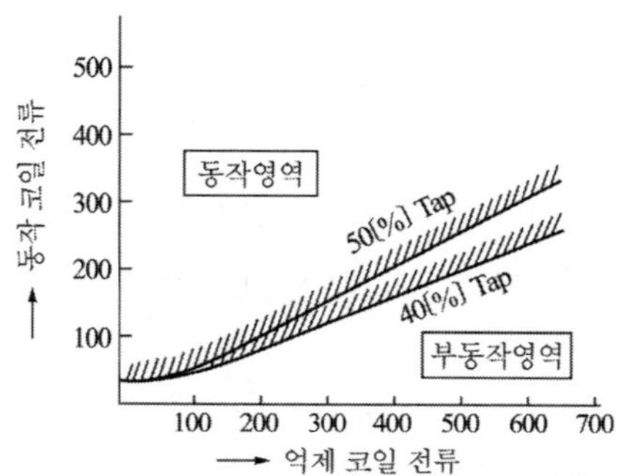

그림 11.4.2 비율차동계전기 동작특성

나. 비율차동계전기의 특성

(1) AT 급전회로에서는 타선흡상현상을 방지하기 위하여 변압기 2차 CT를 차동결선으로 하면 비율차동계전기에서는 M상 1차 전류에 흐르는 T상 성분 전류는 CT 차동결선으로 상쇄되므로 M상만 고려해도 됨

(2) 비율차동계전기는 구동토크를 발생하는 억제코일을 가지고 있어 변류기의 2차 회로에 차동접속하여 평상시 및 외부고장 시는 차전류가 오차범위 이내로 변동이 거의 없어 동작하지 않음

(3) 비율차동계전기의 비율특성을 표현하는 방법은 2가지로 통과전류가 보호구간을 통과했을 때 차동전류가 얼마 이상 흐르면 동작하는가를 표시하는 방법과 유출전류에 대해서 유입전류가 얼마 이상 흐르면 동작하는가를 나타내는 방법 등이 주로 사용됨

(4) 보호하고자 하는 변압기 1차, 2차측 CT 전류값의 위상각 및 과전류 특성이 대체로 같아야 하며, 특히 2차에 부담에 차이가 있으면 고장 시 부담이 많은 CT에 오차가 발생하여 비율차동계전기가 보호범위 밖의 고장에 오동작하는 경우가 있으므로 87계전기 CT는 다른 계전기와 공용하지 않고 단독으로 사용함이 안전함

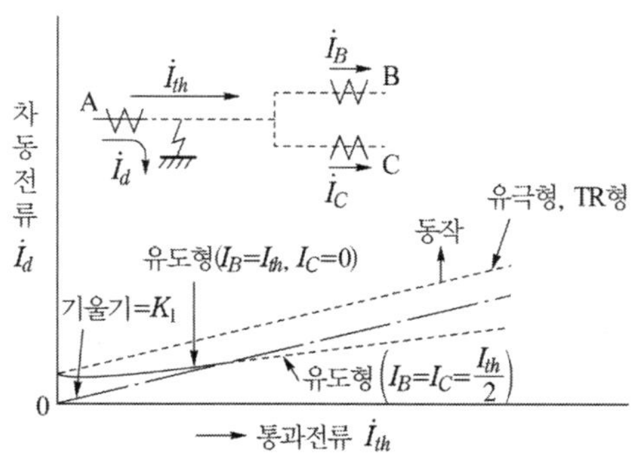

(a) 통과전류/차동전류의 표시

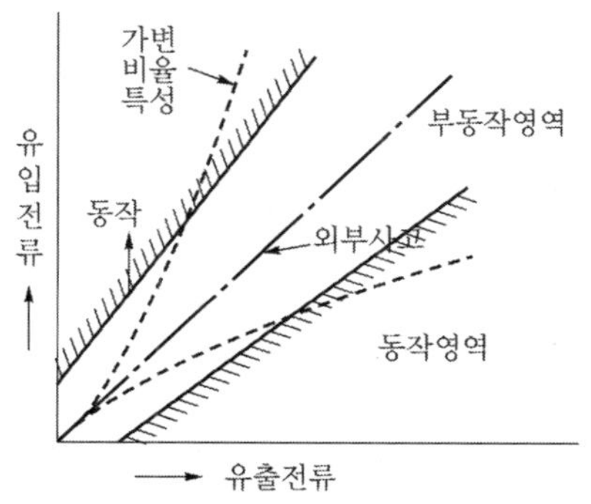

(b) 유입전류/유출전류의 표시

그림 11.4.3 비율차동계전기 특성

다. 스코트결선 변압기 적용시 유의사항

(1) Scott결선 변압기는 단상 변압기 2대를 T결선한 것으로 단상변압기 M상과 T상에 단상용 차동보호계전기(87 T)를 개별로 각각 설치하여야 함

(2) 보호하고자 하는 변압기 1차 및 2차측 CT의 2차 전류값의 위상각 및 과전류 특성과 2차 부담 등이 같아야 함 : CT 2차부담 차이가 많을 때 오동작 우려가 있음

(3) 이때 변압기 1차 중성점이 접지되어 있으므로 수전측 전력계통에서 1선 지락고장 발생 시 고장전류 일부가 중성점으로 유입되어 불요동작이 우려되어 계전기 불요동작 예방을 위해 영상제거 회로결선 시행

3. 여자돌입전류에 의한 비율차동계전기 오동작 방지 방법

가. 감도저하법

여자돌입전류는 시간이 경과하면 감소하므로 비율차동계전기에 한시동작 전압계전기와 감도저하용 저항기를 직렬로 설치하여 변압기 투입 후 수 초 동안 동작코일을 Bay-Pass 함으로써 차동계전기 동작감도를 대폭 저하시켜 돌입전류에 오동작이 되지 않도록 한 후 전압계전기 동작으로 Bay-Pass 접점을 개방하여 정상적인 감도로 회복시키는 방법

나. 고조파억제법

(1) 여자돌입전류의 파형은 고조파(특히, 2고조파) 성분이 많이 포함되어 있는 점에 착안하여 차동전류 성분을 필터회로로 구분하여 기본파 성분은 동작력으로 사용하고, 고조파 성분은 고조파 통과 필터와 직렬로 접속한 억제코일에 의하여 억제력이 발생하도록 하여 오동작을 방지하는 방법

고조파성분	제2고조파	제3고조파	기타
기본파 대비 백분율	63[%]	27[%]	10[%]

(2) 변압기 내부고장 시에도 변류기 포화로 인한 고조파가 발생하여 억제요소의 동작으로 계전기가 동작하지 않을 우려가 있으나, 여자돌입전류의 최대치에서는 동작하지 않고 변류기가 포화되는 전류에서 동작하는 과전류 동작요소를 설정하여 일정한 전류치 이상에서는 전류 파형에 관계없이 동작하도록 함

다. Digital Type 87T 계전기 방식

최근 디지털 기술발전으로 디지털계전기의 연산장치(COU)에 의하여 위상각, 고조파, 돌입전류의 보상 및 억제회로를 프로그램에 따라 연산처리하여 돌입전류에 의한 오동작을 방지하는 방법 등이 있음

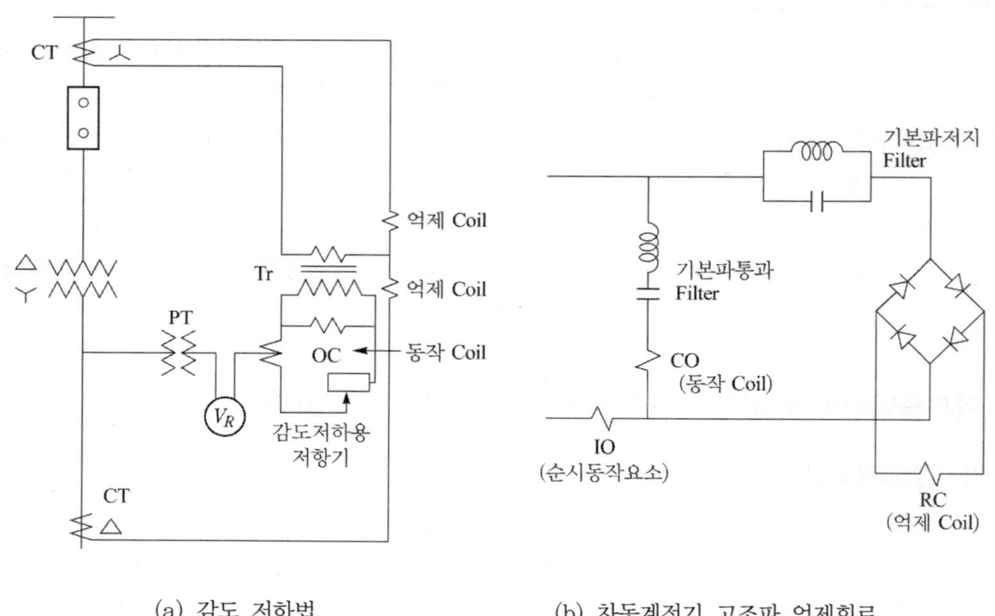

(a) 감도 저하법　　　(b) 차동계전기 고조파 억제회로

그림 11.4.4 돌입전류 오동작 방지부 비율차동계전기

11.4.2 3상 비율차동계전기(87T) 결선 및 전류(Tap) 설정

1. 설치조건

가. 아래와 같은 설치조건에서 직류 전기철도의 고압 배전용 몰드변압기(3상 22[kV]/6.6[kV]) 보호장치로 사용되는 비율차동 계전기의 3상 결선방식과 계전기의 TAP 전류를 계산함

나. 고압배전용 몰드변압기의 정격

(1) 변압기 결선 : △−△(Dd_0)

(2) 변압기 용량 : 5000[kVA]

(3) 변압기 정격전압 : 22[kV]/6.6[kV]

(4) 변압기의 1차, 2차 CT비(1차 CT : 200/5[A], 2차 CT : 600/5[A])

(5) 비율차동 계전기의 TAP전류

➪ 8개 TAP(2.9−3.2−3.5−3.8−4.2−4.6−5.0−8.7[A])

2. 비율차동계전기의 결선

가. 3상 변압기의 1차 및 2차 결선이 $\Delta-\Delta$ 방식으로 주로 비접지 계통에 사용하는 변압기로 전압・전류 위상차가 없는(Dd_0) 경우이므로 비율차동계전기를 연결하는 CT의 1차측과 2차측 결선은 $\Delta-\Delta$ 또는 $Y-Y$ 어느 결선방식을 적용해도 무방하지만 $\Delta-\Delta$ 결선으로 하는 경우 CT 2차 전류가 $\sqrt{3}$배 만큼 커지므로 $Y-Y$ 결선으로 하는 것이 적정함

표 11.4.1 비율차동계전기용 CT 결선방법

NO	변압기 결선(1차-2차)	CT 결선(1차-2차)
1	$\Delta-\Delta$	$Y-Y$ 또는 $\Delta-\Delta$
2	$\Delta-Y$	$Y-\Delta$
3	$Y-\Delta$	$\Delta-Y$

나. 여기서는 변압기 결선이 $\Delta-\Delta$ 방식이므로 CT의 1차측과 2차측 결선은 $Y-Y$ 결선방식을 적용하여 해석하기로 함

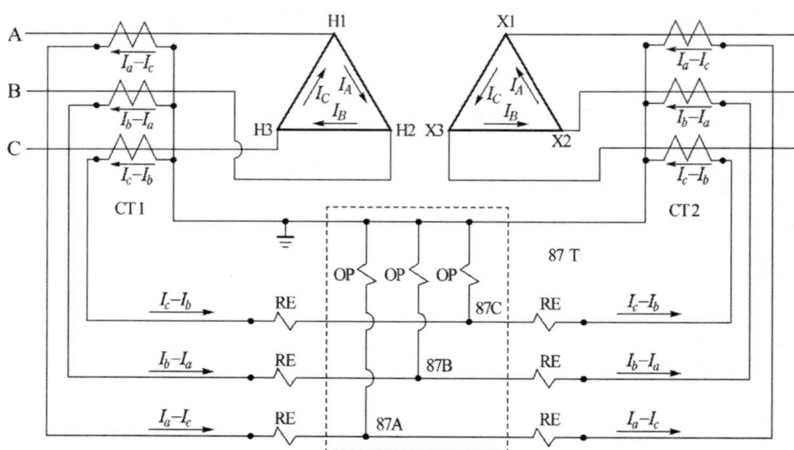

그림 11.4.5 3상 비율차동계전기 결선도

3. 비율차동계전기의 전류 Tap 정정

가. 비율차동계전기에서 정정할 값은 비율 정정 한가지뿐으로 어떤 비율을 선정했을 때 오동작을 하지않을 것인가를 검토하여 정정값을 결정함

나. CT의 전류비가 정해져 있을 경우($Y-Y$ 결선이므로 상전류와 선전류는 동일함)

(1) 변압기 1차측 주회로 전류 $I_1 = \dfrac{5,000}{\sqrt{3}\times 22} = 131.22[A]$

(2) 변압기 2차측 주회로 전류 $I_2 = \dfrac{5,000}{\sqrt{3}\times 6.6} = 473.40[A]$

(3) 1차측 변류기 2차 전류 $i_1 = 131.22 \times \dfrac{5}{200} = 3.28[A]$

(4) 2차측 변류기 2차 전류 $i_2 = 473.40 \times \dfrac{5}{600} = 3.94[A]$

다. 비율차동계전기 전류탭 설정

(1) 보통 계전기탭으로 정정할 때는 전류값이 큰 쪽을 큰 탭 T_1, 전류값이 작은쪽을 작은 탭 T_2에 연결하여 $\dfrac{i_1}{i_2} = \dfrac{T_1}{T_2}$에 근접하도록 정정함

(2) 위에서 CT 오차비율, 변압기 탭변환 여유도, 기타 보정률 등을 무시하고 $i_1 < i_2$ 이므로, i_1측은 3.2[A] 탭, i_2측은 3.5[A] 탭으로 설정하는 것이 적정함

11.4.3 선택접지계전기(SGR) 동작원리 및 오동작 대책

1. SGR 동작원리

가. 선택접지계전기(Selective Grauna Relay : SGR)는 다수의 접지계전기 중에서 고장회로의 접지계전기만을 선택하여 동작하도록 한 것임

나. 그림 11.4.6과 같이 C_1, C_2 단자(전류코일)에는 영상변류기의 2차 배선이 연결되어 영상전류가 흐르고, P_1, P_2 단자(전압코일)에는 영상 변압기의 2차 배선이 연결되어 영상전압이 인가되어 각 단자에 가해진 해당 영상전압과 해당 영상전류 및 위상의 3 요소에 의하여 동작하게 되며,

다. 전압코일과 전류코일을 감은 철심 극간에 회전원판을 설치하여 보통때는 접점이 열려 있으나, 회전원판에 토크가 발생하면 접점을 동작하는 유도형 과전류계전기와 같은 원리로 동작함

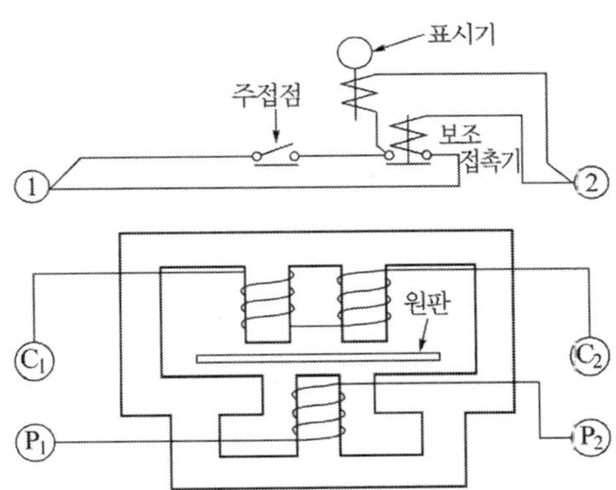

그림 11.4.6 유도형 SGR 내부구조도

2. SGR의 특성곡선

가. 전압-전류 특성

(1) 그림 11.4.7(a)와 같이 SGR의 전압코일에 인가되는 전압을 횡축에 전류코일에 흐르는 전류를 종축에 표시하고, 전압과 전류의 위상각이 동상인 경우와 45° 인 경우에 대한 특성을 표시함

(2) 이때, 전압코일에 100[V]의 전압이 걸리면 위상각이 45° 일 때 1.2[mA] 이상의 전류가 전류코일에 흐르면 동작하도록 함

(3) 전압코일에 인가하는 전압은 임의로 크게 할 수 없고, 접지변압기로 얻어진 영상전압을 사용하므로 접지사고 정도가 작으면 전압과 전류가 작아져 동작이 어렵게 되는 문제가 있음

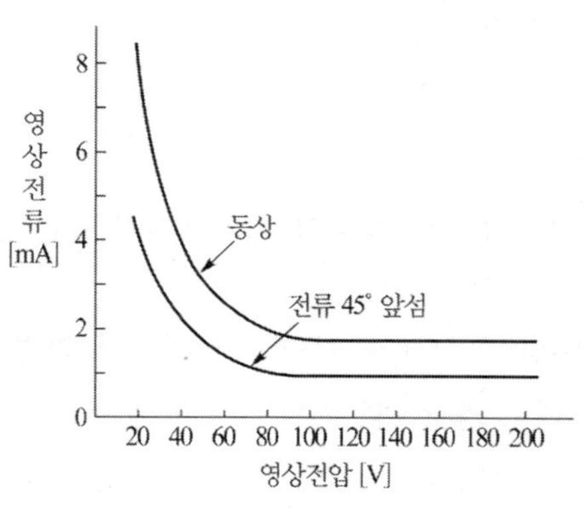

(a) SGR 전압전류특성도

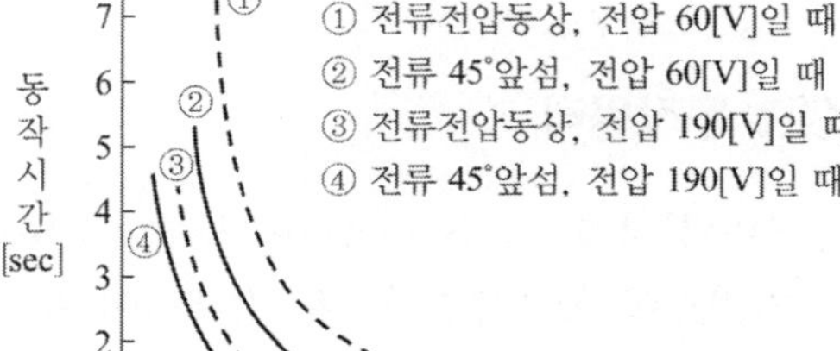

(b) SGR 동작시간 전류특성도

그림 11.4.7 SGR의 특성곡선도

나. 동작시간–전류특성

(1) SGR의 동작 특성요소는 3가지가 있으므로 동작시간과 전류이외에 전압과 전압전류 위상각을 동시에 나타내는 특성곡선이 필요하여 그림 11.4.7(b)와 같이 표시함

(2) 그림에서 전압 190[V]로 위상각이 0°일 때, 전류코일에 20[mA]가 흐르면 0.7[sec]에 동작함을 알 수 있음

다. 위상–전류특성

(1) 위상–전류 특성곡선은 전압, 전류, 위상각을 표시한 곡선으로 위상각에 따라 전압과 전류가 교차하는 지점을 확인하여 동작 범위를 표시하는 특성곡선을 나타냄

(2) SGR의 전압코일에 걸리는 최대전압은 보통 190[V]이며, 전류가 140° 이상 앞서거나, 50° 이상 뒤질 경우 SGR에 아무리 전류를 흘리더라도 동작하지 않음을 알 수 있음

3. 선택접지계전기의 오동작 원인 및 대책

가. 기계적 충격

(1) 폐쇄형배전반에서는 보통 SGR을 배전반 문짝(Door)에 설치하므로 고감도로 제작된 회전원판과 접점에 Door의 개폐충격 또는 진동에 의하여 오동작을 일으키는 원인이 됨

(2) 대책으로는 영상전압으로 동작하는 전압계전기를 별도로 설치하여 전압계전기 접점과 SGR의 접점을 직렬로 연결하는 방법이 채용됨

나. SGR의 오결선

(1) SGR은 전압요소와 전류요소를 도입하여 방향성에 의하여 동작하므로 결선의 극성을 오결선하는 경우 오동작이 됨

(2) 이를 방지하기 위하여 결선시 및 시험시 극성을 확인하여 함

다. 접지계전기의 조정불량

(1) 접지계전기의 조정이 불량하여 전압 Creeping 에 의하거나, 운반중의 진동에 의한 Bearing 불량으로 원판의 회전난조 및 회전불량에 의한 오동작이 발생하는 경우가 있음

(2) 대책으로는 설치후 각종 시험 및 동작상태를 확인하여 조정필요

라. ZCT의 불평형 전류에 의한 오차

(1) ZCT는 부하전류에 따라 약간의 오차전류가 2차측에 흘러 SGR의 오동작의 원인이 됨

(2) 대책으로는 ZCT 선정에 주의하고, ZCT 내를 관통하는 1차 도체의 배열이 대칭이 되도록 하여야 함

마. Cable Shield 접지선 배치불량

(1) Cable Shield 접지선을 접지할 때 바르게 접지하지 않으면 정상적인 영상전압과 전류 검출이 되지 않으므로 오동작이 발생됨

(2) SGR과 접지선의 배치 및 접속을 사양에 따라 정확하게 연결하여야 함

11.4.4 비접지 계통의 지락검출 회로 및 한류저항 설치 이유

1. 비접지 계통의 특징

가. Δ－Δ 결선 3상 변압기 경우에는 변압기의 중성점이 없기 때문에 중성점 접지가 불가능하며, 주로 선로의 길이가 짧거나 전압이 낮은 계통(33[kV] 이하)에 적용하여 사용함

나. 비접지 계통의 장점으로는 대지 정전용량이 작기 때문에 대지 충전전류가 크지 않고, 1선 지락 고장발생 시 대지 정전용량에 의한 용량 리액턴스 값이 아주 큰 값이 되므로 상대적으로 지락전류가 아주 작아 지락전류 영점 통과 시 자연 소멸되어 계속 송전이 가능하며,

다. 단점으로는 전압이 높고 선로의 길이가 긴 계통에 채용 시 높은 전압과 장거리 선로에 의한 대지 정전용량 증가로 1선 지락 시 충전 전류에 의한 간헐 아크 지락을 일으켜 이상전압이 발생하게 됨

2. 비접지계통의 지락보호 검출 방식

가. 지락사고 시 GPT를 이용하여 영상전압을 검출하고, ZCT로 영상전류(지락전류)를 검출하여 방향선택 지락계전기(SGR)를 설치하여 보호함

나. 분기회로 및 후비보호 협조를 위하여 시간지연 요소로써 지락과전압계전기(OVGR)을 주회로에 사용함

다. 계통의 케이블 충전전류가 충분히 흐르는 경우 말단 분기회로 등에 지락계전기(GR)을 설치하면, 고속선택 차단이 가능하고 GPT 설치개소를 최소화하여 영상전압 감도를 향상시킬 수 있음

라. SGR은 GPT에서 영상전압을 공급받고, ZCT에서 영상전류를 공급 받아서 그 위상차에 의해서 동작되는 원리의 방향성 보호계전기이므로 결선이 잘못되어 극성이 바뀌면 오동작을 하므로 반드시 그림 11.4.9와 같이 결선하여야 함

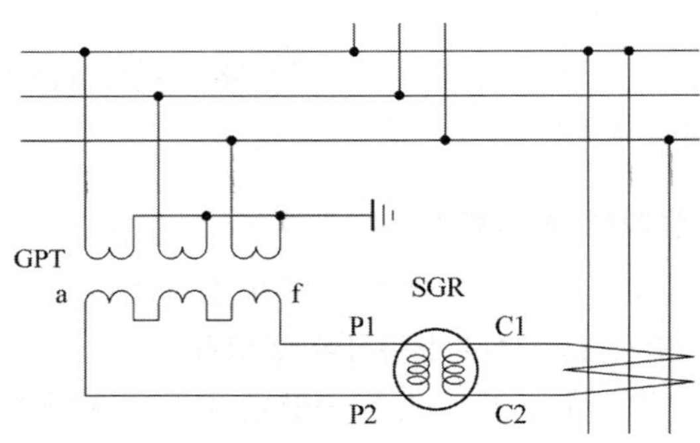

그림 11.4.8 고압 비접지 계통의 지락보호 회로도

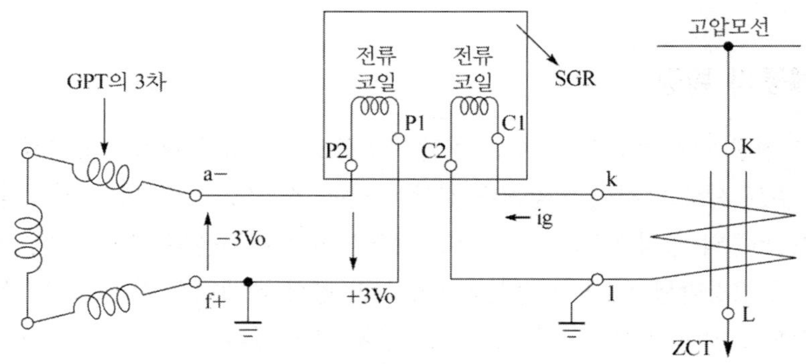

그림 11.4.9 SGR 결선도 및 내부회로도

3. 비접지계통의 한류저항기(CLR) 설치목적 및 용량

가. 비접지계통의 GPT 3차에 설치하는 한류저항기(CLR : Current Limit Resistor)의 크기는 사용전압에 따라 다르게 사용되며, 한류저항 설치목적은 아래와 같음

(1) 지락전류의 제한

(2) 계전기에 유효전류의 공급

(3) 제3고조파 억제 및 계통 안정화

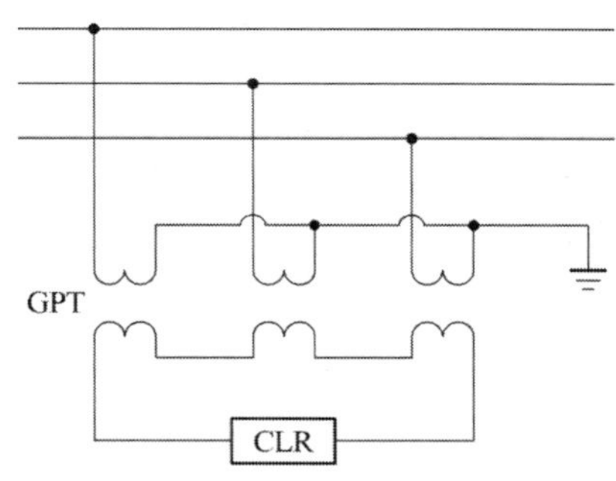

그림 11.4.10 GPT의 한류저항 설치도

나. 한류저항의 크기를 1차로 환산한 계산식은 $R = \frac{n^2 \cdot r}{9}$

여기서, R : 한류저항 r을 1차로 환산한 값

n : GPT의 권수비

r : 한류저항의 크기

11.4.5 직류 고저항 지락 보호방식

1. 개요

가. 직류 급전회로 보호 문제점으로 급전선이나 전차선이 지지물에 접촉한 것과 같은 고저항(0.5[Ω] 정도 이상) 지락의 경우 고장전류가 부하전류와 큰 차이가 없어 변전소에서 고장검출이 불가능하므로,

나. 고저항 지락 시 고장검출을 원활히 하기 위한 방전캡 방식과 전압감지방식에 대하여 기술함

2. 직류 고저항 지락보호 방식

가. 방전캡 방식

(1) 급전선 등이 단선되어 전차선로 구조물에 접촉한 경우 갭(gap)을 방전시켜 궤도 임피던스본드 등과 협조하여 레일 귀도회로를 구성하고,

(2) 구조물과 레일을 단락 시켜 변전소의 50F및 54F에서 사고를 검출하여 차단되도록 한 방식

(3) 주로 본선 및 차량기지 구내에 설치하나, 지지물과 접속하는 연접선과 방전갭이 설치되므로 설치개소가 한정되고 비용이 높음

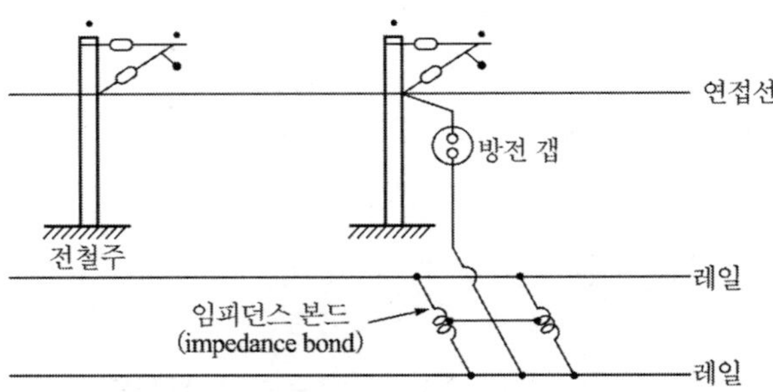

그림 11.4.11 고저항 지락 방전캡 방식도

나. 전압감지방식

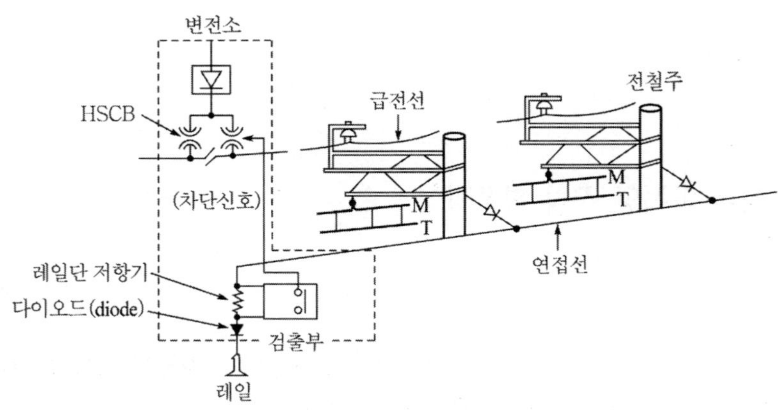

그림 11.4.12 고저항 지락 전압감지방식 구성도

(1) 브래킷, 밴드 등의 금속체를 일정치의 저항과 다이오드를 지지물간을 연결한 연접선에 접속하고 말단에 저항기를 설치하여 궤도와 접속하였으며

(2) 말단저항기의 전압이 정해진 값 이상일 경우 지락고장이 발생한 것으로 추정하여 차단신호를 송출하는 방식임
(3) 저항기의 전압 값에서 고장점 표정도 가능하며, 설치하는 연접선은 기계적 강도를 만족할 만한 전선으로 사용하여야 함

제 12 장 급전계통의 고장전류 및 전압강하

12.1 전기철도 고장전류 종류 및 특성

12.1.1 직류 전기철도 급전회로의 단락전류 특성

1. 개요

가. 직류 전철 급전회로는 급전전압이 낮고 부하전류가 커서 부하전류와 사고 전류의 구별이 어려움

나. 단락사고 발생 시 사고전류를 신속히 검출하여 차단사고 확대방지와 전기차 및 지상설비 보호를 위해 단락전류 특성을 검토하여야 함

다. 직류 급전방식은 변전소간 병렬 급전방식으로 단락점이 원거리 이거나, 고저항 접지 단락 등에서는 단락전류가 적게 되는 특성이 있음

2. 단락전류의 특성(고장전류의 과도특성)

가. 직류 급전회로의 정상 전압전류는 회로의 저항만을 고려하면 되지만 사고전류의 급격한 변화 과정은 자기유도 작용에 의해 전류의 변화를 저지하고자 하는 역기전력을 유기하는 자기 인덕턴스 L을 고려하여야 함

나. 따라서, 단락전류의 파형은 회로정수 R, L 등에 의하여 결정되며, 고장전류는 지수함수 과도전류 형태로 아래 식과 같이 계산함

$$i = \frac{E}{R} \times (1 - e^{-\frac{R}{L}t}) = I \times (1 - e^{-\frac{R}{L}t})[\mathrm{A}]$$

여기서, E : 회로전압[V]

t : 단락개시 시점으로부터의 시간[sec]

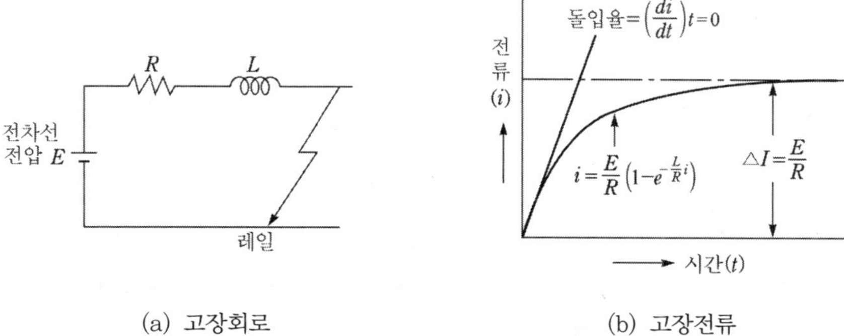

(a) 고장회로　　　(b) 고장전류

그림 12.1.1 직류급전 단락전류 특성도

다. 그림 12.1.1(b)와 같이 단락전류의 전류증가율 $(\frac{di}{dt})$는 단락 시점($t=0$)에서 최대이며, 기울기는 시간이 지남에 따라 줄어가는 데, 단락 시점($t=0$)에서의 초기 최대전류 증가율을 "돌진율"이라 하며 다음과 같이 표시함

(1) 전류증가율

$$\frac{di}{dt}=\frac{d}{dt}\left\{\frac{E}{R}(1-e^{-\frac{R}{L}t})\right\}=\frac{E}{L}\ e^{-\frac{R}{L}t}$$

(2) 돌진율(초기 최대전류 상승률)

$$(\frac{di}{dt})_{t=0}=\frac{E}{L}\ e^{-\frac{R}{L}t(t=0)}=\frac{E}{L}$$

여기서, E : 회선전압, R : 회로 전기저항
L : 회로 인덕턴스(H), e : 자연대수(=2.71828)
t : 단락개시 시점부터의 시간[sec]

(3) 시정수$(\tau)=\frac{L}{R}=\frac{1}{\alpha}$(Time Constant)

(4) 회로정수$(\alpha)=\frac{R}{L}=\frac{1}{\tau}$(여기서, L은 전류변화를 방해하는 요소)

(5) 돌진율과 시정수 관계는 $I=\frac{E}{R}$, $\tau=\frac{L}{R}$, $L=\tau R=\tau\frac{E}{I}$ 이므로

$$(\frac{di}{dt})_{t=0}=\frac{E}{L}=\frac{I}{\tau}=\alpha\cdot\Delta I$$가 됨

3. 단락전류 특성의 적용

가. Arc 단락 시에 흐르는 단락전류의 정상치 I_m는 단락발생시의 전류 증가량 ΔI가 됨
➪ 이때, I_m은 회로전압 E, 회로의 총전기저항 R로 결정되는 과도 전류의 최종치임

나. 단락전류는 $i = \frac{E}{R}(1 - e^{-\frac{R}{L}t})$로 급증하다 약 10[ms]정도의 시간에서 급감하고, 사고전류가 추정 단락전류 최댓값(I_m)이 되기 전 약 20[ms]에서 차단됨

다. 급전용 고속도 직류 차단기 ➪ 단락에 의한 돌진전류에서는 설정치 미만의 과대 전류에서 동작하는 특성을 가짐

라. 고장선택장치 ➪ 최소동작 전류가 단락전류의 회로정수에 따라 변하며 일반적으로 회로정수(α)의 기준을 50[%]로 함 : 고속도차단기의 선택률

4. 표준상정 단락전류

가. 단락전류는 단락점의 상태, 위치(거리), 급전방식 및 급전회로의 제정수(변전소 전압특성 및 선로정수)등에 따라 크게 다르므로 일정한 상태를 표준적으로 정한 단락을 표준단락이라고 함

나. 표준상정 단락 ➪ 전차선에 의한 Arc 단락고장
(1) 단락점의 Arc 전압강하를 300[V]로 함
(2) 단락점의 전기저항은 급전분기 간격분의 전차선 저항으로 함

다. 표준상정 단락전류
표준상정 단락상태에서의 단락전류를 말하며 통상적으로 계산하는 급전회로의 단락점 또는 각 회선에 흐르는 단락전류를 말함

12.1.2 직류 전기철도의 단락고장과 지락고장 전류의 특성

1. 개요

가. 직류전기철도 급전회로에서 단락고장이라 함은 전차선 또는 급전선과 레일(또는 전기차 차체)의 접촉에 의한 고장을 말하며, 지락고장이라 함은 전차선 또는 급전선이 접지구조물(E)에 직접 접촉하여 발생하는 사고를 말함

나. 직류급전 회로에서의 단락고장과 지락고장의 고장전류 특성이 다르고 특히 저전압 대전류인 전기철도는 고장전류 보호검출이 어려우므로 고장특성을 충분히 고려하여야 사고전류를 신속히 검출하여 차단할 수 있는 등 전기차 및 지상설비에 대한 적정한 보호방식을 채택할 수 있음

2. 단락고장 전류의 특성

가. 단락고장은 전차선 또는 급전선과 레일(또는 전기차 차체)이 직접 접촉되어 직류급전 회로가 구성되는 고장으로 선로저항이 매우 적고, 지락점에 들어가는 고장점저항 Rg가 적어서 고장검출이 용이한 사고임

나. 직류급전회로 단락고장 시 선로저항이 매우 낮으므로 단락고장 전류가 크나, 변전소간 병렬 급전방식이므로 단락점이 원거리 이거나 고저항 접지단락에서는 단락전류가 적게 되는 특성이 있음

다. 직류급전 회로의 전압전류는 정상 운전 시에는 계통의 저항분 만을 고려하나, 고장이 발생하면 사고전류의 급격한 변화로 전자유도 작용 등이 발생되는 자기 인덕턴스(L)을 고려하여야 하므로 R−L 직렬회로의 전압전류 과도현상으로 해석하여야 함

라. 단락전류의 파형은 회로정수 R, L 등에 의하여 결정되며 지수함수 그래프와 같이 과도 전류에 가깝게 됨

(1) 돌진율 $\left(\dfrac{di}{dt}\right) = \tan\theta = \dfrac{E}{L}$ ($t = 0$에서 임피던스는 L 성분이 차지)

(2) 회로정수$(\alpha) = \dfrac{R}{L} = \dfrac{1}{\tau}$ (여기서 L은 전류변화를 방해하는 요소)

(3) 시정수$(\tau) = \dfrac{L}{R} = \dfrac{1}{\alpha}$ (Time Constant)

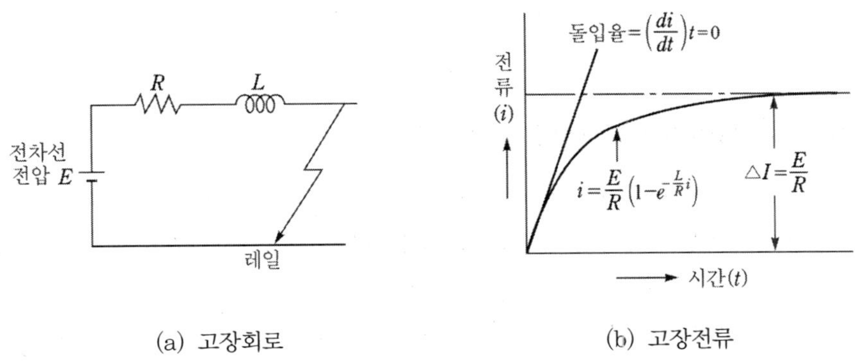

(a) 고장회로　　(b) 고장전류

그림 12.1.2 직류급전 단락전류 특성도

3. 지락고장의 특성

가. 지락고장은 전차선 또는 급전선이 접지구조물(E)에 직접 접촉하는 사고로서, 직류급전회로에서 지락전류의 경로는 그림 12.1.3과 같이 지락전류 회로에는 접지극(E)의 접지저항(Re) 및 레일(R)의 대지저항(Rr)이 포함됨

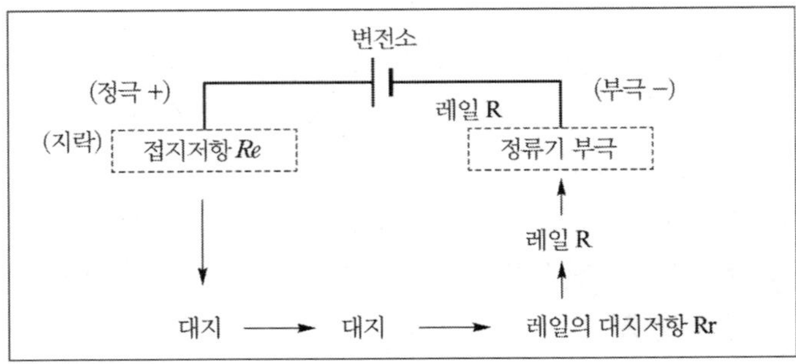

그림 12.1.3 직류급전회로 지락전류의 경로

나. ΔI 형 고장선택장치의 정정치가 저항값 0.75[Ω]까지 보호되는 것으로 보면 일반의 접자저항 Re 및 레일의 대지저항 Rr은 5~10[Ω] 정도로 0.75[Ω]보다 상당히 크므로 고장선택장치 50F의 보호영역은 단락고장에 한정되며, 지락고장의 검출은 되지 않음

다. 접지사고가 발생하여 사고전류가 흐를 경우 54P를 차단시킨다. 이때 접지계전기의 전압설정치는 급전전압의 1/3 정도로 설정

라. 급전선, 전차선이 지지물에 접촉하는 등 고저항(0.5[Ω]) 이상 지락 고장의 경우 고장전류가 작아 64P의 고장검출이 불가능하므로 고저항 지락 시 고장검출을 위하여 방전캡 방식과 전압감지방식 등을 채용함

4. 단락고장 및 지락고장에 대한 보호설비

가. 급전회로의 보호장치로는 직류고속도차단기의 자동차단 조건을 병렬급전 대향변전소에 보내 대향차단기를 차단시키는 연락차단장치, 전류의 증가분 전류(ΔI)와 입상시 돌진율에서 운전전류와 사고전류를 판별하여 차단하는 고장선택방치가 있음

나. 지락보호에 대해서는 변전소 접지극과 부극 모선 사이에 지락과전압 계전기(64P) 등을 설치하여 접지극의 음극모선에 대한 전압상승이 일정값 이상으로 되는 경우 직류지락으로 판단하여 보호하게 됨

12.1.3 직류 전철변전소 과전류 보호를 위한 전류검출 방식

1. 개요

직류 전기철도에 일반적으로 사용되는 DC 1,500[V] 고전압 직류회로의 과전류 보호를 위한 전류검출 방식은 직류변류기(DCCT), 분류기(Shunt), 홀(Hall) 소자를 이용하는 방법이 있음

2. 가포화 Reactor 식 직류변류기(DCCT)에 의한 방식

가. 동작원리

(1) 가포화 Reactor 식 DCCT는 보조 교류전원을 사용하여 직류전류를 보조 교류전원에 비례하는 교류전류로 변환하여 검출하는 가포화 Reactor임

(2) 구성은 그림 12.1.4와 같이 근소한 기자력에서 포화하는 히스테리시스 특성을 가지는 Ni(니켈)강 등을 사용한 A, B 2조의 철심을 사용하여 1차 도체를 관통시키고, 2차 권선은 상호 역극성이 되도록 하여 직렬로 결선하고 2차 권선에 보조 교류전원을 인가하고 부하 R_L을 접속함

(3) 이때, 직류 주회로 전류(I_d)가 흐를 때 철심은 자화되고, A, B의 권선에 보조 교류전압을 인가하면 교류전류(I_a)는 직류전류에 의한 두 철심의 자기포화를 상쇄하는 자화전류가 교호로 A, B 권선에 유입되므로 이때 전류를 측정하면 직류 주회로의 전류가 됨

(4) 즉, 직류전류 I_d에 의하여 2차 코일의 인덕턴스가 변화하고 그 결과 2차 전류의 크기는 1차 전류에 A, B 권선의 권수비(N_1/N_2)에 비례하는 전류값이 되어 정류회로의 직류전류계를 통하여 검출함

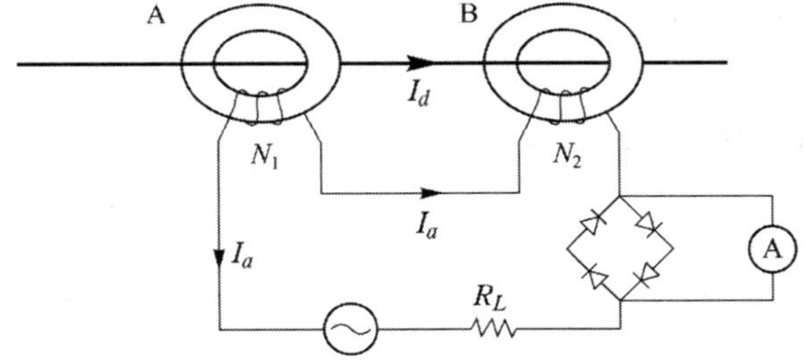

그림 12.1.4 가포화 Reactor 식 직류변류기(DCCT)

나. 특성

(1) 고전압 직류계통의 1차측과 2차측 사이를 절연시켜 계측함으로서 2차측에서의 취급이 안전함
(2) 2차 부담을 크게 취하므로 각종 계기, 계전기 등을 부가할 수 있음
(3) 2차 회로 전선이 길어도 계기오차에는 크게 영향이 없는 이점이 있으나 보조전원이 필요하고 응답속도가 느림.

3. 분류기(Shunt)에 의한 방식

가. 동작원리

(1) 직류모선에 직류저항이 일정한 분류기(Shunt)를 직렬연결하고 병렬로 가동코일형 전압계를 연결하여 직류전류에 의한 전압강하를 계측함
(2) 이때 발생되는 전압강하와 분류기의 저항을 계산하여 회로의 직류전류를 검출함

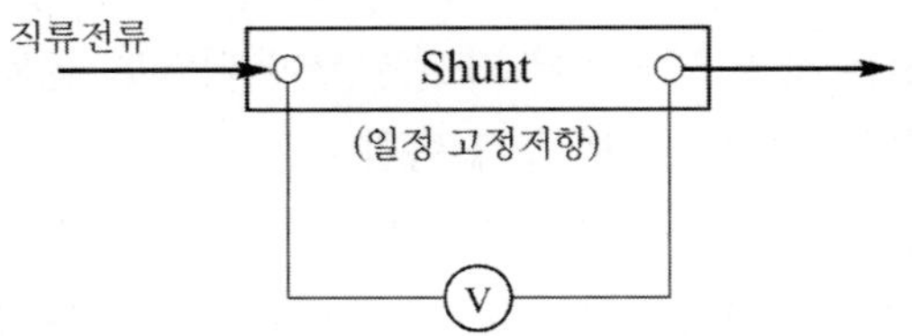

그림 12.1.5 분류기(Shunt)에 의한 전류검출

나. 특징

(1) 구조가 간단하고, 정밀도가 높음
(2) 실시간 계측이 가능하여 가장 널리 사용됨
(3) 고전압 직류회로에서 피측정회로와 계측회로 간 절연이 되지 않아 계측회로의 절연 및 취급에 각별한 주의가 요구됨

4. 홀(Hall) 소자형 전류 검출방식

가. 동작원리

(1) Hall 소자는 반도체 일종으로 그림 12.1.6과 같이 소자에 전류 I_C가 흐를 때 소자에 수직으로 자장 B를 가하면 Hall 효과에 의하여 전류와 자계 양방향에 대하여 직각 방향으로 전위차 V_H가 발생함
(2) 전류(I_C). 자계(B), 전위차(V_H) 사이에는 $V_H = K \times I_C \times B$의 관계가 성립되어 전류를 일정하게 하면 발생 전위차는 자장 B에 비례관계가 있음

(3) Hall 소자의 특성을 이용한 직류변류기(DCCT)는 1차 전류에 비례하여 발생하는 자장을 철심으로 유도하여 Hall 소자에 가하면 1차 전류에 비례하여 발생하는 전위차를 증폭하여 1차 전류를 검출함

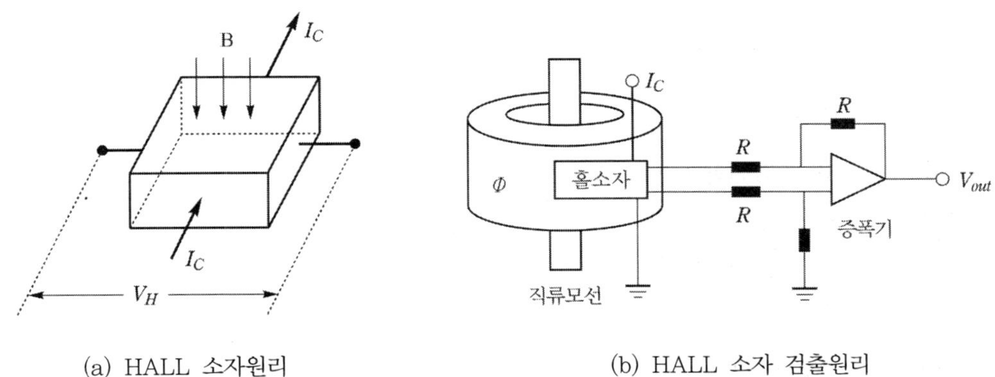

(a) HALL 소자원리　　　(b) HALL 소자 검출원리

그림 12.1.6 HALL 소자를 이용한 전류검출

나. 특징

(1) 보조전원이 필요하고, 피측정회로와 측정회로가 완전 절연되어 있고 가포화 Reactor 방식보다 응답속도가 빠르고 실시간 정밀한 전류측정이 가능함

(2) 응답속도가 빨라 부하관리 및 고장전류 분석에 매우 유리하므로 보호계전기 및 사고현장 파악용으로 널리 사용될 전망임

12.1.4 교류 급전계통(AT 방식) 고장전류 등가회로 및 계산식

1. 전기철도 급전계통의 고장

가. AT 또는 BT 방식의 교류 급전회로에서 급전측에서 발생하는 고장에는 차량고장, 가선장애, 비산물 부착, 조류피해, 애자섬락 및 수목접촉 등이 있으며,

나. 교류 전기철도의 급전회로의 단락 및 지락사고 시 급전전압이 높고 고장전류가 커 주변 시설물에 큰 피해를 주고, 열차안전 운행에 막대한 지장을 초래하는바 고장전류 해석방법 및 등가회로에 대하여 충분한 이해가 필요하다.

2. AT 급전 방식에서의 고장의 종류와 원인

가. M · T 혼촉

(1) Scott 변압기 Bushing 절연 파괴

(2) 이상구분용 Section 절연 파괴

(3) AT 변압기의 Bushing 절연파괴

나. 급전측 단상 단락

(1) Bushing 절연파괴 (AT Tr)

(2) AT 변압기의 내부고장

(3) 전차선 또는 조가선의 단선

(4) 급전선의 단선

다. 급전선, 전차선의 지락

(1) 지지물의 절연파괴(애자 등)

(2) 작업종료후 접지선 미철거

(3) 과선교 낙하물, 이물질(까치집 등), 낚시대 등의 접촉 지락

3. 급전측 단상단락 사고 등가회로 및 고장전류 계산

가. 등가회로

교류 전기철도는 단상회로로 지락고장이 단락고장이므로 아래와 같은 등가회로로 단순화하여 비교적 간단하게 단락전류를 계산하기 위함

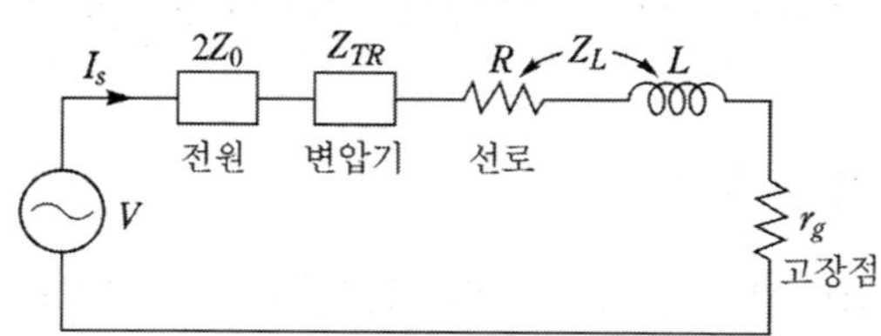

그림 12.1.7 고장전류 등가회로도

(1) 고장 전류(I_S)는 $I_S = \dfrac{V}{Z} = \dfrac{V}{2Z_0 + Z_{TR} + Z_L + r_g}$ [kA]

여기서, I_S : 고장전류[kA], V : 급전전압[kV]

Z_0 : 전원측의 임피던스[Ω] Z_{TR} : 변압기의 임피던스[Ω]

Z_L : 선로 임피던스[Ω] r_g : 고장점의 저항[Ω]

(2) 고장점의 저항값 최대치 가정은 1종 접지공사 10[Ω] 이하로 함

나. 전철변전소 전원계통의 3상 고장전류 계산

(1) 수전측의 정상 임피던스를 Z_{01}, 역상 임피던스를 Z_{02}, 영상 임피던스를 Z_{00} 라고 하면

$$Z_{01} = Z_{02} = \frac{10\,V^2}{P_r\,[\mathrm{kVA}]} \times \%Z_{01}$$

$$Z_{00} = \frac{10\,V^2}{P_r\,[\mathrm{kVA}]} \times \%Z_{00}$$

여기서, V : 송전모선 전압(kV)

P_r : 수전계통의 기준용량[kVA] (예 : 100[MVA] 기준)

(2) 따라서 3상 단락전류 I_S는

$$I_S = \frac{154 \times 1{,}000\,[\mathrm{V}]}{\sqrt{3} \times Z_1}\,[\mathrm{A}]$$

지락전류는 $I_G = \dfrac{3\,E_a}{Z_{01} + Z_{02} + Z_{00}} = \dfrac{3 \times (\frac{154{,}000}{\sqrt{3}})}{2Z_{01} + Z_{00}}\,[\mathrm{A}]$

다. Scott변압기 2차측 55[kv] 급전계통의 고장전류 계산

(1) 기준용량 100[MVA], 기준전압 55[kV]일 때 임피던스

① 전원측 정상 임피던스

$$Z_{02} = \frac{10 \times V^2[\mathrm{kV}]}{P_n\,[\mathrm{MVA}]} \times \%Z_{01} = \frac{10 \times 55^2\,[\mathrm{kV}]}{100 \times 1{,}000\,[\mathrm{kVA}]} \times \%Z_{01}\,[\Omega]$$

② 수전선로 임피던스

$$Z_{02} = \frac{10 \times V^2[\mathrm{kV}]}{P_n\,[\mathrm{MVA}]} \times \%Z_{02} = \frac{10 \times 55^2\,[\mathrm{kV}]}{100 \times 1{,}000\,[\mathrm{kVA}]} \times \%Z_{02}\,[\Omega]$$

③ 전원측 임피던스 합계 $Z_0 = Z_{01} + Z_{02}$

④ Scott 변압기 정상임피던스(급전용변압기가 30[MVA] 라고하면)

$$Z_{Tr} = j\,\frac{10\,V^2}{P_T/2} \times \%Z_{Tr} = j\,\frac{10 \times 55^2}{30{,}000/2} \times \%Z_{Tr}\,[\Omega]$$

여기서, P_n : 수전측(송전모선) 기준용량 (보통 100[MVA] 적용)

P_T : 스코트결선 변압기 정격용량[kVA]

$\%Z_{Tr}$: 스코트결선변압기 %임피던스[%]

V : 급전용변압기 2차 전압(55[kV])

$P_T/2$: 스코트결선 변압기는 3상 전원을 2상으로 변환하는 단권변압기 2대를 결선한 형태이므로 M상 또는 T상의 용량은 스코트 변압기 용량의 1/2로 계산함.

(2) 급전용 변압기(Scott) 2차측 55[kV] 계통 고장전류는

$I_S = \dfrac{V[\text{kV}]}{2Z_0 + Z_{Tr}}$[A] 식에서 $I_S = \dfrac{V \times 1{,}000}{2(Z_{01}+Z_{02})+Z_{Tr}}$[A]

라. 전차선로 25[kV] 계통의 고장전류 계산 (급전전압 V = 27.5[kV] 적용)

(1) 전원 정상임피던스(Z_{01}) : $Z_{01} = \dfrac{10\,V^2 \cdot \%Z_{01}}{P_r}$ [Ω]

(2) 송전선로 임피던스(Z_{02}) : $Z_{02} = \dfrac{10\ \ V^2 \cdot \%Z_{02}}{P_r}$ [Ω]

(3) 따라서, 전원측 임피던스 합계(Z_0) : $Z_0 = Z_{01} + Z_{02}$ [Ω]

(4) 급전변압기 정상임피던스(Z_{Tr}) : $Z_{Tr} = \dfrac{10\ V^2 \cdot \%Z_{TR}}{P_n/2}$[Ω]

(5) 선로(전차선로) 임피던스(Z_L) : $Z_L = Z_{L1} \times L$[Ω]

여기서, Z_{L1} : 전차선로 자기 임피던스[Ω/km]

L : 변전소에서 고장점까지의 거리[km]

(6) AT 임피던스(Z_{AT})와 고장점저항(r_g)등을 고려시 전차선로 25[kV] 계통의 단락전류는 $I_S = \dfrac{V}{2Z_o + Z_{Tr} + Z_{AT} + Z_L + r_g}$[A]

4. M · T 상의 혼촉 고장 전류 계산식

가. 위상이 90° 다른 M상과 T상의 혼촉 사고 시 고장 전류는 다음과 같이 계산 할 수 있음

나. M · T 혼촉 고장전류 계산식

(1) 주변압기 위상차가 90°인 M상과 T상 혼촉시 고장전류(I_{MT})는

$$I_{MT} = \frac{V_{MT}}{4Z_0 + Z_M + Z_T + 2Z_{AT}} \text{ [kA]}$$

여기서, Z_0 : 전원임피던스[Ω] Z_{AT} : AT 누설임피던스[Ω]

Z_M : M상의 임피던스[Ω] Z_T : T상의 임피던스[Ω]

V_{MT} : 변압기 1차전압[kV] I_{MT} : 혼촉고장전류[kA]

(2) 여기서, $V_{MT} = \sqrt{2}\,V_{UV}$라고 하면 변압기의 1차 전류는

① $I_U = (1+\frac{1}{\sqrt{3}})\,I_{MT}$, $I_V = \frac{2}{\sqrt{3}}\,I_{MT}$, $I_W = (1-\frac{1}{\sqrt{3}})\,I_{MT}$이므로

② $I_U > I_V > I_W$가 되어 순차적으로 작아짐

다. M·T 혼촉 고장 전류 Vector도

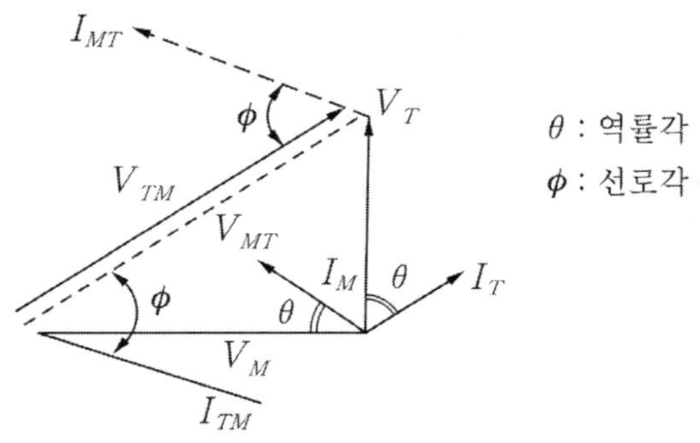

그림 12.1.8 MT 혼촉 Vector도

12.1.5 AC 25[kV] 급전계통의 타선흡상 현상과 방지대책

1. 타선흡상 현상

전차선로 임피던스를 경감하여 전압강하를 적게하고 전기차의 회생제동 효율을 높이기 위하여 SP 등에서 전차선 타이 운전 시 귀선로인 레일도 Cross bond 되어 있으므로 하행선 또는 상행선의 전차선 또는 급전선이 지락될 때 지락전류 일부가 레일의 Cross bond를 통하여 상행선 또는 하행선의 AT 중성점을 경유하여 건전선(健全線)인 타선의 전차선과 급전선으로 유입되는 현상을 타선흡상 현상(他線吸上現象)이라고 함

2. 타선흡상 현상에 의한 문제점

가. 지락고장점에서는 전차선과 급전선 고장전류가 서로 같으나, 실제 고장을 검출하는 지점에서는 전차선과 급전선에 흐르는 전류가 서로 같지 않으며 사고선로인 전차선 전류가 고장전류와 일치하지 않으므로 정확한 고장전류에 의한 계전기의 오동작 문제가 발생할 우려가 있으며,

나. 여러 대의 AT가 병렬로 연결되어 있을 경우 고장과 관계없는 횡류가 흘러 고장전류와 합해져 계전기가 읽어 들이는 고장점까지의 임피던스를 적게 하여 계전기의 오동작을 촉진하는 것으로 추정됨

3. 타선흡상 현상 방지대책

가. CT의 차동결선

AT 중성선 간의 횡류에 의한 타선 흡상현상을 보상하고 계전기의 정확한 동작을 보장하기 위하여 그림 12.1.9와 같이 CT를 차동결선하면 단상인 전차선 전류 I_1 과 급전선 전류 I_2는 벡터상 180° 이므로 고장전류와 AT간의 횡류를 합한 전류(I_1+I_2)의 값이 CT 2차측에 흐르게 되어 CT 2차 전류는 고장전류보다 크게 됨

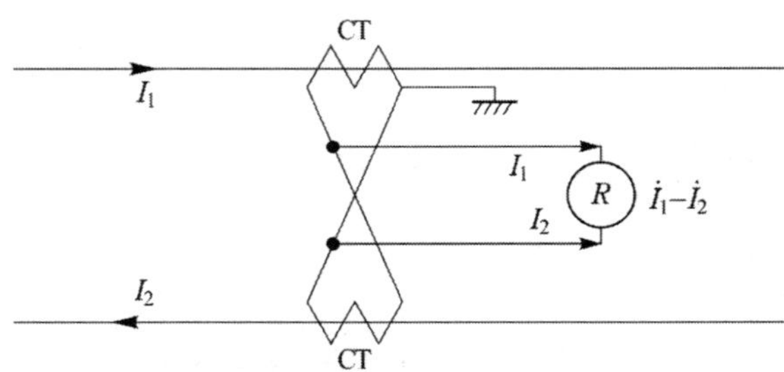

그림 12.1.9 CT의 차동접속도

나. 보호계전기 동작시간 정정

전차선 보호에 있어서 거리계전기가 주보호 계전기이므로 과전류 등 기타 후비보호 계전기들이 거리계전기와 상호 보호협조가 되도록 동작시간 정정을 하여야 함

12.1.6 전력계통의 단락전류 억제 대책

1. 단락전류 억제 이유

가. 전력계통은 절연협조와 단락협조로 이루어지며, 절연협조는 기기에 대하여 전압별로 기준에 의하여 제작함으로 크게 문제가 되지 않으나 단락협조는 기기의 선정이 비교적 복잡한 과정을 거쳐야하고, 대수용가에 있어서는 대전류 처리에 대한 많은 문제점이 있어서는 특히 유의하여야 함

나. 변전설비 등의 용량 증설로 단락용량이 증가하게 되면 기존 차단기의 차단용량이 부족하게 되어 사고점의 설비파괴 및 2차 사고유발 우려가 있으므로 보호기기의 교체 또는 단락전류 억제 대책이 필요하게 됨

다. 단락전류에 의해 결정되는 요소

(1) 차단기의 차단용량

(2) 전기기기의 열적, 기계적 강도

(3) 보호계전기의 형식 및 정정

(4) 시스템의 안정성 및 경제성 확보

2. 특고압(전철급전) 계통의 단락전류 억제대책

가. 계통의 분리

(1) 그림 12.1.10과 같이 변압기가 2대 이상이거나 변압기 용량증설 등으로 기존 차단기의 차단용량이 부족한 경우 차량기지, 검수고 등 부하계통을 차단기 등으로 분리하여 a 또는 b 계통 측에 단락사고 발생 시 우선 CB_3 차단기로 계통을 분리하고, 사고가 발생한 CB_1 또는 CB_2를 차단하도록 계통을 구성하는 방법

(2) 설치비가 저렴하고 차단기 단락용량을 크게 하지 않아도 되는 장점은 있으나, 계통 분리전까지 과대한 전류에 의한 기기소손과 CB_3 재투입시 동작협조 및 인터록 등 제어회로 구성이 복잡해짐

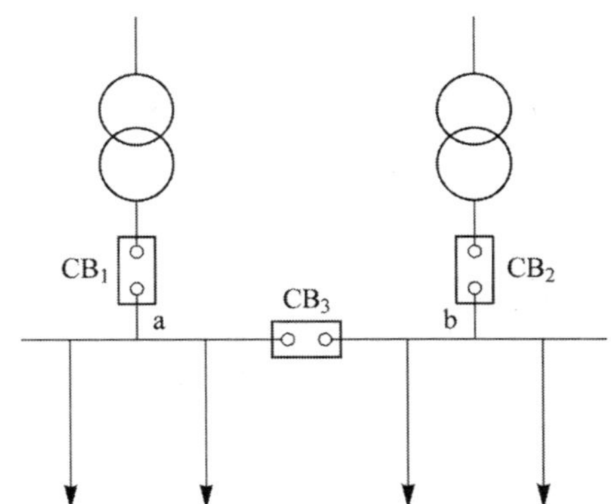

그림 12.1.10 변압기 용량증설 급전계통의 분리

나. 계통 연계기 사용

(1) 전력계통에 직렬로 삽입하는 가변 임피던스 소자로 평상시에는 낮은 임피던스로 전류를 자유롭게 통과 시키고, 사고 시에는 높은 임피던스로 단락전류를 억제하는 방법으로 계통분리 직렬리액터를 설치하면 계통구성이 복잡하고 전압강하 정전범위가 넓은 단점을 해소한 방식임

(2) 대용량 설비에 적용하며, 설치위치는 수전점, 급전피더, 모선과 모선사이, 변압기 2차 등에 직결 설치하는 방법이 있음

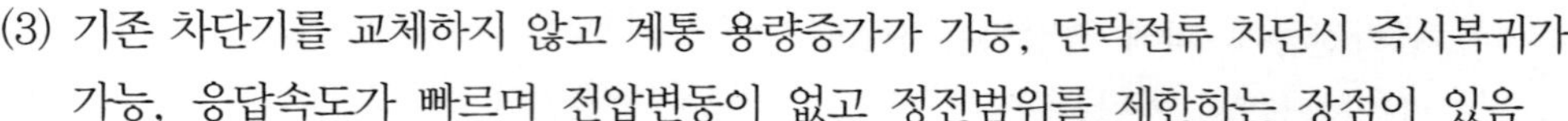

(3) 기존 차단기를 교체하지 않고 계통 용량증가가 가능, 단락전류 차단시 즉시복귀가 가능, 응답속도가 빠르며 전압변동이 없고 정전범위를 제한하는 장점이 있음

다. 변압기 임피던스의 제어

(1) 계통의 단락전류를 계산하여 차단기의 차단용량을 결정하는데 차단용량 이 증가하면 점유면적 증가, 차단기 종류 변경에 따른 적정품 확보곤란, 비용증가 등으로 차단기 교체가 어려운 경우가 발생함

(2) 차단기 변경이 어려운 경우 용량 증설되는 변압기의 %임피던스를 허용범위 내에서 증가시켜 변압기 이하 계통의 단락전류 억제가 가능하지만 기존 변압기와 병렬운전 등의 제한이 있어 일반적으로 사용하지 않음

3. 고압회로의 단락전류 억제대책

가. 고압회로에서 변압기 2차측 단락전류가 지나치게 높아지는 경우 경제성, 용지의 면적, 옥내의 경우 건축비 등 부대설비, 변압기 및 차단기 가격 등을 고려하여 억제대책을 수립함

나. 억제대책 방법(2가지)

(1) 배전전압을 1단계 높일 것 : 정격전류나 차단전류가 지나치게 높으면 배전전압을 승압함

(2) 주변압기를 분할하여 뱅크 수를 늘림 : 예를 들어 50,000[kVA]라고 하면 25,000[kVA] 2대를 설치하는 것을 말함

4. 저압회로의 단락전류 억제대책

가. 저압에 있어서는 변압기 용량이 커지면 고장전류도 매우 커지므로 다양한 억제대책이 필요함

나. 억제대책

(1) 변압기 용량을 가급적 작게 할 것

(2) 부득이한 경우 변압기 %임피던스를 크게 할 것

(3) 차단기의 용량을 작게 하기 위하여 부하가 일관공정이면 차단기의 보호 방식을 캐스케이드 시스템으로 하여 후비보호를 할 것

(4) 한류리액터(CLR)의 설치

12.1.7 교류 3상 단락고장계산 방법

1. 개요

가. 3상 단락고장이 발생하면 아주 큰 고장 전류가 흘러 주변 시설물에 피해가 우려되므로 차단기용량의 결정, 보호계전기 정정, 기기에 가해지는 전자력을 추정하기 위하여 사전에 전력계통의 사고 시 계통 각 부분의 고장전류 및 전압분포를 파악하는 것이 필요함

나. 평상시 전력계통은 3상 대칭회로로 취급하며 3상 단락고장은 대칭고장으로 정상분 전류만 흐르므로 대칭좌표법을 사용할 필요가 없고 각 상의 값이 같으므로 1상분만 고려하면 됨

다. 3상 단락고장을 제외한 모든 고장은 비대칭고장으로 고장 시 각상에는 비대칭 전압과 전류가 나타나게 되어 일반적으로 대칭좌표법에 의하여 해석함

2. 3상 고장 전류의 계산방법

가. 평형(대칭) 고장인 3상 단락고장 계산방법은 옴법, %임피던스법, 단위법(p・u) 등이 사용되고 있음

나. 불평형(비대칭) 고장은 대부분 1선 지락, 2선 지락, 2선 단락고장 등으로 고장전류 등의 계산은 직접 "중첩의 정리" 또는 "테브난의 정리"로 해석할 수 있으나 매우 복잡하여 지므로 보통 "대칭좌표법"을 사용함

3. 단락전류 계산 목적

가. 고장을 제한 또는 신속히 제거하기 위한 차단기 선정

나. 보호계전 방식 선정 및 동작 정정치 설정

다. 계통 기기나 선로의 기계적・열적 강도 선정

라. 송전선 부근의 통신선 유도장해 검토

마. 순시전압 강하 검토

4. 3상 단락전류 계산 방법

가. 옴법

(1) 파악된 모든 임피던스를 ohm으로 나타내고 기준전압, 기준용량에 대하여 Ohm으로 환산하여 계산하는 방법으로 변압기 결선 등에 따라 환산이 불편하여 직류전기철도 급전방식 등에서 극히 일부만 사용하고 있음

(2) 단락전류 : $I_S = \dfrac{E}{Z} = \dfrac{E}{Z_G + Z_T + Z_L} = \dfrac{E}{\sqrt{R^2 + X^2}}$ [A]

(3) 단락용량 : $P_S = 3EI_S = \sqrt{3}\,VI_S$ [kVA]

여기서, I_S : 단락전류[A]

E : 고장직전의 상전압[V]

V : 단락점 선간전압[V] (= $\sqrt{3}\,E$)

Z : 단락지점에서 전원측으로 바라본 계통 임피던스 합[Ω]

Z_G : 발전기 임피던스

Z_T : 변압기 임피던스

Z_L : 송전선로 임피던스로

나. 백분율법(% 임피던스법)

(1) 송전계통에서 임피던스 크기를 ohm값 대신 모든 임피던스를 %임피던스로 환산하여 계산하는 일반적인 방법

(2) %임피던스 : $\%Z = \dfrac{Z \cdot I_n}{E} \times 100 = \dfrac{P \cdot Z}{10E^2} = \dfrac{P \cdot Z}{10V^2}$ [%]

$= \dfrac{I_n}{I_S} \times 100 = \dfrac{P_n}{P_S} \times 100$ [%]로 변환 가능

(3) Ohm 임피던스 : $Z = \dfrac{\%Z \cdot E}{100 I_n} = \dfrac{\%Z \cdot V^2}{P}$ [Ω]

(4) 단락전류 : $I_S = \dfrac{E}{Z} = \dfrac{E}{\dfrac{\%Z \cdot E}{100 I_n}} = \dfrac{100 I_n \cdot E}{\%Z \cdot E} = \dfrac{100}{\%Z} \cdot I_n$ [A]

(5) 단락용량 : $P_S = \sqrt{3}\,V \cdot I_S$이므로 $I_S = \dfrac{100}{\%Z} \cdot I_n$을 대입하면

$$P_S = \sqrt{3}\,VI_S = \frac{100}{\%Z} \times \sqrt{3} \cdot VI_n = \frac{100}{\%Z} \times P_n \text{[kVA]}$$

여기서, E : 상전압[kV], V : 선간전압[kV], I_n : 정격전류[A]

P_S : 3상단락용량(= $\sqrt{3}\,V \cdot I_S$) [kVA]

P_n : 정격용량(= $\sqrt{3}\,V \cdot I_n$) [kVA]

다. 단위법(p · u 법)

(1) %임피던스를 1/100로 한 p · u로 표시하고 기준용량으로 계산하는 방식으로 특별한 경우를 제외하고는 별로 쓰이지 않음

(2) 예를 들어 정격전압 10[kV], 정격전류 1,000[A], 정격용량 10,000[kVA], 임피던스 5[Ω]인 발전기가 있다면,

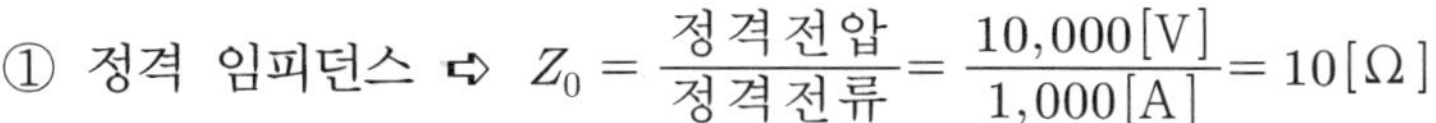

① 정격 임피던스 ➪ $Z_0 = \dfrac{\text{정격전압}}{\text{정격전류}} = \dfrac{10{,}000[\mathrm{V}]}{1{,}000[\mathrm{A}]} = 10[\Omega]$

② 단위(p.u)임피던스 표시 ➪ $p \cdot u \cdot z = \dfrac{Z}{Z_0} = \dfrac{5}{10} = 0.5[\mathrm{p.u}]$

③ %임피던스 표시 ➪ $\%Z = \dfrac{Z}{Z_0} \times 100 = 50[\%]$

12.1.8 3상 불평형 고장의 대칭좌표법 계산방법

1. 3상 비대칭 고장회로 계산방법

가. 3상 1선 지락, 2선 지락 및 2선 단락사고 등은 불평형 고장으로 불평형 고장은 비대칭 고장으로서 고장 전류 및 전압이 비대칭으로 나타나기 때문에 이를 대칭형태로 변환하여 계산할 필요가 있음

나. 특히, 3상 송배전 계통의 지락사고 시 각상이 불평등되고 대지 충전전류 등 대지회로(영상회로)를 고려하여야 하므로 지락 전류 또는 전압을 구할 때 벡터연산자를 이용한 대칭좌표법 계산방법이 널리 이용되고 있음

다. 불평형 고장의 대칭좌표법 계산 순서

(1) 발전기, 변압기, 송전선 및 각 요소의 임피던스를 포함한 계통도를 작성

(2) 계통 단선도로부터 정상, 영상, 역상 회로를 작성.

(3) 회로의 각 Branch의 임피던스를 기준 MVA로 환산함

(4) 각 대칭분 회로를 등가의 간단한 회로로 변환시킴

(5) 각 고장에 해당하는 등가회로를 그려 대칭분 전류, 전압을 계산함

2. 대칭좌표법(벡터연산자 적용)

가. 3상 지락사고 등 비대칭 불평등 회로에서의 고장전류 계산은 매우 복잡하므로 비대칭성의 불평형 전압과 전류를 벡터 연산자를 이용하여 영상분(Zero Sequence), 정상분(Positive Sequence), 역상분(Nagative Sequence)의 3개의 대칭회로로 분해하여 해석하는 방법을 대칭좌표법이라고 함

나. 벡터연산자(Vector Operator)

3상 전력계통은 각 상이 120° 위상차가 있으므로 **"오일러의 공식"**에 의한 지수함수식 $e^{j\theta} = \cos\theta + j\sin\theta = 1\angle\theta$를 이용하여 120° 위상차가 되도록 a, a^2, a^3과 같이 표현하여 계산하는 방법으로 이때 a를 벡터연산자라고 함

(1) $a = 1\angle 120^o = e^{j\frac{2}{3}\pi} = \cos\frac{2}{3}\pi + j\sin\frac{2}{3}\pi = -\frac{1}{2} + j\frac{\sqrt{3}}{2}$

(2) $a^2 = 1\angle -120^o = 1\angle 240^o = e^{j\frac{4}{3}\pi} = \cos\frac{4}{3}\pi + j\sin\frac{4}{3}\pi = -\frac{1}{2} - j\frac{\sqrt{3}}{2}$

(3) $a^3 = e^{j0} = \cos 0 + j\sin 0 = 1$

(4) $a + a^2 + a^3 = (-\frac{1}{2} + j\frac{\sqrt{3}}{2}) + (-\frac{1}{2} - j\frac{\sqrt{3}}{2}) + 1 = 0$

※ 위 식에서 a, a^2 등은 벡터로서 어떤 전압, 전류에 a를 곱하는 것은 위상이 120° 앞서고, a^2를 곱하는 것은 240° 앞선다는 의미임

다. 벡터연산자에 의한 대칭분(Vector 기준)

(1) 불평형 3상 전류를 I_a, I_b, I_c , 3상 전압을 V_a, V_b, V_c, 영상 전류와 전압을 I_0, E_0, 정상 전류와 전압을 I_1, E_1, 역상 전류와 전압을 I_2 , E_2라고 하면 아래와 같이 벡터 연산자를 이용하여 평행조건을 만들 수 있음

(2) 3상 불평형 전류의 상전류와 대칭성분

(a상 전류) $I_a = I_0 + I_1 + I_2$

(b상 전류) $I_b = I_0 + a^2 I_1 + aI_2$

(c상 전류) $I_c = I_0 + aI_1 + a^2 I_2$

(영상전류) $I_0 = \frac{1}{3}(I_a + I_b + I_c)$

(정상전류) $I_1 = \frac{1}{3}(I_a + aI_b + a^2 I_c)$

(역상전류) $I_2 = \frac{1}{3}(I_a + a^2 I_b + a I_c)$

(3) 3상 불평형 전압의 상전압과 대칭성분

(a상 전압) $V_a = V_0 + V_1 + V_2$

(b상 전압) $V_b = V_0 + a^2 V_1 + a V_2$

(c상 전압) $V_c = V_0 + a V_1 + a^2 V_2$

(영상전압) $V_0 = \frac{1}{3}(V_a + V_b + V_c)$

(정상전압) $V_1 = \frac{1}{3}(V_a + a V_b + a^2 V_c)$

(역상전압) $V_2 = \frac{1}{3}(V_a + a^2 V_b + a V_c)$

3. 3상 교류발전기 대칭성분 전압 기본식

가. 중성점이 직접 접지된 3상 교류발전기의 단자에서 본 영상, 정상, 역상의 각 대칭분 임피던스를 Z_0, Z_1, Z_2, 단자에서 본 대칭분 전압을 V_0, V_1, V_2라고 할 때 발전기의 유기기전력은 3상 대칭이므로 영상전압 E_0와 역상전압 E_2는 0(zero)가 되므로 단자의 대칭분 전압 기본 식은 아래와 같음

(1) $V_0 = E_0 - Z_0 I_0$ ⇨ $V_0 = -Z_0 I_0$,

(2) $V_1 = E_1 - Z_1 I_1$

(3) $V_2 = E_2 - Z_2 I_2$ ⇨ $V_2 = -Z_2 I_2$

나. 위 (2)식에서 E_1은 발전기 무부하 유도기전력의 정상분으로 기전력이 3상 대칭 관계로 있을 때는 a상의 기전력과 같은 $E_1 = E_a$가 됨

12.1.9 3상 1선 지락고장 계산방법

1. 3상 송전계통의 고장계산

가. 3상 교류발전기의 기본 식에서는 첫째 무부하 단자전압이 3상 대칭일 것, 둘째 각 상정수가 평행일 것 이상 두 가지 조건을 만족하고 단자에서 바라본 영상, 정상, 역상 임피던스인 Z_0, Z_1, Z_2를 알면 기본 식을 이용하여 다양한 고장계산이 가능함

나. 3상 송전계통에서 어떤 지점에 고장이 발생하는 경우 송전회로에는 발전기, 변압기, 조상기 등 기기 및 이들을 연결하는 선로가 복잡하게 되어 있으나 각상 전압과 각상 정수가 평행된다는 조건은 대체로 만족하므로 송전계통을 대칭 3상 교류 발전기로 생각하고 고장계산을 하게 됨

다. 그림 12.1.11과 같은 송전계통에서 P 점에 고장이 발생한 경우 고장발생 전에 P 점에서 각상 전선으로부터 3개의 가상단자 a, b, c가 있다고 가상하고, 가상단자 a, b, c,에서 본 영상, 정상, 역상 임피던스를 Z_0, Z_1, Z_2이라 하고,

라. P점의 고장발생전 a상 전압을 E_a라고 하면 단자에서는 전류가 흘러나오지 않으므로 가상단자에서 a, b, c는 무부하전압이 E_a이고, 대칭분 임피던스가 Z_0, Z_1, Z_2인 발전기 단자와 같음

마. 따라서, 고장발생 직전의 P점 전압과 P점에서 계통 측을 바라본 임피던스 Z_0, Z_1, Z_2 값을 알면 발전기 단자의 지락 고장과 같은 방법으로 고장계산이 가능함을 알 수 있으므로 송전계통에서의 영상회로, 정상회로, 역상회로에 대한 임피던스를 모두 선로 측으로 환산한 값으로 적용하면 됨

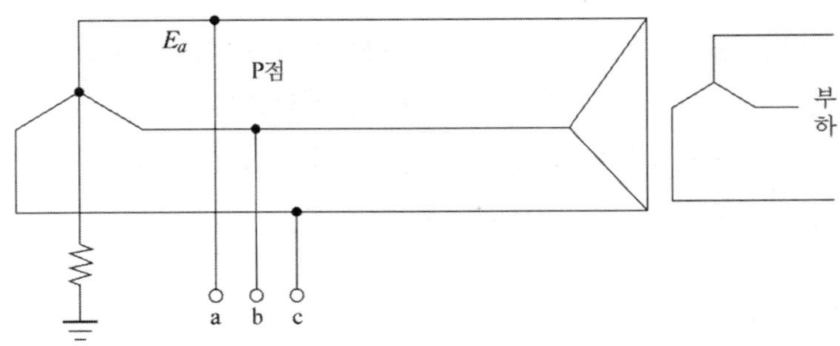

그림 12.1.11 3상 송전계통 고장 가상회로

2. 3상 1선 지락전류 계산 방법(대지충전전류 무시)

가. 3상 발전기의 유기기전력을 E_a, E_b, E_c 각 상의 단자전압을 V_a, V_b, V_c, 상전류를 I_a, I_b, I_c 라 하고 할 때 1선 지락고장이 발생하면,

(1) a상 1선 지락 시 단자에서의 조건은 $I_b = I_c = 0$, 상전압 $V_a = 0$

(2) a상 1선 지락 시 지락저항이 0(zero)이면 지락전류는 $I_a = I_g$가 됨

나. 1선 지락 시 지락전류를 대칭분으로 해석

(1) a상 1선 지락 시 단자 조건은 $I_b = I_c = 0$, 상전압 $V_a = 0$이므로

$I_a = I_0 + I_1 + I_2 = I_g$

$I_b = I_0 + a^2 I_1 + a I_2 = 0$

$I_c = I_0 + a I_1 + a^2 I_2 = 0$

$I_b - I_c = (a^2 - a)I_1 + (a - a^2)I_2 = (a^2 - a)(I_1 - I_2) = 0$ ⇨ $I_1 = I_2$가 됨

$I_1 = I_2$를 I_b, I_c 식에 대입하여 풀면 $\underline{I_1 = I_2 = I_0}$

(2) 단자에서 상전압 $V_a = 0$, $I_1 = I_2 = I_0$을 대칭분 전압에 대입하면

$V_a = 0 = V_0 + V_1 + V_2 = (-Z_0 I_0) + (E_1 - Z_1 I_1) + (-Z_2 I_2)$

$= E_1 - (Z_1 I_1 + Z_2 I_2 + Z_0 I_0) = 0$

위 식 $E_1 - (Z_1 I_1 + Z_2 I_2 + Z_0 I_0) = 0$ ⇨ $E_1 = (Z_1 I_1 + Z_2 I_2 + Z_0 I_0) = E_a$

$\therefore\ I_0 = I_1 = I_2 = \dfrac{E_a}{Z_0 + Z_1 + Z_2}$ (단, $E_1 = E_a$임)

(3) 여기서, $I_a = I_g$, $I_0 = I_1 = I_2 = \dfrac{E_a}{Z_0 + Z_1 + Z_2}$, $I_b = I_c = 0$이므로

$I_0 = \dfrac{1}{3}(I_a + I_b + I_c) = \dfrac{1}{3} I_a$

$$I_1 = \frac{1}{3}(I_a + aI_b + a^2 I_c) = \frac{1}{3} I_a$$

$$I_2 = \frac{1}{3}(I_a + a^2 I_b + aI_c) = \frac{1}{3} I_a$$

$$\therefore \ I_0 = I_1 = I_2 = \frac{1}{3} I_a \ \Rightarrow \ I_a = 3I_0 = 3I_1 = 3I_2$$

$$\therefore \ \text{지락전류는} \ I_g = I_a = I_0 + I_1 + I_2 = \frac{3E_a}{Z_0 + Z_1 + Z_2}$$

다. 대칭분 전압해석

(1) 대칭분 전압은 각 상의 단자전압 기본식에 대칭분 전류를 대입

$$V_0 = -Z_0 I_0 = -\frac{Z_0}{Z_0 + Z_1 + Z_2} \cdot E_a$$

$$V_1 = E_1 - Z_1 I_1 = \frac{Z_0 + Z_2}{Z_0 + Z_1 + Z_2} \cdot E_a$$

$$V_2 = -Z_2 I_2 = -\frac{Z_2}{Z_0 + Z_1 + Z_2} \cdot E_a$$

(2) 1선 지락 시 각 상의 전압

$$V_a = V_0 + V_1 + V_2 = 0$$

$$V_b = V_0 + a^2 V_1 + aV_2 = \frac{Z_0(a^2 - 1) + Z_2(a^2 - a)}{Z_0 + Z_1 + Z_2} \cdot E_a$$

$$V_c = V_0 + aV_1 + a^2 V_2 = \frac{Z_0(a - 1) + Z_2(a - a^2)}{Z_0 + Z_1 + Z_2} \cdot E_a$$

3. 대지충전전류를 고려한 3상 1선 지락전류 계산식

가. 3상 4선식 전력계통의 중성점 접지방식은 비접지, 직접접지, 저항접지, 소호리액터 접지 등을 사용하여 단락 또는 지락전류를 억제하고 있으나 최근 전력계통은 케이블 등을 많이 사용하여 케이블이 가공선에 비해 대지 정전용량이 크므로 리액턴스와 대지 충전전류를 고려하여야 함

나. 그림 12.1.12와 같이 각 상전압을 E_a, E_b, E_c , 중성점저항을 R_N, 지락전류를 I_g, 3상 일괄 대지정전용량(각 상 대지정전용량 C의 합)을 C_0, 1상당 영상 임피던스를 Z_0 라고 하면,

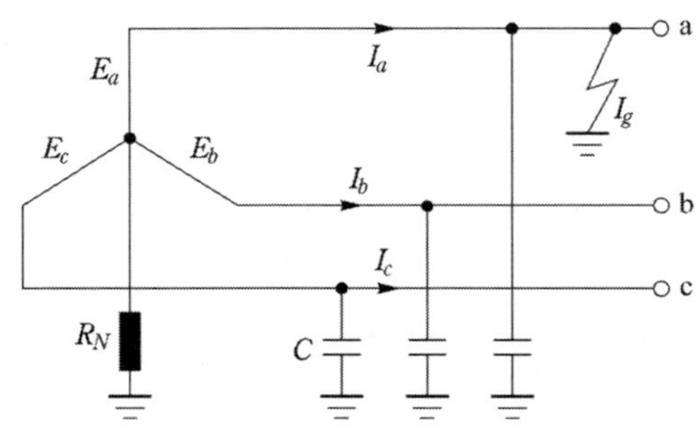

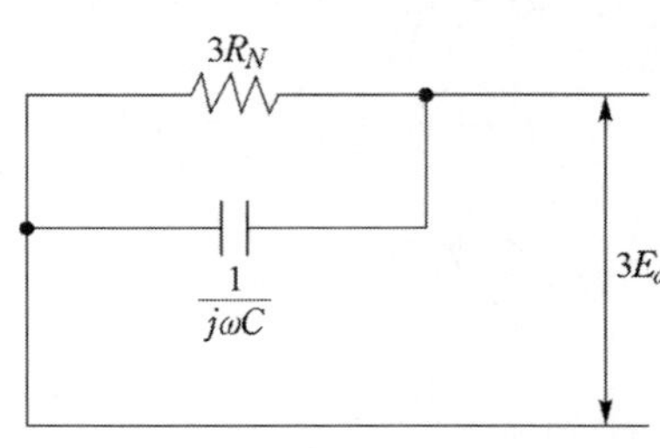

(a) 충전전류를 고려한 1선 지락　　　　(b) 등가회로도

그림 12.1.12　3상 1선지락 고장

(1) 중성점 접지방식에서 지락전류는 $I_g \simeq \dfrac{3E_a}{Z_0}$ 이나, 문제의 전력계통에서 대지 정전용량을 고려할 때 1상당 영상임피던스 Z_0는 중성점 임피던스 R_N과 각 상 정전용량 C의 병렬회로 합성임피던스로 $Z_0 = \dfrac{1}{\dfrac{1}{3R_N} + jwC}$ 가 됨

(2) 따라서, 지락전류는

$$I_g = \frac{3E_a}{Z_0} = \frac{3E_a}{\dfrac{1}{\dfrac{1}{3R_N} + jwC}} = 3E_a\left(\frac{1}{3R_N} + jwC\right) = \frac{3E_a}{3R_N} + jw3C \cdot E_a$$

$$\therefore\ I_g = \frac{E_a}{R_N} + jwC_0 \cdot E_a = \dot{I}_N + \dot{I}_C\ [\text{A}]$$

$$I_g = I_N + jI_c \ \Rightarrow\ |I_g| = \sqrt{I_N^2 + I_c^2}$$ 임

여기서, $\dot{I}_N = \dfrac{E_a}{R_N}$: 중성점 접지전류

$\dot{I}_C = jwC_0 \cdot E_a$: 3상 일괄 대지충전전류

$C_0 = 3C$: 3상 합성 대지정전용량

다. 전력케이블 3심 일괄 대지충전전류(I_c) 계산식

$$I_c = \frac{E}{\sqrt{3}} \times 2\pi f\ C_0 \times 10^{-6}[\text{A/km}] = \sqrt{3}\,E \times w\,C \times 10^{-6}[\text{A/km}]$$

여기서, C_0 : 3심 일괄 대지정전용량($C_0 = 3C$)

E : 선간전압

$C = \dfrac{0.02413 \times \varepsilon}{\log \dfrac{D}{d}}$: 1심 대지정전용량

※ C는 ε, d, D에 따라 변동됨

4. 중성점 접지계통의 1선 지락고장 계략식

가. 3상 4선식 접지계통의 지락고장은 다중접지 된 중성선과의 혼촉인 경우와 접지인 경우 2가지가 있으며 아래 그림과 같은 고장이 발생됨

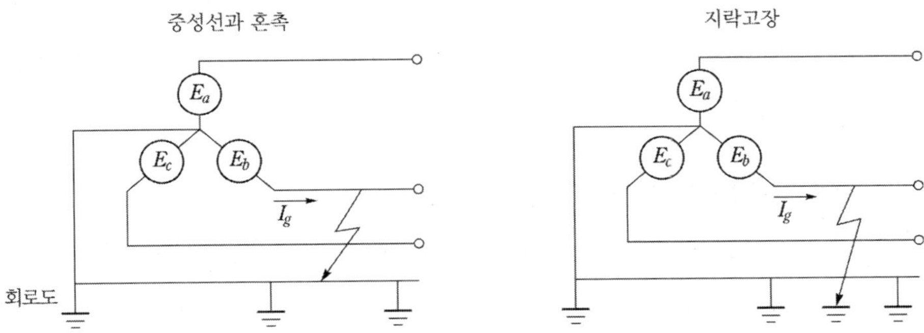

그림 12.1.13 지락고장 계통도

나. 지락고장에 대한 계산 방법

$$I_g = \frac{3 \times 100}{Z_1 + Z_2 + Z_0 + 3R_f} \times \frac{100,000}{\sqrt{3}\ V}$$

여기서, I_g : 1선 지락전류[A]

V : 전로의 선건전압[V]

Z_1, Z_2, Z_0 : 고장회로의 정상, 역상, 영상 %임피던스

$Z_1 = Z_S + Z_t + Z_{L1}$, $Z_2 = Z_1$, $Z_0 = Z_t + Z_{L0}$

Z_t : 주변압기 %임피던스(100[MVA] 기준)

Z_S : 전원계통의 %임피던스

Z_{L1} : 배전선로의 정상 %임피던스

Z_{L0} : 배전선로의 영상 %임피던스

R_f : 고장점의 저항치로 100[MVA]로 환산한 %임피던스.

12.1.10 6.6[kV] 고압 배전선로의 단락 및 지락 보호방식

1. 비접지계통 배전선로의 특성

가. 계통을 접지하지 않고 비접지 상태로 운전하는 방식의 지락사고 시 지락전류는 충전전류와 GPT를 통한 유효전류로 수[A] 정도이며, 1선 지락 시 건전상의 전위는 $\sqrt{3}$배까지 상승하는 특성이 있음

나. 6.6[kV] 고압 배전선로는 비접지방식으로, 비접지 방식을 적용하는 계통은 1선 지락사고 시 지락전류가 적어 계통에 미치는 영향이 적으나 지락전류가 계속 흐르도록 방치하면 2선 지락으로 발전하여 심각한 과도 이상전압이 발생하여 상전압 상승 및 대전류로 인한 파급사고가 우려됨

다. 따라서, 고압 배전선로의 보호방식은 비접지계통(6.6[kV], 3.3[kV] 등) 방식과 다중접지 계통(22.9[kV-Y] , 11.4[kV-Y])으로 구분하여 설명할 수 있으며, 비접지방식에서의 단락고장 보호와 지락고장 보호에 대하여 기술함

2. 비접지 계통 지락보호 방식

가. 비접지 계통의 지락보호는 지락전류가 매우 적기 때문에 보호계전 방식도 다소 복잡하여 배전선의 규모와 회선수에 따라 다르게 적용해야 함

나. 지락과전압계전방식

(1) 배전선의 지락사고 시에 발생하는 영상전압에 의하여 지락과전압 계전기가 동작되며, 동작시 경보 및 차단기를 차단시키는 방법.

(2) 다회선의 경우 지락과전압 계전방식 단독으로는 사고선로의 선택이 불가능하기 때문에 배전선이 1회선인 변전소의 경우에 변전소 모선에 설치하여 주보호로 사용하거나, 다회선의 경우 방향지락계전 방식과 조합하여 후비보호로 사용함

다. 방향지락계전방식

(1) 방향지락계전기는 배전선 지락사고 시에 나타나는 영상전압과 영상전류와의 곱에 의하여 동작하는 전력형 방향계전기임

(2) 영상변압기 1차측은 Y 결선으로 중성점을 직접 접지하고 2차측은 개방 삼각결선으로 제한저항을 삽입하며, 제한저항기는 양단에 $3V_0$ 가 나타나고, 이것이 방향지락계전기를 동작시키는데 필요한 유효분 전류를 발생시키는 등 여러 가지 효과가 있으며,

(3) 각 배전선의 영상변류기에 흐르는 전류는 건전선로에서는 부하 측에서 전원측으로, 고장선에서는 전원측에서 부하측 즉 고장점으로 흘러 전류 방향이 반대가 되

는 고장전류의 방향을 영상전압을 기준으로 해서 판정하도록 방향성을 가지는 방향지락계전방식의 원리임

라. 고압자동구분 차단장치

(1) 고압배전선 분기 또는 인입선 지점의 주상에 설치하는 고압자동 구분 차단장치는 지락보호 단독용과 지락 또는 단락보호 공용 등의 2종류가 있음

(2) 주상용 고압구분차단기 보호장치 내부에는 영상변류기와 지락계전기가 있으며, 주상에 설치하기 전에 변전소의 방향지락계전기와 보호협조 및 피보호 선로의 긍장 등을 고려하여 계전기를 정정하여야 함

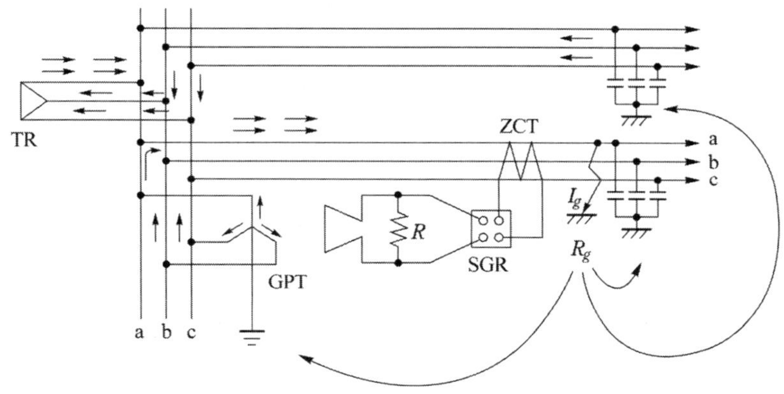

그림 12.1.14 비접지계통 지락보호 회로도

3. 비접지 계통 단락보호 방식

가. 비접지 계통 배전선로는 대부분 방사상으로 되어있기 때문에 단락보호에는 과부하보호를 겸해서 과전류계전 방식을 일반적으로 사용하며, 과전류계전기가 동작할 때 트립방식은 일반적이며 확실성 측면에서 직류트립방식을 적용함

나. 과전류계전기 방식

(1) 과전류계전기는 평상시 부하 전류에 비해 고장전류가 큰 전력계통에 대한 보호방식으로 전류가 정정값 이상이 되었을 때 동작하는 계전기로 용도가 다양하여 단락보호용(과부하 보호포함)과 지락보호용으로 사용됨

(2) 일반적으로 선간 단락보호에는 2개 또는 3개의 과전류계전기를 사용하고, 1선 지락 보호에는 영상전류에만 동작하도록 하는 전용의 과전류계전기 1대를 사용함

(3) 과전류계전기의 특성으로는 순시특성, 반한시 특성(Inverse), 정한시 특성(Definite Time), 강반한시 특성(Very Inverse) 및 기타 동작시간 특성, 복귀시간 특성 및 온도와 주파수 특성 등이 있으며, 계전기의 정정은 순시정정 및 한시정정으로 전류값 및 시간을 조정함

다. 고압자동구분 차단장치

(1) 고압 배전선로의 주상용으로 주로 사용되며 단락 및 지락보호 두가지 기능을 포함하고 있으며, 기계적으로는 차단부분, 트립용 전자코일, 과전류 트립장치, 지락보호계전기 등으로 구성되며 부하전류 개폐가 가능함

(2) 고압자동구분 차단장치는 변전소 인출의 과전류계전기가 부동작되는 경계점 부근의 배전선 주상 또는 필요한 장소에 설치하여 사고 시 정전범위를 국한할 수 있으며, 특히 긍장이 긴 배전선의 말단 단락고장 검출에 유리함

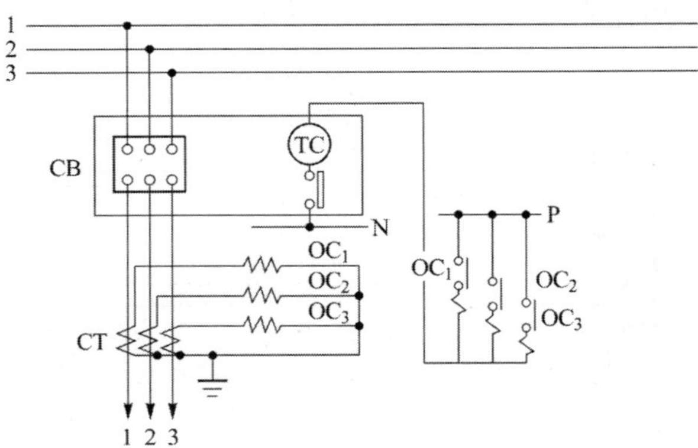

그림 12.1.15 비접지 단락보호 과전류 3CT 방식

12.1.11 고압 배전선로의 지락 고장 검출방법

1. 지락고장 검출 방법

가. 3상 배전선로 계통의 지락보호는 변압기 중성점 접지방식에 따라 상이하기 때문에 불평형사고(지락사고)가 발생했을 때 중성점 접지방식과 비접지방식으로 구분하여 지락보호를 위한 지락검출이 필요하게 됨

나. 비접지계통에서의 중성점 접지저항 Z_N은 무한대이므로 지락사고 시 대지와 회로가 구성되지 않아 지락전류가 매우 작아 일반적인 CT 배율 등으로는 지락고장 검출이 어려우므로 영상전압 및 영상전류 검출을 위하여 ZCT, GPT, SGR 등으로 조합하여 지락고장을 검출하는 방법이 일반적으로 사용되고 있으며,

다. 중성점 접지방식에서는 대지와 회로가 구성되어 지락사고 시 중성점 접지방식에 따라 지락전류량이 수[A]에서 수 천[A]까지 다양하므로 CT 및 PT 결선 방법을 사용하여 영상전압 또는 영상전류를 검출하여 지락 선택 계전기 및 지락 과전류 계전기와 보호협조를 시행하는 검출회로를 구성하고 있음

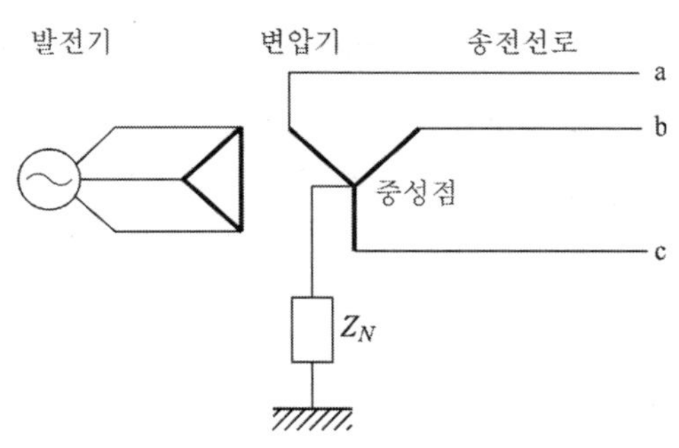

$Z_N = \infty$: 비접지방식
$Z_N = 0$: 직접접지방식
$Z_N = R$: 저항접지방식(저저항, 고저항)
$Z_N = L$: 리액터접지(리액터, 소호리액터)

그림 12.1.16 중성점 접지방식

2. 비접지 계통의 지락고장 검출 및 보호

가. 영상변류기(ZCT)에 의한 영상전류 검출 방법

(1) 비접지계통의 선로에 지락이 발생하는 경우 지락전류가 극히 제한되어 GPT의 제한 저항에 의한 유효전류와 선로의 대지충전 전류가 지락전류의 크기로 매우 작아 변류기의 특성오차에 따른 잔류전류가 커서 지락 검출이 매우 어려워 ZCT 방법을 사용함

(2) 계전기에 상시 유입되는 잔류 전류는 적은 양으로 제한되므로 계전기는 고감도가 필요하고, 건선형의 경우 1차 권선에 3상 전류를 흐르게 했을 때 2차 권선에는 각상 영상전류의 3배인 영상전류에 대응한 전류를 얻을 수 있어 영상변류기(ZCT)를 사용하고, 선택 지락 계전기(SGR)과 함께 사용하여 지락고장 회로를 검출하여 보호함

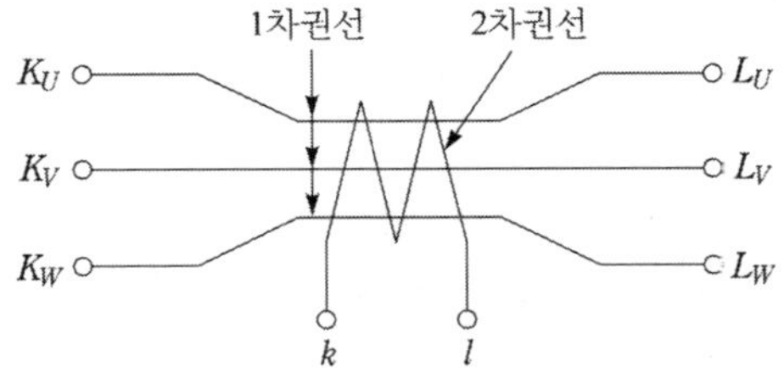

그림 12.1.17 영상변류기(ZCT)

나. 3상 접지형 계기용변압기(GPT)

(1) GPT의 1차 권선과 2차 권선을 각각 Y 결선하고 그 중성점을 접지하고, 3차 권선을 개방 3각 결선(Open delta)으로 결선하여 2차 권선은 계측 또는 일반 전원으로 사용하고 개방 3각 결선에는 2단자 사이에 한류저항을 삽입하여 영상전압을 얻음

(2) 정격 3차 전압은 110/3 또는 190/3이고, 완전 1선 지락 시 오픈델타 단자에 나타나는 정상 또는 영상전압은 110[V] 또는 190[V]임

(3) GPT 3차측 1상의 전압은 $110/\sqrt{3}$ 이지만 3차 권선에 나타나는 전압은 3배의 영상전압이므로 $3 \times 110/\sqrt{3} = 190$[V]가 됨

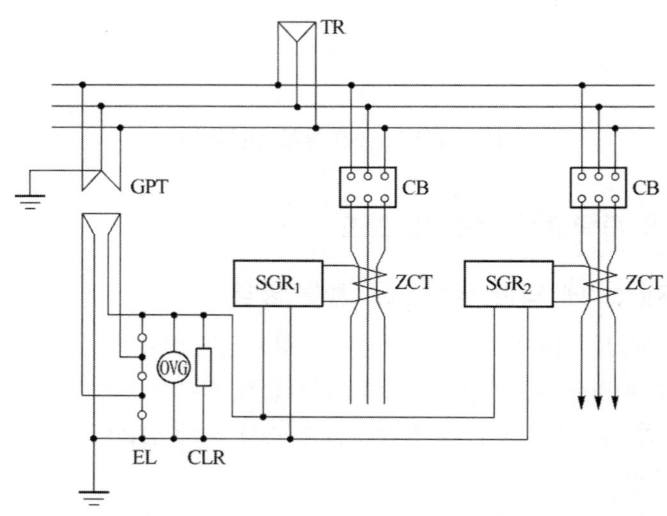

그림 12.1.18 비접지계통의 지락검출 보호회로

다. 단상계기용변압기(PT) 3대 결선

(1) 단상 계기용변압기(PT) 3대를 Y 결선하여 그 중성점을 접지하고, 2차측은 오픈델타 방식으로 접속하여 영상전압을 검출

(2) 완전 지락 시 얻어지는 영상전압은 190[V] 임(각 상이 63.5[V])

(3) 보조 PT의 결선

각상 계기용변압기(PT) 3대를 Y 결선하여 사용하는 방법과 같으나, 주 PT에 3차 권선이 없는 경우에는 주 PT 2차측에 보조 PT 3대를 접속하고, 보조 PT의 2차측을 개방하여 3각 결선하는 방법으로 보조 PT의 권선비가 1:1이면 영상전압 190[V]의 전압을 검출할 수 있음

3. 중성점 접지계통 지락고장 검출 및 보호

가. 잔류회로(Residual Circuit)의 CT 결선

중성점 직접접지 또는 저저항접지 방식에서 영상전류 검출방법으로 CT Y 결선의 잔류회로를 이용하며, 이때 3상의 잔류회로에는 동상분 영상전류만 흐르고 영상전류 크기는 $I_a + I_b + I_c = 3I_0$가 됨

나. 3차 권선 영상 CT 회로

중성점 고저항접지 전력계통에 적용하는 회로로 저항접지 방식에서 지락전류는 단락전류에 비해 매우 적으므로 변류비가 큰 CT의 2차 전류만으로는 영상전류를 검출하기가 어려움. 3차 권선 영상 CT 라 함은 동일 철심에 과전류계전기를 결선하는 2차 권선과 지락영상 전류를 검출하는 100/5[A]의 3차 권선이 동시에 감겨있는 CT로 일본에서 주로 사용함

다. 단상 GPT 1대 이용한 영상전압 검출

(1) 중성점 접지계통에서 변압기 중성점을 직접 접지하지 않고 NGR(중성점 접지저항기 : Neutral Grounding Resistor)을 통하여 접지하는 방법으로 수전용변압기의 중성점 또는 접지용변압기(GPT)의 중성점에 설치하여 영상전압을 검출.

(2) 접지고장이 발생하면 ZCT 2차측에는 원리적으로 영상전류를 얻을 수 있으며, 이 영상전류를 흐르게 하기 위해서는 PT를 사용하여 2차측 영상전압 회로를 구성할 수 있음

(3) NGR의 시간정격은 일반적으로 30[sec] 또는 60[sec]로 중성점에 흐르는 지락전류를 지락과전류 계전기로 검출하고 NGR의 정격시간 이하의 시한에서 경보 및 차단시켜 NGR을 보호하는 방법이 시행됨

12.1.12 고장전류의 종류별 특징 및 적용

1. 고장전류의 종류별 특징 및 적용

가. 초기과도 전류(First Cycle Fault Current)

(1) 고장전류는 초기 1/2 Cycle에서 가장 크며, 이때의 고장전류를 초기 과도전류라고 함

(2) 발전기, 전동기, 한전계통 등 모든 단락전류에 대하여 고려하며, 모든 회전기는 차과도 리액턴스(xd'')를 적용함(전동기는 xd''의 1~1.2배)

(3) 케이블의 굵기 결정, 변성기 정격검토, 보호계전기 순시탭 Setting, 저압 차단기 용량 선정, 고압 Fuse 용량 선정 등에 사용함

나. 과도전류(Interrupting Fault Current)

(1) 차단기 접점이 개시되는 시점(3~8cycle)의 고장전류를 과도전류라고 함

(2) 발전기, 전동기, 한전계통 등 모든 단락전류에 대하여 고려하며, 발전기는 차과도 리액턴스(xd'')를 적용하고, 기타 회전기는 과도리액턴스(xd')를 적용하며, 전동

기는 xd''에 1.5~3배를 적용함

(3) 고압 및 특고압용 차단기의 차단용량 선정에 사용함

다. 정상상태의 전류(Steady State Fault Current) ⇨ 30 Cycle Fault Current

(1) 계통 임피던스의 변화가 안정된 시점의 고장전류를 정상상태의 전류(Steady State Fault Current)라고 하며, 특히 보호계전기 동작시점(약 30 Cycle)의 고장전류를 30 Cycle Fault Current이라고 함

(2) 발전기, 한전계통의 단락전류에 대하여 고려하며, 발전기는 과도리액턴스(xd')를 적용함

(3) 보호계전기 한시 Tap Setting에 사용함

표 12.1.1 고장전류 종류별 특성

구 분	정의 및 특징	적 용
초기과도 전류 (First Cycle Fault Current)	• 1/2 Cycle 시점의 고장전류 • 모든 단락전류에 대해 고려 • 모든 회전기는 차과도 리액턴스를 적용	• 케이블의 굵기 결정 • 계전기 순시탭 Setting • 고압 Fuse 용량 선정
과도전류 (Interrupting Fault Current)	• 3~8 Cycle 시점의 고장전류 • 모든 단락전류에 대해 고려 • 발전기는 초기 과도리액턴스 적용	• 차단기 차단용량 선정
정상상태의 전류 (Steady State Fault Current)	• 계통 임피던스 변화가 안정된 상태의 고장전류 • 발전기는 과도 리액턴스 적용 • 30 Cycle Fault Current	• 보호계전기 한시 Tap Setting

2. 고장전류의 형태

가. 고장발생의 형태

(1) 평행(대칭) 고장 ⇨ 3상 단락(발생빈도가 매우 낮음)

(2) 비평형(비대칭) 고장 ⇨ 1선 지락, 2선 지락, 2선 선간단락 등

나. 고장전류의 성분

(1) 전력계통에 고장이 발생한 경우의 고장전류는 그림 12.1.19와 같이 횡축에 대하여 비대칭 전류가 흐르며, 이 전류는 횡축에 대하여 대칭인 대칭분 교류성분과 직류성분으로 구분함

(2) 고장전류분에 포함되어있는 직류성분은 회로정수(X/R 비)에 따라 크기가 결정되고 시간이 지남에 따라 감쇄함

(3) 계통에 회전기가 연결되어 있는 경우는 교류대칭분 고장전류도 시간에 따라 크기가 변화함

다. 고장전류의 형태

(1) 대칭전류

① 대칭전류의 실효치는 고장전류의 교류성분만의 실효값을 말하며,

② ACB, MCCB, Fuse 등을 선정하는데 이 대칭 전류치를 적용함

(2) 비대칭전류

① 비대칭 단락전류 실효치는 고장전류에 포함되어 있는 직류성분을 포함한 실효치를 말하며, 최대 비대칭단락전류 실효치, 최대 비대칭단락전류 순시치, 3상 평균 비대칭단락전류 실효치로 구분함

② 전선, CT 등의 열적강도 및 직류기기의 기계적 강도검토에 사용함

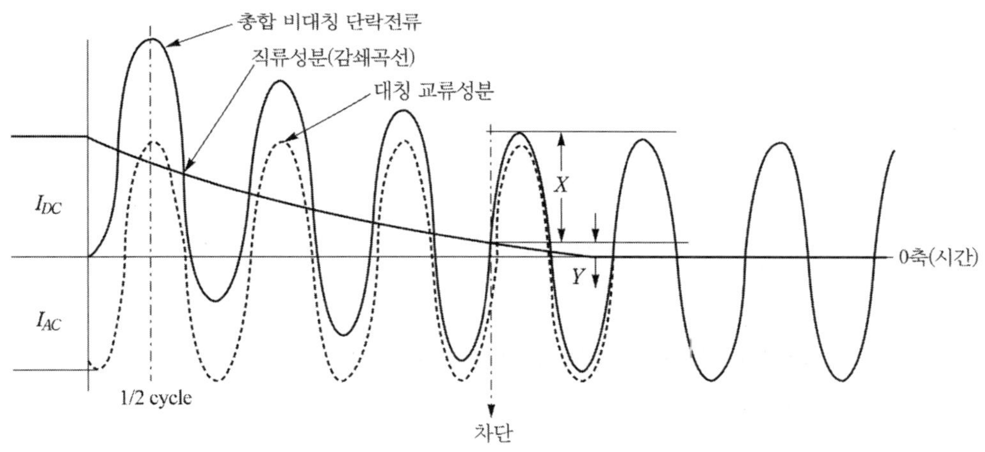

그림 12.1.19 단락전류의 구성 및 특성

3. 고장전류 계산의 목적 및 용도

가. 고장전류 계산 목적

전력계통의 고장전류 목적은 송전선, 발변전소 및 배전선로의 1선지락 및 선간 단락사고 등과 같은 각종 사고가 발생했을 경우 고장발생 지점 및 전력계통 각 지점의 전압과 전류를 구하여 보호계전방식, 차단기의 차단용량, 전력기기의 과전류 정도, 인근 통신선과의 유도전압 계산 등에 활용하여 안전하고 신뢰성 있는 계통 운전에 활용하기 위함

나. 전력계통 고장 계산의 용도

(1) 차단기의 차단용량 결정

(2) 보호계전기의 정정 및 보호협조

(3) 각종 전력기기의 과전류, 과전압 내력등 기계적 강도 및 정격 결정

(4) 인접 통신선의 유도장애 계산 및 유효접지 조건의 검토

(5) 전력케이블의 종별, 굵기 등의 결정

(6) 순시전압 강하 등 계통 안정도 계산 검토

4. 고장 차단시점의 단락전류(그림 12.1.19 참조)

가. 대칭단락전류(I_s)

$$I_S = \frac{X}{\sqrt{2}}$$

나. 비대칭단락전류(I_P)

$$I_P = \sqrt{\left(\frac{X}{\sqrt{2}}\right)^2 + Y^2}$$

여기서, X : 단락 시점의 교류전류 크기

Y : 단락 시점의 직류전류 크기

다. 차단기 차단용량 결정을 위한 고장전류의 계산

(1) 3상 대칭단락전류

$$I_S = \frac{100}{\% Z} \times I_n = \frac{100}{\% Z} \times \frac{P_n}{\sqrt{3}\ V} [\mathrm{A}]$$

여기서, P_n : 정격용량[kVA]

I_n : 정격전류[A]

(2) 3상 비대칭 단락전류 = 3상 대칭단락전류 × 비대칭계수

(3) 차단기 차단용량 선정시 계산된 고장전류값에 1.5~2배 정도의 여유를 두는 것이 바람직함

12.2 · 고장전류 해석 및 계산문제 풀이

12.2.1 직류 급전방식 전차선 단선사고 시 인접 변전소별 고장전류 계산

기출문제

아래 급전방식에서 전차선 단선 사고 시 AB간 변전소별 고장전류를 구하시오.(79-4)

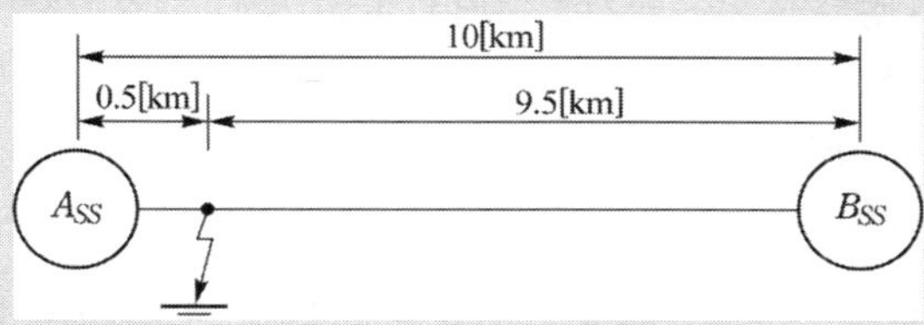

여기서, A변전소 정류기 SR 6,000[kW]×1대, 전압강하율 $\varepsilon=8[\%]$

B변전소 정류기 SR 4,000[kW]×1대, 전압강하율 $\varepsilon=8[\%]$

- 급전회로 합성저항 = 0.0366[Ω℃/km]
  - A : 510[mm²]×2조, · 트로리선 110[mm²], · 조가선 90[mm²]
  - 레일 50[kg], · 누설전류 30[%]
- 사고점의 아크전압 $E_A=300[V]$
- 사고점의 저항 $R_a=0.1[\Omega]$ 임

해설 **1. 직류 병렬 급전계통 등가회로 해석**

위 계산조건을 그림 12.2.1과 같이 SR_A를 A변전소 정류기, SR_B를 B변전소 정류기, R_A를 A 변전소내부저항, R_B를 B변전소 내부저항, R_l을 급전회로 합성저항[Ω/km], R_a를 고장점저항(=0.1[Ω]), I_A를 A변전소 공급전류, I_B를 B변전소 공급전류, 고장전류를 $I_S=I_A+I_B$라 하고 등가회로로 변환하여 아래와 같이 표시함

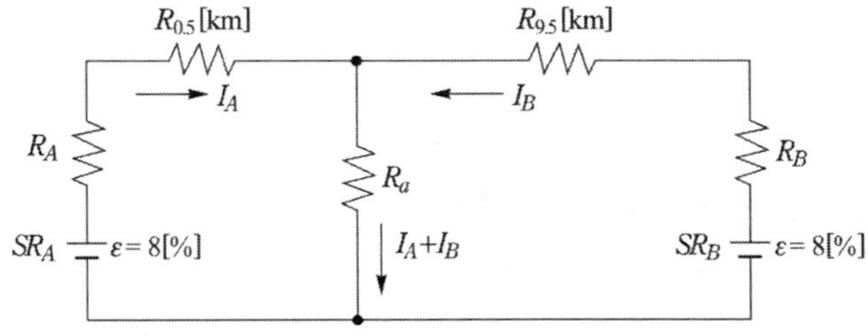

그림 12.2.1 직류 급전계통 등가회로

가. 변전소 수전(입력)측 무부하 전압(E_0)

(1) 전압강하율 : $\varepsilon = \dfrac{E_0 - E}{E} \times 100\,[\%] = 8\,[\%]$ 에서

$$\Rightarrow\ E_0 = \frac{\varepsilon E}{100} + E = E\left(1 + \frac{\varepsilon}{100}\right)[\mathrm{V}]$$

$$\therefore\ E_0 = \frac{8 \times 1500}{100} + 1500 = 1{,}620[\mathrm{V}]$$

(2) 내부 전압강하(e)는 $e = E_0 - E = 1620 - 1500 = 120[\mathrm{V}]$

여기서, E_0 : 정류기 입력 측 무부하전압[V]

E : 정류기 2차 급전측 전압[V](=1,500[V]로 가정함)

e : 정류기 내부전압강하[V]

나. 각 변전소 내부 저항

(1) A변전소

$$R_A = \frac{e}{I_A} = \frac{E_0 - E}{(P_A \times 10^3)/E} = \frac{E(E_0 - E)}{P_A} \times 10^{-3} = \frac{\varepsilon E^2}{P_A} \times 10^{-5}$$

여기서, $\varepsilon = \dfrac{E_0 - E}{E} \times 100\ [\%]$ ⇨ $(E_0 - E) = \varepsilon E \times 10^{-2}$을 대입

P : 변전소 정격용량[kW]

$$R_A = \frac{\varepsilon E^2}{P_A} \times 10^{-5} = \frac{8 \times 1500^2}{6{,}000} \times 10^{-5} = 0.03\ [\Omega]$$

(2) B 변전소 내부저항 $R_B = \dfrac{\varepsilon E^2}{P_B} \times 10^{-5} = \dfrac{8 \times 1500^2}{4{,}000} \times 10^{-5} = 0.045[\Omega]$

별해

(1) A 변전소 부담전류 : $I_A = \dfrac{SR_A\,용량}{E} = \dfrac{6{,}000 \times 10^3}{1500} = 4{,}000[\mathrm{A}]$

A 변전소 내부저항 : $R_A = \dfrac{e}{I_A} = \dfrac{120}{4{,}000} = 0.03[\Omega]$

(2) B변전소도 $\varepsilon = 8[\%]$이므로 내부전압강하 $e = 120[\mathrm{V}]$

B변전소 부담전류 : $I_B = \dfrac{4{,}000 \times 10^3}{1500} = 2{,}667[\mathrm{A}]$

B변전소 내부저항 : $R_B = \dfrac{120}{2{,}667} = 0.045[\Omega]$

2. 사고점을 기준한 등가회로로 해석

가. 고장점전위 $E_S = E - E_a = 1{,}500 - 300 = 1{,}200[\mathrm{V}]$

여기서, 고장점전압은 Arc 전류가 들어가는 쪽이 정극, 나오는 쪽이 부극이 되어 전원전압과 역극성이 되므로 Arc 전압과 전원전압의 차가 됨

나. 고장점에서 본 변전소별 합성저항

(1) A변전소 :

$R_1 = R_A + (R_{0.5} \times l_1) = 0.03 + (0.0366 \times 0.5\text{km}) = 0.0483[\Omega]$

(2) B변전소 :

$R_2 = R_B + (R_{9.5} \times l_2) = 0.045 + (0.0366 \times 9.5\text{km}) = 0.3927[\Omega]$

(3) 단선사고점 저항 $R_3 = R_a = 0.1[\Omega]$

(3) 따라서, 급전회로의 고장점에서 바라본 합성저항(R)은

$$\Sigma R = R_a + \frac{R_1 R_2}{R_1 + R_2} = 0.1 + \frac{(0.0483 \times 0.3927)}{(0.0483 + 0.3927)} = 0.143[\Omega]$$

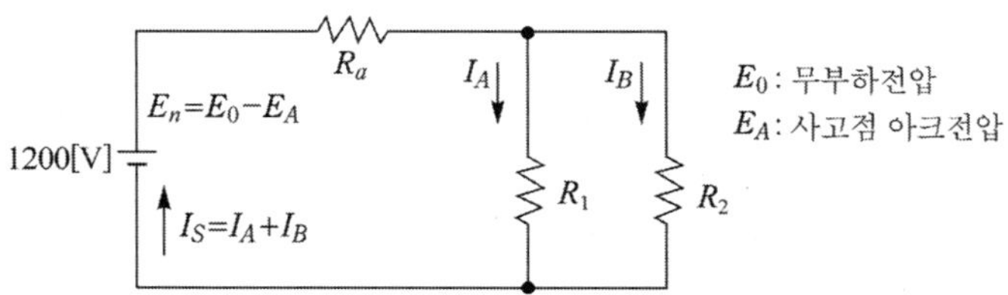

그림 12.2.2 사고점 기준 등가회로

3. 변전소 고장전류

가. 고장점의 고장전류(I_s)는

$$I_S = I_A + I_B = \frac{\text{고장점전압}(E_s)}{\text{합성저항}(\Sigma R)} = \frac{1{,}200[\text{V}]}{0.143[\Omega]} \fallingdotseq 8{,}391[\text{A}]$$

나. 각 변전소 고장전류

(1) A변전소 $I_A = I_S \times \dfrac{R_2}{R_1 + R_2} = 8{,}392 \times \dfrac{0.3927}{0.0483 + 0.3927} = 7{,}472[\text{A}]$

(2) B변전소 $I_B = I_S \times \dfrac{R_1}{R_1 + R_2} = 8{,}392 \times \dfrac{0.0483}{0.0483 + 0.3927} = 919[\text{A}]$

별해

가. A 변전소 고장전류

$$I_A = \frac{(E_A - E_a) \cdot R_2}{R_1 R_2 + R_1 R_a + R_2 R_a} = \frac{(1500 - 300) \times 0.3927}{(0.0483 \times 0.3927) + (0.0483 \times 0.1) + (0.3927 \times 0.1)}$$

$$= \frac{471.24}{0.06306} = 7{,}472[\text{A}]$$

나. B 변전소 고장전류

$$I_B = \frac{(E_A - E_a) \cdot R_1}{R_1 R_2 + R_1 R_a + R_2 R_a} = \frac{(1500 - 300) \times 0.0483}{(0.0483 \times 0.3927) + (0.0483 \times 0.1) + (0.3927 \times 0.1)}$$

$$= \frac{57.96}{0.0631} = 919[\text{A}]$$

12.2.2 교류 전기철도 급전회로 단락고장 시 급전회로 전류계산

기출문제

다음 교류 전기철도 급전회로의 F점에서 단락고장이 발생한 경우 급전회로에 흐르는 전류 I를 구하시오(62-4)

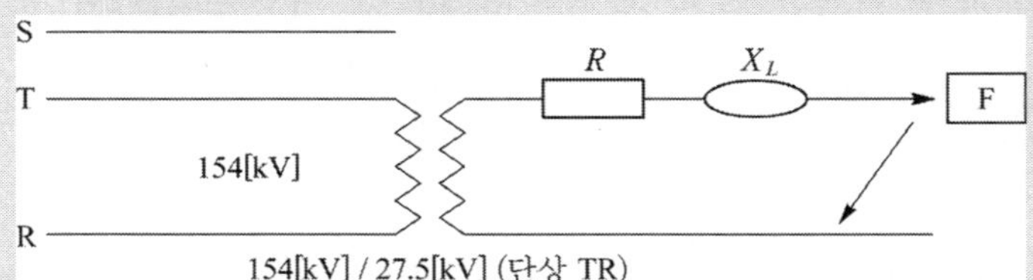

여기서, (가) 3상 단락용량 : 500[MVA]

(나) TR %Z : 4[%](30[MVA] 기준)

(다) 수평하중에 대한 모멘트 : 6,500[kgf]

(라) $R = 2[\Omega]$, $X_L = j5[\Omega]$

(마) 전원의 Z 및 변압기 Z_{TR}는 리액턴스 성분만 있는 것으로 가정한다.

해설 1. 계산식 적용

교류 전기철도 급전방식은 대부분 scott 결선변압기에 의하여 3상을 2상으로 변환하여 급전하므로 문제의 변압기도 스코트 변압기로 가정하고 단상 고장전류 계산방법을 적용하여 계산함

2. 고장 전류 계산

가. 전차선로 단상 고장전류 기본 등가회로에서 조건의 Z_0, Z_{TR}은 리액턴스 성분만 존재하므로 아래와 같이 나타낼 수 있음

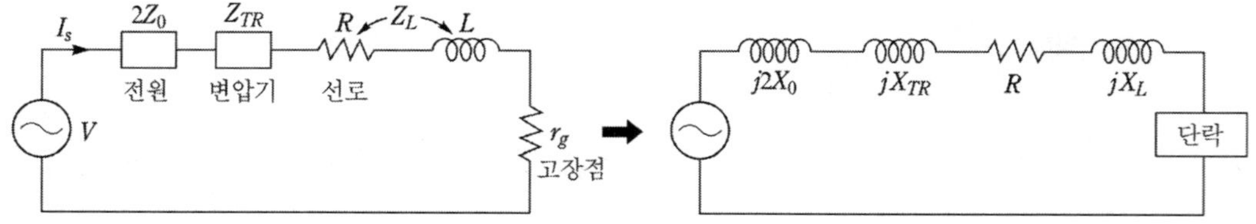

그림 12.2.3 고장전류 등가회로도

나. 임피던스의 산출

(1) 전원측 임피던스는 리액턴스만 존재하므로 $Z_0 = jX_0$는

$P_S = V \cdot I_S$ 및 $I_S = \dfrac{V}{Z_0}$ 식에서

➪ $P_S = V \times \dfrac{V}{Z_0}$

$\therefore\ Z_0 = jX_0 = j\dfrac{V^2}{P_S} = j\dfrac{27.5^2}{500} = j1.5125[\Omega]$

(2) 변압기의 리액턴스 X_{TR}은 리액턴스 성분임으로

$$X_{TR} = j\frac{10V^2 \times \%Z_{TR}}{\frac{P_{TR}}{2}} = j\frac{10 \times 27.5^2 \times 4}{\frac{30,000}{2}} = j2.0167[\Omega]$$

여기서, P_{TR}은 30[MVA]이므로 M, T 각 상의 용량은 15[MVA]임

(3) 전차선로 임피던스(Z_L)은 $Z_L = R + jX_L = 2 + j5$

(4) 계통회로의 전체 임피던스 $Z = 2Z_0 + Z_{TR} + Z_L + r_g$이므로

$\therefore\ Z = (2 \times j1.5125) + j2.0167 + (2 + j5) + 0$

$= 2 + j10.0417 \fallingdotseq 2 + j10[\Omega]$

단락전류(I_S)는 $I_S = \dfrac{V}{Z} = \dfrac{V}{2Z_o + Z_{TR} + Z_L + r_g}[\mathrm{A}]$을 적용하면

단락전류 $I_S = \dfrac{27.5}{2 + j10} \times 10^3 = \dfrac{27.5 \times 10^3}{\sqrt{2^2 + 10^2}} = 2,697[\mathrm{A}]$

12.2.3 교류 급전계통 주변압기 고장 시 고장전류 계산

기출문제

다음과 같은 전철 교류급전계통에서 고장전류를 계산하시오.(91-3)

가. 변압기 1차측 모선에서 1선 지락사고 발생 시 고장전류 I_1[A]를 계산하시오.

나. 변압기 2차측 T좌 모선에서 단락사고 발생 시 고장전류 I_2[A]를 계산하시오.

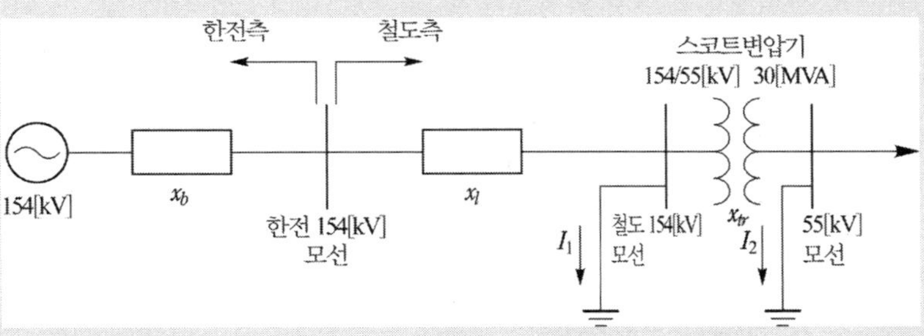

[리액턴스 데이터]

종 별		리액턴스	비고
한전모선등가(x_b)	정상분(1)	2.0[%]	100[MVA] 기준
	역상분(2)	2.0[%]	
	영상분(0)	3.0[%]	
송전전로(x_l)	정상분(1)	1.0[%]	100[MVA] 기준
	역상분(2)	1.0[%]	
	영상분(0)	0.5[%]	
스코트변압기(x_{tr})		10.0[%]	자기용량(30[MVA]) 기준

해설 **1. 변압기 1차측 모선에서 1선 지락사고 발생 시 고장전류 I_1[A]를 계산**

가. 변압기 1차측 모선은 3상으로 3상 1선지락 전류를 구하면 되므로 기준용량 $P_n = 100[\text{MVA}]$를 기준으로 할 때

(1) 기준 정격전류는 $I_N = \dfrac{P_n}{\sqrt{3}\,V} = \dfrac{100 \times 1000}{\sqrt{3} \times 154} = 374.9[\text{A}]$

(2) 지락전류 계산은

Ohm 법으로 $I_g = \dfrac{3E_a}{Z_0 + Z_1 + Z_2}[\text{A}]$

%임피던스 방법으로 $I_g = \dfrac{3 \times 100 \times I_N}{\%Z_0 + \%Z_1 + \%Z_2}[\text{A}]$ 임

나. 여기서 한전모선 및 송전선로 측의 %리액턴스가 주어졌으므로 $\%Z$ 방법으로 계산함

(1) 영상 $\%Z_0 : 3.5[\%]$ ➪ $(x_b + x_l = 3.0 + 0.5 = 3.5[\%])$

(2) 정상 $\%Z_1 : 3.0[\%]$ ➪ $(x_b + x_l = 2.0 + 1.0 = 3.0[\%])$

(3) 역상 $\%Z_2 : 3.0[\%]$ ➪ $(x_b + x_l = 2.0 + 1.0 = 3.0[\%])$

(4) $\therefore\ I_g = \dfrac{3 \times 374.9}{3.5 + 3.0 + 3.0} \times 100 = 11{,}838.95[\text{A}] = 11.84[\text{kA}]$

2. 변압기 2차측 T좌 모선에서 단락사고 발생 시 고장전류 I_2[A]를 계산

가. 교류 전기철도는 레일을 귀선로롤 사용하는 단상회로이므로 1선단락 사고와 1선 지락사고는 동일하므로 기준용량 100[MVA]을 기준으로 하여 고장전류를 계산함

➪ 계산식 $\%Z = \dfrac{Z \cdot P}{10E^2}[\%]$이므로 $Z = \dfrac{10E^2}{P} \times \%Z[\Omega]$

(1) 전원측의 정상 $\%Z_S = x_b + x_2 = 2.0 + 1.0 = 3.0[\%]$이므로

$$Z_s = \frac{10E^2}{P} \cdot \%Z_s = \frac{10 \times 55^2}{100{,}000} \times 3.0[\%] = 0.9075[\Omega]$$

(2) 스코트변압기 $\%Z$는 $x_{TR}=10\%$ 이므로 정상 임피던스

$$Z_{TR}=\frac{10\times 55^2}{30,000/2}\times 10=\frac{10\times 55^2}{15,000}\times 10\ =20.1667[\Omega]$$

(3) 따라서, 변압기 2차측 55[kV] 단자에서의 최대 단락전류는

$$I_s\ =\ \frac{E}{2Z_S+Z_{TR}}=\frac{55,000}{(2\times 0.9075)+20.1667}=2,486[\mathrm{A}]$$

12.2.4 교류 급전계통의 무부하 운전중 고장전류 계산

기출문제

다음과 같이 무부하로 운전 중인 전철 교류 급전계통에서 고장전류를 구하시오. (98-2)

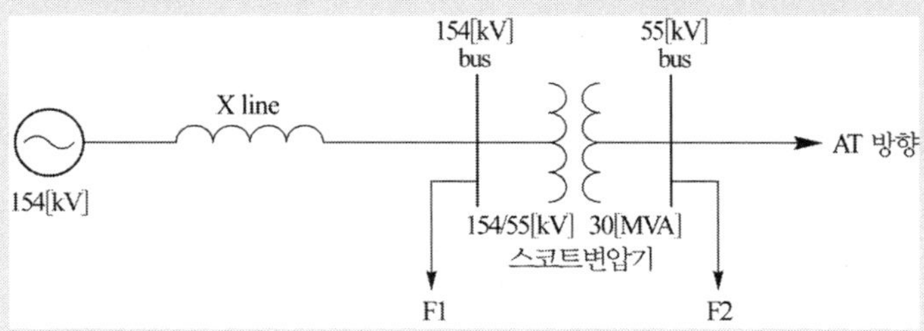

(1) 154[kV] bus에서 1선 지락(Single line to ground) 사고 (F_1)가 발생 했을 때 지락점에서의 고장전류 크기는 몇 [A]인가?

(2) 55[kV] bus의 T좌 모선에서 모선-레일간 단락사고(F_2)가 발생하였을 때 레일에 흐르는 단락전류의 크기는 몇 [A]인가?

[리액턴스]

종 별		리액턴스	비고
송전전로(X Line)	정상분(1)	3.0[%]	100[MVA] 기준
	역상분(2)	3.0[%]	
	영상분(0)	5.0[%]	
스코트변압기	리액턴스	90[Ω]	154[kV] 측으로 환산

해설 **1. 변압기 1차측 154[kv] 모선에서 1선 지락사고 시 지락점 고장전류**

가. %임피던스법으로 계산하면 기준용량 100[MVA]에 대한

$$\text{정격전류}\ \ I_N=\frac{100\times 1000}{\sqrt{3}\times 154}=374.9[\mathrm{A}]$$

나. 송전선로 측을 고려한 지락전류 $I_g = \dfrac{3 \times I_N}{\%Z_0 + \%Z_1 + \%Z_2} \times 100[A]$

여기서, 송전선로 $\%Z$, 100[MVA]를 기준했을 때

영상 $\%Z_0 = 3.0[\%] = j3.0$

정상 $\%Z_1 = 3.0[\%] = j3.0$

역상 $\%Z_2 = 5.0[\%] = j5.0$

$$\therefore \ I_g = \frac{3 \times 374.9}{j3.0 + j3.0 + j5.0} \times 100 = \frac{3 \times 100 \times 374.9}{j11} = 10{,}224.5[A]$$

다. 따라서, 변압기 1차측 지락 고장전류는 10,224.5.[A]

2. 변압기 2차측 T좌 모선에서 단락사고 발생 시 고장전류 I_2 [A]를 계산

가. 송전선로 정상분 $\%Z = 3.0[\%]$, 스코트변압기 $Z_T = 90[\Omega]$ 일 때

(1) 100[MVA]에 대한 기준전류 $I_N = \dfrac{100 \times 1000}{55} = 1818.1818[A]$

(2) $Z_s = \dfrac{10E^2}{P} \cdot \%Z_s = \dfrac{10 \times 55^2}{100{,}000} \times 3.0[\%] = 0.9075[\Omega]$

나. 변압기 2차인 55[kV]로 환산한 고장전류(단락전류) I_S는

$$I_S = \frac{100}{2 \cdot Z_S + Z_T} \times I_N = \frac{1818.1818 \times 100}{2 \times 0.9075 + 90} = \frac{181{,}818.18}{1.8 + 90} = 1{,}980.59[A]$$

12.2.5 Scott 결선변압기 2차측 단락 시 1차측 각상의 단락전류 계산

기출문제

스코트(Scott)결선 변압기의 M상 2차측이 단락(Short Circuit) 되었을 때 변압기 1차의 각 상에 흐르는 단락전류의 크기를 구하시오.(82-3)

여기서, T상은 무부하, 3상/2상, 154/55[kV], M상 $\%Z = 10[\%]$ (15[MVA] 기준)

T상 $\%Z = 10[\%]$ (15[MVA] 기준), 기타 임피던스는 모두 무시함

해설 **1. 스코트결선 변압기 전류분포**

가. M상은 2차측 단락, T상은 무부하 상태이므로 주변압기의 M상에만 부하가 있는 것으로 간주하고, 1차측 각상의 전류를 구하도록 함

나. M상과 T상의 부하가 평형인 경우 1차측 각상의 전류분포를 벡터로 표시하면,

(1) U상 1차 전류 $I_U = I_{1M} - \dfrac{1}{\sqrt{3}} I_{1T}[A]$

(2) V상 1차 전류 $I_V = \dfrac{2}{\sqrt{3}} I_{1T}[A]$

(3) W상 1차 전류 $I_W = -I_{1M} - \frac{1}{\sqrt{3}} I_{1T}[A]$

2. 1차측 각상 단락전류 계산(M상 용량 15[MVA], 전압 154/55[kV])

가. 변압기 임피던스(Z_M)

임피던스와 %임피던스 관계에서 $\%Z = \frac{P \cdot Z}{10V^2}$ ➪ $Z = \frac{10V^2}{P} \times \%Z$이므로

$$Z_T = Z_M = \frac{10 \times 55^2}{15,000} \times 10 = 20.17[\Omega]$$

나. 변압기는 154[kV]/55[kV]이고, 기타 %임피던스는 무시하므로

(1) 전원측 임피던스 $Z_1 = \frac{10 \times 154^2}{100,000} \times \%Z = 2.37 \times \%Z$(무시)

(2) 수전측 임피던스 $Z_1 = \frac{10 \times 154^2}{100,000} \times \%Z = 2.37 \times \%Z$(무시)

(3) 여기서, 2차측 최대 단락전류 $I_S = \frac{V}{2Z_1 + Z_T} = I_M$이므로,

$$I_S = \frac{V}{2Z_1 + Z_T} = \frac{55,000}{2 \times 0 + 20.17} = 2,726.8[A]$$

다. T상은 무부하이므로 T상측의 전류는 $I_T = 0$이고, M상이 지락이므로 M상에만 순시 단락부하가 걸린 것으로 간주함

(1) U상 단락전류 $I_U = j(I_M \times \frac{n}{N}) = j2,726.8 \times \frac{55}{154} = j973.86[A]$

(2) V상 단락전류 $I_V = 0$

(3) W상 단락전류 $I_W = -j(I_M \times \frac{n}{N}) = -j973.86[A]$

12.2.6 송변전계통의 말단 10[km] 지점의 고장전류 계산

기출문제

아래의 송변전 계통도에서 말단 10[km] 지점의 고장전류를 계산하시오.(79-4)

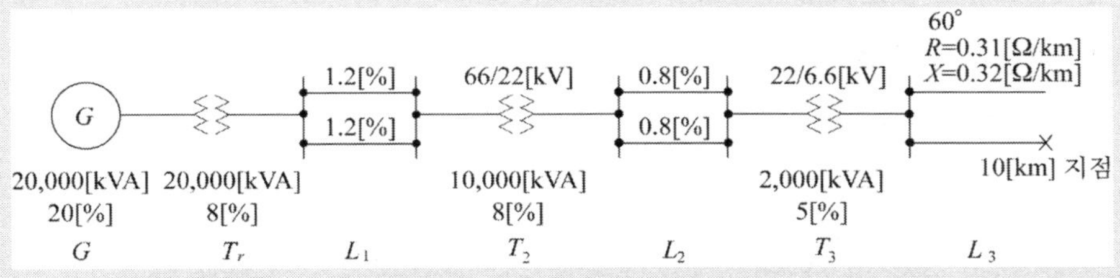

해설 **1. %Z에 의한 계산 방식**

가. 일반적으로 송전계통에서는 임피던스 크기를 옴값 대신 %값으로 나타내어 계산하는 방법이 쉽게 해석 할 수 있음

나. 정격전류를 I_n[A], 정격 대지전압을 E[V]라고 하면, $\%Z$의 정의에서

(1) $\%Z = \dfrac{Z\,I_n}{E} \times 100[\%]$이므로

$$\therefore\ Z = \frac{\%Z \cdot E}{100 \cdot I_n}[\Omega] \quad \text{①}$$

(2) 3상 정격용량 $P_n = 3E \cdot I_n = \sqrt{3}\,V \cdot I_n$[kVA]

(3) 따라서, 정격전류는 $I_n = \dfrac{P_n}{\sqrt{3} \cdot V}$[A]

다. 3상 단락고장 시

(1) 3상 단락전류는

$$I_S = \frac{E}{Z}[\text{A}] = \frac{E}{\sqrt{R^2 + X^2}}[\text{A}] \quad \text{②}$$

(2) 3상 단락용량은

$$P_S = 3E \cdot I_S = \sqrt{3}\,V \cdot I_S[\text{kVA}] \quad \text{③}$$

여기서, I_S : 3상 단락전류[A]

P_S : 3상 단락용량[kVA]

E : 고장점에서 고장직전의 상전압[kV]

V : 단락점의 선간전압($= \sqrt{3}E$)[kV]

Z : 단락지점에서 전원측으로 본 계통임피던스[Ω]

라. ①, ②, ③ 식을 대입하여 계산하면

(1) 단락전류는 $I_S = \dfrac{E}{Z} = \dfrac{E}{\dfrac{\%Z \cdot E}{100 I_n}} = \dfrac{100}{\%Z} \times I_n$ [A]

(2) 단락용량은 $P_S = \sqrt{3} \cdot V \cdot I_S[\text{kVA}] = \sqrt{3} \cdot V \cdot \dfrac{100}{\%Z} \times I_n$

$$= \sqrt{3}\,V \cdot I_n \times \frac{100}{\%Z} = P_n \cdot \frac{100}{\%Z}[\text{kVA}]$$

여기서, P_S : 3상 단락용량[kVA], P_n : 정격용량[kVA]

2. 계산조건 해설

가. 기준용량 10,000[kVA]에서 %Z 법에 의해 환산하면,

(1) 발전기(G)의 $\%X_G = 20[\%] \times \dfrac{10{,}000[\text{kVA}]}{20{,}000[\text{kVA}]} = 10[\%]$

(2) 변압기(T_1)의 $\%X_{T1} = 8[\%] \times \dfrac{10{,}000[\text{kVA}]}{20{,}000[\text{kVA}]} = 4[\%]$

(3) 선로(L_1) 구간의 $\%X_{L1} = 1.2[\%] \times \frac{1}{2} = 0.6[\%]$ (병렬회로로 1/2)

(4) 변압기(T_2)의 $\%X_{T2} = 8[\%] \times \frac{10,000[\text{kVA}]}{10,000[\text{kVA}]} = 8[\%]$

(5) 선로(L_2) 구간의 $\%X_{L2} = 0.8[\%] \times \frac{1}{2} = 0.4[\%]$ (병렬회로로 1/2)

(6) 변압기(T_3)의 $\%X_{T3} = 5[\%] \times \frac{10,000}{2,000} = 25\ [\%]$

(7) 선로 L_3 구간의 $\%Z$는

① $\%Z = \frac{P_n \cdot Z}{10\,V^2}$, $\%R = \frac{P_n \cdot R}{10\,V^2}$, $\%X = \frac{P_n \cdot X}{10\,V^2}$ 이므로

② 1[km] 당 $\%R_L = \frac{10,000 \times R}{10\ V^2} = \frac{10,000 \times 0.31}{10 \times (6.6)^2} = 7.1[\%]$

$$\%X_L = \frac{10,000 \times X}{10\ V^2} = \frac{10,000 \times 0.32}{10 \times (6.6)^2} = 7.2[\%]$$

③ 말단 10[km] 지점에서의 선로의 %임피던스

$\%R_{L=10[\text{km}]} = \%\text{R} \times 10[\text{km}] = 7.1 \times 10 = 71[\%]$

$\%X_{L=10[\text{km}]} = \%\text{X} \times 10[\text{km}] = 7.2 \times 10 = 72[\%]$

나. 기준용량 10,000[kVA]로 환산한 $\%Z$ 등가회로를 그려보면

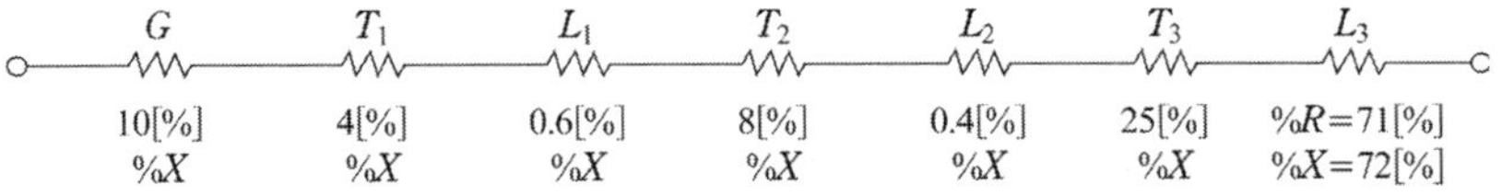

G	T_1	L_1	T_2	L_2	T_3	L_3
10[%] %X	4[%] %X	0.6[%] %X	8[%] %X	0.4[%] %X	25[%] %X	%R=71[%] %X=72[%]

위 등가회로에서

$\%X = 10 + 4 + 0.6 + 8 + 0.4 + 25 + 72 = 120[\%]$, $\%R = 71[\%]$

$\therefore\ \%Z = \%R + \%X = 71 + j120\ [\%]$

$\therefore$ 합성 $\%Z = \sqrt{(\%R)^2 + (\%X)^2} = \sqrt{71^2 + 120^2} = 140[\%]$

다. 말단 10[km] 지점의 고장전류

(1) 기준용량에서 정격전류(I_n)는 $I_n = \frac{P_n}{\sqrt{3}\ V} = \frac{10,000 \times 10^3}{\sqrt{3} \times 6600} = 875[\text{A}]$

(2) 말단 고장전류는 $I_S = \frac{100}{\%Z} \cdot I_n = \frac{100}{140} \times 875 = 625[\text{A}]$

라. T_2 변전소 출구의 고장전류

$$I_S = \frac{100\ I_n}{\%Z_G + \%Z_{T1} + \%Z_{L1} + \%Z_{T2} + \%Z_{L2} + \%Z_{T3}}$$

$$= \frac{100 \times 875}{48} = 1,822.9 \fallingdotseq 1,823[\text{A}]$$

12.2.7 3상 전력계통 단락전류에 따른 CT 정격 과전류 강도 계산

기출문제

3상 단락전류가 10,000[A]인 계통에서 차단기 동작시간이 0.1초인 경우 변류기의 정격을 변류비 75/5[A], 정격과전류 강도 40(표준시간 1초)으로 선정하였을 때 적정여부를 검토하시오.(104-1)

해설 **1. 정격과전류(과전류강도)**

가. 고장전류가 변류기 1차 권선에 흐를 경우 그 변류기의 정격1차 전류 값의 몇 배까지 견딜 수 있는가를 정한 것을 정격과전류 강도라고 하며(CT에 정격부담, 정격주파수 상태로 열적, 기계적, 전기적 손상없이 1초간 흘릴 수 있는 최고 1차 전류를 정격1차 전류로 나눈 값), 열적 과전류강도와 기계적 과전류강도를 모두 고려하여 변류기의 정격 내전류를 결정함

나. 변류기 과전류강도 = 열적 과전류강도+기계적 과전류강도이며, 일반적인 표준으로 40, 75, 150, 300 등이 있어 특성에 맞는 것을 선택 사용함

(1) 열적 과전류강도

$$S = \frac{S_n}{\sqrt{t}}[\mathrm{kA}]$$

여기서, S : 통전시간 t초에 대한 열적과전류 강도[kA]

S_n : 표준시간 1초에 대한 정격과전류 강도 [kA]

t : 동작(통전) 시간[sec]

(2) 기계적 과전류 강도 : 전기적, 기계적으로 안전한 1차측의 전류 파고치로 보통 열적과전류의 2.5배로 함

(3) CT의 열적과전류(내전류)

$$I = S \times I_n = \frac{S_n \times I_n}{\sqrt{t}} \geq I_s \text{ (단락전류)}$$

여기서, I : 열적과전류[A], I_n : 1차 정격전류(CT 1차 정격)

2. 적정여부 판단

가. 표준시간 1초에서 정격과전류 강도가 40이므로 CT를 차단기 동작시간 0.1초 계통에 사용할 경우 열적 과전류 강도는 $S = \frac{S_n}{\sqrt{t}} = \frac{40}{\sqrt{0.1}} = 126$[배]

나. 열적 과전류(내전류)는 $I = S \times I_n = \frac{S_n \times I_n}{\sqrt{t}} = \frac{40 \times 75}{\sqrt{0.1}} = 9{,}486$[A]

다. CT의 정격이 과전류강도 40, 배율 75/5[A]에서 열적 과전류 강도가 126배, 열적 내전류가 9,486[A]이므로 3상 단락전류 10,000[A] 보다 작아 사용할 수 없음

3. **적정 CT 선정**

CT의 과전류 강도를 표준인 75[배]로 했을 때 열적과전류 강도 및 내전류가 아래와 같으므로 과전류강도 40보다 상위의 과전류강도 75배의 CT를 사용함이 적정하다고 판단됨

가. 열적과전류 강도

$$S = \frac{S_n}{\sqrt{t}} = \frac{75}{\sqrt{0.1}} = 237[\text{배}]$$

나. 열적내전류

$$I = S \times I_n = \frac{S_n \times I_n}{\sqrt{t}} = \frac{75 \times 75}{\sqrt{0.1}} = 17{,}787[\text{A}]$$

12.2.8 송전선로 지락전류 차단시 차단기극간 과도전압

기출문제

다음 그림의 송전선로에서 L[H]은 선로인턱턴스, C[F]는 대지 충전용량 및 V[V]는 교류 전원을 나타낸다. 그림처럼 완전지락사고가 발생한 선로에서 $t=0$[sec]에 차단기(CB)가 개방(open) 되었다면 개방 직후인 $t=0^+$[sec] 부근에서 차단기의 접촉자 양단에 걸리는 전압 V_C의 크기는 최대 $2V_M$까지 올라갈 수 있음을 보이시오.(98-4)

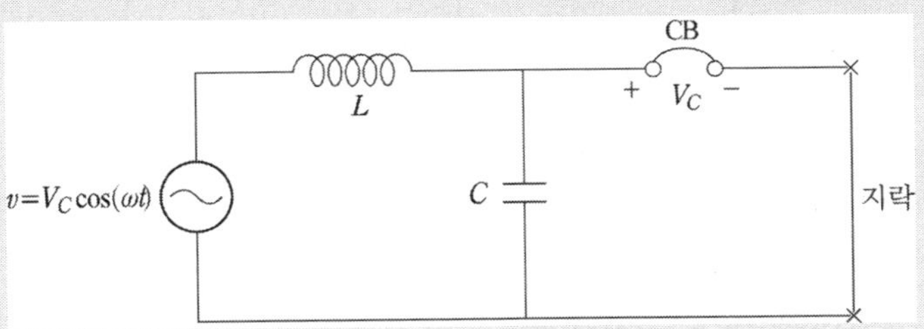

해설 1. **송전선로 및 부하 고장전류 차단시의 이상전압**

가. 송전선로 또는 부하 측에 지락 또는 단락사고다 발생하면 과전류를 검출하는 동시에 송전측 차단기를 개방하여 사고전류를 차단함

나. 사고전류의 위상은 선로의 리액턴스 성분 때문에 전압보다 90° 늦은 전류가 흐르게 되고, 차단기 접촉자의 아크가 소멸하는 순간에는 송전선로의 임피던스에 의하여 과도진동 과전압이 발생되어 차단기 극간에 걸리게 됨

다. 지락 과도 이상전압은 지락종류, 지락발생 위상, 계통의 임피던스에 따라 주파수, 시간적 변화가 다르며, 기본 주파전압에 겹쳐서 기기절연에 영향을 주고 에너지가 커서 피뢰기로 흡수가 어려워 억제대책을 강구하여야 함

라. 중성점 리액터 접지계통의 영상임피던스가 큰 경우에는 고장전류는 90°에 가까운

지상전류로 전류 영점에서 차단하면, 차단기의 전원측 전압이 차단직전의 최대아크 전압에서 전원전압으로 전환하는 과정에서 과도진동에 의하여 이상전압이 나타나는데 이때의 전압크기는 상규 대지전압 파고치의 2배 이하임

마. 차단기의 전원공급 측의 전압도 차단된 순간은 V_M 값이지만 변압기 측의 전압은 반사이클(1/2 Cycle) 후에 $-V_M$으로 되므로 이 순간에는 차단기 전극의 양단 전압은 $V_M-(V_M)=2V_M$으로 되며, 차단기 전극 간 절연이 $2V_M$에 견딜 수 없는 경우에는 절연이 파괴되어 전극간이 아크로 연결되는 것을 재점호 됨

2. 송전선로의 전기적 특성

가. 선로정수

(1) 송배전 선로에는 전기적인 특성을 갖는 전선의 저항 R, 인덕턴스 L, 전선과 대지 사이에 정전용량 C, 전선과 대지 간을 절연하는 애자절연저항인 누설 컨덕턴스 G 등 4개의 정수로 이루어진 연속된 전기회로임

(2) 선로정수는 전선의 종류, 크기 및 배치길이 등에 따라 정해지는 것으로 원칙적으로 송전전압 또는 역률 등에 영향을 받지 않으며, 송전특성을 개략 계산하기 위하여 선로정수가 전서노를 따라 연속적으로 균일하게 분포되어 있는 것으로 간주하여 분포정수 회로로 취급하여 해석함

나. 송전계통의 임피던스(분포회로 정수를 이용하여 선로의 1회선당)

(1) 직렬임피던스 $Z=R+jwL=R+jX_L[\Omega/\text{km}]$

(2) 병렬어드미턴스 $Y=G+jwC=G+jY \fallingdotseq jY[\mho/\text{km}]$ (※ G 무시)

(3) 특성임피던스(Z_0) ➪ 송전선로를 이동하는 진행파에 대한 전압과 전류비를 나타내는 송전선 특유의 것으로 파동 임피던스라고도 함

$$Z_0=\sqrt{\frac{Z}{Y}}=\sqrt{\frac{R+jX}{G+jY}}\fallingdotseq\sqrt{\frac{jwL}{jwC}}=\sqrt{\frac{L}{C}}\,[\Omega]$$

※ 중거리 또는 무손실 송전선에서는 $R=G=0$을 무시함

(4) 전파정수(Υ) ➪ 전압 전류가 선로의 시작단인 송전단에서부터 멀어짐에 따라 진폭 및 위상이 변해가는 특성을 나타내는 상수

$\Upsilon=\sqrt{ZY}\fallingdotseq\sqrt{jwL\cdot jwC}=jw\sqrt{LC}[\text{rad}]$

다. 무손실 송전선로의 특성임피던스 및 전파특성

위 계산조건에서 저항과 누설컨덕턴스를 무시한 이상적인 무손실 송전선로에서는 특성임피던스 및 전파정수를 아래와 같이 나타냄

(1) 직렬임피던스 $Z=R+jwL=0+jwL=jwL[\Omega/\text{km}]$

(2) 병렬어드미턴스 $Y=G+jwC=0+jwC=jwC[\mho/\text{km}]$

(3) 특성임피던스 : $Z_0=\sqrt{L/C}\ [\Omega]$

(4) 전파정수 : $\Upsilon=\sqrt{ZY}=jw\sqrt{LC}\ [\text{rad}]$

(5) 전파속도(위상속도) : $v=\frac{1}{\sqrt{LC}}$

3. 송전특성을 이용한 차단기극간 전압 고찰

가. 진행파의 입시파와 반사파 전압 전류

(1) 입사파 전압(V_i)과 전류(I_i) 관계 ⇨ $V_i = Z_0 \cdot I_i$

(2) 반사파 전압(V_r)과 전류(I_r) 관계 ⇨ $V_r = -Z_0 \cdot I_r$

나. 선로말단의 임피던스가 단락회로(Short-circuit) 된 경우 ⇨ 지락직후

(1) 지락 경우 선로의 임피던스 $Z=0$이므로 전압 입사파는 부반사, 전류 입사파는 정반사 현상을 가짐

(2) 따라서, 전압 $V = \dfrac{2Z}{Z+Z_0} \cdot V_i = 0$,

$$전류\ I = \frac{2Z_0}{Z+Z_0} \cdot I_i = \frac{2Z_0}{Z_0} \cdot I_i = 2I_i$$

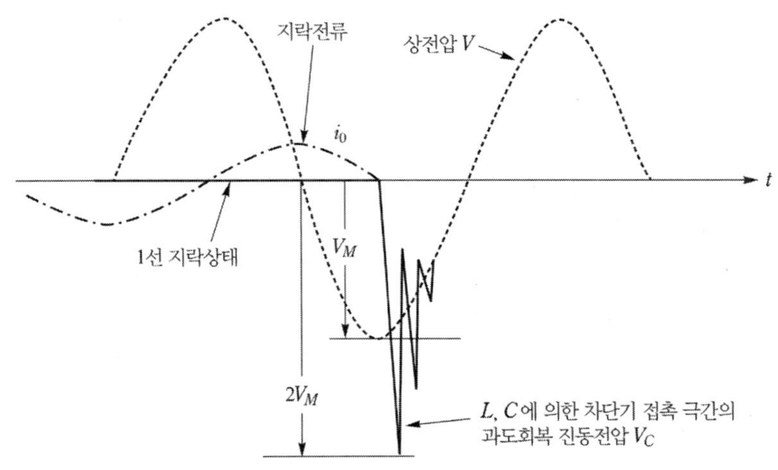

그림 12.2.4 지락전류 차단시 차단기 극간 전압

다. 선로말단의 임피던스가 개방(Open)되는 경우 ⇨ 지락전류 차단

(1) 지락고장을 차단(개방)하는 경우로 선로의 임피던스는 $Z=\infty$가 되는 시점이므로 전압입사파는 정반사하고, 전류입사파는 부반사가 됨

(2) 여기서, $V_r = \dfrac{Z-Z_0}{Z+Z_0} \cdot V_i = V_i$, $I_r = \dfrac{Z-Z_0}{Z+Z_0} \cdot I_i = -I_i$ 이므로

$$\therefore\ V = V_i + V_r = V_i + V_i = 2V_i$$

$$I = I_i + I_r = I_i + (-I_i) = 0$$

라. 따라서, 그림 12.2.4와 같이 지락고장에 의한 송전선로 지락전류 차단 시 차단기 극간에는 L, C의 과도회복 진동으로 입력전압의 2배의 과도 이상전압이 걸리며, 선로개방으로 지락 고장전류는 0이 됨

12.2.9 교류전기철도 급전계통의 3상 고장전류 계산

예 제

다음 조건에서 전원계통의 3상 고장전류 및 전차선로의 단락전류를 계산하시오.

(1) 154[kV] 송전모선 기준용량 100[MVA]

전원 정상임피던스 $\%Z_1 = 0.3159 + j3.5259 = 3.54\angle 84.88°$[%]

전원 영상임피던스 $\%Z_0 = 1.3578 + j7.0708 = 7.2\angle 79.13°$[%]

수전선로 임피던스 $\%Z_1 = 1.5344 + j6.3039 = 6.488\angle 76.32°$[%]

(2) Scott 결선변압기 154[kV]/55[kV], 정격용량 30[MVA], $\%Z$=10[%]

(3) 전차선로 : 변전소에서 5[km] 지점에 지락사고발생

전차선로 $Z_L = 0.0406 + j0.1921[\Omega/\text{km}]$, AT 임피던스 $Z_T = j0.45[\Omega]$

해설 **1. 전원계통의 3상 고장 계산**

가. 3상 전원계통의 고장 종류 및 특성

(1) 단락협조는 절연협조와 더불어 전력계통을 유지하는 중요한 전력기기간의 협조로서 3상 단락, 2상 단락 및 지락고장 등이 있음

(2) 3상 계통에서 최대 고장전류는 3상 단락으로 단락전류는 대칭 실효치로 표시하며, 단락강도는 열적 단락강도와 기계적 강도로 전력계통에서 발생하는 고장전류가 직렬로 연결된 CT, 차단기, 단로기, 전선로 등의 단시간 허용온도 특성 및 기계적 충격에 견디어야 하는 것을 의미함

나. 기준용량 100[MVA]로 환산한 임피던스

(1) 정상 임피던스(Z_1) 및 역상 임피던스(Z_2)

$$Z_1 = Z_2 = \frac{10\,V^2}{P_n}\%Z_1 = \frac{10\times 154^2}{100\times 1{,}000}\times(0.3159 + j3.5259)$$

$$= 0.7492 + j8.3620 = 8.3955\angle 84.88°$$

(2) 영상 임피던스(Z_0)

$$Z_0 = \frac{10\,V^2}{P_n}\times\%Z_0 = \frac{100\times 154^2}{100\times 1{,}000}\times(1.3578 + j7.0708)$$

$$= 3.2202 + j16.7691 = 17.0755\angle 79.13°$$

다. 3상 단락전류(I_S)

(1) Ohm 법 기본식

$$I_S = \frac{100}{\%Z}\cdot I_n = \frac{100}{\dfrac{P_n}{10\,V^2}\cdot Z}\times\frac{P_n}{\sqrt{3}\,V} = \frac{V\times 1{,}000}{\sqrt{3}\cdot Z}[\text{A}]$$

여기서, $I_n = \dfrac{P_n}{\sqrt{3}\,V}$, $\%Z = \dfrac{Z}{10\,V^2} \cdot P_n$, P_n : 기준용량 100[MVA]

$\therefore$ 단락전류 $I_S = \dfrac{V \times 1000}{\sqrt{3}\,Z_1} = \dfrac{154 \times 1000}{\sqrt{3} \times 8.3955} = 10{,}590[\text{A}] \fallingdotseq 10.6[\text{kA}]$

(2) $\%Z$ 방법은 기준용량 100[MVA]에서

정격전류 $I_n = \dfrac{P_n}{\sqrt{3}\,V} = \dfrac{100 \times 1000}{\sqrt{3} \times 154} = 374.9[\text{A}]$

단락전류 $I_S = \dfrac{I_n}{\%Z_1} \times 100 = \dfrac{374.9}{3.54} \times 100 = 10{,}590[\text{V}] \fallingdotseq 10.6[\text{kA}]$

라. 지락 전류(I_g) 계산방법

(1) Ohm 법으로 계산

$$I_g = \frac{3\,E_a}{Z_0 + Z_1 + Z_2} = \frac{3 \times \dfrac{154{,}000}{\sqrt{3}}}{17.0755 + 8.3955 + 8.3955} = 7{,}896[\text{A}]$$

여기서, Z_0, Z_1, Z_2 : 전원측의 영상, 정상, 역상 임피던스

E_a : 수전 측의 상전압[V]

(2) %임피던스법으로 계산

$$I_g = \frac{3 \times I_n}{\%Z_0 + \%Z_1 + \%Z_2} \times 100 = \frac{3 \times 374.9}{7.2 + 3.54 + 3.54} \times 100 = 7{,}896\,[\text{A}]$$

여기서, $\%Z_0$, $\%Z_1$, $\%Z_2$: 전원측의 영상, 정상, 역상 %임피던스

I_n : 기준용량 100[MVA]에 대한 정격전류

2. Scott 변압기 2차 기준전압 55[kV]에서 고장전류 계산

가. 전차선로는 단상회로이므로 전차선의 단락고장 전류는 계산이 비교적 간단하며 지락고장과 단락고장은 같은 개념으로 동일하게 계산함

나. Ohm 법으로 고장전류 계산(기준용량 100[MVA], 기준전압 55[kV])

(1) 전원 정상임피던스

$$Z_{11} = \frac{10\,V^2}{P_n} \times \%Z_1 = \frac{10 \times 55^2}{100{,}000} \times (0.3159 + j3.5259)$$
$$= 0.0956 + j1.0667[\Omega]$$

(2) 수전선로 임피던스

$$Z_{12} = \frac{10 \times 55^2}{100{,}000} \times (1.5344 + j6.3039) = 0.4642 + j1.9069[\Omega]$$

(3) 전원측 임피던스 합계

$$Z_1 = (0.0956 + j1.0667) + (0.4642 + j1.9069) = 0.5598 + j2.9736[\Omega]$$

(3) Scott 변압기 정상 임피던스

$$Z_T = j\frac{10\,V^2}{P_T/2} \times \%Z_T[\Omega]$$

$$Z_T = j\frac{10 \times 55^2}{15,000} \times 10\% = j20.1667[\Omega]$$

(4) 변압기 2차측 55[kV] 단자에서 최대 단락전류(I_S)

$$I_S = \frac{E}{2Z_1 + Z_T} = \frac{55,000}{2(0.5598 + j2.9736) + j20.1667}$$

$$= \frac{55,000}{1.1196 + j26.1139} = 90.1331 - j2102.2937 = 2104.2 \angle 272.46°$$

다. %임피던스 방법으로 고장전류 계산

(1) 한전모선에서 전철변전소 1차 Bus까지의 퍼센트 임피던스 합계

$\Sigma\% Z_1 = (0.3159 + j3.5259) + (1.5344 + j6.3039) = 1.8503 + j9.8298$

여기서, 전원 $\% Z_1 = 0.3159 + j3.5259[\%] = 3.54 \angle 84.88°[\%]$

수전선로 $\% Z_1 = 1.5344 + j6.3039[\%] = 6.488 \angle 76.32°[\%]$

(2) 100[MVA] 기준용량 환산 변압기

$$\% Z_T = j10 \times \frac{100}{15} = j66.6667[\%]$$

(3) 100[MVA]에 대한 55[kV] 기준전류

$$I_n = \frac{100,000}{55} = 1818.18[\mathrm{A}]$$

(4) 변압기 2차 55[kV]로 환산한 단락전류 $I_S = \dfrac{I_n}{2Z_1 + Z_T} \times 100$이므로

$$I_S = \frac{1818.18 \times 100}{2(1.8503 + j9.8298) + j66.6667} = 2104.2 \angle 272.46°[\mathrm{A}]$$

3. 전차선로 27.5[kV] 계통에서 고장전류 계산

가. Ohm 법에 의한 계산

(1) 전원측 임피던스

$$Z_1 = \frac{10 \times 27.5^2}{100,000} \times (0.3159 + j3.5259) = 0.0239 + j0.2666[\Omega]$$

(2) 수전선로 임피던스

$$Z_1 = \frac{10 \times 27.5^2}{100,000} \times (1.3578 + j7.0708) = 0.1160 + j0.4767[\Omega]$$

(3) 전원측 임피던스 합계

$Z_1 = 0.1399 + j0.7434[\Omega]$

(4) 주변압기 임피던스

$$Z_T = \frac{10 \times 27.5^2}{15,000} \times j10 = j5.0417 \ [\Omega]$$

(5) AT의 임피던스

$Z_{AT} = j0.45[\Omega]$

(6) 전차선로 임피던스

Z_L =단위길이당 임피던스[Ω/km]×고장점거리[km]

$Z_L = (0.0406 + j0.1921) \times 5 = 0.2030 + j0.9605[\Omega]$

(7) 5[km] 지점의 27.5[kV] 기준 전압에 대한 단락전류(I_S)

$$I_S = \frac{V}{2Z_1 + Z_T + Z_{AT} + Z_L}$$

$$= \frac{27{,}500}{2(0.1399 + j0.7434) + j5.0417 + j0.45 + (0.2030 + j0.9605)}$$

$$= 209.8772 + j3451.1489 = 3{,}457.52 \angle 273.48°[\mathrm{A}]$$

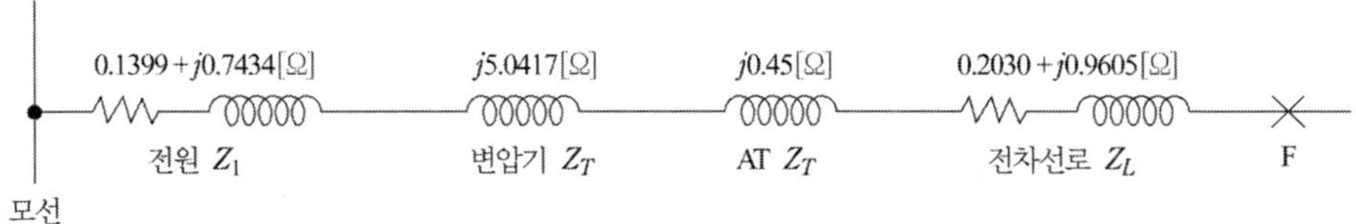

나. %임피던스 법에 의한 계산

(1) 전원측 %임피던스 합계

$\%Z_1 = 1.8503 + j9.8298[\%]$

(2) 주변압기 %임피던스

$$\%Z_T = \frac{100}{15} \times j10 = j66.6667[\%]$$

(3) AT의 %임피던스

$$\%Z_{AT} = \frac{100{,}000}{10 \times 27.5^2} \times j0.45 = j5.9504[\%]$$

(4) 전차선로 %임피던스

$$\%Z_L = \frac{100{,}000}{10 \times 27.5^2} \times (0.0406 + j0.1921) \times 5 = 2.6843 + j12.7008[\%]$$

(5) 27.5[kV] 계통의 기준전류

$$I_n = \frac{100{,}000}{27.5} = 3636.3636[\mathrm{A}]$$

(6) 5[km] 지점의 27.5[kV] 기준 전압에 대한 단락전류(I_S)

$$I_S = \frac{I_n \times 100}{2\%Z_1 + \%Z_T + \%Z_{AT} + \%Z_L}$$

$$= \frac{3636.3636 \times 100}{2(1.8503 + j9.8298) + j66.6667 + j5.9504 + (2.6843 + j12.7008)}$$

$$= \frac{3636.3636 \times 100}{6.3849 + j104.9775} = 3457.56 \angle 273.48°[\mathrm{A}]$$

12.2.10 스코트변압기 2차측 모선지락 고장전류 계산

예 제

다음 그림과 같이 스코트 변압기의 2차 측 M상의 모선에서 지락이 발생했하였을 때, 지락 전류를 다음표를 참고하여 계산하시오. (127-3, 25점)

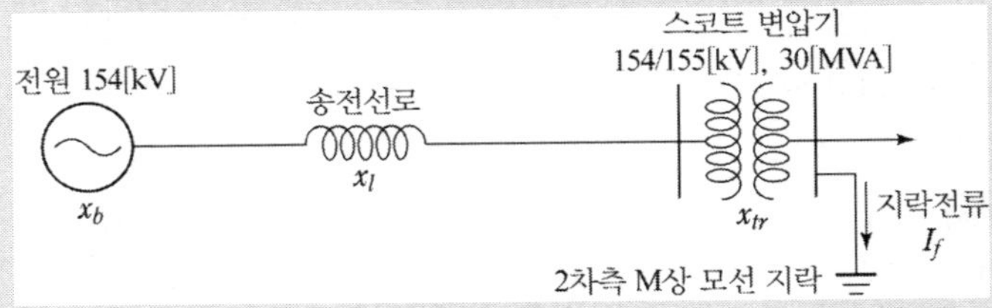

종 별		리액턴스	비 고
스코트변압기(x_{Tr})		10.0[%]	자기 용량(30MVA) 기준
송전선로(x_l)	정상분(+)	9.5[Ω]	송전선로 전체 길이에 대한 리액턴스
	역상분(−)	9.5[Ω]	
	영상분(0)	19.0[Ω]	
전원측 모선 임피던스 (x_b)	정상분(+)	1.0[%]	100MVA 기준
	역상분(−)	1.0[%]	
	영상분(0)	1.0[%]	

해설 1. **전원측 정상임피던스는**

(1) 스코트 변압기 전원측 정상분 임피던스 $Z_{xlo} = 9.5[\Omega]$

(2) 전원측 모선 정상분 임피던스(Z_{xb0})는

$$Z_{xb0} = \frac{10E^2 \cdot \%Z_{xb0}}{P_n} = \frac{10 \times 154^2 \times 1.0}{100,000} = 2.37[\Omega]$$

(3) 전원측 정상분 임피던스 합(Z_0)는

$$Z_0 = Z_{xl0} + Z_{xb0} = 9.5 + 2.37 = 11.87[\Omega]$$

2. **스코트변압기 임피던스(Z_{Tr})은 30[MVA] 기준 $\%Z_{Tr}$이 10[%]이므로**

$$Z_{Tr} = \frac{10E^2 \cdot \%Z_{Tr}}{P_{Tr}/2} = \frac{10 \times 55^2 \times 10}{30,000/2} = \frac{302,500}{15,000} = 20.16[\Omega]$$

3. **스코트 M상 모선 지락사고시 고장전류(I_s)는**

$$I_s = \frac{E}{2Z_0 + Z_{Tr}} = \frac{55,000}{2 \times 11.87 + 20.16} = 1,252.8[A]$$

12.3 전압강하 원인 및 대책

12.3.1 전기철도 공칭전압 정의 및 표준전압과 허용범위

1. 전기철도 공칭전압의 정의

가. 전기철도 전압이란 집전전압(열차의 팬터그래프와 레일 간에 걸리는 전압)을 말하며, 기준은 차단이나 고장이 없는 정상적인 운행상태에 대하여 적용함

나. 전기철도의 공칭전압은 전기차가 운행하는 선로를 대표하는 선간전압을 말하며, 정부가 표준으로 정하여 기준으로 삼는 전압으로서 국내의 경우 직류 전기철도는 DC 1,500[V], 교류 전기철도는 25[kV]를 말함

다. 전기차 구동용 전동기에는 직류직권 전동기와 교류 동기전동기, 교류 유도전동기 등이 주로 사용되므로 구동 전동기의 출력 및 속도・토크 특성은 전압, 전류에 의하여 결정되어 지므로 표준전압 및 최고・최저 전압을 규정하고 있음

2. 전기철도 전압의 기준 (KEC 411.2)

가. 직류방식의 급전전압

(1) 사용전압과 각 전압별 최고, 최저전압은 아래와 같이 선정하여야 함.

구 분	공칭전압 [V]	지속성 최저전압[V]	지속성 최고전압[V]	비지속성 최고전압[V]	장기과전압 [V]
DC (평균값)	750	500	900	950 **	1,269
	1,500	900	1,800	1,950	2,538

※ ** 회생제동의 경우 1,000 [V]의 비지속성 최고전압은 허용 가능 함.

(2) 비지속성 최고전압은 지속시간이 5분 이하로 예상되는 전압의 최고값으로 하되, 기존 운행중인 전기철도차량과의 인터페이스를 고려 함.

나. 교류방식의 급전전압

(1) 교류방식 전기철도 사용전압과 각 전압별 최고, 최저전압은 아래와 같이 선정 함.

주파수 (실효값)	공칭전압 [V]	지속성 최저전압 [V]	비지속성 최저전압 [V]	지속성 최고전압 [V]	비지속성 최고전압 [V]	장기 과전압[V]
AC 60Hz	25,000	19,000	17,500	27,500	29,000	38,746
	50,000	38,000	35,000	55,000	58,000	77,492

※ 급전선과 전차선 간의 공칭전압은 단상교류 50[kV] (급전선과 레일 및 전차선과 레일사이의 전압은 25[kV])를 표준으로 함.

(2) 비지속성 최저전압은 지속시간이 2분 이하로 예상되는 전압의 최저값으로 하되, 기존 운행중인 전기철도차량과의 인터페이스를 고려 함.

다. AT 급전계통의 공칭전압

한국전기설비규정(KEC)에서 교류 전기철도 공칭전압(V)은 "시스템의 설계값"으로 견인공급 시스템의 공칭전압은 25,000[V]로 규정하고, 급전선과 전차선간의 공칭 선간전압은 50,000[V] 로 정함.

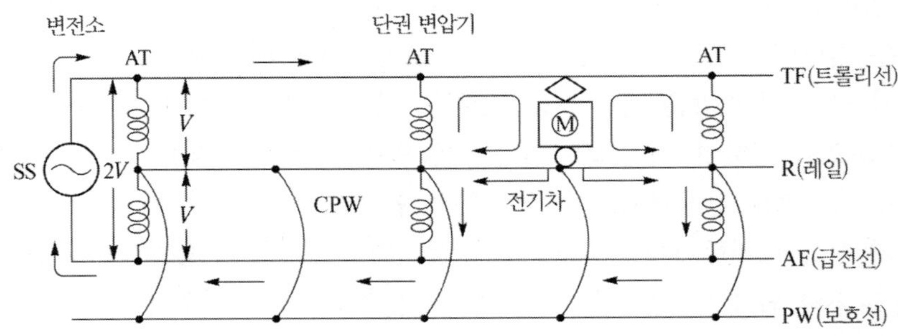

그림 12.3.1 AT 급전계통의 구성도

라. 참고사항 : 유럽표준의 전압별 허용범위

시스템별	최저일시 전압(V)	최저연속 전압(V)	공칭전압(V)	최대연속 전압(V)	최대일시 전압(V)
	U_{min2}	U_{min1}	U_N	U_{max1}	U_{max2}
DC mean values	400	400	600	720	800
	400	500	750	900	1,000
	1,000	1,000	1,500	1,800	1,950
	2,000	2,000	3,000	3,600	3,900
AC rms values	11,000	12,000	15,000	17,250	18,000
	17,500	19,000	25,000	27,500	29,000

(1) 최저 일시전압(Lowest non-permanent voltage : U_{min2}) : 최대 10분간 허용되는 전압의 최소치

(2) 최저 연속전압(Lowest permanent voltage : U_{min1}) : 상시허용되는 전압의 최저치

(3) 공칭전압 (Normal voltage : U_N) : 정부가 표준으로 정한 전압

(4) 최대 연속전압(Highest permanent voltage : U_{max1}) : 상시 허용되는 전압의 최고치

(5) 최대 일시전압(Highest permanent voltage : U_{max1}) : 최대 5분간 허용되는 전압의 최고치

3. 전압변동 허용범위

가. 전기철도에 사용되는 구동전동기는 전차선 전압이 저하하면 속도가 떨어지고, 표정속도를 유지하기위한 역행 시간이 길어져 규정의 운전 시간을 유지할 수 없으므로 정상적인 출력을 위해서는 전압변동이 작은 양질의 전력 공급이 필요함

나. 신설 또는 기존선의 열차다이어 개정 등에 대한 설비증강계획을 수립 시에는 부하상정 및 전압강하의 검토를 하고, 변전소 위치 선정, 전선의 선종 및 굵기 등을 경제적 합리적으로 계획하여 결정하여야 함

다. 상시급전과 연장급전계통에서도 허용전압 이내에서 운용되어야 함

라. 직류 및 교류 전기철도 표준전압 변동 허용범위는 표 12.3.1과 같음.

표 12.3.1 전기철도 전압의 허용범위

공칭전압		전압변동범위			비고
		지속성 최고	공칭(표준)	지속성 최저	
DC	750[V]	900	750	500	
	1,500[V]	1,800	1,500	900	
AC	25[kV]	27.5	25	19	
	50[kV]	55	50	38	

12.3.2 직류 급전방식 전압강하 특성 및 대책

1. 직류 표준전압과 허용범위

가. 직류 급전방식은 일반 전력계통에서 특고압(22.9[kV], 154[kV] 등)의 교류전기를 수전받아 직류변전소에서 직류로 변환하여 전차선로에 직류 전력을 공급하는 방식

나. 전기차에 전기를 공급하는 전차선과 전기차 운행귀선 등으로 급전회로를 구성하고 전압강하, 전류용량 보상대책으로 전차선과 급전선을 병렬로 설치하고 급전분기선을 소간격(약 250[m])로 시설함

다. 특히, 직류 급전구간은 교류 급전방식에 비하여 운전전류가 커서 전차선로 측의 저항분에 의한 전압강하가 매우 커서 적절한 대책을 강구하는 등 지상설비에 대한 대책이 요구되고 있음

표 12.3.2 직류 표준 전압과 전압 변동 허용 범위

공칭전압	표준	최고	최 저		비고
			주요구간	기타구간	
DC 1,500[V]	DC 1,500[V]	1,800[V]	1,000[V]	900[V]	국 내

2. 직류 전압강하에 의한 영향

가. 속도저하, 역행 시간이 길어져 규정운전 시간의 유지가 곤란

나. 전기차는 제어전압이 일정 이하일 때 주제어기 주개폐기 조작이 불능 상태로 됨

다. 위와 같은 전압강하 영향이 크므로 급전계통 설계 및 계획 시 충분한 전압이 확보 되도록 제반 설비계획을 수립하여야 함

3. 직류 전압강하 대책 및 특성

가. 급전 저항 저감 방식

(1) 급전선 증강설치

변전소간 접속 급전선의 굵기를 크게 하거나 조수를 증가하는 방법으로 전차선로 설비 개량 필요하지만, 송전선 및 변전소 증강은 필요 없음

(2) 변전소 증설

변전소와 변전소 사이에 변전소를 추가 설치하는 방법으로 가장 기본적인 방식으로 효과가 높으나, 송전선 및 변전소 건설비 등의 비용이 높아 경제성이 떨어짐

(3) 급전구분소 설치

변전소 간에 급전구분소를 설치하여 상・하선을 연결하는 방식으로 송전선 및 변환장치가 없어 경제적이며, 상・하선에 부하가 동시적이지 않을 때 효과가 많음

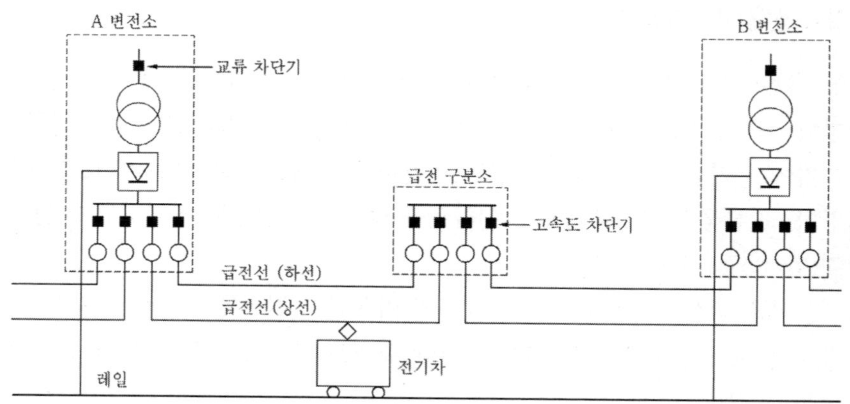

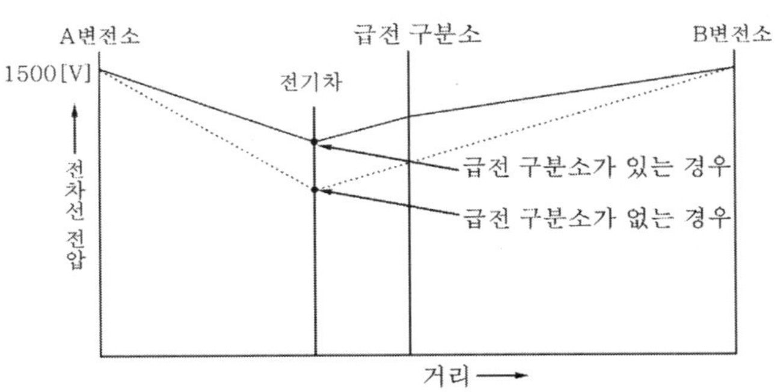

그림 12.3.2 급전 구분소 설치에 의한 전압보상 특성

(4) 급전 Tie post 설치

변전소간 또는 선로 종단에서 상・하선을 고속도직류 차단기에 의해서 접속하는 방법으로 양방향 고속도 차단기를 사용하여 어느 방향으로나 정격전류 이상의 과전류가 흐르면 차단기가 개방되어 상・하선을 분리하여 설비가 간단하고 전압강하 및 회생전력 유효사용이 가능함

나. 변전소 송출 전압을 증가시키는 방법

(1) 직류전압조정장치(DCVR) 설치

직류전압 조정장치를 주정류기와 직렬로 조합시켜 전차선 전압 강하를 보상함(위상제어와 다른 전력량을 보상)

(2) 사이리스터 정류기 설치

사이리스터 정류기는 점호각을 무부하에서 최대부하까지 조정 가능하므로 부하전류가 증가하면 출력전압을 증가시켜 전압보상하는 방법으로 회생전력 유효이용이 가능하여 에너지 절약, 터널온도 상승 억제, 브레이크슈 마모 절감 효과가 있으나, 위상 제어하므로 고조파 발생 및 비용이 높은 단점이 있음

(3) 고전압 직류급전 승압 방법

표준전압을 1.5[kV]에서 3[kV] 이상으로 승압하는 방법으로 변전소, 전차선로 및 차량 설비를 전면적으로 개량해야 하므로 개량비가 과다하여 대부분 사용하지 않음

다. 기타, 에너지저장 및 방출방식으로 flywheel, Battery post 설치방법이 있으나 에너지 손실 및 보수 어려움으로 사용하지 않음

12.3.3 직류 급전변전소 전압보상장치(DCVR) 설치목적 및 특성

1. 개요

가. DC급전 계통의 경우 속도제어 용이, 절연등급의 경감, 유도장해 없는 등의 장점이 있으나, 급전전압이 낮고 운전전류가 커서 전압강하 문제 및 누설전류에 의한 전식대책이 필요함

나. 본 항에서는 전압강하 대책으로 설치한 DCVR 장치에 대하여 기술함

2. DCVR 설치목적 및 구성도

가. 설치목적

전철접속부하의 증가에 따라 발생되는 전압 강하분을 보상하기 위해 설치

나. 구성도

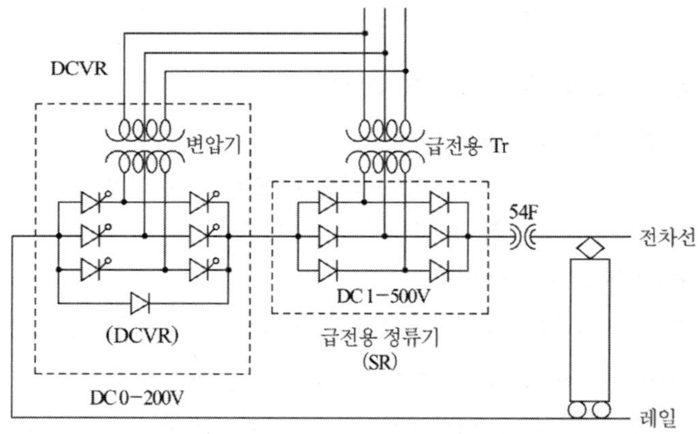

그림 12.3.3 DCVR 결선도

3. 특성

가. DCVR은 위 그림과 같이 SCR을 이용한 가변전압 정류장치로 기존의 실리콘정류기에 직렬 접속하여 부하전류에 의한 변전소의 전압 강하분에 상당하는 전압을 보상하고 변전소 출력전압을 높게 유지시킴

나. 변전소 간격이 긴 경우에 도입하면 매우 효과적임

다. 부하특성곡선에서 보면

(1) 부하가 정격 값보다 작은 영역은 전압상승을 막고

(2) 부하가 정격 값보다 큰 영역에서는 전압강하를 구제(보상)하도록 동작함

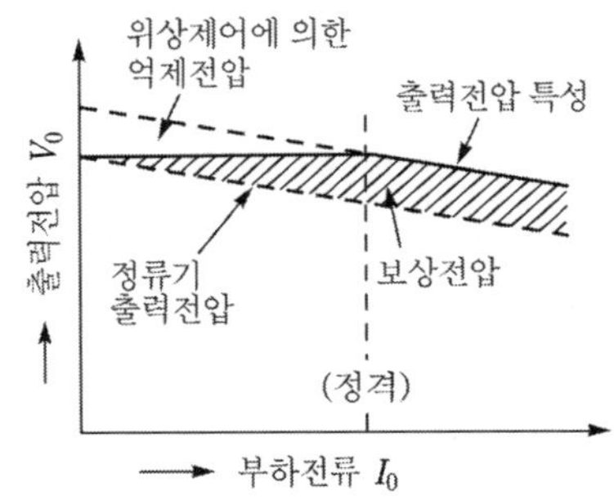

그림 12.3.4 DCVR 부하특성 곡선

4. 장 · 단점

가. 장점

(1) 정전압제어 경우 사이리스터 정류기 방식과 비교하면 사이리스터의 용량이 작아도 되므로 설비비가 저렴

(2) 기존 실리콘 정류기에 접속하여 추가할 수 있는 방식임

(3) 실용화 및 기술적으로 안정화 됨

나. 단점

(1) 변전소에서 잉여 회생전력을 흡수할 수 없음

(2) DCVR에서 고조파가 발생됨

(3) 변성기를 1조 증설하는 것과 같은 공간이 필요(설치면적이 넓음)

12.3.4 전기방식별 전차선로의 전압강하 기준 및 전기차 영향

1. 개요

가. 전차선로에서의 전압강하는 선로임피던스에 의하여 발생되며, 교류 급전계통에서는 전철변전소에서 급전구분소까지 상시 급전하고 있으며, 1개 변전소 정전 시 연장급전이 가능하도록 구성되어 있음

나. 변전소에서 연장 급전 시 전차선로 말단에서 제한치 이내의 전압이 유지되도록 규정하고 있음

2. 전기철도 전압강하의 제한 기준

가. 변전소의 급전이 정지되거나 전차선 전압강하가 크게 되면 전기차의 토크 부족, 속도 저하 등 전동기 견인특성이 부족하여 열차의 정상운전이 불가능하므로 양질의 전력공급 대책을 위하여 전차선 전압강하 제한치를 정하고 있음

나. 전차선 표준전압과 최저전압(KEC 411.2 기준)

구 분	공칭전압 [V]	지속성 최저전압[V]	비지속성 최저전압[V]	지속성 최고전압[V]	비지속성 최고전압[V]	장기과전압 [V]
DC (평균값)	750	500	-	900	950	1,269
	1,500	900	-	1,800	1,950	2,538
AC 60Hz (실효값)	25,000	19,000	17,500	27,500	29,000	38,746
	50,000	38,000	35,000	55,000	58,000	77,492

3. 전압강하에 의한 전기차의 영향

가. 전기차 속도특성 감소

(1) 전기차의 전동기특성은 같은 견인력에 대하여 속도는 전압에 비례하여 저하됨

(2) 전차선 전압이 내려가면 같은 표정속도를 유지하기 위해서는 역행 시간이 길어지거나 또는 규정된 운전 시격을 유지할 수 없게 됨

나. 전기차 보기기능의 상실

주제어기나 주회로의 개폐기 등을 조작하기 위하여 보기로 사용하는 전동기의 특성은 전차선 전압이 어느 정도 떨어져도 출력 측의 전압은 그다지 떨어지지 않는 특성을 가지고 있으나, 제어전원이 어느 한도를 넘어가면 급격히 출력이 떨어져서 운전불능 상태가 됨

12.3.5 전기방식별 전차선로의 전압강하 경감대책

1. 직류식의 전압강하 경감대책

가. 급전선(보조귀선)을 증설하여 선로저항을 경감시킴

나. 변전소를 증설하여 변전소 분담 급전거리를 단축시킴

다. 복선구간에서는 급전구분소(SP) 또는 급전타이포스트 설치

라. 직류전압조정기(DCVR)의 설치

➪ 사이리스터 DCVR을 주정류기와 조합하여 직류급전 전압보상

2. 교류식의 전압강하 경감대책

가. 직렬콘덴서를 삽입하여 리액턴스를 보상함

(1) BT 2차측 부급전선(NT)에 직렬로 콘덴서 삽입

(2) 이때 보상전압을 V_c라고 하면

$$V_C = I_C \times X_C \cos\theta \, [\mathrm{V/A \cdot km}]$$

여기서, I_C : 직렬콘덴서 전류, X_C : 콘덴서 용량[Ω], $\cos\theta$: 역률

(3) AT 구간의 전철변전소 및 전차선로 TF와 AF에 직렬콘덴서 설치

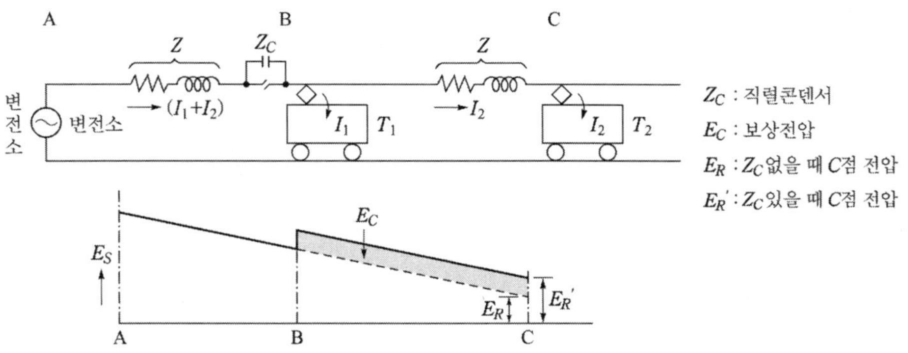

그림 12.3.5 BT구간 직렬콘덴서 전압강하 보상

나. 자동전압 보상장치(ACVR)을 설치하여 전압강하보상

(1) 직렬콘덴서는 효과적인 전압보상이 곤란하여 ACVR을 AT구간에 사용

(2) 전차선의 원래전압 E_1에서 ACVR를 설치하여 e[V]만큼의 보상전압이 출력되며, 탭 절환 시는 Thyristor Switch가 사용됨

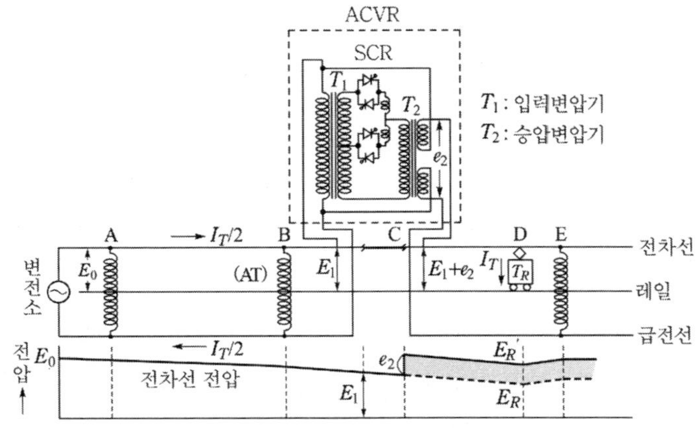

그림 12.3.6 AT구간 ACVR 회로 및 전압강하 보상

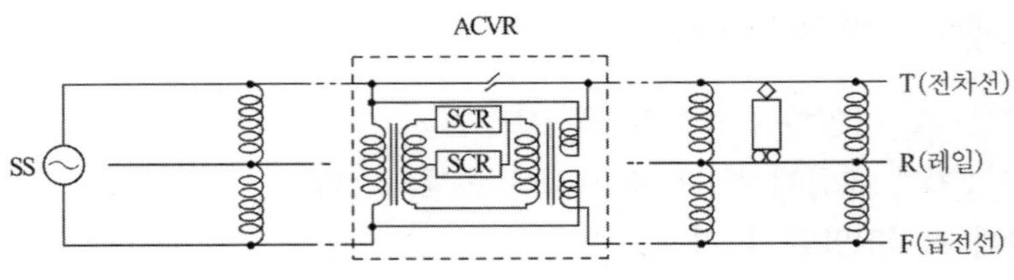

그림 12.3.7 ACVR 결선도

다. 단권 변압기를 설치하여 전압강하 감소(AT급전방식)

라. 전기차의 역률을 개선 ➪ 부하에 병렬로 콘덴서 접속

마. 동기조상기를 설치하여 무효전력을 제어함

바. 동축 Cable을 급전선으로 사용 ➪ 동축케이블의 저임피던스와 도체간의 밀결합을 이용한 귀선전류 흡상효과에 의해서 전압강하 및 통신유도 장해를 예방함

12.3.6 교류 전기철도 전원의 선로전압 강하 등가회로 및 벡터도

1. 개요

가. 정상적인 전압강하는 전원 전압과 부하단의 입력전압 차이를 말함

나. 일반적으로 단상교류 회로의 전압강하는 단상등가회로의 임피던스(Impedance)에 의하여 개략 계산함

2. 등가회로 및 vector에서 전압강하 계산

가. 등가회로 및 벡터도

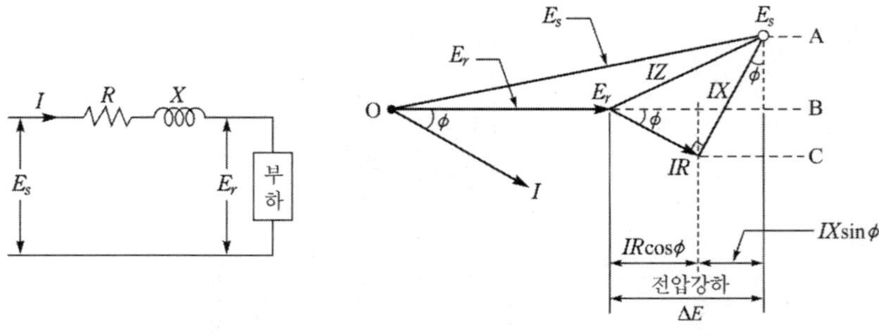

(a) 단상 등가회로 (b) Vector도

여기서, E_s : 송전단전압, E_r : 수전단전압, I : 부하전류
R : 선로저항, X : 선로 리액턴스, $\cos\phi$: 역률

그림 12.3.8 단상교류 등가회로 및 Vector도

나. 송전단전압(E_s) ➪ 벡터도에서 $(\overline{OA})^2 = (\overline{OB})^2 + (\overline{AB})^2$ 이므로

$$E_s = (E_r + IR\cos\phi + IX\sin\phi)^2 + (IX\cos\phi - IR\sin\phi)^2$$

$$\therefore E_s = \sqrt{(E_r + IR\cos\phi + IX\sin\phi)^2 + (IX\cos\phi - IR\sin\phi)^2}$$

다. 수전단(부하입력 전압 : E_r) 전압

$$E_r = \sqrt{E_s^2 - (IX\cos\phi - IR\sin\phi)^2} - I(R\cos\phi + X\sin\phi)$$

라. 전압강하는 $\triangle E = E_s - E_r$ 이므로 이를 간략화하면,

$$\triangle E = E_S - \left\{ \sqrt{E_S^2 - (IX\cos\phi - IR\sin\phi)^2} - I(R\cos\phi + X\sin\phi) \right\}$$

$$= I(R\cos\phi + X\sin\phi) + \frac{I^2(X\cos\phi - R\sin\phi)^2}{2E_s}$$

여기서 $\dfrac{I^2(X\cos\phi - R\sin\phi)^2}{2E_S}$ 은 매우 작으므로 생략하면

$\therefore$ 전압강하 $\triangle E = I(R\cos\phi + X\sin\phi)$

여기서, $Z_L = (R\cos\phi + X\sin\phi)$ 라고 놓으면

$$\triangle E = I \cdot Z_L$$

전기차역률 : $\cos\phi$는 보통 0.8 적용, $\sin\phi = \sqrt{1-\cos^2\phi}$

3.교류 전기철도 급전계통 전압강하 보상방법

가. 부하시 주변압기 탭절환 : 주변압기 2차측 전압을 일정하게 유지하기 위하여 1차 또는 2차 권수비를 자유롭게 조정(OLTC)

나. 무효전력 보상장치 설치

다. 직렬콘덴서 설치

12.3.7 교류전기철도 무효전력 보상장치(SVC)의 종류와 특징

1. 개요.

가. 교류전기 철도의 급전계통 전원 불평형 및 전압강하를 보상하고 전원의 안정도 향상을 위하여 무효전력 보상장치를 설치함

나. 무효전력 보상장치는 사이리스터 제어차, PWM 제어차(VVVF 제어차) 등의 부하량 및 역률각에 따라 보상방식이 다르나 최근 Power Electronics 기술을 응용한 다양한 보상장치가 개발 적용되고 있음

2. 무효전력 보상장치의 종류

가. 사이리스터 제어차의 SVC 종류

(1) 단상 정지형 무효전력 보상(SVC : Static Var Compensator) 장치

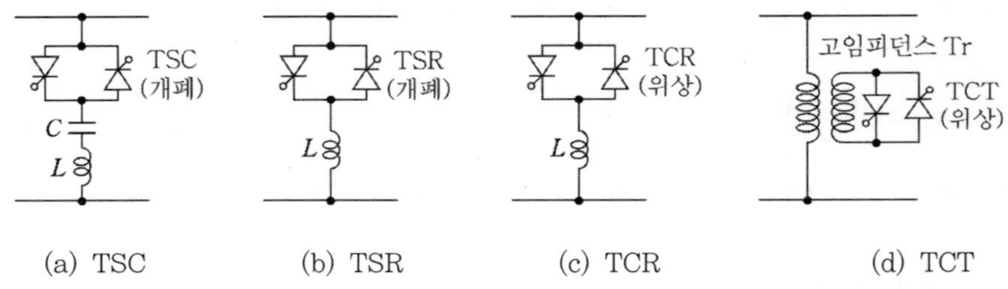

그림 12.3.9 SVC 종류별 구성도

① TSC : Thyristor Switched Capacitor 사이리스터 개폐제어 콘덴서
② TSR : Thyristor Switched Reactor 사이리스터 개폐제어 리액터
③ TCR : Thyristor Control Reactor 사이리스터제어 리액터
④ TCT : Thyristor Control Transformer 사이리스터제어 변압기

(2) 변위상 Scott 방식 SVC(Static Var Compensator)

(3) 3상 정지형 불평형 보상장치(SUC : Static Unbalanced power Compensator)

나. PWM 제어차의 SVC 보상장치 종류

(1) 3상 V결선 SUC

(2) 부등변 Scott결선 변압기에 의한 불평형보상 단상 급전장치

다. 자려식 무효전력보상장치(SVG : Static Var Generator)

라. 불평형 보상 단상 급전 장치(SFC : Single phase Feeding power Conditioner)

마. 교류급전전압 보상장치(ACVR : AC Voltage Regulator)

바. 직렬 콘덴서(Static capacitor) 등

표 12.3.3 무효전력 보상장치 종류

<table>
<tr><td rowspan="6">1. 사이리스터 제어차</td><td rowspan="4">(1) SVC</td><td>① TSC 방식</td></tr>
<tr><td>② TSR 방식</td></tr>
<tr><td>③ TCR 방식</td></tr>
<tr><td>④ TCT 방식</td></tr>
<tr><td colspan="2">(2) 변위상 Scott 방식 SVC</td></tr>
<tr><td colspan="2">(3) 3상 정지형 불평형 보상 장치</td></tr>
<tr><td rowspan="2">2. PWM 제어차(Pulse Width Modulation)
펄스폭 변조방식</td><td colspan="2">(1) 3상 V 결선 SUC</td></tr>
<tr><td colspan="2">(2) 부등변 Scott 결선 변압기에 의한
불평형 보상 단상급전장치</td></tr>
<tr><td colspan="3">3. SVG(자려식 무효전력보상장치)</td></tr>
<tr><td colspan="3">4. SFC(불평형 보상 단상 급전장치)</td></tr>
<tr><td colspan="3">5. ACVR(교류 전압 보상 장치)</td></tr>
<tr><td colspan="3">6. 직렬콘덴서</td></tr>
</table>

3. 사이리스터 제어차 SVC

사이리스터 제어차는 SVC 역률로 리액터의 스위치를 SCR로 제어하기 때문에 무효전력이 중단없이 증감하여 역률이 일정하도록 조정되는데, SCR로 리액터를 조정하는 TCR형과 콘덴서를 조정하는 TSC형이 주로 사용됨

가. TCR 형(Thyristor Control Reactor : 사이리스터 제어 리액터)

(1) 역병렬 접속된 사이리스터 위상제어에 의하여 리액터에 흐르는 전류를 조정하고 지상무효전력을 영(0)에서 정격치까지 연속적으로 제어가능

(2) 리액터에 전류파형은 위상제어에 의한 고조파 전류성분을 포함

(3) 고정 콘덴서와 접속하여 진상 무효전력을 공급하고 고조파 역할을 겸하여 진상, 지상 무효전력 보상가능

(4) 급전회로 말단 급전구분소등에 고정 콘덴서와 병렬로 TCR을 접속하여 리액터 전류를 사이리스터 점호각으로 반 사이클마다 전류조정

(5) 고속전철에서는 리액터 대신에 고임피던스 변압기를 사용하고 2차측에서 사이리스터 위상제어를 수행함

(6) 보상용량을 연속제어 가능하므로 급전구분소 (SP)의 가선전압을 검측하여 Cross Trip제어를 수행함으로써 일정 전압치 이상 확보가 가능함

(7) 대용량 장치에 적합하고 계통 안정화 설비로 적합

나. TSC형(Thyristor Switched Capacitor)

(1) TSC 및 TSR 방식은 무효전력제어가 단계적이고 고조파가 발생하지 않음
(2) 무부하시에는 Thyrister 스위치를 개방하므로 손실이 적음
(3) 전원전압과 콘덴서 전압과의 사이에 차전압이 존재하는 위상에서 사이리스터를 개폐(on, off)시키면 돌입 전류로 사이리스터의 파손 또는 전원에 고조파 진동 등의 영향이 우려됨
(4) 돌입전류 방지를 위하여 사이리스터 개폐시기(Timing)은 전원전압과 콘덴서 충전전압이 동등하게 되는 위상으로 제한함
(5) TSC형 SVC는 하한 설정 전압으로 가선전압이 강하하면 투입, 경부하로 가선전압이 상승되면 개방 등 단계별로 동작하여 전압강하 보상
(6) 급전회로 고장 시 과도 전압강하에서 투입되지 않도록 전압강하 검출 후 약 100[ms] 후에 콘덴서를 투입함

다. 변위상 Scott 방식 SVC(사이리스터 제어차)

(1) 탭제어 및 사이리스터 제어에 의한 역행부하에서 발생하는 전압 변동을 3상 교류측에서 보상하는 방식임
(2) 변위상 Scott 방식 SVC는 부하용 Scott 결선 변압기에 대하여 120° 위상을 진행시켜 접속하고 이의 2차측에 SVC를 설치함
(3) 변위상 Scott 방식 SVC 최적 위상 (θ)

① 부하 역률각을 ϕ라 하면 $Q = \frac{\phi}{2} - 135[℃] = -120[℃]$로 표시하고 부하 역률각이 30°인 경우 최적 위상임

② 변압기 결선이 간단하고 적정위상 오차가 적어 120° 변위상 SVC 실용상 충분한 특성을 구비함

(4) 고속전철에서 단상 SVC보다 효과적임

라. 3상 정지형 불평형 보상장치(SUC : Static Unbalanced power Compensator)

(1) 전기철도 부하에 의한 불평형 및 전압변동을 보상하는 방법을 단상 SVC에 대하여 2상 SUC로 부름
(2) 이 방식은 3상의 각 상에 단상 SVC를 각각 접속하는 방식으로 부하 측의 유효, 무효전력을 검출하여 SUC를 제어하며, 어떤 부하패턴에도 급전측의 유효전력이 3분할 평행으로 역률이 1임
(3) 3상 SUC는 설비용량이 커서 실용화에 기술적 발전이 필요함

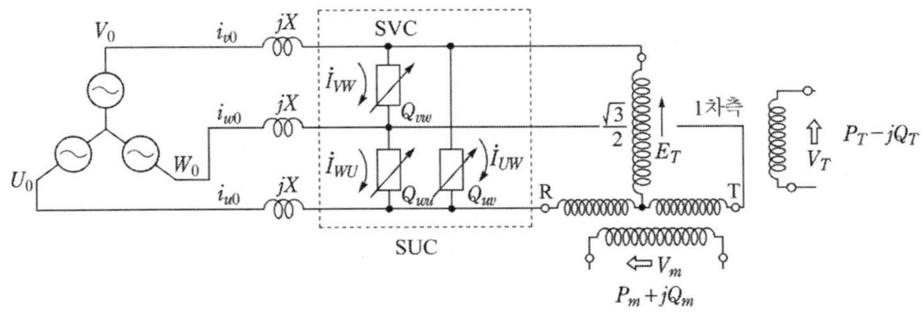

그림 12.3.10 3상 SUC에 의한 전압변동 억제회로도

마. SVC(Static Var Compensator)형 보상장치 적용

(1) 탭제어 및 사이리스터 제어에 의한 역행차의 경우

① 지상무효전력을 검출하여 역률 각이 영(0)이 되도록 보상

② 전압변동이 발생하는 상간이 달라 최대 1/2로 억제하여 전압변동 대책으로 유효

③ 일반전철 및 고속전철 일부 구간에 적용함

(2) 고속전철 상이전원 구간 전기차 진입하는 경우

① 역행으로 통과할 수 있도록 Section 절체방식으로 인하여 제2조파를 다량 함유하는 차량용 변압기 무부하 돌입전류의 발생

② 돌입전류 방지를 위해 SVC의 고정 콘덴서에 제2조파 필터 설치 : 직렬콘덴서로 전압강하 보상 변전소를 분수조파 진동억제 SVC 개선

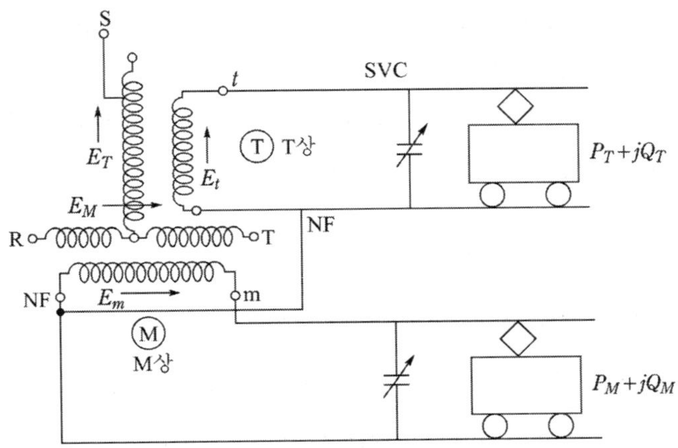

그림 12.3.11 단상 SVC에 의한 전압변동 대책

4. 3상 V결선 SUC 방식(PWM 제어차 적용)

가. PWM 제어차는 역률이 ±1 역률각(0°, 180°)이므로 무효전력이 없음
　➪ 따라서, U, W상간의 무효전력 보상필요 없음

나. 그림과 같이 UV상간, VW상간에만 SVC를 접속하면 PWM 제어차에서 발생하는 역상전류는 영(0)이 되어 전압 불평형 및 전압 변동이 개선 됨

다. 적용 : 고속전철에서 역상전류 보상장치로 실용화 됨

라. SVC의 동작 용량

$Quv = P_m / \sqrt{3} - P_T / \sqrt{3} = (P_m - P_T) / \sqrt{3}$

$Qvw = -P_m / \sqrt{3} + P_T / \sqrt{3} = (P_T - P_m) / \sqrt{3}$

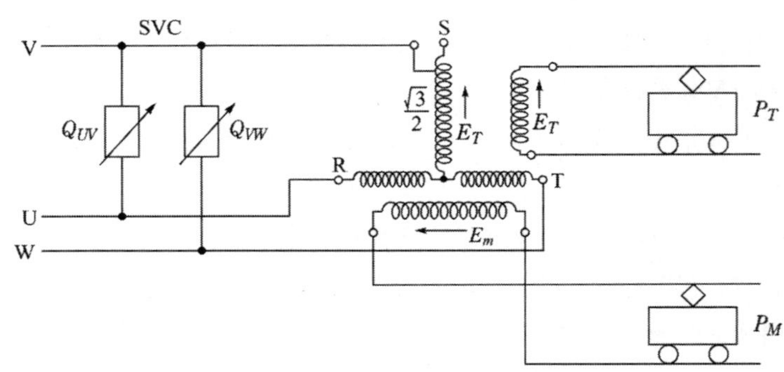

그림 12.3.12　3상 V결선 SUC 전압변동 억제회로도

5. 부등변 Scott결선 변압기에 의한 불평형 보상장치(PWM 제어차 적용)

가. 스코트 결선 변압기의 M좌와 T좌의 길이를 1 : $\sqrt{3}$ 으로 하고 T좌와 M좌 사변에 S좌를 두고 M좌와 T좌간 전압이 다름

나. 따라서 부등변 Scott 결선이라고 부르며 T좌와 S좌가 이루는 각을 스코트 각 ϕ, 역률각을 θ라고 하면, 3상 평형화 조건은 아래와 같음

(1) 역행부하의 경우 $\phi = \frac{\pi}{4} - \frac{\theta_2}{2}$

(2) 회생부하의 경우 $\phi = \frac{\pi}{4} + \frac{\theta_2}{2}$

(3) 선로의 손실을 무시하면 무효전력은 영(0)이 되고, 스코트각은 역행, 회생부하 전부 $\phi = \frac{\pi}{4}$로 되어 3상이 평형화되는 원리임

(여기서, 스코트 각 ϕ는 역률 각 θ로 결정됨)

6. 자려식 무효전력 보상장치(SVG : Static Var Generator)

가. GTO 사이리스터를 사용한 자려식 인버터 무효전력보상장치를 말함

나. 동작원리

(1) 출력 전압 V_r은 콘덴서 C에 충전된 전압 Ed를 GTO 인버터에서 교류 전압으로 변환하여 얻어짐

(2) SVG의 출력전압 V_r을 계통전압 V_s에 동기 시키고 V_r의 크기를 조정하여 무효전력을 조정함

① $V_r = V_s$이면 → SVG의 무효출력은 영(0)

② $V_r < V_s$이면 → SVG에 지상무효 전력이 공급

③ V_r을 V_s 보다 지상 위상 → 유효전력이 축적

④ V_r을 V_s 보다 진상 위상 → 유효전력을 공급

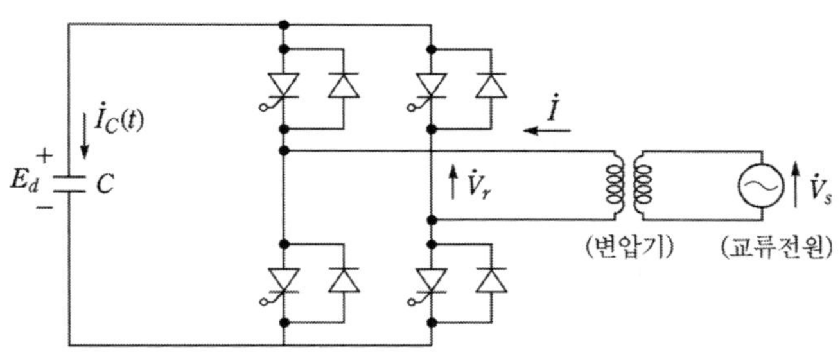

그림 12.3.13 SVG 기본회로도

다. 적용

(1) 3상측의 SVG에 의한 보상 → 급전용변압기의 3상측에 단상용 SVG를 3상 각상에 접속함

(2) 급전측 2상 SVG에 의한 보상 → M좌와 T좌 간에 SVG를 설치하여 무효전력을 보상함

7. 무효전력 보상장치의 비교

가. 정지형 무효전력 보상장치 비교

구 분	SVC 장치		SVG 장치
	TCR 형	RSC 형	
시스템 구성	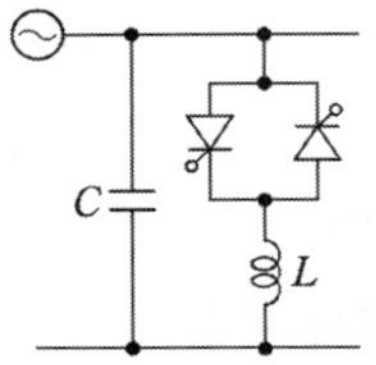 C, L	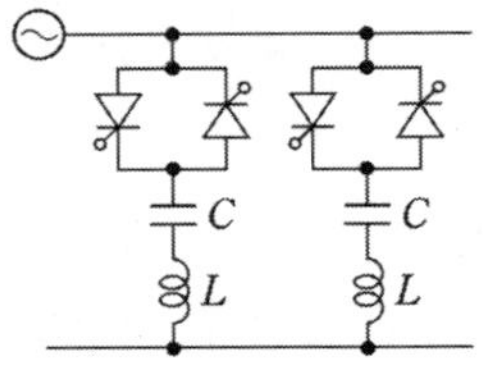 C, L, C, L	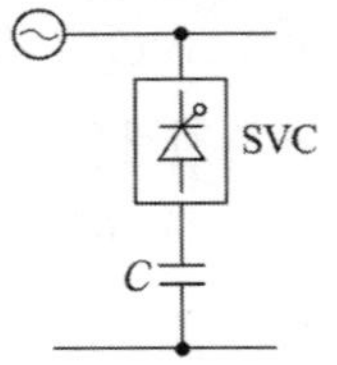 SVC, C
동작처리 및 제어 범위	리액터의 서셉턴스를 SVC로 조정하여 고정콘덴서와 조합하여 무효전력 조정	복수의 콘덴서를 사이리스터 스위치로 ON, OFF하여 콘덴서의 서셉턴스를 조정하여 무효전력조정	자려식인버터 및 컨버터로 출력전압을 지상 또는 진상으로 조정하여 불평형 및 무효전력 조정

나. 설치효과

(1) 부하변동에 의한 플리커(Flicker)의 억제

부하의 무효전력 θ가 변동하여 전압 플리커가 발생하면 SVC는 부하의 역극성으로 동작하여 무효전력 변동폭을 영(0)으로 만들어 플리커 억제

(2) 수전단전압의 안정화

SVC 또는 SVG를 수전단에 설치 정전압 제어로 계통의 안정도 향상하고, 중부하 변전소의 전압불안정 현상 및 단락용량 부족 계통의 대책에 유효

(3) 계통의 안정도 향상

장거리 송전선로의 탈조, 난조 등의 과도 안정도가 대폭 향상되며, 송전선로 중간점에 SVC설치하여 과도 안정도가 대폭 향상되어 중간 조상설비, Baum system 등으로 부르며 대용량 TCR 실용화 이후 적용 사례가 계속 증가함

12.3.8 교류 전기철도 직렬콘덴서 설치 및 전압강하 개선효과

1. 개요

급전회로의 임피던스 및 급전용 변압기의 임피던스를 개선하여 전차선로 전압강하를 보상할 목적으로 급전회로에 직렬콘덴서를 설치함

2. 설치 방식에 따른 개선효과 및 고려사항

가. 변전소에 설치하는 방식

(1) AT 방식 전철변전소에서 인덕턴스에 의한 전압강하를 보상하고, 전기차 운행 시 발생하는 분수조파 발생을 억제하기 위하여 주변압기 2차측 M 상 및 T상의 급전선(AF) 측에 직렬콘덴서(SC)를 설치함

(2) 직렬콘덴서(Serise Capacitor)의 구성
콘덴서, 보호장치, 한류리액터, 절연용 변압변류기, 분수조파 억제 리액터, 저항기, 절연가대 등이 있으며, 분수조파 지속검출 및 콘덴서 과대전압 등 이상시 단락 시킬수 있는 단락 개폐기가 병렬로 설치되어 있음

(3) 개선효과 : 변압기 리액턴스 보상에 의하여 약 50~70[%]의 전압강하를 경감할 목표로 하고 있음

(4) 설치 시 고려사항
전원전압의 변동이나 개폐서지에 의하여 철공진이 발생하면 저주파 진동전류가 흘러 콘덴서에 과대 단자전압이 누적되고 회로에 이상전압이 발생하여 과보상 되어 전류의 급격한 변화를 가져 오므로 전기차가 변전소부근에 있는 경우에 중성점 전류가 극단적으로 증가하지 않도록 변압기 리액턴스에 대한 보상율을 70[%] 이하로 되도록 콘덴서 용량과 위치를 적절하게 선정하여야 함

나. 전차선로 측에 설치하는 방식

(1) BT 급전회로에 적용

BT와 BT 중간지점인 흡상선 좌우로 NF(부급전선)에 직렬콘덴서 설치하며, 개선효과는 선로 리액턴스를 80[%] 이상 보상하고, NF 회로의 리액턴스가 감소하여 BT 섹션의 아크소호 효과

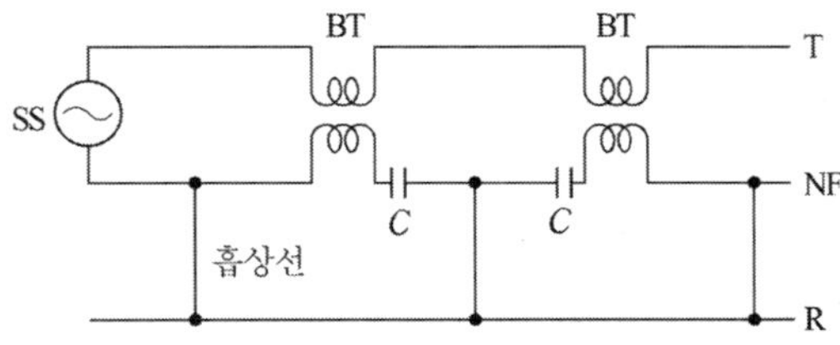

그림 12.3.14 BT구간 직렬콘덴서 설치도

(2) AT급전회로에 적용

급전 구분소에서 방면이 다른 AT간의 전차선(T)와 급전선(F)에 직렬 콘덴서를 설치하며, 개선효과는 변전소에서 SP까지 선로 리액턴스 보상에 의한 전압강하 경

감하지만, 고려사항으로는 SS에서 SP까지 거리가 짧으면 전차선과 급전선의 전류에 큰 불평형이 발생되므로 주의가 필요함

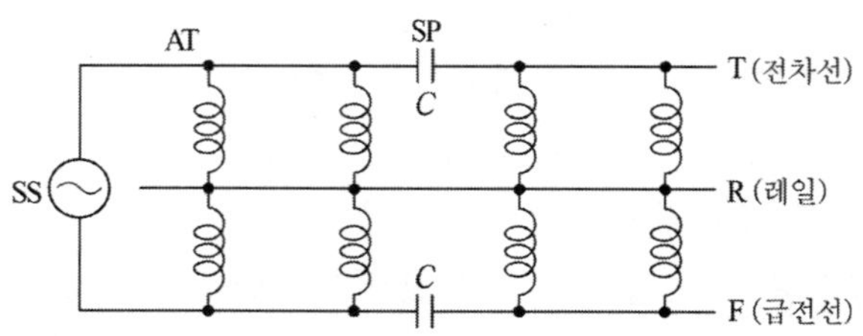

그림 12.3.15 AT구간 직렬콘덴서 설치도

표 12.3.4 직렬콘덴서 적용방법

구분	적용방법	비고
A	주변압기 / C, T, R, F, AT_1, AT_2	일반전철 AT급전 회로에 적용
B	주변압기 / C, C, T, R, F, AT_1, AT_2	경제화가능 AT급전 회로
C	주변압기 / BT, C, T, NF, R	BT급전회로에 적용

3. 직렬 콘덴서의 보호장치

가. 구성 및 원리

(1) 직렬 콘덴서는 회로의 단락 및 지락전류가 직렬로 흐르기 때문에 계통 고장 시 콘덴서 단자에 과도 이상전압이 발생하고, 주변압기와의 철공진에 의하여 이상전압이 발생할 수 있으므로 보호장치가 필요함

(2) 직렬콘덴서 보호를 위해 그림과 같이 방전갭을 접속하여 정격전류 2.5배의 전류에서 방전하여 콘덴서를 단락시켜 보호함

(3) 전기차가 급전구간에 진입하는 경우 또는 차량의 변압기에 무부하 여자 돌입전류가 발생하는 경우 이것이 콘덴서에 축적되어 ⅓조파를 분수조파 진동에 의한 급

전전압의 변동을 흡수하기 위하여 과포화리액터와 저항으로 구성된 "분수조파 진동 억제장치"를 설치함

나. 개선효과는 분수조파 진동감쇄 및 급전전압 변동을 방지함

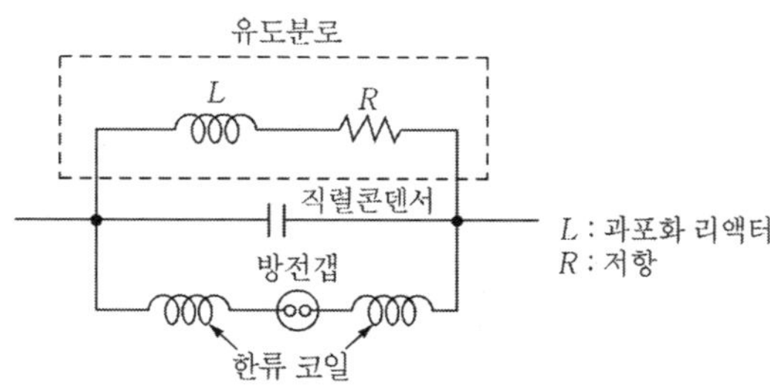

그림 12.3.16 분수조파 진동억제장치

12.4 급전계통 전압강하 해석 및 계산문제 해설

12.4.1 AT 급전방식의 등가 회로도 및 1[A-km] 당 전압강하 정수

1. 개요

교류급전방식 AT급전방식의 전압강하 계산은 계통이 복잡하여 원회로도를 등가회로로 환산하여 계산하며, 특히 전압강하를 수계산으로 검토하는 경우에는 변압기(AT, BT) 및 레일의 누설임피던스는 무시하고 계산함(기출 80-3)

2. AT 급전방식의 회도로 및 등가회로도

가. 원회로도

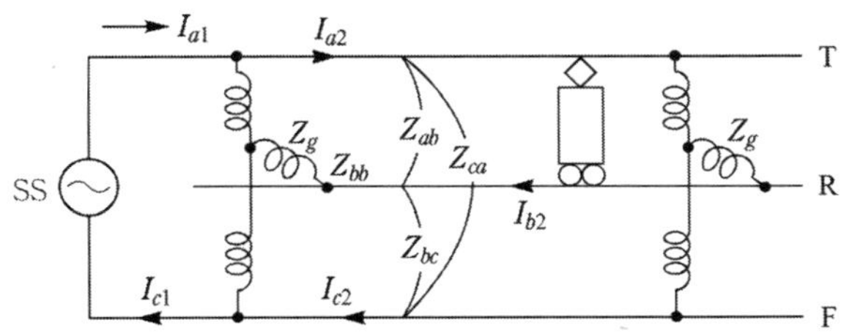

Z_{aa} : 전차선 km당 자기 임피던스
Z_{bb} : 레일 km당 자기 임피던스
Z_{cc} : 급전선 km당 자기 임피던스
Z_{ab} : T-R간 km당 상호 임피던스
Z_{bc} : R-F간 km당 상호 임피던스
Z_{ca} : F-R간 km당 상호 임피던스
Z_g : AT의 누설 임피던스(보통 무시함)

그림 12.4.1 AT급전계통 회로도

나. 등가회로도(전차선 전압측으로 유도 계산한 환산 등가회로도)

원회로도를 유도 환산했을 때의 임피던스 상관관계를 보면

(1) $Z_A = Z_{aa}$, $Z_B = Z_{bb}$, $Z_C = (Z_{cc} + 2Z_{ca} + Z_{aa})/4$

(2) $Z_{AB} = Z_{ab}$, $Z_{BC} = (Z_{bc} + Z_{ab})/2$, $Z_{CA} = (Z_{ca} + Z_{aa})/2$

(3) $i = 2I_{a1}$의 관계가 성립됨

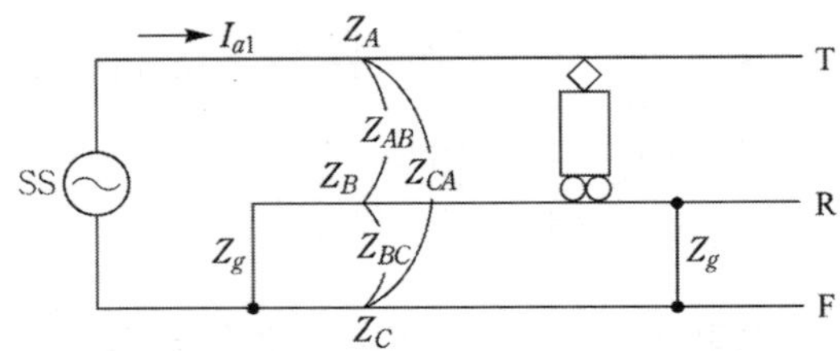

그림 12.4.2 AT 급전방식 등가회로도

다. 등가회로에서 누설임피던스를 소거한 등가회로 수계산 중 변압기 및 레일의 누설 임피던스(Z_g)를 무시하면,

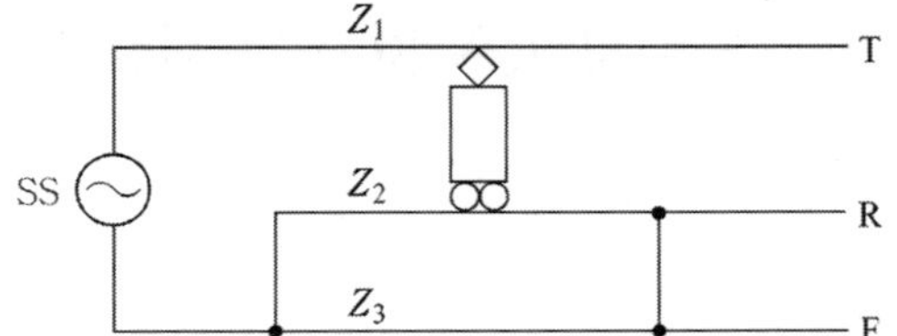

그림 12.4.3 AT 등가회로도

(1) $Z_1 = Z_A + Z_{BC} - Z_{AB} - Z_{CA}$

$Z_2 = Z_B + Z_{CA} - Z_{AB} - Z_{BC}$

$Z_3 = Z_C + Z_{AB} - Z_{BC} - Z_{CA}$

(2) 위 식의 정확한 유도과정은 생략하고 전차선로 회로는 상호임피던스를 소거하여 간략화한 Z_1, Z_2, Z_3의 각 임피던스를 계산에 적용함

3. 전차선 1[A-km] 당 전압강하 정수 Z_L 유도

가. 선로 전압강하(V_L) 기본식

$$\text{전압강하 } V_L = V_s - V_r = I \cdot Z_L = I(R\cos\phi + X\sin\phi)$$

$\therefore$ 선로 총임피던스 : $Z_L = R\cos\phi + X\sin\phi = R + jX_L$

여기서, V_s : 송전단전압, V_r : 수전단전압, $\cos\phi$: 전기차 부하역률

나. AT 전차선로 선로정수와 임피던스 해석

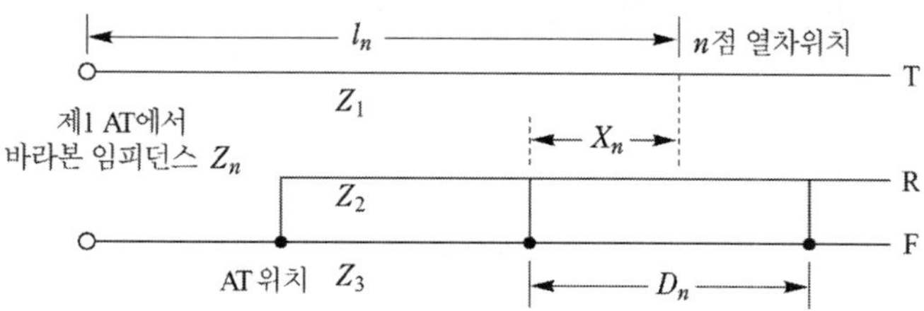

그림 12.4.4 AT 급전계통의 선로 임피던스

(1) 제 1AT에서 l_n까지의 전차선 임피던스

$$Z_{Tl} = Z_1 \cdot l_n \quad \cdots\cdots ①$$

(2) 제 1AT에서 n−1 점까지 레일과 급전선 합성 임피던스는

$$Z_{RF1} = \frac{Z_2 \cdot Z_3}{Z_2 + Z_3} \times (l_n - X_n) \quad \cdots\cdots ②$$

(3) l_{n-1} 점과 l_n 점 사이의 합성임피던스는

$$Z_{RF2} = \frac{X_n \cdot Z_2 \times \{(D_n - X_n) \cdot Z_2 + D_n \cdot Z_3\}}{X_n \cdot Z_2 + (D_n - X_n) + D_n \cdot Z_3} \quad \cdots\cdots ③$$

(4) 따라서, AT 급전계통 합성 임피던스는 ①, ②, ③ 식의 합이므로

$Z_n = Z_{Tl} + Z_{RF1} + Z_{RF2}$ 식을 풀면

$Z_n = (Z_1 + \frac{Z_2 \cdot Z_3}{Z_2 + Z_3}) \cdot l_n + \frac{Z_2^2}{Z_2 + Z_3} \cdot (1 - \frac{X_n}{D_n}) \cdot X_n$을 간략화 하면,

$$Z_n = Z_L \cdot l_n + Z_L' \cdot (1 - \frac{X_n}{D_n}) \cdot X_n\,[\Omega]$$

여기서, X_n : 급전측의 AT와 열차(부하)간 거리

D_n : 부하점을 중심으로 인접한 AT와 AT간 거리

다. 전차선로 1[A−km]당 전압강하 정수 Z_L[V/A−km]

(1) 위 식에서 Z_L과 Z_L'를 AT 급전계통의 전차선로 1[A−km]당 전압강하 정수라고 하며, 아래와 같이 나타냄

$$Z_L = Z_1 + \frac{Z_2 \cdot Z_3}{Z_2 + Z_3}\,[\text{V/A−km}] \text{ 또는 } [\Omega\text{−km}]$$

$$Z_L' = \frac{Z_2^2}{Z_2 + Z_3} \cdot (1 - \frac{X_n}{D_n})\ [\text{V/A-km}]\ 또는 [\Omega\text{-km}]$$

(2) 따라서, 선로전압강하 $V_r(\varepsilon) = Z_n \cdot I$로 나타낼 수 있음

12.4.2 BT 급전방식의 등가회로 및 부하 임피던스

1. 개요

가. BT 급전방식은 약 4[km] 마다 전차선에 구분장치를 만들고 구분장치와 병렬로 권수비가 1 : 1인 흡상변압기(Broster Transformer)를 설치하고 BT와 BT 중간에 흡상선을 설치하여 병행 가설한 부급전선으로 귀선전류를 흡상하여 전차선로에 근접한 통신선 등 유도 장해를 방지하기 위한 급전 방식임

나. Rail에 흐르는 전류 범위가 전기차와 흡상선으로 한정되며, 전차선과 부급전선에는 크기가 같고 방향이 반대인 전류가 흘러 유도장해가 상쇄됨

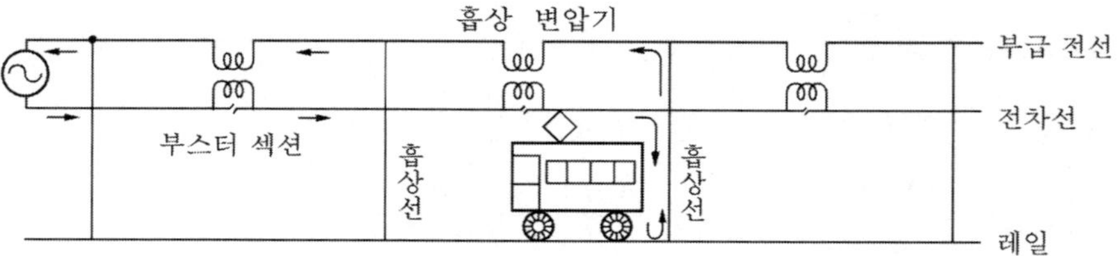

그림 12.4.5 BT 급전방식 계통도

2. BT 급전회로의 임피던스 특징

가. BT 급전방식의 등가임피던스는 전차선과 레일(T−R), 전차선과 부급전선(T−NF)의 단락현상으로 구하며,

나. 임피던스 특성은 그림 12.4.6과 같이 전차선과 레일간(T−R) 단락 시는 계단형태, 전차선과 부급전선간(T−NF) 단락 시는 직선 형태를 보임

다. 또한, BT 방식의 특징 중 그림 12.4.7과 같이 전기차가 섹션을 통과하기 직전과 직후는 전기차의 BT 섹션 및 흡상선의 상대 위치에 따라 레일과 부급전선에 흐르는 전류의 방향이 변화하므로 전기차에서 바라본 회로 임피던스는 계단모양이 됨

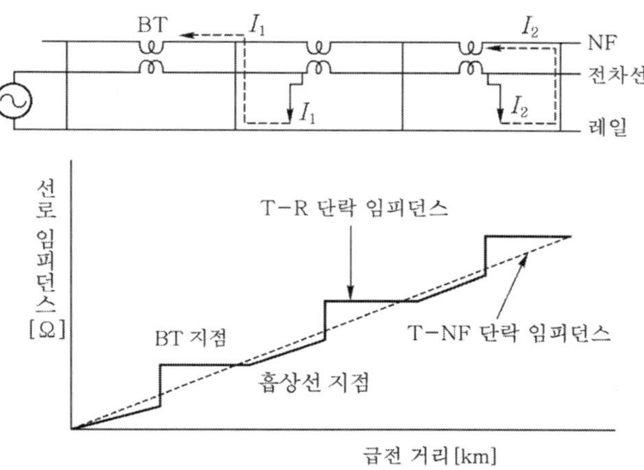

그림 12.4.6 BT 급전회로 임피던스 특성

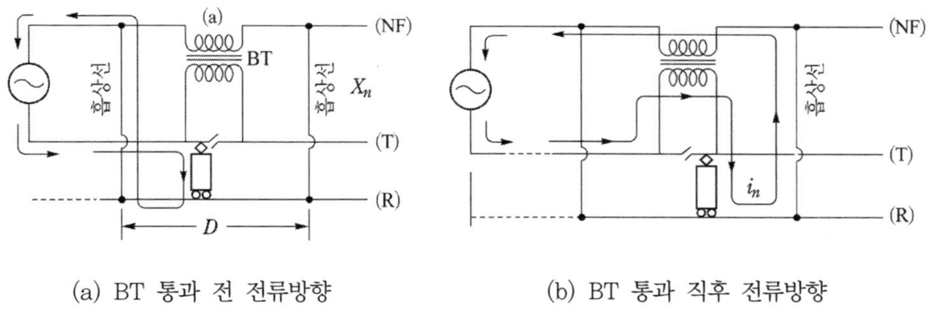

(a) BT 통과 전 전류방향 (b) BT 통과 직후 전류방향

그림 12.4.7 BT와 전기차 위치에 따른 전류 방향

3. BT 급전회로의 등가회로 및 임피던스 계산

가. BT의 임피던스는 그 길이가 길면 전차선과 부급전선(T-NF) 단락방식에 의한 임피던스를 직선으로 간주하여 계산하여도 되므로 그림 12.4.8과 같이 BT 급전회로 구성도에서 BT의 등가 임피던스는

$$Z_T = Z_{TT} + Z_{NR} - Z_{TN} - Z_{TR}$$
$$Z_N = Z_{NN} + Z_{TR} - Z_{TN} - Z_{NR}$$
$$Z_R = Z_{RR} + Z_{TN} - Z_{TR} - Z_{NR}$$

여기서, Z_{TT} : 전차선의 자기 임피던스
Z_{NN} : 부급전선의 자기 임피던스
Z_{RR} : 레일의 자기 임피던스

Z_{TN} : 전차선과 부급전선의 상호 임피던스
Z_{TR} : 전차선과 레일의 상호 임피던스
Z_{NR} : 부급전서과 레일의 상호 임피던스

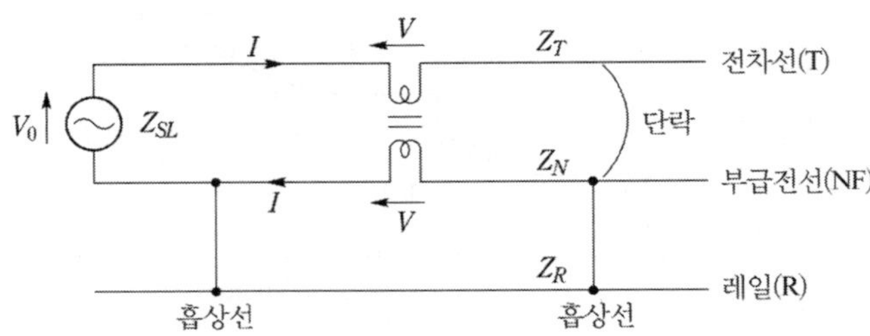

그림 12.4.8 BT 급전계통의 임피던스 구성도

나. 그림 12.4.8에서 흡상변압기의 누설임피던스를 무시하면 다음 식이 성립됨

(1) $V_0 - V + V = Z_T \cdot I + Z_N \cdot I$

(2) 여기서, 전원전압 V_0를 전류 I로 나누면 급전회로 임피던스가 되는데 BT 급전회로의 단위길이 당 임피던스는 다음과 같음

$Z_{BL} = Z_T + Z_N = (Z_{TT} + Z_{NR} - Z_{TN} - Z_{TR}) + (Z_{NN} + Z_{TR} + Z_{TN} - Z_{NR})$

$\therefore\ Z_{BL} = Z_{TT} + Z_{NN} - 2Z_{TN}[\Omega/\text{km}]$

(3) 또한, BT 임피던스를 km당으로 환산한 임피던스를 Z_B라고 하면 BT 급전회로의 단위 길이당 임피던스는 아래와 같음

$\therefore\ Z_{BL} = Z_T + Z_N = Z_{TT} + Z_{NN} - 2Z_{TN} + Z_B$

4. BT 급전회로의 전차선 전류 및 BT 용량 산출

가. 흡상변압기는 1차와 2차 권수비가 1 : 1 변압기로써 그림 12.4.9와 같이 등가회로로 표시하고, 등가회로에서 전차선 전류 및 BT의 정격 용량을 계산함

나. 전차선 전류계산

(1) $I_t = I_0 + I_n$ ………………… ①

$Z_T = \dfrac{Z_0(Z_1 + Z)}{Z_0 + (Z_1 + Z)}$ …… ② (※ 전원측에서 바라본 임피던스의 총합)

(2) ①과 ② 식을 이용하여 전류분배 법칙을 적용하면,

$$I_n = I_t \times \frac{Z_0}{Z_T} = I_t \cdot \frac{Z_0}{\dfrac{Z_0(Z_1 + Z)}{Z_0 + Z_1 + Z}} = \frac{Z_0 + Z_1 + Z}{Z_1 + Z} \cdot I_t$$

$$I_0 = I_t \cdot \frac{Z_1 + Z}{Z_T} = I_t \cdot \frac{(Z_1 + Z)}{\dfrac{Z_0(Z_1 + Z)}{Z_0 + Z_1 + Z}} = \frac{Z_0 + Z_1 + Z}{Z_0} \cdot I_t$$

(3) 여기서, $I_t = \dfrac{Z_0}{Z_0 + Z_1 + Z} \cdot I_0$ 이고, $I_n = I_t \cdot \dfrac{Z_0}{Z_T}$ 이므로

$$I_n = \frac{Z_0 \cdot I_0}{Z_0 + Z_1 + Z} \times \frac{Z_0}{Z_0(Z_1 + Z)/(Z_0 + Z_1 + Z)}$$

$$= I_0 \cdot \frac{Z_0}{Z_0 + Z_1 + Z} \cdot \frac{Z_0(Z_0 + Z_1 + Z)}{Z_0(Z_1 + Z)} = \frac{Z_0}{Z_1 + Z} \cdot I_0$$

$$\therefore\ I_n = \frac{Z_0}{Z_1 + Z} \cdot I_0 \cdots\cdots ③$$

(4) 따라서, 전차선 전류는 ① 식과 ③ 식을 대입하여 계산하면,

$I_t = I_0 + I_n = I_0 + \dfrac{Z_0}{Z_1 + Z} \cdot I_0 = (1 + \dfrac{Z_0}{Z_1 + Z}) \cdot I_0$[A]가 됨

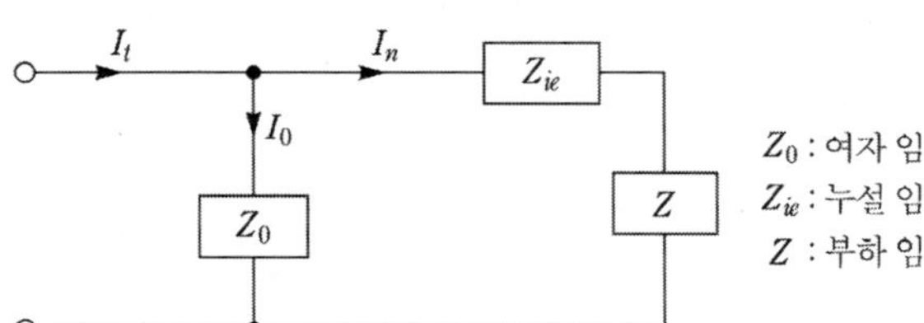

Z_0 : 여자 임피던스 I_t : 전차선 전류
Z_{ie} : 누설 임피던스 I_0 : 여자 전류
Z : 부하 임피던스 I_n : 부급전선 전류

그림 12.4.9 BT 급전회로 등가회로

간략식 해석방법

(1) 등가회로에서 $I_0 + I_n = I_t$

(2) 전류분배에 따라 $\dfrac{I_n}{I_0} = \dfrac{Z_0}{Z_1 + Z}$ 이므로 $I_n = \dfrac{Z_0}{Z_1 + Z} \cdot I_0$

(3) 위 (1)의 식과 (2)의 식을 대입하여 풀면 $I_t = I_0 + \dfrac{Z_0}{Z_1 + Z} \cdot I_0 = (1 + \dfrac{Z_0}{Z_1 + Z}) \cdot I_0$[A]

다. BT 정격용량 고찰

(1) BT의 부하 임피던스 Z는 부급전선이 있을 때 레일의 전압강하를 무시하면 흡상선 구간 D[km]의 부급전선 전압강하를 부급전선 전류(I_n)로 나누어 구하면,

부하 임피던스 $Z = (Z_{NN} - Z_{TN}) \cdot D$

(2) 일반적으로 $Z \fallingdotseq 0.4D = 0.4 \times 4_{\text{km}} = 1.6[\Omega]$
부하전류 $I_n = 200[\text{A}]$ 정도라고 하면,

BT 정격용량 $W_{BT} = I_n^{\ 2} \times Z = 200^2 \times 1.6 = 64[\text{kVA}]$

(3) BT는 특성상 T-R 단락 시 1차 전류가 증가하여 200[A]를 초과하면 철심이 포화되어 여자 임피던스가 급격히 작아져 BT의 흡상효과가 크게 감소하므로 T-R 단락 시 BT의 흡상효과는 없어짐

12.4.3 BT 급전계통의 부하점 전압강하 계산 방법

1. BT 급전계통의 임피던스 및 전압강하 계산에 이용하는 제정수

가. 전원측 임피던스(Z_0)

➪ 급전측에서 본 전원측 임피던스를 단상환산

$$Z_0 = \frac{E^2 \times 2}{P_S} = \frac{10\,E^2 \times \%Z \times 2}{10{,}000}[\Omega]$$

여기서, P_S : 수전점의 3상 단락용량 [MVA]
E : 급전용 변압기 2차 정격전압[kV]
$\%Z$: 수전점의 퍼센트임피던스(10,000[kVA] 기준) [%]

나. 급전용 변압기의 임피던스(Z_T)

➪ 급전측에서 본 급전용 변압기 임피던스

$$Z_T = \frac{10\,E^2 \times \%Z_T}{P_T}[\Omega]$$

여기서, P_T : Scott 결선 변압기 용량의 1/2, 단상은 변압기용량[kVA]
E : 급전용 변압기 2차 정격전압[kV]
$\%Z_T$: 급전용 변압기 $\%Z$(10,000[kVA] 기준)[%]

다. 급전회로의 임피던스(Z_L)

➪ 급전회로 1[km] 당 임피던스를 환산

$$Z_L = R + jX = R\cos\theta + X\sin\theta[\Omega]$$

여기서, R : 급전회로(전차선로) 1[km] 당 저항[Ω]
X : 급전회로 1[km] 당 리액턴스[Ω]
θ : 부하의 전압전류 위상각(역률각)

2. BT 급전계통의 전압강하 계산 방법

가. 변전소 내 전압강하(e_0)

$$e_0 = (Z_0 + Z_T)(i_1 + i_2 + \cdots\ i_k \cdots + i_n)\sin\theta = (Z_0 + Z_T)\sum i\ \sin\theta[\text{V}]$$

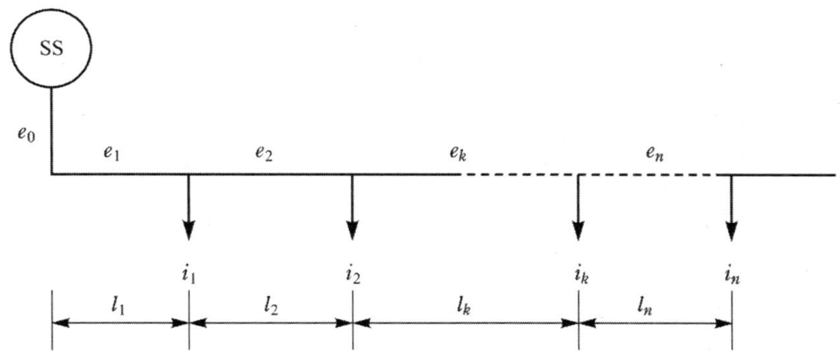

그림 12.4.10　급전회로 부하점 전압 및 전류

나. 각 부하점(각 열차간)의 전차선로 전압강하(e_L)

$$e_1 = Z_L \cdot l_1 (i_1 + i_2 + \cdots\ i_k \cdots + i_n) = Z_L l_1 \sum_1^n i_n\ [\text{V}]$$

$$e_2 = Z_L \cdot l_2 (i_2 + \cdots\ i_k \cdots + i_n) = Z_L l_2 \sum_2^n i_n\ [\text{V}]$$

$$\vdots$$

$$e_k = Z_L \cdot l_k (i_k \cdots\ + i_n) = Z_L l_k \sum_k^n i_n\ [\text{V}]$$

$$e_n = Z_L \cdot l_n \cdot i_n[\text{V}]$$

다. 전압보상용 직렬콘덴서가 설치된 경우

➪ 전차선로 전압 보상량(e_c) 값은 전압 강하량에서 보상량으로 계산함

$$e_c = I_c \cdot X_c\ \sin\theta\ [\text{V}]$$

여기서, I_c : 직렬콘덴서에 흐르는 전류[A]
X_c : 직렬콘덴서의 임피던스[Ω]
θ : 부하의 전압전류 위상각(역률각)

3. 각 부하점의 전차선 전압

구하고자 하는 지점의 전차선 전압은 전철변전소 급전전압에서 선로 측의 전압강하 및 직렬콘덴서 등 전압강하 보상분을 고려하여 산출함

12.4.4 AT 급전계통의 부하점 전압강하 계산 방법

1. AT 급전방식 전압강하 계산시 고려할 사항

가. AT 방식 급전회로의 전압강하를 계산할 때는 AT와 레일의 누설전류는 무시하며, 수전 전원측 및 전철변전소 조건이 주어지지 않을 때는 이를 고려하지 않음
나. 교류 급전방식은 일반적으로 전철변전소(SS)에서 급전구분소(SP)까지 편송 급전을 시행하는데 일반철도 구간은 상하선을 구분하여 급전하고, 고속철도구간은 상하선 병렬급전 방식이므로 이를 고려하여 계산하여야 함
다. 변전소에 직렬콘덴서를 설치하여 전압강하를 보상하는 경우 커패시터 임피던스(X_c) 환산은 선로의 전압비가 1 : 2이므로 $Z_c = jX_c \times \frac{1}{4}$로 계산함

2. 계산조건의 항목

가. 3상 전원측 ➪ %임피던스 $\%Z_0$, 기준용량 P_n, 또는 3상 단락용량 P_s
나. 스코트 결선변압기(급전용변압기)
➪ 정격용량 P_T, %임피던스 $\%Z_T$, 변압비 154[kV]/55[kV], 부하역률 $\cos\theta$
다. 직렬콘덴서 ➪ 용량 또는 커패시터 임피던스 Z_c
라. 급전회로(전차선로) 측
➪ AT 간격, 열차의 위치, 급전회로 임피던스 및 전압강하 정수 등에 의한 전류분포

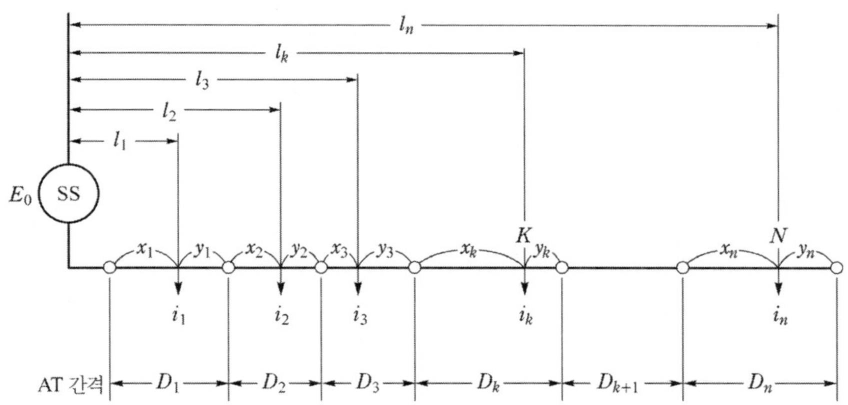

그림 12.4.11 AT 급전계통 전류분포도

여기서, E_0 : 변전소 무부하전압(전차선전압 25[kV]측 환산)[V]

i : 각 점의 전기차 부하전류[A]

D : AT 설치간격[km]

l : 변전소에서 각점의 전기차 부하까지 거리[km]

x : 부하점에서 인접된 변전소 측 AT까지의 거리[km]

Z_L : 전차선로 1[A−km] 당의 전압강하[V/A−km]

Z_L' : 전차선로 전압강하에 필요한 정수[V/A−km]

3. 급전전원측 임피던스 및 전압강하 계산

가. 전원측 임피던스 Z_0는 $Z_0 = \dfrac{\%Z_0 \times 10 \times E^2 \times 2}{P_n} [\Omega]$

나. 급전용 변압기 임피던스(Z_T)는 $Z_T = \dfrac{\%Z_T \times 10 \times E^2}{P_T/2} = \dfrac{\%Z_T \times 10 \times E^2 \times 2}{P_T} [\Omega]$

다. 직렬콘덴서 임피던스(Z_C)는 $Z_C = jZ_c \times \dfrac{1}{4} [\Omega]$

라. 전원측 등가 임피던스를 합계(Z_s) $Z_s = Z_0 + Z_T - Z_c [\Omega]$

마. 변압기 전류는 전체 부하전류는 $\Sigma I = i_1 + i_2 + i_3 + ... + i_n$

바. 전철변전소의 전원측 전압강하(e_0)는

$$e_0 = Z_s \times \Sigma I \times sin\theta = Z_s \times \sum I(\sqrt{1-\cos\theta^2})[V]$$

4. 급전회로(전차선로) 측 임피던스 및 전압강하 계산

가. 급전회로 1km당 선로전압강하 정수

$Z_L = R_L + jX_L = R_L\cos\theta + X_L\sin\theta$[V/A−km]

$Z_L' = R_L' + jX_L' = R_L'\cos\theta + X_L'\sin\theta$[V/A−km]

나. 임의의 부하점(K)에서의 전압강하를 (e_k)

(1) 전차선 전압강하 $e_k = Z_L(\sum_{j=1}^{k} l_j i_j + l_k \sum_{j=k+1}^{n} i_j) + Z_L'(1 - \frac{x_k}{D_k})\, x_k i_k$[V]

(2) K점의 전차선전압(E_k)는 $E_k = E_0 - e_k$[V]

다. 최원단 전기차 부하(N)점이라고 하면,

(1) 전차선로 전압강하(e_n) $e_n = Z_L \sum_{j=1}^{n} l_j i_j + Z_L'(1 - \frac{x_n}{D_n})\ x_n i_n$[V]

(2) N 지점의 전차선 전압(E_n) $E_n = E_0 - e_n$[V]

12.4.5 BT 급전계통의 부하점 전압강하 계산문제 (해설1)

기출문제

아래 그림과 같은 BT급전 회로에서 각 부하점의 전압을 산출하시오.
단, 계산조건은 아래와 같다.(71–2)

(a) 수전점에 있어서 3상 단락용량 : 400[MVA]= P_S

(b) 급전용 변압기 (10,000[kVA], %Z : 7.5[%])

(c) 급전회로 1km 당 실효저항 : 0.34[Ω]

(d) 급전회로 1km 당 리액턴스 : 0.71[Ω] $\therefore 0.34 + j0.71$[Ω/km]

(e) 변전소 직렬 콘덴서 리액턴스 : 6[Ω]

(f) 선로의 직렬콘덴서 리액턴스 : 2[Ω/개소]

(g) 부하 역률 : 80[%]

(h) 급전전압 : 20[kV]= E_o

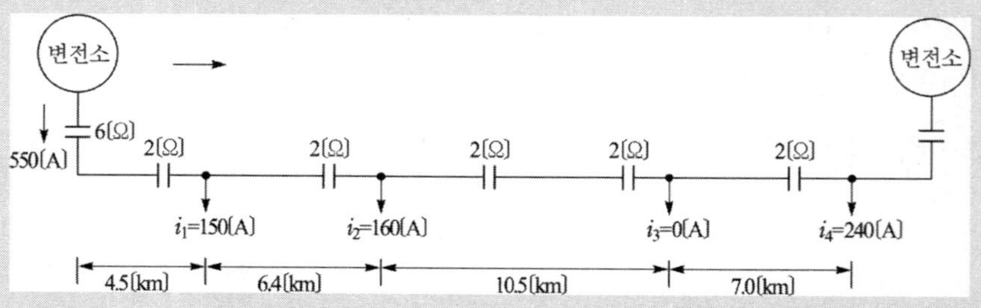

해설 1. 개요

가. A변전소에서 550[A]를 공급하여 선로 상에서 모두 소비되고 있으므로 B 변전소는 전원공급을 하지 않고, A변전소에서 B변전소까지 연장급전하는 상태로 가정함

나. 전류가 분기되는 i_1, i_2, i_3, i_4 지점의 전압강하를 e_1, e_2, e_3, e_4 이라고 하고 각 지점에서의 전차선 전압을 V_{k1}, V_{k2}, V_{k3}, V_{k4}로 정하고 계산하도록 함

2. 전압강하 계산

가. 급전회로의 임피던스

(1) 전원측 임피던스 ➪ $Z_0 = \dfrac{E^2 \times 2}{P_S} = \dfrac{20^2 \times 2}{400} = 2[\Omega]$

(2) 변압기 임피던스 ➪ $Z_T = \dfrac{10E^2 \times \%Z_T}{P_T} = \dfrac{10 \times 20^2 \times 7.5}{10{,}000/2} = 6[\Omega]$

(3) 급전회로 임피던스

➪ $Z_L = R + jX = R\cos\theta + X\sin\theta[\Omega]$

$Z_L = (0.34 \times 0.8) + (0.71 \times 0.6) = 0.698[\text{V/A-km}]$

나. 전원측 및 부하지점별 임피던스에 의한 전압강하

(1) 전원측 및 변압기 전압강하

$e_0 = (Z_0 + Z_T)\sum I\sin\theta = (Z_0 + Z_T)(i_1 + i_2 + i_3 + i_4)\sin\theta$

$= (2+6) \times 550 \times 0.6 = 2{,}640[\text{V}]$

(2) 전차선로 측 전압강하

$e_1 = Z_L \cdot l_1(i_1 + i_2 + i_3 + i_4) = 0.698 \times 4.5\text{km} \times 550\text{A} = 1{,}727[\text{V}]$

$e_2 = Z_L \cdot l_2(i_2 + i_3 + i_4) = 0.698 \times 6.4\text{km} \times 400\text{A} = 1{,}786[\text{V}]$

$e_3 = Z_L \cdot l_3(i_3 + i_4) = 0.698 \times 10.5\text{km} \times 240\text{A} = 1{,}759[\text{V}]$

$e_4 = Z_L \cdot l_4 \cdot i_4 = 0.698 \times 7.0\text{km} \times 240\text{A} = 1{,}173[\text{V}]$

(3) 전압보상용 직렬콘덴서에 의한 전압보상 ➪ $e_c = I_c \cdot X_c \sin\theta[\text{V}]$

① 변전소 전압보상 : $e_{ss} = 550 \times 6 \times 0.6 = 1{,}980[\text{V}]$

② 전차선로 측 전압보상 ➪ $e_{c1} = 550 \times 2 \times 0.6 = 660[\text{V}]$

$e_{c2} = 400 \times 2 \times 0.6 = 480[\text{V}]$

$e_{c3} = 240 \times 2 \times 0.6 = 288[\text{V}]$

$e_{c4} = 240 \times 2 \times 0.6 = 288[\text{V}]$

$e_{c5} = 240 \times 2 \times 0.6 = 288[\text{V}]$

3. 각 부하점에서의 급전회로 전압

가. 변전소에서 전차선로 공급전압(V)

$V = E_0 - e_0 + e_{ss} = 20{,}000 - 2{,}640 + 1{,}980 = 19{,}340[\text{V}]$

나. 전차선로 부하점 전압

$V_{k1} = V - e_1 + e_{c1} = 19,340 - 1,727 + 660 = 18,273[\text{V}]$

$V_{k2} = V_{k1} - e_2 + e_{c2} = 18,273 - 1,786 + 480 = 16,967[\text{V}]$

$V_{k3} = V_{k2} - e_3 + e_{c3} + e_{c4} = 16,967 - 1,759 + 288 + 288 = 15,784[\text{V}]$

$V_{k4} = V_{k3} - e_4 + e_{c5} = 15,784 - 1,173 + 288 = 14,899[\text{V}]$

12.4.6 BT 급전계통의 전압강하에 의한 말단전압 계산문제 (해설2)

기출문제

BT 방식의 교류 전차선로에서 흡상변압기의 흡상율을 100[%]로 하여 아래 그림에서 말단의 전차선 전압을 구하시오.(65-2)

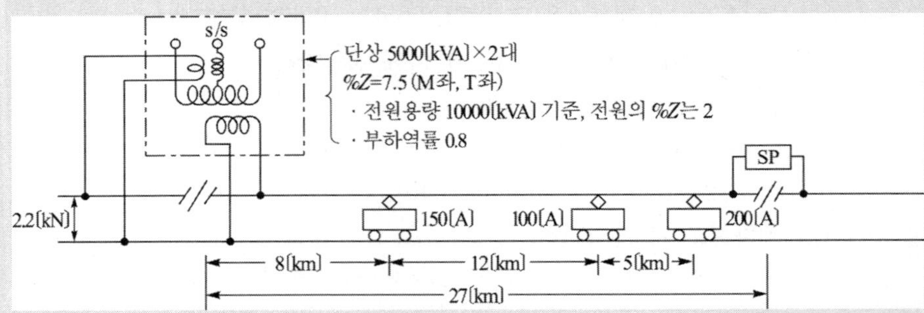

단, $Z_T = 0.16 + j0.63[\Omega/\text{km}]$ [전차선의 자기 임피던스]

$Z_N = 0.19 + j0.77[\Omega/\text{km}]$ [부급전선의 자기 임피던스]

$Z_{TN} = 0.05 + j0.37[\Omega/\text{km}]$ [전차선과 부급전선의 자기임피던스]

$Z_B = 0.03 + j0.01[\Omega/\text{km}]$ [흡상변압기 누설임피던스]

해설 **1. 전원측 전압강하(e_0)**

가. 전원측의 %Z를 전차선측으로 환산하면

$$Z_0 = \frac{10\text{E}^2[\text{kV}] \times \%Z \times 2}{P[\text{MVA}]}[\Omega]$$ 기본식에서,

$$Z_0 = \frac{10 \times 22^2 \times 2 \times 2}{10,000} = 1.935[\Omega]$$

여기서, Z_0 : 전원측 임피던스 환산값

P_n : 전원기준용량[kVA] = 10,000[kVA]

$\%Z$: 전원측 %임피던스 (%Z는 M, T 좌를 감안 2배로 계산)

나. 전원측 전압강하(e_0)는 $e_0 = Z_0 \Sigma I \sin\phi$ 식에서

$e_0 = 1.935 \times (150+100+200) \times \sqrt{1-0.8^2} = 522.45[\mathrm{V}]$

여기서, 역률 $\cos\phi = 0.8$이면 $\sin\phi = 0.6$

2. 변전소 급전용변압기 내부전압강하(e_{Tr})

가. $\%Z$를 임피던스로 환산하여 계산

$$Z_T = \frac{\%Z \times 10 \times E_o^2}{P_T / 2} = \frac{7.5 \times 10 \times 22^2}{10{,}000 / 2} = \frac{7.5 \times 10 \times 22^2}{5{,}000} = 7.26[\Omega]$$

여기서, $P_T / 2$ 급전용 변압기 편좌 정격용량[kVA]

나. 변압기 내부전압강하

$e_{Tr} = Z_T \times \Sigma I \sin\phi = 7.26 \times 450 \times 0.6 = 1960.2[\mathrm{V}]$

3. 전차선로 말단의 전압강하(V_L)

가. 선로 임피던스(Z_L)

$$\begin{aligned} Z_L &= Z_T + Z_N - 2Z_{TN} + Z_B [\Omega/km] \\ &= (0.16 + j0.63) + (0.19 + j0.77) - 2(0.05 + j0.37) + (0.03 + j0.01) \\ &= (0.16 + 0.19 - 0.1 + 0.03) + j(0.63 + 0.77 - 0.74 + 0.01) \\ &= 0.28 + j0.67[\Omega/\mathrm{km}] \end{aligned}$$

나. 전차선 1[A−km]당 전압강하정수(Z_L) 유도

선로임피던스 $Z_L = 0.28 + j0.67$이므로 전압강하 정수 Z_L[V/A−km]는

$Z_L = R\cos\phi + X\sin\phi = (0.28 \times 0.8) + (0.67 \times 0.6) = 0.626[\mathrm{V/A-km}]$

다. 전차선로 말단의 전압강하식

$e_L = Z_L \sum_{j=1}^{n} I_j L_j [\mathrm{V}]$ 식에서 계산하면

$\therefore e_L = 0.626(450\mathrm{A} \times 8\mathrm{km} + 300\mathrm{A} \times 12\mathrm{km} + 200\mathrm{A} \times 5\mathrm{km}) = 5133.2[\mathrm{V}]$

여기서, Z_L : 선로임피던스[Ω/km]

Z_L' : 선로전압강하정수[V/A−km]

I_j : 변전소에서 전동차(부하점)까지의 전류[A]

L_j : 변전소에서 전동차(부하점)까지의 거리[km]

라. 전원을 포함한 말단 부하점의 전차선 최저전압[V]

$$\begin{aligned} V &= V_0 - (e_0 + e_{Tr} + e_L) = 22{,}000 - (522.45 + 1{,}960.2 + 5{,}133.2) \\ &= 22{,}000 - 7615.85 = 14{,}384.15[\mathrm{V}] = 14.4[\mathrm{kV}] \end{aligned}$$

12.4.7 AT 급전계통의 전류 분배점 전압강하 계산문제 (해설3)

기출문제

AT 급전 방식에서 아래 그림의 K 및 N 지점의 전압강하를 구하시오.(65-3)
(단, $Z_L = 0.1414$, $Z_L{}' = 0.3769$)

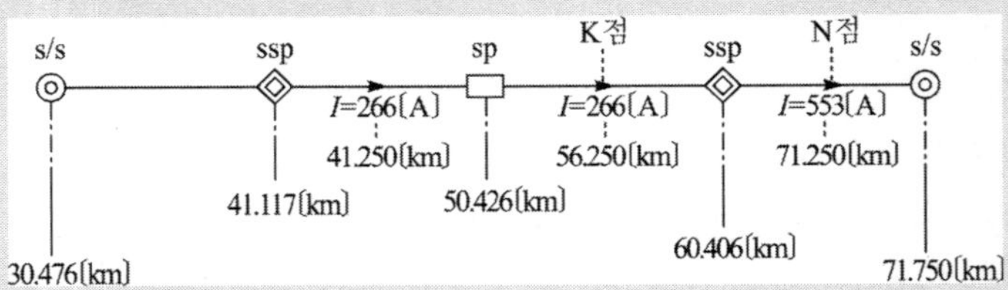

해설 1. 개요

가. 제시된 계통도의 전류공급 방향을 볼 때 좌측 변전소에서 우측 변전소까지 연장급전을 가상한 편단공급 상태이며, 이때 SSP, SP에는 AT 변압기가 설치된 것으로 가정하여 전압강하를 계산하여야 함

나. 선로전압 강하정수 $Z_L = 0.1414$, $Z_L{}' = 0.3769$를 적용

다. 급전회로를 기본공식에 적용하여 계산이 편리하도록 아래와 같이 그림으로 정리하면

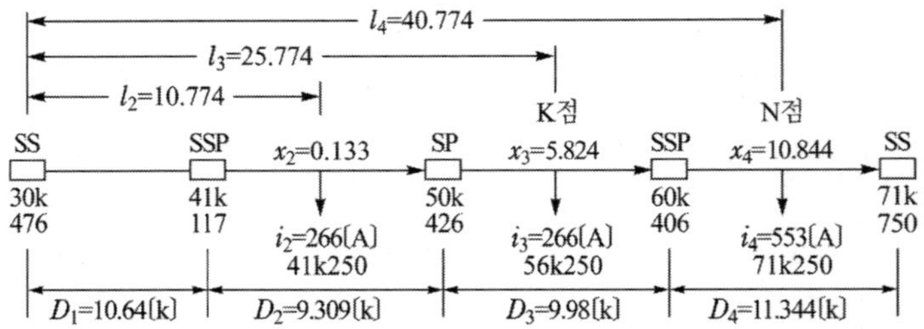

2. 임의의 전기차 부하(K 지점)의 경우 전압강하(e_k)

기본공식 : $e_k = Z_L(\sum_{j=1}^{k} i_j l_j + l_k \sum_{j=k+1}^{n} i_j) + Z_L{}'(1-\frac{x_k}{D_k})x_k i_k\,[\text{V}]$에서

$$\therefore\ e_k = Z_L(l_2 i_2 + l_3 i_3 + l_3 i_4) + Z_L{}'(1-\frac{x_3}{D_3})x_3 i_3\,[\text{V}]$$

$$\therefore\ e_k = 0.1414(10.774\times 266 + 25.774\times 266 + 25.774\times 553) + 0.3769(1-\frac{5.824}{9.98})\times 5.824\times 266$$

$$= 3,390.04 + 243.13 = 3,633.17[\text{V}] = 3.63[\text{kV}]$$

여기서, i_j : 전기차 부하전류[A]

l_j : 공급 변전소에서 전기차부하까지 거리[km]

x_k : 공급변전소쪽 인접 AT에서 부하점까지 거리[km]

D_k 부하점에서 본 인접 AT와 AT 간격[km]

3. 최원단 전기차 부하(N 지점)의 전압강하(e_n)

가. 기본공식 : $e_n = Z_L \sum_{j=1}^{n} i_j l_j + Z_L'(1 - \frac{x_n}{D_n}) x_n i_n$ [V]에서

$$e_n = Z_L(l_2 i_2 + l_3 i_3 + l_4 i_4) + Z_L'(1 - \frac{x_4}{D_4}) x_4 i_4 [\mathrm{V}]$$

나. 따라서, 위 식에 대입하면

$$e_n = 0.1414(10.774 \times 266 + 25.774 \times 266 + 40.774 \times 533) + 0.3769(1 - \frac{10.844}{11.344}) \times 10.844 \times 533$$

$$= 4{,}447.64 + 96.02 = 4{,}543.66 [\mathrm{V}] = 4.54 [\mathrm{kV}]$$

※ 단, 양쪽변전소에서 급전하는 경우는 SP에서 Open 된 경우로 가정하여 변전소에서 부하점까지의 거리를 재산정하여 별도 계산하여야 함

12.4.8 AT 급전계통의 전동차운행 시 전압강하와 전압기준 문제 (해설4)

기출문제

AT 급전방식의 아래와 같은 급전계통에서 전동차 지점인 K와 최원단 전동차지점(N) 위치의 전압을 구하고 전압기준에 적합한지 설명하시오.(79-4)

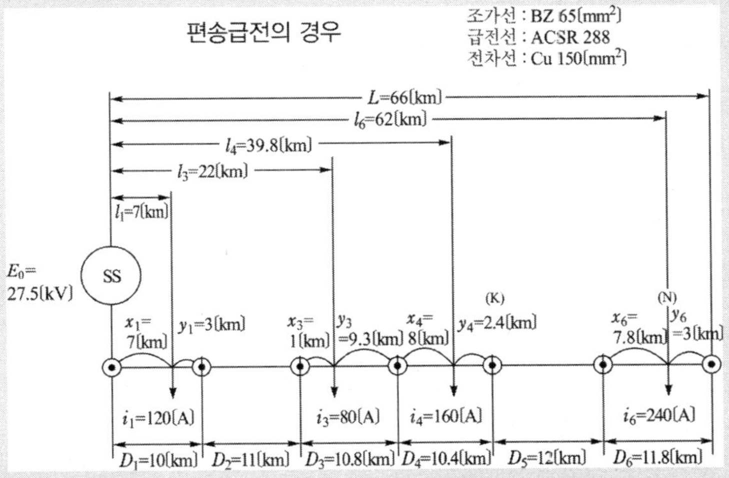

◉ : AT를 나타냄

$Z_L = 0.104\mathrm{V/A-km}$, $Z_L' = 0.5026\mathrm{V/A-km}$ (60Hz), $\cos\theta = 0.95$

해설 **1. 선로정수 검토**

가. 본 문제에서 제시된 제반 전선류, 선로임피던스 및 선로전압 강하정수를 볼때 경부 고속철도 전차선로 조건을 기준한 것으로 판단됨

(1) 선로임피던스 $Z_L = 0.0539 + j0.1704\,[\Omega/\text{km}]$

(2) 선로전압 강하정수 $Z_L' = 0.3169 + j0.6503\,[\text{V/A}-\text{km}]$임

나. 이때, 역률 $\cos\phi = 0.95$이므로 $\sin\phi = \sqrt{1-0.95^2} = 0.31$을 적용하면,

$\therefore Z_L = (0.0539 \times 0.95) + (0.1704 \times 0.31) \fallingdotseq 0.104\,[\text{V/A}-\text{km}]$

$\therefore Z_L' = (0.3169 \times 0.95) + (0.6503 \times 0.31) \fallingdotseq 0.5026\,[\text{V/A}-\text{km}]$

2. 임의의 전기차 부하의 전차선로 전압강하(e_K)

가. K지점의 전압강하 기본식

$e_k = Z_L\left(\sum_{j=1}^{k} l_j i_j + l_k \sum_{j=k+1}^{n} i_j\right) + Z_L'\left(1 - \frac{x_k}{D_k}\right)\ x_k i_k$ 에서

$e_k = Z_L(i_1 l_1 + i_3 l_3 + i_4 l_4 + i_6 l_4) + Z_L'\left(1 - \frac{x_4}{D_4}\right) x_4 i_4$ 가 되므로

여기서, $x_4 = 8\text{km},\ D_4 = 10.4\text{km}$

$$\begin{aligned}\therefore e_K &= 0.104(7 \times 120 + 22 \times 80 + 39.8 \times 160 + 39.8 \times 240) \\ &\quad + 0.5026\left(1 - \frac{8}{10.4}\right) \times 8 \times 160 \\ &= 1{,}926.08 + 148.6 = 2{,}074.68[\text{V}]\end{aligned}$$

나. K지점의 전압(전철변전소 등의 손실이 없다고 가정)

$E_k = E_0 - e_k = 27.5 - 2.07 = 25.43[\text{kV}]$

다. 적합여부 : K점 전차선 전압이 $E_k = 25.43 > 20[\text{kV}]$이므로 적정

3. 최원단 전차선로 전기차부하 (N)지점의 전압강하

가. N지점의 전차선로 전압강하(e_n)는,

$$\begin{aligned}e_n &= Z_L(l_1 i_1 + l_3 i_3 + l_4 i_4 + l_6 i_6) + Z_L'\left(1 - \frac{x_6}{D_6}\right) x_6 i_6 \\ &= 0.104(7 \times 120 + 22 \times 80 + 39.8 \times 160 + 62 \times 240) \\ &\quad + 0.5026\left(1 - \frac{7.8}{11.8}\right) \times 7.8 \times 240 \\ &= (2{,}480.19 + 318.85) = 2{,}799.04[\text{V}] \doteqdot 2.8[\text{kV}]\end{aligned}$$

나. N지점의 전압(E_N) (전원측 및 전철변전소 손실이 없다고 가정)

$E_N = E_o - e_n = 27.5 - 2.8 = 24.7\,[\text{kV}]$

다. 전압기준 적합여부 판단

N 지점의 전차선 전압이 $E_N = 24.7[\text{kV}] >$ 제한치 20[kV] 보다 크므로 전압기준에 적합하므로 정상적인 열차운영이 가능함

12.4.9 AT 급전계통의 열차 부하에 의한 전압강하 계산문제 (해설5)

기출문제

다음의 AT 급전계통에서 주어진 계산조건에 따라 (K), (L) 지점의 전차선 전압을 계산하시오.(100-3)

[계산조건] – 급전용 변압기의 % Z_{TR}(15MVA 기준) : 10%
– $Z_L = R_L + jX_L = 0.12 + j0.1$[Ω/km]
– $Z_L{}' = R' + jX_L{}' = 0.18 + j0.47$[Ω/km]
– 부하역률 : 80%

여기서, Z_L : 전차선로 1[A/km]당의 전압강하 [Ω/km]
$Z_L{}'$: 전압강하 계산에 필요한 정수 [Ω/km]

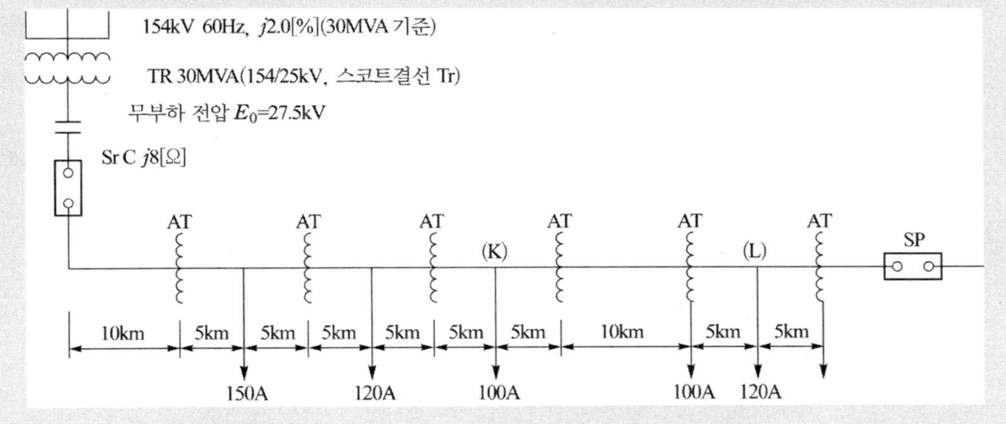

해설 **1. 계산조건에 대한 이해**

가. AT 급전계통의 전압강하를 계산하는 문제로 주어진 조건에서 전원측, 급전용변압기측, 직렬콘덴서측 등 변전소에서의 전압강하 및 전압보상을 계산하고, 차단기 이후의 전차선로 측 부하분담 지점의 전압강하 순으로 해석함

나. 급전계통에서 제시된 조건을 요약하면,

(1) 3상 전원측 임피던스 $Z_0 = 2[\%]$, 기준용량은 $P_n = 30[\text{MVA}]$

(2) 주변압기 정격 154[kV]/25[kV], P_T 용량 = 30[MVA],
무부하전압 $E_0 = 27.5[\text{kV}]$, 15[MVA]기준 $\%Z_{TR} = 10[\%]$

(3) 직렬 콘덴서 임피던스(Z_C) $j8[\Omega]$, 역률($\cos\theta$) 0.8을 적용

2. 전기철도 급전전원측 임피던스 및 전압강하

가. 적용하는 기본식

%임피던스 $\%Z = \dfrac{Z \times P_n[\text{kVA}]}{10E^2[\text{kV}]}[\%]$ ⇨ $Z = \dfrac{\%Z \times 10 \times E^2}{P_n}[\Omega]$

나. 임피던스 계산(기준용량 30[MVA], 변압기 30[MVA], 2차 정격 25[kV])

(1) 전원측 임피던스

$$Z_0 = \frac{10 \times E^2 \times \%Z_0}{P_n} = \frac{10 \times 25^2 \times 2}{30{,}000} = j0.416[\Omega]$$

(2) 변압기 임피던스

$$Z_T = \frac{10 \times E^2 \times \%Z_T \times 2}{P_T/2} = \frac{10 \times 25^2 \times 10 \times 2}{15{,}000} = j8.333[\Omega]$$

※ 스코트결선 변압기 용량 30[MVA] 에서 2차측(M, T상)은 그 각각 절반이므로 변압기 %임피던스 계산 시는 기준용량 %Z의 2배로 계산 함.

(3) 커패티시 임피던스 $Z_C = -jZ_C \times \dfrac{1}{4} = -j8 \times \dfrac{1}{4} = -j2[\Omega]$

※ AT 방식에서 직렬콘덴서(SRC)를 주변압기 2차측에 설치할 때 급전전압과 전차선 전압비가 2 : 1 이므로 직렬콘덴서 임피던스(Z_C)는 $(\dfrac{1}{2})^2$배 이므로 1/4을 적용하며, BT 방식은 전압비가 1 : 1 이므로 제시된 Z_c 값을 그대로 적용 함.

(4) 3상 전원측을 포함한 전철변전소에서 본 전체 등가 임피던스는

$Z = Z_0 + Z_T + Z_c = j0.416 + j8.333 - j2 = j6.748[\Omega]$

다. 전철변전소의 전원측 전압강하(e_0)는

(1) 부하전류 합은 $\Sigma I = i_1 + i_2 + i_3 + \ldots.. + i_n$ 식에서,

$\Sigma I = i_1 + i_2 + i_K + i_{i_3} + i_L = 150 + 120 + 100 + 100 + 120 = 590[\text{A}]$

(2) 전철변전소 측 전압강하

$e_0 = Z \times \Sigma I \times \sin\theta = 6.748 \times 590 \times 0.6 = 2{,}388.79[\text{V}] \fallingdotseq 2.39[\text{kV}]$

3. 전차선로 측 임피던스 및 전압강하 계산

가. 선로 전압강하 정수 Z_L 및 Z_L'는

$Z_L = R_L\cos\theta + X_L\sin\theta = (0.12 \times 0.8) + (0.1 \times 0.6) = 0.156[\text{V/A-km}]$

$Z_L' = R_L' cos\theta + X_L' sin\theta = (0.18 \times 0.8) + (0.47 \times 0.6) = 0.426[\text{V/A-km}]$

여기서, 선로전압강하 정수 Z_L, Z_L'는 역률에 따라 변화함

나. 각 지점 전압강하

$$e_k = Z_L(\sum_{j=1}^{k} i_j l_j + l_k \sum_{j=k+1}^{n} i_j) + Z_L'(1 - \frac{x_k}{D_k}) x_k i_k [\text{V}]$$

여기서, x_k는 k지점의 부하에서 변전소쪽의 AT까지 거리

D_k는 부하 인접 양쪽 AT간 설치간격

(1) 지점(K)의 전압강하는

$$e_K = Z_L\{(i_1 l_1) + (i_2 l_2) + (i_k l_k) + l_k(i_3 + i_L)\} + Z_L'(1 - \frac{x_k}{D_k})x_k \cdot i_k[\mathrm{V}]$$

$$\therefore\ e_K = 0.156(150 \times 15) + (120 \times 25) + (100 \times 35) + (220 \times 35)$$

$$+ 0.426(1 - \frac{5}{10}) \times 5 \times 100$$

$$= 2{,}566.2 + 106.5 = 2{,}672.7[\mathrm{V}]$$

(2) 지점(L)의 전압강하는

$$e_L = 0.156(150 \times 15) + (120 \times 25) + (100 \times 35) + (100 \times 50) + (120 \times 55)$$

$$+ 0.426(1 - \frac{5}{10}) \times 5 \times 120$$

$$= 3{,}174.6 + 127.8 = 3{,}302.4[\mathrm{V}]$$

4. 지점 (K), (L) 지점에서의 전차선 전압

각 지점의 전차선 전압은 무부하 급전전압 27.5[kV]에서 Src를 포함한 전원측 및 선로측 전압강하를 제외한 값이므로

가. K 지점의 전차선 전압

$$V_K = E_0 - e_{ss} - e_K = 27.5 - 2.39 - 2.67 \fallingdotseq 22.44[\mathrm{kV}]$$

나. L 지점의 전차선 전압

$$V_L = E_0 - e_{ss} - e_L = 27.5 - 2.39 - 3.30 \fallingdotseq 21.81[\mathrm{kV}]$$

12.4.10 AT 급전계통의 열차운전에 따른 전압강하 계산문제 (해설6)

기출문제

아래 그림과 같은 AT 급전계통 선로에서 (3), (5)번 지점의 전차선 전압을 산출하시오. (단, 주어진 계산조건에 의하여 계산할 것) (71-4)

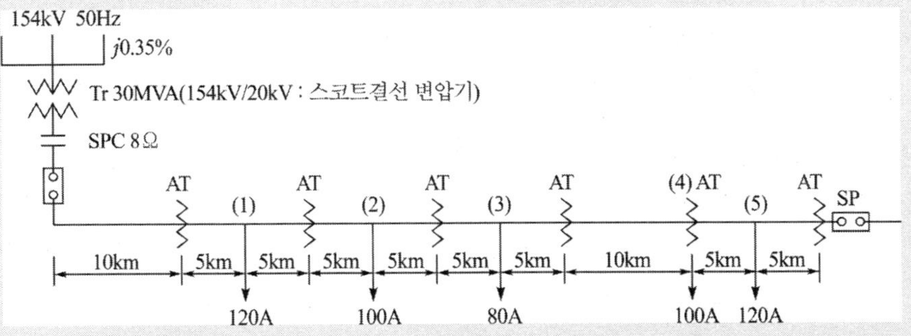

[급전계통 조건]

- 급전용 변압기의 %임피던스(15MVA) : 10%
- 급전회로 1km당 실효저항치(Ω) $R_L = 0.12$, $R_L' = 0.18$
- 급전회로 1km당 리액턴스치(Ω) $X_L = 0.18$, $X_L' = 0.47$
- 기준전원용량 10[MVA], 부하역률 : 80%

해설 **1. 계산조건의 검토**

가. 이 문제는 문항 12.4.9 전압강하계산(3)와 같은 유형으로 계산방법도 같음

나. 급전계통에서 제시된 조건을 요약하면,

(1) 3상 전원측 임피던스 $Z_0 = j0.35[\%]$, 기준용량은 10[MVA]

(2) 주변압기 15[MVA]기준 $\%Z_{TR} = 10[\%]$ ⇨ 30[MVA]=10%×2=20[%], 정격전압 154[kV]/20[kV], 용량 30[MVA]

(3) 직렬 콘덴서 임피던스(Z_C) 8[Ω], 역률($\cos\theta$) 80[%] 적용

2. 급전전원측 임피던스 및 전압강하

가. 전원측 임피던스 Z_0는 변압기 2차 정격 20[KV], 기준용량 10[MVA]이므로

$$Z_0 = \frac{\%Z_0 \times 10 \times E^2}{P_n} = \frac{j0.35 \times 10 \times 20^2}{10{,}000} = j0.14[\Omega]$$

나. 급전용 변압기 30[MVA] 임피던스(Z_T)는 기준용량 15[MVA]에서 10% 이므로 2배임.

$$Z_T = \frac{\%Z_t \times 2 \times 10 \times E^2}{P_T/2} = \frac{10 \times 2 \times 10 \times 20^2}{15{,}000} = j5.333[\Omega]$$

다. AT 구간 직렬콘덴서 임피던스 (Z_C)는 $Z_C = -j8[\Omega] \times (\frac{1}{2})^2 = -j2[\Omega]$

라. 3상 전원측을 포함한 전철변전소에서 본 전체 등가 임피던스를 Z_s라면,

$Z_s = Z_0 + Z_T + Z_c = j0.14 + j5.333 - j2 = j3.473[\Omega]$

마. 변압기 전류는 전체 부하전류 합으로 $\Sigma I = i_1 + i_2 + i_3 + ... + i_n$ 식에서,

$\Sigma I = i_1 + i_2 + i_3 + i_{i_4} + i_5 = 120 + 100 + 80 + 100 + 120 = 520[A]$

바. 따라서, 전철변전소의 전원측 전압강하(e_0)는

$e_0 = Z_s \times \Sigma I \times \sin\theta = j3.473 \times 520 \times 0.6 = 1{,}083.57 = 1.084[kV]$

3. 전차선로 측 임피던스 및 전압강하 계산

가. 계산조건에서 급전회로 1km당 실효저항치(Ω) $R_L = 0.12$, $R_L' = 0.18$,
급전회로 1km당 리액턴스(Ω) $X_L = 0.18$, $X_L' = 0.47$이므로

(1) 선로임피던스는 $Z_L = 0.12 + j0.18$, $Z_L' = 0.18 + j0.47$

(2) 선로 전압강하 정수 $Z_L = R_L + jX_L = R_L\cos\theta + X_L\sin\theta$[V/A−km]

$Z_L = (0.12\times0.8)+(0.18\times0.6) = (0.096+0.108) = 0.204$[V/A−km]

$Z_L' = (0.18\times0.8)+(0.47\times0.6) = 0.144+0.282 = 0.426$[V/A−km]

나. 부하점 전압강하 기본식

$$e_k = Z_L(\sum_{j=1}^{k} l_j i_j + l_k \sum_{j=k+1}^{n} i_j) + Z_L'(1-\frac{x_k}{D_k})\ x_k i_k$$

에서 지점(3)의 전압강하(e_3)는

$$e_3 = 0.204\{(120\times15)+(100\times25)+(80\times35)+(220\times35)\} + 0.426(1-\frac{5}{10})\times5\times80$$

$$= 3{,}019.2 + 85.20 = 3{,}104.4[\text{V}]$$

다. 지점(5)의 전압강하는

$$e_5 = 0.204(120\times15)+(100\times25)+(80\times35)+(100\times50)+(120\times55) + 0.426(1-\frac{5}{10})\times5\times120$$

$$= 3{,}814.8 + 127.8 = 3{,}942.6[\text{V}]$$

4. 지점 (3),(5)에서의 전차선 전압

각 지점의 전차선 전압은 급전측 무부하 전압에서 전압강하를 제외한 값이므로 정격전압 20[kV]에서 무부하 최고전압(E_0)은 22[kV] 이므로

가. 지점(3) 전압

$V_3 = E_0 - e_{ss} - e_3 = 22 - 1.08 - 3.10 \fallingdotseq 17.82$[kV]

나. 지점(5) 전압

$V_5 = E_0 - e_{ss} - e_5 = 22 - 1.08 - 3.94 \fallingdotseq 16.98$[kV]

12.4.11 직류 병렬급전 방식의 전압강하 계산 방법

1. 직류급전계통 전압강하

가. 직류급전 계통의 전압강하 계산에는 선로정수, 변전소의 내부저항, 부하의 분포상태를 고려하며, 특히 선로정수는 저항성분만 관계됨

나. 변전소의 내부저항은 정류장치의 등가 내부저항과 정류기의 운전대수에 의하여 결정되고, 실리콘 정류장치가 설치된 직류변전소 등가 내부저항(r_0)은 아래 식과 같으며, 병렬운전 대수가 있는 경우에는 각각의 등가 내부저항이 병렬로 연결된 것으로 계산함

$$R_0 = \frac{\varepsilon\, E_d^2}{P}\,[\Omega], \quad \text{전압강하율}\ \varepsilon = \frac{E_0 - E_d}{E_d} \times 100\,[\%]$$

여기서, R_0 : 변전소(정류기)의 등가 내부저항[Ω]

ε : 변전소 전압강하율[%]

P : 변전소(정류기) 정격출력[kW]

E_0 : 변전소(정류기) 무부하 DC 전압[V]

E_d : 변전소정격출력 DC 전압[V]

다. 직류 급전방식은 주로 변전소에서 병렬급전 방식을 운용하고 있으며, 병렬 급전하는 양쪽 변전소는 무부하전압과 전압변동률이 거의 같도록 계획하기 때문에 용량이 동일하면 등가 내부저항도 거의 같다고 가정하고 계산함

2. 단독(편송) 급전방식의 전압강하

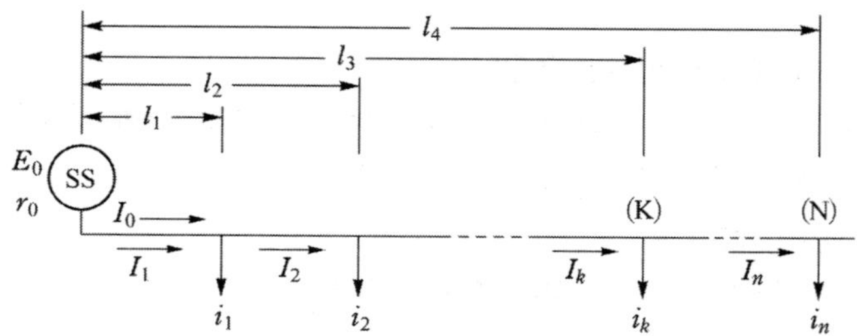

그림 12.4.12 단독 급전방식의 전류분포

가. 그림 12.4.12에서와 같이 부하가 N 지점까지 있다면

(1) 계통의 전체 전류 $I_0 = \sum i = i_1 + i_2 + \cdots + i_k + \cdots + i_n$

(2) 변전소 등가 내부저항 $= R_0$

(3) 변전소 내부 전압강하(e_{SS})는

$$e_{SS} = R_0\,(i_1 + i_2 + \cdots\cdots + i_n) = R_0 \sum i = R_0 I_0\,[\text{V}]$$

(4) K 지점까지 전차선로 측의 전압강하(e_k)는

$$e_k = r\{i_1\ell_1 + i_2\ell_2 + \cdots + i_k\ell_k + \ell_k(i_{k+1} + \cdots + i_n)\}$$

$$= r(\sum_{j=1}^{k} i_j\ell_j + \ell_k \sum_{j=k+1}^{n} i_j)\,[\text{V}]$$

(5) K 점의 전차선 전압은 $E_k = E_0 - (e_s + e_k)$[V]

여기서, E_0 : 변전소 무부하전압[V]

I_0 : 변전소 부하전류 합[A]

R_0 : 변전소 등가 내부저항[Ω]

r : 전차선로 단위길이당 저항[Ω/km]

i : 각 지점의 부하전류[A]

ℓ : 변전소에서 각 부하점까지의 거리[km]

나. 변전소에서 가장 먼거리의 N점의 전압강하(e_s)

(1) 변전소 내부 전압강하(e_{SS})는 $e_{SS} = I_0 \ R_0$[V]

(2) 전차선로의 전압강하(e_n)은 $e_n = r \sum_{j=1}^{n} i_j \ \ell_j$[V]

(3) N지점의 전차선 전압(E_n)는 $E_n = E_0 - (e_s + e_n)$[V]

3. 병렬 급전방식의 전압강하

가. 직류 전기철도에서 병렬로 급전하는 인접하는 변전소는 무부하 급전전압과 전압변동률이 거의 동일하도록 내부저항도 거의 같아 아래 식을 만족함

$$R_0 = R_A = R_B \, , \quad e_{SS} = e_{AS} = e_{BS}$$

여기서, R_0 : 변전소 등가 내부저항, R_A : A변전소 등가 내부저항

R_B : B변전소 등가 내부저항, e_{SS} : 변전소 내부전압강하

e_{AS} : A변전소 내부전압강하, e_{BS} : B변전소 내부전압강하

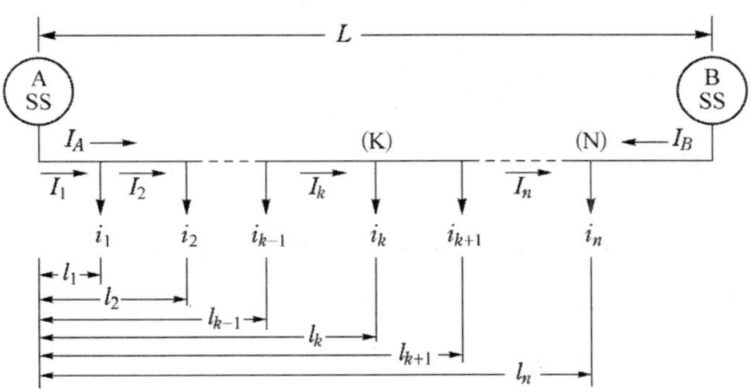

그림 12.4.13 병렬 급전방식의 전류분포

나. 병렬급전의 경우 전압강하

(1) A 변전소 분담전류 I_A[A] 일 때, S/S 내부전압강하 $e_{AS} = r_A \cdot I_A$이며,

$$I_A = \frac{(R_0 + rL)\sum_{j=1}^{n} i_j - r\sum_{j=1}^{n} i_j \ell_j}{R_{SL}} [\mathrm{A}]$$

여기서, R_{SL} : 양 변전소 및 선로저항의 합 $= 2R_0 + rL$

(2) B 변전소 분담전류 I_B[A] 일 때, S/S 내부전압강하 $e_{BS} = r_B \cdot I_B$

$$I_B = \frac{R_0\sum_{j=1}^{n} i_j + r\sum_{j=1}^{n} i_j \ell_j}{R_{SL}}$$

여기서, r : 전차선로 단위길이당 저항[Ω/km],
I_A, I_B : 변전소 분담전류[A]
i_j : 부하전류
ℓ_j : 급전거리

다. A변전소에서 임의의 거리 전기차(K지점)까지 전압은

(1) A변전소에서 K지점까지 전압강하(e_{Ak})는

$$e_{Ak} = R_0 I_0 + r\left(\sum_{j=1}^{k-1} i_j \ell_j + i_k \ell_k\right) [\mathrm{V}]$$

여기서, $i_k = \dfrac{(R_0 + rL)\sum_{j=1}^{n} i_j - r\sum_{j=1}^{k+1} i_j - \sum_{j=1}^{n} i_j \ell_j}{R_{SL}} [\mathrm{A}]$

(2) 이때, K 지점의 전차선 전압(E_k)은

$$E_k = E_A - (e_A + e_k) = E_0 - (e_A + e_k)\text{가 됨}$$

여기서, $E_A = E_B = E_0$: 변전소 무부하전압[V]

라. 병렬급전 무부하전압이 일정한 경우 최저 전압강하(별해)

총 전압강하는 변전소내부 전압강하와 급전회로 내의 전압강하의 합.

(1) 급전전압(V_S) : $V_S = V_0\left(1 - \varepsilon \times \dfrac{I_0}{I_n}\right)$[V] ······························ ①

(2) 전차선로의 전압강하(V_L)은 $V_L = I \cdot R \cdot l$[V] ························ ②

여기서, I_0 : 변전소 전부하전류[A]
I_n : 변전소 정격전류[A]
I : 변전소 부하전류[A]
ε : 전압변동률[%]
R : 전차선로 합성저항[Ω]
V_0 : 무부하전압[V]
l : 변전소에서 부하까지의 거리[km]

(3) 최저 전차선전압(V)는 $V = V_S - V_L$ …… ③ 식으로 계산함

12.4.12 직류 병렬 급전방식에서 전압강하 등 계산문제 (해설7)

기출문제

직류 1,500[V] 급전계통에서 그림과 같이 부하를 분포하여 전력을 병렬 급전하고 있을 때 다음을 계산하시오.(63-4)

여기서, A, B변전소의 무부하 전압(V_o) : 1,600[V]
변전소의 정격전압(V) : 1,500[V]
실리콘 정류기의 용량(kW) : DC 1500[V], 3000[kW]
전차선의 합성저항(R) : 0.0355[Ω/km]
전압 변동률(ϕ) : 8%

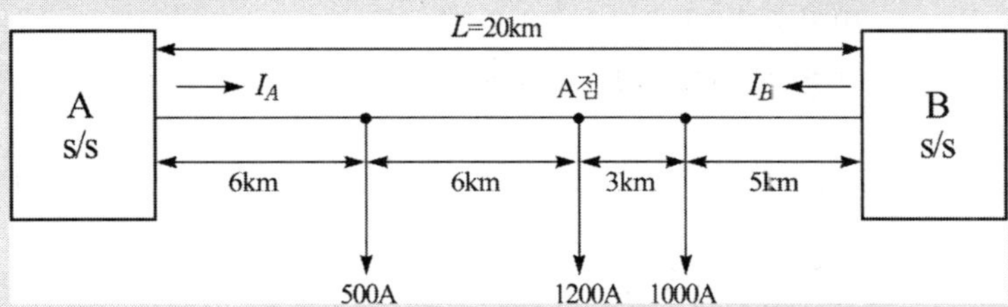

(1) A와 B변전소에서 공급되는 전류 I_A, I_B를 구하시오.
(2) B변전소에서 급전하는 출력전압(V_s)를 구하시오.
(3) A와 B S/S 구간에서 발생되는 전차선의 전압강하(V_d)를 구하시오.
(4) A・B 변전소 급전구간에서 공급되는 전차선의 최저전압(V_L)을 구하시오.

해설 **1. 변전소의 내부저항**

$$R_0 = \frac{\varepsilon\ V^2}{P}\times 10^{-5}[\Omega] = \frac{8\times 1,500^2}{3,000}\times 10^{-5} = 0.06[\Omega]$$

여기서, R_0 : 변전소(정류기)의 등가 내부저항[Ω],

ε : 변전소 전압강하율[%] = 8[%]

P : 변전소(정류기) 정격출력 = 3,000[kW]

V :변전소정격 DC 전압 = 1,500[V],

V_0 : 변전소 무부하 전압 = 1,600[V]

2. 각 변전소 분담 전류

가. A 변전소 분담전류(I_A)는

$$I_A = \frac{(R_0 + RL)\sum_{j=1}^{n} i_j - R\sum_{j=1}^{n} i_j \ell_j}{R_{SL}}[\text{A}]\ \text{식에서}$$

$$I_A = \frac{(0.06+0.0355\times 20_{km})(500_A + 1200_A + 1000_A)}{0.83} - \frac{0.0355(500_A\times 6_{km} + 1200_A\times 12_{km} + 1000_A\times 15_{km})}{0.83}$$

$$= \frac{(0.77\times 2700) - (0.0355\times 32400)}{0.83} = 1,119[\text{A}]$$

여기서, 변전소내부저항 $R_0 = \frac{\varepsilon\ V^2}{P}\times 10^{-5}[\Omega] = \frac{8\times 1,500^2}{3,000}\times 10^{-5} = 0.06[\Omega]$

전차선합성저항 $R = 0.0355[\Omega/\text{km}]$

변전소간 거리 $L = 20[\text{km}]$

계통의 총저항 $R_{SL} = 2R_0 + RL = 2\times 0.06 + 0.0355\times 20_{km} = 0.12 + 0.71 = 0.83[\Omega]$

나. B 변전소 분담전류(I_B)는

$$I_B = \frac{R_0\sum_{j=1}^{n} i_j + R\sum_{j=1}^{n} i_j \ell_j}{R_{SL}} = \frac{0.06\times 2700 + 0.0355\times 32400}{0.83} = 1,581[\text{A}]$$

또는 $I_B = \sum_{j=1}^{n} i_j - I_A = 2,700 - 1,119 = 1,581[\text{A}]$

3. 변전소의 출력전압 및 전압강하

가. B변전소에서 급전하는 출력전압(Vs)

$$V_S = V_0 - V_d = V_0 - R_0 I_A = 1,600 - (0.06\times 1,581) = 1505.14[\text{V}]$$

나. A와 B 변전소 구간의 전차선의 전압강하(V_d)는

$$V_{d1} = 1119 \times 6_{km} \times 0.0355 = 238[\mathrm{V}]$$

$$V_{d2} = (1119 - 500) \times 6_{km} \times 0.0355 = 132[\mathrm{V}]$$

$$V_{d3} = (1581 - 1000) \times 3_{km} \times 0.0355 = 62[\mathrm{V}]$$

$$V_{d3} = 1000 \times 5_{km} \times 0.0355 = 178[\mathrm{V}]$$

$$\therefore V_d = V_{d1} + V_{d2} + V_{d3} + V_{d4} = 238 + 132 + 62 + 178 = 610[\mathrm{V}]$$

다. A와 B 변전소간의 전차선 최저전압(V_L)은 부하점 최저전압이므로

$$V_L = V - V_{d1} = 1{,}500 - 238 = 1{,}262[\mathrm{V}]$$

12.4.13 직류 급전방식 전차선 최저전압 계산 문제 (해설8)

기출문제

다음과 같은 병렬급전 계통도에서 최저 전차선 전압을 계산하시오.(74-3)
- 변전소 무부하 전압 V=1,600[V], - 정류기용량 3000[kW],
- 전압변동률 ϕ=8[%], - 전차선로 합성저항 R=0.035[Ω/km]

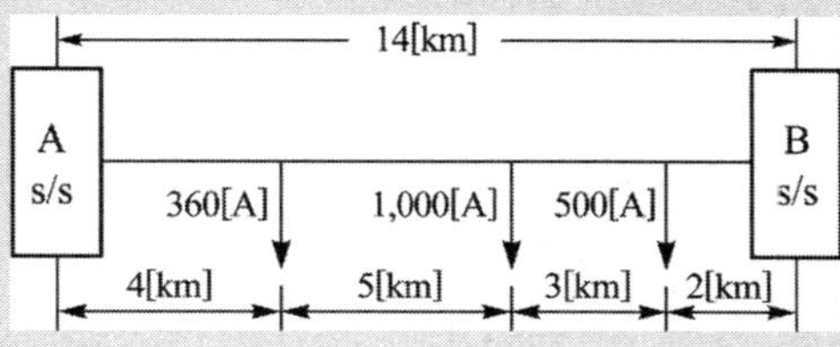

해설 **1. 변전소 출력전압 및 등가 내부저항**

가. 변전소 정격출력 전압은

$$\varepsilon = \frac{V - E}{E} \times 100[\%] \text{에서} \Rightarrow E = \frac{100\,V}{\varepsilon + 100}\ [\mathrm{V}]$$

여기서, ε : 전압강하율[%], V : 무부하전압[V], E : 정격출력 전압[V]

$$\therefore E = \frac{100 \times 1600}{8 + 100} \fallingdotseq 1{,}482[\mathrm{V}]$$

나. 변전소 등가 내부저항

$$R_0 = \frac{\varepsilon E^2}{P} \times 10^{-5} = \frac{8 \times 1482^2}{3000} \times 10^{-5} = 0.059[\Omega]$$

2. 각변전소 분담전류

가. A 변전소 분담전류(I_A)

$$I_A = \frac{(R_0 + RL)\sum_{j=1}^{n} i_j - R\sum_{j=1}^{n} i_j \ell_j}{R_{SL}} \text{[A] 식에서}$$

$R_0 = 0.059[\Omega]$, $R = 0.035[\Omega/\text{km}]$ (단위길이당 저항)

$RL = 0.035 \times (4+5+3+2) = 0.49[\Omega]$

$R_{SL} = 2R_0 + RL = 2 \times 0.059 + 0.49 = 0.608[\Omega]$이므로

$$I_A = \frac{(0.059+0.49)\times(360+1000+500)}{0.608} - \frac{0.035\{(360\times 4 + 1000\times(4+5) + 500(4+5+3)\}}{0.608}$$

$$\therefore\ I_A = \frac{1021 - 0.035\times 16440}{0.608} = 733[\text{A}]$$

나. B 변전소 분담전류 (I_B)는

$$I_B = \frac{R_0\sum_{j=1}^{n} i_j + R\sum_{j=1}^{n} i_j \ell_j}{R_{SL}} = \frac{0.059\times 1860\ + 0.035\times 16440}{0.608} = 1{,}127[\text{A}]$$

또는 $I_B = \sum_{j=1}^{n} i_j - I_A = 1{,}860 - 733 = 1{,}127[\text{A}]$

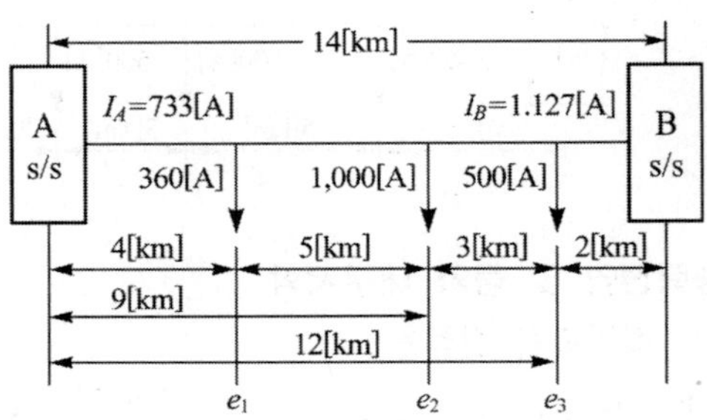

3. 선로전압강하

가. A와 B 변전소간 선로전압강하

$e_1 = I_A \times R \times \ell_1 = 733 \times 0.035 \times 4 = 103[\text{V}]$

$e_2 = (I_A - i_1) \times R\ell_2 + (I_B - i_3) \times R(\ell_3 + \ell_4)[\text{V}]$

$= (733 - 360) \times 0.035 \times 9 + (1127 - 500) \times 0.035 \times 5$

$= 118 + 110 = 228[\text{V}]$

$e_3 = I_B \times R\ell_4 = 1127 \times 0.035 \times 2 = 79[\text{V}]$

나. A와 B 변전소간 최저 전차선 전압

$V_L = E - e = 1{,}482 - 228 = 1{,}254[\text{V}]$

12.4.14 단상 2선식 고압배전선로 전압강하 계산문제 (해설9)

기출문제

아래 그림과 같은 6.6kV 단상 2선식 고압 배전선로에서 주어진 조건에 따라 A, B, C, D, E역에서 전압강하 및 단자전압($E_1 \sim E_5$)를 구하시오.(70-2)

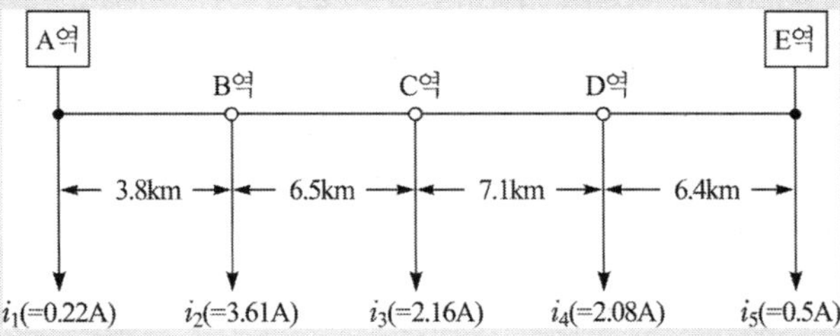

[계산조건]

- A역의 단자전압 : $E_1 = 6{,}600\text{V}$
- 선로의 저항 : $r = 0.818(\Omega/\text{km})$
- 선로의 리액턴스 : $\chi = 0.360(\Omega/\text{km})$
- 부하의 역률 : $\cos\theta = 0.75$

해설 1. 기본식 정리

가. 6.6[kV] 단상 2선식으로 A역쪽 일단에서 급전하는 경우로 가정하여 전압강하 기본식을 이용하여 계산하도록 함

나. 교류 전압강하 기본식

(1) 그림 12.4.14에서 수전전압(E_R)은

$$E_R = \sqrt{E_S^2 - (IX\cos\theta - IR\sin\theta)^2} - IR\cos\theta - IX\sin\theta$$

(2) 송전전압(E_S)는

$$E_S = \sqrt{(E_R + IR\cos\theta + IX\sin\theta)^2 + (IX\cos\theta - IR\sin\theta)^2}$$

여기서, I : 부하전류[A], R : 선로저항[Ω],
X : 선로 리액턴스[Ω], θ : 역률각

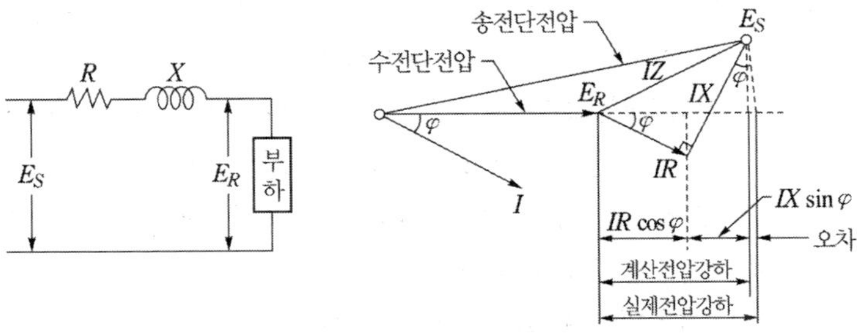

(a) 단상 등가회로 (b) Vector 도

그림 12.4.14 교류 단상 전압강하 벡터도

(3) 상전압 강하(ΔE)는

$\Delta E = E_S - E_R$

$= I(R\cos\theta + X\sin\theta) + \dfrac{I^2(X\cos\theta - R\sin\theta)^2}{2E_S}$ 을 간략히 하면

$\Delta E = E_S - E_R = I(R\cos\theta + X\sin\theta)$

(4) 선간 전압강하 (ΔE) ➪ 단상 2선식에 적용

$\Delta E = kI(R\cos\theta + X\sin\theta) \times L[\text{V}]$

여기서, v : 선간 전압강하[V], I : 부하전류[A]

k : 전기방식에 따른 계수 (단상 2선식=2, 3상 3선식= $\sqrt{3}$)

R : 단위길이단 전선의 저항[Ω/m]

X : 단위길이당 전선의 리액턴스[Ω/m]

L : 선로길이[m], $\cos\theta$: 역률 ($\sin\theta = \sqrt{1-\cos\theta^2}$)

2. 전압강하 계산

가. 전압강하 기본식

$v = kI(R\cos\theta + X\sin\theta) \times L = 2I(R\cos\theta + X\sin\theta) \times L[\text{V}]$을 이용

여기서, $I = i_1 + i_2 + i_3 + i_4 + i_5 = 0.22 + 3.61 + 2.16 + 2.08 + 0.5 = 8.57[\text{A}]$

$L = l_1 + l_2 + l_3 + l_4 = 3.8 + 6.5 + 7.1 + 6.4 = 23.8[\text{km}]$

$R\cos\theta + X\sin\theta = (0.818 \times 0.75 + 0.360 \times 0.66) = 0.8511$

나. 각 역의 전압강하 및 단자전압

(1) A 역의 단자전압 : 6,600[V]

(2) B 역의 전압강하 및 단자전압

$\Delta E_B = 2(I - i_1)(R\cos\theta + X\sin\theta) \times l_1$

$= 2 \times 8.35 \times 0.8511 \times 3.8 ≒ 54[\text{V}]$

단자전압 $E_B = E_A - \Delta E_B = 6{,}600 - 54 = 6{,}546[\text{V}]$

(3) C 역의 전압강하 및 단자전압

전압강하 $\Delta E_C = 2(I - i_1 - i_2)(R\cos\theta + X\sin\theta) \times l_2[\text{V}]$

$= 2 \times (8.57 - 0.22 - 3.61) \times 0.8511 \times 6.5 ≒ 52[\text{V}]$

단자전압 $E_C = E_B - \Delta E_C = 6{,}546 - 52 = 6{,}494[\text{V}]$

(4) D 역의 전압강하 및 단자전압

전압강하 $\Delta E_D = 2(I - i_1 - i_2 - i_3)(R\cos\theta + X\sin\theta) \times l_3[\text{V}]$

$= 2 \times (8.57 - 0.22 - 3.61 - 2.16) \times 0.8511 \times 7.1 ≒ 31[\text{V}]$

단자전압 $E_D = E_C - \Delta E_D = 6{,}494 - 31 = 6{,}463[\text{V}]$

(5) E 역의 전압강하 및 단자전압

전압강하 $\Delta E_D = 2(i_4 + i_5)(R\cos\theta + X\sin\theta) \times l_4$

$= 2 \times 2.58 \times 0.8511 \times 6.4 = 28[\text{V}]$

단자전압 $E_E = E_D - \Delta E_E = 6{,}463 - 28 = 6{,}435[\text{V}]$

12.5 ◦ 전력용 콘덴서 및 역률 개선

12.5.1 전력용 콘덴서의 역률개선 원리 및 용량계산 방법

1. 역률개선의 의미

가. 일반적으로 전력부하는 저항성분(R)과 유도성 리액턴스 성분(X_L)로 표시하며, 이러한 부하에 전압을 인가하면 저항에 흐르는 유효전류(I_R), 유도리액턴스에 흐르는 무효전류(I_{XL})의 벡터합으로 부하전류(I_0)가 결정 됨. 이때 피상전류와 유효전력의 여현($\cos\theta$)를 역률이라 하며 역률을 1에 가깝게 조정하여 유효전력 성분을 증가시키는 것을 역률개선이라 함

나. 역률 저하의 원인으로는 변압기의 여자전류, 유도전동기 경부하 운전, 소형 전동기를 사용하는 가정용 전기기기, 방전등류의 보급 등이 역률저하의 원인이 되고 있음

2. 전력용 콘덴서에 의한 역률개선 원리

가. 전력선로에서 역률개선은 아래 그림과 같이 전원과 병렬로 콘덴서를 설치하는 방법이 주로 채용되고 있으며, 이때 병렬연결 된 콘덴서 전류 (I_C)는 전원전류 (I_0)보다 90° 빠른 위상이고 무효전류(I_L)보다는 역위상으로 무효전류를 상쇄하여 위상각도가 변하게 되어 역률개선 효과가 있는 원리임

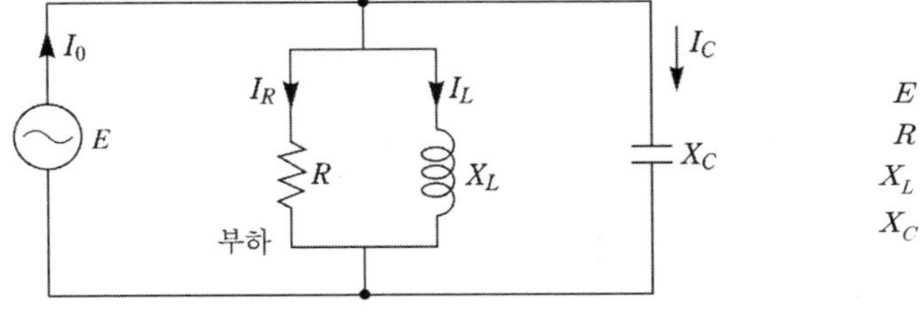

그림 12.5.1 병렬콘덴서 회로도

나. 다음은 벡터를 이용하여 보면

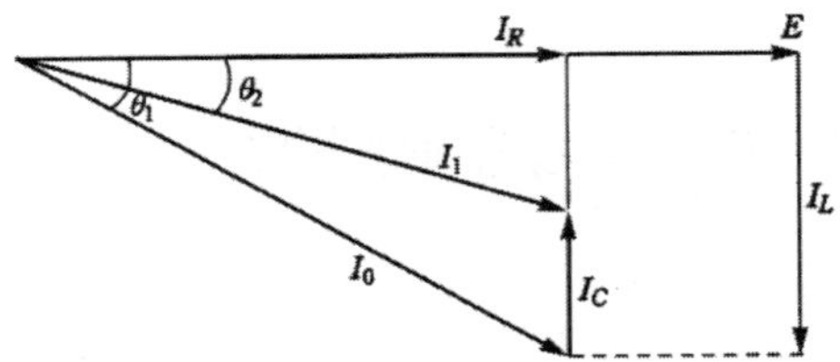

그림 12.5.2 역률개선 Vector 도

위 그림 벡터도와 같이 진상 콘덴서(X_C)에 의한 진상전류(I_C)에 의해 무효전류(I_L)가 상쇄되어 전체 전류(I_0)는 I_1으로 변하고 위상각에 의한 역률로 $\cos\theta_1$에서 $\cos\theta_2$로 개선되게 함

3. 역률 개선용 콘덴서의 용량계산

가. 그림 12.5.3과 같이 부하전력 P[kW], 역률 $\cos\theta_1$인 회로에서 역률을 $\cos\theta_2$로 개선하기 위하여 진상용량 Q_c의 콘덴서를 병렬로 설치하였을 때 Q_c의 용량을 구하는 식은 아래와 같음

나. 콘덴서 용량(Q_c)는

$$Q_c = P\ \tan\theta_1 - P\ \tan\theta_2 = P(\tan\theta_1 - \tan\theta_2)[\text{kVA}]$$ 또는

$$Q_c = P\left(\sqrt{\frac{1}{\cos^2\theta_1} - 1} - \sqrt{\frac{1}{\cos^2\theta_2} - 1}\right)[\text{kVA}]$$

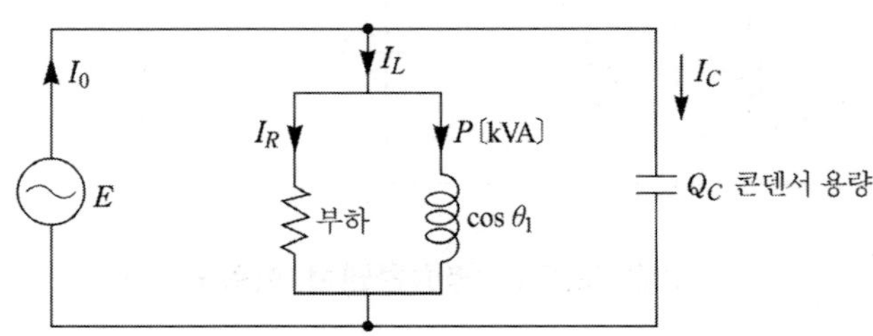

그림 12.5.3 역률개선 콘덴서 회로도

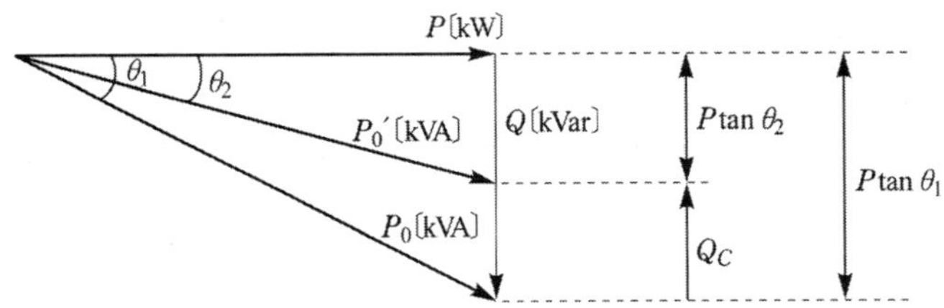

그림 12.5.4 역률개선 콘덴서 용량 Vector 도

다. 3상에서의 콘덴서 용량 계산

(1) △ 결선의 경우(전류 I_d, 정전용량 C_d)

$$Q = 3VI_d = 3 \times 2\pi f\ C_d\ V^2 \times 10^{-3} \quad [\text{kVA}]$$

$$\therefore\ C_d = \frac{Q}{3 \times 2\pi f\ V^2} \times 10^3 \quad [\mu\text{F}]$$

(2) Y 결선의 경우 (전류 I_s , 정전용량 C_s)

$$Q = \sqrt{3}\ VI_s = \sqrt{3} \times 2\pi f\ C_s \times \frac{V^2}{\sqrt{3}} \times 10^3 [\text{kVA}]$$

$$\therefore\ C_s = \frac{Q}{2\pi f\ V^2} \times 10^3 \ [\mu\text{F}]$$

예 제 콘덴서 용량 및 정전용량 계산(예)

어떤 공장의 3상 부하용량이 20[kW]에서 지상역률 60[%] 일 때 역률을 80[%]로 개선하려면, 콘덴서 용량[kVA] 및 콘덴서 정전용량[μF]은 얼마인가? (이때, 인가전압 200[V], 주파수 60[Hz] 임)

해설 1. 콘덴서 용량

$$Q_c = P(\tan\theta_1 - \tan\theta_2)[\text{kVA}]$$

$$\therefore\ Q_c = 20\left(\frac{4}{3} - \frac{3}{4}\right) = 20 \times \frac{7}{12} = 11.7[\text{kVA}]$$

여기서, $\cos\theta_1 = 0.6$ 일 때 $\tan\theta_1 = \frac{4}{3}$, $\cos\theta_2 = 0.8$ 일 때 $\tan\theta_2 = \frac{3}{4}$

2. 3상 Δ결선의 경우 콘덴서 정전용량[μF]은

$Q_c = 3 \times E^2 \times (2\pi f C \times 10^{-6}) = 11.7[\text{kVA}]$에서

$Q_c = 3 \times 200^2 \times 2\pi \times 60 \times C \times 10^{-6} = 11.7 \times 10^3$ 이므로,

$$3C = \frac{11.7 \times 10^3}{200^2 \times 2\pi \times 60 \times 10^{-6}} = \frac{11.7 \times 10^9}{200^2 \times 2\pi \times 60} = 776.3[\mu F]$$

여기서, 3상의 각 상간의 정전용량을 $C[\mu F]$라고 하면

∴ 정전용량 $C = 776.3 \div 3 = 258.8[\mu F]$

12.5.2 전력용 콘덴서 역률개선 효과 및 과보상시 문제점

1. 개요

가. 역률이 낮을수록 발전기 및 변압기의 출력이 감소하고 선로전류가 커져 전압강하가 증대하고, 선로손실도 역률의 제곱에 반비례하여 증가하기 때문에 역률은 더욱더 나빠지게 되므로 전력을 수송할 때 다른 조건은 그대로 두고 역률만 개선해도 전력계통의 안정화와 전력손실 경감 등 효과를 얻을 수 있음

나. 다만, 지상역률을 진상역률로 개선할 때 지상역률이 100[%]를 넘어 진상역률 현상을 나타내는 과보상시에는 여러 가지 문제점이 발생할 수 있으므로 선로 및 부하 여건을 감안하여 병렬 콘덴서의 용량을 결정하여야 함

2. 역률 개선 효과

가. 전력회사 측면

(1) 전력계통 안정　　(2) 전력손실 감소

(3) 설비용량의 효율적 운용　　(4) 투자비 경감

나. 수용가 측면

(1) **설비용량의 여유증가** : 역률이 개선되면 부하전류가 감소하게 되어 같은 설비로도 설비용량에 여유가 생겨 설비용량을 증설 하지 않고도 부하의 증설이 가능해짐

(2) **전압강하 경감** : 역률을 개선하면 선로전류가 줄어들게 되므로 선로에서의 전압강하가 경감됨

(3) **변압기 및 배전선의 전력손실 경감** : 역률개선에 의해 무효전력이 감소 하므로 전력손실이 경감됨

(4) **전기요금 경감** : 전력회사는 설비 안정화를 목적으로 전기공급 약관에서 역률을 90[%] 이상 유지하도록 하고, 이에 미달하는 경우 전기요금을 추가 부담하는 역률 할증제도를 적용하고 있어 전력 수용가에서는 역률개선으로 전기요금을 절약할 수 있음

3. 역률 개선용 콘덴서의 과보상시 문제점 및 대책

가. 모선전압의 과상승(패란티 현상 발생)

송배전선로 특히, 장거리 케이블 선로에서 과보상시 경부하 또는 무부하상태에서 충전전류의 영향이 커져 선로에 90° 가까운 진상전류가 흘러 부하단(수전단) 전압이 송전단 전압보다 높게 되는 패란티 현상이 나타나 아래와 같은 문제가 발생하게 됨

(1) 역률개선 전보다 피상전력이 증가하여 선로손실 및 보호계전기의 오동작을 초래할 우려가 있음

(2) 수전설비의 용량 이용률이 저하되고, 콘덴서 부속기기인 직렬리액터의 과열 발생

(3) 조작용 차단기의 용량이 커져야 하고, 진상전류 차단에 대한 문제점을 초래함

나. 송전손실 증대

송전손실은 전류의 2승에 비례하므로 최소손실은 계통의 전류가 최소가 되는 역률 100[%] 일 때이며, 진상 또는 지상역률의 경우에는 동일하게 역률의 2승에 반비례하는 손실이 발생하여 전체적으로 송전손실이 증가함

다. 고조파 왜곡의 증가

일반 전력계통에서는 야간 경부하시 회로전압이 상승함에 따라 변압기 과여자 등의 요인으로 계통에 고조파 전압이 높아지며, 콘덴서 용량이 클수록 고조파 왜곡이 커지고 콘덴서와 선로특성이 공진을 일으킬 때는 매우 큰 고조파 왜곡이 발생되어 다른 기기의 손상 또는 오동작을 초래하는 원인이 됨

라. 비상발전기의 자기여자 발생

계통에 이상이 발생할 때 비상발전기를 수전 측에서 발전 측으로 전환할 때 비상발전기 용량에 비하여 콘덴서 용량이 과대하면 자기여자 현상을 초래할 우려가 있으므로 진상역률이 되지 않도록 제어할 필요가 있음

마. 콘덴서 과보상 대책

(1) 전력계통측의 대책 : 전력계통의 콘덴서, 분로리액터, 동기 조상기 등을 사용하여 무효전력을 일정범위로 유지하여 적정 전압유지 및 전력손실 절감을 도모하여야 함

(2) 전력케이블이나 초고압 계통에서는 선로 정전용량에 의한 진상 무효전력 과잉으로 인한 전압상승을 방지하기 위해 분로 리액터를 설치함

(3) 수전설비측의 대책 : 부하용량이 급변하는 수전설비에서는 경부하시에 진상전류에 의한 과보상 문제가 발생하지 않도록 콘덴서의 제어가 필요(전압제어, 역률제어, 무효전력제어, 전류제어 등)

12.5.3 역률과 변위역률(Displacement Power Factor)의 차이점

1. 역률

가. 교류 급전계통에서 교류전류와 교류전류가 정현파이고 전압과 전류의 기본파 성분이 동상인 경우 전압과 전류 실효치를 곱한 피상전력과 유효전력간의 비율을 "역률"이라고 함

나. 일반적으로 전압 및 전류 파형이 왜곡되지 않은 정현파를 가정하여 정의하는 효율을 말하며 교류 전압과 전류사이의 위상차(위상변위)가 θ각이라고 하면 역률은 $\cos\theta$로 표시함

(1) 피상전력 = 전압실효치[kV] × 전류 실효치[A] [kVA]

(2) 유효전력 = 피상전력[kVA] × 역률($\cos\theta$)[kW]

(3) 무효전력 = 피상전력[kVA] × 손실율($\sin\theta$)[kVar]

다. 지상역률과 진상역률

(1) 지상역률

전류의 위상이 전압의 위상보다 뒤질 때의 역률을 말하며 주로 유도성 부하(전동기, 변압기 등)에 의하여 발생되어 전압강하 및 전력손실의 원인이 됨

(2) 진상역률

전류의 위상이 전압의 위상보다 앞설 때의 역률을 말하며 주로 용량성 부하(콘덴서, 방전관 등)에 의하여 발생되며, 선로에 흐르는 전류가 적정전류보다 커져 전력손실과 기기의 수명단축에 영향을 미침.

2. 변위역률

가. 사이리스터 컨버터와 같은 전력변환장치 등에서 사이리스터가 정(+) 바이어스 되었을 때 내부의 타이밍 회로로 적절한 시점에 게이트 점호펄스를 공급하여 Turn-on(점호) 스위칭을 지연시켜 제어를 시행하는 것으로 기본파와 사이리스터가 턴-온되어 점호되는 시간각의 차이를 점호각(α)이라고 함

나. 선전류 컨버터에서 사이리스터와 다이오드의 가장 큰 차이는 다이오드의 경우 점호각 α는 0°이지만, 사이리스터의 경우는 점호각 α를 변화시켜 위상제어가 가능한 점임

다. 사이리스터의 점호각에 의하여 $\cos\alpha$ 값만큼 직류(DC) 전압이 감소하게 되어 DC 전압을 변화시키거나 DC 부하 회로를 재조정하여 직류 전류가 평균값(I_d)를 갖도록 조정한다고 보면, 교류(AC) 측의 기본파 및 고조파 성분 전류파형은 점호각 α 만큼 이동하게 됨

라. 따라서, 유효전력이 존재하는 범위 하에서 역률에 의하여 DC 측의 전압감소는 동일한

요소로 AC 측의 역률감소를 의미하며, 이러한 역률의 감소는 전류파형이 왜곡된 전압 및 전류 파형의 기본구성 요소에 대한 변위가 원인되는 것으로 이때의 역률을 변위역률이라고 함

3. 왜곡역률

가. 전압 전류가 정현파인 AC 회로에서 전압과 전류의 기본파 성분이 동상일 때 역률은 가장 높은 "1(one)"이 되나, 회로에서 역률은 1보다 항상 작음

나. 역률이 1보다 작은 이유는 전류가 기본파 성분과 고조파 또는 DC 성분을 가지고 있으며, 고조파 성분은 직류 평균전력 흐름에 기여하지 못하고 교류 전류의 실효값을 증가시키는데 기여하기 때문임

다. 기본파가 아닌 주파수의 다른 성분이 존재함으로서 발생하여 이상적인 정현파를 왜곡시킬 때의 역률을 왜곡역률이라고 함

표 12.5.1 상수(相數)에 따른 왜곡역률

상의 수(m)	2	3	6	12
왜곡역률	0.64	0.68	0.55	0.40

4. m-상 및 m-Pulse 제어정류기 등의 역률

가. m-상 또는 m-Pulse 중성점 정류기의 경우 점호각이 0이고, 전력손실이 없는 이상적인 스위칭 소자라고 가정하고, AC 측의 각상의 평균 입력전력과 DC 측의 출력전력이 동일하다고 간주하여 아래 식으로 나타냄

(1) 교류 전력은 $m\,V_{p1} \cdot I_{p1} = E_d \cdot I_d$

(2) 직류/교류 전압비 $E_d\,/\,V_p$에서 $E_d = \dfrac{m\sqrt{2}}{\pi} V_p \sin(\dfrac{\pi}{m})$이므로

$$\therefore\ I_{p1} = \frac{\sqrt{2}}{\pi}\sin(\frac{\pi}{m}) \cdot I_d$$

여기서, m : 정류기의 상수, E_d : 직류전압 평균값[V]

V_{p1} : 교류 1상의 전압 실효값[V]

I_{p1} : 교류 1상의 전류 실효값[A]

I_d : 직류 전류평균값[A]

나. AC 정형파 회로에서 전력은 실효값이므로

(1) 각 상당 피상전력(VA) = $V_p \cdot I_p\,/\,\sqrt{m}$

(2) 따라서, m-상 컨버터의 역률 $PF = \dfrac{V_p \cdot I_{p1}}{V_p \cdot I_p / \sqrt{m}}$ 이므로 I_{p1}을 대입하면

컨버터 변위역률 $PF = \dfrac{\sqrt{2} \cdot \sqrt{m}}{\pi} \sin\left(\dfrac{\pi}{m}\right)$

다. m-상 컨버터의 전체역률(PF)는

$$PF = \text{변위역율} \times \text{왜곡역율} = \frac{\sqrt{2} \cdot \sqrt{m}}{\pi} \sin\left(\frac{\pi}{m}\right) \times \cos\alpha$$

12.5.4 역률에 의한 송전단과 수전단의 유효전력 및 무효전력

1. 송 · 수전단의 전력 일반적인 계산

가. $\dot{W} = \dot{E}\,\dot{I} = EI\cos(\phi_1 - \phi_2) + jEI\sin(\phi_1 - \phi_2)$

$= EI\cos\phi + j\,EI\sin\phi = P + jQ$

여기서, W : 피상전력, E : 공급전압 I : 공급전류
ϕ_1 : 전압위상, ϕ_2 : 전류위상, $\phi = \phi_1 - \phi_2$: 전압전류 위상차
P : 유효전력, Q : 무효전력

나. 전류가 전압보다 위상이 앞설 때 $\phi_1 < \phi_2$이면 $W = P - jQ$가 되어 무효전력은 진상 무효전력이고, 전류가 전압보다 위상이 뒤질 때 $\phi_1 > \phi_2$이면 $W = P + jQ$이 되어 지상 무효전력이 됨

다. 통상적으로 전력계통은 송 · 수전단의 전압을 일정하게 유지하도록 운용하는 정전압 송전방식을 적용하고 있음

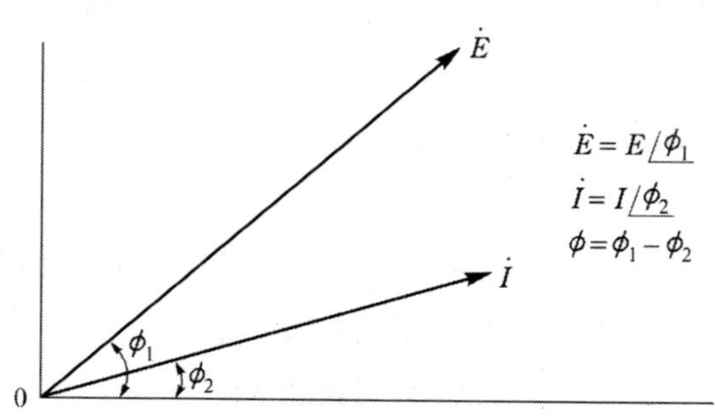

그림 12.5.6 전압, 전류 벡터도

2. 유효전력과 상차각(역률각)

가. 송전단 전압이 V_s인 무한대 모선에서 저항을 무시한 등가 리액턴스 X 인 선로를 경유하여 수전단 부하에 전압 V_r, 역률 θ인 전력 $P+jQ$를 공급할 때 송전단 전압과 수전단 전압 사이에 상차각 ϕ 가 발생하였다고 하면,

(1) 유효전력 $P = V_r I\cos\theta = \dfrac{V_r}{X} \cdot XI\cos\theta = \dfrac{V_s \cdot V_r}{X} \sin\phi$[kW]

여기서, $XI\cos\theta = V_S \sin\phi$임

(2) 송전단 전압 V_s은 무한대 모선으로 전압변동이 없고 수전단전압 V_r은 부하의 특성상 전압이 일정하여야 하므로 유효전력을 결정하는 것은 송전단과 수전단 사이의 상차각 ϕ임

(3) 즉, 유효전력 P는 등가 리액턴스(X)에 의하여 변화하므로 직렬콘덴서 등을 설치하여 등가 리액턴스 값을 감소시키면 계통 송전용량을 증가시킬 수 있음

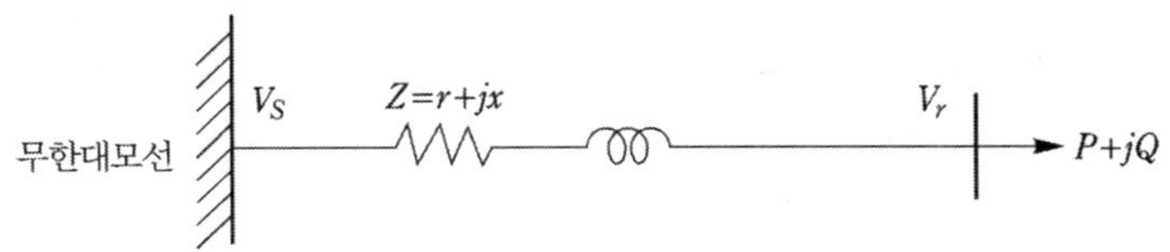

그림 12.5.7 송수전단 전압과 전력

3. 무효전력과 전압강하

가. 선로에 흐르는 유효전력은 송수전단의 상차각 ϕ의 크기에 따라 변화하지만 전압 변동의 원인은 무효전력량에 따라 변함

나. 그림 12.5.7과 같이 전압이 일정하게 유지되는 무한대 모선으로부터 송전선 및 변압기의 Impedence 에 대응하는 선로 임피던스 $Z = R + jX$ 인 선로를 통하여 역률각 θ, 유효전력 P, 무효전력을 Q, 송전단 전압 V_S를 기준 Vector로 하고, 수전단 전압을 V_r이라고 하면,

(1) 전압변동의 주원인은 무효전력으로 전압을 단위법(p.u)로 표시하면 전류변화량은 무효전력 변화량과 같음 ➪ $\Delta I = \Delta Q$

(2) 이때, 전류 ΔI 가 리액턴스 X 에 흐를 때 전압변동은 전원의 리액턴스와 무효전력 변화량에 의하여 발생함을 알 수 있음

➪ $\Delta V = \Delta I \cdot X = \Delta Q \cdot X$

4. 전력용 콘덴서의 역할

가. 송수전단의 전압변동의 주요인은 상차각에 의한 무효전력이므로 전원과 병렬로 콘덴서를 설치하여 역률을 개선하는 방법을 사용하고 있음

나. 이때 병렬연결된 콘덴서 전류는 송수전단 전류보다 90° 빠른 위상이고 무효 전류보다는 역위상으로 무효전류를 상쇄하여 위상각도가 변하게 되어 역률개선 효과가 있는 원리임

다. 벡터를 이용하여 보면 진상 콘덴서에 의한 진상전류(I_C)에 의해 무효전류(I_L)가 상쇄되어 전체 전류(I_0)는 I_1으로 변하고 위상각에 의한 역률로 $\cos\theta_1$에서 $\cos\theta_2$로 개선하여 선로손실 및 전압강하를 보상하게 함

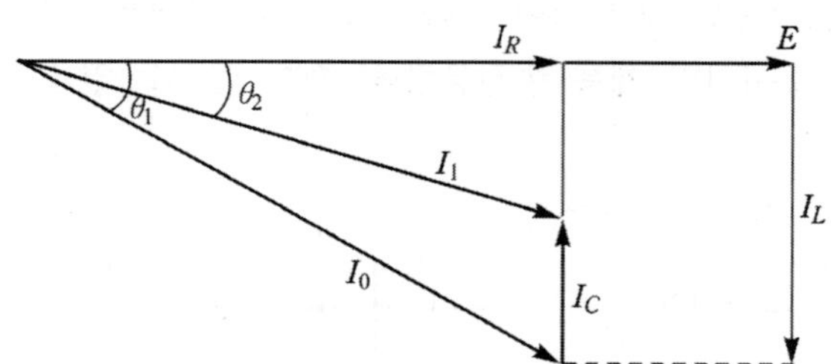

I_R : 유효전류, I_L : 무효전류
I_0 : 피상전류, I_C : 진상전류
I_1 : 역률 개선 후 피상전류
θ_1 : 역률 개선 전 위상
θ_2 : 역률 개선 후 위상

그림 12.5.8 역률개선 Vector 도

제 13 장 구조물 일반 및 강도계산

13.1 설계 기상조건 및 하중

13.1.1 전기철도 구조물 설계 시 반영하는 기상조건 및 하중

1. 개요

가. 전기철도 구조물은 예상되는 최대풍압하중 및 전선의 장력에 충분한 강도를 가지도록 설계되어야 함

나. 전차선로 지지물은 열차운전 중에 풍압 등에 의하여 전차선이 기울거나 구조물의 변형에도 팬터그래프가 전차선에서 벗어나지 않도록 적용조건을 정확하게 조사 분석해야 함

다. 즉, 구조물 설계 시는 시설장소의 최대풍속, 최저·최고온도, 최대 적설량 및 시기 등의 기상조건이 매우 중요하므로 최악의 환경조건에서도 충분히 견딜 수 있는 강도를 가지도록 해야 함

2. 고려해야 할 기상조건

가. 기온(온도)

(1) 전차선로와 온도와의 관계는 급전선, 전차선 등 온도변화에 따른 전선의 팽창과 신축에 의한 이도 및 장력의 관계임

(2) 이도를 크게 하면 장력은 감소하나 전선의 인장하중 안전율이 증가하고 장력을 크게하면 전선의 탄성한도 등을 고려해야 하는 등 온도는 구조물의 안전율 및 경제성을 감안하여 설계에 적용하여야 함

(3) 따라서 전차선로 설계시공표준에서 설계 시 적용 온도 범위를 아래와 같이 정하고 있음(지역특성상 국가마다 적용 온도가 다름)

표준 온도	최고온도	최저온도
10[℃]	40[℃]	−25[℃]

나. 바람(풍압)

(1) 바람의 세기는 역학적으로 반복하중으로서 구조물 및 전선의 강도, 전차선의 기울기에 영향을 미치므로 구조물 설계 시 기초적 조건이 됨

(2) 바람에 의한 구조물의 변형과 전차선의 기울기를 계산하는 경우 기상조건을 갑종, 을종 및 병종 풍압하중으로 구분하여 적용함

(3) 풍압하중의 종류

구분	①갑종풍압하중	②을종 풍압하중	③병종풍압하중
적용기준	여름철태풍기준 (고온계하중)	겨울철계절풍기준 (저온계 하중)	겨울철계절풍기준(시가지등 풍속의 감속이 있는 지구) (저온계하중)
풍속	태풍기준(40m/s)	갑종하중의 1/2 (28m/s)	갑종하중의 1/2 (약 28m/s)
적용온도	설계지구의 표준온도	일률적으로-5[℃]	설계지구의 최저 온도
빙설하중	-	비중 0.9의 빙설이 전선 주위에 6[mm]두께로 부착	빙설하중 고려않음

(4) 최대풍속 : 구조물의 강도계산에 적용(A)

(5) 운전 가능한 최대풍속 : 바람의 영향에 의한 전차선의 기울기 등을 고려한 순간풍속 적용(B)

(6) 설계에 적용하는 풍속

풍 속 구 분	최대풍속 (A)	운전가능 최대풍속(B)
특수개소(교량 위, 산, 계곡, 3[m] 이상 제방)	50[m/s]	35[m/s]
일반개소(일반평지 지구)	40[m/s]	30[m/s]

(7) 지형과 풍속

바람은 지표면상에서의 높이, 지형에 따라 변화하는데 지표면에서는 높이와 더불어 증가하는 풍속은 아래 식으로 계산함

$$V_h = V_o(\frac{h}{h_o})^{\frac{1}{n}} [\text{m/s}]$$

여기서, V_h : 지상높이 h에서의 풍속[m/s]

h : 지상높이[m]

V_0 : 기준높이 h_0에서의 풍속[m/s]

n : 지지물상황 또는 기층의 안정도에 관계된 값

(8) 풍속과 풍압 : 구조물에 가해지는 풍압

$$P = A \cdot C_x \cdot \frac{V_x^2}{16} [\text{kgf}]$$

여기서, P : 풍압[kgf], V_x : 풍속[m/s]
A : 바람을 받는 물체의 수직 투영면적[m^2]
C_x : 풍력계수
(공기저항 계수 : 원형철주 1.2~1.4, 사각철주 1.53, 전선 1.5)

다. 눈(빙설)

눈에 의한 하중은 적설량이 1[m] 이상되는 지역에서는 눈의 하중을 고려하여 다음과 같이 적용함

(1) 착설에 의한 하중 : 눈이 내려 전선이나 구조물에 쌓이는 현상을 말하며, 풍속이 3[m/s] 이하, 기온이 0~1.5[℃]에서 발생. 착설에 의한 수직하중은 2[kgf/m^2]로 하고 전선류 등은 을종 풍압하중과 비교하여 큰 쪽을 취함

(2) 착빙에 의한 하중 : 눈 속의 작은 물방울이 바람에 의해 전선 등에 얼어 붙은 현상을 말하며, 착빙량은 비중이 0.9 , 전선주위의 두께 6mm이며, 전선류 등의 착빙에 의한 단위중가 중량 계산은 다음 식과 같다.

$$W = \pi\left\{\frac{(d+12)^2}{4} + \frac{d^2}{4}\right\} \times 10^{-6} \times 0.9 \times 10^3$$

$$= 1.696(d+6)\times 10^{-2}[\text{kg/m}]$$

$$\therefore W_l = W + W_0 = 1.696(d+6)^{-2} + W_0$$

여기서, W_l : 전선 단위 피빙중량[kg/m]
W_0 : 전선의 단위중량[kg/m],
d : 전선직경[mm]

(3) 관설에 의한 하중 : 지지물의 상부, 완금 및 애자 등과 같이 지면에서 떨어져 있는 물체에 눈이 쌓이는 현상을 말하며, 구조물에 따라 적용 하중이 다름

① 가동브래킷 : 롯드(rod) : 2[kgf/m], 파이프(pipe) : 3[kgf/m]

② 일반빔 및 완금 : $W = \dfrac{m \cdot b^2 \cdot f}{10}$[kg/m]

여기서, m : 새 눈의 비중, f : 관절계수, b : 보(빔)의 폭

③ V 트러스 빔 및 사각 빔 : $W = \dfrac{0.3 \cdot b \cdot H \cdot F}{10}$[kg/m]

➪ 적용 예 : 빔, 브래킷, 완금류 … 등

(4) 적설에 의한 하중(침강력) : 최대적설량이 1[m] 이상인 경우에는 눈 속에 매설 우려가 있는 구조물의 침강력 고려(적용 : 철주, 지선, 지주 등)

(5) 경사면 적설의 이동에 따른 하중(작용력)(적용 : 전주, 지선, 지주 등)

13.1.2 전기철도 구조물의 하중의 종류와 적용

1. 개요

가. 강도 계산에 사용하는 하중은 크게 수평하중과 수직하중으로 분류되며, 수평하중은 주로 풍압하중과 곡선개소에서 수평장력이며, 수직하중은 전선 및 지지물 자체의 자중에 해당됨

나. 이와 같이 구조물의 강도 계산에 적용되는 하중을 상정하중이라 하며 상정하중의 종류 및 적용에 대하여 기술함

2. 상정하중의 종류

가. 수평하중 : 주로 풍압하중과 곡선 개소의 수평장력이 해당됨

(1) 풍압하중

① 전선류의 풍압하중(갑종, 을종, 병종, 착설 풍압하중)

② 지지물(전주) 풍압하중(전선 직각방향의 갑, 을, 병종 풍압하중)

③ 지지물(전주) 풍압하중(선로 평형방향의 갑, 을, 병종 풍압하중)

④ 빔의 풍압하중(선로의 평행부분의 갑, 을, 병종 풍압하중)

(2) 수평장력

① 곡선에 의한 수평장력(횡장력)

② 전차선 인류각에 의한 수평장력

③ 전차선 기울기에 의한 수평장력

(3) 설(눈) 하중

① 경사면 적설의 이동에 따른 작용력

② 제설차의 횡장력(수평장력)

나. 수직하중 : 구조물 자체 무게 및 빙설하중

(1) 자체무게(자중)

① 전선류의 자체무게(착빙량 제외)

② 애자, 빔 등의 자체무게(지상설비)

③ 전주 등 지지물 자체무게(지표설비)

(2) 설하중

① 전선류의 착설하중

② Beam 등의 관설하중

③ 철주 등 경사사재에 가해지는 침항력

④ 지선 또는 지주에 가해지는 침항력

(3) 피빙하중 : 전선측의 피빙중량

3. 하중의 적용

가. 하중에는 동시에 가해지는 하중과 그렇지 않는 하중이 있기 때문에 구조물 강도계산에 적용할 때 단순히 모든 하중을 합산해 사용하지 않으므로 설계 시 주의 필요.(과다, 과소 적용 우려)

나. 풍압하중의 적용

최악 조건이 갑, 을, 병종 중 어느 하나로 정해지는 지역은 극히 적으므로 고온계(갑종하중) 및 저온계(을종, 병종하중)를 비교하여 조건이 나쁜 쪽(지지물에 제일 큰 응력을 발생시키는 경우)으로 설계함

다. 전차선로의 하중적용

전차선로는 급전방식, 가선방식 및 조가방식에 따라 요구되는 강도 및 응력이 다르므로 정해진 장주상태에서 최악의 하중조건을 적용하여 강도계산 하여야 함

라. 전기철도 구조물 강도계산(일반지구, 적설지구로 구분하여 적용)

(1) 일반지구

① 풍압하중과 수평장력이 동시에 작용할 때 전선의 장력은 장력이 자동조정되는 전선을 제외하고 풍압에 따라 변화한 장력을 적용

② 갑종풍압 하중은 일반적으로 태풍하중으로 적용하지만 태풍보다 겨울철 계절풍에서 최대 풍압하중이 발생하는 지방에서는 경험적으로 최저온도가 안되므로 이때는 −5[℃]를 적용함

(2) 적설지구

갑종, 을종, 병종풍압 하중에 적설시 하중을 비교하여 응력이 최대가 되는 하중을 설계하중으로 함

마. 전차선로 등 지지물의 내진 하중의 적용

(1) 철주구조물 해석시 자중, 설하중 등의 수직하중과 지진하중, 횡장력 등 수평하중이 작용되는데 통상 철주 구조물은 무게 1톤 내외의 경량 구조물로 지진으로 인한 수평하중은 최대 지진하중 Factor를 고려할 경우 0.14 정도로 수평력은 $H = 0.14 \times W = 0.14 \times 1{,}000 = 140$[kg] 정도이며,

(2) 풍하중은 부재 단위면적당 166[kg/m^2]의 힘이 작용하므로 전체 구조물의 투영면적이 5[m^2]로 예상하면 $H = 5 \times 166 = 830$[kg]이 되어 지진하중의 4~5 배가 되므로 철주 구조물은 풍하중만 고려하고 지진하중은 별도로 고려하지 않아도 됨

(3) 옥외 전철변전소의 경우 소내 철주 및 주요기기의 기초는 통기초로 지중에 매설되어 지진에 대한 영향을 고려할 필요가 없고, 옥내 전철변전소의 경우 건축 구조물 설계 시 내진설계를 반영하고 있어 별도의 지진하중에 대해서는 고려할 필요가 없음

13.1.3 전차선로의 눈(雪)에 의한 수직하중

1. 수직하중의 종류

가. 전차선로의 지지물 설계 등에서 수평하중과 수직하중을 고려하는데 수직하중은 전차선로 구조물 및 전선의 자체무게와 눈(雪)에 의한 하중을 고려하여야 함

나. 눈(雪) 하중에는 전선류의 착설 및 착빙하중, Beam 관설하중, 적설에 의한 침강력, 경사면 적설의 이동에 의한 작용력 등을 들 수 있음

2. 착설에 의한 하중

가. 착설이란 눈이 와서 전선이나 구조물 등에 쌓이는 현상을 말하며, 풍속이 3[m/s] 이하이고, 기온이 0~1.5[℃]일 때 주로 발생함

나. 전철구간에서는 야간에도 상당수의 열차가 운행되기 때문에 열차 진동 및 풍압으로 착설이 없는 것으로 보아 전선류의 착설에 의한 수직하중의 증가는 2[kg/m^2]로하고, 을종 풍압하중과 비교하여 큰 쪽을 택함

다. 다만, 착설에 의한 하중을 취할 때는 풍압하중을 전선에만 0.6[kg/m^2], 풍속 3[m/s], 기온은 0[℃]로 함

3. 착빙에 의한 하중

가. 착빙현상이란 눈 속의 작은 물방울이 전선에 부착되어 기온이 빙점아래로 내려갈 때 전선에 얼어붙는 현상으로 바람이 부는 산악지대에서 주로 발생되어 강풍이 불어도 쉽게 탈락되지 않고, 어느 정도 커지면 전선무게와 함께 하중이 가중되어 전선이 비틀림으로 회전하게 됨

나. 착빙량은 눈 속에 포함된 물방울의 크기 및 량, 전선에 미치는 풍속, 전선의 굵기에 따라 결정되며 바람이 많은 장소에서 쉽게 발생함

다. 착빙에 대한 설계 시는 각 전선 주위에 두께 약 6[mm](비중 0.9)가 부착된다고 가정하여 고려하고 있음

그림 13.1.1 착빙, 착설의 발달과정

(1) 전선의 지름을 d[mm]라고 하면 착빙에 의한 단위증가 중량(W)는
$W = 1.696(d+6)\times 10^{-2}$[kg/m]

(2) 전선의 단위 중량을 W_0[kg/m]라고 하면
착빙량 $W_i = W + W_0 = 1.696(d+6)\times 10^{-2} + W_0$[kg/m]

라. 빙설이 많은 지방에서는 착빙에 의한 전선의 도약(Sleet Jump) 현상에 의해 전기적 단락사고가 우려되므로 전선 상호간격을 충분히 고려하여야 함

4. 관설에 의한 하중

가. 지지물의 상부, 완금부분, 애자 등과 같이 지면에서 떨어져 있는 물체에 눈이 쌓이는 현상을 말하며, 관설은 기온이 0[℃]에서 −3[℃] 범위에서 바람이 약하게 불 때 크게 발달하고, 기온이 0[℃]로 상승하면 관설낙하에 의한 관설하중으로 예기치 않는 사고가 우려됨

나. 관설하중의 량

(1) 로드(rod), 파이프(pipe)류는 실측값을 감안 2[kgf/m] 또는 3[kg/m]

(2) 빔과 완금(V 트러스 및 4각 빔 제외)

$$W = \frac{m\, b^2\, f}{10}[\text{kgf/m}]$$

여기서, m : 눈의 비중, b : 눈이 쌓이는 바닥 폭, f : 관설계수

(3) V 트러스 빔 및 4각 빔

$$W = \frac{0.3\times b\cdot H\cdot F}{10}[\text{kgf/m}]$$

여기서, H : 관설의 높이, F : 관설의 점유율

5. 적설에 의한 침강력

가. 눈이 쌓인 지역에서 지지물의 부재에 적설하중이 가중되어 각부의 매설부분에 침강력

이 작용하는 경우가 있음

나. 최대적설량이 1[m]를 넘는 경우 눈속에 매설될 우려가 있는 철주의 사재 및 지선, 지주에 대한 적설 침강력을 고려하여야 함

다. 적설에 의한 침강력은 부재의 조립 방법, 형태, 경사, 크기, 지상높이, 적설 깊이, 눈의 질 등에 따라 다름.

6. 경사면 적설의 이동에 따른 작용력

가. 급한 경사면의 경우에는 적설의 이동에 의한 압력이 작용하여 지지물이 도괴될 우려가 있으며, 경사면이 10[m]를 넘는 경우에는 눈사태가 발생할 우려가 많음

나. 경사각도 30° 이상인 경사면의 도중 또는 끝부분의 전주, 지주, 지선 등에는 상시 5[tonf] 정도, 이상 현상 때에는 최대 15[tonf] 정도의 작용력이 작용하는 것으로 예상하여 경사면 적설의 이동에 의한 작용력을 고려하여 충분한 강도를 가지는 부재를 선택하여야 함

13.1.4 전차선로 곡선로 및 직선로 수평장력(횡장력)

1. 수평장력(횡장력)

가. 전차선로의 곡선로에서는 전선의 장력에 의하여 곡선 안쪽으로 수평장력(분력, 횡장력)이 작용함

나. 이때 수평장력은 지지물(전주, 브래킷, 애자 등)이나 가선금구의 강도에 영향을 미치고, 곡선당김금구의 취부각도를 결정하는 중요한 요소가 됨

다. 곡선로에서는 전차선을 인류할 때 그 분력에 의하여 1경간 앞 지지점에 수평방향의 하중이 가해지므로 곡선로에서는 인접구간의 지지점에 다시 수평하중으로 가해지기도 하므로 설계 시 세심한 고려가 필요함

라. 횡장력 계산의 이해를 돕기 위하여 아래와 같이 한 점에 작용하는 두 힘의 합성과 분해에 대하여 평행사변형에 의한 힘의 Vector 해석을 보면,

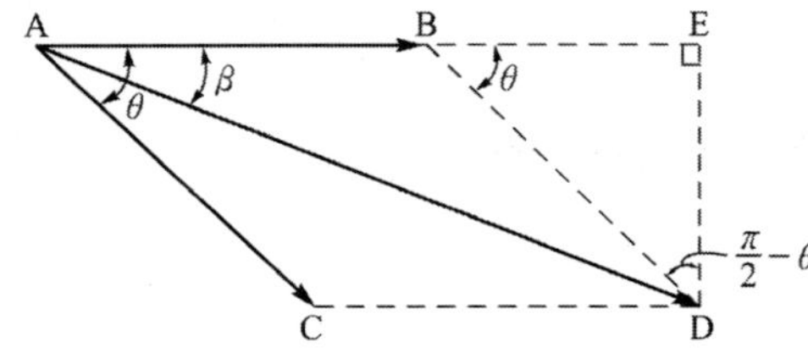

$\overline{AB}$와 $\overline{CD}$는 크기가 같고 평행
$\overline{AC}$와 $\overline{BD}$는 크기가 같고 평행

그림 13.1.2 힘의 벡터도

그림에서 $\overline{AC}$ 및 $\overline{AB}$ 합력을 $\overline{AD}$라고 하면,

(1) $(\overline{AD})^2 = (\overline{AB}+\overline{BE})^2 + (\overline{DE})^2$ ………………………… ①

$\frac{BE}{BD} = \cos\theta$ ⇨ $\therefore \overline{BE} = BD\cos\theta = AC\cos\theta$

$\frac{DE}{BD} = \sin\theta$ ⇨ $\therefore \overline{DE} = BD\sin\theta = AC\sin\theta$

(2) ①식에 $\overline{BE}$ 및 $\overline{DE}$를 대입하여 보면

$$AD^2 = (AB + AC\cos\theta)^2 + (AC\sin\theta)^2$$
$$= AB^2 + 2AB \cdot AC \cdot cos\theta + (AC\cos\theta)^2 + (AC\sin\theta)^2$$
$$= AB^2 + 2AB \cdot AC \cdot cos\theta + AC^2(\cos\theta^2 + \sin\theta^2)$$

$\therefore AD^2 = AB^2 + 2AB \cdot AC\cos\theta + AC^2$ ($\because \cos^2\theta + \sin^2\theta = 1$)

$\therefore AD = \sqrt{AB^2 + AC^2 + 2AB \cdot AC\cos\theta}$ ………………………… ②

(3) 이 때 합성 힘의 방향 β는

$$\tan\beta = \frac{(DE)}{(AB)+(BE)} = \frac{AC\sin\theta}{AB + AC\cos\theta}$$

$\therefore \beta = \tan^{-1}\frac{AC\sin\theta}{AB + AC\cos\theta}$가 됨 ………………………… ③

2. 곡선로의 수평장력(횡장력) 계산식 유도 ⇨ 인접경간이 같은 경우

가. 그림 13.1.3에서 곡선로의 수평장력의 합(P)는

$P = 2T\cos\theta$ (여기서, $\cos\theta = \frac{S/2}{R}$이므로)

⇨ $P = \frac{S}{R} \times T$[kgf]

여기서, P : 수평장력[kgf], S : 지지물 경간[m]
T : 전차선 장력[kgf], R : 선로곡선 반경[m]

나. Vector 해석 ②식을 이용하여 계산식을 유도하면,

$$P = \sqrt{T^2 + T^2 + 2T \times T\cos\theta} = \sqrt{2T^2 + 2T^2\cos\theta} = \sqrt{2T^2(1+\cos\theta)}$$

위 식을 변형해보면

$$P = \left\{\frac{4T^2(1+\cos\theta)}{2}\right\}^{\frac{1}{2}} = 2T\left(\frac{1+\cos\theta}{2}\right)^{\frac{1}{2}}$$

여기서, $(\frac{1+\cos\theta}{2}) = \cos^2\frac{\theta}{2}$가 성립되므로 대입하면

$$P = 2T(\frac{1+\cos\theta}{2})^{\frac{1}{2}} = 2T\cdot(\cos^2\frac{\theta}{2})^{\frac{1}{2}} = 2T\times cos\frac{\theta}{2} \quad \cdots\cdots ④$$

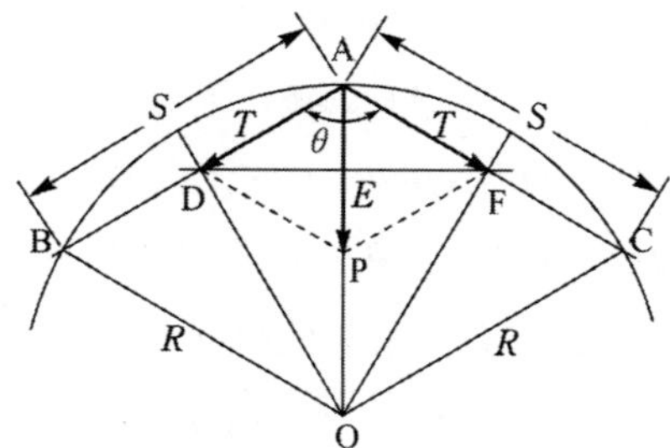

여기서, S : 지지물 경간[m]　　$\overline{AB} = \overline{AC} = S$[m]
T : 전선의 장력[kgf]　　$\overline{AD} = \overline{AF} = T$[kgf]
R : 곡선 반지름[m]

그림 13.1.3 인접경간이 같은 경우 수평장력

다. 그림 13.1.3에서 AOC의 삼각형(2등변) 방향을 바꾸어 보면

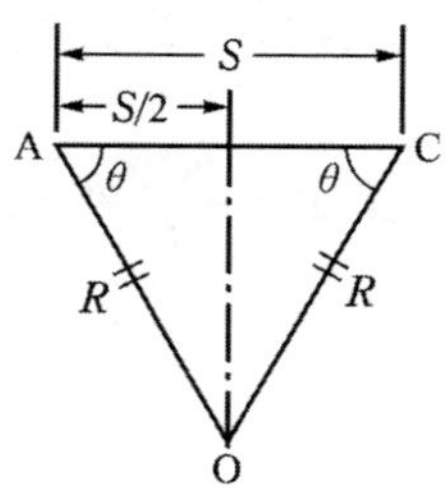

$\cos\frac{\theta}{2} = \frac{S/2}{R} = \frac{S}{2R}$ ······················ ⑤에서 ④식과 ⑤식을 풀면

$$P = 2T\times cos\frac{\theta}{2} = 2T\times\frac{S}{2R} \quad \therefore\ P = \frac{S}{R}\cdot T[\text{kgf}]$$

[별해] $P = T\cos\frac{\theta}{2} + T\cos\frac{\theta}{2} = 2T\cos\frac{\theta}{2} = 2T\times\frac{S}{2R} = \frac{S}{R}\cdot T[\text{kgf}]$

3. 곡선로의 인류개소 수평장력(횡장력)

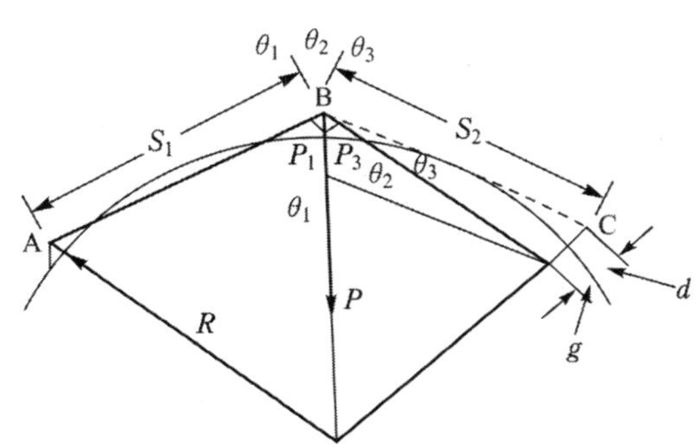

P : 합성횡장력[kgf]
P_1 : AB간 곡선 횡장력[kgf]
P_2 : BC간 인류 횡장력[kgf]
S_1 : AB간 경간[m]
S_2 : BC간 경간[m]
T : 전차선 장력[kgf]
R : 곡선반경[m]
d : 전차선 편위[m]
g : 지지물 건식게이지[m]
θ_1, θ_2 : 곡선중심과 가선각도
θ_3 : 인류로 인한 가선각도

그림 13.1.4 곡선로 인류개소 수평장력

가. $P = P_1 + P_2$

(1) $P_1 = T\cos\theta_1 + T\cos\theta_2$

여기서, $\cos\theta_1 = \dfrac{S_1/2}{R \pm d} \fallingdotseq \dfrac{S_1/2}{R} = \dfrac{S_1}{2R}$ (d를 무시하면)

$\cos\theta_2 = \dfrac{S_2/2}{R \pm d} \fallingdotseq \dfrac{S_2}{2R}$

$\therefore\ P_1 = T \times \dfrac{S_1}{2R} + T \times \dfrac{S_2}{2R} = \dfrac{(S_1 + S_2)}{2R} \cdot T$

(2) $P_2 = T\sin\theta_3 = \dfrac{(d \pm g)}{S_2} \cdot T$ ($\because\ \sin\theta_3 = \dfrac{d \pm g}{S_2}$ 이므로)

여기서, +는 지지점(인류점)이 선로 내측인 경우
−는 지지점(인류점)이 선로 외측인 경우

(3) 따라서, 수평장력의 합은

$\therefore\ P = P_1 + P_2 = \left\{ \dfrac{(S_1 + S_2)}{2R} + \dfrac{(d \pm g)}{S_2} \right\} \cdot T[\text{kgf}]$

4. 직선로의 지그재그 편위에 따른 횡장력

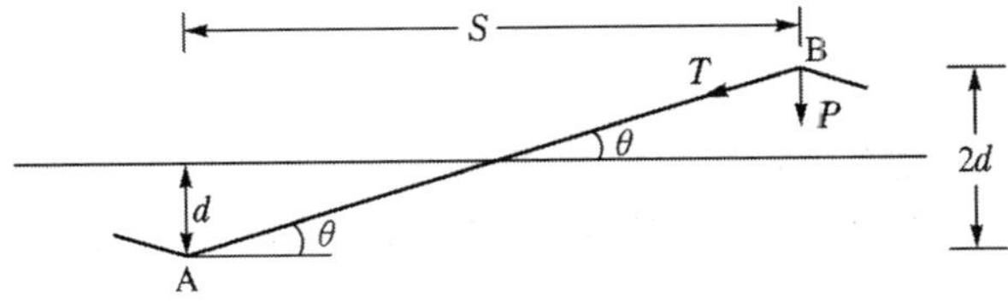

그림 13.1.5 직선로 지그재그 편위 횡장력

가. $\overline{AB}^2 = S^2 + (2d)^2 \quad \therefore \overline{AB} = \sqrt{S^2 + (2d)^2}$

$$\sin\theta = \frac{2d}{\overline{AB}} = \frac{2d}{\sqrt{S^2 + (2d)^2}}$$

나. 횡장력 : $P = T\sin\theta + T\sin\theta = 2T\sin\theta$

$$\therefore P = 2T\sin\theta = 2T \times \frac{2d}{\sqrt{S^2 + (2d)^2}} = \frac{4d}{\sqrt{S^2 + (2d)^2}} \cdot T[\text{kgf}]$$

기출문제

01. 전차선로의 곡선로에서 발생하는 횡장력을 구하는 식을 유도하고 다음 설계조건에서 지지물에 가해지는 각 전선의 횡장력을 구하시오.(82-2. 25점)

〈설계조건〉 ① 선로의 곡선 반경 : 1,200m
② 전주경간 : 50[m]
③ 급전선 : Cu 100[mm^2], 급전선의 장력 : 900[kgf]
④ 조가선 : CdCu 70[mm^2], 조가선의 장력 : 1,500[kgf]
⑤ 전차선 : Cu 110[mm^2], 전차선의 장력 : 1,500[kgf]

02. 곡선반경(R)이 1,200[m]인 전차선로의 외곡선로에서 조가선과 전차선의 장력을 각각 1,000[kgf]로 전주에 인류할 때 인류주에서 받는 전차선과 조가선의 합성 횡장력을 구하시오. 단, 전후의 인접경간은 40[m]와 50[m]로 하고, 건식게이지는 3.0m이며 지지점에서의 전차선 편위는 200[mm]이다.(82-4. 25점)

기출문제 풀이

[기출 01번 풀이]

1. 인접경간 길이가 동일한 곡선로의 수평장력(횡장력) 계산식 유도

가. 아래 그림에서 곡선로의 인접경간이 동일한 경우 수평장력의 합(P)는

$P = 2T\cos\theta$ [kgf] (여기서, $\cos\theta = \dfrac{S/2}{R}$ 이므로)

$$P = \frac{S}{R} \times T \text{ [kgf]}$$

여기서, P : 수평장력[kgf], S : 지지물 경간=50[m]
T : 전차선(전선) 장력[kgf], R : 선로곡선 반경=1,200[m]

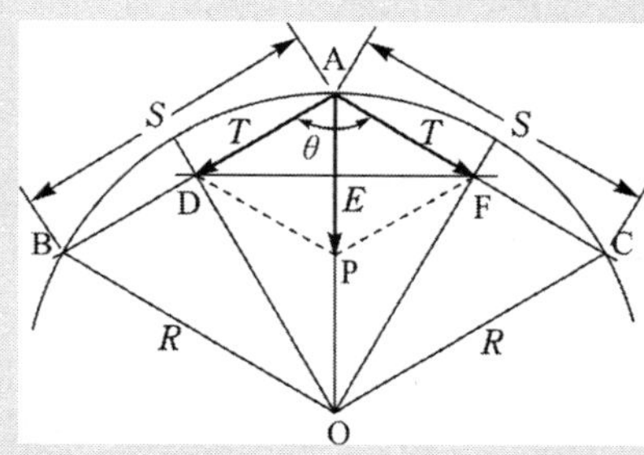

2. 지지물에 가해지는 각 전선의 횡장력

가. 급전선 횡장력(P_f)

$$P_f = \frac{ST}{R} = \frac{50 \times 900}{1,200} = \frac{45,000}{1,200} = 37.5 \text{ [kgf]}$$

나. 조가선 횡장력(P_m)

$$P_m = \frac{ST}{R} = \frac{50 \times 1,500}{1,200} = \frac{75,000}{1,200} = 62.5\text{[kgf]}$$

다. 전차선 횡장력(P_t)

$$P_t = \frac{ST}{R} = \frac{50 \times 1,500}{1,200} = 62.5\text{[kgf]}$$

라. 지지물에 걸리는 전체 횡장력(P)는

$$P = P_f + P_m + P_t = 37.5 + 62.5 + 62.5 = 162.5\text{[kgf]}$$

[기출 02번 풀이]

1. 인접경간 길이가 다른 곡선로의 수평장력(횡장력) 계산 공식

가. 곡선횡장력 $P_1 = T \times \dfrac{S_1}{2R} + T \times \dfrac{S_2}{2R} = \dfrac{(S_1 + S_2)}{2R} \cdot T\text{[kgf]}$

나. 인류횡장력 $P_2 = T\sin\theta_3 = \dfrac{(d \pm g)}{S_2} \cdot T\text{[kgf]}$

다. 합성횡장력 $\therefore P = P_1 + P_2$

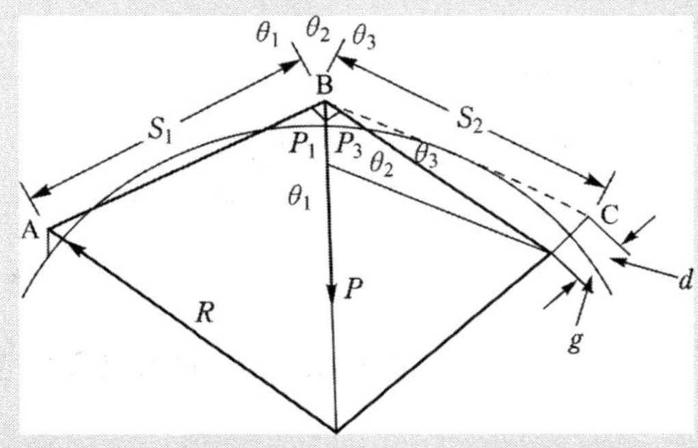

P : 합성횡장력[kgf]
P_1 : AB간 곡선 횡장력[kgf]
P_2 : BC간 인류 횡장력[kgf]
S_1 : AB간 경간[m]
S_2 : BC간 경간[m]
T : 전차선 장력[kgf]
R : 곡선반경[m]
d : 전차선 편위[m]
g : 지지물 건식게이지[m]
θ_1, θ_2 : 곡선중심과 가선각도
θ_3 : 인류로 인한 가선각도

2. 지지물에 가해지는 횡장력 계산

가. 계산조건

S_1(경간) $=40[m]$, S_2(경간) $=50[m]$, g(건식게이지) $=3.0[m]$,

d(편위) $=200[mm]$, T(전선의 장력) $=$ 전차선, 조가선 각각1,000[kgf]

나. 곡선 횡장력(P_1)

(1) 조가선 $P_{1m} = \dfrac{(S_1+S_2)}{2R} \cdot T = \dfrac{(40+50)}{2\times 1,200} \times 1000 = 37.5[kgf]$

(2) 전차선 $P_{1t} = \dfrac{(S_1+S_2)}{2R} \cdot T = \dfrac{(40+50)}{2\times 1,200} \times 1000 = 37.5[kgf]$

(3) 곡선횡장력의 합 $P_1 = 37.5+37.5 = 75[kgf]$

다. 인류횡장력(P_2) ⇨ 외곡선형으로 인류 지지점이 전선 내측에 위치

전차선 인류 횡장력 $P_{2t} = \dfrac{(d+g)}{S_2} \cdot T = \dfrac{0.2+3}{50} \times 1,000 = \dfrac{3,200}{50} = 64[kgf]$

따라서, 전차선, 조가선이 각각 1,000[kgf]의 장력이므로

인류 횡장력은 $P_2 = P_{2t} \times 2 = 64 \times 2 = 128[kgf]$

라. 곡선로 전체 횡장력

$P = P_1 + P_2 = 75 + 128 = 203[kgf]$

13.2 ◦ 힘과 모멘트

13.2.1 힘의 표시방법과 힘의 3요소

1. 개요

가. 힘은 힘의 3요소인 크기, 방향, 작용점을 가지는 벡터(Vector)에 의해 표시함

나. 좌표에 의해 나타내는 방법으로 기울기 θ를 가진 길이(l)로 크기를 표시하고 작용점 A(x, y)에서 방향은 화살표로 나타냄

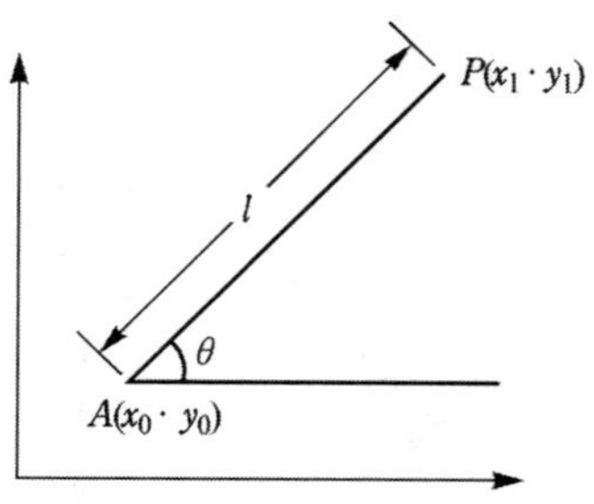

그림 13.2.1 힘의 3요소 표시

2. 힘의 3요소

가. 크기(Magnitude of force)
  (1) 임의로 적당하게 축적된 선분의 길이로 표시(l)
  (2) 좌표에서 작용점 A에서 P까지의 직선거리 (l)
나. 방향(Direction force) ➪ 화살표와 선분의 기울기로 표시하는 각도(θ)
다. 작용점(Point of application)
  (1) 화살표의 끝 또는 시작점으로 선분위의 한 점으로 표시(x, y)
  (2) 힘의 이동성 : 힘이 어떤 강체(Rigid body)에 작용할 때 이 힘을 그 작용선 위에서 이동시켜도 그 효과는 같게 되는 성질

13.2.2 구조물에서 힘의 평형과 조건에 대한 수식표현

1. 힘의 평형

가. 2개 이상의 힘이 구속받지 않는 어떤 물체나 구조물에 작용하여 그 물체나 구조물이 움직이거나 회전하지 않고 정지상태로 있는 것을 힘의 평형(Equilibrium) 상태라고 함
나. 힘의 평형은 합력과 모멘트에 관련지어 생각하여야 함

2. 힘의 평형 조건

가. 힘의 합력(R)이 0이 되어야 함 ➪ $\Sigma R = 0$

(1) 상하(수직방향)으로 움직이지 않아야 함 : $\Sigma V = 0$
(2) 좌우(수평방향)으로 움직이지 않아야 함 : $\Sigma H = 0$

나. 모멘트 M이 0이 되어야 함 ➪ $\Sigma M = 0$

힘의 합력이 0(zero)가 되어도 우력이 있으면 회전하려고 하기 때문에 모멘트도 0이 되어야 완전한 평형이 됨(회전하지 않아야 함)

다. 시력도가 폐합되어야 함

여러 힘이 동일점에(0점) 작용할 경우 수평분력의 합 ΣH 및 수직분력의 합 ΣV는 0이 되고 아래 그림과 같이 폐합이 됨

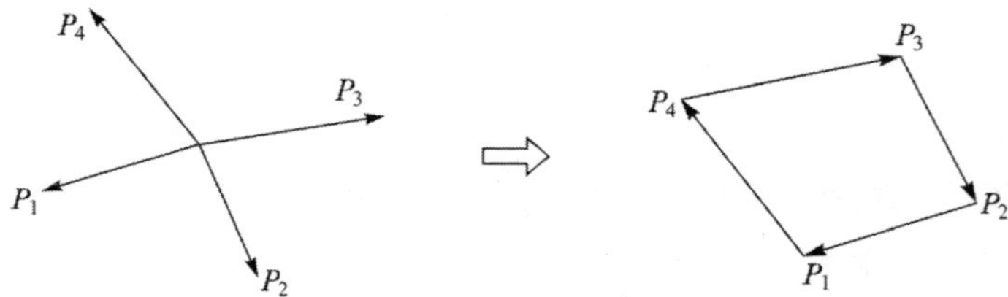

라. 연력도가 폐합되어야 함

(1) 여러 힘이 동일점에 작용하지 않을 경우 힘의 평형조건은 시력도 및 연력도가 폐합되어야 함

(2) 이때 평형조건은 $\Sigma H=0$, $\Sigma V=0$, $\Sigma M=0$이 만족되어야 하며 이를 힘의 평형방정식이라 함

3. 수식의 표현

힘의 평형 조건	역학적 표현	비고
상하(수직방향)로 움직이지 않음	$\Sigma V=0$	수직분력
좌우(수평방향)로 움직이지 않음	$\Sigma H=0$	수평분력
회전하지 않음	$\Sigma M=0$	모멘트

4. 힘의 시력도(force polygon, force diagram)

가. 동일점에 작용하지 않는 여러 힘을 합성 또는 분해하는 방법으로는 도해법과 해석법이 있으며, 도해법으로는 힘의 3각형법, 다각형법, 교차법 등이 있고, 해석법으로는 동일점에 작용하는 여러 힘의 합성과 분해의 경우와 같은 방법으로 구하면 됨

나. 해석법에서 한 점에 작용하는 여러 개의 힘의 합성을 구할 때 하나의 힘의 방향을 나타내는 화살표에 다른 힘을 평행하게 이동시켜 한 점의 작용점과 다른 힘의 방향을 나타내는 화살표를 순차적으로 연결시켜 그림 13.2.2(C)와 같이 다각형을 만들면 시발점의 작용점과 마지막 화살표의 끝점을 이은 선분이 합성된 힘이 되게 그려진 다각형을 힘의 다각형 또는 시력도라고 함

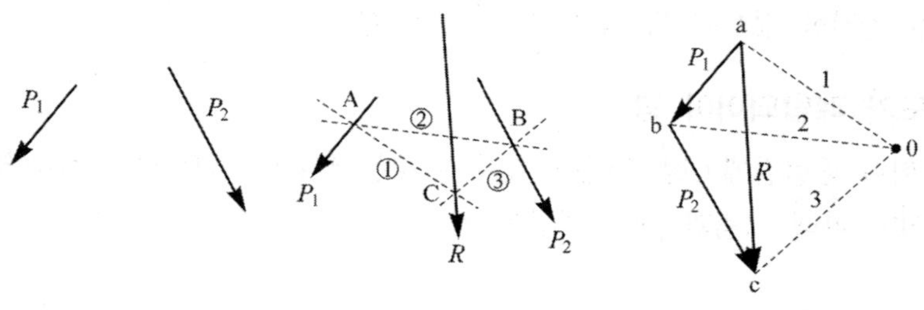

(a) 힘의 작용　(b) 연력도　(c) 시력도

그림 13.2.2 힘의 합력을 구하는 연력도 및 시력도 방법

13.2.3 구조물 설계 활용 주요법칙(라미의 정리, 훅의 법칙, 프와송의 비, 파프스의 정리)

1. 개요

가. 전기철도 구조물 설계 시 적용되는 주요 법칙 및 정리에 대하여 기술함

나. 주요법칙으로는 라미의 정리, 훅의 법칙, 프와송의 비, 파프스의 정리 등이 있음

2. 라미의 정리(Lami's theorem)

가. 적용 : 힘의 평형 조건에 대한 관계식 정리

나. 법칙

(1) 한 점에 작용하는 세 개의 힘이 서로 평형을 이룬다면 이 세 개의 힘은 동일한 평면상에 있고 일점에서 만나며,

(2) 이 때의 각각의 힘은 다른 두 힘 사이각의 정현에 정비례 하는 것을 라미의 정리라고 함

다. Vector 도

(1) p_1과 p_2의 합력을 p_3의 작용선상에 있게 되어 세 힘을 한 점에서 만남.

(2) 삼각형의 Sine 법칙 적용(폐합 삼각형 내부각)

$$\frac{p_1}{\sin(180° - \theta_1)} = \frac{p_2}{\sin(180° - \theta_2)} = \frac{p_3}{\sin(180° - \theta_3)}$$

$\therefore \frac{p_1}{\sin\theta_1} = \frac{p_2}{\sin\theta_2} = \frac{p_3}{\sin\theta_3}$ 로 나타냄

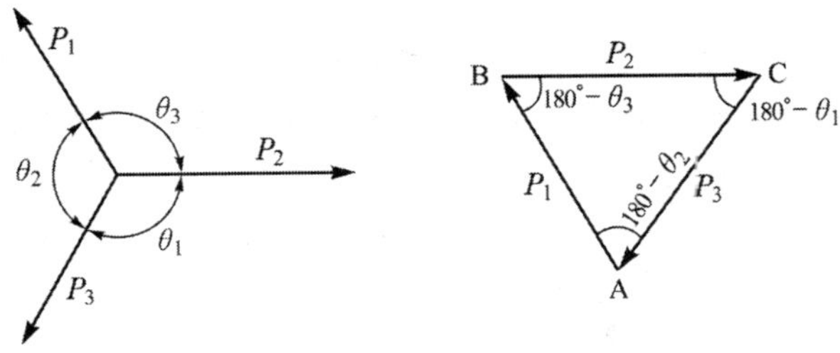

그림 13.2.3 라미의 정리 Vector 도

3. Hooke's law(훅의 법칙)

가. 적용 : 균일 단일봉의 인장 시험 결과 탄성과 탄성계수에 대해 정의

나. 법칙

(1) “일반적으로 모든 재료는 탄성 한도 내에서 응력도와 변형도가 정비례한다”는 법칙을 Hooke's law라고 함

(2) 이때의 비례 상수를 “탄성계수”라고 함

① 응력도=탄성계수×변형도

② 탄성계수 =응력도÷변형도 =응력도/변형도

(3) 훅의 법칙 개념도

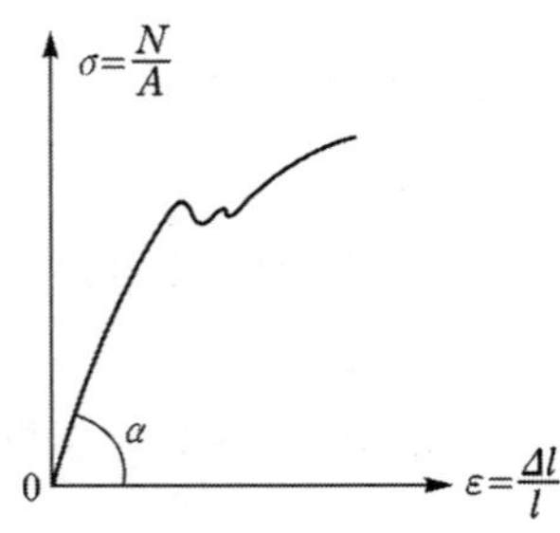

그림 13.2.4 훅의 법칙 곡선도

다. 탄성계수

(1) 종탄성계수(영계수 : E) : 수직응력 δ와 종변형률 ε의 비례 관계를 성립시키는 비례상수로 Young이 최초로 측정하여 Young 계수라고도 함

$$E = \frac{\sigma}{\varepsilon} = \frac{N \cdot l}{\Delta l \cdot A}$$

여기서, E : 종탄성계수, ε : 종변형률, δ : 수직응력, A : 단면적.

(2) 횡탄성계수(G) : 탄성 한도 내에서 전당응력 τ와 전단 변형률 r과의 비가 일정하게 될 때의 비례 상수를 말함

$$G= \frac{\tau}{r}= \frac{p/A}{\Delta\lambda/l}= \frac{p \cdot l}{A \cdot \Delta\lambda}$$

(3) 체적탄성계수(K) : 수직응력 δ와 체적변형률 ε_v와의 비는 동일 재료에 대하여 일정한 비례상수를 말함

$$\delta = K \cdot \varepsilon_v = K\frac{\Delta V}{V} \Rightarrow \therefore K = \frac{\delta}{\varepsilon_v}$$

4. 프와송의 비(Poisson's ratio)

가. 적용

응력과 변형도에서의 축방향으로 인장응력을 받을 때 체적 변형률 등을 구하는 방법에 대하여 정리한 법칙

나. 법칙

(1) 탄성한도 내에서 봉에 축방향으로 인장 또는 압축하중이 작용하면 축방향으로 신축과 동시에 횡방향으로 수축 또는 신장이 일어남.

(2) 이때 횡변형 ε'와 종변형률 ε과의 비를 "프와송의 비"라고 함

(3) "프와송의 비"는 γ 또는 $\frac{1}{m}$로 표시함 ➪ 프와송의 비 : $\gamma = \frac{1}{m}$

(4) 수식표현

$$\gamma = \frac{1}{m} = \frac{\Delta d/d}{\Delta l/l} = \frac{\Delta d \cdot l}{\Delta l \cdot d} = \frac{\varepsilon'}{\varepsilon}$$

여기서, m을 프와송 수라고 하며, 금속재료의 $m = \frac{1}{3} \sim \frac{1}{4}$

콘크리트의 $m = 6 \sim 12$이며 코르크는 0임

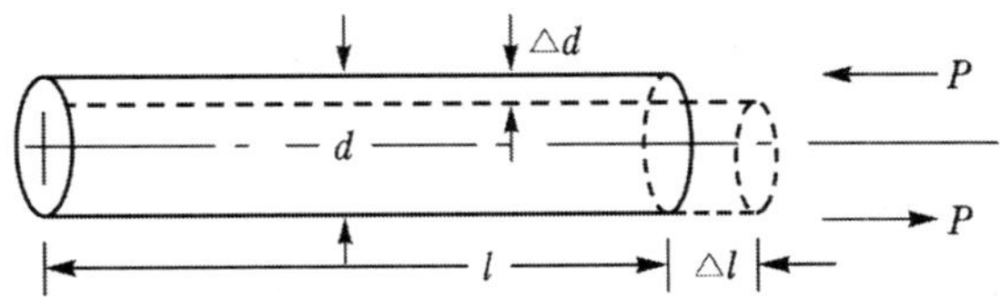

그림 13.2.5 체적변화율

(5) 재료의 탄성계수(E)와 프와송 비를 알면 봉의 체적을 계산할 수 있음

$$\text{체적 변화율} \quad \varepsilon_v = \frac{\Delta V}{V} = \frac{A \cdot l \cdot \varepsilon(1-2\gamma)}{A \cdot l} = \varepsilon(1-2\gamma) = \frac{\delta}{E}(1-2\gamma)$$

여기서, ε_v : 체적변화율, A : 단면적, l : 봉의 길이
E : 탄성계수, δ : 응력도, ε : 변형률(도)

5. 파프스(Poppus)의 정리

가. 적용

부재단면의 성질에서 선분과 단면적을 θ만큼 회전 또는 이동시켰을 때 단면 1차 모멘트에 대하여 정리한 것임

나. 법칙

(1) 파프스의 제1 정리

길이가 L인 선분 AB를 x축을 중심으로 θ만큼 회전시켰을 때 생기는 표면적 A는 C점을 선분 AB의 도심이라 할 때

$$A = (\text{선분의 길이}) \times (\text{평면의 도심이 이동한 거리}) = L(\theta,\ y_c)$$

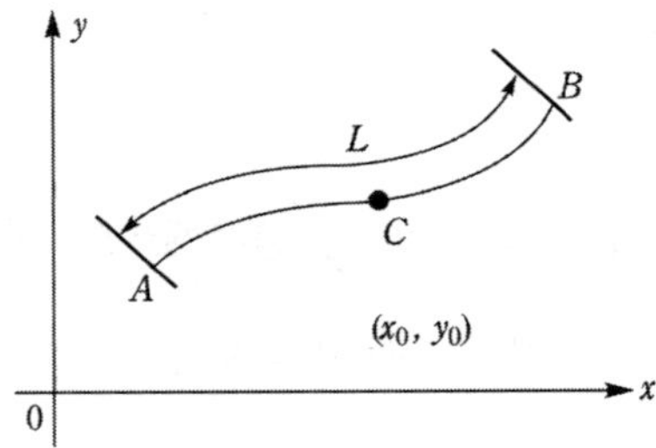

그림 13.2.6 파프스의 제1정리

(2) 파프스의 제2정리

단면적 A를 x축을 중심으로 각 θ만큼 회전시킬 때 얻어지는 회전체의 체적을 구하는 정리로 체적 V는

$V = (\text{단면적}) \times (\text{평면의 도심이 이동한 거리}) = A(\theta,\ y_c)$로 나타냄

13.2.4 전차선로 구조물의 지점과 절점

1. 개요

가. 전차선로 구조물 등의 구조해석은 여러 관점으로 분류하는데 그것이 정정(靜定) 이든 부정정이든 정적 및 동적해석, 평면 및 입체, 선형 및 비선형으로 구분이 가능함

나. 구조물을 재료의 소재에 의하여 구분하면 목구조, 강구조 및 철근 콘크리트 구조 등으로 쉽게 구분하고 건축용 구조물로 많이 사용되고 있으며 전기철도 구조물에 대부분 응용되고 있어 주로 부분적인 부재 등으로 해석함

2. 구조물의 지점(支點 : Support)

가. 지점의 정의

(1) 정지하고 있는 구조물 또는 부재를 받치는 점을 지점이라 함

(2) 지점에 외력 등이 가해졌을 때 구조물이 정지상태를 유지하려면 보에 작용하는 외력 또는 하중과 동일한 반력(Reaction)이 작용하여야 하며, 하나의 지점에 발생하는 반력은 지점의 종류에 따라 다르게 나타남.

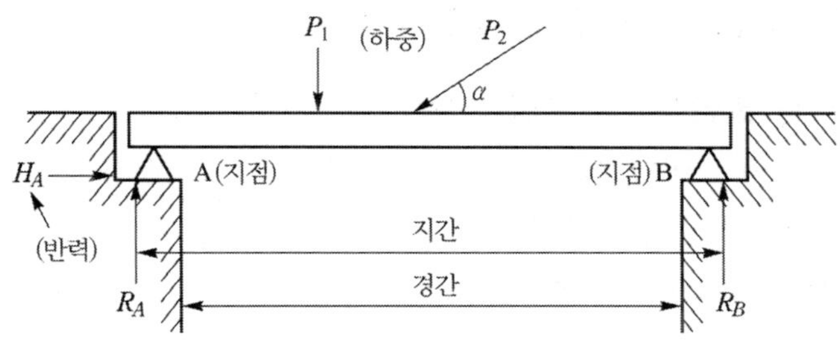

그림 13.2.7 지점(支點)과 반력(反力)

나. 지점의 종류

(1) **이동지점(Roller Support)** : 구조물이 이동 또는 회전이 가능한 구조로 반력은 수직 방향으로 1개만 발생하는 지점.

(2) **힌지지점(Hinged Support)** : 구조물이 핀으로 연결되어 이동은 할 수 없고 회전만 가능한 구조로, 반력은 수평반력과 수직반력 2개가 나타남.

(3) **고정지점(Fixed Support)** : 구조물이 완전히 고정되어 회전 및 이동이 불가능하여 수평반력, 수직반력, 모멘트 반력 등 3개의 반력이 발생함

3. 구조물의 절점(節點 : Panel Point)

가. 절점의 정의

구조물의 부재와 부재하의 접합점을 절점 또는 격점이라고 함

나. 절점의 종류

(1) **힌지절점(또는 활절점)** : 회전이 자유로운 절점

(2) 강결절점(또는 고정절점) : 부재와 부재가 강결(Rigid joint)되어 절점에 모인 부재가 전혀 회전 또는 이동이 불가능하도록 완전히 고정된 절점

4. 구조물의 반력

가. 구조물이 외력을 받았을 때 평행을 이루기 위해 수동적으로 발생하는 힘을 반력이라 함

나. 구조물을 지지하고 있는 지점에서 발생하는 반력을 지점반력이라고 함

13.2.5 구조물의 전체 부정정 차수에 의한 판별 식

1. 구조물의 안정, 불안정, 정정 및 부정정 의미

가. 내적 안정 및 불안정 : 구조물의 형태 변형여부

(1) 안정(Stable) : 어떤 외력을 받더라도 항상 힘의 평형상태를 유지하여 구조물의 형태가 변하지 않는 경우를 구조물의 안정이라 함

(2) 불안정(Unstable) : 외력이 작용했을 때 구조물의 형태가 변하는 경우

나. 외적 안정 및 불안정 : 구조물의 위치 변형 여부

(1) 안정 : 외력이 작용했을 때 구조물의 위치가 변하지않은 경우(지점의 반력수가 3개 이상으로 힘의 평행조건을 만족하는 경우를 말함)

① 상하로 이동하지 않는다 ································ $\Sigma V = 0$ (수직분력의 합)

② 좌우로 이동하지 않는다 ································ $\Sigma H = 0$ (수평분력의 합)

③ 어떤 방향으로도 이동하지 않는다 ················ $\Sigma M = 0$ (힘의 모멘트 합)

(2) 불안정 : 외력이 작용했을 때 구조물의 위치가 변하는 경우

다. 내적 정정 및 부정정

(1) 정정 : 내적으로 안정된 구조물에서 그 지점반력을 힘의 평형조건만으로 반력과 단면력을 구할 수 있는 경우

(2) 부정정 : 내적으로 안정된 구조물에서 힘의 평형 조건만으로는 반력과 단면력을 구할 수 없는 경우로 부재의 응력 및 부재의 각부의 변형 조건을 가하여 구할 수 있는 경우.

라. 외적 정정 및 부정정

(1) 정정 : 힘의 조건 만으로 반력을 구할 수 있는 경우

(2) 부정정 : 힘의 조건만으로 반력을 구할 수 없는 경우

2. 구조물의 판별

가. 전체 부정정 차수

(1) 구조물을 판별하는 전체 부정정 차수는 아래와 같은 판별식으로 나타냄

$$N = r + m + s - 2k$$

여기서, N : 부정정 차수, r : 반력수, m : 전체 부재수,
s : 각 절점에서 한 부재에 강접합된 수
k : 전절점수(支點, 自由端 포함)

(2) 여기서, $N < 0$이면 불안정
$N = 0$이면 정정
$N > 0$이면 부정정

나. 각 구조물의 정정 및 부정정 차수

(1) 단층 구조물의 내적 정정 및 외적 부정정 차수

$N_e = r - 3 - h$ (단, h는 구조물에 들어있는 힌지수)

(2) 모든 구조물의 외적 부정정 차수 식

$$N_e = r - 3$$

여기서, $N_e > 0$이면 외적 부정정
$N_e = 0$이면 외적 정정
$N_e < 0$이면 외적 불안정

(3) 트러스의 정정 및 부정정 차수 식

$$m = 2k - 3$$

여기서, $m < 2k - 3$이면 불안정
$m = 2k - 3$이면 정정
$m > 2k - 3$이면 내적 부정정

(4) 라멘의 정정 및 부정정 차수 식

$$N = 3m + r - 3k$$

여기서, $3m + r = 3k$이면 정정
$3m + r > 3k$이면 부정정

13.3 응력 및 변형률(허용응력 및 안전율)

13.3.1 전기철도 구조물의 허용응력과 안전율

1. 허용응력 및 안전율 정의

가. 어떤 재료의 내부에 탄성한도를 넘는 응력이 생기면 재질(재료의) 영구적인 변형 또는 파괴 염려가 발생되며,

나. 탄성한도를 넘지 않더라도 장기간 반복하여 외부 응력이 가해지면 피로(stress) 누적으로 위험 수준에 도달하게 됨

다. 재료에 생기는 응력을 탄성한계 이내의 충분히 작은 값을 취하여 위험한 상태를 방지하기 위하여 안전상 허용되는 최대 응력을 "허용응력(Alloable Stress)"이라고 함

라. 구조물에 외력을 가하여 항복점(극한 응력)에 이르렀을 때. 항복점을 허용응력으로 나눈값을 "안전율"이라고 함

$$\text{안전율} = \frac{\text{항복점(극한 응력)}}{\text{허용응력}} \Rightarrow \text{허용응력} = \frac{\text{극한응력}}{\text{안전율}}$$

2. 재료의 허용응력 결정요소(구조물 설계의 기초사항)

가. 하중 및 응력의 종류와 성질

나. 재료의 신뢰도 및 온도 등 주변환경

다. 부재의 형상 및 사용상태(마모정도, 부식 등의 영향)

라. 공작 방법과 정밀도

3. 금속 구조물의 설계

금속 구조물의 설계에는 "사용응력법"과 "극한하중법"을 다같이 사용하여 안전설계를 하게 된다.

가. 사용 응력법

(1) 구조물이 부하를 감당할 수 있는 능력을 만족하려면 구조물의 최대응력(허용응력)은 항상 비례한도(탄성한도) 이하여야 함

(2) 따라서, 극한 응력에 대한 적당한 안전율을 설정하여 사용응력을 결정하는 것으로 보통 목재나 콘크리트와 같은 재료에 사용함

(3) 일반적으로 허용응력을 기준으로 설계 시에는 다음 식을 이용하여 사용응력을 구함

$$\delta_a = \frac{\delta_y}{n_1} \quad \text{또는} \quad \delta_a = \frac{\delta_u}{n_2}$$

여기서, δ_a : 사용응력

δ_y 및 δ_u : 항복점 또는 극한점

n_1, n_2 : 안전율

나. 극한 하중법

(1) 기계부품, 철도, 교량 등에서는 하중의 크기가 갑자기 변화하는 동적하중에서 피로파괴가 일어날 가능성이 많아 정하중(靜荷重) 상태의 같은 구조물 보다 더 큰 안전율이 필요함

(2) 따라서, 구조물이 붕괴를 일으키는 하중의 크기를 결정한 다음 그 극한하중을 적당히 선정한 하중계수로 나누어 허용하중을 결정함

4. 주요 전기철도 구조물의 안전율(KEC 431.10)

가. 전기철도 설비의 하중을 지탱하는 전차선로 구조물 강도는 하중이 작용하는 최악 조건 조합에 대하여 표 13.3.1의 최소 안전율을 곱해진 값을 견디어야 함.

표 13.3.1 주요 전철 구조물의 안전율

구조물 명	조 건	안전율	비 고
동합금 전차선	인장하중에 대하여	2.0 이상	
경동선	인장하중에 대하여	2.2 이상	
전차선 및 조가선 장력지탱하는 부품		2.5 이상	
복합체 자재	인장하중에 대하여	2.5 이상	고분자애자 포함
지지물 기초	내하중에 대하여	2.0 이상	
장력조정장치	인장하중에 대하여	2.0 이상	
빔 및 브래킷	소재 허용응력에 대하여	1.0 이상	
철 주	소재 허용응력에 대하여	1.0 이상	
철근콘크리트주	파괴하중에 대하여	2.0 이상	
가동브래킷 애자	최대 만곡하중에 대하여	2.5 이상	
일반 지선(선형)	인장하중에 대하여	2.5 이상	
강봉형 지선	소재 허용응력에 대하여	1.0 이상	

나. 기타 자재

(1) 목주 : 파괴하중에 대하여 3.0 이상

(2) 장간애자 : 인장파괴하중(굽힘파괴하중)에 대하여 2.5 이상

(3) 현수애자 : 과전 파괴하중에 대하여 3.0 이상

(4) 경동선 이외의 전선 : 인장하중에 대하여 2.5 이상

※ 전선 안전율 = 인장하중(전선접속점의 강도고려) / 최대사용장력

13.3.2 응력의 종류 및 특성(휨응력과 전단응력의 정의)

1. 응력도 및 변형률

가. 응력도(Stress)

(1) 어떤 물체에 외력이 작용할 때 물체 내부에서는 외력이 저항하여 원형으로 돌아가려는 힘이 생기는 것을 응력 또는 단위응력이라 함

(2) 응력도(σ)는 아래와 같이 계산함

$$P = \int_A \delta \cdot dA = \delta \int_A dA = \delta A \text{에서 } \sigma = \frac{P}{A}\,[\mathrm{kg/cm^2}]$$

여기서, P : 외력(하중), A : 외력이 가해지는 단면적

나. 변형률

(1) 물체에 외력이 작용하면 물체의 형상과 치수가 조금이라도 변화가 발생되는데 이 변화를 변형이라 하며,

(2) 변형된 량(量)과 변형되기 전의 비를 “변형률” 또는 “변형도”라고 하며 수식으로 표시하면 아래와 같음

$$\varepsilon_l = \frac{\Delta l}{l} \quad \text{또는} \quad \varepsilon_d = \frac{\Delta d}{d}$$

여기서, ε_l : 축방향(인장)변형율, ε_d : 정방향(압축)변형율

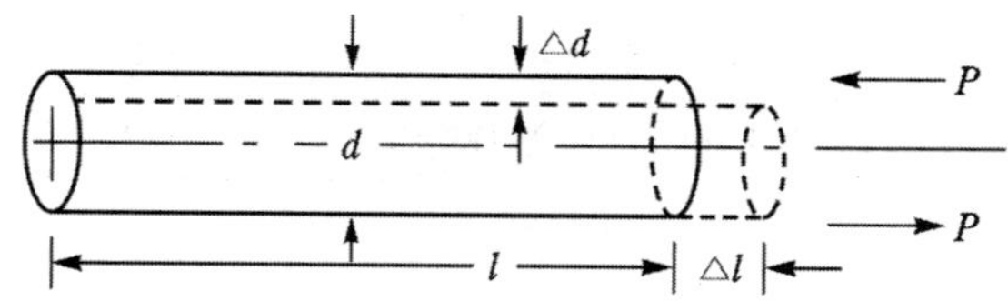

그림 13.3.1 변형률 또는 변형도

2. 응력의 종류 및 특성

가. 인장응력(tensile stress)

(1) 정의 : 부재가 축방향으로 늘어나게 하려는 힘을 받을 때 부재의 내부에 발생하는 응력을 말함

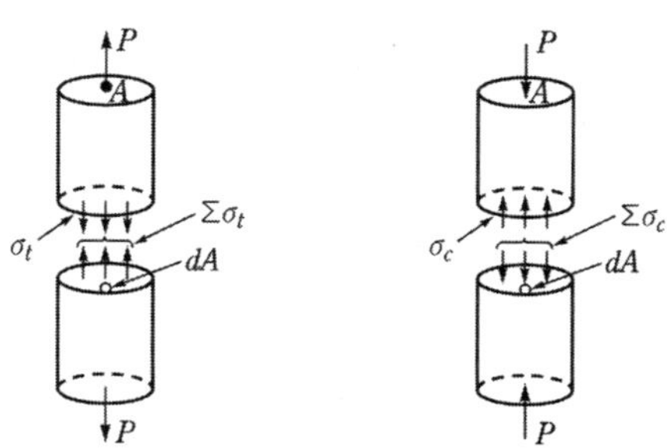

그림 13.3.2 인장응력 및 압축응력

(2) 특성 : 그림 13.3.2와 같이 축방향으로 인장하중이 작용할 때 내부에 발생되는 인장응력은 $\delta_t = \dfrac{P}{A}$[kg/cm²]이 됨

나. 압축응력(compressive stress)

(1) 정의 : 부재가 줄어들게 하려는 힘을 받을 때 부재 내부에서 줄어들지 않으려는 응력을 말함

(2) 특성 : 외력 P 가 단면의 도심 축에 작용하면 응력이 단면에 고르게 분포되고 압축응력은 $\delta_c = \dfrac{P}{A}$이며 부호는 (−)임

다. 전단응력(shearing stress)

(1) 정의 : 부재평면에 직각방향으로 외력 P가 작용할 때 외력이 작용하는 방향으로 전단력이 발생하여 잘릴려는 힘을 받게 되는데 이 전달력에 저항하는 내부의 응력을 전단응력이라 함

(2) 특성 : 전단응력을 τ, 단면적을 A, 전단력(외력)을 Q라고 하면 $\tau = \dfrac{Q}{A}$이 되며, 전단응력을 "접선응력"이라고도 함

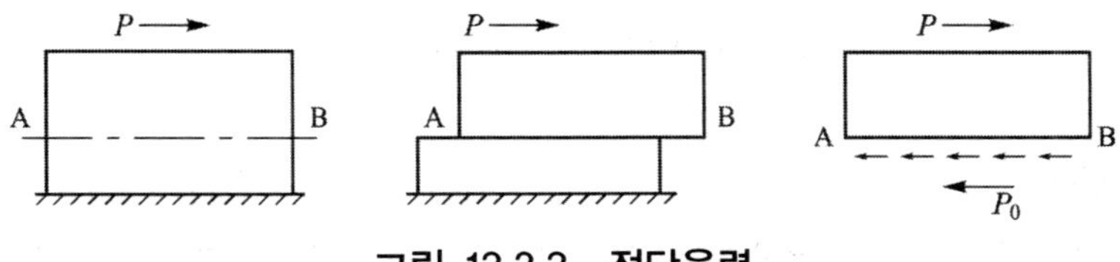

그림 13.3.3 전단응력

라. 휨 응력(Bending stress)

(1) 정의 : 수평방향의 부재에 수직방향의 하중이 작용하면 부재는 휨모멘트에 의하여 부재의 중심축에서 상부는 부재가 줄어들려는 압축력을 받고, 하부에는 인장력을 받는데 이에 저항하기 위한 응력을 “휨응력”이라고 함

(2) 특성 : 부재 내부에는 압축력과 인장력을 받지 않는 중립면이 생기며, 중립면과 수직한 면과 만나는 선을 중립축이라고 하며, 중립축 상부에는 압축응력이 발생하고, 하부에는 인장응력이 발생함

휨응력(δ)는 $\delta = \dfrac{M}{I} \cdot y\,[\mathrm{kg/cm^2}]$

여기서, M : 휨모멘트, I : 단면 2차 모멘트, y : 중립축에서의 거리

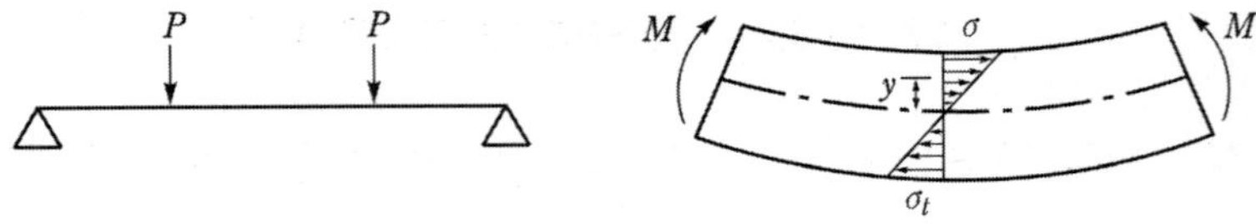

그림 13.3.4 휨응력

마. 비틀림 응력(torsional stress)

(1) 정의 : 직선봉 등 크기가 같고 방향이 반대인 우력 모멘트가 작용하면, 부재가 비틀어지게 되는데, 이 비틀림에 저항하여 생기는 응력을 “비틀림 응력”이라고 함 (※ 전단응력과 같은 성질을 가짐)

(2) 특성 : 비틀림응력을 τ, 회전(우력) 모멘트를 T, 직선봉 반지름 r이라고 하면 비틀림응력은 다음 식과 같음

$$\tau = \frac{T \cdot r}{J} \Rightarrow \frac{T \cdot r}{I_p} \text{ (원형단면인 경우)}$$

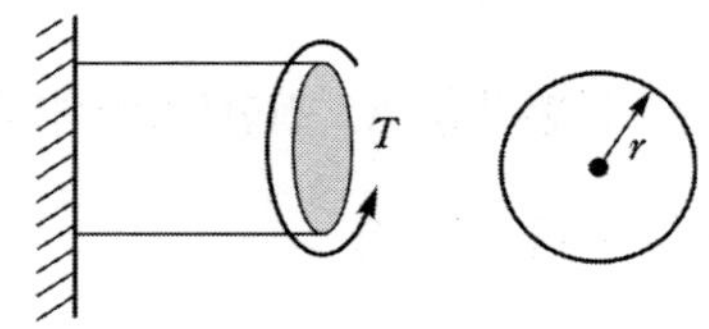

그림 13.3.5 비틀림 응력

바. 좌굴응력

(1) 정의 : 수직방향의 부재에 수직방향으로 하중(외력)이 가해지면 압축응력이 동시

에 작용할 때의 원형을 유지하려는 내부 응력을 좌굴응력이라고 함

(2) 특성 : 좌굴응력은 아래 그림과 같이 한쪽면에서 인장응력이 작용하면 반대측에는 압축응력이 동시에 발생하게 됨

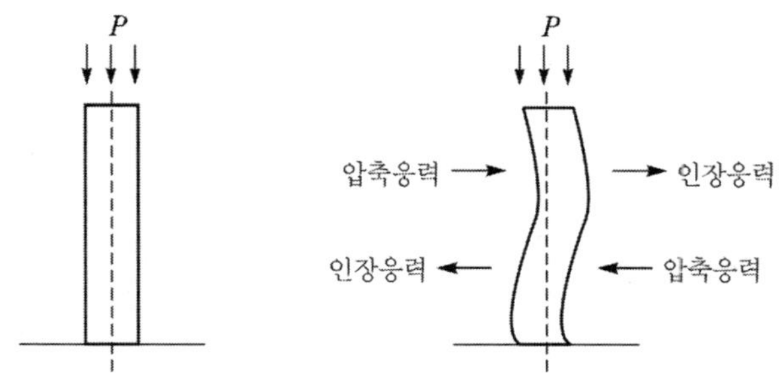

그림 13.3.6 좌굴 응력

3. 응력 산정법

가. 수식해법

(1) **전단력** : 좌, 우측에 걸리는 수직의 대수합을 크기가 같고 방향이 반대

(2) **휨모멘트** : 좌, 우측의 힘의 모멘트 합은 크기가 같고 방향이 반대

(3) **축방향력** : 부재가 인장력(+), 압축력(−)로 정하여 계산

나. 도시방법(圖示方法)

(1) 전단력선도(S.F.D : Shearing Force Diagram)

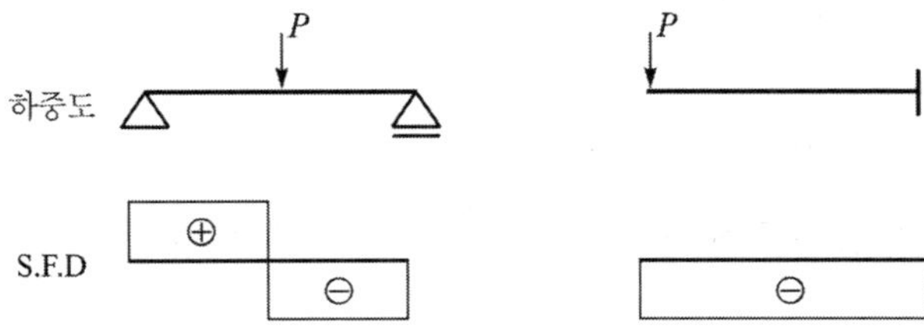

(2) 휨모멘트 선도(B.M.D : Bending moment Diagram)

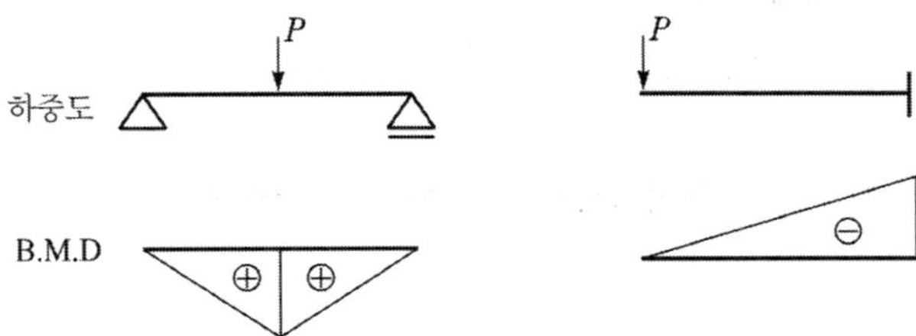

휨모멘트 (+)는 횡축의 하측, (−)는 횡측의 상측에 도시함

(3) 축방향력선도(A.F.D : Axial Force Diagram)

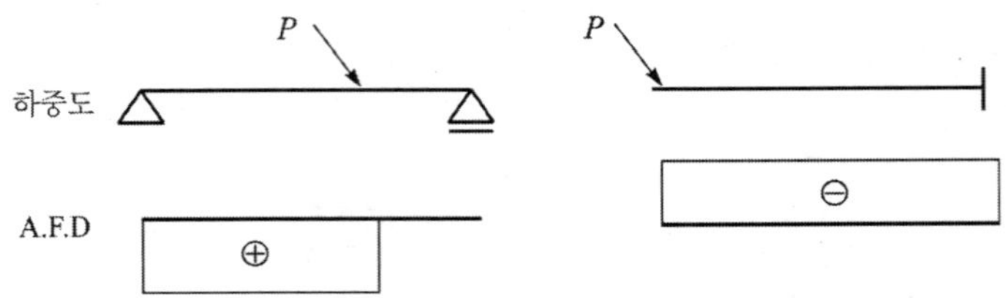

축방향력의 (+)는 횡축의 하부, (−)는 횡축의 상부에 도시

13.3.3 가공전차선로 구조물의 응력−변형률 선도 설명

1. 인장시험 및 응력−변형률 선도 작성

가. 어떤 재료의 응력과 변형률 관계는 인장시험(tensile test)에 의해 결정되며, 인장시험은 둥근 봉모양의 시험편을 시험기에 장착하고 인장하중을 가하여 시험함

나. 인장하중을 점차 증가시켜 가면서 시료에 가해지는 힘과 신장량을 측정하여 응력−변형률 선도를 작성함

다. 강봉의 변형률

(1) 그림 13.3.7과 같이 시험편(시편)에 인장하중 P를 가했을 때의 응력은

$$\delta = \frac{P}{A}[\text{kgf/cm}^2]$$

단, P : 인장하중[kgf], A : 봉의 단면적[cm^2]

(2) 이 때의 세로 변형률(ε)은 $\varepsilon = \frac{\Delta\ell}{\ell}$, 가로 변형률($\beta$)는 $\beta = \frac{\Delta d}{d}$ 임

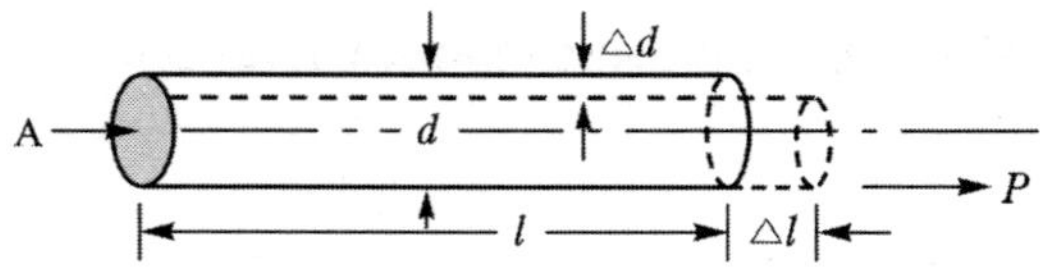

그림 13.3.7 강봉의 인장응력

2. 응력 및 변형률 선도

가. 응력, 변형률 선도 해석

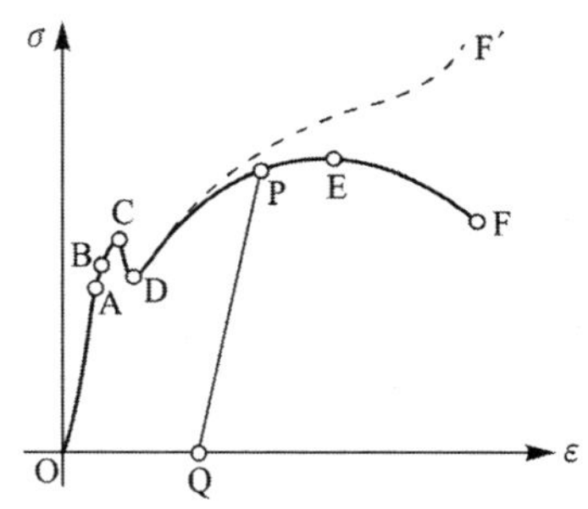

그림 13.3.8 연동의 응력-변형 선도

(1) O-A점

하중을 걸면 응력이 생겨 일그러짐(변형)이 증가하나 응력과 변형률이 비례하여 거의 직선상태를 나타내며, 이때 탄성이 유지되는 A점을 비례한도, B점을 탄성한도라고 함

(2) A-B점

A점을 지나 B점까지는 직선에서 약간 어긋나 곡선형이나(응력보다 변형률이 약간 높음) 탄성을 유지하고 있음

(4) B-C점

탄성한도(B지점)를 지나 C점에 도달하면 인장력 증가 없이도 급격한 변형률이 생기기 시작하는데, 이지점을 재료의 "항복점"이라고 하며 이런 상황을 "항복현상"이라 함(C지점 : 상항복점, D지점 : 하항복점)

(5) C~D점

C~D지점을 재료가 소성된 상태라고 하며, 봉에서는 O-A점까지 생긴 신장의 10~15배의 소선 신장이 발생함

(6) E지점

D점에서 응력을 계속 증가하면 E점에서 응력의 최댓값이 되며 이를 극한응력(ultimate stress)에 도달했다고 함. E점을 넘으면 하중이 감소하여도 재료의 신장이 계속되어 F점에서 파단(파괴) 현상이 일어남

(7) O-Q 지점

잔류변형 또는 영구변형이라고 하며, 봉의 단면적 감소현상이 발생함

나. 응력과 변형률과의 관계 법칙

(1) 훅의 법칙(Hooke's law)

모든 재료는 탄성한도 내에서 응력도와 변형도가 정비례하며, 그림 13.3.8의 O−B까지의 변형곡선(선도)을 말함

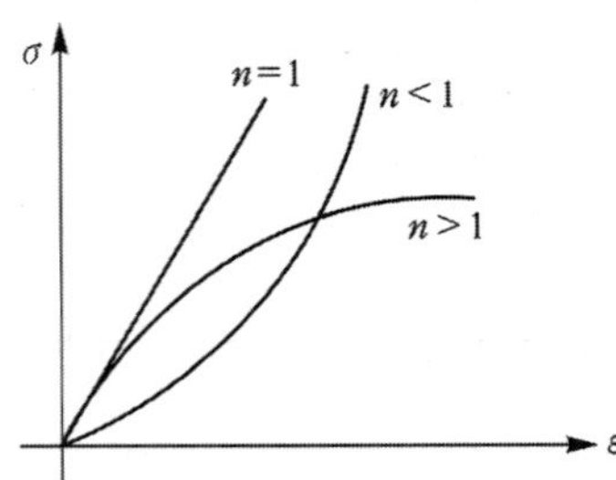

그림 13.3.9 지수법칙에서의 응력−변형 선도

(2) 지수의 법칙

훅의 법칙이 성립되지 않을 때의 응력−변형 선도를 나타내는 법칙으로 변형률(ε)는 $\varepsilon = K\delta^n$ 식으로 표시함

여기서, K : 실험상수($n > 1$: 주철, 콘크리트, $n < 1$는 고무, 가죽)

ε : 변형률, δ : 응력

기출문제

인장강도가 80kgf/cm^{2}인 강재환봉에 5000kgf의 인장 하중을 가할 때 안전율을 8로 하면 이 강재환봉의 지름은 얼마인가?(77−4. 25점)

기출문제 풀이

1. 허용응력을 δ_a, 안전율을 n_1, 응력 항복점(인장강도)를 δ_y라고 하면,

$\delta_a = \dfrac{\delta_y}{n_1}$이므로 $\sigma_a = \dfrac{80}{8} = 10$ [kgf/cm^2]

2. 축방향으로 인장하중이 작용할 때 내부에 발생되는 인장응력(σ_a)은

$\delta_a = \dfrac{P}{A}$에서 $A = \dfrac{P}{\delta_a}$[cm^2]이므로 $A = \dfrac{5,000}{10} = 500$[cm^2]

3. 강재환봉이므로 $A=\pi r^2$, 원의 지름을 d라고 하면 $r=\frac{d}{2}$

따라서, $A=\pi\times(\frac{d}{2})^2=\pi\times\frac{d^2}{4}=500[\text{cm}^2]$

$\therefore d=\sqrt{\frac{4A}{\pi}}=\sqrt{\frac{4\times 500}{3.14}}=25.24[\text{cm}]$

13.4 ◦ 구조물 부재단면의 특성

13.4.1 전기철도 구조물 강재의 단면형상과 표시방법

1. 강구조물의 정의

전차선로의 철주, 빔 또는 완철 등과 같이 강재를 주재 및 부재로 하여 가공, 조립하거나, 단일재로 사용한 구조물을 "강구조물"이라고 함

2. 구조용 강재의 종목 및 특성

구조용 강재는 보통 탄소강과 합금강으로 구분함

가. 탄소강

철(Fe)에 탄소량만 조절하고 합금원소를 넣지 않은 강(鋼)으로 보통강으로 불리며 탄소강(Carbon steel)은 탄소 함유량에 따라 분류됨

(1) 연강(鍊鋼) : 탄소(C) 함유량이 0.15~0.3[%]이며, 구조용 강재로 널리 사용되며, 인장강도는 30~50[kg/mm] 정도임

(2) 경강(硬鋼) : 탄소(C) 함유량이 0.4~0.5[%] 정도이며, 기계용 재료로 많이 사용됨

나. 합금강(合金鋼)

(1) 탄소 이외에 Mn(망간), Si(주석), Ni(니켈), Cr(크롬), Mo 등을 합금하여 강재의 성질을 개선한 것으로 "특수강"이라고 함

(2) 합금강에는 고장력강(高張力鋼 : High Strength Steel)이 있으며, 용접할 때 연강보다 높은 항복점 성능을 갖도록 제작됨

(3) 합금강의 특성은 인장강도가 50[kg/mm^2] 이상, 항복점이 30[kg/mm^2] 이상이

며, 보통강에 비하여 용접성 · 가공성이 우수하여 강재효율이 높음

3. 강재의 단면 형상과 표시방법

강재의 형상 및 치수는 KS에 규정되며 일반적으로 단면형상에 따라 분류함

가. L형강(angle : 보통 ㄱ형강이라 부름)

등변과 부등변으로 구분하며 그림 13.4.1과 같이 한쪽길이를 A, 다른 면을 B라고 하면, A=B이면 등변형강, A≠B이면 부등변 ㄴ형강으로 칭함

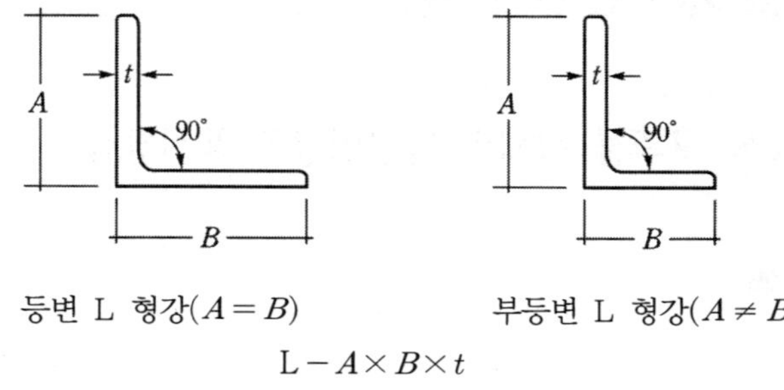

그림 13.4.1 L 형강 형상

나. I 형강(I-Beam)

단면형은 H형강과 비슷하다. 플랜지(flange) 두께가 지지부와 선단부가 다르며 플랜지 선단부가 곡면임

다. ㄷ형강(ㄷ Channel)

단면의 원심(圓心)과 전단 중심의 위치가 다를 경우 비틀림이 생기기 쉬움.

라. H형강(Wide flange Shape)

좌굴과 힘에 대하여 유리한 단면으로 플랜지 두께가 일정하여 가공성이 용이하나, 비틀림 응력에 약한 단점이 있음

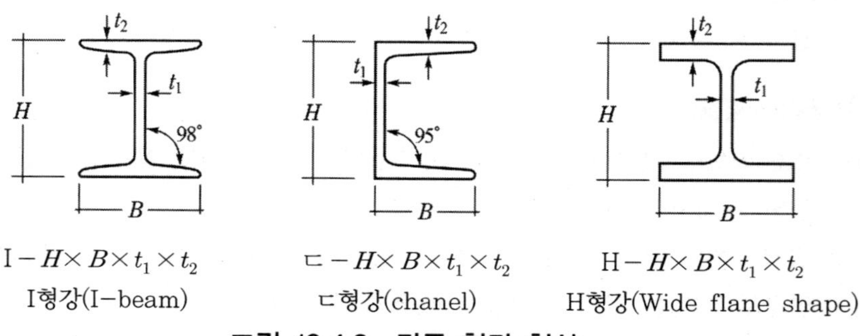

그림 13.4.2 각종 형강 형상

마. 강판(Plate)

두께 6[mm]를 기준으로 하여 6[mm]보다 두꺼운 강판을 "후판", 얇은 강판을 "박판"이라고 하며, 표시방법은 두께를 t[mm]로 P · L · t로 표시

바. 평강(Flat bar)

두께가 3[mm] 이상의 판으로 폭이 125[mm] 미만을 "평강", 125[mm] 이상을 "강판"이라고 함

사. 봉강 ⇨ 둥근강(환봉강) ϕ, 이형강은 D로 표시

아. 강관 및 각형강관

내부가 비어있는 구조로 좌굴과 비틀림에 유리한 단면으로 폐쇄된 구조는 내부부식에 대하여 강함

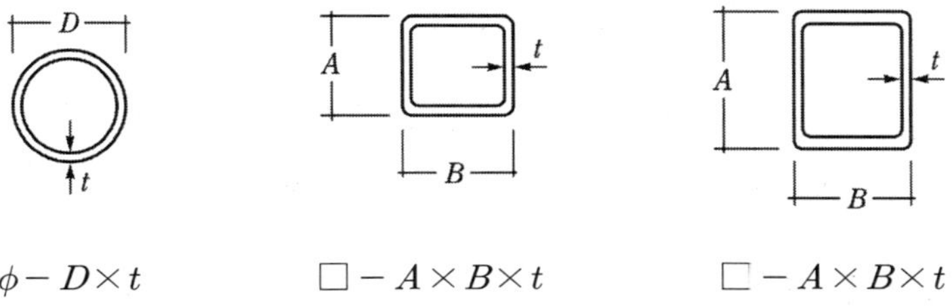

그림 13.4.3 강관 및 각형강관 형상

자. 경량 형강

판두께를 얇게(1.6[mm], 2.3[mm], 3.2[mm]) 하여 단면 성능을 좋게 하였으며, 비교적 하중이 적은 구조물에 사용 시 경제적임

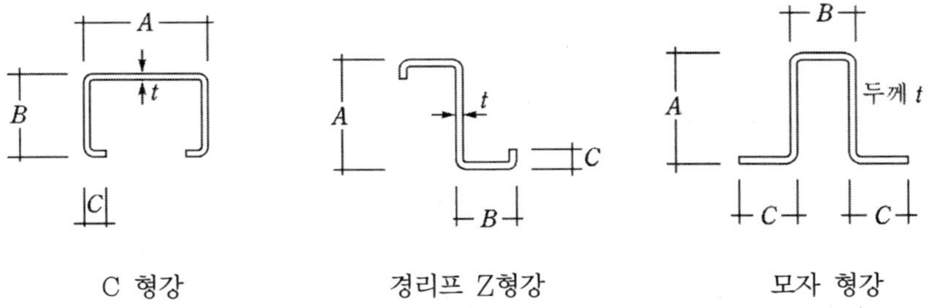

그림 13.4.4 경량형강 형상

13.4.2 전기철도용 구조물 인장재의 유효단면적

1. 강재의 유효단면적 정의

가. 인장 강재에 다수의 볼트구멍이 갈지자형 또는 불규칙하게 되어 있을 때 볼트 구멍에 의한 결손 단면적을 제외한 실질 단면적을 구하여 그 값의 최소인 인장재를 유효단면적이라고 함

나. 압축재의 유효단면적은 전단면적을 취하며, 인장재와 같이 볼트구멍 만큼의 결손 단면적을 차인할 필요가 없음

2. 강판 및 평강의 등가 단면적

가. 볼트구멍이 한 개인 경우

$$A_e = \ell \cdot t - d_0 t = (\ell - d_0)t \quad \cdots\cdots ①$$

여기서, A_e : 등가 단면적, ℓ : 부재의 폭
d_0 : 볼트구멍의 지름, t : 부재의 두께

나. 볼트구멍이 두 개인 경우

(1) 유효단면적

$$A_e = \ell \cdot t - (a_0 + a) \quad \cdots\cdots ②$$

(2) 볼트 ①에 의한 실질 결손단면적(a_0)는

$$a_0 = d_o t$$

(3) 볼트 ②에 의한 실질 결손 단면적

$b \le 0.5g$인 경우 $a = a_0$ ······ ③

$b > 0.5g$인 경우 $a = (1.5 - \dfrac{b}{g})\, a_0$ ······ ④

여기서, b : 볼트의 간격, g : 볼트줄의 간격

(4) 등가 단면적

$$A_e = A - a_1 - a_2 \quad \cdots\cdots ⑤$$

여기서, A_e : 등가단면적

A : 축에 직각인 부재 단면적

a_1 : 제1볼트에 의한 등가단면적($= a_0$)

a_2 : 제2볼트에 의한 등가단면적(b, g에 의해 구함)

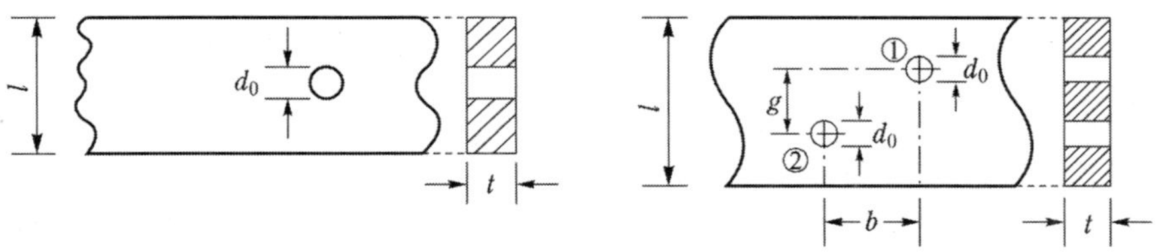

(a) 볼트구멍 1개의 경우 (b) 볼트구멍 2개의 경우

그림 13.4.5 강판의 등가 단면적

다. 구멍이 3개인 경우

$$A_e = A - a_1 - a_2 - a_3 \quad \cdots\cdots \text{⑥}$$

여기서, a_3 : 제3볼트에 의한 등가 단면적

3. L 형강 및 구형강의 등가 단면적

가. L 형강 및 구형강인 경우에는 후렌지를 전개하여 식 ③~⑥과 같이 강판식을 적용하여 산출하며, 볼트열 중심선간 거리(g)는 $g = g_1 + g_2 - t$로 함

나. L 형강과 구형강은 그림 13.4.5.와 같이 형강을 전개하여 등가 단면적을 구하며, 다리의 안쪽을 중심으로 전개하므로 형강의 두께 t를 차인하게 됨

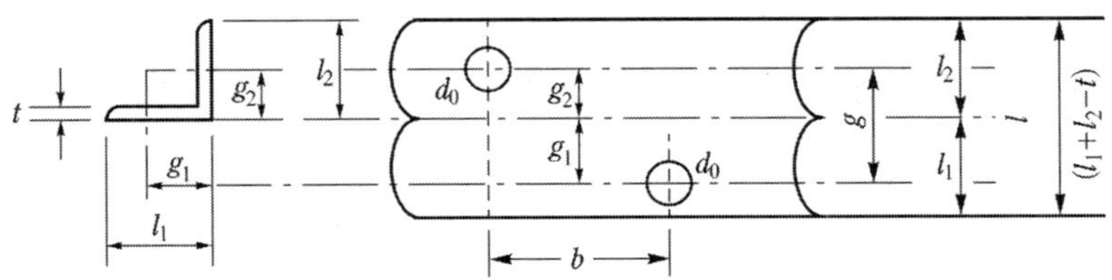

그림 13.4.6 L 형강 전개도

13.4.3 전기철도용 구조물의 부재 단면계수 및 모멘트

1. 개요

가. 전차선로의 철주, 빔 및 완철 등과 같이 강재를 부재로 하여 짜맞추거나 또는 단일재로서 사용한 구조물을 강구조물 또는 철구라고 하며, 주재 · 사재 · 연직재(입속) 등으로 구성되어 각 부재에는 축력이 작용하고, 가능한 한 굽힙응력이 발생하지 않도록 조립한 3각 결구를 기본으로 함

나. 이러한 강구조물의 강도계산 설계 시에는 각 부재의 단면에 대한 성질 및 특성을 고려한 1차 및 2차 모멘트와 단면계수를 산출하여 반영하게 되므로 강재 단면의 특성에 대하여 간략하게 기술함

2. 단면 1차 모멘트

가. 한단면의 미소면적에서 임의로 설정한 직교 좌표축까지의 거리를 미소면적에 곱한 것과 전체 단면에 걸쳐서 적분한 것을 단면 1차 모멘트(Statical Moment of area) 또는 기하 모멘트(Geometrical Moment of area)라 함

나. 수식으로 표현하면 그림 13.4.7과 같이 미소면적을 dA, x 축에서 미소면적까지 거리를 y라고 할 때 미소면적과 거리의 곱을 평면 전체에 걸쳐 모은 총합이 단면 1차 모멘트가 되며, 단위는 [cm^3] 또는 [m^3]으로 표시하나 이는 체적을 나타내지 않고 차수가 3차라는 뜻임

(1) x축에 대한 단면 1차 모멘트는

$$G_x = \int_A y\, dA = \int_{y_1}^{y_2} zy\, dy \Rightarrow \sum dA \cdot y_i \Rightarrow G_X = A \cdot y$$

(2) y축에 대한 단면 1차 모멘트는

$$G_y = \int_A x\, dA = \int_{x_1}^{x_2} zx\, dx \Rightarrow \sum dA \cdot x_i \Rightarrow G_Y = A \cdot x$$

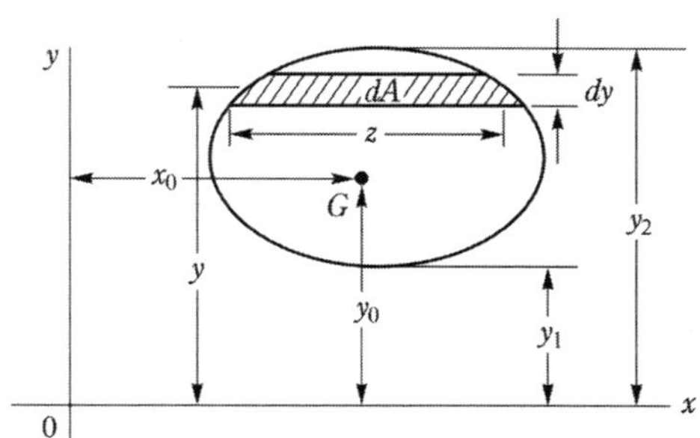

그림 13.4.7 단면 1차 모멘트의 개념도

다. 물체의 도심(圖心 Centroid) 또는 중심

(1) 물체의 질량이 어느 지점에 집합되어 작용하는 것으로 간주하는 경우에 이 지점을 물체의 중심이라고 함. 즉, 임의의 1점을 원점으로 하는 직교좌표축에 대한 단면 1차 모멘트가 각각 0(zero)이 될 때 그 원점을 주어진 단면의 도심 또는 중심이라고 함

(2) x축과 y축에 대한 도심을 각각 x_0, y_0라고 하면

$$x_0 = \frac{G_y}{A} \Rightarrow G_y = A \cdot x_0\,,\quad y_0 = \frac{G_x}{A} \Rightarrow G_x = A \cdot y_0$$

3. 단면 2차 모멘트

가. 단면 2차 모멘트의 의미

(1) 그림 13.4.8과 같이 미소면적 dA가 x축과 직교하는 거리를 y라고 할 때, 미소면적과 거리의 자승의 곱을 2차 모멘트라고 하며, 이것을 전체 단면에 대하여 적분(전체 합한 것)한 것을 단면 2차 모멘트(I_x)라고 함

(2) 단면 2차 모멘트는 부재설계에 있어서 모든 저항성에 대한 기본이 되는 것으로 이것을 기본 수식으로 나타내면,

$$I_x = \int_A y^2\, dA \Rightarrow \sum y^2\, dA,\quad I_y = \int_A x^2\, dA \Rightarrow \sum x^2\, dA$$

(3) 직교 좌표축 X 및 Y 에 대한 단면 2차 모멘트 I_X, I_Y를 알고 있을 때 이 좌표축과 평행한 다른 좌표축 x, y에 대한 단면 2차 모멘트 I_x, I_y는

$$I_x = I_X + 2y_0 \cdot G_X + y_0^2\, A,\quad I_y = I_Y + 2x_0 \cdot G_Y + x_0^2 A$$

여기서, 좌표축 X, Y의 원점이 도심과 일치하면 $G_X = G_Y = 0$이므로

$I_x = I_X + y_0^2 A$, $I_y = I_Y + x_0^2 A$가 됨

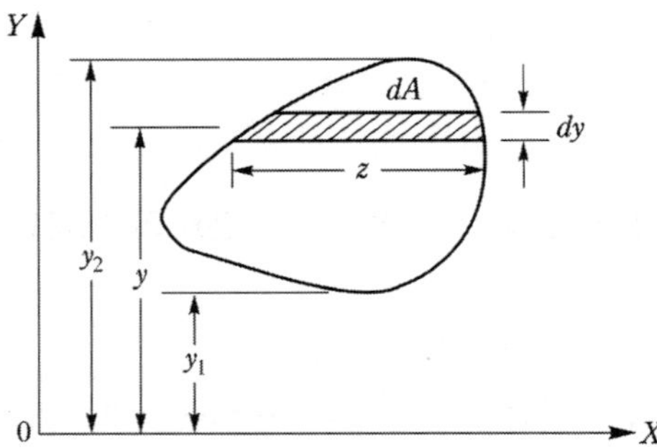

그림 13.4.8 단면 2차 모멘트 개념도

나. 단면 2차 모멘트의 용도 및 특징

(1) 단면계수와 단면 2차 반지름 계산

(2) 강의 비, 처짐의 량, 좌굴하중 등의 계산

(3) 휨응력도, 전단 응력도의 계산

(4) 단면 극 2차 모멘트, 단면의 주축계산

(5) 나란한 축에 대한 단면 2차 모멘트 중에서는 도심축에 대한 단면 2차 모멘트가 최소가 됨

(6) 정삼각형, 정사각형, 정다각형의 도심축에 대한 단면 2차 모멘트는 축의 회전에 상관없이 일정한 값이 됨

다. 단면의 형태별 단면 2차 모멘트 계산식

(1) X 축의 상하 단면이 대칭인 경우(그림 13.4.9(a))

$$I_X = \frac{BH^3}{12} - \frac{bh^3}{12}$$

(2) 직사각형 단면의 경우(그림 13.4.9(b))

도심축 $I_{X0} = \dfrac{bh^3}{12}$, 밑변 $I_X = \dfrac{bh^3}{3}$

(3) 원형 단면의 경우(그림 13.4.9(c))

도심축의 지름(d) $I_{X0} = \dfrac{\pi d^4}{64}$, 반지름($r$) $I_{X0} = \dfrac{\pi r^2}{4}$

(4) 정방향(정사각형) 단면의 경우 (그림13.4.9.d)

도심축 $I_{X0} = \dfrac{a^4}{12}$, 대각선축 $I_X = \dfrac{a^4}{12}$

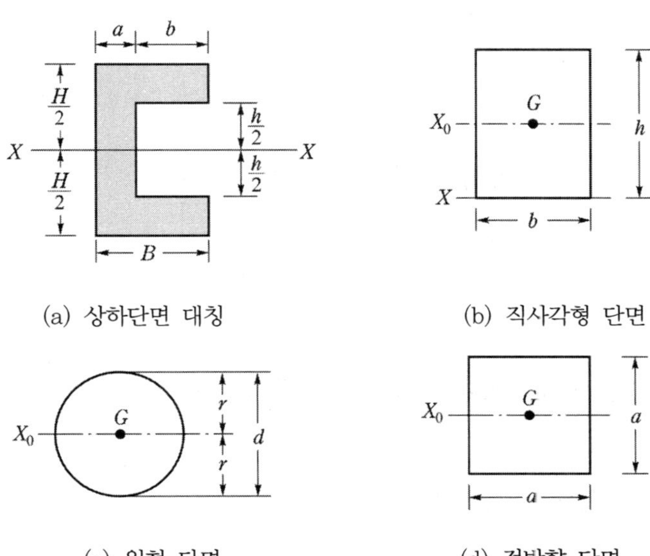

(a) 상하단면 대칭 (b) 직사각형 단면

(c) 원형 단면 (d) 정방향 단면

그림 13.4.9 대칭 단면별 단면 2차 모멘트 개념도

4. 단면계수

가. 어떤 한 단면의 도심 G를 지나는 축에 대한 단면 2차 모멘트의 값을 그 축으로부터 단면의 상단 또는 하단까지의 가장 먼 최원단까지의 거리로 나눈값을 그 축에 대한 단면계수라고 하며, 단면계수가 큰 부재일수록 휨에 대해서 강하기 때문에 최대강도를 구하는데 단면계수를 활용함

나. 그림 13.4.10과 같이 단면의 도심을 지나는 축에 대한 단면 2차 모멘트를 I_X라고 하고, 두 원거리를 y_1, y_2 일 때 X축에 대한 단면계수(Z_X)는

$$Z_{X1} = \frac{I_X}{y_1},\quad Z_{X2} = \frac{I_X}{y_2}$$

다. 사각형 단면의 도심축에 대한 단면계수는 아래 식으로 나타냄

$$Z_x = \frac{I_x}{(h/2)} = \frac{(bh^3/12)}{h/2} = \frac{bh^2}{6}$$

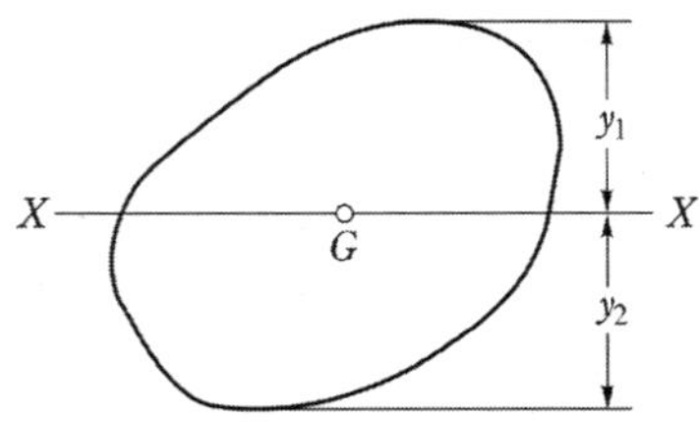

그림 13.4.10 단면계수 개념도

13.5 ◦ 구조물 강도 해석 및 계산문제 해설

13.5.1 단독 지지물의 설계하중 및 응력계산식

1. 단독 지지주의 의미

전기철도 구조물에서 가동브래킷 또는 고정 브래킷, 크로스 빔을 지지하는 전주 및 인류주, 스펜선 빔의 지지주 등은 단독 지지주로 취급하여 강도 계산함

2. 단독지지주의 적용 설계하중

가. 전선의 중량
나. 브래킷, 빔, 기타의 중량
다. 풍압하중
라. 전선의 횡장력
마. 온도변화에 의한 거동 브래킷이 이동한 경우는 수평하중과 수평하중의 편기에 의한 하중
바. 작업원의 중량(필요 시 1인당 60[kg]으로 적용함)
사. 지지물의 특수한 사용조건에 의해 일어날 수 있는 다른 모든 하중
아. 다만, 전주, 완철 및 브래킷에 대한 선로방향의 풍압하중은 선로 직각 방향으로 받는 하중에 비해 적기 때문에 특별한 경우를 제외하고는 생략함

3. 단독 지지주의 응력 계산

가. 고려사항

(1) 단독 지지주의 응력계산은 한쪽 지지주에 대한 적합 조건으로 구하며, 이때 기초는 고정된 것으로 간주함

(2) 단독 지지주의 모멘트는 지면과 경계면에서 최대로 되지만, 빔 취부지점에는 빔에 의한 모멘트가 크게 작용하므로 지면과의 경계점에서 만족하더라도 빔설치 지점에서 부족한 경우가 있으므로 주의가 필요함

나. 수평집중 하중이 작용하는 경우

(1) 지표면 모멘트 : $M = P \cdot L$

(2) 지표면의 전단력 : $Q = P$

(3) h 지점의 벤딩 모멘트 : $M_h = P(L-h)$

(4) h 지점의 전단력 : $Q_h = P$

여기서, 모멘트와 전단력의 계산은 전차선, 조가선 및 기타 전선의 수평집중 하중은 각각의 지지점의 높이에 작용하는 것으로 계산함

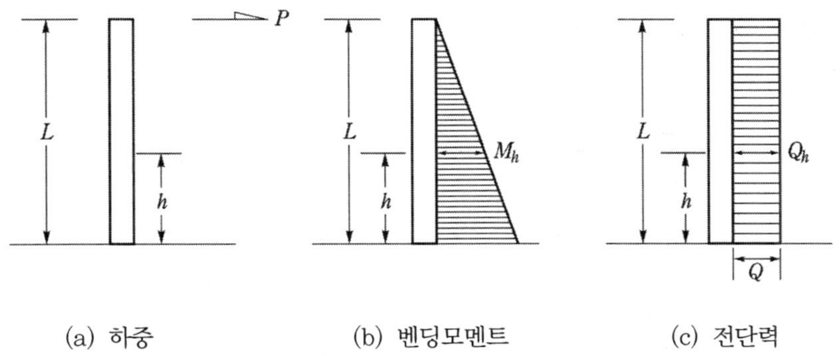

그림 13.5.1 수평집중하중 시 모멘트 및 전단력

다. 수평분포 하중이 작용하는 경우

(1) 지표면과 경계점의 모멘트 : $M = \dfrac{w \cdot L^2}{2}$

(2) 지표면과 경계점의 전단력 : $Q = w \cdot L$

(3) h 지점의 벤딩 모멘트 : $M_h = \dfrac{w(L-h)^2}{2}$

(4) h 지점의 전단력 : $Q_h = w(L-h)$

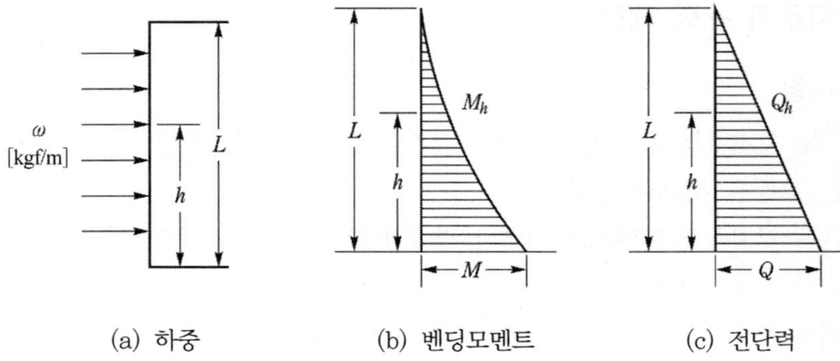

(a) 하중 (b) 벤딩모멘트 (c) 전단력

그림 13.5.2 수평분포하중 시 모멘트 및 전단력

라. 수직편심 하중이 작용하는 경우

(1) 지표과의 경계점 모멘트 : $M = P \cdot l$

(2) 지표면과 경계점의 전단력 : $Q = 0$

(3) 높이 $(h+H) > x > H$점의 모멘트 : $M_x = \dfrac{P \cdot l}{h}(h - H - x)$

(4) 높이 $(h+H) > x > H$점의 전단력 : $Q_x = \dfrac{P \cdot l}{h}$

(5) 높이 $H \geq x$의 모멘트 : $M_x = P \cdot l$

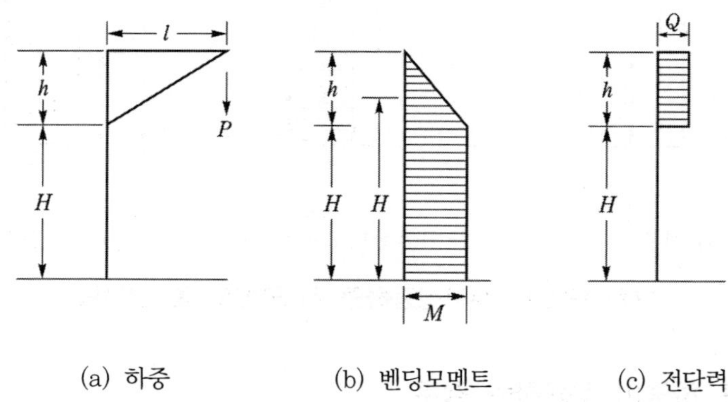

(a) 하중 (b) 벤딩모멘트 (c) 전단력

그림 13.5.3 수직편심하중 시 모멘트 및 전단력

13.5.2 단독 지지물 전철주의 휨(bending) 제한과 계산식

1. 개요

지지물에 하중이 걸리면 휨을 일으키지만 선로와 직각 방향의 휨은 전차선의 편위에 직접적인 영향을 미치므로 휨을 제한함. 단독 지지물은 휨량이 비교적 크게되므로 강도 계산상에서도 제한치를 초과하지 않도록 하여야 함

2. 단독 지지주로 사용하는 철주의 휨 제한

가. 일반의 경우(직선구간) 제한

(1) 풍속 20[m/s]의 풍압하중만에 의한 전철주의 전차선 높이에서의 휨은 50[mm] 이하로 함

(2) 기초는 변위하지 않는 것으로 계산하며 지선이 있는 전철주에 대해서는 휨을 고려할 필요가 없음

(3) 이 때 휨의 제한은 조가선, 전차선, 급전선 및 기타 첨가전선의 높이에 각각의 풍압하중이 작용한 경우의 휨 및 철주에 작용하는 풍압에 의해 생기는 모든 휨을 합한 값 이하여야 함

(4) 일반의 경우 휨 계산은 지그재그 편위에 의한 횡장력이 적으므로 직선구간의 경우에 적용함

(5) 풍속 30[m/s]로 제한하고 있는 것은 열차 운전 시의 최대 풍속 30[m/s]를 고려하여 적용하였음

나. 곡선로의 경우(곡선구간) 제한

(1) 병종 풍압하중에 의한 전철주의 휨량은 레일면상 7[m] 높이에서 100[mm] 이하로 함

(2) 병종풍압 하중(풍속 약 24.8m/s)에 의한 휨은 조가선, 전차선 등 첨가전선의 높이의 각각 횡장력 및 수직하중에 의한 편심하중에 의한 휨 등을 합한 값 이하여야 함(휨값 합이 100mm 이하)

(3) 레일면상 7[m]로 한 것은 가선 지지 위치의 전주 쪽의 개략점이며, 팬터그래프 유효 폭에 지장되지 않는 것을 고려한 위치임

3. 철주의 휨 계산식

가. 수평집중 하중에 의한 철주의 휨

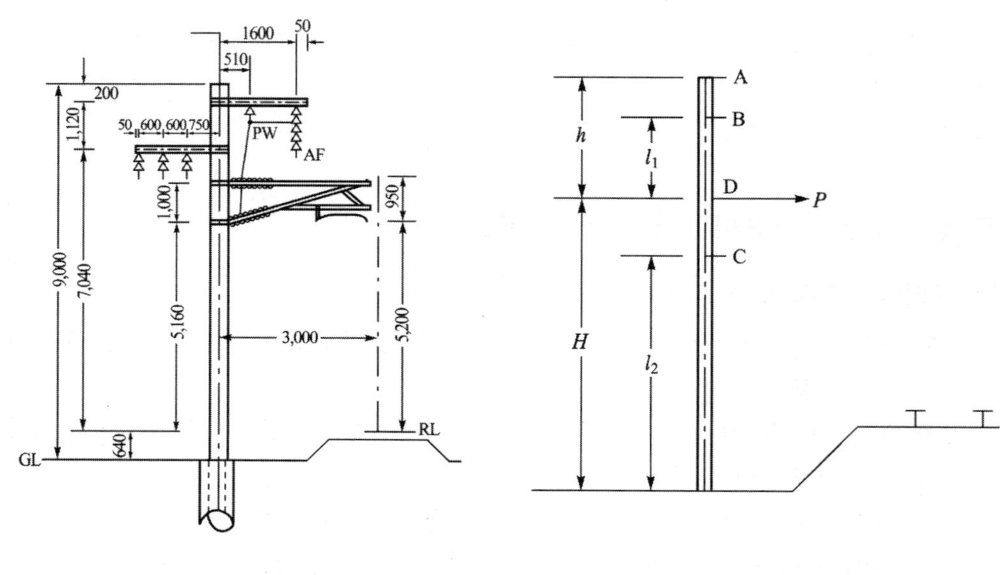

(a) 단독주 장주도

(b) 수평집중 하중도

그림 13.5.4 수평집중하중에 의한 철주 휨

(1) 수평집중하중 P의 작용점 D의 휨 : $D_p = \frac{PH^3}{3EI}$[mm]

(2) 작용점 B의 휨 : $D_B = \frac{PH^3}{3EI} + \frac{l_1 PH^2}{2EI}$

(3) 철주정부 A의 휨 : $D_A = \frac{PH^3}{3EI} + \frac{hPH^2}{2EI}$

(4) 작용점 C의 휨 : $D_c = \frac{PH\,l_2^2}{2EI} - \frac{P\,l_2^2}{6EI}$

여기서, E : 주제의 탄성계수, I : 철주의 단면2차 모멘트

나. 수직편심 하중에 의한 휨

휨계산을 위한 수직하중은 다음과 같이 수평력으로 환산하여 산출

$$P = \frac{3wL}{2L},\ P = \frac{wL}{h}$$

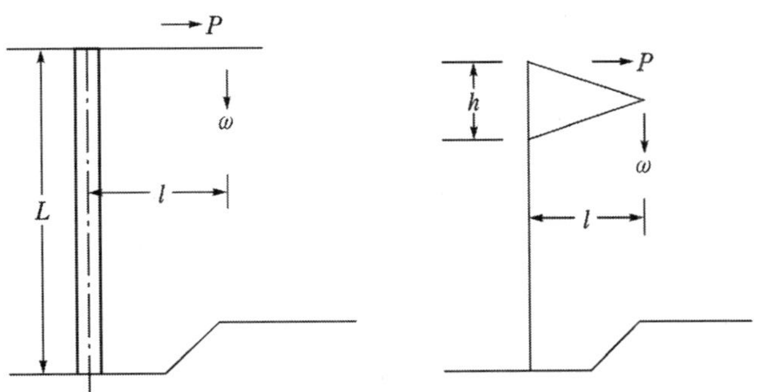

그림 13.5.5 수직편심하중에 의한 철주 휨

다. 수평집중하중에 의한 전차선 높이의 휨

$$D = \frac{P(h_1 + h_2)^3}{6EI}\left(\frac{3H}{h_1 + h_2} - 1\right)$$

여기서, P : 수평집중하중

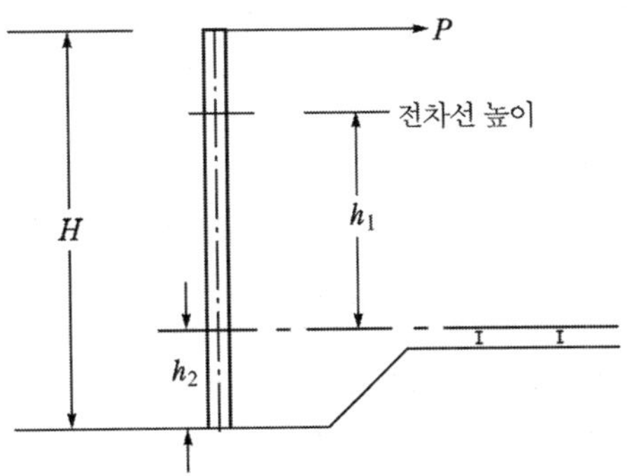

그림 13.5.6 수평집중하중에 의한 전차선높이의 휨

라. 철주에 작용하는 풍압하중(수평분포하중 w)에 의한 전차선의 높이의 휨

$$D = \frac{w}{2EI}\left\{\frac{L^2(h_1 + h_2)^2}{2} - \frac{L(h_1 + h_2)^3}{3} + \frac{(h_1 + h_2)^3}{12}\right\}$$

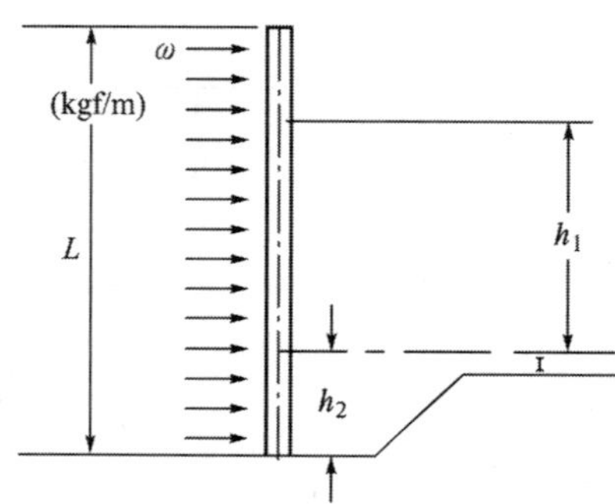

그림 13.5.7 풍압하중에 의한 전차선 높이의 휨

4. 콘크리트주의 휨제한

콘크리트 전철주의 휨제한은 풍압하중이 작용할 때 전차선 편위에 대한 규제치를 초과하지 않아야 함

가. 휨제한치는 콘크리트주의 지지점에서 7[m] 위치를 말함
   (단, 길이 8[m] 콘크리트주의 경우는 6[m] 위치)

나. 콘크리트주의 경우는 전주 자체의 휨 제한치 50[mm], 기초의 회전에 의한 휨 제한치 50[mm]를 감안하여 합계 100[mm]로 하고 있음

다. T_p주의 기초는 다른 구조물에 의하여 회전이 일어나지 않을 것을 전제로 100[mm]로 되어 있음

표 13.5.1 콘크리트주의 휨 제한치

종류	휨모멘트	휨제한치(mm)
NT 주	설계 휨 모멘트의 2/3를 걸었을 때	50
Tp 주		100

13.5.3 H형 강주 횡좌굴 원인과 수평하중에서의 한계하중 계산식

1. 개요

가. H형 강주는 단일재를 사용하고 있어 제작 및 시공이 용이하여 최근 전철주로 가장 많이 사용하고 있음

나. 다만, H형강 또는 I형 강주는 y축의 2차단면 모멘트가 적어 비틀림 강성이 적은 경우 조합철주 또는 강관주와는 다르게 옆으로 꺾여 쓰러지는 좌굴에 대한 고려가 필요하게 됨

2. 횡좌굴 발생 원인

가. H형 강주의 단면 2차 모멘트가 큰 쪽의 y축에 대하여 하중을 더해가면 갑자기 하중방향과 직각으로 뒤틀리면서 꺾여 쓰러지는 것을 좌굴 또는 횡좌굴이라고 함

나. 횡좌굴은 단독주 뿐만 아니라 빔과 같이 양단이 지지되어 있어도 중앙 부근에서 횡좌굴을 일으킬 우려가 있음

다. x축의 단면 2차 모멘트와 y축의 단면 2차 모멘트 사이에 극단적인 하중의 차이가 있는 전철주 또는 빔은 횡좌굴에 대한 검토가 필요함(실제 현장에서 인류주, 곡선이 심한 장소의 H형 강주 비틀림 현상이 발생되어 규격을 강화한 사례가 있음)

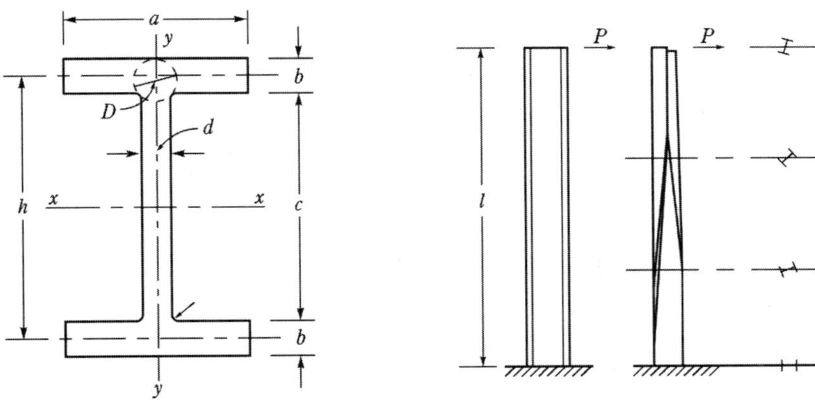

그림 13.5.8 H형 강주 단면 및 횡좌굴도

3. H형 강주 횡좌굴 계산(I형 강주도 동일하게 계산)

가. 수평하중만이 가해진 경우의 횡좌굴 계산

(1) 그림 13.5.8과 같이 수평하중(P)를 계속 증가시키면 H형 강주는 마침내 옆으로 뒤틀려 꺾여 쓰러지게 될 때의 한계하중(P_k)는

$$P_k = m\frac{\sqrt{(E \cdot I_y)(G \cdot I_p)}}{l^2}\,[\text{kgf}]$$

여기서, P_k : 옆으로 꺾여 쓰러짐을 일으키는 한계하중[kgf]

E : 탄성계수, G : 전단 탄성계수

I_y : y축 전단면의 단면 2차 모멘트[cm^4]

I_f : y축 편측후랜지의 단면 2차 모멘트[cm^4]

$$Ip = 2Ip_1 + Ip_2 + 2aD^4$$

$$Ip_1 = ab^3\left[\frac{1}{3} - 0.21\frac{b}{a}\left(1 - \frac{b^4}{12a^4}\right)\right], \quad Ip_2 = \frac{1}{3}cd^3$$

$$a = \frac{d}{b}\left(0.15 + 0.1\frac{r}{b}\right) \quad (\text{단, } d < b\text{로 함})$$

$$m = 4.01 + 11.7\sqrt{\frac{I_f \cdot E \cdot h^2}{2I_p \cdot G \cdot l^2}}$$

(2) 한계하중 P_k에 대한 허용하중(P_a)은

$$P_a = \frac{P_k}{F}[\text{kgf}]$$

여기서, F는 안전율로 허용응력도를 δ_a [kgf/cm^2], 항복점강도를 δ_r [kgf/cm^2] 이라고 하면 $F = \delta_r/\delta_a$이며, $D = b + \frac{(d+2r)^2}{4(b+2r)}$가 됨

나. 휨모멘트만이 가해진 경우 횡좌굴 계산

(1) 휨모멘트만이 가해져도 뒤틀림 강성이 적은 전주는 횡좌굴 발생하며, 이때의 휨모멘트(M_k) 값의 근사식은

$$M_k = \pi\frac{\sqrt{(E \cdot I_y) \cdot (G \cdot I_p)}}{2l} \times \sqrt{1 + \pi^2 \cdot \frac{I_f \cdot E \cdot h^2}{8I_p \cdot G \cdot l^2}}$$

여기서, 기호 및 기타는 횡좌굴 P_k 적용 방법과 같음

(2) 따라서, 허용 휨모멘트(M_a)는

$$M_a = \frac{M_k}{F}$$

여기서, M_a : 허용 휨 모멘트[kgf · m]
M_k : 한계 휨 모멘트[kgf · m]

다. 수평하중과 휨모멘트가 동시에 가해진 경우 횡좌굴 계산

(1) 가동브래킷 또는 고정브래킷 등에서는 수직하중에 의한 휨모멘트와 횡장력 및 풍압하중에 의한 수평하중이 동시에 가해지며,

(2) 근사식으로 나타내면 $\frac{M}{Ma} + \frac{P}{Pa} \leq 1$ 조건을 만족해야 됨

여기서, M, P는 실제 가해지는 한계 모멘트 및 한계하중이며,

M_a, P_a는 "가, 나" 항에서 산출한 허용 모멘트 및 허용하중임

라. 압축력과 휨 모멘트가 동시에 작용하는 경우 강도 판단

$\frac{\delta_c}{f_k}+\frac{\delta_m}{f_m}\leq 1$을 만족하여야 함

여기서, $\delta_m = \frac{M}{Z}$: 휨재의 휨 응력도[kgf/cm^2]

$\delta_c = \frac{N}{A}$: 압축재의 압축 응력도[kgf/cm^2]

f_k : 허용 좌굴 응력도 [kgf/cm^2]

f_m : 허용 휨 응력도 [kgf/cm^2]

13.5.4 조합철주의 강도계산에 취하는 세장비(細長比)

1. 세장비(細長比)의 의미 및 제한

가. 전차선로용 강구조물의 부재에는 최소 두께의 제한이 설정되어 있고, 항압재(압축재)로 사용되는 부재는 세장비의 제한에 의하여 선정되는데, 압축재의 길이를 l, 회전 반지름을 r이라 할 때 세장비(λ)는 $\lambda = l/r$로 표시하며, 세장비(λ) 값이 클수록 그 재료는 좌굴되기 쉽다는 것을 의미함

나. 세장비의 제한

(1) 주 주재에서는 200 이하

(2) 보통 압축재에서는 220 이하

(3) 압축제로서 사용되는 보조재에서는 250 이하

2. 좌굴 길이(l) 및 회전반경(r)을 잡는 방법

가. 좌굴길이의 선정

사재의 좌굴길이 l은 각 절점간 거리로 하며, 회전반경(r)은 최소 회전반경으로 설정하고, 복(複) 경사재의 좌굴길이 l을 취하는 방법은 명시되지 않았으나 그림 13.5.9 (a)와 같이 중앙교점을 볼트로 조이는 평강(단경사재)의 경우는 단사재의 0.7배로 함 ($l = 0.7\, l_1$)

표 13.5.2 좌굴길이의 선정

양단의 지지상태		좌굴길이
(a) 형	일단자유 – 일단고정	2 L
(b) 형	양단 핀	L
(c) 형	양단 핀 – 일단고정	0.7 L
(d) 형	양단 고정	0.5 L

나. 회전반경의 선정

L 형강을 사용하여 그 교점을 볼트 조임하는 경우에는 l은 절점에서 교점까지의 길이 l_2의 큰 쪽을 취하고, r은 부재단면의 최소회전반경을 취함

다. 그림 13.5.9(b)와 같이 한 면만 보조재로 지지하고 한 방향의 변위에 대해서만 구속되는 압축재의 경우는 좌굴길이 및 회전반경은 지지점과 방향을 고려한 세장비를 비교하여 큰 쪽을 선정함

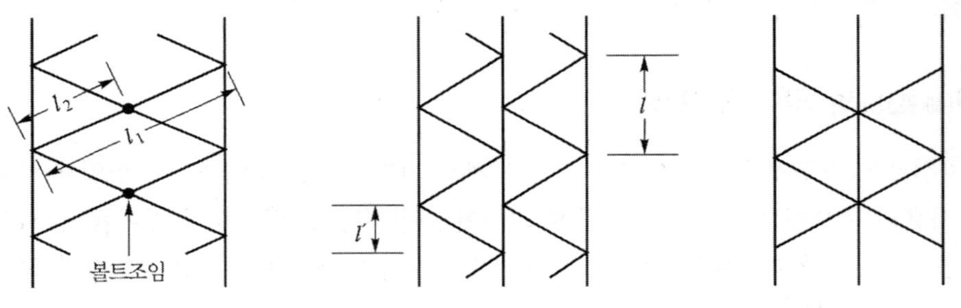

(a) 중앙볼트조임 경사재 (b) 한면만 지지한 경사재 지지

그림 13.5.9 사재의 좌굴길이 설정

3. 조립압축재의 유효 세장비

가. 충복재(充腹材)에 관한 좌굴에 대한 세장비는 단일 압축재와 같은 모양으로 계산함 ➪ 그림 13.5.10 (a), (b), (c)의 $X-X$축 둘레의 좌굴.

나. 충복재가 아닌 축에 관한 좌굴에 대한 세장비는 다음 계산식에 의하여 유효 세장비를 계산하여 허용좌굴 응력도를 구하도록 함 ➪ 그림 13.5.10 (a), (b)의 $Y-Y$ 축, (c)에 대한 $X-X$, $Y-Y$축 둘레의 좌굴

$$\text{유효 세장비 } \lambda_{ye} = \sqrt{\lambda_y^2 + \frac{m}{2}\lambda_1^2}$$

여기서, λ_1은 50 이하로 하며, $\lambda_1 \leq 20$일 때는 $\lambda_{ye} = \lambda_y$로 함

λ_1 : 조립 압축재의 소재에 따라 결정되는 소재의 세장비

λ_y : 각 소재가 일체로 작용할 때 충복되지 않는 축에 대한 세장비

m : 압축재에 의하여 조립된 소재 또는 소재군의 숫자

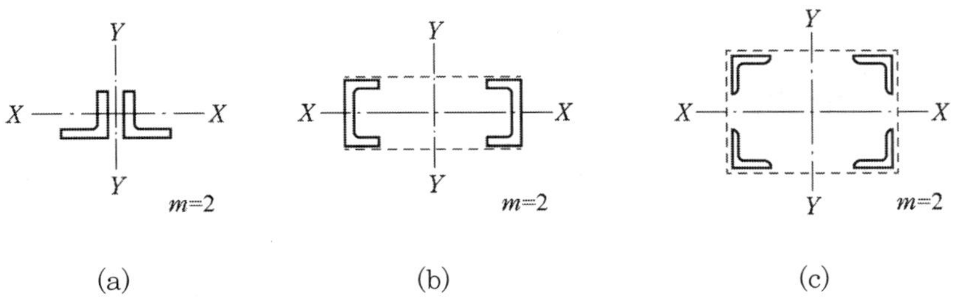

그림 13.5.10 조립압축재의 소재주변의 좌굴

13.5.5 조합철주의 주재(기둥) 및 볼트의 강도 계산식

1. 개요

가. 전차선로용 조합철주는 강재를 부재로 조합한 것으로 철주전체가 완전하게 일체형으로 작용하는 것으로 간주하며, 강성 조합철조로 하여 강도계산을 시행하고, 특수한 철주에서 필요한 경우에는 트러스 구조로 계산함

나. 본 항에서는 조합철주를 구성하는 주 주재(主 柱材), 경사재 및 주재와 경사재를 연결하는 사용 볼트의 강도계산에 대하여 서술함

2. 주 기둥재의 강도계산(단일재 계산에 준함)

가. 외부의 힘 및 벤딩모멘트를 받는 주 기둥재의 계산은 단일재의 계산에 준하여 다음과 같은 식으로 계산함

(1) 주 기둥재의 축방향 압축 응력도

$$\delta_c = \frac{P}{2A} [\mathrm{kgf/cm^2}]$$

(2) 휨(벤딩) 모멘트에 의한 압축응력도

$$\delta_m = \frac{M}{A \cdot g} \ [\mathrm{kgf/cm^2}] \ (\text{단, } \frac{\delta_c + \delta_m}{f_k} \le 1 \text{ 이어야 함})$$

여기서, P : 주 기둥재의 축방향 압축력[kgf]

M : 조합철주 기둥재에 작용하는 벤딩 모멘트[kgf/cm^2]

A : 주기둥재의 한쪽 유효단면적[cm^2]

g : 주기둥재의 주재 중심간 거리[cm]

f_k : 허용좌굴 응력도[kgf/cm^2]

나. 합성 응력도 판단

(1) 철주의 단면 우측주재는 압축재로서 좌굴 응력도(δ_t)는 $\delta_t = \delta_c + \delta_m$이며, 허용좌굴 응력도($f_k$)는 $\dfrac{\delta_t}{f_k} = \dfrac{\delta_c + \delta_m}{f_k} \leq 1$이면 안전함

(2) 철주 단면 좌측 주재는 인장재로서 인장응력도(δ_t)는 $\delta_t = \delta_m - \delta_c$이며, 허용인장 응력도를 f_t라고 하면, $\dfrac{\delta_t}{f_k} = \dfrac{\delta_m - \delta_c}{f_k} \leq 1$이면 안전함

다. 전단력에 의해서 발생하는 전단 응력도

(1) 조합철구에 작용하는 전단력을 Q(지표면에서는 $Q = H$)라 하면 주재에 발생하는 전단응력도(δ_s)는 $\delta_s = \dfrac{Q}{2A}$이고,

(2) 허용전단 응력도를 f_s라 하면 $\delta_s \leq f_s$이면 안전함

3. 사재의 강도계산

사재에는 전단력(철주에 가해지는 수평력) Q에 의해서 인장 또는 압축응력이 발생함.

경사재의 강도는 $\dfrac{Q}{f \cdot n \cdot A\cos\theta} \leq 1$ 이 되어야 함

여기서, Q : 조합 철기둥에 가해지는 수평력[kgf]

f : 사재의 허용인장 응력도 또는 허용좌굴 응력도[kgf/cm^2]

n : 사재의 중복수(동일장소에서 경사재가 겹치는 방법을 나타내는 것으로 4각 철주의 단경사재 = 2, 복경사재 = 4임)

A : 사재의 유효 단면적[cm^2]

θ : 사재의 수평면에 대한 경사각도

4. 접합 볼트의 강도계산

가. 주기둥과 경사재의 설치용 볼트의 강도계산은 아래 식의 조건을 만족하도록 하여 사재의 합성응력에 대하여 안전하도록 선정함

$$(P_1 + P_2) \leq F \Rightarrow P \leq F$$

여기서, P : 경사재 P_1, P_2의 합성응력

P_1, P_2 : 경사재의 인장응력 또는 허용응력

F : 볼트 1개의 허용응력

나. 2개의 사재를 1개의 볼트로 설치하는 경우

(1) $P_1 = P_2$라고 하면 $P_1 = P_2 = \dfrac{Q}{\cos\theta}$

(2) 볼트의 합성응력은 $P_p = 2P\,l\sin\theta = \dfrac{2Q}{\cos\theta} \cdot \sin\theta = 2Q \cdot tan\theta$

(3) 경사재의 중복수를 n이라 하면 $P_p \fallingdotseq \dfrac{2Q}{n} \cdot \tan\theta$

다. 경사재가 개별적으로 설치된 경우

(1) $P_p = \dfrac{Q}{\cos\theta}$

(2) 경사재의 중복수를 n이라 하면 $P_p \fallingdotseq \dfrac{2Q}{n \cdot cos\theta}$가 됨

13.5.6 단일강재의 강도계산 방법

1. 개요

단일강재의 강도계산은 인장재 강도 및 압축재 강도로 구분하여 계산하며, 기호 및 단위는 아래와 같이 표시함

P : 외력 (인장력 또는 압축력) [kgf]

M : 휨모멘트(벤딩모멘트) [kgf · cm^2]

δ_t : 인장재의 인장 응력도 [kgf/cm^2]

δ_c : 압축재의 압축 응력도 [kgf/cm^2]

δ_m : 휨재의 휨 응력도 [kgf/cm^2]

f_k : 허용 좌굴 응력도 [kgf/cm^2]

f_t : 허용 인장 응력도 [kgf/cm^2]

A : 유효 단면적 [cm^2]

Z : 단면계수 [cm^2]

2. 인장재의 강도계산식 및 판단 기준

가. 인장력만의 경우

(1) 인장응력도 : $\delta_t = \dfrac{P}{A}$

(2) 판단 : $\dfrac{\delta_t}{f_k} \leq 1$ 이면 안전함

나. 인장력과 휨모멘트(벤딩모멘트)가 동시에 작용하는 경우

(1) 인장응력도 : $\delta_t = \dfrac{P}{A}$

(2) 휨재의 휨 응력도 : $\delta_m = \dfrac{M}{Z}$

(3) 판단 : $(\dfrac{\delta_t}{f_k} + \dfrac{\delta_m}{f_m}) \leq 1$ 이면 안전함

다. 인장력과 휨 모멘트가 X축과 Y축 방향으로 작용하는 경우

(1) 인장응력도 : $\delta_t = \dfrac{P}{A}$

(2) x 축방향의 휨 응력도 : $\delta_{mx} = \dfrac{M_x}{Z_x}$

(3) y 축방향의 휨 응력도 : $\delta_{my} = \dfrac{M_y}{Z_y}$

(4) 판단 : $(\dfrac{\delta_t}{f_k} + \dfrac{\delta_{mx} + \delta_{my}}{f_m}) \leq 1$ 이면 안전함

3. 압축재의 강도계산

가. 압축력만의 경우

(1) 압축 응력도 : $\delta_c = \dfrac{P}{A}$

(2) 판단 : $\dfrac{\delta_c}{f_k} \leq 1$ 이면 안전함

나. 압축력과 휨모멘트(벤딩모멘트)가 동시에 작용하는 경우

(1) 인장응력도 : $\delta_c = \dfrac{P}{A}$

(2) 휨재의 휨 응력도 : $\delta_m = \dfrac{M}{Z}$

(3) 판단 : $(\dfrac{\delta_c}{f_k} + \dfrac{\delta_m}{f_m}) \leq 1$ 이면 안전함

다. 압축력과 휨 모멘트가 X축과 Y축 방향으로 작용하는 경우

(1) 인장응력도 ➪ $\delta_c = \frac{P}{A}$

(2) x축 방향의 휨 응력도 ➪ $\delta_{mx} = \frac{M_x}{Z_x}$

(3) y축 방향의 휨 응력도 ➪ $\delta_{my} = \frac{M_y}{Z_y}$

(4) 판단 ➪ $(\frac{\delta_t}{f_k} + \frac{\delta_{mx} + \delta_{my}}{f_m}) \leq 1$ 이면 안전함

13.5.7 조합철주 볼트 접합부 지압력 계산식

1. 개요

가. 전차선로 지지물 볼트는 주재의 접속 및 보조재와 부품류의 설치에 쓰이고 있으며, 볼트의 강도계산은 전단력 및 접합부재와 볼트의 접촉면에 발생하는 지압력 검토가 필요함

나. 볼트는 전단력으로 지압력에 견딜 수 있도록 사용하는 것이 표준이나 앵커볼트같이 볼트축 방향으로 주하중이 작용하는 것도 있음

2. 지압력의 계산

가. 볼트에 하중에 가해졌을 때 그 표면에서 버티는 힘을 볼트의 "지압력"이라 하며, 이 때 생기는 응력을 "지압응력", 단위면적당 응력을 "지압응력도"라고 함

나. 지압력의 계산식(볼트 1개의 허용지압력)

(1) $F = f_p \cdot d \cdot t$[kgf]

(2) $P \leq n \cdot F$ ➪ $n \geq \frac{P}{F}$

(3) $\delta_p = \frac{P}{d \cdot t}$ [kgf/cm²]

(4) 판단 : 볼트의 허용지압 응력도 $\delta \leq fd$일 때 안전함

여기서, P : 외력[kgf], F : 볼트 1개 허용지압력[kgf]

t : 강판두께[cm], d : 볼트의 유효직경[cm]

δ : 지압응력도[kgf/cm], n : 볼트 개수

f_p : 허용지압응력도[kgf/cm]

예 제

강판 두께가 6[mm]이고, 허용지압 응력도는 2750[kfg/cm^2], 외력이 2,400[kgf] 일 때 16[mm] 볼트 1개의 허용 지압력은?

해설 허용 지압력 $F = f_p \cdot d \cdot t = 2750 \times 1.6 \times 0.6 = 2640$[kgf]

볼트에 가해지는 응력(외력)이 2,400[kgf]이므로

볼트개수는 $n = \dfrac{P}{F} = \dfrac{2,400}{2,640} = 0.91 = 1$개

이때, 지압응력 δ_p는 $\delta_p = \dfrac{P}{d \cdot t} = \dfrac{2400}{1.6 \times 0.6} = 2,500$

따라서, 지압응력이 외력보다 크므로 안정적임

3. 전단력의 계산

가. 그림 (a)와 같이 볼트 하나의 단면전단력을 받을 때 “1면 전단”(단전단) 그림 (b)와 같이 2면에 받는 경우를 “2면 전단” 또는 복전단이라고 함

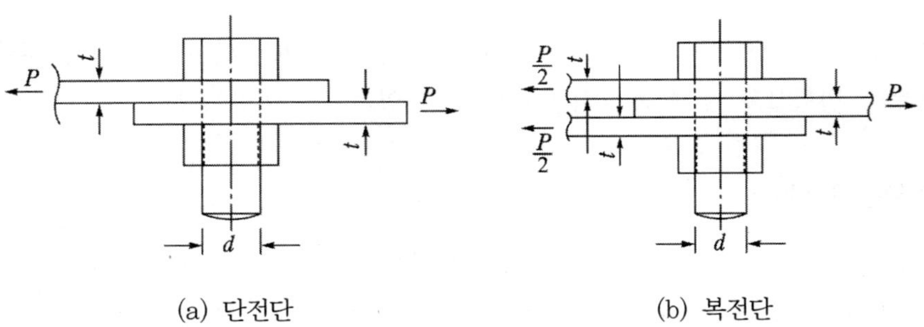

(a) 단전단 (b) 복전단

그림 13.5.11 전단력

(1) 2면 전단의 경우 볼트에 생기는 전단응력은 하중이 동일하다고 하면 1면 전단의 1/2이 됨

(2) 하중이 가해지는 볼트의 표면적이 하중에 비하여 비교적 적은 경우 전단응력보다 지압응력이 크게 되는 경우가 있어 안전한 쪽을 선택함

(3) 볼트 1개의 허용 전단력(F)은

$$F = f_a \cdot \frac{\pi \cdot d^2}{4} [\text{kgf}]$$

여기서, F : 볼트 1개의 허용전단력[kgf]

d : 볼트의 직경[cm]

f_a : 허용전단 응력도[kgf/cm²]

나. 1면 전단의 경우

(1) $P \leq n \cdot F$에서 $n > \dfrac{P}{F}$ 따라서, 1면 전단 응력도는

$$\delta_{a1} = \frac{P}{\dfrac{\pi d^2}{4}} = \frac{4 \cdot P}{\pi d^2}\,[\mathrm{kgf/cm^2}]$$

여기서, P : 외력[kgf], n : 볼트 개수, d : 볼트직경[cm]

F : 볼트 1개의 허용전단력[kgf]

δ_{a1} : 1면 전단 응력도[kgf/cm²]

f_a : 허용전단 응력도[kgf/cm²]

(2) 안전을 위해서는 $f_a > \sigma_a$를 만족해야 함

다. 2면 전단의 경우

(1) $P \leq 2n \cdot F$ ⇨ $n \geq \dfrac{P}{2F}$

(2) $\delta_{a_2} = \dfrac{\sigma_{a1}}{2} = \dfrac{2P}{\pi d^2}\,[\mathrm{kgf/cm^2}]$

(3) 안전을 위해서는 $f_a > \delta_{a_2}$가 만족해야 함

여기서, δ_{a2}는 2면전단의 전단응력도[kgf/cm²]

(4) 부재접속에 사용하는 볼트수의 계산(별도해설)

(5) 외력과 휨모멘트를 동시에 받는 두 줄 볼트수의 계산(별도해설)

(6) 볼트의 간격(별도해설)

(7) 볼트구멍의 표준게이지 및 볼트의 길이(별도해설)

13.5.8 전기철도 구조물 강도계산 수행 절차

1. 개요

가. 전차선로 구조물 강도계산에서 오류가 없도록 하기 위해서는 강도계산에 필요한 조건 및 제반 항목을 정리하여 순서에 입각하여 수행하는 것이 매우 중요함

나. 전철화 사업 등 대형 프로젝트에서는 구조 기술사 등이 제반 강도계산에 참여하여 시행하지만, 보통 전기분야에서 전차선로 개별 설비별로 직접 계산하는 경우도 많으므로 여기서는 표준장주를 기준으로 설계수행 절차를 기술하도록 함

2. 강도계산 설계수행 절차

가. 전차선로 설계 기본조건의 검토

(1) 열차운행 속도 및 선로 조건(역구내, 역간, 노반 구조물 등)

(2) 전차선, 조가선, 급전선의 종류 및 가선 방식

(3) 구조물의 형식 및 지지물의 종류 등

나. 설계 기상 조건에 대한 적용범위 선정

(1) 기상 지역구분 및 적설 지역에 대한 적용조건 결정

(2) 갑종 풍압하중에 대한 적용구분을 검토하여 결정

다. 하중도의 작성

"가, 나" 항을 기초로 하여 각각의 하중점을 명시하는 기본 선도를 작성

라. 구조물의 가선정 및 하중의 산출

(1) 전주의 종류, 철주 및 빔 등 강구조물 구조를 가선정함

(2) 가선정한 구조물과 전주기초를 포함한 강도계산을 시행

(3) 강도계산 결과 가선정된 구조물이 부적합하면, 재차 가선정과 강도계산을 수행하여 판단기준에 적합하도록 하며, 구조물의 각부의 수평하중 및 수직하중을 계산함

(4) 구조물의 종류 등 가선정시에는 유사한 기준설비 및 강도계산 결과를 참고하여 시행하면 효과적임

(5) 전선의 하중은 그 구조물 인접 경간 길이의 1/2을 더한 길이로 계산함

마. 모멘트 및 반력의 산출

(1) 단독 구조물 : 하중계산 결과에 의하여 경계점의 모멘트 및 수평, 수직 반력을 계산함

(2) 문형라멘 구조물 : 하중계산 결과를 기초로 문형라멘 구조공식을 사용하여 부재 단부의 극 모멘트 및 수직, 수평 반력을 산출함

(3) 문형라멘 구조물은 하중의 작용 위치에 따라 계산이 복잡하므로 수직하중은 빔에 작용하는 전체 수직하중을 등분포 하중으로 환산하여 적용하고, 수평하중은 전체 수평하중을 빔의 중립축에 작용하는 집중하중으로 환산하여 계산하는 것이 실용적임

바. 전주, 빔의 강도 검증

(1) 기 산출된 부재의 모멘트 및 반력에 대해서 가선정된 구조물의 강도안전 여부를 판단하고, 부적합하면 구조물을 가선정하여 계산을 수행함

(2) 콘크리트주(Concrete pole) : 각 하중에 의한 대지 경계점 모멘트 적합여부를 확인하고, 전주 길이 및 기초 강도의 안전여부를 확인하여 적합여부를 판단하여, 부적합시는 재차 가선정하여 계산을 수행함

(3) 철주(조합철주 포함) : 철주의 대지 경계점 모멘트 및 각 부재의 모멘트 최대치와 반력에 기초하여 각 부재에 작용하는 응력이 각 부재의 허용 응력에 안전한지를 판단함

① 부재를 항압재로 사용하는 경우에는 압출응력 이외에 좌굴응력이 발생될 우려가 있으므로 세장비를 취하는데 충분한 주의가 필요함

② 인류철주의 경우 하중의 대부분이 한 방향으로 되는 경우에는 사재를 전부 하중방향으로 인장응력이 발생하도록 구성하여야 함

③ 부재의 접합부, 기초 또는 빔과의 접합부는 각각의 부분에 발생하는 응력에 따라서 볼트의 수량과 접합구조를 결정함

④ 철주를 단독 구조물로 사용하는 경우에는 휨 한도를 초과하지 않도록 하고, 특히 I 형강과 같이 비틀림이 우려되는 경우는 비틀림 초과여부를 필히 판단하여야 함

(4) 빔(Beam)

① 철주에 준하여 각 부재의 응력을 계산하고 강도를 판단함

② V형 트러스 라멘 빔의 사재는 세장비가 커서 좌굴응력에 대해서 약하므로 선로곡선 반경이 작고, 전선의 횡장력이 큰 장소에서는 사재에 발생하는 좌굴응력을 경감하는 방향으로 사재를 배치하여야 함

사. 전주 기초의 강도계산

(1) 토질조사

토질조사는 토양강도를 자연상태로 측정하는 원위치 시험(In-situ test) 중의 사운딩 테스트를 적용함(최근에는 스웨덴식 관입시험 시행)

(2) 강도계산 및 검증

① 전주의 대지 경계점 모멘트와 반력에 의하여 강도계산을 수행

② 원주형, T형, 우물통형의 전주기초는 일반 각종 하중에 대한 허용 저항 모멘트 계산값에 의하여 강도 판단을 시행

③ 성토장소의 원주형 및 T 형 기초는 성토한 법면측의 허용저항 모멘트가 선로측의 60[%] 정도로 계상되므로 하중의 방향에 주의하여야 함

13.5.9 완철의 강도계산에 필요한 수직하중과 수평하중

1. 완철의 종류 및 치수

가. 전주 또는 고정빔 위 등에 설치하여 급전선, 부급전선, 보호선 등을 지지 또는 인류하기 위한 구조물을 완철이라 하며, 고정빔 위에 설치하여 전선류를 지지하는 완철은 모양을 따서 문형완철로 부르기도 함

나. 완철의 종별은 직류 전차선로용과 교류 전차선로용으로 대별하며, 직류 전차선로용으로는 급전선 1선용 또는 2선용 완철과 급전선 2선용 문형완철이 있고, 교류 전차선로용은 BT 방식에서 NF 1선용, NF 및 PF 용을 사용하고, AT 방식에서는 AF 또는 PW 완철과 AF 및 PW 용 문형완철 등이 있음

다. 완철의 치수는 대부분 표준화 되어 있으며, 지지하고 있는 전선류의 풍압하중과 곡선로의 횡장력에 의한 애자련의 경사를 고려하여 선간 이격거리 및 절연 이격거리를 확보할 수 있어야 하며, 특히 교류에서의 완철은 애자련이 수평이 되도록 흔들려도 전주 등과 300[mm] 이상의 이격이 확보되는 치수를 유지시키는 것이 안전함

2. 완철의 강도계산에 필요한 하중

가. 수직하중

(1) 자중 : 전선, 애자, 금구류의 자중 및 완철의 자중
(2) 작업원 하중 : 고려할 필요가 있는 경우 1인당 60[kgf] 적용
(3) 피빙하중 : 전선의 피빙하중
(4) 설하중 : 전선의 착설 하중, 완철 등의 관설하중

나. 수평하중

(1) 풍압하중 : 전선의 풍압하중, 완철 · 애자 등의 풍압하중
(2) 곡선로의 횡장력
(3) 전선의 인류 지지개소의 전선 장력

3. 일반용 완철의 강도 계산식

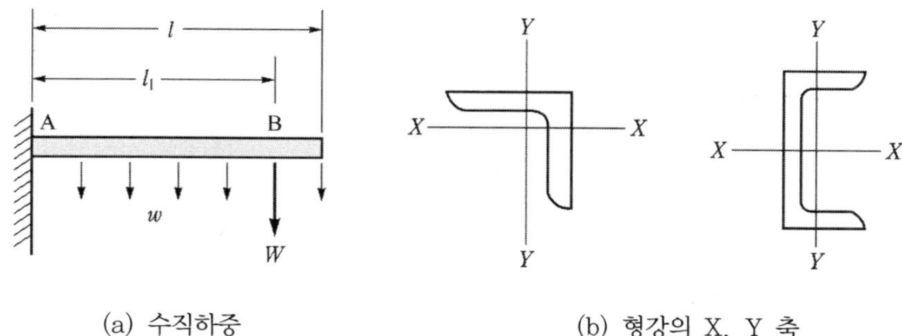

(a) 수직하중 (b) 형강의 X, Y 축

그림 13.5.12 완철의 하중도

가. 전선, 애자 등에 의한 수직하중

$$W = w_1 \cdot S \cdot n + w_2$$

여기서, W : 전선, 애자 등에 의한 수직하중[kgf]

w_1 : 전선의 단위 중량[kgf/m], n : 전선의 조수[조]

w_2 : 애자, 턴버클형 금구, 조가금구의 중량[kgf]

S : 경간길이[m] ➪ $S = (S_1 + S_2)/2$ (인접경간 합의 평균)

나. A 점에 발생하는 최대 휨모멘트

$$M_m = W \cdot l_1 + \frac{w\,l^2}{2} [\text{kgf} \cdot \text{m}]$$

여기서, M_m : 최대 휨 모멘트, w : 완철재의 단위 중량[kgf/m]

l : A점에서 부재 선단까지의 길이[m]

l_1 : A점에서 하중(전선지지점)이 미치는 B점까지의 길이[m]

다. 부재의 휨 응력(δ_m)

$$\delta_m = \frac{M_m}{Z} [\text{kgf/cm}^2], \quad W = w_1 \cdot S \cdot n + w_2$$

여기서, Z : 완철재의 단면계수[㎤]

라. 부재의 휨 응력 검증

$\delta_m \leq \delta_{ma}$ ➪ 부재의 휨 응력보다 허용 응력이 커야 안전함

여기서, δ_{ma} : 완철재의 허용 휨 응력[kgf/cm²]

마. A 점에 발생하는 최대 전단 응력

(1) 최대 전단력(F_s) ➪ $F_s = W + w \cdot l$ [kgf]

(2) 완철재의 전단 응력(δ_s) ➪ $\delta_s = \dfrac{F_s}{A}$ [kgf/cm²]

여기서, A : 완철재의 단면적[cm²]

바. 부재의 전단응력 검증

$\tau_s \leq \tau_a$ ➪ 전단응력보다 허용 전단응력이 크거나 같으면 안전함

사. 응력의 검토 및 검증

응력의 검증은 굽힘 응력도, 전단 응력도, 좌굴 응력도의 최대치에 대하여 시행하며

$\dfrac{\delta_m}{f_m} + \dfrac{\delta_s}{f_s} + \dfrac{\delta_c}{f_k} < 1$ 조건에 만족하면 안전함

표 13.5.3 일반용 완철의 캔틸레버보(외팔빔) 계산 공식

수직하중점	반력(R) 및 휨 모멘트(M)	비고
W, A, B, l, R_A	$R_A = W$ $M_A = W \cdot l$	보에 1개의 하중이 걸림
W_1, W_2, A, C, B, l_1, l_2, R_A	$R_A = W_1 + W_2$ $M_C = W_2 \cdot l_2$ $M_A = W_2(l_1 + l_2) + W_1 \cdot l_1$	보에 2개의 하중이 걸림
W_1, W_2, W_3, A, C, D, B, l_1, l_2, l_3, R_A	$R_A = W_1 + W_2 + W_3$ $M_D = W_3 \cdot l_3$ $M_C = W_3(l_1 + l_2 + l_3) + W_2 \cdot l_2$ $M_A = W_3(l_1 + l_2 + l_3) + W_2(l_1 + l_2) + W_1 l_1$	보에 3개의 하중이 걸림

수직하중점	반력(R) 및 휨 모멘트(M)	비고
w, A, B, l, R_A	$R_A = w \cdot l$ $M_A = \dfrac{w l^2}{2}$	보에 수직 등분포하중이 걸림
A, B, θ, l, W	$M_A = W \cdot l \sin\theta$ • 하중이 보에 직각이 되지 않고 보와 θ의 각도가 있는 경우	보에 θ 각도 하중이 걸림

13.5.10 조합철주 각 기둥의 모멘트 및 단면계수 계산문제 (해설1)

기출문제

다음 그림과 설계조건에 따라 각 기둥 전체의 X축, Y축에 대한 단면 2차모멘트, 단면계수 및 회전반지름을 계산하시오.(100-2점)

[설계조건] – 주재 : 등변 ㄱ형강 75 x 75 x 9, – 단면적 : 12.69[cm^2]
– 단면 2차 모멘트 : 64.4[cm^4], – 중심위치 : 2.17[cm]

[철주단면]

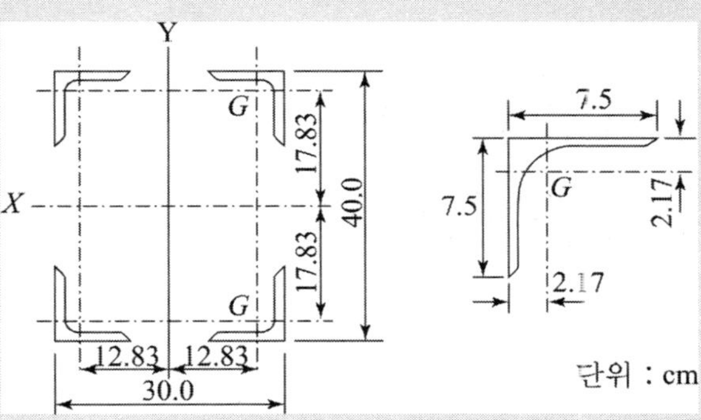

해설 **1. 계산식 기호 및 단위 설정**

가. 계산식 기호 및 단위

조합철주는 단면 및 주재의 형상, 치수에 따라 정해지는 단면 2차 모멘트, 단면계수 등을 총칭하여 단면성능이라고 하며 강도와 밀접한 관계에 있는 계산 문제로 다음과 같이 각각의 기호를 정하고 계산식을 정리한다.

(1) I_x, I_y : 철주 전체로서의 x축과 y축에 관한 2차 모멘트[cm^4]

(2) Z_x, Z_y : 철주 전체로서의 x축과 y축에 관한 단면계수[cm^3]

(3) R_x, R_y : 철주전체 로서의 x축과 y축에 대한 회전반경[cm]

(4) I_x', I_y' : 부재단면 중심의 x'축, y'축에 관한 단면 2차 모멘트[cm^4]

(5) l, l_x, l_y : Y, Y'축, X, X'축의 거리

나. 위와 같이 설정 했을 때 L형 강주(앵글주)의 경우 계산식은

(1) 단면 2차 모멘트 : $I_x = 4(I_x' + Al_x^2)$, $I_y = 4(I_y' + Al_y^2)$

(2) 단면계수 : $Z_x = \dfrac{2I_x}{b}$, $Z_y = \dfrac{2I_y}{b}$

(3) 회전반경 : $R_x = \sqrt{\dfrac{I_x}{4A}}$, $R_y = \sqrt{\dfrac{I_y}{4A}}$ 식을 적용

2. 단면 2차 모멘트

가. 철주의 단면치수($a \times b$) : 40×30[cm]

나. x, x'축과 중심거리 $l_x = (40 - 2 \times 2.17)/2 = 17.83$[cm]

다. y, y'축과 중심거리 $l_y = (30 - 2 \times 2.17)/2 = 12.83$[cm]

$\therefore\ I_x = 4(64.4 + 12.96 \times 17.83^2) = 16,395[cm^4]$

$I_y = 4(64.4 + 12.96 \times 12.83^2) = 8,613[cm^4]$

3. 단면계수

$Z_x = (2 \times 16,395)/40 = 819.75 \fallingdotseq 820[cm^3]$

$Z_y = (2 \times 8,613)/30 = 574.2 \fallingdotseq 574[cm^3]$

4. 회전반지름

$$R_x = \sqrt{\frac{I_x}{4A}} = \sqrt{\frac{16,395}{4 \times 12.69}} \fallingdotseq 18[cm]$$

$$R_y = \sqrt{\frac{I_y}{4A}} = \sqrt{\frac{8,613}{4 \times 12.69}} \fallingdotseq 13[cm]$$

13.5.11 2선용 지지완금의 응력계산 및 안전도 검증 계산문제(해설2)

기출문제

아래 그림과 같은 2선용 지지 완금재의 안전도를 응력계산을 통하여 검토하는 과정과 검토 결과를 기술하시오. (단, D점의 굽힘량, B점의 전단력의 검토는 제외하며, 굽힘량은 수직하중에 의한 것만 산출하고, 다음의 계산조건, 주어진 량에 의할 것) (71–4)

[계산조건]

- 2선용 완금재
  - 최소회전 반경 : 1.45[cm]
  - 단면적 12.69cm^2]
  - L75×75×9의 단면계수 = 12.1[cm^3]
  - 중량 = 9.96[kg/m]
  - 허용곡률 응력도 fm은 1650[kg/cm^2]
  - 허용전단응력 = 950[kg/cm^2]
- AL 510[mm^2] 중량 1.413[kg/m]
- AL 300mm^2 중량 0.821[kg/m]
- AL 510[mm^2] 수평하중 2.94[kg/m]
- AL 300mm^2 수평하중 2.24[kg/m]
- AL 510[mm^2] 전선장력 1,260[kg]
- AL 300mm^2 전선장력 990[kg]
- 애자 수평하중 3[kg/개]
- 애자중량 2.5[kg/개]
- 지지경간(S) : 40[m]
- 곡선반경(R) = 500[m]
- 세장비 $\frac{l}{r} = 69$ 시에 f_{k1}은 1000[kg/cm^2]이다.
- 세장비 $\frac{l}{r} = 165$ 시는 f_{k2}는 349[kg/cm^2]이다.

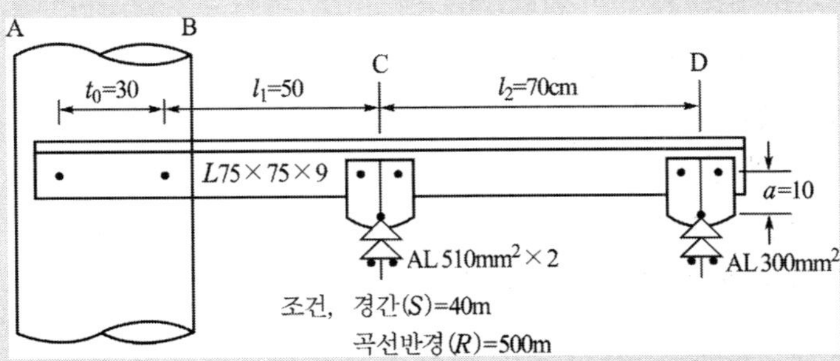

해설 1. 계산식 기호 및 단위 설정

가. 계산식을 고려하여 공식에 적합하게 기호 및 단위 재 설정

(1) 완철재의 길이 $L = l_1 + l_2 = 120[\text{cm}] = 1.2[\text{m}]$

(2) 작용점 C까지의 거리 : $l_1 = 50[\text{cm}] = 0.5[\text{m}]$

(3) 작용점 D까지의 거리 : $l_2 = 70[\text{cm}] = 0.7[\text{m}]$

(4) 급전선 AL 510[mm^2] 단위 중량 : $w_{11} = 1.413[\text{kg/m}]$

(5) 급전선 AL 300[mm^2] 단위 중량 : $w_{12} = 0.821$[kg/m]

(6) 애자의 단위중량 : $w_2 = 2.5$[kg/개]

(7) 완철재의 단위 중량 : $w = 9.96$[kg/m]

(8) 완철재의 단면적 : $A = 12.69$[cm^2]

(9) 완철재의 단면개수 : $Z = 12.1$[cm^3]

(10) 완철재의 회전반경 : $r = 1.45$[cm]

(11) 지지점 경간 : $S = 40$[m]

(12) 곡선 반경 : $R = 500$[m]

2. 완금재의 응력계산 과정

가. 완금의 응력의 계산

(1) 1개소 당 전선, 애자 등에 의한 수직 하중(W)는

$W = w_1 \cdot S \cdot n + w_2 = (w_{11} \times 2조 + w_{12}) \times S + (w_2 \times 4개)$

$= (1.413 \times 2 + 0.821) \times 40 + 2.5 \times 4 = 155.8$[kgf]

(2) 휨모멘트(M_m)는

$$M_m = W(l_1 + l_2) + wL^2/2$$

$$= 155.8(0.5 + 0.7) + \frac{9.96 \times 1.2^2}{2} = 194.13[\text{kgf/m}^2]$$

(3) 굽힘 응력도(δ_m)은

$$\delta_m = \frac{M_m}{Z} = \frac{194.13 \times 100}{12.1} = 1{,}604.38[\text{kgf/cm}^2]$$

(4) 휨 응력 안전도 검증

휨 응력 $\delta_m = 1{,}604.38$[kgf/cm^2], 허용 휨응력 $f_m = 1{,}650$[kgf/cm^2]에서, 안전조건 $\delta_m \le f_m$ ➪ $1{,}604 \le 1{,}650$을 만족하므로 안전함

나. 전단 응력의 계산

(1) 최대 전단 응력(F_s)는

$F_s = W + w \cdot l = 155.8 + 9.96 \times 1.2 = 167.752$[kgf]

(2) 완철재의 전단 응력(δ_s)은

$$\delta_s = \frac{F_s}{A} = \frac{167.752}{12.69} = 13.22[\text{kgf/cm}^2]$$

(3) 완철재 L75×75×9의 허용 전단응력(f_s)는 950[kgf/cm^2]

(4) 전단응력 안전도 검증

전단응력(δ_s) $\delta_s = 13.22$[kgf/cm^2], 허용 전단응력(f_s)은 950[kgf/cm^2]에서, 안전조건 $\delta_s \le f_s$ ➪ $13.22 \le 950$을 만족하므로 강도는 충분함

다. 압축응력의 계산

(1) 급전선의 단위 풍압하중(P_1) : 풍압하중은 수평하중으로 작용하므로 제시된 조건에서 수평하중을 풍압하중으로 간주하여 계산함

$P_1 = 2.94 \times 1.2(2조는 1.2배) + 2.24 = 5.768[kgf]$

여기서, AL510mm^2 2조 = 2.94×1.2(2조) = 3.528[kgf/m]

AL300mm^2 1조 = 2.24[kgf/m]

(2) 애자 등의 풍압하중(P_2)

$P_2 = 애자수평하중 \times 애자수 = 3 \times 4 = 12[kgf]$

(3) 급전선의 횡장력(P_3)

$$P_3 = \frac{ST}{R}[kgf] = \frac{40 \times 2,250}{500} = 180[kgf]$$

여기서, S(경간) = 40[m], R(곡선반경) = 500[m]

$T = T_1 + T_2$(전선의 장력) = 1,260+990 = 2,250[kgf]

T_1 : AL510mm^2 장력 = 1,260[kgf] (2조를 1 묶음으로 봄)

T_2 : AL300mm^2 장력 = 990[kgf]

(4) 완철에 작용하는 최대 압축응력(P)는

$P = P_1 + P_2 + P_3 = 5.768 + 12 + 180 = 197.768[kgf]$

(5) 압축 응력도(δ_c)

$$\delta_c = \frac{P}{A} = \frac{197.768}{12.69} \fallingdotseq 15.58[kgf/cm^2]$$

(6) 일단고정 세장비

$$\lambda = \frac{2L}{r} \text{에서 } \lambda = \frac{2 \times 120}{1.45} = 165.5$$ ➪ f_{K2} 적용하면,

허용 압축 응력도 $f_k = 349[kgf/cm^2]$

(7) 압축응력 안전도 검증

압축응력도(δ_c)는 $\delta_c = 15.58[kgf/cm^2]$, 허용 압축 응력도 $f_k = 349[kgf/cm^2]$이므로 안전조건 $\delta_c \leq f_k$을 만족하므로 안전함

3. 안전도 최종 검증

가. 완금재 안전도 검증

응력의 검증은 굽힘 응력도, 전단 응력도, 좌굴 응력도 및 압축 응력도 계산의 최대치에 대하여 시행하며 $\frac{\delta_m}{f_m} + \frac{\delta_s}{f_s} + \frac{\delta_c}{f_k} < 1$ 조건에 만족하면 안전함

나. $(\frac{\delta_m}{f_m} + \frac{\delta_s}{f_s} + \frac{\delta_c}{f_k}) < 1$ ➪ $(\frac{1,604}{1,650} + \frac{13.22}{950} + \frac{15.58}{349}) < 1$을 만족하므로

완금재로 사용 할 L75×75×9 강재의 강도는 충분함

13.5.12 구형강 외팔보의 강도계산 및 검증 계산문제 (해설3)

기출문제

그림에 표시한 것처럼 구형강(SS41. ⊏100×50×6)을 사용한 길이 2.0m의 외팔보의 끝에 300kg의 수직하중이 가해졌을때 안전한지 X축, Y축의 하중 방향에 대하여 강도를 계산하고 검증하시오. (79-4)

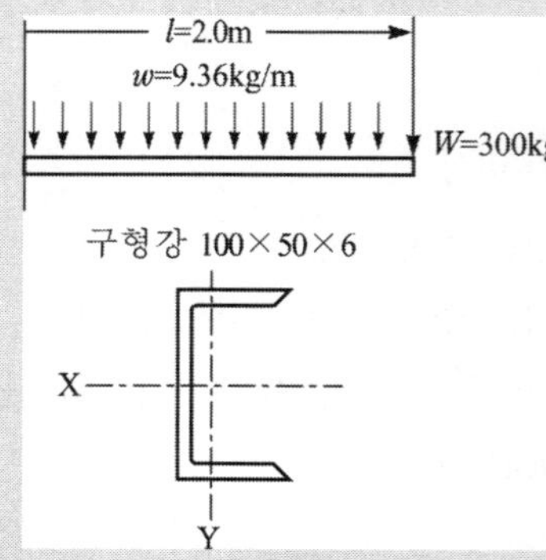

[구형강 ⊏100×50×6의 제원]
단위중량 $W = 9.36$kg/m
단면계수 $Z_x = 37.8\text{cm}^3$, $Z_y = 7.82\text{cm}^3$
단면적 $A = 11.92\text{cm}^2$
허용휨응력도 $f_m = 1{,}650\text{kgf/cm}^2$
허용전단응력도 $f_s = 950\text{kgf/cm}^2$

해설 **1. 구형강을 X축에 대해서 사용한 경우(하중은 Y축 방향)**

가. 최대 휨 모멘트(M_m)

$$M_m = W \cdot l + \frac{w \cdot l^2}{2} = 300 \times 2 + \frac{9.36 \times 2^2}{2} = 618.72[\text{kgf/m}]$$
$$= 61{,}872[\text{kgf/cm}]$$

나. 휨 응력도(δ_m)

$$\delta_m = \frac{M_m}{Z_x} = \frac{61.782}{37.8} \fallingdotseq 1{,}636.8[\text{kgf/cm}^2]$$

다. 강도의 검토

휨 응력도(δ_m)와 허용 휨 응력도(f_m)에서 안전조건은 $\delta_m < f_m$이므로

$\delta_m < f_m$ ⇨ 1,636.8<1,650[kgf/cm²]이므로 안전함

2. 구형강을 Y 축에 대해서 사용한 경우(하중은 X 축 방향)

가. 최대 휨 모멘트(M_m)은 X 축방향과 동일 ⇨ 61,872[kgf/cm]

나. 휨 응력도(δ_m)

$$\delta_m = \frac{M_m}{Z_y} = \frac{61.782}{7.82} \fallingdotseq 7{,}912[\text{kgf/cm}^2]$$

다. 강도의 검토

휨 응력도(δ_m)와 허용 휨 응력도(f_m)를 비교하여 안전조건은 $\delta_m < f_m$에서

$7,912(\delta_m) > 1,650(f_m)$이므로 Y축 방향의 휨 응력도는 허용 휨 응력도를 상당히 초과하여 Y축 방향에 대해서는 사용할 수 없음

3. 전단 응력도에 대한 강도 검증

가. 최대 전단응력 F_s는 고정점에 발생하므로

$F_s = W + wl = 300 + 9.36 \times 2 \fallingdotseq 318.72[\text{kg}]$

나. 전단 응력도(δ_s)

$$\delta_s = \frac{F_s}{A} = \frac{318.72}{11.92} \fallingdotseq 26.74[\text{kgf/cm}]$$

다. 전단 응력도 검증

전단응력도 안전 조건 ➪ $\delta_s < f_s$에서 허용 전단응력도 $f_s = 950[\text{kgf/cm}^2]$이므로 $26.74(\delta_s) < 950(f_s)$으로 전단 응력에 대한 강도는 충분함

제 14 장 전기철도 구조물의 종류 및 설계

14.1 ◦ 전기철도용 전주 및 전주기초

14.1.1 전기철도 구조물의 정의 및 종류

1. 전기철도 구조물의 정의

가. 구조물의 정의

전기철도에서의 구조물은 전철변전설비와 전차선로 설비를 구성하며, 각종 전선과 그 부속설비 등을 지지하는 설비를 말함

나. 전기철도 구조물의 특성

열차가 운행하는 선로 위 등에 시설되어 전기차를 운행하는 특수 목적으로 설치되므로 설계 및 시공에 있어서 관련 구조물의 강도, 수명이 상호 보완되도록 내부식성이 우수하고 유효수명(내구연한)이 길며, 열차운행에 따른 진동과 풍압에 견딜수 있는 재질로 신뢰도 및 경제성을 가져야 함

2. 전기철도 구조물의 종류

가. 전철용 전주

가공 전차선로를 지지 또는 인류하기 위한 설비를 말하며, 가동브래킷, 빔, 지선 등과 조합하여 사용하며, 콘크리트주, 철주, 목주 등이 있음

(1) **콘크리트주** : 전차선로에 사용하는 전주는 원심력을 이용한 철근 콘크리트주를 사용하고 있으며, 철근콘크리트주는 철근에 인장을 걸어 만든 프리텐션 콘크리트 전주가 많이 사용되어 왔으나, 최근에는 내구연한 등을 고려하여 주로 철주를 사용함

(2) **철주** : 전차선로용 전주에는 콘크리트주를 주로 많이 사용하여 왔으나 대용량 전철화 및 고속철도의 도입으로 전선의 수평장력, 빔의 중량, 기타 풍압에 대한 강도, 터널 및 고가교의 증가 등을 고려하여 대부분 H형 강주 및 조합철주 등의 철

주를 사용하고 있음

(3) **목주** : 목주는 부식 때문에 지지물의 강도가 저하되므로 다른 지지물에 비해서 신뢰성이 낮고, 화재 등에 약하며, 현재는 자재 구입의 어려움과 재질이 고르지 못한 점 때문에 국내에서는 사용되고 있지 않으며 단기간의 임시설비로 사용되고 있는 정도임

나. 전철주 기초

전철주를 대지에 고정시키기 위한 설비를 말하며 전철주 기초에는 근가기초, 쇄석기초, 콘크리트기초, 특수기초 등이 있음

(1) **근가기초** : 전철주를 고정시키기 위하여 근가를 사용하는 기초로 목주와 초기의 콘크리트주에 사용되었으나, 현재는 거의 사용하지 않음

(2) **쇄석기초** : 전주 지름의 2배 정도 원형구멍을 굴착한 후 전주가 침하(沈下)되지 않도록 철근 콘크리트제의 바닥판을 여러 개 깔고 그 위에 전주를 설치하고, 구멍과 전주의 공간을 쇄석(부순 돌)과 토사를 채워 넣는 기초를 말하며, 비교적 지반이 단단한 장소에 사용함

(3) **콘크리트 기초** : 전철주의 대표적인 기초로 콘크리트를 타설하여 전주를 고정시키는 것으로 콘크리트의 형상에 따라 I형 기초와 T형 기초로 분류하고 있음

(4) **특수 기초** : 전주 기초의 설치지점이 특수한 장소에서 앵커기초, 우물통기초, 푸싱기초, 중력형 기초, Z형 기초, H형 기초, 투입식 기초, 항기초 등을 사용하는 것을 말함

다. 빔(Beam)

전철주와 조립하여 전차선과 급전선 등을 지지하기 위한 강 구조물을 말하며 고정식, 스팬선식, 가동식이 있음

(1) **고정식 빔** : 궤도의 한쪽 또는 양쪽에 전주를 세우고 궤도를 직각으로 강재를 조합한 브래킷 또는 빔을 설치하고 이것에 전차선을 조가하는 방식을 고정식이라고 함(고정브래킷, 크로스빔, 문형고정빔 등)

(2) **스펜선 빔** : 고정식 문형빔 대신에 전선을 양측 전철주 경간에 가선하고 이것에 전차선을 조가하는 방식을 스팬선식이라 말하며, 주로 빔 길이가 장경간인 역구내 및 차량기지 등에서 사용함

라. 지선(支線)

전선류의 인장력 또는 수평장력이 작용하는 전주에 취부하여 그 인장력 또는 수평장력에 의하여 전주가 경사 또는 구부러지지 않도록 하기 위한 설비를 지선(支線)이라고 함

(1) **단지선** : 보통지선이라고 부르는 것으로 상하부가 1선인 지선을 말함
(2) **V형 지선** : 하부가 1개소이고 상부가 양측으로 설치되어 형상이 V형으로 시설된 지선으로 전차선로용 지선의 대표적임
(3) **2단 지선** : 단지선 또는 V형 지선을 상・하 방향으로 2개 시설하는 방식으로 고(高)장력이 요구되는 고속선의 전선인류용으로 사용함
(4) **수평 지선** : 전주에 직접지선을 시설하기 곤란한 경우 지선이 있는 인접한 전주까지 수평으로 지선을 설치하거나 별도로 지선용 전주를 세우고 전주간에 지지선(수평지선)을 취부한 것을 말함
(5) **궁형지선** : 전주의 근원부근에 근가를 시설해서 지선을 궁형으로 취부하여 전철주의 구부러짐을 보완하여 주는 특수한 지선을 말함

마. 완철(腕鐵)

전주 또는 고정빔 등에 취부하여 급전선, 부급전선, 보호선 등을 지지 또는 인류하기 위한 구조물을 완철(腕鐵)이라 함

바. 하수강(下垂鋼) 및 평행틀

(1) **하수강** : 전주 건식이 곤란한 개소에서 고정빔이나 터널 천정에서 아래로 가동브래킷, 곡선당김 장치 등을 지지하는 지지물을 "하수강"이라 함
(2) **평행틀** : 전차선 평행개소(over lap) 등에서 1본의 전주에 2개의 가동 브래킷을 지지하기 위한 구조를 평행틀이라 함

14.1.2 전철주의 종류와 건식 위치

1. 개요

가. 합성전차선을 지지하기 위하여 선로와 평행하게 대지에 설치하는 지지물을 말하며 목주, 콘크리트주, 철주 등이 있음
나. 전철주를 건식하는데 일반적으로 고려할 사항은
(1) 인접 전철주와 간격(경간) 및 가선장력
(2) 선로 분기부 위치 및 신호기와의 거리
(3) 궤도중심에서 전주내면까지의 건식 게이지 선정 등을 검토해야 함

2. 전철주의 종류

가. 콘크리트주

(1) **프리텐션 콘크리트주** : pc강선의 콘크리트 혼합체로 중공원형 단면의 구조로 사용목적 및 전주형상에 따라 여러 가지로 구분하나, 전차선로용은 최근 표준화하여 No taper type을 사용함

(2) **좌판식 콘크리트주** : 소가교 등 특수 장소에서 볼트를 매입한 좌판식으로 시공의 난이성 때문에 사용하지 않음

나. 철주

(1) **조합철주** : 주재를 산형강, 사재에는 ㄱ형강 또는 평강을 사용하는 4각 철주와 ㄷ형상을 사용하는 구형철주(찬넬주)가 있으며, 궤도중심간격이 좁은 장소 또는 인류개소에 사용함

(2) **강관주** : 콘크리트를 설치하기 곤란한 고가교, 난간개소에 주로 사용하였으나, 최근에는 장력 등 인류장치 방향 조정, 가동브래킷의 방향 조정 편리성과 미관 등을 고려하여 확대 추세임

(3) **H형 강주** : H형 강주는 단일재를 사용하여 제작이 용이하고 시공이 간편하며 최근에 가장 많이 사용하며, H형 강주의 비틀림 현상이 있으므로 곡선로, 인류장치 설치 등의 H형 강주는 높은 강도의 규격을 사용함

다. 목주

지지물의 강도 저하 및 부식으로 신뢰성이 낮고 화재 위험 등이 있어 전철용에는 사용하지 않음(비상복구 등 임시용으로 일부 사용)

표 14.1.1 각종 전철주의 장 · 단점

구분	콘크리트주	철주	목주
장점	- 수명이 반영구적 - 전주형성이 일정하고 공장제작 품질관리 용이. - 강도선택이 자유롭게 가능 - 보수가 필요없음 - 가격이 비교적저렴	- 수명이 반영구적 - 소요강도 자유롭게 설계가능 - 강도가 높고 경량 - 내구성이 비교적 높다 - 형상이 자유롭고, 건식장소 제약이 적다 - 전주길이 제약이 없고, 분할 운반이 가능	- 경량으로 건식용이 - 가격이 저렴
단점	- 중량이 무거워 운반, 취급, 건식이 어려움	- 비교적 고가 - 초기 도금후 방청 도장 필요	- 가연성이 있음 - 강도가 불일정 - 노후, 부식으로 수명이 짧음

3. 전철주의 건식게이지

가. 전철주 건식은 주로 선로와 평행하게 설치되며 열차의 운전보안을 확보하기 위해 선로를 중심으로 건축한계를 침범해서는 안되는 건식거리를 규정함

나. 건식게이지 : 궤도중심에서 전주내면(중심)까지의 공간거리

다. 건식게이지의 표준은 다음과 같으며 기타 경우는 별도로 정함

(1) 일반 성토구간의 일반 전기철도 구간 : 3.0[m]

(2) 고속철도 구간 : 3.235[m]

(3) 역구내에서는 일반적으로 : 3.5[m]

라. 건식게이지 예외 선정기준

(1) 정차장 구내의 선로사이 건식의 경우 ➪ 역구내 측선 2.5[m]정도(입환작업, 기타 구내 작업 지장이 없도록 여유를 줌)

(2) 승강장, 화물적하장의 건식 : 홈의 연단에서 1.5[m] 이상(승객의 승·하차 및 화물의 적상하에 지장이 없도록 설비 함)

(3) 인류주 등 차막이 후방 건식 : 10[m] 이상 이격건식, 건널목 연단 5[m] 이상 이격하여 건식

(4) 곡선로에 설치하는 경우 : 신호기 확인(현시)에 지장없는 위치

(5) 깍기·동기 구간에 건식하는 경우 : 배수로 외측에 건식

4. 전철주의 경간

가. 전철주의 경간은 차량동요, 풍압, 기상, 선로 및 가선 조건에 따라 결정하여야 하나 매 경간마다 이러한 조건을 고려하여 결정하는 것은 현실적으로 어려워 표준경간을 정하여 적용하고 있음

나. 인접전주와의 경간의 차(差) 지정

(1) 인접 전주와의 경간의 차 : 10[m] 이내(부득이한 경우 20[m])

(2) 커티너리 구간의 터널 입·출구의 표준경간 : 20[m]

(3) 터널 브래킷의 표준경간(지지물간) : 20[m]

표 14.1.2 국내의 일반적인 표준 경간

곡선반경(m)	경간(m)	곡선반경(m)	경간(m)
1000 이상	50	400 초과~500	35
700 초과~1000	45	300 초과~400	30
5000 초과~700	40	300 이하	20

5. 전철주 안전율

가. 철근 콘크리트주 : 파괴강도에 대하여 2.0 이상
나. 철주 : 소재 허용응력에 대하여 1.0 이상
다. 목주 : 신설 파괴 하중에 대하여 3.0 이상

14.1.3 전철주 기초 종류 및 시공

1. 개요

가. 전차선로 지지물중 전철용 전주를 대지에 고정시키기 위한 설비를 전철주 기초라고 함
나. 전차선로용 전주는 전차선의 기울기에 직접적인 영향을 미치게 되므로 전주의 지지를 위하여 전철주 기초의 고려사항, 종류, 시공에 대하여 기술함

2. 전철주 기초의 고려사항

가. 외력에 대하여 충분한 저항을 가질 것
나. 전주의 경사가 허용한도를 넘지 않을 것
다. 기초의 구성재료는 부식, 동결, 건습, 열화(劣化)에 내구성이 있을 것
라. 보선작업 기타 인위적인 영향에 견딜 수 있을 것

3. 전철주 기초의 적용

가. 전철주 기초의 안전율은 2.0 이상으로 함
나. 콘크리트 주에는 콘크리트 기초, 쇄석기초, Plot기초를 사용함
다. 철주에는 콘크리트 기초를 사용함(단, 터널, 교량에서는 앵커볼트 기초)
라. 목주에는 쇄석기초 또는 근가기초 사용

4. 전철주 기초의 종류

가. 근가기초

전철주에 근가를 철선 등으로 고정하여 전주가 경사되지 않도록 하는 기초로 초기 콘크리트주에 사용

나. 쇄석기초

전주 지름의 2배정도 원형구멍 굴착 후 전주가 침하되지 않도록 전주의 공간에 쇄석(깬자갈)과 토사를 채워 넣는 기초로 비교적 지반이 단단하고 지반 모멘트가 작은 장소에 사용

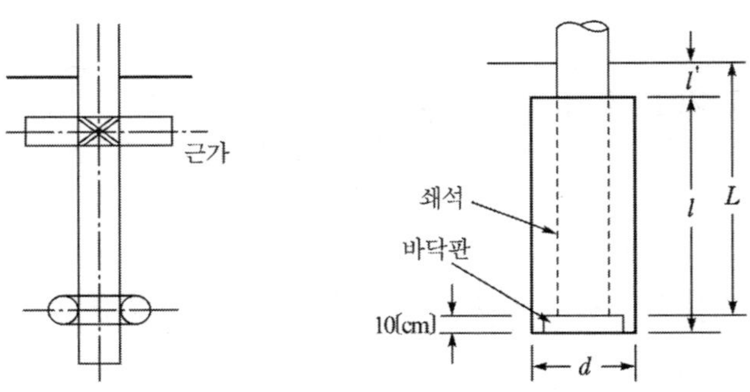

그림 14.1.1 근가기초 및 쇄석기초

다. 콘크리트 기초 ➪ 전철주 기초에 가장 많이 사용

(1) I형 기초 : 기초의 형태가 상하직선으로 된 기초, 콘크리트 기초로 가장 많이 사용하며, 원형 및 사각형 형태가 있음

(2) T형 기초 : 기초의 형태가 T자형으로 성토개소, 선로경사면의 토압이 약한 장소에 사용하여 침하 및 전도방지

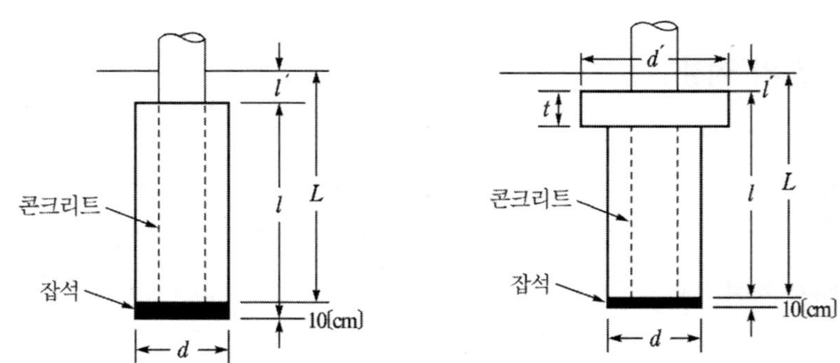

그림 14.1.2 I형 기초 및 T형 기초

라. 특수기초

(1) 앵커볼트기초 : 가장 많이 사용

(2) 오물통기초(중력형 블럭기초)

(3) 푸싱(pushing) 기초
(4) 중력형 플롯(plot) 기초
(5) Z형 기초, H주 기초, 투입식 기초, 항기초 등이 있음

5. 전철주 기초의 시공 깊이

가. 과거 근가용 전주의 지표면하 묻히는 깊이를 전주길이의 1/6 이상으로 함
나. 전철주 기초의 깊이는 원칙적으로 기온 등의 영향으로 흙의 체적 변화를 일으키지 않는 깊이로 콘크리트주의 경우 약 2[m] 이상을 표준으로 함
다. 견고한 암반 기초나 항기초에서는 지반내력에 따라 최고 깊이를 정함
라. 고가교 위에는 내진성을 고려하여 철주를 주로 사용하고 있음

6. 철주 각부(脚部=다리부)의 구조

철주의 다리 부분은 철주본체와 철주기초를 접속하는 것으로 철주에 작용하는 하중 및 응력에 의해서 다리부에 발생하는 휨 모멘트 및 수직, 수평 반력을 기초로 안전하게 전하게 하는 구조가 요구되어 각부(다리부)의 종류는 아래와 같음

가. 직매입

철주의 본체를 그대로 콘크리트 기초에 매입하는 방식으로 시공의 정확도가 필요하고, 콘크리트 양생기간 동안 철주의 움직임을 방지해야 함(열차 운행이 빈번한 장소에는 사용하지 않음)

나. 근계매입식(밑둥이음매입식)

주체를 기초부와 상부재로 구분하여 기초부는 콘크리트 기초에 매입 후 완료한 후 기초부(지제부분)에 상부재를 볼트로 채결하여 시공하는 방법(가장 많이 사용함)

다. 앵커볼트 매입

콘크리트 기초, 교량 구조물에 기초볼트를 매입한 후 철주를 볼트로 채결하는 방식으로 교량, 고가교 등 기초 설치가 간단한 경우 원형, H형강 철주에 대부분 사용함

라. 핀구조

철주 다리 부분이 회전하도록 만들어진 특수구조이나 보통의 전철주에는 사용하지 않음

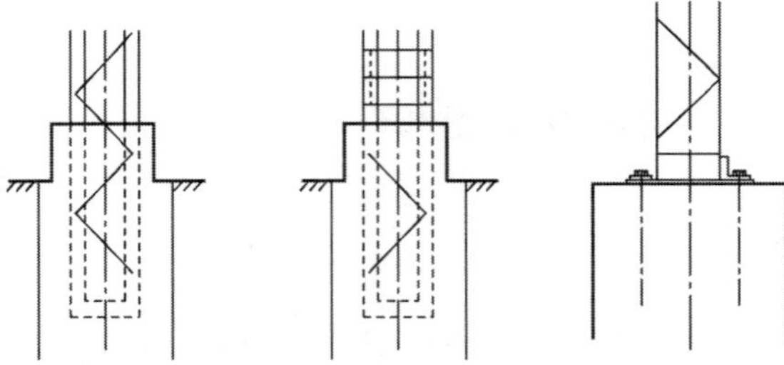

직매입(直埋込)　근계매입(根繼埋込)　앵커볼트매입　핀(pin)구조

그림 14.1.3 철주기초 다리종류

14.1.4 앵커볼트 매입식 전주기초 및 앵커볼트 소요수

1. 앵커볼트 매입 기초

가. 앵커볼트 기초는 고가교, 터널옹벽, 또는 좌판식 H형 강주, 조합철주 등의 기초로서 콘크리트 타설전 앵커볼트(기초볼트)를 넣는 경우와 이미 만들어진 콘크리트 구조물에 앵커볼트를 매입하는 방식이 있음

나. 따라서 앵커볼트의 강도는 전철주의 최대 응력을 기본으로 하여 볼트의 개수, 길이, 크기 등을 검토하여 안전하게 설계하여야 함

2. 앵커볼트의 소요 개수 산출

가. 소요볼트 수량 계산식은 모멘트의 회전 중심을 양볼트 간의 중앙에 있는 것으로 계산함

나. 전주의 굽힘모멘트 $M = P \cdot L = n \cdot A \cdot f_t \cdot L = n \cdot \frac{\pi}{4} d^2 f_t L$에서 n개의 볼트수량을 유도할 수 있음

다. 앵커볼트 소요개수

$$n \geq \frac{M}{f_t \cdot \frac{\pi}{4} \cdot d^2 \cdot L} = \frac{4M}{f_t \cdot \pi \cdot d^2 \cdot L} [\text{개}]$$

여기서, n : 앵커볼트 소요수[개]

M : 지면 경계에서 전주의 굽힘 모멘트[kgf · m]

f_t : 볼트의 허용 인장응력[kgf/cm^2], d : 볼트의 유효 지름[cm]

A : 볼트의 유효 단면적[cm^2], L : 상대하는 볼트 간격[cm]

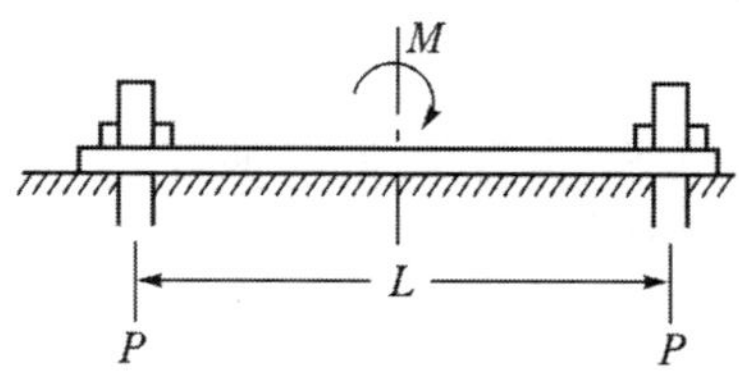

그림 14.1.4 앵커볼트 모멘트

3. 앵커볼트의 길이 산출

가. 앵커볼트 매입길이 산출
(1) 기초 볼트와 콘크리트 부착력만으로 응력을 부담하도록 하고,
(2) 인장력에 대해서 허용응력이 충분한 볼트를 사용하면 보통 40~50d (d : 볼트직경)의 매입 길이가 필요함

나. 볼트의 조임력도 일반적으로 장력보다 작아 조임력에 대한 볼트의 강도 검토는 생략함

다. 앵커볼트 길이 계산식

$$\text{앵커볼트 길이는 } l \geq \frac{M}{\mu \cdot \pi \cdot d \cdot n \cdot L} [\text{cm}]$$

여기서, μ : 앵커볼트와 콘크리트의 허용 부착강도[kgf/cm^2]
l : 앵커볼트의 매입길이[cm]

4. 콘크리트 허용 부착강도(μ) : 일반적용 허용부착 강도

가. 토목 구조물 콘크리트와 동시에 시공하는 경우 : 8[kg/cm^2]
나. 이미 만들어진 구조물에 앵커볼트를 매입하는 경우 : 5[kg/cm^2]

표 14.1.3 철근 콘크리트와 철근의 부착강도 [kg/cm^2]

콘크리트 압축강도		180	240	300	400
허용 압축강도	철근있음	70	90	110	140
	철근없음	콘크리트 압축강도 × 1/4 ≤ 55			
콘크리트 철근의 부착강도	환 강	7	8	9	10
	이형철근	14	16	18	20

5. 앵커볼트 시공 시 유의할 점

가. 기초용 앵커볼트는 매입되는 볼트의 앞단(매입되는 끝부분을) 구부려서 시공
➪ 구부러진 부분이 전체하중의 1/3을 부담한다고 가정함

나. 나사부분을 절삭 가공한 앵커볼트의 경우 볼트의 유효단면적에 의한 인장강도의 저하에 주의하여야 함

다. 인장력이 큰 기초일 경우 콘크리트에 대한 압축력도 크게 되므로 콘크리트 응력검토가 필요함

라. 앵커볼트의 아연도금은 콘크리트 기초에서 상부로 노출된 부분만 시행함
➪ 아연도금 철근은 콘크리트와 부착강도가 나쁨.

마. 기존 구조물에 앵커볼트를 나중에 매설하는 경우는 모르타르의 양성에 대한 충분한 관리가 필요함

바. 콘크리트 기초와 앵커볼트를 동시에 매입 시공할 때는 양생 후 전철주 건식에 지장 없도록 앵커볼트 길이, 간격 등을 사전에 성형하여 시공함

사. 좌판식 앵커볼트 적용시는 지형계수 등을 고려하여 별도 계산함

14.1.5 전주기초의 설계 조건 및 적용하는 강도계수

1. 전철주 기초의 설계 조건

가. 기초의 강도를 계산하기 위해서는 먼저 부담하는 하중, 지형, 토질 등을 고려해서 형상 및 크기를 정함

나. 전철주 기초의 설계조건은 아래와 같음
(1) 기초주변 흙의 항복파괴에 따라 전주가 도괴되지 않아야 함
(2) 주어진 하중에 대해 충분한 저항을 갖고 전주경사 한도를 넘지 않아야 함
(3) 라멘전주는 허용하중의 범위 내에 있어야 함
(4) 기초의 고정도가 충분하고 흙의 항복에 따라 감소하지 않아야 함
(5) 구성재료가 내구성있고 부식, 동결, 건습이외의 열화작용이 없어야 함

2. 기초강도 계산에 필요한 계수

가. 지형계수(k)
(1) 지형을 평지 또는 절취개소, 성토개소로 구분하여 하중 방향을 고려하는 조건의 계수를 지형 계수라고 함
(2) 평지의 경우 k=1.0~1.2, 성토의 경우 k=0.6~1.0

나. 형상계수(f)

(1) 기초터파기 시 토질에 따라 흙막이 틀의 사용 여부에 대한 공법이 다름.

(2) 이 때 토양과 기초재의 접촉면 강도차를 보정하는 계수를 말함

다. 강도계수(S_0)

(1) 기설지반과 같은 안정된 지반과 신설, 성토와 같은 불안정한 지반이 있어 기초강도에 영향을 미치므로 이를 보정할 계수를 말함

(2) 강도계수의 값

① 폭풍 시 최대하중에 대하여 : 1.2

② 운전 시 최대하중에 대하여 : 기설기반 : 1.0, 불안정지반 : 0.75

3. 전철주 기초의 안전율(F_s)

페니트로미터(penetrometer) 등으로 측정한 값을 기초로 하여 계산하는 경우 다음과 같이 안전율을 고려함

표 14.1.4. 전주기초 설계에 적용하는 안전율(F_s)의 값

폭풍시 최대 하중에 대해서	운전 시 최대하중에 대해서	
	안정된 기설지반	변형이 쉬운 불안정한 지반
2.0	3.0	4.0

14.1.6 전차선로용 전주기초의 종류별 강도계산

1. 전철주 기초의 강도계산

가. 전차선로 설비 중에서 급전선, 보호선, 전차선 및 조가선 등을 지지하는 전주 및 빔은 각종 하중의 조건에 대하여 충분한 강도를 가져야 하고,

나. 전주기초는 전주의 지표면에 작용하는 하중에 견디는 구조로 구조 및 용도는 다양하게 분류하지만 기초의 강도는 기초형태 및 지형 토질에 의해 강도가 변하므로 적용계수, 기초형태, 토질에 대한 면밀한 검토가 필요함

다. 여기서는 14.1.5항에서 제시하는 각종계수를 적용한 콘크리트 전주기초 종별 기초강도(저항 모멘트) 계산식을 기술하기로 함

2. 기둥형(I형) 기초 강도 계산식

가. 지내력 측정을 필요하지 않는 양호한 지반의 기초 저항모멘트

$$M_a = k \cdot f \cdot S_0 \cdot L^2 \sqrt[3]{d^2(1+0.57\frac{b^2}{L^2}+0.45\frac{b}{d})^2}\ [\text{tf}\cdot\text{m}]$$

이때, 표상(상토)의 깊이 $l' > 0.1L$의 경우 $Ma' = (1.12 - 1.2\frac{l'}{L})Ma$로 함

여기서, M_a : 지표면에 대하여 허용 모멘트[tf · m]

k : 지형계수, f : 형상계수, S_0 : 강도계수

L : 지표면에서 기초하부까지 두께(깊이)[m]

d : 기초의 하중방향에 대한 직각의 폭[m]

b : 기초의 하중방향의 폭[m]

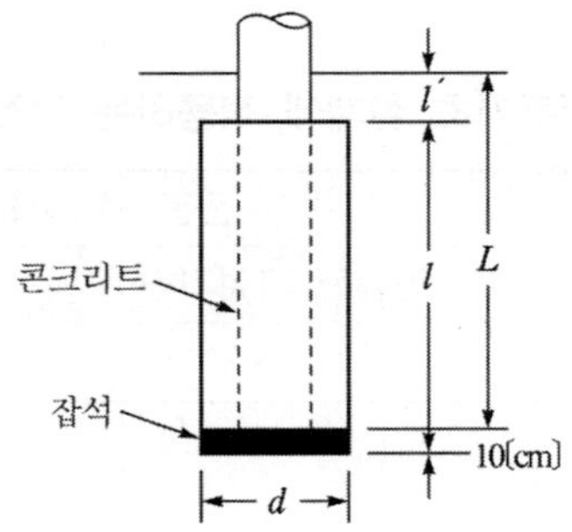

그림 14.1.5 기둥형 기초

나. 지내력 측정이 필요한 지반의 기초저항 모멘트

➪ 페니트로 미터 측정값을 이용하여 계산하는 경우.

(1) 보통지반

$$Ma = \frac{0.067d \cdot q_c \cdot l^2 \cdot k \cdot f}{F_s}\ [\text{tf}\cdot\text{m}]$$

여기서, q_c : 콘크리트 지내력[tf/m^2]

l : 기초에 근입한 길이, F_s : 안전율

(2) 점토지반

$$Ma = \frac{0.137d \cdot q_c \cdot l^2 \cdot k \cdot f}{F_s}\ [\text{tf}\cdot\text{m}]$$

3. 우물통형 기초(바닥면 저항 모멘트)

가. 우물통 기초란 콘크리트 거푸집을 사용한 기초로 큰 하중이 걸리는 전주기초에 적용되며, 주로 철주기초에 사용되고 있음

나. 우물통 기초는 푸딩기초의 계산식을 적용함

(1) 밑 부분의 허용저항 모멘트(M_B)

$$M_B = \delta_1 \cdot Z[\text{kgf} \cdot \text{m}]$$

여기서, δ_1 : 기초바닥면 유효지지력[kgf/m^2] : $\delta_1 = \frac{q}{F_s} - \frac{W}{A}$

W : 기초 바닥면 전체 수직하중[kgf/m^2]

q : 지내력[kgf/m^2]

Z : 기초 바닥면의 단면계수[m^3]

F_s : 안전율

(2) 발생하는 측압

① 최대 측압(δ_m) : $\delta_m = \frac{t_m}{l \cdot t^3}(12M_E + H \cdot t)[\text{kgf/m}^2]$

② 밑부분의 측압(δ_b) : $\delta_b = \frac{12M_E - 2H \cdot t}{l \cdot t^2}[\text{kgf/m}^2]$

여기서, M_E : 측면에 부담되는 모멘트[kgf · m] ⇨ $M_E = M - M_B$

M : 기초상부에 발생하는 전 모멘트[kgf · m]

l : 하중방향 기초의 평균 폭[m]

t : 기초체의 깊이[m]

t_m : 최대 측압 발생 깊이[m]

H : 수평력[kgf]

(3) 수동토압(手動土壓)

① 최대측압이 발생하는 깊이에서의 수동토압(P_m)

$$P_m = W_E \cdot t_m \left(\frac{1 + \sin\phi}{1 - \sin\phi}\right)$$

여기서, W_E : 기초상부에 있어서 흙의 단위 중량[kg/m^3]

ϕ : 흙의 안식각

② 기초 밑부분에 있어서의 수동토압(P_b)

$$P_b = W_E \cdot t \left(\frac{t + \sin\phi}{t - \sin\phi}\right)$$

(4) 응력의 판단(검정) 안전조건

① 최대 측압 발생점 : $P_m > \delta_m$

② 기초 밑부분 : $P_b > \delta_b$

4. 중력형 블록 기초

가. 중력형 블록 기초란 성토개소와 같이 측면 토압이 연약하여 측면의 응력을 적게하고, 기초 바닥면의 지지력만으로 하중을 받도록 만들어지는 기초를 말함 ➪ 푸싱기초와 비슷하나 기초의 크기를 크게 하여 자체 중량으로 저항 모멘트를 가짐

나. 기초 바닥면의 허용저항 모멘트

$$M_B = \delta_1 \cdot Z[\text{kgf} \cdot \text{m}]$$

여기서, M_B : 허용 저항 모멘트[kgf · m]

δ_1 : 기초 밑부분 유효 지지력($\delta_1 = \frac{q}{F} - \frac{W}{A}$)[kgf/m²]

W : 밑 부분에 가해지는 전 수직하중[kg]

A : 기초의 밑 면적[m²]

q : 지내력[kgf/m²], F : 안전율

Z : 기초 밑면의 단면계수[m³]

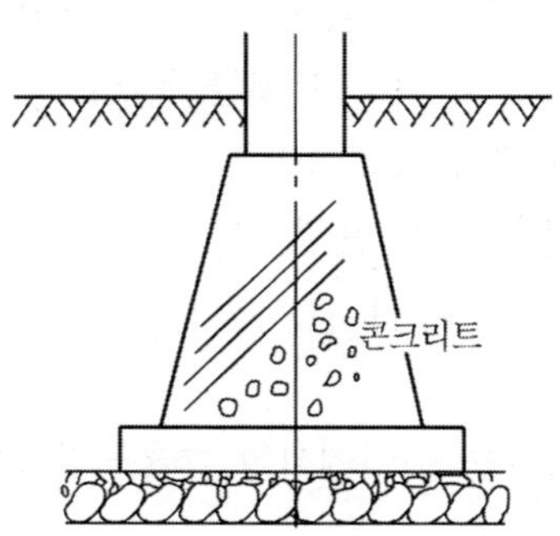

그림 14.1.6 중력형 블록 기초

다. 응력의 검정 안전조건

(1) 최대 측압 발생점 : $\frac{P_m}{\delta_m} > 1$

(2) 기초 바닥 부분 : $\frac{P_b}{\delta_b} > 1$

여기서, P_m : 최대 측압 발생깊이에서의 수동토압
P_b : 기초바닥 부분에서의 수동토압
δ_m : 최대 측압
δ_b : 밑부분의 측압

5. 푸팅(Footing) 기초

가. 푸팅기초는 하중의 일부를 측면토압에 의지하는 것으로 장경간의 각종 빔용 철주 또는 지선을 설치할 수 없는 인류주의 기초 등 큰 하중에 견딜 수 있는 기초를 필요할 때 기초의 크기를 결정하는데 적용함

나. 중력형 블록기초와 유사한 계산방식으로 기초 바닥면의 저항 모멘트, 발생측압, 수동토압 등을 고려하며 응력을 계산함

14.1.7 전차선로용 철주각부의 근계매입 방식 및 구조

1. 철주 각부(脚部=다리부)의 종류

가. 철주의 다리 부분은 철주본체와 철주기초를 접속하는 것으로 철주에 작용하는 하중 및 응력에 의해서 다리부에 발생하는 휨 모멘트 및 수직, 수평 반력을 기초로 안전하게 전달하게 하는 구조가 요구됨

나. 철주 각부의 구조별 종류는 직매입, 근계매입식(밑둥이음매입식), 앵커볼트 매입 방법, 핀구조 등으로 구분함

2. 근계매입 구조

가. 매입 방법

근계매입식은 주체를 기초부와 상부재로 구분하여 기초부는 콘크리트 기초에 매입 후 완료한 후 기초부(지제부분)에 상부재를 볼트로 채결하여 시공하는 방법으로 철주 각부로 가장 많이 사용함

나. 근계매입의 구조

(1) 철주각부의 접속은 접합부재간에 존재 응력이 충분히 전달되는 구조로 하여야 하며, 접속부를 겹침이음매로 했을 경우는 이음매 부분에 편심에 의한 모멘트가 발생하므로 주주재의 접속과 동일하게 맞대기 접속을 원칙으로 함

(2) 하부주재가 상부주재에 비하여 클 경우 또는 하중이 작은 경우 등 특수한 경우에는 겹침 접속으로 하여도 무방한 것으로 되어 있으며, 그림 14.1.7에서 맞대기 이음매와 겹 이음매의 각 모멘트는 아래와 같음

① 맞대기 이음매 : $M_1 = +P \cdot l$, $M_2 = -P \cdot l$ ⇨ $M_1 + M_2 = 0$

② 겹 이음매 : $M = +P \cdot l$

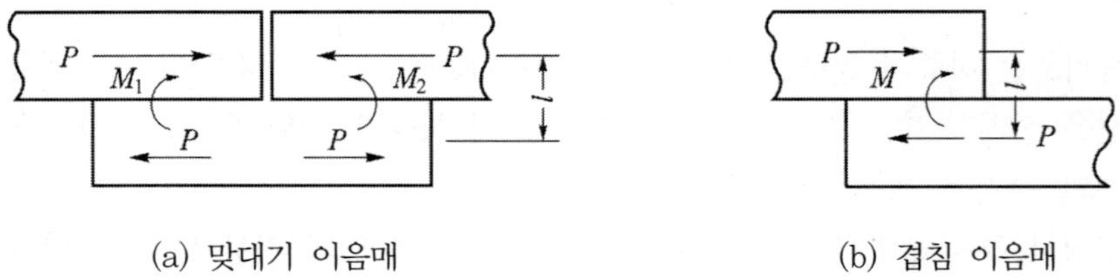

그림 14.1.7 철주 각부의 이음매 방법

(3) 이음매판은 강판 또는 ㄱ 형강을 사용하고 주재의 외측에 설치함

다. 강재접속 볼트의 위치

(1) 접속볼트의 위치는 가능한 한 중심선에 가까운 쪽이 편심에 의한 2차 응력을 작게 함

(2) 그림 14.1.8에서 볼 때 동일부재로 겹 이음매 또는 내 이음매로 했을 경우 볼트위치는 일반적인 볼트 게이지 라인보다 ㄱ 형강의 중심선에서 멀어지게 되어 2차 응력을 증대 시키므로 외이음매로 함

(3) 이음매판을 ㄱ 형강으로 사용할 때는 이음매판을 한 계급 큰 것으로 선정하여 2차 응력이 증대되지 않도록 하여야 함

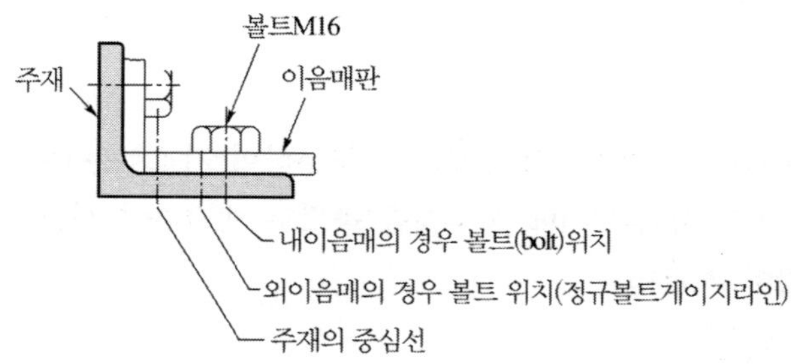

그림 14.1.8 ㄱ 형강 접속의 볼트위치

14.1.8 전기철도용 수(송)전선로 철탑의 종류 및 용도

1. 수전선로의 지지물 구분 및 용도

가. 가공 수(송)전선로에 사용하는 지지물은 철탑, 철주, 콘크리트 주 및 목주 등이 있으며, 사용 목적 및 용도에 따라 구분함

나. 철탑과 철주의 구분은 각 주주재(주 각재)에 대한 기초 수량으로 구분하며, 철탑은 각 주주재 마다 각각의 4개의 단독 기초로 구성되고, 철주는 각 주주재 공통 기초인 1개의 기초로 구성된 지지물을 말함

다. 지지물 종류별 용도

(1) 철탑

철탑에 작용하는 힘의 강도가 전선로 방향과 그 직각방향이 동일하게 설계하는 4각 철탑과 동일하지 않은 방형철탑이 있으며, 주로 표준경간 200[m] 이상의 구간에 사용하고 있음

(2) 철주

철주에는 4각 철주, 원형단주(강관주), 갠트리(Gantry) 철주가 있으며, 보통 표준경간 200[m] 이하에서 적용함

(3) 목주 및 콘크리트주

66[kV] 수전선로 등의 특수장소 또는 임시설비 등에 사용됨

2. 표준철탑의 종류 및 용도

교류 전기철도용 수전선로에 사용되는 4각 철탑은 사용목적에 따라 표준철탑과 특수철탑으로 구분하여 설계기준을 적용하며, 표준철탑은 전선로의 표준경간에 따라 직선철탑, 각도철탑, 보강철탑, 인류철탑, 내장철탑 등 5종류로 구분함

가. 직선철탑

전선로의 수평각도가 적은 개소(3° 미만)에 사용하는 현수형 애자장치의 철탑으로 그 기호를 "A" "SF" "F"라고 함

나. 각도철탑

수평각도가 발생하는 장소에서 사용하는 내장 애자장치 철탑을 말하며, 각도철탑의 기호를 "Ba, Bb, C, E, D"로 함

다. 보강철탑

전선로를 보강하기 위하여 사용하는 내장애자장치 철탑을 말하며, 보강철탑의 기호는

"Bua, Bub, Cu, Eu, Du"로 하며, 전선로 보강은 아래와 같이 시행함

(1) 전선로중 양측 경간의 경간차가 매우 큰 경우(지지물의 좌우 경간비가 2 이상)
(2) 전선로의 장경간(표준경간에 150[m]를 가산한 값을 초과) 개소의 당해 지지물 또는 인접 지지물
(3) 직선철탑이 연속하는 경우 10기 이하 마다 1기
(4) 좌우경간의 불평형 장력률이 10[%] 이상인 경우

라. 인류철탑

전체의 가섭선(모든 전선 및 가공지선 등을 총칭)을 인류하는 개소에 사용하는 내장애자장치 철탑으로 인류철탑의 기호는 "B0"로 함

마. 내장철탑

선로의 전체를 보강하기 위하여 사용하는 철탑으로 그 기호를 "E"라고 함

표 14.1.5 표준철탑 설계조건

철탑형	수평각도 [°]	수평하중 경간[m]	수직하중 경간[m]	주주재기울기[%] [D-Slope]	최하단 암폭[mm]	철탑종류별 구분
A	1	300	500	18	1500	직선철탑
SF	3	500	1,200	18	1700	장경간 철탑
F	3	300	700	18	1500	공용철탑
B	20	300	700	20	1700	경각도 철탑
C	30	300	700	23	1700	중각도 철탑
E	40	300	700	23	1700	내장철탑
D	60 및 인류	300	700	26	1700	인류철탑

※ 철탑의 표준경간이라 함은 전선로의 설계상 표준으로 정하는 경간을 말하며, 345[kV] 급의 경우 450[m], 154[kV]의 경우 400[m]로 하며, 경간은 철탑의 중심간의 수평거리를 말함

3. 특수철탑

가. 특수철탑이란 송전선로의 분기장소, 하천 및 계곡의 횡단 등의 장경간 장소, 표준철탑의 허용 수평각도를 초과하는 중각도 장소 등의 주변환경의 특수성으로 표준철탑을 사용할 수 없는 장소에 적용하도록 특수 설계된 철탑을 말하며,

나. 기호는 표준철탑의 기호 뒤에 "S"자를 표기하며, 연가철탑 기호는 "TC"로 함

다. 특수철탑 설계 기준

(1) 수평각 30 [°]를 초과하는 경우는 보통 인류철탑을 사용함
(2) 각도 또는 인류철탑의 설계하중이 내장철탑의 설계조건 범위 이내인 경우는 별도 설계하지 않고 각도 및 인류 철탑으로 대신함

(3) 전기설비기술기준에 직선철탑이 연속되는 경우 10기 이하마다 내장철탑 1기씩 사용하여 전선로를 보강하도록 규정되어 있음

(4) 인접경간의 경간차가 매우 크고, 현저하게 불균형 장력이 발생할 염려가 있는 장소는 내장철탑을 사용함

14.1.9 철주 단면의 주주재 응력도 및 좌굴 응력도 계산문제 (해설1)

기출문제

그림과 같은 단면의 철주에서 주주재의 응력도와 좌굴 응력도를 계산하고, 안전도를 검증하시오.(단, 전주지표면의 수직하중은 1214.6kgf, 모멘트 합계는 8,665.4 kgf · m, K_0는 1550, K_1은 23, K_2는 602이다.) (79–4)

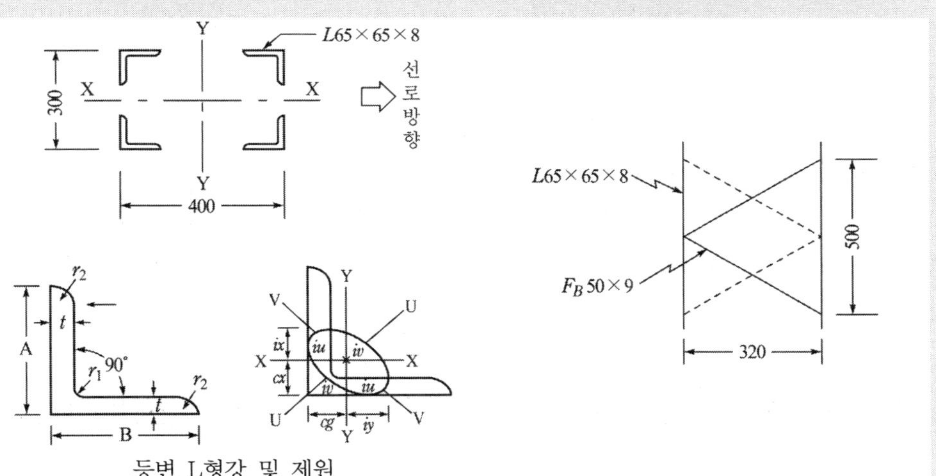

등변 L형강 및 제원

치수 mm					단면적 cm^2	단위 중량	중심의 위치 cm	단면2차 모멘트 cm^4			회전반경 cm			단면계수 cm^3
$A\times B\times t_1$	(A=B)	t	r_1	r_2		kgf/m	$C_x=C_y$	$I_x=I_y$	I_M	I_v	$r_x=r_y$	r_M	r_v	$Z_x=Z_y$
65×65×8	65	8	8.5	6	9.761	7.66	1.88	36.8	58.3	15.3	1.94	2.44	1.25	7.97

해설 **1. 철주의 단면 성능**

가. 철주의 단면 2차 모멘트 계산 (선로방향 X축 하중)

$$I_y = 4\left\{I' + A\left(\frac{b}{2} - C_x\right)^2\right\}$$

$$= 4\times\left\{36.8 + 9.761\left(\frac{40}{2} - 1.88\right)^2\right\} = 12{,}966.7[\mathrm{cm}^4]$$

나. 철주의 단면계수

$$Z_y = \frac{2I_y}{a} = \frac{2\times 12,966.7}{40} = 648.3\,[\mathrm{cm}^3]$$

2. 주주재의 응력도

가. 주주재의 응력도

$$\delta = \frac{W(=\Sigma W)}{4A} + \frac{M}{Z} = \frac{1,214.6}{4\times 9.761} + \frac{866,540}{648.3} \fallingdotseq 1,368[\mathrm{kgf/cm^2}]$$

나. 철주의 좌굴응력도

(1) 주주재의 세장비(λ)는

$$\lambda = \frac{l}{r} \quad (\text{여기서, } L65\times 65\times 8\text{의 } r = 1.94[\mathrm{cm}])$$

$$= \frac{50\times 0.9}{1.94} = 23.2$$

(2) 부재의 허용 좌굴 응력도 (f_k)는

$$f_k = K_0 - K_1(\frac{l}{100r}) - K_2(\frac{l}{100r})^2$$

$$= 1550 - 23\times\frac{23.2}{100} - 602\times(\frac{23.2}{100})^2 \fallingdotseq 1,513[\mathrm{kgf/cm^2}]$$

3. 주주재의 판단

계산결과 주주재의 응력도 보다 허용 좌굴 응력도가 커야 안전함

$\therefore\ \delta(=1368[\mathrm{kgf/cm^2}]) < f_k(=1513[\mathrm{kgf/cm^2}])$이므로 안전한 것으로 판단됨

14.1.10 지내력 측정이 필요없는 I형 콘크리트 기초강도 계산문제 (해설2)

기출문제

지반이 양호하고 평탄하며 배수로가 없는 개소에 대하여 지내력의 측정을 생략하고 아래의 설계조건을 가진 I형 콘크리트 기초 강도를 계산하여라. (74-4)

[설계조건]

(가) 갑종풍압하중

(나) 지면경계모멘트 4,500[kgf · m]

(다) 콘크리트기초의 지름 700[mm]

(라) 기초의 표토 100[mm]

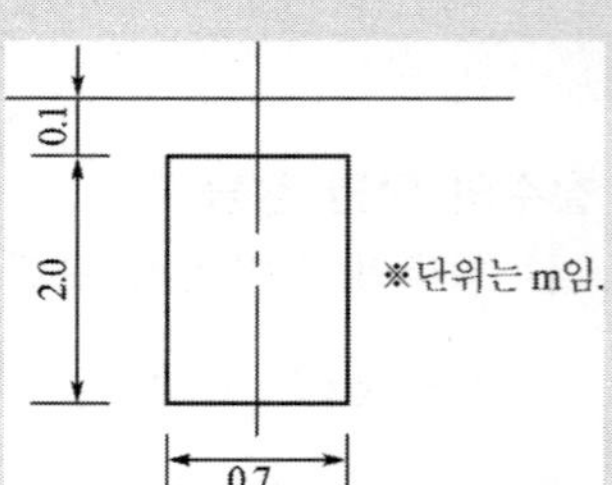

해설 **1. 콘크리트 기초의 허용저항 모멘트 계산식**

가. 지반이 양호하여 지내력의 측정이 필요없는 장소의 I 형 콘크리트 기초에 대한 강도 계산 문제로 계산공식을 이용하여 허용저항 모멘트를 구하고 적정여부를 판정함

나. 허용저항 모멘트의 계산공식

(1) $M_a = k \cdot f \cdot S_0 \cdot L^2 \sqrt[3]{d^2(1+0.57\dfrac{b^2}{L^2}+0.45\dfrac{b}{d})^2}$ [tf · m]

여기서, M_a : 허용저항 모멘트(지표면에 의한 것) [tf · m]

k : 지형계수

f : 형상계수

S_0 : 강도계수 ➪ 운전 시 최대하중에 대하여 $S_0 = 0.75$

➪ 폭풍 시 최대하중에 대해서 $S_0 = 1.2$

L : 지표면에서부터 기초 밑면까지의 길이[m]

l_1 : 기초 윗면에서 지표면까지의 깊이[m]

d : 기초의 하중방향에 직각인 폭[m]

b : 부하의 하중방향의 폭[m]

(2) 다만, 표토(기초 위면의 흙)의 깊이가 $l_1 > 0.1L$인 경우에는

$M_a' = (1.12 - 1.2l'/L) \cdot M_a$로 함

2. 기초의 허용저항 모멘트 계산

가. 기초 강도계산에 필요한 계수의 검토

(1) 지형계수(평지, 선로와 반대측의 모멘트) ➪ $k = 1.0$

(2) 형상계수(원형주, 흙막이 시판없고 토류수 없음) ➪ $f = 1.0$

(3) 강도계수(갑종풍압하중으로 폭풍시 최대하중) ➪ $S_0 = 1.2$

(4) 지표면에서 기초밑면까지 길이 ➪ $L = 2.1$[m]

(5) 콘크리트 기초의 폭 ➪ $b = d = 0.7$[m]

나. 위계수를 산출식에 대입하여 계산하면

$$M_a = 1.0 \times 1.0 \times 1.2 \times 2.1^2 \times \sqrt[3]{0.7^2(1+0.57\times\frac{0.7^2}{2.1^2}+0.45\times\frac{0.7}{0.7})^2}\ [\text{tf} \cdot \text{m}]$$

$$= 5.292 \times \sqrt[3]{1.122} = 5.292 \times 1.039 = 5.498[\text{tf} \cdot \text{m}] = 5{,}498[\text{kgf} \cdot \text{m}]$$

다. 안전도 검증

안전조건은 기초의 허용저항 모멘트(M_a)가 지표면 경계 모멘트 보다 커야하는데, $M_a(=5{,}498) > 4{,}500$에서 안전도 조건이 만족되므로 제시된 조건으로 기초설계를 시행해도 문제없음

14.1.11 전철주의 콘크리트 중력형 블록기초 강도 계산문제 (해설3)

기출문제

가공전차선로의 아래 조건에서 전철주의 기초(중력형 블럭기초) 바닥면위의 허용 저항모멘트를 구하시오.(61–4)

[설계조건]
(가) 수직하중 : 2,000[kgf]
(나) 수직하중에 의한 모멘트 : 1,500[kgf/m]
(다) 수평하중에 의한 모멘트 : 6,500[kgf/m]
(라) 콘크리트 단위 중량 : 2,400[kgf/m^2]
(마) 흙의 단위 중량 : 1,600[kgf/m^2]

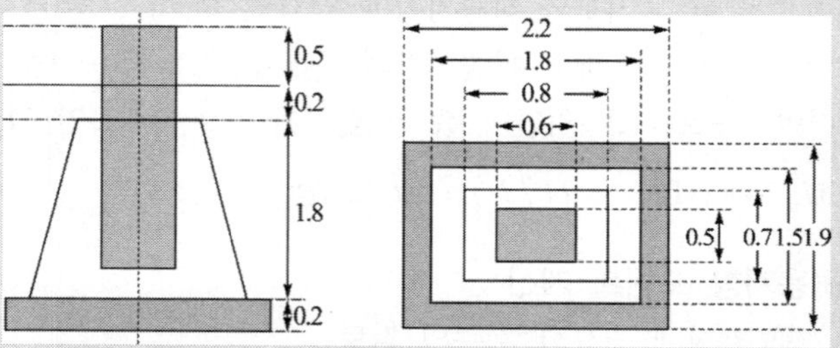

해설 1. 기초 밑면에 작용하는 단위면적당 수직하중

가. 철주, 빔, 가선 등의 수직하중 : 2,000[kgf]

나. 콘크리트 용적 및 중량

(1) 밑부분$= 2.2 \times 1.9 \times 0.2 = 0.836[\mathrm{m}^3]$

(2) 본체 부분 $= \dfrac{1.8}{3}(0.8 \times 0.7 + 1.8 \times 1.5 + \sqrt{0.8 \times 0.7 \times 1.8 \times 1.5}\ )$

$= 2.694[\mathrm{m}^3]$

(3) 상부(화장부)$= 0.6 \times 0.5 \times 0.7 = 0.21[\mathrm{m}^3]$

(4) 전체용적$= 0.836 + 2.694 + 0.21 = 3.74[\mathrm{m}^3]$

(5) 콘크리트 중량(단위중량$=2,400[\mathrm{kg/m^3}]$)$= 3.74 \times 2,400 = 8,976[\mathrm{kg}]$

나. 흙의 용적 및 중량 (터파기 용적에서 콘크리트 매설부분 제외)

(1) 흙의 용적$= (2.2 \times 1.9 \times 2.0) - (2.694 + 0.5 \times 0.6 \times 0.2) = 5.606[\mathrm{m}^3]$

(2) 흙의 중량(단위중량 $= 1,600[\mathrm{kg/m^3}]$)$= 5.606 \times 1,600 = 8,970[\mathrm{kg}]$

다. 기초 밑면에 작용하는 단위 면적당 수직하중

$$\frac{W}{A} = \frac{2,000 + 8,976 + 8,970}{2.2 \times 1.9} = 4,772[\mathrm{kgf/m^2}]$$

※ 마름모꼴 체적공식

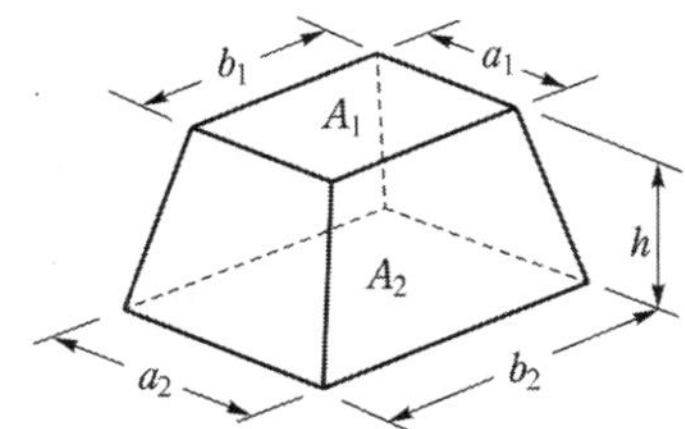

$$V = \frac{h}{3}\ (A_1 + A_2 + \sqrt{A_1 \cdot A_2})$$
$$A_1 = a_1 \cdot b_1$$
$$A_2 = a_2 \cdot b_2$$

2. 수직하중에 의한 기초 밑면의 흙의 여유 지지력

가. 흙의 지지력(g)를 20,000[kgf/m²], 안전율(F_s)을 2.0으로 하면,

$$\frac{g}{F_s} = \frac{20,000}{2} = 10,000[\mathrm{kgf/m^2}]$$

나. 기초 밑부분의 유효지지력(δ_1)은

$$\delta_1 = \frac{g}{F_s} - \frac{W}{A} = 10,000 - 4772 = 5,228[\mathrm{kgf/m^2}]$$

다. 기초 유효 지지력을 모멘트로 환산하면

$$Z = \frac{a \cdot b^2}{6} = \frac{1.9 \times 2.2^2}{6} = 1.5327[\mathrm{m^3}]$$

라. 기초 밑부분의 저항 모멘트(M_B)는

$$M_B = \delta_1 \cdot Z = 5,228 \times 1.5327 \fallingdotseq 8,013[\mathrm{kgf \cdot m}]$$

3. 안전도 검증

기초의 안전조건은 기초 밑부분의 저항모멘트가 수직하중에 의한 모멘트와 수평하중에 의한 모멘트 보다 커야 하는데,

계산결과 $8,013(= M_B) > (1,500 + 6,500 = 8,000)$이므로 적정함

14.1.12 콘크리트 기초 앵커볼트 개수와 매입깊이 계산문제 (해설4)

기출문제

전차선로의 급전선 지지물 설계 시 콘크리트 기초에 대한 인장측 앵커 볼트의 개수와 매입깊이를 계산하시오. (124-1, 10점), (130-4, 25점)

[설계조건] ○ 앵커볼트 : SS275 M22
○ 볼트의 허용인장 응력도 : 16,170[N/cm^2]
○ 지면경계의 굽힘 모멘트 : 11,760,000[N·m]
○ 상대하는 볼트의 간격 : 60[cm]
○ 앵커볼트와 콘크리트 허용부착 강도 : 50[N/cm^2]
(이미 만들어진 구조물에 앵커볼트를 매입)

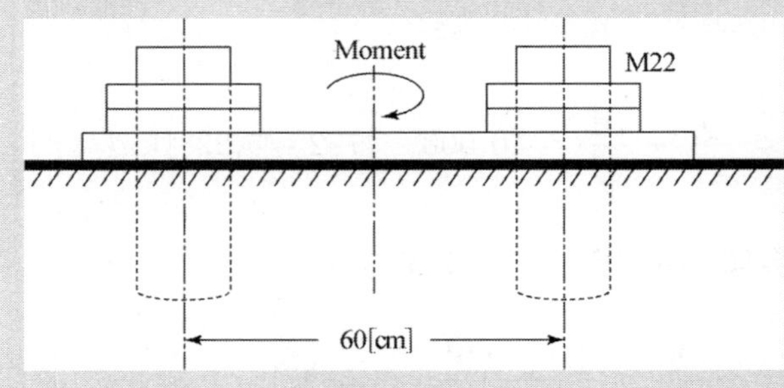

해설 1. 앵커볼트의 소요 개수 산출

가. 앵카볼트 소요갯수 계산식 ➪ $n \geq \dfrac{M}{f_t \cdot \frac{\pi}{4} \cdot d^2 \cdot L} = \dfrac{4M}{f_t \cdot \pi \cdot d^2 \cdot L}$[개]

여기서, n : 앵카볼트 소요수[개]
M : 지면 경계에서 전주의 굽힘 모멘트[kgf·m]
f_t : 볼트의 허용 인장응력[kgf/cm^2]
d : 볼트의 유효 지름[cm]
A : 볼트의 유효 단면적[cm^2]
L : 상대하는 볼트 간격[cm]

나. 위식에 설계조건을 대입하여 소요갯수 계산

$f_t = 16,170[\text{N/cm}^2] = \dfrac{16,170}{9.8} = 1,650[\text{kgf/cm}^2]$

$M = 11,760,000[\text{N·m}] = \dfrac{11,760,000}{9.8} = 1,200,000[\text{kg·m}]$

$L = 60[\text{cm}],\ d = M22 = 2.2[\text{cm}]$

$$n \geq \frac{4M}{f_t \cdot \pi \cdot d^2 \cdot L} = \frac{4 \times 1,200,000}{1,650 \times \pi \times 2.2^2 \times 60} = 3.19 \fallingdotseq 4\text{개}$$

따라서 앵커볼트의 갯수는 4개가 소요 됨.

2. 앵커볼트의 매입깊이 산출

가. 앵커볼트 길이 계산식 : $l \geq \dfrac{M}{\mu \cdot \pi \cdot d \cdot n \cdot L}$ [cm]

여기서, μ : 앵카볼트와 콘크리트의 허용 부착강도[kgf/cm^2]

l : 앵카볼트의 매입길이[cm]

나. 가 식에 대입하여 앵커볼트 매입깊이 계산

여기서, $\mu = 50[\text{N/cm}^2] = \dfrac{50}{9.8} = 5.10[\text{kg/cm}^2]$

$$l \geq \frac{1,200,000}{5.10 \times \pi \times 2.2 \times 4 \times 60} = 141.92[\text{cm}] \fallingdotseq 142[\text{cm}]$$

따라서, 앵커볼트 매입깊이는 142[cm]로 함.

14.2 · 빔 및 가동브래킷

14.2.1 가공 전차선로의 각종 빔(Beam) 구조물의 장단점

1. 개요

가. 가공전차선로에서는 선로상부에 전차선, 조가선 등을 지지하기 위하여 전철주와 조립한 강구조물을 말하며,

나. 역구내 등 여러 개의 선로가 집중된 장소는 전철구간을 문형구조로 하며, 역간의 단독주 구간을 브래킷(Bracket)형 구조로 하여 궤도와 직각방향으로 설치하여 전차선 등을 지지하는 것을 Beam이라고 함

다. 빔(Beam)의 종류는 크게 **고정식, 가동식, 스펜선식** 3종류가 있음

2. 고정식 빔(Beam)

궤도의 한쪽 또는 양쪽에 전철주를 세우고 궤도와 직각으로 강재를 조합한 빔 또는 정식 브래킷을 취부하여 전차선로를 조가하는 방식을 말하며, 고정식 빔에는 고정브래킷, 크로스빔, 문형고정빔이 있음

가. 고정브래킷(Fixed bracket)

캔틸레버(Cantilever)의 일종으로 단선구간의 역간 또는 역구내의 1선용으로 주로 사용하며, 1본 구성을 단브래킷, 2본구성을 포브래킷이라 함

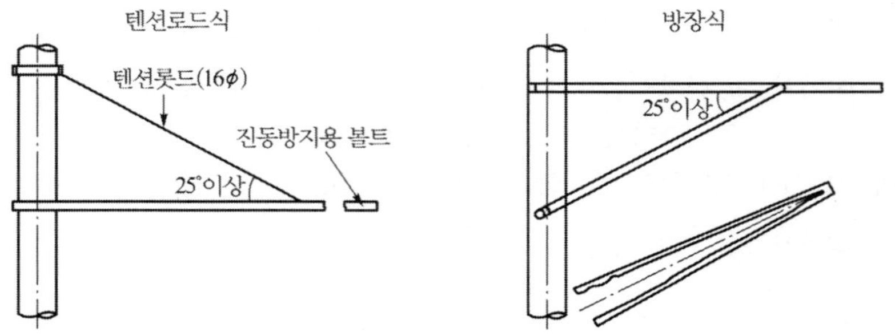

그림 14.2.1　고정브래킷

나. 크로스 빔

단선구간의 진동방지 개소와 복선구간의 역간 및 역구내 등에 일부 사용되며, 주재가 산형강으로 1본으로 된 것을 단빔, 2본으로 된 것을 포빔(맞붙임 빔)이라 하며, 빔의 길이는 강재의 단위길이 10[m] 이내로 함

다. 문형고정빔

문형고정빔은 산형강 또는 강관으로 결합된 형태가 문형(門型)상태로 되어 있다고 하여 붙여진 이름으로 강재로 조합한 구조로 "트러스 라멘 빔"이라고 하며 다음과 같이 구분함

(1) **평면빔** : 산형강과 평강 부재를 조합한 평면형태의 빔으로 크로스빔보다 하중이 큰개소 및 빔의 길이가 짧은 개소에 사용

(2) **V형 빔** : 수평하중에 대한 응력보강용으로 개발된 빔으로 압축력을 받는 상부주재(ㄱ형강)을 2본으로 하고 인장력을 받는 하부주재는 1본으로 하여 V자형을 이루어 V형 빔이라고 불리며, 주로 "V형 트러스 빔"을 사용하였으나, 가선수 증가 등으로 빔취부폭 및 가젯플레이트를 이용한 접합폭을 증가시킨 "V형 트러스 라멘 빔"을 주로 사용함

(3) **사각빔** : 측면과 상・하면을 4각 트러스형으로 조합한 빔으로 주로 6선용 이상의 경우에 사용함

(4) **강관빔** : 강관을 단독 또는 조합한 형태의 구조를 가지며 접합부는 용접 또는 볼트 취부 형태로 시설되며, 구조가 간단하고 미관에는 좋으나 보수작업이 어렵고 강도문제로 길이의 제한을 받음

(5) 인류빔 : 전차선을 인류하기 위하여 사용하는 빔

(6) 인출용빔(스트럭처 빔) : 변전소, 구분소 등에서 급전선, 부급전선, TF선을 인출하여 지지하기 위하여 설치된 빔.

3. 가동식 빔(가동 브래킷)

가. 전차선, 조가선 등을 지지하는 개념에서 가동브래킷을 가동식빔으로 분류하여 기술함

나. 가동식빔(가동브래킷)은 선로방향에 대하여 회전가능한 빔구조로 수평 주파이프, 경사 파이프, 곡선당김금구, 장간애자 등의 부속품으로 이루어져 있으며, 종류로는 인장(I-Type)형과 압축형(O-Type) 등이 있음

4. 스팬선식 빔

가. 스팬선 빔 방식

(1) 고정문형 빔 대신 지지물간을 스펜선을 설치하여 전차선, 조가선 등을 가선한 방식임

(2) 역구내 등 선로수가 많은 장소, 차량기지 및 화물기지 등의 선로수가 많은 장소에 주로 설치함

(3) 구조는 주스팬선, 보조스팬선 등으로 구성되고 빔하스팬선에 의하여 진동방지금구 등을 취부함

나. 단 스팬선 빔 방식 ➪ 스팬선에 직접 전차선을 조가하는 방식

다. 빔하스팬선 방식

(1) 고정식 문형 빔 하부의 지지물간에 스펜선을 설치하고 곡선당김금구, 진동방지금구를 설치한 구조임

(2) 주로 작은 규모의 역구내, 측선 및 분기개소에 많이 사용됨

라. 스팬선 가압빔 방식 ➪ 고정식 빔 또는 스펜선식 빔 하부에 스펜선 대신 산형강을 설치하고 산형강이 가압된 상태를 말함

5. 빔 종류별 장 · 단점 비교

Beam 종류	장점	단점
고정브래킷 크로스 빔	1. 구조간단 2. 설치비 저렴	1. 중하중에 견디기 어려움 2. 장대(長大)에 사용이 곤란 3. 수평하중에 취약(약함)
고정 빔	1. 중하중에 견딤(적합) 2. 횡하중에 강함 3. 유지보수 등이 유리	1. 조가물에 대한 자중이 큼 2. 눈(雪)에 불리 3. 설치비가 증가 4. 아연도금 등 방식이 필요
가동식 빔 (가동브래킷)	1. 경량으로 가선 특성이 좋음 2. 전차선을 일괄하여 장력조정이 가능하여 가선 특성이 양호 3. 애자가 전주측에 있어 매연에 대해 오손이 적음 4. 진동방지, 곡선방지 금구를 가동브키트에 직접 취부하여 경점이 적음 5. 회전특성 및 온도변화에 적응되어 가선 특성 및 고속화에 최적	1. 가동브래킷 회전에 따라 가선위치(편위)가 이동(변화) 함 2. 가선상호 이격거리가 작거나 배선이 복잡한 장소에 설치하기 곤란함 3. 가선이 단선되면 가동브래킷 전체가 이동하는 등 파급범위가 크게 되는 경향이 있음
스펜선 빔	1. 같은 길이의 고정빔에 비하여 공사비 저렴 2. 애자의 수량을 감소할 수 있음 3. 전주 건식수가 작게 되며 미관과 투시가 좋고 구내 작업에 유리	1. 온도변화에 따른 스펜선 이도조정 필요(유지보수 어려움) 2. 지지가선 상호영향이 있어 광범위한 조정이 필요 3. 전주의 하중 증가로 큰 강도 전주 필요
가압 빔	1. 애자설비의 수량감소 가능 2. 진동방지, 곡선당김금구를 가압빔에 취부하여 경점 감소	1. 급전구분이 다소 복잡 2. 순환전류에 의한 전선의 가닥 소손방지 대책이 필요

14.2.2 가공 전차선로의 문형 빔(Beam)의 종류 및 용도

1. 문형 지지물의 구성

가. 문형 지지물은 전주와 평면 트러스 빔, V형 트러스 빔, V형 트러스 라멘 빔 및 농형 4각 빔 등으로 구성됨

나. 문형고정빔은 산형강 또는 강관으로 결합된 형태가 문형(門型)상태로 되어 있다고 하여 붙여진 이름으로 강재로 조합한 구조로 "트러스 라멘 빔"이 대표적임

2. 평면 빔(평면 트러스, 평면 트러스 라멘)

평면 트러스 빔은 산형강과 평강 부재를 조합한 평면형태의 빔으로 크로스 빔보다 하중이 큰 개소 및 빔의 길이가 짧은 개소에 사용하며, 평면 트러스 빔과 평면 트러스 라멘 빔으로 구분함

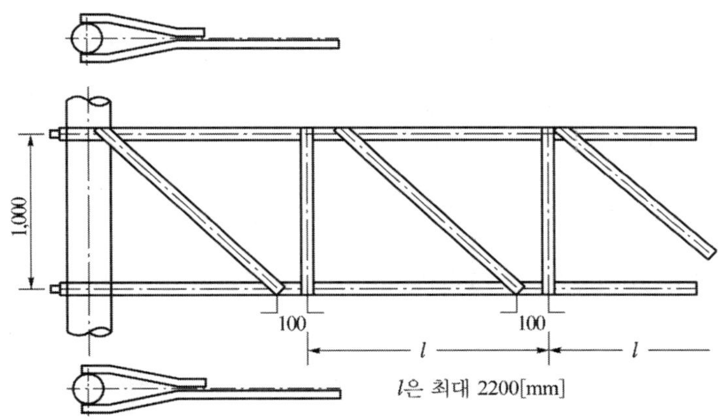

그림 14.2.2 평면 트러스 빔

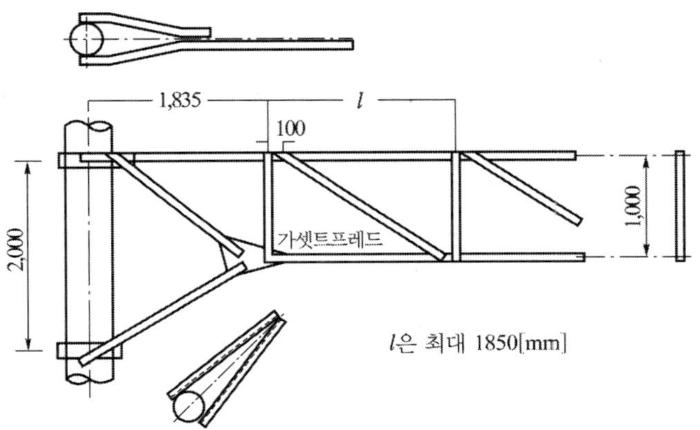

그림 14.2.3 평면 트러스 라멘 빔

3. V형 빔(V형 트러스, V형 트러스 라멘)

가. 평면빔의 수평하중에 대한 응력보강용으로 개발된 빔으로 압축력을 받는 상부주재(ㄱ형강)을 2본으로 하고 인장력을 받는 하부주재는 1본으로 하여 V자 형을 이루며,

나. V형 빔은 당초 평행한 상태의 "V형 트러스 빔"을 사용하였으나, 가선수 증가 등으로 빔 취부폭 및 가젯 플레이트를 이용한 접합폭을 증가시킨 "V형 트러스 라멘 빔"을 주로 사용함

다. 빔의 길이가 약 19[m] 보다 작은 경우에는 V형 트러스 빔을 사용하고, 빔 길이가 21[m]보다 크고 27[m] 보다 작은 경우에는 V형 트러스 라멘 빔을 적용함

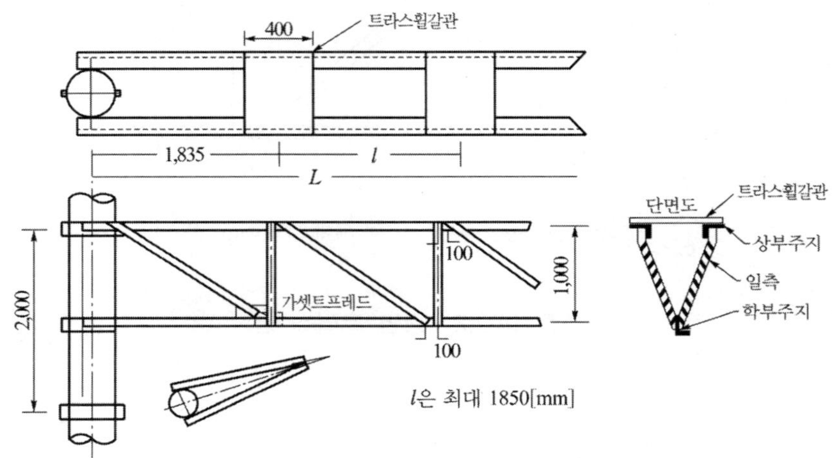

그림 14.2.4 V형 트러스 빔($L < 19$m)

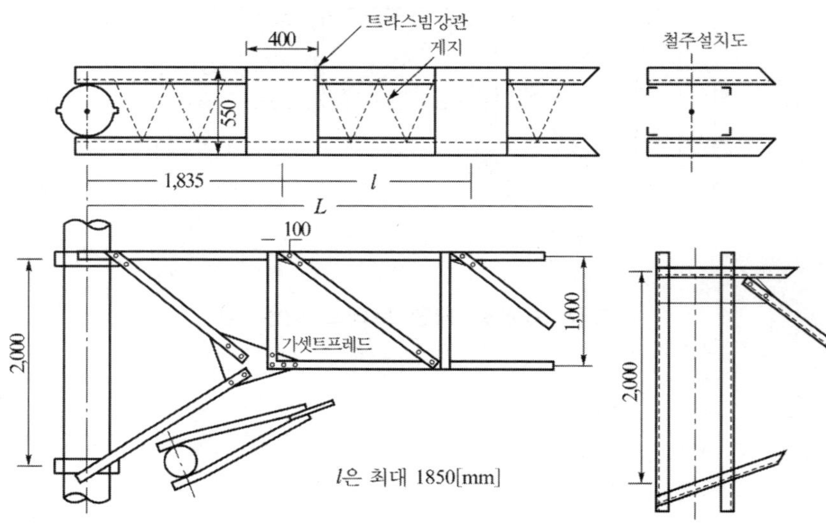

그림 14.2.5 V형 트러스 라멘 빔(21m ≦ $L < 27$m)

4. 농형(籠形) 사각 빔

가. 측면과 상・하면을 4각 트러스형으로 조합한 빔으로 주로 빔 길이가 27[m] 이상으로 6선용 이상의 경우에 사용하였으나,

나. 최근에는 6선 이상 여부에 상관없이 사각 빔의 주재 및 취부폭(600mm, 800mm, 1000mm)에 따라 다양하게 제작 설치되고 있음

5. 강관빔

가. 강관을 단독 또는 조합한 형태의 구조를 가지며 접합부는 용접 또는 볼트 취부 형태로 시설되며, 구조가 간단하고 미관에는 좋으나 보수작업이 어렵고 강도 문제로 길이의 제한을 받음

나. 초기에는 적설량이 많은 지구 또는 전차선로 지지물의 경량화 차원에서 도입하여 경부선 조치원~대구 및 영동선 동해~강릉 전철화 구간에 설치하였음

6. 포탈(Potal : 용접빔) 빔

가. 문형빔의 일종으로 고속철도 구간에서 주로 사용되고 있으며, L-형강을 주재로 하여 철판으로 주재간을 용접 조립한 골조로 된 구조를 말함

나. 빔의 길이에 따라 빔의 단면 및 높이 등의 빔의 크기가 달라지면 긴 빔은 2개 또는 3개로 분리제작하여 용융 아연도금 후 현지에서 접속편을 사용하여 볼트로 조립 사용하게 됨

그림 14.2.6 포탈빔

표 14.2.1 포탈 빔의 경간 및 길이

경간(m)	빔(Beam) 폭(mm)	빔(Beam) 길이(mm)	칸수	연결수	전주형태	빔의 역휘임
$10.08 \le L \le 11.55$	450	425	1	0	HE 300B	3cm
$11.55 \le L \le 15.30$	550	525	2(1)	1(0)	HE 300B	3cm
$15.30 \le L \le 19.80$	550	525	2	1	HE 300B	5cm
$19.80 \le L \le 22.80$	650	770	2	1	조립철주	7cm
$22.80 \le L \le 30.30$	650	770	3	2	조립철주	9cm

14.2.3 전차선로 구조물의 하수강 설계 시 고려사항

1. 하수강의 정의

가. 전주의 건식이 곤란한 개소에서 고정빔이나 터널의 천정에서 아래로 가동브래킷, 곡선당김장치 등을 지지하기 위한 지지물을 하수강이라 한다.

나. 주로 터널 내, 역구내의 고정빔 개소, 트러스 교량 개소 등에 사용

2. 종류

가. 전차선용 하수강

(1) 곡선당김, 진동방지 장치용 하수강 ➪ 빔의 중간에 곡선당김장치나 진동방지 스팬선 또는 가동식 스팬선을 취부하기 위해 사용함

(2) 조가선 애자 지지용 하수강 ➪ 동일 빔 내에서 선로의 고저차가 있는 경우이거나 과선교의 전후로 전차선의 고저차가 있는 경우에 빔에 취부하여 전차선 높이를 조정하기 위하여 설치함

나. 빔용 하수강

(1) 가동브래킷용 하수강 ➪ 복선터널의 천정이나 역구내 고정빔 등에 가동브래킷을 취부하기 위한 것임

(2) 가압빔용 하수강 ➪ 가압빔을 전주에 직접취부하지 않을 때에 고정빔에 취부해서 가압빔을 취부하기 위한 것임

3. 하수강 설계 시 고려사항

가. 하수강은 H형, 강관형으로 구분하여 사용하며, 터널 및 선상역사, 문형 지지물 구간,

교량하부 등 전차선로 상부에 지지물을 취부하여 가선하는 경우에 적용함

나. 하수강의 길이는 노반의 지형과 가동 브래킷의 규격, 전차선로의 가선방식, 구조물 등을 고려하여 결정함

다. 하수강의 설계 시 구조계산을 통하여 구조적 안전성을 검증하여야 함

라. 터널의 하수강은 C 찬넬 또는 매입전을 이용하여 취부하도록 함

마. 강관형 하수강의 설계 시 가동 브래킷용 밴드는 상, 하선 합성 전차선로 높이 등을 고려하여 분리 체결하도록 함

14.2.4 크로스 빔 및 고정브래킷의 설계 하중

1. 개요

가. 빔의 종류에는 고정식, 가동식, 스팬선식의 3종류가 사용되고 있으며, 빔의 선정은 그 선구의 운전조건, 궤도의 수량, 경제성 등을 고려하여 선정함

나. 보통 정차장과 정차장간 일반구간은 가동브래킷을 사용하고, 정차장 구내에서는 고정식 빔을 사용하며,

다. 구내선로가 많은 정차장, 차량기지, 화물기지 등의 빔 길이가 길어 강도적으로 고정빔 설치가 곤란한 장소는 스팬선식 빔을 설치하나 스팬선 빔은 건설후 유지보수 어려움 등을 고려하여 최근에는 사용을 기피하는 경향임

2. 고정식 빔의 종류 및 설계하중

가. 고정식 빔의 종류

(1) **고정브래킷** : 단선구간 또는 1선용 전차선로 지지물로 사용

(2) **크로스 빔** : 단선구간의 진동방지 장소와 복선구간의 역구내 및 역간에서 빔 길이가 10[m]이내에 사용

(3) **문형고정 빔** : 복선 이상의 장소에 사용되며, 일반적으로 트러스 라멘 빔을 말함

나. 크로스빔 및 고정브래킷의 설계하중

(1) **수직하중** : 조가선, 전차선, 드로퍼, 애자 등 의 중량 및 빔(하수강 포함)의 자중

(2) **수평하중** : 선로 직각방향 또는 선로 평형방향

① 전선이 받는 풍압과 전선의 횡장력

② 장력조정장치 등에 의한 전선 이동시 발생하는 인장력

③ 빔 및 진동방지는 풍압

(3) **기타하중** : 적설 및 작업원에 의한 수직 하중, 진동방지장치의 중량.

14.2.5 가동브래킷 종류별 장단점 및 구성 주요자재

1. 개요

가. 전차선을 지지하기 위하여 전주에 취부한 외팔보를 브래킷(Bracket)이라하며 사용목적에 따라 고정브래킷과 가동브래킷으로 구별함

나. 가동브래킷은 본체와 전주의 접합부를 회전축으로 하여 자유롭게 좌우로 회전이 가능하여, 조가선과 전차선의 온도변화에 의하여 신축에 따른 전선의 이동을 따라 그 방향으로 움직일 수 있는 구조로 되어있음

다. 브래킷이 조가선과 전차선을 지지하고 있으므로 본체는 장간애자로 전주와 절연되어 있음

2. 가동브래킷의 종류

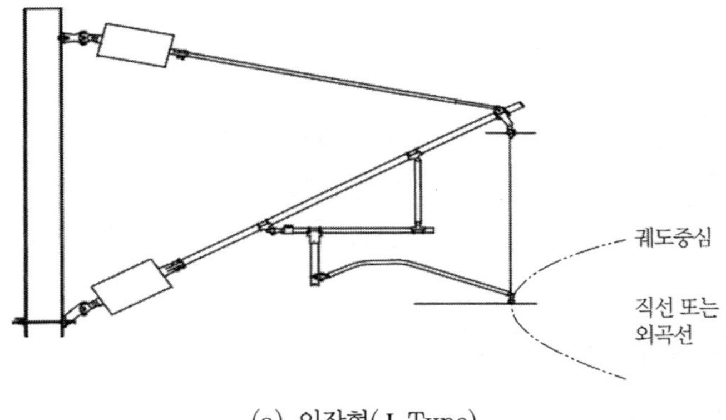

(a) 인장형(I Type)

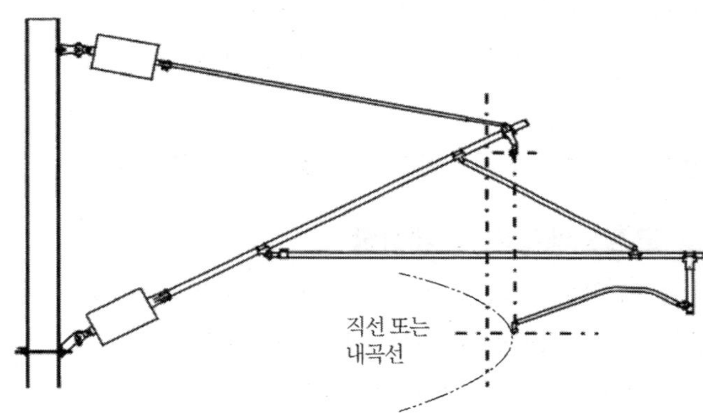

(b) 압축형(O Type)

그림 14.2.6 가동브래킷 Type

가동브래킷은 사용재질, 목적, 사용장소에 따라 여러 가지 형태가 있으나 기본적으로 선로조건에 맞게 지지물과 곡선당김금구의 설치위치에 따라 합성 전차선을 당기거나 밀어주어 편위를 유지시키는 형태에 따라 I형, O형, F형으로 분류함

가. I형(In Type) ➪ 인장형으로 합성전차선을 지지물쪽으로 당기는 개소
나. O형(Out Type) ➪ 압축형으로 합성전차선을 지지물반대쪽으로 당기는 개소
다. F형(Flat Type) ➪ 에어섹션, 에어조인트 등의 전차선 평행개소, 말단개소, 전차선의 무효부분 등에 설치하는 가동브래킷

3. 가동브래킷의 특성

가. 회전성능

(1) 수평방향으로의 회전가능 각도는 90°이며, 회전에 의해 전차선 위치 변동이 ±500[mm] 미만에서는 조가선 변동이 없어야 함
(2) 가동브래킷은 회전이 가능하므로 기온변화 등에 의한 전차선의 장력 조정을 원활하게 하고 고속집전 성능유지가 가능함

나. 회전억제저항

(1) 전차선의 이동에 대하여 지지점의 회전 억제저항이 작으면 가선 장력의 불균일을 방지할 수 있어 집전상태를 양호하게 유지할 수 있음
(2) 지지점의 회전 억제저항을 작게 하려면 가선상태, 용수철 정수가 양호하여야 하며, 회전억제저항은 전차선의 수직하중과 횡장력을 받은 상태에서 1개소당 3 [kg] 이하로 하고 있음
(3) 가동 브래킷 본체와 전주는 장간애자 또는 자기제 애자로 절연되고 있기 때문에 가동 브래킷 전체가 동일 전위(電位)로 되어 곡선당김금구의 취부공간 확보 및 설치가 쉬워서 집전장치와 이격을 충분히 확보할 수 있음

4. 가동브래킷의 장 · 단점

가. 장점

(1) 온도가 변하여도 가선구조가 흐트러지지 않아 고속운전에 적합
(2) 장력의 변동이 적다
(3) 하중에 의한 전차선의 경점을 적게할 수 있다.
(4) 조가선을 절연하지 않으므로 지지물 높이가 감소한다.
(5) 지지점에서 풍압에 의한 편위의 변화가 거의 없다.
(6) 가선이 경량화 된다 (가동브래킷이 경량이므로 가선측정이 양호)

(7) 활선작업의 안전도가 높다.

(8) 절연애자(장간애자)가 전주측에 취부되므로 보호설비 배선이 용이

(9) 진동방지 및 곡선당김장치의 단독절연 불필요

나. 단점

(1) 허용편위를 초과하면 전차선으로부터 팬터그래프의 이탈이 우려됨

(2) 가동브래킷은 단주를 사용하므로 기초를 강화시킬 필요가 있음

(3) 복잡한 역구내에서 사용이 곤란함

5. 가동브래킷의 설치 및 조정

가. 가동브래킷은 체결금구로, 전주, 하수강, 벽체 등에 설치하며 승강장 등 사람의 접촉이 우려되는 장소는 절연 브래킷을 사용함

나. 가동브래킷의 지지재는 필요에 따라 압축에 견디는 구조로 함

다. 평행 개소에는 2본의 브래킷을 평행틀 또는 2본의 전주에 설치함

라. 터널 시・종단에 설치하는 터널브래킷은 터널 시종점으로부터 5(m) 이내의 위치에 설치함을 원칙으로 함

6. 가동브래킷의 주요자재

가. 표준화 일체형(일반구간)

(1) 가동브래킷 본체 : 건식게이지 타입별로 공장제작

① 수평 주파이프(강관 55ϕ) 및 부속금구

② 경사 주파이프(강관 55ϕ) 및 부속금구

③ 수평진지 파이프(강관 32ϕ) 및 부속금구

(2) 진동방지장치 또는 곡선당김장치

(3) 자기제 또는 고분자 장간애자(압축형×1, 인장형×1)

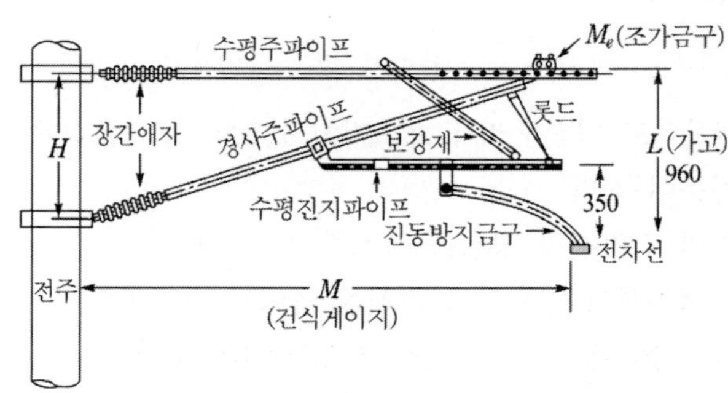

그림 14.2.7 일반용 가동브래킷 I Type

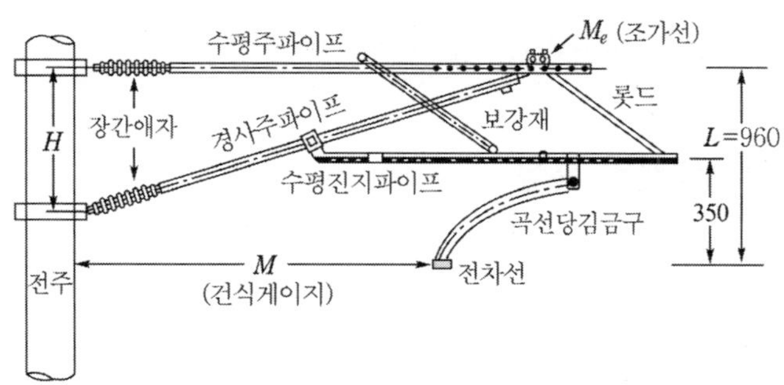

그림 14.2.8 일반용 가동브래킷 O Type

나. 경부선 고속철도용 가동브래킷(건식위치에 따라 제작)

(1) 경사 주파이프(Strut Tube) : 외경 49[mm], 두께 4.5[mm] 아연도금 강관으로 기계적 항장력 Rm≥550[N/mm^2]이며, 사용 가능한 길이는 설치위치 및 건식게이지에 따라 2.40~5.70[m]가 사용됨

(2) 상부 주파이프(Top Tube) : 짧은 인장형과 긴 압축형으로 구분되며, 직경 Φ 38[mm], 두께 3.1[mm]의 아연도 강관이며, 길이를 조정할 수 있도록 강관 내부에 조절봉(아연도 강봉 : Eye Rod)을 내장하며, 조절봉은 홈을 가진 Φ20[mm]의 봉을 사용하여 30[mm] 간격으로 9개의 천공을 시행하여 길이를 조절할 수 있음

(3) 수직현수 파이프, 진동방지 파이프 등은 아연도 강관 Φ38[mm] 및 부속금구로 구성됨

(4) 진동방지(곡선당김) 금구 : 일반형 1.2[m], 특수형 1.4[m], 분기형 2.0[m] 등 다양함

(5) 유리애자 또는 고분자용 장간애자(압축형시×1, 인장형×1)

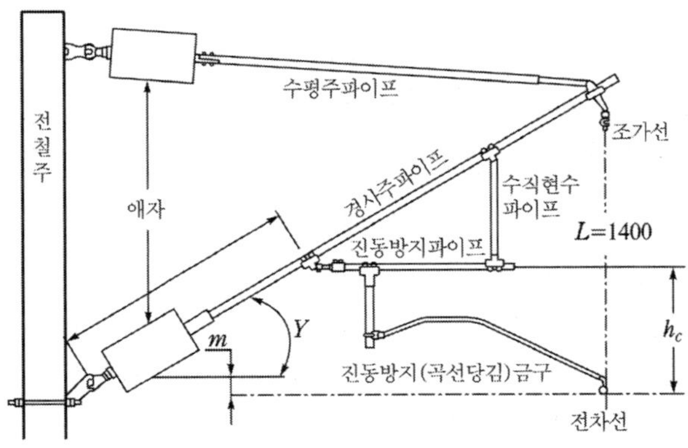

그림 14.2.9 고속용 가동브래킷(I Type)

14.2.6 고속철도용 가동브래킷 설치 시 고려사항

1. 고속철도용 가동브래킷의 특징

가. 고속철도에서 전차선의 집전특성 향상은 가동 브래킷 성능에 의해 좌우된다 해도 과언이 아닐 정도이므로 브래킷 구조의 정밀성이 요구됨

나. 가동브래킷에는 전차선을 전주 쪽으로 인장하기 위해 짧은 수평파이프에 곡선당김장치를 설치한 인장형 가동브래킷과 전주 반대쪽으로 압축력이 작용하는 길이가 긴 수평파이프 끝에 설치한 곡선당김장치에 의해 전차선을 밖으로 인장하는 압축형 브래킷의 두 종류로 구분하여 사용함

다. 전차선로 상하선의 지지물은 항상 등간격으로 이루어져 있으므로 상하선의 두 전주는 대칭으로 마주보게 건식하여 가동브래킷 상호간의 전기적인 안전 이격거리를 확보하기 위해 항상 서로 정반대의 브래킷형을 설치해야 하므로 한쪽이 인장형이면 다른 압축형 가동브래킷이 되도록 설치함

2. 고속철도용 가동브래킷 설치 방법

가. 경사 주 파이프는 아연도 강관(ϕ49[mm]$\times t$4.5[mm])에 유리제 장간애자 또는 고분자제 장간애자 1개를 조립하여 가동 고리로 전주에 경사지게 설치함

나. 상부 보조 파이프는 아연도 강관(ϕ38[mm]$\times t$3.1[mm])에 길이조정이 가능할 수 있도록 아연도 아이롯드를 내장시킨 구조이며 전주쪽에는 유리제 장간애자 또는 고분자제 장간애자 1개를 조립하여 가동 고리로 전주에 지지시켜 주 파이프와 조립하여 조가선의 가고, 편위 위치를 조정하도록 함

다. 수평 파이프의 아연도 강관(ϕ38[mm]$\times t$4[mm])은 짧은 인장형과 긴 압축형의 두 가지로 구분되며, 수평 파이프는 아연도 강관 안에 아연도 강봉을 내장하여 필요한 길이로 조정 가능한 구조로 주 파이프와 결합되며 전차선에서 0.6[m] 상부에 설치함

라. 조정용 지지 아연도 강관(ϕ38[mm]$\times t$4[mm])을 주 파이프와 수평 파이프 사이에 설치하여 수평 파이프의 수평유지를 조절하도록 설치함

마. 곡선당김 설치용 수직 아연도 강관(ϕ38[mm]$\times t$4[mm])을 수평 파이프와 결합시켜 수직으로 설치하고 여기에 곡선 당김장치를 설치하며 수직 파이프를 이동 조정하여 편위 조정이 가능하도록 설치함

바. 브래킷용 장간애자는 일반개소에는 최소 누설거리 1,000[mm]의 유리애자를 쓰며, 공해구간은 최소 누설거리 1,100[mm]의 유리애자를 사용하고 파손이 우려되는 교량, 과선교, 터널입구 등에는 합성수지 장간애자를 쓰도록 함

3. 가동브래킷 조정

가. 조정 온도조건

(1) −20～+60[℃]의 범위에서 브래킷과 곡선당김 금구를 조정시 조정범위의 평균온도 +20[℃]에서는 선로와 수직한 곳에 위치하여야 함

(2) 브래킷와 곡선당김금구는 +20[℃] 이상일 경우 장력추 방향으로 움직이고 +20℃ 미만일 경우 흐름방지방향으로 움직임

나. 온도에 따른 이동범위 계산식

$D = (17 \times 10^{-6} \times d)(T℃ - 20℃) + 20℃$ 이상일 경우 장력 방향

$D = (17 \times 10^{-6} \times d)(20℃ - T℃) + 20℃$ 이하일 경우 장력 방향

여기서, 17×10^{-6} : 구리(Cu)와 청동(Bz)의 선팽창 계수

D : 브래킷과 곡선 당김 금구의 움직임(m)

d : 브래킷 또는 곡선 당김에서 고정 인류점까지의 거리(m)

T [℃] : 현재 온도

14.2.7 고속철도용 가동브래킷 파이프의 길이 산정 방법

1. 개요

가. 현재 국내에 사용되는 전차선로용 가동 브래킷의 종류는 크게 수도권 전철구간과 일반철도 노선에 사용되고 있는 일반철도용 가동 브래킷과 고속철도용 가동브래킷으로 구분함

나. 일반용 가동브래킷은 표준화가 이루어져 있으나, 고속철도용 가동브래킷은 설계속도, 전차선로의 가고, 노반의 지형, 하중 및 전철주의 건식위치에 따라 가동브래킷의 주요 자재인 파이프 등의 길이를 산정하여 최적의 고속집전에 적합하도록 위치에 따라 개별로 제작 설치하게 됨

2. 가동브래킷 파이프 길이 산정

가. 경사 주파이프 길이(C)의 계산

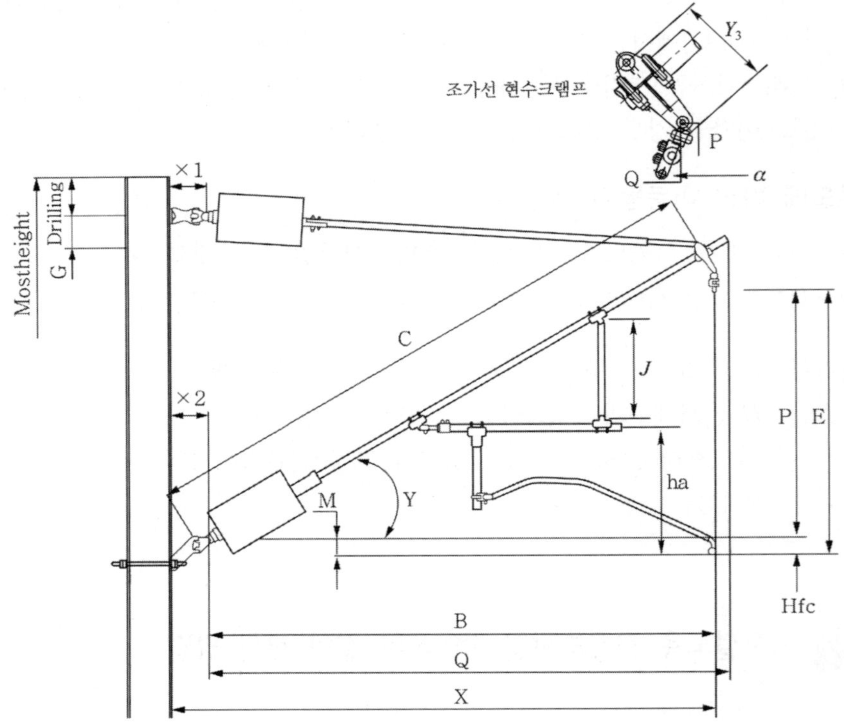

그림 14.2.11 가동브래킷 경사주파이프(C) 길이

$$C = \sqrt{P^2 + Q^2 - Y_2^2}, \quad P = E - m + (Y_3 \cos a)$$

$$Q = B \pm (Y_3 \sin a), \qquad B = X - x_2$$

여기서, Y_3 : 조가선 현수 크램프의 볼트 중심간 거리

a : 조가선 현수 크램프의 경사각

※ 수식과 그림의 기호가 일치하지 않는 부분 재확인 필요.

나. 상부 보조(수평) 파이프(h)의 길이 계산

$$h = \sqrt{F^2 + G^2}$$

$$F = (Q + x_2 - x_1) - (y_1 + y_2)\sin Y$$

여기서, Y : 경사 주파이프와 수평면과의 각

다. 경사 주파이프와 수평면과의 각도 및 G의 계산

$$\tan y = \frac{(P \cdot C) + (y_2 \cdot Q)}{(Q \cdot C) - (y_2 \cdot P)}$$

$$Y = \text{arc} \ \tan(\tan y)$$

$$G = H - \text{천공} - (y_1 + y_2)\cos Y - P - m - Hfc$$

라. 진동방지 파이프 길이

(1) 진동방지 파이프(a) 길이

$a = B - n \cdot cosy - Z \cdot sin \pm 0.5$ ⇨ (인장형 : −0.5, 압축형 : +0.5)

(2) 진동방지 수평 파이프 설치 위치(n) 계산

$$n = \frac{Z}{\tan y} + \frac{ha - m}{\sin y}$$

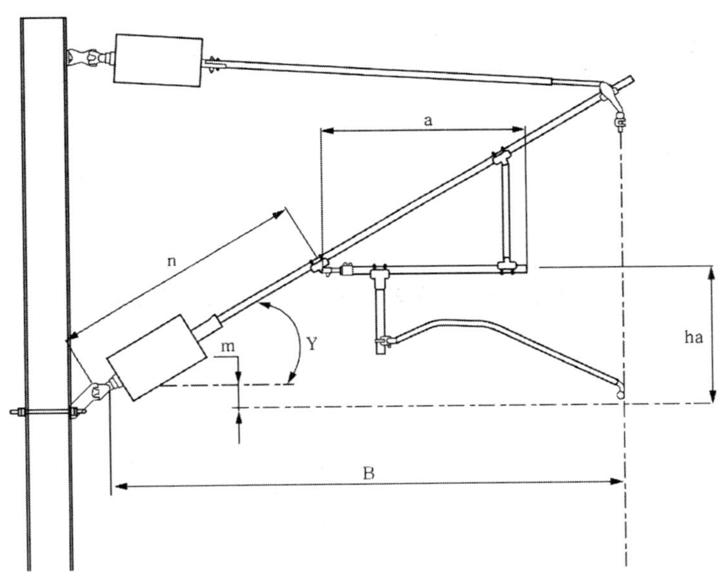

그림 14.2.12 가동브래킷 진동방지 파이프(a) 길이 산정

마. 가동브래킷의 수직 현수파이프(J)의 길이

(1) 인장형 가동브래킷 수직현수 파이프 길이계산

$$J = (Q - 0.6)\tan y - \frac{0.055}{\cos y} - 0.6 + m - 0.065$$

(2) 압축형 가동브래킷의 수직 현수 파이프(J) 길이계산

$$Hv = (C - 0.40)\sin y - 0.055 \ \cos y - 0.6 + m - 0.055$$

$$Lh = Q - \{(C - 0.40) \ \cos y - 0.055 \ \sin y)\} + LgSA + 0.075 - 0.40$$

$$\therefore \ J = \sqrt{Hv^2 + Lh^2}$$

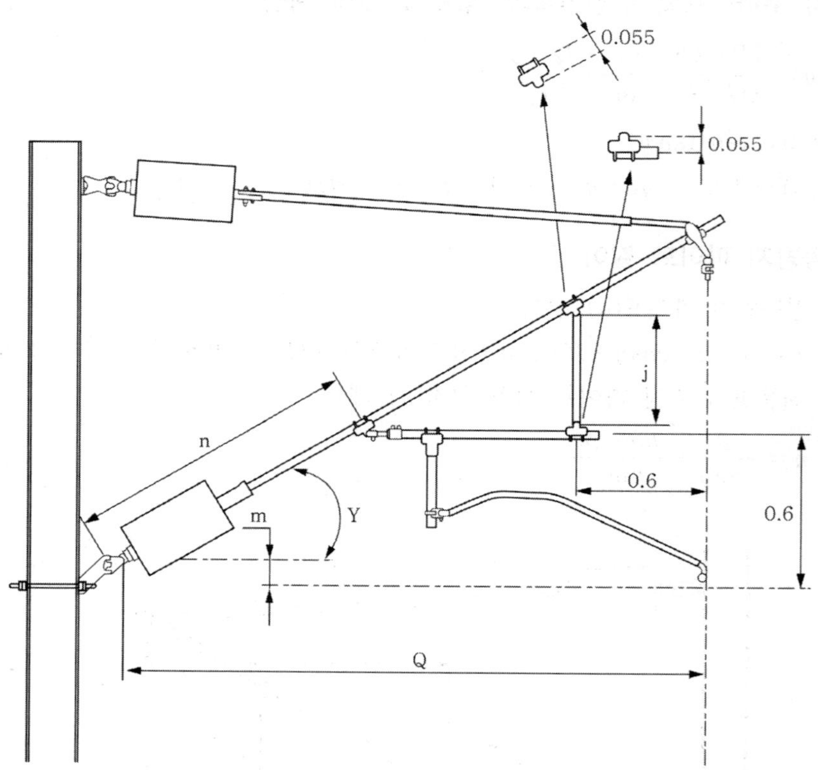

그림 14.2.13 인장형 수직현수파이프(J) 길이

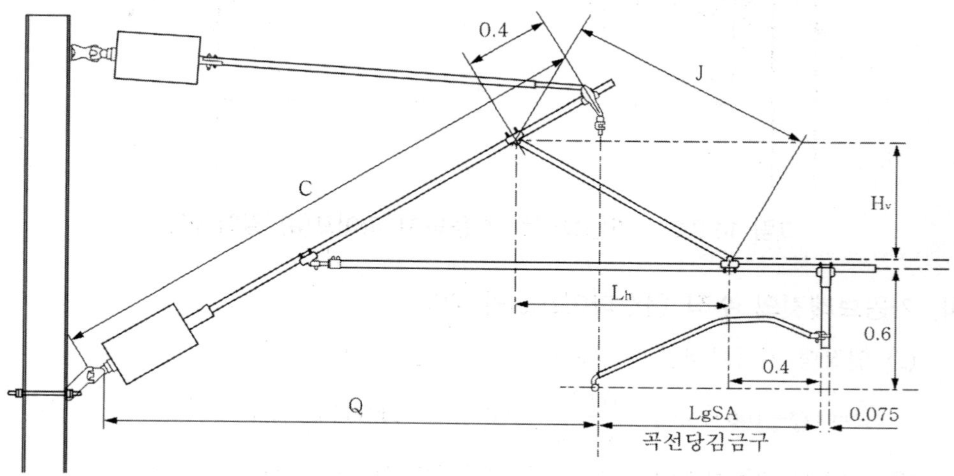

그림 14.2.14 압축형 수직현수파이프(J) 길이

14.3 ◦ 지선

14.3.1 가공전차선로 지선의 종류 및 시설방법

1. 개요

가. 전차선로에서는 전차선, 조가선, 급전선 등의 인류장소 및 곡선로에 있어서 인장력 또는 수평장력이 작용하는 전주에 그 인장력 또는 수평장력에 따른 전주의 경사 및 만곡되지 않는 방향으로 설치된 시설을 지선(支線)이라 함

나. 지선은 한쪽은 전주에 취부하고 다른 쪽은 일정한 지점에 매설한 기초에 취부하여 인장력 또는 수평장력에 대응하는 구조로 되어있음

다. 지선의 용도는 전차선, 급전선 등의 장력 또는 수평장력이 가해지는 불평형 장력에 대응하는 방향으로 설치하여 전주의 강도를 보완하는 것임

2. 支線의 종류

지선의 종류는 용도 및 사용장소에 따른 분류와 구조·형상별 분류 방법이 있으나 대부분 구조 및 형상별 분류에 의함

가. 사용 용도에 따른 분류

(1) **인류용 지선** : 인류되는 전선의 장력 최대치와 인류전주가 받는 풍압하중의 합에 견딜수 있도록 합성전차선, 급전선 등의 인류개소에 설치

(2) **진동방지용 지선** : 각 가섭선 및 지지주가 받는 풍압하중의 합력에 견딜수 있도록 연속적으로 진동방지장치가 설치된 경우에 설치

(3) **곡선당김용 지선** : 각 가섭선이 받는 횡장력은 선로곡선에 의한 것과 횡장력 등을 고려하여 각 전주 및 각 가섭선의 풍압을 고려하여 설치함

(4) **스팬선용 지선** : 스팬선 빔 또는 빔하스팬선 설치개소에서 스팬장력의 최대치는 하절기와 동절기의 풍압하중을 고려하여 큰 쪽을 선정하고, 지지주의 풍압은 각 지지선에 등분함

나. 구조, 형상별 분류

구조 형상에 따라 단지선, V형지선, 2단지선, 수평지선, 궁형지선 등이 있음

(1) **단지선** : 보통지선으로 부르며 일반적인 지선

(2) **V형지선** : 근가 또는 지선기초 1개소로부터 전주상부까지 V자 형상으로 시설한 지선으로 전차선로용 지선의 대표적인 것임

(3) **2단지선** : 단지선 또는 V형 지선을 전주의 상하 방향으로 2개 시설한 지선을 말하며 큰 장력이나 큰 수평장력이 가해지는 해비심플 커티너리(Heavy simple catenary) 가선방식을 인류용으로 사용하고 있음

(4) **수평지선** : 직접 지선설치가 불가능한 경우에 별도의 지선 전용주를 세우거나 인접 전주에 수평으로 전주 간에 설치한 지선을 말하며 도로의 횡단, 건축물의 출입구 등에 지장이 없도록 시설되는 경우가 대부분임

(5) **궁형지선** : 전주의 근원부분에 지선기로(근가)를 설치하여 중형으로 설치되는 특수지선으로 일반지선을 설치할 수 없는 협소한 특수 경우만 사용하며, 그림과 같이 수평지선과 동시에 설치되는 경우 또는 궁형지선만(단독으로) 설치되는 경우 등이 있음

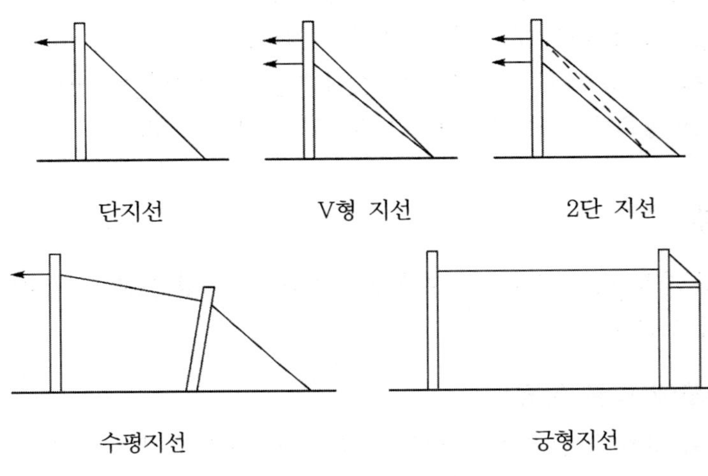

그림 14.3.1 지선의 종류

3. 지선의 설치 기준

가. 지선은 원칙적으로 용지(철도용지) 내에 기설하여 사람이나 자동차가 쉽게 접촉하지 않는 장소에 설치해야 함 ➪ 부득이한 경우 안전 및 방호설비

나. 각도주, 인류주, 기타 불평형 장력이 작용하는 전주에 설치함 ➪ 일반곡선, 곡선당김금구 설치 전주는 안전율이 그 이상으로 지선설치 생략함

다. 철도, 도로를 횡단하여 시설하는 수평지선의 높이는

(1) 철도횡단 수평지선 : 레일면상 6.5[m] 이상

(2) 도로횡단 수평지선 : 도로면상 6.0[m] 이상으로 함

라. 지선의 전주에 대한 설치각도는 45°를 표준으로 하며, 부득이한 경우 30°까지 축소 가능함

4. 지선의 설비

가. 지선의 인장력에 대한 안전율은 2.5 이상으로 함

나. 가공 전차선로용 지선을 아연도강연선 st 135[mm²], 90[mm²] 및 55[mm²] 또는 이와 동등한 아연도강봉 ϕ24[mm] 이상을 사용함

다. 전선의 인류용 전주밴드와 지선용 전주밴드는 분리하여 시설함

라. 지선기초는 콘크리트 기초 또는 지선용 블록을 사용하며, 지선기초 안전율은 2 이상으로 함

마. 지선의 절연

(1) 직류 전차선로 지선은 지선의 전식 방지를 위하여 전주 취부점에서 1.5[m] 위치에 애자(180ϕ~250ϕ)현수 애자)를 설치함(콘주, 목주)

(2) 지선이 가공 전차선로와 접촉시 누전에 의한 감전사고 예방을 위하여

① 교류 전기철도 구간은 고장선택 차단이 용이하여 애자설치 생략

② 배전선로에서는 지표상 2.5[m] 위치에 내장 애자 삽입

5. 지선의 취부각도와 지선 장력과의 관계

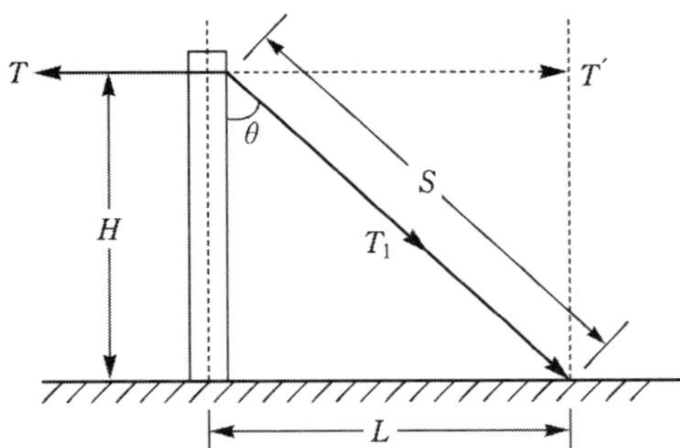

T : 전선최대장력[kgf]
H : 전선높이[m]
θ : 지선의 취부각도
S : 지선의 길이[m]
L : 지선과 지지물 간격[m]
T_1 : 지선이 받는 최대장력[kgf]

그림 14.3.2 단지선의 취부각도 및 장력

가. 전선의 최대장력 $T = T'$ ⇨ $\dfrac{T'}{T_1} = \dfrac{T}{T_1} = \sin\theta$ 식에서 지선이 받는 최대장력(T_1)

$$T_1 = \frac{T}{\sin\theta} = \frac{T}{S/L} = T \times \frac{L}{S} = T \times \frac{1}{\sin\theta} \;\Rightarrow\; T = T_1 \sin\theta \ \text{[kgf]}$$

나. 따라서, 안전율을 적용한 지선 최대장력(P)는

$$P \geq \text{안전율} \times T_1 = 2.5 \times T_1 = 2.5 \times T \times \frac{1}{\sin\theta} \text{[kgf]}$$

14.3.2 전기철도용 지선의 강도계산

1. 인류용 지선의 설계 하중

가. 지선의 설계하중은 전주에 작용하는 수평하중의 100[%]를 분담함

나. 인류용 지선은 인류되는 전선장력의 최댓값과 인류주가 받는 풍압하중의 합이며, 여기서 전선장력의 최댓값이란 전주에서 받는 풍압의 합인데 풍압은 전선 위치(높이)의 하중으로 환산하여 적용함

다. 지선의 안전율은 선형일 경우 2.5 이상, 강봉형일 경우 소재 허용응력에 대하여 1.0 이상으로 하고, 허용인장 하중의 최저는 4,900[N]으로 함

라. 지선 강도계산 시 고려 사항

(1) 지선의 장력은 최대치를 취하며, 전주가 분담하는 하중은 무시하고,

(2) 고가 구조물에 설치하는 경우는 인류전주의 풍압하중, 전선의 풍압하중, 온도변화에 의한 장력의 증가분을 고려하여야 함

(3) 전기철도에서 전차선, 조가선 일괄 인류인 경우는 1선 인류로 전차선, 조가선 개별 장력의 경우는 2선 인류로 간주하여 강도 계산.

2. 단지선의 강도계산

가. 1선 인류 단지선

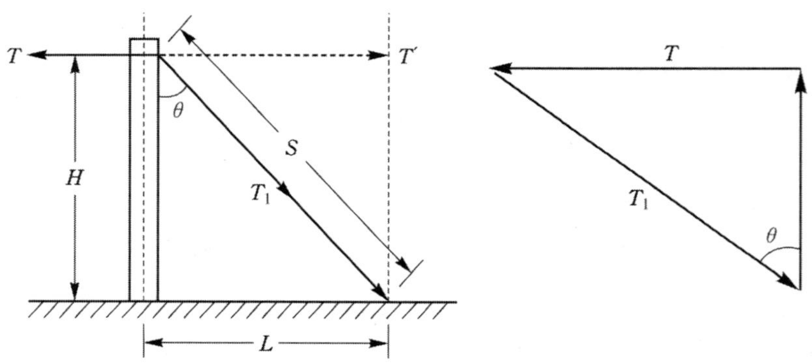

그림 14.3.3 1선 인류 단지선의 인장력

(1) 전주가 평형을 유지하려면 전선장력과 반대의 지선장력이 같아야 하므로

$$\frac{T}{T_1} = \sin\theta \Rightarrow T = T_1 \sin\theta[\text{kgf}] \text{ 또는 } T_1 = T \times \frac{1}{\sin\theta}[\text{kgf}]$$

$P \geq 2.5 \times T_1 \sin\theta$ ⇨ 지선의 최대 항장력(P)는 안전율 2.5를 적용하여 계산치 보다 크거나 같아야 안전하다고 판단함

여기서, T : 1단 인류 가선의 수평장력[kgf]
T_1 : 지선에 작용하는 장력[kgf]
P : 지선용 재료의 최대 항장력[kgf]
θ : 지선이 전주와 이루는 각도[°]

(2) 지선이 전주와 이루는 각도

$$\sin\theta = \frac{S}{L}$$

여기서, S : 지선의 길이[m]
L : 지표면에서 전주와 지선매설 위치까지의 거리[m]

(3) 지선의 길이

$$S = \sqrt{H^2 + L^2}\,[\text{m}] \quad (\text{단, } H : \text{전선의 높이})$$

나. 2선 일괄 인류 단지선

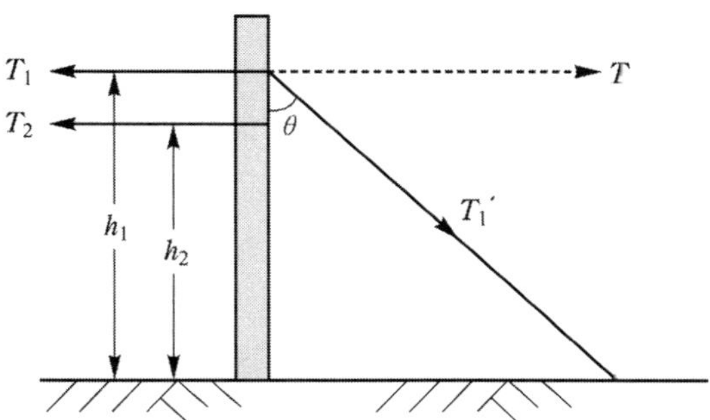

그림 14.3.4 2선 일괄 인류 단지선

(1) 지선 설치점에서 2선의 수평방향의 합성 인장력을 T라고 하면,

$$T \cdot h_1 = T_1 \cdot h_1 + T_2 \cdot h_2$$

$$\therefore\ T = T_1 + T_2 \times \frac{h_2}{h_1}$$

(2) 따라서, 지선에 작용하는 장력(T_1')는

$$T_1 = T \times \frac{1}{\sin\theta} = (T_1 + T_2 \times \frac{h_2}{h_1}) \times \frac{1}{\sin\theta}\,[\text{kgf}]$$

(3) 지선의 최대 항장력(P)는

$$P \geq 2.5\, T_1{}' = 2.5(T_1 + T_2 \cdot \frac{h_2}{h_1}) \times \frac{1}{\sin\theta}\,[\mathrm{kgf}]$$

3. V지선의 강도계산

가. 두 개의 전선 각각에 설치한 V지선(2단지선)

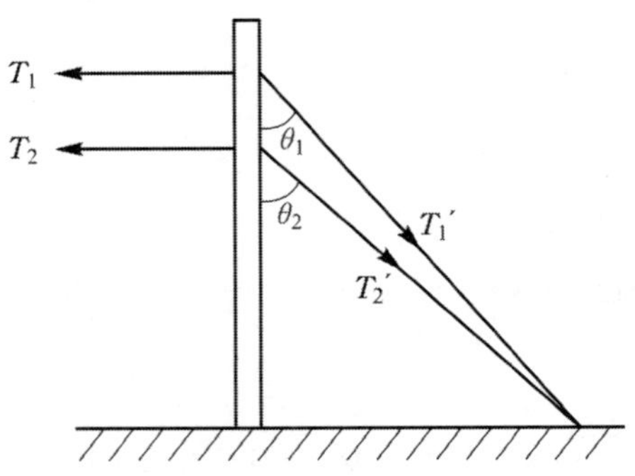

그림 14.3.5 2선 인류 V지선

(1) 지선에 작용하는 장력

$$T_1{}' = T_1 \cdot \frac{1}{\sin\theta_1}\,[\mathrm{kgf}], \quad T_2{}' = T_2 \cdot \frac{1}{\sin\theta_2}\,[\mathrm{kgf}]$$

(2) 지선의 허용 항장력

$$P_1 \geq 2.5\ T_1 \cdot \frac{1}{\sin\theta_1}\,[\mathrm{kgf}]$$

$$P_1 = 2.5\ T_2 \cdot \frac{1}{\sin\theta_2}\,[\mathrm{kgf}]$$

여기서, T_1 : 상단 전선 장력[kgf], T_2 : 하단의 전선 장력[kgf]
θ_1 : 상단지선의 전주와 각도, θ_2 : 하단지선의 전주와 각도
$T_1{}'$: 상단지선에 작용하는 장력[kgf]
$T_2{}'$: 하단지선에 작용하는 장력[kgf]
P_1 : 상단 지선용 선조 또는 강봉의 항장력[kgf]
P_2 : 하단 지선용 선조 또는 강봉의 항장력[kgf]

나. 2선일괄 1선 단독 인류한 V지선의 경우

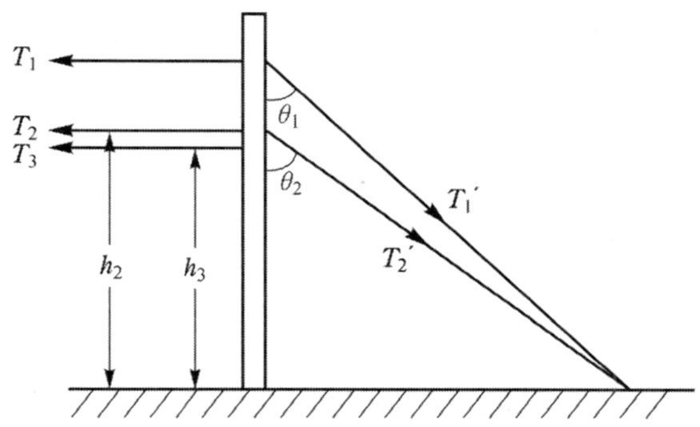

그림 14.3.6 2선 일괄 1선 단독 인류 V지선

(1) 지선에 작용하는 장력

$$T_1' = T_1 \cdot \frac{1}{\sin\theta_1}[\text{kgf}], \quad T_2' = (T_2 + T_3 \cdot \frac{h_3}{h_2}) \cdot \frac{1}{\sin\theta_2}[\text{kgf}]$$

(2) 따라서, 지선의 허용항장력은

$$P_1 \geq 2.5\, T_1 \cdot \frac{1}{\sin\theta_1}[\text{kgf}]$$

$$P_2 \geq (T_2 + T_3 \cdot \frac{h_3}{h_2}) \cdot \frac{1}{\sin\theta_2}[\text{kgf}]$$

4. 수평지선의 강도계산

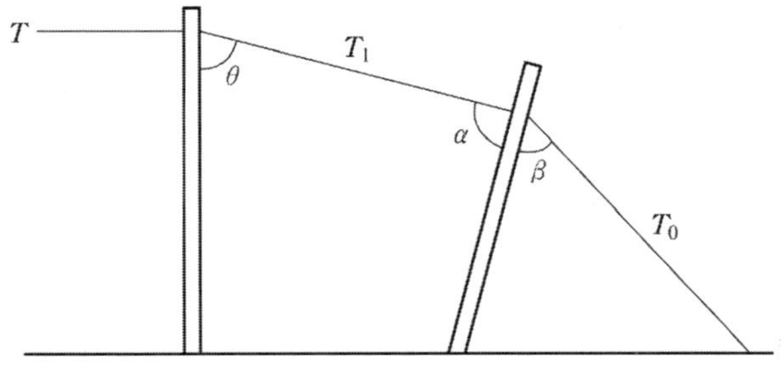

그림 14.3.7 수평지선의 장력

가. 수평지선의 장력 관계

$\frac{T_0}{\sin\alpha} = \frac{T_1}{\sin\beta}$ 의 관계에서 $T_0 = T_1 \cdot \frac{\sin\alpha}{\sin\beta} = \frac{T}{\sin\theta} \cdot \frac{\sin\alpha}{\sin\beta}$

$\therefore\ P_0 \geq 2.5\,T_0 = 2.5\,T_0 \cdot \frac{\sin\alpha}{\sin\beta \cdot sin\theta}[\mathrm{kgf}]$

$T_1 = \frac{T}{\sin\theta}$ 이므로 $P_1 \geq 2.5\,T \cdot \frac{1}{\sin\theta}[\mathrm{kgf}]$

14.3.3 지선용 근가 및 지선기초의 허용 인장력

1. 지선기초의 내력

가. 지선 근가 또는 지선기초는 지선을 위로 당겨 빼려고 하는 지선의 장력(힘)에 저항하는 지선기초의 내력은 지선기초를 흙 중에 수평으로 설치했을 때의 기초 중량과 유효각도를 고려한 흙 중량의 합으로 나타나며, 지선기초의 허용내력이 지선에 작용하는 장력보다 크거나 같으면 안전한 것으로 판단함

나. 전차선로용 지선기초는 보통 직 6면체로 구성되는 것으로 간주하고 허용 인장력을 계산하지만, 전철용 지선기초는 가선장력에 따라 표준기준을 정하여 사용하므로 설계 시 마다 별도의 계산은 의미가 없음

2. 전차선로용 지선의 강도계산(철도시설공단 기준)

가. 지선기초에 작용하는 장력

(1) 지선기초에 작용하는 장력 $T_m = \frac{T}{\sin\theta}[\mathrm{kgf}]$ (단, T는 가선장력)

(2) 인발장력 $T_{mv} = T \cdot cos\,\theta$

(3) 전도장력 $T_{mh} = T \cdot sin\theta$

나. 기초의 체적

(1) 2톤계(1.0×1.0×2.5m) : $V = 2.50[\mathrm{m}^3]$

(2) 2.4톤계(1.2×1.2×3.2m) : $V = 4.608[\mathrm{m}^3]$

다. 기초의 중량

(1) 2톤계 : 54,878[N]

콘크리트 중량 ➪ 2.5[m^3]×21,560[N/m^3] = 53,900[N] = 5,500[kgf]

H형강(H200×200×12t) ➪ 2[m]×480[N/m] = 978[N] = 100[kgf]

(2) 2.4톤계 : 100,326[N]
콘크리트 중량 ➪ 4.608[m³]×21,560[N/m³] = 99,348[N] = 10,138[kgf]
H형강(H200×200×12t) ➪ 2[m]×480[N/m] = 978[N] = 100[kgf]

라. 기초 저항 모멘트(M_r) ➪ 전주기초 강도계산식과 동일

$$M_r = K \cdot f \cdot S_0 \cdot L^2 \cdot \sqrt[3]{d^2\ (1+0.57 \cdot \frac{b^2}{L^2}+0.45 \cdot \frac{b}{d})^2}\ \times 9.8[\mathrm{kN \cdot m}]$$

(1) 2.0톤계 : 81,722[kN · m] = 8,339[kgf · m]
(2) 2.4톤계 : 150,479[kN · m] = 15,355[kgf · m]

마. 전도모멘트(M_0)

$M_0 = T_{mh} \times h$ [kN · m] (단, h는 기초면에서 작용점까지 거리[m])

바. 기초의 검증

(1) 인발 검증 ➪ $T_{mv} \le \frac{(W+R_\phi)}{2.0}$ (단, R_ϕ는 기초체의 측면 마찰력)

(2) 전도 검증 ➪ $M_r \ge M_0$

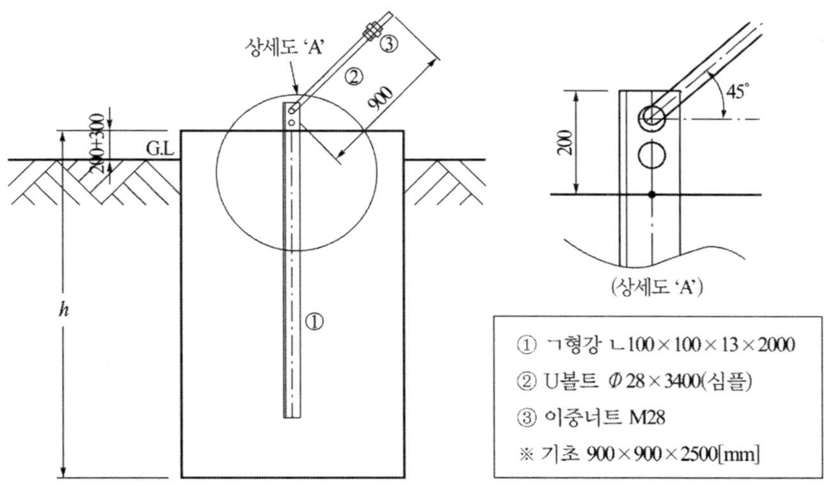

그림 14.3.8 봉강형 4각 지선기초

14.3.4 지선 설치용 볼트의 강도계산

1. 지선 취부용 볼트

지선용 취부볼트의 종류에는 강볼트와 코타볼트 등이 있고 볼트류에는 굽힘하중 이외에 전단하중이 작용하며, 이 계산식은 지선뿐만 아니라 전선의 연결금구와 애자의 코타볼트 등에도 적용함

2. 지선설치용 볼트의 강도계산

가. 굽힘강도(볼트의 허용장력)

(1) 볼트에 허용되는 지선장력 T_m은 아래 식과 같으며, 인류봉을 삽입하는 경우 볼트와의 접촉면은 점으로 되므로 이 경우 계산식은 $l=0$을 적용함

지선볼트 허용장력 : $$T_m = \frac{\pi \cdot d^3}{8\left(t - \frac{l}{2}\right)} \cdot f_m \text{ [kgf]}$$

(2) 휨응력에 대한 부재의 검증 조건 ⇨ $T \leqq T_m$

여기서, T_m : 볼트에 허용되는 지선장력 [kgf]

T : 지선에 가한 장력 [kgf]

d : 볼트의 유효지름 [cm]

t : 간격 [cm]

f_m : 볼트의 굽힘응력 [kgf/cm^2]

l : 볼트에 가한 힘의 폭 [cm]

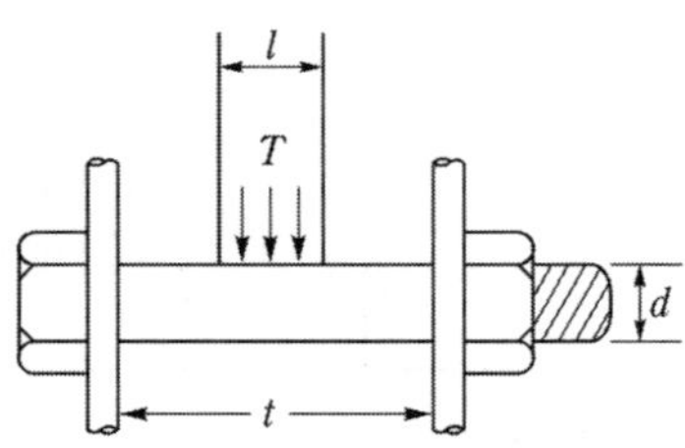

그림 14.3.10 지선 취부 볼트

나. 전단 강도

(1) 볼트의 허용 전단력은 하중점이 클레비스 간격 : (t) 중심에 있는 경우에는 복전단으로 계산해도 좋지만 중심을 벗어난 경우는 단전단으로 계산하는 것이 보다 안전한 값을 얻을 수 있음

(2) 아래 식은 단전단의 경우이며 복전단으로 하는 경우는 T_s 를 2배로 함

$$T_s = \frac{\pi \cdot d^2}{4} \cdot f_s [\text{kgf}]$$

(3) 전단응력에 대한 부재의 검증조건 ➪ $T \leqq T_s$

여기서, T_s : 볼트에 허용되는 지선장력 [kgf]

f_s : 볼트의 허용전단 응력도 [kgf/cm^2]

14.4 ◦ 전기철도용 애자

14.4.1 전기철도용 애자의 종류 및 특성

1. 개요

전기철도에 사용하는 애자는 전기차에 전력을 공급하기 위한 전차선로 등 급전시스템을 지지물 또는 대지와 절연이격거리 및 전기적 절연목적과 전선중량을 지지하기 위한 기계적 강도에도 견딜 수 있는 구조여야 함

2. 전기철도용 애자의 구비조건

가. 선로 상규전압 및 사고에 의한 이상전압에 대하여 일정한 절연내력을 가질 것

나. 비, 눈, 안개 등에 대해서 충분한 전기적 표면저항을 가지고 누설전류도 매우 작을 것

다. 상규 송전전압에서 코로나 방전이 일어나지 않아야 하며, 만일 표면에 아크 또는 코로나 발생 시 파괴되거나 손상되지 않을 것

라. 전선 등의 자체중량, 풍압하중 등에 의한 외력에도 충분한 기계적 강도를 가질 것

마. 온도변화, 습기 등에 내구력이 있고 가격이 저렴할 것

3. 애자의 사용목적별 분류

가. 현수애자

(1) 급전선, 부급전선, 보호선 및 가공 전차선의 인류, 현수, 스펜선, 이상구분장치, BT 구분장치 등에 사용됨

(2) 일반적으로 AC 25kV 구간에서는 250[mm] 4개 1련으로 사용되며, 염해지구 등 오손이 우려되는 장소는 1련 5개를 사용함

(3) 이중절연 보호방식에서는 180[mm] 현수애자를 1개 추가 사용함

나. 지지애자(Suppor Insulator)

(1) 세라믹 지지애자 : SP10 type(교량, 터널, 구름다리 하부 보호선 지지용), SP60, SP70(교량, 터널, 구름다리 하부 급전선 지지용)을 사용

(2) 폴리머애자로는 지하구간 R-Bar 강제전차선로 급전선 지지용으로는 NSP-50 실리콘 Rubber 형을 사용함

다. 장간애자

(1) 가동 브래킷의 인장형 및 압축형, 가공전차선의 인류, 현수, 곡선당김장치, 스펜선 장치 등에 사용됨

(2) 세라믹(자기제) 애자에는 굽힘파괴하중에 따라 압축형, 인장형으로 구분하며 tape a, tape b, tape c, tape d, tape m 등 5가지 종류가 있음

(3) 폴리머애자는 압축형인 Type N-a형과 인장형인 Type-m형이 있음

4. 전기철도용 애자의 재질 및 특성

가. 애자의 재질에 따른 분류

(1) 애자의 재질에 따른 분류는 자기제(porcelain), 유리제(ceramic)애자 및 폴리머(polymer)애자를 사용함

표 14.4.1 애자 재질별 특성 비교

특 성	polymer 애자	유리제(또는 자기제)
1. 무게	세라믹 애자에 비해 20[%] 내외의 경량임	중량임
2. 설치	보관, 운반, 설치 작업에 유리	중량이 무거워 작업에 불리
3. 기계적강도	자체 하중대비 세라믹 애자에 비해 2배임	
4. 충격강도	세라믹제에 비해 5배 이상	충격에 약함
5. 신뢰도	제품의 장기적 data가 없어 신뢰도 낮음	다방면으로 사용되어 신뢰도 높음
6. 오손특성	내트래킹성, 내후성이 약함	내트래킹성, 내후성이 양호

(2) Polymer 애자에는 Plastic(플라스틱, 폴리에틸렌, pvc, FRP 등), Rubber (silicon rubber, EPDM, 천연고무 등) 및 Fiber재질이 있으나, 국내에서는 주로 실리콘 라버(Silicon Rubber)애자를 가장 많이 사용함

표 14.4.2 애자 재질별 장·단점

구분	폴리머 애자	자기제(or 유리제) 애자
장점	1. 경량, 운반설치 용이(자기제 20[%]) 2. 기계적강도 큼(자기제 2배) 3. 충격강도 큼(자기제 5배) 4. 오염지역 절연성능 우수 5. 저비용 6. 발수성우수, 비산없음	1. 불황성 표면 2. 내수성 우수 3. 장기사용 성능 변화 없음 4. 개별 교체가능(현수애자) 5. 기본 보급성이 넓고 신뢰성 검증 6. 내트래킹성, 내후성이 강함
단점	1. 사용기간이 짧아 신뢰성 우려 2. 내트래킹성, 내후성 낮음 3. 코로나 발생 시 재질성능 악화우려	1. 고중량, 고비용 2. 형상단순, 취급불편 3. 물리적 충격 약함 4. 오염지역 절연저하 발생

나. 전기철도에 사용되는 애자의 종류

(1) 현수애자 : 180ϕ, 250ϕ

(2) 장간애자 : 인장형, 압축형

(3) 지지애자 : SP10, SP60, SP70 등이 있음

14.4.2 현수애자 애자련의 효율 및 애자별 전압 분담

1. 개요

가. 전기철도에서는 지지물과 전선 사이를 절연시키기 위하여 주로 현수애자 및 장간애자를 사용하며, 현수애자는 절연강도를 감안하여 1련당 애자수를 3~4개로 사용함

나. 이러한 애자는 기온변화, 풍설, 공해물질, 매연 및 분진, 염분 등에 의한 오손 및 뇌격에 의한 이상전압, 전철설비의 고유진동 특성의 가혹한 조건에서 사용되어 과대한 스트레스가 누적되는 등 열화의 원인이 되고 있음

2. 애자의 구비조건

가. 선로의 정격전압뿐만 아니라 고장 시 내부 이상전압에도 충분한 절연내력을 가질 것

나. 비, 눈, 안개 등 자연조건에서도 충분한 전기적 표면저항을 가지고 누설전류가 적을 것

다. 전선의 무게를 비롯 풍압, 빙설 등 외력에도 충분히 견딜 수 있는 기계적 강도를 가질 것
라. 정격전압에서 코로나 방전을 일으키지 않을 것
마. 온도변화, 습기 등에 내구성이 있고 가격이 저렴할 것

3. 현수애자 애자련의 효율

가. 애자련의 효율

(1) 애자련의 각 애자는 자체의 정전용량 외에 애자금구와 철탑, 금구와 전선과의 사이에도 각각의 정전용량을 갖는다.
(2) 각 애자의 전압분담은 균등하지 않고 전선에 가장 가까운 애자의 분담비가 가장 크고 지지물에 가까운 것이 약간 크며 중간의 것이 가장 낮음
(3) 애자련의 각 애자의 전압분담이 서로 다르기 때문에 애자수를 늘린다고 해서 그 개수에 비례하여 절연내력이 증가하는 것은 아님
(4) 전압분포가 불평등할 경우에는 분담비가 작은 애자에 비해서 분담비가 큰 애자쪽이 열화되기 쉬우므로 애자 전체로써 이용률이 저하됨
(5) 인가전압이 증대되면 분담비가 높은 애자에 코로나가 먼저 발생하므로 소호환(Arcing ring) 또는 소호각(Arcing horn)을 설치하여 섬락시 애자파괴 방지 효과를 높이고 있음

나. 애자련의 효율 계산식

$$\eta = \frac{V_n}{n V_1} \times 100[\%]$$

여기서, η : 애자련의 효율
V_n : 애자련 전체의 섬락전압[kV]
V_1 : 애자 1개당 섬락전압 [kV]
n : 애자의 개수 [개]

4. 애자련의 각 애자 전압분담 특성

가. 애자의 표면이 깨끗한 경우

표류용량의 영향으로 각 애자의 분담전압은 각각의 애자에 대하여 다르게 나타나고, 애자련이 길어지면 분담전압의 불균형은 더욱 커지기 때문에 애자련에 쉴드 링을 붙여 전압분담을 고르게 시키기도 함

나. 애자 표면이 더러운 경우

애자 표면이 오손된 상태에서는 표면으로 흐르는 누설전류에 의해 표류용량이 감소되거나 없어져 표면저항의 크기에 비례하여 전압분담이 발생됨

다. 전압분포가 불평등할 경우

분담비가 작은 애자에 비해 큰 애자 쪽이 그만큼 더 열화되기 쉬우므로 애자 전체로서의 이용률은 저하되므로, 전압분포를 균등하게 하기 위하여 애자금구와 대지간의 커패시턴스를 늘려서 애자금구와 전선사이의 커패시턴스를 같은 정도로 하면 상호간의 작용은 상쇄되어 전압분포는 매우 좋아짐

14.4.3 애자의 열화원인 및 열화 검출 방법

1. 개요

가. 애자는 오래 사용하는 동안 여러 가지 원인에 의하여 애자표면의 절연층에 균열 또는 관통구멍이 생겨 절연저항 및 절연내력 등 전기적 특성이 열화되고, 인장강도가 저하되어 기계적으로도 열화됨

나. 애자의 열화는 사용상태와 설치위치에 따라 다르며, 현수 애자련은 맨 위쪽의 애자열화가 쉽게 발생하고, 내장형 애자련(장간애자 등)은 전선에 가까운 부분의 열화가 발생되기 쉬운 경향을 나타냄

2. 애자의 열화원인

가. 애자 제조상의 결함

(1) 애자의 제조상 자기질의 불량

(2) 시멘트의 불량

(3) 접속방법(자기제와 금구)의 불안전

(4) 자기소재 냉각법의 부적당을 들 수 있음

나. 온도의 영향

햇볕의 직사광선으로 고온이 된 애자가 비에 젖어 급격히 냉각될 때의 심한 온도변화에 의한 열화 ➪ 애자는 팽창 계수가 다른 자기, 철, 시멘트 등으로 되어 있어 각부의 스트레스가 장기간 누적되어 애자열화 발생

다. 시멘트의 화학팽창

시멘트는 장기간에 걸쳐 공기 중의 수분, 탄산가스를 흡수하여 경화팽창 원인으로 누적 스트레스에 의한 열화발생

라. 자기적 스트레스와 코로나에 의한 영향

(1) 선로전압 및 이상전압에 의한 전기적 스트레스에 의한 열화

(2) 해안지방의 염분에 의한 누설전류 및 코로나에 의한 국부적 과열로 열화되고 심화되면 전기적 파괴에 이름.

마. 기타 매연, 분진 등에 의한 애자오손이 발생한 경우 누설전류 및 코로나 발생에 의한 국부적 열화발생 가속

3. 애자 열화 검출 방법

가. 정전상태에서 검출

(1) 육안 검사 방법

(2) 절연저항 측정에 의한 방법 : 1000[V] 절연저항계로 1,000[mΩ] 이상

나. 활선상태에서 검출

(1) 초음파 불량애자 검출기

애자불량 시 발생하는 Arcing, Tracking, Corona 방전시의 고주파형 초음파를 가청 주파수로 변환하여 헤드폰으로 청취하고 Meter에 의해 시각적으로 확인하여 불량애자 검출

(2) 음향펄스식 검출(분담전압기의 조사에 의한 방법)

애자 개개의 분담 전압을 정량적으로 측정하여, 불량 애자가 있으면 분담 전압이 현저히 저하되는 원리를 이용하여 애자의 양부 판정

(3) 코로나 방전 모니터링

애자표면에서 발생하는 방전현상을 광증폭장비를 이용하여 감지하는 방법 ➪ 주로 야간에만 사용되어 불편함

(4) 적외선 열화상장치에 의한 검출

자연상태에서 애자가 열화되면 표면의 누설 전류가 증가하게 되어 애자표면에서 발생되는 열을 검출하여 판별 ➪ 이상 발열시 절연저항계 등으로 재확인하여 불량애자 검출

(5) 기타 캡식 및 네온관식 불량애자 검출기, 전계측정, 전위분포 측정법 등이 있으나 철도에서는 별로 사용하지 않음

14.4.4 전기철도용(변전소, 전차선로 등) 애자의 오손 및 방지대책

1. 개요

가. 전기철도용(전차선로 및 전철변전소 등) 애자는 사용장소, 목적에 따라 현수애자, 지지애자, 또는 장간애자를 사용하고, 절연성능과 하중, 풍압, 진동등의 기계적 강도를 고려하여 설계 및 시공함

나. 특히, 장기간 사용하는 애자는 대기 중의 습도, 분진, 매연, 염해 등에 의하여 애자표면이 오손되어 비나 안개에 의하여 습윤을 받으면 애자 연면의 절연저하로 인하여 국부방전이 발생되어 가청잡음, 라디오, TV 등에 장애 유발, Flash over 반복 등으로 애자가 파손되는 급전사고를 유발 할 우려가 있어 설계 시부터 애자의 오손대책을 감안하여야 함

2. 애자의 오손 요인과 Flash over 발생과정

가. 애자오손에 영향을 미치는 주요인은 오손종류, 오손원에서의 거리, 지형, 풍향, 풍속, 천후, 강우량, 애자의 형상, 표면상태, 설치위치, 설치방법, 사용전압, 사용기간 등 많은 요인이 복합적으로 작용하고, 오손이 발생된 애자의 절연에 심각한 악영향을 줌

나. 애자 표면은 사용 환경에 따라 먼지, 염분 등의 오손물이 부착되어도 건조상태에서는 절연에 대한 악영향이 적으나 안개, 비, 눈 등에 의해 습기가 많아졌을 때는 오손물 중의 염분 또는 가용성분이 물에 용해된 강전해질 성분에 의하여 애자표면 누설저항이 저하되고 표면에 상당한 누설전류가 흐르게 됨

다. 이때 누설전류의 가열 현상에 따라 전류밀도가 높은 곳(애자의 Pin, Cap 주변)에 소위 건조대가 형성되어 국부적으로 저항이 증대되고 부담 전압이 높아짐

라. 오손의 정도가 가볍고 건조대에 걸리는 전압이 낮은 부분은 방전이 일어나지 않고 누설전류가 점차 감소되어 절연성이 회복되나, 오손의 정도가 심한 곳은 최초 흐르는 전류는 크며, 건조 작용이 강하므로 건조대에 걸리는 전압이 높아져서 국부적으로 아크가 발생하게 됨

마. 국부 아크의 발생에 의하여 건조 부분은 단락되고 아크 방전의 전류를 제한하는 것은 남은 습윤 부분의 저항이므로 아크 발생과 동시에 누설전류의 급격한 증대와 표면의 가열건조 현상도 증대 되는 등 누설전류 서지의 발생·소멸을 반복함

바. 위와 같은 원인으로 애자 표면의 전압분포는 점점 불균등하게 되어 아크는 방전의 강도를 더하여 습윤 부분의 저항이 전류를 억제할 수 없게 되는 일정 값에 도달하면 Flash over로 진전하게 됨

3. 오손등급 기준

가. 설계점의 오손등급 기준

구 분	A급	B급	C급	D급
오손 [mg/cm²]	0.063 이하	0.063초과~0.125	0.125초과~0.25	0.25초과~0.5

나. 해안거리별 오손등급 기준(단위 : km)

구 분	B 급	C 급	D 급
동 해	3.5초과~9	1 초과~3.5	0~1
서 해	3 초과~12	1 초과~3	0~1
남 해	0.5초과~5	0 초과~0.5	
제주도	2 초과~8	1 초과~2	0~1

4. 애자의 오손 대책

가. 과절연 설계 채용

(1) 매연이나 분진, 염분의 오손을 고려하여 사전에 애자의 연면절연을 강화하여 오손 상태에서 flash over 사고를 미리 방지하도록 하는 것이 과절연 설계임

(2) 과절연 설계는 애자의 증결, 표면 누설 거리가 긴 특수한 애자의 사용 등이 있으나 오손애자의 flash over 전압은 애자의 표면 누설 거리에 거의 비례하여 상승하므로 애자의 연결 개수를 증가시키는 방법이 일반적으로 채용되고 있음

표 14.4.2 현수애자의 과절연 설계 (교류 25[kV] / 현수애자 250[mm]의 경우)

오손구분	일반지구	오손지구	중오손지구
설계 내전압[kV/개]	10.3	8.9~7.8	6.7
애자의 개수	3개	3~4개	4개
현재 시설 개수	4개	4개	5개

표 14.4.3 장간애자의 과절연 설계 (교류 25[kV]용 장간의 경우)

오손구분	일반지구	오손지구	중오손지구
kV당 소요 누설 거리[mm/kV]	26	30~33.5	43.5
소요 누설거리[mm]	780	900~1,005	1,305
현재 시설물 적용 누설거리[mm] ※ ( )내는 이중절연방식	1,480 (1,250)	1,480 (1,250)	1,480
적용 오손 내전압[kV]	30	30	30

나. 애자 청소

오손 flash over 사고 방지를 위하여 사용장소 또는 오염원 등을 고려하여 애자를 정기적, 응급적으로 청소하는 것으로 시행방법은 아래와 같음

(1) 청소구간을 정전한 후 사람이 직접 손으로 세척하는 방법
(2) 활선 애자 청소기로 세척하는 방법
(3) 활선 애자청소 장치(고압분사기 등)에 의한 방법

다. 발수성 물질의 도포

애자가 오손되어 습윤에 의하여 표면의 절연이 저하되지 않도록 애자의 표면에 발수성 물질을 도포하여 절연을 유지하는 방법임. 이 발수성 물질에는 Silicone Compound가 널리 사용되고 있음

14.4.5 가공 전차선로용 애자의 섬락시험 방법

1. 전기철도용 애자의 시험방법

가. 가공전차선로에 사용되고 있는 애자는 주로 현수애자 및 장간애자가 있으며 섬락시험 방법에는 다음의 5종류가 있으며, 애자 종별에 따라 시험전압 및 성능(규격)은 각각 다르게 규정하고 있음

나. 애자 섬락 시험방법

(1) 상용주파 건조섬락 전압시험
(2) 상용주파 주수섬락 전압시험
(3) 뇌충격(50%) 섬락 전압시험
(4) 개폐충격 건조섬락 전압시험
(5) 개폐충격 주수섬락 전압시험

2. 상용주파 건조섬락 시험

가. 전압 인가 방법

(1) 예상되는 섬락전압 값의 약 75%까지 적절히 상승시키고
(2) 이후 매초 이 값의 약 2%의 상승률로 상승시켜 섬락시킴

나. 섬락전압 값

5회 이상 계속하여 섬락전압값을 측정한후 평균값을 취함

다. 전압인가 간격

먼저 시험 인가한 전압의 영향을 받지 않도록 외부 대기조건의 영향을 받지 않는 범위 내에서 충분히 길게 취함

라. 표준 대기상태

(1) 기압 760mmHg(1013mbar), 기온 20[℃], 절대습도 11[g/㎤]
(2) 표준 대기상태가 아니면(시험중) 보정값에 따라 보정한다.
(3) 보정전압 $V_s = V_{\delta h} \times K_h / K_d$

여기서, V_s : 표준대기상태에서 섬락전압
$V_{\delta h}$: 상대공기밀도 δ, 절대습도 h에서의 섬락전압
K_d : 공기밀도 보정계수 K_h : 습도보정계수

3. 상용주파 주수섬락 전압시험

가. 주수

(1) 수압이 일정한 상태에서 물방울이 가늘고 균일하게 분수구에서 분사시켜 시험품을 충분히 포함시킬 수 있는 넓이로 하여야 함
(2) 주수량은 수직성분으로 3[mm/min] 이상으로 해야 함
(3) 주수각도는 시험품 수직방향에 45°를 표준으로 함

나. 전압인가 방법 ➪ 상용주파 건조섬락시험과 동일

다. 주수섬락 전압값 ➪ 상용주파 건조섬락시험과 동일

라. 표준대기상태 및 전압보정 ➪ 상용주파 건조섬락시험과 동일

4. 뇌충격 섬락전압 시험(50% 충격 섬락전압 시험)

건조상태에서 충격 섬락전압 인가시 섬락방전 횟수가 전압인가 횟수의 50[%] 일 때 인가전압 파고치를 말함

가. 전압파형

(1) 뇌충격 전압시험에 사용되는 표준 뇌충격 전압은 파두장 1.2μs, 파미장 50μs의 양(+) 또는 음(−)의 단극성 표준 전파전압 인가
(2) 파형의 여유도 : 파두장 ±30%, 파미장 ±20%, 파고값 ±30%임

나. 50% 섬락전압 값의 결정(승강법과 보간법 2가지가 있음)

(1) 승강법

① 50% 섬락전압과 거의 동일한 μ_{50}을 인가하여,

- 섬락한 경우 $\mu_{50} - \Delta\mu$,
- 섬락하지 않을 경우 $\mu_{50} + \Delta\mu$를 인가함

② $\Delta\mu$는 섬락값의 0.5~2.0배로 하여 전압을 40회 정도 인가

③ 50% 섬락전압$(\mu_{50}) = \mu_n + \Delta u\left(\dfrac{\sum_{i=0}^{k} i_n}{\sum_{i=0}^{k} i_{ni}} \pm \dfrac{1}{2}\right)$[V]

(2) 보간법

① 동일 충격전압 V_m을 10회 이상 인가하고 섬락발생률을 구하고, 다음 전압 V_n을 인가하여 섬락발생률 n[%]를 구함

② 이때, $80 > \mathrm{m} > 50$, $50 > \mathrm{n} > 20$이 되도록 V_m, V_n을 조정하여 50% 섬락전압을 구함

③ 50% 섬락전압 관계식 : $V_{50} = \dfrac{V_m(50-n) + V_n(m-50)}{m-n}$ [V]

5. 개폐충격 건조섬락 전압시험

가. 전압파형

(1) 표준개폐 충격전압은 파두장 250μs, 파미장 2,500μs의 양(+) 또는 음(−)의 단극성 전파전압으로 함

(2) 파형의 여유도 : 파두장 ±20%, 파미장 ±60%, 파고값 ±30%로 함

나. 개폐충격 건조 50% 섬락전압 값 ➪ 뇌충격 섬락 전압시험과 동일

6. 개폐충격 주수 섬락 전압시험

가. 전압파형 ➪ 건조섬락 전압시험과 동일

나. 주수조건 ➪ 상용주파 주수섬락 전압시험과 동일

다. 50% 섬락전압 값의 결정 ➪ 승강법 및 보간법에 의함

14.4.6 고분자 애자의 트래킹(Tracking) 현상

1. Tracking 현상의 정의

가. 폴리머애자에서 표면에 오염물질이 침적되어 발수성이 저하됨으로써 누설전류가 증가하게 됨

나. 이 때 누설전류의 증가는 결국 애자표면을 따라 섬락을 일으키게 되는데 이러한 애자표면의 섬락현상을 고분자 애자의 "트래킹 현상"이라고 함

2. Tracking 현상의 오손섬락 메커니즘

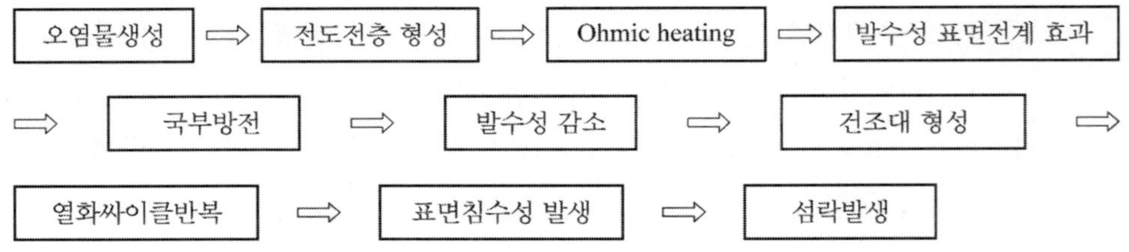

가. 오염물 형성 ➪ 바람이 애자표면에 먼지 및 전도성 오염물 운반

나. 전도전층 형성

높은 습도, 안개, 이슬, 가랑비 등이 고분자의 발수성으로 표면에 물방울 형성 등 표면 젖고, 건조한 표면에 남았던 오염물은 물방울 이동에 따라 높은 저항성 전도성층 형성

다. Ohmic heating

누설전류는 저항의 감소와 건조속도에서 급속한 전류증가 초래하여 표면에 Ohmic heating 현상이 발생

마. 발수성 표면에서의 전계효과

인가한 전계는 물방울보다 큰 방울로 합쳐지도록 하는데 발수성 표면에서는 전도성 경로를 형성하는데 많은 시간이 소요되고, 필라멘트를 형성할 만큼 국부적인 전계가 충분히 높아야 함

바. 발수성 표면에서 국부 방전

필라멘트는 하우징 말단간의 거리를 줄여서 인접한 필라멘트 사이의 전계가 증가하며, 전계 증가에 따라 표면 스트레스가 충분하면 표면 방전이 일어남.

사. 발수성 감소

방전은 고분자 사슬의 회전이나 파괴를 일으켜 발수성을 감소시키며, 발수성 감소 및 손실은 연속적인 전도성층 형성으로 누설전류 흐름이 증가함

아. 건조대 형성

가장 높은 손실을 갖는 표면이 가장 먼저 건조되며, 전류밀도가 가장 적은 단면적에 집중하여 건조가 가속되며, 건조대 절연은 밴드가 인가 전압을 견딜 만큼 충분한 거리로 성장할 때까지 표면 작용이 밴드에서 지속됨

자. 열화 사이클의 반복

화학반응과 국부적인 온도상승 때문에 젖음과 침식을 반복적으로 가속시키며, 국부적인 Hot spot는 최대 400[℃]까지 상승되고, 자외선 손상 등 다른 열화표면 Crazing을 일으켜 젖음시 누설전류 흐름을 증가시키는 오염물을 트랩하는 역할을 함

차. 표면 침수성 발생

애자표면의 젖음이 일어나 건조대가 형성되고, 방전이 하우징 말단을 연결하기 위해 증가하는 과정을 그치게 되어 "섬락"이 발생됨

3. 폴리머 애자와 자기제 애자(Ceramic)의 장 · 단점 비교표

구분	폴리머 애자	자기제 애자
장점	1. 오염지역에서 우수한 절연성능 2. 경량이고 취급용이 3. 경비절감(저가, 설치비용 저렴) 4. 발수성(hydrophobicity) 우수 5. 비산(Vandalism) 없음	1. 불활성 표면 2. 내구성 우수 3. 장기사용에도 성능변화 없음 4. 난연성 5. String 개별 부분 교체 가능
단점	1. 상대적 현장경험 적음 2. 경년에 따른 열화우려 3. Corona 발생 시 재질 악화 우려	1. 중량으로 취급 어려움 2. 고비용, 다양한 형상제작 곤란 3. 물리적 충격에 약함

제 15 장 전기철도 차량

15.1 ∘ 전기차 일반

15.1.1 철도 전기차의 분류 및 동력방식별 특성

1. 개요

가. 철도 전기차량은 전기적 에너지를 기계적에너지로 변환하여 열차를 주행 시키는 철도 차량을 말하며, 일반적으로 전차선 또는 제3레일 등 외부로부터 전력을 공급받아 견인 전동기를 구동하여 운행하는 방식의 차량을 말함

나. 전기차는 철도 급전계통상의 부하설비에 해당하기 때문에 전기적으로 직접적인 영향을 주며, 기계적인 측면에서도 전기차의 집전장치가 전차선로와 직접 접촉하여 전원을 공급받아 운행하므로 전차선로의 가선방식과 밀접한 관계가 있어 전기철도에서 매우 중요하게 취급함

2. 전기차의 분류

가. 전기방식에 의한 분류

(1) 직류 전기차

(2) 교류 전기차

(3) 교류·직류 겸용 전기차

나. 구동방식에 의한 분류

(1) 직류 직권전동기 방식

(2) 유도 전동기 방식

(3) 동기 전동기 방식

(4) 자기부상 열차

다. 동력방식에 의한 분류

(1) 동력 집중방식

(2) 동력 분산방식

3. 동력방식에 의한 특징

가. 동력집중 방식(전기기관차 방식)

(1) 주로 전기기관차와 같이 동력차의 동력원을 집중배치하는 방식으로 전기기관차 1대 또는 2대로 부수차(객차 또는 화차)를 견인하는 방식으로 200[km/h] 이상의 고속열차는 동력차를 열차의 전후에 붙인 고정편성의 동력 집중방식이 운용되고 있음

(2) 구동 전동기 수가 작으므로 고장발생률이 비교적 적고, 부수차에 구동 전동기 등이 없으므로 진동 소음이 적어 승차감이 우수함

(3) 운송방법에도 여객 또는 화물을 병행운행이 가능하므로 동력차의 운용효율이 향상되고, 전철화 이전에 사용하던 부수차의 사용이 가능하므로 전철화시 차량 투자비 등을 절감할 수 있음

(4) 차량 유지보수 측면에서도 유리하여 동력집중 방식은 주로 장거리 여객열차 또는 화물수송 전용열차 등에 널리 사용됨

나. 동력분산 방식(전동차 방식)

(1) 전동차와 같이 편성차량에 구동전동기 분산 배치하여 운용하는 방식

(2) 속도 급상승, 급제동이 용이하고, 축중이 가벼워 대출력을 얻을 수 있기 때문에 선로의 제한속도를 상승시킬 수 있음

(3) 차량 편성의 양단에 운전실이 있어 운전이 용이하고, 편성수를 가감하여도 동일한 성능을 유지할 수 있으므로 단거리 정차와 출발이 빈번한 여객수송 전용의 도시 전동열차에 주로 사용하며, 최근에는 장거리 고속열차에도 적용하는 경우가 있음

(4) 동력분산 방식에 비해 차량소요수가 많고, 전철화 이전의 부수차 사용이 어려워 초기 투자비가 많이 듬.

15.1.2 전기차의 동력 집중방식과 동력 분산방식의 장단점

1. 개요

전기차량은 동력원(견인 주전동기)의 배치 방식에 따라 동력집중방식과 동력분산 방식이 있으며, 동력집중 방식의 장점은 동력분산식의 단점이 되고, 동력 분산식의 장점은 동력집중식의 단점이라고 말할 수 있음

2. 동력 집중방식

가. 배치 형식

(1) 동력차의 동력원을 집중배치하는 방식으로 전기기관차 1대 또는 2대를 연결하여 객차 또는 화차를 연결하는 방식

(2) 고속철도와 같이 여객전용 객차 등을 고정편성하는 경우에는 열차의 전・후에 전기동력차를 배치하여 양방향(전후) 운전이 가능토록 하였음

나. 장점

(1) 구동 전동기수가 작기 때문에 고장 발생률이 비교적 적음

(2) 객차에 구동전동기가 없어 진동, 소음이 적고 승차감 양호

(3) 여객 또는 화물수송에 병행 운용이 가능하여 전기동력차(전기기관차) 운영효율이 향상됨

(4) 전철화 건설 개통시 기존의 객차・화차를 이용 할 수 있어 전기차량 투자비를 절감 할 수 있음 : 초기 투자비 절감

(5) 동력차 수가 적어 유지보수비가 적게 듬

(6) 장거리 여객열차, 화물수송 전용열차 등에 널리 사용됨

다. 단점

(1) 전기기관차 중량 증가로 곡선부 고속 주행 시 횡압이 과다하여 궤도 안전성 문제 발생 대책이 필요

(2) 기관차 및 객차와의 중량차이로 점착력의 저하에 의한 가감속 성능 및 제동, 등판 능력이 떨어짐

3. 동력 분산방식

가. 배치형식

(1) 구동전동기를 차량에 분산배치하는 방식으로 주로 여객수송 전용 열차에 사용되며, 수도권 전동차, 지하철 전동차, 이탈리아의 ETR, 일본의 신간선 등에 사용됨

(2) 수도권전동차(동력분산형) 기본 편성방법

① 10량 1편성 순서 : TC+M+M+T+M+M+T+M+M+TC (6M4T)

② 8량 1편성 순서 : TC+M+M+T+T+M+M+TC (4M4T)

③ 6량 1편성 순서 : TC+M+M+T+M+TC (4M2T)

④ 4량 1편성 순서 : TC+M+M+TC(2M2T)

여기서, TC : 제어차, M : 동력차, T : 일반차(부수차)

나. 장점

(1) 분산방식은 경축중이 되어 궤도보수 및 선로의 건설비가 경감됨
(2) 열차중량을 점착력으로 활용할 수 있으므로 고가감속이 가능하며, 고속에서 저하되는 점착계수를 보완할 수 있음
(3) 동력장치가 소형이므로 차륜경을 적게 하고 스프링하 질량(Unspring Mass)을 적게하여 축간거리를 축소할 수 있어 대차의 소형 경량화가 가능함
(4) 동력전달 장치는 구조가 간단한 대차장착방식을 사용하여 주행안정성 및 보수가 용이함
(5) 분산방식은 다중계로 동력장치의 고장에 대하여 열차로서의 높은 신뢰성을 확보할 수 있음
(6) 개개의 동력 장치가 소형으로 차량의 하부에 장착할 수 있어 열차장을 유효하게 활용하여 역의 홈이나 측선의 길이를 축소함으로서 선로 용지를 절감할 수 있음
(7) 열차 길이를 변경하여도 편성의 양단에 운전실이 있어 운전이 용이하며, 수송수요에 대응하여 편성량수를 가감하여도 동력장치의 용량을 비교적 적정하게 조정하여 성능을 동일하게 유지할 수 있음
(8) 따라서 이 방식은 정차와 출발이 반복되는 단거리 도심철도의 여객수송 전용으로 도시형 전동열차에 가장 많이 사용됨

다. 단점

(1) 주동력원이 분산되어 있어 팬터그래프 수량이 증가하여 전차선 수명(마모) 단축 등 급전 메커니즘이 까다로움
(2) 차량구입비, 유지보수비 등 투자비가 집중방식에 비해 고가임
(3) 축중은 가벼우나 열차전체의 무게는 무거워 지는 경향이 있어 전력 에너지 소비량이 증가하였으나, 최근에는 전기회생장치 부착으로 에너지 효율을 한층 높게 하고 있음
(4) 차량 자체하부에 장착되는 동력장치의 소음과 진동이 차내에 전달되어 승차감이 저하되므로 차체설계 시 차음 및 방진을 고려하여야 함

표 15.1.1 동력방식별 장·단점

특성별	동력집중방식	동력분산방식
가감속성	상구배등에서 가속도 어려움	동력차 수를 늘려 기동 가속도 향상 용이
운전성	기관차 고장 시 운전불능	동력차 일부고장에도 운전가능하여 운전 신뢰성 확보
편성의 유연성	부수차(객차, 화차)의 증결 및 감차가 용이하여 운용효율 증대	편성이 고정되어 유연성 저하
방향 전환성	기관차의 교환 또는 기관차를 방향전환하여 재편성 필요하고, KTX와 같이 전·후 기관차가 별도 소요	양쪽에 운전실이 있어 방향전환 불필요
선로의 부담	기관차 하중이 커서 부담가중	기기가 분산되고 축중이 가벼워 선로 부담이 적음
승차감, 쾌적성	소음, 진동이 작아 승차감 양호	소음, 진동이 객차에 전달되어 승차감 저하
초기투자비 및 유지보수성	동력차 수가 적어 비용이 저렴하고, 유지보수가 간단	동력차가 많아 고가이고, 유지보수비 증가
전력소비량	적음	많음

15.1.3 교류·직류 겸용 전기차의 전원공급 경로 및 차량 검토사항

1. 전기차의 동력 전달 메커니즘

가. 전기철도는 급전하는 전기방식에 따라 직류방식과 교류방식으로 분류하며, 전기차 또한 직류방식 구간만 운행하는 직류전용 전기차, 교류구간만을 운행하는 교류전용 전기차가 있으나, 직류와 교류구간을 직통운행하는 노선에는 교류/직류 겸용 전기차를 운용하고 있음

나. 직류방식은 저전압 대전류 특성이 있고, 교류방식은 고전압 저전류 특성이 있어 교·직 겸용차는 이러한 특성을 충족할 수 있도록 차량설계 시부터 교직 절환 스위치 및 전력변환 장치 등을 충분히 고려하여야 함

2. 교류/직류 겸용 전기차의 전원공급 경로

국내 전기철도의 직류방식은 DC 1,500[V], 교류방식은 AC 25[kV]를 표준으로 하고 있어 전기차를 구동하는 주전동기의 전기방식에 따라 전기차의 구조 및 전원공급 경로가 차이가 있으며, 직류전동기는 종래의 저항제어차에서 사용하여 왔으나, 최근에 VVVF 제어차는 교류전동기를 사용하고 있음

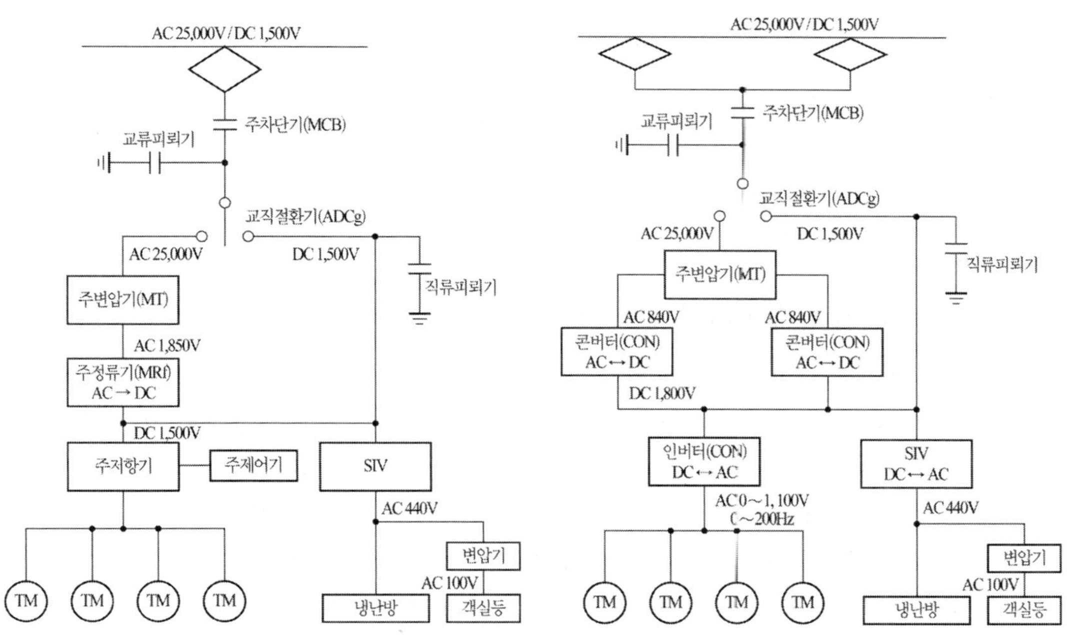

(a) 직류전동기 전원회로 (b) 교류전동기 전원회로

그림 15.1.1 직류/교류 겸용차 전원공급 경로

가. 주전동기가 직류 전동기인 경우

(1) DC 1,500[V] 구간에서의 전원공급 경로(그림 15.1.1 (a) 참고)

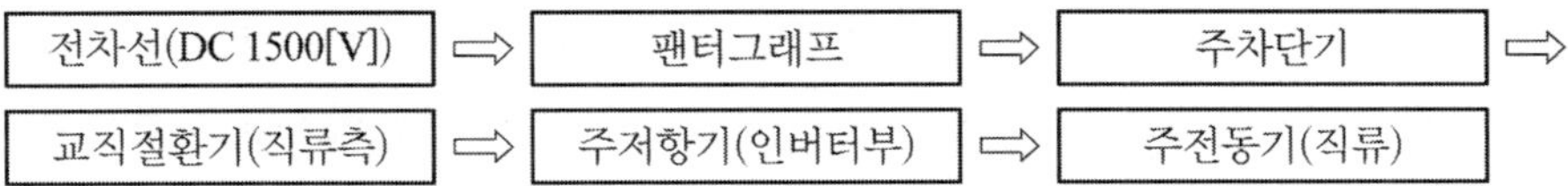

(2) AC 25[kV] 구간에서의 전원공급 경로(그림15.1.1.(b) 참고)

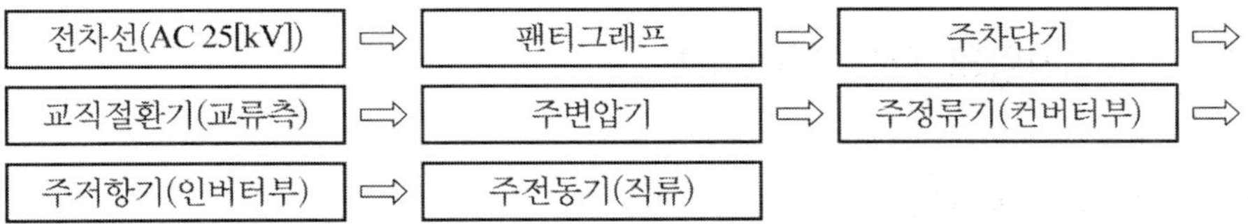

나. 주전동기가 교류 전동기인 경우

(1) DC 1,500[V] 구간에서의 전원공급 경로(그림 15.1.1 (a) 참고)

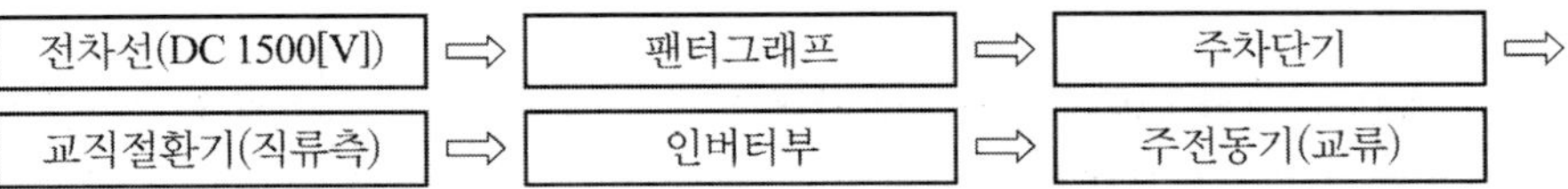

(2) AC 25[kV] 구간에서의 전원공급 경로(그림 15.1.1 (b) 참고)

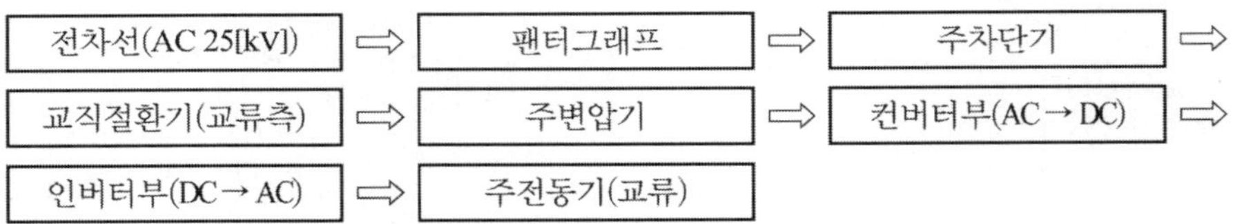

3. 교류 · 직류 겸용 전기차의 검토사항

가. 종래에는 전기차의 특성상 직류 직권전동기를 주로 사용하여 왔으나, 최근에는 다양한 전자전력 소자 및 전력변환 장치가 개발되어 동기전동기, 유도전동기를 사용하여 열차 제어 및 운용효율을 향상하는 추세에 있음

나. 특히, 교류/직류 겸용 전기차의 경우에는 차량설계 및 제작단계에서부터 양구간을 직통운전하는데 필요한 차량과 전력의 인터페이스, 차량과 전차선의 인터페이스, 차량과 신호체계의 인터페이스에 대한 충분한 검토와 고려가 있어야 함

4. 교직모진 보호회로

가. 교직 절환조작의 오류에 의한 모진(冒進) 사고에 방지 보호장치를 설치함

나. 교류회로 상태로 직류구간에 모진하는 경우
주변압기 1차측에 직류가 흐르면 주 퓨즈가 용단하게 됨

다. 직류회로 상태로 교류구간에 모진하는 경우
교직구분용 절연구분 장치의 무가압 부분에서 주차단기가 자동으로 개방되며, 개방실패의 경우에는 직류피뢰기가 방전하고, 접지측의 변류기에 접속된 모진보호 계전기를 동작시켜 주차단기를 개방함

15.1.4 철도차량의 화재 방재대책

1. 열차 화재방재 대책의 기준

가. 열차화재는 인명에 대한 사고로 이어지므로 중대한 운전사고로 취급하며, 과거의 열차화재사고를 교훈으로 "철도차량 안전에 관한 규칙" "도시철도차량안전에 관한 규칙"으로 철도차량의 구조 및 장치의 안전 기준을 정하여 열차화재방지에 필요한 사항을 규정하고 있음

나. 특히, 2003년 2월 대구지하철 방화사건을 계기로 수많은 인명피해가 발생한 이후 내장재를 난연재에서 불연재로 교체하는 등 화재방재 대책에 대한 기준이 대폭 강화되었음

2. 철도차량의 화재 방재대책

가. 차량은 화재발생의 위험을 방지할 수 있도록 다음 기준에 적합하여야 함

(1) 차체 및 실내설비는 불에 타지 아니하는 재질을 사용할 것. 다만, 실내설비의 성질상 불에 타지 아니하는 재질로 할 수 없는 경우에는 규정에 정한 시험방법에 따라 불에 타기 어려운 재질로 할 수 있음

(2) 차체에 배선되는 전선은 불에 타기 어려운 재질로 하고, 필요에 따라 전선관 또는 차단막으로 보호될 것

(3) 제동 시 발생하는 불꽃으로부터 주위의 전선 및 장비가 보호될 것

(4) 불꽃발생 및 발열위험이 있는 기기는 일정한 간격으로 분리되어 설치되고, 필요한 경우 그 사이가 절연되거나 불에 타지 아니하는 재질의 차단막이 설치될 것

(5) 하부틀에 하부를 지나는 배관 및 전선은 차체바닥으로부터 기름 또는 인화성 물질이 침투하지 못하도록 설치될 것

(6) 기타, 철도차량안전에 관한 규칙 및 도시철도차량안전에 관한 규칙에서 정하는 기준에 만족하여야 함

나. 화재의 전파방지

(1) 철도차량의 화재차단막은 화재가 다른 철도차량으로 전파되는 것을 방지하고 여객이 안전하게 탈출할 수 있도록 화재와 열에 충분히 견딜 수 있어야 함

(2) 화재차단막에 철도차량간 통로문의 기능이 필요한 경우 철도차량간 통로문은 방호기능과 자체 폐쇄기능을 갖추어야 하며, 비상시에는 여객이 문을 용이하게 개방하여 대피할 수 있어야 함

(3) 객차등은 화재가 전파 또는 확산되더라도 차체로서의 기계적 강도를 유지하여 다른 철도차량 또는 열차에 위험을 미치지 아니하여야 함

(4) 공기조화(空氣調和)장치 및 환기장치는 화재 또는 연기 등이 감지된 때 여객을 보호하고 화재의 전파를 방지하기 위하여 위험도분석 결과 필요하다고 인정되는 경우에는 철도차량운전업무종사자 또는 열차승무원(이하 "승무원"이라 함)이 그 기능을 제어할 수 있어야 함

3. 화재발생시 대피 및 안전설비

가. 객차 등은 화재가 발생한 경우에 여객이 신속하고 안전하게 탈출할 수 있도록 충분한 대피설비와 구조를 갖추어야 함

나. 위험도분석 결과 장대(長大)터널 또는 지하구간을 운행하는 열차로서 화재가 발생한 경우에 여객을 신속히 대피시키는 것이 필요하다고 인정되는 열차에는 열차의 양 끝부분에 비상탈출구 및 하차설비가 설치되어야 함

다. 객차 등에는 화재가 발생한 경우에 역 외의 장소에서 출입문 또는 비상탈출구를 통하여

여객이 용이하게 대피할 수 있도록 비상망치 또는 비상탈출설비 등이 설치되어야 함

라. 객차 등의 출입문은 화재가 발생한 경우에 비상시에 승무원 또는 여객이 수동으로 열 수 있는 구조이어야 함

마. 객차 등에는 축전지(蓄電池) 전원으로 작동되는 아래 장치를 갖추어야 함

(1) 여객과 승무원간의 통신장치

(2) 화재상황을 알릴 수 있는 방송장치 또는 경보장치

(3) 비상조명등

(4) 환기장치의 비상닫힘장치

바. 차량의 운전실과 객실에는 각각 1개 이상의 소화기를 비치하여야 하고, 다음 배치 기준에 적합하여야 함

(1) 일반화재 · 유류화재 및 전기화재 모두를 진압할 수 있어야 하며, 그 능력단위는 규정에 정한 기준에 적합할 것

(2) 소화기의 사용적정압력은 섭씨 20도에서 제곱 센티미터 당 8킬로그램 이상 10킬로그램 이하일 것

(3) 방사거리는 3미터 이상일 것

(4) 방사시간은 방사거리를 15초 이상 유지할 수 있을 것

(5) 소화기는 승객이 쉽게 발견하여 사용할 수 있는 위치에 비치함

15.1.5 철도차량의 경량화 기술 및 이점

1. 철도차량의 경량화 목적

가. 철도차량은 설계하중, 강성 및 고유진동수, 창문과 출입문의 수량, 피로하중, 선로조건, 차체의 단면형상 및 길이, 사용재료, 차량의 용도 등이 차체중량에 크게 영향을 주는 요소로 작용함

나. 철도차량의 경량화는 동일 동력장치가 적용된 경우라도 경량화 차량이 가속과 감속이 빈번한 운행구간에서 표정속도를 높일 수 있고, 상구배(오르막 경사) 주행 시 최고속도를 향상할 수 있으며, 도심철도의 빈번한 가 · 감속과 고속철도 및 일반철도의 고속화에 따라 에너지 소비절감과 유지보수비 절감을 위하여 차량의 경량화가 지속적으로 추진되고 있음

2. 철도차량의 경량화 효과

가. 동력비 및 에너지 절감 가능

(1) 경량 스테인레스 전동차가 기존의 강재 전동차에 비하여 약 17[%] 정도 경량화를

달성하여 평균 12[%]의 전력비를 절감 됨 ➪ 일본사례.

(2) 도심 전동차와 같이 가・감속 및 정차가 빈번한 열차의 경량화는 동력비 및 에너지 절약 효과가 큼

(3) 고속열차의 경우는 가・감속이 적고 주행저항은 공기저항이 주체이지만 제동 시에는 경량화 차량의 축중이 가벼워 제동거리가 짧게 됨

나. 수송능력의 향상 : 단위 출력 당 가감속도 능력 향상 및 견인량수 증대 가능

다. 차량의 유지보수비 절감

차체 경량화에 따라 대차, 구동장치, 제동장치 등을 소형화 및 단순화로 차량 유지보수비가 경감

라. 선로, 전차선로 등 지상설비의 유지보수비 경감

(1) 선로 및 궤도는 차량의 축중 및 축배치에 따라 도상의 두께, 침목의 개수, 레일중량 등으로 선로 등급을 결정하는데, 축중 및 스프링하 질량을 경감함으로서 고가교 및 교량의 구조물이 간단하여 짐

(2) 축중 감소로 인하여 열차운행 중 궤도와 차륜에 미치는 하중이 경감되어 마모 및 파괴가 적어 유지보수비가 절감됨

마. 차량소음 및 진동의 경감

3. 철도차량의 경량화 기술 및 방법

가. 차량제조 재료 및 소재의 적용 기술

(1) 종래 사용하던 철은 비중(Fe : 7.8, Al 2.7, 플라스틱 1.8)이 높아 차량의 경량화 소재는 알루미늄과 고강도 플라스틱을 사용하는데 인장 및 압축강도를 만족할 수 있는 적용기술이 필요함

(2) 경량화 효과가 높은 대차의 스프링하 부품은 용접하지 않고 단조나 주조로 제작되는 축상 또는 기어케이스를 알루미늄 합금을 사용하여 경량화 효과를 가져 옴

(3) 차체의 기존소재에 대체할 경량소재 : 스테인레스강, 알루미늄합금, 티탄, 엔지니어링 플라스틱, 마그네슘, 금속복합제, 섬유강화복합재, 샌드위치 재료 등

나. 구조적 기술

(1) 재료에 걸리는 하중에 의한 응력을 계산하여 필요 최소한의 구조로 하는 유한요소법(有限要素法)을 적용함

(2) 차체 구체나 프레임에서 군살을 철저히 제거하여 강도멤버만으로 구성하거나, KTX와 같이 응력이 걸리지 않는 축의 중심부를 파낸 중공축으로 하여 경량화를

도모하고 있음

다. 시스템의 변경

(1) 주전동기를 교류전동기로 동력 시스템을 변경하여 전력변환장치 등을 단순화하여 경량화 실현
(2) 전력회생 브레이크 시스템을 채용하여 브레이크 에너지를 흡수하는 주저항기를 제거하여 경량화를 도모함
(3) 분산된 소형기기를 대형기기로 집약하여 종합적인 경량화 추진

라. 기타 경량화에 필요한 기술

(1) 각종 기기 및 부속설비의 소형화
(2) 이종소재의 접합 및 가공성형 기술
(3) 경량화 신소재 대체 및 고강도 접합 기술
(4) 차체의 구조적 역할에 적합한 최적화 설계기술
(5) 차체구조의 기계적 성능이 보장되도록 구현하는 정밀제조 기술 등

15.1.6 테브난(Thevenin)의 정리

1. 테브난 정리의 정의

가. 전기회로와 전원소스를 해석하기 위한 회로망 이론의 하나이며, 테브난의 정리는 "임의의 어떤 구조를 갖는 능동회로망에서는 회로 임의의 두 단자 외측에 대해서는 이것을 등가적으로 하나의 전압원에 하나의 임피던스가 직렬접속된 것으로 대체할 수 있으며,

나. 등가전압원의 값은 원회로망에서 a, b 단자를 개방했을 때의 개방전압과 같고, 등가임피던스값은 능동회로부 내의 모든 전원을 제거한 후 단자 a, b에서 회로측을 향한 임피던스 값과 같다"라고 정의함

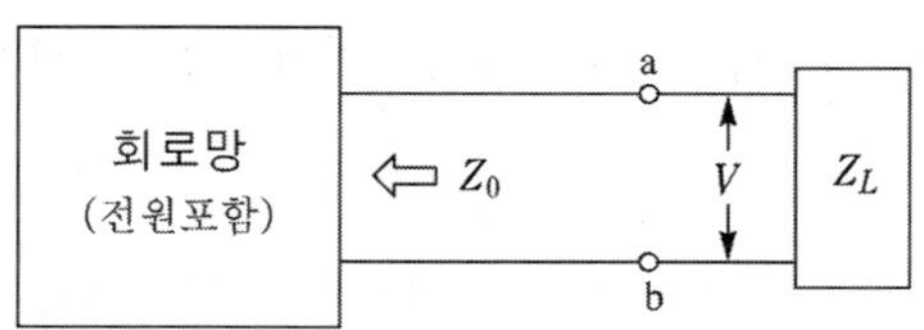

그림 15.1.2 테브난 회로망도

2. 정리의 해석

가. 그림 15.1.3에서 전원을 포함한 능동회로의 임의의 단자 a-b 단자를 통하여 임피던스 Z_L에 흐르는 전류 등을 구할 때 a-b 단자의 전원측에는 선로 임피던스를 포함하여 전원 자체의 내부 임피던스가 있으므로 이를 Z_{ab}라고 하면 그림 15.1.3과 같이 등가회로도를 그릴 수 있으며,

나. 이때, a-b 단자를 개방했을 때 a-b 단자전압을 테브난의 등가전압(V_{ab})이라고 하고, 전압원은 단락하고 전류원은 개방 했을 때 a-b에서 바라본 전원측 임피던스를 테브난의 등가 임피던스 Z_{ab}라고 정의한 후, 부하 임피던스 Z_L을 연결할 때 부하 Z_L 측에 흐르는 전류가 $I = \dfrac{V_{ab}}{Z_{ab} + Z_L}$[A]가 되는 이론정의를 테브난의 정리라고 함

다. 회로망 전체의 전압, 전류를 몰라도 회로망중의 임의의 단자 간에 발생하는 전압, 전류측정에 대단히 편리함

라. 회로 해석에서 등가 임피던스는 전류원은 개방시키고 전압원은 단락 시켜 계산하며, 등가전압 계산시는 중첩원리를 적용하여 계산하는 것이 편리함

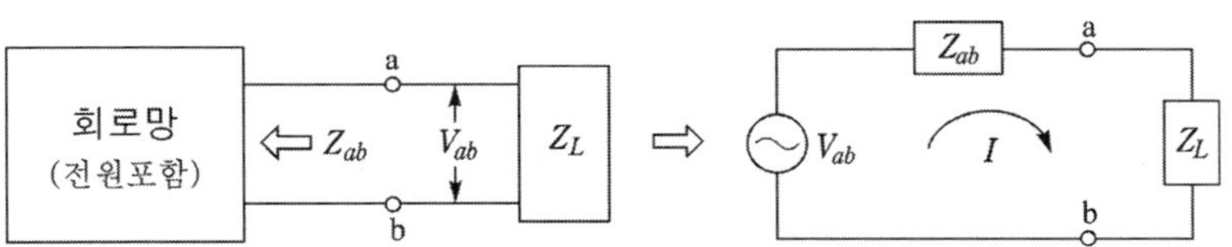

그림 15.1.3 테브난의 등가회로도

예 제 테브난 정리를 이용한 예제

다음 회로에서 a, b 단자 외부에 5Ω을 접속할 때 부하전류는?

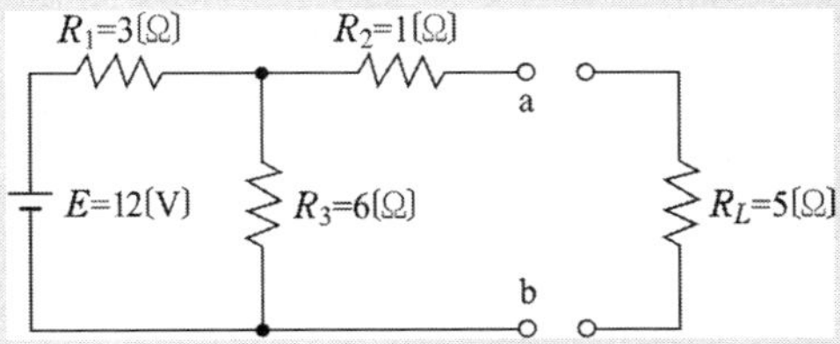

해설 테브난의 정리를 이용한 해석

(1) 등가저항(내부전원 단락 후 단자 a, b에서 회로측을 본 임피던스 값)

$$\therefore\ Z_{ab} = R_2 + \frac{R_1 R_3}{R_1 + R_3} = 1 + \frac{18}{9} = 3[\Omega]$$

(2) 등가전압 (단자 a, b를 개방했을 때 개방전압)

$$\therefore\ V_{ab} = \frac{R_3}{R_1 + R_3} \times E = \frac{6}{9} \times 12 = 8[\text{V}]$$

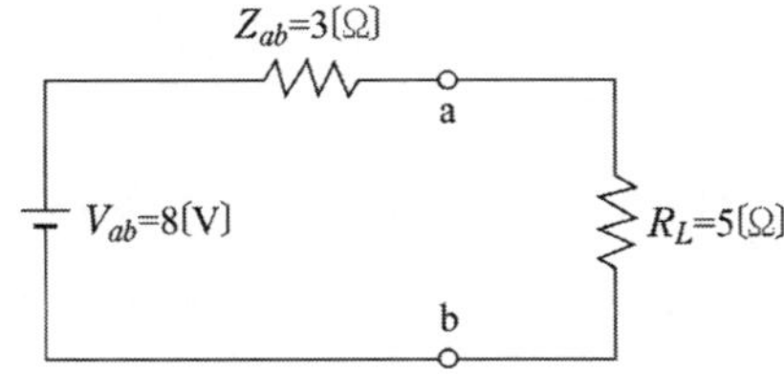

(3) 부하전류(내부 임피던스와 외부 임피던스 직렬접속으로 계산)

$$\therefore\ I = \frac{V_{ab}}{Z_{ab} + R_L} = \frac{8}{8} = 1[\text{A}]$$

15.1.7 회생제동 차량의 속도 감속시 전차선 전압 계산문제 (해설1)

기출문제

그림과 같은 차중 20[Ton]의 전기차량이 회생제동으로 72[km/h]의 속도에서 36[km/h]의 속도로 30초 동안에 감속하고자 할 때, 이 차량의 팬터그래프 전위 V_P는 얼마로 유지하여야 하는지 계산하시오. (단, 전원부는 점선부분과 같은 테브난(Thevenin) 등가로 간주하고 기타 사항은 고려하지 않음) (91–1)

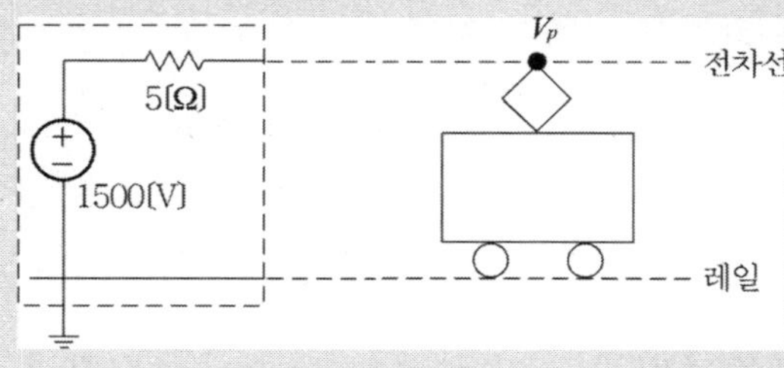

해설 1. 개요

열차감속을 위해서는 속도를 낮추고 제동력을 가하여 최소한의 에너지를 투입한 타행운전 등으로 안전운행(승차감)을 해치지 않도록 하여야 하며, 제동력(회생제동)과 함께 타행시 열차저항이 감속력이 되며, 본래 가속도 및 감속도 단위는 [m/s^2]이나 열차에서는 일반적으로 1초당 몇[km/h]로 가속 또는 감속하는 가를 표시하여 [km/h/s]로 사용함

2. 동력차 출력 산출근거

가. 감속 견인력(F_d)는 ⇨ $F_d = 28.35(1+x)dW$[kg]

여기서, d : 감속도[km/h/s], W : 열차중량[ton], x : 관성계수(무시)

(1) 감속도 : 72[km/h]에서 30초동안 36[km/h]로 감속하였으므로
감속도 d = (72−36)[km/h]÷30[s] = 1.2[km/h/s]

(2) 감속력(F_d) : $F_d = 28.35(1+x)dW$[kg] 식에서(x를 무시하면)
$F_d = 28.35 \times 1.2 \times 20 = 680.4$[kg]

나. 전원공급 계통의 전압 및 전류

(1) 점선부분을 데브난 등가로 보고 회로개방 단자전압은 DC 1,500[V], 내부 임피던스가 5[Ω]이고, 기타 전기차 부분은 고려하지 않음

(2) 따라서, 계통의 전전류 $I = \dfrac{E}{Z} = \dfrac{1,500}{5} = 300$[A]

다. 전기 동력차 출력 계산식

(1) 전기적 출력 $P = \dfrac{E_t \cdot I \cdot \eta}{1,000} = \dfrac{F \cdot V \cdot 1,000}{3,600} \times \dfrac{1}{102}$[kW]

(2) 기계적 출력 $P = \dfrac{E_t \cdot I}{1,000} \times \eta \times \mu \times N \times 102 = F \cdot V \times \dfrac{1,000}{3,600}$[kg · m/s]

(단, 1[kW] = 102[kg · m/s], 1[Hp] = 75[kg · m/s])

3. 팬터그래프 전위(V_P)

가. 회생제동에 의한 회생전력량(손실 무시)

(1) 감속력 $F = 680.4$[kg], 속도 $V = 72$[km/h]에서의 출력

$$P_1 = 680.4 \times 72 \times \frac{1000}{3600} \times \frac{1}{102} = 133[\text{kW}]$$

(2) 감속력 $F = 680.4$[kg], 속도 $V = 36$[km/h]에서의 출력

$$P_2 = 680.4 \times 36 \times \frac{1000}{3600} \times \frac{1}{102} = 67[\text{kW}]$$

(3) 회생전력량을 P라고 하면
$P = P_1 - P_2 = 133 - 67 = 66$[kW]

나. 회생전력(P)에 의한 전압변동(e)는

(1) 회생전력 $P = (P_1 - P_2) = \dfrac{e \cdot I}{1000} \cdot \eta$에서 $e = \dfrac{1000P}{I \cdot \eta}$[V]이므로

전압변화량 $e = \dfrac{1,000P}{I} = \dfrac{1,000 \times 66}{300} = 220$[V]

다. 팬터그래프 지점의 가선전압(V_P)는

$V_P = E + e = 1,500 + 220 = 1,720$ [V].

15.1.8 회생제동 차량의 하구배 주행 시 팬터 전위 계산문제 (해설2)

기출문제

그림과 같은 차중 200[ton]의 직류전기차량이 하구배 20[‰]의 5.0[km] 경사면을 회생제동을 통하여 시속 50[km/h]로 정속 주행하고 있다. 이때 팬터그래프 전위 V_p는 얼마로 유지되어야 하는지 계산하시오. (단, 차량의 주행저항 R_r은 속도 V[km/h]에서 $R_r = 300+40V+0.05V^2$[N]이며, 중력가속도는 9.8[m/s²], 그리고 전원부는 점선 안과 같은 등가회로로 간주하며, 기타사항은 고려하지 않음) (98-3)

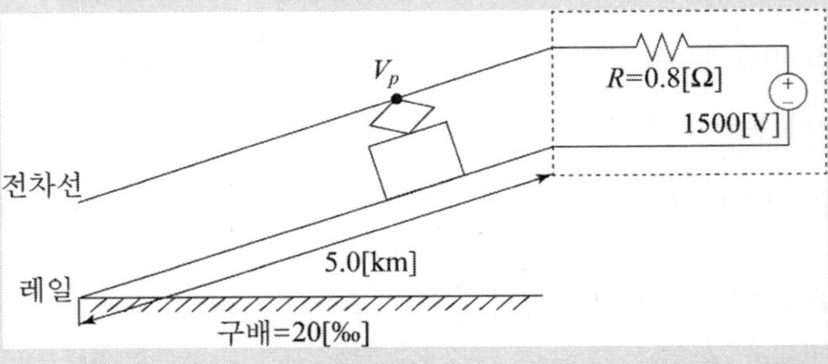

해설 1. 기본풀이

가. 전차선로 계통 공급전류 ➪ 전기차에서 바라본 전원측은 등가회로로 간주하고 기타 사항은 고려하지 않음

$$I = \frac{E_t}{R} = \frac{1,500}{0.8} = 1,875[\text{A}]$$

나. 전기차량의 출력

(1) 전기적 출력 $P = \frac{E_t \cdot I}{1000} \times \eta = \frac{1,500 \times 1,875}{1,000} \times 1.0 = 2,812.5[\text{kW}]$

(2) 기계적출력 : 1[kW] = 102[kg · m/s]

$P_m = 2,812.5 \times 102 = 286,875[\text{kg} \cdot \text{m/s}]$

(3) 전기적 출력과 기계적 출력 관계

$$P_m = \frac{E_t \cdot I}{1,000} \times \eta \times 102 = F \cdot V \times \frac{1,000}{3,600}[\text{kg} \cdot \text{m/s}] \Rightarrow F = \frac{3,600\,P_m}{1,000\,V}$$

견인력 $F = \frac{3,600\,P_m}{1000\,V} = \frac{3,600 \times 286,875}{1000 \times 50} = 20,655[\text{kg}]$

여기서, F : 견인력, V : 열차속도

다. 열차저항

(1) 주행저항(R_r) : $R_r = a + b\,V + c\,V^2$[kg] (여기서, V는 열차속도[km/h])

$R_r = 300 + 40 \times 50 + 0.05 \times 50^2 = 2,425[\text{N}] \Rightarrow 2,425 \div 9.8 = 248[\text{kg}]$

(2) 하구배저항(R_g) ➪ $R_g = \pm n \cdot W$ (여기서, n : 구배량, W : 열차중량)

$R_g = -20 \times 200 = -4,000[\text{kg}]$ (하구배이므로 부극성)

2. 차량의 팬터그래프 전위(V_P)는

가. 유효견인력(F_1) ➪ $F_1 = F - (R_c + R_g)$

$= 20,655 - (248 - 4000) = 24,407[\text{kg}]$

나. 출력의 비교 ➪ $\dfrac{V_P I}{1000} \times \eta \times 102 = F_1 V \times \dfrac{1000}{3600}$ 이므로

$$V_P = \frac{F_1 \cdot V \times 1000 \times 1000}{I \cdot \eta \times 102 \times 3600} = \frac{24407 \times 50 \times 1000 \times 1000}{1875 \times 102 \times 3600} = 1,772[\text{V}]$$

하구배 회생제동에 의하여 팬터그래프 지점의 전위는 272[V] 상승함

여기서, F : 견인력, R_c ; 주행저항, R_g : 구배저항

V_P : 팬터그래프 전위, V : 열차속도

15.1.9 회생제동 차량의 상구배 주행 시 팬터 전위 계산문제 (해설3)

기출문제

그림과 같은 차중 100[Ton]의 직류전기차량이 상구배 15[‰]의 경사면을 시속[100km/h]의 일정한 속도로 오르고 있다. 이때 차량의 팬타그래프 전위 V_c[V]를 계산하시오. (단, 차량의 주행저항 R_c은 속도 V[km/h]에서 $R_c = 200 + 30V + 0.05V^2$[N]이며, 중력가속도는 10[m/s^2] 및 차량 구동계의 효율은 0.9이며, 전원부는 점선 안과 같은 등가회로로 간주하고 기타사항은 고려치 않음). (103-1)

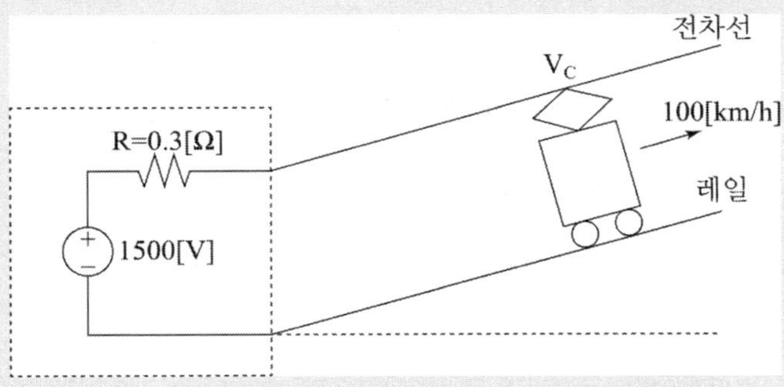

해설 1. **계산식 기본풀이**

가. 전차선로 계통 공급전류

➪ 전기차에서 바라본 전원측은 등가회로로 간주하고 기타사항은 고려하지 않음

$$I = \frac{E_t}{R} = \frac{1,500}{0.3} = 5,000[\mathrm{A}]$$

나. 전기차량의 출력

(1) 전기적 출력 $P = \frac{E_t \cdot I}{1000} \times \eta = \frac{1,500 \times 5,000}{1,000} \times 0.9 = 6,750\ [\mathrm{kW}]$

(2) 기계적출력 ➪ 1[kW] = 102[kg · m/s]

$$P = \frac{E_t \cdot I}{1,000} \times \eta \times 102 = 6,750 \times 102 = 688,500[\mathrm{kg \cdot m/s}]$$

(3) 전기적 출력과 기계적 출력 관계

$P = \frac{E_t \cdot I}{1,000} \times \eta \times 102 = F \cdot V \times \frac{1,000}{3,600}$ [kg · m/s]에서

$688500 = F \times 100 \times \frac{1000}{3600}$ ➪ $F = \frac{688500 \times 3600}{100 \times 1000} = 24,786[\mathrm{kg}]$

여기서, 전동기 견인력 F는 동륜주 견인력이므로 유효견인력은 동륜주 견인력에서 열차저항을 제외한 견인력이 됨

다. 열차저항

(1) 주행저항(R_c) : $R_c = a + bV + cV^2$[kg] (여기서, V는 열차속도[km/h])

$R_c = 200 + 30 \times 100 + 0.05 \times 100^2 = 3,700\ [\mathrm{N}]$ ➪ $3,700 \div 10 = 370[\mathrm{kg}]$

여기서, 중력가속도가 10[m/s²]임

(2) 상구배저항(R_g) : $R_g = \pm n \cdot W$ (여기서, n : 구배량, W : 열차중량)

$R_g = 15 \times 100 = 1,500[\mathrm{kg}]$

2. 차량의 팬터그래프 전위(V_c)

가. 유효견인력(F_1)

$$F_1 = F - (R_c + R_g) = 24,786 - (370 + 1500) = 22,916[\mathrm{kg}]$$

나. 출력의 비교 : $\frac{V_c I}{1000} \times \eta \times 102 = F_1 V \times \frac{1000}{3600}$ 이므로

$$V_c = \frac{F_1 \cdot V \times 1000 \times 1000}{I \cdot \eta \times 102 \times 3600} = \frac{22916 \times 100 \times 1000 \times 1000}{5000 \times 0.9 \times 102 \times 3600} = 1,387[\mathrm{V}]$$

여기서, F : 견인력, R_c ; 주행저항, R_g : 구배저항

V_c : 팬터그래프 전위, V : 열차속도

15.2 ◦ 전기차 견인용 주전동기

15.2.1 철도 전기차의 견인용 주전동기 종류와 특성

1. 개요

전기철도 구간에 운행하는 전기차량(전기동력차) 견인용 전동기를 주전동기라고 하며, 설치방식, 외부구조, 전기적인 구동방식에 따라 분류됨

2. 주전동기의 종류

가. 설치 방식에 의한 분류

(1) 현수식 전동기
 ① 주전동기 한측을 대차틀, 다른측을 차축상에 축수를 개제하여 현수하는 방식으로 주전동기 중량의 약 절반정도가 스프링 하부 중량이 됨
 ② 궤도에 의한 충격이 크고, 대차 및 주전동기측의 진동, 충격이 크게됨

(2) 대차 장착식 전동기
 ① 주전동기가 대차에 장착되는 구조로 가동연결축에 의해 치차 장치와 연결됨 (cardan 식으로 불리기도 함)
 ② 주전동기의 중량이 스프링 상부에 걸리게 되므로 궤도와 차량간 충격이 작아 고속운전이 가능함

(3) 차체 장착식 전동기
 ① 주전동기가 차체에 장착되는 구조로 일부 경량전철에 사용됨
 ② 승차감 및 고속성능면에서 우수하여 향후 전기차에 적용가능성이 큼

나. 전기방식에 의한 분류

(1) 직류 전동기 : 직류 직권전동기, 직류 타여자 전동기, 직류 복권전동기
(2) 맥류 전동기
(3) 동기 전동기
(4) 유도전동기
(5) 리니어 모터(Liner Motor)
(6) 릴럭턴스 모터(Reluctance Motor)

3. 주전동기의 종류별 특성

가. 직류전동기

(1) 프레밍의 왼손법칙을 이용한 일반적인 DC용 모터임

(2) 속도제어가 간단하고 다양하며, 토크가 전류에 비례하여 기동시 큰 토크를 발생하고 주행 시는 토크가 감소하는 특성이 있어 철도차량 견인 전동기로 다양하게 사용됨

(3) 정류자와 계자 및 브러시로 구성되고, 정류자에 전류를 단속하여 공급하는 브러시는 마모에 의한 성능저하 및 분진 등의 문제가 있음

나. 동기 전동기(Synchronous Motor)

(1) BLDC(Brush Less DC) 모터와 PMSM(Permanent Magnet Synchronous Motor) 모터가 있으며, 둘 다 구조는 비슷하고 3상으로 구성되어 있음

(2) 회전자는 영구자석(외부 DC 전원을 Slip Ring을 통하여 회전자에 전원을 공급하여 전자석의 기능을 가짐)으로 구성되고, 고정자는 3상의 권선이 감겨있으며 BLDC 권선은 집중권이고, PMSM 권선은 분산권으로 브러시가 없어 마모가 없는 것이 가장 큰 장점임

(3) 공간벡터제어 기법의 상용화로 토크 직접 제어가 가능하고, 속도제어, 위치제어 등에서 탁월한 성능을 발휘하는 등 장점이 있어 KTX 등에 적용되어 사용되고 있음

다. 유도전동기(Synchoronous Motor)

(1) 유도전동기는 변압기의 구조와 동일하며, 최초 3상 유도전동기가 상용화 된 이후에 단상 유도전동기가 상용화됨

(2) 단상유도전동기는 보조권선을 첨가하여 자기벡터를 전기벡터와 위상차가 발생하도록 하여 회전하는 원리임

(3) 유도전동기의 회전자는 고정자의 회전자계가 회전자를 쇄교하면 회전자에 전류가 유도되어 발전기와 같이 자성체가 됨

(4) 회전자는 슬립주파수(Slip Frequency)가 있어 회전자의 회전속도는 고정자의 회전자계 보다 조금 늦은 속도로 회전하여야 토크를 얻을 수 있음

(5) 유도전동기의 속도제어는 인버터에 의해 공급되는 주파수와 실제 회전주파수와의 차이인 슬립주파수를 변화시켜서 역행해서 회생까지 필요한 Torque를 변화시키며, VVVF 인버터 채용으로 회생 및 에너지 절약이 효과가 높아 전기차량의 견인 전동기로 각광받고 있음

라. 리니어 모터(Liner Motor)

(1) 리니어 모터(Liner Motor)는 회전형 전동기의 고정자와 회전자를 축방향으로 잘라 수평으로 길게 편 것과 같은 구조로 전개하여 회전운동을 직진운동으로 전환시킨 전동기를 발함

(2) 원리는 지상 1차 방식으로 MAGLEV(Magnetic Levitation System)와 HSST에 적용하는 방법이 있고, 리니어 지하철과 같이 Reaction Plate에 고정되어 리니어 인덕션 모터를 사용하는 차상 1차 방식 등이 있음

(3) 추진과 제동 시 점착력에 의존하지 않아 노면 설정이 자유롭고, 차륜경을 작게할 수 있어 저상화가 가능하며, 궤도 또는 타이어식 방식에 비하여 에너지 손실과 소음발생 저하

라. 릴럭턴스 모터(Reluctance Synchronous Motor : RSM)

(1) 교류 동기전동기의 일종으로 자속이 매질을 통과할 때 자기저항을 회소화하는 방향으로 힘이 작용한다는 원리를 이용하여 개발된 전동기임

(2) 3상 권선으로 구성되는 고정자에 의하여 회전자계를 생성하며, 회전자는 불평형 자기회로를 구성하는 철심을 요철(凹凸)형태로 만들어 자속이 잘 지나가는 방향으로 회전하는 가장 단순하고 견고한 구조를 가짐

(3) 릴럭턴스 모터는 매우 튼튼한 것이 장점이나 토크 리플이 크고 소음이 있는 것이 단점으로 최근 철도차량용으로 개발되어 상용화 되었으나 아직은 연구단계인 모터 임

15.2.2 전기차 견인용 주전동기의 원리 및 속도-토크 특성

1. 직류직권 전동기(DC Series Motor)

가. DC Motor(직류전동기)의 회전원리

(1) 직류전동기의 원리 ⇨ 플레밍의 왼손 법칙

(2) 자기장 중에 전기자 도체를 두고 브러시(Brush)에 직류 전류를 공급하면 짝힘(플레밍 왼손법칙에 의함)이 발생하여 상호작용으로 시계반대 방향으로 회전하는 Torque가 발생됨

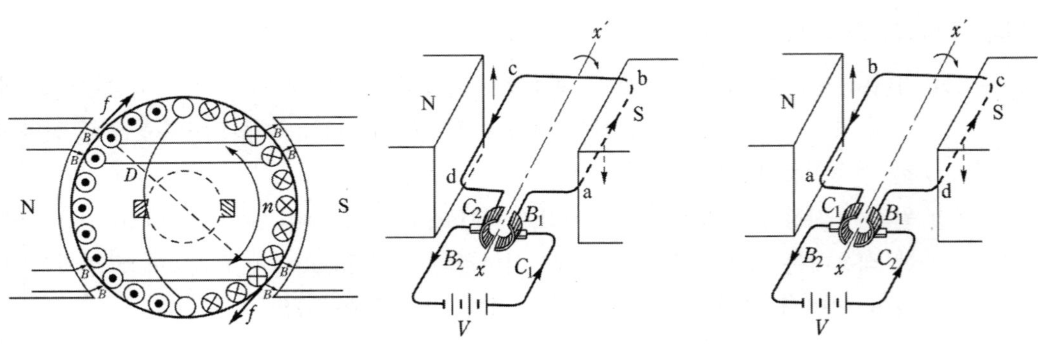

그림 15.2.1　직류전동기 회전원리

나. 직류 직권전동기(DC Motor)의 회로 결선도

회로도는 그림 15.2.2와 같이 전기자, 보극, 계자권선이 직렬상태로 배치됨

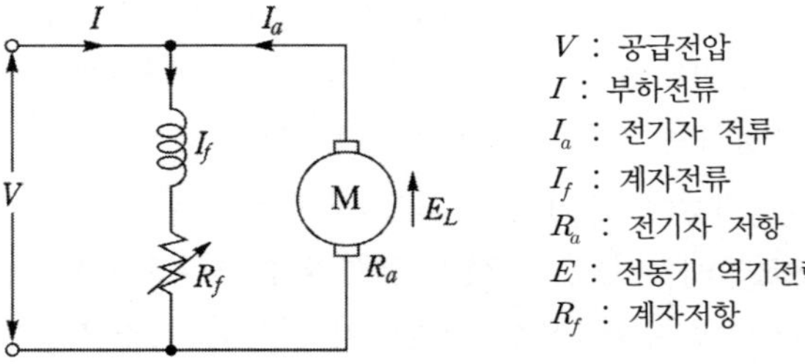

V : 공급전압
I : 부하전류
I_a : 전기자 전류
I_f : 계자전류
R_a : 전기자 저항
E : 전동기 역기전력
R_f : 계자저항

그림 15.2.2　직류직권전동기 회로도

다. 전동기(전기자) Torque

자기장의 자속밀도를 $B[\mathrm{Wb/m^2}]$, 전기자 반지름을 $r[\mathrm{m}]$, 전기자 전류를 $I[\mathrm{A}]$, 자계와 직각인 도체의 길이를 $\ell[\mathrm{m}]$일 때, 자계 중에서 전기자가 받는 전자기력 $F[\mathrm{N}]$와 토크(T) 관계식은

(1) $T = F \cdot r = B \cdot I \cdot \ell \cdot r = \dfrac{Z \cdot p}{2\pi a} \Phi I_a = K_2 \cdot \Phi \cdot I_a [\mathrm{N \cdot m}]$ ⇨ $T \propto I_a^{\ 2}$

여기서, p : 극수, Z : 전기자 전체도체수, Φ : 1극의 자속[Wb],

a : 전기자 병렬회로수, I_a : 전기자전류[A], $K_2 = \dfrac{pZ}{2\pi a}$(비례상수)

(2) Torque는 계자자속이 전기자 전류에 비례하는 범위에서 전류의 자승에 비례하는 것과 같음($\Phi \fallingdotseq I_a$이므로 ⇨ $\Phi \cdot I_a = I_a^{\ 2}$)

라. 역기전력의 발생

전동기의 전기자가 자계 속에서 회전(도체가 자속을 끊는 현상)하면 인가된 단자전압

과 반대의 전기자 전류를 방해하는 방향으로 유기기전력이 발생함

$$V = E_c + I_a(R_a + R_f) \Rightarrow E_c = V - I_a(R_a + R_f) \fallingdotseq V - I_a R_a$$

$$\text{역기전력}(E_c) : E_c = \frac{p \cdot Z}{a} \cdot \Phi \cdot \frac{N}{60} = \frac{pZ}{60a} \cdot \Phi \cdot N = K_1 \cdot \Phi \cdot N[\text{V}]$$

여기서, E_c : 역기전력[V], V : 전동기 단자전압[V], p : 극수,
Φ : 1극의 자속[Wb], R_a : 전기자 저항, R_f : 계자저항(거의무시)
N : 전동기회전수[rpm], I_a : 전기자전류[A], K_1 (비례상수)

마. 전동기 회전수(N)

역기전력 관계식 $E_c = V - I_a R_a = K_1 \cdot \Phi \cdot N$에서, 전동기 회전수($N$)은

$$N = \frac{E_c}{K_1 \cdot \Phi} = \frac{V - I_a R_a}{K_1 \cdot \Phi}[\text{rpm}] \Rightarrow N \propto \frac{1}{I_a}$$

즉, 직류 직권전동기의 회전수는 단자전압 및 역기전력에 거의 비례하고, 계자자속(부하전류)에 반비례함

바. 속도-토크 특성곡선

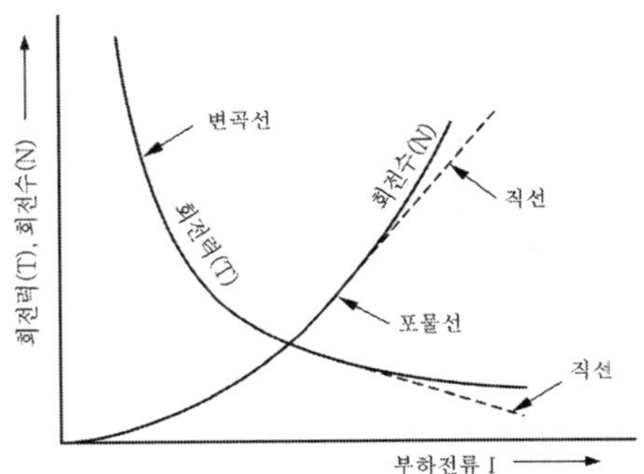

그림 15.2.3 직류직권전동기 특성곡선

사. 직류 직권전동기의 특성

(1) 기동 시와 조속 시 큰 Torque를 발생하고 속도상승 시 토크 감소함
(2) 기동 후에는 속도 상승과 동시에 역기전력이 증가하고 전류는 감소하므로 고속운전 전기차의 경우 전력소비량이 적어 경제적임
(3) 토크가 큰 경우 회전수가 작으므로 토크변화에 대하여 전력의 변화가 작고 변전소에 대한 과부하도 적게 됨
(4) 다른 전동기에 비해 저항제어, 직병렬제어 등의 속도제어가 다양함
(5) 주전동기의 병렬운전 시 부하 평형이 유지됨

2. 직류 복권 전동기(DC Compound Motor)

가. 결선 회로도

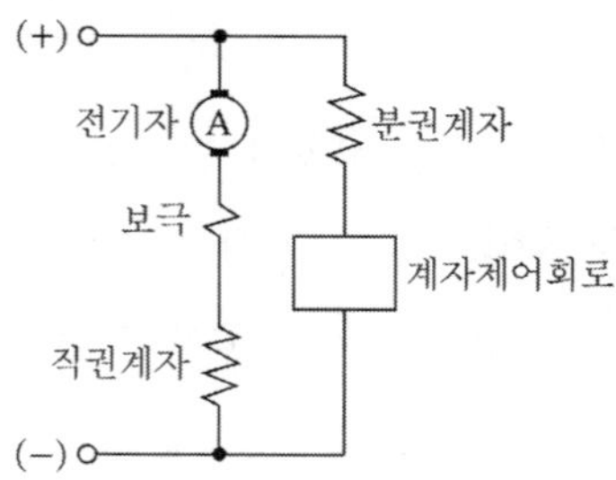

그림 15.2.4 직류 복권전동기 회로도

나. 직류 복권전동기의 특성

(1) 복권전동기는 직권계자와 분권계자로 분할하고 기전력의 비를 1:4로 하여 분권계자 전류만 제어하는 방식이 일반적임
(2) 주전동기는 역행 : 회생 절환 시에 회로를 개방하지 않고 분권계자 전류를 강화시켜 수행이 가능
(3) 역행 시는 직권계자 기자력이 동일 방향으로 되어 화동으로, 회생 시는 직권계자 전류가 부극성(−) 방향으로 차동으로 동작함
(4) 속도 범위를 넓히기 위하여 약 계자율을 높이게 되므로 전기자 반작용을 억제하기 위한 보상권선 설치가 필요함
(5) 장거리 급구배 구간의 직류 전력회생제어 전기차에 사용하였으나, 최근에는 거의 사용하지 않음

3. 맥류전동기

가. 교류전원을 받아 사용되는 직류 전동기는 교류 전원을 정류하여 사용하므로 맥류 전류가 흐르는데 맥류에 의해 구동되는 직류 직권전동기를 특별히 "맥류전동기"라고 함
나. 주전동기의 맥류율은 실용상 3[%] 이하로 직류 직권전동기와 특성이 같음

4. 교류 유도전동기(induction motor)

가. 유도전동기의 원리

(1) 유도전동기의 기본원리는 아라고(Arago)의 원판 원리와 같으며 고정자 철심에 3상권선을 설치하여 3상교류를 가하면 회전자계가 형성되어 회전자를 돌리게 됨

(2) 전동기에 대한 전원 공급은 직류 또는 교류를 임의의 전압, 주파수의 교류로 변환하는 VVVF 인버터에 의해 공급하고 VVVF 인버터 개발로 주전동기에 교류전동기 사용이 가능해짐

나. 유도전동기의 속도-토크 계산

(1) 속도 : $N = \frac{120}{p}(f - f_s) = \frac{120f}{p}(1-s)[\text{rpm}]$

(2) 토크 : $T = K\phi I$ ⇨ $\frac{60}{2\pi} \cdot \frac{P_w}{N}[\text{N} \cdot \text{m}]$

여기서, T : 토크[N·m], N : 회전수[rpm]

p : 극수, f : 주파수, f_s : 슬립주파수

s : 슬립(f_s/f), I : 회전자 전류, P_w : 동기 와트

다. 유도전동기의 특성

(1) 유도전동기에서 슬립(slip)이 영(0)인 경우의 주파수가 동기속도이며, 주전동기는 유도전동기 특성곡선도에서 보인 사용범위에서 사용함

(2) 토크특성에서는 정동 토크라는 최대치가 있으며, 무부하에서도 여자전류가 흐르고 온도에 따라 비례추이 특성 변화가 있음

(3) 유도전동기는 회전자가 인버터 주파수보다 슬립(slip)만큼 지연되어 회전하므로 속도제어는 인버터에 의해 공급되는 주파수와 실제 회전주파수와의 차이인 슬립주파수를 변화시켜 역행에서 회생까지 필요한 Torque를 변화시켜 제어함

(4) 복수대의 주전동기를 제어하는 경우 병렬접속 시 차륜경에 차이가 나면 각 전동기간 토크 또는 전류 불균형이 우려

(5) 유도전동기의 슬립은 회전자 손실에 비례하며, 슬립이 작은편이 높은 효율에 유리하므로 적정한 슬립 선정 필요

라. 유도전동기의 장점 : 한국형(G7) 고속열차에 도입

(1) 손쉽게 전원을 얻을 수 있음

(2) 구조가 간단하고 튼튼함

(3) 가격이 저렴함

(4) 취급이 간편하고 속도제어가 용이해 운전이 쉬움

(5) 정속도 전동기로 부하변동에 속도변동이 적음

(6) VVVF 인버터 채용으로 회생 및 에너지 절약이 많음

5. 교류 동기전동기(Synchoronous motor)

가. 동작원리

(1) 도체의 전류와 자극사이에서 플레밍의 왼손법칙에 따라 회전력 발생
(2) 동기전동기는 동기속도 이외의 속도에서는 회전력을 내지 못하므로 고정자에 전압을 인가하여도 기동이 되지 않음
(3) 따라서 동기전동기를 운전하려면 정지상태에서 동기속도까지 도달하게 하는 기동장치가 필요함

나. 동기전동기의 특성

(1) 정속도 전동기로 부하변화 및 전압변동에도 일정속도 유지가 가능
(2) 전동기가 과여자되면 진상 무효전류가 흘려 지상 무효전류가 흐르는 타전동기 설치장소의 역률개선 효과가 있음(역률제어특성)
(3) 여자를 위해 직류전류가 필요하며, 유도기에 비해 초기 비용이 큼
(4) 직류가선의 경우에는 VVVF 인버터, 교류가선의 경우에는 VVVF 사이클로 컨버터(Cyclo-converter)에 의해 제어함
(5) 동기전동기의 슬립링과 브러시는 기본적으로 전류를 단속하지 않으므로 보수에서 상당히 유리

다. 동기전동기의 KTX 적용 사양

(1) 견인전동기 : 출력 1130 [kW], 최대회전속도 4,000 [rpm]의 주전동기 12대 설치(13,560kW : 18,000HP)
(2) 슬립링(Slip ring)에 의해 직류전원을 계자에서 공급하는 방식
(3) 속도제어 : 동기속도 제어

표 15.2.1 동일 크기의 직류전동기와 교류전동기 특성 비교

항 목	직류전동기	교류전동기
1. 1시간정격(kW/rpm)	130/1450	165/1585
2. 절연계급	C종	C종
3. 프레임 외경(mm)	570	570
4. 전동기중량(kg)	775	775
5. 치차비	85/16=5.31	85/14=6.07
6. 답면 인장력의 비	1.0	1.33

※ 유도전동기에서는 정류상의 문제가 없으므로 직류전동기보다 치차비를 크게 취하여 고속화가 가능하며, 동일한 크기(frame)의 구조인 경우 유도전동기가 직류전동기 보다 차륜답면 견인력(인장력)을 30% 이상 크게 할 수 있음

15.2.3 전기차량 견인전동기와 구동방식의 변천 과정

1. 견인전동기의 변천

가. 전기차량의 견인전동기로는 일반적으로 직류전동기와 교류전동기(유도, 동기전동기), 선형유도 전동기 등으로 구분하는데 초창기에는 직류 직권전동기를 주로 사용하여 왔으나,

나. 최근에는 전력전자 및 마이크로 프로세스의 발전으로 전력변환 장치 및 속도 제어장치가 개발되어 에너지효율 및 고속화에 적합한 교류 동기전동기 및 유도전동기를 많이 사용하는 추세에 있으며,

다. 열차의 고속화 및 친환경성, 효율성 등을 고려하여 리니어 모터를 이용한 자기부상열차 등이 지속적으로 연구되고 상용화를 실현하고 있음

라. 여기서는 견인전동기의 변천과 회전수와 회전력(Torque)를 제어하여 구동하는 제어방식이 밀접한 관계에 있어 구동 제어방식의 변천에 대하여 기술함

2. 전기차량 종류별 구동 제어방식

가. 직류 전기차 제어방식

(1) 저항제어 방식
(2) 초퍼제어 방식
(3) VVVF 제어 방식

나. 교류전기차 제어방식

(1) 변압기 탭제어 방식
(2) 사이리스터 위상제어 방식
(3) PWM 제어방식

3. 구동 제어방식의 변천과정

가. 직류전기차량의 구동방식의 발달

(1) 초창기 저항제어 방식으로 전동기를 제어하였으나, 제어저항기의 소손 등의 문제점이 발견되어,

(2) GTO 등 전력소자를 이용한 초퍼제어 장치 개발로 전기차량의 출발, 제동 시 급속 가감속이 순조롭게 되어 서비스 향상을 도모함

(3) 최근 전력전자 발달로 전압과 주파수에 의한 제어로 회생전력 등 에너지 절약 효과면에서도 우수한 구동방식으로 발전됨

나. 교류전기차의 경우

(1) 초창기는 변압기 탭제어에 의한 구동방식을 도입하였으나 접촉시 아크에 의한 여러문제와 접촉자 유지보수의 어려움이 발생

(2) 따라서, 권선형 전기자의 사용에 의한 카본 브러시의 사용을 억제하기 위한 노력으로 브러시 문제가 없는 동기전동기 및 유도전동기를 개발하여 사용함

(3) 동기전동기는 위상제어방식이며, 유도전동기는 펄스폭 제어방식으로 KTX(경부선)는 동기전동기를 한국형 고속열차(G7)는 유도전동기를 적용함

표 15.2.2 동기전동기와 유도전동기의 비교

구분	동기전동기	유도전동기
1. 구동방식	위상제어	PWM 제어
2. 무게측면	유도형에 비해 중량	소형 경량
3. 동력	DC, AC	AC
4. 유지보수 측면	어려움	쉬움

4. 전기차 견인전동기의 성능과 구조면에서 고려할 조건

가. 전기차량의 견인용 주전동기(Traction motor)는 기동과 정지가 빈번하며, 동시에 단시간 부하가 인가되고, 차체 구조상 협소한 장소에 설치되어 진동 또는 충격에 노출되어 있으므로 다음과 같은 성능 및 구조상 조건이 요구됨

나. 전기적 성능(Traction motor 성능)

(1) 기동시 및 상향구배 운전 시 큰 토크(Torque)를 발생해야 하며 속도의 상승과 동시에 토크가 감소해야 함

(2) 속도제어가 용이하고 광범위한 속도범위에서 고효율로 사용가능해야 하고 전력소비량이 적어야 함

(3) 과부하 내량이 크고 전원전압의 급변화에 견디어야 함

(4) 병렬 운전 시 부하의 불평형이 작아야 함

다. 기계적 성능(구조상 고려조건)

(1) 크기가 작고 경량으로 협소한 장소에 설치가 용이해야 함

(2) 진동, 충격에 대하여 강하고 견고하여야 함

(3) 먼지, 우수 등의 침입이 방지되는 구조일 것

(4) 점검, 보수에 편리한 구조일 것

15.2.4 철도 전기차량 견인용 유도전동기 원리 및 특성

1. 개요

가. 전기차의 견인 주전동기용 교류전동기로는 3상 동기전동기와 3상 교류 유도전동기가 주로 사용되고 있음

나. 특히 교류전동기의 전기차 채택은 VVVF 인버터 기술발달에 따라 다양하게 적용되고 장점이 많은 유도전동기 사용이 확대되고 있음

2. 유도 전동기의 동작원리

가. 유도전동기의 기본원리는 아라고(Arago)의 원판회전 원리임

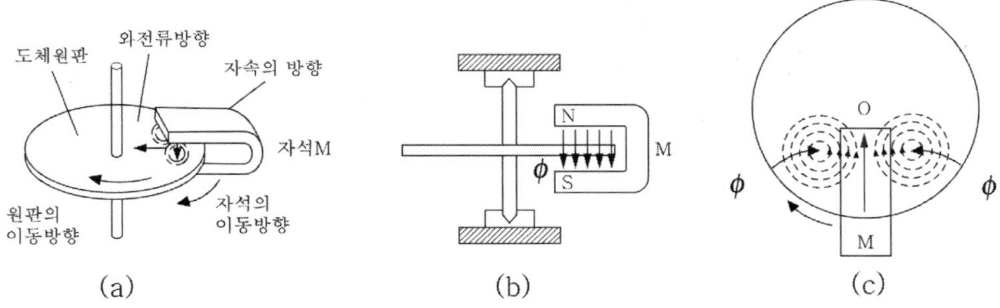

그림 15.2.5 유도전동기의 아라고원판 회전원리

(1) 동 또는 알루미늄 원판을 지지하고 원판 주변을 자석을 빠르게 회전시키면 자석보다 약간 늦은 속도로 자석과 같은 회전방향으로 회전하게 됨

(2) 이러한 원리를 이용하여 유도전동기에서는 움직이는 자석대신 고정된 3상 권선에 3상 교류를 공급하여 회전자속(회전자계)를 발생시켜 회전자를 회전시키는 원리임

나. 회전자계 발생원리

(1) 원통형 고정자 철심의 내면 slot 사이에 3조의 코일을 전기각 120° 간격으로 배치하여 U,V,W 상에 의한 회전자계가 발생하며,

(2) 회전자계와 회전자 전류 사이의 토크 발생으로 전동기가 회전함

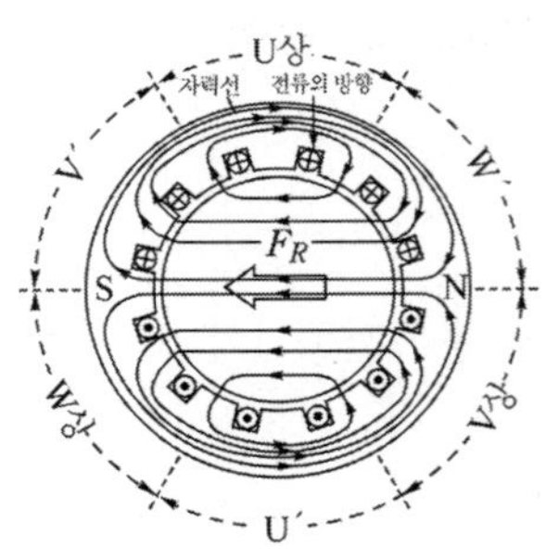

(a) t_1의 순간

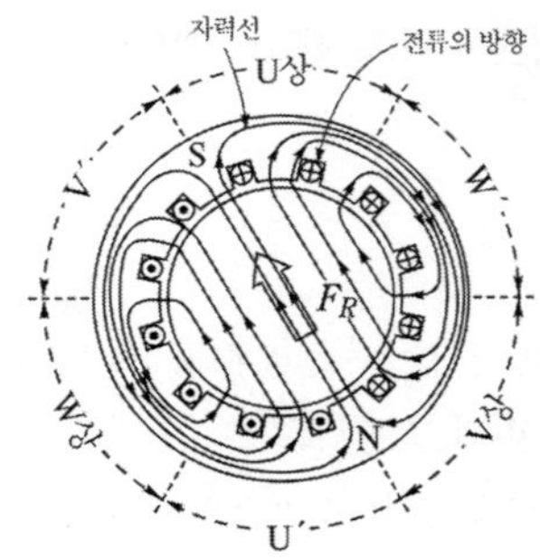

(b) t_2의 순간

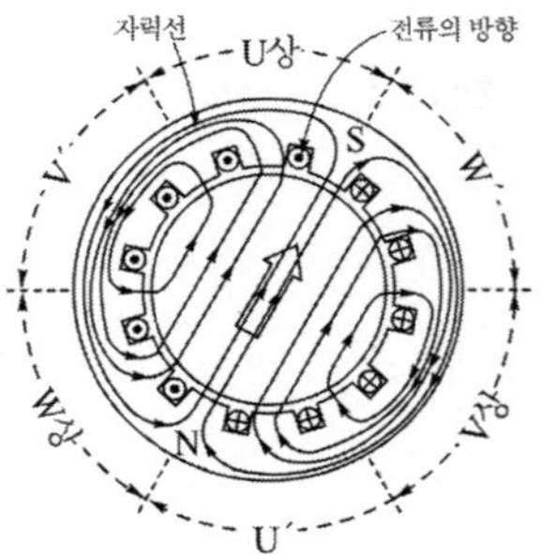

(c) t_3의 순간

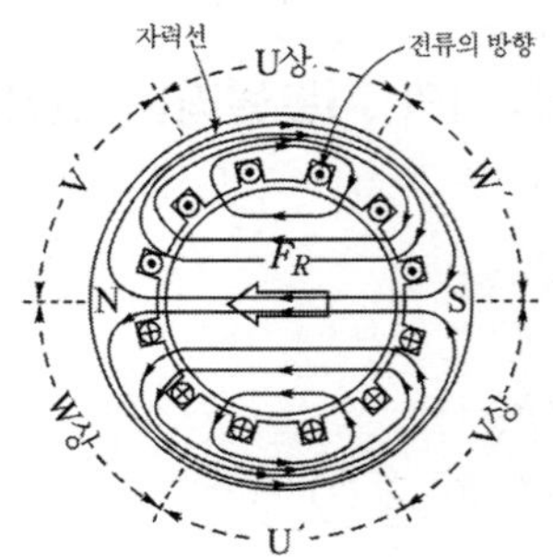

(b) t_4의 순간

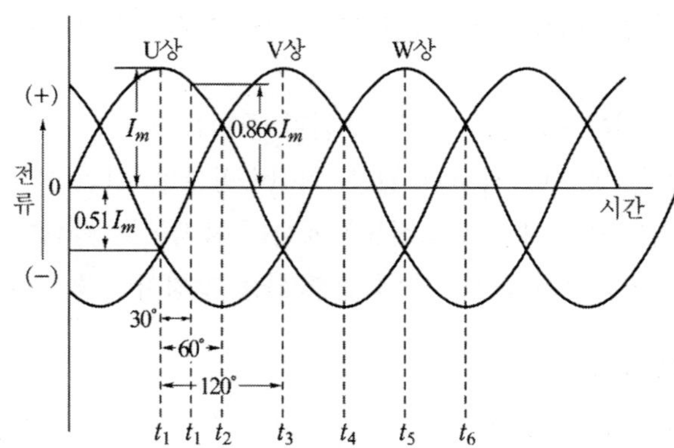

그림 15.2.6 유도전동기 회전자계 발생원리

3. 유도 전동기의 슬립의 특성

가. 유도전동기의 슬립(Slip)

(1) 유도전동기 회전자의 회전속도는 회전자계의 회전속도에 추정되지만 완전하게 일치하지는 않음

(2) 이 때 회전자계의 회전수(이론 회전수)와 회전자의 실제 회전수 사이에 일치하지 않는 부분을 슬립이라고 하며 유도전동기의 중요한 제어요소가 됨

슬립 : $S = \dfrac{N_S - N}{N_S}$ ⇨ $N = N_S(1-S)[\text{rpm}]$

여기서, N_S : 회전자계 회전수, N : 회전자 회전수, S : 슬립

나. 슬립주파수 특성

(1) 회전자계 회전주파수(인버터주파수)를 f, 회전자 회전주파수를 f_m, 슬립 주파수를 f_s라고 하면 다음식이 성립함

$$f_s = f - f_m\ , \quad S = \frac{f_s}{f} = \frac{f - f_m}{f}\ , \quad f_m = f(1-S)$$

(2) 전기차가 역행하는 경우(전동기역할) ⇨ $f_s > 0$이면 $f > f_m$이므로 회전자는 자속 회전속도 보다 약간 느린 속도로 회전하여 전동기 역할을 함

(3) 전기차가 회생(제동)하는 경우(발전기역할) ⇨ $f_s < 0$ 이면 $f < f_m$이므로 회전자는 자속의 회전속도 보다 약간 빠른 속도로 회전하여 발전기의 기능을 수행하여 회생전력을 발생시킴

다. 속도 Torque 관계식

(1) 유도전동기의 속도(회전수)

$N_s = \dfrac{120}{p}f$, $S = \dfrac{N_S - N}{N_S}$ 식에서 유도전동기 속도(N)는

$$N = N_S(1-S) = \frac{120f}{p}(1-S)$$

여기서, N_S : 회전자계 회전수, N : 회전자 회전수
f : 회전자계 주파수, S : 슬립, p : 극수

(2) 유도전동기의 발생 Torque 관계식

$$\therefore\ \tau = K_1\,\phi\,I = K_2\,(\frac{V}{f})^2 \cdot f = K_3\frac{V \cdot I}{f}\ [\mathrm{N \cdot m}]$$

여기서, K_1, K_2, K_3 : 비례상수, ϕ : 전동기 자속, I : 전동기 전류
V : 전동기 전압, f : 전원 주파수, f_S : 슬립 주파수

라. 유도전동기의 슬립-Torque 특성

(1) 유도전동기의 슬립이 0(영)인 경우 동기속도를 나타냄

(2) 유도전동기는 VVVF 인버터 등에 의해 공급되는 주파수와 실제 회전주파수의 차이인 슬립주파수를 변화시켜 역행에서 타행(회생)까지 필요한 Torque를 변화시킬 수 있음

(3) 유도전동기에 발생되는 토크는 전동기 전압과 전원주파수의 비(V/f)의 자승과 슬립주파수의 곱에 비례함

(4) 슬립은 유도전동기에 있어 대단히 중요한 제어요소가 됨. 따라서 역행과 회생의 절환은 슬립을 "정(+)" 또는 "부(−)"로 제어하는 것을 인버터 스위칭 소자의 Gate 제어에 의함

4. 유도전동기의 속도-토크 특성

가. 속도-토크 특성

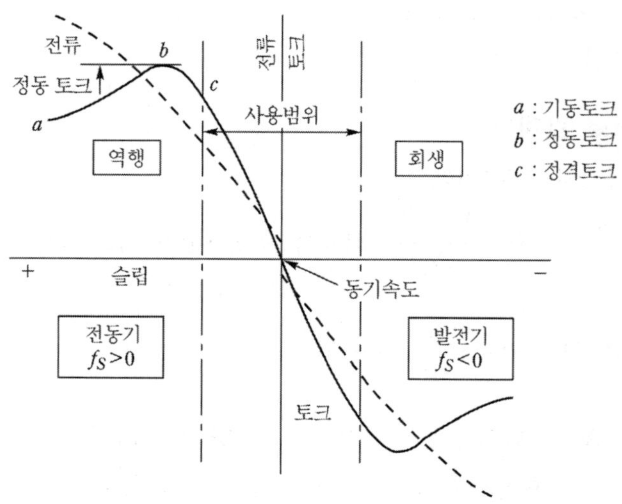

그림 15.2.7 유도전동기 속도-토크 특성(V, f 일정)

(1) 동기속도($f_s = 0$점)에서 거의 대칭인 토크곡선 특성을 가지며, 기동 시 그림 a점에서 시동 Torque가 발생하여 전동기 회전을 시작함
(2) 부하토크가 전동기토크 보다 작으면 속도상승에 따라 토크도 증가하지만 극대점(b점) 이상으로 가속하면 급격히 감소하며, 정동토크(b점)부터 동기속도 간의 영역에서는 부하 토크와 균형되는 토크에서 속도는 안정됨
(3) 따라서, 동기속도까지 가속하면 전동기 Torque는 영(0)이 되고 불안정 상태로 되고, 동기속도 이상의 영역까지 가속하면 break력 이상의 토크가 발생하여 전동기 속도는 안정점까지 돌아오게 되어 유도전동기는 그 자체로 정속도 전동기의 성질을 가짐
(4) 전압을 변화 시키면 토크도 변화하지만 동기속도에 대한 영향이 거의 없어 유도전동기의 속도제어는 전원주파수 제어가 필요하고, 주파수를 증가하면 동기속도도 비례하여 증가하지만 토크는 감소하는 경향이 있어 정동토크에서 동기속도 사이가 실사용 영역이 됨

나. 전기 차량용으로 실용화한 전압 주파수, 토크와의 관계

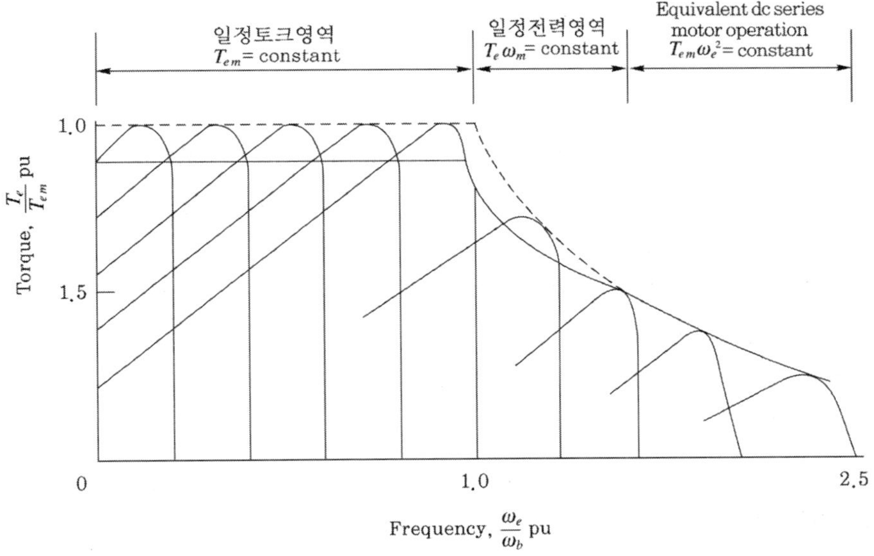

그림 15.2.8 차량용 유도전동기 속도-토크 특성

(1) 유도전동기의 속도제어는 모터전압(인버터 출력전압)과 전원 주파수(인버터 주파수)를 제어할 필요가 있음
(2) 속도-Torque의 관계는 인버터의 용량으로 제한되며, 유도전동기의 속도제어는 전원전압, 전원주파수, 슬립주파수의 3요소로 행하여 짐

① 전원전압(V) 제어 : 인버터 출력전압으로 제어
② 전원주파수(f) 제어 : 인버터 주파수로 제어
③ 슬립주파수(f_s) 제어 : 인버터 주파수로 제어

5. 유도전동기의 장점

가. 손쉽게 전원을 얻을 수 있음
나. 구조가 간단하고 튼튼함
다. 가격이 저렴함
라. 취급이 간편하고 속도제어가 용이해 운전이 쉬움
마. 정속도 전동기로 부하 변동에 따른 속도 변동이 적음
바. VVVF 인버터 채용으로 회생 및 에너지 절약에 우수함
사. 한국형 고속열차(G7)에 도입 실용화

15.2.5 VVVF 제어 3상 교류 유도전동기를 사용하는 이유 및 특성

1. 개요

가. VVVF(Variable Voltage Variable Frequency)란 가변전압 가변주파수 장치로 상용전원으로부터 공급된 전압과 주파수를 변환시켜 전동기에 급전하므로써 전동기의 속도를 제어하는 정지형 속도제어 장치임
나. VVVF 속도제어 장치 개발로 전기철도 전기차에 3상 유도 전동기가 견인전동기로 사용이 가능하게 되어 전동차, 고속철도 등에 채용되고 있으며, VVVF 속도제어 방식으로는 전압형 인버터(3상 유도전동기 적용) 전류형 인버터(3상 동기전동기 : KTX) 형식이 있음

2. 속도제어의 원리

가. 속도제어 변환 관계 및 원리

(1) 3상 유도전동기의 회전속도 관계식 $N = \dfrac{120f}{p}(1-S)$

여기서, f : 주파수, p : 극수, S : 슬립

(2) 위 식에서 극수(p)와 Slip(S)를 일정하게 둔다면 속도(N)제어는 주파수를 변환하여 제어하면 되고,

(3) 극수(p)와 주파수(f)가 일정하다면 Slip을 변환하는데 Slip 변환방법에는

① 전원전압을 바꾸는 방법
② 2차 회로의 저항을 변화하는 방법
③ 2차 여자 및 전자 커플링 사용방법 등이 있음

나. 전압형 인버터 회로도

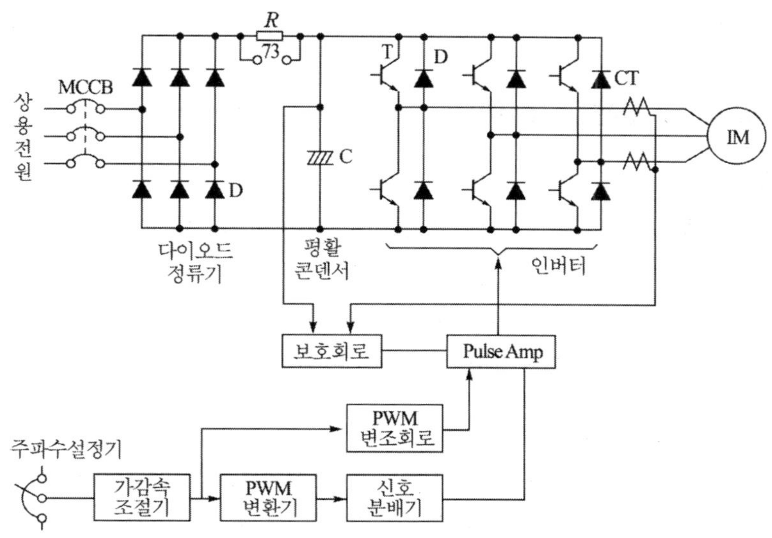

그림 15.2.9 3상 유도전동기 인버터 회로도(1C1M)

3. VVVF 제어 및 3상 유도전동기를 사용하는 이유

가. VVVF 속도 제어 방식의 적용이유

(1) 범용 전동기(유도 전동기)를 그대로 사용 가능함
(2) 자동제어 및 속도제어가 용이함 : 무접점화로 보수용이
(3) 효율이 높아 에너지 절약이 가능함(회생제동 채택 등)
(4) 전기철도 Traction Motor의 경우 직류 직권전동기와 유사한 속도-토크 특성을 얻을 수 있어 견인력(점착성능)이 양호함 : 고속운전이 가능

나. 3상 유도 전동기의 전기차 적용 특성

(1) 손쉽게 동력전원을 얻을 수 있음
(2) 구조가 간단(중량감소)하고 튼튼함
(3) 가격이 저렴함
(4) 취급이 간편하고 속도제어 등 운전이 용이함
(5) 정속도 전동기이며 부하 변동에 속도 변동이 적음 ➪ 성능우수

다. VVVF 제어 방식과 에너지 절약

(1) VVVF 속도 제어는 유도전동기의 에너지 절약을 위한 기동 및 일반 송풍기 등의 기동 방식에 많이 채용됨

(2) 정격속도 출력에서의 댐퍼(Damper) 제어 모터의 경우 저속 기동시 약 70[%] 정도의 에너지를 소모하지만, VVVF 제어의 경우 저속 기동시 약 30[%] 정도의 전력소모가 됨을 알 수 있음

4. VVVF 채용 시 문제점 및 대책

가. 고조파 장해

(1) 원인 : 대용량 전동기가 가변속이 되면 사이리스터 제어 장치에서 발생하는 고조파 전류가 커져 장해 발생우려가 있음

(2) 대책 : 입력변압기 권선을 다권선으로 하고 사이리스터 제어장치 부하를 취하며, 장해가 되는 차수의 고조파 필터 삽입함

나. 전동기축 진동과 공진

(1) 원인 : 전동기를 가변속 운전하는 경우 회전주파수 고조파에서 기인하며, 진동 Torque 등에서 어떤 회전수에서 공진을 일으켜 축과 기계 진동이 커지는 경우가 있음

(2) 대책 : 공진점 부근에서 연속운전을 하지 않도록 하며, 전동기 구동전류 고조파 차수를 올리고 고조파 토크를 작게 함

다. 원심응력 반복에 따른 피로증가 문제

회전수 변경에 따라 원심응력이 빈번히 변하므로 그 빈도와 변화폭에 따른 기계의 피로 파괴 가능성에 대한 검토를 시행함

라. 전류 증가 및 온도 상승

(1) 고조파 전류에 의한 전동기 온도상승 : 별도의 냉각장치가 필요함

(2) 고액도 가변속 운전에 의한 전동기 Crimping, Blower의 기계적 용도에 따라 운전 시 Torque 맥동 등을 고려해야 함

5. VVVF 인버터 제어에 의한 구동 전동기수(1C1M 및 1C4M 의미)

가. 열차의 1편성에 있어서 각 차륜경의 차이나 차륜의 공전 및 활주 등에 의하여 유도전동기는 토크 및 회전속도가 다르기 때문에 주전동기 1대에 1대의 VVVF 인버터가 필요하나, 인버터 장치가 고가이기 때문에 대용량의 반도체 소자를 사용하여 1대의 인버

터에 다수의 전동기를 일괄 제어하는 방식이 채용되기도 함

나. VVVF 제어차량에서 VVVF 인버터 1대당 제어하는 주전동기의 개수를 표시하는 것으로 1C1M은 1대의 인버터로 주전동기 1대를 제어하고, 1C4M은 인버터 1대로 4대의 주전동기를 제어하는 방식을 말함

다. 전동차와 같이 장대편성 열차의 동력분산 방식에서는 다수의 전동기를 갖추고 점착성능에 여유가 있는 경우는 1C4M 추진제어 시스템이 합리적이지만, 1대의 인버터 고장 시 제어하는 전동기 4대의 구동이 불가능하게 되는 단점 등이 있음

라. 단편성 열차나 전기기관차에서는 1C1M 추진제어시스템으로 인버터 1대당 1대의 전동기를 제어할 수 있도록 하여 1대의 인버터가 고장나더라도 1주행상태를 유지할 수 있는 장점이 있음

6. 국내전기철도의 VVVF 적용사례

가. 지하철(DC 1500V) 구간

DC 1500[V]를 공급 받아 인버터에서 3ϕ AC 0~1,000[V]로 변환하여 3상 유도 전동기를 구동함

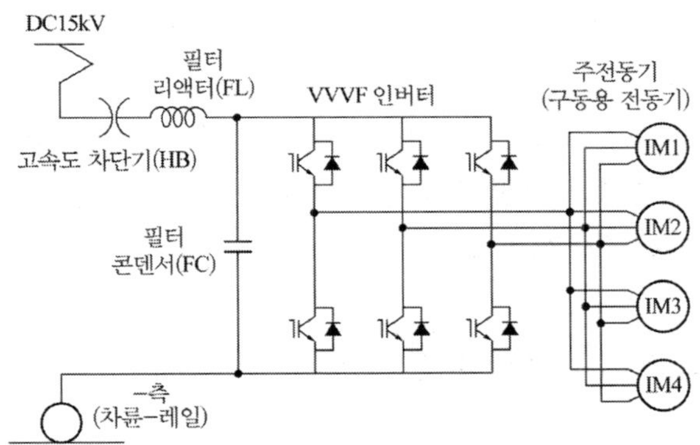

그림 15.2.10 초기 DC 1,500[V]용 인버터 차량 주회로

나. 철도공사(AC 25kV) 구간

교류 단상 25[kV]를 공급받아 변압기에서 3ϕ 840[V]로 바꾸고, 컨버터를 거쳐 DC 1,800[V]로 변환 후 인버터에서 3ϕ AC 0~1,100[V]로 변환하여 3상 유도 전동기를 구동함

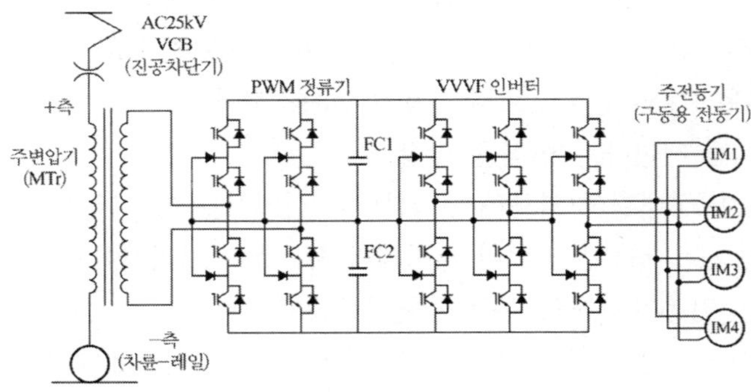

그림 15.2.11 AC25[kV]용 인버터 차량 주회로(1C4M)

15.2.6 주전동기 용량 선정시 고려할 요건 및 용량계산 방법

1. 주전동기 용량결정과 부하조건

가. 철도 전기차의 주전동기 용량은 주로 권선의 온도상승 및 정류의 양부를 고려하여 결정하며, 특히 단시간에 과부하가 반복되는 사용조건이 가혹하므로 절연재료는 양질의 것으로 사용되며, 온도 상승도 높게 고려함

나. 주전동기의 부하조건으로는 도심철도에서는 가감속도가 빈번하므로 기동시 부하 및 기동시의 직선가속에 필요한 부하를 고려하여야 하며, 장거리 간선철도에서는 최대 상향구배 부하 및 전구간을 통한 평균 부하를 고려하여 주전동기의 용량을 결정함

2. 주전동기 용량선정시 고려할 요건

가. 운전조건

(1) 열차중량 및 적재중량($\mu_0 \omega_0 \propto F$) : 차체중량이 클수록 견인력이 크고 전동기 용량이 커져야 함

(2) 운전 시분과 역간거리 : 출발, 정지가 반복되는 단거리는 운전 시분이 짧아 기동출력이 커야 하고, 운전 시분이 긴 장거리 구간은 기동특성 보다 주행능력이 커야 함

(3) 최고속도 : 속도가 증가할수록 열차주행저항($R_r = a + b\,V + c\,V^2$)이 증가하므로 속도를 유지하기 위한 동력이 증대되어야 함

(4) 기동가속도 : 기동가속도가 클수록 용량이 커야 함($F_a = 28.35\,(1 + x)\,a\,W$)

(5) 감속도 : 제동 시 회생전력을 이용한 제동방법은 전동기 용량이 클수록 제동회생

전력이 크므로 급속한 감속도 일수록 전동기 용량이 커야 함
(감속도 저항 $F_0 = 28.35(1+x)\,a\,W$)

(6) 선로상태 : 구배저항, 곡선저항이 클수록 전동기 용량이 커야 함

나. 차량조건

(1) 구동방식 : 동력집중 구동방식은 주전동기 수량이 1~2개로 량이 크고, 동력분산 구동방식의 전동기 용량은 작아지나 다수로 구성
(2) 치차비 : 치차비가 크면 견인력이 커지고 전동기 출력도 커지나 속도는 감소함
(3) 동륜 직경 : 동륜직경이 크면 속도가 높아져 전동기 용량이 커야 함
(4) 전기 브레이크 유무 : 제동거리를 단축할 수 있기 때문에 고출력에서도 제동거리 단축 가능
(5) 부수차 연결비율 : 부수차가 많으면 열차저항이 크므로 전동기 용량이 커야 함

3. 주전동기 용량산정 계산 방법

전동기 용량결정 요소는 견인력, 전동기출력, 토크, 회전수 등이 있어, 이에 대하여 기계적 토크와 전기적 출력의 관계에서 용량결정 계산식을 기술함

가. 토크 및 견인력에 의한 계산 방식

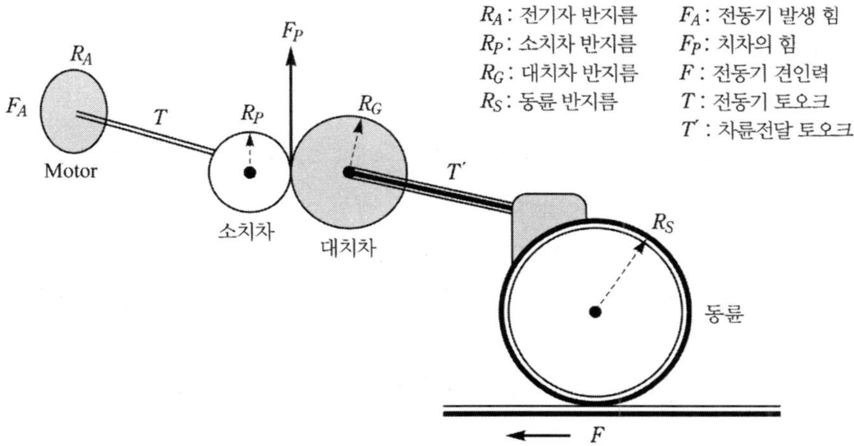

그림 15.2.12 전동기 토크와 견인력 전달도

(1) 전동기의 토크(T)는 전기자 주변에 발생하는 힘(F_A)와 전기자 반지름(R_A)와의 상승적(積)으로 표시됨

전동기의 토크 $T = F_A \times R_A = F_P \times R_P$ ································· ①

(2) 전동기의 토크는 치차에 의한 힘(F_P)과 대치차의 반지름(R_G)의 상승적으로 확대된 치차에 의한 토크(T')가 차륜에 전달하게 됨

치차에 의한 토크 $T' = F_P \times R_G = F \times R_S$ ································· ②

(3) 주전동기 1대당 발생되는 견인력(F)는

위 ①식 $T = F_A \times R_A = F_P \times R_P$에서 ➪ $F_P = F_A \times \dfrac{R_A}{R_P} = \dfrac{T}{R_P}$

위 ②식 $T' = F_P \times R_G = F \times R_S$에서 ➪ $F = \dfrac{F_P \times R_G}{R_S}$이므로,

$$F = \frac{F_P \times R_G}{R_S} = \frac{T}{R_P} \times \frac{R_G}{R_S} = \frac{T}{R_S} \times \frac{R_G}{R_P} \quad \cdots\cdots ③$$

위 식에서 동륜지름을 D ($D = 2R_S$ ➪ $R_S = D/2$), 치차비를 $r(r = R_G / R_p)$이라고 하고 이를 ③식에 대입하여 정리하면,

$$\therefore\ F = \frac{T}{R_S} \times \frac{R_G}{R_P} = \frac{T}{D/2} \cdot r = \frac{2T}{D} \cdot r[\text{kg}]$$

여기서, R_A : 전기자 반지름, R_P : 소치차 반지름
R_G : 대치차 반지름, r : 치차비(R_G / R_p)
R_S : 동륜 반지름($=D/2$), D : 동륜지름($=2R_S$)
F_A : 전동기 발생힘, F_P : 치차에서의 힘
F : 전동기 1대당 견인력[kg]

(4) 전기차 전동기 N개의 경우 동력전달 효율을 무시한 표시 견인력(F')

$$F' = \frac{2T}{D} \cdot r \cdot N[\text{kg}]$$ (여기서, N : 주전동기 수량[대])

(5) 전달효율을 고려한 동륜주의 견인력(F'')

$$F'' = \frac{2T}{D} \cdot N \cdot \mu[\text{kg}]$$ (여기서, μ : 동력전달 효율)

나. 전력 입력 및 속도에 의한 계산 방법

(1) 전기차 주전동기의 단자전압을 E_t[V], 입력 전전류를 I[A], 전동기 효율을 η, 주전동기 수량이 N[대]일 때, 전기차의 총 출력(P)은

① 전동기 전기적 출력 $P = \dfrac{E_t \cdot I}{1000} \times \eta \times N$[kW]

② 전동기 기계적 출력 $P = \dfrac{E_t \cdot I}{1000} \times \eta \times N \times 102$[kg · m/s]

여기서, P : 전동기 N대의 출력[kW], N : 전동기 수량[대]
E_t : 전동기 단자전압[V], I : 전동기 입력 전전류[A],
η : 전동기효율, 1[HP] = 0.735[kW]
전기적 출력 1[kW] = 기계적 출력 102[kg · m/s]

(2) 동륜에 전달되는 출력은 동력전달 효율(μ)를 곱하여

① 전기적 출력 $P = \dfrac{E_t \cdot I}{1000} \cdot \eta \cdot \mu \cdot N$[kW]

② 기계적 출력 $P = \dfrac{E_t \cdot I}{1000} \cdot \eta \cdot \mu \cdot N \times 102$[kg · m/s] ··············· ④

(3) 열차가 견인력 F [kg], 속도 V[km/h] 로 운전 시 동력차 출력(P)

동력차 출력 $P = F \cdot V \times \dfrac{1000}{3600}$ [kg · m/s] ······································ ⑤

(4) ④, ⑤ 식을 비교하여 보면 동력 전원에 의한 전동기의 기계적 출력은 동력차의 견인력에 의한 운행속도로 나타나는 출력과 같으므로 아래와 같은 등식으로 나타낼수 있음

$$P = \frac{E_t \cdot I}{1,000} \times \eta \times \mu \times N \times 102 \text{[kg · m/s]}$$
$$= F \cdot V \times \frac{1,000}{3,600} \text{[kg · m/s]}$$

(5) 따라서, 위 식에서 동력차의 견인력(F)을 구하면

$$F = \frac{E_t \cdot I}{1,000} \cdot \eta \cdot \mu \cdot N \times 102 \times \frac{1}{V} \times \frac{3,600}{1,000} \text{[kg]}$$
$$= \frac{E_t \cdot I}{V} \cdot \eta \cdot \mu \cdot N \times \frac{102 \times 3,600}{1,000 \times 1,000}$$
$$= 0.367 \times \frac{E \cdot I \cdot N}{V} \times \eta \times u \text{[kg]}$$

15.2.7 견인용 전동기의 맥동율의 영향 및 대책

1. 개요

가. 단상전파 정류된 전류는 직류분 이외에 짝수배의 고조파 성분을 포함하여 전동기에 악영향을 미치는 전류성분을 맥류라고 함

나. 맥류의 정도는 맥유율로 나타내며, 주 전동기의 맥유율(맥동율)은 30[%] 이하로 함

다. $\text{맥유율(맥동율)} = \dfrac{(\text{순시최대전류} - \text{순시최소전류})}{(\text{순시최대전류} + \text{순시최소전류})} \times 100[\%]$

2. 맥류의 영향

가. 주전동기의 맥류가 흐르는 경우

(1) 주계자 자속의 맥동 : 정류자편, 브러시 등을 손상시키며 정류 악화

(2) 자기 구조체에 적층되지 않는 자기회로에 와전류발생 : 전동기 발열

나. 보극에 맥류가 흐르는 경우 ➪ 전기자 반작용 말소되어 정류가 악화

다. 전기자에 맥류가 흐르는 경우 ➪ 전기자 Torque 맥동으로 치차 등의 동력장치 악영향과 전동기의 피로누적에 의한 고장우려

라. 맥류에 의한 도체내의 와전류 발생으로 동손증가, 효율저하, 온도상승

3. 맥류의 대책

가. 맥류를 평활화(3가지 방법이 있음)

(1) 평활리액터(Reactor)를 주전동기와 직렬로 설치(그림 a) 하는 방법으로 크기 및 중량 증가, 변압기 1차측의 고조파 증가, 통신유도 장해 증가 등으로 완전한 맥류 제거는 곤란

(2) 교류 필터(Filter)를 주전동기와 병렬로 설치하는 방법(그림 b)으로 가장 효과적이나 크기 및 중량이 증가함

(3) 계자분류저항기(Resistor)를 설치하여 교류분을 분리하는 방법(그림 c)으로 완전한 평활화는 어렵고 맥류의 교류분은 계자분류 저항기로 흐르고 주계자 코일에는 거의 흐르지 않아 교류 전기기관차에 사용됨

나. 보극 및 주계자 철심을 적층하여 와류손을 적게함

다. 정류조건의 개선(전기자코일 중권 채용, 2분할 브러시 채용)

라. 고온에 견디는 재료사용 및 주전동기 냉각을 양호하게 함

마. 전기부하의 전류 밀도를 작게하고 용량의 여유도를 증가시킴

바. 맥류용 특수전동기 사용(맥압전동기)

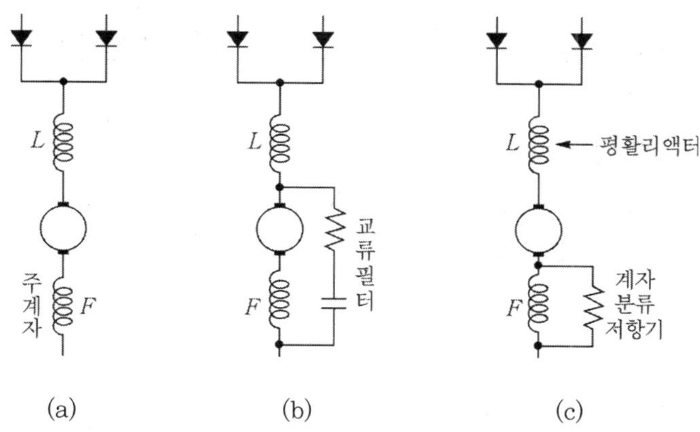

그림 15.2.13 맥류 평활화 회로구성 방법

15.2.8 전기차용 차세대 주전동기 DDM의 특성

1. DDM(모터직접구동방식)의 의미

가. DDM(Direct Drive Motor)이란 전동기의 회전력을 기어박스 또는 치차를 통하지 않고 직접 구동 대상에 연결하여 전달하는 구동 방식을 말함

나. JR 동일본에서 전동차에 이 방식을 적용하여 전기차를 제작하여 운용 중에 있고, 우리나라 철도기술연구원에서 개발한 차세대 전동차로 DDM 방식을 적용한 차세대 전동차(AUTS)의 특징을 기술함

2. DDM의 구조

가. 직접 구동전동기는 하질량 경감을 위하여 차축에 직접연결하는 것을 피하고, 완충 스프링을 통해서 차축에 결합하는 구조로 차축과 전동기를 일체화하여 주전동기 축 출력을 직접차륜에 전달하며, 선단부에 센서가 없는 Senser-Less 및 심플한 전폐자기 냉각 방식의 구조로 이루어짐

나. DDM의 주요부는 회전자, 고정자, Housing, Bearing, Resolver. 냉각팬, 영구자석 등으로 구성되어짐

다. 회전자축은 중공축 구조로 철심부분의 응력변화와 철심의 변형, 온도상승에 충분히 견딜수 있도록 제작되고, 통풍구는 고정자의 통풍홀을 통과한 공기가 회전자 내부를 지나는 전폐자기형 순환시스템으로 형성됨

라. 고정자 철심은 규소강판으로 냉각판 역할을 하도록 설계되었음

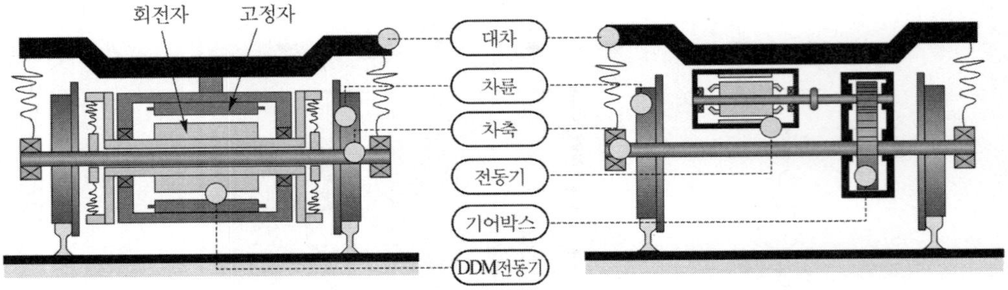

(a) 직접구동전동기(DDM)

(b) 기존 유도전동기(카르단식)

그림 15.2.13 전기차량 주전동기 구조

3. DDM 방식의 특징(장점)

가. 고효율화(효율성 향상) ➪ 5[%] 이상

(1) 구동장치에 직접연결하므로 마찰손실(Friction Loss)인 벨트, 체인, 톱니바퀴, 감속기 등에서의 마찰에 의한 손실을 최소화 할 수 있음

(2) 기존 카르단 방식의 유도전동기에 비하여 기어효율, 모터효율, 인버터효율, 영구자석의 효율 등이 향상되어 5[%] 이상 고효율화 가능

나. 저소음(소음저감) ➪ 10[dB] 이상 저감

(1) 간단한 구조로 종래보다 접촉부가 현저히 줄어들어 접촉이나 진동을 일으키는 부품이 줄어들고 마찰부분이 거의 없어 그만큼 소음을 저감할 수 있음

(2) 기존 카르단 방식의 최고회전수 5,600[rpm] 대비 DDM 방식의 885[rpm]에서는 회전수가 1/7로 감소하여 소음이 감소

다. 긴 수명과 높은 신뢰성 ➪ 유지보수기간 3배 연장

(1) 동작기계 부품이 줄어들기 때문에 점검이나 부품의 교환 빈도가 줄어들게 되므로 고장 빈도가 낮아짐. 특히 고무벨트 등을 사용하는 경우 수명이 짧고 고장원인이 되고 있어 점검 및 주기적인 교환이 필요한데 DDM 방식에서는 유지보수 측면에서 보다 자유스러움

(2) 기존 공기흡입 방식에 비해 DDM 전동기는 전폐자냉 방식을 적용하므로써 보수기간을 3배로 연장 가능함

라. 에너지 절감 ➪ 10[%] 이상 절감

저회전시 구동장치에 직접 연결되어 높은 토크를 얻을 수 있으며, 기존 유도전동기 방식에 비하여 고효율 영구자석 동기전동기를 적용 및 경량화로 10[%] 이상 에너지 절감 효과가 있음

표 15.2.3 DDM 방식과 유도전동기 방식의 비교

항목	직접구동전동기 (DDM)	유도전동기 (카르단방식)
형식	직접구동형 영구자석전동기	유도전동기
정격출력	200[kW]	200[kW]
회전수	885[rpm]	5,780[rpm]
최대토크	12,359[N · m] (0~320[rpm])	1,670[N · m] (1,429[rpm])
냉각방식	전폐자기냉각	외부 공기흡입방식
속도검출방식	레졸버	엔코더
효율	97[%]	92[%]
유지보수	9년간 무보수 유지	3년단위 중정비
소음	약 80[dB]	95[dB] 이상

15.3 ◦ 집전장치(Pantagraph)

15.3.1 집전장치의 종류 및 구비조건

1. 집전장치의 개요

가. 전기차의 집전장치는 전기차 지붕위에 설치하여 전차선과 직접 접촉시킴으로서 전차선에 인가된 운전전력을 전기차량 주전동기에 공급하는 장치로 집전장치 형상에 따라 Pantagraph, Trolley Ball, Bugal, 제3궤조방식의 집전슈(Current collector shoe) 등 전기차 종류에 적합하도록 여러 종류가 있음

나. 특히, 팬터그래프(Pantagraph)는 열차의 고속화 및 대용량 수송용 전기차의 필요에 따라 전차선로 집전성능을 좌우하는 가선특성, 연결용 지지금구의 질량변화, 차량의 진동 및 외부풍압 영향 등 이선원인을 최소화하여 가선특성 변화에 신속히 응동하고 추종성능을 향상시킬 수 있도록 고속용으로는 싱글암 타입과 대용량 도심 전동차용 마름모(하부교차) 타입이 널리 사용되고 있음

2. 집전장치의 종류

가. 팬터그래프(Pantagraph)

(1) 가공 전차선로에서 고속용, 저속용으로 가장 널리 사용되는 집전장치로 습동판, 집전판을 연결지지하는 상・하 프레임, 집전체의 상승 및 완충장치 등으로 구성되었으며 형태에 따라 싱글암타입, 하부교차타입, 능형타입 등이 있음

(2) 팬터그래프 팬슈라고 하는 상부의 강판에 탄소판, 동판 또는 소결합금판 재질의 습동판을 단일 또는 이중으로 설치한 구조로 접촉압력은 약 5~10[kgf] 정도임

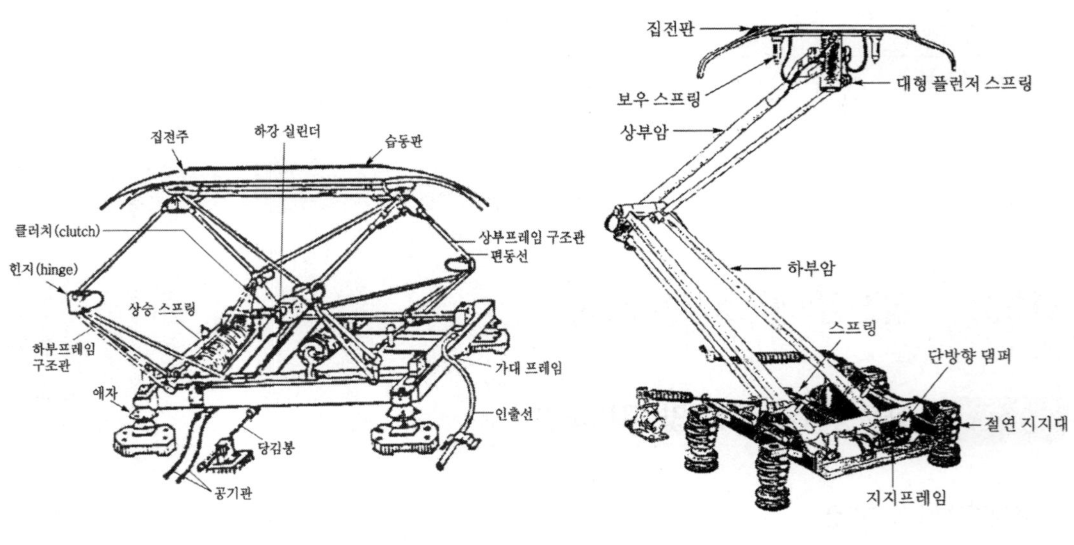

(a) 전동차용(하부교차타입) (b) 전기기관차용(싱글암 타입)

그림 15.3.1 일반용 전기차 집전장치(Pantograph)

(3) 전기기관차 또는 동력 집중형에서는 팬터그래프를 1~2개를 사용하며, KTX와 같이 전후 동력차 타입에서는 팬터그래프 또는 전차선로 파손시 여객 등 파급사고 예방을 위하여 동력차 맨후부의 팬터그래프를 상승시켜 집전을 시행하고 전후 팬터그래프는 전기적으로 연결함

(4) 대용량 수송이 필요한 대도심 동력분산형 전동차에서는 차량의 편성량수에 따라 동력차당 1~2개의 팬터그래프를 개별 또는 동시 집전하도록 하고 있음

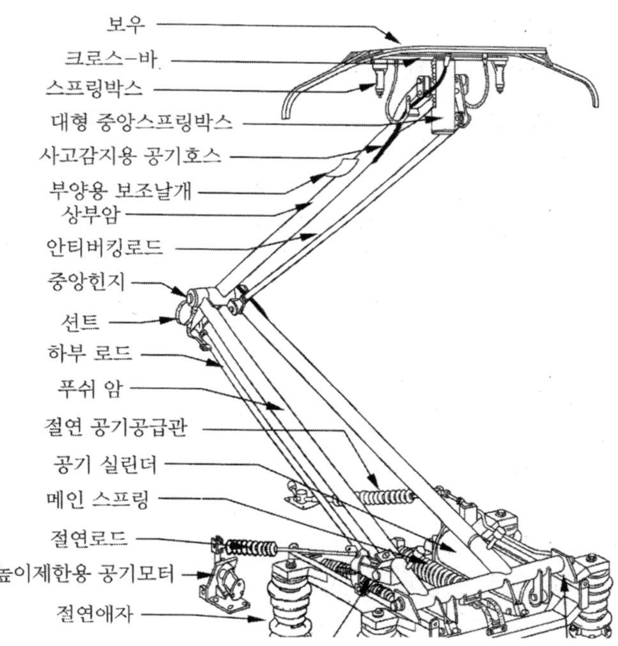

그림 15.3.2 경부고속철도의 팬터그래프(GPU type)

나. 뷰겔(Bugal)

활모양을 따서 궁형집전장치라고도 하며 프레임은 경량강관으로 상부에 습동판, 하부에 스프링장치 구조로 접촉압력이 5~7kgf 정도이고 방향전환시 편리하여 노면전차에 널리 사용됨

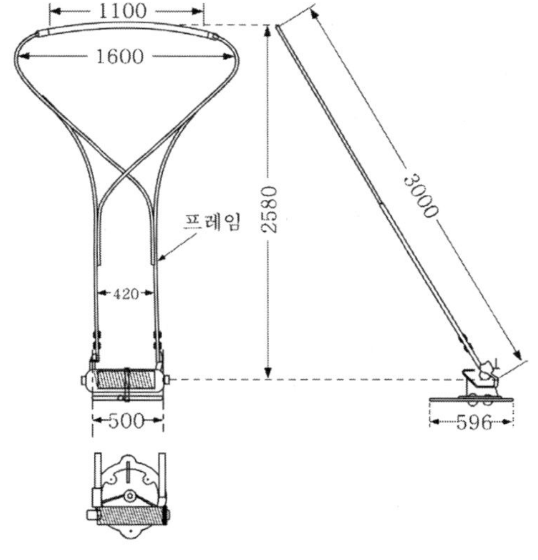

그림 15.3.3 뷰겔(Bugel)

다. 트로리볼(Trolley Ball)

기둥모양의 앞부분에 황동제의 회전휠(wheel) 또는 금속이나 탄소 습동판을 설치하고 하부의 스프링 장치에 의하여 전차선과 약 10[kgf] 압력으로 접촉하는 간단한 구조이나 아크발생 및 이탈, 전기적 마모 등의 단점이 있어 속도가 낮은 소형의 무궤도 전차 또는 노면전차에 주로 사용함

라. 제3궤조방식

직류 경전철, 도시철도 등에서 주로 사용되며 전원을 공급하는 급전레일과 이를 보완 지지하는 부속품으로 구성되며, 전력공급 방식에 따라 상부접촉방식, 하면접촉방식, 측면접촉방식 등으로 구분하고 있음

3. 팬터그래프의 구비조건

가. 전기차량은 최대속도로 주행하는 경우에도 집전에 아무런 이상이 없어야 하며, 견인 및 제동 시에도 필요한 전류가 집전될 수 있어야 함

나. 집전장치는 철도차량종사자가 운전실에서 동시에 하강시킬 수 있어야 하며, 하강할 때 아크발생 등으로 집전장치에 손상 및 화재발생이 없어야 함

다. 집전장치는 철도차량의 다른 기기와 독립된 별도의 동력 및 제어회로에 의하여 작동되어야 함

라. 전차선의 장력이 크고 질량이 작아야 하며, 팬터그래프의 등가 질량이 적고 압상력이 커야 하며, 전차선의 상하방향의 스프링정수가 일정해야 함

마. 집전판과 전차선의 접촉점에서 적은 휴효질량을 가져야 함

바. 작용위치 범위 내에서 충분하고 일정한 접촉력을 갖고 작용부품간 상호작용이 적어야 함

사. 공기저항을 적게 하고 소음이 적어야 함

아. 이선율이 적고, 마모율이 작아야 함

자. 열차당 팬터그래프 수를 최소화하고 충분한 거리를 유지할 것

차. 집전판은 충분한 집전용량을 갖을 것(최고속도의 120%에서 집전성 문제가 없을 것).

15.3.2 전기차 집전장치의 가선 추종성능 및 공진속도

1. 개요

철도 전기차의 집전장치인 팬터그래프(Pantograph)는 열차의 고속화 및 대용량 수송용 전기차의 필요에 따라 전차선로 집전성능을 좌우하는 가선특성, 연결용 지지금구의 질량 변화, 차량의 진동 및 외부풍압 영향 등 이선원인을 최소화하여 가선특성에 추종하고, 열차의 고속화에 따라 추종성능, 소음, 집전성능에 적합하여야 하고, 공진 및 이선속도 등을 충분히 고려하여야 함

2. 집전장치의 구비할 성능

가. 추종범위

(1) 팬터그래프는 전차선과 기계적인 접촉을 통하여 집전하는 설비로 전차선과의 접촉을 유지하기 위하여 일정한 압상력을 주면서 빠른 속도로 이동하므로 동력학적 상호 작용이 발생함

(2) 동력학적 상호작용은 집전성능을 좌우하고, 열차 한계속도를 결정하는 주요요소가 되므로 규정된 전차선로 높이 등 작용위치 범위 내에서 충분하고 일정한 접촉력을 갖고 이선하지 않아야 하며, 작용 부품간 상호작용이 적도록 시스템설계 전후 동력학 시뮬레이션을 통한 성능검증을 시행하게 됨

(3) 따라서, 전차선로의 편위와 높이의 위치변화 범위에 따라 충분히 추종할 수 있는 적정한 크기가 필요하게 됨

나. 집전용량(전류용량)

(1) 팬터그래프의 집전용량(전류용량)은 습동판 재질 및 접촉면 상태, 전차선의 단면적 · 가선장력 · 압상력 등에 의해 결정되며, 팬터그래프의 습동판은 도전성이 좋고 마모에 강하며 전차선과 접촉 저항이 작아야 함

(2) 금속 또는 소결합금 습동판의 경우 집전주 1개당 약 1,000[A]~1,500[A]정도이므로 가속시 최대 집전전류 등을 감안하여 충분한 집전용량(최고속도의 120%에서 집전상 문제가 없을 것)을 갖고, 마모율이 작아야 함

(3) 특히, 팬터그래프 수량 감소와 고속화에 따라 집전전류 증가가 불가피하므로 이선 및 아크로 인한 습동판의 손상을 막기위한 내마모성이 요구됨

다. 추종성능

(1) 팬터그래프는 속도에 추종하여 전차선에 원할히 접촉되어 집전되도록 스프링 또는 압축공기 등을 이용한 상하운동이 일정한 압상력을 유지하여 집전판과 전차선의

접촉점에서 적은 유효질량을 가지도록 하여야 함

(2) 전차선 가선 특성변화에 신속히 응동하여 가선 추종성이 좋고, 이선율을 적게하여 집전성능을 향상할 수 있어야 함

(3) 따라서, 가선 추종성능과 집전성능 향상을 위하여 팬터그래프 구성부재의 경량화, 스프링 및 댐퍼 정수의 최적화, 양력의 적정화를 위한 재질 및 형상의 개발과 전차선로의 가선시스템의 결정 등이 필요함

라. 강도 및 공기역학적 측면

(1) 일반적으로 팬터그래프의 정상압력(차량정지 시 압상력)은 54N 정도이나 열차 주행 시는 기류의 영향으로 속도의 자승에 비례하는 양력이 발생하여 압상력이 과대하게 작용하여 대이선 또는 가선 손상 우려가 있으므로 양력의 크기가 적정한 범위에 있도록 하여야 함

(2) 특히, 터널 돌입 시에 팬터그래프가 받는 풍속에 의한 양력은 토공구간 주행 시보다 크게 되거나, 협소한 터널 돌입 시에는 팬터 주체의 경사에 의해 양력이 저하되는 등 공기 역학적 측면을 고려하여 선진국에서는 팬터그래프 구조를 결정하는데 풍동시험 등을 시행하고 있음

마. 소음대책

(1) 팬터그래프에서의 소음은 팬터그래프 이선시 집전계에서 발생하는 아크방전 소음과 팬터그래프 구조상 공기중을 고속으로 주행 시 공기마찰음에 의한 소음이 주로 발생하게 됨

(2) 아크방전 소음저감 대책으로는 다(多)팬터의 경우 팬터그래프간을 고압모선으로 연결하여 하나의 팬터그래프에 이선이 발생하여도 다른 착선하고 있는 팬터그래프에서 전류가 공급되어 아크방전을 저감하고, 습동판을 소결합금 또는 카본습동판을 사용하여 원활한 집전이 되도록 함

(3) 공기마찰음을 저감하기 위해서는 주체에 슬리트 설치, 팬터그래프 커버에 차음판 설치, 부재수를 감소시킨 저소음 팬터그래프 개발, 지지애자의 공력음 저감 대책 등이 계속적으로 진행되고 있음

(4) 일반적으로는 열차당 팬터그래프 수를 최소화하고 충분한 거리를 유지하며, 고속열차에서는 소음감소를 위해 단(單)팬터에 싱글암 타입을 채용하고, 팬터그래프 경량화를 위하여 주로 알미늄 합금을 사용함

3. 팬터그래프의 집전속도

가. 팬터그래프와 전차선의 공진속도(V_c)

$$V_c = \frac{S}{2\pi}\sqrt{\frac{k'}{M+m}}$$

여기서, k' ; 경간 내 등가 스프링정수, S : 지지물 간격(경간)
m : 집전판 질량, M : 팬터그래프 프레임 조립체 질량

나. 팬터그래프와 전차선이 이선을 시작하는 속도(V_r)

(1) 이선을 시작하는 속도

$$V_r = \frac{V_c}{\sqrt{1+\varepsilon}}$$

즉, 부등율이 작을수록 이선을 시작하는 속도가 커지므로 부등율이 작아야 양호한 가선상태임

(2) 부등율(ε)

$$\varepsilon = \frac{k_{\max} - k_{\min}}{2k_{mean}}$$

여기서, ε : 부등율
$k_{\max}$: 스프링상수(한 경간내 최대치)
$k_{\min}$: 스프링상수(한 경간내 최소치)
k_{mean} : 스프링상수(한 경간내 평균치)

(3) 가선의 속도(V)와 시간에 대한 스프링상수 관계식

$$k(t) = k_{mean}(1+\varepsilon \cdot cos\frac{2\pi}{S} \cdot Vt)$$ ➪ 시간 및 속도에 따라 변화함

다. 파동전파속도(C)와 열차속도(V)와의 관계

열차속도에 따라 파동전파속도의 변화(장력 크게, 선밀도 작게)가 필요

(1) $V < C$인 경우(파동전파속도가 큰 경우)
팬터그래프 압상력에 의한 상・하 변위가 기준치 이내에 있어 안정적 집전이 가능

(2) $V \fallingdotseq C$인 경우(열차속도와 파동전파 속도가 같은 경우)
전차선의 높이 변화에 따라 팬터그래프가 상하변위가 추종되어야 하나 그렇지 못할 경우 빈번한 이선현상 발생

(3) $V > C$인 경우 (열차속도가 큰 경우)
팬터그래프 추종성이 속도에 미치지 못하여 전차선이 강체 성질을 갖게되어 접촉력이 비정상이며, 팬터그래프 후방은 지속적으로 진동이 발생하고 전방 압상력은 "0"이 되어 이선 및 아크현상에 의하여 집전장치 파손 등 열차운행이 곤란함

4. 차량속도 증가에 따른 문제점 및 보완대책

가. 차량의 속도가 높아질 때의 문제점

(1) 이선이 빈발하여 아크가 증가하고 전력의 품질이 낮아지며, 습동판의 마모, 소음, 전파장해의 레벨이 높아짐
(2) 대이선 및 압상력 과대로 트롤리선의 변형이 증대되고 피로에 의한 파손절단의 우려가 있음
(3) 다수대의 팬터그래프 운전에서는 팬터그래프의 간격과 가선경간의 관계에서 공진을 야기할 우려가 있음
(4) 집전 전력의 증가에 따라서 습동판의 마모가 증대함
(5) 소음 특히 팬터그래프의 공기마찰음이 증가함

나. 대책

열차 고속화에 따른 문제점을 해결하는 데는 트롤리선의 파동전파 속도와 열차속도와의 관계에 있어서 팬터그래프의 강도와 공기력에 대한 조정이 필요함
(1) 팬터그래프의 경량화 및 저소음 팬터그래프 개발
(2) 가선의 피로 및 마모 감소를 위하여 팬터그래프 수량을 2~3개로 감소
(3) 고속 주행 시 양력에 의한 압상력 증가가 허용되는 일정범위에서 응동하도록 팬터그래프의 양력을 조정함
(4) 이선에 의한 아크방전 소음, 전파장애를 고려하여 2대의 팬터그래프를 고압 모선으로 연결하여 전기적 등전위를 구성하여 줌

다. KTX 차량의 곡선과 팬터그래프 압상력

(1) 압상력 계산식

$$K = 70 + 17.28 \times 10^{-3} \times V^2 [\mathrm{N}] \quad (\text{여기서, } V : \text{운전속도}[\mathrm{m/s}])$$

(2) 속도와 곡선 반경에 따른 압상력 변화

곡선반경(m)	최고속도(km/h)	압상력(kN)	곡선반경(m)	최고속도(km/h)	압상력(kN)
5500 이상	300	190	750	115	88
4000	260	160	500	100	84
2000	180	114	400	90	81
1000	135	95			

15.3.3 전기철도 최고속도 향상을 위한 집전장치의 제약조건

1. 개요

전기철도 속도향상에 따른 제약조건은 선로 및 노반 조건, 차량 및 팬터그래프 집전 특성, 전차선로 가선특성, 신호 및 차량 제어기술 측면 등을 고려할 수 있으나 여기서는 집전측면에서의 문제점과 대책을 기술함

2. 고속화에 따른 집전측면의 문제점

가. 팬터그래프(집전장치)의 이선이 빈발하여 아크가 증가하고 전력집전 품질이 저하되고, 전파장해 레벨이 높아짐

나. 트롤리선의 변형이 증가하고 피로에 의한 파손절단이 우려됨

다. 다수대의 팬터그래프 운전 시 팬터그래프 간격과 가선 경간의 관계에서 공진 발생

라. 집전전력의 증가와 아크에 의한 습동판의 마모가 증대

마. 고속화에 의한 팬터그래프 공기음 등 소음의 증가.

3. 고속화 집전 대책

가. 전차선로 가선 특성 측면의 대책

(1) 전기적인 이선을 방지하기 위해 다팬터 경우 특고압 인입모선으로 병렬접속

(2) 가선특성(탄성)을 유효하게 이용하기 위하여 열차속도가 파동전파 속도의 70[%] 정도 이하가 되도록 장력크기 및 전차선의 재질 결정

(3) 트롤리선이 팬터그래프에 강하게 굴곡되어 변형이 발생하므로 경량의 트롤리 선을 장력을 크게 인장가선하고 경량 및 고강도 트롤리선을 사용하는 것이 필요

(4) 가선 금구류의 경량화로 경점의 최소화 및 집전성능 강화

(5) 트롤리선을 pre-sag가선으로 비균일율을 최소화하여 집전성능 개선

나. 집전설비의 고속화 대책

(1) 팬터그래프의 경량화 및 추종성이 양호한 GPU형 팬터그래프를 채용

(2) 가선의 피로 및 마모를 감소시키기 위하여 팬터그래프 수량을 2~3개 이하로 감소

(3) 허용된 범위에서 속도에 따라 압상력이 증가하도록 팬터그래프 양력을 조정

(4) 이선에 의한 소음감소 및 전파장해를 고려하여 다팬터그래프의 경우 동일계 팬터그래프를 고압모선으로 전기적으로 병렬접속 사용

(5) 팬터그래프 스프링정수의 부등률을 작게하며, 팬터그래프에 적당한 정수의 댐퍼를 설치

(6) 풍속과 횡방향의 소음을 감소하기 위한 차폐판과 팬터그래프 카바 설치

15.3.4 전기차 1편성당 1팬터 또는 2개 이상 팬터 사용 및 배열

1. 개요

가. 전기차량의 원활한 운영을 위해서는 전차선에서 팬터그래프(집전장치)를 통하여 전기차 동력장치까지 전력전달이 매우 중요하며, 열차 1편성 당 팬터그래프 수는 팬터그래프의 집전전류나 차량편성 또는 열차의 특성에 따라 각각 다르게 결정되어 지며, 이제까지는 1유닛(전기주회로 단위)에 1~2대가 기본이었음

나. 도심 전동차와 같이 동력분산식으로 저속 대용량 여객수송의 경우 다수의 팬터그래프가 문제가 되지않고 운영되고 있으나, 최근에 열차의 고속화 등에 따라 다수 팬터그래프에 의한 가선・팬터그래프계의 이선, 전차선 마모, 소음 (아크음, 공력음 등)및 가선 추종과 집전성능 향상 등 종합적인 측면을 고려하여 열차 1편성당 팬터그래프 수를 최소화하는 경향으로 가고 있음

2. 단 팬터와 다 팬터의 공진현상

가. 단일 팬터그래프의 공진현상

(1) 일반적인 가선에서는 열차속도가 130~160[km/h] 부근에서 팬터그래프의 상하운동이 크게 되고 이선을 일으키는 경향이 있음

(2) 집전장치는 가선의 지지점에서는 강직하고 (등가스프링정수가 높음), 경간 중앙에서는 부드러우므로 (등가스프링정수가 낮음) 일정 압상력을 갖는 팬터그래프가 주행하면 경간 내에서 상하 움직임을 1회 하게 됨

(3) 팬터그래프가 1 경간을 통과하는 시간과 가선의 고유주기가 일치하는 경우 파라미터를 달리한 열차속도와 파동전파속도 관계식에서는 $\frac{S}{v}=\frac{2S}{\gamma \cdot c}$으로 단일 팬터그래프 주행 시의 공진이 일어나는 속도를 $v=\frac{\gamma \cdot c}{2}$으로 계산함

여기서, S : 경간거리, v : 열차속도, c : 파동전파속도

γ : 지지점강도계수(고정식 1. 심플가선 0.9, 헤비가선 0.8 정도)

(4) 일반 가선의 경우 공진속도는 파동전파속도의 대략 0.4배 정도로 되지만, 단일 팬터그래프의 공진현상은 지지점이 완전히 고정된 단순현 모델에서는 나타나지 않고, 파동이 지지점을 투과하여 전하는 파동 에너지의 속도에 열차속도가 일치했을 때가 공진현상의 조건이 됨

나. 다수 팬터그래프의 공진현상

(1) 복수의 팬터그래프를 탑재한 열차가 주행하면 어느 속도 범위에서 후방의 팬터그래

프는 파동전파에 의해 상하운동이 크게 되고, 큰 이선을 발생하는 현상이 일어남.

(2) 일반 전동차와 같이 가선에서 50m 간격으로 6~8 팬터그래프가 주행할 경우 후속 팬터그래프에 전차선의 변위진폭이 현저히 증가함

(3) 이는 가선의 경간을 기본장으로 하는 고유주기와 팬터그래프의 도래주기 하나가 일치되어 가선이 크게 상하로 운동하기 때문임

(4) 이 공진은 단일 팬터그래프의 공진과 다르고, 팬터그래프 간격에 의하여 상당히 높은 속도에서도 발생하며, 고속영역에서 큰 진동이 생기면 막대한 피해가 우려되므로 최소한 고속에서 공진이 생기지 않도록 팬터그래프 간격 및 수량을 설정하는 것이 중요함

3. 집전장치 배열 및 운영

가. 절연구분장치의 길이

(1) 수도권 등 도심 전동차 운행구간 : 22[m]

(2) 전기기관차 등이 운행하는 일반철도 구간 : 66[m]

(3) 고속철도 구간 : 이중 오버랩방식 47[m]

나. 집전장치의 배열 기준

(1) 열차 1편성당 2개 이상의 팬터그래프가 설치되는 경우에는 2개 이상의 집전장치가 전차선과 동시에 접촉하는 것이 허용되어야 하며, 첫 번째와 마지막 집전장치 사이의 최대간격은 열차가 절연구간을 통과할 수 있도록 배치되어야 함

(2) 전차선과 접촉하고 있는 모든 2개의 연속적인 집전장치 사이의 간격은 절연구분장치의 조건에 따라 배치되어야 함

(3) 교류전력 공급시스템 상에서 복수의 집전장치들이 장착된 열차들은 사용 중인 집전장치들 사이에는 전기적 연결이 있어서는 안 되며, 전기적으로 문제가 없이 배열하여야 함

다. 국내 전기차량의 집전장치의 수량 및 운영

(1) 일반 전기철도 구간의 전기기관차 또는 간선 전기동차는 동력 집중식으로 1편성당 동력차 1대로 운영하고, 동력차 상부의 전・후방에 2개의 팬터그래프로 구성하여 고압으로 연결하고, 운행 시는 기관차 후부의 1개의 팬터그래프로 집전함

(2) 고속철도(KTX)는 열차 1편성당 전・후방에 2대의 동력차를 두고 동력차 1대당 1개의 팬터그래프(싱글타입)를 설치하여 실질적으로는 2개의 팬터그래프가 설치되어 있으나 운행 시는 후방에 있는 1개의 팬터그래프로 집전하고, 열차제어 및 운전 시스템은 양방향에서 가능하도록 구성되어 있음

(3) 도심 전철에 사용하는 전동차는 동력 분산식으로 10량 1편성당 동력차를 3~4대

를 연결하고 동력차 1대당 2개의 팬터그래프를 두어 총 6~8개의 집전장치로 동시에 집전하며, 운전장치는 전·후방에 두고 있음

15.4 ◦ 전기차 운전제어 및 전력변환장치

15.4.1 전기차에 사용되는 제동방법의 종류 및 원리

1. 제동 시스템의 목적

가. 열차를 잘 달리게 하는 것도 중요하지만 필요할 때 열차를 멈추게하는 기능도 매우 중요하며, 열차를 정지 시키는 것, 속도를 낮추는 것, 내리막 하구배에서 가속을 억제하는 것, 열차를 체류 시킬 때 자연 이동을 못하게 하여 열차를 안전하게 운전하기 위하여 제동장치의 설치 목적이 있음

나. 열차의 제동방법에는 다양한 방식이 채용되고 있으나, 최근에는 제동장치의 기술발전으로 전기제동(회생제동 등)과 공기제동의 병용식이 주류를 이루고 사용되고 있으며, 제동장치는 크게 공기제동(마찰제동)과 전기(동력)제동으로 분류하고 있음

2. 제동 시스템의 분류 및 구비조건

가. 제동장치의 분류

- 제동장치
  - 점착식
    - 마찰식
      - 차륜단면 = 제륜자
      - 디스크 = 라이닝
    - 동력식
      - 전기방식
        - 발전제동
        - 전력회생제동
        - 와전류디스크
      - 엔진
      - 유체(유압식)
  - 비점착식
    - 마찰식 – 레일브레이크 : 전자흡착레일
    - 동력식 – 와전류레일

나. 제동장치의 구비 조건

(1) 브레이크의 체결, 해제가 신속하고 확실하게 동작할 것

(2) 제동력이 클 것, 내열성 및 열응력이 좋을 것

(3) 비상의 경우 기관사 이외의 열차 승무원 등에 의해 열차를 정지 시킬 수 있는 구조일 것

(4) 운전 중 열차가 분리되는 경우 자동적으로 제동이 걸릴 것

3. 공기제동(마찰제동) 장치 특징

가. 차륜답변 제동

(1) 압축공기의 힘으로 직접 제륜자를 차륜에 압착시켜 그 마찰력으로 제동하는 방법
(2) 기구가 간단하여 종래부터 널리 사용됨 : 제동 시 가열에 의한 차륜과 틈새발생 및 차륜브러시 크랙을 야기함

나. 디스크(Disk) 제동

(1) 차륜 또는 차축에 장착된 디스크 원판에 제륜자를 접촉시켜 제동하는 방법
(2) 브레이크에 레진(Resin)재질의 제륜자를 이용하면 속도 대소에 의한 제동력의 변화가 적음
(3) 디스크 브레이크는 발전제동 장치를 가진 전기차와의 연결운전에 적합하며, 답면제동은 속도에 따른 마찰력이 커 부적합 함
(4) 브레이크력 $B = f \cdot p$ [kg]
여기서, f : 제륜자와 차륜마찰계수, p : 제륜자압력

4. 전기제동의 특징

전기제동은 주전동기를 발전기로 동작시켜 열차의 운동에너지를 소비시켜 제동하는 방법으로 발전제동, 회생제동, 와전류제동, 역상제동 등이 있음

가. 발전제동

(1) 1차 권선을 전원에서 분리하여 직류 여자전류를 통하여 발전기로 동작시켜 제동하는 방법
(2) 발생전력을 외부 저항기에서 열로 방산하여 운동에너지를 흡수 : 제동
(3) 저항기 접속 방법
① 직류 전동기 : 계자를 가한 상태로 전기자 권선에 저항기 접속
② 유도 전동기 : 권선형 유도전동기 1차측 교류전원 분리후 저항기 접속
(4) 특징(장단점)
① 처음 속도가 큰 경우 제동 회전력이 커서 효과가 좋음
② 속도 저하시 효과가 적으며 관성이 큰 것은 제동 시간이 많이 걸림
③ 농형유도전동기 경우 외부저항기 연결이 곤란하여 회전자내의 권선에서 열로 방열되어 회전자 과열우려 : 장시간 제동곤란

나. 회생제동

(1) 유도전동기를 동기속도 이상으로 회전시켜 유도발전기로서 운동 에너지를 흡수하여 발생전력을 전원측에 반환하는 방식임

(2) 여자방식은 주전동기식, 전차선식, 전동발전기식, 축전지식이 있음

(3) 특징(장단점)

① 제동 시 손실이 적고 효율이 높아 경제적임

② 주로 하구배에서 사용하며 회생전류가 변하지 않도록 계자제어를 함

③ 저속에서 제동이 안되며(9[km/h] 이하), 정지할 수 없으므로 정지 시 다른 제동방법과 병용해야 함

다. 역상제동

(1) 3상 유도전동기의 경우 1차측 3선중 2선을 바꾸어 접속 변경해서 회전자의 방향을 반대로하여 그 순간 강력한 유도제동기로 사용하는 방법

(2) 저속도일수록 제동 회전력이 증대 → 회전체 관성이 적을 경우 적합

(3) 부하의 관성이 큰 농형 유도전동기는 회전자의 발열이 매우 크게 발생되므로 반복되는 제동 시는 소손될 우려가 있음

라. 와전류 제동(전자흡착제동, Eddy Current)

(1) 차량에 부착된 전자석과 레일면에 유기된 와전류로 제동하는 방법으로 자기부상열차 등에 사용

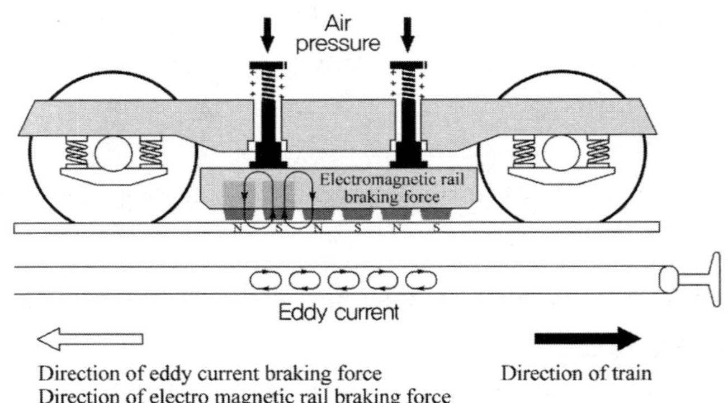

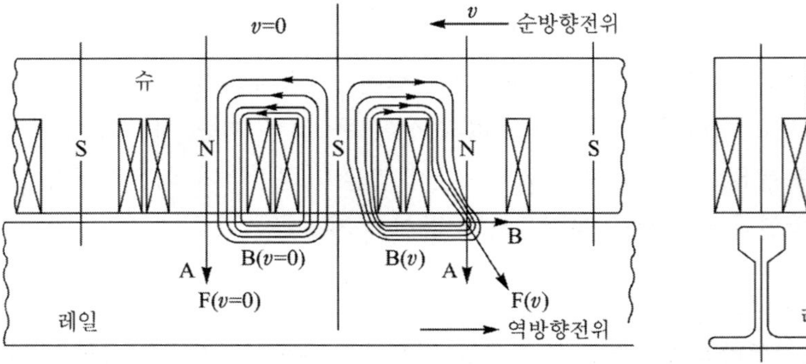

그림 15.4.1 와전류 제동 원리

(2) 와전류 제동의 특징

① 연속적으로 조절할 수 있어 고속차량, 자기부상 열차에 적합

② 와전류만으로 효과적인 제동력 확보가 곤란하므로 발전제동과 병용하는 방법이 좋음

5. 상용제동의 응하중 장치(應荷重裝置)

가. 상용제동에서 응하중장치 또는 하중제어 대응장치란 공기스프링이나 축중변에서 검지한 차량의 하중에 대응하여 역행 주회로 전류 전기브레이크, 전류 공기브레이크 압력 등을 자동적으로 증감시켜 하중에 관계없이 거의 일정한 가속도 및 감속도를 얻도록 하는 장치를 말함

나. 제동작용은 차량의 중량에 비례한 제동력이 유지될 수 있도록 응하중 제어기능을 갖도록하여야 하며, 응하중 관련 장치의 고장 시에도 열차의 가감속은 공차시 보다 작거나 만차시 보다 크지 않도록 하여야 함

다. 응하중장치 제어는 차량의 적재중량에 대응하여 제동력을 자동으로 가감하는 전자밸브 방식을 사용하며, 차체의 하중을 대차 스프링의 변위가 커지는 것을 축중변이 검출하여 응하중장치에 보내면 응하중변이 변환기의 공기를 자동으로 조정하게하는 원리임

라. 응하중장치의 제어에 의하여 승차감 향상, 차륜 마모방지, 회생제동 실효시 각 차량별 독자적인 기능 확보, 정밀제어 성능 향상 등을 기할 수 있음

15.4.2 전기철도 전기차에 사용되는 회생제동의 원리

1. 개요

전기적 회생제동은 열차의 운동에너지에 의해 주전동기를 발전기로 동작시켜 전기에너지로 변환할 때 전기자 역회전력을 차축에 동작시켜 제동력을 얻는 방법으로 이 때 발생된 전력은 전원측(변전소)으로 되돌려 보내짐

2. 회생제동의 원리

가. 회생 Inverter 장치의 원리도(DC 회생차)

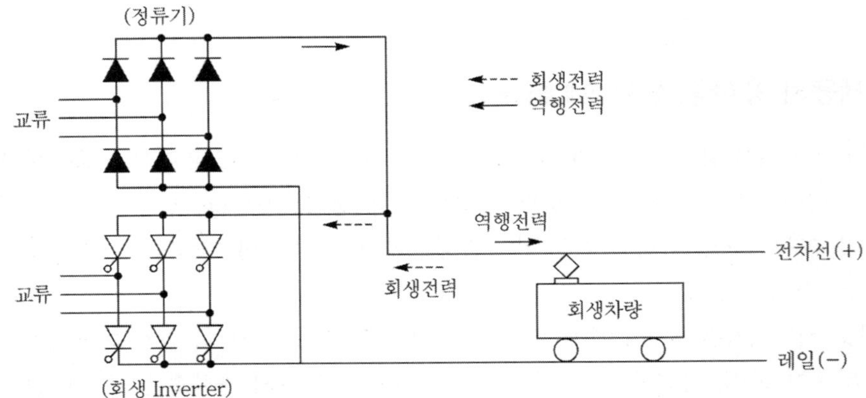

그림 15.4.2 회생 인버터 장치 원리

나. 동작원리

(1) 역행전력의 공급 : 차량이 주행할 때는 정류기에서 전력이 공급

(2) 차량이 하구배, 정차장 정지 등 회생을 시작하면 주전동기가 발전기가 되어 전압이 높은 쪽에서 낮은 쪽으로 전력이 이동하려함

(3) 회로에 정류기만 있으면 회생전력을 저지하여 가선전압 상승으로 회생실효에 연결되므로, 정류기와 역방향의 회생인버터 사이리스터를 설치하여 전원측 위상과 동기를 잡아 직류 단락이 되지 않도록 제어 하면서 전력이 차량에서 전원측으로 이동이 가능하게 됨

(4) 회생인버터 개시전압은 정류기의 무부하 전압보다 수십볼트 높게 설정함 (정류기 출력전압과 회생출력전압의 구분이 필요)

3. 회생제동의 장 · 단점

가. 장점

(1) 유효하게 전력절감(에너지 절약) 효과가 있다

(2) 구배구간에서 연속제동 안전동작에 의한 안전성이 향상됨

(3) ATO 운전구간에서 정차위치 엇갈림 방지

(4) Air Break 사용량 감소에 따라 브레이크슈 소모의 저감

(5) 지하철 터널(지하) 구간 내 온도상승 억제

(6) 제동 시 소음이 없어 친환경적임

나. 단점

(1) 열차가 저속일 때 효율(제동력)이 떨어짐
(2) 회생전압이 가선전압보다 낮으면 사용 불가능 : 회생실효
(3) 정전 시 회생제동이 동작하면 정류기가 정전을 검지하지 못하는 경우가 발생할 우려가 있음 : 회로상 연구 필요

15.4.3 회생전력 회수 시스템의 기술적, 경제적 장단점

1. 개요

가. 최근 전기철도에서는 회생차가 전기차의 주류를 이루고 있으며, 회생차량은 정지 시 및 하구배구간에서 감속시에 회생에너지를 발생함
나. 회생차량(초퍼제어차, VVVF 제어차)의 회생제동 시에 전동기 전원을 차단하면 관성에 의해 회전자(전기자)가 회전하여 발전기로 동작함
다. 회생전력은 전차선에 공급되어 역행중인 다른 열차에 공급되거나 변전소로 보내는 방법으로 전력소비절약, 변전소설비 용량감소 등 이점이 있음
라. 전력을 반환하는 경우에는 지상방식이 사용되며 회생인버터 방식, 플라이휠 방식 등이 사용됨

2. 회생 인버터(Inverter) 장치

가. 개념

회생 전력이 발생되면 전력변환 장치를 통하여 교류로 변환시켜 고압배전 부하 및 전력회사에 반환하거나, 지하철 구간에서는 부대전력이 크므로 효과적인 전력 변환 및 사용이 가능함

나. 원리

(1) 역행 : 전원공급으로 차량의 주행
(2) 회생 : 차량 회생으로 회생전력의 발생
(3) 반환 : 직류를 교류로 변환하여 고배부하 또는 전력회사에 반환

다. 조건

(1) 회생 인버터 동작개시 전압은 정류기 무부하 전압보다 수십 Volt 높게 함
(2) 회생 인버터 용량은 순간 Peak 부하에 견디는 용량이 필요.
(3) 정전 시 인버터가 동작하면 정전 검출이 어려워 회로 보안 필요

3. 회생전력 장치의 효과

가. 장점

(1) 에너지 절약 : 회생전력 유효(약 30%) 이용, 변전소 설비용량 축소
(2) 제동력을 주전동기에 분담 : 공기제동 사용경감과 제륜자 마모경감으로 구배구간 연속 제동 시 제륜자의 열적 안정성 향상
(3) 차량의 소형화 가능 : 발전제동용 저항기 불필요
(4) 지하철 터널 안의 온도상승 방지 : 냉방력 향상, 화재 예방

나. 단점

(1) 출・퇴근 혼잡시간의 회생전력은 대부분 역행차에 흡수
(2) 한산 시간대 회생전력으로 전차선 전압 이상상승되어 전기제동 실폐 우려

4. 직류급전 구간의 회생 특성

가. 개념

(1) 직류 급전구간에서는 회생차량이 주로 운행됨으로 보호 방식의 최적화 강구
(2) 회생에너지를 유효하게 활용하거나, 차량에 회생실효를 야기하지 않기 위해서는 직류급전 시스템을 적합하게 구성하여야 함
(3) 회생에너지의 역행차 소모 이외의 잉여 에너지를 유효하게 활용하기 위해서 일부 구간에서는 사이리스트 인버터(Thyrister Inverter)를 설치하여 고배부하 등에 공급 : 경제성이 낮음

나. 회생대책

(1) 회생 실효를 발생하지 않도록 사이리스터 초퍼(Thyrister Chopper) 저항장치 설치 : 잉여 회생전력 발생 시 사이리스터 초퍼에 의하여 저항을 투입하여 저항에서 에너지 소비
(2) 회생에너지를 열차에서 소모하고 급전손실을 경감시키기 위해 상・하의 급전선을 일괄 접속하는 상하 일괄 급전방식을 적용함
(3) 회생 시 전압을 제어하기 위하여 사이리스터 정류기를 설치

5. 교류급전 구간의 회생 특성

가. 개념

(1) 교류급전 시스템에서는 직류급전 시스템과 다르게 회생전력을 그대로 전원측에 반환하는 것이 가능함
(2) 직류급전 시스템과 달리 인접변전소와 전원위상이 상 이하며 병렬운전이 불가능

하므로 회생에너지를 역행차에서 이용하는 경우가 적음

나. 사이리스터에 의한 자려식 회생차량의 문제점 검토

(1) 동일한 급전구간에 역행중인 차량과 회생제동 중의 차량이 있는 경우에 정전이 되면 회생제동 차량으로부터 역행차량에 전력공급

(2) 회생차량이 회생제동 시 전력회사의 송전선에 단락고장이 발생하면 급전용 변압기의 권선전압이 상승

(3) 회생차량 부하 임피던스 특성이 변하게 되므로 변전소의 보호장치에 불요동작의 가능성이 있음

15.4.4 전기차 전동기의 기본적인 제어원리(직류 및 교류)

1. 개요

가. 전기차의 견인력은 주전동기에 의하여 기동하고 있으며, 주전동기에는 DC Motor와 AC용 Motor가 있음

나. 전기차를 일정한 가속도로 기동하고, 일정한 속도까지 가속하여 필요한 속도로 주행하기 위해서는 운행속도를 다단계로 변화시키는 것을 "속도제어"라고 하며, 전기차량의 속도제어는 주전동기의 회전수 제어를 의미함

2. 직류방식(DC Motor)의 제어원리

가. 직류직권 전동기 이론 : 주전동기 항목 참조

나. 직류 분권전동기 (DC Motor)의 이론

(1) $I = I_a + I_f$ [A]

여기서, 계자저항 R_f 가 일정하다면 계자전류 $I_f = V/R_f$이므로 일정하고, 계자전류가 일정하면 자속 ϕ 도 일정하게 됨

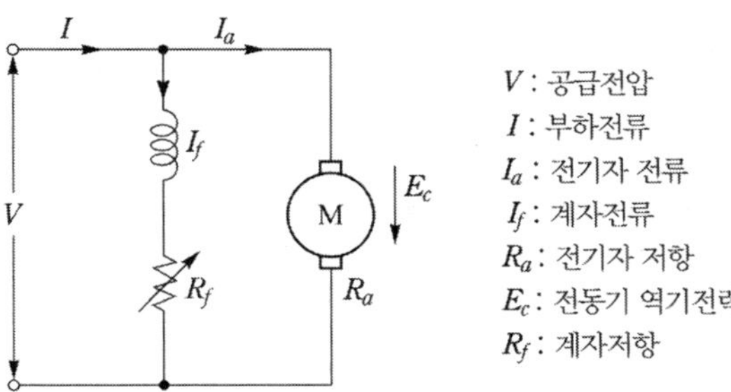

그림 15.4.3 직류 분권전동기 회로도

(2) 분권전동기의 특성

① 극성을 바뀌어도 전기자 및 계자전류 방향이 동시에 바뀌므로 회전방향이 일정함

② 계자회로가 단선되어 계자전류가 0(Zero) 일 때

무부하시 ➪ $I_f = 0$ ➪ $\phi = 0$이 되어 과속도로 위험

전부하시 ➪ $T = K \cdot \phi \cdot I_a$ 에서 과전류 발생우려

(3) 직류 분권전동기의 용도 : 전기차량에는 거의 사용하지 않고, 정속도 특성을 이용하여 압연기, 권선기, 제지기 등에 사용함

다. DC 직권 전동기의 속도제어

(1) 직류 전동기 속도 관계식 $N = \dfrac{E}{K\phi} = \dfrac{V - I_a R_a}{K\phi}$ [rpm]에서 변수는 전압, 저항, 자속(계자)이며, 계자자속은 계자전류에 비례하므로 변수인 V, R, ϕ, I_f 등을 조정하여 속도제어 할 수 있음

(2) DC 전동기의 속도제어법 종류

① 전압제어법

② 저항제어법

③ 계자제어법 등이 있음

표 15.4.1 직류전동기 속도제어 방식 비교

구분	저항제어(R_a)	전압제어(V)	계자제어(ϕ)
방법	1. 전기자에 직렬 가변 저항을 접속하여 가감	1. 전기자에 가해지는 단자 전압을 가감	1. 계자회로에 가변저항을 넣어 계자전류를 가감
특징	1. 효율이 나쁨 2. 전력손실이 큼 3. 정토크 가변속도	1. 효율이 좋음 2. 전력회생제동(초퍼제어) 설치 가능 3. 광범위 속도제어 가능	1. 효율이 좋음 2. 정류가 불량함 3. 정출력, 가변속도
기타	1. 분권전동기, 타여자 전동기에 적용시 정속도 특성 저하	1. 직병렬제어, 위드네오나르방식, 일그러방식 2. 사이리스터 위상제어, 정류기 직류 초퍼제어에 주로 사용	1. 직권 전동기 적용시 무부하 때 ϕ 작으면 위험 2. 분권, 타여자 전동기에 적용하는 경우 속도 제어 1 : 2~4
적용	저항제어와 전압제어를 병용하여 전기차에 많이 사용함		

3. 교류 유도전동기의 제어원리

가. 슬립 ➪ 회전자계 속도(동기속도)와 회전자 속도와의 관계

$S = \dfrac{N - N_S}{N}$ 식에서 보면

$$\begin{Bmatrix} \text{슬립}(\uparrow) \to N(\downarrow) \to \tau(\uparrow) \to E_2(\uparrow) \\ \text{슬립}(\downarrow) \to N(\uparrow) \to \tau(\downarrow) \to E_2(\downarrow) \end{Bmatrix}$$

여기서, (↓) ; 낮음, (↑) ; 높음

나. 동기속도

$$N = \frac{120}{P} \cdot f \ [\text{rpm}]$$

다. 유도전동기의 속도

$$N_S = (1-S) \cdot N = (1-S) \cdot \frac{120}{P} \cdot f[\text{rpm}]$$

라. 유도전동기의 슬립-속도-Torque 특성

슬립 S(↓) → 속도 N(↑) 동기속도 근접 → 자속 ϕ(↓) → 회전자 유도전류 I_a(↓) → 토크 τ(↓)

마. 유도 전동기의 속도제어 원리

유도전동기 속도 $N_s = (1-S)\dfrac{120}{P}f\,[\text{rpm}]$에서 알 수 있듯이 슬립(S) 또는 주파수(f)에 의하여 속도제어가 가능함

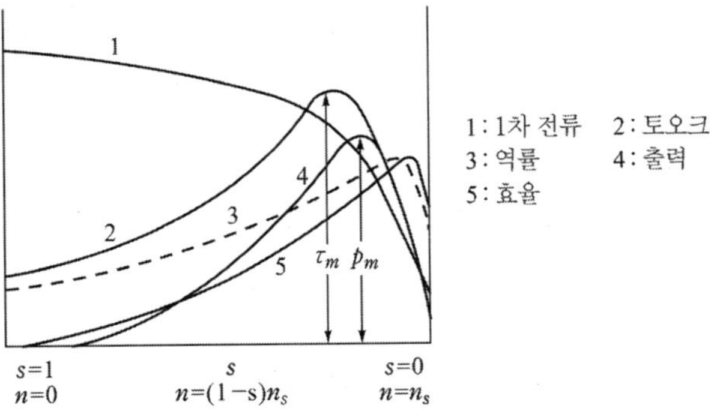

그림 15.4.4 유도전동기 토크-출력 특성

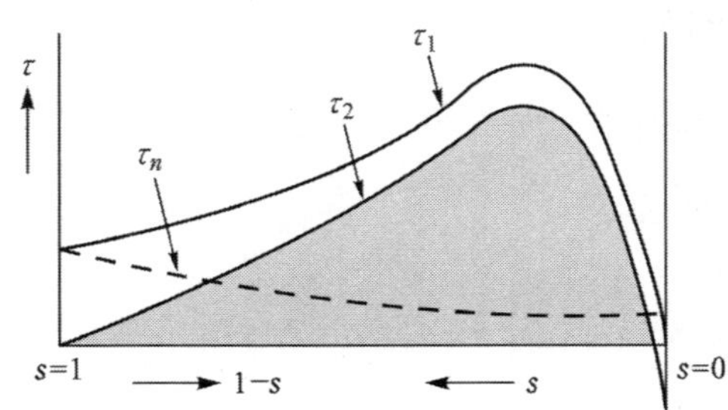

그림 15.4.5 유도전동기 슬립-토크 특성

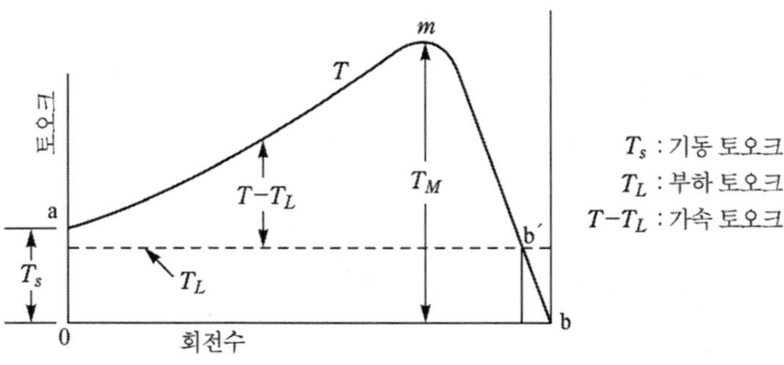

그림 15.4.6 유도전동기 속도-토크 특성

4. 동기 전동기의 제어원리

가. 동기전동기의 회전원리

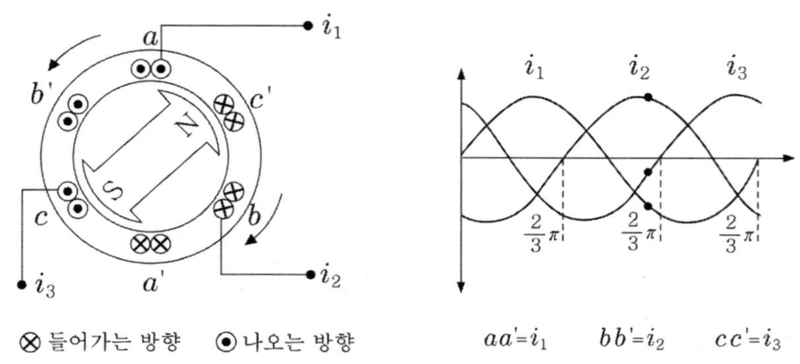

그림 15.4.7 동기전동기 회전원리

(1) 3상권선에 3상 교류전류를 흘려주면 시간의 변화에 따라 시계방향으로 이동하는 회전자기장이 발생하고, 지속적으로 전류를 흘려주면 회전 자기장의 속도는 동기

속도에 도달함

(2) 회전자에 시계방향으로 기동토크를 가하면 동기전동기는 동기속도로 회전함

(3) 동기전동기의 기동법은 자기기동법으로 기동권선을 계자극 표면에 감고 권선에 유도되는 전자력으로 기동토크를 얻는 방법과 동기 전동기 보다 극수가 2극이 적은 유도 전동기를 사용하는 방법이 있음

나. 동기전동기의 이론(특성)

(1) 동기속도($N = \frac{120}{P} f$ [rpm])로 운전 : 동기속도 이외의 속도는 운전불가

(2) 기동토크가 없어 별도의 직류여자 기동장치가 필요

(3) 역률이 양호($\cos\theta = 1$)하며, 저속도 대용량 기기에 적합

(4) 토크 특성

$$\text{토크} : \tau = \frac{60}{2\pi N_s} \times 3P_o = \frac{60}{2\pi N_s} \times 3 \times \frac{E \cdot V}{x_S} \sin\theta \, [\mathrm{N \cdot m}]$$

↳ 3상 출력

(5) 안정운전 범위

① 부하각 90°일 때 최대 토크(실제 50~70°에서 안정운전)

② 부하각 90° < θ < 180°일 때 동기이탈

③ 부하각 180°를 넘으면 토크가 0이므로 정지

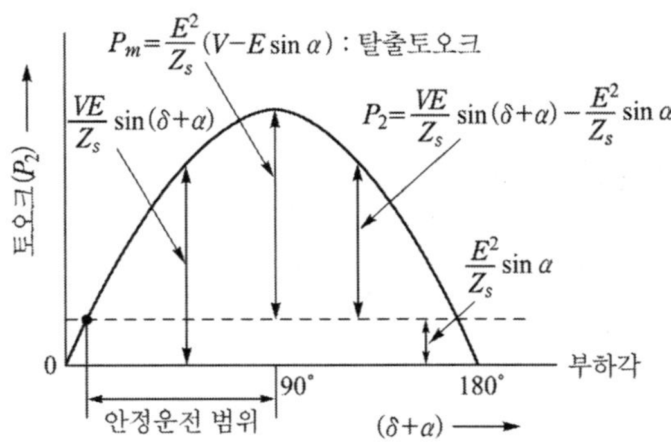

그림 15.4.8 동기전동기 안정운전 범위

다. 동기전동기의 속도 제어 원리

(1) 동기전동기 속도 $N_S = \frac{120}{P} f$ 에서 변수인 f를 조정

(2) 주파수 제어법 : V/f 제어법, 벡터제어법

표 15.4.2 교류전동기의 속도제어 비교

방 식		속도제어 범위	특 징
1. 극수 변환법			연속적 속도제어 불가능, 설비저가
2. 주파수 제어법		1 : 100	고효율 · 제어정밀도 양호, 설비고가
3. 1차 전압 제어법		1 : 10	정토크특성, 저효율, 설비저가, 대용량기 적용곤란
4. 2차 저항 제어법		1 : 1.5	정토크특성, 감속시 효율이 낮고 속도 변동률이 큼. 설비저가
5. 2차 여자법	셀비어스법	1 : 5	정토크특성, 고효율, 설비고가
	크래머법	1 : 2	정출력특성, 고효율, 설비고가

15.4.5 직류 쵸퍼제어의 원리 및 저항제어차와 비교

1. 개요

가. 직류전기차의 속도제어 방식에는 저항제어, 직병렬제어, 쵸퍼(Chopper) 제어 등이 있으며, 제어 및 에너지효율 측면에서 쵸퍼제어 방식이 많음

나. 직류전기차의 속도제어는 $N = \dfrac{V - I_a R_a}{K\phi}$에서 전동기 단자전압 또는 계자자속($\phi$)를 변화시켜 제어하는 것으로

다. 직류 Chooper 제어는 사이리스터의 스위칭(Switching) 작용을 이용하여 전동기 단자전압(V)를 변화시키는 원리임

2. Chopper 제어방식의 원리

가. Thyristor의 Switching 작용을 이용하여 DC 전압을 거의 정방향 단속파로 공급 ➪ 필요한 직류 평균전압 출력 ➪ 주전동기 단자전압을 제어

나. Thyristor의 ON, OFF 시간을 변화시켜 직류변압기로 사용하는 방식으로 생각할 수 있음

다. 동작원리 설명

(1) Chopper ON일 때 $E_L = E$가 되고, I_0는 SL 시정수에 비례하여 증가하여 전류 I_o가 일정치에 도달하면 Chopper OFF : 공급전압이 0[V]가 됨

(2) 평활리액터(SL)의 에너지를 Fly Wheel Diode(D)를 통해 방출(I_o) ⇒ 부하회로에 I_D를 흘려 환류시킴

(3) 환류전류(I_D)가 일정치 이하로 감소하면 : Chopper ON시킴

(4) 이와 같이 ON, OFF를 반복하면 평활화된 전류(I)를 공급하게 됨

(5) 직류 평균전압(부하전압 E_m)을 구하면

$$E \cdot I_o = E_m \cdot I_m$$

$$\rightarrow \ I_o = \frac{E_m \cdot I_m}{E} = \frac{T_{-on}}{T_{-on} + T_{-off}} \times I_m$$

$$\therefore \ E_m = \frac{T_{-on}}{T_{-on} + T_{-off}} \times E \ = \frac{T_{-on}}{T} \times E \ [\mathrm{V}]$$

여기서, E : 단자전압[V], E_n : 부하 평균전압[V]

I_0 : 전원전류 평균치[A], I_m : 부하평균 전류[A]

(6) 속도제어 방법 : Thyristor의 Switching(T_{on} , T_{off}) 작용을 이용하여 직류 전압을 변화하여 속도제어에 이용함

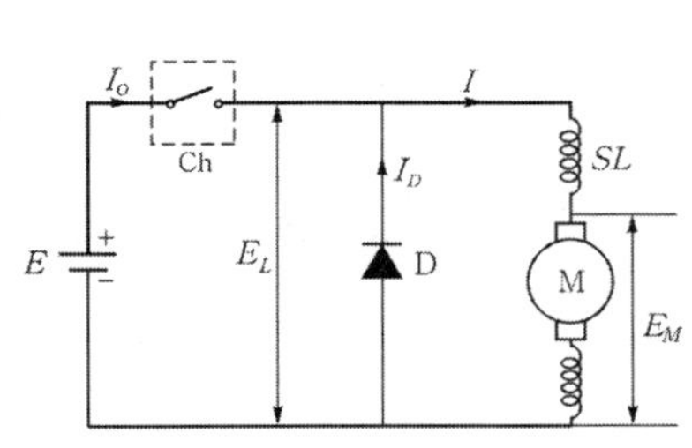

(a)

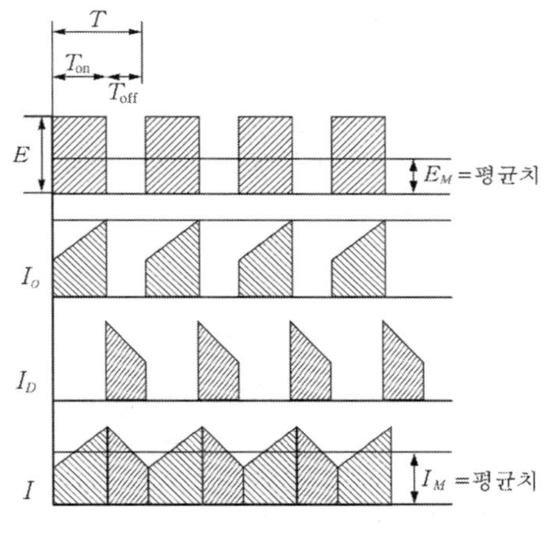

(b)

그림 15.4.9 초퍼제어의 회로 및 속도제어 파형

라. Chopper 제어방식의 종류

(1) 전기자 제어 Chopper 방식

직류 전동기의 전기자에 직렬로 Chopper를 연결하여 전기자에 인가되는 전압 및 전류를 직접 제어

(2) 계자제어 Chopper 방식

저속시는 저항제어 방식으로 전기자 전압제어 하고, 중・고속시는 분권 계자에 직렬로 Chopper 연결 계자자속 제어

(3) 자동가변계자제어 Chopper 방식(Automatic Variable Field)

Chopper 동작의 변화에 대응하여 계자전류를 연속적으로 변화시키는 방식

(4) 4상한(Four-Quadrant)제어 Chopper 방식

전기자와 계자를 각각 독립된 Chopper에 의해 제어하는 방식

3. 소비에너지 관점에서의 저항제어 방식과 비교

가. 저항제어 방식 원리

(1) 주전동기의 회로에 외부저항을 삽입하여 저항의 변화에 의해 주전동기 단자 전압을 변화시켜 속도제어 하는 방식임

(2) 접속방식에 따라 직렬접속 방식과 병렬접속 방식이 있음

(3) 저항제어는 제어방식 비교표와 같이 저항에 의한 전력손실이 크고 제어 효율이 낮아서 주행 중의 속도제어에는 사용되지 않음

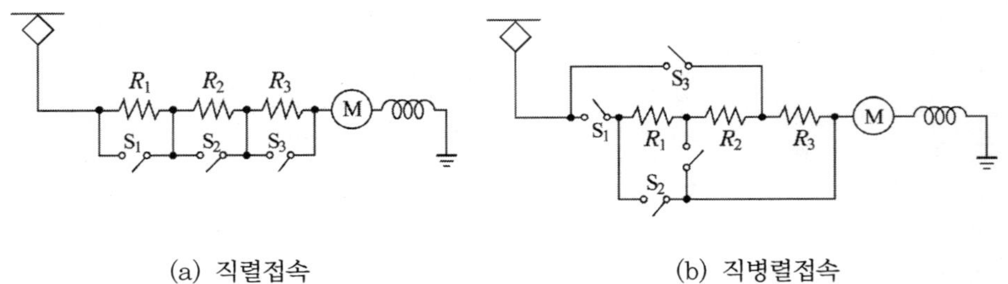

(a) 직렬접속　　　(b) 직병렬접속

그림 15.4.10 저항제어 방식

나. 제어방식의 비교

구분	저항제어(R_a)	전압제어(V)	계자제어(ϕ)
방법	1. 전기자에 직렬 가변저항 접속 → 저항가감제어	1. 단자전압을 가감하여 속도제어	1. 계자회로에 저항을 삽입 계자전류 가감제어
특성	1. 효율이 나쁨 2. 저항의 전력손실이 큼 3. 정토크, 가변속도	1. 저항제어에 비해 효율 좋음 2. 전력회생제동 가능(쵸퍼제어시) 3. 광범위한 속도제어가능	1. 효율이 좋음 2. 정류불량 3. 정출력, 가변속도

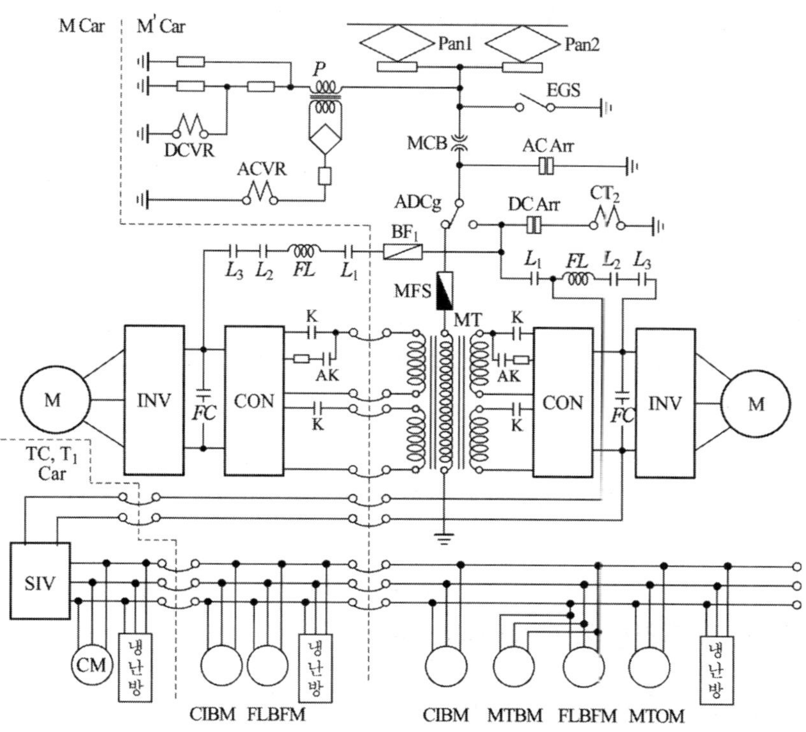

그림 15.4.11 VVVF 차량제어의 간략 회로도

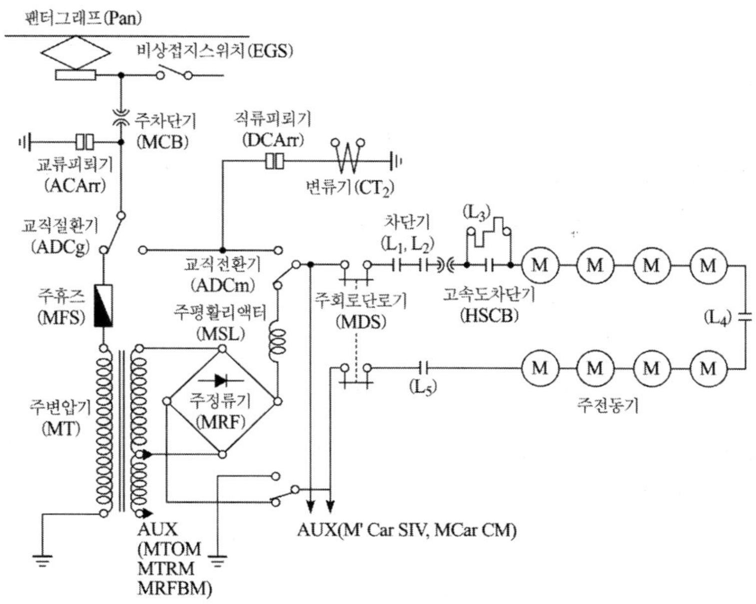

그림 15.4.12 저항제어차의 간략 회로도

15.4.6 PWM 제어차의 전원 불평형 및 전압변동 대책

1. 개요

가. 단상교류전기철도의 급전회로는 1선접지의 단상부하로 3상 전원 계통에서 수전하는 경우 각상의 전류치가 불평형이 되어 각 상의 전압도 불평형이 발생됨

나. 불평형률은 전압·전류의 (역상분÷정상분×100%)로 나타내며 전원측에 역상분이 가해지는 것을 의미함

다. 교류전기철도에서는 연속 2시간의 평균부하에서 전압 불평형률은 3[%] 이하로 규정하고 있으며

라. 전원 불평형 경감대책으로 Thyrister 제어차의 경우에는 SVC, 변위상 Scott 방식 SVC, 3상 SUC 방식이 있으며, PWM 제어차의 경우에는 3상 V결선 SUC, 부등변 Scott 결선 변압기 방식이 있음

2. 전원불평형 및 전압변동 대책(PWM 제어차)

가. 3상 V결선 SUC(3상 V결선 정지형 불평형 보상장치)

(1) PWM 제어차는 역행 시 역률이 1(역률각 0°), 회생 시 −1(역률각 180°)이며 무효전력이 없음

(2) 3상의 각 상간에 단상 SVC(정지형 무효전력보상장치)를 접속하여 보상하는 방법을 3상 정지형불평형 보상장치(SUC : Satitic Unbalanced power Compensator)라고 함

(3) 3상 SUC에서 PWM 제어차의 역률이 ±1이고 무효 전력이 없으므로 U·W 상간의 무효전력 보상은 필요없으며, UW 간의 무효전력이 없으므로 각 각상의 SUC 진상용량을 식으로 표시하면(UW상 간 SVC는 필요 없음)

$$Q_{uv} = \frac{(P_m - P_T)}{\sqrt{3}}, \quad Q_{vw} = \frac{(-P_m + P_T)}{\sqrt{3}} \text{ 임.}$$

여기서, P_m, P_T는 M좌와 T좌의 부하유효 전력

(4) 아래 그림과 같이 UV 상간 및 VW 상간에 SVC를 접속하면 PWM 제어차에 의해 발생되는 역상전류는 영(0)이되어 전압불평형 및 전압변동이 개선되는 방식으로 고속전철 역상전류 보상장치로 실용화 됨

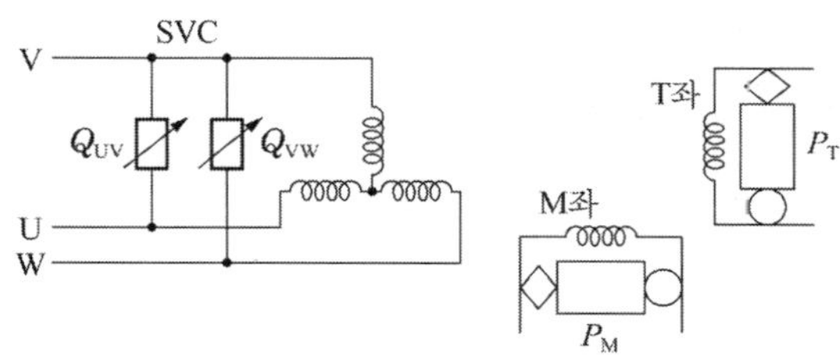

그림 15.4.13 3상 V결선 SUC 회로도

나. 부등변 Scott 결선 변압기에 의한 불평형 보상 단상 급전장치

(1) Scott 결선 변압기의 M좌와 T좌의 길이를 1 : $\sqrt{3}$ 으로 하고 사변 S에 부하를 접속하여 M좌에 리액터, T좌에 콘덴서를 접속하여 불평형을 보상하는 방식임

(2) M좌와 T좌의 전압이 다르고, M좌와 T좌간 스코트각 Φ가 있어 부등변 Scott 결선이라고 부름

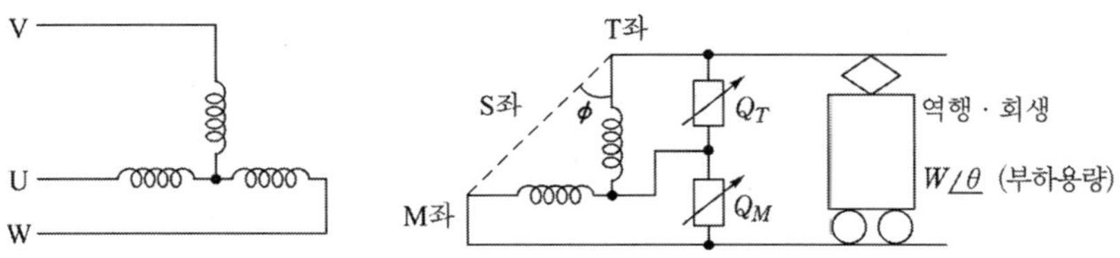

그림 15.4.14 부등변 Scott 변압기 3상-단상 변환

(3) 3상 평형화 조건

그림 15.4.14에서 부하용량(W), 역률각(θ)의 역행부하 또는 회생부하에 대하여 3상 역률 1과 동시에 3상 평형화 조건임(Q_T, Q_M : 보상용량)

① 역행부하($\theta_c = \theta$) ⇨ $\phi = \frac{\pi}{4} - \frac{\theta_c}{2}$

이때, $Q_{TC} = (1 + \sin\theta_L) \cdot W/2$(콘덴서)

$Q_{MR} = (1 - \sin\theta_L) \cdot W/2$(리액터)

② 회생부하($\theta_C = \theta - \pi$) ⇨ $\phi = \frac{\pi}{4} + \frac{\theta_L}{2}$

이때, $Q_{TC} = (1 + \sin\theta_L) \cdot W/2$(콘덴서)

$Q_{MR} = (1 + \sin\theta_G) W/2$ (리액터)

③ 따라서, 스코트각 ϕ는 부하의 역률각 θ로 결정되고, 부하용량 W의 변화는 보상용량 Q_T, Q_M으로 제어되며, 보상용량은 M좌와 T 좌가 조합되어 부하

용량 W와 동등하며, 역상전력 보상장치에 비해 1.5배의 용량으로 충분함

다. PWM 제어차의 3상 평형화

(1) 선로의 손실을 무시하면 역행부하 또는 회생부하에서의 스코트각 Φ는 무효전력이 영(0)이므로 $\phi = \frac{\pi}{4}$로 동일함

(2) 즉, 역행 시는 부하 전력의 $\frac{1}{2}$인 용량성 무효전력을 T좌에 접속하고, 유도성 무효전력을 M좌에 접속하며, 회생 시는 유도성 무효전력을 T좌에 용량성 무효전력을 M좌에 접속하는 형태가 되는 원리이나, PWM 제어차를 대상으로 시험사용 단계임

3. 대책에 대한 고찰

PWM 제어차(VVVF 제어차)에 있어서는 역률이 ±1로 부하각(역률각)이 0° 또는 180°이므로 무효전력 보상에 대해서는 고려하지 않아도 되나, 전원 불평형을 위하여 각상에 SVC를 접속하는 3상 V결선 SUC가 적합하며, 부등변 Scott결선변압기 방식은 아직 실용화 되지 않아, 전원불평형에 대한 여러 가지 영향을 해소하기 위한 교류 전기철도 불평형 대책에 대해서 계속적인 연구가 필요함

용어 참고

- ❑ SVC : 단상 정지형 무효전력 보상장치(Static Var Compensator)
- ❑ SUC : 정지형 불평형 보상장치(Static Unbalanced power Compensator)
- ❑ SVG : 자려식 인버터정지형 무효전력보상장치(Static Vat Generator).

15.4.7 전기철도 차량에 설치한 기관사 감시장치(VACMA)

1. KTX의 VACMA 개요

가. 고속철도와 같이 차상신호 방식에서는 차상신호 제어 및 안전장치로 ATESS (운전상황 기록) 장치, TVM430(차상신호장치), SIG-SEC(차량상태 표시 등), 방송 및 경보장치 등으로 크게 4분야로 구분하여 설명할 수 있음

나. 여기서, ATESS(Acquisition and processing of static safty recording)는 동력차 축과 객차축에 설치된 속도센서에 의하여 열차속도를 전압으로 변환하여 기록계,

지시계, 차상컴퓨터, VACMA의 한계속도 등으로 전송함으로서 열차운행 중에 발생하는 열차의 속도, 주어진 신호상태, 열차의 상태, 기관사의 기기취급 내용 등을 기록하여 분석함

다. 운전경계 장치인 VACMA는 운전실에 설치되어 있으며, 열차의 안전운행을 위하여 운전자가 운전 준 정해진 규칙을 어길 경우 열차를 자동정지 시키고, CTC측에 결과를 통보하는 장치임

2. VACMA의 설치기준 및 구성

가. 설치목적

기관사가 신변 문제시 열차를 정지 시키고 무선경보로 사령실에 통보하기 위한 목적으로 설치함. 즉 기관사의 인위적이고도 단속적인 기기접촉(센서 또는 페달 등)을 통해 기관사의 신변 이상 또는 운행 중 부재현상으로부터 열차를 안전하게 운행하기 위함

나. 기관사 감시장치 설치기준

(1) 운전실은 기관사의 활동을 모니터링 할 수 있고, 기관사의 활동 부족이 감지됐을 때 자동으로 열차를 멈추기 위한 장비들을 갖추어야 함

(2) 기관사의 동작 부족이 감지됐을 때 열차 차원에서 개시되는 동작의 규격

➪ 열차가 운행 형태를 갖추고 있고 주행 중일 때 기관사의 활동 부족(움직임 감지의 기준은 저속 역치에 있다)은 열차에 대한 전체 상용제동이나 비상제동의 작동으로 이어져야 함

(3) 운전제어대에는 수동운전 시 기관사의 졸음·질병 및 부주의 등으로 발생할 수 있는 위험을 방지하기 위한 장치를 설치하여야 함

다. 구성

운전경계 시스템은 페달, 푸쉬보턴, 주제어기에 장착된 스위치, 제어경적, ATS 복귀스위치, VDS(Vigilance Device System)으로 구성되며, 운전규칙을 위반했을 경우 비상제동 신호, 경고신호, 경적신호, 경종신호가 작동하게 됨

3. 동작 기능 및 순서

가. 기관사가 제어기를 2.5초 이상 해제하면 아래 기능이 연속적으로 작동하고, 기관사가 도중에 반응(조작) 하면 도중에 중단됨

(1) 제어기 해제하고 2.5초 이후 경적 울림.

(2) 경적후 기관사 반응이 없으면 2.5초 이상 시간 지연후 비상제동 작동

나. 제어기 홀딩을 지속하면 아래와 같이 동작하고, 기관사가 반응하면 중단.
   (1) 누름작동후 55초가 지나면 경종이 울림.
   (2) 경종이 울리고 기관사 반응이 없으면 5초가 더 지난후 비상제동 작동.

다. 비상제동 체결 : 비상제동 명령은 외부 전환 계전기의 무여자로 개시되며, 계전기는 아래의 경우에 VDS에 의해 무여자가 됨
   (1) 기관사 반응이 없이 2.5초 지나서 개시된 경적이 울린 경우
   (2) 기관사 반응없이 5초 이상 지나서 개시된 경종이 동작한 경우
      (ATS 장치, VDS 졸음경보장치, TSL 열차속도 제한 등이 동작 함)

라. CTC에 경고신호 전송 : 열차 무선기지국을 통하여 CTC에 운전조건 전송하고 아래 두가지 조건이 수행된 순간 열차정지 30초 후, 5초 동안 임의로 전원접속을 차단하며, 기관사가 반응하여 누름단추를 누르면 중단됨
   (1) VDS에 의해 작동된 비상제동 조건
   (2) 정지된 열차 및 속도 3[km/h] 이하 조건

마. 동작시험 방법에는 정차 시험과 운행 중 시험방법이 있음

15.4.8 AC Motor 견인 전동기의 전력변환장치 종류 및 특성

1. 개요

가. 전기차에 사용되는 AC Motor의 종류에는 동기전동기 및 유도 전동기가 있으며, 전차선로에서 AC 또는 DC 전원공급을 받아 구동하고 있음

나. AC Motor를 견인전동기로 사용하는 경우 전기동력차 구동 및 제어를 위해서는 전력 변환 장치가 필수이며, 전력 변환장치의 종류에는 위상제어방식과 펄스폭 변조방식이 있음

2. 전력 변환장치의 분류

가. 구성

(1) Converter부 (AC ⇨ DC 변환)

3상 전파정류회로와 평활회로로 구성되며, 교류를 정류 후에 Condenser 등으로 평활하여 맥동분이 적은 직류를 생성

(2) Inverter부(DC ⇨ AC 변환)

콘버터부에서 변환된 직류를 Transister, GTO 등의 반도체 Switching 작용에 의해 임의의 교류 주파수 전원를 얻음

(3) 제어부

Inverter의 Switching 제어, Converter의 전압제어 및 각종 보호기능의 동작 처리(고성능 마이크로 컴퓨터에 의해 실행됨)

나. 분류

(1) 주회로 방식에 의한 분류

① 전압형 Inverter(입력 직류전압 일정유지)

전압원의 직류부에서 교류로 변환하는 것으로 제어성이 우수하며, 범용성이 높아 범용 Inverter 대부분이 이 방식으로 제어되는 측면에서 보아 Inverter가 전압원인 것을 전압형이라 함

② 전류형 Inverter(입력 직류전류 일정 유지)

전류원인 직류부에서 교류로 변화시키는 방식으로 고성능 기준에 적합한 Inverter이며, 직류측에 대용량 Reactor를 접속하여 출력전류가 항상 일정 방향으로 흐르고 파형도 방형파로 생성함

(2) Switching 방식에 의한 분류

① PAM(Pulse Amplitude Modulation) : 펄스진폭변조방식

Converter부에서 출력 전압(전류)를 제어하여 Inverter부에서 주파수를 가변하여 제어하는 방식

② PWM(Pulse Width Modulation) : 펄스폭진폭 방식

Inverter 부에서 주파수와 출력 전압(전류)를 제어하는 방식으로 반도체 소자를 고주파로 Switching 시켜 Switching Pulse 폭을 변화시켜 전압(전류)를 제어하는 방식임

③ 고케리어 주파수 PWM제어

원리적으로 PWM 방식과 대등하나 Motor소음을 개선하기 위해 케리어 주파수를 가청주파수(10～20[kHz]) 이상으로 높여 Switching 시키는 방식으로 주로 저소음 Inverter에 채용됨

3. 위상제어(Pulse Control) 방식

가. KTX(동기전동기)의 경우

(1) 구성 : 각 동력대차에 3상 동기전동기×2대를 설치하였음

(2) 각 동기 전동기는 전류형 인버터에 직렬로 연결되어 제어함

(3) 입력단에 혼합 브리지 정류기를 연결

나. Converter(혼합브리지) 2차 출력 DC전압(V_{dc}) : 단상전파정류

(1) $V_{dc} = \dfrac{2\sqrt{2}\,V}{\pi} \times (\dfrac{1+\cos\theta}{2}) = \dfrac{\sqrt{2}}{\pi} \cdot V \times (1+\cos\theta)$

$\therefore\ V_{dc} = 0.45\,V(1+\cos\theta) = 0.45 \times 1{,}800 \times (1+0.85) = 1{,}500[\mathrm{V}]$

단, 무부하시 $\cos\theta = 1$일 때 $V_{dc} = 1{,}620[\mathrm{V}]$ 임

(2) 따라서, 혼합브리지(콘버터) 2개 직렬이므로 제어전압 출력은 $1{,}620[\mathrm{V}] \times 2 = 3{,}240[\mathrm{V}]$ 임

다. Thyristor의 Turn-off

(1) 저속시(0~80km/h) : 전류회로(Commutation Circuit)에 의해 Turn-off 됨

(2) 고속시 : 견인전동기에서 발생되는 역기전력에 의해 자동으로 Turn-off 됨

(3) 각 Inverter Thyrister는 고정자 권선에 전원공급을 제어함

라. 장 · 단점

(1) 제어는 간단하나 역률이 떨어지는 단점이 있음 : 역률보상을 위하여 정류기 직렬 연결, 입력 필터 회로에 콘덴서 삽입 등을 시행함

(2) Inverter 부의 주파수가 낮아 소음이 작고 효율이 좋음

(3) 전동기 구조가 복잡하고 유지보수가 어려우며, 가격이 비쌈

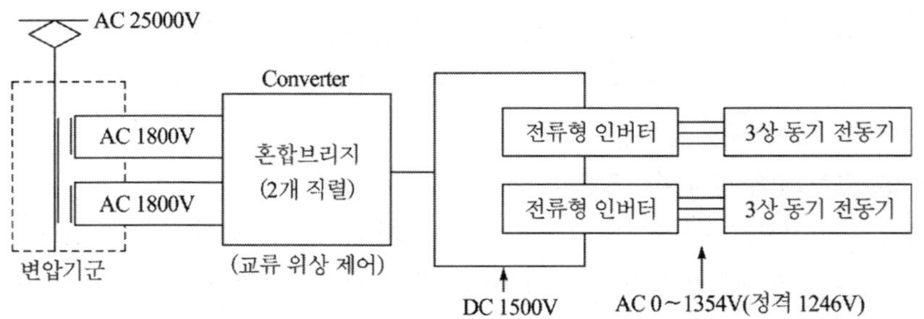

그림 15.4.15 위상제어 전기차 전력변환 구성도

4. PWM(Pulse Width Modulation) 제어방식

가. 원리

(1) 인버터 부에서 주파수와 출력 전압(전류)을 제어하는 방식임

(2) 인버터 출력 파형이 반주기 내의 펄스를 여러 개로 분해하여 각각의 펄스폭을 제어함으로써 출력전압 및 고자파의 저감을 제어함

(3) GTO 사이리스터를 이용하여 스위치의 기준이 되는 방송파 펄스폭을 신호파로 변조함

(4) 인버터 주파수 대응의 변조율이 정현파 지형으로 변조기에 입력되며 변조기는 양 입력을 연산하여 GTO 의 ON, OFF 시기를 결정함

(5) PWM 제어 동력 흐름도(그림 15.4.16)

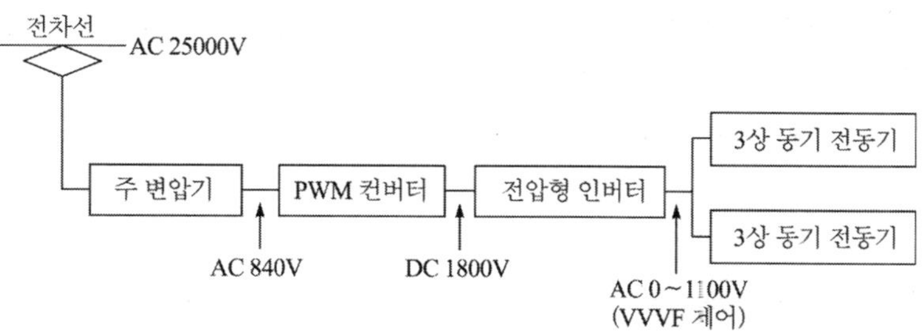

그림 15.4.16 PWM 전기차 전력변환 구성도

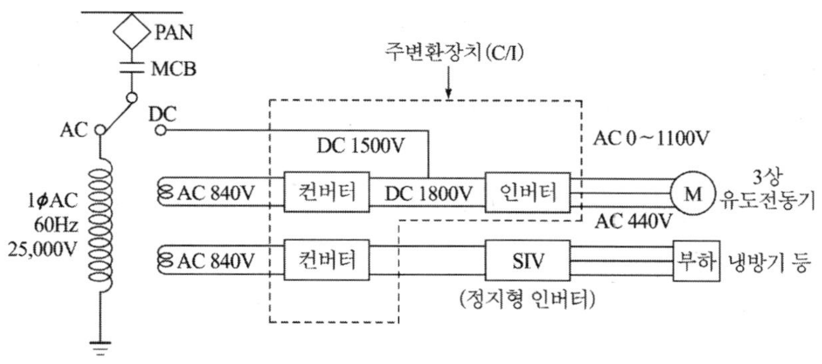

그림 15.4.17 교류/직류 VVVF 차량 전력변환 구성도

나. 부하의 특징

(1) PWM 제어차의 역률은 역행 시(1), 회생 시 (−1)을 목표로 함

(2) PWM 제어차는 회생중 변전소가 정전되어도 차량에서 전압이 발생하므로 별도의 정전검지 방법이 필요함

(3) 전력 설비면에서는 전환개폐기 고장 시 예비로 전환, 연동하기 위하여 1초 이내에 정전을 검지 할 필요가 있음

(4) PWM 제어차의 고조파는 저차가 타려변환식 차량의 1/3 정도 : 고차(高次)에 대하여 컨버터를 다중화하고 반송파 위상을 어긋나게 하여 작게 함

다. PWM 제어방식의 장점

(1) 전력손실이 없다 : 역률이 1에 가까움

(2) 브러시(Brush) 없는 Motor 사용으로 에너지 절약
(3) 유지보수가 간단하고 저렴함 : 전동기의 구조가 간단함
(4) 1개의 인버터로 여러 대(4～8대)의 전동기 사용 가능

라. PWM 제어방식의 단점

(1) 제어회로가 복잡함(외국산 제어장치 도입 사용)
(2) 제어장치가 가격이 고가임

15.4.9 전력용 반도체 소자 GTO 및 IGBT 동작원리 및 특성

1. 개요

가. 기존의 사이리스터(SCR)은 턴-온 스위칭 역할만 수행하는데 GTO는 턴-온(turn on) 및 역방향 게이트 전류펄스에 의해 턴-오프(turn off) 기능 수행이 가능한 고전력 변환장치의 대중적인 스위칭 소자로 대칭 GTO와 에노드 에미터 단락형 GTO 가 있음

나. 최근 전기차 구동장치의 제어방식이 GTO 사이리스터의 고속 ON-OFF 스위칭 특성과 마이크로프로세서의 기술발전으로 VVVF 제어 또는 PWM 제어방식이 급속도로 발전되고 전력손실, 유지보수 측면에서 편리하여 확산추세에 있음

2. GTO의 구조 및 동작원리

가. GTO(Gate Turn Off) 사이리스터 구조

(1) GTO는 일반 사이리스터에 게이트 Turn-on 회로와 Turn-off 회로가 동시에 부착된 구조임
(2) PNPN 4층 구조이지만 게이트 역전류에 의한 Turn-off 성능을 향상시키기 위해 폭이 좁은 다수의 음극을 분리하고, 게이트 주변을 게이트 전극이 둘러싸고 있는 상태임
(3) DC/DC 컨버터나 DC/AC 인버터는 역전압서지가 필요하지 않아 턴오프 성능과 내압을 개선하기 위하여 에노드쪽의 에미터가 단락된 GTO가 적정하게 됨
(4) GTO 사이리스터를 고전압 대전류에서 사용하기 위해서는 GTO 사이리스터와 절연된 게이트가 필요함

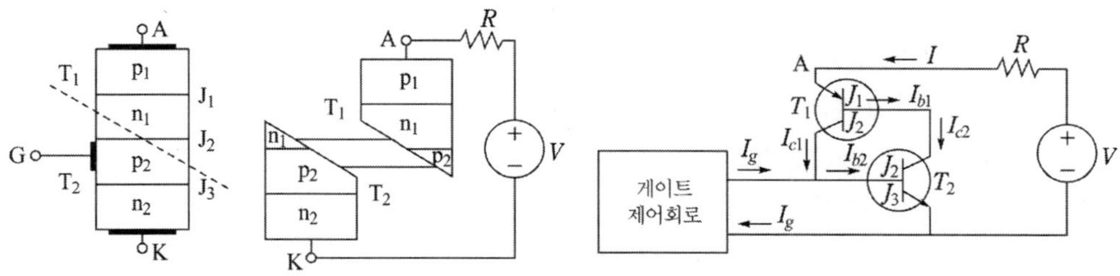

그림 15.4.18 SCR 구조 및 제어회로

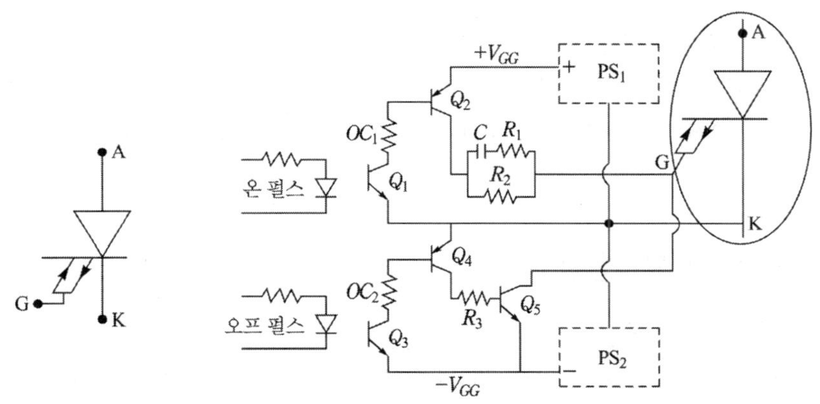

그림 15.4.19 GTO 구조 및 제어회로

나. 동작원리

(1) GTO는 역저지 3단자 사이리스터의 일종으로 부(−)게이트 신호로 ON상태에서 OFF상태로 턴−오프 시키는 자기소호 기능이 있으며, 두개의 트랜지스터로 해석할 수 있음

(2) Gate Turn−ON 동작 (SCR 턴−온 제어회로에서 정리)

① 에노드에 정(+), 캐소드에 부(−) 전압을 인가하고, 사이리스터가 인가전압을 J_2 접합부에서 저지하고 있는 상태일 때, 캐소드에 대하여 게이트를 정(+) 되도록 순바이어스 전압을 인가하면 NPN(T_2)의 베이스 전류를 공급한 상태로 되어 컬렉터 전류 I_{C2}가 흐르고, I_{C2}는 T_1의 베이스 전류 I_{b1}가 되어 T_1과 T_2를 구동하게 됨

② PNP 컬렉터 전류(I_{C1})은 NPN 베이스 전류(I_{b2})를 증가시키는 등 전류 증폭($\alpha_{npn,}$ α_{pnp})이 발생되고, 사이리스터가 턴−온되면 두 개의 트랜지스터는 베이스 전류를 서로 공급하기 때문에 외부 게이트 전류가 없어도 턴−온 상태를 유지하게 됨

③ 이때, 게이트 외부회로에서 턴-온 스위칭을 수행하는데 필요한 최소 공급 전류값을 래칭전류라고 하며, 턴-온상태를 유지하는데 필요한 최소전류를 유지전류라고 함

(3) Gate Turn-off 동작

① 사이리스터를 ON 상태에서 OFF 상태로 되는 것은 사이리스터 유지전류 이하 { $(\alpha_{pnp} + \alpha_{npn}) < 1$ } 가 되도록 하거나, GTO 에노드-캐소드간에 역방향 게이트 전류펄스(역바이어스 전압)를 인가해서 게이트 턴-오프를 구현할 수 있음

② ON 상태의 GTO는 캐소드에 대하여 부(-)가 되도록 역 바이어스 전압을 인가하면 P_1영역에서 P_2영역으로 이동한 정공의 일부가 게이트로 빠져나와 두 트랜지스터 베이스 전류가 상대적으로 감소하여 턴-온 유지전류가 레벨 이하로 떨어짐으로써 turn-off 상태로 이행되는 현상을 “Gate Turn-off"라고 함

3. GTO의 특성 및 장·단점

가. GTO Thyristor 특성

(1) Drive 회로 ON/OFF 제어신호에 의해 자기도통 기능과 자기차단 기능 등의 자기보호 기능을 가지나, 게이트 전류 의존성이 있음

(2) GTO 게이트 전류가 크면 Turn-ON 및 Delay 시간 단축이 되나 전류가 작으면 Turn-ON 시간이 길어 국부적 전류집중과 잔류전류에 의한 손실이 우려되어 전류상승 시간은 1[μs] 이하가 바람직함

나. 장점

(1) 전압 내량 및 전류 내량이 크다

(2) 대용량 소자개발로 사용실적 및 응용기술이 다양하다

(3) VVVF와 같은 대용량 변환장치에 사용이 용이하다

다. 단점

(1) 스위칭 주파수가 적어 출력 파형이 고르지 못함

(2) 스너버(Snubber) 회로가 필요 : 서지전압, dv/dt 억제로 GTO 보호

(3) Drive 회로가 복잡하고 전력손실이 많음

(4) 전류 구동회로이므로 Gate 회로가 큼

4. 전력변환용 IGBT 소자(참고)

가. 최근 전력전자 기술 발전에 따라 전동기 전력변환장치에 GTO와 함께 IGBT (Insulater Gate Bipolar Transister) 소자가 널리 사용됨

나. IGBT 구성

(1) IGBT는 Bipolar Transister의 ON 상태 저전압 특성과 MOSFET 의 고속스위칭 특성을 결합시킨 소자로 구성되어 주전류가 흐르는 부분은 Transister 구조이고, Gate 부분은 MOSFET 구조로 되어있음

(2) 접합구조 및 회로기호

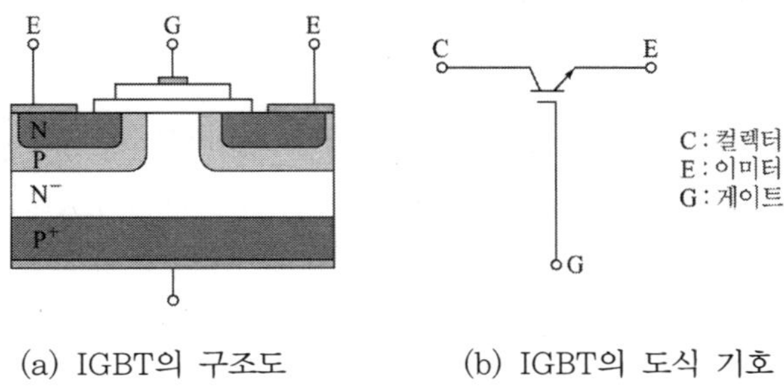

(a) IGBT의 구조도　　　(b) IGBT의 도식 기호

그림 15.4.20 IGBT 구조 및 도식기호

다. IGBT의 특징(GTO와 비교)

(1) Gate가 전류로 구동되는 GTO와는 다르게 전압으로 구동하므로 Gate Drive 회로가 간단하고 동작이 정밀 함

(2) Gate가 전압으로 구동되므로 스위칭 속도가 고속으로 동작하고 출력파형이 깨끗하여 변압기, 전동기에서 소음과 발열이 감소함

(3) 스위칭 속도가 빠르고 파형이 깨끗하여 변압기, 전동기 등에서 소음과 발열이 감소함

(4) 스위칭 속도가 빨라 소자회로에 스너버(snubber) 회로가 불필요하거나 간단함

(5) 전압 구동형 소자로 정전기에 약해 소자의 용량이 작음

① VVVF 용 GTO 용량 : 4,500[V], 3,000[A] 정도

② VVVF 용 IGBT 용량 : 3,300[V], 1,200[A] 정도

15.4.10 전력용 반도체의 냉각기술

1. 개요.

전력용 반도체의 온(on)상태와 스위칭 손실로 인하여 반도체 소자내 열이 발생하면 효율이 저하 되므로 발생하는 열은 소자로부터 냉각매체로 전달되어 특정범위의 접합온도에서 유지되도록 하여야 함

2. 열저항 특성 및 유의사항

알루미늄 방열판이 상업적으로 광범위하게 이용되며, 열전달 능력을 향상시키기 위해 냉각판을 사용함

가. 강제 냉각방식에서 열 저항은 공기의 속도에 따라 감소함
나. 소자와 접속하는 방열판 사이의 열 저항을 최소화 하여야 함 : 실리콘 그리스는 열전달력을 향상시키고 산화막 및 부식의 형성을 최소화 하는데 사용됨
다. 소자는 방열판과 접촉 표면에 적절한 압력이 유지되도록 부착하여야 한다.

3. 반도체 소자 냉각방식 종류

가. 냉매비등 냉각방식

(1) GTO, Pres Pack Type IGBT 전력변환소자를 이용한 STACK으로 구성된 인버터에 주로 사용되며, 소자조립체에 냉각용 히트파이프와 연결된 구조로 히트파이프에 다량의 냉각판을 설치하여 운행하는 주행바람에 의하여 냉각되며 프레온 냉매의 대류현상을 이용하여 냉각효과를 높이는 구조임
(2) 국내 도시철도차량 1세대 VVVF 차량 중 1, 4, 7호선과 경부, 안산, 중앙선 등 통근형 전동차에 적용되었음 : 기밀계가 일체화 되어 1개소 고장으로 시스템 전체에 영향을 줄 우려가 있음

나. Heat pipe 자연냉각방식

(1) 열전도 능력이 크고 경량 소형으로 신뢰성이 높아 국내의 대부분 VVVF Inverter 및 KTX 산천 등에 자연냉각 방식과 병행하여 사용되며, 비등 냉각방식과 같은 구조로 냉매대신 물을 사용하거나 핀 프레스 형식과 버징타입의 방열판 구조를 만들고 자연통풍에 의한 냉각방식임
(2) 주로 적용되는 설비는 전력 전자분야의 인버터(Inverter) 또는 UPS 전력소자 냉각, 철도 차량용 인버터 제어장치의 GTO 사이리스터 냉각, 전철변전소 또는 마이크로 전자분야의 PC 또는 고속 MPU 냉각 등에 사용됨

다. 강제풍냉식

소자와 연결된 방열판을 송풍장치의 풍도를 설치하고 차량의 보조전원을 이용하여 송풍기를 구동 강제로 냉각하는 방식으로 도시철도 5호선 차량의 통합 인버터에 사용

라. 침적비등 냉각방식

고속철도 KTX 차량에 적용된 냉각방식으로 R-22 등의 냉매액이 장치열을 흡수하면 기화되고 기화된 가스는 압축하면 다시 액화되면서 대류 순환하여 발생열을 대기로 방출 시키는 방식으로 초기 Chopper 제어장치의 냉각방식으로 실용화되어 사용되었으며, 지금도 여러 방면에서 다양하게 사용됨

마. 자연냉각 방식

소자와 방열판사이 열전달 능력향상을 위하여 알루미늄 방열판을 이용하여 여러 형태로 제작 부착하여 공기의 자연냉각을 이용함

15.4.11 전기차량의 필터리액터와 필터콘덴서의 역할

1. 개요

가. 전기차는 집전장치를 통하여 외부로부터 전기차 내부로 전력을 공급 받아 전력변환장치를 이용하여 전기차에서 요구하는 다양한 형태의 전압으로 변환하여 운영하게 됨

나. 전력변환장치는 크게 직류전원을 교류전원으로 변환하는 인버터와 교류전원을 직류전원으로 바꾸는 컨버터 시스템으로 구성되어 기동용 주전동기 또는 보조전원의 다양한 제어방식으로 사용되고 있음

2. 필터리액터와 필터콘덴서의 역할

가. 초퍼제어에 의한 전압전류의 파형의 문제

(1) 그림 15.4.21과 같이 DC 용 견인전동기를 DC/DC 컨버터 역할을 수행하기 위해서는 직류전원을 끊을 수 있는 사이리스터 반도체 소자를 이용한 초퍼제어를 이용하였음

(2) 초퍼제어에서 사이리스터가 통전을 취할 때 초퍼내 전류는 선로전압과 전동기의 역기전력의 차에 비례하여 증가하고, 평활 리액턴스 값에 반비례하여 증가하여 전원으로부터 유입되는 전압 전류파형이 왜곡되어 발생하는 고조파 성분에 의하여 유도장해와 신호전류 방해 등을 야기시킴

나. 필터리액터와 필터콘덴서의 역할

(1) 초퍼제어에 의한 유입전류의 왜곡현상을 방지하기 위하여 초퍼제어의 입구에 필터리액터와 필터 콘덴서를 조합한 필터(입구필터)를 설치하였음

(2) 필터리액터는 교류회로에서 큰 유도 리액턴스에 의한 무효전력을 흡수하기 위해 사용하거나, 교류와 직류가 겹쳐진 회로에서 주회로의 고조파 성분 및 전차선의 이상충격 전압 등을 흡수할 수 있도록 주변환기의 입구에 설치하여 이상전압이 인가되지 않도록 하여야 함

(3) 필터 콘덴서는 교류가 필터콘덴서를 어려움 없이 통과하는 원리를 이용하여 필터리액터와 함께 전류파형의 왜곡현상을 최소화하고, 주전동기에 입력전류의 연속성을 보장하기 위하여 평활 리액터와 환류 다이오드를 구성하는 것으로 동작원리는 컨버터 원리와 같음

(4) 입력 필터회로에서 유의할 사항은 회로의 공진주파수 $f_0 = 1/(2\pi\sqrt{LC})$는 초퍼필터의 주파수와 공진하지 않도록 필터리액터와 필터콘덴서의 결정에 주의를 요함 : 입구필터 공진주파수는 초퍼필터 주파수보다 낮아야 함

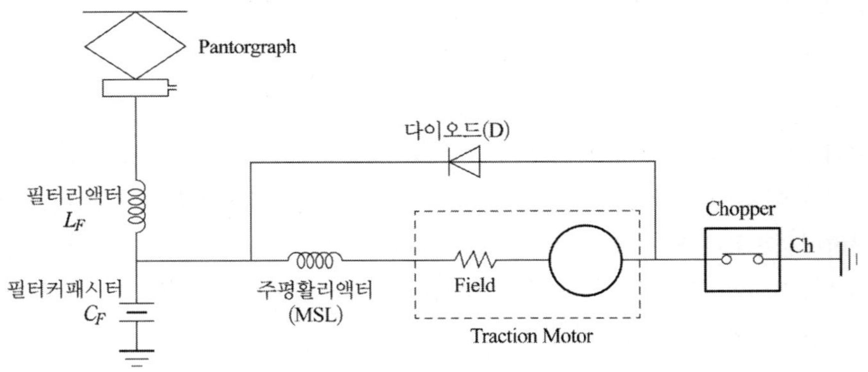

그림 15.4.21 직류전기차 L_F, C_F 회로구성도

15.4.12 전기철도 분야에 사용하는 전력용 반도체 종류 및 용도

1. 전기철도의 반도체 응용 및 목적

가. 전력용 반도체 소자는 초창기 정류기능을 갖는 다이오드에서 전류 및 전압을 제어할 수 있는 사이리스터, 전류를 차단 및 단속할 수 있는 GTO, 전류를 제어할 수 있는 스위칭 주파수가 높은 IGBT 등으로 발전하여 왔으며,

나. 전기철도에서는 전철변전소 등의 전력변환 장치, 전기차량의 주전동기 제어 및 유도 전동기 등과 조합한 인버터와 보조전원 장치 등에 널리 사용되고, 전기차량의 고속화, 전력공급 설비의 전력변환 및 전력품질 향상, 전기회로의 개폐장치 등 전기철도에 대한 응용을 확대 시키고 급속한 발전이 예상됨

다. 전력용 반도체를 채택하는 목적은 종래에는 전력변환 및 제어, 전기차 및 주회로 제어 등에 각종 릴레이(계전기)를 사용하여 공간확보 및 기기의 신뢰성이 저하되었으나, 전력전자 기술의 발전으로 에너지 절감, 다양한 전력변환 및 제어의 실현, 전력기기의 신뢰성 확보 및 자동화를 위하여 반도체 소자의 사용 및 적용이 대폭적으로 확대되고 있음

2. 전철용 급전시스템의 반도체 적용 기술

가. 직류급전 시스템의 적용

(1) 직류급전시스템은 교류를 직류로 변환하는 장치로 당초에는 수은정류기 등이 사용되었으나 1960년대부터 실리콘정류기 사용되었고, 사이리스터 소자 개발로 전력의 개폐, 회생용 인버터에 의한 회생차 대책 및 무효전력 보상 장치에 의한 전압강하 대책 기술 등으로 폭넓게 사용되고 있음

(2) 최근에는 전력용 반도체 소자의 대용량, 고전압화가 이루어져 표 15.4.3과 같이 전력변환장치, 차단기, 회생대책용 기기, 전력의 저장과 방출기기 등에 적용되고 전압동요나 고조파 전류에 의한 장애 등을 방지하기 위한 개발 및 실용화가 꾸준히 진행되고 있음

표 15.4.3 직류급전시스템에 적용된 전력전자 기술

사용목적		기기명칭	실용화시기
전력변환장치	정류작용	실리콘정류기	1960년대 초
	전압강하대책	무효전력보상장치(SVC)	1970년대 초
	정전압대책	사이리스터정류기	1980년대 초
고속도차단기		GTO 차단기	1980년대 말
		고속도 진공차단기	1990년대 초
회생대책		사이리스터 인버터	1970년대 말
		사이리스터 초퍼저항기	1980년대 초
전력 저장/방출		플라이휠 포스트	1980년대 말

나. 교류급전 시스템의 적용

(1) 교류 급전시스템은 AT 급전방식의 도입과 함께 변압기 탭을 사이리스터 스위칭으

로 절환하는 급전 전압변동 보상장치가 실용화되었고, 3상전원의 전압변동 대책이나 급전회로의 전압강하 대책으로 무효전력 보상장치가 개발되어 교류 전기철도용으로 보급되어 기술발전에 크게 기여함

(2) 교류급전 방식은 교류전기를 바로 전기차에 공급하는 시스템 특성상 무효 전력보상장치, 전압변동 보상장치 및 개폐기 등을 들수 있으며, 교류 급전시스템에 적용하는 전력전자 기술은 표 15.4.4와 같음

표 15.4.4 교류급전시스템에 적용된 전력전자 기술

사용목적	기기명칭	실용화시기
무효전력보상	단상 무효전력 보상장치	1980년대 말
	변위상 스코트 무효전력 보상장치	1990년대 초
	삼상 불평형 전력보상장치	1990년대 초
	단상 불평형 급전 보상장치	1990년대 말
	급전측 전력용 보상장치	1990년대 초
전압강하 보상	선로용 가선전압 보상장치	1970년대 초
	변전소용 급전전압 보상장치	1970년대 초
	말단설치용 전압보상장치	1990년대 초
개폐기	아크 억제장치	1990년대 중
	레일절연 단락장치	1980년대 말
고조파 억제	고조파용 AC 필터	1990년대 초

3. 전기차량의 반도체 적용 기술

가. 전기차량에 대한 파워 일렉트로닉스 기술은 전차선에서 공급받은 전원을 교류에서 직류로 또는 직류에서 교류로 단상에서 3상 전원으로 변환하고, 주전동기 전압이나 주파수의 제어 회생브레이크의 전력변환 등 전기차량의 차량 구동 및 제어의 기능향상, 소형 경량화, 유지보수의 효율성을 주된 목적으로 사용하게 되었으며,

나. 초기의 다이오드는 교류차량의 정류장치로서 교류전기차의 일익을 담당하여 왔으나, 사이리스터의 출현에 의하여 정류장치는 전압제어 기능을 갖는 기기로 발전하여 회생전력도 가능하게 되었음

다. 직류 차량에서도 초퍼(chopper) 장치가 도입되어 주회로의 무접점화를 실현하고, 전력회생 브레이크를 적용하여 에너지 절약형 전기차를 개발하였으며,

라. GTO의 적용으로 전류차단 기능을 이용한 자려식 전력변환 장치를 사용함으로서 역률제어나 전력회생 브레이크를 자유롭게 응용할 수 있어 VVVF 인버터 등으로 가장 효율적인 3상 교류 유도전동기를 구동할 수 있게 되었음

마. 최근에는 스위칭 주파수가 높은 IGBT 소자를 적용하여 전기차의 고주파 유도장해 및 전력변환 소음도 획기적으로 저감하는데 널리 적용하고 있음

바. 따라서, 전기차 구동 및 제어를 위한 추진제어장치의 반도체 소자는 제어방식에 따라 다르며, 사용하는 반도체 소자는 초퍼제어 방식의 SCR (단방향, 양방향), 인버터 제어방식에서는 GTO, IGBT, IPM, IGCT 등을 사용하고 전압의 종류나 출력용량에 따라 선택하여 사용되며, 최근에 전동차에는 IGBT 및 IPM을 사용하고 고속철도 차량의 인버터에는 IGCT를 주로 사용함

표 15.4.5 전기철도 차량에 적용되는 전력전자 기술

적용분야	구분	사용기기
전력변환	정류	실리콘정류기(교류전기차)
	위상제어	사이리스터 정류기(교류전기차)
	PWM 제어	교류전기차 유도전동기
	역변환	VVVF 제어전기차(유도전동기) 전기차 보조전원(정지형 인버터) 회생 인버터 리니어 모터구동 부상용 장치 에너지 저장장치(ESS)
전력제어	전압제어 초퍼	직류전기차 회생전력 흡수장치
	역변환 개폐제어	무효전력 보상장치(GTO, 사이리스터) 교류전압 보상장치
	위상제어	무효전력 보상장치(사이리스터)
	PWM 제어	무효전력 보상장치(GTO, IGBT)

표 15.4.6 철도차량 구동 및 제어의 전력용 반도체 기술응용 변천

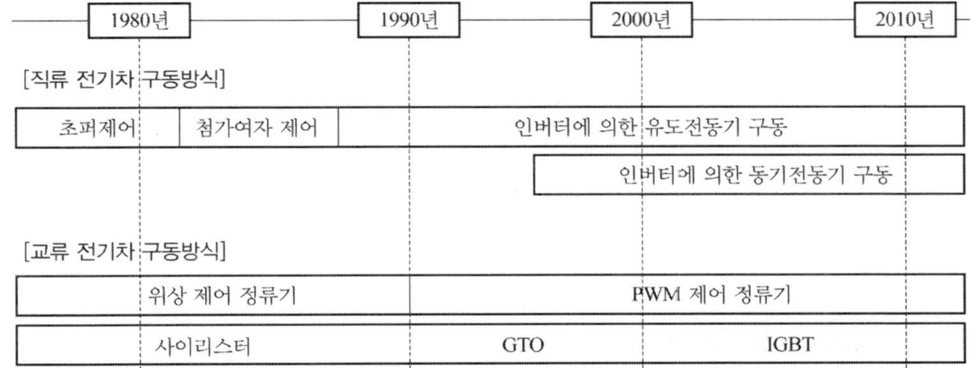

제 16 장 신교통 System

16.1 ∘ 경량 전기철도

16.1.1 경량 전기철도 종류 및 특징

1. 개요

가. 경량전철(LRT : Light Rail Transit)는 도시형 버스와 일반전철의 중간정도의 수송능력을 갖는 대중교통수단으로 경량전철의 차량을 LRV(Light Rail Vehicle)라고 함

나. 차량의 크기가 작고 노선 계획의 탄력성 등으로 기존 도시철도에 비하여 건설비가 저렴(약 2/3)하고, 완전자동화 및 무인화운영이 가능하며,

다. 구배가 큰 노선(100[‰])이나 곡선 반지름이 작은 노선($R=30$[m])의 격자형 도시구조에도 적합하여 많은 국가의 주요도시에서 운영되고 있음

2. 경량전철의 System 종류

가. 모노레일(Monorail) 경량전철

나. 고무차륜 AGT 경량전철

다. 철제차륜 AGT 연절형 경량전철

마. 노면전차(SLRT)

라. 리니어 모터(LIM : 선형전동기형) 경량전철

바. Maglev(도시형 자기 부상열차)

3. 경량 전철의 특징 및 효과

가. 현대인의 취향에 맞게 짧은 시간간격(1~2분)으로 배차가 가능하여 승객의 수송수요 변화에 적절한 대응이 가능함

나. 다양한 구동형태를 가질 수 있어 주변여건 및 환경에 적합한 최적의 교통수단의 구현이 가능하고 저공해성 교통 수단임

다. 노선의 탄력성으로 도심지하철, 버스, 공항, 위락지역 등 대단위 밀집지역과 순환 및

연계 교통수단으로서 기능을 효과적으로 수행 가능함

라. 일반적으로 노선연장 및 정거장 간격을 짧게 하고, 적은 면적의 차량기지가 가능하여 건설비 등 고정 시설비가 적게 소요됨

마. 단위 열차당 전력소모량이 작고, 완전 무인화시스템으로 운전 및 운영 경비 절감이 가능함

바. 운전 시격의 최소화, 신속성, 쾌적성이 우수하고, 접근성이 뛰어나 문전에서 문전(Door to Door)로 가장 가까운 서비스 제공이 가능함

사. 열차길이가 짧고 가감속 능력이 뛰어나 급곡선, 급구배 등에서 주행성능이 우수하여 격자형 도심에 적합한 교통수단으로 지하철에 비하여 정거장 간격의 축소가 가능하여 인접 주민에 대한 서비스 제공 범위가 넓음

아. 경량전철의 급전시스템은 일반적으로 제3궤조 방식을 채택하여 도심의 미관 및 친환경성을 추구함

자. 무인운전 시스템에 따라 시스템 간 철저한 인터페이스가 요구되고, 사고 및 화재시 승객의 안전을 위한 완벽한 무인 방재 시스템을 구축해야 함

4. 경량전철의 기능 및 노선형태

가. 경량전철의 기능

(1) 소규모 도시에서는 간선 교통축으로, 대도시에서는 지하철 등 중전철과 연계하는 보조 노선으로 대규모 택지와 전철 정거장 연계, 공항 내 셔틀용, 지하철 등 중전철 노선이 경유하지 않는 인구 밀접지역 간 등을 연결하는 기능을 갖고 연장이 5~20[km] 내외로 운영됨

(2) 유럽은 노면전차가 주를 이루어 도심 내 교통수요를 처리하고, 일본 등 도심이 밀집한 장소는 도시특성에 맞는 시스템을 채택하여 운영함

나. 경량전철의 노선 형태

(1) 단선 셔틀(Shuttle) 방식 : 단선궤도로 열차를 왕복 시키는 노선형태로 중간에 대기선(대피선)을 확보하여 양방향 운행이 가능하며, 시스템 측면에서 가장 단순하고 노선 연장이 짧은 지역에서 운영함

(2) 셔틀 루프방식 : 대규모 주택단지와 가까운 철도역 등 교통 요충지까지 연결하는 목적으로 주택 밀집지를 루프 형태로 연결시켜 단선으로 운영하는 방식으로 싱가폴 및 일본에서 사용하고 있음

(3) 루프(Loop) 방식 : 단순한 링모양의 노선으로 차량을 한쪽 방향으로만 운행 시켜 반복차량에 의한 열차시격 제한을 배제할 수 있는 방식이나, 노선길이가 길어지면 반대방향의 근거리 이용객에게 불편을 초래할 우려가 있으므로 복선화가 요구됨

(4) **복합 방식** : 지하철 등 중전철과 같은 일반적인 노선형태로 교통수요가 많은 장소는 운전 시격 단축 및 양방향 운행을 위해서는 복선 및 루프 노선을 복합적으로 설치하여 운영하는 방식임

16.1.2 모노레일(Monorail) 경량전철

1. 모노레일의 구조 및 편성

가. 기존의 철도에서 적용되는 2개의 철제레일 대신, 콘크리트 또는 철제빔 형태의 한 개의 안내궤도에 따라 지지되거나 매달려 운행되는 방식

나. 차량이 궤도위로 운행되는 과좌식(Straddle Type)과 궤도하부에 차량이 매달려 운행되는 현수식(Suspended Type)이 있음

(a) 과좌식

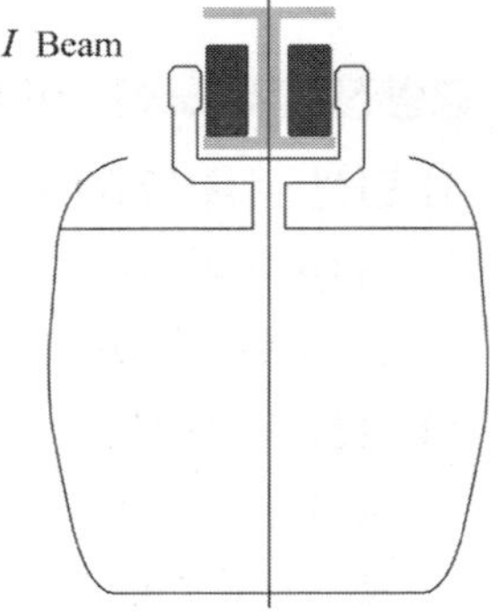

(b) 현수식

그림 16.1.1 모노레일 종류

다. 차륜 형태는 고무타이어 방식이 주류임

라. 편성 : 1편성 2~6량 고정편성(1량당 50~120명 수준)으로 단거리 운행이 많아 최고 속도가 약 50[km] 내외로 제한함

마. 급전시스템 : 사용전압은 보통 DC 750[V]~DC 1,500[V]이고, 제3궤조 방식을 적용함

2. 모노레일의 특징

가. 장점

(1) 모터 및 구동장치를 감싸는 구조로 소음이 적은 친환경 시스템임

(2) 구조물 폭원이 적어 도시 내 공간 점유가 적음

(3) 급구배 구간, 급곡선의 운전이 가능함

(4) 고무타이어 차륜 및 공기 스프링 대차로 승차감이 양호함

(5) 안전도가 높음

나. 단점

(1) 건널목 설치 및 대피선 설치가 곤란함

(2) 분기구조가 복잡하고, 비싸며 작동이 느림

(3) 화재 등 비상시 승객의 신속한 대피 및 보안대책이 곤란함

(4) 동력비 증가(철차륜에 비해 주행저항이 큼)

(5) 고무타이어로 급구배에서 동절기 및 강우시 점착성능 약화 우려

표 16.1.1 모노레일 형식별 비교

항 목	과 좌 형	현 수 형
곡 선 주행성	최소곡선 반경에 제약 많음 (차체바닥공간, 차량과 궤도관련, 승차감 등)	작은 곡선을 원활히 주행
기후영향	궤도 주행면이 노출되어 우기 및 동절기 기후영향 많음	궤도 주행면이 덮혀있어 기후영향 거의 없음 (강구조로 급격한 온도변화에 대한 고려가 필요)
도로교통 안전성	궤도상에 차량이 있기 때문에 도로상의 자동차 등의 한계는 없음	궤도에 주행차량이 현수되어 자동차 등의 높이 고려 필요
홈에서 추락방지	홈과 궤도 사이에 추락방지 시설 필요	홈과 바닥의 높이가 0.5[m] 정도로 안전함
시공성	RC 구조, PC 형이 주로 사용되어 구조물 건설시 하부 도로통행 지장 유발	궤도 및 지주 등의 강구조를 공정제작 설치로 도로통행 지장을 최소화 함
유 지 보수성	급전시스템 등이 육안점검 보수가 용이함	주행면 및 급전시스템이 강구조물 하부에 있어 점검 보수성이 낮음

다. 시공상 고려사항

(1) 상부 구조물이 직접 궤도가 되므로 정밀시공이 요구됨
(2) 일정한 주행로만 계속 차량이 운행되므로 주행면에 대해서는 특별처리가 전제되어야 함
(3) 빔의 전도 및 비틀림에 주의 하여야 함
(4) 원칙적으로 고가 구조가 적정함
(5) 거더가 중량물로서 운반, 가설에 충분한 검토가 필요함

16.1.3 고무차륜(고무타이어)형 AGT 경량전철

1. 고무차륜형 AGT 구조 및 편성

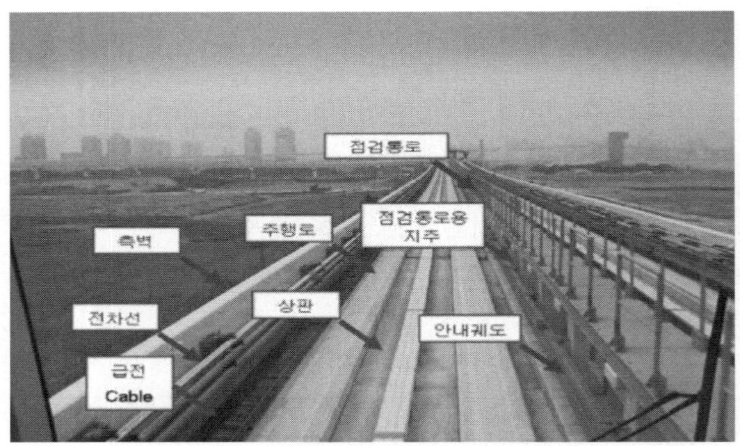

그림 16.1.2 K-AGT 방식 구조

가. 경량전철의 주행을 콘크리트 또는 특수철판 형태의 평면위를 일반 자동차와 유사한 고무바퀴(차륜)를 주행장치로 하고 궤도위 또는 도로면에서 급곡선 주행의 안전성을 확보하기 위하여 안내륜(AGT)를 설치하는 방식임

나. 자동안내 교통 시스템(AGT : Automated Guideway Transit)는 일반적으로 승무원 없이 독립된 자동안내 궤도를 따라 컴퓨터에 의해 무인으로 자동운전되는 교통시스템임

다. 차륜형태는 주로 고무타이어 방식으로 타이어에 바람이 빠질 경우를 대비하여 타이어 내부에 알루미늄 안전차륜이 내장되어 있고, 최근에는 철제차륜과 동시에 배치하거나 철제차륜 AGT 방식도 점차 보급되는 추세에 있음

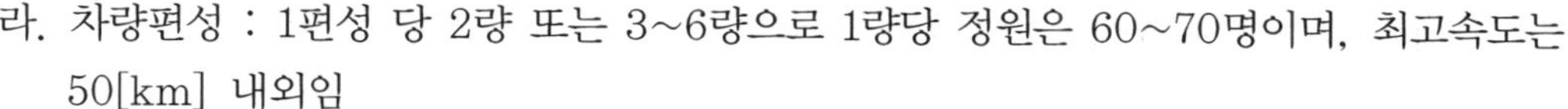

라. 차량편성 : 1편성 당 2량 또는 3~6량으로 1량당 정원은 60~70명이며, 최고속도는 50[km] 내외임

마. 급전시스템 : 사용전압은 보통 DC 750[V]를 사용하고, 집전방식은 제3궤조 방식을 적용함

2. 고무차륜 AGT 안내 방식

가. 중앙 안내방식

궤도중심에 설치된 안내용 H 빔과 차량중앙에 배치된 안내차륜에 의하여 안내하는 방식

나. 중앙측구 안내방식

주행로 구조물의 내측을 안내에 이용하는 방식으로 중앙안내방식과 유사함

다. 측방 안내방식

주행로의 측면에 안내레일을 설치하고, 차량의 외측에 부착된 안내 차륜에 의하여 안내하는 방식이며, 국내에서는 완전 무인운전 및 역무자동화 실현을 위하여 측방안내방식인 K-AGT를 개발하여 부산지하철 3호선(반송선)에 채택된 방식임

3. 고무차륜 AGT 방식의 장·단점

가. 장점

(1) 철제 차륜 AGT 에 비하여 주행면과의 점착력이 우수하여 가감속 성능이 뛰어나므로 정거장간 거리가 짧은 구간에 유리함

(2) 고무차륜으로 차량의 실내외 소음 저감 효과가 높음

(3) 정상 기후조건에서 정시성 확보에 유리

(4) 비상시 피난통로가 구조물에 설치 가능하므로 완전 무인운영 가능

나. 단점

(1) 주행륜과 별도로 안내분기륜 및 안내 분기레일 추가필요

(2) 차륜마모에 따른 분진대책이 필요

(3) 동절기 강설시는 차륜의 마찰력이 급격히 저하되므로 융설설비 등 적설 및 결빙대책이 필요

(3) 1축 대차를 사용하므로 축중으로 인한 차량크기에 제한되고, 급전시스템의 급전레일을 정(+)극과 부(-)극을 별도 설치 필요

4. 국내의 고무차륜형식 대차 AGT 방식의 주요사양(국토부 지정)

가. 차량편성 ➪ 동력차와 부수대차를 포함하여 1편성당 4량 또는 6량

나. 선로조건

(1) 궤간 : 1,740[mm]
(2) 최대구배 : 58[‰]
(3) 최소곡선반경 : 본선 60[m], 측선 40[m]

다. 급전시스템

(1) 사용전압 : DC 750[V](변동범위 DC 500~900[V])
(2) 급전방식 : 제3궤조 방식

라. 운전조건

(1) 최고 운행속도 : 70[km/h] 이상(성능 최고속도 80[km/h] 이상)
(2) 표정속도 : 30[km/h] 이상
(3) 속도제어 방식 : 회생 브레이크를 병용한 VVVF 인버터 제어에 의한 가・감속 제어 시행

16.1.4 철제차륜 AGT 경량전철

1. 개요

가. 철제 차륜형 경량전철은 노면전차의 가장 발달된 시스템으로 지하, 지상, 고가 노선이 혼재되어 있는 장소에 적합한 시스템으로 노면전차, 일반철제 차륜형, LIM 형 등으로 구분하며,

나. 철제차륜 AGT 방식은 기존의 철도기술 접목이 쉽다는 점과 별도의 운행 궤도를 부설하여 전자동 무인운전을 실현할 수 있는 특징이 있어 국내외적으로 사용되고 보편화된 시스템으로 기본적인 사항은 고무차륜 AGT와 유사함

다. 고무차륜에 비해 소음과 진동이 크고, 급구배에 대한 대응성이 낮아 도심지 보다는 대도시-위성도시간 연계형 또는 공항 및 항만의 접근형 노선에 적합함

2. 철제차륜 AGT 경량전철 구조 및 편성

가. 노면, 고가, 지하 등에 주행궤도를 설치하였으며, 주행장치는 차륜과 레일간 소음저감을 위해 고무패드 층이 내장된 철제 탄성차륜을 적용함

나. 차량간 연결부 하단에는 관절대차(Articulated Bogie)를 설치하여 작은곡선 반경의 선로에서도 유연하게 주행 할 수 있어 연절형이라고도 하며 AGT를 도입하여 무인 자동운전이 가능함

다. 차량편성 : 1편성 2량 또는 3량 고정편성(최대 4량 이하)이며, 차륜 형태는 소형철제 탄성차륜임

라. 급전시스템 : 보통 DC 750[V] 제 3궤도 방식 사용하고, LIM 방식에서는 궤도상에 설치한 리액션 플레이트에 의한 유도급전 비접촉 방식을 사용함

3. 철제차륜 AGT 의 특징

가. 장점

(1) 증결편성 운영이 가능하여 수송수요에 탄력적으로 대처 가능

(2) 승객하중 변동에 따른 주행안정성 용이

(3) 초기 전철비용 및 유지보수비 등 사업비 절감 효과가 있음

(4) 연접대차로 곡행주행 성능 우수

(5) AGT에 의한 전자동 무인운전 가능하여 운영경비 절감

나. 단점

(1) 고무차륜 AGT에 비해 차량의 실・내외 소음과 진동 대책 필요

(2) 급구배에 대한 대응성이 낮음

4. 국내의 철제차륜 형식 대차 AGT 방식의 주요사양(국토부 지정)

가. 차량편성 : 동력차와 부수대차를 포함하여 2량 1편성 고정편성(증결가능)

나. 선로조건

(1) 궤간 : 1,435[mm]

(2) 최대구배 : 48[‰]

(3) 최소곡선반경 : 본선 50[m], 측선 30[m]

다. 급전시스템

(1) 사용전압 : DC 750[V] (변동범위 DC 500~900[V])

(2) 급전방식 : 제3궤조 방식

라. 운전조건

(1) 최고 운행속도 : 70[km/h] 이상

(2) 표정속도 : 35[km/h] 이상
(3) 속도제어 방식 : 회생 브레이크를 병용한 VVVF 인버터 제어에 의한 가・감속 제어 시행

16.1.5 노면전차(SLRT)의 구조 및 특징

1. 노면전차의 정의

노면전차(SLRT : Street Light Rail Transit)는 도로면과 레일면을 동일하게 부설하고 자동차와 철도차량을 동시에 주행 시키는 철도를 말하며, 노면을 자동차와 공용함으로서 부분적으로 노면에 제3궤조를 설치하는 경우와 배터리를 탑재하여 단거리를 운행하는 경우 등이 있으나 원칙적으로는 가공 전차선로를 가선하여 급전하는 방식을 주로 사용함

2. 구조 및 편성

가. 차륜은 종래 고무타이어 방식이 주를 이루었으나 최근 개량형으로 철제차륜 방식이 있으며, 철제 차륜방식은 철제차륜 AGT 방식과 엄밀히 구분하기는 어렵지만 철제차륜 AGT 방식은 무인운전이 가능한 반면 철체차륜 SLRT는 유인운전 방식이라는 점으로 구분함
나. 노선연장 및 정거장간격이 짧아 최고속도가 40~60[km/h] 정도이며, 표정속도는 약 15[km/h] 내외로 운영하고 있음
다. 전압은 보통 DC 600[V]~750[V] 정도를 사용하며, 집전장치는 주로 가공 전차선로용 뷰겔을 사용하고 있으나, 도시 미관을 고려하여 배터리 탑제형 또는 제3궤조 방식을 사용하는 경우도 있음
라. 차량편성은 연접절 대차 등을 이용하여 1편성당 2~3량을 운영함
마. 제어를 위한 폐색장치로 차상제어 연산방식(Distance to Go) 또는 이동폐색방식을 적용하여 설비의 현대화가 가능해짐
바. 가감속 능력이 뛰어나며, 무인자동운전 시스템의 경우 사령실에서 직접 제어하므로 승객 수송수요변화에 신속하게 대응할 수 있음

3. 노면전차의 특징(장・단점)

가. 장점

(1) 급곡선, 급구배(기울기) 구간의 주행성

노면전차는 도로에 부설되어 도로망의 지배를 받으며, 최근에는 각 차륜에 견인전

동기를 부착한 특수대차가 개발되어 하여 점착계수가 높고 운행 특성이 좋아 자동차와 같이 급구배(약 70[‰]), 급곡선($R=30$[m])에서도 주행성능을 향상시킴

(2) 저공해성 및 친환경성

대기오염 및 소음이 작고 승차감이 양호함

(3) 저렴한 사업비로 경제성 증대

일반도로를 이용하여 역설비, 인프라 구조물, 신호시스템이 단순하여 건설비 절감이 가능하여 경제성이 높음

(4) 이용 편리성

현대인의 취향에 맞는 1분~2분 이내의 짧은 시격의 배차가 가능하며, Door to Door(문전에서 문전으로)로 가장 가까이 서비스 할 수 있는 교통수단으로 접근성 우수하고 노약자 및 장애인의 승・하차가 편리하게 이용할 수 있음

(5) 수송능력 및 효율성 증대

버스와 기존지하철의 중간정도의 수송용량을 갖고 있어 중소도시의 대중교통 효율성이 높음

다. 단점

(1) 낮은 표정속도 및 정시성 결여

도로여건에 따라 캔트 설정량의 제한, 교차로의 신호 체계, 자동차와 혼용에 따른 각종 제한, 짧은 정차장 등으로 표정속도가 낮고 정시성 확보가 어려움

(2) 유인운전 불가피

도로 위를 주행하는 특성상 도로신호, 동일한 장소를 운행하는 자동차, 횡단 보도 등 보행자 상황 등 다양한 상황을 육안으로 확인하여 운전해야 하므로 안전을 위하여 운전원의 탑승이 불가피함

(3) 생력화된 궤도 구조의 적용 필요

노면궤도는 유지보수가 불가능하므로 생력화가 전제되도록 궤도를 부설하고, 급곡선부는 주행성을 제고하기 위하여 횡방향 탄성이 풍부한 궤도를 적용하여야 함

(4) 고무차륜 대책 필요

고무차륜인 경우 주행저항이 높고, 우천 또는 눈이 올때 고무차륜 점착계수가 저하될 우려가 있으며, 고무차륜의 수명이 짧고(최대 10만[km] 정도) 마모에 의한 분진 등에 대하여 고려가 필요.

(5) 하중에 제한이 있어 이상시 수송력의 탄력성이 부족하고, 콘크리트 궤도에 Corrugation(주름, 골)이 발생했을 때 보수의 어려움이 있음

4. 최근 유럽에서 노면전차가 다시 재활용 운행되는 이유

가. 인구의 도시집중화, 생활수준의 향상에 따라 자동차증가와 함께 도로혼잡으로 교통의 주행속도는 점점 낮아지고 있으며, 특히 도심지에서 도로는 한정된 반면 늘어가는 교통인구는 심각한 교통문제를 야기하고 있으며,

나. 도로위주의 교통처리는 급격한 도시집중화에 의하여 주행속도의 현저한 감소, 자동차 배출가스에 의한 환경오염, 에너지 과다소모, 소음공해 및 교통사고에 의한 사회적비용의 증가 등 문제가 발생하게 됨

다. 지금까지 도시인구가 백만명 이상일 때는 중전철형의 도시철도 도입이 가장 효율적 교통처리방안으로 인식되었으나, 중전철형 지하철은 막대한 사업비 소요로 인한 재원조달의 어려움과 주요 수입원인 요금의 한계, 지방자치단체의 심각한 재정압박 문제를 가져오고 있음

라. 이러한 자동차 위주의 도로 교통문제에 대한 대책으로 무공해 대량 교통수송 체계의 도입 필요성이 높아져 최근 유럽을 중심으로 예전에 비하여 성능이 크게 향상되고 열차 좌우의 주변상황을 기관사가 감시할 수 있으며, 편리한 승하차가 가능한 초저상형 노면전차(SLRT)가 대중 교통수단으로 서서히 다시 등장하고 있음

마. 또한, 열차길이가 짧고, 노면을 이용하므로 초기 공사비를 절감할 수 있고, 자동운전에 의한 운영비 절감 및 도시내 교통 거점간을 짧은 시격으로 연계가 용이한 Door to Door 서비스를 요구하는 수송수요에 적절히 대응할 수 있는 시스템으로 재조명되어 각광 받음

16.1.6 전기차용 리니어모터(LIM : 선형전동기)의 원리 및 특징

1. 리니어 모터의 의미

가. 리니어 모터(Liner Motor)는 회전형 전동기의 고정자와 회전자를 축방향으로 잘라 수평으로 무한히 길게 편 것과 같은 구조로 전개하여 회전운동을 직진운동으로 전환시킨 전동기를 말함

나. 이론상 모든 전동기는 리니어 형태로 전개할 수 있으나 직류 전동기의 경우에는 구조상 정류가 곤란하여 무정류자형으로 하여야 하므로, 주로 유도 전동기식과 동기 전동기식을 리니어 모터(Liner Motor)로 사용함

2. 리니어 모터의 구조 및 원리

가. 리니어 모터의 구조

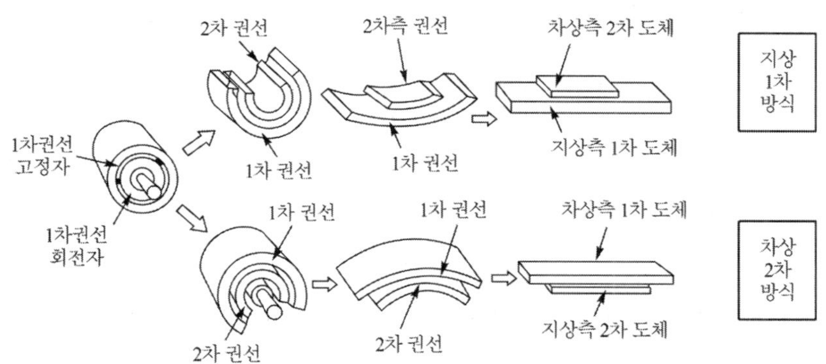

그림 16.1.3 회전형 전동기 전개도

나. 원리

(1) 지상 1차 방식 : MAGLEV(Magnetic Levitation System)와 HSST에 적용

① 교류전동기의 1차측(전류공급측)을 지상에 설치하여 고정자 축으로 하는 동기 전동기 방식으로 초전도 자기부상열차 등에 사용됨

② 차량에는 전력을 공급할 필요가 없으므로 고속운전에 적합하나 설비비가 높게 됨

③ 공간간격(공격)을 좌우 안내 코일로 유지함

(2) 차상 1차 방식

① 1차측 도체를 차량에 장착하고 2차측이 지상(Reaction Plate)에 고정되는 유도전동기식이 있음(리니어지하철에 사용)

② 팬터그래프 또는 제3궤조에 의해 차량에 전력을 공급할 필요가 있으며 통상의 속도에서 건설비가 싸다.

③ 고속철도에는 적합하지 않음(캐나다 뱅쿠버에 실용화)

④ 공간 간격(공격) 유지는 차륜에 의함

다. 종류

(1) 리니어 인덕션 모터(LIM : Linear Induction Motor)

① 선형 유도전동기형으로 모터를 절개하여 평판으로 전개한 형태임

② 회전력 대신에 수평이동력(직진)을 얻을 수 있음

(2) 리니어 싱크로나이즈 모터(LSM : Linear Synchronous Motor)

① 선형 동기전동기형으로 회전자에 상당하는 코일을 지상에 연속으로 배치한 형태 임

② 지상의 코일이 만드는 자계를 이동시키는 것에 의하여 차량이 추진력을 얻도록 각 코일에 교류 전류를 흐르게 하는 방식임

③ 지상 코일의 전류방향을 콘트롤하여 차량속도를 제어함

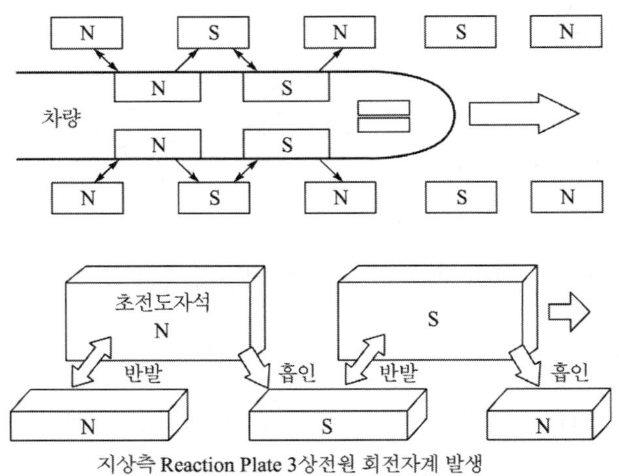

그림 16.1.4 선형전동기의 추진원리

3. 리니어 모터의 장단점

가. 장점

(1) 추진과 제동 시 점착력에 의존하지 않아 노면 설정이 자유로움

① 제동거리나 구배(60[‰] 이상도 가능)에 제약을 받지 않음

② 급곡선, 급구배에 설정이 가능함

③ 차륜 활주나 공전 등 문제 발생하지 않음

④ 기후영향에 의한 미끄럼 변화를 받지 않음(우천시 슬립 미발생)

(2) 차륜경을 작게할 수 있어 저상화가 가능

① 회전 모터에 비해 바닥아래 높이 축소 가능(110[cm] ➪ 75[cm])

② 건축한계 및 차량한계 축소로 터널 등 건설비 절감

③ 차륜경이 작을 경우 차륜마모 증대 : 삭정 및 공격조정 빈번(단점)

(3) 궤도 또는 타이어식 교통에 비해 에너지 손실과 소음발생 저하

(4) 직선구동력이 필요한 시스템에 매우 유리

(5) 직선 구동력을 직접 발생시키므로 기계적 변환장치가 단순함

나. 단점

(1) 차량측 1차방식은 차량측에 VVVF 인버터 또는 리니어 모터를 탑재하여 중량이 무겁고 차량이 고가
(2) 회전식에 비해 공극(공격) 유지가 어렵고 누설자속이 큼
(3) 전기에너지 변환효율이 떨어져 동일출력에 비해 큰 용량 인버터 필요
(4) 길이방향의 단부효과에 의해 누설자속, 에너지 왜형 및 손실을 유발하여 특성을 악화시킴
(5) 횡방향 모서리 효과에 의해 모서리 방향으로 에너지 누설이 발생하고 모터의 수직형, 추력 등의 손실과 분포를 왜형시켜 운전 특성을 나쁘게 하는 등의 영향이 있음

표 16.1.2 선형전동기와 회전형 전동기의 특성비교

구 분	탑재방식	장 점	단 점
1. 회전형 전동기	차량탑재	효율이 높다	차량 단면이 크다
		사용실적이 많다	보수 및 소음에 불리하다
2. 선형전동기 (리니어모터)	차량 1차	설치 공간 및 보수비 저렴	효율이 낮다
			누설자계가 크다
	지상 1차	차량구조간단	구동제어가 복잡
		비접촉 집전이 가능	지상건설비용이 고가

16.1.7 자기부상 열차의 종류 및 특징

1. 개요

가. 자기부상 열차를 일반적으로 MAGLEV(Magnetic Levitation)라고 하며, 열차시스템은 자석의 흡인력 또는 반발력을 이용하여, 트랙(궤도) 위를 부상한 상태에서 물리적 접촉 없이 주행하는 원리로 기존의 차륜식 주행 방법과는 근본적으로 다른 교통시스템임
나. 자기부상 열차의 기본적인 추진 원동력은 대부분 선형유도 전동기(LIM) 원리를 이용한 것으로 원통형의 전동기를 수평으로 전개한 형태의 구조를 가짐

2. 자기부상 열차의 종류

가. 추진 방식에 의한 분류

(1) 선형유도 방식(LIM) : 전원과 추진체의 비동기(유도전동기 원리)

(2) 선형동기 방식(LSM) : 전원과 추진체의 동기(동기전동기 원리)

나. 부상 방식에 의한 분류

(1) 초전도 반발식(EDS) : 초전도 자석의 반발력 이용
(2) 초전도 흡인식(EMS) : 초전도 자석의 흡인력 이용

다. 전원 공급 방식

(1) 지상 1차 방식 : 차량에 권선을 비치하여 전원인가
(2) 차상 1차 방식 : 궤도에 권선을 비치하여 전원인가

3. 자기 부상 열차의 특징

가. 장점

(1) 점착력을 이용하지 않으므로 대출력・초고속 사용이 가능함
(2) 기계적 접촉이 없어 차량과 지상설비의 고장마모가 작고 운전효율이 높음
(3) 공전현상이 일어나지 않으므로 차량의 경량화가 용이함
(4) 소음 발생이 작음
(5) 고체 접촉이 없어 마찰에너지 손실이 없음
(6) 궤도가 분포하중을 받게 되므로 건설비 절감이 가능함
(7) 선형 유도 전동기와 이의 제어기술 발달로 회생제동이 가능함

나. 단점

(1) 대량, 다중 시스템으로서의 운행경험이 부족함
(2) 분기기 설비가 복잡하여 운전 시격 단축이 곤란
(3) 고속 주행 시는 공력소음이 소음의 대부분을 차지하여 소음감소 효과 미비
(4) 초전도 반발방식의 경우 자장이 인체에 미치는 영향이 불명확함

표 16.1.3 각국의 자기부상열차

국가별	모델명	부상방법	용도
독일	M-Bahn	영구자석식, 지상 1차식	중저속 도시교통용
일본	HSST -100L	상전도 흡인식, 차상 1차식	중저속 대형 모델
	Linimo	상전도 흡인식	HSST 모델 응용 도시교통용
영국	BPM	상전도 흡인식, 차상 1차식	도시철도용 무인자동 운전
한국	UTM 실용모델 등	상전도 흡인식, 차상 1차식	공항, 경량전철형(개발시험운행 중)
중국	Transraid 08	상전도 흡인식 (독일 Transrapid 방식)	상해-푸동공항 33[km] 최고 431 [km/h]로 최초 초고속 상용화

16.1.8 자기부상 열차의 차량 부상방법 및 추진 원리

1. 개요

가. 자기부상 열차는 부상방식에 따라 초전도 반발식과 상전도 흡인식으로 구분하며, 초전도 자기부상 방식은 초전도체(*임계온도 이하에서 전기저항이 사라지는 초전도성물질) 전자석을 자기의 반발력으로 차량을 부상(공중에 띄움)시켜 리니어 모터로 추진하는 방식이며,

나. 상전도 자기부상 방법은 상온에서 전도가 이루어지는 도체에 의한 전자석으로 자기의 흡인력을 이용하여 차량을 부상시켜 선형전동기(리니어 모터)로 추진하는 방식을 말함

2. 상전도 흡인력 방식의 원리 및 추진(推進) 방식

가. 상전도 흡인력(EMS : Electro Magmetic Suspension) 방식의 원리

(1) 상온에서 자석이 철판에 흡인되는 원리를 응용하여 부상하는 것으로 이 자석이 보통의 전자석을 이용함

(2) 궤도의 하부에 흡착용 레일(철판)을 설치하고, 그 아래에 전자석을 설치하면 자석의 흡인력 때문에 부상하게 되나, 부상 높이가 매우 낮은 약 1[cm] 이내가 되고 있음

(3) 부상높이는 낮지만 속도에 무관한 부상력을 얻을 수 있어 별도의 지지 기구가 필요없음

(4) 초전도 반발식과는 달리 상전도 흡인식은 본질적으로 불안정하기 때문에 피드백(Feed Back) 제어를 이용하여 안정상태를 유지시켜야 함

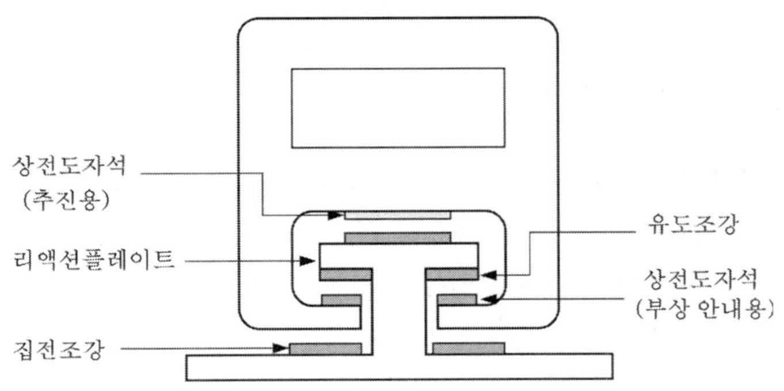

그림 16.1.5 상전도 흡인식

나. 추진방식

상전도 흡인력을 이용한 추진방식으로 일본의 HSST 방식과 독일의 Transrapid 방식이 실용화를 위해 개발・시험 중에 있음

(1) HSST 방식(High Speed Surface Transport)

차상 1차 리니어 유도전동기 방식으로 궤도측의 자석과 차량 탑재 자석의 작용에서 주행하는 힘은 초전도 방식과 같지만 차량에는 이동자계 발생장치가 있고, 1차 전원을 차량에 보내기 위한 송전설비와 궤도에서는 집전장치를 차량에 보낼 수 있도록 함(최고속도 200[km/h] 정도임)

(2) Transrapid 방식

① 독일에서 개발중인 Transrapid 방식은 일본의 HSST방식과 같고 궤도측의 자극변화에 따른 주행방식으로 선형 동기전동기(LSM) 방식임

② Transrapid에서는 철심의 장일차(長一次) 선형동기전동기(Long Stator Liner Synchronous Motor)가 사용되며, 고속용의 선형전동기 들은 여러 구간으로 구분(가속, 감속, 정속 주행구간)하여 차량이 주행하고 있는 구간에만 3상 가변주파 전원을 공급하고 그 외 구간에는 전원을 공급하지 않는 방식임(중국의 푸동공항의 자기부상 열차는 독일 지멘스 기술제휴로 최고 431[km/h]로 초고속 상용화에 성공하여 운영 중)

다. 상전도 방식의 장점(초전도 방식에 대한 비교)

(1) 투자비 및 운전비용의 저렴성 : 경제성이 우수함

(2) 에너지 소비의 현저한 감소 : 효율이 높아 에너지 비용절감

(3) 객실 내부의 자장세기가 낮음 : 인체 등 환경성 양호

(4) 고속 및 저속에서 동일하게 적용가능

(5) 이륙(부상)・착륙(착지)을 위한 바퀴가 불필요

(6) 초전도체와 같은 기술개발 노력 불필요

3. 초전도 반발식 원리 및 특징

가. 초전도 반발식(EDS : Electro Dynamic Suspension)의 부상원리

(1) 궤도 바닥에 설치된 부상용 코일의 위를 차량에 탑재된 전자석이 통과하면 전자유도 현상에 의해 궤도위의 코일에 동일한 극성이 만들어져 이것과 차량의 자석(초전도자석)이 상호 반발하여 부상력이 얻어짐

(2) 속도가 올라가면 전자유도가 강하게 되고 부상력이 증가되어 최대 10[cm]까지 부상이 가능함

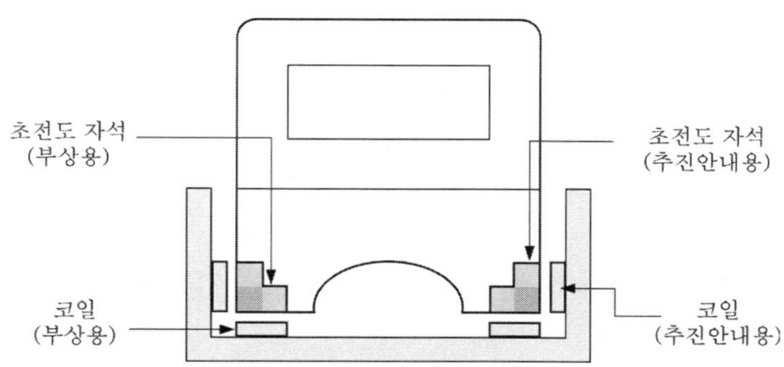

그림 16.1.5 초전도 반발식

나. 초전도 방식의 특징

(1) 부상높이가 10[cm]로 크기 때문에 궤도보수가 쉽고 운전 용이함

(2) 1차측 전원이 궤도에 있고, 차상전원은 미리 통전하여 영구자석이 유지된 상태로 진행하므로 부상차 궤도위 대용량 송전이 불필요함

(3) 가·감속 성능이 높고 구배에 강한 이점이 있음

(4) 초전도 자석을 이용한 자기부상, 선형전동기 추진 시스템을 공심(空心)의 구조로 초전도 자석이 넓은 공간에 크게 작용하는 것이 가능하기 때문에 효율이 좋고 큰 힘을 발생하는 것이 가능하여 좋은 특성을 얻을 수 있음

(5) 초전도 현상을 상시 유지하기 위해서는 매우 낮은 온도의 냉각장치 등 온도환경이 필요함

16.1.9 중전철과 경량전철의 특성 비교

1. 개요

가. 전기철도용 차량의 형태에 따라 경전철 및 중전철로 구분하고, 경량전철은 도시형 버스와 일반전철의 중간정도의 수송능력을 갖는 대중교통수단으로 축중이 13.5[ton] 이하의 차량을 말하며, 다양한 형태의 종류가 있으며, 경량전철 차량을 LRV(Light Rail Vehicle)이라고 부름

나. 중전철이라 함은 일반적인 전철을 말하며, 도심의 여객수송 목적인 전동차 및 여객과 화물을 중·장거리 노선에 대하여 중·고속으로 대량 수송할 수 있는 전기기관차를 총괄하여 구분하는 형태임

2. 경량전철의 도입 배경

가. 대도시에서 중전철 및 노면교통(자동차, 버스 등)으로는 교통 수요처리에 한계가 있어 대량 교통 수송체계 도입 필요성이 제기됨

나. 도시의 지형적 여건, 도로여건에 따라 다르나 도시 인구가 1백만이 넘으면 중전철이 효율적인 방안이지만 막대한 사업비 재원확보가 어렵고, 효율성 및 경제성 측면에서 문제가 발생할 우려가 많음 ➪ 의정부 경전철과 용인경전철 등에서 수요예측 오류 및 운영에 관한 문제로 논란.

다. 따라서, 도시미관, 교통수요 처리, 건설비 및 효율성을 고려하고, 무인운영 시스템을 도입하여 운영비를 절감할 수 있는 경량전철의 도입이 필요하게 됨

3. 중전철과 경량전철의 특성비교

표 16.1.4 중전철과 경량전철의 특성 비교

항목	중전철	경량전철
구동형태	대부분 철제 차륜형태(프랑스 일부 고무차륜)	노면전차, 고무차륜, 철제차륜, LIM 등 다양한 형태가 가능함
곡선 주행성	보통 2개 차축인 고정대차 방식으로 최소곡선반경은 약 200[m] 내외	Self Steering 대차 등을 채택하여 급곡선 주행성이 우수하고, 최소곡선 반경을 약 50[m] 내외로 가능
급구배 주행성	최급구배 35[‰] 이내	최급구배 약 50~60[‰]까지 가능
가감속 성능	전체 차량중 약 50[%]가 구동차축으로 경량전철에 비해 가감속 능력이 떨어져 역간거리를 800[m] 이상 유지가 필요	가감속 능력이 중전철애 비해 우수하므로 역간거리의 단축이 가능
분기기	최소번호 8# 이상(리드곡선 반경 165[m])	철제차륜의 경우 최소번호 4.5# (리드곡선반경 57[m] 등으로 차량기지 면적의 대폭 축소 가능)
운전방식	대부분 유인 운전(극소수 무인운전)	노면전차, 모노레일 : 유인운전, AGT, LIM 등은 무인운전
운전 시격	통상적인 회차 방식으로 운전 시격을 2분 이하로 유지 어려움.	열차길이가 짧고, 방향전환이 용이하여 운전 시격 1분 이하로 가능
수송량	pphpd 30,000~100,000	pphpd 5,000~30,000
운영비	유인운전 등으로 운영비 많음	무인운전 등으로 운영비 저렴
최고속도	80[km/h] 이상	80[km/h] 이하
건설비	토목공사비가 많고, 시스템 비용은 경량전철에 비해 저렴	토목 등 시설공사비는 저렴하고, 시스템 비용은 고가임
차량기지	열차장이 길고 차량수가 많아 대규모 부지가 필요	열차장이 짧고 차량수가 적어 소규모로 부지필요(지상 또는 지하)

※ pphpd : Passengers per Hour per Direction (시간당 편도 수송인원)

16.1.10 국내 경전철 현황과 특성

1. 국내 경전철 사업 추진

가. 대도시의 인구가 대폭 증가하면서 대중교통 수요에 대응하는 대량 교통체계가 필요하여 정부 및 지자체에서 중전철의 신선 건설 및 구간연장 요구가 급증하였으나, 1990년대 후반 IMF 사태로 중전철 건설의 재원확보 문제로 인하여 경전철이 대안으로 제시되고, 각 지자체를 중심으로 계획을 수립하여 활발히 추진되고 있음

나. 경전철의 정책적인 관심과 지자체의 추진이 진행됨에 따라 한국형 경전철의 개발과 규격이 필요하게 되어, 1999년부터 건설교통부의 R&D 사업으로 철도기술연구원이 주관하여 2005년까지 약 505억원을 정부예산을 투입하여 엔지니어링 기술, 차량시스템, 신호제어시스템, 전력공급시스템 개발과 선로구축물 및 하부 시스템을 통합하는 종합 시스템엔지니어링을 개발하여 한국형 경전철 모델인 K-AGT를 개발하게 됨

다. 그러나, 여러 집단의 이해관계가 겹쳐서 경전철 사업은 다소 지지부진하고, 정부 또는 지자체 재원이 부족하여 민자사업으로 추진된 사업의 경우 MRG 문제 등으로 개통이 늦어지거나 파산신청 등 갈등을 빚고 있는 노선이 있어 향후 중장기 사업추진에 어려움이 예상되고 있음

2. 운영중인 노선

가. 부산-김해 경전철 (영업거리 23.4[km], 2011년 9월 16일 개통)
나. 부산도시철도 4호선(영업거리12.7[km], 2011년 3월 30일 개통)
다. 대구도시철도 3호선(영업거리 23.95[km], 2015년 4월 23일 개통)
라. 인천공항 자기부상열차(영업거리 6.1[km], 2016년 2월 3일 개통)
마. 용인경전철(영업거리 18.494[km], 2013년 4월 26일 개통)
바. 의정부 경전철(영업거리 10.588[km], 2012년 7월 1일 개통)
사. 인천도시철도 2호선(2016년 7월 30일 개통)
아. 서울경전철 우이신설선(영업거리 11[km], 2017년 9월 2일 개통)

3. 건설 중인 노선 및 사업

가. 서울경전철 신림선(영업거리 7.8[km], 2015년 9월 7일 기공~2022년)
나. 김포도시철도(영업거리 23.63[km], 2014년 3월 26일 착공~2018년)
다. 부산도시철도 사상하단선 등(영업거리 6.9[km], 2016년 6월 15일 기공~2021년부터 단계별 개통 예정)

4. 계획중인 노선

가. 서울 경전철 ➪ 동북선 위례선, 면목선 등 총 7개 사업에 대하여 사업제안 및 타당성 조사 등으로 철제차륜 AGT 또는 고무차륜 AGT를 계획하고 있음

나. 부산 경전철 ➪ 양산선, 강서선등 10개 노선에 대한 사업계획을 계획하고 있음

다. 경기도 도시철도 ➪ 2016년 11월 경기도 도시철도망 구축계획에 통탄1호선을 포함하여 8개 노선에 대하여 노면전차 또는 고무차륜 AGT 방식을 계획하여 주진하고 있음

라. 광주도시철도 ➪ 광주도시철도 2호선을 계획하여 추진 중에 있음

마. 대전도시철도 ➪ 대전도시철도 2호선을 계획하여 추진 중에 있음

바. 대구도시철도 ➪ 대구도시철도 4호선 및 엑스포선을 계획하여 추진 중에 있음

표 16.1.5 운영중인 경전철의 특징

노선명	궤간[mm]	역수	급전방식	표정속도 [km/h]	차량형태
부산-김해 경전철	1,435(표준)	21	DC 750[V] 제3궤조	38	철제차륜 AGT 2량1편성
부산도시 철도 4호선	1,700 (콘크리트 광궤)	14	DC 750[V] 제3궤조	28.8	고무차륜 AGT 6량 1편성
대구도시 철도 3호선	850	30	DC 1,500[V]	28.6	모노레일 3량 1편성
인천공항 자기부상	1,850 (콘크리트 광궤)	6	DC 1,500[V]	29.4	자기부상 2량 1편성
용인경전철	1,435	15	DC 750[V] 제3궤도	36	철제차륜 AGT 리니어모터(LIM) 1편성 1량
의정부 경전철	1,620 (콘크리트 광궤)	15	DC 750[V] 제3궤조	32.5	고무차륜 AGT 2량 1편성
인천도시 철도 2호선	1,435		DC 750[V] 제3궤조	35.6	철제차륜 AGT 2량 1편성(현대로템)
서울경전철 우이신설선	1,435	13	DC 750[V] 제3궤조	33.8	철제차륜 AGT 2량1편성

표 16.1.6 건설 중인 경전철 특징

노선명	궤간[mm]	역수	급전방식	최고속도	차량형태 (2량 1편성)
서울경전철 신림선	1,700 (콘크리트 광궤)	11	DC 750[V] 제3궤조	70[km/h]	고무차륜 K-AGT (우진산전)
김포도시 철도	1,435	10	DC 750[V] 제3궤조	80[km/h]	철제차륜 AGT (현대로템)
부산 사상 하단선	1,700 (콘크리트 광궤)	7	DC 750[V] 제3궤조	70[km/h]	고무차륜 AGT

5. 도시철도법의 적용을 받지않는 운영 노선 등

궤도운송법의 규제를 받는 노선으로 철도안전법 비적용 대상으로 경전철의 공식 명칭을 사용할 수 없는 시스템의 운영 현황

가. 인천공항 셔틀 트레인 ➪ 공항 제1터미널에서 탑승동까지 약 900[m]를 3량 1편성으로 DC 750[V] 제3궤조 방식으로 고무차량 AGT(궤간 1,800[mm]) 운영.

나. 스카이 큐브 ➪ 순천만 4.64[km]를 DC 500[V] 제3궤조 방식으로 PRT 운영.

다. 고한읍 정성 모노레일, 부산 영주동 모노레일 등 ➪ 급경사 주거지 주민편의용

16.2 · 차세대 교통시스템

16.2.1 틸팅(振子式)열차 원리 및 향후전망

1. 개요

가. 틸팅열차(Tilting train)는 기존 철도 운행속도 향상 대책으로 선로 곡선부 주행 시 속도증가를 위하여 곡선로 안쪽으로 차체를 경사지게 제어하는 기술임
➪ 고속화 신선건설의 막대한 투자비 소요대안으로 기존선 개량

나. 틸팅차량에 대한 유럽국가의 노력은 수십년 동안 진행되어 스웨덴의 X2000, 스페인의 Talgo, 이태리의 ETR 등은 성공적으로 운행되어 많은 효과를 보았음

다. 국내에서도 국책사업의 하나로 한국형 틸팅열차(TTR) 개발에 박차를 가하여 현재 시운전 중에 있어 틸팅열차 실용화 운영이 멀지 않았음

2. 틸팅 차량의 기술

가. 기본 원리

(1) 그림 16.2.1과 같이 틸팅은 차량이 곡선부를 통화할 때 차체의 곡선부 주행 시 발생하는 원심가속도($a_{cen} = \dfrac{V^2}{R}$)의 횡방향성분 $a_{cen} \cdot \cos(\alpha+\gamma)$를 중력 가속도 횡방향 성분인 $g \cdot \sin(\alpha+\gamma)$으로 감쇄시켜 곡선부의 안쪽으로 기울게 하는 기술을 이용한 것임

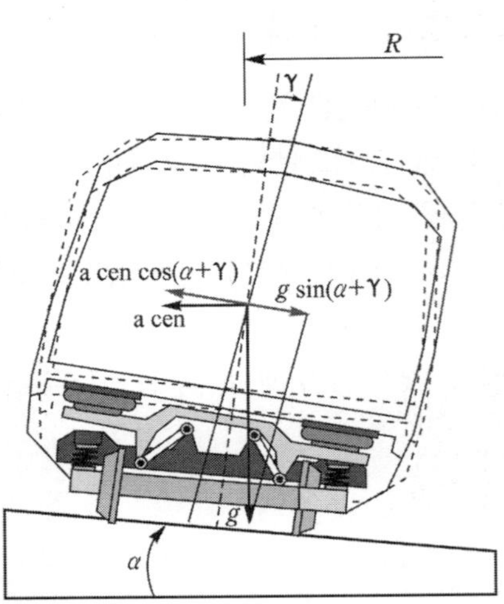

그림 16.2.1 틸팅차량의 횡가속도 저감의 원리

(2) 곡선부에서의 속도제한은 곡선로 궤도 여건이나 차량의 성능에 따른 제한보다는 승차감의 저하를 방지하기 위한 것으로 곡선부 주행 시 승객이 느끼는 횡가속도 일정값을 초과하지 않도록 제한하였음(국내 0.08g로 제한)

나. 틸팅방식의 적용 방법

(1) 자연경사 방식

차체에 로울러 장치를 설치하여 차량이 선로 곡선부를 주행할 때 발생하는 원심가속도에 의해 자연적으로 곡선부 안쪽으로 기울게 하는 방식으로 스페인 Talgo, 일본 381계 열차에 적용하고 있음

(2) 강제경사 방식

차량이 곡선부 통과 시 초과 원심 가속도와 레일의 안쪽과 바깥쪽의 높낮이를 검지하여 유압실린더, 전동기 등이 작동되어 강제적으로 곡선부 안쪽으로 기울게 하는 방식으로 스웨덴 X2000, 이태리 ETR, 독일 VT612 등의 열차에 적용하고 있음

다. 안전성 확보 기술요소

(1) 차량 전복에 대한 안전성 기술 고려사항

① 차량의 무게중심 높이를 최대한 낮추는 저중심화

② 틸팅 중심 높이와 차량 무게중심 높이차를 최소화하는 틸팅메커니즘

③ 틸팅시 발생하는 횡방향 편기량을 상쇄시키기 위한 제어 및 구동을 위한 메커니즘

(2) 탈선에 대한 안전성 기술 고려사항

곡선 추종성능을 대폭 향상시킬 수 있는 조향대차(Streering bogie 또는 radial bogie)형식 채택으로 안전성 확보 및 궤도와 차륜의 수명연장 효과

(3) 승차감 향상 기대

틸팅 알고리즘 및 차량 현수장치 특성치, 궤도의 품질 등으로 적정수준의 승차감 보장은 가능할 것으로 전망됨

3. 틸팅 차량의 필요성 및 효과

가. 틸팅차량의 필요성

(1) 고속 신선건설은 막대한 투자비 소요로 비경제적임으로 기존 시설물에 대한 최소한의 개량을 시행하여 기존선의 고속화 방안 모색이 필요

(2) 고속철도(KTX) 비 수혜지역의 기존선 고속화로 이용객 편의 제공 및 지역 간 균형적인 발전도모

(3) 한국의 철도환경은 지형상 산과 계곡으로 구배 및 곡선이 많으므로 곡선부 속도향상을 위해서는 틸팅차량의 도입이 불가피함

나. 틸팅차량도입 효과

(1) 기존선 속도향상 및 운행 시간 단축(약 8~15%)

(2) 신소재 경량 복합차체 기술개발로 차량운영 에너지절감(독일 약 8%)

(3) 곡선부 운행속도 향상 및 곡선부 승차감 향상

(4) 설계속도 200[km/h] (운영속도 180[km/h] 예상)로 기존 간선의 속도향상 및 고속화에 적절한 대응이 가능 : 투자비 최소화

(5) KTX와 효율적인 연계 교통망 구축으로 철도 경쟁력 강화

(6) 철도서비스 수준향상으로 수송량 증가 : 수입증가

4. 한국형 틸팅열차의 개발 전망

가. 한국형 틸팅 열차 특징

(1) 틸팅기술 외 신개념 하이브리드 차체 개발(40% 경량화)

(2) 열차 전두부 유선형 설계(환경친화적인 산천어 형상)

(3) 기존철도 운행속도를 140[km/h] ➪ 180[km/h]로 향상

나. 주요사양

(1) 운행최고속도 : 180[km/h], 열차편성은 6량 1편성(4M 2T)

(2) 차체 : 일체형 하이브리드(복합체+금속체) ➪ 세계최초

(3) 조향장치 : Damper less 방식 : 세계최초 무보수형 향상
(4) 차체틸팅기구 : 스윙링크 방식 : 독자개발로 강제경사 방식

다. 향후전망

(1) 국책사업으로 편성조립 및 시운전을 시행하고 노선분석 및 구체적인 투입효과 제시로 실용화가 가능해졌음
(2) 향후 중앙선, 충북선, 장항선, 전라선 등 KTX가 운행되지 않는 구간에 고속화 열차로 투입이 예상됨

16.2.2 바이모달 트램(Bi-modality Tram) 및 무가선 저상 트램

1. 바이모달 트램 및 무가선 저상 트램의 개념

가. 바이모달 트램(Bi-modality Tram)이란 유도 버스의 일종으로 철도의 정시성과 버스의 유연성을 조합한 신교통 시스템으로서 자기유도에 의한 자동 조향이 가능한 굴절버스 형태로 일반도로는 물론 전용궤도 모두를 운행이 가능한 일반적인 트램(Tram)과 같은 원리임

나. 저상 트램이란 자동차 도로위에 레일을 설치(도로와 평면으로 매립형 레일을 설치)하여 승하차가 버스와 같은 개념의 노면전차로 일반도로 또는 전용선을 구축하여 운행이 가능한 경량전철 시스템을 말함

다. 무가선 저상트램이란 고압 또는 저압의 전력공급장치(전차선, 제3궤조, 집전장치) 없는 구조로 운전 동력을 차체에 탑재한 배터리를 이용하고, 일반버스와 같이 별도의 역사 등 역무시설 없이 운영이 가능한 형태로 건설되어 건설비 및 운영비를 획기적으로 절감한 시스템임

그림 16.2.2 바이모달 트램

라. 국내에서는 2003년부터 한국철도기술연구원에서 산학연 공동으로 개발한 바이모달 트램은 고무바퀴 굴절버스로 디젤을 연료로 전기를 충전한 축전지를 이용하는 방식으로 개발이 완료되어 오송~세종시구간 등 일부 구간의 전용 도로에서 시범 운용되고 있으며, 환경 미래 교통수단으로 주목받고 있는 무가선 저상트램도 개발하여 시험 중에 있음

2. 바이모달 트램의 특징 및 효과

가. 도로의 유연성과 철도의 정시성을 모두 갖고 있으며, 2량 1편성으로 차륜 모두를 조향시켜 정거장 길이를 최소화 함

나. 수송능력은 버스와 경량전철의 중간규모(시간 방향당 2,000~5000명)정도로 30만~50만 정도의 도시 주요 간선이나 도시간 연계 교통수단으로 적합

다. 고가 구조물과 전력공급선 가선이 필요없는 도시미관을 개선한 친환경 교통시스템

라. 실내바닥 높이가 35[cm] 이하로 보도에서 직접 승하차가 가능하여 노약자 등 교통약자를 배려한 최적시스템으로 안전 확보

마. 일반도로를 주행할 수 있으므로 노선선정이 유연하며, 도로 버스정류장 등에서 최근접 환승이 가능

바. 건설비 및 에너지(30[%]) 등을 획기적으로 절약 가능

3. 바이모달 트램의 주요성능

가. 지하매설 전자기 안내방식에 의한 자동운전 및 정밀정차

나. 초저공해 자가동력 하이브리드 추진시스템 도입 (디젤연료로 전기발생)

다. 교통약자를 위한 초저상 차량으로 수평 승하차 가능

라. 경량화 및 도시미관을 위한 미려한 외관

마. 경전철 및 지하철에 비해 건설비 및 유지관리비 저렴

바. 초기에는 일반도로-수동운전으로 운영을 시작하고 단계적으로 예산 및 필요에 따라 전용궤도-자동운전으로 서비스 수준과 수송량을 향상시킬 계획임

4. 국내 개발중인 무가선 저상트램 특징

가. 차량구성

(1) 기본 : 5모듈 1편성(수요에 따라 변경가능)

(2) 차량길이 32[m] 및 설계최고속도 70[km/h]

(3) 제동방식 : 회생, 마찰제동

나. 차량의 동력시스템

(1) 배터리 용량 : DC 750[V] 리튬폴리머 이차전지 약 140[kWh] 이상

(2) 운행거리 : 1회 충전으로 약 25[km] 운행 가능토록 개발

(3) 충전방식 : 차량기지 또는 전용선이 있는 외곽지역에 충전설비 설치하거나 전기차 무선충전(OLEV)을 개발하여 사용예정

(4) 무가선 저상트램은 전기자동차와 같은 개념으로 차량에 DC 750[V] 리튬이온 배터리(2차 전지)를 탑재하여 주동력으로 사용하고, 제동 에너지를 100[%] 사용하여 기존 전철의 회생실효 문제를 해결하였음

다. 기술제휴

기술제휴는 필리어스 시스템(Phileas System)의 원천기술을 보유한 네덜란드 APTS (Advanced Public Transport Systems)와 라이센스 및 기술이전계약을 체결하여 개발함

그림 16.2.3 무가선 저상트램 외형도

5. 향후 기술전망

무가선 저상트램을 성공적인 정착을 위해서 아래와 같은 기술개발과 해결해야 할 과제를 안고 있음

가. 기존철도 시스템 기술과 에너지 공급장치를 결합하여 운영하는 첨단 기술

나. 트램용 저상대차 등 일부 요소 기술개발

다. 일반 자동차 도로와 연계된 신호체계 개발

라. 소형 고성능 냉난방 장치 개발

마. 고효율 에너지 제어장치 및 고성능 제동 시스템의 개발

바. 고성능 배터리 기술 및 BMS 등의 핵심 기술의 국내개발

16.2.3 초고속 자기부상 튜브열차(Vacuum Tube Train)

1. 개요

철도 속도향상에 대한 노력과 기술연구가 전세계적으로 지속적으로 추진되고 있으나 공기저항, 급전시스템, 승차감 확보 등 여러 가지 난제로 속도향상에 한계에 있어 이러한 문제를 해결할 수 있는 초고속 수송시스템의 하나로 공기저항과 궤도 접촉저항을 최소화하는 진공에 가까운 캡슐 모양의 튜브로 만든 궤도에 자기부상과 리니어 모터 원리를 이용한 추진력을 갖는 자기부상 튜브열차(캡슐열차)에 대한 다양한 연구와 개발이 진행되고 있음

2. 튜브트레인(Tube Train)의 개념 및 원리

가. 튜브 궤도안의 공기를 제거해 진공에 가까운 매우 낮은 압력을 만들어 공기저항을 최소화함으로써 초고속(약 1,000[km/h])으로 운행 가능하다고 봄

나. 튜브열차의 추진력은 "초전도 반발식" 또는 "상전도 흡인식"의 지상용 자기 부상열차 원리와 같은 리니어 모터를 이용한 자기력에 의해 가속력을 가짐

다. 미국에서 전기차를 생산하는 테슬라와 우주항공 업체인 스페이스X에서 개발하고 있는 하이퍼루프(Hyperloop)는 튜브외부의 태양열 에너지를 충전하여 전원을 공급하는 방식으로 승객이 앉는 캡슐을 포드(Pod)라 불리며 한 개당 6~14명의 승객이 탑승하도록 구상하고 있음

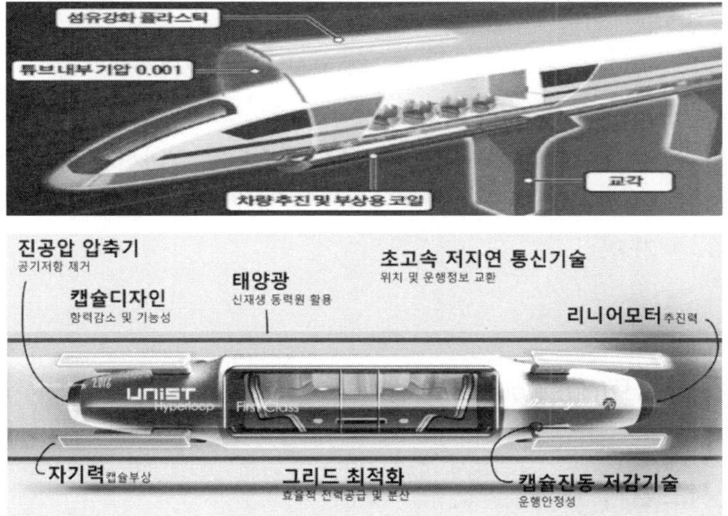

그림 16.2.5 튜브열차(Hyperloop) 개념도

3. 특징

가. 예상되는 장점

(1) 진공상태에서 자기부상 원리를 이용하여 소음이 거의 없음
(2) 진공상태에서 공기저항이 거의 없으므로 에너지 효율이 극대화 됨
(3) 기존 노선으로 튜브 궤도를 설치할 수 있어 환경훼손이 최소화됨
(4) 항공기에 비해 약 2배의 속도로 주행하게 되므로 비행기 운항 스케줄에 따른 대기, 탑승절차의 복잡, 기후의 영향, 이・착륙의 불안, 기착지의 연료주유 등의 문제를 해소할 수 있음

나. 예상되는 단점

(1) 초기 인프라 비용이 천문학적으로 국가단위 프로젝트로는 실현이 곤란하므로 대륙간 연합하여 공동투자를 이끌어야 가능성을 가질 수 있음
(2) 현재로서는 검증된 기술이 아니기 때문에 기술적 난점을 해결하기 전에는 대규모 투자 및 상용화가 어렵다는 평가가 있음

다. 해결해야 하는 기술적 과제

(1) 열차가 주행할 수 있는 튜브의 진공상태를 유지할 밀폐기술 및 진공펌프 기술로 진공 실링은 언제든 깨질 수 있으므로 열차의 운행에 지장을 주지 않으면서 각 폐색 구간별로 차단막 같은 장치에 대한 기술.
(2) 약 700km 이상 고속으로 달리므로 기존 고속열차에서 사용하는 집전방식을 사용할 수 없으므로 최소 수백 킬로와트 이상을 무선으로 송전할 수 있는 무선 송전방식에 대한 기술.
(3) 터널이 진공이라 하더라도 완벽한 진공상태를 유지할 수는 없기 때문에 터널 내 발생하는 충격파 문제를 해결할 기술.
(4) 승객들은 숨을 쉬어야 하므로 열차 내 이산화탄소 정화시설 및 산소공급장치 등의 설치가 필요하므로 기본적으로는 튜브트레인은 산소를 자체적으로 발생 가능할 수 있는 기술.

16.2.4 노-웨이트(No-Wait) 시스템

1. 노 웨이트 시스템의 개념

가. 노웨이트 시스템이란 인프라 효율의 극대화를 목표로 승강장 대기시간 없이 승객을 연속적으로 수송하도록 개발된 시스템으로, 스웨덴에서 개발하였으나 아직 실용화 되

지는 않음

나. 승객을 연속적으로 수송함으로써 승강장에서 승객이 기다리는 시간을 줄이고 모든 구축물을 연속적으로 이용하여 승객하중을 전 노선에 걸쳐 연속 분산시킴으로 해서 단위면적당의 하중 감소를 도모함

나. 차량중량을 가능한 경량화 함으로써 기본구조물의 건설비용 및 에너지 소비를 현저히 감소함

(a) 정거장 운행 개념도

(b) 역간 운행 개념도

그림 16.2.6 No-Wait 시스템 개념도

2. 노웨이트 시스템의 특징

가. 지상 구조물과 차량 자체 중량을 획기적으로 경감시킬 수 있음

나. 열차가 일정 속도로 연속 운행되므로 완벽한 무인운전이 가능하여 ATO, ATC 같은 신호장치가 필요 없음

다. 역과 역 사이를 저속(약 35~45[km/h])로 정속 운전하므로 소음이나 진동 등 환경문제가 없음

라. 연속 운전되므로 기다리는 기존 지하철의 배차 시간에 의한 대기 및 기다리는 시간 없이 승하차가 가능함

마. 정거장간 거리를 짧게 계획 할 수 있으며, 건설비 및 운영비의 대폭 감소가 가능함

바. 승강장에는 출입문밖 양쪽 발판이 일정속도로 움직이는 이동보도 역할을 하도록 설계되어 전 노선에 걸처 승객을 분산시켜 연속운행이 가능함

사. 정거장에서는 열차가 90도로 수평접힘을 통해 진행방향으로 차량길이를 줄여 승강장에서의 속도를 저속(약 3[km/h])로 감속시켜 승하장 하게 됨

아. 추진방법은 리니어 모터로 추진하는 경전철과 달리 리액션플레이트를 차상에 설치하고 LIM을 지상측에 설치하여 제어함

3. 시스템 적용에 대한 기술적 고려사항

가. 정거장에서 저속으로 운행하는 동안 승객의 승차 및 하차가 이루어져야 함
나. 시종점부는 회차 시스템이 불가능 하여 Loop 시스템이 적용되어야 함
다. 러시아워 및 비첨두시 모두 동일한 편성으로 24시간 고정 편성되어 운영 효율이 감소하게 됨
라. 정거장에서 차량이 90도로 회전하므로 상하선을 동일한 위치에 배치할 경우 정거장 폭을 크게 형성하여야 하고, 정거장 전후에는 중심선은 직선이어도 궤간폭이 넓어져야 하므로 반드시 S-곡선이 형성되게 됨
마. 정거장의 소요 폭원이 24[m]가 소요되어 상부가 8차선 이상 확보가 전제되어져야 함
다. 현재까지 실용화가 되지 못하였다는 문제점이 있어 향후 기술발전 여하에 따라 채택여부를 고려할 수 있음

16.2.5 차세대 철도차량의 컨셉(Concept) 및 디자인

1. 철도차량의 컨셉 및 디자인

가. 철도 디자인은 교통수송 환경을 시각적으로 표현함으로서 고객에게 고품격 서비스를 제공할 수 있는 방법으로 철도차량 및 역사는 물론 정보, 시스템을 포함한 총체적인 컨셉 형성으로 보아야 함
나. 철도차량의 컨셉은 안전성, 공기저항, 기밀성, 안정감과 신뢰감, 미적감각, 독창성, 유지보수성, 국가이미지의 전통표현 등을 고려하여 시대적 감성을 구체화하고, 실내 디자인은 사용자 위주로 고객의 요구에 충족할 수 있는 컨셉이 되어야 함

2. 철도차량 컨셉 및 디자인에 고려할 사항

가. 사용자 위주(고객만족성)

철도차량은 용도와 불특정 다수 고객의 특성을 고려하여 고객의 편의성과 쾌적성 등을 감안한 실내외 컨셉과 디자인이 필요

나. 미적감각을 살리는 공력의 고려

고속열차의 경우 공기저항과 차체 진동을 고려하여 유선형으로 좌우 대칭형이 고려되어야 하고, 저속차량에는 공기저항 등 공력을 무시하기도 하지만 진동 및 소음을 저감할 수 있는 방안이 필요.

다. 철도차량 소재의 특성을 고려

고속차량 일수록 차량의 경량화가 필요하고, 철도차량 제작 소재도 철금속 ⇨ 스테인레스 ⇨ 알루미늄 ⇨ 신소재 복합재료로 점차 기술이 발전되므로 차종에 따라 소재의 선택에 대한 고려가 필요함

라. 항상 최신 기술을 도입

철도차량은 도입후 20~30년간 장기간 사용이 불가피 하므로 차량과 각종 시스템의 완벽한 인터페이스 및 안전성, 보수성, 경제성, 에너지절감 등을 고려한 최신 기술을 적용이 필요함

마. 고품격의 디자인

철도차량은 그동안 공공성 및 대량수송 등에만 치중한 나머지 세심힌 미적 디자인 등은 소홀히 했으나, 최근에는 타교통과의 경쟁이 치열해 짐에 따라 운영회사의 키워드를 살릴 수 있는 디자인과 승객이 요구하는 공간의 질 향상을 위해 실내 디자인은 쾌적하고, 편안하고, 품위 있는 고품격의 미래 지향적인 차량 컨셉과 디자인이 요구됨

3. 차세대 전동차에 요구되는 조건 및 컨셉의 개발

가. 21세기 차세대 전동차에 요구되는 조건

(1) 운영비용을 획기적으로 저감할 수 있는 Cost 저감 기술

(2) 수송의 안전성 향상기술.

(3) 고품격 승객 서비스 향상 기술

(4) 에너지 절감 기술 등 다양한 요구를 충족해야 함

나. 차세대 전동차의 주요 컨셉 6가지 고려사항

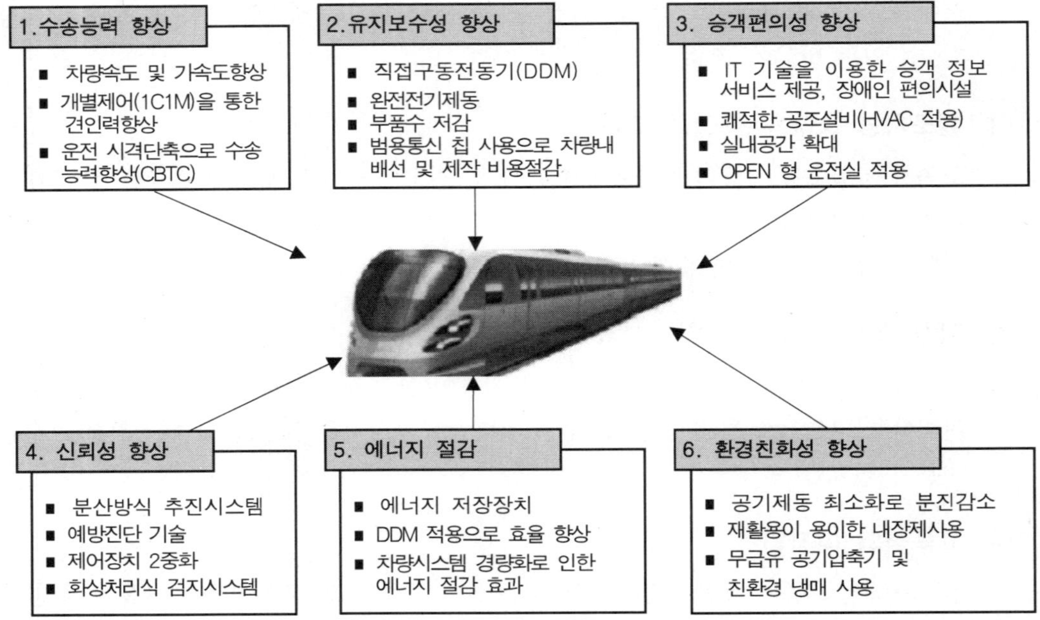

다. 요구조건 충족을 위한 차세대 전동차 컨셉

(1) 수송능력 향상을 위한 차상신호 제어방식 적용 및 가속도 향상

(2) 유지보수 비용 절감 및 보수주기의 3배 향상

(3) 승객 편의성 향상을 위한 소음 저감 및 실내공간 확충과 공기질 향상

(4) 신뢰성 향상을 위해 분산제어 방식 2중화 추진

(5) 에너지절감을 위하여 영구자석형 직접구동 전동기를 적용하여 에너지 이용효율 향상

(6) 친환경 시스템 구현을 위한 완전 전기제동 채택으로 디스크 마모에 의한 환경 분진의 최소화

(7) 최근 Barrier Free 및 Ecology 에 대한 배려의 필수과제를 충족

표 16.2.1 차세대 전동차와 기존 전동차의 차별성(철기연 자료)

목표	검토과제	차세대전동차	기존전동차
수송능력 향상(10%)	제어방식	1C1M(개별벡터제어)	1C4M(집중제어)
	대차	DDM 용 조향대차	볼스타레스 대차
	운전 시격	CBTC 적용이동폐색	고정폐색
보수성향상 (20%)	제동방식	T-Car 전기제동	공기-전기제동(소음, 진동)
	견인전동기	DDM(9년)	유도전동기(3년)
승객서비스 향상(30%)	IT 서비스	제공	미제공
	장애우시설	휠체어스로프, 시각장애안내	미제공
	운전실	Open 형 운전실,	밀폐형 운전실
차량신뢰성 향상(20%)	예방진단	추진장치 등 고장예측 기능	자기현시 기능
	운행기록 백업기능	TCMS에 의한 운행기록 백업장치 적용	미적용
에너지절감 (20%)	에너지저장 시스템	에너지저장장치 적용으로 전력사용량 절감	미적용
	차량경량화	경량 Al, 기어박스 제거	기어박스 효율 저하
	에너지효율	DDM 적용	유도전동기 효율저하
환경친화성 향상(10%)	완전 전기 제동 적용	공기제동(T-Car) 최소화로 분진최소화	공기제동 시 분진 다량
	차체 및 차량내정제	재활용 및 친환경 소재 적용으로 발암물질 Zero	미적용

16.3 신교통 시스템 급전방식

16.3.1 제3궤조 급전방식의 가선방식 종류 및 종류별 특징

1. 개요

가. 경량 전기철도의 제3궤조(Third rail) 방식은 주행궤도를 따라서 궤도면 또는 차량 측방에 차량 방향에 따라 2개의 주행궤도 이외의 별도의 세 번째 급전용 궤도를 사용한다는 의미로 제3궤조 방식이라고 하며, 급전용 궤도에 차량에 부착된 집전슈(금속 집전장치)를 접촉하여 급전하는 방식임

나. 제3궤조 방식은 외부 환경과 차단되어 있는 도시 철도에서 많이 사용하고, 대부분 직류를 공급하는 방식으로 급전용 궤도와 열차가 접촉하여 집전하는 방법은 초기에는 급전궤도 위쪽을 집전슈가 접촉(상부접촉식)하는 방식이었으나, 최근에는 옆쪽이나 아래쪽으로 접촉하고 급전 궤도의 위쪽은 절연체로 덮어 감전사나 이물질로 인한 사

고를 예방하는 방식을 채택하고 있음

2. 제3궤조 집전방식의 종류

제3궤조 방식의 가선방식(집전방식) 종류에는 급전용 궤도와 집전슈의 접촉방법에 따라 상부접촉 방식, 하면접촉 방식, 측면접촉 방식으로 구분함

가. 상부(상면)접촉 방식

초기의 제3궤조 방식에 적용했던 집전방법으로 차량의 집전자가 급전 레일의 상부면을 습동하는 방식으로 통전 용량이 크고 설치 및 유지 보수가 쉬우나, 집전 안정성이 낮은 단점이 있어 철제 차륜 방식에 채택하고 있음

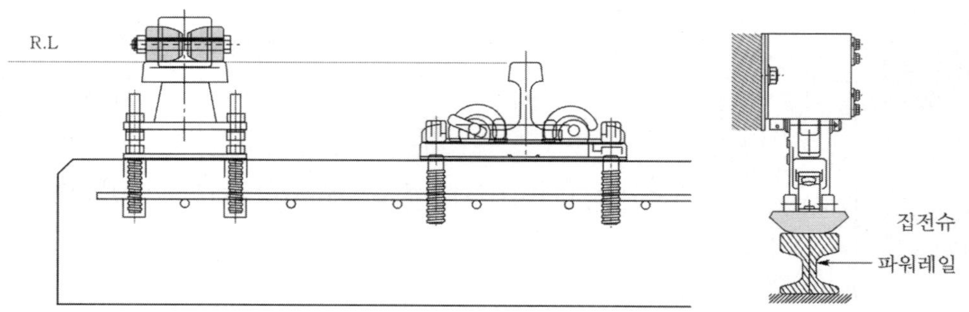

그림 16.3.1 상면접촉 방식

나. 하부(하면)접촉 방식

최근의 제3궤조 방식에 보편적으로 적용하는 집전방법으로 차량의 집전자가 급전 레일의 하부면을 습동하는 방식으로 하면접촉 방식은 통전 용량이 작으나, 안정성이 높아 철제차륜에 채택하여 사용함

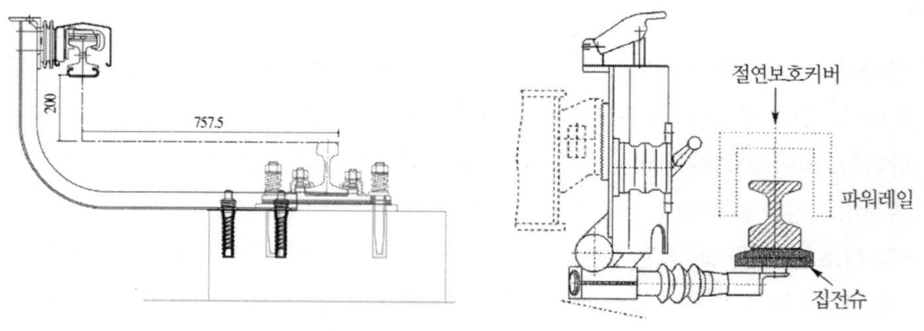

그림 16.3.2 하면접촉 방식

다. 측면 접촉 방식

차량의 집전자가 급전 레일의 측면을 습동하는 방식으로 통전 용량이 작고, 고무 차륜 방식에서는 고무차륜이 절연체이므로 궤도측을 부극회로로 사용할 수 없어 정극(+)과 부극(−)의 파워 레일을 주행궤도 측면에 설치하여 급전하는 방식으로 고무차륜 방식에 사용함

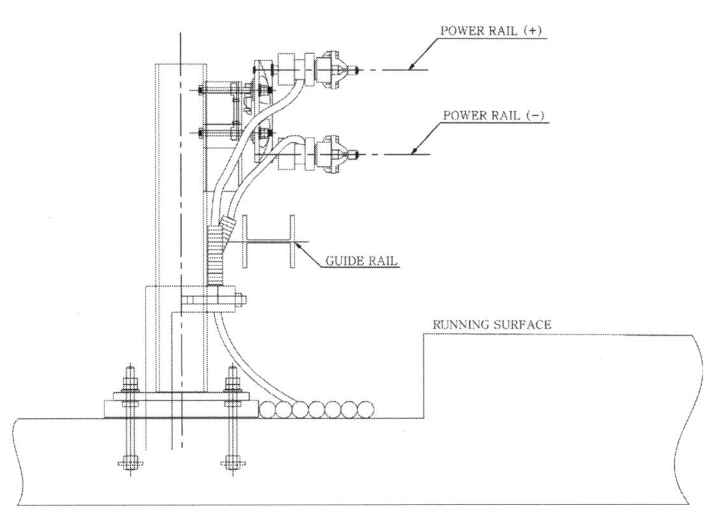

그림 16.3.3 측면접촉 방식

표 16.3.1 가선 방식에 따른 특징

구　분	상부 접촉방식	하면 접촉방식	측면 접촉방식
통전용량	크다	작다	작다
안 정 성	낮다	높다	보통
설치, 유지보수	쉽다	보통	보통
적용차량	철제차륜에 유리	철제차륜에 유리	고무차륜에 유리
적용 사례	뉴욕지하철 영국 도크랜드 경전철	방콕 MRTA 부산김해 경전철	부산지하철 반송선 경산경전철 시험선

3. 제3궤조 급전방식의 특성

가. 제3궤조 방식은 강건 구조를 가진 레일에 의존하여 급전을 받기 때문에 이선의 가능성이 적다는 강점을 가지고 있으며, 가공가선을 설치하기 위한 복잡한 구조물이 불필요하고, 유지 관리가 쉽다는 장점이 있음

나. 급전 궤도는 대개 고전도성 철로 만들어져 있으며, 습동면은 스테인레스를 접합하여

철제차륜이 주행하는 궤도를 부극(-)로 사용하여 전기적으로 연결되어 있음

다. 급전궤도가 지상에 설치되므로 터널의 단면을 대폭 줄일 수 있어서 공사비를 절약하는 등의 효과가 크고, 가공 전차선로와 같은 전철주와 가동 브래킷이 필요하지 않아 미관상 부담이 적음

라. 급전 궤도가 지상에 가까이 있기 때문에 평면교차를 설계하는 데 어려움이 있으며, 지상 평면교차 철도 건널목이나 선로 분기점(전철기) 등은 절연시켜야 하는 단점이 있음

마. 여객 및 보수자가 급전궤도에 접촉하기 쉬운 구조로 감전 사고의 위험이 크며, 누설 전류로 인한 전식 발생의 우려가 크다는 문제가 있음

바. 가공 전차선로 방식에 비하여 제3궤조 차량의 집전 특성상 최고 속도가 낮고, 전력손실이 많으며, 대형차량을 통한 고출력 고용량 장거리 철도운영에는 부적합하여 간선 철도에는 거의 사용하지 않으며, 국내에서도 도시철도 위주로 채택하여 적용하고 있음

16.3.2 제3궤조 급전방식의 구조 및 구성품 특징

1. 개요

제3궤조 방식의 구조는 차량에 전원을 공급하는 급전레일을 중심으로 이를 보완 지지하는 부속품으로 구성되어 있음

2. 제3궤조 방식의 구성품 및 특성

가. 급전레일(Power Rail) ⇨ 차량에 전원을 공급하는 도체 레일

(1) 급전레일은 가선방식 및 차량 조건에 따라 선정하며, 전기적 도전성이 우수하고, 경량이며 기계적 강도가 커야 함

(2) 습동면은 마모가 적고 집전효율이 좋고, 열신축이 적어 변형이 없어야 하며, 급전레일 1본의 길이는 12~15[m]로 함

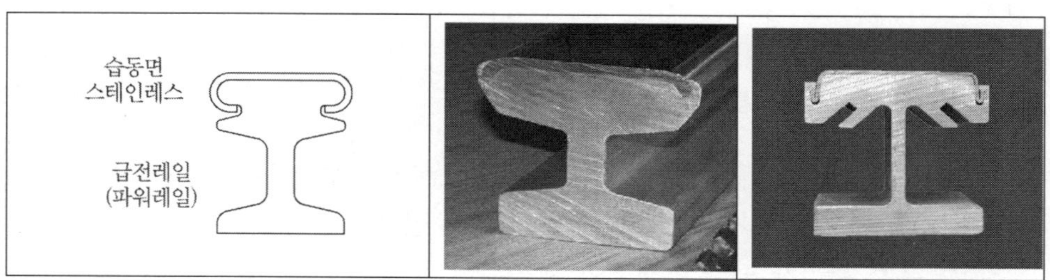

그림 16.3.4 급전 레일(CONDUCTOR RAIL) 형상

나. 접합장치(Rail Joints, Splice Joint) ➪ 급전레일 상호간을 접속하는 장치

급전레일 접합장치는 급전레일과 급전레일의 상호 접속부에 설치되며 전기적 도전성이 우수하고 가볍고 기계적 강도가 커야 함

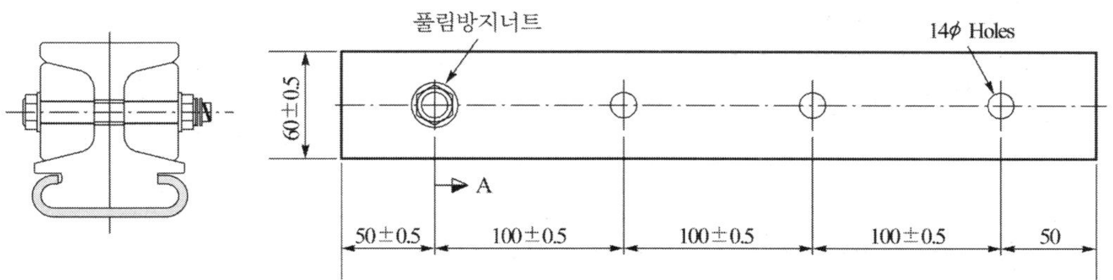

그림 16.3.5 급전레일 접합 장치(Rail Joints, Splice Joint)

다. 신축 이음장치(Expention Joint) ➪ 온도변화에 신축하는 급전레일의 조정장치

(1) 이음 장치는 급전레일이 온도에 따라 길이 방향으로 신축하는 신축량을 조절하는 장치로 급전레일 10본 간격으로 설치한다.(즉, 급전레일 1본의 길이가 12m일 경우 120m(12m×10본) 간격으로 설치)

(2) 신축이음장치는 전기적 도전성이 우수해야 하고, 가볍고 기계적 강도가 커야 하며, 기계적으로는 이격시키지만, 전기적으로는 연속성을 유지하도록 연결하여야 함

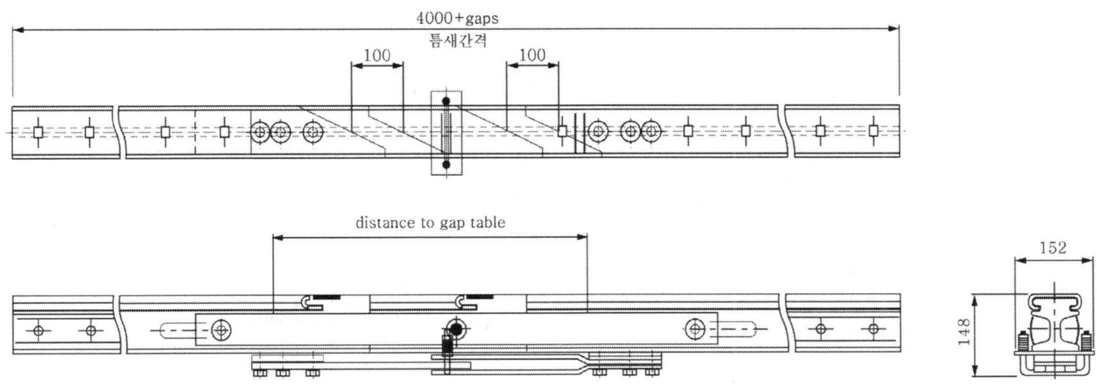

그림 16.3.6 신축 이음장치(Expantion Joint)

라. 중앙 고정장치(Mid Point Anchor)

(1) 중앙 고정장치는 급전레일의 신축작용이 아닌 비정상적인 좌, 우 이동을 막는 장치로서 급전레일과 신축이음장치 상호 중간 위치에 설치함

(2) 중앙 고정 장치는 설치지점의 좌, 우로부터 받는 하중의 편차에 충분한 강도를 가져야 함

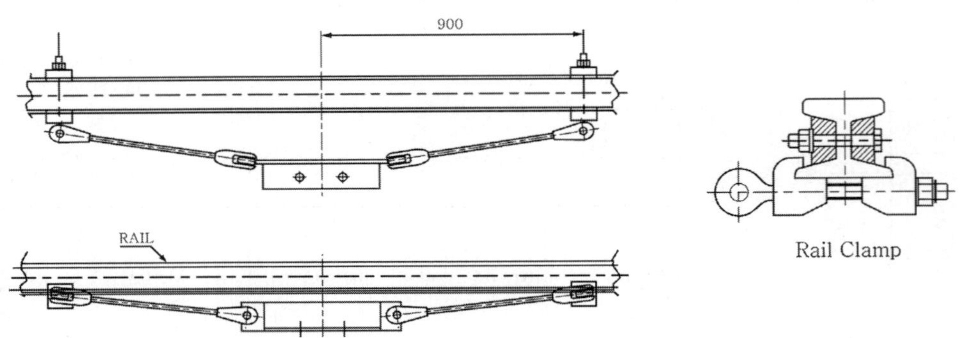

그림 16.3.7 중앙 고정장치 (Mid Point Anchor)

마. 절연 지지대(Insulated Support)

(1) 절연 지지대는 일정한 간격으로 급전 레일을 지지하는 장치로써, 전기절연과 정적, 동적 및 진동 하중에 견딜 수 있도록 충분한 강도를 가져야 함

(2) 절연지지대는 GRP 소재의 절연재로 전기적으로 절연이 되도록 하고, 지지대의 기계적, 전기적 결함은 차량 운영을 저해하는 주요 원인이 될 수 있음

(3) 절연지지대 설치간격은 직선구간에서는 5[m]~6[m], 곡선구간 (R=150 이하)에서는 5[m] 이하로 함

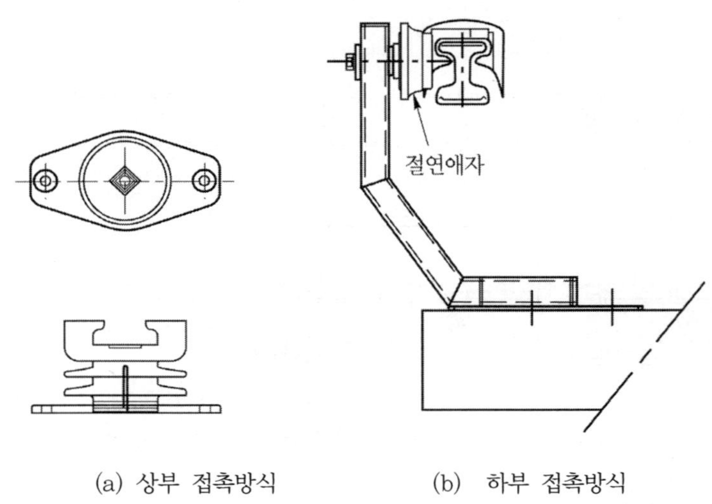

(a) 상부 접촉방식　　(b) 하부 접촉방식

그림 16.3.8 절연 지지대

바. 습동완화 장치(Ramps, End Approch)

(1) 습동완화 장치는 급전 레일이 끊기는 부분에서 차량의 집전자를 원활히 접촉하기 위해 급전 레일의 끝부분을 경사지게 하는 장치

(2) 전기적 도전성이 우수하고, 가볍고 기계적 강도가 커야 하며, 습동면은 마모가 적고 집전 효율이 좋아야 함

(3) 습동완화 장치의 종류로는 고속과 저속용이 있으며 고속용은 본선 구간, 저속용은 본선 분기기 구간 및 차량기지 구간에 설치함

사. 보호덮개 및 지지대(Cover Board 및 Cover Board Support)

(1) 보호덮개 및 지지대는 급전레일에 의한 감전 및 접지사고를 방지하기 위해 설치하는 장치로서 일정한 간격으로 설치함

(2) 지지대는 보호덮개를 지지하며 화재의 위험이 없고, 레일의 이상 전압, 온도 및 자외선에 견뎌야 하며 변형이 생기지 않는 재질을 사용함

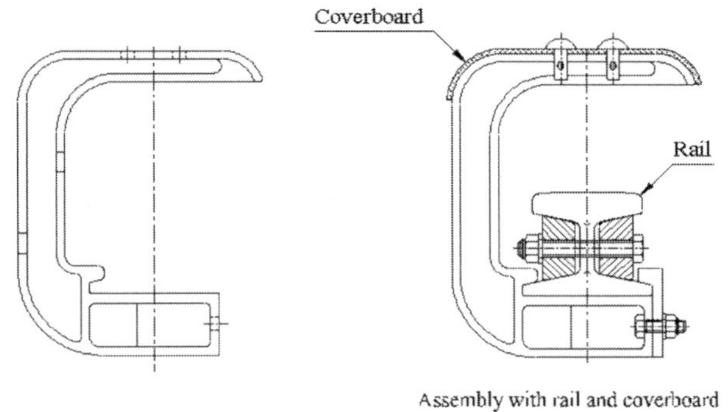

그림 16.3.9 보호덮개 및 지지대

아. 케이블 단자(Cable Terminal)

(1) 케이블 단자는 급전레일에 전원을 공급하기 위해 급전레일과 케이블을 연결하기 위한 설비임

(2) 설치위치는 Ramp 구간, 변전소 부근의 급전점등 전선 관로위치 및 구조물의 구조에 따라 결정됨

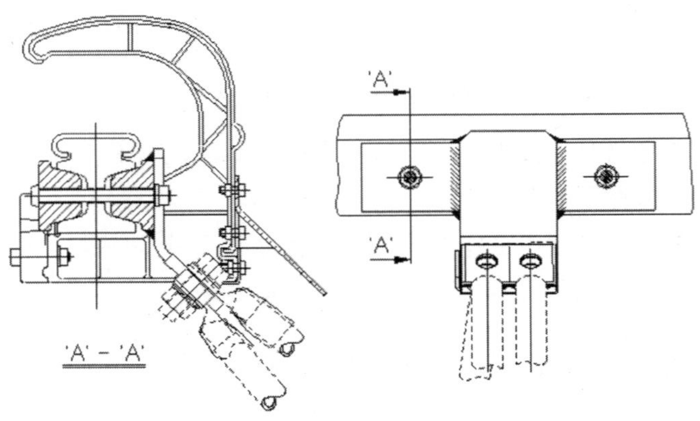

그림 16.3.10 상부 접촉 방식케이블 단자

16.3.3 경량전철용 제3궤조 급전방식의 특성 및 기술적 고려사항

1. 개요

가. 제3궤조 방식이란 궤도측면 등에 제3궤조의 도전용 도체(레일)을 설치하여 전기차의 집전자(Collecting Shoe)에 의해서 접촉 집전하고, 주행레일을 귀로로 구성하여 변전소로 귀환시키는 급전방식을 말하며, 일반적으로 표준전압은 DC 750[V] 또는 DC 600[V]를 주로 사용함

나. 제3궤조 Power Rail은 궤도상부에 설치하는 커티너리 가선방식 등에 비하여 궤도측면 지상에 설치하므로, 전류용량이 크고 지지구조가 간단하며 터널높이 또는 이격거리 등의 거리를 최소화하여 건설비 등을 대폭 경감할 수 있는 등 많은 장점이 있어 철제 차륜 AGT System, 고무차륜 AGT System 및 LIM(Linear Induction Motor) System 등에 널리 적용되고 있음

2. 제 3궤조 방식의 기술적 고려사항

가. 급전 레일은 궤도측면에 낮게 설치되므로 승객 및 작업자의 안전을 확보하기 위하여 역사구내, 분기기구간, 횡단 개소 및 그 밖의 필요한 구간에는 안전보호 장치(보호덮개)를 설치하여야 함

나. 주행 레일을 부하전류의 귀선로로 사용하는 경우 근접된 지중 금속 매설물과 토목 구조물의 금속체에 대한 전식방지대책이 필요함

다. 제3궤조 방식은 차량의 집전장치의 특성과 운행속도에 적합한 방식을 선정하며 주행 중인 차량의 진동을 고려하여 차량과 POWER RAIL과의 규정된 이격거리를 유지하여야 함

라. 궤도의 교차, 분기개소 등에서 전력공급 중단 등에 대한 열차운행상의 단점을 보완하여야 함

3. 제 3궤조 도체(레일) 및 부속설비 특성 조건

가. 3궤조 방식의 도체(Power Rail)는 도전성이 우수하여야 함

나. 도체는 가볍고 기계적 강도가 높아야 함

다. 습동면은 마모가 적고 집전 효율이 좋아야 함

라. 열신축이 적고 변형이 없어야 하며 제작 및 설치가 쉬워야 함

마. POWER RAIL 및 부속설비는 운행 중에 다음 강도에 견뎌야 함

(1) 차량의 동적 부하의 강도.

(2) 열신축으로 인한 압축력, 장력 및 횡력으로 인한 부하강도

(3) 단락으로 인한 열적 부하의 강도

바. 제3궤조 방식의 다음과 같은 환경조건에 적합하여야 함

온도 범위	−25 ~ +45 ℃
습도 범위	5 ~ 100%
최고 풍속	45m/s (162km/hr)
최고 강우 강도	120mm/h
일일 최고 강우량	414mm/day
일일 최고 강설량	30cm/day

16.3.4 제3궤조 방식의 단락전류가 파워레일에 미치는 힘

1. 개요

가. 평행한 두도체 간에 전류가 흐르면 주변에 전자계가 발생되고 플레밍의 왼손 법칙에 의하여 전류방향이 같을 때는 흡인력이 전류가 서로 역방향일 때는 반발력이 작용하며, 힘의 크기는 다음과 같음

$$F = \frac{\mu_0 I_1 \cdot I_2}{2\pi d} = \frac{2 I_1 \cdot I_2}{d} \times 10^{-7}\,[\mathrm{N/m}]$$

여기서, I_1, I_2 : 도체의 전류

d : 도체간 거리

μ_0 : 진공 중 중투자율 $= 4\pi \times 10^{-7}$

나. 제3궤조 방식에서는 급전레일과 주행레일(귀선레일)이 평행한 무한 직선 도체로 볼 수 있으므로 정상적인 급전상태에서 주행레일에 흐르는 귀로전류는 파워레일에 흐르는 전류와 반대 방향으로 상호 반발력이 작용하나 레일과 지지물은 반응시간 제한으로 영향을 받지는 않음

다. 단락사고가 발생했을 때는 단락전류가 매우 커져 파워레일과 브라켓(지지대) 및 주행레일간 작용하는 힘에 대한 고려를 하여야 함

2. 단락전류에 의해 파워 레일에 가해지는 힘 계산

지지대간 파워레일에 가해지는 힘 F는 아래와 같음

$$F = \frac{\mu_0 \cdot l \cdot I_a I_b}{2\pi d} = \frac{4\pi \times 10^{-7} \times l \cdot I_a I_b}{2\pi d} = \frac{2l \cdot I_a I_b}{d} \times 10^{-7} [\mathrm{N}]$$

여기서, 단락 시 흐르는 전류 적용치를 $I_a = I_b = 50{,}000\,[\mathrm{A}]$, 주행레일과 파워레일 도심간 거리 : $d = 700\,[\mathrm{mm}]$, 최대 절연지지대 간격 : $l = 5.94[\mathrm{m}]$라고 할 때 위 식을 이용하여 계산하면 단락전류에 의한 파워레일에 미치는 힘은 $F = 4{,}243\,[\mathrm{N}]$ 정도가 작용함

3. 단락전류에 의하여 브래킷에 걸리는 힘

가. 레일에 작용하는 단락전류에 의한 힘은 매우 짧은 동안의 사인파 펄스 형태로 작용하며, 레일의 고유진동 주파수에 의해 지지대는 전부하 힘을 받지 않을 수도 있고, 무한히 단단한 계는 힘이 가해지는 순간에 작용력을 받게 됨

나. 유한한계에 있어서는(낮은 고유진동 주파수) 조립체는 외력이 제거되고 무가압상태가 된 후 변형이 시작된다. 계의 고유진동 주파수와 외부 작용력에 대한 시간대가 펄스의 작용 시간대와 같다는 가정하에서의 변위를 구함

다. 단락전류에 의하여 브래킷에 걸리는 힘에 대한 계산공식(생략).

16.3.5 제3궤조 방식의 자중 등에 의한 파워레일의 변형량

1. 파워레일의 자중에 의한 변형량

가. 레일 빔은 절연지지대에 의해 최대 5.94[m]마다 지지되어 양 끝단이 고정되고 경간에 따라 일정하게 분산된 힘을 받는 빔으로 해석됨

나. 길이 l 을 가지는 빔에 대하여 정상 빔과 최대 공차조건의 빔에 대해 자중에 의해 아래의 피크치 변형이 발생하는 것으로 해석함

(1) 자중에 의한 레일의 최대 변형량 공식 ➪ $y = \frac{w \cdot l^4}{384} \cdot E \cdot I$

여기서, w : 레일무게, l : 지지대 간격, E : 탄성계수, I : 단면계수

(2) 여기서, 아래와 같은 조건이 주어진다고 할 때 변형량을 계산하면,

- 알루미늄단면적 : $A_a = 4{,}765[\text{mm}^2]$
- 단면계수 : $I = 6.37 \times 10^6[\text{mm}^4]$
- 알루미늄밀도 : $\rho_a = 2{,}720[\text{kg} \cdot \text{m}^{-3}]$
- 스텐레스스틸의 단면적 : $A_{st} = 684\ [\text{mm}^2]$
- 스텐레스스틸의 밀도 : $\rho_{st} = 8{,}000[\text{kg} \cdot \text{m}^{-3}]$
- 경간길이 : $l = 5.94[\text{m}]$
- 고체탄성계수 : $E = 89250[\text{N} \cdot \text{mm}^{-2}]$

① 레일 질량 : $M = A_a \cdot \rho_a + A_{st} \cdot \rho_{st} = 18.433\,[\text{kg/m}]$

② 레일 무게 : $w = M \cdot g$

③ 레일 최대 변형량 : $y = \frac{w \cdot l^4}{384} \cdot E \cdot I = 1.031\,[\text{mm}]$임

(3) 이 값은 제조되는 레일의 직선도 값과 결합되어야 하고 일반적인 설치공차는 수평 및 수직 모두 ±5[mm]을 초과하지 않아야 함

2. 사람이 레일에 올라선 경우의 레일 변형량

가. 자중과 사람이 레일에 올라선 경우의 레일 변형량 계산의 목적은 레일의 자중과 1500N의 집중력(사람이 경간의 중앙에 올라선 경우를 고려)이 작용하는 경우의 변형량을 계산하여 레일에 걸리는 응력을 결정하여 영구변형을 일으키는 항복점이 발생하는가를 검증하는데 있음

나. 빔은 5.94[m] 떨어진 절연지지물에 의해 지지되며, 인근 경간의 상호작용에 의하여 레일은 양 끝단이 고정되고 경간에 따라 일정하게 분산된 힘을 받는 빔으로 해석하므로 길이 l을 가지는 빔은 정상빔에 대하여 자중에 의한 분산력과 가

산되는 집중력에 의해 피크치 변형은 아래 식으로 계산함

$$\text{피크치 변형량 : } y_{\max} = \frac{w \cdot l^4}{384 \cdot E \cdot I} + \frac{P \cdot l^3}{192 \cdot E \cdot I}$$

여기서, $y_{\max}$: 피크치 변형량, l : 지지대 간격,
w : 레일무게, P : 집중력,
I : 레일단면계수, E : 고체탄성계수

다. 길이 l을 가지는 빔에 대하여 정상 빔에 대해 자중에 의한 분산력과 가산되는 집중력에 의해 아래의 최대 굽힘응력이 발생하는 계산식은 아래와 같음

$$\text{최대 굽힘응력 : } BM_l = \frac{P \cdot I}{8} + \frac{w \cdot l^2}{12}$$

여기서, 자중에 의한 변형계산을 참고하고 집중력은(1명이 레일 위에 있을 경우) 중성축으로부터 레일의 최대거리는 $y_{ef} = 59.5[\text{mm}]$로 봄

제 17 장 전기철도 건설 및 유지관리 기준

17.1 ◦ 철도정책 및 지침

17.1.1 철도 민간 투자사업 시행방식(BTO, BOT, BTL)

1. 개요

민간투자 사업은 정부의 공급영역으로 간주되던 도로, 철도, 항만, 발전소와 같은 국가기반시설(사회간접자본 : SOC)에 일시적인 정부제원 확보가 어려울 경우 정부를 대신하여 민간에게 투자하도록 정부가 지원하는 사업으로 민간이 전적으로 자본을 투자하여 건설 및 운영하는 것을 목적으로 투자 및 추진형태에 따라 BTO, BTL, BOT, BOO 방식 등으로 구분함

2. 대표적인 민간투자사업 추진 형태

가. BTO(Build Transfer Operate) 방식

사업시행자가 민간자본으로 SOC 시설을 건설하여 소유권만 정부에 이관하고 시설운영 및 유지관리권은 사업시행자가 맡아 협약에 의한 일정기간 동안 민간사업자가 직접 운영하여 수익을 창출하는 방식
(민간사업자 건설 ⇨ 정부에 자산이관 ⇨ 민간사업자 직접운영 수익창출)

나. BTL(Build Transfer Lease) 방식

사업시행자가 민간자본으로 SOC 시설을 건설하여 시설 완공시점에 소유권을 정부에 이관하고 민간사업자는 일정기간 동안 정부에 운영권을 임대하여 주고 정부로부터 임대료를 받아 시설투자 비용을 환수하는 방식
(민간사업자 건설 ⇨ 정부에 시설 이관 ⇨ 임대수익으로 투자비 회수)

다. BOT(Build Operate Transfer Project) 방식

BTL 사업과 유사한 방식으로 사업시행자가 민간자본으로 SOC 시설을 건설하고 당해 시설에 대하여 사업시행자에게 일정기간(보통 25년~30년) 소유권과 운영 권한을

부여(Concession)하고 운영기간이 끝나면 정부가 그 시설을 인수하여 운영을 계속하는 방식으로 정부기관이 직접 투자자의 일원으로 사업에 참여하는 민관협력사업(Public-Private Partnership, PPP) 형태를 취하기도 함
(민간사업자 건설 ➪ 일정기간 소유 및 운영 ➪ 정부에 이관 ➪ 정부운영)

라. BOO(Build Own Operate) 방식

사업시행자가 민간자본으로 SOC 시설을 건설하여 사업시행자가 당해 시설에 대한 소유권 및 운영권을 갖고 수익을 창출하는 방식
(민간사업자 건설 ➪ 시설소유 ➪ 직접운영 수익창출)

3. 민간투자사업 추진에 따른 정부정책의 변화

가. 최근 철도 및 도로 등의 국가 기반시설에 민간투자사업이 활발히 시행되어 조기에 공공서비스를 제공하는 등 여러 가지 긍정적인 측면이 많으나,

나. 당초의 MRG(Minimum Revenue Guarantee : 최소운영수익보장)방식은 정부의 재정 부담을 가중시키고, 민간사업자는 건설비용 환수 및 운영수익을 메우기 위한 고비용의 운임으로 이용자의 불만이 표출되고 있어 최근에는 SCS(Standard Cost Support : 최소운영비보존)방식으로 전환하는 정책이 주로 적용되고 있음

17.1.2 철도 민간사업 도입배경과 사업 절차(민간투자법 및 시행령)

1. 개요

가. 민간투자사업은 정부의 공급 영역으로 간주되던 사회간접자본(SOC) 시설에 일시적인 정부재원 확보가 어려울 경우 정부를 대신하여 민간에게 투자하도록 정부가 지원하는 사업으로 민간이 전적으로 자본을 투자하여 건설 및 운영하도록 추진하는 사업을 말함

나. 민간투자사업은 SOC 시설에 대한 민간투자법으로 관리하며 정부고시사업과 민간제안사업 형태로 구분됨

2. 민간투자 사업의 도입배경

가. 최근 경제성장과 더불어 사회간접자본 시설에 대한 수요가 계속 증가하고 있으나, 정부재정의 한계를 극복하고 조기에 공공서비스를 제공하는 효과적인 대안으로 제시되었고,

나. 정부예산만으로 적절히 대응하기 어려운 현실을 민간자본을 이용하여 부족한 재정을 보완하고 꼭 필요한 SOC 시설을 확대하여 국민생활에 필요한 기반시설을 적기에 공급하기 위함

다. 사업착공전에 총사업비 및 사업기간이 결정되어 사업비 증액이나 사업기간 지연 책임이 민간사업자에게 있는 구조로 사업시행에 따른 정부의 부담을 경감

라. 민간사업자가 사업 시공이후 대략 10~30년 동안 운영 및 유지관리까지 맡아 수행함으로써 정부가 하기어려운 양질의 서비스 및 운영효율에 민간기업 마인드를 도입할 수 있는 계기 마련.

3. 민간 투자사업 절차

사회간접자본시설에 대한 민간투자법에 근거하여 7단계로 구분함

가. 1단계 : 제안서제출
나. 2단계 : 제안서 내용검토
다. 3단계 : 제안내용 공고
라. 4단계 : 협상대상자 지정
마. 5단계 : 실시협약체결(사업시행자 지정)
바. 6단계 : 실시계획의 승인
사. 7단계 : 공사시행과 준공

4. 대표적인 민간투자사업 추진 형태

가. BTO(Build Transfer Operate) 방식

민간사업자 건설 ⇨ 정부에 자산이관 ⇨ 민간사업자 직접운영 수익창출

나. BTL(Build Transfer Lease) 방식

민간사업자 건설 ⇨ 정부에 시설 이관 ⇨ 임대수익으로 투자비 회수

다. BOO(Build Own Operate) 방식

민간사업자 건설 ⇨ 시설소유 ⇨ 직접운영 수익창출

5. 민간투자 사업의 논란에 대한 고찰

가. 최근 철도 및 도로 등의 국가 기반시설에 민간투자사업이 활발히 시행되어 조기에 공공서비스를 제공하는 등 여러 가지 긍정적인 측면을 고려되었고, 철도 민자사업으로는 공항철도, 서울메트로 9호선, 신분당선, 전라선전철, 의정부경전철 등이 있고, 도

로, 교량, 터널, 항만, 공항 등 다수가 있음

나. 민간사업자의 경우 건설비용 환수 및 운영수익을 메우기 위하여 고비용의 운임을 요구할 때 정부입장에서는 일정 수익을 보장해야 하므로 이용자 입장에서는 상대적인 고비용의 운임을 지출해야 하는 부담을 안고 있으며,

다. 특히, 민간투자사업을 추진하면서 MRG(Minimum Revenue Guarantee : 최소운영수익보장)방식으로 추진된 사업은 수송수요 또는 수익률이 일정수준에 미치지 못하는 경우 MRG 보존을 위한 정부 재정부담이 매년 증가하여 2009년부터 폐지하였으나, 기존 계약분은 계속 MRG 재정부담이 되고있어 SCS(Standard Cost Support : 최소운영비보존)방식으로 전환하여 정부 또는 지자체의 부담을 줄이려는 노력을 해야하는 문제을 안고 있음

17.1.3 도시철도 기본계획 수립절차 국토교통부 지침 7단계

1. 개요

가. 국가재정 사업 중 총사업비 500억원 이상(국고지원 300억 이상)의 건설사업은 예비타당성조사 ➪ 타당성조사 ➪ 기본계획수립 ➪ 기본설계 ➪ 실시설계 ➪ 시공 순으로 사업절차를 거치도록 되어 있음

나. 도시철도기본계획의 수립절차 의미는 객관적인 타당성조사 기준에 의하여 합리적인 기본계획을 수립하도록 국토해양부 예규 제2009-132호(2009. 9. 23제정)로 7단계 지침을 정하였음

2. 도시철도 기본계획 작성기준

가. 도시・교통현황 분석

나. 장래 도시교통 여건 전망 ➪ 교통수요 예측

다. 도시철도 노선망, 차량시스템의 대안 작성 및 평가

라. 기본노선 건설, 운영 계획 ➪ 건설비, 운영비용 등

마. 경제적 타당성 분석 ➪ NPV 분석

바. 재무적 타당성 분석 ➪ B/C Ratio

사. 연계 수송체계 검토 및 건설지역의 도로 교통 대책

3. 도시철도 기본계획의 수립 및 확정 절차(7단계)

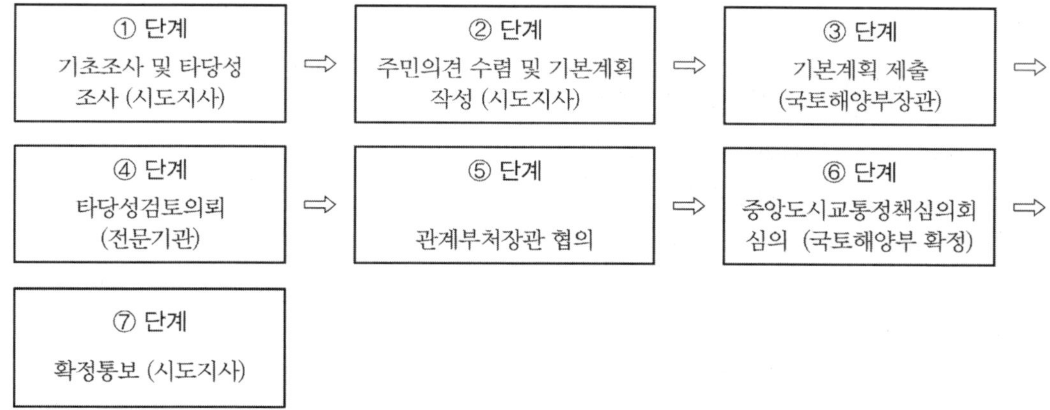

17.1.4 도시철도 기본계획 수립시 중점적인 검토 항목

1. 개요

도시철도 건설 사업을 효율적으로 추진하기 위하여 국토교통부에서는 "도시철도망 구축계획 및 노선별 도시철도 기본계획 수립 지침"을 정하여 필요한 기준과 절차를 명시하고 있음

2. 도시철도망 구축계획 주요 검토사항

가. 해당 도시교통권의 특성 및 교통현황
나. 해당 도시의 장래 교통수요 예측
다. 도시철도망의 중장기 건설 계획
라. 도시철도 노선별 투자 우선순위 평가
마. 다른 교통수단과 연계한 교통체계의 구축에 관한 사항
바. 지자체의 재원분담 비율을 포함한 자금조달 방안 등

3. 노선별 투자 우선순위 설정 종합평가 방법 제시

가. 대상 노선은 경제성 분석결과 B/C(비용편익분석 기법)0.7 이상이거나, AHP(계층분석적 의사결정 기법) 값이 0.5 이상일 것
나. 노선별 투자우선 순위는 각 지표별 가중치를 AHP 기법으로 산정하여 제시
다. 대상 노선의 후보노선에 대해서도 도시철도망 구축계획에서 제시 가능

라. 노선별 경제성 타당성은 순 현재가치(NPV)가 "0" 이상, 내부 수익률(IRR)이 5.5% 이상(사회적 할인율)이고, 지방자치단체의 재원 조달 능력이 충분하여야 함

4. 노선별 도시철도 기본계획의 검토사항

가. 해당 도시교통권의 특성, 교통현황
나. 해당 도시의 장래 교통수요 예측
다. 노선명, 노선연장, 기종점, 정거장 위치, 차량기지를 포함한 최적 노선대안
라. 차량 시스템
마. 도시철도 건설 및 운용 계획
바. 건설비, 운영비 및 유지관리 비용
사. 도시철도 건설의 경제성과 기타 타당성의 평가
아. 지방 자치단체의 재원분담 비율을 포함한 자금조달 방안
자. 중장기 자금 운용 계획
차. 건설기간 중 도시철도 건설지역의 도로 교통대책
카. 다른 교통 수단과의 연계 수송체계 구축에 관한 사항.

5. 기타 행정사항

가. 기본계획에 대한 전문적인 지식과 경험을 보유한 기관의 검토를 받아 계획의 신뢰성 제고를 위한 전문가 또는 전문연구 기관의 검토를 의뢰할 수 있도록 함
나. 시 · 도지사는 상기사항을 검토한 후, 국토교통부에 도시철도 기본계획안을 제출하여 승인을 받아야 함

17.1.5 도시철도에서 구상하는 대심도(大深度) 전철 및 저심도 전철

1. 대심도 전철

가. 대심도 전철의 의미

(1) 대심도 철도란 터널공법(TBM)에 의하여 지하 30~60[m]까지 땅을 파 지하에 도로나 철도 등을 건설하는 방식을 말하며, 지가 급등, 지상설치 시설 등으로 인한 도심에서의 보상비 폭등 및 추가 용지 확보가 갈수록 어려워지면서 최근들어 주목을 받고 있는 신개념 교통 건설방식임
(2) 대심도 철도의 하나인 수도권 광역 급행철도(GTX : Great Train Express)는 수도권의 심각한 교통난을 개선하기 위하여 정부와 민간자본으로 추진하는 사업

으로 2009년 6월부터 타당성 조사 및 기본계획이 추진됨

(3) 대심도 철도인 GTX는 지하 40~50[m]에 터널형태로 건설함으로서 도로, 주변 환경, 타교통에 지장을 받지 않고 노선을 직선화하여 기존 전철보다 3배 이상 빠른 속도로 운행할 예정으로, 표정속도(表定速度)를 100[km/h], 최고속도를 200[km/m]로 구상하고 있음

나. 수도권 GTX의 노선(예상)

(1) 노선 A(일산 킨텍스 ⇔ 동탄 노선 약 74.8[km])
경기도 고양시 킨텍스에서 경기도 화성시 동탄 신도시 간을 연결하는 구간으로, 경기도 서북부와 서울 도심, 경기도 동남부를 연결하는 노선.

(2) 노선 B(서울 청량리 ⇔ 인천송도 노선 약 49.9[km])
서울시 청량리에서 인천시 송도까지 연결하는 구간으로, 통행량이 많은 서울도심과 부천, 인천을 지나는 노선.

(3) 노선 C(경기도 의정부 ⇔ 금정 노선 약 49.3[km])
경기도 의정부시에서 창동 및 강남을 경유하여 경기도 군포시 금정까지 연결하는 구간으로, 서울 동부권을 중심으로 경기도 남북축을 가로지르는 노선.

다. 대심도 전철의 기대효과

(1) 교통문제 개선
도로교통의 수송분담 효과, 수도권 광역권 철도 통행시간 단축 및 서울시 교통혼잡 완화를 해결

(2) 토지이용 효율 증대 및 주택문제 개선
수도권에 생활기반을 둔 시민에게 교통편익 증대 및 대심도를 이용한 토지이용효율 증대 및 주거 환경개선으로 집값 안정

(3) 환경문제 개선
도로 건설과 운영 과정에서 주변 민원이 거의 없고, 대심도 구간은 지상에서 소음과 진동을 거의 느낄 수 없고 대기오염도 줄어들어 지상의 환경이 크게 개선될 수 있다는 점에서 효율적임

(4) 경제적 편익 증대 및 경제활성화
생산유발 및 고용유발 효과가 높고, 공사비중 많은 비용을 차지하는 보상비가 거의 없어 건설비 절감

라. 고려할 사항

(1) 안전성의 취약 : 대심도내에서의 화재, 열차사고 등 재난 대비에 취약하므로 재난에 대비한 이용객의 대피 및 방재설비의 보완 필요

(2) 다수의 환기 및 배기, 배수 설비, 긴급 대피통로 등이 필요

2. 저심도 전철

가. 저심도 전철의 의미

저심도 철도는 지하 15~25[m] 깊이의 지하철과 달리 도로하부 5~7[m] 깊이에 설치하여 도로선형을 따라 열차를 주행하는 전철을 말함

나. 저심도 전철의 특징

(1) 지하철 또는 경전철보다 건설비가 저렴함
(2) 저심도 전철의 특성상 민원과 소음이 적어 친환경 적임
(3) 기존 경전철이 열악한 지방재정과 지상 경전철 건설로 인한 민원, 환경논란으로 사업추진이 표류하는 실태를 해소할 방안
(4) 도로 바로 밑에 건설되므로 바로 탑승이 가능하여 환승거리가 5[m] 정도로 짧고, 프리캐스트 방식으로 조립할 경우 공기 단축이 가능
(5) 지면과 가까워 자연환기 방식을 폭넓게 적용 가능
(6) 자동차와 동일한 작은 곡선 회전과 급한 경사에서도 주행이 가능한 급곡선, 급구배가 가능

17.1.6 철도물류 경쟁력 강화를 위한 DST 열차 검토

1. DST 열차 필요성

가. DST(Double Stack Train)열차란 2층 화물열차(2단 적재열차)를 말하며, 현재 우리나라는 도로중심의 화물수송 체계를 구축하다 보니 물류비증가로 산업경쟁력이 약화되고 이로 인하여 사회경제적 손실이 증가하고 있음
나. 따라서 도로와 철도를 효율적으로 연계시켜서 복합 일괄수송 체계를 구축하고자 이단적재 열차를 검토하고 실용화가 검토되고 있음
다. 이단적재열차는 컨테이너 화차위에 컨테이너를 2단으로 적재하는 방법으로 선로용량을 효율적으로 활용하여 컨테이너 운송비용 절감과 철도수송 물량 증대를 목적으로 함
라. 외국에서는 대량 화물 수송체계를 갖춘 미국, 인도, 중국 등에서 도입하여 실제 운행중에 있음

2. DST 운행선구 검토

가. 고속철도 운영으로 기존 경부선의 선로용량 여유가 대폭 증가되고 부산 신항의 완공으

로 복합수송에 의한 철도가 도로보다 경제우위를 차지하게 되면서 도로중심의 직송체계를 도로/철도 복합수송체계로 구축하여 선로용량을 효율적으로 활용할 필요성이 대두되어 일부구간에 검토가 추진됨

나. 국내의 DST 검토 선구

(1) 경부선 의왕화물기지에서 부산

(2) 전라선 익산에서 순천

(3) 경전선 삼랑진에서 부산 : 일부 시설보완

3. 예상효과

가. 열차당 수송능력 증대(일반열차 대비 약 65% 증가)

나. 물류 비용절감을 통한 철도화물 수송 분담률 증가

다. 일부 기존선 구간 부족한 선로용량 보완

라. 물류운송 경쟁력 강화 및 기업 경쟁력 강화에 기여

마. 단위 열차당 수송능력 증가로 차량운영비 및 유지비 34% 절감

4. 기술적 문제점의 고찰

가. 전차선 높이

(1) 2단 적재 열차는 궤도면상 차량 높이 305[mm]+2단 적재 컨테이너 높이 5,182[mm]로 DST 적재 높이는 총 5,500[mm]

(2) 현재 전차선 높이는 토공구간 5,200[mm], 터널 최소높이 4,750[mm]를 DST 적재높이 5,500[mm]에 절연이격거리 300[mm]를 감안하여 전차선 높이는 5,800[mm]로 통일하여 적용 필요

나. 구조물 하중문제

다. 터널 내부단면적 확대문제 등 해결 방안 강구가 필요

17.1.7 건설사업관리(CM)의 도입배경 및 내용

1. 건설사업관리 도입배경

가. 건설사업의 대형화, 복잡화, 전문화 추세에 대응

품질제고, 비용절감, 공기단축 등의 목표를 달성하기 위해 건설사업 전체 단계에 걸쳐 효율적이고 전문적인 관리활동이 요구됨

나. 품질위주의 관리방식의 한계 극복 필요

현행 설계감리 및 책임감리 등의 제도가 도입되어 실효를 거두고 있으나, 대부분 품질위주의 관리방식에 그치고 있는 실정에 있어 종합적인 사업관리 필요성이 요구됨

다. 다양한 사업관리체계 도입 필요

(1) 국내는 설계・시공 분리입찰방식이 공공공사 발주방식의 대부분을 차지하고 턴키입찰방식 또는 대안입찰방식이 제한적으로 사용되고 있으며, 사업관리 방식은 설계 및 시공단계의 감리위주로 운영되어

(2) 선진외국의 경우 발주기관 또는 건설공사별 특성에 맞는 다양한 사업관리 수행방식 운영되고 있어 글로벌 관리기법의 도입이 필요

라. 국내 건설시장 개방에 따른 건설기술 경쟁력 제고 필요

2. 건설사업관리(CM) 제도의 주요 내용

가. CM(Construction Management)의 정의

건설공사 프로젝트 전반에 대하여 기획、타당성조사、분석、설계、조달、계약、시공관리、감리、평가、사후관리 등에 관한 관리업무의 전부 또는 일부를 전문가 집단에 의하여 효율적으로 수행하는 관리기법을 말함

※ CM과 감리의 가장 큰 차이점은 업무 수행 범위로 CM은 건설사업의 전 단계에 걸쳐 업무가 수행되는 반면, 감리는 시공단계 공사전반에 대한 관리업무만 포함하는 것을 의미함

나. CM계약규정(국가계약법시행령 제91조의2)

각 중앙관서의 장 또는 계약담담공무원은 대형공사에 대해 건설사업관리 업무에 관한 계약을 체결할 수 있으며, 계약의 체결방법 기타 필요한 사항은 재경부장관이 정함
(※ 대형공사 : 총공사비 추정가격이 100억원 이상인 신규복합공종공사)

다. CM을 수행할 수 있는 자

(1) 기존 면허、등록、신고제도와의 일관성 유지를 위해 건설사업관리 업무범위에 면허、등록、신고 등을 요하는 업무가 포함될 경우 관련제도에서 정하는 요건을 갖추어야 함

(2) 건설사업관리 용역의 업무범위에 책임감리업무가 포함될 경우 감리전문회사가 반드시 참여하여야 함

(3) 2개 유형 이상의 회사가 컨소시움의 형태로 참여할 경우 주계약자(주관사)는 어느 회사나 가능

라. 건설사업관리 위탁·시행

발주청은 건설공사의 효율적인 수행을 위하여 필요한 경우 건설사업를 위탁하거나 직접 시행 가능

마. 건설사업관리 세부업무내용(건기법 제22조 및 시행령 제39조의4 제1항)

(1) 건설공사의 계약관리
(2) 건설공사의 사업비관리
(3) 건설공사의 공정관리
(4) 건설공사의 품질관리
(5) 건설공사의 안전관리
(6) 건설공사의 사업정보관리
(7) 기타 계약에서 정하는 사항

3. 건설사업관리의 예상 효과

가. 건설사업관리 미시행시 문제점

(1) 기획, 설계, 시공 등 각 단계별 참여자의 의사소통 및 조정의 어려움.
(2) 초기 계획수립 부실로 인한 공기지연, 사업비 증대, 부실공사 우려
(3) 계약 행정 미흡에 따른 사후(시공상태) 참여자의 Claim 문제 발생
(4) 설계서 검토 미흡시 시공성 결여

나. 건설사업관리 효과

(1) 원가절감
(2) 공기단축
(3) 품질향상
(4) Engineering 능력 향상
(5) 신기술(VE) 기법 활용성 향상
(6) 부실시공 방지
(7) 발주자의 요구 충족 및 이익 증대

17.1.8 국토교통부 예규에 의한 중량전철과 경량전철의 건설기준

1. 정부의 도시철도 건설지원 개요

가. 국토교통부에서는 "도시철도의 건설과 지원에 관한 기준"을 마련하여 중량전철 또는 경량전철 등 도시철도 건설의 타당성을 판단하는 건설기준과 국고지원기준을 마련하

여 도시철도 정책의 기본 지침으로 활용하고 있음

나. 지방자치단체에서 수립한 기본계획안이 「도시철도의 건설과 지원에 관한 기준」에 적합하지 않을 경우에는 기준에 맞도록 조정하며, 도시철도 건설은 본 기준에 적합한 노선만 인정함

다. 국토교통부장관은 기능차이를 고려하여 경량전철과 중량전철에 대한 건설기준을 구분하여 도시철도 건설의 타당성이 인정된 노선에 대하여는 국고를 60퍼센트까지 지원하고, 지방자치단체의 자기자금에 의한 조달을 최대화하여 부채성 자금조달을 10퍼센트 이내로 최소화하여 부실운영을 방지하며,

라. 도시철도법 제3조의2제3항에 따른 도시철도 기본계획조정(안)을 지방자치단체가 받아들이지 않을 경우 국고지원에서 배제하거나 기본계획을 승인하지 않을 수도 있음

2. 중량전철 건설기준

가. 도시규모

원칙적으로 인구 100만명 이상의 도시로 하되, 교통수요가 있을 경우에는 예외로 함

나. 교통수요

시간·방향당 첨두시 최대 혼잡구간 수송수요가 개통후 10년 이내에 4만명(重量전철)~2만명(中量전철) 수준으로 예측되는 간선 노선을 원칙으로 하고 수요산정식에 의하며, 기존 노선과의 연계를 위하여 경량전철 시스템 도입이 불가피한 노선은 교통수요가 이에 미달하더라도 적용함

다. 재정여건

총사업비중 부채성 자금에 의한 조달이 최대 10[%] 이내로서, 총사업비의 90퍼센트 이상을 국고를 포함한 지방자치단체 자기자금으로 조달할 수 있는 경우에 건설하도록 함

라. 국고지원기준

(1) 기본원칙 : 도시철도 건설에 대한 국고지원은 건설타당성이 인정(예비타당성조사 결과 B/C 1 이상 또는 AHP 0.5 이상)되고, 도시철도법 에 따른 기본계획이 확정된 노선에 대해서만 지원하며, 운영비에 대해서는 지원하지 않음

(2) 국고지원 규모 : 국고 40[%]~60[%] 지원(서울특별시 40[%], 기타 지방자치단체 60[%]), 지방자치단체 30[%](서울특별시 50[%]) 이상 부담

(3) 잔여 10[%] 이내는 지방자치단체 부담으로 차입(부산광역시의 경우 부산 교통공단법 폐지법률 시행일까지 부산광역시 상환조건으로 부산교통공단의 도시철도공채 등으로 조달)

3. 경량전철 건설기준

가. 도시규모

원칙적으로 인구 50만명 이상의 도시로 하되, 교통수요가 있는 경우에는 예외로 함

나. 교통수요

시간·방향당 첨두시 최대 혼잡구간 수송수요가 개통후 10년 이내에 1만명 수준으로 예측되는 노선을 원칙으로 하되 수요산정은 별도 산정식에 의하며, 기존 노선과의 연계를 위하여 경량전철 시스템 도입이 불가피한 노선은 교통수요가 이에 미달하더라도 적용함

다. 재정여건

총사업비중 부채성 자금에 의한 조달이 최대 10퍼센트 이내로서, 총사업비의 90퍼센트 이상을 국고를 포함한 지방자치단체 자기자금으로 조달할 수 있는 경우에 건설함

라. 국고지원 기준 : 중량전철과 같음

17.1.9 한국철도표준규격(KRS) 제정 배경 및 대상설비의 기준

1. 한국철도표준규격 제정배경

가. 철도산업 구조개편에 따라 철도청의 철도공사화 및 시설과 운영을 분리한 기반시설 건설을 담당하는 철도시설공단의 발족, 지방자치단체별 도시철도 운영 등으로 철도용품에 대한 호환성 확보가 필요하며,

나. 고속철도 시대 개막 및 철도 Infra 확대에 따른 국가 공공기반인 철도안전 강화가 요구되고, 철도기술의 빠른 발전에 대한 대응 및 해외 철도사업에 본격적으로 진출하기 위해서도 표준규격 제정이 필요하게 됨

다. 철도의 안전과 호환성의 확보를 위하여 철도차량 및 철도용품에 대한 국가의 표준규격을 정함으로써 철도운영자 및 철도차량을 제작 및 조립 또는 수입하고자 하는 자에게 권고하기 위하여 KS 등에서 정하는 규격을 제외하고 한국철도표준규격을 제정함

2. KRS의 규격 대상 기준

철도산업에 국한하여 사용되며, 철도의 안전운행 및 호환성을 목적으로 하거나 철도의 안전에 영향을 줄 수 있다고 판단되는 용품으로서 철도에 실제 적용을 완료하여 안전 및 호환성에 문제가 없음이 입증된 용품에 대하여 한국철도표준규격으로 정함

3. KRS에서 정하는 내용

가. 적용범위, 인용규격, 제품분류, 용어 정의 등

나. 요구특성

(1) 제품의 기능 및 성능과 관련된 항목 및 특성치

(2) 제품의 안전과 관련하여 요구되는 항목 및 특성치

(3) 안전 및 성능에 영향을 줄 수 있거나 타 철도기기(궤도, 철도차량 등)와의 Interface에 영향을 줄 수 있는 치수 및 형상 등의 사항

다. 재료, 구조 및 가공방법(단, 특허분쟁 소지가 있는 사항은 제외 함)

라. 검사 또는 시험 항목과 방법

마. 기타 필요에 의해 정하는 사항 및 부속 설명서

※ 성능과 안전에 영향을 주지 않는 제작사양(제작도면 포함) 및 포장, 표식에 대해서는 해당 수요처에서 별도 정하여 관리함

17.1.10 철도안전관리 체계 기술기준의 목적과 구성

1. 철도 안전관리 체계 관리

가. 철도안전법에서는 철도운영자등은 철도운영을 하거나 철도시설을 관리하는 경우에는 건설교통부장관의 승인을 받은 안전관리체계를 지속적으로 유지하도록 규정하고 있음

나. 철도운영자 등은 철도운영을 하거나 철도시설을 관리하려는 경우에는 인력, 시설, 차량, 장비, 운영절차, 교육훈련 및 비상대응계획 등 철도 및 철도시설의 안전관리에 관한 유기적 체계를 갖추어 국토교통부장관의 승인을 받아야 하며, 국토교통부장관은 철도운영자등이 안전관리체계를 지속적으로 유지하는지를 점검 · 확인하기 위하여 정기 또는 수시로 검사할 수 있으며,

다. 검사결과 안전관리체계가 지속적으로 유지되지 아니하거나 그 밖에 철도안전을 위하여 긴급히 필요하다고 인정하는 경우에는 규정으로 정하는 바에 따라 시정조치를 명할 수 있는 등 안전관리체계 점검 및 확인 업무는 교통안전공단으로 위임하여 시행하고 있음

2. 철도안전관리 체계 기술기준의 목적

가. "철도안전관리체계"란 철도운영자 및 철도시설관리자가 철도를 운영하거나 철도시설을 관리하기 위하여 갖추어야 하는 인력, 시설, 장비, 운영절차 및 비상대응계획 등 안전관리에 관한 유기적 체계를 말하며,

나. 철도안전관리 체계 기술기준 목적은 “철도안전법” 제7조제5항에 따른 철도안전경영, 위험관리, 사고조사 및 보고, 내부점검, 비상대응계획, 비상대응훈련, 교육훈련, 안전정보관리, 운행안전관리, 차량 및 시설의 유지관리 등 철도운영 및 철도시설의 안전관리에 필요한 기준을 정하는데 그 목적이 있음

3. 철도안전관리체계의 기술기준의 구성 및 적용

가. 철도안전관리체계 기술기준의 구성은 크게 철도안전관리시스템(SMS), 열차운행체계 및 유지관리체계로 구성됨

(1) 철도안전관리시스템은 10개 대분류, 28개의 소분류로 구성됨

(2) 열차운행체계는 10개의 소분류, 유지관리체계는 9개의 소분류로 구성됨

나. 적용범위

이 기술기준은 고속철도, 일반철도, 도시철도 어느 하나에 해당하는 철도를 운영하거나 시설을 관리하는 자에게 적용됨

17.1.11 대통령령으로 정한 철도보호구역내 안전행위 저해행위

1. 철도보호구역 내의 행위제한

철도안전법 제45조에서 철도보호구역에서의 행위제한에 대하여 철도경계선(가장 바깥쪽 궤도의 끝선을 말한다)으로부터 30미터 이내의 지역(이하 "철도보호지구"라 한다)에서 다음 각 호의 어느 하나에 해당하는 행위를 하려는 자는 대통령령으로 정하는 바에 따라 국토교통부장관 또는 시・도지사에게 신고하여야 함

가. 토지의 형질변경 및 굴착(掘鑿)

나. 토석, 자갈 및 모래의 채취

다. 건축물의 신축・개축(改築)・증축 또는 인공구조물의 설치

라. 나무의 식재(대통령령으로 정하는 경우만 해당한다)

마. 그 밖에 철도시설을 파손하거나 철도차량의 안전운행을 방해할 우려가 있는 행위로서 대통령령으로 정하는 행위

2. 철도보호구역 내에서의 안전저해 행위 등

철도안전법 제45조에서 정하는 철도보호지구에서의 안전운행 저해행위 등을 "대통령령으로 정하는 행위"란 다음의 하나에 해당하는 행위를 말함

가. 폭발물이나 인화물질 등 위험물을 제조・저장하거나 전시하는 행위

나. 철도차량 운전자 등이 선로나 신호기를 확인하는 데 지장을 주거나 줄 우려가 있는 시설이나 설비를 설치하는 행위
다. 철도신호등(鐵道信號燈)으로 오인할 우려가 있는 시설물이나 조명 설비를 설치하는 행위
라. 전차선로에 의하여 감전될 우려가 있는 시설이나 설비를 설치하는 행위
마. 시설 또는 설비가 선로의 위나 밑으로 횡단하거나 선로와 나란히 되도록 설치하는 행위
바. 그 밖에 열차의 안전운행과 철도 보호를 위하여 필요하다고 인정하여 국토교통부장관이 정하는 행위

3. 철도보호를 위한 안전조치

철도보호를 위한 안전조치는 안전법 제45조제2항에서 "대통령령으로 정하는 필요한 조치"란 다음 각 호의 어느 하나에 해당하는 조치를 말함
가. 공사로 인하여 약해질 우려가 있는 지반에 대한 보강대책 수립・시행
나. 선로 옆의 제방 등에 대한 흙막이공사 시행
다. 굴착공사에 사용되는 장비나 공법 등의 변경
라. 지하수나 지표수 처리대책의 수립・시행
마. 시설물의 구조 검토・보강
바. 먼지나 티끌 등이 발생하는 시설・설비나 장비를 운용하는 경우 방진막, 물을 뿌리는 설비 등 분진방지시설 설치
사. 신호기를 가리거나 신호기를 보는데 지장을 주는 시설이나 설비 등의 철거
아. 안전울타리나 안전통로 등 안전시설의 설치
자. 그 밖에 철도시설의 보호 또는 철도차량의 안전운행을 위하여 필요한 안전조치

17.1.12 국가직무능력표준(NCS) 개념 및 전기철도 분야 분류체계

1. 개념

국가직무능력표준(NCS : Nationnal Competency Standards)이란 산업 현장에서 직무를 수행하기 위하여 요구되는 지식, 기술, 소양 같은 내용을 국가가 산업 부문별, 수준별로 체계화한 표준. 고용과 교육, 자격을 체계화한 시스템으로 수요자 중심의 교육과 자격 제도를 운영하는 것을 목표로 국가적 차원에서 표준화하는 것을 말함

2. NCS 도입 필요성

가. 그동안 개인 직무능력 평가가 자격증 또는 학력위주로 운영되어 기업에서는 신규 채용 인원에 대하여 현업에 바로 투입하기를 요구하고 있으나 현장에서 실무능력이 떨어져 신입사원에 대한 재교육 등의 비용 등의 문제로 경력 사원을 채용하고, 구직을 원하는 사람은 과도한 스팩 쌓기 경쟁 등의 악순환이 반복되는 등 사회적 비용 증가는 여러 가지 폐해를 낳고 있음

나. 이러한 학점, 토익, 어학연수, 자격증, 인턴십 등 기계적인 과도한 스펙 쌓기 경쟁을 완화시키기 위한 방법 중의 하나로 산업현장에서 직무를 수행할 때 요구되는 능력을 평가하는 NCS기반 채용 방식이 주목을 받고 있음

다. 따라서, NCS는 산업체와 학교를 연결시켜주는 가장 직접적이고 구체적인 매개체가 되고 있어 산업현장의 직무를 학교에서 가르쳐야 한다는 요구에 부응하여 많은 대학에서 NCS기반 교육과정을 개발하여 산업현장 중심 교육을 운영하고 있으며,

라. 공공기관 및 일반기업에서도 NCS 기법을 도입하여 채용, 배치, 교육훈련, 승진, 임금 등의 인사관리 전반을 NCS 기반으로 구축하고 있는 기업이 점진적으로 증가하고 있는 실정임

마. 다만, NCS 시행으로 인하여 기술사와 같이 실무 능력등이 충분히 검증된 고도의 기술자격 취득자에 대해서 불이익이 발생되지 않도록 제도적인 보완책이 마련되어야 한다고 판단됨

3. 전기철도 분야의 NCS 분류체계

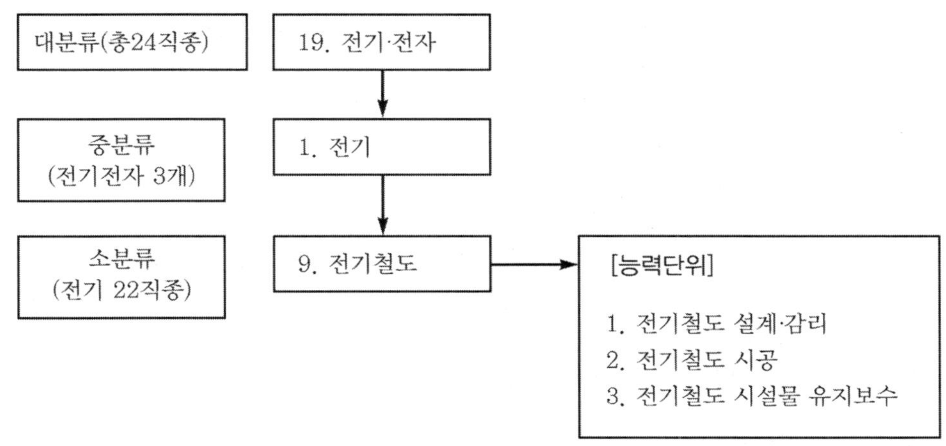

17.1.13 제4차 국가철도망 구축계획 개요 및 추진방향

1. 개요

가. 계획의 목적

철도투자를 효율적 · 체계적으로 수행하기 위하여 중장기(10년 단위) 국가철도망 구축계획을 수립

나. 계획의 성격

(1) 「철도의 건설 및 철도시설 유지관리에 관한 법률」에 의한 법정계획
(2) 「국가기간교통망계획」, 「중기 교통시설투자계획」, 「대도시권광역교통기본계획」 및 「대도시권광역교통시행계획」과 연계되는 계획
(3) 계획 수립된 날부터 5년마다 타당성을 검토하여 변경 가능

다. 계획의 범위

(1) 시간적 범위 : 2021~2030년 (10년 단위 계획)
(2) 공간적 범위 : 전국
(3) 사업의 범위 : 고속철도·일반철도·광역철도 건설 계획

2. 제 7대 주요 추진방향

철도가 국민이 원하는 경쟁력을 갖추고, 국가 균형발전과 그린모빌리티를 주도하기 위한 7대 추진방향을 설정하여 철도운영 효율성 제고, 전국 주요거점의 고속연결, 이용하기 안전하고 편리한 환경조성과 비수도권 광역철도를 대폭 확충하고, 철도산업 발전을 위한 기반을 마련하여 국가균형발전 및 지역의 新성장동력를 확보하는데 있음.

가. 철도운영 효율성 제고

(1) 용량부족 해소 및 기존노선 급행화
(2) 철도운행 집중구간인 경부 고속선 등의 용량부족(Bottleneck)을 해소하여 철도망 전체의 이용률 제고
(3) 기존노선에 속도가 더 빠른 열차를 투입하여 선로 등 시설 활용 제고
(4) 단절구간 연결 및 전철화

나. 주요거점 고속연결

(1) 일반철도 고속화
(2) 고속철도 운행지역 확대

(3) 400 km/h급 초고속열차 운행기반 마련

다. 비수도권 광역철도 확대

(1) 기존노선을 활용한 광역철도망 구축
(2) 지방 대도시권 등 활성화를 위한 신규 광역철도 건설
(3) 지방 광역철도 활성화를 위한 제도개선 추진

라. 수도권 교통혼잡 해소

(1) 광역급행철도망 구축
(2) 신규 광역철도망 확대

마. 산업발전 기반조성

(1) 철도를 통한 산업활동 지원
(2) 철도산업 도약을 위한 기반시설 조성

바. 안전하고 편리한 이용환경 조성

(1) 성능중심 철도시설 관리체계 구축을 통한 철도안전 강화
(2) 이용자가 편리한 철도환경 조성
(3) 환경친화적인 철도건설 추진

사. 남북, 대륙철도 연계 대비

(1) 통일시대에 대비한 남북철도 연결
(2) 남북/대륙철도 연결 및 국제철도 운행 준비

3. 계획완료에 따른 주요 지표변화 예상(효과)

가. 영업거리 및 전철화 변화

구분	2019 (A)	2030 (B)	비고 (B/A)
영업거리 (km)	4,274.2 km	5,340.6 km	125%
복선화 (%)	2,753.6km (64.4%)	3,280.3km (61.4%)	119%
전철화 (%)	3,116.2km (72.9%)	4,182.6km (78.3%)	134%

※ 철도 수송분담률은 11.5%('19년)에서 5%p 수준 증가(약 17%) 예상

나. 철도운영 효율화

(1) 고속 · 고속화철도 운행용량 확보*로 수도권과 지역 간, 지역 주요거점 간 원활한 교류가 가능해지며, 철도 관련기관 수입증대 효과 기대

(2) 기존 시설의 효율적 활용을 통한 속도향상 및 재정부담 경감

다. 주요거점간 이동시간 단축

(1) 기존선로 고속화 개량, 신규 고속철도 서비스 제공 등을 통해 고속 서비스를 확대하고, 지역 거점 간 이동시간을 획기적으로 단축

라. 국민생활 여건 개선

(1) 수도권 및 지방 대도시권 등 주요 광역권 출퇴근 시간 단축

(2) 철도이용 증가에 따른 환경오염물질 배출 저감

(3) 승용차 등 도로이용 감소에 따른 교통사고 감소

마. 철도산업 발전 기반 조성

(1) 오송 철도종합시험선로 순환선 확보로 국내 철도차량 수요대응과 해외수출 차량의 기술 · 안전성 확보에 기여

바. 경제적 파급효과

생산유발효과(억원)	부가가치유발효과(억원)	고용유발효과(인)
1,801,517	751,016	469,961

17.2 설계기준 및 절차

17.2.1 전기철도 공사 기본설계 보고서 작성 항목

1. 기본설계 흐름도

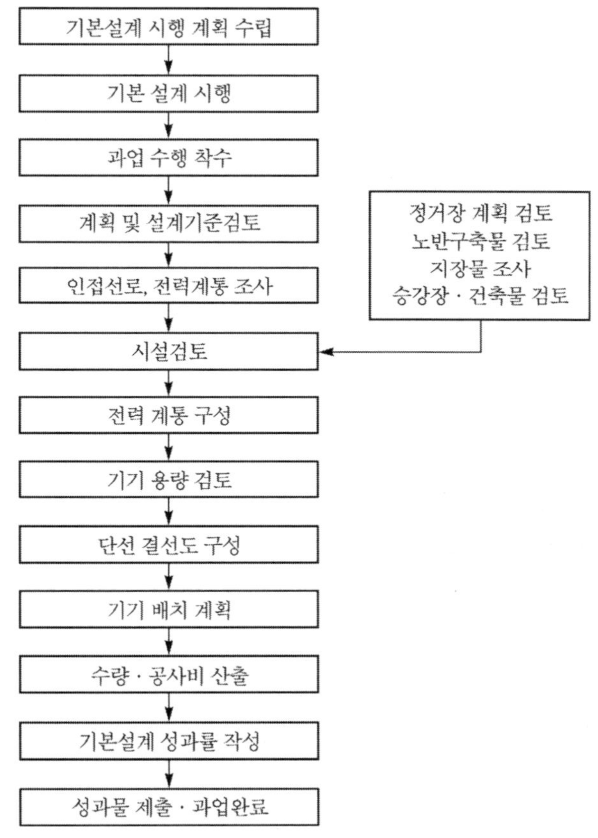

2. 기본설계에서 시행할 주요 기술적 검토 사항

가. 설계 기준 및 관련 계획 검토
나. 노선 현황 검토
다. 열차운행 계획 검토(중 · 장기 포함)
라. 환경 영향 및 교통영향성 평가(검토) ➪ 평가는 별도시행
마. 노선측량, 지반 및 수리 등 조사
바. 지상, 지하 지장물 조사 및 이전 대책 검토

사. 전철 급전 계통 구성

(1) 변전소, 구분소, 보조구분소 위치 선정 및 적정성 검토

(2) 변전설비 위치 선정에 따른 절연구분장치 설치조건 검토

(3) 유치선, 검수선, 차량기지 등 급전 계통 구분 방안 검토

(4) 인접 전기 방식 및 연장급전 방안 검토(연계운영 방안)

아. 지지물 배치 계획 및 표준 장주도 작성

자. 각종 기기별 배치계획 검토 및 작성

차. 공사기간 및 시공계획 검토 작성

카. 공사구간의 기후 조사

타. 개략공사비 산출

3. 기본 설계 보고서 주요내용(항목)

가. 전기 방식 및 급전 방식

나. 가선 방식 및 지지물 방식 비교

다. 전선의 선종 및 규격 검토 결정

라. 구분장치의 위치 및 종별

마. 가공 전차선로 조가 방식

바. 장력조정 장치 종별

사. 각종 설비의 경제성, 안전성, 경량화 방안

아. 내부식성 및 보호방식검토제시

자. 애자 적용 종별 선정비교

차. 각종 건널선 장치, 평행개소, 균압설비 등의 제시

카. 전원 안정화 대책 검토 제시

타. 신기술, 신공법 적용 기술적 검토 제시 등

17.2.2 전차선로 실시설계 평면도 및 장주도

1. 개요

가. 전차선로 실시설계는 기본설계 결과를 토대로 시설물의 규모, 배치, 형태, 공사방법과 공사기간, 공사비, 유지관리 등에 대하여 세부조사 및 분석, 비교 및 검토를 통해 실질적인 공사 시공을 위한 설계단계로서 시공 및 유지관리에 필요한 설계도서, 설계도면, 시방서, 수량 및 단가산출서, 자재사양서, 기타 필요한 사항을 작성하는 설계를 말하며,

나. 전차선로 설계도면은 평면도, 표준도 및 상세도(장주도) 등을 작성하도록 설계기준 등에서 명시하고 있음

2. 평면도 설계(Pegging Plan)

가. 설계에서의 평면도 설계(Pegging Plan)는 철도선로 평면도를 기본으로 현장조사 및 실측측량을 시행하고 축척에 맞게 선로 평면도의 궤도중심선에 따라 전주의 위치, 지지물 형태, 가선선종 및 긍장거리, 인류장치, 구분장치, 건널선장치 등 각종 시스템 위치 및 종별을 전차선로 표준심벌을 적용하여 평면도로 작성하는 것을 말함

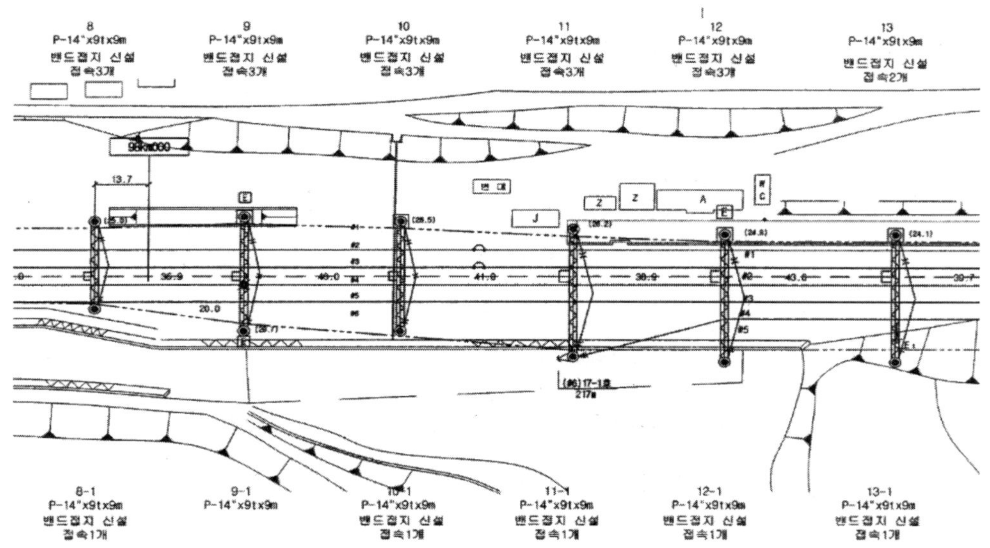

그림 17.2.1 전차선로 평면도

나. 전차선로 평면도면은 선로방향에 따라 작성되는데 기본적으로 좌측을 시점측, 우측을 종점측으로 하여 상·하선별, 급전계통별로 작성하며, 도면에 표시하는 사항을 아래 항목과 같이 세부적으로 정하여 구간별로 작성하고 있음

(1) 전차선은 궤도중심선에 따라 전차선·조가선을 일괄하여 1선으로하고 기타 가공선은 급전선, 부급전선, 보호선, 가공지선별로 선종, 단면적별 조수, 긍장, 위치, 인류구간거리 등을 표시함

(2) 지지물은 선로를 따라 지지물형태, 위치, 경간거리, 일련번호, 주장, 전주기초형별, 지선위치 및 형상, 설치방향 등을 표시

(3) 가동브래킷 형 및 게이지, 인류장치, 장력조정장치, 구분장치, 균압선, 흐름방지장치, 건널선장치 위치 및 종별 등을 표시

(4) 인류장치, 장력조정장치, 흐름방지방치, 구분장치, 균압선 등의 위치와 종별 등을 표시

(5) 단로기, 보안기, 정지장치, 신호기 등 제표지류 위치 및 종별 표시

(6) 완철, 전주대용물, 급전분기점, 중성선(흡상선), 보호선, 접속선의 위치 및 종별 표시

(7) 변전소, 구분소 등의 인출모선의 위치, 선종, 거리 등의 표시

(8) 선로키로정, 곡선반경, 변구배점, 지형, 주요 구축물의 위치 및 명칭 표시

(9) 터널・교량의 위치 및 길이, 건널목 또는 과선교의 위치, 높이, 폭 등의 표시

(10) 기타 필요한 사항을 도면에 표시

3. 장주도(Mounting Diagram) 설계

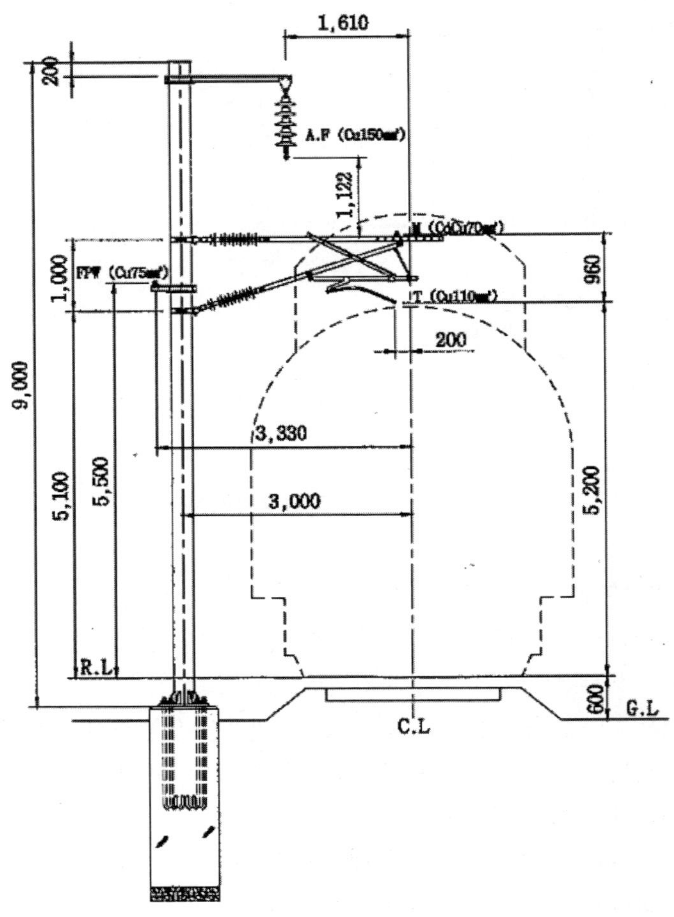

그림 17.2.2 전차선로 장주도(토공구간)

가. 장주도(Mounting Diagram)는 선로 직각방향에서 전차선로를 정면으로 바라본 상태를 도면으로 작성한 것으로 기본적으로 지지물 또는 구조물 위치에서 전주, 기초, 가동브래킷, 전차선 및 조가선을 포함한 전선류 등을 도상에 작성하여 위치, 크기, 장주별 사용자재, 구조물 강도계산 등에 활용하고, 복잡한 구조물에 대한 완벽한 시공 및 유지관리 자료 활용이 가능함

나. 향후 전차선로 설계에도 건축물에서 적용하고 있는 3D를 활용한 BIM 설계기법을 도입한다면 시공 및 유지관리에 과학적이고 효율적인 설계가 되리라 생각됨

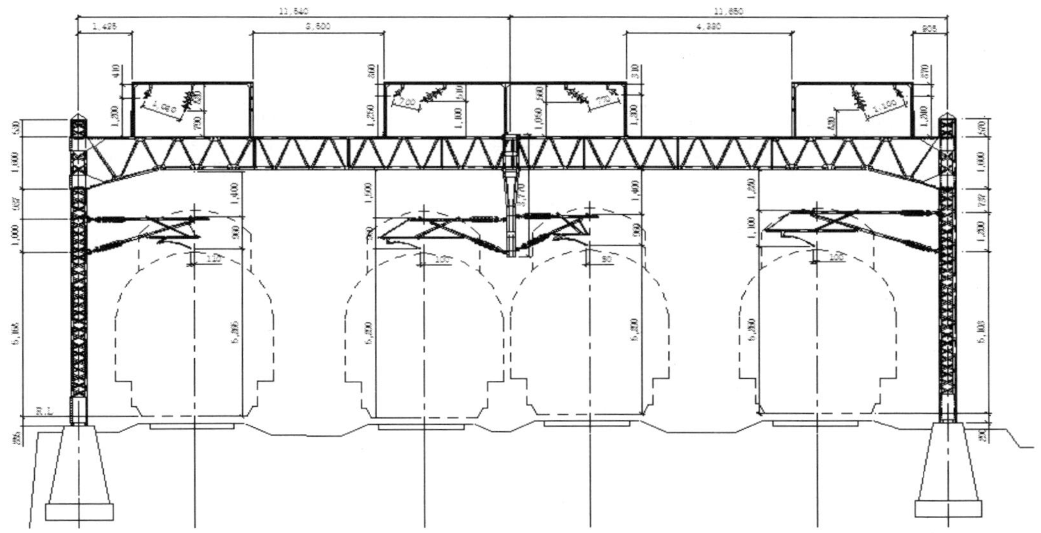

그림 17.2.3 전차선로 장주도(역구내, 빔개소)

17.2.3 국내 전차선로 설계속도 등급과 적용 노선

1. 개요

설계속도란 해당선로를 설계할 때 기준이 되는 상한 속도로 전기설비의 설계 속도는 동일 선구에서 노반과 궤도의 최고 설계속도를 기준으로 하되 장래의 속도향상 계획에 따른 경제성 및 유지보수성을 고려하여 결정함

2. 설계속도 선정시 주의사항

신설 및 개량노선의 설계속도를 정하기 위해서는 다음 각호의 사항을 고려하여 속도별 비용 및 효과분석을 실시하여야 함

가. 초기건설비, 운영비, 유지보수 비용 및 차량구입비 등의 총 비용대 효과 분석
나. 역간거리
다. 해당 노선의 기능(여객전용, 화물전용 또는 여객과 화물 겸용, 입환 등)
라. 장래 교통수요의 변화 등

3. 전차선로 설계속도 등급과 적용노선

국내에서 적용하는 기준은 전차선로 설비의 표준화와 품질확보를 위하여 전차선로 속도등급은 7등급으로 구분하고, 적용노선은 표 17.2.1과 같음

표 17.2.1 전차선로 설계속도 및 적용노선

전차선로 속도등급	설계속도 V[km/h]	적용노선
350 키로급	$300 < V \le 350$	호남고속철도, 수도권고속철도
300 키로급	$250 < V \le 300$	경부고속철도
250 키로급	$200 < V \le 250$	원주–강릉, 서해선 복선전철
200 키로급	$150 < V \le 200$	경춘선, 호남선, 전라선
150 키로급	$120 < V \le 150$	경전선 일부구간
120 키로급	$70 < V \le 120$	수도권전철(지상구간)
70 키로급	$V \le 70$	차량기지, 구내측선 등

17.2.4 전력기술관리법상 설계도서 보관 의무기간

1. 전력시설물의 설계도서 작성

가. 전력시설물의 설계 도서 작성에 대해서는 전력기술관리법 제11조에서 국가 기술자격법에 따른 전기분야 기술사가 작성하도록 규정하고 있으며, 표준설계 도서, 신공법, 특수공법을 적용하는 경우는 예외로 하고 있음
나. 또한, 자가용 전기설비 중 용량 증설이 필요하지 않는 유지보수 공사에 대한 설계도서는 국가기술자격 취득자로서 대통령령에서 정하는 바에 따라 설계사가 작성할 수 있음
다. 전기분야 기술사 및 설계사의 업무범위, 설계도서의 보관, 설계사의 면허 발급 등 필요한 사항은 대통령령으로 정하고 있음

2. 설계도서의 보관 의무

전력기술관리법 제11조에 의한 설계도서의 보관 의무기간은 시행령 제19조에서 대통령령으로 아래와 같이 규정하고 있음

가. 전력시설물의 소유자 및 관리 주체는 전력시설물에 대한 실시설계 도서 및 준공설계 도서를 시설물이 폐지될 때까지 보관할 것

나. 설계업자는 그가 작성하거나 제공한 실시설계 도서를 해당 전력시설물이 준공된후 5년간 보관할 것

다. 전력시설물에 대한 공사 감리업자는 그가 공사감리한 준공설계 도서를 하자담보 책임 기간이 끝날 때까지 보관할 것

17.2.5 전기철도 설비의 기본 및 실시설계 단계별 시행목적 및 내용

1. 기본설계 및 실시설계의 정의

가. 기본설계의 정의

예비타당성 조사, 타당성 조사 및 기본계획을 감안하여 시설물의 규모, 배치, 형태, 개략공사 방법 및 기간, 개략 공사비 등에 관한 조사, 분석, 비교, 검토를 거쳐 최적안을 도출하여 선정하고, 이를 설계도서로 표현하여 제시하는 설계업무로서 각종사업의 인·허가를 위한 설계를 포함하며, 설계기준 및 실시설계 용역에 필요한 기술자료를 작성하는 것을 말함

나. 실시설계의 정의

기본설계 결과를 토대로 시설물의 규모, 배치, 형태, 공사방법과 기간, 공사비, 유지관리 등에 관하여 세부조사 및 분석, 비교, 검토를 통하여 최적안을 선정하여 시공 및 유지관리에 필요한 설계도서, 도면, 시방서, 내역서, 계산 등을 작성하는 것을 말함

2. 전기철도 건설의 사업 수행절차

가. 단계별 사업수행 목적

전기철도 건설 사업에 대한 계획수립과 설계 단계별 업무에 대하여 정의하여 설계 단계별로 원활한 업무를 추진하고, 관련 법령, 타 설비와 의 인터페이스, 주변환경 및 경제성 등을 비교·검토하여 최적의 성과물을 도출하고자 함

나. 전기철도 건설 사업의 수행단계

(1) 사업구상 및 예비 타당성 조사
(2) 타당성 조사 및 기본계획 수립
(3) 기본설계
(4) 실시설계
(5) 시공 및 준공

3. 기본 및 실시설계 주요내용

가. 기본설계 주요 내용 ➪ 최적안 선정을 설계도서로 제시하는 단계

(1) 설계 개요 및 법령 등 제기준의 검토
(2) 기본계획 및 노반 기본설계 결과 검토
(3) 예비타당성 조사 및 타당성 조사 결과의 검토
(4) 공사지역의 문화재 지표조사 및 설계반영 여부 검토
(5) 기본적인 구조물의 형식 및 적용 공법의 비교・검토
(6) 기술적 대안 및 대안별 시설물의 비교・검토
(7) 시설물의 기능별 배치 방안 검토
(8) 개략 공사비 및 공사 기간 산정
(9) 측량 및 지반・지질・기상・기후 조사
(10) 주요자재 및 장비의 사용성 검토
(11) 설계도서 및 개략 공사 시방서 작성
(12) 설계 설명서 및 계산서, 기타 관계 규정에 의한 검토 사항

나. 실시설계 주요 내용 ➪ 최적안 선정에 대한 시공 및 유지관리에 필요한 설계도서를 작성하는 단계

(1) 설계 개요 및 법령 등 제기준의 검토
(2) 기본설계 결과의 검토
(3) 구조물 강도계산 및 형식 결정에 대한 설계
(4) 구조물별 적용공법 결정 및 설계
(5) 시설물의 기능별 배치 결정
(6) 공사비 및 공사기간 산정
(7) 토취장, 골재원 등의 조사 확인 및 자재공급 계획
(8) 기본 공정표 및 상세 공정표의 작성
(9) 시방서, 물량내역서, 단가규정 및 수리계산서 작성 등

17.2.6 154[kV] 수전선로 경과지 기본조건과 설계측량

1. 154[kV] 설계측량 목적

154[kV] 수전선로의 신설 및 증설공사의 설계 및 시공에 앞서 시행하는 예정 경과지에 대한 정확하고 세밀한 설계 및 지적 측량 결과를 통하여 가장 합리적이며 안전하고 경제적인 수전선로 건설을 위하여 제반 설계자료(지지물의 위치, 지지물 형 및 높이, 장애물 등)의

대관, 대민 협의 자료를 수집, 검토, 협의, 결정하기 위한 목적으로 설계측량을 시행함

2. 경과지에 대한 기본 조건

가. 경과지 답사

예상 경과지에 대한 현지의 지형, 장애물, 지형도 및 도시계획 등을 조사, 확인하는 업무로서 경과지 선정을 위한 기본조건과 피해야할 장소 등을 파악하기 위하여 예비답사 ➪ 대관협의 ➪ 본답사 ➪ 경과지 선정 등의 절차를 거침.

나. 경과지에 대한 기본조건

(1) 수전선로의 건설비 및 유지비를 최소로 함
(2) 장래 설비 계획에 지장이 없도록 하여야 함
(3) 연약한 지반을 피하여 유지보수가 용이하도록 하여야 함

다. 반드시 피해야 할 장소

(1) 건조물이 많은 지역으로 장래 주택이나 공장지대로 발전 가능지역
(2) 지형변화가 쉬운 장소(산사태, 눈사태, 흙사태, 홍수 피해 등)
(3) 시가지, 학교, 사적지, 기타 인가 밀집지역

라. 가급적 피해야 할 장소

(1) 비행장 인근, 화약고 및 기타 폭발위험이 있는 개소
(2) 항공방제 구역, 군사시설 보호지역 및 기타 특수개소
(3) 농경지 정리지역 또는 대단위 과수지역
(4) 시가지 기타 인가 밀집지역

3. 측량의 절차 및 종류

가. 측량 절차

(1) 답사 및 대관협의 결과에 따라 선정된 경과지에 대하여 관계규정에 의하여 측량을 시행하여 지지물의 위치, 형 및 높이, 애자련 등을 결정하며,
(2) 측량의 정확성을 위하여 기초측량을 실시한 후 이를 기본으로 지형측량, 지하 매설물 조사 기록하고, 완성된 현황도에 수전선로 경과지 중심선을 선정하여 중심, 종단, 횡단 측량 등을 시행함

중심측량 종단측량 평면측량	➪	철탑부지 측량 산복 측량 진입로 측량	➪	검사측량

나. 수전선로 측량의 종류 및 시행방법

(1) 중심측량

선정된 경과지에 대하여 중심선 결정을 위한 측량으로 지지물 위치에 본 말목을 설치함

(2) 종단측량

수전선로의 종단도 작성을 위한 측량으로 중심 및 선하 측량이 있으며, 선하종단의 결과에 따라 산복 측량을 시행함

(3) 평면측량

경과지 중심선의 좌·우 100[m] 구역내의 송전선과 교차 또는 접근하는 타공작물 등과의 평면관계 위치를 확인하기 위한 측량

(4) 철탑부지 측량

철탑부지에 대한 평면 및 단면도 작성을 위한 측량

(5) 산복측량

전선이 60° 횡진했을 때 이도를 상정한 이격거리가 확보된 지지물의 높이를 결정하기 위한 측량으로 측점기준 선하위치에서 산측(90° 방향)의 지형을 측량하는 것

(6) 진입로 측량

철탑부지에 대한 굴착 및 운반장비 진입이 가능한 개설을 위한 측량으로 폭 4[m]를 기준함

(7) 검사측량

측량의 결과는 반드시 중심, 종단, 평면 및 철탑부지에 대한 검측을 시행하여 최종 확인하는 측량

17.2.7 전기철도 설비에 대한 내진설계(일본 및 국내 사례)

1. 개요(일본사례)

가. 전기설비의 강도는 일반적으로 태풍에 의한 풍압하중 및 기온에 의한 첨가선 장력의 변화(횡장력의 증가)를 고려하는 것으로 안전하다고 되어 왔으나, 설비의 대형화 및 고속철도 등의 전차선로설비의 형태가 크게 변화하고 과거 30년 사이에 일본 등에서 대규모 지진이 발생하여 전차선설비도 큰 피해를 입었으므로 내진설계의 필요성이 재인식되었음

나. 내진강도의 계산방법은 대규모 지진의 피해상황에서 토목/건축/전기 등의 각 분야에서 제정되어 그 때마다 수정이 진행되어 왔고, 전기설비에 대해서는 1978년 미야기현 앞바다 지진과 1995년 효고현 남부 지진의 경험에서 수정된 지진설계 개념을 구체적으로 적용하고 있음

2. 내진설계 방법

1978년 미야기현 앞바다 지진에서는 건설도상인 도호쿠(東北)신간선의 설비에 큰 피해가 있으며, 전차선로설비에 대한 최초의 내진설계법이 제정되어 전차선로설비와 그것을 지지하는 구조물(고가교 등)과의 동적 상호작용을 고려하여, 수정진도법이라고 하는 방법으로 고가상의 지지물에 적용하여 계산하도록 하였음

가. 수정 진도법

(1) 하중

전차선로설비와 구조물의 조합에 의한 각종 계수(수정계수)를 근거로 지진하중을 산정한다. 또한 지진하중과 풍압하중은 경합하지 않는 것으로 함

(2) 강도

진도 5(200[gal])에서 항복점 강도, 진도 6(300[gal])에서 파괴강도와 비교하여 판정함

나. 동적 해석법

(1) 1995년 효고현 남부 지진에서는 한신(阪神)지구의 모든 설비에 큰 피해가 발생하여, 전차선로 설비도 고가개소에서 큰 영향을 받게 되어 각 분야에서 피해의 분석과 내진설계법이 검토되어, 전차선로 관계에서는 토목구조물의 내진설계법과의 정합을 취하면서 대폭적인 수정이 진행되었음

(2) 내진설계법은 이제까지의 수정 진도법을 근거로 지반, 고가교, 전차선로설비의 상호작용(공진현상)에서 지진하중을 산정하였으나, 주로 고가의 지지물에 동적해석법이라고 하는 방법을 적용하게 됨

(3) 하중

전차선로설비의 고유주기를 산출하여 토목구조물과의 공진현상에서 응답가속도를 구하여 지진하중을 산정하며, 지진하중과 풍압하중은 경합하지 않는 것으로 계산함

(4) 강도

대지진에서 파괴하지 않는 조건으로서 허용 모멘트 혹은 허용 응력도를 2배로 하여 1.1(구조물 계수)로 나눈 값으로 판정함

3. 응력 검정의 개념

가. 지진에 의한 하중과 응력의 검정에 대하여, 수정진도법과 동적해석법에 따라 다르지만, 현재는 동적해석법에 의한 것으로 되어있음

나. 동적해석법의 기본은 지진에 의해 설비가 크게 변형하여도 파괴하는 일이 없도록 강도를 확보하는 개념이며, 파괴(전주의 도괴 등)하는 것을 막는 것으로 응급복구의 신속화를 기대한 것이라고 함

다. 따라서, 각 구조물에 대한 부재 등의 강도는 파괴하중에 대하여 10%의 여유를 남기는 개념에서 구체적인 예로서 다음과 같은 판정치를 이용할 수 있음

(1) 콘크리트 주 : $\frac{(\text{허용모멘트})\times 2}{1.1} = Ma \times 1.818$ ➪ 허용모멘트의 1.8배 이하

(2) 강재류 경우 : $\frac{(\text{허용모멘트})\times 2}{1.1} = f \times 1.818$ ➪ 허용응력도의 1.8배 이하

4. 내진설계의 절차 및 순서

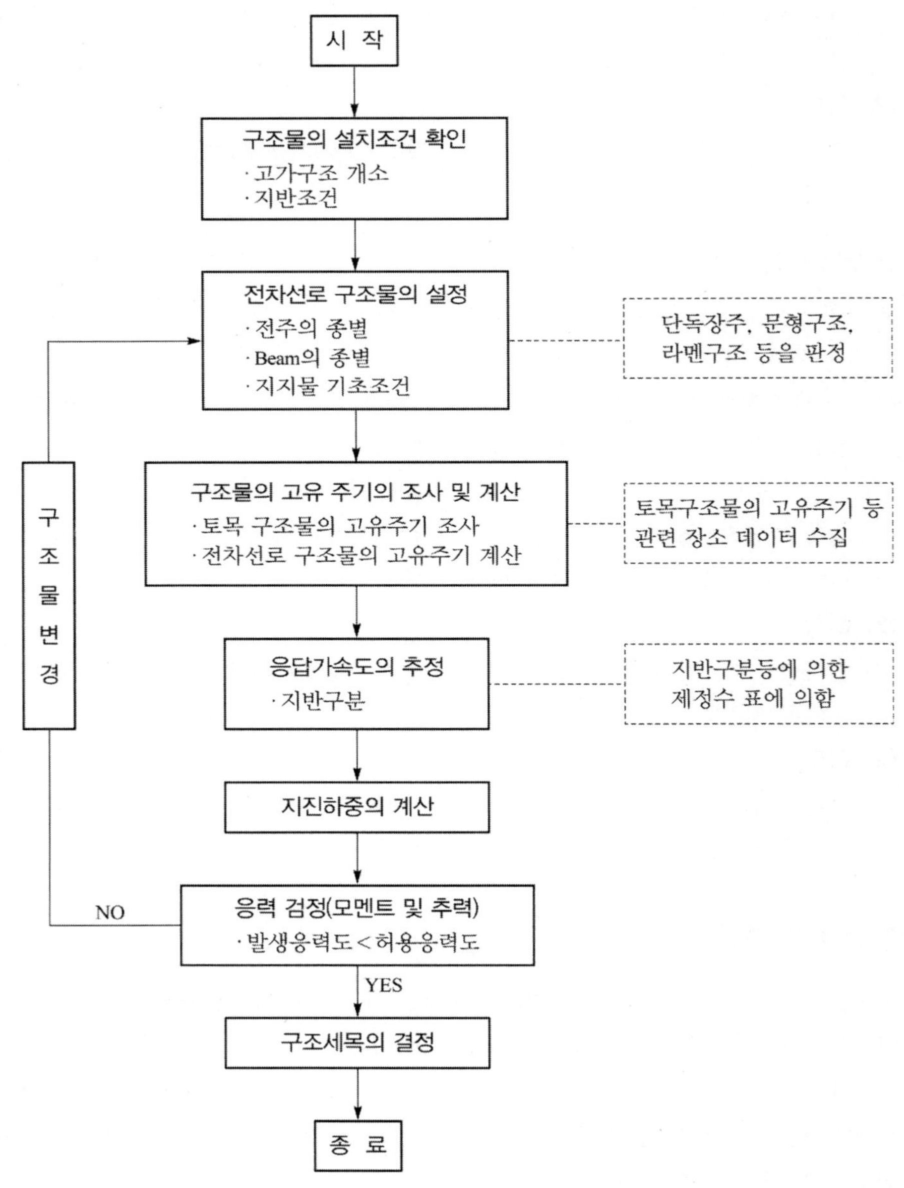

5. 국내 전기철도 구조물의 지진에 대한 구조해석

가. 철주 구조물의 해석시 자중, 설계하중 등의 수직하중과 지진하중, 횡장력 등의 수평하중이 작용하는데 통상 철주구조물은 무게 1톤 내외의 경량 구조물로서 지진으로 인한 수평하중은 최대 지진하중 Factor를 고려할 경우 0.14 정도이므로 수평력은 $H = 0.14 \times W = 0.14 \times 1{,}000 = 140[\mathrm{kg}]$ 정도이며,

나. 풍하중은 부재 단위면적 당 $166[\mathrm{kg/m^2}]$의 힘이 작용하므로 전체 구조물의 투영면적이 $5[\mathrm{m^2}]$ 정도로 예상하면 $H = 5 \times 166 = 830[\mathrm{kg}]$이므로 지진하중의 4~5배가 되어 철주 구조물 해석시 풍하중에 대해서 고려하면 충분하므로 지진하중에 대한 고려는 통상 시행하지 않아도 됨

다. 옥외 전철변전소의 경우 주변압기, AT 및 GIS 기초는 통기초로 전체가 지중에 매설되어 지진에 대한 고려가 필요없고, 옥내 전철변전소의 경우 건축 구조물 설계 시 지진에 대한 구조해석을 건축 설계 시 반영하고 있으며, 철주기초는 철주 구조물 계산시의 Factor 가 고려되어 있으므로 지진에 대한 고려가 필요 없음

라. 국내의 내진설계 기준은 건축법, 도로교 표준시방서, 터널공사 표준시방서, 댐시설, 고속철도 콘크리트 구조물 등에서 지진구역과 가속도 계수를 정하여 적용하고 있음

17.2.8 전차선로 시스템 설계 시 가선계 및 가선자재의 선정 기준

1. 전차선로의 계획시 고려사항

가. 전차선로는 변전소로부터 전기차량까지 전력을 공급하기 위한 전선로로 노선, 전기차량의 특성, 열차운행 계획, 장래 전철망 구축계획 등을 종합적으로 고려하여 선정함

나. 전차선로의 설계 속도는 전기차량이 운행하는 최고속도로 해당 노선의 설계속도와 동일하며, 구간별로 속도를 달리 정할 수 있고, 장래 노선의 속도향상을 고려하여 전차선로 속도향상 방안을 고려하여야 함

다. 가선범위와 전기적인 계통 구분은 철도운영자와 충분히 협의하여 합리적으로 결정하여야 함

라. 전차선로는 전기차량의 주행에 따른 선로정수, 급전거리 및 연장급전, 전압강하, 보호협조, 절연협조, 이격거리 등 전기적인 특성과 각종 무게, 풍압, 하중, 압상력 등 기계적인 특성을 종합적으로 검토하여 요구 성능을 충족하도록 설계하여야 함

마. 전차선로의 자재들은 내구성과 안전성 및 운용성, 유지보수성, 시공성 등을 고려하여 선전하되 친환경 제품을 우선적으로 적용함

2. 전차선로 조가방식 및 가선계의 선정 기준

가. 설계속도와 선로조건을 고려하여 조가방식을 선정함

나. 가선계(가고, 장력, 경간, 드로퍼간격, 선종 등)은 토공, 교량구간, 터널구간에 대하여 설계속도, 팬터그래프의 동특성, 차량부하의 용량, 선로조건, 환경조건을 고려하여 전차선로 동적성능 기준에 만족하도록 결정함

다. 최대 인류거리는 선종 및 장력, 기후조건에 따라 결정하며, 드로퍼는 설치간격과 선종을 고려하여 결정함

라. 드로퍼 설치간격은 5[m]를 표준으로 하고, 속도 등급에 따라 2.5[m]에서 6.75[m] 등의 규격을 사용할 수 있으며, 전차선로 가선 시스템에 따라 조정 할 수 있음

마. 전차선은 사전이도(Pre-Sag) 가선으로 설계할 수 있으며, 사전이도량은 전차선로 속도등급, 차량제원에 따라 경간/1,000 또는 경간/2,000 등으로 설계 함

바. 전차선 지지점의 압상량은 정상적인 운행상태에서 최대 경간길이에 대하여 산출하고, 최대 압상량은 지지점에서 압상량 제한장치가 있을 경우에는 산출 압상량의 1.5배 이하, 제한장치가 없는 경우에는 2배 이하로 함

사. 커티너리 방식의 경우 가선계의 최고속도는 파동전파속도의 70[%] 이하가 되도록 하되, 설계 속도등급에 따라 표준이 있을 경우는 표준에 따름.

아. 전차선의 파동전파속도를 향상시키기 위해서는 전차선의 장력을 크게하고, 전차선의 단위 길이당 질량을 감소시킬 수 있는 선종을 채택함

자. 가선계와 팬터그래프 주행 동적특성은 시뮬레이션을 통해 검증하여야 하며, 기 검증된 설계가 있거나 가선계를 적용하여 전기차량을 운행하는 선구가 있을 경우에는 생략할 수 있음

3. 주요 가선자재의 선정 기준

가. 자재의 선정시 KRS, KS, KRSA을 따라야 하며, 새로운 규격을 적용할 경우에는 검증을 거친후 적용함

나. 전차선, 조가선, 드로퍼 등 가선계에 사용하는 전선은 당해선구를 운행하는 전기차의 부하특성, 가선장력, 마모특성, 허용전류 등을 고려하여 선정함

다. 전차선의 마모는 전차선의 최대 허용수명에 도달하기전 팬터그래프 통과 횟수가 최소 2백만회가 될 수 있는 재질의 전차선으로 설계하여야 함

라. 급전선, 보호선에 사용하는 전선은 전기차의 부하특성 등 운전조건과 공해・기후・구조물・내식성 및 기타 조건을 고려하여야 함

마. 부하전류에 의한 가선의 최대온도 상승이 재료의 기계적 특성이 손상되지 않아야 하고, 지리적 조건과 관련하여 사용하는 가공 전차선의 최대 설계온도를 초과하지 않도록 선정하여야 함

바. 가동 브래킷은 설계속도, 가고, 환경조건, 시공조건을 고려하여 선정하며, 금구류는 금구에 작용하는 하중과 그 목적을 고려하여 선정함

사. 자동장력 조정장치는 장력의 크기, 선종의 온도변화량, 인류길이, 선로조건, 설치장소 등을 고려하여 결정하며, 전차선과 조가선의 일괄조정 또는 분리조정으로 설계할 수 있으며, 고속철도 구간은 분리함을 원칙으로 함

아. 절연구분애자는 절연성능과 설계속도, 전차선로 조건, 환경조건을 고려하여 선정함

17.2.9 설계 및 시공 VE(Value Engineering) 개념과 활동 과정

1. 개요

가. Value Engineering(VE : 가치공학)이란 프로젝트 설계 및 시공 등 전 과정에서 최소의 비용으로 최대의 성과를 달성하기 위하여 기능분석과 개선에 의한 프로젝트의 예산절감 방안을 도출하는 조직적인 노력을 말함

나. 건설현장에서 최소의 비용으로 각 공사에서 요구하는 공사기간, 품질, 안전 등 필요한 요소를 철저히 분석하여 원가절감을 찾아내는 활동을 추진하게 됨

다. VE는 초기 투자비와 구조물의 Operation Cost를 합계한 종합적인 비용 측면에서 고려하고 있음

라. 관계 법령 및 기준 근거

(1) 건설기술진흥법 (제75조) : 설계의 경제성 등 검토

(2) 기재부 총사업비 관리지침 : 세부시행사업의 VE 시행 의무화

(3) 국토교통부 고시 : 설계의 경제성 등 검토에 관한 지침

(4) 국가철도공단 지침 : 철도건설사업 설계 VE 업무 지침

2. VE 개념 및 기본원리

가. 제품 구성요소별 기능연구를 통한 가치혁신을 통하여 제품기능을 향상하고 불필요하거나 과잉 또는 중복된 요소를 제거함으로서 운가절감 달성.

나. 기능을 향상 또는 유지하면서 비용을 최소화하여 가치(Value)를 극대화 시키는 방법으로 아래와 같이 표시함

$$V = F/C$$

여기서, V (Value) : 가치, F (Funtion) : 기능, 효과, C (Cost) : 비용

다. VE 시행시기별 효과 예측

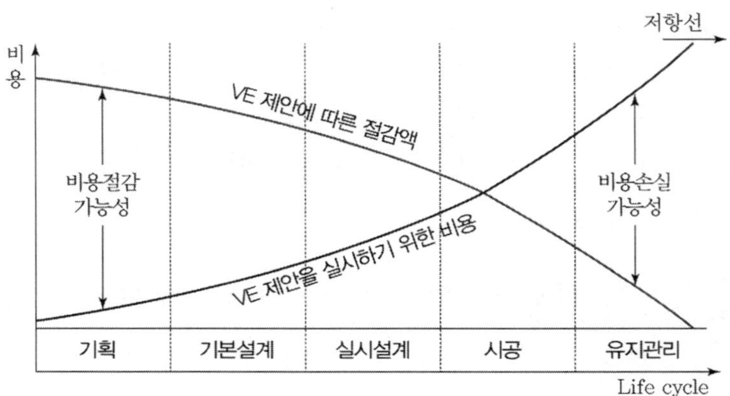

3. 설계 VE와 시공 VE

가. 설계 VE

(1) 계획, 설계단계에서 발주자가 당해 프로젝트에 종사하지 않는 사람들로 하여금 새로운 VE 팀을 구성하고, 당초 설계를 재검토하여 LCC 절감을 위한 대체 안을 작성하며 채택된 건에 대해서는 최종설계에 반영토록하는 활동을 말함

(2) 설계자에 의한 VE 활동과정

① 설계의 단순화 및 규격화

② 가능한 기성 재료의 Module 에 맞게 설계

③ 설계 시 경험, 판단력이 풍부한 현장 기술자의 자문

④ 불필요한 특수 시공요소의 최소화

나. 시공 VE

(1) 시공단계에서 당초 설계에 종사하지 않은 외부 전문가를 중심으로 시공 VE 팀을 구성하여 LCC 절감을 위하여 시공공정을 재검토하여 대체 안을 작성하고 시공단계에 적용하는 것을 말함

(2) 시공자에 의한 VE 활동과정

① 경제적인 공법 및 장비 활용

② 실질적인 안전대책 수립

③ 원가절감 시공에 따른 인센티브 지급

④ 입찰 전 현지여건, 인력공급 등의 사업검토

4. 설계 및 시공 VE 절차 및 방법

가. 준비단계
  (1) 설계 및 시공 VE 요청서 접수
  (2) VE 수행방안 수립
  (2) VE 실무팀 구성 (내부/외부 위원선정)
  (3) 사전검토(관련자료 수집, 설계성과물 검토, 프로젝트 설정 등)
  (4) 현장답사 및 정보수집(요구사항, 검토대상 선정)

나. 분석단계
  (1) 사용자 및 발주자 요구사항 측정
    - 안전성, 환경성, 공정관리성, 품질관리성 등
  (2) 원 설계 내용 파악 및 검토
  (3) 성능속성 항목정의 및 평가
    - 시공성, 안전성, 유지보수성, 환경성, 신뢰성, 미관성
  (4) 제안내용 최종검토 및 채택여부 결정
  (5) 최종 VE 결과 발표 및 회의 종료

다. 실행단계
  (1) 시공 VE 채택 아이디어 관계부서에 통보
  (2) 시공 VE 심사결과 반영 조치
  (3) 사후관리 : 실행모니터링 및 사례집 발간 등

17.3 · 감리업무 수행 절차

17.3.1 전기공사 책임감리시 발주청, 감리원, 시공자의 기본임무

1. 개요

책임감리는 발주청이 발주하는 전기공사에 대하여 감리전문회사가 당해 공사의 설계도서, 기타관계서류의 내용대로 시공되는지 여부를 확인하고, 공사관리, 품질관리 및 안전관리 등에 대한 기술지도를 하며, 발주청의 위탁에 의하여 관계 법령에 따라 발주청의 감독권한을 대행하는 것으로 발주청, 시공자, 감리원의 책임과 기본업무에 대하여 관계 법령 및 지침에서 규정하고 있다.

2. 발주청의 기본임무

가. 전기공사의 계획, 발주, 감리, 시공, 사후 평가 등을 총괄하고 감리 및 시공계획에 필요한 사항을 지원 협력하며, 감리용역 계약에 규정된 바에 따라 성실한 감리가 수행되도록 지도, 점검을 실시하여야 함

(1) 감리 및 시공에 필요한 설계도서, 자재, 장비, 비품 등의 제공

(2) 전기공사 시행에 따른 업무연락, 문제점 파악 및 민원 해결

(3) 공사시행에 필요한 용지 및 지장물보상과 공공기관의 인허가 조치

(4) 감리이행에 필요한 시공자의 자료제출 및 조사업무 보장

(5) 감리원이 보고한 설계변경, 준공기한, 기타 현장실정 방침요구의 결정

(6) 특수공법 등 외부 전문가의 자문, 감리가 필요한 경우 별도 조치

나. 관계 법령에 별도로 정하는 사항 이외에는 정당한 사유 없이 감리원의 업무에 개입 또는 간섭하여 감리원의 권한침해를 금지

다. 관계 법령에 의거 감리대상 공사에 대해 착공 전에 감리전문회사 선정

라. 감리용역 계약, 감리원 배치 및 교체 등의 업무 수행

3. 감리원의 기본임무

가. 관련 법규, 규정에 의해 감리원의 업무를 성실히 수행

나. 당해공사가 설계도서, 기타 공사 관련서류와 동일하게 시공되는지의 여부를 확인하고 품질관리, 시공관리, 안전 및 환경관리에 대한 기술지도

다. 발주청의 위탁에 의하여 관련 법규에 따른 발주청의 감독권한을 총괄적으로 대행

4. 시공자의 기본임무

가. 공사계약에 정하는 바에 따라 현장작업, 시공방법에 대하여 전적인 책임을 지고 신의와 성실의 원칙에 의해 시공

나. 감리원으로부터 재시공, 공사중지 명령, 기타 필요한 조치에 대한 지시를 받을 때에는 특별한 사유가 없는한 이에 응하여야 함

다. 발주청과 공사계약 문서에서 정하는 바에 따라 감리원의 업무에 적극 협조하여야 함

17.3.2 전력기술관리법에서 정하는 감리원의 직무 및 업무범위

1. 개요

전력기술관리법시행령 제23조에서 감리원의 업무범위를 규정하고, 시행령에서 규정하지 않은 사항은 부령인 시행규칙 제22조에서 감리원의 업무에 대하여 규정하고 있음

2. 시행령에 의한 감리원의 업무범위

가. 공사계획의 검토
나. 공정표의 검토
다. 발주자, 공사업자 및 제조자가 작성한 시공 설계도서의 검토·확인
라. 공사가 설계도서의 내용에 적합하게 시공되고 있는지에 대한 확인
마. 전력시설물의 규격에 관한 검토
바. 사용자재의 규격 및 적합성에 대한 검토·확인
사. 전력시설물의 자재 등에 대한 시험성과에 대한 검토·확인
아. 재해 예방대책 및 안전관리의 확인
자. 설계변경에 관한 사항의 검토·확인
차. 공사진행 부분에 대한 조사 및 검사
카. 준공도서의 검토 및 준공검사
타. 하도급의 타당성 검토
파. 설계도서와 시공도면의 내용이 현장조건에 적합한지 여부와 시공 가능성 등에 관한 사전 검토
하. 그 밖에 공사의 질을 높이기 위해 필요한 사항으로 시행규칙에서 정하는 사항

3. 시행규칙에서 정하는 감리원의 세부업무

가. 공통사항

(1) 현장조사 분석
(2) 공사 단계별 기성 확인
(3) 행정지원 업무
(4) 현장 시공상태의 평가 및 기술지도
(5) 공사 감리 업무에 관련되는 각종 일지작성 및 부대업무

나. 책임감리원이 발주자에게 제출하는 보고서 내용

책임감리원은 아래 내용에 대하여 수시보고서, 분기보고서 및 최종보고서를 작성하여

발주자에게 제출하여야 함

(1) 개별 작업의 간략한 설명을 포함한 공정현황
(2) 기자재의 적합성 검토 사항
(3) 품질관리에 관한 사항
(4) 하도급 공사 추진현황
(5) 설계 또는 시공의 변경사항
(6) 나머지 공사의 전망 및 감리계획
(7) 부당 시공 적발 및 시정사항
(8) 해당기간중 시공에 대한 종합 평가
(9) 발주자가 지시하는 사항
(10) 그 밖에 책임감리자가 감리에 필요하다고 인정하는 사항

17.3.3 공사감리자의 착공신고서 검토 업무 흐름도 및 단계별 내용

1. 공사착공 단계의 업무 흐름도

감리용역계약 즉시 상주 및 비상주 감리원의 투입 및 감리업무 수행준비에 대하여 발주자와 협의하고, 계약서상 착수 일에 감리용역을 착수하여 착수신고서(착수계)를 제출하고, 발주자의 승인을 받아야 함

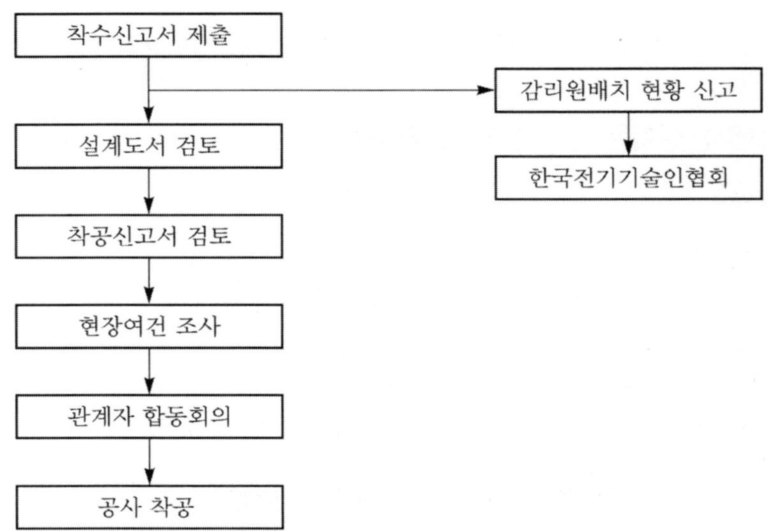

2. 착공신고서 검토 업무 흐름도

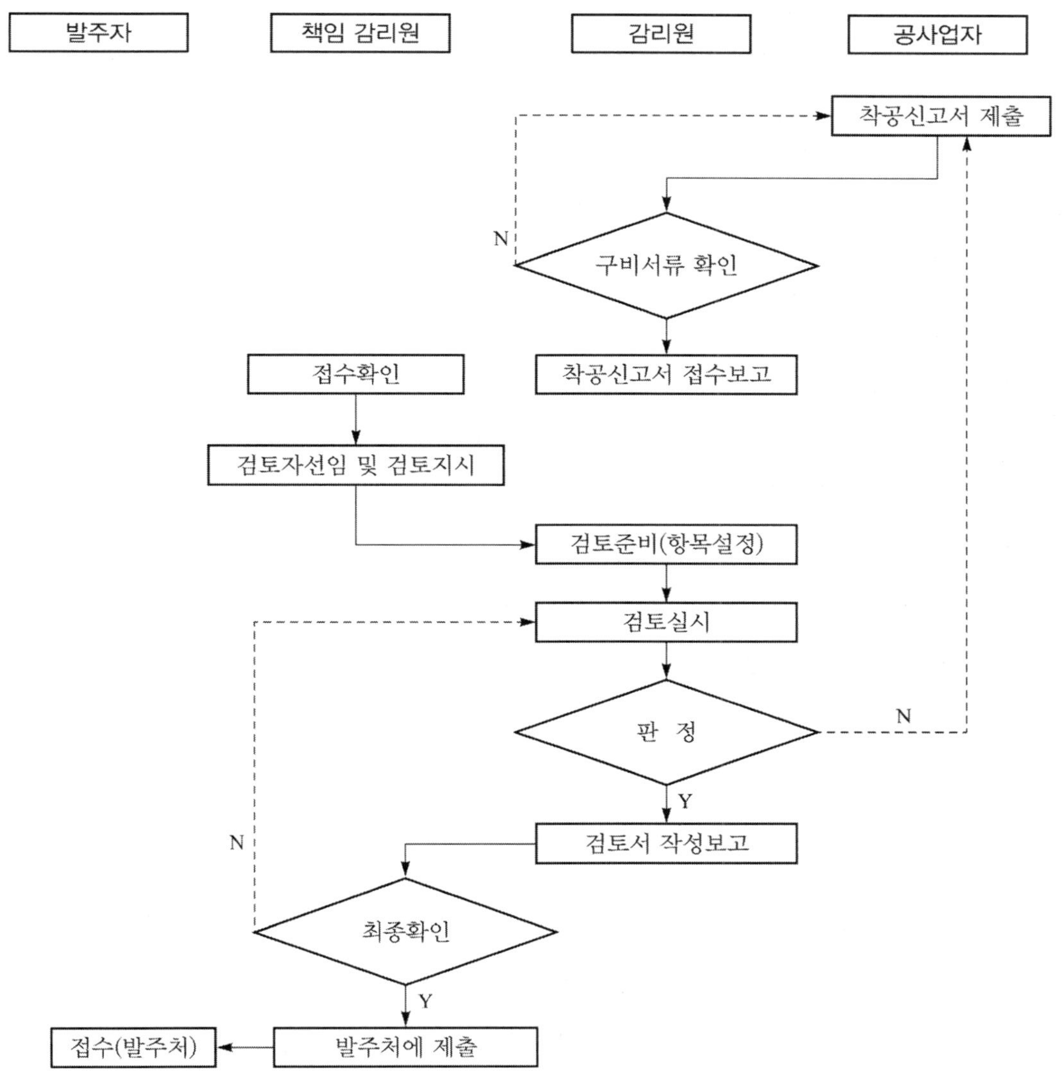

3. 공사착공 단계별 업무 내용

가. 착공신고서 접수

감리원은 시공업자로부터 착공신고서를 제출 받아 다음사항이 포함여부를 확인하여 적합하면 접수하고 부적합하면 반려함

(1) 시공관리책임자 지정통지서(시공관리책임자, 안전관리자, 현장관리조직, 품질관리자)

(2) 공사 예정공정표

(3) 품질관리 계획서
(4) 공사도급 계약서 사본 및 산출내역서
(5) 공사 시작 전 사진
(6) 현장기술자 경력사항 확인서 및 자격증 사본
(7) 안전관리계획서
(8) 작업인원 및 장비투입 계획서
(9) 그 밖에 발주자가 지정한 사항

나. 검토자 선임

책임감리원은 공종별 담당감리원을 지정하여 착공신고서를 검토하도록 함

다. 검토준비

감리원은 착공신고서의 검토항목을 공종 및 공사성격에 적합하도록 조정할 수 있으며, 조정시에는 책임감리원의 확인을 받음

라. 검토실시

감리원은 착공신고서의 적정성 여부를 검토항목에 따라 검토

마. 검토서 작성 및 보고

감리원은 검토항목에 따라 착공신고서를 검토한 후 부적합사항이 있으면 공사업자에게 통보하여 재작성토록 하고, 그 조치결과를 받아 재검토후 이상이 없으면 착공신고 검토서에 검토의견을 작성하여 책임감리원에게 보고함

바. 검토결과의 처리

책임감리원은 감리원이 검토한 착공신고서 검토결과를 최종확인한 후 부적합 사항이 있으면 재검토 지시하고, 적합하면 검토결과를 발주자에게 보고하고 제출함

17.3.4 물가변동에 의한 계약금액 조정검토 내용 및 업무 흐름도

1. 물가변동에 의한 계약금액 조정

가. 계약금액 조정 요건

(1) 기간요건 : 계약체결한 날부터 90일 이상 경과한 경우

(2) 조정율 요건

조정기준일(기간요건과 등락요건이 동시에 충족된 날) 전 이행이 완료되어야 할 부분이 제외된 계약금액에 대하여 100분의 3 이상 증감(등락요건)이거나 공사계

약의 경우 특정규격의 자재별 가격이 100분의 15 이상 증감하는 경우

나. 조정방법은 지수조정율 또는 품목조정율이 있음

2. 계약금액 조정방법 비교

구분	지수조정율에 의한 방법	품목조정율에 의한 방법
개 요	o 계약금액의 산출내역을 구성하는 비목군의 지수변동이 당초 계약금액에 비하여 3% 이상 증감시 계약금액 조정	o 계약금액의 산출내역을 구성하는 품목 또는 비목의 가격변동이 o 당초계약금액에 비하여 3% 이상 o 증감시 계약금액조정
조정율 산출방법	o 계약금액을 구성하는 비목을 유형별로 "비목군"을 편성 o 당해 비목군에 계약금액에 대한 가중치 부여(계수) o 바목 군별로 생산자 물가 기본 분류지수 등을 대비하여 산출	o 계약금액을 구성하는 모든 품목 또는 비목의 등락을 개별적으로 계산하여 등락율을 산정
적용 대상	o 원거계산에 의한 예정가격을 기준으로 체결한 계약	o 거래 실례가격 또는 원가계산 등에 의한 예정가격을 기준으로 체결한 계약
장점	o 비목군별로 각종 지수를 이용하므로 조정율 산출이 용이	o 품목 또는 비목별로 등락율을 산출하므로 물가변동 금액이 실제대로 반영가능
단점	o 지수를 이용하므로 물가변동내역이 실제대로 반영되지 않을 가능성이 내재	o 각 품목 또는 비목의 등락율의 산출로 계산이 복잡 많은 시간과 노력이 필요
용도	o 계약금액의 구성비목이 많고 조정회수가 많을 경우에 적합(장기, 대규모 복합공종 공사)	o 품목 또는 비목이 적고 조정회수가 많지않을 경우에 적합(단기, 소규모 단순공종 공사)

3. 계약금액 변경 흐름도

가. 지수조정율에 의한 업무흐름도 및 검토내용

(1단계) 물가변동 기본요건

1. 기본요건(90일, ±3%) 동시충족 여부
2. 물가변동 조정방법(지수조정율 방식)
3. 조정기준일(직전일) ±3% 적정여부
4. 2회 이상 동시 요청시 순차적용 검토

⬇

(2단계) 물가변동 적용대가 산출

1. 예정/실행 공정율 적정성 여부
2. 기성대가 제외, 개산급 적용 여부
3. PS 항목 제외 여부
4. 신규비목 포함 여부

⬇

(3단계) 비목군 분류 및 계수산출

1. 산출 내역서상 비목별 분류
2. 비목군별 금액 및 계수확인

⬇

단계	검토내용
(4단계) 비목별 물가 변동 지수산출	1. 비목별 적용지수 확인(기준/비교 시점) o 노임, 환율, 생산자 지수, 제경비율 o 계약일. 조정 기준일.
⬇	
(5단계) 물가변동 조정율 산출	1. 지수변동률, 조정계수 확인 2. 지수 조정율 산출 3. 조정율 3% 이상 적합성 검토
⬇	
(6단계) 조정금액 산출 및 통보	1. 선급금 제외 여부 2. 계약상대자 통보 및 계약변경

나. 품목조정율에 의한 업무흐름도 및 검토내용

단계	검토내용
(1단계) 물가변동 기본요건	1. 기본요건(90일, ±3%) 동시충족 여부 2. 물가변동 조정방법(품목) 3. 조정기준일(직전일) ±3% 적정여부 4. 2회 이상 동시 요청시 순차적용 검토
⬇	
(2단계) 물가변동 적용대가 산출	1. 예정/실행 공정율 적정성 여부 2. 기성대가 제외, 개산급 적용 여부 3. PS 항목 제외 여부 4. 신규비목 포함 여부
⬇	
(3단계) 적용단가 적용	1. 적용단가 결정(기준/비교 시점) o 노임, 환율, 자재 o 계약일. 조정 기준일
⬇	
(4단계) 등락율/ 등락폭 산출	1. 단위 품목 또는 비목별로 등락율 산정 2. 등락폭의 단가 산출 o 등락율×직전 조정기준일 계약단가
⬇	
(5단계) 물가변동 조정율 산출	1. 품목조정율 산출 2. 등락요건 충족여부
⬇	
(6단계) 조정금액 산출 및 통보	1. 선급금 제외 여부 2. 조정율 3% 이상 유무 검토 3. 계약상대자 통보 및 계약변경

17.3.5 직선보간법 적용에 의한 설계 및 감리비 대가산출 방법

1. 개요

가. 엔지니어링사업대가의 기준(지식경제부 공고)에 의하면 설계 및 감리대가의 산출방식은 크게 "실비정액가산 방식"과 "공사비요율에 의한 방식"이 있으며, 대가의 산출은 실비정액가산 방식을 원칙적으로 적용하여야 하나, 발주자가 사업특성을 고려하여 실비정액가산 방식을 적용함이 적절하지 아니하다고 판단되는 경우에 공사비 요율에 의한 대가를 산출할 수 있음

나. 철도 전철화 건설사업 등은 공사비요율에 의한 대가 산출이 주로 적용되고 있으므로 여기서는 공사비 요율방식에 의한 대가산출에 대하여 기술함

2. 공사비요율에 의한 방식

예정공사비(자재대 포함)에 일정요율을 곱하여 산출한 금액에 규정에서 정하는 추가업무 비용과 부가가치세를 합산하여 대가를 산출하는 방식임

가. 직선보간법

(1) 공사비요율에 의한 대가 산출시 공사비가 요율표의 각 단위 중간에 있을 때 요율을 적용하는 방법을 정하고 있음

(2) 철도시설공단의 경우 지급자재에 대해서는 검수 및 시험을 책임감리에 포함하여 시행하도록 하여 지급자재 설계가의 50[%]를 가산하여 대가를 산출하여 자재구매 낙찰가에 따라 계약금액을 조정하고 있음

나. 직선보간법 계산식

$$Y = Y_1 - \frac{(X - X_2)(Y_1 - Y_2)}{(X_1 - X_2)} \ [\%]$$

여기서, X : 당해 금액, X_1 : 큰 금액, X_2 : 작은 금액

Y : 당해 금액 요율, Y_1 : 작은 금액요율, Y_2 : 큰 금액요율

3. 직선보간법에 의한 대가 산출(예시)

[조건] 전철공사비가 400억원인 경우 요율표에 의한 실시설계비와 설계감리비를 산출함 (단, 추가비용은 없다고 간주함)

공사비(원)	요 율 (%)			
	기본설계	실시설계	설계감리	계
200억 이하	0.96	2.89	0.48	4.33
300억 이하	0.95	2.87	0.47	4.29
500억 이하	0.94	2.81	0.46	4.21

가. 실시설계비 산출

(1) 실시설계비 요율만 산정하여 적용하고, 추가업무 비용은 없으므로 별도 계상하지 않음

(2) 공사비 400억원에 대한 요율산정 계산식(직선보간법 적용)

$$Y = Y_1 - \frac{(X - X_2)(Y_1 - Y_2)}{(X_1 - X_2)}[\%]$$에서

$$Y = 2.87 - \frac{(400-300)(2.87-2.81)}{(500-300)} = 2.84[\%]$$

(3) 실시설계비 개략산출 금액

400억원×2.84(%)×1.1(부가가치세) = 약 12.5[억원]

나. 설계감리비 대가산출

(1) 400억원에 대한 설계감리비 요율 산정

$$Y = 0.47 - \frac{(400-300)(0.47-0.46)}{(500-300)} = 0.47 - 0.005 = 0.465[\%]$$

(2) 설계감리비

400억원×0.465[%]×1.1(부가가치세) = 205[백만원]

17.3.6 엔지니어링 사업대가 기준에서 정하는 설계 및 감리 업무범위

1. 개요

엔지니어링사업 대가의 기준에서는 공사비 요율에 의한 사업대가의 산출에 대해서는 기본설계, 실시설계, 공사감리에 대하여 기본적인 업무범위를 규정하고 있음

2. 기본설계 업무범위

가. 설계 개요 및 법령 등 각종 기준 검토

나. 예비타당성 조사, 타당성 조사, 기본계획의 검토

다. 설계요강의 결정 및 설계 지침의 작성
라. 기본적인 구조물의 형식 비교 검토
마. 구조물 형식별 적용공법의 비교 검토
바. 기술적 대안의 비교 검토
사. 대안별 시설물의 규모, 경제성 및 현장적용 타당성 검토
아. 시설물의 기능별 배치 검토
자. 개략공사비 및 공사기간 산정
차. 주요자재, 장비의 사용성 검토
카. 설계도서 및 개략 공사시방서 작성
타. 설계설명서 및 계산서 작성

3. 실시설계 업무범위

가. 설계 개요 및 법령 등 각종 기준 검토
나. 기본설계 결과의 검토
다. 설계요강의 결정 및 설계지침의 작성
라. 구조물 형식 결정 및 설계
마. 구조물별 적용 공법 결정 및 설계
바. 시설물의 기능별 배치 결정
사. 공사비 및 공사기간 산정
아. 기본 공정표 및 상세공정표의 작성
자. 시방서, 물량내역서, 단가규정 및 구조 및 수리계산서 작성

4. 공사감리 업무범위

가. 시공계획 및 공정표 검토
나. 시공자가 작성한 시공도 검토
다. 시공자가 제시하는 시험성과표 검토
라. 공정 및 기성고 사정
마. 준공도 검토

17.4 ◦ 시공 절차 및 판단기준

17.4.1 전철주의 기초굴착 작업순서와 절차

1. 기초 굴착 작업 순서

가. 굴착전 작업

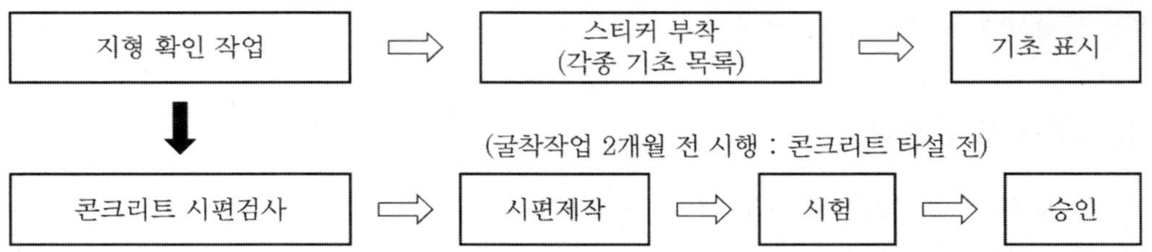

나. 굴착(터파기)

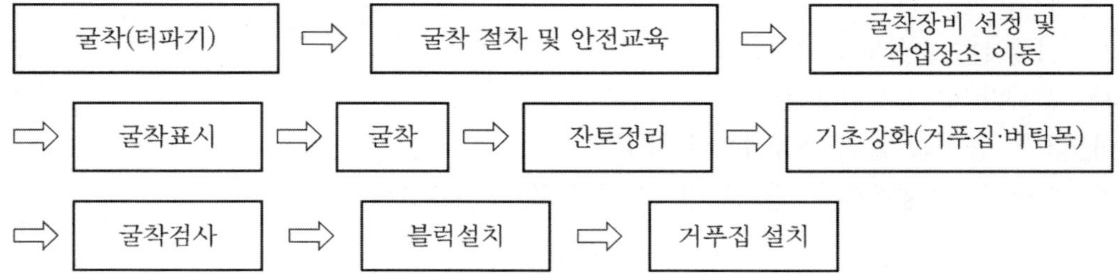

2. 절차

가. 공사 시방서 및 안전대책에 준함
나. 지선기초, 전주기초의 목록 및 굴착잡업 확인서(검사) 작성
다. 잔토와 자갈 혼입방지를 위한 지지대, 방수포(자갈원상)
라. 지하 지장매설물 확인 및 조치
마. 설계된 기초 변경시 변경 절차 준수
※ 기타 세부내용은 답안 작성시 적정하게 기술하면 됨

17.4.2 지상부 커티너리 건설시 구비조건 및 주요공정

1. 구비조건

가. 가선공사에 필요한 장비, 공구, 자재(재료), 기술인력을 사전점검
나. 선로 차단 필요한 경우 선로차단, 전차선단전 등을 관계처와 협의하여 운영부서의 승인 등 필요한 조치 완료
다. 가동 브래킷 ➪ 조가선의 인장력으로 회전하지 않도록 적당히 고정
라. 인류, 자동장력 장치, 흐름방지방치 등의 장소에는 지선을 미리설치
마. 전차선 종류, 표준장력, 절연이격은 시설규정에 의함 ➪ 섹션대장, 전차선 드럼번호 대장, 조가선 및 전차선 가선 순위, 운전명령서 등은 사전 준비 및 확인
바. 당일 작업계획, 주의 사항, 안전조치내용 교육 ➪ 기관사, 운전원 및 당일 투입 작업원 대상

2. 전차선 및 조가선 건설 주요 공정

가. 가선준비

(1) 작업구간 드럼 적재
(2) 차량구성 완료(가선차 편성 등)
(3) 드럼확인 (가선방향, 조장, 드럼상태)
(4) 캡스턴(제동드럼)에 작업구간의 전선 삽입
(5) 처음가선 40~60[m] 가량은 로프 사용
(6) 가선 준비완료

나. 전차선, 조가선 가선

가선장비에 의한 일괄시공 및 가동 브래킷, 지선, 인류, 장력장치 등은 미리 시공된 상태를 가정함

(1) 가선 도르레 상부에 조가선, 하부에 전차선을 삽입
(2) 전차선 및 조가선을 장력조정 장치에 가인류
(3) 장력을 걸어 준 상태에서 조가선 및 전차선가선
(4) 가동 브래킷 고정금구 또는 세미도르레에 조가선, 전차선 설치
(5) 가선 작업차는 일정속도 약 5[km/h]로 가선하고 후속 편성차량에서 가동브래킷 기타 지지물에 가선지지 후속 편성 차량에서 가동브래킷 기타 지지물에 가선 지지
(6) 평행구간(에어섹션, 에어죠인트)에서는 약 300[kg]의 장력으로 가선
(7) 종단부 장력조정장치에 전선가인류
(8) 전선에 과장력(Pre-strech) 시행

(9) 전차선 조정
(10) 전차선 및 조가선 조정, 흐름방지장치 설치
(11) 가선작업 확인서 및 작업과정 확인서 작성

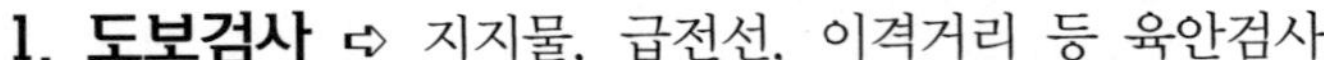

17.4.3 전차선로 시공완료후 시험 및 검사 종류

1. 도보검사 ⇨ 지지물, 급전선, 이격거리 등 육안검사

2. 입선검사

모터카 등 장비이용, 이격거리, 편위, 높이, 시설기준 적합성 측정, 가선특성 등 축수 검사를 시행 ⇨ 안전진단 전문 업체에서 시행이 바람직

3. 전철 시험동차 운행 ⇨ 가압전 편위, 높이, 집전상태 확인 및 검토

4. 케이블(AF) 절연측정 및 내압시험

가. 절연저항 측정 : 5000[V] 메가 사용
나. 내전압시험 : 10분간 가압하여 누설전류 측정
  (1) AC 55[kV] × 1.25 = 68.75[kV]
  (2) DC 55[kV] × 1.25 × 2 = 137.5[kV]

5. 전차선, 급전선 절연측정 및 내전압 시험

가. 절연저항 측정 : 5000[V] 메가 사용
나. 내전압 시험
  (1) 전차선 DC 27.5[kV] × 1.25 × 2 = 68.75[kV]
  (2) 급전선 DC 55[kV] × 1.25 × 2 = 137.5[kV]
  (3) AC 내전압의 경우 1.25배

6. 전차선로 실가압 시험

가. 1단계 : SS MTr가압 ⇨ 급전선 ⇨ 전차선투입
나. 2단계 : SSP GIS 투입
다. 3단계 : SP 수전단 확인

7. 전철시험 동차 운행

가. 전차선로 실가압 상태 운행
나. 높이, 편위, 이선 상태 등 집전 성능 상태

8. 전차선로 급전 절체

9. 전기차(전동차, 전기기관차) 시운전

10. 영업개시

17.4.4 도시철도 성능 기준에 의한 전철변전소 특성시험 판단기준

1. 개요

가. 국토교통부에서는 도시철도 시설분야 기술향상을 위하여 "도시철도시설 표준규격" "도시철도 시설 성능시험 기준" "도시철도 용품 품질인증 요령" 등을 고시
나. 도시철도 성능시험 기준은 선로, 전철전력, 신호, 열차제어의 세부기준 및 성능시험 기준을 제시하였음

2. 전철변전소 특성시험 종류 및 목적

가. 1개 부하 시험

1개 급전선로 구간에 1개의 부하가 정상작동할 때 전철변전소의 정상적인 동작성능의 확인을 목적으로 함

나. 최대 부하시험

최종설계 용량에 따라 최대 부하가 정상작동할 때 전철변전소의 정상적인 동작성능의 확인을 목적으로 함

다. 기타 필요에 의한 시험

사용자의 필요에 의하여 장치의 성능을 추가 또는 재확인하거나 안전성능의 확인을 위해 추가로 요구되는 경우에 요구된 성능의 확인을 목적으로 함

3. 시험방법 및 판단기준

가. 부하 시험

(1) 다음 시험조건 아래에서 측정 및 시험
① 전철전력설비는 실제 운영조건과 동일하게 가압된 상태.
② 각 보호 기기류는 정상적인 동작상태.
③ 차량부하는 정상상태.

(2) 측정항목
① 전철변전소 급전선의 전압, 전류
② 차량의 수전전압, 전류
③ 전철변전소 수전단에서의 전압 왜형율(Total Harmonic Distortion)
④ 전철변전소 수전단에서의 역률
⑤ 수전계통의 전압강하
⑥ 보호계전기 동작 여부

(3) 시험방법
① 부하를 0[km/h]에서 설계 최고속도까지 최고 가속력으로 가속 함
② 부하의 속도가 설계 최고속도에 도달 후 일정시간 동안 타행 함
③ 일정시간 동안 타행한 후 최고 감속력으로 0[km/h]까지 제동 함
④ 부하가 동작하는 동안 전철변전소 급전선 및 차량에서의 전압 및 전류를 측정함
⑤ 부하가 동작하는 동안 전철변전소의 수전단에서 전압 왜형율, 역률 및 전압을 측정함
⑥ 가속력, 타행시간 및 감속력을 달리하여 측정하는 동안에 전철변전소 급전선의 공급전압과 차량의 수전전압 변동이 수용 가능한 한계 이내이여야 함
⑦ 전철전력설비의 정상동작중에 전압왜형율, 역률 및 수전 전압강하가 허용된 범위 이내이여야 함
⑧ 시험 중에 보호계전기 오동작이 없어야 함

나. 최대부하 시험

(1) 다음 시험조건 아래에서 측정 및 시험
① 전철전력설비는 실제 운영조건과 동일하게 가압된 상태임
② 각 보호기기류는 정상적인 동작상태임
③ 차량부하는 정상상태임
④ 차량부하는 최종 설계용량 또는 개통 시점에서의 최대부하로 운전함. 다만 최대부하로 운전하기 어려운 경우에는 시험 신청자와 성능 시험자간에 협의하여 결정함

(2) 측정항목
① 전철변전소 급전선의 전압, 전류
② 차량의 수전전압, 전류
③ 전철변전소 수전단에서의 전압 왜형율(Total Harmonic Distortion)
④ 전철변전소 수전단에서의 역률
⑤ 수전계통의 전압강하
⑥ 보호계전기 동작 여부

(3) 시험방법
① 차량부하는 최대 부하시험 조건으로 함
② 부하가 동작하는 동안 전철변전소 급전선 및 차량에서의 전압 및 전류를 측정함
③ 부하가 동작하는 동안 전철변전소의 수전단에서 전압왜형율, 역률 및 전압을 측정함
④ 가속력, 타행시간 및 감속력을 달리하여 운행하는 동안에 전철변전소 급전선의 공급전압과 차량의 수전전압 변동은 수용 가능한 한계 이내이여야 함
⑤ 전철전력설비의 정상동작중에 전압 왜형율, 역률 및 수전전압강하가 허용된 범위 이내이여야 함
⑥ 시험 중에 보호계전기 오동작이 없어야 함

다. 기타 필요에 의한 시험
시험 방법 및 판정기준은 사용자와 공급자간에 합의에 의하여 정함

17.4.5 고속철도 건설중 토목분야에서 선시공하는 전기설비

1. 개요

가. 전기철도 건설은 노반, 궤도, 전철전력, 신호, 통신, 차량 등의 공정이 복합적으로 이루어진 종합시스템을 구축하는 공사로 상호 인터페이스를 감안하고 선시공에 따른 이중투자가 발생치 않도록 하여야 함

나. 특히, 철도건설공사에서 전기분야(전철전력, 신호, 통신) 시스템은 토목・건축분야에 비하여 후속 공정으로 이루어져 있어 토목분야 선 시공 시 토목공사에 인터페이스 되는 공정을 사전에 반영하여 시공함으로써 최적의 시공품질을 확보할 수 있도록 하여야 함

2. 토목공사와 관련되는 전기분야 공종

구 분	토목분야 선 시공 공종
토 공	전선로 관로, 핸드홀, 접지설비, 횡단 전선관로, 전기시스템 기능실 부지
교량(고가)	공동구(전선관로), 전철주 기초, 구조체 접지(교각기초, 상판)
터 널	공동구(전선관로), C-찬넬(전차선로 지지용), 구조체 접지, 전기시스템 기능실 부지

3. 토목 관련 전기설비 공사시행 절차

가. 노반공사 착공 ⇨ 사업별 전기설비 전담자 지정(노반감리, 시공사)

나. 전기시설물 착수

(1) 사업별 전기담당자 지정(전기PM 부)
(2) 노반/전기 인터페이스 검토
(3) 주요자재 공급원 체크리스트(ITC) 검토

다. 전기시설물 점검

(1) 노반, 토목 설계변경 시 전기관련 사항 반영
(2) 자체점검(전기PM : 계획수립)
(3) 합동점검(전기PM, 노반감리단, 시공사)
(4) 점검결과 통보 및 시정 확인

라. 노반공사 완료

(1) 인수인계 점검(노반감리단, 전기감리단)
(2) 전기PM, 노반PM 입회
(3) 점검결과 통보 및 시정

마. 토목 관련 전기설비 인수(전철전력, 신호, 통신)

4. 고속철도 건설 토목 관련 전기설비 설치 기준

가. 전선관로

(1) 토공구간 : 상하선 양측에 4칸 개거식 콘크리트 전선관로 설치
(2) 교량구간 : 상하선 양측에 콘크리트 전선관로 설치
(3) 터널구간 : 상하선 양측 공동구 설치 관로로 사용

나. 횡단전선관

(1) 상하선 양측을 매 150~250[m] 간격으로 횡단전선관 설치
(2) 역구내, 전기실 및 배전소 등 시스템분야 기능실 앞에 설치

다. 핸드홀

(1) 역구내, 전기실 및 배전소 등 시스템분야 기능실 인출부 설치
(2) 터널 및 교량 시종점부 상하선 양측에 핸드홀 설치
(3) 토공구간 상하선 양측에 매 150~250[m] 간격으로 설치

라. 매설접지

(1) 교량구간 교각철근 접지는 교각바닥철근과 접지선을 용용 용접하여 GV 95[mm^2]를 교각 상부 1[m]까지 인출하여 접속
(2) 터널공사 시 상하측 양측에 매설 접지선을 미리 포설하고, T접속하여 터널벽면 매 250[m]마다 동단자를 설치
(3) Cu 50[mm^2]의 경동선을 사용하여 750[mm] 깊이 이상으로 매설하고 선로한쪽에 설치

마. 터널 내 C-찬넬

터널 시종점부에서 5[m] 위치에 첫 번째 C-찬넬을 설치하고, 매 40~50[m] 간격으로 설치

바. 교량 및 고가 전철주 기초설치 ⇨ 복선기준 상하선 양측에 설치

17.4.6 전기철도의 선로지장 작업 및 정전 작업 시 준수사항

1. 선로지장 작업(운전취급규정에 의함)

가. 열차 또는 차량의 운전에 지장을 주는 선로의 공사 또는 작업은 그 구간에 열차운행을 제한하거나 중지하는 조치를 취하지 않으면 시행할 수 없음
나. 작업 등으로 선로를 일시 사용 중지 또는 전차선 정전을 하고자 할 때는 사장이 시행하고, 긴급 선로차단공사 또는 전차선 정전을 할 때는 시설 및 전기관련 책임자가 역장과 협의하고 역장은 그 요지를 관제사에 통보하고 승인을 받아 시행하여야 함

2. 선로 일시사용중지 구간의 절차 및 준수사항

가. 역장은 공사 또는 작업을 위하여 철도운행 안전관리자로부터 선로차단 또는 전차선

단전 통보를 받았을 때는 관제사에게 보고하고 차단시간에 대한 승인을 받아야 하며, 이 경우 관제사 및 역장과 철도운행 안전관리자는 상호 선로 차단공사 시행부를 사용하여야 함

나. 철도운행 안전관리자(운행안전 협의담당자 포함)는 작업착수에 앞서 열차운행을 중지시킨 것을 관계 역장과 사전에 협의하여야 하고, 열차출발 중지여부를 확인하여야 함

다. 작업책임자는 작업을 정해진 시간 내에 완료하고, 완료 즉시 철도운행 안전관리자에게 통보하고 철도운행 안전관리자는 당초 사전에 협의했던 관계역장에게 통보하여야 함. 다만, 작업지연 등으로 정해진 시간 내에 작업을 완료할 수 없다고 판단 될 때는 작업책임자가 철도운행 안전관리자에게 통보하고 철도운행 안전관리자는 사전에 협의한 관계역장에 통보하여 작업 시간 연장에 대한 승인을 받아야 함

라. 작업현장과 정거장 및 신호소 간의 연락은 유선전화기 또는 휴대용 무선전화기에 의하고 사전에 전화불통 시에 대비한 연락방법을 정하여 두어야 함

마. 역장은 철도운행안전관리자로부터 작업을 완료하였다는 통보가 있기 전에는 현장으로 향하는 열차를 출발시킬 수 없음

바. 역장은 선로 일시사용중지 구간에서 작업완료 후 최초열차를 출발시킬 때는 열차운행에 지장 없음을 확인하여야 함

사. 작업현장으로 최초열차를 출발시킬 경우 역장은 필요에 따라 기관사에게 현장 상태 및 기타 사항을 통고하여 주의를 시켜야 함

3. 전기철도 선로차단 및 정전작업 시 준수사항

가. 철도선로 인접 작업중 안전관리(공통)

(1) 작업원 또는 장비 등이 철도차량과 접촉할 우려가 있는 작업 시 열차감시원을 배치함

(2) 전차선로의 단전이 필요하거나 작업원 또는 건설기계 등이 전차선로에 접촉할 우려가 있는 작업 시 전기안전관리자 배치

(3) 계속경보 또는 무경보 등의 지장이 있는 건널목에 임시관리원 배치

(4) 건설기계 작업 시 건설기계작업 지휘자 또는 유도자 배치

(5) 작업구간 표지(선로작업표지, 공사알림판 등) 및 서행 관련 임시신호기의 설치

(6) 열차운행선로 보호를 위한 안전설비 설치(안전울타리, 안전보호망, 임시차막이 등)

(7) 전차선로 단전상태 확인 및 협의

(8) 해당 역장과 협의하여 수신호등 설치 및 확인

(9) 열차운행선로 안전확보 조치 확인(선로전환기 쇄정상태, 방향 등)

(10) 역구내 차단작업 시 궤도 단락이 되지 않을 경우 해당 역장과 협의하여 단락용

동선으로 궤도 단락 조치

(11) 작업원 안전보호구 착용 확인

(12) 기타 안전 작업을 위한 제반 안전 확보 조치

나. 전차선로 정전 작업 시 준수사항

(1) 작업 전 작업원 및 관련자 전원은 전선로의 급전 계통도를 명확히 숙지하고 작업 시 재확인하여야 함

(2) 단전작업 협의시 작업내용, 구간 및 시간, 동원인원 및 장비 등 관계사항을 정확히 숙지하고 관제센타와 협의하고 복명 복창하여야 함

(3) 급·단전 조작시 및 통보시에는 지적확인 환호응답을 시행함

(4) 단전통보 후 반드시 검전기로 단전을 확인하고 접지걸이를 취부함

① 접지걸이는 반드시 작업구간 양단에 설치하고, 설치 시에는 접지측을 먼저, 철거는 선로 측을 먼저 시행함

② 인출모선 작업 시에는 각 선별, 방면별 접지를 개별로 설치하여야 함

(5) 고압 이상의 전선로 작업 및 근접작업은 단전 후 시행하고, 측선작업 시 본선 가압부분과 충분한 이격거리를 확보하고 시행하여야 함

(6) 전주 위에서는 인접 가압선로에 주의하고 작업보조자는 작업자를 주시하며 위험시 경고 조치 함

(7) 부급전선 및 보호선의 보수작업은 전차선로 단전 후 시행하고, 별도 조치없이 절단해서는 안 됨

(8) 단로기는 부하상태에서 개폐 조작해서는 절대 안되며, 개폐기는 지정된 절연 작업봉으로 취급하여야 함

(9) 콘덴서는 잔류전하를 완전방전 시킨 후 작업을 시행하여야 하며, 계기용변류기의 2차측은 단락하고, 계기용변압기의 2차측은 개방하여야 함

(10) 가압부분이 인접한 좁은 장소에서는 가압부와 이격거리를 확인하고 과도한 행동반경을 지양함

(11) 변전소내 작업 시 단로기, 차단기의 개방상태와 접지단로기의 투입상태를 반드시 확인함

(12) 단전 작업완료 후 접지걸이를 철거하고 책임자는 반드시 확인함

(13) 단전작업 후 급전 협의시 다음사항을 재확인하고 복명 복창함

① 인원 및 장비 철수 여부, 접지철거 여부

② 모타카 입고 및 판타 하강여부

③ 시설물 이상유무

(13) 전차선로 급전 후에는 절대로 모타카 상부에 올라가서는 안 됨

(14) 급전 후 첫 열차 통과 후 작업개소에 대한 이상유무를 확인하고 관제센타 및 관

계처에 통보함

※ 일반 전기부분은 산업안전에 관한 규칙 전기편(5편)에서 규정함

17.4.7 철도종합시험 운행 시행 지침에 의한 시설물 검증 시험항목

1. 철도종합 시험운행 및 사전점검 정의

가. "종합시험운행"이란 철도노선을 새로 건설하거나 기존노선을 개량하여 운영하고자 할 때에 철도시설의 설치상태 및 열차운행체계의 점검과 철도종사자의 업무숙달 등을 위하여 영업개시 전에 시행하는 것을 말하며, 종합시험운행은 시설물검증시험과 영업시운전으로 구성함

나. "사전점검"이란 종합시험운행 시행 전 시험운행열차의 안전확보와 효율적인 시험을 위하여 종합시험 운행구간의 분야별 시설물 기능시험 결과 등의 관련서류 검토 및 분야별 현장시설물 안전점검을 시행하는 것을 말함

2. 전철전력(전차선/전력) 설비 점검항목

시험항목 (CODE)	시험내용	일반철도 (전철)	고속철도 (고속화 포함)	비 고
전차선/팬터습동 비디오 모니터링 (CA-01)	증속단계별로 전차선과 팬터그래프간 습동 상태를 전구간에 걸쳐 연속 촬영하여 분석	❍	❍	
아크측정 시험CA-02	o 전차선과 팬터그래프간 접촉력 시험 또는 이선율 측정 o 반복적인 아크 발생지점 조사	△	❍	고속철도구간에만 시행하고 일반철도 구간은 철도시설 관리자와 철도운영자간 필요시 협의하여 시행
동적특성 점검 (CA-03)	선로 최고속도에서 전차선 동력학 특성 측정 - 전차선/팬터그래프 수직궤적 측정점 압상량 측정	△	❍	해당구간(전차선 운행속도 200km/h 이상인 선로)의 임의개소를 선정하여 곡선당김금구 지지
전력 SCADA 연동시험 (CA-04)	각종 수배전반 전력 SCADA 기능 확인 및 점검	❍	❍	전기실, 터널조명, 집수정, 환기실 등

3. 송변전 설비 점검항목

시험항목 (CODE)	시험내용	일반철도 (전철)	고속철도 (고속화 포함)	비고
SCADA 실증 시험 (PO-01)	열차가 운행되는 실제상황에서 SCADA 기능 확인 및 점검 - 모니터링 데이터 및 정보에서 누락이 없고 정확한지 확인 - 원거리 송출되는 계측 데이터의 정확성 및 현장계기와 비교 - 연장급전을 위한 회로절체실연(단, 신설구간), 연장급전 상태에서도 보호계전기 Protection 범위/정정치 적정성 확인	○	○	단, 전력품질감시 분석장치 설치구간은 영업운전중 시행하던 전력품질감시 분석장치 분석보고서를 첨부하여 갈음할 수 있음
전력품질 시험 (PO-02)	o 열차 회생 제동 시 생산되는 전력의 품질(전압, 고조파) 및 계통 영향도 측정・평가 o 검증시험계획에 따라 운행하며 변전소에서 전압・전류 및 전압불평등 측정 시험, 기준치와 비교	○	○	급전계통 내 영향 및 한전 수전점으로의 영향
연장급전 시험 (PO-03)	연장 급전조건에서 차량에서 수전하는 급전 전력 품질 측정 - 연장급전을 위한 회로절체 시험 (단 신설선 구간) - 연장급전 상태에서도 보호 계전기의 Protection 범위/정정치 적정성 확인	○	○	

17.4.8 입선 집전시험 시험기준 및 시험항목 개요

1. 개요

입선 집전시험이란 국유철도운전규칙 제8조 선로의 검사 및 시험 운전과 전철전력설비 보수규정 제2장 5조 6.7항 입선 검사 및 각종시험 규정에 의하여 전철화 신설 또는 연장개통 구간에서 신설 전차선로에 대하여 관련 법규에 의한 전철설비의 합동점검 및 시험을 시행하여 열차안전 운행에 기여하기 위하여 시행하는 시험을 말함

2. 주요점검 사항

가. 도보검사 ➪ 전차선로 설비를 도보로 육안검사를 시행하는 것

나. 입선 검사

(1) 선로를 차단하여 전차선로 설비를 모타가 타워에서 정밀점검

(2) 전차선, 급전선과 접지 측과의 이격거리

(3) 전차선 높이, 편위 상태

(4) 건넘선, 평행구간 및 구분장치 설치상태

(5) 흐름방지 장치 및 각종 지지금구류 설치상태

다. 가압전 전철 시험동차 운행

라. AF 절연 저항 및 절연내력시험

마. 전차선, 급전선 절연저항 및 내전압 시험

바. 전차선로 실가압 시험 ➪ 단계별로 가압 시험(예, 수전 변압기 급전 등)

사. 전차선로 실가압 전철시험차 운행 ➪ 높이, 편위 및 이선현상 등 점검

아. 전차선로 급전절체 ➪ 변전소 고장에 대비하는 연장급전 시험으로 1개 변전소 정전 후 SP 차단기를 투입하여 연장 급전 시험 등

자. 지적사항 조치

3. 준비 사항

가. 내압시험기 1대

나. 검전기, 메가(5,000V) 1대, 절연 시트 절연고무장갑, 무전기 등

4. 시험 항목 및 기준

가. 절연저항 측정 ➪ 5000[V] 메가 사용 : 1000[MΩ] 이상

나. 절연내력 시험 ➪ 최대 시험전압

(1) 최대 사용전압 ➪ AC $27.5[kV] \times 1.25 = 34.375[kV]$

➪ AC $55[kV] \times 1.25 = 68.75[kV]$

(2) AC 내압측정인 경우 최고 사용 전압의 1.25배 (DC로 시험하는 경우 AC에 2대)

➪ 사용전압을 10분간 가압, 누설전류 측정(견디어야 함)

다. 시험항목 및 기준

시험 항목	시험 내용	기준	비고
도보 검사	결함기록	결함개소 없을 것	
설비검사	[장력조정장치] • 전차선 신축량 • 중추 이동량	±3[cm] ±3[cm]	줄자, 온도계, 장선기
	[가동브래킷] • 가고 • 진동방지장치 레일면에 대한 각도	960[mm], 710[mm] 11도	고속선 1,400[mm]
	[전차선] • 전차선 높이 • 전차선 편위 • 전차선 꼬임	5.2[m]±1[cm] 0.2[m]±1[cm]	편위자
	• 드로퍼 설치간격	5.0[m]±5[cm]	

17.4.9 전차선로용 터널 내 C-찬넬 설치기준 및 설치방법

1. C-찬넬 설치기준

가. 터널 내에 전차선로 시공을 위하여 터널 공사시에 앵커볼트 및 C-Channel을 선시공 하여야 함

나. 터널 내 C-Channel 설치기준

구분	일반개소	평행개소
설치기준	터널 시・종점부에서 5[m] 위치에 설치하고, 40~50[m] 간격으로 설치	터널 내 매 700[m] 간격으로 2~4개소 설치

2. 터널 내 C-Channel 설치방법

가. C-찬넬(터널 매립 전차선로 하수강 등의 기초) 시공

(1) C-찬넬의 설치 위치는 명시된 도면 및 Pegging Plan 에 의하여 정확히 시공하여야 함

(2) C 찬넬간 간격 허용오차는 ±10[mm], km 당 시공오차는 ±500[mm], 경간 시공오차는 ±100[mm], 개소당 축의 측면위치는 ±30[mm] 이내이어야 함

(3) C 찬넬 설치 시 무리한 힘을 가하여 재질의 강도저하 및 구부러짐이 발생되지 않도록 주의하여야 하며, C 찬넬 홈에 콘크리트 등이 끼이지 않도록 하여 추후 전차선로 지지물 설치 시 지장이 없도록 하여야 함

(4) 콘크리트 양생후 최종 인수검사전까지 C 찬넬 내부의 마감재(스트로폼 또는 스폰지)를 제거하여야 하며, 각 C 찬넬의 설치개소 자료(측량결과, 찬넬간 상하부 설치간격, C 찬넬 타입 등)을 제출하여 감독자의 확인을 받아야 함

나. C 찬넬의 적용하중

(1) 설계속도 350[km/h] 급 이하(일반철도 포함) : 10[kN]

(2) 설계속도 400[km/h] 급 이상 : 12[kN]

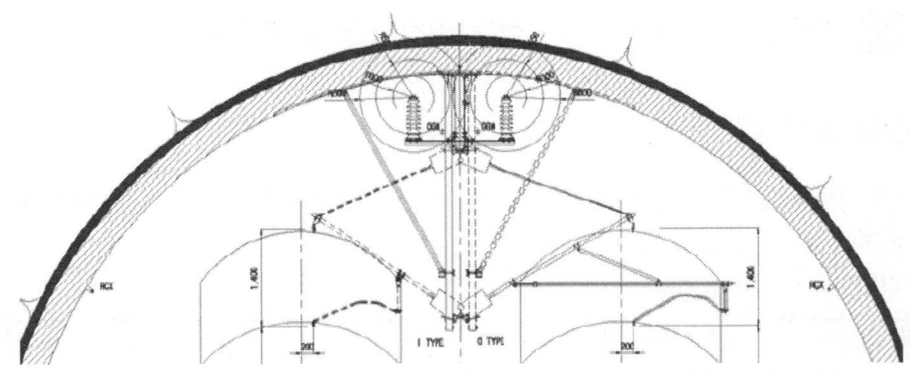

그림 17.4.1 터널 내 C-찬넬 설치도

3. C 찬넬의 시험(인발시험) 방법

가. 시험방법

(1) 터널 라이닝 타설(1개월 이상 경과로부터) 양생 확인 후 시행

(2) 터널 라이닝에 매립된 C-형 찬넬홈 내부 스티로폴을 필요한 만큼 제거 후 고정볼트를 삽입

(3) C-찬넬에 삽입된 고정볼트에 연결하고 플레이트 및 재하 프레임, 인발 시험기(유압 실린더)를 설치하고 버팀발 양쪽에 특수 고무패드를 끼워 넣음

(4) 변위계 설치 및 작동상태를 확인한 후 변위계 및 유압계를 시험기에 연결하고 Zero 셋팅을 함

(5) 시험장력값(10~12[kN])까지 장력을 수직하중 방향으로 서서히 증가시키고 변위 발생 시 장력의 인가를 중단함

(6) 시험후 C-형 찬넬에 삽입된 볼트와 인발시험기를 분리시킨 후 콘크리트 및 C-형 찬넬의 손상여부를 육안으로 확인함

(7) C-형 찬넬의 변위 유무를 사진 촬영하여 기록함

나. 시험장비 및 부속장비

(1) 유압시험기 : 압력 700[bar], 용량 10[ton](교정검사 필할 것)

(2) 변위계 : 측정 30[mm], 정밀도 0.01[mm]

(3) 특수 고무패드(재하프레임)

(4) 고소작업 차량 : 스카이 450, 용량 6[ton]

(5) 조명설비 등 기타 필요한 장비(시험자와 협의 준비)

다. 시험후 판단 기준

고속철도 및 일반철도 구간 인발하중 적용 시 변위 손상 유무로 판단

17.4.10 교류 급전회로의 인위적 고장 시험의 목적과 구성 방법
(교류 급전계통 인위적 고장점 표정 시험)

1. 인위적 고장 시험 목적

가. 교류 전기철도 급전회로의 고장발생시 고장위치를 정확히 표정하는 것이 응급복구 및 유지관리에 최적의 방안이므로 교류 BT방식에서는 전차선로의 임피던스가 거리에 거의 비례하고 고장 시 지락저항이 임피던스에 포함되어 리액턴스 검출 방식을 채택하고, AT 급전구간은 전차선로 거리와 임피던스가 비례하지 않아 중성점 흡상전류비 방식을 채택하고 있음

나. 그러나, 고장점 표정장치의 오차발생 시 유지관리에 어려움이 예상되어 고장점 표정장치 설치후 지락 고장시험을 시행하여 고장점 표정장치의 표정오차를 최소화하고 합리적으로 수식화하는 Software 의 기술을 접목하기 위한 목적으로 인위적인 지락 고장시험을 시행하게 됨.

2. 지락 고장 시험 장치의 고찰

가. 인위적인 지락 시험은 급전된 전차선로를 궤도에 직접 지락시키는 것이 가장 확실한 실험방법이나 이는 급전용 변압기와 선로에 설치된 AT를 단락하는 것으로 변압기가 크게 훼손되거나 수명을 단축할 우려가 있으며,

나. 지락 고장 시험은 여러 장소를 이동하면서 시행하여야 적정한 데이터 값을 수집할 수 있어 운반과 설치가 용이하도록 크기를 제한할 필요가 있고,

다. 지락 시험장치의 전류용량과 시험인가 시간이 지락 시험 장치의 크기를 결정하는 기본 요소가 되고 있음

3. Reactor에 의한 고장 시험 장치 구성

가. 지락 시험 대상 전차선로는 전차선 최소규격인 GT 110[mm^2]로 최소 마모상태를 가정하여 시험전류 용량을 300[A] 이하로 자동차 등으로 운반이 가능한 5,000[kg] 이하로 결정하였음

나. Reactor의 사양

(1) 1차 전압 : 25,000[V], 정격전류 : 200[A]

(2) 운전 시간 : 600[sec], 권선온도 상승한도 : 65[K]

(3) 절연강도 : 선로단자 LIWL 200[kV] crest, 상용주파 70[kV]

다. 구성

(1) Reactor : 25[kV], 200[A]

(2) CT : 300/5[A] 단상 25[kV] 정밀용
(3) 전류계 : 300[A] 용

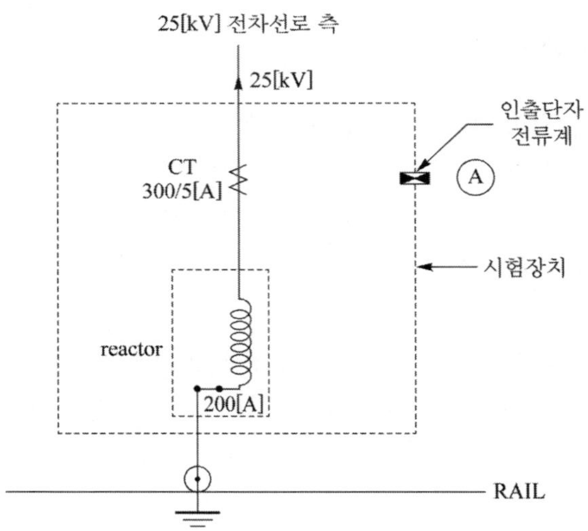

그림 17.4.2 Reactor 고장 시험장치 구성도

4. 모의지락(저전압) 시험 및 직접 지락시험

가. 최근에는 Reactor 에 의한 시험이 번거롭고, 전철 전구간에 매설접지를 도입하면서 저전압 모의시험 및 25[kV] 직접 지락시험을 병행하여 고장점 표정시험을 시행하여 고장점 표정위치를 보정하는 방법을 사용함.

나. 모의 지락시험(저전압) 시험

(1) 지락시험 위치의 전차선에 지락전선을 연결하고, 전철변전소에서 전차선로에 380[V]를 인가하여 설정한 오차범위에 만족하도록 시행함.

(2) 흡상전류비 방식 고장점 표정 시험
- 모장치와 자장치간에 전류비를 입력하고, 시험결과가 전류비에 맞는 거리가 나오는지 확인 함(단, 시험결과는 직선 10[km] 기준으로 오차범위가 ±2[%]를 만족하여야 함)

(3) 임피던스 방식 고장점 표정 시험
- 전압, 전류를 입력하여 임피던스 만큼의 값이 나오는지 확인함. (단, 시험 결과는 직선 10[km] 기준으로 오차범위 ±2[%]를 만족하여야 함.)

다. 직접 지락 시험

(1) 인위적 지락시험 위치의 전차선에 지락전선을 설치하고, 변전소 등에서 차단기를 투입하여 25[kV]를 직접 지락시켜 현재 설정한 데이터와 지락시 실제 데이타 값

을 비교하여 데이타 값을 보정하는 방법임.

(2) 직접 지락시험은 기기손상 등의 우려가 있으므로 시험횟수를 최소화하고, 지락전선의 단면적을 최소(GV50mm^2 소선3가닥 정도)로 하도록 함.

(3) 인위적인 지락 시험시는 관계부서(시공사, 제작사, 감리단, 발주처) 등과 사전 충분히 협의하고, 현장 안전관리 규정을 준수하도록 하여야 함.

라. 지락전선 설치방법(설치도)

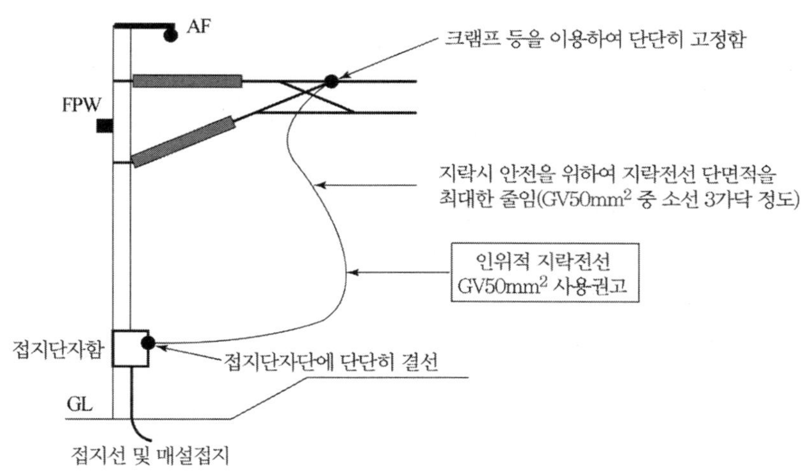

17.5 ◦ 전철설비 유지관리 및 운용

17.5.1 철도시스템의 보증 차원에서 적용하는 RAMS 개념

1. RAMS 개념

가. RAMS(Reliability, Availability, Maintainability and Safety)는 2002년 10월 유럽 ICE 규격으로 발표되었으며, 시스템의 신뢰성, 가용성, 유지보수성, 안전성에 대한 적용과 평가에 대한 표준화 규격을 말함

나. 과거에는 장치나 기기의 사양, 시험에 관한 제품규격이 많았으나, 최근에는 시스템 전반의 관리에 관한 시스템이 증가하고 하드웨어와 소프트웨어의 밀접한 결합에 의한 시스템화가 많아지고 있음

다. 따라서, 철도시스템의 안전은 시스템 개념 설정단계부터 안전을 저해하는 요인을 차단하는 시스템적 접근과 관리가 필요하게 되어 확대적용 추세임

2. 철도의 RAMS 적용

철도시스템의 목표인 철도안전수송을 달성하기 위한 철도 RAMS는 시스템, 하부시스템, 구성요소가 안전하게 규정대로 잘 작동할 수 있는가에 대한 정성적이고 정량적인 지표로 볼 수있으며, 시스템의 RAMS는 신뢰성, 가용성, 유지보수성, 안전성의 적정한 조합으로 상호작용을 고려한 요구사항을 만족해야 함

가. 철도 RAMS 요소

(1) 가용성에 대한 기술적 개념

① **신뢰성** : 지정된 어프리케이션과, 환경에서 모든 가능한 시스템고장모드, 각 고장의 발생확률 또는 발생빈도 및 고장이 시스템에 미치는 영향에 대한 시스템의 신뢰성 확보

② **유지보수성** : 계획된 유지보수를 수행하는데 걸리는 시간, 결함의 검지・식별・위치 파악에 걸리는 시간, 고장난 시스템의 복구에 걸리는 시간(비계획 보수) 등의 유지보수 관련성

③ **작동 및 유지보수** : 시스템의 수명 사이클에 걸친 모든 가능한 작동모드에 요구되는 유지보수, 인간요인에 적합한 상황

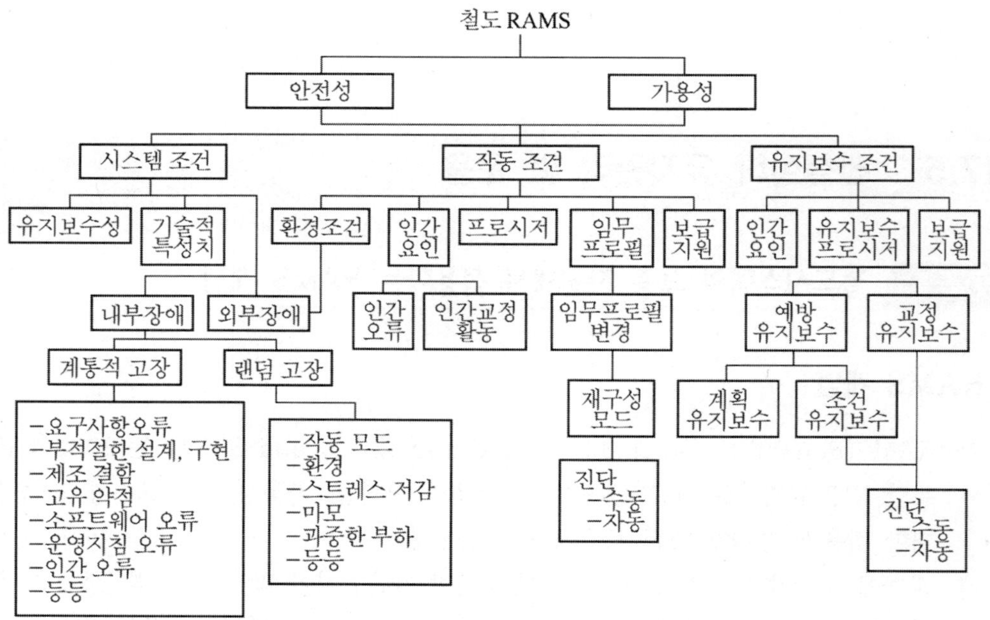

그림 15.5.1 철도 RAMS의 요인

(2) 안전성에 대한 기술적인 개념

① 모든 작동, 유지보수, 환경 모드 아래서 시스템의 모든 가능한 위험요소
② 결과의 심각성을 고려한 각 위험요소의 특성
③ 안전성 및 안전관련 고장 : 고장 모드 및 고장발생 확률 등
④ 시스템의 안전관련 부분의 유지보수성
⑤ 시스템의 안전관련 파트들의 시스템 작동과 유지보수

나. 철도 RAMS에 영향을 미치는 3가지 요소

(1) 시스템 조건 : 수명사이클 각 단계에서 시스템 내부에서 이입된 고장의 근본 원인
(2) 작동조건 : 작동중 시스템에 가해지는 고장의 근원
(3) 유지보수 조건 : 유지보수 중 시스템에 가해지는 고장의 근원 제거

다. 철도 RAMS 요구사항

(1) 철도 RAMS 요구사항을 달성하는 방법은 RAMS에 영향을 미치는 요소들을 관리하는 것으로 오류의 근원을 방어하는 메커니즘과 프로세스를 구축하는 것임
(2) 오류 발생결과 나타난 손상을 최소화하기 위한 사전예방은 손상의 발생 확률을 낮추는 예방(Prevention)과 손상의 결과에 따르는 심각한 정도를 낮추는 방호(Protection)로 나타냄

라. 위험도(Risk) : 위험도는 위험사건의 발생빈도와 위험요소로 구분

마. 안전 무결성 수준(SIL : Safety Intergrity Level) 고려사항

(1) SIL은 안전전문가에 의해 수립
(2) SIL은 독립형(stand-alone) 장치에 할당하여 대상 시스템을 평가
(3) SIL은 제품에 대한 안전이 기대되는 신뢰수준

3. 철도 RAMS의 관리

가. 철도 RAMS는 전체 철도시스템을 다루는 통합 철도관리 방식
나. ICE 62278에서는 14단계로 이루어진 시스템 수명사이클을 제시하고 각 단계별 RAMS 업무의 목적, 요구사항, 입력, 산출물, 증명사항을 정의함
다. 국내 철도 산업계도 국제화가 현실로 다가와 우리 철도제품의 수출을 위해서 국제적인 안전 인증기관의 공인이 요구되고 있어 보다 지속적이고 적극적인 체계의 구축이 필요함
라. 특히, ICE 62278과 같은 안정성의 시스템적인 규격은 시스템 전체, 하부시스템, 장치, 부품에 대해 시스템의 개념설정부터 폐기까지 전반적인 검토가 필요함

17.5.2 시설물 유지관리 기법 중 시간기준보전과 상태기준보전 활동

1. 개요

가. 시설물 보존의 본질은 설비의 최적 상태를 유지(Maintenance)하기 위한 활동과 지속적인 개선(Improvement) 활동으로 요약할 수 있으며,

나. 유지관리 방법은 예방보전 방법과 사후보존 방법이 있으며, 예방보전 방법으로는 시간기준보존(TBM)과 상태기준보존(CBM)으로 구별함

2. 시설물의 보전활동

시설물의 보전활동을 대별하면 예방보전(PM : Preventive Maintenance)와 사후보전(BM : Breakdown Maintenance)으로 분류함

가. 예방보전

(1) 시간기준보전(TBM : Time Based Maintenance) : 보전을 계획적으로 실행하는 것으로 보전주기에 의하여 실시하는 방법

(2) 상태기준보전(CBM : Condition Based Maintenance) : 설비의 상태에 의거하여 보전주기나 보전방법을 결정하는 방법

(3) 적응보전(AM : Adaptive Maintenance) : 생산상황이나 설비의 노후정도 등의 주변환경도 고려하여 설비상태를 파악하여 보전하는 방법

나. 사후보전

보전주기를 기다리지 않고 고장이 발생한 경우에 보전활동을 실행하는 것으로 리스크가 큰 것은 예비품을 준비하여 생산장애를 최소로 하기위한 보전활동

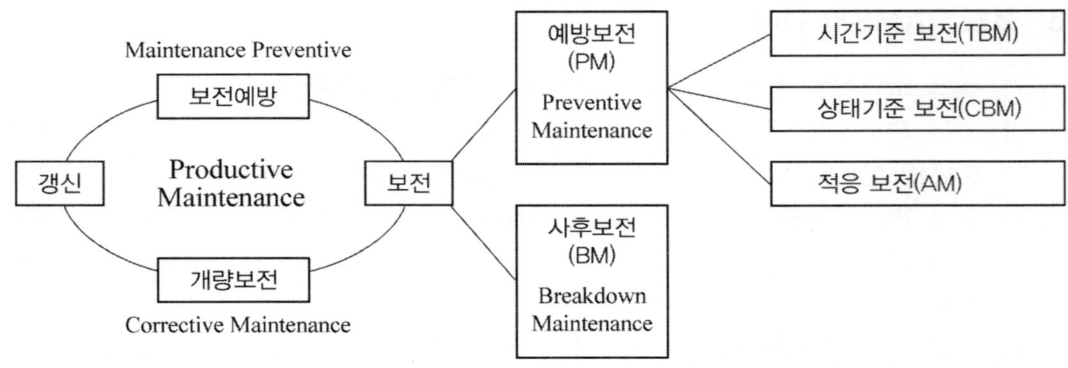

그림 15.5.2 시설물 보전활동도

3. 시간기준보전(TBM)과 상태기준보전(CBM)의 비교

가. 시간기준보전(TBM : Time Based Maintenance)

(1) 정기보전을 기준으로 함 : 설비가 열화에 도달하는 변수로 보전주기를 결정하고, 주기까지 사용하면 무조건 수리를 하는 방법
(2) 장점은 점검이 수월하고, 실제적으로 고장이 적게 발생하는 편임
(3) 단점은 과보전(Over Maintenance)이 되기 쉬워 경제성이 낮음

나. 상태기준보전(CBM : Condition Based Maintenance)

(1) 예지보전을 기준으로 함 ➪ 설비의 열화상태를 각 측정데이터와 그 해석에 의하여 정상 또는 정기적으로 파악하여 열화를 나타내는 값이 미리 정해진 기준치에 도달하면 수리를 하는 방식
(2) 장점은 TBM 방식에 비하여 경제적임
(3) 단점은 설비진단 또는 모니터링 시스템 구축을 위한 비용이 발생함

17.5.3 전기철도에 적용하는 신뢰성중심(RCM) 유지보수 기법

1. RCM의 개념

가. RCM(RCM: Reliability centered Maintenance)의 일반적인 정의는 신뢰성 중심 유지보수 최적화 기법으로 설비점검 및 정비의 효율성을 극대화하기 위한 분석적인 프로세스로 설비의 안정성 및 경제적 측면에서 가장 중요한 기기들을 찾아 새로운 예방정비 업무의 개발 또는 기존의 예방보수 업무를 최적화하고 분석하여 신뢰도로 평가하는 체계적인 기법을 말함

나. 전통적인 유지보수는 모든 기기 등은 적절한 수명에서 교체되어야 안전과 신뢰성을 확보할 수 있다는 획일적인 시간기준의 예방보수 개념이었으나, RCM의 보전기법은 시설물에 대한 유지관리 보다는 시스템의 정상적인 기능을 유지・확보하는데 중심을 두는 새로운 개념의 유지관리 기법임

2. RCM 시스템의 구축 필요성

가. 최근 발생된 철도사고를 분석한 결과 지속적인 사고예방 활동으로 중대사고 건수 및 사상자수 등 사고발생 빈도는 획기적으로 감소하였으나, 사고건수와 달리 차량고장 및 신호장애 등으로 인한 열차 지연운행은 감소되지 않고 증가되는 현상도 보이고 있으며, 철도의 고속화에 따른 대형사고의 예방대책이 필요하여 새로운 유지보수 기법

의 적용이 필요하게 됨

나. 따라서, 국토교통부에서는 철도 건설과 운영시 안전성, 유지보수성 목표를 저해하지 않으면서 투자비용을 최소화하는 정책・제도적 뒷받침과 IT 기술을 접목한 획기적인 통합안전 시스템 기술개발이 필요하다고 판단하였으며,

다. 국내 모든 철도운영자는 RAMS를 적용한 RCM 시스템을 구축하여 효율적이고 체계적인 유지보수 활동을 통하여 철도사고 등을 최소화하고 철도안전 활동을 적극적으로 수행하도록 철도안전법 시행규칙에서 규정하고 있음

3. 국내철도 RCM 시스템 구축을 위한 필수 조건

가. RAMS 결과의 활용

(1) RAMS 활동결과에 따라 고장별 원인 및 영향, 고장별 조치, 설비의 교체주기, 유지보수 활동, 위험원인의 정리 및 영향, 위험원의 조치 등 RCM 시스템의 구축 시행

(2) 실질적으로 현재 RAMS에 의해 관리되는 설비가 극소수에 불과하여 일괄적인 적용은 불가능하므로 운영중인 시스템은 현재의 유지보수 체계를 유지하면서 지속적인 데이터 수집과 분석을 통하여 보완・적용할 필요가 있음

나. 고장정의 및 분류체계의 확실한 정리

국내의 경우 KORAIL 과 철기연 등에서는 고장에 대한 분류체계가 있으나, 설비 고장원인중 오동작, 동작불량, 기타 등으로 모호한 부분 등에 대해서는 RAMS 관리 결과 도출 및 RCM 체계 도입이 필요함

다. 신뢰성 분석 기능

RCM 시스템을 구축하는 초기에는 RAMS 분석과 기존 운영 데이터를 바탕으로 교체 및 유지보수 활동에 대한 주기를 설정하여 할용하고, 일정기간 운영 후에는 운영을 통한 고장이나 활동 데이터를 이용한 신뢰성 분석을 통하여 보수 주기 및 장치별 특성을 분석하는 기능이 필요함

라. 고장원인 및 유지보수 활동 분류체계

고장원인 분류체계는 RAMS 활동결과, 고장발생 및 고장원인 정리, 전문가를 활용한 보완결과를 이용하고, 유지보수 활동은 각 활동별 주기, 필요인력 정리 및 배분, 인력관리 등을 주기적으로 수정 보완하여 관리하여야 함

마. TBO(Time Based OverHaul) 분석 기능

TBO란 주기적인 유지보수 대상으로 선정된 부품의 분해정비 주기에 따라 정비를 시행하는 체계적인 유지보수 방법을 말함

바. LCC 분석 기능

(1) LCC(Life Cycle Cost) 란 일반적으로 시설물 또는 장비의 생애주기 비용를 말하며, 계획단계부터 폐기 처분 시까지의 모든 비용 즉, 계획 및 설계비, 건설비, 운영관리비, 폐기물 처리비용 등을 합한 것으로 시설물 또는 장비의 공용 수명기간 전체에 필요한 모든 비용을 말함

(2) 변압기와 같이 전력시스템의 경우 변압기 구입가격, 설치비용, 감가상각비, 유지보수 비용, 잔존가격 등으로 구성되는 개념을 말하며, LCC 분석이란 총 생애주기 비용(LCC)를 최소화 할 수 있는 최적대안을 산정하는 공학적 의사결정 기법을 말함

사. 기타 필요조건

신설 또는 기 구축된 시스템에 대한 설비관리, 자산관리, 인력관리 등과 같이 일반적인 시스템에서 반드시 필요한 부분에 대해서도 고려하여야 함

17.5.4 고속철도 전차선로 조정오차에 대한 TV, NI, AV, IV 정의

1. 전차선로 조정 오차범위의 설정

가. 300[km/h]의 초고속으로 운행되고 있는 고속철도의 도입으로 고속철도 구간은 물론 고속철도가 연계 운행되는 일반철도에 있어서도 전차선로 시공 및 유지관리에 매우 엄격한 정밀도를 요구되고 있어,

나. 국내의 전기철도 구간의 전차선로 각 설비마다 유지보수 대상설비 중 열차운행에 직접 영향을 주는 주요설비는 조정 오차범위를 유지보수 매뉴얼에서 기준수치로 정하여 유지보수 시행 후 "4단계"로 상태를 분류하여 적용함으로서 효율적인 유지보수 및 열차 안전 운행을 확보하고 있음

2. 설비상태의 분류

가. TV(Target Value) = 목표값

시공조정, AV 또는 IV로 분류되는 설비에 대한 조정 및 설비불량에 대한 복구이후에 계속 유지하여야 하는 값

나. NIV(No Intervention Value) = 허용값(정상값)

설비의 변경, 마모, 잘못된 조정정도가 목표값(TV)에는 미치지 못하나, 보수할 필요가 없는 허용범위 이내의 값으로 계속 관찰이 필요한 상태 값

다. AV(Alert Value) = 경고값

즉시 조치가 필요하지는 않지만 유지보수에 필요한 자재, 시간이 확보되면 유지보수를 시행하고, 그렇지 못한 경우 변화상태를 관찰하고 가까운 시간 내 정기보수 작업에 포함하여 조치해야하는 상태 값을 말하며 유지보수 작업 이후에는 목표 값이 되어야 함

라. IV(Intervention Value) = 즉시조치값

열차안전에 직접적인 영향을 줄 우려가 있는 설비의 안전에 위험이 예상되는 상태값을 말하며, 다음 정기보수 시기를 기다리지 않고 즉시 계획을 수립하여 유지보수 작업 중 최우선으로 조치되어야 하고 유지보수 작업 이후에는 목표값이 되어야 함

3. 전차선 높이와 편위 한계 값 (예시)

가. 개활지 전주의 전차선 높이

(1) " a/2000 "(a = 전주경간)의 사전이도를 가진 전차선로의 개활지 전주에서 수직인 전차선의 일반적 높이는 5.08 [m]를 표준으로 함.

(2) 전차선 높이를 측정하고 이것을 아래의 한계값과 비교하여 점검결과 경고값 또는 조치값으로 확인된 설비는 정상기능이 확보될 수 있도록 유지관리하여야 함.

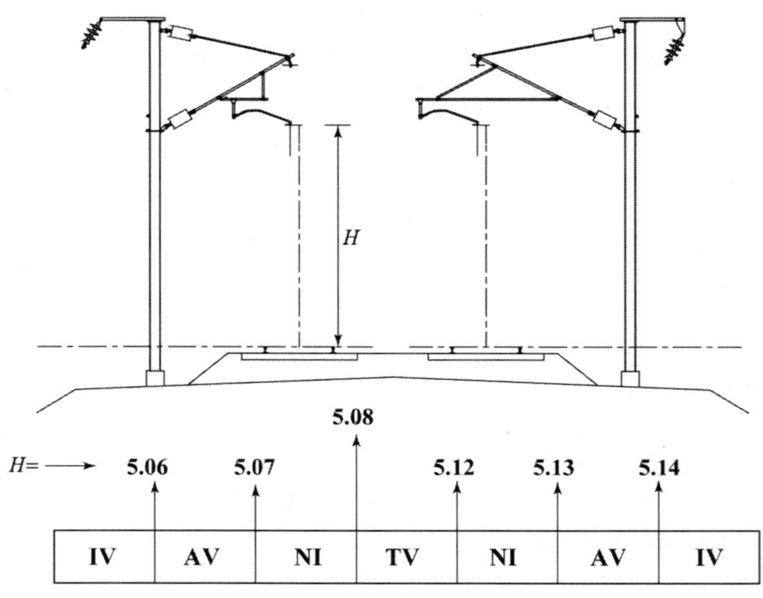

그림 15.5.3. 개활지 전차선 높이 허용한계 값

표 17.5.1 고속철도 전차선 높이의 설비상태 기준수치(예)

기준값	IV	AV	NI	TV	NI	AV	IV
전차선높이(m)	5.14 이상	5.13	5.12	5.08	5.07	5.06	5.06 이하

나. 전차선 편위 허용한계

(1) 전차선이 직선 또는 곡선에 따라 표준 편위가 있는 경우 조립 매뉴얼의 이론적 편위값을 A 라고 했을 때 현장 편위 값은 일치하여야 하나 이 값은 시간과 주변 환경에 따라 변하게 됨.

(2) 유지관리 시에는 실제 편위 값 a 를 측정하고 차이 d = a - A 를 산출한 후, 이 값과 아래에 제시된 한계값을 비교하여 판단 함.

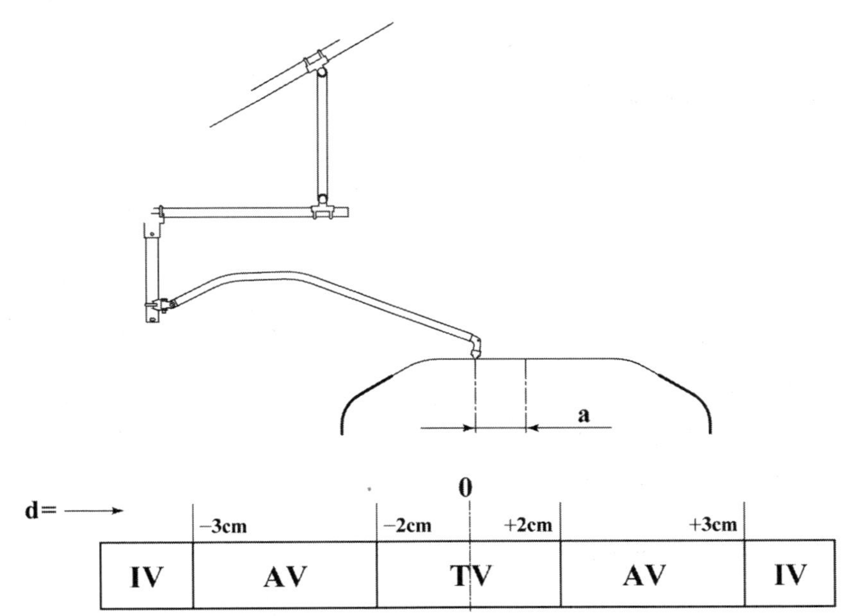

그림 15.5.4. 전차선 편위 허용한계 값

4. 경고값 및 조치값의 처리

가. 점검결과 경고값 또는 조치값으로 확인된 설비는 정상기능이 확보될 수 있도록 유지보수 하여야 함.

나. 자체로 유지보수가 어려울 경우 설비를 교체 · 개량하여 목표 값이 되도록 하여야 함.

17.5.5 전력설비의 고장율과 전력설비의 수명관계

1. 전력설비의 유지보수

가. 도심과 산업발전에 따른 부하의 증가로 국내의 전력수요는 계속하여 증가하고 전기설비의 신뢰성에 대한 요구도 계속 증가하여 순간의 정전도 허용되지 않는 실정에 있어,

나. 이러한 주변 환경에 따라 전력설비 유지보수 기술도 사후보전(BM), 예방보수(PM), 시간기준정비(TBM), 상태기준정비(CBM), 신뢰성기준정비(RCM), 위험도기준정비(RBM)과 같은 다양한 기술로 변화하고 있음

다. 또한, 최근의 전력설비 유지보수는 성능과 신뢰성은 물론 전력이나 제품의 생산단가 절감 및 유지보수 비용의 절감, 탄소배출량 규제 등 친환경성 대처, 설비 고장 시 파급 기회비용 등을 고려한 자산관리 측면까지의 관리 기술이 요구됨

2. 전력설비의 고장율 패턴

전력설비를 장시간 사용하면 고장율이 증가하며, 일반적으로 전력설비의 유지보수는 고장율이 증가하는 마모기에 해당하는 시기에 집중되고 있음

가. 초기고장 시기

현장설치후 외부 환경에 적응되지 못하여 발생하는 문제 또는 설계・제작상의 결함

나. 우발고장 시기

고장율이 시간의 경과에 상관없이 거의 일정한 기간 계속되거나 조작잘못 등 우발적인 고장에 의해서 발생하는 고장 시기

다. 마모/열화 고장 시기

구성품의 마모나 열화 등에 의하여 시간이 지남에 따라 고장율이 증가하는 시기

3. 전력설비의 열화의 원인

가공전선, 케이블, 기기 및 애자 등은 그 사용환경, 사용조건 또는 단락, 지락 등에 의한 영향 등 다양한 요인에 의해 열화가 진행되어 사고의 원인이 됨

가. 환경적 요인

먼지, 오손, 염분, 습기, 고온, 부식, 자외선, 절연물 변질, 이종금속 접속불량 및 동작부 접촉불량 등

나. 전기적 요인

외뢰, 내뢰에 의한 써지 전압과 과전압, 과전류 개폐서지 등

다. 열적요인

과부하, 회선단락, 고조파, 히트사이클(팽창, 수축, 변형) 등

라. 기계적 요인

동작의 반복, 외부응력, 진동 및 충격, 균열파손 및 마모에 의한 단락 등

마. 화학적 요인

절연저하, 부분방전, 절연물의 변질 등

바. 기타 요인

외상, 조류의 침입 등에 의한 요인과 설계, 제작, 시공 및 보수불량 등에 의한 요인

4. 전력설비의 수명에 관한 고찰

가. 신설 전력설비

(1) 고장전류 계산, 전력조류 계산, 고조파 분석, 대형 전동기 기동검토 등을 충분히 검토하여 가장 합리적인 계통 구성 및 각 기기의 정격용량을 결정하여 가장 합리적인 설계를 시행

(2) 전력계통 분석 프로그램의 개발로 문제점을 사전에 최소화

나. 기존설비

(1) 설비의 사고 잠재력을 사전에 발견하여 제거하고 사고가 발생하더라도 파급을 최소화하기 위하여 사전에 설비상태를 진단·분석하여 최적의 개선방향을 제시

(2) 진단장비의 개발, 정확한 판단 및 분석을 통하여 미연에 사고를 방지하고, 고품질 전력 사용과 설비의 효율적인 관리 시행

(3) 최적의 유지보수 기법을 도입하여 과학적이고 체계적인 유지관리

17.5.6 교류 전기철도 설비의 예방진단(원격진단) 시스템

1. 예방진단 시스템 개요

가. 국내외 전기철도 구간의 전철변전소 및 구분소 등이 무인화 운영 등으로 전환 됨에 따라 KORAIL에서 운영하는 전기설비 기술지원시스템은 이제까지 분산되어 있던 개별 진단 시스템들을 통합하여 데이터의 일괄 취득 및 분석을 통한 설비의 이상 유무를 사전에 감지하여 고장 및 사고를 미연에 방지하기 위하여 종합시스템으로 구축하고 있으며,

나. 무인 온라인 예방진단 시스템은 전기설비 기술지원 시스템과 호환하여 주요설비의 기능이나 성능을 실시간으로 진단 · 취득 · 분석을 한 곳에서 처리하여 기존에 분야별로 운용하던 점검형태와 진단 방법을 첨단 진단설비로 통합자동화 하여 예측 진단하는 알고리즘과 시스템들로 구성하여 각 기기별 이력 및 DB 관리로 효율적인 설비관리를 지원하는 시스템임

다. 시스템의 구성은 전력설비에 적용하는 센서부분과 현장기기의 Data를 취득하여 상위 서버로 전송하는 데이터 취득장치(DAU)와 취득한 정보를 바탕으로 효율적인 관리 및 사고방지를 지원하는 HMI 로 구성됨

2. 교류 변전설비 주요 예방진단 시스템 구성 및 원리

전철변전소에 사용되는 원격 진단기술은 변압기, GIS 및 피뢰기, 배전반 등으로 구분하여 설치도며, 기기 내부에서 발생된 전자파를 On-Line으로 진단하여 중앙장치로 전송하게 되며, 중앙장치에서는 사용자의 요구에 따라 기억된 자료를 근거로 진단수치를 계산 · 분석하여 유지보수 관리자가 확인할 수 있도록 나타내 주고 사전점검을 하게 하는 시스템으로 구성되어 있음

가. 변압기에 대한 원격진단 설비

(1) 변압기의 드레인밸브 측에 선택적 가스 투과막과 가연성 가스탐지 센서를 설치하여 절연유의 용존가스 중 수소가스, 수분 등을 검출하며, 용존가스를 실시간으로 검출하여 절연유의 열화상태를 진단함

(2) 본체에 TOID를 설치하여 절연유 열화를 진단하는 센서를 내장시키고 측정장치를 통해 중앙장치로 데이터가 전송되는데 절연유의 장기적 열화, 부분방전, 아크발생시 생성되는 도전성 탄소성분 및 슬러지로 인한 절연유의 누설전류를 감지하여 변압기의 내부고장 상태를 정밀하게 진단함

나. 가스절연개폐장치(GIS)의 원격진단 설비

(1) UHF 부분방전 진단장치

GIS 내부의 결함에 의한 부분방전 발생 시 발생되는 전자파를 검출할 수 있는 UHF 센서를 GIS 스페이서에 설치하여 전자파의 방전량과 펄스수를 이용하여 부분방전 상태를 상시감시 진단하고, 부분방전 유형을 진단함

(2) 가스밀도감시

GIS 가스감시 구분별로 가스밀도 센서를 설치하여 가스밀도를 계측하여 가스누설을 조기 발견하여 가스누기에 따른 대형 절연사고를 사전에 방지할 수 있도록 함

(3) 차단기 동작특성검출장치

차단기 제어용 Open/Close Coil 감시 센서를 설치하여 차단기 Coil과 보조접점 동작시간을 계측하여 동작특성과 동작횟수를 검출할 수 있어야 하며, 차단기 차단전류(3상)를 측정하여 CB의 주접점 마모량을 감시함

다. 피뢰기 원격감시장치

(1) 피뢰기에 대한 누설전류 측정 및 동작횟수를 감시하여 피뢰기에 대한 열화 감시 및 진단 기능을 수행하며, 케이스 내부에는 온、습도계 및 팬/히터가 장착되어 케이스 내부의 온도가 30℃ 이상이면 팬이 구동하고, 5℃ 이하이면 히터가 구동되도록 함

(2) AC 220[V] 상용전원을 사용하고 출력단자는 전누설전류, 제3고조파분 누설전류, 점검용 단자로 구성되며 영상변류기(ZCT)를 통해 감지된 전누설전류와 제3고조파분 누설전류 및 동작횟수 등의 데이터를 데이터 취득장치로 전송함

라. 데이터 취득장치(DAU – Data Acquisition Unit)

변전기기에 설치된 센서 및 이상검출장치로부터 데이터를 수집하는 장치로 입력데이터의 특성에 따라 아래와 같은 입력 모듈로 구성됨

(1) **주처리모듈 (CPM : Central Processing Module)** : 실시간처리, 실시간 O/S 및 고성능 CPU로 구성되어 각 모듈에서 입력된 데이터를 통신을 통해 변전소의 중앙감시장치로 전송하는 역할을 함

(2) **계측모듈(AIM : Analog Input Module)** : 가스밀도, 유온도, 권선온도 등 아날로그로 출력된 데이터를 받아 데이터취득장치의 CPU로 전송 역할

(3) **감시모듈(DIM : Digital Input Module)** : 각종 진단장치의 접점신호 상태를 취득하여 데이터취득장치의 CPU로 전송하는 역할을 함

(4) **직렬통신모듈(SIO : Serial Input Output) 통신부** : 각 구분소 및 변전소의 상호통신 및 향후 통신확장을 위한 통신포트를 구비하여 사령실로 데이터를 송・수신

할 수 있는 프로토콜 및 S/W를 내장함

마. 중앙감시장치

변전소에 설치되는 장치로서 변전소, 구분소, 보조구분소의 데이터 취득장치에서 수집된 센서 및 진단장치의 데이터를 상시 모니터링하고, 데이터의 절대값이나 변화경향으로 변전기기의 이상을 검출하여 경보를 발생하는 통합관리 운용프로그램(진단 프로그램)을 구축하고, 시스템 운영에 필요한 각종 데이터를 보관할 수 있는 충분한 용량의 하드 디스크를 구비하였음

표 17.5.2 변전설비별 구성장치

기기명	진단항목	진단장비	적용장소		
			SS	SP	SSP
주변압기	유중가스	측정센서	○	–	–
AT	유중가스	측정센서	○	○	○
GIS	부분방전	UHF센서	○	○	○
	가스밀도	가스밀도계	○	○	○
	피뢰기	접점&신호	○	○	○
	차단기 동작특성	접점&신호	○	○	○
데이터 취득장치	CU 타입		○	○	○
중앙감시장치	Workstation급(감시변전소)		○	–	–

3. 전차선로 예방진단 시스템

전차선로 진단설비는 IT 기술을 접목한 검측차를 이용하여 열차운행속도와 같은 조건하에서 전차선 마모상태, 팬터그래프 이선현상, 접속점 온도 및 아크 등을 감지할 수 있는 획기적인 기술이 개발되어 아래 표와 같이 운영 중임

표 17.5.3 전차선로 검측차 검측 항목

검측차종류	센서	계측항목	세부내용
전철시험차 종합검측차	레이져	전차선 높이	높이변화
		전차선 편위	편위변화
		전차선 마모	마모상태
고속검측차 (KTX 탑재)	고속카메라	비디오 모니터링	집전상태
			동적편위
	아크검지기	아크발생	아크세기, 지속시간
	레이져	동적높이측정	집전장치 궤적측정

4. 예방진단 시스템의 설치효과

가. 첨단진단시스템 인프라 구축

(1) 원격에 의한 전국적으로 산재되어 있는 각종 전기설비의 정보 통합취득 및 데이터의 D/B화로 실시간 진단과 분석기술의 첨단화

(2) 각종 경보 메시지 표출, 장애・사고발생시 유지보수자 자동호출 기능 부여(보수자용 PDA 연계)와 수집된 데이터를 사용자의 요구대로 모니터에 표출시키는 기술의 향상

(3) 수작업 기록 위주의 점검 데이터 관리를 자기진단기능을 가진 컴퓨터로 전환하여 설치이력, 점검 및 보수내력, 사용연수 등의 데어타를 종합적으로 접목시켜 분석함으로써 보수시기의 사전 통보와 고장을 사전에 예방하기 위한 Web 정보 기술력의 향상

(4) 인력 의존도가 높은 순회 점검 방식을 시스템에 의한 자동점검 방식으로 전환하여 일정주기별 점검방식을 실시간 상태 점검방식으로 보수패턴을 변화시킴

나. 보수체계 첨단화와 철도산업 발전촉진

(1) 진단기술 향상으로 보수체계 발전촉진

(2) 시스템의 통합으로 일관성 있는 유지보수

(3) 예측진단 기술의 선도화

(4) 전철선비의 급격한 확충에 능동적 대처

다. 국가경쟁력 향상

(1) 21C 대륙철도 연결 시 철도역할 제고

(2) 전기철도 진단 기술의 활용방안 제고

17.5.7 가공 전차선이 50[m]~150[m] 단선 시 복구 과정

1. 사고복구 개념

가. 가공 전차선이 외부충격으로 50[m] 이상에서 150[m] 미만이 단선(斷線)된 경우에는 일반적으로 지락이 발생하여 보호계통에 의하여 전차선로 급전이 차단(단전)되므로 전기차 열차운행은 불가능하고,

나. 전차선의 수하 또는 사고현장 상황에 따라 우선 열차재개를 위한 긴급 임시복구를 시행하고, 열차운행이 중지되는 야간 시간대를 이용하여 전차선로를 단전한 상태에서 완전복구를 시행함

2. 임시복구(필요할 때)

가. 임시복구 절차

(1) 단선 수하된 전차선을 우선 일정 높이로 들어 올려야 하므로 단선된 전차선 중 사용이 불가능한 부분은 절단하거나 구부려 끊어진 양단을 장선기에 연결하는 작업을 시행함

(2) 경간을 포함하는 가선구간의 자동장력조정장치 활차를 고정하고, 단선된 전차선 양쪽을 "감마롱 – 앵커쇄클 – 장선기 – 와이어로프(필요한 길이) – 앵커쇄클 – 감마롱"의 순서로 전차선을 임시 연결함

(3) 임시 연결된 전차선은 장선기로 일정장력을 가하면 전차선이 장력을 유지하여 전차선 높이가 궤도면상 일정높이가 되면 바인드 선 또는 다른 장선기 등으로 열차 운행에 지장이 없도록 전차선 윗측으로 들어 올려 애자 또는 절연된 장소에 고정함

(4) 임시복구 구간은 전기차의 팬터그래프 습동이 불가능하므로 관제실과 협의하여 팬터내림 또는 속도제한 등 제 표지류를 설치하여 타력운전이 가능하도록 조치하여야 함

(5) 임시 복구 후 전 구간은 전차선 가압을 시행하여 열차운행을 재개하고, 임시복구 구간은 타력운전하도록 함

나. 소요공구 및 재료

장선기(3톤 2개), 와이어로프(50~100[m]), 앵커쇄클(2~5개), 감마롱(2개), 조가선 균압용(50~150[m]), 클램프(SC 4개), 소철선(전차선 수하방지 고정용) 및 기타 비상복구용 자재

3. 완전 복구

가. 직선클램프 사용하는 경우

(1) 운행속도가 높은 경우 절단된 전차선 만큼 교체한다.

(2) 전차선 접속부분은 팬터그래프 습동에 지장이 없어야 한다.

(3) 소요공구 및 재료

장선기(3톤 2개), 와이어로프(50~150[m]), 앵커쇄클(2~5개), 감마롱(4개), 클램프(전차선 직선접속용 2개), 전차선(소요길이) 및 기타

나. 더블이어를 사용하는 경우

(1) 운행속도가 낮거나 직선접속이 불가능할 때 다음과 같이 접속한다.

(2) 절단된 전차선 만큼 교체함

(3) 전차선 접속부분은 팬터그래프 습동에 지장이 없어야 한다.

(4) 소요공구 및 재료
장선기(3톤 2개), 와이어로프(50~150[m]), 앵커쇄클(2~5개), 감마롱(4개), 클램프(더블이어 1호-2개, 2호-4개), 전차선(소요길이) 및 기타

다. 급전 및 열차운전 협의

급단전 및 열차운행 여부에 대해서는 절차에 따라 관계처와 협의하고 최초 전기차 운행상태를 점검하여 이상유무를 확인하여 보고 후 철수함

4. 전차선 단전시 관제사 조치사항(예시 : 무인 DC 변전소 서울메트로)

가. 관제사의 역할

(1) 무인운영 전철변전소 인근의 전차선 단전사고 시 관제사의 원활한 대처는 전차선 단전시간 단축 및 사고파급을 최소화하는데 매우 중요함

(2) 전차선 단전 사고 시 우선적으로 단순 열차과부하 원인인지, 열차고장에 의한 것인지, 전차선로 측의 원인 등에 대하여 차단기 등의 동작상태 및 보호계통의 이벤트를 신속하고 정확히 숙지하여야 함

나. 전차선로 정전 시 관제사의 조치사항

(1) 정전원인(차단기 트립)

① 전차선로 과전류계전기(50F) 동작

② 전차선 Feeder 차단기(54F1, F2, F3, F4) 트립

③ 양측 인접변전소 전차선용 차단기(54F1, F3, 54F2, F4) 트립

(2) 조치사항 및 순서

① 열차고장 여부확인 : 열차고장으로 인한 재 트립시 차량조치 후 차단기 재투입

② 열차고장없이 고전류계전기(50F) 동작으로 2회 이상 재 트립시 예비 차단기로 절체

③ 전기소에 상황통보 및 출동지시

④ 인접 변전소 연락차단 차단기(54F1, F2 및 54F2, F4) 투입 ➪ 다만, 50F 동작 구간은 가장 늦게 투입

⑤ 상황보고서 작성 보고

⑥ 영업종료 후 차단기 주점검 및 정밀점검 시행

17.5.8 인체의 전기적 특성 및 감전 위험성 결정요소

1. 인체의 전기적 특성

가. 최근 각종 전기기기의 보급과 사용이 급증하고 있어 전기안전에 대한 대책이 필요하게 되고 특히, 인체에 전류가 흐르는 위험을 방지하기 위한 기술기준과 감전 메커니즘에 대하여 충분히 고려하여 전기기기를 설치하고 작업자에 대한 안전대책을 이행하여야 함

나. 인체를 통하여 흐르는 전류를 통전전류라 하고, 통전전류에 의하여 인체가 받는 충격을 전격(Electric Shock) 또는 감전이라고 함

다. 인체에 대한 전기적 충격의 영향은 전기신호가 신경과 근육을 자극해서 인체의 정상적인 기능을 저해하며, 호흡정지 또는 심실세동을 일으키며, 고압의 경우 전기에너지가 생체조직의 파괴, 손상 등의 구조적 손상을 일으키는 화상을 초래하여 재해가 발생하면 매우 치명적이며, 생명을 건졌다 하더라도 불구가 되는 경우가 많은 위험성을 갖고 있음

2. 전격에 의해 위험을 결정하는 요인

가. 통전전류의 크기
나. 통전시간
다. 통전 경로
라. 전원의 종류 및 주파수
마. 전격이 인가될 때 심장맥동의 위상
바. 통전전류의 저항
사. 인가된 전압의 크기 등

3. 위험 결정요인에 의한 인체의 영향

가. 통전전류에 의한 영향

(1) **최소감지전류** : 교류(60[Hz])에서 이 값은 2[mA] 이하로서 이 정도의 전류로 위험성은 거의 없음

(2) **고통한계전류** : 전류의 흐름에 따라 고통을 참을 수 있는 한계전류로서 교류(60[Hz])에서 성인남자의 경우 7~8[mA] 정도임

(3) **이탈전류와 교착전류(마비 한계전류)** : 통전경로의 근육 경련이 심해지고 신경마비로 운동이 자유롭지 못하는 한계의 전류로 10~15[mA] 정도

(4) 심실세동전류 : 심장의 맥동에 영향을 주어 혈액순환이 곤란하게 되고 끝내는 심장 기능을 잃게 되는 현상을 심실세동이라 하며 방치하면 수 분 이내에 사망하므로 인공호흡 등을 실시하여야 함

표 17.5.4 전격전류와 감전현상

종 류	감전의 현상	전류값
최소감지전류	찌릿함을 느끼는 정도	1~2[mA]
고통전류	참을 수 있으나 고통스럽다	2~8[mA]
이탈가능전류	안전하게 스스로 접촉된 전원으로부터 떨어질 수 있는 최대 한도의 전류(참을 수 없을 정도로 고통)	8~15[mA]
이탈불능전류	전격을 받았음을 느끼면서 스스로 그 전원으로부터 떨어질 수 없는 전류(근육 수축이 격렬)	15~50[mA]
심실세동전류	심장의 기능을 잃게 되어 전원으로부터 떨어져도 수분 이내에 사망	50~100[mA]

나. 통전시간과 전류의 한계

(1) 심실세동 전류와 통전시간은 보통 미국의 Dalziel 식에 의하여 통전시간을 T [sec], 평균체중을 70[kg]이라 하면 한계전류 $I = 165/\sqrt{T}$[mA]로 나타냄

(2) 인체에 흐르는 통전시간과 전류의 한계는 아래와 같이 통전시간과 전류 한계값은 반비례하므로 보호계통의 동작시간을 충분히 고려하여야 함

표 17.5.5 통전시간과 전류한계

통전시간(초)	전류(mA)	통전시간(초)	전류(mA)
0.05	518	1.5	95
0.10	367	2.0	82
0.15	300	2.5	73
0.2	260	3.0	67
0.8	130	4.0	58
1.0	116	5.0	52

다. 통전경로별 영향(통전전류에 의한 심장전류계수)

(1) 인체에 전류가 통과하면 심실세동이 일어날 수 있는 것은 물론이며, 통전경로에 따라 더 낮은 전류에서도 심실세동의 위험성이 있음

(2) 왼손과 가슴(심장)으로 전류가 통과할 때 가장 위험하고 오른손 보다는 왼손이 통전경로가 되는 경우에 심장을 통과할 가능성이 높아 위험함

(3) 통전경로별 위험도 ➪ 인체에 흐르는 통전경로별 위험도는 아래와 같이 왼손→가슴, 오른손→가슴으로 흐르는 경로가 심장전류계수가 높으므로 인체가 치명적인 손상을 가져올 수 있음

위험도	통전경로	심장전류 계수
1	왼손 → 가슴	1.5
2	오른손 → 가슴	1.3
3	왼손 → 한발 또는 양발	1.0
4	양손 → 양발	1.0
5	오른손 → 한발 또는 양발	0.8
6	왼손 → 등	0.7
7	한손 또는 양발 → 앉아있는 자리	0.7
8	왼손 → 오른손	0.4
9	오른손 → 등	0.3

라. 사용주파수의 영향

통상 직류보다는 교류가 감전사고에 의한 위험도가 상대적으로 높으며, 교류에서도 상용 주파수인 50~60[Hz]가 가장 위험하고 주파수가 높아지면 위험도가 낮아지나 이는 사대적인 개념이며 어떤 경우라도 통전전류가 증가하면 위험성은 증가함

4. 회로의 감전방지 대책(접촉전압과 보폭전압 등 : 10.4.7 문항 접지참고)

가. 2중 절연

나. 보호접지 방식

다. 누전차단 방식

라. 정전유도 방지시설 등

17.5.9 철도시설의 정밀진단 및 성능평가의 실시방법 및 절차

1. 관련법령 제정 목적

「철도건설 및 철도시설 유지관리에 관한 법률」 등에 의하여 「철도시설의 정기점검 등에 관한 지침」(국토교통부 고시)"을 제정하여 철도시설(토목, 궤도, 전철전력, 철도신호, 철도통신 등)의 정기점검 및 정밀진단, 성능평가에 대한 실시방법, 절차 및 관련교육, 평가결과 보고에 관한 사항을 정하고 있음.

2. 용어의 정의

가. 안전성 : 철도시설의 요구 조건하에서 인명의 사상, 철도시설의 손상과 손실을 방지하는 성능을 말함

나. 내구성 : 철도시설의 사용 수명 동안 요구되는 기능을 유지시키기 위한 철도시설의 성능을 말함

다. 사용성 : 철도시설의 사용과 수요측면에서 적절한 편의와 기능을 제공하는 성능

라. 성능평가 지수 : 성능평가 항목의 평가결과와 중요도 가중치를 곱하여 계량화한 지수를 말 함.

마. 철도시설관리자 : 철도안전법 제2조 9호에 따른 철도시설의 검설 또는 관리에 관한 업무를 수행하는 자

3. 성능평가 일반

가. 성능평가의 목적은 현장조사 및 각종 시험에 의해 철도시설의 성능을 종합적으로 평가하여 철도시설의 객관적인 현재의 상태와 장래의 성능 변화를 파악·예측하고 이를 통해 철도시설관리자가 보수·개량 등의 최적 시기 결정 등 합리적 유지관리 전략을 마련하는데 있음.

나. 철도시설관리자는 소관 철도시설에 대하여 영 제23조에 따른 시행계획에 따라 체계적이고 일관성 있는 성능평가를 실시해야 한다.

다. 정밀진단 및 성능평가 대상

(1) 선로 및 건축시설 : 구조물, 궤도시설, 건축물

(2) 전기 및 통신설비 : 전철전력설비, 신호제어설비, 정보통신설비

4. 철도시설 정밀진단 · 성능평가 절차 및 기준

가. 정밀진단 절차

절 차	주 요 내 용
정밀진단 대상산정	■ 철도시설 분류체계(대 → 중 → 소)에 따라 평가대상 시설을 선정 ■ 표본조사를 실시하는 경우 항목, 방법, 수량 등의 선정기준 마련 ■ 효율적인 평가를 위해 노선별, 시설별로 구분하여 시행 가능

자료분석	■ 평가대상 시설에 대한 도면, 계산서 등 관련 자료를 수집 · 분석 – 설계도서 · 준공도서, 보수 · 보강 · 증축 · 개량공사 관련 자료, 각종 법령에 따라 실시한 과거 점검 · 점검 · 진단 및 성능평가 자료 등

정밀진단 시 행	■ (개별시설 평가) 개별시설에 대한 안전성 등급 산정 – 소분류 개별시설에 대해 평가항목별로 시험 · 검사 · 평가 시행 – 항목별 평가점수를 바탕으로 개별시설에 대한 안전성 등급 산정 ■ (결과분석) 시설별 · 노선별 · 구간별 안전성 등급 산정 – 개별시설 평가결과를 소 · 중 · 대분류별 중요도(가중치)를 고려하여 대분류별, 노선별, 구간별 철도시설 안전성 등급을 산정 ■ (종합평가) 전체 시설에 대한 안전성 등급을 산정하고, 안전성 등급이 낮은 시설 · 노선 · 구간을 제시하고 그 사유를 분석

보수·보강 방법제안	■ 정밀진단 결과 C등급 이하 시설에 대한 보수 · 보강 방법 제시 ■ 보수 · 보강방법에 대한 개요, 시공방법, 시공시 주의사항 등 제시 ■ 당해 시설물의 유지관리를 위한 요령, 대책 등 제시 ■ 안전성평가 결과에 따라 손상 및 결함이 있는 부위 또는 부재에 대하여 적용할 보수·보강 방법을 제시

종합결론	■ 정밀진단 결과, 유지관리 시행방안(연차별 계획, 예산확보 등)

나. 성능평가 절차

절 차	주 요 내 용
성능평가 대상산정	■ 철도시설 분류체계(대 → 중 → 소)에 따라 평가대상 시설을 선정 ■ 표본조사를 실시하는 경우 항목, 방법, 수량 등의 선정기준 마련 ■ 효율적인 평가를 위해 노선별, 시설별로 구분하여 시행 가능

자료분석	■ 평가대상 시설에 대한 도면, 계산서 등 관련 자료를 수집 · 분석 – 설계도서 · 준공도서, 보수 · 보강 · 증축 · 개량공사 관련 자료, 각종 법령에 따라 실시한 과거 점검 · 점검 · 진단 및 성능평가 자료 등

성능목표 설 정	■ 평가대상 철도시설의 안전성과 장기적인 유지관리 효율성을 확보하기 위해 철도시설이 만족해야 할 성능목표를 설정 ■ 영 제23조에 따른 시행계획에서 철도시설의 종합적인 성능, 랑전관리 목표, 예산 여건등을 고려하여 설정

성능목표 시 행	■ (개별시설 평가) 개별시설에 대한 성능평가 지수, 성능평가 등급 산정 – 소분류 개별시설에 대해 평가항목별로 시험 · 검사 · 평가 시행 – 항목별 평가점수를 바탕으로 안전성, 내구성, 사용성 성능 및 개별시설에 대한 성능평가 지수와 성능평가 등급 산정 ■ (결과분석) 시설별 · 노선별 · 구간별 성능평가 지수 · 등급 산정 – 개별시설 평가결과를 소 · 중 · 대분류별 중요도(가중치)를 고려하여 대분류별, 노선별, 구간별 철도시설 성능평가 지수 · 등급 산정 ■ (종합평가) 전체 시설에 대한 성능평가 지수 · 등급을 산정하고, 성능 평가 지수가 낮은 시설 · 노선 · 구간을 제시하고 그 사유를 분석

유지관리 전략제안	■ 성능평가 결과 C등급 이하 시설에 대한 보수 · 보강 방법 제시 ■ 시설별 · 노선별 · 보수 · 보강 우선 순위를 검토 ■ 철도시설 성능 목표를 달성하기 위한 합리적인 유지관리 전략 제시

종합결론	■ 성능평가 결과, 유지관리 시행방안 (연차별 계획, 예산확보 등)

다. 정밀진단 · 성능평가 기준

(1) 공통 기준 : 전기 및 통신설비의 안전성·내구성·사용성 평가시 평가항목은 주요소 외에 보조요소를 함께 포함하여 구성할 수 있다.

평가부문	평가부문 속성	평가항목	
		주요소	보조요소
안전성	인명의 사상, 시설물 손상 · 손실, 운행 정지 등은 감전 · 화재, (전기적특성), 설비 동작불량 등 (전기적 · 물리적 특성)으로 발생되며 사고 위험의 정도에 따라 피해의 크기가 정해짐	열화 · 절연 마모 · 강도 · 소음	부식 · 균열 · 누유 · 경사 · 침하, 운행횟수, 고장장애횟수
내구성	사용수명 동안 요구되는 기능을 유지하기 위해서는 외관상태, 피로, 환경적 요소 등에 따라 노후화의 정도가 정해짐	부식 · 균열 · 누유 · 경사 · 침하, 경과년수 · 사용횟수 설치환경	마모 · 강도 · 소음 고장장애횟수
사용성	철도시설의 사용과 수요 측면에서 적절한 편의와 기능을 위해서는 사용자 편의성, 유지관리 효율 · 편의에 따라 사용성의 정도가 정해짐	운행횟수, 고장장애횟수 제품단종, 유지보수횟수 설비용량, 운전시격	설치환경

17.5.10 중대재해 처벌법 및 산업안전보건법 개요

1. 중대재해 처벌법 개요

가. 중대재해처벌법 제정 배경

(1) 그동안 크고 작은 현장의 산업재해로 인한 사망사고가 사회적 이슈로 지적되고 안전보건관련법령 등의 제도보완이 필요하게 됨.

(2) 근본적인 원인은 기업의 안전 · 보건 관리 시스템의 부재라고 판단하여 사업주에게도 일정 부분 책임소재에 대한 처벌규정을 두어 안전보건에 대한 인식을 제고하고자 함.

※ 태안화력발전소 압사 사고, 이천 물류창고 신축현장 화재사고로 38명 사망 등이 직접적인 배경이 됨.

나. 중재재해 처벌법의 목적

(1) 중대재해(중대산업재해, 중대시민재해) 예방으로 시민과 종사자 생명과 신체를 보호하는데 그 목적이 있음.

(2) "산업안전 · 보건조치 의무 위반으로 인명 피해" 가 있을 때 사업주, 경영책임자, 관련 공무원, 법인 등을 처벌하는 조항을 둠.

① 중대산업재해 : 사망자 1명 이상, 부상자 2명 이상(동일한 사고로 6개월 이상 치료), 1년이내 작업성 질병자 3명이상 발생 시.

② 중대시민재해 : 사망 1명, 부상 10명(2개월이상), 질병 10명(3개월이상)

다. 시행시기

2022년 1월 27일부터 50인 이상 사업장에 적용 시행하였고, 2024년 1월 27일부터 50인 미만 5인 이상 사업장까지 확대 시행 함.

라. 용어의 정의

(1) **사업주** : 자신의 사업을 영위하는자 또는 타인의 노무를 제공받아 사업을 수행하는 자

(2) **경영책임자** : 전체사업을 대표 · 총괄하는 권한과 책임이 있는자 또는 이에 준하여 안전 및 보건에 관한 업무를 담당하는 자

※ 중앙행정기관의 장, 지방공기업의 장, 공공기관의 장은 위 정의에 해당하지 않더라도 경영책임자에 해당

(3) **종사자 범위** : 근로자로서 임금을 목적으로 사업이나 사업장에서 근로를 제공하는 사람(대가를 목적으로 노무를 제공하는 자)

※ 직접 고용한 근로자 뿐만 아니라 도급, 용역, 위탁 등 계약의 종류나 형식에 무관 함.(다만, 호기심이나 취미로 노무를 제공하거나 일시적으로 방문한 일반 방문자는 해당하지 않음)

2. 중대재해 처벌법 안전 · 보건 확보 의무

가. 안전 및 보건목표와 경영방침의 설정
나. 안전 및 보건 전담조직 설치 (시공능력 순위 200위 이내 종합건설업체, 안전관리자 3인 이상 + 상시근로자 500인 이상 사업체에 해당)
다. 유해 · 유험요인 확인 · 개선 절차를 마련하고 점검 및 필요한 조치
라. 안전 및 보건관련 예산 편성 및 집행
마. 안전보건관리책임자 등의 충실한 업무수행 지원
바. 산업안전보건법에 따른 안전관리자 등 전문인력 배치
사. 종사자 의견청취 절차 및 개선방안 마련 · 이행여부 점검
아. 중대산업 재해 발생 시 등 조치 매뉴얼 마련 및 조치 여부 점검
자. 도급, 용역, 위탁 시 업무수행기관 평가 기준 마련 · 이행 점검
차. 재해발생 시 재발방지 대책 수립 및 조치
카. 중앙행정기관 및 지방자치단체의 개선 · 시정을 명한 사항
타. 안전 · 보건 법령에 따른 의무 이행에 필요한 관리상의 조치

3. 산업안전보건법 개요

가. 산업재해란 업무상의 사유에 따른 노무를 제공하는 자의 사망 · 부상 또는 질병발생을 말함.

나. 안전안전보건법 목적

산업안전 · 보건법에 관한 기준을 확립하고 그 책임의 소재를 명확하게 하며, 산업재해를 예방하고 쾌적한 작업환경을 조성함으로써 노무를 제공하는 자의 안전과 보건을 유지 · 증진하기 위함.

다. 안전관리자 의무

(1) 안전관리자 선임 및 인원수는 업종 및 상시 근로자 인원 수에 따라 정함
(2) 산업안전보건위원회, 노사협의체에서 심의 이결한 사항 처리
(3) 안전보건관리규정 및 취업규칙에서 정한 업무
(4) 책임자 보좌 및 조언 지도
(5) 순회점검 지도 및 조치 건의, 업무수행 내용의 기록 및 유지

라. 관리감독자 의무

(1) 관리감독자란 소속직원을 직접 지휘 감독하는 부서의 장을 말함
(2) 기계기구 · 설비의 안전보건 점검 및 이상유무 확인
(3) 근로자의 작업복, 보호구, 방호장치의 점검과 착용 및 사용 교육 지도
(4) 작업장 정리 정돈, 통올확보 확인 · 감독
(5) 위험성 평가 관련 유해 위험요인의 파악과 개선조치 시행 등

마. 근로자의 의무

(1) 산업재해 예방을 위한 기준을 준수
(2) 근로감독관, 사업주, 안전보건공단 등 관계인이 실시하는 산업재해 예방에 관한 조치에 따를 의무
(3) 보호구 착용 등 사업주가 행한 안전 · 보건조치를 지켜야 할 의무 등

바. 사업주의 안전조치 사항

(1) 기계 · 기구 · 설비로부터 위험 예방 조치
(2) 폭발성 · 발화성 · 인화성 물질로부터 위험 예방 조치
(3) 전기 · 열 · 에너지로부터 위험 예방 조치
(4) 굴착 · 하역 · 조작 · 운반 · 해체 · 중량물 취급에 따른 위험예방 조치
(5) 추락 · 낙하 · 붕괴 · 천재지변에 의한 위험 예방 조치

4. 산업안전 · 보건 교육

가. 정기교육

(1) 사무직 종사 근로자 매반기 6시간 이상
(2) 현장 종사 근로자 매반기 12시간 이상

나. 채용 시 교육 : 8 h 이상

(1) 일용 근로자 및 근로계약이 1주일 이하인 기간제 근로자 : 1시간 이상
(2) 근로계약이 1주일 초과 1개월 이하인 기간제 근로자 : 4시간 이상
(3) 그 밖의 근로자 : 8시간 이상

다. 관리감독자 안전보건 교육 : 연간 16시간 이상

참고문헌 reference

1. 전기철도공학(김양수, 유해출 저, 2008. 동일출판사)
2. 전기철도구조물공학(김양수, 유해출 저, 2010. 동일출판사)
3. 철도설계 지침 및 편람(한국철도시설공단)
4. 급전계통해석과 한국철도전기의 이해(김정철 저, 2008. 기다리)
5. 전철전력설비의 보호와 회로계산(전주복 편저, 2005. 전기철도협력회)
6. 전차선로 강도계산(박정석 편저, 2004. 기다리)
7. 철도신호공학(박재영 외 저, 2001. 동일출판사)
8. 신호제어시스템(김영태 저, 2004. 테크미디어)
9. 최신전기철도개론(강인권 편저, 1999. 도서출판 의제)
10. 전기철도시스템공학(강인권 편저, 2002. 성안당)
11. 철도와 전기기술(2005~2015년. 일본전화협회)
12. 고속화에 대응한 가선구조 특성 최적화 방안(2000. 철기연)
13. 전철화구간의 전자기파・고조파 영향 및 대책에 관한 연구(2002. 철도청)
14. 고속철도 전철화구간 고조파 저감대책(2004. 철기연)
15. 지하철전기설비(이종호 외 공역, 1995. 일본전기기술협회)
16. 철도차량시스템기술(홍용기 편저, 2011. 도서출판 프린터하우스)
17. 철도차량공학(박광복 저, 2000. 삼성종합출판사)
18. 고속철도 전기견인기술(앙드레코에시저, 서윤석 편역, 2004. 기전연구사)
19. 경량전철기술(2001. 철기연)
20. 송배전공학(송길영, 2007. 동일출판사)
21. 접지기술입문(이형수 공역, 1995. 동일출판사)
22. 알기쉬운 철도용어 해설집(2008. 한국철도학회)
23. 철도공학개론(김선호, 최길대 저, 2015. 구미서관)
24. 개정판 선로공학(서사범 저, 2007. 얼과알)

전기철도기술사 해설

판 권
소 유

발　　행 / 2024년 5월 6일
•
저　　자 / 박삼홍, 유해출
펴 낸 이 / 정 창 희
펴 낸 곳 / 동일출판사
주　　소 / 서울시 강서구 곰달래로31길7 (2층)
전　　화 / (02) 2608-8250
팩　　스 / (02) 2608-8265
등록번호 / 109-90-92166
•

ISBN 978-89-381-1639-0 13560
값 / 83,000원